本書第9章、第19-23章、附錄A-E以及索引之內容，均收錄於隨書光碟中

3 類別、物件與字串簡介

4 控制敘述：第一部分

5 控制敘述：第二部分

8 指標

9 類別：深入了解；拋出異常

10 運算子多載；string類別

11 物件導向程式設計：繼承

12 物件導向程式設計：多型

13 深入探討：串流輸入/輸出

14 檔案處理

15 標準程式庫中的容器和迭代器

16 標準程式庫演算法

17 深入探討：異常處理

18 客製化樣板導論

19 客製化樣板資料結構

20 搜尋與排序

21 深入探討：string類別與字串串流處理

22 Bits、Characters、C字串和結構

23 其他主題

A 運算子優先順序和結合性

B ASCII字元集

C 基本資料型態

D 數字系統

E 前置處理器

序言

"The chief merit of language is clearness ..."
—Galen

歡迎來到C++程式設計語言與《C++程式設計藝術第九版》的世界！本書提供了最先進的電腦技術。本書根據ACM和IEEE兩個專業單位對基礎教材的建議編撰而成，特別適用於程式設計入門課程。本書的封底有本書精簡的介紹，看了後會對本書走向和內容有基本了解。在本序言，我們對C++程式語言提供整體的詳盡發展趨勢給資訊領域的學生、教師和軟體開發人員。

本書的核心特色是Deitel所特有的live-code[1]（譯註）教學方法。我們將書中所呈現的程式觀念以精簡完整C++程式來闡述，而不是零碎的片斷程式碼。在閱讀本書前，建議先上網看線上文件(http://www.deitel.com/bookresources/cpphtp9/cpphtp9_BYB.pdf)，以了解如何針對作業系統如：Linux、Windows、和Apple OS做設定，以順利執行書中數以百計的範例程式。所有的範例原始碼可在網站www.deitel.com/books/cpphtp9和www.pearsoninternationaleditions.com/deitel下載。建議使用我們提供的原始碼，進行讀到哪裡就執行到哪裡的務實學習。

我們相信，這本書及其輔助教材，會在C++領域提供您具知識性、挑戰性和有趣的學習環境。

在閱讀本書過程，如果有任何問題，可造訪網站 deitel@deitel.com，我們會很快回覆您的問題。對於內容的更新，可造訪www.deitel.com/books/cpphtp9、加入Facebook社交媒體社群(www.deitel.com/DeitelFan)、微博(@deitel)、Google+ (gplus.to/deitel) 和LinkedIn (bit.ly/DeitelLinkedIn)，並訂閱Deitel Buzz Online newsletter 線上新聞(www.deitel.com/newsletter/subscribe.html)。

C++11 標準

新的C++11標準在2011年發佈，促使我們撰寫《C++程式設計藝術第九版》。在本書中，每一個新的C++11的內容旁邊，會有一個"11"的特徵圖示。在這個新版本教材中，對C++11標準的特點，表列如下：

1 譯註 live code在維基百科的定義是：跨平台、開源、可快速開發的高階語言，編寫一次後即可隨意部署在社群或商業應用。另外可參見網站，針對Deitel 所謂"live code"名詞的解釋http://english.stackexchange.com/questions/51233/hats-the-meaning-of-live- code-approach

- **符合新的C++11標準**。提供C++11廣泛的內容(圖1)。
- **在三個流行的工業等級C++11編譯器，徹底的測試了我們提供的範例程式**。測試平台分別是GNU™C++4.7、Microsoft®的Visual C++®2012和Apple® Xcode®4.5中的LLVM。
- **智慧型指標**。智慧型指標所提供的新功能，可避免動態記憶管理造成的錯誤，這是傳統指標做不到的。我們會在第17章討論unique_ptr，和在第24章討論shared_ptr和weak_ptr。

《C++程式設計藝術第九版》所涵蓋的C++11特點		
all_of演算法	繼承基礎類別的建構子	非確定性隨機數生成
any_of演算法	容器的成員函式insert 回傳迭代器	none_of演算法
array容器	is_heap演算法	數字轉換函式
auto型態推斷	is_heap_until演算法	nullptr
begin/end 函式	新的C++11關鍵字	override關鍵字
cbegin/ cend容器成員函式	Lambda表示式	基於範圍的for敘述
編譯器修復樣板類別中的運算子>>	列表初始化鍵值-pairs值	正規表示式
copy_if演算法	列表初始化pair物件	右值引用
copy_n演算法	列表初始化動態配置array	enums作用域
crbegin/ crend容器函式	列表初始化return值	shared_ptr的智慧型指標
decltype	列表初始化vector	shrink_to_fit_vector/deque 成員函式
函式樣板的預設型態參數	建構子呼叫中的初始化列表	指定enums常數的型態
defaulted成員函式	long long int 型態	static_assert物件檔名
委託建構子	min和max演算法以及 initializer_list參數	string物件檔名
deleted成員函式	minmax演算法	swap非成員函式
explicit轉換運算子	minmax_element演算法	函式的trailing回傳型態
final 類別	move演算法	tuple可變樣板
final成員函式	move指派運算子	unique_ptr智慧型指標
find_if_not演算法	move_backward演算法	unsigned long long int
forward_list容器	Move建構子	weak_ptr 智慧型指標
關聯式容器中不可變鍵值	noexcept	
in-class 初始化		

圖1 程式設計藝術第九版所涵蓋的C++11特點

- **強化前一個版本所介紹標準程式庫中的容器、迭代器和演算法的功能**。前一個版本在第22章介紹標準程式庫中的容器、迭代器和演算法，我們將其挪到第15和16章，並使用C++11強化其特性功能。在您程式中的資料結構可藉由重用這些標準得以快速開發。在第19章，介紹如何構建自定義的資料結構。
- **網路篇第24章，"C++11：其他主題"**。在本章中，提供了更多的C++11的主題內容。C++11標準2011就已經發布，但並不是所有的C++編譯器都能完全實現其功能。在撰寫本書時，若C++11的某特性功能已被我們所使用的三個重要編譯器實現，就會將此特性功能整合進課文內容，並附上live-code範例。若有任何一個編譯器不支援該功能，會以粗斜體字形作為標題，然後接續簡要討論。有許多特點在網路篇第24章深入討論。內容有：正規表示法、shared_ptr、weak_ptr、智慧型指標、move語法等。
- **隨機亂數產生、模擬和玩遊戲**(Random Number generation, simulation and game playing)。為了使程式更安全，我們增加了C++11新的非確定性隨機亂數產生功能。

物件導向程式設計

- **早期的物件方法**：本書的第1章介紹物件導向基本概念和術語。第3章會發展第一個自定義的類別和物件。提早呈現物件和類別，讓您立即有"物件思維"並徹底掌握這些概念[2]。
- **C++標準程式庫的字串**：C++提供兩種類型的字串：string類別物件（在第3章討論）和C字串。我們已經將大部分的C字串用C++的string 類別物件來取代，以使程式更為穩定並消除許多C字串的安全問題。我們仍會持續討論C字串，因為，您在軟體業界很有可能還會用C字串。在新的開發環境，建議使用string 類別物件。
- **C++標準程式庫的array(陣列)**：我們使用陣列的主要方式是標準程式庫中的array類別樣板，而不是內建的C風格基礎指標的陣列。我們的教學內容仍然涵蓋內建陣列，因為它們在C++中仍有其作用，因此您必須看懂使用內建陣列的傳統程式碼。C++提供了三種類型的array：array、vector（在第7章介紹）和C風格的基礎指標的陣列，這部分會在第8章討論。本書內容，絕大部分使用的都是類別樣板array，而不是C陣列。在新的開發環境，建議使用類別樣板array物件。
- **精心設計有用的類別**：這本書的一個主要目標是為您建立有價值的類別 (class)。在第10章的案例研究，您會建立自己定義的Array類別，然後在第18章的練習題中，將其轉換為類別樣板。屆時，您會眞正喜歡上類別這個設計概念。第10章開始嘗試操控string類別樣板，在自行設計的類別多載運算子之前，您會先看到運算子多載這個優雅的軟體部件。
- **物件導向程式設計案例研究**：我們提供一些跨篇章的案例研究，涵蓋軟體開發生命週期。包括第3-7章的GradeBook類別、第9章的Time類別、第11-12章的Employee類別。第12章中還包含詳細圖示，讓您了解C++是如何實現多型 (polymorphism)、虛擬函式 (virtual functions)、動態繫結 (dynamic binding) 和"底層揭密" (under the hood)。

2 對於需要後期物件方法的課程，可考慮使用"C++How to Program, Late Objects Version"，這本書的前六章是基礎程式設計（其中包括兩個控制敘述），接續的七個章節，逐步進入物件導向程式觀念。

- **具選擇性案例研究**：使用UML設計一個物件導向系統：自動提款機(ATM)是以C++語言實作。在UML™ (統一建模語言™) 是業界標準的圖形化建模，用來塑模物件導向系統。在前面的章節有介紹UML。電子書第25-26章，使用UML設計一個具選擇性的物件導向系統。我們使用軟體設計和實作一個簡單的自動提款機 (ATM)。我們先分析設計此系統所需的必要文件。然後設計系統所需的類別、類別該具有的屬性和類別該有的動作，指出類別彼此間的互動以滿足系統的需求。從設計開始，然後以C++實作完整的系統。學生們經常報告說，案例研究幫助他們"將理論與實作結合"，並眞正理解物件導向觀念。
- **異常處理**：在前面的章節介紹也介紹異常處理的概念。教師也可以從第17章引入教學內容。
- **自行定義基礎樣板的資料結構**：我們跨越好幾個章節，針對資料結構提供了豐富的內容，詳見章節相關的圖表 (圖6) 中的資料結構模組。
- **三種程式設計模式**：我們討論了結構化程式設計、物件導向程式設計和泛型程式設計。

教學特點

- **涵蓋豐富的C++基礎知識**：我們提供兩個清楚扼要的章節，說明控制敘述和演算法開發。
- 第2章簡單介紹C++程式設計。
- 範例。我們提供廣泛的範例程式，這些範例來自計算機科學、商業應用、模擬、電玩遊戲和其它等等（圖2）。

範例程式	
Array類別案例研究	擲骰子遊戲模擬
Author類別	信用查詢程式
銀行帳戶程式	Date類別
條形圖列印程式	向下轉型和執行期型態資訊
BasePlusCommissionEmployee類別	Employee類別
二元樹建立和巡訪	explicit 建構子
二元搜尋測試程序	fibonacci 函式
洗牌和發牌	fill 演算法
ClientData類別	printArray函式樣板特殊化
CommissionEmployee類別	generate演算法
string比較	GradeBook類別
編譯和鏈接的過程	宣告陣列時，將其初始化
轉換string物件到C string	從istringstream物件輸入
使用for敘述進行複利計算	迭代階乘運算
計數器控制的循環	

圖2 本書的範例程式(1/2)

範例程式	
Lambda運算式	SalesPerson類別
鏈結串列操作	標準程式庫搜索和排序演算法
map類別樣板	循序檔案
標準程式庫的數學算法	set類別樣板
maximum函式模板	shared_ptr的程式
合併排序程式	stack配接器類別
multiset類別樣板	Stack類別
失敗時拋出新的異常bad_alloc	堆疊展開
PhoneNumber類別	標準程式庫string類別程式
民意調查分析程式	串流操作子showbase
多型示範	字串指派和串接
前序增加和後序增加	string的成員函式substr
priority_queue迭代器類別	使用for敘述計算整數總和
queue adapter類別	Time類別
隨機存取檔案	unique_ptr物件管理動態分配記憶體
隨機亂數產生	用正規表示法驗證用戶輸入
遞迴函式階乘	vector類別樣板
滾動一個六面骰子600萬次	
SalariedEmployee類別	

圖2　本書的範例程式(2/2)

- **讀者群**：課本範例程式可被許多領域人士所採用，包括計算機科學、資訊技術、軟體工程、初級商業科系學生、中等難度C++課程。這本書也常被專業程式設計師所使用。
- **自我測驗題和答案**：廣泛的測驗題和答案，適用於自我學習。
- **有趣、娛樂性和挑戰性的習題**：每章結尾有大量的練習題，其中包括重要術語和觀念的簡單回憶、識別範例程式中的錯誤、寫單行程式敘述、寫出C++類別成員函式和非成員函式的一小部分功能、寫出完整的程式來實踐主計畫。圖3列出了書中的練習題，包括創新進階題，當中鼓勵您使用電腦和網際網路，來研究和解決顯著的社會問題。我們希望您能用自己的價值觀、政治和信念來完成這些題目的演練。

習題		
機票預訂系統	氣泡排序	計算工資
進階字串操作練習	建立您自己的編譯器	CarbonFootprint摘要
	建立您自己的電腦	類別：多型

圖3　本書部分習題(1/2)

習題		
撲克牌的洗牌與發牌	八皇后的問題	畢達哥拉斯三元組
電腦輔助教學	緊急響應	薪資計算器
電腦輔助教學：困難程度	強制進行隱私加密	埃拉托色尼篩
電腦輔助教學：監督學生的表現	Facebook 用戶群的增長	簡單解密
電腦輔助教學：減少學生的疲勞	斐波那契数列	簡單的加密
電腦輔助教學 教學：變化問題型態	汽油里程	SMS 語言
健康的配料烹飪	全球暖化知識競賽	垃圾郵件掃描器
骰子遊戲修改	猜數字遊戲	拼字檢查
信用額度	猜單詞遊戲	目標心率計算器
填字遊戲產生器	健康檔案騎士之旅	稅收籌劃的替代品；"公平稅"
密文	打油詩	電話號碼字產生器
德摩根定律	迷宮穿越：產生隨機迷宮	"12天的聖誕"歌曲
擲骰子	摩斯電碼	龜兔賽跑
	薪資系統修改	模擬河內塔
	Peter Minuit 問題	世界人口增長
	網路釣魚掃描儀	
	Pig Latin 英語語言遊戲	
	多型銀行計劃：使用帳戶層次結構	

圖3 本書部分習題(2/2)

- **插圖和圖表**：豐富的表格、圖型、UML 圖、程式碼和程式輸出。圖 4 列出本書部分圖表內容。

圖表範例		
正文的圖表		
資料階層	while 循環敘述 UML 活動圖	傳值和傳參考分析
多個原始碼檔案的編譯和連結過程	for 重複敘述的 UML 活動圖	繼承階層結構圖
二階多項式運算順序	do... while 循環敘述的 UML 活動圖	函式呼叫堆疊和活動記錄
GradeBook 類別圖	switch 多重選項活動圖	遞迴呼叫 fibonacci 函式
if 單一選項敘述活動圖	C++ 單進 / 單出序列、選擇和重複敘述	指標運算圖

圖4 本書圖表範例(1/2)

圖表範例		
if…else 雙重選項活動圖		CommunityMember繼承階層
		Shape繼承階層
public、protected和private繼承	串列的圖形表示	操作removeFromBack的圖示
Employee層次UML類別圖	操作insertAtFront的圖示	環狀與單向鏈結串列
虛擬函式的呼叫如何工作	操作insertAtBack的圖示	雙向鏈結串列
串流I / O樣板層次	操作removeFromFront的圖示	環狀雙向鏈結串列
兩個自我參考類別物件繫結		二元樹圖示
ATM案例研究圖		
從使用者的角度對ATM系統使用UML案例圖	ATM系統中的類別的屬性和操作	用類別圖顯示汽車類別的組合關係
用類別圖顯示類別之間關係	ATM餘額查詢通信圖	對ATM系統模型使用類別圖包括Deposit
用類別圖顯示組合關係	餘額查詢通信圖	Deposit交易的活動圖
ATM系統模型的類別圖	帳戶撤銷的循序圖	Deposit執行的循序圖
帶有屬性的類別	對修正過的ATM系統使用案例圖，讓適用者帳戶可彼此轉帳	
ATM的狀態圖		
帳戶餘額查詢交易活動圖		
帳戶撤銷交易活動圖		

圖4　本書圖表範例(2/2)

其他特點

- **指標**：我們提供C++完整的指標內容，並闡述內建指標、C字串和內建陣列之間的親密關係。
- **簡單的解釋Big O表示法**，並以視覺呈現排序和搜尋演算法所適用的Big O級數。
- **紙本書籍包含核心內容，其他內容在線上以電子檔呈現**：包括一些線上章節和附錄。這些檔案以PDF格式呈現，開啓檔案須輸入閱讀密碼，詳細資訊可參考書本封面內頁的內容。(注意!本資源僅提供給購買原文書的讀者。)
- **除錯器附錄**：我們在本書的配套網站提供三個除錯器的附錄。附錄H：使用Visual Studio除錯器。附錄I：使用GNU C++除錯器。附錄J：使用Xcode除錯器。(注意！本資源僅提供給購買原文書的讀者。)

安全的C++程式設計

要建立一個經得起病毒、蠕蟲和其他形式之"惡意軟體"攻擊的企業級系統，不是一件容易的事。如今，通過互聯網，這種攻擊可瞬間擴散到全球範圍。從軟體開發週期的起始階段，引入安全考量可以大大減少漏洞。

CERT®協調中心(www.cert.org)是為了分析攻擊和及時響應攻擊而成立。計算機應急響應小組 (CERT：Computer Emergency Response Team)，是一個政府資助的組織，位在卡內基梅隆大學軟體工程學院(Carnegie Mellon University Software Engineering Institute™)內。CERT針對各種流行的程式語言發布和推廣安全編碼標準，以幫助軟體設計人員開發工業級強度的系統，避免系統遭受攻擊。

我們要感謝Robert C. Seacord，他是CERT的安全編碼經理，並在卡內基梅隆大學計算機科學學院擔任兼任教授。Robert C. Seacord先生是本書的一位技術審閱者，他從安全的角度仔細檢審《C++程式設計藝術第七版》的程式碼，建議我們遵循CERT中的C安全編碼標準規則。

我們在《C++程式設計藝術第九版》，同樣秉承CERT C++安全編碼標準規則，您可在下列網站找到相關資訊：

```
www.securecoding.cert.org
```

很高興地聲明，我們已經將很多的安全性建議，融入了本書的範例程式碼。提升程式碼強度並提出討論，以確認我們的程式符合安全要求，並適合作為入門/中級教科書。如果您要構建工業強度的C++系統，可以閱讀《Secure Coding in C and C++, Second》(Robert Seacord, Addison-Wesley Professional)[3]。

線上內容

線上內容可在本書的配套網站取得：www.pearsoninternationaleditions.com/deitel。包含以下章節和附錄，檔案格式為PDF(注意!本資源僅提供給購買原文書的讀者。)

- 第24章：C++11的其它主題
- 第25章：自動提款機為例，第1部分：使用UML物件導向的設計
- 第26章：自動提款機為例，第2部分：實現一個物件導向的設計
- 附錄F：C既有的程式碼
- 附錄G：UML 2：其他類型圖
- 附錄H：使用Visual Studio除錯器
- 附錄I：使用GNU C++除錯器
- 附錄J：使用Xcode的除錯器
- 附錄K：在Mac OS X平台測試C++程式(Windows和Linux平台的測試程式在第一章)。

3 此書有中文翻譯，《萬無一失的程式碼：終結C&C++軟體漏洞》，作者：Robert C. Seacord，譯者：賈蓉生、蔡旻嶧，出版社：博碩。

配套網站還包括：

- 廣泛的視訊教學：可以用聽與看，了解由合著者Paul Deitel對本書的核心章節範例程式的解說。
- 建立您自己的編譯器，這部分內容在第19章描述(張貼在配套網站www.deitel.com/books/cpphtp9)。
- 第1章Mac OS X平台的測試程式。

課程內容相依關係圖

圖 6所顯示的是各章節內容彼此的相依關係，協助教師規劃教學大綱。《C++程式設計藝術第九版》適用於CS1課程和CS2大部分課程[4]。該圖顯示了本書的模組化組織。

教學方法

《C++程式設計藝術第九版》含有豐富的範例程式。我們強調程式的清晰性並著墨於建立優質工程軟體。

Live-Code方法：本書有豐富的"live-code"範例，大多數的新程式設計概念以完整的C++應用程式呈現，程式後面隨即顯示程式執行過程的輸入和輸出。只有極少數的範例使用片段程式，確保它能正確地在一個完整的程式環境下測試執行，然後複製並貼在書中。

使用粗體以示強調：每一個關鍵術語以粗體字顯示，以便於參考。

目標：每章的第一頁有學習目標列表。

程式設計要訣提示：課文中有各類型程式設計要訣，協助您在程式發展過程中需注意和遵循的重要觀念。這些要訣提示，是我們累積七十年的教學和業界經驗，精心整理而成。書中用到的六種要訣提示為："良好的程式設計習慣"、"程式中常犯的錯誤"、"錯誤預防要訣"、"效能要訣"、"可攜性要訣"、"軟體工程觀點"。現將其表列於後，當中有各個要訣提示的目的。

良好的程式設計習慣

良好的程式設計習慣：能使您更專注於程式的專業技術，寫出更具可讀性且更易維護的程式。

程式中常犯的錯誤

程式中常犯的錯：能使您減少程式設計犯錯的機率。

錯誤預防要訣

錯誤預防要訣：能使您專注程式偵錯及除錯，當中有許多C++技巧描述，讓您可以從一開始就減少「錯誤」鑽入程式的機會。

4 CS1指的是基礎程式設計課程，CS2則是基礎資料結構相關課程。若想深入了解CS1和CS2的意義，可參考這篇文章：http://www.cs.canisius.edu/~hertzm/meaning-sigcse-2010.pdf，當中對這兩個名詞的來龍去脈有深入探討。

效能要訣

效能要訣：能使您了解提升程式效能的方法，讓程式執行得更快並將記憶體用量降至最低。

可攜性要訣

可攜性要訣：協助您撰寫跨平台執行的程式碼。

軟體工程觀點

軟體工程觀點：強調會影響軟體系統建構和設計的因素，尤其是大規模系統。

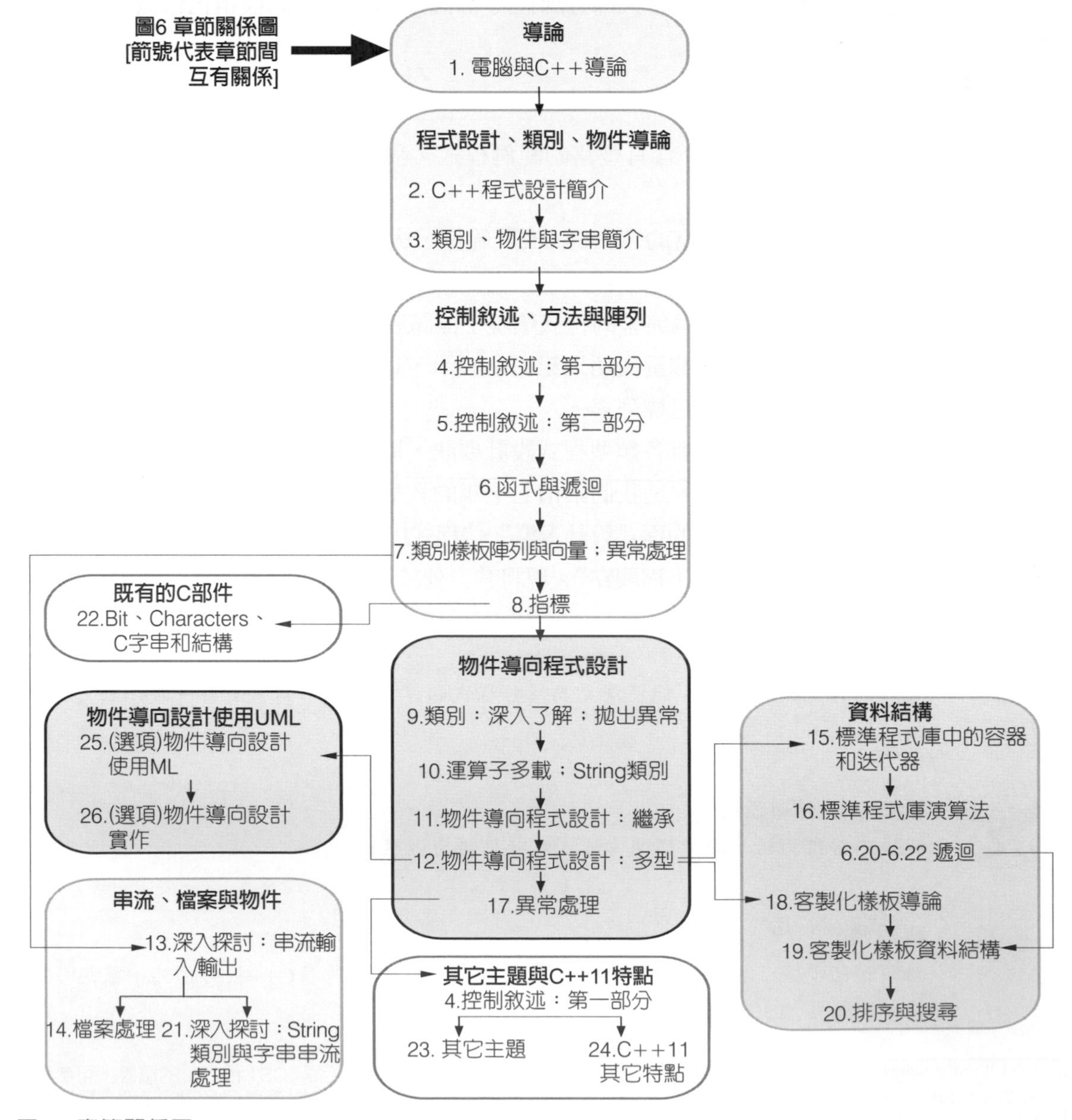

圖6　章節關係圖

摘要：在每章的後面，對每一節的內容做重點摘要，列出摘要中的術語出現在課文的頁數，非常便於讀者做重點回憶與參考。

索引：本書末囊括了廣泛的索引，對於關鍵性術語，以粗體字顯示其頁碼。

取得《C++ 程式設計藝術第九版》所使用的軟體

我們使用下列的軟體開發工具，撰寫《C++程式設計藝術第九版》中的範例程式：

- 微軟免費的Visual Studio Express2012年，適用於Windows 作業系統，其中包括Visual C++和其他微軟的開發工具。可在Windows7和8上運行的版本，可在下列網站下載

```
www.microsoft.com/visualstudio/eng/downloads#d-express-windows-desktop
```

- GNU的免費GNU C++(gcc.gnu.org/install/binaries.html)，這個開發工具已經安裝在大多數Linux系統，也可以在Mac OS X和Windows系統安裝。
- 蘋果免費的Xcode，而OS X用戶可以從Mac App Store下載。

教師補充教材

以下的補充資料是提供給通過Pearson的教師資源中心，認證過的教師使用：(www.pearsoninternationaleditions.com/deitel)

- 題解手冊包含了大部分章末練習題的解答。我們已經增加了許多創新進階題，大部分都有解答。請不要寫信給我們要求Pearson教師資源中心 (Pearson Instructor's Resource Center) 的解答。只有使用原文書的大學教師才可取得解答。教師可經由Pearson的業務代表取得資源中心的使用權。如果您不是教師會員，一樣請聯繫當地的Pearson的業務代表。對於和「專題」有關的題目不提供解答。詳細資訊請造訪“Programming Projects Resource Center”取得更多的習題

```
www.deitel.com/ProgrammingProjects
```

- 測驗檔案，題型為多選題 (每個章節約兩個檔案)。
- PowerPoint檔案，包含書中所有程式碼和圖片，加上重點摘要的清單。

MyProgrammingLab ™網站之線上練習與評量

MyProgrammingLab網站可幫助學生全面掌握程式邏輯、語義和語法。若您是努力埋頭於學習高階語言基本觀念和方法的初學者，透過線上練習和即時的個人化評量反饋，MyProgrammingLab ™網站能務實地提升您的程式設計能力。

MyProgrammingLab提供自學和作業工具，包括數百個環繞本教科書重點的小型練習程式。系統會自動對學生送出的程式，檢測邏輯和語法上出了甚麼錯誤，並做出提示，讓學生眞正了解錯在哪裡以及爲什麼會出錯。對於教師，成績冊可追蹤正確和不正確的答案，儲存由學生輸入的程式碼供日後評量。

在網站www.myprogramminglab.com有一個完整的示範，說明如何開始使用MyProgrammingLab，並可看到來自教師和學生的意見反映。

致謝

我們要感謝Deitel & Associates公司的Abbey Deitel和Barbara Deitel，對本書所做的努力。Abbey合著第1章並與Barbara精心研究C++11的新功能。

我們很幸運地能與培生高等教育的出版專業團隊一起工作。我們要感謝計算機科學部門：執行編輯 Tracy Johnson 的指導、智慧和驅動力。Carole Snyder做了一個不凡的工作，招募本書的評審和管理評審過程。Bob Engelhardt 協助本書的出版。

評審

我們要感謝審稿人的努力。這本書通過C++11標準委員會幾位現任和前任委員、學術界C++課程教師和行業專家的審查。他們提供了無數的建議，改進了本書的內容。若書中還有任何不盡人意之處，那是我們自己尚待努力。

第九版審稿者：Dean Michael Berris (Google，ISO C++委員會會員)、Danny Kalev (C++專家，通過認證的系統分析師以及C++標準委員會的前會員)、Linda M. Krause (Elmhurst學院)、James P. McNellis (微軟公司)、Robert C. Seacord (SEI/ CERT安全編碼管理經理和"Secure Coding in C and C++" 一書的作者)、Ed Brey (Kohler 公司)、Chris Cox(Adobe 系統)、Gregory Dai (eBay)、Peter J. DePasquale (紐澤西學院)、John Dibling (SpryWare)、Susan Gauch (阿肯色大學的)、Doug Gregor (蘋果公司)、Jack Hagemeister (華盛頓州立大學)、Williams M. Higdon (印第安納州立大學)、Anne B. Horton (洛克希德・馬丁)、Terrell Hull (Logicalis 整合方案公司)、Ed James-Beckham (Borland公司)、Wing-Ning Li (阿肯色大學) Dean Mathias (猶他州立大學)、Robert A. McLain (Tidewater社區學院)、Robert Myers (佛羅里達州立大學)、Gavin Osborne (薩斯喀徹溫省研究所應用程序科學與技術系) Amar Raheja (加州州立理工大學波莫納分校)、April Reagan (微軟)、Raymond Stephenson (微軟)、Dave Topham (Ohlone 學院)、Anthony Williams (作者和C++標準委員會委員) 和Chad Willwerth (華盛頓大學，Tacoma)。

當您讀這本書，我們會真誠地感謝您的意見、批評和建議，增進本書品質。請將您的建議寄到：

deitel@deitel.com

我們會及時回覆。藉由《C++程式設計藝術第九版》這本書，希望您能得到閱讀後的歡愉！

Paul Deitel
Harvey Deitel

作者簡介

Paul Deitel，Deitel＆Associates公司的首席執行長和技術經理，麻省理工學院研究生，主修資訊技術。在Deitel＆Associates公司，他已爲業界客戶開設數百次課程，包括：思科、IBM、西門子、Sun微系統、戴爾、富達、NASA甘迺迪航空中心、國家風暴實驗室、White Sands 導彈、Rogue Wave軟體、波音公司、SunGard高等教育、北電網絡、Puma、iRobot公司、Invensys等等。他和他的合著者，Harvey M. Deitel博士，是世界上最暢銷的程式設計程領域教科書、專業書籍、和視訊教學的作者。

Harvey Deitel 博士，他是Deitel＆Associates公司的董事長兼首席策略經理，在計算機領域擁有50年的經驗。Deitel擁有麻省理工學電子工程學院學士和碩士學位，波士頓大學數學博士學位。他具有豐富的大學教學經驗，擔任過波士頓學院計算機科學系主任，之後與其公子在1991年Paul Deitel共同創立Deitel＆Associates公司。Deitels公司的出版品贏得了國際上的認可，並翻譯成中文、韓文、日文、德文、俄文、西班牙文、法文、波蘭文、意大利文、葡萄牙文，希臘文，烏爾都文和土耳其文。 Deitel博士已經交付數百次課程給企業、學術、政府和軍方客戶。

Deitel & Associates公司企業培訓

Deitel＆Associates公司，由Paul Deitel和Harvey Deitel共同成立，是一家國際公認的著作和企業培訓機構，專注於計算機程式語言、物件導向技術、行動app和網際網路應用程式開發。該公司的客戶包括許多世界上規模最大的公司、政府機關、軍事部門和學術機構。公司爲全球客戶在主流平台中的程式語言提供教師指導課程，包括C++、VISUAL C++®、C、Java™、Visual C#®、Visual Basic®、XML®、Python®、物件技術、互聯網和Webt程式、Android應用程式開發、Objective-C和iPhone app應用程式開發，並不斷增加軟體開發課程。

透過與Prentice Hall/Pearson公司36年的出版合作夥伴關係，Deitel & Associates公司出版首選的程式設計學教科書、專業書籍和現場即時視聽課程。Deitel＆Associates公司網站在：

```
deitel@deitel.com
```

要了解更多關於Deitel公司的Dive-Into系列企業培訓課程，請造訪：

```
www.deitel.com/training
```

要在您的組織機構開設教師指導培訓課程，可用電子郵件提出申請，寄到deitel@deitel.com。

個人要購買Deitel公司圖書和現場即時視聽課程，可上網站www.deitel.com購買。公司、政府、軍隊和學術機構的批量訂單，請直接與Pearson出版公司聯繫。

1

電腦與C++導論

Man is still the most extraordinary computer of all.
—John F. Kennedy

Good design is good business.
—Thomas J. Watson, Founder of IBM

How wonderful it is that nobody need wait a single moment before starting to improve the world.
—Anne Frank

學習目標

在本章中，您將學習：

- 電腦領域令人振奮的發展。
- 電腦軟硬體與網路。
- 資料層次結構。
- 不同類型的程式語言。
- 基本物件導向程式。
- 網際網路和全球資訊網。
- 一個典型的C++程式發展環境。
- 一個C++程式。
- 近期的一些關鍵軟體技術。
- 電腦如何幫助您做出改變。

本章綱要

1.1 簡介

歡迎來到C++ ！ C++是個功能強大的電腦程式語言，適用於有一點程式經驗甚至無經驗的技術人員，也適用於經驗老到的程式設計師建構大型資訊系統。您應該已經熟悉在功能強大的電腦上做些事情。本書會教您如何寫漂亮的程式來指揮電腦，執行您賦予的任務。軟體(您寫的程式)控制硬體(電腦)。

物件導向程式設計是當前重要的程式技術。您將建立許多用來模型化實物的軟體物件。

C++是當今最流行的軟體開發語言之一。本書介紹的程式語言是C++11，最新版本是由**國際標準組織**(ISO：International Organization for Standardization)和**國際電工委員會**(IEC：International Electrotechnical Commission)所共同訂定。

目前全世界有超過十億台一般電腦，超過數十億的行動電話、智慧手機和和手持設備(如平板電腦)。根據一個研究機構eMarketer的調查，行動電話與全球資訊網用戶數到了2013[1]年將達到約14億之多。智慧型手機在2012[2]年會超過個人電腦銷售額。預計2015[3]年平板電腦銷售量會超過個人電腦約20%以上。到2014年，智慧型手機應用市場預計將超過400億美金[4]。這種爆炸性的增長將爲手機應用程式開發，帶來龐大的市場。

1.2 電腦與網際網路在業界和研究領域

在電腦界有許多令人振奮的消息。在過去二十年，一些成功且具影響力的大型企業結合爲技術夥伴，包括Apple(蘋果)、IBM 、HP、Dell、Intel、Cisco、Microsoft、Google、

1 www.circleid.com/posts/mobile_internet_users_to_reach_134_million_by_2013/.
2 www.mashable.com/2012/02/03/smartphone-sales-overtake-pcs/.
3 www.forrester.com/ER/Press/Release/0,1769,1340,00.html.
4 Inc., December 2010/January 2011, pages 116–123.

Facebook、Twitter、Groupon、Foursquare、Yahoo、eBay等等。這些先進公司的用人原則首選專精於電腦工程、資訊系統、電腦科學等領域的相關人士。本書付梓前，蘋果成了全世界最有價值的公司。圖1.1提出電腦改善我們生活、研究、工作和社會的一些案例。

名稱	說明
電子病歷(Electronic health records)	涵蓋病人的病歷、處方、免疫、檢驗結果、過敏、保險等資料。為醫療服務人員提供完善資訊，改善病人護理，減少出錯的可能，並提升整個醫療體系效率。
人類基因組計劃(Human Genome Project)	人類基因組計劃的創立是為了識別和分析人類超過20,000個的DNA。該計畫使用電腦程式分析組成人類染色體中所包含的數億個鹼基對所組成的核苷酸序列，從而繪製人類基因組圖譜，並將這些資料儲存到資料庫中，透過全球資訊網分享給各個領域的研究人員。
安珀警報(AMBER™ Alert)	安珀警報(AMBER Alert)是美國和加拿大的一種專門針對兒童綁架案的全國緊急警報系統(“AMBER”即America's Missing Broadcasting)。當有兒童失蹤或被綁架時，周圍所有的社區皆可收到通知。法律規定，這警報要發送至電台、電視、執法單位、報紙還有當地有參與警報系統的組織，警報將會透過所有的傳真機、電子郵件及手機傳播，所有的民眾可以在第一時間收到相關的訊息。安珀警報還與Facebook合作，將準備發佈的「安珀警報」，通過動態消息的方式，向目標搜尋地區的Facebook使用者提供失蹤兒童照片及其他細節消息。
世界社群網格(World Community Grid)	世界社群網格(World Community Grid)讓世界各地的人士可以捐出電腦的閒置時間，運用過剩的運算能力，來提供全世界一些非營利性的科學研究計劃。這種運用全世界個人電腦來達到分散式處理的概念及做法，可透過網路代替昂貴的超級電腦。研究範圍非常廣泛，涵蓋第三世界人們的各種疾病、氣候變化、抗癌、更營養的作物抵抗飢餓等等。
雲端運算(Cloud computing)	**雲端運算**(Cloud computing)讓您可以將要使用的軟體、硬體和資訊存儲在“雲端”，可透過網際網路隨時在遠端電腦存取，而不是把所有要用到的資源，都塞到自己電腦裡面。這些服務允許隨時增加或減少資源，以滿足需求。這遠比直接購買昂貴的軟硬體，確保有足夠的儲存和處理能力，更符合成本效益。雲端運算可將購買並管理眾多軟硬體資源的錢，轉移到購買服務，為企業節省成本。
醫學影像(Medical imaging)	斷層掃描(CT)，也稱為**電腦斷層掃描**(CAT: computer acronym tomography)是一種結合X光與電腦科技的診斷工具，利用電腦將資料組合成身體橫切面的影像，這些橫切面的影像可再進一步重組成精細的3D立體影像。MRI掃描儀也可以用不侵入人體方式，把人體置於強大且均勻的靜磁場中，利用核磁共振成像技術，產生高解析度影像。

圖1.1　電腦的一些用途(1/2)

名稱	說明
GPS全球定位系統 (GPS)	GPS導航系統的基本原理是測量出已知位置的衛星到用戶接收機之間的距離，然後綜合多顆衛星的資料就可知道接收機的具體位置。GPS設備可以提供一步一步指引，幫助您找到附近的商家（餐廳等）和您想要的地點。GPS是用在許多基於地理位置導向的全球資訊網服務，譬如可以幫助您找到您的朋友(Foursquare和Facebook的)。RunKeeper運動app可在您於戶外慢跑時追蹤跑步時間、距離、平均速度等。Dating app是一款線上交友app。Apps動態可更新變化無常的交通資訊等。
機器人(Robots)	機器人可用於日常事務的處理（例如：iRobot的倫巴吸塵機器人、娛樂（例如：機器人寵物）、軍事打擊、深海和太空探索（例如：美國太空總署的火星探測車）等。RoboEarth (www.roboearth.org) 則是為機器人建立的網站。它允許機器人互相分享學習資訊，從而提高它們的能力來執行、導航、日常工作、識別物體等。
電子郵件、即時通、視訊聊天和FTP (E-mail, Instant Messaging, Video Chat and FTP)	這些基於全球資訊網的服務，都支援線上傳訊。電子郵件透過郵件伺服器遞送並儲存訊息。即時通 (IM) 和視訊聊天室等app，如AIM、Skype、Yahoo! Messenger、Google Talk、Trillian、微軟的Messenger讓您經由伺服器傳輸訊息或影像。FTP（檔案傳輸協定）允許您在多台電腦的全球資訊網互相存取檔案（例如，一個客戶端電腦和檔案伺服器）。
網路電視(Internet TV)	全球資訊網電視公司的全球資訊網電視機上盒（如蘋果電視、Google電視和TiVo公司）允許您根據需求，隨選大量的視訊內容，如遊戲、新聞、電影、電視節目等。並且保證這些內容平滑地串流到您的電視，不會有任何延遲。
串流媒體音樂服務 (Streaming music services)	串流媒體音樂服務（如Pandora、Spotify、Last.fm等）讓您透過全球資訊網聽網路音樂，創建了為客戶量身訂製的“電台”，並藉由客戶的回饋，有更多的音樂資源在網路上。
遊戲程式設計(Game programming)	分析師預估，2015年全球視頻遊戲營收將達到910億美元 (www.vg247.com/2009/06/23/global-industry-analystspredicts-gaming-market-to-reach-91-billion-by-2015/)。一個複雜遊戲，光是付給開發者的金額就高達1億美元。Activision的使命召喚：黑色行動遊戲，是同時期最暢銷的遊戲之一，在短短的一天就賺了3.6億美元 (www.forbes.com/sites/insertcoin/2011/03/11/call-of-dutyblack-ops-now-the-best-selling-video-game-of-all-time/)! 線上社交遊戲，使用戶透過全球資訊網在全球範圍展開一場遊戲大戰。為應付快速增長的流量，Zynga公司每週還要增加將近1千台伺服器 (techcrunch.com/2010/09/22/zynga-moves-1-petabyte-of-data-daily-adds-1000-servers-aweek/)。

圖1.1 電腦的一些用途(2/2)

1.3　硬體與軟體

電腦能以遠超過人類所能的驚人速度執行運算，並做出非比尋常的邏輯判斷。當今的個人電腦每秒能執行數十億的運算，超過人一輩子的運算能量。超級電腦則更不可思議，每秒能執行數千萬億個指令 (quadrillions)！IBM的紅杉 (Sequoia) 超級電腦，每秒執行超過1萬6千兆個指令次 (16.32 千兆)[5]。從另一個角度來看，這樣的速度可為地球上的每一個人每秒執行150萬次計算！這個"上限"還在持續快速增長中！

電腦程式 (computer program) 指的是電腦在一長串指令的控制下處理資料。這些程式指引電腦依序執行由**程式設計人員** (programmer) 所設計的運算。在電腦中執行的程式稱為**軟體** (software)。在本書中，您會學到重要的程式設計方法-物件導向程式設計，幫助您增加程式設計的生產力，從而降低軟體的開發成本。

一台電腦由被稱為硬體的各種設備所組成 (如鍵盤、螢幕、滑鼠、硬碟，記憶體，DVD和運算處理單元)。由於軟硬體技術的迅速發展，計算成本急劇下降。數十年前的電腦可能要花數百萬的資金，塞滿好幾間大房子。現在卻只要用比指甲還小的矽晶片，用幾塊錢就可買到。諷刺的是，矽卻是地球最豐富的材料之一，它混合在普通的沙子當中。矽晶片技術降低了運算成本，讓電腦成為我們的日用品。

1.3.1　摩爾定律

您可能希望家的日用品，每年都可便宜一些。相對的，在電腦和通訊領域也有類似的期待，特別是在硬體的花費上。幾十年來，硬體成本迅速下降。每隔個一兩年，電腦性能增加一倍而價格卻下降一倍。這個明顯的趨勢就稱之為**摩爾定律** (Moore's Law)，該定理在1960年由英特爾的聯合創始人戈登．摩爾 (Gordon Moore) 所發現。Intel是當今全世界在處理器和嵌入式系統居於領導地位的製造商。摩爾定律和相關的觀察特別適用在記憶體、磁碟機和微處理器。類似的成長在通訊領域也可看到，成本暴跌帶來對通訊頻寬 (即資訊承載能力) 的巨大需求，並引起激烈的競爭。在其他領域，看不到技術的改革如此迅速，而成本下降卻如此之快。這種驚人的改善勢必再引起一場資訊革命。

1.3.2　電腦組織

不管電腦的外觀彼此間有多麼的不同，電腦的組成可被劃成各種**邏輯單元** (logic unit) (圖1.2)。

---

5 www.top500.org/.

邏輯單元	說明
輸入單元(Input unit)	這是個「接收資訊」的單元，會從**輸入裝置** (input devices) 取得資訊（資料與電腦程式），並將此資訊放在其他裝置上以進行處理。大多數資訊透過鍵盤和滑鼠裝置輸入電腦。資訊也可用許多其他方式輸入，如語音命令、掃瞄影像、讀取條碼、從輔助儲存裝置讀入（例如硬碟、CD與DVD光碟機、以及USB裝置 — 也稱作拇指碟），也可透過網際網路接收資訊（像是從YouTubeTM下載視訊或是從Amazon下載電子書）。新形式的輸入單元包括從GPS 取得定位資訊，從智慧手機或遊戲控制器（如微軟Kinect的™ Wii的™ ，Remoute和Sony的PlayStation®）移動和方位資訊。
輸出單元(Output unit)	這是個用來「輸出資訊」的單元，會將電腦處理過的資訊輸出。資料送到不同的**輸出裝置** (output devices)，讓這些資訊能夠在電腦之外使用。目前大部分電腦輸出的資訊會顯示在螢幕上、印在紙上（"綠色"，不鼓勵列印）、由音樂播放器播放出來（像是Apple大受歡迎的iPods）、體育場的大型螢幕等。也可將資訊輸出到網路上，控制其他設備，諸如機器人和智慧型裝置等。
記憶單元 (Memory unit)	這是電腦中快速存取的一個單元，但容量相對較低的「倉庫」。它將輸入單元接收到的資訊保存起來，需要時，可以馬上運用這些資訊。記憶體單元也將電腦處理過的資訊儲存起來，直到該資訊可透過輸出單元送到輸出裝置為止。記憶體中的資訊是**揮發性的** (volatile)，當電腦的電源關掉時，裡面的資訊就不見了。記憶體單元又稱為**記憶體** (memory) 或**主記憶體** (primary memory)。現在的桌上型電腦和筆記型電腦，通常內裝有多達16 GB的記憶體 (GB: gigabyte=10億byte)。
算術和邏輯單元 (Arithmetic and logic unit (ALU))	這是「生產製造」的單元，它負責執行如：加、減、乘、除等計算。它也包含判斷機制，譬如能讓電腦比較記憶單元中的兩個項目，判斷它們是否相等。在今日的系統中，ALU通常是CPU的一部分。
中央處理單元 (Central processing unit (CPU))	這是個電腦「執行管理」的單元，負責協調監督其他單元的作業。需要將資訊讀入記憶單元時，CPU會通知輸入單元；需要將記憶單元的資訊進行計算處理時，CPU就會通知ALU加以處理；需要將記憶單元的資訊傳送到某個輸出裝置時，CPU就會通知輸出單元。今天許多電腦都具備多個CPU，因此能同時執行許多操作，這種電腦稱為**多重處理器系統** (multiprocessors)。多核心處理器 (multi-core processor) 將多個處理器放在一個積體電路晶片中，例如雙核心處理器有兩個CPU，四核心處理器則有四個CPU。今天桌上型電腦的處理器，每秒可以執行幾十億個指令。
輔助儲存單元 (Secondary storage unit)	這是電腦長期、高容量的「倉儲」單元。沒有被其他單元使用的程式或資料，通常都放在輔助儲存單元，如硬碟機，直到再度需要使用它們時，才會加以讀取。這可能相隔幾個小時、幾天、幾個月甚至幾年之久。因此，儲存在輔助儲存裝置中的資料為"永續性的" (persistent)，當電腦的電源關閉時，這些資料還是會留存。輔助儲存單元的存取速度比主要儲存單元慢，但每單元的儲存成本少很多。輔助儲存裝置包含了CD、DVD和隨身碟（或記憶卡），這些儲存裝置，有些容量達768 GB。通常桌上型電腦用的硬碟機，容量可達2 TB (TB指的是terabytes，約百萬兆位元組)。

圖1.2　電腦的邏輯單元

1.4 資料層次結構

電腦能處理的資料項目形成了一個資料層次，處理的資料從位元進展到字元，從字元進展到欄位等等，使得資料層次變得更大更複雜。圖1.3是資料層次結構的一部分。圖1.4對資料層次做個總結。

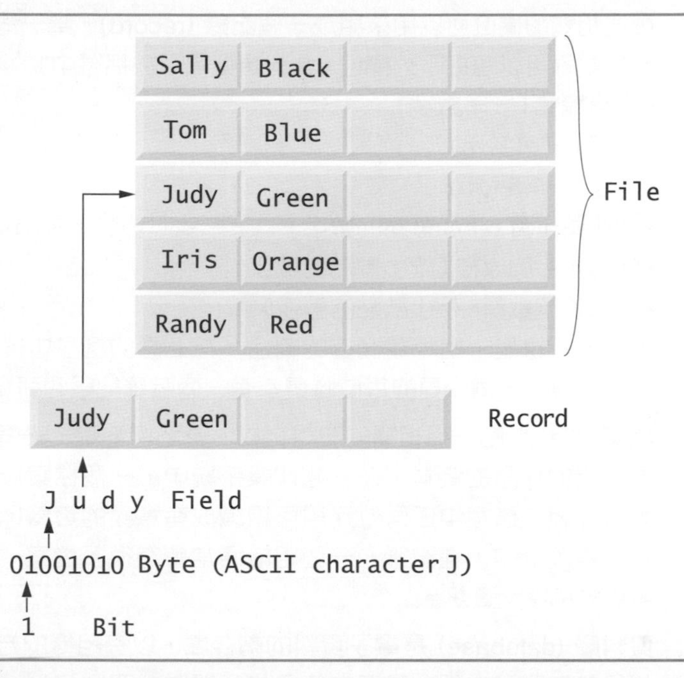

圖1.3　資料層次結構

階層	說明
位元(Bits)	電腦最小的資料項目，其值為0或1。這樣的資料項目被稱為一個**位元** (bit) (簡稱“二元數字”(binary digit))，一個二元數值只可為0或1。它之所以引人注目原因在於，電腦就是只使用簡單0和1的位元就可執行強大運算。而且運算動作超簡單，就只有檢查位元值、設定位元值、反轉位元值(從1到0或從0到1)。
字元(Characters)	處理人不能理解的低階位元資料，總是令人乏味的。取而代之，他們更喜歡十進制數字 (0-9)，字母 (A-Z和A-Z) 和特殊符號 (如$、@、%、&、*、(,)、-、+、“、？、和/)。數字、字母和特殊符號稱為**字元**(characters)。電腦的**字元集**(character set)是一組用來寫程式和表示資料項目的所有字元構成的集合。但電腦只處理1和0，因此每個字元會再轉換成1和0。Unicode®(中文稱之為：萬國碼、國際碼、統一碼或單一碼) 包含的字符遍及全世界各國語言的字元。C++支持多種字元集，包括由兩個位元組(byte)組成的16位的Unicode®。請參見附錄B的ASCII (**美國標準資訊交換標準**) 字元集。ASCII是Unicode®的部分集合，最常使用，包括大寫和小寫字母，數字和一些常用的特殊符號。

圖1.4　資料層次結構的級別(1/2)

階層	說明
欄位 (Fields)	正如字元是由位元組成，欄位 (fields) 則由許多字元或位元組形成。欄位是由一組傳達意思的字元或位元組形成的一個字元群。例如，包括大寫和小寫字母的欄位可以用來代表一個人的名字。 包含數字的欄位可以代表一個人的年齡。
記錄 (Records)	幾個相關的欄位可以用來組成一個**記錄** (record)。舉一個薪資系統為例，職員的記錄可以包括下列欄位 (資料類型標示於括號中)： • 職員編號 (一串數字) • 姓名 (一串字元) • 地址 (一串字元) • 每小時工資 (帶小數點的數字) • 年初至今的收益 (帶小數點的數字) • 扣繳稅款數額 (帶小數點的數字) 因此，記錄是一組相關欄位的組合。在上面的例子中，所有的欄位都對應一位職員。一個公司的每位職員都有一個職員紀錄和薪資紀錄。
檔案 (Files)	**檔案** (file) 是由一組相關的記錄組成。更貼切地說，一個檔案中包含任意格式組成的任意的資料。在一些作業系統中，一個檔案被簡單地視為一個序列位元組，檔案中任何位元組可組織成有意義的資料。譬如組織成由程式設計者設計的一種記錄。一個組織通常會有很多檔案，包含千萬、億萬甚至更多的字元資訊。
資料庫(Database)	**資料庫** (database) 是電子資料的儲存處，以有組織的方式組成資料，使資料易於存取和處理。最廣為使用的是關聯式資料模型。譬如，一個儲存學生資料的資料表，可能包括姓名、主修課目、年級、學號和平均成績。每個學生的資料是一筆紀錄，一筆紀錄由數個欄位組成。您可根據資料表在資料庫的關聯性，執行搜索、排序和處理等操作。例如，一所大學可由學生資料庫和課程資料庫，推行住房或膳食計劃等等。

圖 1.4　資料層次結構的級別 (2/2)

1.5　機器語言、組合語言和高階語言

程式設計者以各種不同的程式編寫指令，有的電腦可直接執行，有的要經過一個中間轉換步驟。

機器語言

任何一台電腦都只能讀懂自己的**機器語言** (machine language)，機器語言和電腦硬體息息相關。機器語言通常由16進位數字組成 (最後轉換爲1和0)。這種語言對人類而言是難懂的。

組合語言

對所有的程式設計人員而言，使用機器語言既緩慢又繁瑣。於是開始發展人能理解的語言，譬如類似英文的縮寫語詞，來表示機器語言操作指令，這些縮寫形成**組合語言** (**assembly language**) 的基礎。轉譯程式 (translator program) 又稱爲**組譯器** (**assembler**) 用來將組合語言轉譯成機器語言。雖然組合語言對人類而言較爲清晰，但電腦看不懂，一定要有組譯器執行轉譯的動作。

高階語言

爲了進一步加快程式開發的速度，於是有高階語言的出現。一行**高階語言** (**high-level languages**) 就可完成一個實質性工作。用高階語言如C++、Java、C＃和Visual Basic寫的程式，讀起來更像是日常英語，並包含常用的數學運算式。**編譯器** (**compiler**) 是一種轉譯程式，用來將高階語言程式轉換成機器語言。

在編譯器將高階語言轉譯成機器語言的過程，需要佔用許多的電腦時間。**解譯器** (**interpreter**) 則可直接執行高階語言程式，不需經過編譯程序，但整體執行的速度慢。**腳本語言** (**scripting language**) 如流行的網站語言JavaScript和PHP就是由解譯器處理

效能要訣 1.1

對全球資訊網的腳本程式而言，組譯器優於編譯器。網頁一下載完畢，組譯器就可執行網頁中的腳本程式，不需要經過編譯程序，唯執行速度稍慢。

1.6　C++

C++由C演化而來，C則是由貝爾實驗室的丹尼斯 · 里奇 (Dennis Ritchie) 所開發。C是獨立於硬體的語言，可被大多數的電腦所使用。透過精心的設計，有可能將C程式移植到其他電腦執行，C程式是具有**可攜性的** (**portable**)。

C被廣泛使用在各種電腦 (電腦有時被稱爲**硬體平台** (**hardware platforms**)) 導致有多個版本的C出現。標準的C是必要的。美國國家標準學會 (ANSI) 與國際標準化組織 (ISO) 合作規範世界級標準的C；共同規範性文件在1990出版，被稱爲ANSI / ISO 9899：1990。

C11是ANSI最新的C程式語言。它的開發促使C語言跟上日益強大的硬體和更加嚴苛的用戶需求。 C11也使得C和C++更加一致。欲了解更多在C和C11的資訊，請參閱我們的書：C++程式設計藝術第7版，和我們的C語言資源中心 (www.deitel.com/C)。

C++是C的延伸，是由Bjarne Stroustrup1979年在貝爾實驗室開發的。原名“帶有類別的C”，它是在1980年代更名爲C++。C++提供了許多功能，“美化了”C語言，但更重要的是，它提供了物件導向的程式功能。

第3章的內容，將會開始開發自定義的可再利用的類別和物件。本書的整體內容，都圍繞在物件導向觀念。

我們在第25-26章還提供一個具可調整功能的自動取款機 (ATM) 範例，包含一個完整的C++實作。當中對如何使用UML進行物件導向設計，做了相當精闢和漸進式的介紹。UML是業界開發物件導向系統所使用的標準圖形化塑模語言，我們會引導您進行專爲新手準備的第一個練習。

C++ 標準函式庫

C++程式是由**類別** (class) 和**函式** (function) 組成。您可以自己撰寫每一行程式，但大部分C++程式設計者都會用C++ **標準函式庫** (C++ Standard Library) 中現成豐富的類別和函式。因此，在C++「世界」裡我們得學習兩個部分。首先要學C++語言本身，接著要學如何使用C++標準函式庫中的類別和函式。本書將討論許多C++標準函式庫的類別和函式。若想深入了解C++所含之ANSI C函式庫實作方式，以及如何使用它們撰寫可攜式程式碼，P J. Plauger的著作：The Standard C Library (Upper Saddle River，NJ:Prentice Hall PTR，1992) 是必讀經典。軟體公司則會提供許多特殊功能的類別函式庫。

軟體工程觀點 1.1

請使用「建構區塊」建立程式。避免重寫軟體。盡量利用現成的區塊。這叫做**軟體再利用** (software reuse)，是物件導向程式設計的中心思想。

軟體工程觀點 1.2

以C++寫程式時，通常會使用以下的程式構件 (building blocks)：C++標準函式庫的類別與函式、您與同僚建立的類別與函式、以及各種知名第三方函式庫中的類別與函式。

自行建立類別和函式的優點，是可以清楚瞭解其實際運作方式。您可自行試驗C++原始碼。缺點是必須耗費大量的時間和精力來設計，優點是自行開發和維護新函式和類別，可確保其正確性與執行效率。

效能要訣 1.2

請多利用C++標準函式庫的函式與類別，而不要自己寫，因爲這些程式都是經過專家們千錘百鍊產出，執行效率貼近完美，如此可增進程式效能，亦可縮短程式開發時間。

可攜性要訣 1.1

請多用C++標準函式庫的函式與類別，盡量不要自己寫。因爲所有C++實作都包含了這套函式庫，如此可提升程式可攜性。

1.7　程式語言

在本節中，對幾個常被使用的程式語言做簡短的介紹 (圖1.5)。

程式語言	說明
Fortran	FORTRAN (FORmula TRANslator) 語言是在1950年代由IBM發展，主要是運用在需要複雜數學運算的科學以及工程應用方面。FORTRAN現在仍然被廣泛使用，且最新的版本支援物件導向。
COBOL	COBOL (COmmon Business Oriented Language) 是在1950年代由電腦製造商、美國政府部門和工業電腦用戶以Grace Hooper 發展的程式為基礎，共同開發而來。Grace Hooper是位美國海軍軍官，也是位電腦科學家。COBOL仍然被廣泛用於需要精確和有效運算來處理大量資料的商業領域。最新的版本支援物件導向。
Pascal	於1960年代展開結構化語言的研究，這是一個比起之前的程式語言更清晰，更容易測試、除錯和修改的研究計畫。Pascal語言是由尼克勞斯 · 沃思 (Niklaus Wirth) 教授在1971年完成。其中一個顯著的成果是用於大學結構化程式語言課程的教學，Pascal在校園風行數十年之久。
Ada	Ada基植於Pascal，在1970年代以及1980年代早期由美國的國防部 (DoD) 贊助之下完成。DoD想要以一個單一語言來滿足大部分的程式需求。Ada這個語言的名稱取自詩人拜倫的女兒Lady Ada Lovelace的名字。Lady Lovelace一般公認在1800年代初期，寫出世界上第一個電腦程式(是為了配合Charles Babbage所設計的機械式計算裝置—Analytical Engine所撰寫)，Ada也支援物件導向。
Basic	在1960年代由Dartmouth學院發展，基本的目的是使新手熟悉程式設計的技術。許多新版本的Basic 語言都具有物件導向功能。
C	C於1972年在貝爾實驗室由丹尼斯里奇 (Dennis Ritchie) 所開發。知名的作業系統UNIX就是用C寫的。當今一般用途的作業系統大多數是用C或C++開發。
Objective C	Objective-C一種物件導向程式語言。發展於80年代，之後被NeXT收購，然後又被蘋果公司收購。Objective-C 已經成為開發OS X作業系統和iOS設備 (如iPod，iPhone和iPad) 的重要程式語言。
Java	Sun Microsystems在1991年資助公司內部由詹姆斯 (James Gosling) 領軍的研究計畫，造就了以C++為基礎的程式語言Java。Java的一個關鍵目標是要寫一個能在大多數電腦和電腦控制裝置上執行的程式，這也被稱為“寫一次，跑遍全世界”。Java目前被用來開發大型的商用軟體，增強網站伺服器 (提供我們由瀏覽器上看到之內容的電腦) 的功能，提供消費性電子商品的應用程式 (如智慧型電話、平板電腦、電視機上盒、電器、車等)。Java也是Android智慧型手機和平板電腦的關鍵開發工具。
Visual Basic	Visual Basic是在1990年代由微軟開發，其目的在簡化Microsoft Windows應用程式的開發。它的最新版本支援物件導向。

圖1.5　一些其他程式語言 (1/2)

程式語言	說明
C#	微軟的三種主要程式語言分別是Visual Basic (以原本的BASIC為基礎)、Visual C++ (以C++ 為基礎) 以及Visual C# (以C++ 和Java為基礎，將全球資訊網和網站整合為電腦應用程式)。
PHP	PHP是一個物件導向“開放原始碼”(見1.11.2) 的“腳本”語言，支持者有社群用戶和開發商，被無數的網站使用，包括維基百科和Facebook。PHP具平台獨立性，應用領域涵蓋UNIX、Linux、Mac和Windows作業系統。PHP也支持多個資料庫，包括MySQL。
Perl	Perl (Practical Extraction and Report Language: 實際提取和報告語言)，一個最廣泛用在網站開發的物件導向腳本語言。由Larry Wall於1987年開發的。它具有豐富的文字處理能力和靈活性。
Python	另一個物件導向腳本語言，於1991年公開釋出。由國家研究所數學與電腦科學院的Guido van Rossum所開發。Python深為一個系統程式語言Modula3所影響。 Python是“可擴展”的，它可藉由類別和介面做功能延伸。
JavaScript	JavaScript是用得最廣的腳本語言。它主要用於增加網頁的程式能力，譬如動畫和與用戶間的互動。所有主流瀏覽器都支援JavaScript。
Ruby on Rails	Ruby程式語言在1990年代中期由松本行弘 (Yukihiro Matsumoto) 開發，是一個開放原始碼的物件導向程式語言，語法類似Perl和Python。 Ruby on Rails將腳本語言Ruby與Rails(由37Signals公司開發) 應用程式整合。“Getting Real” (gettingreal.37signals.com/toc.php)，是一本Web開發人員必讀的書。很多的Ruby on Rails開發者提出報告，其生產率較其他程式語言高出很多。Ruby on Rails也被用來建立Twitter的用戶界面。
Scala	Scala (www.scala-lang.org/node/273) 是“scalable language” 的縮寫。由瑞士洛桑聯邦理工學院 (EPFL) Martin Odersky教授所開發，在2003年公佈。Scala整合物件導向和函式程式設計的各種特性。使用Scala可以顯著減少程式碼的使用量。Twitter (一個社交網路和一個微博客服務) 和Foursquare (提供用戶定位的社交網路服務) 兩個網站都使用Scala語言。

圖1.5 一些其他程式語言(2/2)

1.8 物件導向簡介

在功能強大軟體需求飆升的年代，能以快速、正確和節省成本的方式開發軟體，仍然是一個可望而不可及的目標。物件，或更精確的說，類別物件 (第3章) 是可再利用軟體的一個重要元件。有日期物件、時間物件、音頻物件、視頻物件、車物件、人類物件等。幾乎所有的名詞都可表示爲軟體物件中的屬性 (attribute) (例如：名稱、顏色和大小) 和行爲 (behaviors) (例如：計算、移動和通訊)。軟體開發者已發現，使用模組化物件導向的程式設計方法，可比早期技術有更多的軟體產能。物件導向往往更容易理解、更正和修改。

車作為一個物件

讓我們以一個簡單的比喻開始介紹。假設您想開車，然後踩油門讓車跑得更快。就這個簡單的例子，請問，在達到這個目的之前，您要做些甚麼？車總要有人設計吧！一輛車的產出通常起始於工程圖，就跟蓋房子需要藍圖一樣。這些圖包括油門加速踏板的設計。踏板隱藏了背後複雜的機械機制，能讓車開得更快。剎車踏板隱藏了使車變慢的機制，方向盤隱藏了讓車轉彎的機制。使得對車輛機械有一點點了解甚至機械白癡，都能輕鬆駕駛車。

要開車，就要有按圖施工的車。要跑得快，就要有油門，但這還不夠，車子不會自動加速(希望！)，司機必須踩油門踏板，車才會加速。

成員函式和類別

現在就以上述的車爲例，介紹重要的物件導向觀念。執行程式中的工作需要**成員函式** (member function) 來完成。程式敘述寫在成員函式裡面，務實的完成程式工作。使用者能用這個函式，但看不到函式裡的程式。與車加速作個比對，函式類比作油門踏板，函式裡的程式類比成油門踏板的加速機制。在C++中，我們建立一個稱爲**類別** (class) 的程式單元，類別內有一組成員函式執行工作。例如，一個代表銀行帳戶的類別，有一個成員函式名爲deposit用來存款，另有一個成員函式withdraw用來提款，第三個成員函式inquire用來查帳戶餘額。類別在概念上和車的工程圖一樣，都是設計來完成特定工作。

實體

正如您在開車前必須要根據設計圖製造出車子一樣，在執行程式工作前，您要有根據類別建構出來的物件來完成工作。根據設計實際產出物品的動作稱做實體化。一個物件就是定義此物件類別的一個**實體** (instance)。

重複使用

車的工程圖可多次重複使用，製造多輛車。同樣，一個類別也可再利用，建立多個物件，節省時間和精力。這種重複使用的特性，有助於建立更可靠更有效的系統，因爲現有的類別和組件往往都經過廣泛的測試、除錯和性能調校。正如可互換零部件的概念，對工業化演進是至關重要的。由物件導向所引發的軟體再利用，對軟體的演進也是至關重要的。

訊息和成員函式呼叫

當您駕駛一輛車，踩油門踏板，會發送一個訊息給車子，執行一個工作，命令車跑得更快些。同樣，您將訊息發送給一個物件。每個訊息指的就是**成員函式呼叫** (member function call)，告訴物件有一個成員函式要執行。例如，一個程式呼叫特定的銀行帳戶物件的deposit方法存款，增加帳戶餘額。

屬性和資料成員

一輛車，除了有能力來完成任務，也有屬性，例如顏色、車門數量、油量、速度、行駛里程數等(里程表讀數)。正如同車在設計時就決定了這輛車的功能，車有哪些屬性，也在設計時就定案(例如，里程表和油量表)。開車時，這些屬性也跟著跑。每一輛車維護自己的屬性，例如，每輛車都知道自己還有多少油量，但絕不會知道其他車有多少油量。

物件也一樣，在程式執行過程也有屬性伴隨。屬性由定義該物件的類別所定義。例如，每個銀行帳戶物件有一個屬性 balance 代表帳戶裡還有多少錢，每個銀行帳戶物件都知道自己帳戶的餘額，但絕不會知道其他銀行帳戶物件的帳戶餘額是多少。屬性是由類別的**資料成員** (data member) 所指定

封裝

類別**封裝** (encapsulation) (打包)，將屬性和成員函式封裝在物件內，物件的屬性和成員函式是密切相關的。物件之間彼此進行通訊，但通常不允許物件去了解其他物件的實作細節，通常，實作細節隱藏在物件內，不對外公開。**資訊隱藏** (information hiding)對優質的軟體工程是非常重要的。

繼承

使用**繼承** (inheritance) 可以很迅速地建立新的類別，新類別吸收現有類別的特點，然後添加自己獨有的性質。以車來比喻，「敞篷車」類別當然有一般「車」類別的特性，但它的特色是車頂可以折疊。

物件導向分析與設計 (OOAD)

很快您就會寫C++程式。那麼要如何把**程式碼** (code) 放入程式裡。就像許多程式設計人員，您只需打開電腦並開始打字。這種方法可能對小程式 (如本書前幾章的範例程式) 有用，但如果一個主流銀行要求您建立一個軟體系統，來控制數千台自動提款機，或一個擁有數以千計軟體開發人員的公司，要您構建新的空中交通管制系統，事情就不是那麼簡單了？不是接到任務後，就立刻坐下來開始寫程式。

最佳的解決方案應該是遵循一個詳細的**分析** (analysis) 程序，確認需求 (requirement) (定義系統應該做些什麼) 然後開發一種能夠滿足顧客的設計 (design) (即確定系統應如何達成目標)。理想的情況下，您會透過上述程序仔細檢審自己的設計 (同時由其他軟體專業人員審查您的設計)。如果此過程涉及以物件導向的方式分析和設計系統，就被稱為是一個物件導向的分析和設計程序 (OOAD :object-oriented analysis and design process)。像C++物件導向程式語言 (object-oriented programming) 就是一個OOAD 設計程序。

UML (統一塑模語言)

雖然已經有許多不同的OOAD程序存在，但有一個使用圖形語言來呈現OOAD程序的設計模式，已廣為開發人員使用。這個圖型語言就是統一塑模語言 (UML)，用於塑模物件

導向系統，是目前使用最廣的圖形語言。第3、4兩章將塑模第一個UML圖型，接著在第12章更深入的使用UML對物件導向程式設計塑模。在25-26章，我們以所擁有的物件導向開發經驗，引導您用UML的部分功能完成物件導向設計。

1.9 典型的C++開發環境

C++系統通常由三個部分組成：程式開發環境、程式語言及C++標準函式庫。C++程式開發得經過六個階段，分別是：**編輯 (edit)**、**前置處理 (preprocess)**、**編譯 (compile)**、**連結 (link)**、**載入 (load)** 和**執行 (execute)**。接下來，將介紹典型的C++程式開發環境。

第一階段：建立程式

第一階段是以編輯器 (editor program，簡稱editor) 編輯檔案。您可用編輯器鍵入**C++程式 (原始碼)** 進行必要修正，並將程式存在輔助儲存裝置中 (如硬碟)。C++ 原始碼檔案的副檔名通常是.cpp、.cxx、.cc或C (注意，C是大寫)，表示該檔案含有C++ 原始碼。請參考C++ 編譯器說明文件，得知副檔名的相關資訊。

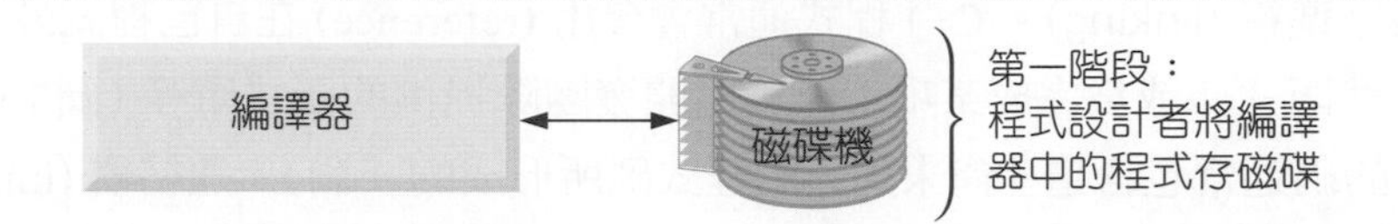

圖1.6　典型的C++開發環境-編輯階段

UNIX系統中最常用的兩種編輯器就是vi和emacs。微軟視窗的C++軟體套件，如Microsoft Visual C++ (microsoft.com/express) 將編輯器整合在程式開發環境中。您也可以使用簡單的文字編輯器寫C++ 程式，如Windows的記事本。

對一個須開發大量資訊系統的組織，由許多軟體廠商提供的**整合開發環境 (IDEs：integrated development environments)** 就成了重要的開發資源。IDE提供軟體開發工具，包括用來寫程式的編輯器，和用來找出**邏輯錯誤 (logic error)** 的除錯器。被廣泛使用的幾個IDE如微軟的Visual Studio 2012 Express、Dev C++、NetBeans、Eclipse中、蘋果的Xcode和CodeLite。

第二階段：前置處理C++程式

在第二階段，您會下指令**編譯 (compile)** 程式 (圖1.7)。C++ 系統中有個**前置處理器 (preprocessor)**，在編譯器進行編譯前會自動執行此程式 (因此我們把前置處理稱作第二階段，編譯才是第三階段)。C++ 前置處理器會按照一種叫做**前置處理指引 (preprocessor directive)** 的命令進行動作，該指引指示編譯前要對程式執行某些操作。這些操作通常會把其他要編譯的文字檔含括進來，並進行各種文字取代動作。我們會在前幾章討論最常用的前置處理指引；附錄E會詳細介紹前置處理程式的功能。

圖1.7 典型的C++開發環境，前置處理階段

第三階段：編譯C++程式

在第三階段，編譯器會將C++ 程式碼轉譯成機器碼 (也稱爲目的碼) (圖 1.8)。

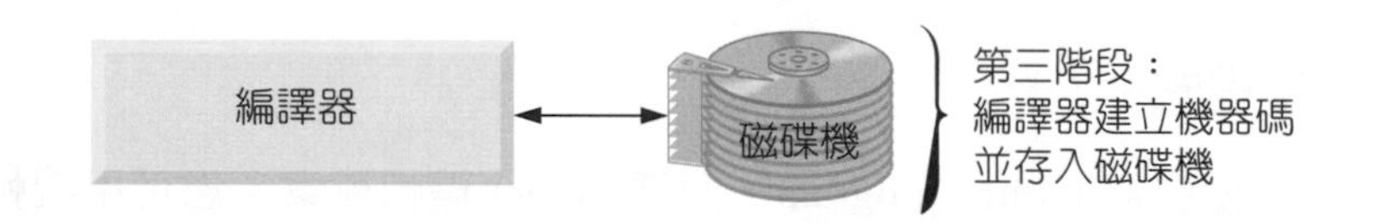

圖1.8 典型的C++開發環境，編譯階段

第四階段：連結

第四階段爲**連接 (linking)**。 C++程式通常會參用 (reference) 在自己程式外定義的函式和資料，如在標準函式庫或爲完成某項工作，由開發團隊提供的函式庫等 (圖 1.9)。C++ 編譯器所產生的目的碼通常包含這些尚未加入的程式碼所形成的「洞」。連結器 (linker) 會將目的碼與這些尚未加入的函式連接起來，以產生可執行的程式 (executable program)，就沒有遺漏的部分了。若程式正確的編譯和連結，就會產生可執行的檔案。

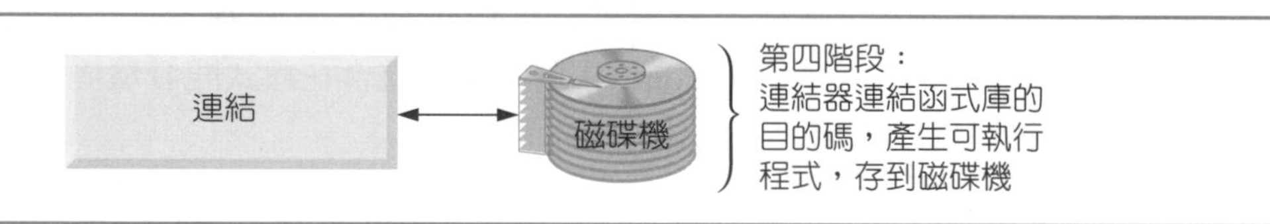

圖1.9 典型的C++開發環境，連結階段

第五階段：載入

第五階段爲**載入 (loading)**。程式執行前，必須先被放入記憶體中。**載入器 (loader)** 負責這項工作，它能把可執行的檔案從磁碟搬到記憶體中。程式所用到其他共享函式庫中的元件，也必須一併載入。

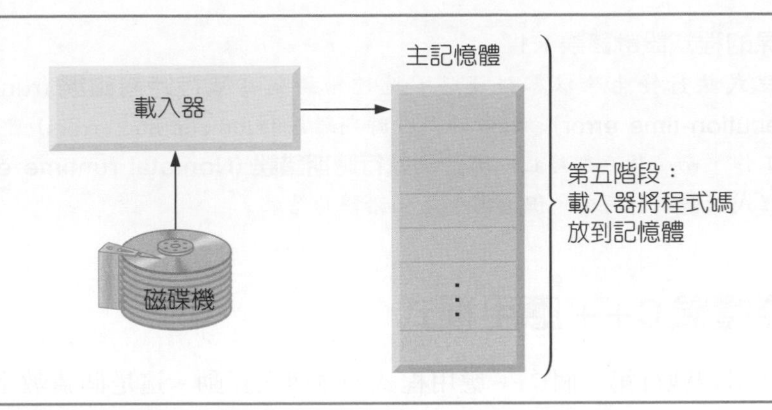

圖1.10 典型的C++開發環境-載入階段

第六階段：執行

最後，電腦會在CPU的控制下，以每次執行一個指令的方式開始**執行** (executes) 程式。一些較具運算功能的電腦可以同時平行執行多個指令。

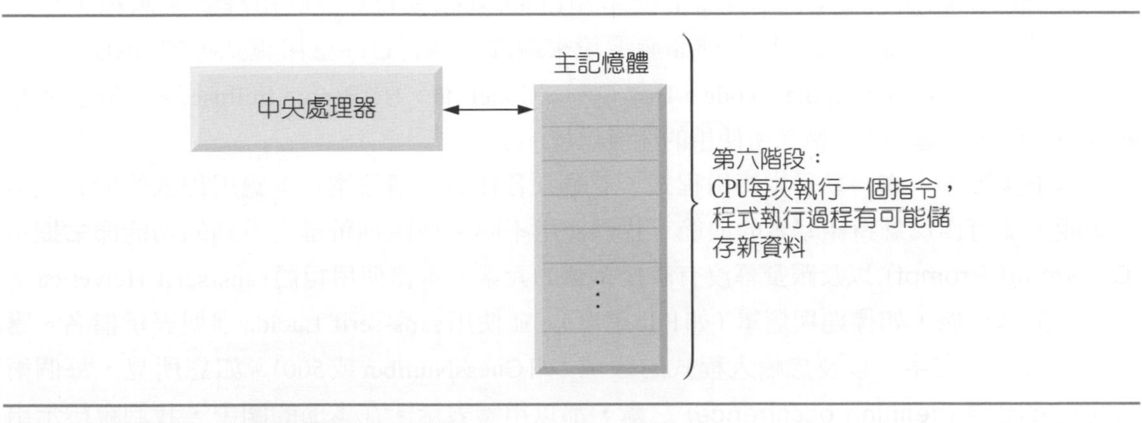

圖1.11 典型的C++開發環境-執行階段

執行時可能會發生的問題

程式在第一次測試時不一定會成功。前面幾個階段都可能因各種錯誤而失敗，這些錯誤本書都會討論。例如，一個執行中程式可能會除以零 (在C++整數運算中，這是一個違規的運算)。這會使C++程式顯示一段錯誤訊息。若發生這樣的情形，就要回到編輯階段做些必要修正，然後再繼續後面的幾個階段，看看是否更正完畢。

C++中大部分程式都會輸入和/或輸出資料。某些C++函式會從cin (唸作see-in，**標準輸入串流** (standard input stream)) 取得輸入值，通常是從鍵盤進行輸入，但cin也可連結到別的裝置。資料通常會輸出到cout (唸作see-out，**標準輸出串流** (standard output stream)，一般是電腦螢幕，但cout也能連結到別的裝置。當我們說「程式印出結果」時，通常是指在螢幕上顯示結果。資料也可輸出到其他裝置，如磁碟和印表機。電腦也有**標準錯誤串流** (standard error stream)，稱爲cerr。cerr串流 (一般會連到螢幕) 用來顯示錯誤訊息。使用者經常會將cout指定到螢幕以外的裝置，而cerr仍指定到螢幕，因此正常輸出與錯誤訊息會被分開。

常見的程式設計錯誤1.1

當程式執行發生除以零錯誤時，這種錯誤稱爲**執行時期錯誤** (run-time error或execution-time error)。致命的執行時期錯誤 (fatal runtime errors) 會讓程式無法完成工作，而必須立即終止。**非致命執行時期錯誤** (Nonfatal runtime errors) 可以允許程式繼續執行完畢，但通常會產生錯誤的結果。

1.10 實際體驗C++應用程式

這一節您將學習執行第一個C++ 應用程式，並與之互動。這是個猜數字遊戲，從1到1000中選個數字，並提示您猜個數字。若猜對，遊戲就結束。若猜錯，應用程式會說您猜的數字比答案大或小。猜的次數不限。[請注意：爲了進行基本測試，我們縮減了程式功能。第6章的習題會要求對本程式做個修改，會隨機選個不同的數字讓您猜，讓它更像眞正的猜數字遊戲。現在這個程式，每次答案都一樣 (雖然可能會因編譯器而異)。這樣當我們示範如何與第一個C++程式玩遊戲時，就可以用一樣的數字來猜，並看到同樣的結果。]

我們將示範如何從Windows命令提示和Linux shell執行C++應用程式。兩種平台上的執行都很類似。讀者可使用多種開發環境來編譯和執行C++應用程式，如GNU C++、Microsoft Visual C++、Apple Xcode、Dev C++、CodeLite、NetBean、Eclipse等。請參考相關說明文件，以進一步了解您所使用的開發環境。

以下步驟中，您將執行本應用程式，並輸入各種數字猜答案。本應用程式的所有元素與功能，都可作爲您持續學習的典範。我們使用不同字型區別螢幕上看到的功能**命令提示** (Command Prompt) 以及跟螢幕沒有直接相關的元素。本書使用粗體sans-serif Helvetica字型表示螢幕功能，如標題與選單 (如File選單)，並使用sans-serif Lucida字型表示檔名、應用程式顯示的文字，以及您輸入程式的數值 (如GuessNumber或500)。如您所見，每個術語的**定義出現** (defining occurrence) 之處，都以粗體表示。在本節的圖中，我們會標示出應用程式的重要部分。爲了讓這些功能更明顯，我們修改了命令提示視窗的背景顏色 (僅限Windows平台)。若要修改您系統的命令提示背景顏色，請選擇開始＞程式集＞附屬應用程式＞命令提示字元，開啓命令提示 (Command Prompt)，並在標題列按滑鼠右鍵選取「內容」。在命令提示的「內容」對話框中，按一下「色彩」頁籤，並選取您喜歡的文字與背景顏色。

從Windows XP命令提示執行C++ 應用程式

1. 檢查設定值。閱讀網站www.deitel.com/books/cpphtp9/上的「開始之前」小節，確定您已正確地將本書範例複製到硬碟上。

2. 找出完整的應用程式。開啓命令提示視窗。請鍵入cd C:\examples\ch01\GuessNumber\Windows，再按Enter切換到GuessNumber應用程式目錄 (圖1.12)。cd指令可切換目錄。

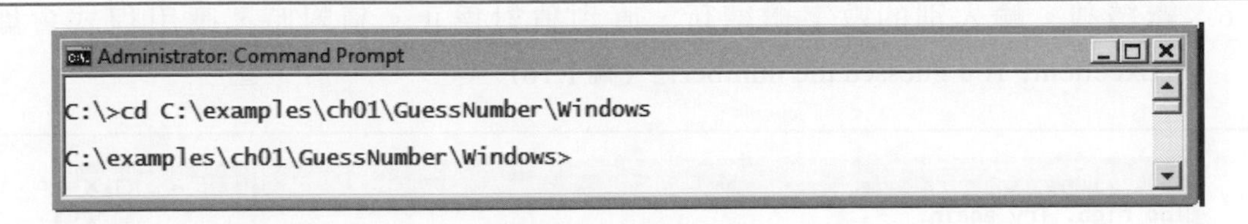

圖1.12　開啓命令提示 (command prompt) 視窗並切換目錄

3. 執行GuessNumber應用程式。現在您已位於GuessNumber應用程式目錄中了，請鍵入指令GuessNumber (圖1.13) 再按Enter鍵。[請注意：應用程式的實際名稱是GuessNumber.exe，但Windows預設執行檔的副檔名是.exe，執行時可省略副檔名。]

```
Administrator: Command Prompt - GuessNumber
C:\examples\ch01\GuessNumber\Windows>GuessNumber
I have a number between 1 and 1000.
Can you guess my number?
Please type your first guess.
?
```

圖1.13　執行GuessNumber應用程式

4. 輸入第一個數字，猜第一次。應用程式顯示「Please type your first guess」並在下一行顯示問號 (?) 做提示 (圖1.13)。在提示處輸入500 (圖1.14)。

```
Administrator: Command Prompt - GuessNumber
C:\examples\ch01\GuessNumber\Windows>GuessNumber
I have a number between 1 and 1000.
Can you guess my number?
Please type your first guess.
? 500
Too high. Try again.
?
```

圖1.14　輸入第一個數字，猜第一次

5. 猜第二次。應用程式顯示「Too high. Try again」，表示您猜的數字比應用程式的答案大。所以下一次要猜比較小的數字。在提示處輸入250 (圖1.15)。應用程式再度顯示「Too high.Try again」，表示您猜的數字比應用程式的答案大。

```
Administrator: Command Prompt - GuessNumber
C:\examples\ch01\GuessNumber\Windows>GuessNumber
I have a number between 1 and 1000.
Can you guess my number?
Please type your first guess.
? 500
Too high. Try again.
? 250
Too high. Try again.
?
```

圖1.15　猜第二次，並接受回應

6. 繼續猜。輸入別的數字繼續玩，直到猜對為止。猜對時，應用程式會顯示「Excellent! You guessed the number!」(圖1.16)。

```
Administrator: Command Prompt - GuessNumber
Too high. Try again.
? 125
Too low. Try again.
? 187
Too high. Try again.
? 156
Too high. Try again.
? 140
Too high. Try again.
? 132
Too high. Try again.
? 128
Too low. Try again.
? 130
Too low. Try again.
? 131

Excellent! You guessed the number!
Would you like to play again (y or n)?
```

圖1.16　再猜一次，猜到正確的答案

7. 再玩一次，或結束應用程式。猜對以後，應用程式會問是否要再玩一次(圖1.16)。若在「Would you like to play again (y or n)?」提示處輸入y，應用程式會選另一個數字，並顯示「enter your first guess」，後面有個問號提示(圖1.17)，讓您開始新的一局並猜第一個數字。若輸入n會結束應用程式，並回到命令提示的應用程式目錄下(圖1.18)。每次重新執行應用程式時(也就是步驟3)，它會選相同的數字讓您猜。

8. 關閉命令提示視窗。

```
Administrator: Command Prompt - GuessNumber

Excellent! You guessed the number!
Would you like to play again (y or n)? y

I have a number between 1 and 1000.
Can you guess my number?
Please type your first guess.
?
```

圖1.17　再玩一次

```
Administrator: Command Prompt

Excellent! You guessed the number!
Would you like to play again (y or n)? n


C:\examples\ch01\GuessNumber\Windows>
```

圖1.18　結束遊戲

在Linux上使用GNU C++ 執行C++應用程式

本測試中，我們假設您知道如何將本範例複製到您的home目錄。關於複製檔案到Linux系統的問題，請參閱相關說明。本節圖片亦用粗體標出各步驟所需的使用者輸入。我們系統的shell提示使用水號 (~) 表示home目錄，且每個提示均以錢號 ($) 結尾。各Linux系統的提示符號可能不一樣。

1. 找出完整的應用程式。在Linux shell中，鍵入下列指令並按Enter。

```
cd Examples/ch01/GuessNumber/GNU_Linux
```

   cd指令可切換目錄。

```
~$ cd examples/ch01/GuessNumber/GNU_Linux
~/examples/ch01/GuessNumber/GNU_Linux$
```

圖1.19 切換到GuessNumber應用程式的目錄

2. 編譯GuessNumber應用程式。要在GNU C++編譯器上執行程式，必須先將它編譯，鍵入

```
g++  GuessNumber.cpp -o GuessNumber
```

   如圖1.20所示。本指令會編譯應用程式，並產生一個叫做GuessNumber的可執行檔。

```
~/examples/ch01/GuessNumber/GNU_Linux$ g++ GuessNumber.cpp -o GuessNumber
~/examples/ch01/GuessNumber/GNU_Linux$
```

圖1.20 使用g++命令編譯GuessNumber應用程式

3. 執行GuessNumber應用程式。要執行GuessNumber檔案，請在下一個提示鍵入 ./GuessNumber再按Enter (圖1.21)。

```
~/examples/ch01/GuessNumber/GNU_Linux$ ./GuessNumber
I have a number between 1 and 1000.
Can you guess my number?
Please type your first guess.
?
```

圖1.21 執行GuessNumber應用程式

4. 輸入第一個數字，猜第一次。應用程式顯示「Please type your first guess」並在下一行顯示問號 (?) 做提示 (圖1.21)。在提示處輸入**500** (圖1.22)。[請注意：本應用程式跟前面Windows平台所用的相同，但輸出可能不太一樣，依所用的編譯器而定。]
5. 猜第二次。應用程式顯示「Too high. Try again」，表示您猜的數字比應用程式的答案大 (圖1.22)。在提示處輸入**250** (圖1.23)。這次應用程式顯示「Too low.Try again」，因爲您猜的數字太小。

6. 繼續猜。輸入別的數字繼續玩 (圖1.24)，直到猜對爲止。猜對時，應用程式會顯示「Excellent! You guessed the number!」

```
~/examples/ch01/GuessNumber/GNU_Linux$ ./GuessNumber
I have a number between 1 and 1000.
Can you guess my number?
Please type your first guess.
? 500
Too high. Try again.
?
```

圖1.22 猜第一次

```
~/examples/ch01/GuessNumber/GNU_Linux$ ./GuessNumber
I have a number between 1 and 1000.
Can you guess my number?
Please type your first guess.
? 500
Too high. Try again.
? 250
Too low. Try again.
?
```

圖1.23 猜第二次，並看回應

```
Too low. Try again.
? 375
Too low. Try again.
? 437
Too high. Try again.
? 406
Too high. Try again.
? 391
Too high. Try again.
? 383
Too low. Try again.
? 387
Too high. Try again.
? 385
Too high. Try again.
? 384
Excellent! You guessed the number.
Would you like to play again (y or n)?
```

圖1.24 再猜一次，猜到正確的答案

7. 再玩一次，或結束應用程式。猜對以後，應用程式會問是否要再玩一次。若在「Would you like to play again (y or n)?」提示處輸入y，應用程式會選另一個數字，並顯示「enter your first guess」，後面有個問號提示 (圖1.25)，讓您開始新的一局並猜第一個數字。若輸入n會結束應用程式，並回到shell的應用程式目錄下 (圖1.26)。每次重新執行應用程式時 (也就是步驟3)，它會選相同的數字讓您猜。

```
Excellent! You guessed the number.
Would you like to play again (y or n)? y
I have a number between 1 and 1000.
Can you guess my number?
Please type your first guess.
?
```

圖1.25　再玩一次

```
Excellent! You guessed the number.
Would you like to play again (y or n)? n
~/examples/ch01/GuessNumber/GNU_Linux$
```

圖1.26　結束遊戲

1.11　作業系統

作業系統(operating system)是系統軟體，讓使用者、應用程式開發者和系統管理者能輕鬆地使用電腦。作業系統提供的服務，使每個應用程式可安全有效地執行，也可讓程式和其他應用程式同時(concurrently)執行。包含作業系統核心(core)組件的軟體稱做**核心**(kernel)。受歡迎的桌上型電腦作業系統有Linux、Windows和OS X(以前稱為Mac OS X)，我們使用這三個作業系統發展本書程式。用在智慧手機和平版電腦的熱門作業系統包括Google的Android、蘋果的iOS(適用於iPhone、iPad和iPod Touch設備)，黑莓OS和Windows Phone。您可以用C開發下列重要作業系統的應用程式，其中包括幾個最新的移動式作業系統。

1.11.1　Windows，一個專有作業系統

在80年代中期，微軟在DOS的基礎上開發**Windows作業系統**。DOS是個人電腦上非常流行的作業系統，用戶端透過輸入命令與電腦系統互動。Windows則借用了很多來自Xerox PARC和Apple Macintosh作業系統的概念(如圖示、項目單和視窗)。Windows 8是微軟的作業系統，其功能包括增強型用戶界面、更快的啓動程序、進一步細化的安全功能、支援觸控螢幕等等。Windows是一個專有的作業系統，由微軟完全控制。Windows是目前為止，世界上使用最廣泛的桌上型電腦作業系統。

1.11.2　Linux，一個開放原始碼的作業系統

Linux作業系統可算是開放原始碼有史以來最成功的一個案例。**開放原始碼軟體**(Open-source software)從早期寡佔式專有的軟體開發風格中分離出來。隨著開放原始碼發展，個人和公司貢獻出自己所開發、維護和不斷演進的軟體，進行交換使用權，以取得此類軟體可為自己使用的目的，通常是免費的。開放原始碼是由熱衷此道的一群軟體迷細挑慢撿的挑出毛病，比起專有軟體開發模式，錯誤去除得更快。開放原始碼在自然的演進中鼓勵了創新。幾家大型企業如IBM、甲骨文等其他公司，已經在Linux開放原始碼中投入相當大的資源。

在開放原始碼領域有一些重要的組織：

- Eclipse基金會：Eclipse整合開發環境，幫助程式設計者，以快速且便利的方式開發軟體。
- Mozilla基金會：Firefox瀏覽器的發者。
- Apache軟體基金會：Apache Web伺服器的開發者，用於開發基於Web的應用。
- SourceForge：提供工具來管理開放原始碼計畫，已經有數十萬專業人士加入開發行列。

在計算和通訊領域的迅速發展，降低軟體開發成本，再加上開放原始碼本身具有的便利性和經濟性，僅僅在這十年當中，就使得開發大型商業軟體環境有莫大的進展與改善。

Linux的Kernel已成了大多數以開放原始碼、免費散佈及全功能方式開發作業系統的核心。它是由一個組織鬆散的志願者團隊開發的，被廣泛使用在伺服器、個人電腦和嵌入式系統當中。不同於那些專有的作業系統，如微軟的Windows和蘋果的OS X，Linux的原始碼(程式)在網路公開讓大家進行審查和修改，且可以免費下載並安裝。因此，Linux用戶受益於開發社群的積極調整和改善，使得作業系統的修改變得容易，客製化作業系統得以實現。客製化的特性可以很容易滿足顧客特定的需求。

開放原始碼的作業系統雖具強大功能，但在使用者介面親和力這部分，尚有精進空間，再加上缺少像微軟般的強大市場行銷力道，使得Red Hat Linux、Ubuntu Linux和其他諸多此類的作業系統，無法在普羅大眾領域風行。但在其他高階資訊上游的應用如伺服器、嵌入式系統和Google的Android智慧手機作業系統等等，Linux已經成爲最受歡迎和最流行的作業系統。

1.11.3 Apple's OS X；Apple's iOS之iPhone®、iPad®和iPod Touch®

蘋果公司，成立於1976年，由史蒂夫·賈伯斯(Steve Jobs)和史蒂夫·沃茲尼亞克(Steve Wozniak)所創立，該公司迅速在1979年成爲個人電腦領域的領頭羊。賈伯斯和蘋果幾名員工參觀全錄帕羅奧多研究中心(Xerox PARC: Palo Alto Research Center)，以了解有關**電腦圖型介面**(GUI：graphical user interface)的特質。1984年蘋果在電視上推出一個大張旗鼓令人難忘的Super Bowel廣告(https://www.youtube.com/watch?v=2zfqw8nhUwA)，行銷的正是以GUI爲介面的麥金塔電腦。

Objective-C程式語言由Brad Cox和Tom Love在1980年代初期創建，新增物件導向(OOP)的功能。在寫這本書的時候，Objective-C正足以和C++的相媲美[6]。

賈伯斯在1985年離開蘋果公司，創辦了NeXT公司。1988年，NeXT從StepStone公司取得Objective-C的授權，開發了Objective-C的編譯器和程式庫。這兩個軟體工具被用來開發NeXTSTEP作業系統的使用者介面和Interface Build軟體。Interface Build被用來建立作業系統的圖型化使用者介面。1996年蘋果以收購NeXT的方式讓賈伯斯重返蘋果。蘋果公司的OS X作業系統衍生於NeXTSTEP，用在iPhone、iPad和iPod Touch設備的作業系統iOS則衍生於OS X。

6 www.tiobe.com/index.php/content/paperinfo/tpci/index.html.

1.11.4 Google的Android

Android是增長速度最快的智慧型手機作業系統，是基於Linux內核和Java開發而成。有經驗的Java程式設計者可以迅速進入Android的發展領域。

開發Android應用的一個好處是平台的開放性。該作業系統是開放原始碼和免費的。

Android作業系統是由Android公司所開發，在2005年被Google收購。開放手機聯盟剛開始由34家企業組成，2011年增加到84家，發佈了基於Linux作業系統的開放原始碼手機平台Android。2012年，每天有超過90萬個新的Android設備啓動[7]，Android智慧手機現在的銷量已超過了在美國境內的iPhone[8]。

全世界現有許多裝置和設備使用Android作業系統，簡列於下：

- 智慧型手機：摩托羅拉Droid、HTC的One S和三星的Galaxy Nexus等。
- 電子書閱讀器：Kindle Fire、Barnes和Noble Nook等。
- 平板電腦：戴爾的Streak和三星的Galaxy Tab等。
- 其他：如觸控螢幕、車、機器人、多媒體播放器等。

1.12 網際網路與全球資訊網

網際網路 (Internet) 是一個全球性的電腦網路，是電腦和通訊技術融合的產物。1960年代晚期，ARPA (美國高級研究計劃署) 提出了一個網路藍圖，企圖將ARPA所資助的十幾所大學和研究機構以網路相連。這使得學術研究機構有了一個巨大的躍進。ARPA著手實施ARPANET，最終演變成今天的**網際網路 (Internet)**。很快它的應用開始瘋狂展開，透過網路傳送電子郵件是ARPANET早期提供的關鍵服務，現在則成了日常應用。今天的全球資訊網可以用任何想得到的方式，讓彼此透過網路溝通。

分封交換

ARPANET的主要目的是讓多個用戶在同一個通訊路徑 (電話線也是) 可同時發送和接收訊息。網路用一種稱爲**分封交換 (packet switch)** 技術，在資料發送前將用戶資料分割成多個小段後送出，每一個小段就稱做**封包 (packet)**。封包有必要的地址、錯誤控制和序列編號等。地址資訊讓封包可被繞送到目的地。序列編號則有助於封包重組，因爲複雜的路由機制，使得封包到達的順序和原來的順序不同，須經過重組程序。封包從不同的發送方送出，被混合在同一個可用的頻寬。這種分組交換技術比起專用通訊線，大大降低傳輸成本。

網路的設計目的是在沒有集中控制的機制下運作。如果部分路徑失效，剩下的封包仍可由各種路由演算法另擇可靠性替代路徑，繞送到目的地。

7 mashable.com/2012/06/11/900000-android-devices/.
8 www.pcworld.com/article/196035/android_outsells_the_iphone_no_big_surprise.html.

TCP / IP協定

TCP是在ARPANET上使用的通訊協定(一組通訊規則)就是後來眾所周知的**TCP傳輸控制協定**(Transmission Control Protocol)。TCP確保訊息是正確無誤的從發送端送到接收端。隨著全球資訊網的發展,全球企業正在發展自己的網路。一個挑戰是讓這些不同的網路進行通訊。ARPA藉由IP (Internet Protocol)完成這項任務,真正建構了一個由網路組成的網路,也就是當前網際網路的架構。以上兩個協定的組合通常稱為TCP / IP。

全球資訊網、HTML與HTTP

全球資訊網(Word Wide Web)又稱互聯網,可以讓您在網際網路上找到和看到各式各樣多媒體資訊。網站則是一個相對較新的應用。1989年歐洲核子研究組織(CERN)的Tim Berners-Lee開始發展超鏈結的技術,使內部各單位能共享資訊。Berners-Lee稱他的發明為**超文本標記語言**(HTML)。他還寫了通訊協定,形成新的資訊系統的骨幹,它將其稱為全球資訊網。特別是,他寫了超文本傳輸協定(HTTP)用來在網站發佈資訊。**URL(劃一資源定位器,俗稱網址)**網址指定所要連結網頁的地址,顯示在網頁視窗上的地址就是URL。全球資訊網上的每個網頁都有一個唯一的URL網址。HTTPS(Hypertext Transfer Protocol Secure)則是用於加密傳輸的標準。

Web 2.0中的Mosaic, Netscape, Emergence

1993年Mosaic一個具有親和圖形介面的瀏覽器推出,在當時造成全球資訊網人氣爆發,大受歡迎,點燃一股網路熱潮。一時間Mosaic儼然成為Web瀏覽器的標準。Marc Andreessen和他在美國國家超級計算應用中心(NCSA)的團隊,開發了Mosaic瀏覽器。後來Marc Andreessen離開NCSA創立了網景(Netscape)公司。由於眾人的信賴,該公司每一季的收入都以倍數成長,造就90年代末期全球資訊網的經濟榮景。

到了2003年有一個明顯的轉變,個人和企業都使用網路,並開發基於Web的應用程式。術語Web 2.0是由O'Reilly Media[9]公司的Dale Dougherty於2003年提出,用來說明Web這一轉變趨勢。一般來說,Web 2.0公司使用網路作為一個平台,來創建協作以社區為基礎的網站(例如,社交網路網站、博客、維基百科等)。

具有Web 2.0特質的公司有:Google(網頁搜索)、YouTube的(視頻分享)、Facebook(社交網路)、微博(微型部落格)、Groupon(社交商務)、Foursquare(手機應用)、Salesforce(商業軟體線上服務)、Craigslist(大多是免費的分類訊息)、Flickr(照片共享)、Skype(網路電話、視頻呼叫和會議)和維基百科(免費的線上百科全書)。

Web 2.0的用戶們,不僅創建內容,也幫助組織它、分享它、混用它、批判它、更新它等。Web 2.0是一個自由對話環境,大家有表達意見和交流意見的機會。能夠理解Web 2.0的公司意識到自己的產品和服務,就是要有這種對話機制。

9 T. O'Reilly, "What is Web 2.0: Design Patterns and Business Models for the Next Generation of Software." September 2005 <http://www.oreillynet.com/pub/a/oreilly/tim/news/2005/09/30/what-is-web-20.html?page=1>.

參與式架構

Web 2.0擁抱**參與式架構** (architecture of participation)，使人們能自由貢獻點子，讓解決問題的好方案得以流傳下來。您，這個用戶，就是Web 2.0最重要的概念。在2006年，時代雜誌的"年度風雲人物"就是"您[10]。這篇文章意識到Web2.0的社群特質。熱門博客現在正與傳統媒體強國競爭，許多Web 2.0公司都幾乎完全建立在用戶建造的內容。Facebook、Twitter、YouTube、eBay和維基百科等公司都是由用戶創建內容，公司只是提供平台處理和分享這些內容。

1.13　一些關鍵軟體開發術語

圖1.27列出了許多在軟體開發社群中會聽到的流行語。已經在我們的資源中心放入這些技術性軟體話題，目前仍繼續增加其內容。

技術	說明
Ajax	Ajax是首屈一指的Web 2.0軟體技術之一。Ajax目的在幫助網際網路的應用程式開發，能和桌面應用程式一樣，這是一項艱鉅的任務。在網際網路電腦和伺服器間資料往返受限於傳輸延遲，Ajax應用可以僅向伺服器傳送並取回必須的資料，並在用戶端採用JavaScript處理來自伺服器的回應。如此，伺服器和瀏覽器之間交換的資料大量減少，程式的反應速度和桌上型電腦一樣快。
敏捷軟體開發(Agile software development)	**敏捷軟體** (Agile software Development) 發展一套方法論，試圖讓軟體開發比以前的方法更快，使用更少的資源。上網查詢敏捷聯盟 (www.agilealliance.org) 和敏捷宣言 (www.agilemanifesto.org)。
重構(Refactoring)	**重構** (Refactoring) 指的是在不改變軟體的外在行為下，改善軟體的內部設計。重構涉及改造方案，使軟體更清晰，更容易保留其正確性、功能性和易維護性。重構廣為敏捷開發方法所採用。許多IDE都有重構工具來自動完成改造的功能。
設計模式(Design patterns)	**設計模式** (Design patterns) 是經過驗證的架構，可建構靈活的可維護的物件導向軟體。設計模式的領域嘗試列舉這些循環模式，鼓勵軟體設計的再利用。達到用更少的時間、金錢和精力來開發更優質軟體的目的。
LAMP	LAMP是一組一起使用來執行動態網站或者伺服器的自由軟體名稱首字母的縮寫 (LAMP: Linux、Apache 、MySQL、PHP)。另有兩個以字母P開頭的程式也常被使用：Perl和Pytho。MySQL是一個開放原始碼的資料庫管理系統。 PHP是目前最流行的全球資訊網開源伺服端"腳本"程式語言。

圖1.27　軟體技術(1/2)

10　www.time.com/time/magazine/article/0,9171,1570810,00.html.

技術	說明
軟體即服務(SaaS)	軟體一般被看作是一個產品，大多數軟體仍是以這種方式在市場行銷。如果您想執行一個應用程序，您向軟體供應商買軟體，通常是包裝在CD或DVD上，也有的直接從或網路下載，然後將該軟體安裝在電腦上執行。如果軟體新的版本出現，需要升級時，通常又得花相當的時間和費用。對於有成千上萬個軟體安裝在磁碟陣列的組織而言，這個過程可能變得非常麻煩。 有了SaaS (Software as a Service)，所有軟體透過網路在遠端執行，無需對軟體進行維護，服務提供商會全權管理和維護軟體，對於許多企業來說，SaaS是採用先進技術的最好途徑。您可以透過瀏覽器執行程式。瀏覽器到處都有，這樣您就可從全世界上任何地方的電腦執行程式。 Salesforce.com、Google、微軟的Office Live 和Windows Live都提供類似的服務。SaaS具有雲端計算的能力。
平台即服務(PaaS)	**平台即服務** (PaaS: platform as a service) 是雲端運算的另一種能力，透過Web提供一個計算平台，用於開發和執行應用程式，軟體不用安裝在您自己的電腦上。PaaS的供應商有Google的App Engine、Amazon EC2和Bungee Labs等。
軟體開發套件(SDK)	**軟體開發套件** (SDK: Software Development Kits) 包括工具和文件檔案，程式人員用來開發應用系統。

圖1.27 軟體技術(2/2)

圖1.28說明軟體產品發佈版本的意義

技術	說明
Alpha	軟體產品的alpha版，指的是整個軟體釋出周期中的第一個階段，其功能尚未完善，目前仍在積極發展中。Alpha版通常有錯誤、不完整、不穩定，被釋放到相對較小的研發團隊，測試其新的功能並根據回應做修正。
Beta	Beta版是軟體最早對外公開的軟體版本，由公眾參與測試，一般來說，Beta包含所有功能。Beta版本經過除錯修正，出錯率較低。 Beta版軟體更加穩定，但仍可能發生變化。
候選發佈版(Release Candidates)	候選發佈版一般都配備齊全，沒有錯誤，準備好由社群使用，社群提供了一個多樣的檢測使用環境，候選版軟體用在不同系統上，具有不同的限制和各種用途。出現的任何錯誤被糾正後，就準備上市，最終產品被釋出給大衆。軟體公司以增量更新方式，在網路上發佈更新。
Continuous beta	以這種方式釋出的軟體一般不會有版本編號，如Google Search和Gmail。在雲端託管的軟體，不斷發展更新，使用者始終擁有最新的版本，不需要版本編號。

圖1.28 軟體發佈術語

1.14　C++11與開放原始碼Boost程式庫

C++11（以前稱爲C++0x）是最新的C++程式語言標準，由ISO / IEC在2011年發表。C++的創建者Bjarne Stroustrup，對於程式語言的未來，表達了他的願景:C++11的主要目的在使C++的學習更加容易，改善函式庫建構能力，並提高與C語言的相容性。新標準擴展了C++標準函式庫，包括一些特點和增強功能以提高語言性能和安全性。主要的C++編譯器廠商已經實作了許多新的C++11的特性（圖1.29）。在本書中，我們討論C++11的各種關鍵功能。欲了解更多資訊，請造訪C++標準委員會網站 www.open-std.org/jtc1/sc22/wg21/和isocpp.org。C++11語言規範（ISO/ IEC14882：2011）可在網站http://bit.ly/CPlusPlus11Standard購買。

C++編譯器	C++ 特點說明網站
C++11的特性與每個主要的C++編譯器實作方式	wiki.apache.org/stdcxx/C%2B%2B0xCompilerSupport
GNU套裝編譯器（g++）	msdn.microsoft.com/en-us/library/hh567368.aspx gcc.gnu.org/projects/cxx0x.html
Intel® C++編譯器	software.intel.com/en-us/articles/c0x-featuressupported-by-intel-c-compiler/
IBM® XL C/C++	www.ibm.com/developerworks/mydeveloperworks/blogs/5894415f-be62-4bc0-81c5-3956e82276f3/entry/xlc_compiler_s_c_11_support50?lang=en
Clang EDG ecpp	clang.llvm.org/cxx_status.html www.edg.com/docs/edg_cpp.pdf

圖1.29　幾個已經實作C++11的主要C++編譯器

Boost C++函式庫

Boost C++函式庫是免費的，由C++社群成員創建。他們在許多編譯器和平台上經過同行評審。Boots已發展出100多個函式庫，目前仍在定期增加中。今天，有成千上萬的程式設計師加入Boost開放原始碼社群。Boots爲那些仍使用標準C++函式庫的程式設計師，提供更有用的函式庫。在多種平台使用各種不同編譯器，開發軟體的程式設計師，都可以使用Boost函式庫。一些新的C++11標準函式庫特性，就是來自於相對應的Boost函式庫。我們的團隊在總覽整個Boost後，爲Boost 中的"regular expression"和"smart pointer"兩個函式庫提供範例程式。

正規表示式（regular expression）是處理字串的方法，用來匹配文字中的特定格式。它們可以用於驗證資料，確保它與特定格式相符合，或用來取代字串中的某一部分，或分割字串。

C和C++程式碼常見的錯誤通常都發生在指標（pointer），指標是C++從C引入的一個重要的功能。智慧指標（smart pointers）會幫助您解決使用傳統指標常犯的錯誤。

1.15 與資訊技術齊頭並進

圖1.30列出了主要的技術和商業出版物，這將有助於您保持最新的新聞和最新的技術發展趨勢。您也可以在www.deitel.com/resourcecenters.html網站找到越來越多和網際網路及網站相關的資訊。

出版商	網站
ACM TechNewst	technews.acm.org/
ACM Transactions on Accessible Computing	www.gccis.rit.edu/taccess/index.html
ACM Transactions on Internet Technolog	toit.acm.org/
Bloomberg BusinessWeek	www.businessweek.com
CNET	news.cnet.com
Communications of the ACM cacm.acm.org	Caccm.acm.org
Computerworld	www.computerworld.com
Engadget	www.engadget.com
eWeek	www.eweek.com
Fortune	money.cnn.com/magazines/fortune/
IEEE Internet Computing	www.computer.org/portal/web/internet/home
InfoWorld	www.infoworld.com
Mashable	mashable.com
PCWorld	www.pcworld.com
SD	Times www.sdtimes.com
Slashdot	slashdot.org/
Smarter Technology	www.smartertechnology.co
Technology Review	technologyreview.com
Techcrunch	techcrunch.com
Wired	www.wired.com

圖1.30　已實作C++11主要功能的C++編譯器

1.16 Web資源

本節提供了指向我們的C++和相關資源中心的超連結，這將有益於您學習C++。這些連結包括博客、文章、白皮書、編譯器、開發工具、下載、常見問題解答、教學指引、網絡廣播、維基和C++遊戲程式開發資源等。有關Deitel(作者)的出版品更新、資源中心、培訓課程、夥伴等，可在我們的網站Facebook®: www.facebook.com/deitelfan/、Twitter®: @deitel、Google+ : gplus.to/deitel 和LinkedIn:t bit.ly/DeitelLinkedIn. 中找到。

Deitel & Associates公司網站

www.deitel.com/books/cpphtp9/ 網站裡有書中的範例程式。

下列四個網站有編譯器、程式碼、教學指引、檔案、書籍、電子書、文章、博客、RSS提要等等，這將幫助您開發C++應用程式。

(1) www.deitel.com/cplusplus/

(2) www.deitel.com/visualcplusplus/

(3) www.deitel.com/codesearchengines/

(4) www.deitel.com/programmingprojects/

www.deitel.com 網站內容為所有的Deitel出版品的更新、更正和額外資源。

www.deitel.com/newsletter/subscribe.html 可訂閱 Deitel® Buzz 線上電子郵件新聞，可取得 Deitel＆Associates 公司的出版資訊，包括更新和本原文書的勘誤表。

自我測驗題

1.1 請在以下題目填空

a) _____設備使用衛星網路來取得定位資訊。

b) 每一或兩年，電腦的能力提升一倍，售價卻降一倍。這種說法被稱為_____。

c) _____儲存電子資料，其組織資料方式利於資料存取和處理。

d) 任何電腦都只能了解自己的_____語言。

e) 轉譯程式稱為_____能將高階語言轉換成機器語言。

f) _____讓您在網站聽音樂，選喜歡的曲子自製"電台"，並歡迎您提供音樂內容。

g) 由於軟硬體的快速發展，使_____急劇下降。

1.2 請在以下關於C++ 環境的敘述中填空

a) C++原始碼檔案，其副檔名通常是_____、_____、_____或_____。

b) C++提供給Microsoft Windows的軟體套件是_____。

c) 在一個C++系統，_____程式會在編譯前自動執行。

d) _____也被稱為標準錯誤流。

1.3 請在以下題目填空（基於1.8節）：

a) 物件導向有_____特質，雖然物件藉由介面，知道彼此如何溝通，但它們通常不能懂是如何實作的。

b) C++程式設計者定義_____，其中包含資料成員和用來處理資料的成員函式，並向顧客端提供服務。

c) 以物件導向觀點來分析和設計系統的過程稱為_____。

d) 透過_____，新的類別物件可吸收現有類別的特點，然後加入自己的獨有的特點。

e) _____是一個圖形化的語言，使設計軟體系統的工程師，可用標準的圖形符號來表示系統。

F) 物體的大小、形狀、顏色和重量被稱為是該物件的_____。

自我測驗題解答

1.1 a) 全球定位系統 (GPS)。 b) 摩爾定律。 c) 資料庫。 d) 機器語言。
e) 編譯器。 f) 串流媒體音樂服務。 g) 計算成本。

1.2 a) .cpp、.cxx、.cc、.C。 b) Microsoft Visual C++。 c) 前置處理器 d) cerr。

1.3 a) 資料隱藏。 b) 類別。c) 物件導向分析和設計 (OOAD)。 d) 繼承。
e) 統一塑模語言 (UML)。 f) 屬性。

習題

1.4 請在以下題目填空

a) 電腦的邏輯單元，從外部電腦接收資料供自己使用的是_______。

b) 指示電腦來解決問題的程序稱_______。

c) _______是一種電腦程式語言，以英文縮寫來表示機器指令。

d) _______是電腦的邏輯單元，可將處理好的資料外送給各種裝置，使得這些資料可在電腦外處理。

e) _______和_______是電腦的邏輯單元，用來保留資料。

f) _______電腦的一個邏輯單元，用來執行計算。

g) _______電腦的一個邏輯單元，用來做邏輯判斷。

h) _______語言方便讓程式設計者能迅速便捷的寫程式。

i) 唯一讓電腦能夠直接理解的語言是_______。

j) _______是電腦的邏輯單元，用於和其他邏輯單元協調。

1.5 請在以下題目填空

a) _______被用來和文字中的特定模式相匹配义。

b) _______(以前稱爲C++ 0x)，是最新的C++標準程式語言，由ISO / IEC於2011年釋出。

1.6 請在以下題目填空

a) 軟體釋出類型有_____、_____、_____和_____。

b) _____和軟體改造方案有關，使他們更清晰，更易於維護同時保留其正確性和功能。

1.7 可能是世界上最常見的一種物品型態：筆。討論如何以下列每個術語和概念用在筆上：物件、屬性、行爲、類別、繼承(考慮，例如鋼筆)、建模、訊息、封裝、介面和資訊隱藏。

創新進階題

在本書中我們提供了和創新相關的進階習題，在這些習題中，您會碰觸到有關個人、社區、國家和世界的相關議題。有關世界各組織如何致力於創新和不同思維相關資訊，請造訪我們的資源中心www.deitel.com/makingadifference。

1.8 (測試：**碳足跡計算工具**) 有些科學家認爲，碳排放量(特別來自石油燃燒)會嚴重影響全球暖化的問題，然而假如每個人能夠開始限制自己在碳基燃料上的使用，這些問題便可以獲得改善。許多組織和個人開始關心他們的「碳足跡」(carbon footprints)。

以下網站如TerraPass

www.terrapass.com/carbon-footprint-calculator/

及Carbon Footprint

www.carbonfootprint.com/calculator.aspx

都提供了碳足跡的計算工具。測試這些工具程式，算出您自己的碳足跡。接下來的章節中，我們會請您設計出您自己的碳足跡的計算程式。爲了準備之後的習題，現在請先研究這些網站上的碳足跡計算公式。

1.9 (測試：身體質量指數計算工具)近年來的統計顯示，三分之二的美國人都有超重的問題，其中大約一半患有肥胖症。這會增加許多疾病的發生率，諸如糖尿病和心臟疾病。您可以使用身體質量指數 (body mass index，BMI) 來判斷一個人是否過重或肥胖。美國衛生部提供了BMI計算工具，網址爲www.nhlbisupport.com/bmi/。使用它計算您自己的BMI。在第2章的習題中，您必須寫出自己的BMI計算工具。爲了準備之後的習題，現在請您先研究這個網站上的BMI計算公式。

1.10 (油電混合車的屬性) 在本章中，您學到了類別的基本概念。現在讓我們將類別的概念具體化，建立一個「油電混合車」的類別。由於比起純汽油動力車能得到更佳的里程數，油電混合車變得越來越受歡迎。請上網研究四到五種目前常見的油電混合車，並儘可能列出與油電混合車相關的屬性。像是每加侖的市區里程數以及每加侖高速公路里程數。同時列出電池的屬性 (類型、重量等等)。

1.11 (性別中立) 有許多人會想要消除我們在語言中的各種性別歧視。請您建立一個程式，這個程式要處理一段文字，將具有性別差異的文字替代爲性別中立的文字。假設您的手邊有一份名單，包含了許多具有性別差異的文字及其性別中立的替換字(例如將wife以spouse替代，將man以person替代，將daughter以child替代等等)，解釋您會用什麼樣的程序來閱讀整段文章，然後手動地執行這些替換動作。您的程序在什麼情況下會產生一些奇怪的字像是“woperchild”，這個字確實列在英文俚語辭典Urban Dictionary中(www.urbandictionary.com)。在第4章，您會學到以更正式的用語來稱呼上述程序：「演算法」(algorithm)。演算法是用來指定執行步驟，以及這些步驟執行的順序。

1.12 (認證) 假設用於電子郵件服務認證的伺服器，用來在全球資訊網上發送數以百萬人的郵件，包括您的。伺服器被公司一些心懷不滿的職員給入侵。請討論此問題。

1.13 (程式設計師的責任和義務)，作爲一個程式設計師，您可能開發一個影響社會生活和安全的軟體。假設有一個軟體缺陷在您的程式中，這可能會導致宗教極端主義和恐怖主義。請討論此問題。

1.14 (2010年“閃電崩盤”) 一個依賴電腦所產生的可怕後果。實例是發生在2010年5月6日的股市，在短短的幾分鐘內，美國股市急劇下跌造成所謂的“閃電崩盤”，殲滅萬億美元的投資，然後突然間在幾分鐘之內又恢復正常。利用網際網路來調查這閃電崩盤的原因，並討論和此現象相關的問題。

創新資源

微軟潛能創意盃是一個全球性的競賽，學生使用技術來解決一些世界上最棘手的問題，如環境的持續發展、消除飢餓、應急響應、掃盲，和防治愛滋病毒/愛滋病等。有關競爭資訊和過去幾屆獲獎項目，可造訪www.imaginecup.com/about網站。您還可以找到全球慈善組織提交的幾個計畫。

有關其他具備創意程式設計的計畫，可在網絡上搜索“making a difference”並造訪下列網站：

www.un.org/millenniumgoals

聯合國千禧年計劃，針對全球主要的問題，尋求解決方案，如環境持續發展、性別平等、兒童和孕產婦保健、教育普及等等。

www.ibm.com/smarterplanet/

在IBM®智慧地球網站，討論IBM如何利用技術來解決有關商業問題、雲端運算、教育、可持續發展等等。

www.gatesfoundation.org/Pages/home.aspx

Bill 和 Melinda Gates 基金會，提供資金給相關組織，以緩解發展中國家飢餓、貧困和疾病的發生。在美國境內，基金會聚焦在改善公共教育，特別是缺乏教育資源的族群。

www.nethope.org/

NetHope匯集了許多世界上最大的人道主義組織，以更好、更智慧性的技術幫助需要的人。NetHope致力於解決技術問題，如連接、緊急應變等等。

www.rainforestfoundation.org/home

雨林基金會，致力於保護熱帶雨林和保護那些稱雨林爲“家”的當地土著的權利。該網站列表呈現需求項目，尋求協助。

www.undp.org/

聯合國發展計劃署 (UNDP) 試圖解決這些具全球性挑戰問題，如預防危機、危機復原、能源與環境、民主管理等。

www.unido.org

聯合國工業發展組織 (UNIDO)，旨在減少貧困，給發展中國家有機會參與全球貿易，促進能源效率和可持續性。

www.usaid.gov/

美國國際開發署，促進全球民主、健康、經濟增長、預防衝突、人道主義援助等等。

www.toyota.com/ideas-for-good/

豐田的“Toyota's Ideas for Good”網站，說明了幾個創意應用，包括先進的停車誘導系統、混合式動力、太陽能供電通風系統、人體安全模型和觸摸式跟蹤顯示。您可以提交一篇短文或影片，說明如何將這些與眾不同的技術用在其他地方。

Memo

C++程式設計簡介

2

What's in a name? that which we call a rose
By any other name would smell as sweet.
—William Shakespeare

High thoughts must have high language.
—Aristophanes

One person can make a difference and every person should try.
—John F. Kennedy

學習目標

在本章中，您將學習：

- 用C++撰寫簡單的電腦程式。
- 撰寫簡單的輸入與輸出敘述。
- 使用基本資料型態。
- 基本電腦記憶體觀念。
- 使用算術運算子。
- 算術運算子的優先順序。
- 撰寫簡單的判斷敘述。

本章綱要

2.1 簡介

本章開始介紹C++程式設計。C++是一個被廣泛使用的電腦程式設計語言，至今仍是產業界最流行的程式開發工具，它語法嚴謹，讓我們能以循序漸進的方式理解與學習。本書大部分的C++範例程式，都以處理資訊，顯示結果的模式進行。本章介紹五個範例，說明程式如何顯示訊息，並從使用者處取得資訊進行處理。前三個範例程式只單純的在螢幕上顯示訊息。第四個範例程式會從使用者處讀取兩個數值，計算此二數之和，並顯示結果。然後我們會討論如何執行各種算術運算，並儲存結果供後續使用。第五個範例程式介紹如何比較兩個數字，並依比較結果顯示訊息，藉此說明判斷機制的基礎。我們會一次分析一行程式，幫助您便捷邁向C++程式設計之路。

編譯和執行程式

在www.deitel.com/books/cpphtp9 網站，我們已經發佈教學影片，說明使用Microsoft Visual C++、GNU C++和Xcode等開發工具，進行編譯的程序。

2.2 第一個C++程式：列印一行文字

現在進行的是只印出一行文字的簡單程式 (圖2.1)。本程式說明C++語言的幾個重要功能，我們會詳細說明每一行程式。第1-11行是程式的原始碼 (程式碼)，行號只是為說明方便，不是程式碼的一部分。

```
1 // Fig. 2.1: fig02_01.cpp
2 // Text-printing program.
3 #include <iostream> // allows program to output data to the screen
4
5 // function main begins program execution
6 int main()
7 {
8    std::cout << "Welcome to C++!\n"; // display message
```

```
 9
10    return 0; // indicate that program ended successfully
11 } // end function main
```

```
Welcome to C++!
```

圖2.1　列印一行文字的程式

說明

第1和2行

```
// Fig. 2.1: fig02_01.cpp
// Text-printing program.
```

以雙斜線 // 開始的每一行，表示該行其餘的部分都是**註解** (comment)。您可以插入註解，說明程式的目的，並幫助其他人閱讀，了解該程式。程式執行時，註解不會讓電腦執行任何動作，C++ 編譯器會忽略註解，不會產生任何機器語言目的碼。註解「Text-printing program」說明程式目的。以 // 開頭的註解稱爲**單行註解** (single-line comment)，因爲註解只有這一行。[請注意：您也可以使用C的風格撰寫多行註解。它以/*開頭並以*/ 結尾，中間包住的部分就是註解。]

良好的程式設計習慣2.1

每個程式最前面應該要寫個註解，說明程式目的。

#include 前置處理指引

第3行

```
#include <iostream> // allows program to output data to the screen
```

是個前置處理指引 (preprocessor directive)，這是給C++ 前置處理器 (於1.9節介紹) 的訊息。在程式編譯之前，前置處理器會處理以#開頭的每一行。這幾行程式會通知前置處理器，將**輸入／輸出串流標頭檔 <iostream>** (input/output stream header file) 的內容引入。任何程式想要使用C++的串流，將資料輸出到螢幕或從鍵盤輸入資料，就必須載入此標頭檔。圖2.1的程式會輸出資料到螢幕上。第6章會詳談標頭檔，第13章會解釋<iostream>的內容。

常犯的程式設計錯誤2.1

若從鍵盤輸入資料或輸出資料至螢幕的程式忘記引入 <iostream> 標頭檔，編譯器會產生錯誤訊息。

空行和空白

第4行只是一行空白。程式設計者可用空白行、空白字元與tab字元 (也就是「tab」) 來增加程式可讀性。這些字元合稱**空格** (white space)。編譯器通常會忽略空格字元。

main 主程式

第5行

```
// function main begins program execution
```

也是個單行註解，它指出程式會從下一行開始執行。

第6行

```
int main()
```

每個C++程式都會有main 函式。在main之後的小括號表示main是一個程式區塊，稱爲**函式** (function)。C++程式通常由一或多個函式與類別 (將於第3章介紹) 組成。每個程式只能有一個稱爲main的函式。圖2.1中的程式只有一個函式main。C++程式一開始會先執行main函式，就算main函式不是程式的第一個函式也一樣。位於main左邊的關鍵字int，表示main函式會「回傳」一個整數值。**關鍵字** (keyword) 是C++在程式中的保留字，以供特殊用途。圖4.3會列出C++所有關鍵字。在3.3節中建立自己定義的函式時，我們會解釋“回傳值”是什麼意思。目前我們只要在每個程式中的main函式，左邊加入關鍵字int就可以了。

每個函式**主體** (body) 的起始處必須包含**左大括號** { (left brace，**第7行**)。而對應的**右大括號** } (right brace，**第11行**) 表示每個函式主體的結束之處。

輸出敘述

第8行

```
std::cout << "Welcome to C++!\n"; // display message
```

會指示電腦**執行某個動作** (perform an action) 印出雙引號之間的字串 (string)。字串有時稱做**字元字串** (character string)、或是**逐字字串** (string literal)。我們將雙引號之間的字元簡稱爲**字串** (string)。編譯器不會忽略字串內的空白字元。

整個第8行程式，包括std::cout、**<<運算子** 、字串 "Welcome to C++!\n" 以及**分號「；」** (semicolon)，就稱爲**敘述** (Statement)。每行C++敘述須以分號 (也叫**敘述結束符號，** statement terminator) 做結束。前置處理指引 (如#include) 則不以分號做結。C++利用字元**串流** (stream) 來輸入和輸出資料。因此，執行前述的敘述後，程式就會將 "Welcome to C++!" 這個字元串流送到**標準輸出串流物件** std::cout (standard output stream object) 輸出，它通常「連結」到螢幕。

常犯的程式設計錯誤2.2

C++敘述結尾忘了加上分號，產生語法錯誤。程式語言的語法 (syntax) 說明了該語言應該遵循的正確程式規則。當編譯器碰到違反C++語言規則 (也就是語法) 的程式碼時，便會發生語法錯誤 (syntax error)。編譯器通常會發出錯誤訊息，幫助您找出並修改錯誤的程式碼。語法錯誤又稱爲**編譯器錯誤** (compiler error)、**編譯時期錯誤** (compile-time error) 或是**編譯錯誤** (compilation error)，因爲這些錯誤是編譯器在編譯階段偵測出來的。修正完所有語法錯誤之前，程式是無法執行的。後續您會學到，某些編譯器找到的錯誤並非語法錯誤。

良好的程式設計習慣2.2

將函式的整個主體內容在函式主體的大括號間縮排一層，可讓程式的功能結構更加凸顯，提升程式可讀性。

良好的程式設計習慣2.3

依您的喜好設定慣用的縮排量，然後統一使用此縮排量。Tab鍵可用來建立縮排，但tab定位點可能有所差異。最好以三個空白作爲一層的縮排量。

Std 命名空間

當我們在程式中用到前置處理指引#include <iostream>時，必須在cout前加上std::。而std::cout符號代表我們所用的cout是屬於std這個「命名空間」。第1章介紹的cin（標準輸入串流）與cerr（標準錯誤串流）亦屬於命名空間std。命名空間是C++的進階功能，將於23章深入討論。截至目前爲止，您只需記得要在程式中每個cout、cin和cerr之前加上std::。這似乎有點麻煩。在下一章節，我們會介紹using指引 (directive)，以避免每次使用命名空間std時都要加上std::。

串流插入運算與跳脫序列

在程式的輸出敘述中，運算子<<稱爲**串流插入運算子** (stream insertion operator)。執行本程式時，運算子右方的值，也就是右**運算元** (operand) 會插入輸出串流中。請注意，運算子會指出資料流動的方向。在右運算元雙引號中的字元會印出來。然而，請注意字元\n不會顯示在螢幕上 (圖2.1)。反斜線符號 (\) 稱爲**跳脫字元** (escape character)。它表示要輸出一個「特殊」字元。當字串中出現反斜線時，下一個字元就會與反斜線結合成**跳脫序列** (escape sequence)。跳脫序列\n表示**新增一行** (newline)。它會讓**游標** (cursor即目前螢幕位置指位器）移到螢幕的下一行開端。圖2.2列出一些常用的跳脫序列。

跳脫序列	說明
`\n`	換行符號。將游標移到下一行的開始處。
`\t`	水平定位。將游標移到下一個水平定位點。
`\r`	回車。將游標移到本行起始處，不要移到下一行。
`\a`	警告。系統發出警告聲。
`\\`	反斜線。用來印出一個反斜線。
`\'`	單引號。用來印出一個單引號。
`\"`	雙引號。用來印出一個雙引號。

圖2.2 跳脫序列

return敘述

第10行

```
return 0; // indicate that program ended successfully
```

是我們用來**離開函式** (exit a function) 的方法之一。如上所示，在main函式的結束處使用return**敘述** (return statement) 時，若値爲0，表示該程式成功結束。右大括號} (第11行) 表示main函式的結束位置。依據C++標準，假如程式到達main的最後而沒有碰到return敘述句，表示程式成功結束，跟在main的最後放上return 0;是相同的，因此我們在後續的程式中會省略main最末的return敘述句。

關於程式註解

當您寫一個新的程式或修改現有的程式，應該爲程式加上最新的註解，說明程式目的。程式碼經常需要修改，如修正錯誤 (俗稱去除臭蟲) 等，以防止程式無法正常工作。更新註解可準確反映程式碼的作用，這會讓您的程序更易於理解和修改。

2.3 修改第一個C++程式

本節用兩個範例修改圖2.1的程式，用多行敘述顯示一行文字，以及用一行敘述顯示多行文字。

以多行敘述顯示一行文字

我們可用多種方式印出"Welcome to C++!"。例如，圖2.3以多行敘述執行串流插入 (第8-9行)，產生和圖2.1程式一樣的輸出。[請注意：從現在開始，我們使用灰色陰影標出每個程式的重要功能。]每個串流插入會在前一個插入結束後繼續列印。第一個串流插入敘述 (第8行) 會印出Welcome，再接著一個空白，因爲該字串並未以\n結束，因此第二個串流插入敘述 (第9行) 會在同一行第一句的空白之後繼續列印。

```
 1 // Fig. 2.3: fig02_03.cpp
 2 // Printing a line of text with multiple statements.
 3 #include <iostream> // allows program to output data to the screen
 4
 5 // function main begins program execution
 6 int main()
 7 {
 8    std::cout << "Welcome ";
 9    std::cout << "to C++!\n";
10 } // end function main
```

```
Welcome to C++!
```

圖2.3 使用多行敘述印出一行文字

以一行敘述顯示多行文字

單一敘述也可使用換行字元印出多行，如圖2.4的第8行所示。每次在輸出串流中出現\n(換行)跳脫序列時，螢幕游標就會移到下一行的起始位置。若想輸出一行空白，只要連續使用兩個換行字元即可，如第8行所示。

```
1 // Fig. 2.4: fig02_04.cpp
2 // Printing multiple lines of text with a single statement.
3 #include <iostream> // allows program to output data to the screen
4
5 // function main begins program execution
6 int main()
7 {
8    std::cout << "Welcome\nto\n\nC++!\n";
9 } // end function main
```

```
Welcome
to

C++!
```

圖2.4　使用一行敘述列印多行文字

2.4　另一個C++程式：整數加法

下一個程式取得使用者在鍵盤上輸入的兩個整數，然後計算這兩個數字的總和，並使用std::cout輸出結果。圖2.5列出本程式以及輸入／輸出範例。當程式執行，我們以粗體字標出使用者的輸入。程式由函數main(第6行)開始執行。左大括號(第7行)是main函式主體程式的開始，右大括號(第22行)則是main函式主體程式的結束。

```
1 // Fig. 2.5: fig02_05.cpp
2 // Addition program that displays the sum of two integers.
3 #include <iostream> // allows program to perform input and output
4
5 // function main begins program execution
6 int main()
7 {
8    // variable declarations
9    int number1 = 0; // first integer to add (initialized to 0)
10   int number2 = 0; // second integer to add (initialized to 0)
11   int sum = 0; // sum of number1 and number2 (initialized to 0)
12
13   std::cout << "Enter first integer: "; // prompt user for data
14   std::cin >> number1; // read first integer from user into number1
15
16   std::cout << "Enter second integer: "; // prompt user for data
17   std::cin >> number2; // read second integer from user into number2
18
19   sum = number1 + number2; // add the numbers; store result in sum
20
21   std::cout << "Sum is " << sum << std::endl; // display sum; end line
22 } // end function main
```

圖2.5　加法程式，顯示鍵盤輸入的兩個數的和(1/2)

```
Enter first integer: 45
Enter second integer: 72
Sum is 117
```

圖2.5 加法程式，顯示鍵盤輸入兩個數的和(2/2)

宣告變數

第9-11行

```
int number1 = 0; // first integer to add (initialized to 0)
int number2 = 0; // second integer to add (initialized to 0)
int sum = 0; // sum of number1 and number2 (initialized to 0)
```

宣告(declaration)了三個整數。識別字number1、number2和sum是**變數**(variable)名稱。變數就是電腦記憶體中的某個位置，它可以存放數值供程式使用。這些宣告指定變數number1、number2與sum的資料型態是int，表示這些變數是存放**整數**(integer)數值，也就是7、－11、0與31914等整數。在宣告變數時，將變數初始值設為0。

錯誤預防要訣 2.1

雖無必要在宣告變數時設定初始值，這樣做的好處是可避免多種問題發生。

所有變數都需宣告名稱與資料型態，才能在程式中被使用。相同型態的幾個變數，可在同一行宣告或分別在多行宣告。我們可用逗號分格列表(comma-separated list)的方式，在一行中宣告三個變數，如下所示：

```
int number1 = 0, number2 = 0, sum = 0;
```

這種方式會降低程式可讀性，也無法讓我們為每個變數寫註解，說明定義此變數的目的何在。

良好的程式設計習慣2.4

在每一個宣告中只宣告一個變數，並提供一個註釋說明變數在程式中的目的。

基礎資料型態

我們很快會說明實數資料型態double，以及字元資料型態char。實數就是帶小數點的數，如3.4、0.0和－11.19。一個char變數只能儲存一個小寫字母、大寫字母、位數或特殊字元(如$或*)。int、double與char等型態通常稱作**基礎資料型態**(fundamental type)。基礎資料型態的名稱都是保留字，因此都須以小寫字母表示。附錄C含完整的基礎資料型態清單。

識別字

程式中所有識別字由程式設計人自己命名。變數名稱 (如number1) 就是任何非關鍵字的有效**識別字** (identifier)。識別字是由字母、數字和底線 (_) 組成的一連串字元，但第一個字元不可是數字。C++ 會**區分大小寫** (case sensitive)，所以a1與A1是不同的識別字。

可攜性要訣 2.1

C ++允許任意長度的識別字，但在寫C ++程式時，受限於各家不同的編譯器，可能字數會有所限制。建議不要超過31個字，確保可攜性。

良好的程式設計習慣2.5

請選擇有意義的識別字，以幫助程式「**自我文件化**」(self-documenting) 一別人只要讀程式碼就知道程式功能，不用再翻閱手冊或讀程式說明文件。

良好的程式設計習慣2.6

識別字不要用縮寫，以提升程式可讀性。

良好的程式設計習慣2.7

識別字不要用底線和雙底線開頭，因爲C++編譯器可能會用這幾個字元作爲關鍵字或保留字的開頭。這可以避免您的識別字與編譯器所命名的文字相同而產生衝突，造成程式錯誤。

變數宣告的位置

變數宣告可放在程式的任何位置，但宣告必須出現在此變數使用的位置之前。例如圖2.5的程式中第9行的宣告。

```
int number1 = 0; // first integer to add (initialized to 0)
```

可放在14行之前

```
std::cin >> number1; // read first integer from user into number1
```

第10行的宣告

```
int number2 = 0; // second integer to add (initialized to 0)
```

可放在17行之前

```
std::cin >> number2; // read second integer from user into number2
```

而第11行的宣告

```
int sum = 0; // sum of number1 and number2 (initialized to 0)
```

可放在19行之前

```
sum = number1 + number2; // add the numbers; store result in sum
```

從用戶端取得第一筆資料

第13行

```
std::cout << "Enter first integer: "; // prompt user for data
```

在螢幕上印出「Enter first integer:」，再加一個空白。這個訊息就叫作**提示** (prompt)，因爲它指示使用者進行某特定動作。我們喜歡將前面敘述唸作「std::cout取得字串 "Enter first integer:"」。第14行

```
std::cin >> number1; // read first integer from user into number1
```

使用標準輸入串流物件cin (standard input stream object ，屬於命名空間std) 以及串流擷取運算子>>(stream extraction operator) 從鍵盤取得數值。使用串流擷取運算子std::cin可從標準輸入串流 (通常是鍵盤) 取得輸入字元。我們喜歡將此敘述唸作「std::cin將數值指派給number1」或僅唸作「std::cin賦值給number1」。

當電腦執行前述的敘述時，它會等待使用者輸入變數number1的值。使用者鍵入一個整數 (以字元形式) 並按Enter鍵 (有時稱作Return鍵) 將字元傳給電腦。電腦會將輸入字元轉換成整數，並將此數字 (或值，value) **指派** (**複製**) 給變數number1。此後，程式中任何參照到number1的位置都會使用此相同的數值。

串流物件std::cout**和**std::cin讓使用者可以和電腦互動。

用戶絕對有可能從鍵盤輸入無效資料。例如，當您的程式等待用戶輸入整數，用戶可能輸入數字以外的字，如特殊符號 (＃或@) 或一些帶有小數點的 (如73.5)。在前面幾個範例，我們假設用戶輸入的資料是有效的。隨著本書進展，您將學習各種技術處理這些在用戶輸入資料時，所產生的各種問題。

從用戶端取得第二筆資料

第16行

```
std::cout << "Enter second integer: "; // prompt user for data
```

在螢幕上印出「Enter second integer:」，提示使用者輸入數字。第17行

```
std::cin >> number2; // read second integer from user into number2
```

從使用者處取得變數number2的值。

計算用戶輸入數值的和

第19行指派敘述

```
sum = number1 + number2; // add the numbers; store result in sum
```

計算變數number1和number2的總和，然後將結果以**指派運算子** (assignment operator) "="設定給變數sum。這個敘述讀作「sum取得number1+number2的值」。大部分的計算都是用指派敘述來執行。運算子 = 和 + 稱爲二元運算子 (binary operator)，因爲它們需要有二個運算元才能運算。例如 + 運算子的兩個運算元是number1和number2。而 = 運算子的兩個運算元分別是sum和運算式number1+number2。

良好的程式設計習慣2.8

在二元運算子的兩邊都放空白字元。除了突顯運算子外，也可讓程式更具可讀性。

顯示結果

第21行

```
std::cout << "Sum is " << sum << std::endl; // display sum; end line
```

顯示字串"Sum is"，後面接著變數sum的值，再接著std::endl—也叫做**串流操作子** (stream manipulator)。endl是「end line」的簡寫，屬於命名空間std。串流操作子std::endl會輸出一個換行字元，然後「將輸出緩衝區清除」。這表示在某些系統中，輸出的資料會累積起來，直到累積到夠多的資料量才在螢幕顯示出來，但是std::endl會強迫所有累積的資料立即顯示在螢幕上。若該輸出是用來提示使用者進行動作 (如輸入資料)，這便很重要。

前述的敘述會輸出不同型態的多個數值。串流插入運算子「知道」如何輸出每一種資料。在單一敘述中使用多個串流插入運算子 (<<)，可視爲**串接的** (concatenating)、**連鎖的** (chaining) 或是**接續的** (cascading) **串流插入運算** (stream insertion operation)。如此，要輸出多份資料，就不用寫多行敘述了。

輸出敘述亦可執行計算。我們可將第19行和第21行的敘述合併成以下敘述

```
std::cout << "Sum is " << number1 + number2 << std::endl;
```

如此就可省略變數sum。

C++的一個強大功能，便是使用者可建立自己定義的資料型態，也就是類別 (我們會在第3章介紹此功能，並在第9章深入探討)。然後使用者就能「指導」C++如何使用>>和<<運算子，來輸入和輸出這些自訂資料型態的數值 (稱爲**運算子多載** (operator overloading)，我們會在第10章討論這項主題)。

2.5 記憶體觀念

變數是記憶體的代名詞，像number1、number2和sum這三個變數名稱，實際上是對應到電腦記憶體的某個**位置** (location)。每個變數都有名稱 (name)、型態 (type)、大小 (size) 和數值 (value)。

在圖2.5的加法程式第14行

```
std::cin >> number1; // read first integer from user into number1
```

執行時，使用者輸入的整數會放到記憶體，編譯器將此記憶體位置指定給變數number1。假設使用者輸入數字45作爲變數number1的值。則電腦會將45放到變數number1的位置，如圖2.6所示。當數值放入記憶體位置時，會蓋掉該位置原本的值，因此，將新數值放到記憶體位置是有**破壞性的** (destructive)。

number1	45

圖2.6 記憶體位置顯示變數number1的名稱和數值

回到我們的加法程式，第17行，假設讀者在敘述

```
std::cin >> number2; // read second integer from user into number2
```

執行時輸入的值是72，這個數值就會存到number2的位置，其記憶體配置如圖2.7所示。請注意，這些位置不一定是記憶體中相鄰的位置。

一旦程式取得number1和number2的值，它就會將兩個值相加，然後將總和存入變數sum。敘述

```
sum = number1 + number2; // add the numbers; store result in sum
```

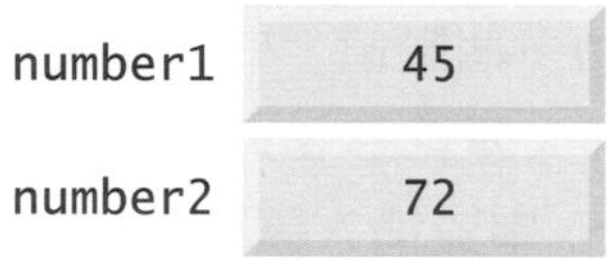

number1	45
number2	72

圖2.7 儲存number1和number2的值後的記憶體位置

會取代目前sum的值。當計算number1和number2的總和，並且將總和存到sum時，就會執行上述動作 (無論原來sum中所儲存的數值爲何，都會被蓋掉)。計算sum之後，記憶體就如圖2.8所示。number1和number2的值不會變，就跟計算sum之前一樣。電腦執行計算時，只是利用這些數值而已，不會刪除它們。因此，從記憶體讀取數值時，其過程**不具破壞性** (nondestructive)。

number1	45
number2	72
sum	117

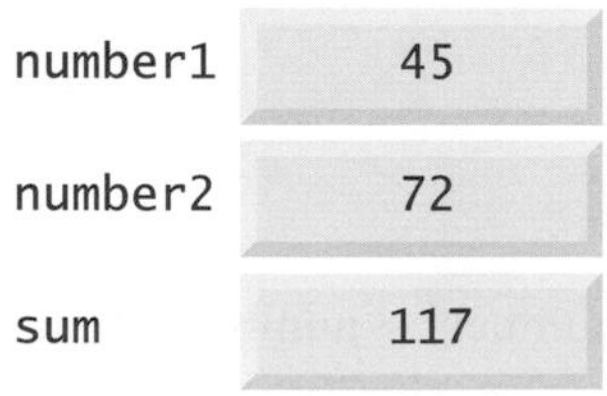

圖2.8 計算number1和number2總和sum。儲存sum 後的記憶體位置

2.6 算術計算

大部分的程式都會執行算術計算。圖2.9整理出C++的**算術運算子** (arithmetic operator)。請注意，代數並沒有使用C++定義的各種特殊符號。在程式中，**星號「*」** (asterisk) 代表乘法，**百分比符號「%」** (percent sign) 則是**模數** (modulus) 運算子，我們很快會討論它們。圖2.9的算術運算子都是二元運算子，也就是有兩個運算元的運算子。例如number1+number2運算式含一個二元運算子 + ，和兩個運算元number1與number2。

整數除法 (Integer division，就是被除數與除數都是整數) 會產生整數商數，例如運算式7 / 4的結果是1，運算式17 / 5的結果是3。整數除法中的分數部分都會**捨去** (truncated)，不會有小數出現。

C++ 運算	C++ 運算子	代數運算式	C++ 運算式
加法	+	$f+7$	`f + 7`
減法	-	$p-c$	`p - c`
乘法	*	bm or $b \cdot m$	`b * m`
除法	/	x/y or $\frac{x}{y}$ or $x \div y$	`x / y`
模數	%	$r \bmod s$	`r % s`

圖2.9　算術運算子

C++ 提供**模數運算子%** (modulus operator)，它會產生整數除法後的餘數。模數運算子只能用於整數運算元。運算式x % y會產生x除以y的餘數。因此7 % 4的結果是3，17 % 5是2。後面章節會討論模數運算子的諸多有趣應用，如判斷某數是否為另一數的倍數 (特例是判斷某數是偶數還是奇數)。

橫式的算術運算式

C++的算術運算式須以**橫式** (straight-line form) 輸入電腦。因此，像是「a除以b」的運算式就必須寫成a/b，如此所有的常數、變數和運算子都會排成橫行。以下的代數符號

$$\frac{a}{b}$$

無法為編譯器接受。雖然某些特殊用途的套裝軟體，支援以更自然的符號寫法，來表示複雜的數學運算式，但C++這種語法嚴格的程式，通常不會接受。

用小括號將子運算式分群

在C++運算式中，小括號的用法跟代數運算的用法很像。例如，要將a乘以b + c的值，就寫成a * (b + c)。

運算子優先順序規則

C++在算術運算式中的運算子用法，依照下述的**「運算子優先順序規則」**(rules of operator precedence) 決定運算的順序，一般而言與代數中的規則相同：

1. 在同一對小括號中的運算子先進行計算。小括號具有「最高優先權」。若爲**巢狀** (nested)、或稱**嵌入** (embedded)、小括號 (parentheses)，如

```
(a * ( b + c ) )
```

最裡面那對小括號中的運算子會先計算。

2. 接著處理乘法、除法和模數運算。若運算式有多個乘法、除法和模數運算，則運算子從左到右進行計算。因此乘法、除法和模數運算具有相同的優先權層級。
3. 加法和減法最後才計算。若運算式有多個加減法運算，則從左到右進行計算。加法和減法也具有相同的優先順序。

運算子優先順序規則定義了C++處理運算子的順序。當我們說某些運算子是從左到右計算時，我們指的是這些運算子的**結合性** (associativity)。例如，運算式

```
a + b + c
```

加號 (+) 是從左到右結合的，所以先計算a + b，再加上c，算出整個運算式的值。我們將看到某些運算子是從右到左做結合運算。圖2.10整理出運算子優先順序規則。當我們介紹其他C++運算子時，還會擴充這個表格。附錄A中有完整的優先順序列表圖。

運算子	運算	計算順序(優先順序)
( )	小括號	最先計算，若小括號是巢狀的，如 a * (b+ c / (d + e))，最內層的括號先計算。注意：運算式(a +b) * (c - d) 中的兩個括號非巢狀，而是屬於同一層，C++標準沒訂定到底是 (a+b) 先算，還是 (c-d) 先算。
* / %	乘法 除法 模數運算	第二優先，若運算式出現數個此類優先等級運算子，則會從左到右計算。
+ -	加法 減法	最後計算，若運算式出現數個此類優先等級運算子，則會左到右計算

圖2.10 算術運算子優先順序

代數與C++運算式範例

現在看看幾個遵照運算子優先順序的運算式。每個範例都會列出一個代數運算式和對等的C++運算式。以下的範例會計算五個數的算術平均值：

Algebra: $m = \dfrac{a + b + c + d + e}{5}$

C++: `m = ( a + b + c + d + e ) / 5;`

此處的小括號是必須的，因爲除法比加法擁有更高的優先權。上式將整個 (a + b + c + d + e) 的值除以5，假如遺漏了其中的括號，便會得到a + b + c + d + e/5，運算式就算錯了，如下所示

$$a + b + c + d + \frac{e}{5}$$

以下範例將方程式寫成一行

Algebra: $y = mx + b$
C++: `y = m * x + b;`

這裡不需要小括號。程式會先計算乘法運算，因爲乘法的優先權高於加法的優先權。

以下範例包括模數運算 (%)、乘法、除法、加法、減法和賦值等運算：

Algebra $z = pr\%q + w/x - y$

```
C++:   z  =  p  *  r  %  q  +  w  /  x  -  y;
          6     1     2     4     3     5
```

在運算式底下圈起來的數字，表示C++執行這些運算子的順序。乘法、模數運算和除法首先會依據從左到右的順序進行計算（也就是這些運算子的結合性爲從左到右），因爲它們的優先權比加法和減法更高。接著才計算加法和減法。它們也是從左到右進行計算。最後才執行指派運算子，這是因爲它的優先權比任何算術運算子都要來得低。

二次多項式計算

爲了進一步了解運算子優先順序，我們看一個二次多項式 ($y = ax^2 + bx + c$)：

```
y  =  a  *  x  *  x  +  b  *  x  +  c;
   6     1     2     4     3     5
```

在運算式底下圈起來的數字，表示C++執行這些運算子的順序。C++沒有表示指數的算術運算式，所以把x^2寫成x * x。我們很快會討論標準函式庫的pow（「power」，次方）函式，可執行指數運算。因爲其中牽涉到pow所需要的資料型態，所以第5章再詳細討論pow。

假設前述二次多項式中的變數a、b、c和x的值如下：a = 2、b = 3、c = 7及x = 5。圖2.11是運算子的計算順序，運算式最後的值

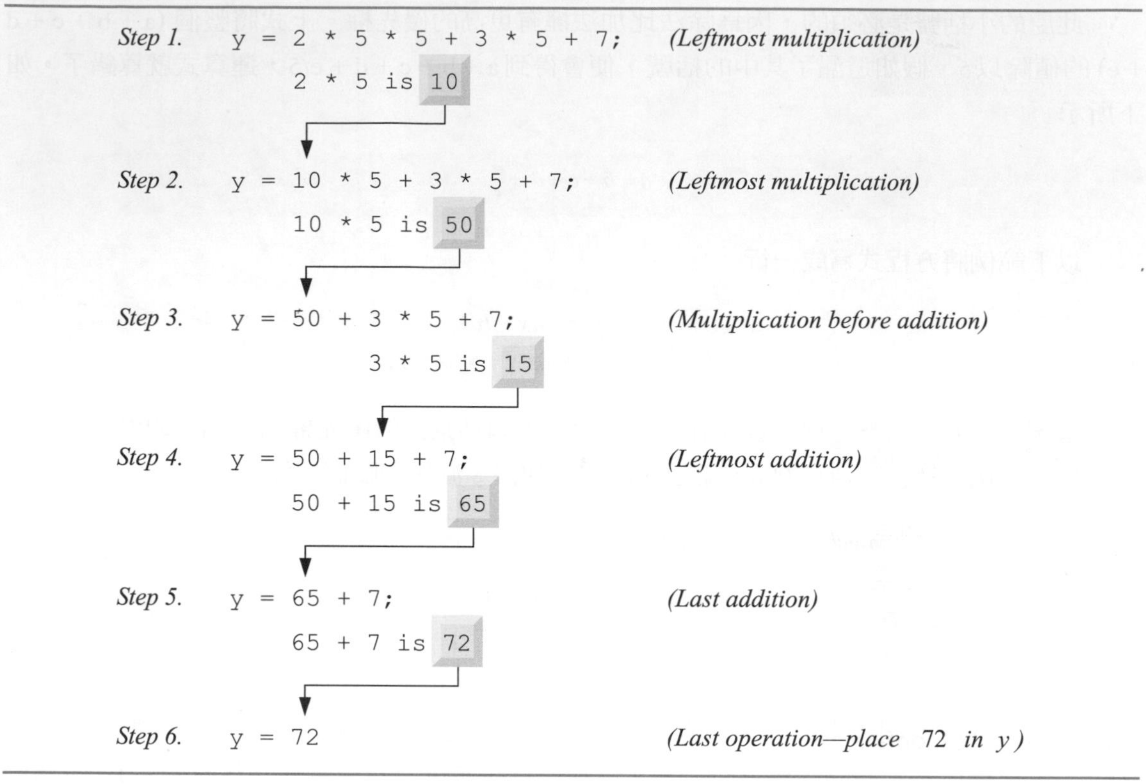

```
Step 1.   y = 2 * 5 * 5 + 3 * 5 + 7;     (Leftmost multiplication)
              2 * 5 is 10

Step 2.   y = 10 * 5 + 3 * 5 + 7;        (Leftmost multiplication)
              10 * 5 is 50

Step 3.   y = 50 + 3 * 5 + 7;            (Multiplication before addition)
                   3 * 5 is 15

Step 4.   y = 50 + 15 + 7;               (Leftmost addition)
              50 + 15 is 65

Step 5.   y = 65 + 7;                    (Last addition)
              65 + 7 is 72

Step 6.   y = 72                         (Last operation—place 72 in y)
```

圖2.11 二次多項式的計算順序

多餘括號

跟代數運算一樣，在運算式中加入非必要的小括號，可讓運算式的計算順序更清楚。這些括號稱為**多餘括號** (redundant parentheses)。例如，前述的設定值敘述可加上以下的小括號：

```
y = ( a * x * x ) + ( b * x ) + c;
```

2.7 判斷：等號運算子和關係運算子

本節介紹C++簡單的**if敘述** (if statement)，它可讓程式按照某些**條件** (condition) 的真假值來選擇要執行哪些動作。如果條件為true，則會執行if敘述主體內的敘述。若條件不吻合，也就是條件是偽 (false)，則程式不會執行if結構中的敘述。我們很快會討論這種範例。

在if結構中的條件式可利用**等號運算子** (equality operators) 和**關係運算子** (relational operators) 組成，圖2.12是這些運算子的整理。所有關係運算子都擁有相同的優先權，並從左到右進行結合運算。所有等號運算子都擁有相同的優先權，並從左到右進行結合運算，其優先權低於關係運算子。

標準代數的等號或關係運算子	C++的等號或關係運算子	C++的條件範例	C++條件的意義
關係運算子			
>	>	`x > y`	x大於y
<	<	`x < y`	x小於y
≥	>=	`x >= y`	x大於等於y
≤	<=	`x <= y`	x小於等於y
等號運算子			
=	==	`x == y`	x等於y
≠	!=	`x != y`	x不等於y

圖2.12　等號運算子和關係運算子

常犯的程式設計錯誤2.3

若將運算子 !=、>= 和 <= 的兩個符號顛倒(寫成 =!、=> 和 =<)，通常會產生語法錯誤。在某些狀況下，將 != 寫成 =! 並不算是語法錯誤，但幾乎可以肯定是**邏輯錯誤** (logic error)，在執行期間會造成影響。第5章講到邏輯運算子時，您便會了解理由。**致命的邏輯錯誤** (fatal logic error) 會讓程式失敗且提早結束。**非致命的邏輯錯誤** (nonfatal logic error) 則可讓程式繼續執行，但卻可能會產生不正確的結果。

常犯的程式設計錯誤2.4

將等號運算子 == 和指派運算子 = 搞混淆會產生邏輯錯誤。等號運算子應該唸成「等於」，而指派運算子應該唸成「取得」或「取值自」或「將值指派給」。有些人喜歡將等號運算子讀成「雙等號」。如5.9節所述，將這些運算子搞混不一定會造成顯而易見的語法錯誤，但會造成很微妙的邏輯錯誤，而難以察覺。

使用 if 敘述

以下範例 (圖2.13) 使用6個if敘述來比較使用者輸入的兩個數字。若這些if敘述中有任何一個條件滿足，則會執行與該if相關的敘述。

```
 1 // Fig. 2.13: fig02_13.cpp
 2 // Comparing integers using if statements, relational operators
 3 // and equality operators.
 4 #include <iostream> // allows program to perform input and output
 5
 6 using std::cout; // program uses cout
 7 using std::cin; // program uses cin
 8 using std::endl; // program uses endl
 9
10 // function main begins program execution
11 int main()
12 {
```

圖2.13　利用if敘述、關係運算子和等號運算子比較整數的大小(1/2)

```
13    int number1 = 0; // first integer to compare (initialized to 0)
14    int number2 = 0; // second integer to compare (initialized to 0)
15
16    cout << "Enter two integers to compare: "; // prompt user for data
17 cin >> number1 >> number2; // read two integers from user
18
19 if ( number1 == number2 )
20    cout << number1 << " == " << number2 << endl;
21
22    if ( number1 != number2 )
23       cout << number1 << " != " << number2 << endl;
24
25    if ( number1 < number2 )
26       cout << number1 << " < " << number2 << endl;
27
28    if ( number1 > number2 )
29       cout << number1 << " > " << number2 << endl;
30
31    if ( number1 <= number2 )
32       cout << number1 << " <= " << number2 << endl;
33
34    if ( number1 >= number2 )
35       cout << number1 << " >= " << number2 << endl;
36 } // end function main
```

```
Enter two integers to compare: 3 7
3 != 7
3 < 7
3 <= 7
```

```
Enter two integers to compare: 22 12
22 != 12
22 > 12
22 >= 12
```

```
Enter two integers to compare: 7 7
7 == 7
7 <= 7
7 >= 7
```

圖2.13　利用if敘述、關係運算子和等號運算子比較整數的大小(2/2)

using 宣告

第6到8行。

```
using std::cout; // program uses cout
using std::cin;  // program uses cin
using std::endl; // program uses endl
```

是using宣告，可讓我們不用像之前程式那樣重複使用std::前置字。一旦使用using敘述，之後就能直接用cout取代std::cout，cin取代std::cin，用endl取代std::endl。

許多程式設計師會使用下列的宣告來取代第6-8行。

```
using namespace std;
```

這樣程式就可以使用C++標頭檔 (例如 <iostream>) 中任何可能被引入的名稱。我們在接下來的程式中，都會使用前述宣告[1]。

變數宣告與讀取用戶輸入資料

第13到14行

```
int number1 = 0; // first integer to compare (initialized to 0)
int number2 = 0; // second integer to compare (initialized to 0)
```

宣告此程式所用的變數，並將其值初始化為0。

程式採用連續串流擷取運算 (第17行) 來輸入兩個整數。請記得，因為有第7行，我們可以寫cin (不用再寫std::cin)。一開始，數值會讀進變數number1，然後另一個數值會讀進變數number2。

數值比較

第19-20行的if敘述

```
if ( number1 == number2 )
cout << number1 << " == " << number2 << endl
```

會比較變數number1和number2的值是否相等。如果數值相等，則第20行的敘述會顯示一行文字，指出這些數字是相等的。如果第22、25、28、31和34行開始的if敘述有超過一個以上為true，則對應的主體敘述就會顯示一行文字。

圖2.13中的每個if結構都包含一個敘述，因此都內縮一層。第4章會介紹如何在if結構主體內放入多行敘述 (將主體敘述用一對大括號{ }包起來，這個包起來的部分稱作複合敘述 (compound statement) 或區塊 (block)。

良好的程式設計習慣2.9

將if主體內的敘述都加以縮排，以增進可讀性

常犯的程式設計錯誤2.5

若在if敘述中的條件式右方小括號之後加上一個分號，通常會造成邏輯錯誤 (雖然這不算是語法錯誤)。該分號會讓if結構的主體變成空的，所以該if結構不會執行任何動作，不管其條件是否為true。更糟糕的是，原來if結構內的敘述現在變成了循序敘述，就排在這個if結構之後，所以一定會執行到，常會讓程式產生不正確的結果。

1 在第23章中，會討論將using指引用在大型系統所產生的一些問題。

空白

請注意圖2.13使用空白的方式。回想看看，編譯器通常會忽略tab、換行字元和空格等空白字元。因此您可依個人喜好，將敘述分成多行並用空白隔開。但若將識別字、字串（如"hello"）和常數（如數字1000）分成許多行，就是語法錯誤了。

良好的程式設計習慣2.10

長的敘述可以分成多行。若單一敘述必須分成幾行，則所選的斷句點必須有意義，例如在逗號分隔清單中，逗號後面的斷句，或在一個長運算式中的運算子後面的斷句。若一個敘述分成兩行或更多行，請從第二行開始縮排並靠左對齊。

算子優先權

圖2.14列出本章介紹的運算子優先權 (precedence) 與結合性 (associative)。運算子的優先權是從上到下遞減。除了指派運算子=以外，所有運算子都是從左到右進行運算。加法從左開始結合，所以像x + y + z這樣的運算式就跟(x + y)+ z一樣。指派運算子=則從右到左結合，所以像x = y = 0這樣的運算式就跟x = (y = 0)一樣，先將y設爲0，再將該結果0設給x。

運算子	結合性	型態
()	見圖2.10	小括號分組
* / %	從左到右	乘法類
+ -	從左到右	加法類
<< >>	從左到右	串流 插入/萃取
< <= > >=	從左到右	關係類
== !=	從左到右	相等類
=	從右到左	指派類

圖2.14 目前討論過的運算子優先順序和結合性

良好的程式設計習慣2.11

撰寫含有許多運算子的運算式時，請參考運算子的優先順序與結合性圖(附錄A)。確認運算式中的運算子是依您設計的順序執行。若無法確認複雜運算式中的計算順序，則可將運算式分解成較小的敘述，或用小括號強制其計算順序，如同代數運算式的做法。請再三注意，有些運算子是從右到左運算，而不是從左到右，例如指派運算子(=)。

2.8 總結

在本章中您學到了C++的許多重要的基本功能，包括在螢幕上顯示資料、從鍵盤輸入資料，以及宣告基礎資料型態的變數。您學到了使用輸出串流物件cout以及輸入串流物件cin，建立簡單的互動式程式。我們解釋了變數如何儲存到記憶體，如何從記憶體中取出。您也學到了如何使用算術運算子執行計算。我們討論了C++運算子的執行順序 (運算子優先順序規則) 以及結合性。學到了C++如何利用if敘述式執行判斷。最後我們介紹了等號運算子和關係運算子，您可以利用它們來建立if敘述式中的條件式。

我們藉由這些非物件導向的應用程式，來介紹基礎的程式設計概念。您將會在第3章看到，C++應用程式中的main函式，通常只有短短幾行程式碼，這些敘述句通常用來建立會執行任務的物件，物件就從這裡開始接手工作。第3章我們將介紹如何建立您自己定義的類別，並在應用程式中使用這些類別的物件。

摘要

2.2 第一個C++程式：列印一行文字

- 單行的註解會以 // 符號開始。程式設計者可插入註解將程式文件化，以增進程式的可讀性。
- 程式執行時，註解不會讓電腦執行任何動作，編譯器會忽略註解，不會產生任何機器語言目的碼。
- 前置處理指引以#開頭，是給C++前置處理器的訊息。在程式編譯之前，前置處理器會先處理前置處理指引。它不用以分號結尾。
- #include <iostream>程式碼會通知C++前置處理器，將輸入／輸出串流標頭檔的內容引入程式以供使用。此檔案包含編譯std::cin、std::cout以及串流插入運算子<< 和串流擷取運算子>>所需的資訊。
- 空格（也就是空白行、空白字元與tab字元）可以增加程式可讀性。編譯器會忽略空格字元。
- C++程式一開始會先執行main函式，就算main函式不是程式的第一個函式也一樣。
- 位於main左邊的關鍵字int，表示main函式會「回傳」一個整數值。
- 每一個函式主體必須包含在大括號（{和}）。
- 以雙引號括起的字串有時稱爲字元字串 (character string)、訊息 (message) 或是字面字串 (string literal)。編譯器不會忽略字串內的空白字元。
- 每行敘述須以分號（也叫敘述結束符號）做敘述終結子(statement terminator)。
- C++利用字元串流來輸入和輸出資料。
- 輸出串流物件std::cout通常會連到螢幕，用來輸出資料。多重的資料項目可將串流插入運算子 (<<) 接起來進行輸出。
- 輸入串流物件std::cin通常會連到鍵盤，用來輸入資料。多重的資料項目可將串流擷取運算子 (>>) 接起來進行輸入。
- 而std::cout符號代表我們所用的cout是屬於std這個「命名空間」(namespace)。
- 當字串中出現反斜線時（也就是跳脫字元），下一個字元就會與反斜線結合成跳脫序列 (escape sequence)。
- 新增一行跳脫序列\n會讓游標（即目前螢幕位置指位器）移到螢幕的下一行開端。
- 指示使用者進行某特定動作的訊息叫作提示 (prompt)。
- C++的關鍵字return是我們用來退出函式的方法之一。

2.4 另一個C++程式：整數加法

- 所有C++程式的變數，在使用前必須先行宣告。
- C++變數名稱就是任何非關鍵字的有效識別字。識別字是由字母、數字和底線 (_) 組成的一連串字元。識別字不能以數字開始。C++的識別字長度不限，但是不同廠商或組織所開發的C++編譯器，可能會對識別字的長度加上某些限制。

- C++會區分大小寫。
- 大部分的計算都會用指派敘述來執行。
- 變數就是電腦記憶體中的某個位置，它可以存放數值供程式使用。
- int型態的變數可存放整數，如7、-11、0、31914。

2.5 記憶體觀念

- 儲存在電腦記憶體中的每個變數，都有名稱、數值、型態和大小。
- 當新數值放入記憶體位置時，是具有破壞性的，也就是新數值會蓋掉該位置原本的值。先前的數值會遺失。
- 從記憶體讀取數值，這個過程是非破壞性的，它讀取數值的一份副本，不會破壞記憶體位置中原有的數值。
- 串流操作子std::endl會輸出一個換行字元，然後「將輸出緩衝區清除」。

2.6 算術計算

- C++會按照運算式中的運算子優先順序 (precedence) 和結合性 (associativity)，執行算術運算。
- 小括弧可以將運算式分成群組。
- 整數除法 (就是被除數與除數都是整數) 會產生整數的商數。原商數中的小數部分都會砍掉，所以不會有小數出現。
- 模數運算子%會產生整數除法後的餘數。模數運算子只能用於整數運算元。

2.7 判斷：等號運算子和關係運算子

- if運算式允許程式依據某個條件是否滿足來選擇要執行哪個動作。if敘述的形式是

```
if( condition )
   statement;
```

  如果條件為true，則會執行if敘述主體內的敘述。若條件不吻合，也就是條件是false，則程式會跳過if結構中的敘述。
- 在if敘述中的條件式，通常是由等號運算子和關係運算子所組成。使用這些運算子的結果，不是true就是false。
- using 宣告

```
using std::cout
```

  是using宣告，告訴編譯器在哪裡可以找到cout，讓我們不須重複使用std::前置字。using指引 (using directive)

```
using namespace std;
```

  這樣程式就能使用引入的標準函式庫標頭檔中的任何名稱。

自我測驗題

2.1 請在以下題目填空：

a) 每個C++程式都會先開始執行_____函式。

b) _____符號代表每個函式的起始位置，而_____符號則代表每個函式的結束。

c) 每個C++敘述都是以_____結束。

d) 跳脫序列\n代表_____字元，它能夠將游標的位置移到螢幕下一行的起始位置。

e) _____敘述可以用來進行判斷。

2.2 說明下列何者為對，何者為錯。如果是錯的，請說明原因。假設程式已經使用敘述using std::cout。

a) 執行程式時，註解會讓電腦在螢幕上印出符號//之後的文字。

b) 在cout與串流插入運算子中使用跳脫序列\n能將游標的位置移到螢幕下一行的起始位置。

c) 所有變數都必須在使用之前進行宣告。

d) 所有的變數在宣告的時候，都必須有一種型態。

e) C++將變數number和NuMbEr視為完全相同。

f) 宣告可以出現在C++函式主體的任何位置。

g) 模數運算子 (%) 只能用於整數運算元。

h) 算術運算子 *、/、%、+ 和 - 都擁有相同的優先權。

i) 印出三行輸出的C++程式一定要有三行使用cout與串流插入運算子的程式。

2.3 撰寫一行C++敘述完成以下工作 (假設未使用using宣告也未使用using 指引)：

a) 將變數c、thisIsAVariable、q76354和number宣告為int型態。

b) 提示使用者輸入整數。將提示文字以冒號 (:) 結束，再加上一個空格，然後將游標停在該空格之後。

c) 讀取使用者從鍵盤輸入的整數，然後將該數值存入整數變數age。

d) 如果變數number不等於7，則在螢幕上顯示「The variable number is not equal to 7」。

e) 將訊息「This is a C++program」顯示成一行。

f) 將訊息「This is a C++program」顯示成兩行。第一行以「C++」結尾。

g) 將訊息「This is a C++program」切成多行，一行一個單字。

h) 顯示訊息「This is a C++program」。每個字以tab隔開。

2.4 撰寫一行程式 (或註解) 完成以下工作 (假設已使用using宣告)：

a) 說明此程式計算三個整數的連乘積。

b) 將變數x、y、z與result宣告成int型態 (宣告在各別的敘述中)。

c) 提示使用者輸入三個整數。

d) 從鍵盤輸入讀取三個整數，然後分別將三個整數存入變數x、y和z。

e) 計算三個變數x、y和z所包含的三個整數的乘積，然後將結果指派給變數result。

f) 先顯示「The product is」，然後再顯示變數result的數值。

g) 從main函式回傳一個數值，表示程式成功結束。

2.5 和習題2.4的觀念類似，撰寫一個完整的程式來計算並且顯示三個整數的乘積。在適當處加上註解。[請注意：您必須寫出必要的using宣告或using 指引。]

2.6 找出並且更正以下每個敘述的錯誤(假設程式已經使用using std::cout;敘述)：

a)
```
if ( c < 7
    cout << "c is less than 7\n";
```

b)
```
if ( c =! 7 )
    cout << "c is equal to or greater than 7\n";
```

自我測驗題解答

2.1 a) main。b) 左大括弧 ({)，右大括弧 (})。c) 分號。d) 換行字元。e) if。

2.2 a) 錯。當程式執行時，註解並不會產生任何的動作。註解可以用來說明程式，並且增進程式的可讀性。

b) 對。

c) 對。

d) 對。

e) 錯。C++會區分大小寫，所以這些變數是不同的。

f) 對。

g) 對。

h) 錯。運算子 *、/ 與 % 的優先順序相同，運算子 + 和 - 的優先順序較低。

i) 錯。一行cout敘述加上多個\n跳脫序列就可印出多行。

2.3 a) `int c, thisIsAVariable, q76354, number;`

b) `std::cout << "Enter an integer: ";`

c) `std::cin >> age;`

d)
```
if ( number != 7 )
    std::cout << "The variable number is not equal to 7\n";
```

e) `std::cout << "This is a C++program\n";`

f) `std::cout << "This is a C++\nprogram\n";`

g) `std::cout << "This\nis\na\nC++\nprogram\n";`

h) `std::cout << "This\tis\ta\tC++\tprogram\n";`

2.4 a) `// Calculate the product of three integers`

b)
```
int x = 0;
int y = 0;
int z = 0;
int result = 0;
```

c) `cout << "Enter three integers: ";`

d) `cin >> x >> y >> z;`

e) `result = x * y * z;`

f) `cout << "The product is " << result << endl;`

g) `return 0;`

2.5 (參見以下程式)

```
1  // Calculate the product of three integers
2  #include <iostream> // allows program to perform input and output
3  using namespace std; // program uses names from the std namespace
4
5  // function main begins program execution
6  int main()
7  {
8     int x = 0; // first integer to multiply
9     int y = 0; // second integer to multiply
10    int z = 0; // third integer to multiply
11    int result = 0; // the product of the three integers
12
13    cout << "Enter three integers: "; // prompt user for data
14    cin >> x >> y >> z; // read three integers from user
15    result = x * y * z; // multiply the three integers; store result
16    cout << "The product is " << result << endl; // print result; end line
17 } // end function main
```

2.6 a）錯。if 敘述少了右括號。

更正：添加一個右括。

b）錯誤。C++沒有關係運算子=！

更正：應該是！=才對。

習題

2.7 討論以下敘述意義：

a) #include <iostream>

b) Insertion (<<) operator

2.8 請在以下題目填空：

a) ____是用來說明程式的含意，以便增加它的可讀性。

b) 可以將資訊顯示在螢幕的物件，就是_____。

c) 能夠進行判斷的C++敘述，就是_____。

d) 大部分的計算都是用_____敘述來執行。

e) _____物件能夠從鍵盤輸入數值。

2.9 撰寫一行C++敘述，完成以下每個動作：

a) 顯示訊息 "Welcome to the world of C++"。

b) 將變數b和c的和指派給變數a。

c) 說明此程式是用來計算利息（就是使用文字來幫助說明程式）。

d) 從螢幕輸出三個整數值，分別是變數a、b和c。

2.10 說明下列何者為對，何者為錯。如是錯的，請解釋您的答案。

a) C++ 會區分大小寫。

b) 下面所列的變數名稱都是有效的：_findSum2, _findSum2, find_Sum2, _2findSum,2_findSum, hello, abcOne, var1.xyz.。

c) 敘述 cout >> " Hello World"; 會輸出到螢幕。

d) 運算式的小括用來做分群運算。

e) 下面所列的變數名稱都是無效的：1a., 1_a, a_1, $1a.。

2.11 請在以下題目填空：

a) 哪些算術運算子和加法具有相同的優先權？______

b) 當運算式出現減號和乘號時，會先計算哪一個？______

c) 甚麼時候新的值會存到記憶體，這稱為______。

2.12 執行以下每行 C++ 敘述時，程式會顯示什麼訊息？如果不會顯示任何的訊息，請回答「不會顯示任何訊息」。假設 x = 10 和 y =20

a) `cout << y << " " <<x;`

b) `cout << (x + y);`

c) `cout << "x is equal to" << x;`

d) `cout << "y = " << y;`

e) `z = x * y;`

f) `z = x - y;`

g) `cout<< x << "\\" << y;`

h) `// cout << x << y;`

i) `cout << x<<"\n"<<y;`

2.13 下列哪一個 C++ 敘述會改變所包含的變數數值？

a) `cout<< x << y;`

b) `i = i + j;`

c) `cout << "x";`

d) `cin>> x;`

2.14 已知代數等式 y = abx2 + 7,，以下哪個 C++ 敘述可正確說明此等式？

a) `y = a * b * x * x + 7;`

b) `y = a * b * x * ( x + 7 );`

c) `y = ( a * x ) * b * ( x + 7 );`

d) `y = (a * x) * b * x + 7;`

e) `y = a * ( x * x * b ) + 7;`

f) `y = a * b * ( x * x + 7 );`

2.15 (計算順序) 請說出下列 C++ 敘述的運算子計算順序，並答出每個敘述執行後的 x 值。

a) `x = 3 + 3 * 4 / 2 - 2;`

b) `x = 4 % 2 + 2 * 4 - 2 / 2;`

c) `x = ( 2 * 4 * 2 + ( 9 * 3 / 3 ) );`

2.16 (算術運算) 撰寫一個程式，要求使用者輸入三個數字，再從使用者取得這兩個數字，算出總和後和第三個數字相乘。

2.17 (列印) 撰寫一個程式，能夠在同一行印出1到6間的數字，而相鄰的兩個數字之間會相隔一個 tab。請用多種方式達成：

a) 使用一個敘述，一個串流插入運算子。

b) 使用一個敘述，六個串流插入運算子。

c) 使用六行敘述。

2.18 (整數比較) 撰寫一個程式，要求使用者輸入兩個數字，讀取這些數字，然後顯示較小的數字，並在後面加上「is smaller」。如果數字一樣大，則印出「These numbers are equal」。

2.19 (算數運算、最小值、最大值) 撰寫一個程式，先從鍵盤輸入三個整數，然後顯示此三個整數的總和、平均值、乘積、最小值和最大值。螢幕的對話過程應該如下所述：

```
Input three different integers: 13 27 14
Sum is 54
Average is 18
Product is 4914
Smallest is 13
Largest is 27
```

2.20 (圓柱的體積和表面積) 撰寫一個程式讀取圓柱體的半徑和高，然後印出圓柱體的體積和面積。使用3.14159代表圓周率。請在輸出敘述內完成所有計算。[請注意：本章只討論整數常數和變數。第4章將討論浮點數，也就是具有小數點的數值。]

2.21 (以星號印出圖形) 撰寫一個能印出以下矩形、橢圓形、箭號和菱形圖案的程式。

```
*********      ***         *         *
*       *    *     *      ***       * *
*       *   *       *    *****     *   *
*       *   *       *      *      *     *
*       *   *       *      *     *       *
*       *   *       *      *      *     *
*       *   *       *      *       *   *
*       *    *     *       *        * *
*********      ***         *         *
```

2.22 下述的程式碼會印出甚麼？

```
cout << "*****\n****\n***\n **\n*\n " << endl;
```

2.23 (最大和最小整數) 撰寫一個程式，能讀取三個整數，並能夠判斷和印出最大值和最小值。只能使用目前為止您在本章學到的程式設計技巧。

2.24 (被3整除) 撰寫一個程式，能讀取一個整數，並判斷它是否能被3整除。[提示：使用模數運算子。任何3的倍數在除以3之後，其餘數必定為零。]

2.25 (因數) 撰寫一個程式，能讀取兩個整數，並能判斷第一個數字是否為第二個數字的因數，且將其結果印出。[提示：使用模數運算子。]

2.26 (棋盤圖案) 使用八行輸出敘述顯示如下的西洋棋棋盤，然後嘗試用更少的敘述顯示相同的圖案。

```
* * * * * * * *
 * * * * * * * *
* * * * * * * *
 * * * * * * * *
* * * * * * * *
 * * * * * * * *
* * * * * * * *
 * * * * * * * *
```

2.27 (字元的整數表示法) 本題會先用到後面章結的一些內容：型態轉換。您已經學過整數和型態 int。C++ 也可以表示大寫字母、小寫字母和大量的特殊符號。C++ 的內部會採用較小的整數值來代表每個不同的字元。電腦使用的這組字元，和這些字元所對應的整數表示法，我們稱之爲電腦的字元集(character set)。您只要以下列的敘述，將字元放在一對單引號中，就能夠印出該字元

```
cout << "A"; // print an uppercase A
```

您可以使用 static_cast，依照以下的敘述印出字元的等效整數值。

```
cout << static_cast< int >( 'A' ); // print 'A' as an integer
```

這就是所謂的型態轉換(cast) 運算，我們會在第4章正式介紹型態轉換運算。當執行前述的敘述時，就會印出數值65 (在使用 ASCII 字元集的系統)。撰寫一個程式，將鍵盤敲入字元的等效整數值印出來。將輸入的字元儲存在型態爲 char 的變數中。使用大寫、小寫字母、數字與特殊字元 (如 $) 測試程式數次。

2.28 (整數中的每個數字) 撰寫一個程式，輸入一個五位數的數字，將這個數字分成個別的數字，然後分別印出每個數字，數字中間必須相隔3個空格。[提示：使用整數除法和模數運算子。] 例如，若輸入42339，則程式必須印出：

```
4   2   3   3   9
```

2.29 (表格) 使用本章所學的技術，撰寫一個能夠計算從0到10的平方數和立方數的程式，並用定位點將這些數字依下列格式印出：

```
integer square  cube
0       0       0
1       1       1
2       4       8
3       9       27
4       16      64
5       25      125
6       36      216
7       49      343
8       64      512
9       81      729
10      100     1000
```

創新進階題

2.30 (身體質量指數計算工具) 我們曾在習題1.13中介紹身體質量指數 (body mass index，BMI)。BMI 的計算公式如下

$$BMI = \frac{weightInPounds \times 703}{heightInInches \times heightInInches}$$

或

$$BMI = \frac{weightInKilograms}{heightInMeters \times heightInMeters}$$

建立一個BMI 計算工具程式，輸入使用者的體重（磅或公斤）、高度（吋或公尺），然後計算使用者的BMI值。同時，顯示下列資訊（由美國衛生部/國家衛生研究院所提供），讓使用者能夠評估他的BMI值是否標準：

```
BMI VALUES
Underweight: less than 18.5
Normal: between 18.5 and 24.9
Overweight: between 25 and 29.9
Obese: 30 or greater
```

[請注意：在本章中，您學到了如何使用int型態來表示整數。使用int值做出來的BMI計算工具也會算出整數的結果。在第4章中，您會學到如何使用double型態來表示具有小數的數字。當我們使用double值來寫這個程式時，就會產生具有小數的值，稱為「浮點數」。]

2.31 (共乘節約計算工具) 研究幾個共乘的網站。建立一個應用程式，計算您每日開車的費用，然後估計您可以藉由共乘省下多少錢，同時也減少碳排放量並紓解交通壅塞。這個應用程式應該輸入下列資訊，並印出使用者每天開車上班的花費。

a) 每天行駛里程。

b) 每加侖汽油的價格。

c) 每加侖汽油行駛里程數。

d) 每天的停車費。

e) 每天的過路費。

類別、物件與字串簡介

Nothing can have value without being an object of utility.
—Karl Marx

Your public servants serve you right.
—Adlai E. Stevenson

Knowing how to answer one who speaks,
To reply to one who sends a message.
—Amenemopel

學習目標

在本章中，您將學習：

- 如何定義一個類別和使用該類別建立物件。
- 如何在類別中定義成員函式，以實作類別的行為。
- 如何將類別屬性以類別資料成員實作。
- 如何呼叫物件的成員函式以執行工作。
- 類別資料成員與函式區域變數的差異。
- 建立物件時，如何使用建構子將物件資料初始化。
- 如何設計類別，以便將介面從實作中分離，提升軟體再利用性。
- 如何使用string類別。

本章綱要

3.1 簡介

在第2章，我們寫了一個簡單的程式：讀入資料、顯示資料、對資料做運算然後根據運算結果做判斷。在本章當中，我們將根據物件導向基本觀念來撰寫程式，物件導向觀念在1.8節曾提到。第2章中的每一個程式都有一個共同點，就是程式的每一行敘述都寫在main函式裡面。本書所寫的每一個程式都會有一個main函式和多個類別，每個類別有各自的資料成員與函式成員。將來如果您成為業界研發團隊的一分子，勢必會面對數以百計甚至數以千計的類別。我們將在本章開發一個簡單、精心設計的框架，來組織C++物件導向程式。

我們很仔細地設計一系列完整的程式，以示範如何建立和使用自己設計的類別。所有範例程式，由一個建立成績冊的類別程式開始，老師可用這個類別評量學生的成績。本章也會介紹 C++標準函式庫中的string 類別。

3.2 定義一個具有成員函式的類別

我們將從一個名為GradeBook類別(第8-16行)的範例程式開始(圖3.1)，這個程式有成績冊的功能，完整程式會在第7章完成。老師可用這個程式記錄學生的成績，在這個程式中main 函式(第19-23行)會建立一個GradeBook物件，接著使用成員函式displayMessage(第12-15行)在螢幕顯示一個訊息，歡迎老師使用成績冊。

```
1 // Fig. 3.1: fig03_01.cpp
2 // Define class GradeBook with a member function displayMessage;
3 // Create a GradeBook object and call its displayMessage function.
4 #include <iostream>
5 using namespace std;
6
7 // GradeBook class definition
8 class GradeBook
```

圖3.1 定義一個名為GradeBook的類別，此類別有一個函式成員displayMessage，建立一個GradeBook物件並呼叫displayMessage函式(1/2)

```
9  {
10 public:
11    // function that displays a welcome message to the GradeBook user
12    void displayMessage() const
13    {
14       cout << "Welcome to the Grade Book!" << endl;
15    } // end function displayMessage
16 }; // end class GradeBook
17
18 // function main begins program execution
19 int main()
20 {
21    GradeBook myGradeBook; // create a GradeBook object named myGradeBook
22    myGradeBook.displayMessage(); // call object's displayMessage function
23 } // end main
```

```
Welcome to the Grade Book!
```

圖3.1　定義一個名為GradeBook的類別，此類別有一個函式成員displayMessage，建立一個GradeBook物件並呼叫displayMessage函式(2/2)

GradeBook 類別

在函式main（第19-23行）可以建立GradeBook物件之前，我們必須先定義，這個類別包含哪些成員函式和資料成員。GradeBook **類別定義** (class definition)（第8-16行）內有一個名爲displayMessage（第12-15行）的成員函式，其功能爲在螢幕上顯示一個訊息（第14行）。我們需要使用類別GradeBook建立一個物件（第21行），並呼叫displayMessage成員函式（第22行），以使得第14行程式可以執行並顯示歡迎訊息。後面會解釋第21-22行程式。

第8行是類別定義的開始，使用class關鍵字，關鍵字後面是類別名稱GradeBook。按照慣例，用戶定義的類別名稱以大寫開頭，以增加程式的可讀性，類別名稱後續的個別單詞也以大寫開始。因爲這種命名法被廣泛地應用在Pascal程式語言中，所以又稱爲**Pascal命名法**(Pascal case)。一串冗長名稱中的幾個大寫字元，讓整個名稱看來高低起伏，就像駱駝的駝峰一般，一看就讓人印象深刻。更一般的說法是**駝峰式用法** (camel case)，允許自訂名稱的第一個字母用小寫（例如，第21行中的myGradeBook），第一個字母 m用小寫，也相當具有可讀性。

類別主體 (body) 須框在左右兩個大括號中（{和}），如第9行和第16行，並用分號（第16行）結束類別的定義。

程式中常犯的錯誤 3.1

類別定義完後，忘記在右大括號後面加分號，語法錯誤。

程式執行的時候，函式main總是會自動執行，不必刻意呼叫。絕大部分函式都不會自動執行。待會兒您就會了解，要明確的呼叫displayMessage成員函式，才能執行其工作。

第10行有一個關鍵字public，這是一個**存取修飾詞** (access specifier)。第12-15行所定義的成員函式displayMessage，出現在public: 存取修飾詞之後，表示該函式是“公用的”。

程式中其他的函式可以呼叫公用函式(例如main函式),也可由其他類別的成員函式呼叫。存取修飾詞後必須跟著一個冒號(:),這是程式的語法,不可省略。但在課文中,若提到存取修飾詞(如public、private和protected)為免混淆,則省略冒號。第3.4節介紹另一個存取修飾詞private,本書後續章節會介紹存取修飾詞protected。

程式中的每個函式執行一項工作,函式執行完畢可能會有回傳值。例如,一個函式執行計算,然後回傳計算的結果。定義一個函式時,必須指定一個**回傳型態** (return type),表示完成工作時回傳值的資料型態。在第12行,關鍵字void表示函式displayMessage執行完畢後,不會回傳值給**呼叫函式** (calling function)(本範例main函式第22行,呼叫無回傳值的函式displayMessage)。在圖3.5的範例程式,您會看到一個回傳值的函式。

在第12行程式中,回傳型別的後面是成員函式名稱displayMessage。按照慣例,我們的函式名稱遵循駝峰式風格,但是第一個字母用小寫。成員函式名稱之後的括號表示這是一個函式。接續的空括號表示,該成員函式執行時,不需要額外的參數。在3.3節,會有一個需要額外參數的成員函式。

我們在第12行以displayMessage const來宣告成員函式,因為這個函式只是單純顯示"歡迎使用成績冊"訊息,該函式不會,也不應該修改物件中的資料。在識別字displayMessage後加上 const 的用意就在防止displayMessage函式修改物件 GradeBook的資料,如果有任何資料被修改,應發出編譯錯誤訊息。如果您不小心修改到物件資料的話,這個功能可幫助您找到錯誤。第12行通常稱作**函式標頭**(function header)。

所有函式的主體會用左和右兩個大括號({和})框住,程式的第13和15行就是這兩個大括號。函式的主體包含執行工作的程式。函式displayMessage只有一行程式(第14行),其功能在顯示 "Welcome to the Grade Book!" 訊息。這行程式執行完,displayMessage函式的工作就執行完畢。

測試 GradeBook 類別

接下來,我們要在程式中使用GradeBook類別。如您在第2章所學,所有程式從函式main (19-23行)開始執行。

在這個程式中,我們要呼叫GradeBook類別的成員函式displayMessage,顯示歡迎訊息。通常情況下,需要先建立物件,才能呼叫類別的成員函式。(在9.14節,您會學到static (**靜態**)成員函式,在沒有物件的情形下仍可被呼叫)。第21行建立一個名為myGrade 的GradeBook類別物件。myGrade 是一個物件變數,它的資料型態是GradeBook,宣告類別的程式碼在第8-16行。第2章學過,當我們宣告一個型態為int的變數,編譯器已經知道int是什麼,int是個內建在C++中的基礎資料型態(fundamental type)。但在第21行,編譯器不會自動知道GradeBook是何方神聖 ,藉由類別的定義(第8-16行)告訴編譯器,GradeBook是一個**用戶定義的資料型態**(user-defined type)。如果忽略這幾行,編譯器會發出錯誤訊息。您建立的每個類別,各自成為程式中一個新的資料型態,可用來建立物件。有需要就可建立新類別,這就是為什麼C++被稱為**可擴展程式語言** (extensible programming language)的原因之一。

第22行呼叫displayMessage函式,呼叫的方法是:在變數名稱myGradeBook後加入**點號**

運算子 (dot operator)，接著是成員函式名稱displayMessage，最後是左右兩個空括號。這呼叫使displayMessage函式開始執行其顯示訊息的工作。在第22行的開頭，"myGradeBook." 表示main主程式要使用已經在第21行建立的GradeBook物件。第12行的空括號表示成員函式displayMessage不需要額外的參數，就可執行工作。所以我們在第22行用一對空括號呼叫該函式。(在第3.3節您會看到如何傳遞參數給一個函式)。當displayMessage完成其工作，程式到達main的末端(第23行)，結束程式的執行。

類別 GeadrBook 的UML類別圖

回憶第1.8節，UML是一種給軟體開發者呈現物件導向系統的標準圖形塑模語言。在UML中，每個類別被塑模成UML**類別圖** (UML Class diagram)，並以三個隔層的矩形表示。圖3.2呈現GradeBook (圖3.1) 的類別圖。最上層是類別名稱，中間層是類別的**屬性** (attributes)，對應到C++程式語言中的資料成員。目前，中間層是空的，因爲GradeBook類別還沒有任何屬性。(第3.4節會定義具有一個屬性的GradeBook類別)，最底層是類別的**操作**(operation)，對應到C++中的成員函式。 UML以列出操作名稱，後接一組小括號方式建立操作模型。類別 GradeBook只有一個成員函式displayMessage，所以類別圖的底層就只有一個成員函式名稱displayMessage。成員函式不需要額外參數來執行工作，所以displayMessage操作後面就只有空括號，此空括號對應到圖3.1中第12行，成員函式標頭中的空括號。最前面的'+'號表示displayMessage在UML是一種公用型的操作 (在C++中的public成員函式)。

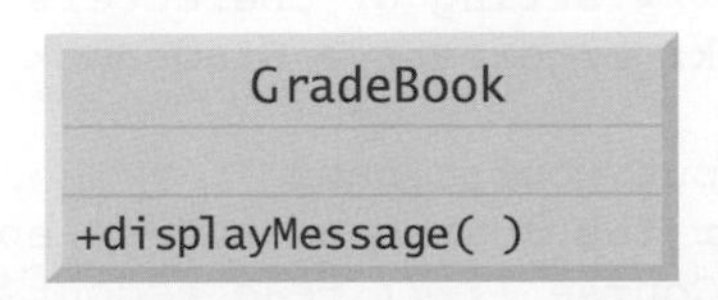

圖3.2　UML類別圖顯示GradeBook類別有一個名為displayMessage的公用操作

3.3　定義具有參數的成員函式

以1.8節的汽車來做比喻，踩油門踏板，會發送一個訊息給車子執行一個工作，命令車子跑得更快些。但加速到底要加多快呢？正如您所知，踩得越重越深，汽車的加速就更快。所以發給車的訊息有兩個，第一個是要執行的工作:加速，第二個是協助汽車執行工作所需要的額外資訊：加多快。這額外的資訊就是C++中所謂的**參數** (parameter)，該參數的值可幫助汽車確定以甚麼樣的速度加速。同樣地，一個函式也需要一個或更多的額外資訊，協助執行工作。呼叫函式時，在函式括號內提供的值，稱做是**引數** (argument)，每個引數對應到函式標頭括號內相同位置的參數。例如，存款到某銀行帳戶，Account類別有一個成員函式 deposit，需要一個參數代表存款金額。當Account 的成員函式deposit 被呼叫，代表存款金額的"引數"，將被複製到成員函式的"參數"。然後，成員函式將這一金額加到帳戶餘額。

定義和測試GradeBook類別

下一個範例(圖3.3)，修改GradeBook類別的部分成員(第9-18行)。改變成員函式displayMessage的顯示內容，在歡迎訊息中加入課程名稱(第13-17行)。 新版的成員函式displayMessage需要一個參數(第13行中的courseName)，代表要顯示的課程名稱。

```
 1 // Fig. 3.3: fig03_03.cpp
 2 // Define class GradeBook with a member function that takes a parameter,
 3 // create a GradeBook object and call its displayMessage function.
 4 #include <iostream>
 5 #include <string> // program uses C++ standard string class
 6 using namespace std;
 7
 8 // GradeBook class definition
 9 class GradeBook
10 {
11 public:
12    // function that displays a welcome message to the GradeBook user
13    void displayMessage( string courseName ) const
14    {
15       cout << "Welcome to the grade book for\n" << courseName << "!"
16          << endl;
17    } // end function displayMessage
18 }; // end class GradeBook
19
20 // function main begins program execution
21 int main()
22 {
23    string nameOfCourse; // string of characters to store the course name
24    GradeBook myGradeBook; // create a GradeBook object named myGradeBook
25
26    // prompt for and input course name
27    cout << "Please enter the course name:" << endl;
28    getline( cin, nameOfCourse ); // read a course name with blanks
29    cout << endl; // output a blank line
30
31    // call myGradeBook's displayMessage function
32    // and pass nameOfCourse as an argument
33    myGradeBook.displayMessage( nameOfCourse );
34 } // end main
```

```
Please enter the course name:
CS101 Introduction to C++ Programming

Welcome to the grade book for
CS101 Introduction to C++ Programming!
```

圖3.3 定義一個類別GradeBook，此類別含有帶參數的成員函式，建立一個GradeBook物件，並呼叫displayMessage函式

在討論GradeBook類別的新功能前，讓我們來看看新的類別如何在main中(第21-34行)被使用。第23行建立了一個string型態的變數nameOfCourse，用來儲存用戶輸入的課程名稱。**String型態**的變數代表一串字元，如"CS101 Introduction to C++ Programming"。一個字

串實際上是C++標準函式庫中string類別的一個物件。這個類別定義在<string>**標頭檔**中，string 這個名稱跟cout一樣，屬於std命名空間。爲了使第13和23行可以順利編譯，第5行引入 (includes) 標頭檔<string>。第6行 using指引 (directive)，可以讓我們在第23行寫string即可，不用寫成完整名稱std::string。現在，string 型態的變數就跟其他型態變數一樣，譬如int變數。在3.8節和21章，您會學到 string 的其他功能。

第24行建立了GradeBook類別的一個物件，名爲myGradeBook。第27行提示用戶輸入課程名稱。第28行從用戶端讀取課程名稱，並將它指派給nameOfCourse變數，使用函式庫的函式getline來執行輸入。在解釋這行程式碼之前，讓我們解釋爲什麼不能簡單地寫

```
cin >> nameOfCourse;
```

來讀取課程名稱。

在程式中，我們用的課程名稱是"CS101 Introduction to C++ Programming,"其中包含由空白分隔的多個單詞。(回想一下，我們使用粗體字來突顯用戶輸入的資料)。當使用串流讀取運算子讀取一個字串，cin 連續讀取字元，直到第一個空白字元爲止。因此，只讀到"CS101"，一個不完整的課程名稱。課程名稱的其餘部分將由隨後的輸入程式讀入。

在這個範例中，我們要求用戶鍵入完整的課程名稱，並按Enter鍵提交。我們將完整的課程名稱儲存在string變數nameOfCourse中。第28行呼叫函式getline (cin, nameOfCourse)，從標準輸入串流物件cin (即鍵盤) 讀取字元 (包括用來分隔輸入單詞的空白字元)，直到換行字元 (newline) 出現，然後，將讀到的字元指派給字串變數nameOfCourse，並丟棄換行字元。在輸入資料時按下Enter鍵，就會在輸入串流插入一個換行字元。<string>標頭檔必須包含在程式中，才能使用屬於std命名空間的getline函式。

第33行呼叫myGradeBook的displayMessage成員函式。括號中的變數nameOfCourse 是傳遞給成員函式displayMessage的引數 (argument)，使函式可正確執行其工作。第13行，在main 裡的變數nameOfCourse的值會複製到成員函式displayMessage的參數courseName當中。程式執行時，成員函式displayMessage會將輸入的內容結合歡迎訊息輸出到螢幕 (在本範例，輸入的是CS101 Introduction to C++ Programming)。

引數 (Arguments) 和參數 (Parameters) 的補充說明

若函式需要額外資料來執行工作，在定義該函式時，須將所需資料放在函式的**參數列表** (parameter list) 內，它位於函式名稱後的小括號裡。參數列表可包含任何數目的參數，包括沒有任何參數的空列表 (圖3.1中的第12行的空括號)，表示該函式不需要任何參數。成員函式displayMessage的參數列表 (圖3.3，第13行) 宣布該函式需要一個參數。每個參數須指定一個資料型態和自訂一個識別字 (identifier)。資料型態是string，識別字是courseName，表示成員函式displayMessage需要一個string型態的參數來執行工作。成員函式的主體使用參數courseName來取得呼叫函式傳入的資料 (main中的第33行)。第15-16行將參數courseName值作爲歡迎訊息的一部分顯示。參數變數的名稱 (第13行，courseName) 和引數變數的名稱 (第33行，nameOfCourse) 可相同也可不同，第6章會解釋原因。

函式可有多個參數，每個參數以逗號分隔。呼叫函式中引數的數量和順序必須和該函式標頭中的參數列表相同。此外，呼叫函式時，引數的型態必須和函示標頭中對應的參數型態一致。(在後續的章節中您將學到，引數的型態及其對應的參數的型態不必總是相同的(identical)，但它們必須是"一致的"(consistent))。在我們的範例中，在函式被呼叫時傳遞一個 string 引數 (nameOfCourse) 正好和成員函式的一個string 參數 (courseName) 相匹配。

更新後的GradeBook 類別的UML類別圖

圖3.4的UML類別圖，將圖3.3的GradeBook類別模型化。和圖3.1GradeBook的定義一樣，此GradeBook類別也包含一個public成員函式displayMessage。但是，此版本的displayMessage具有一個參數。UML將參數模型化成名稱表列參數定義的方式，是在參數名稱後加上一個冒號和參數型態，以小括號括住後，置於操作名稱displayMessage的後面。UML具有程式語言獨立性，可用在許多不同程式語言，所以它的術語不完全和C++相同。例如，UML的String型態對應到C++的string型態。GradeBook類別的成員函式displayMessage (圖3.3，第13-17行) 有一個名為courseName的字串參數，所以圖3.4在操作名稱displayMessage後以括號列出 courseName:String。這個版本的GradeBook類別，仍然沒有任何資料成員。

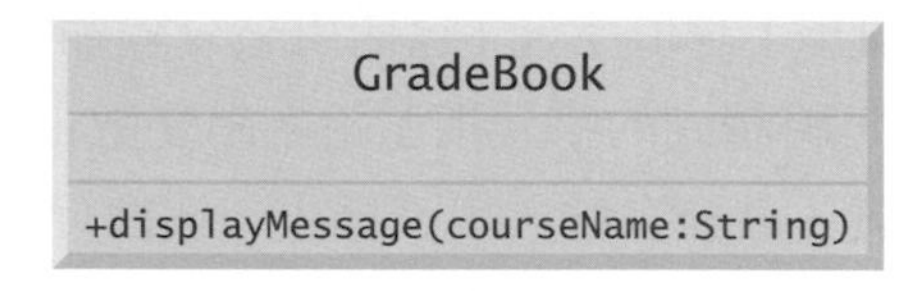

圖3.4 UML類別圖表明GradeBook類別有一個公用的displayMessage操作，此操作有一個UML String型態的參數:courseName

3.4 資料成員、set成員函式與get成員函式

在第2章，我們在main函式裡宣告程式所有的變數。在函式主體中宣告的變數就是通稱的**區域變數** (local variables)，使用範圍從變數宣告後到函式結束的右括號 (}) 為止。在一個函式中，區域變數在使用前必須先宣告。區域變數在宣告它的函式外部是不能被使用的。當函式結束，區域變數的值都將消失。(在第6章中您會看到一個例外：靜態區域變數 (static local variable))。

一個類別通常含有一個或多個成員函式，來處理同類別物件的屬性 (attribute)，在類別的定義中，屬性以變數的方式呈現。這類的變數稱作**資料成員** (data member)，在類別定義內宣告，但必須宣告在成員函式外部。每個類別的物件各自在記憶體中維護其屬性。這些屬性的生命週期依存於物件。本節的範例程式，GradeBook類別有一個名為courseName的資料成員，用來表示特定GraeBook物件中的課程名稱。如果您建立了一個以上的GradeBook物件，每個物件都會有自己的資料成員courseName，且這些資料可以有各自不同的值。

GradeBook類別，有一個資料成員和set與get成員函式

下個範例中，GradeBook類別(圖3.5)將課程名稱以資料成員的方式呈現，在程式執行過程中可使用與修改其值。GradeBook類別有setCourseName、getCourseName和displayMessage成員函式。成員函式setCourseName將課程名稱存到GradeBook的資料成員中。成員函式getCourseName從資料成員取得課程名稱。成員函式displayMessage沒有參數，顯示一個包含課程名稱的歡迎訊息。但是，如您所見，顯示訊息函式現在是藉由呼叫同類別內的另一個函式getCourseName，來取得課程名稱。

```
1  // Fig. 3.5: fig03_05.cpp
2  // Define class GradeBook that contains a courseName data member
3  // and member functions to set and get its value;
4  // Create and manipulate a GradeBook object with these functions.
5  #include <iostream>
6  #include <string> // program uses C++ standard string class
7  using namespace std;
8
9  // GradeBook class definition
10 class GradeBook
11 {
12 public:
13    // function that sets the course name
14    void setCourseName( string name )
15    {
16       courseName = name; // store the course name in the object
17    } // end function setCourseName
18
19    // function that gets the course name
20    string getCourseName() const
21    {
22       return courseName; // return the object's courseName
23    } // end function getCourseName
24
25    // function that displays a welcome message
26    void displayMessage() const
27    {
28       // this statement calls getCourseName to get the
29       // name of the course this GradeBook represents
30       cout << "Welcome to the grade book for\n" << getCourseName() << "!"
31          << endl;
32    } // end function displayMessage
33 private:
34    string courseName; // course name for this GradeBook
35 }; // end class GradeBook
36
37 // function main begins program execution
38 int main()
39 {
40    string nameOfCourse; // string of characters to store the course name
41    GradeBook myGradeBook; // create a GradeBook object named myGradeBook
42
43    // display initial value of courseName
```

圖3.5　定義和測試GradeBook類別，它有一個資料成員和set與get成員函式(1/2)

```
44    cout << "Initial course name is: " << myGradeBook.getCourseName()
45       << endl;
46
47    // prompt for, input and set course name
48    cout << "\nPlease enter the course name:" << endl;
49    getline( cin, nameOfCourse ); // read a course name with blanks
50    myGradeBook.setCourseName( nameOfCourse ); // set the course name
51
52    cout << endl; // outputs a blank line
53    myGradeBook.displayMessage(); // display message with new course name
54 } // end main
```

```
Initial course name is:
Please enter the course name:
CS101 Introduction to C++ Programming
Welcome to the grade book for
CS101 Introduction to C++ Programming!
```

圖3.5 定義和測試GradeBook類別，它有一個資料成員和set與get成員函式(2/2)

一般而言，老師都會教好幾門課程，每門課各有其課程名稱。第34行宣告courseName是一個string型態的變數。由於變數是在類別內(第10-35行)和成員函式外宣告(第14-17行，第20-23行和第26-32行)，所以該變數是一個資料成員。

每一個GradeBook類別的實體(instance)(即物件)中包含各自的資料成員，如果有兩個GradeBook物件，每個都會有自己的courseName資料成員(每個物件一個)，您會在圖3.7中看到，使courseName這個變數成為資料成員的好處是，類別內的所有成員函式都可存取並處理出現在類別定義中的資料成員(本例中的courseName)。

存取修飾詞public和private

大多數資料成員都是在**private存取修飾詞**(access specifier)後宣告，在存取修飾詞private後宣告變數或函式，就只能由該類別成員函式存取(或第9章介紹的"夥伴"(friend)類別也可以存取)。因此，資料成員courseName只可被成員函式setCourseName，getCourseName和displayMessage存取。

錯誤預防要訣 3.1

將類別內的資料成員設成private和成員函式設成public，有助於除錯，因為，處理資料過程產生的錯誤，將只侷限於宣告類別和宣告類別的夥伴。

程式中常犯的錯誤 3.2

非特定類別(或此類別的夥伴)的成員函式，若企圖存取宣告為private的資料成員，會產生編譯錯誤。

類別成員存取權限預設為private，在定義類別的開頭(header)後和第一個存取修式詞之前宣告的成員，其存取權限都private。存取修飾詞private和public可以重複出現，但無此必要，可能會造成混淆。

使用存取修飾詞private宣告資料成員稱為**資料隱藏**(data hiding)。當程式建立一個GradeBook物件，資料成員courseNamer就被封裝(encapsulated)(隱藏)在物件內。只有該類別的成員函式才能夠存取它。在GradeBook類別中，成員函式setCourseName和getCourseName可直接存取資料成員courseName。

成員函式setCourseName和getCourseName

成員函式setCourseName(於第14-17行定義)執行完畢後沒有回傳任何資料，所以它的回傳型態為void。成員函式接收一個參數name，表示課程名稱將被傳遞給函式，作為函式的引數(argument)(main程式，第50行)。第16行程式把引數name指派給資料成員courseName，修改了物件的資料，所以不能把成員函式setCourseName宣告成const。在這個範例中，成員函式setCourseName不會驗證課程名稱，該函式不會檢查課程名稱是否符合某格式或某規則，以符合所謂的"有效的"課程名稱。例如，一所大學列印學生的成績單，課程名稱不能超過25個字，在這種情況下，GradeBook類別需要確保courseName的字數不會超過25個字。第3.8節我們會做驗證。

成員函式getCourseName(於第20-23行定義)執行完畢，會回傳GradeBook物件的資料成員courseName，但不會修改到物件的任何資料，所以我們將getCourse宣告成const。此成員函式的參數列表是空的，因此不需額外的資料就能來執行工作。該函式指定回傳一個字串。一個回傳型態不是void的函式被呼叫且執行完畢，此函式會使用**return敘述**(如在22行)將結果回傳給呼叫者。例如，當您去自動提款機(ATM)查詢帳戶餘額，您要ATM把餘額告訴您。同樣的，當某敘述呼叫成員函式getCourseName時，該敘述期望收的GradeBook的課程名稱(本範例中，回傳的是一個字串，由函式的回傳型態指定)。

若您有一個square函式，所回傳的值是引數(argument)的平方，則敘述

```
result = square( 2 );
```

會從square函式傳回4，並將4指派給變數result。如果您有一個函式maximum，它會回傳三個整數引數中的的最大值，則敘述

```
biggest = maximum( 27, 114, 51 );
```

會從maximum回傳114，並將114指派給biggest。

在第16行和第22行的程式敘述都使用到變數courseName，但這兩個成員函式都沒有宣告變數courseName。沒宣告變數又能使用這個變數，原因在於courseName是類別的資料成員，可被類別的任何一個函式成員存取。

成員函式displayMessage

成員函式displayMessage(第26-32行)執行完畢不會回傳任何資料，所以它的回傳型態為void。該函式不接受參數，所以其參數列表是空的。第30-31行輸出歡迎訊息，其中包括資料成員courseName的值。第30行呼叫成員函式getCourseName取得變數courseName的值。成員函式displayMessage也可以直接取得courseName的值，就像成員函

式setCourseName和getCourseName一樣。稍後會解釋，從軟體工程的角度來看，透過成員函式getCourseName取得資料成員courseName的值，比直接取用要來得好。

測試 GradeBook類別

main函式 (第38-54) 建立GradeBook物件，並使用到每一個成員函式。第41行建立一個名為myGradeBook的物件。第44-45行藉由呼叫物件的getCourseName取得初始課程名稱。第一行輸出"Initial course name is:"後不會顯示課程名稱，即便是程式中已用myGradeBook.getCourseName 取得課程名稱courseName，但因為物件的資料成員courseName (資料型態是string) 最初是空的，所以不會顯示。string 型態的變數其預設值是**空字串** (empty string)，也就是不包含任何字元的字串。空字串不會在螢幕顯示任何東西。

第48行程式，提示用戶輸入課程名稱。並將課程名稱指派給區域變數nameOfCourse (在第40行宣告)，輸入課程名稱是由呼叫getline函式完成 (第49行)。第50行呼叫物件myGradeBook的setCourseName成員函式，並以nameOfCourse作為函式的引數。當函式被呼叫，引數的值被複製到成員函式setCourseName的參數name (第14行)。然後將資料成員courseName的值設定成該參數的值 (第16行)。第52行跳過一行，然後第53行呼叫myGradeBook物件的成員函式displayMessage來顯示包含課程名稱的歡迎訊息。

軟體工程中的 Set 與 Get 函式

只有類別的成員函式才可以處理類別內的private資料成員 (該類別的"夥伴"也可以，第9章有詳細說明)。一個**物件的顧客端** (client of an object)，指的是在該物件外部呼叫該物件成員函式的任何程式，顧客端呼叫的是該類別的public 成員函式，以便獲取該類別物件的特定服務 。這也就是為什麼在main函式呼叫GradeBook物件的成員函式setCourseName、getCourseName和displayMessage的原因，main就是物件myGradeBook的顧客端。類別通常會提供public 的成員函式，使得類別的顧客端可以**set (賦予值)** 或**get (取得值)** private的資料成員。這些成員函式名稱不必以 set 或 get 開頭，但這種命名方式是常見的。在本範例中，設定資料成員courseName的成員函式，其函式名稱為setCourseName，而取得courseName值的函式，其名稱為getCourseName。設定 (set) 值的函式有時被稱為**變化器** (mutator) (因為它們改變資料成員的值)，取得 (get) 值的函式則被稱為**存取器** (accessor) (因為它們取得資料成員的值)。

前面提過，以private存取修飾詞宣告的資料成員，被強制隱藏在物件內。只允許宣告為public的set或get成員函式存取。顧客端知道這些public 函式試圖修改或取得資料，但不知道物件如何執行這些操作。有些時候，類別在其內部以某種方式呈現資料，但又以不同的方式公開資料。例如，一個Clock類別，將一天中的時間以private成員time呈現，其值為午夜過後經過的秒數。但顧客端呼叫 Clock物件的成員函式getTime，卻可得到time變數經過運算後的時、分、秒格式字串並以"HH:MM:SS" 呈現。同樣，假設Clock類別提供了一個接受格式為"HH:MM:SS" 字串參數的函式setTime。使用第21章介紹的字串功能，setTime可以把這個字串轉換為秒數，並儲存到私有資料成員time中。setTime函式在轉換秒數前，可先檢查字串參數的時間格式是否正確(例如,"12:30:45"是有效的,但"42:85:70"則不是)。set和get函式允許顧客端與物件間進行交互運算,但不管怎麼運算,物件的private資料成員仍保持安全封裝狀態(隱藏狀態)。

就算是類別裡的其他成員函式,也應該使用set和get函式處理類別的private資料成員,儘管這些成員函式本來就可以直接存取private 資料。在圖3.5中成員函式setCourseName和getCourseName是public成員函式,所以可被類別的顧客端呼叫,就像在類別內部呼叫一樣。成員函式displayMessage呼叫成員函式getCourseName,以取得資料成員courseName的值來顯示,雖然,displayMessage就可以直接取得這個資料,但透過get函式間接取得資料可建立一個更好,更穩固的類別(容易維護,且錯誤率極低)。如果我們想以某些方式改變資料成員courseName,我們不用修改displayMessage的程式內容,只要將set和get照我們想要的方式變更就可以。

例如,假設要將課程名稱拆成兩個部分,分別是courseNumber(例如,“CS101”)和courseTitle(例如,“Introduction to C++ Programming”)。成員函式displayMessage仍然只要呼叫一次getCourseName就可取得完整的課程名稱,作爲歡迎詞的一部分來顯示。在這種情況下,getCourseName函式需要些修改,以回傳含有課程編號和課程名稱的字串。成員函式displayMessage可以繼續顯示完整的課程名稱“CS101 Introduction to C++ Programming.”。於3.8節討論驗證時,同類別的成員函式呼叫set函式的好處就會更明顯。

良好的程式設計習慣 3.1

儘量將變更資料成員的影響區域化(localize),並用對應的set和get函式處理此資料。

軟體工程觀點 3.1

編寫一個清晰和易於維護的程式,改變是常規而不是偶發。您應該預料到您的程式碼將被修改,並可能經常地被修改。

含有一個資料成員和一組set和get函式的GradeBook UML類別圖,圖3.6是圖3.5 GradeBook類別圖的更新版。此圖將GradeBook的資料成員模型化爲屬性(attribute),放置在圖3.6的中間層。UML將類別的資料成員看成是UML中的屬性,以資料成員名稱、冒號、資料型態,依序呈現在UML類別圖的中間層。屬性courseName的UML型態是String,對應到C++的型態string。資料成員在C++的存取權是private,對應在UML的呈現方式是在屬性名稱前加上減號(-)。GradeBook類別包含三個public成員函式,所以類別圖的第三層有三個操作(operations)。操作setCourseName有一個string型態的參數:name。UML將操作的回傳型態放置在括號後面,接續一個冒號和回傳型態。GradeBook類別的成員函式getCourseName有一個在C++資料型態爲string的回傳值,所以UML類別圖中該操作有一個String 回傳型態。操作setCourseName和displayMessage不回傳值(在C++中它們回傳型態是void),所以在UML操作名稱後的括號後面,不指定回傳型態。

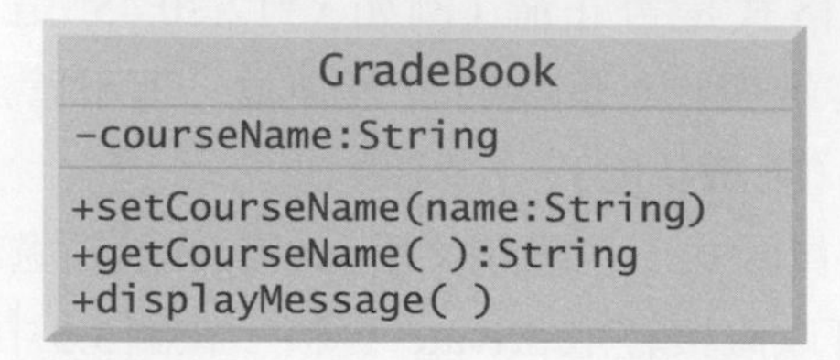

圖3.6 GradeBook的 UML類別圖，當中有一個private 的屬性courseName，和三個public操作: setCourseName, getCourseName 和 displayMessage

3.5 使用建構子初始化物件

如第3.4節，在建立GradeBook類別 (圖3.5)物件時，它的資料成員courseName被初始化爲預設的空字串。若在建立GradeBook物件時就想先設好課程名稱，請問要怎麼做呢?答案是**建構子** (constructor)。每一個您宣告的類別可提供一個或多個建構子 (constructors)，以便在建立物件時，可以初始化此類別物件。建構子是一個特殊的成員函式，其名稱必須和類別名稱相同。因此，編譯器根據函式名稱，可以很輕易地辨別出所定義的函式是建構子還是一般成員函式。建構子和其他函式間的一個重要區別在於，建構子不能回傳值，因此，建構子沒有回傳型態(連void都不行)。通常，建構子都宣告成public。

其實，在前面的章節中，每個類別都有一個建構子 (待會兒說明)。在後面的章節中，您將看到如何用**函式多載** (function overloading) 技術建立有多個建構子的類別，這部分內容在第6.18節介紹。

C++在建立物件時會自動呼叫建構子，確保物件被使用前，已經妥善的初始化。建構子在物件建立時執行。如果一個類別沒有明確定義建構子，編譯器會自動提供一個不帶參數的預設建構子。例如，圖3.5的第41行程式，建立了一個GradeBook物件，預設建構子被呼叫。由編譯器提供的建構子執行時，不會對基礎型態的資料成員賦予任何初始值，但對非基礎型態的資料，也就是資料型態爲類別的資料成員，預設建構子會隱式呼叫每個資料成員所屬類別的預設建構子，確保類別資料成員被正確初始化。這就是爲什麼string資料成員courseName (圖3.5) 被初始化爲空字串，因爲C++ string的預設建構子將字串值初始化爲空字串。

圖3.7範例中，gradeBook物件被建立時，我們指定課程名稱 (第47行)。在這種情況下，引數“CS101 Introduction to C++ Programming” 被傳遞到GradeBook物件的建構子 (14-18行)，用於初始化courseName 變數。圖3.7定義一個更新版的GradeBook類別，當中有一個建構子，此建構子帶有一個資料型態爲string的參數，用來接收初始課程名稱。

```
1 // Fig. 3.7: fig03_07.cpp
2 // Instantiating multiple objects of the GradeBook class and using
3 // the GradeBook constructor to specify the course name
4 // when each GradeBook object is created.
5 #include <iostream>
6 #include <string> // program uses C++ standard string class
7 using namespace std;
8
9 // GradeBook class definition
10 class GradeBook
11 {
12 public:
13    // constructor initializes courseName with string supplied as argument
14    explicit GradeBook( string name )
15       : courseName( name ) // member initializer to initialize courseName
16    {
17       // empty body
18    } // end GradeBook constructor
19
20    // function to set the course name
21    void setCourseName( string name )
22    {
23       courseName = name; // store the course name in the object
24    } // end function setCourseName
25
26    // function to get the course name
27    string getCourseName() const
28    {
29       return courseName; // return object's courseName
30    } // end function getCourseName
31
32    // display a welcome message to the GradeBook user
33    void displayMessage() const
34    {
35       // call getCourseName to get the courseName
36       cout << "Welcome to the grade book for\n" << getCourseName()
37          << "!" << endl;
38    } // end function displayMessage
39 private:
40    string courseName; // course name for this GradeBook
41 }; // end class GradeBook
42
43 // function main begins program execution
44 int main()
45 {
46    // create two GradeBook objects
47    GradeBook gradeBook1( "CS101 Introduction to C++ Programming" );
48    GradeBook gradeBook2( "CS102 Data Structures in C++" );
49
50    // display initial value of courseName for each GradeBook
51    cout << "gradeBook1 created for course: " << gradeBook1.getCourseName()
52       << "\ngradeBook2 created for course: " << gradeBook2.getCourseName()
53       << endl;
54 } // end main
```

```
gradeBook1 created for course: CS101 Introduction to C++ Programming
gradeBook2 created for course: CS102 Data Structures in C++
```

圖3.7　將GradeBook實體化為多個物件，在物件建立時，使用建構子GradeBook指定課程名稱

定義建構子

圖3.7中的第14-18行定義GradeBook類別的建構子。建構子與類別名稱相同，都是GradeBook。建構子依需要指定參數以執行其工作。當您建立一個新的物件，您將資料放在物件名稱後的小括號內（第47-48行）。第14行指出GradeBook類別的建構子有一個參數name，其型態為string。我們將此建構子宣告為 explict，因為它只需要一個參數，為了一個微妙的理由，如此的宣告是很重要的，第10.13節您會學習到。目前，只需對有單一參數的建構子前加上explicit就可以。第14行不指定回傳型態，因為建構子函式不能回傳值（連void也不行）。此外，建構子也不能被宣告為const（因為要初始化物件，會變更資料成員的值）。

建構子使用一個**成員初值設定器列表 (member-initializer list)**（第15行）來初始資料成員courseName，並將參數name的值指派給coureseName。成員初值設定器 (Member initializers) 出現在建構子參數列表和建構子主體的左大括號之間。成員初值設定器列表用冒號(:)與參數列分隔。一個成員初值設定器以資料成員的變數名稱開始，之後緊隨一對小括號，括號內是指派給資料成員的初值。在這個範例中只有一個成員初值設定器，將name的值指派給變數courseName。如果一個類別包含多個資料成員，每個資料成員的初值設定器用逗號分隔。成員初值設定器列表會先於建構子主體前執行，也就是，先執行成員初值設定器列表後，才執行建構子主體程式。您可以在建構子的主體程式內執行初始化。在本書後面內容會介紹，使用成員初值設定器來執行初始化，其執行效率更好，而且某些型態的資料成員必須用這種方式初始化。

注意，建構子（第14行）和setCourseName函式（第21行）都用到參數name。您可以在不同的函式中使用相同的參數名稱，因參數是每個函式的區域變數，彼此互不干擾。

測試GradeBook類別

圖3.7中的第44-54行。以main函式來測試GradeBook，當中可看到用建構子初始化物件。第47行建立和初始化GradeBook物件gradeBook1。當該行程式被執行時，GradeBook 建構子（第14-18行）被呼叫，並帶有引數"CS101 Introduction to C++ Programming"來初始化gradeBook1的課程名稱。第48行對GtadeBook物件gradeBook2重複這個過程，這次傳遞的引數是"CS102 Data Structures in C++"，用來初始化gradeBook2的課程名稱。第51-52行利用每個物件的getCourseName成員函式取的課程名稱並顯示，顯示的內容可以證明物件建立時有被初始化。從程式的輸出可確認，每個GradeBook物件維護自己的資料成員courseName。

為類別提供預設建構子的幾個方式

任何無引數的建構子稱為預設建構子。一個類別可用好幾種方式建立預設建構子：

1. 若在程式中未定義任何建構子，編譯器會默默自動建立預設建構子。預設建構子不會初始化資料成員的值，但若資料成員是其他類別的物件，則會呼叫每個資料成員的預設建構子。未初始化的變數有未定義(未知)的值（"垃圾"值，不適合使用）。

2. 明確定義一個沒有參數的建構子。以這種方式產生的預設建構子，也如上述，會初始化資料成員的值，但若資料成員的型態是類別，則會呼叫每個資料成員所屬類別的預設建構子，此外，還會執行您在建構子區塊程式中，所指定的初始值設定。

3. 如果您已經定義了任何有引數的建構子，C++不會再自動建立預設建構子，稍後我們將說明，即使您已經定義了非預設的建構子，C++仍允許您強制編譯器建立預設建構子。

對於圖3.1、圖3.3和圖3.5每個版本的GradeBook類別。編譯器會默默地自動建立預設建構子。

錯誤預防要訣 3.2

定義類別時一定要提供建構子，以確保在建立物件時，物件的資料成員能初始化成有意義的值。除非您沒有初始化物件的必要性(不太可能發生)。

軟體工程觀點 3.2

資料成員可以在建構子中初始化，也可在物件建立完成後，變更其值。然而，在顧客端呼叫物件的成員函式前，確保完全且正確的初始化，在軟體工程角度看來，是一個良好的程式設計習慣。您不應該依賴顧客端的程式來確保物件被正確初始化。

GradeBook類別加入建構子後的UML類別圖

圖3.8中的UML類別圖將圖3.7的GradeBook塑模，當中有一個建構子，具有string型態參數(在UML以String表示)，和操作一樣，UML將建構子模化在類別圖的第三層。為了與操作有所區別，UML將單字"constructor"以左右兩個雙箭號(«和»)框住，放在建構子的名稱前。在第三層中，我們慣於將建構子列在操作的前面，即第三層的最上方。

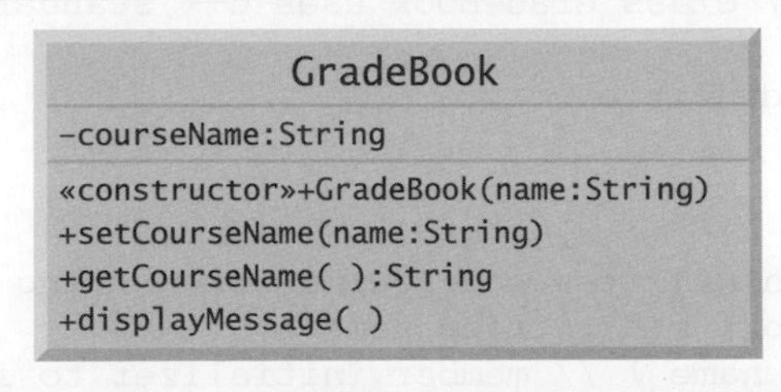

圖3.8　UML類別圖，GradeBook類別有一個建構子，並有一個參數name，型態為UML型態String

3.6 將類別放置在獨立檔案以提升重複使用性

建立類別定義的一個好處是，若妥善安排，其他程式設計者可以重複使用該類別。例如，在任何C++程式中，只要引入<string>標頭檔，您可以重複使用C++標準函式庫定義的string資料型態(在後面範例您會了解，這樣就可連結到相關函式庫的目的碼)。

想用我們的GradeBook類別的程式設計師，不能在其程式中用include指示詞，把圖3.7中的程式包含進來。正如您在第2章學到的，每個程式由函式main開始執行。若其他的程式設計師引用圖3.7的程式，這帶來了一個"包袱"，我們的main和引用者程式中的main引起衝突，一個程式只能有一個main函式，試圖編譯有兩個main函式的程式會產生錯誤。所以，將main放在定義類別的程式中，可阻止該類別被其他程式所重複使用。在本節中，我們將示範如何將類別的定義與main函式分開，並存到另一個檔案，以便重複使用

標頭檔(Headers)

本章前面的幾個範例程式，都只有單一的.cpp，也就是所謂的**原始碼檔案 (source-code file)** 當中包含有GradeBook的定義和一個main函式。當構建一個物件導向的C++程式，通常會在一個檔案裡定義可重複使用的原始碼 (例如一個類別)，按照慣例，副檔名爲.h，即所謂的**標頭檔 (header)**。程式使用#include這個前置處理指引，將標頭檔引入到程式中，充分發揮軟體再利用的優點。如C++標準函式庫中的string資料型態和用戶定義的類別GradeBook。

我們的下一個範例，將圖3.7的程式分成兩個檔案，分別是GradeBook.h (圖3.9) 和fig03_10.cpp (圖3.10)。正如您在圖3.9程式看到的，程式僅包含GradeBook類別的定義 (第7-38行) 和在前面被程式引用的兩標頭檔，#include <iostream>和#include <string>。使用GradeBook類別的main函式，則存到原始檔fig03_10.cpp中。圖3.10的第8-18行是main函式的定義。爲了協助您適應開發大型程式，我們使用兩個原始碼檔案，一個是包括main函式的程式，用來測試類別，這就是所謂的**啓動程式 (drive program)**。另一個檔案則是定義類別的標頭檔。您很快就會學到，在有main函式的原始碼檔案中，如何使用在標頭檔定義的類別，並建立該類別的物件。

```
 1 // Fig. 3.9: GradeBook.h
 2 // GradeBook class definition in a separate file from main.
 3 #include <iostream>
 4 #include <string> // class GradeBook uses C++ standard string class
 5
 6 // GradeBook class definition
 7 class GradeBook
 8 {
 9 public:
10    // constructor initializes courseName with string supplied as argument
11    explicit GradeBook( std::string name )
12       : courseName( name ) // member initializer to initialize courseName
13    {
14       // empty body
15    } // end GradeBook constructor
16
17    // function to set the course name
18    void setCourseName( std::string name )
19    {
20       courseName = name; // store the course name in the object
21    } // end function setCourseName
22
```

圖3.9 和main分開的GradeBook類別的定義(1/2)

```
23    // function to get the course name
24    std::string getCourseName() const
25    {
26       return courseName; // return object's courseName
27    } // end function getCourseName
28
29    // display a welcome message to the GradeBook user
30    void displayMessage() const
31    {
32       // call getCourseName to get the courseName
33       std::cout << "Welcome to the grade book for\n" << getCourseName()
34          << "!" << std::endl;
35    } // end function displayMessage
36 private:
37    std::string courseName; // course name for this GradeBook
38 }; // end class GradeBook
```

圖3.9　和main分開的GradeBook類別的定義(2/2)

```
 1 // Fig. 3.10: fig03_10.cpp
 2 // Including class GradeBook from file GradeBook.h for use in main.
 3 #include <iostream>
 4 #include "GradeBook.h" // include definition of class GradeBook
 5 using namespace std;
 6
 7 // function main begins program execution
 8 int main()
 9 {
10    // create two GradeBook objects
11    GradeBook gradeBook1( "CS101 Introduction to C++ Programming" );
12    GradeBook gradeBook2( "CS102 Data Structures in C++" );
13
14    // display initial value of courseName for each GradeBook
15    cout << "gradeBook1 created for course: " << gradeBook1.getCourseName()
16       << "\ngradeBook2 created for course: " << gradeBook2.getCourseName()
17       << endl;
18 } // end main
```

```
gradeBook1 created for course: CS101 Introduction to C++ Programming
gradeBook2 created for course: CS102 Data Structures in C++
```

圖3.10　在mian函式中，從GradeBook檔引進GradeBook類別

使用 std:: 標頭檔有定義的元件

藉由標頭檔(圖3.9)，我們使用std ::string(第11、18、24和37行)、std:coutT(第33行)和std::endl(第34行)。爲了一些細微原因，我們會在以後的章節解釋，標頭檔絕對不要使用using directive(using 指引)或using declarations(using 宣告)(第2.7節)。

引進一個用戶定義類別的標頭檔

標頭檔，譬如GradeBook.h(圖3.9)，不能作爲一個完整的程式，因爲它沒有main函式。爲了測試GradeBook類別(定義在圖3.9)，您必須編寫另一個包含main函式的原始檔(如圖3.10)，檔案中實體化一個類別並使用物件。

編譯器事先並不知道GradeBook的內容是什麼，因爲那是用戶自己定義的資料型態。事實上，編譯器連C++標準函式庫中類別的內容是甚麼都不知道。爲了幫助編譯器了解如何使用一個類別，我們必須明確提供類別的定義給編譯器。這就是爲什麼，當我們使用string型態時，程式必須引進<string>標頭檔。這樣，編譯器就可以確定，要保留多大的記憶體給string物件，並確保程式可正確呼叫string類別的成員函式。

要建立GradeBook物件gradeBook1和gradeBook2，圖3.10中的第11-12行，編譯器必須知道一個GradeBook物件的大小。雖然物件在觀念上應包含資料成員和成員函式，C++物件實際上只包含資料。編譯器在記憶體只建立一份類別的函式成員，並將其分享給此類別的所有物件。當然，每一個物件，有各自的資料成員，儲存在不同的記憶體當中，因爲物件會各自變更其值(如兩個BankAccount物件，就有兩個不同的存款餘額)。成員函式的程式碼則不可修改，因此它可以讓該類別的所有物件共享。因此，一個物件的大小取決成員資料所需的記憶體。藉由引入GradeBook.h (第4行)，我們讓編譯器取得其所需的資訊 (圖3.9，第37行)決定GradeBook物件的大小，並判斷類別物件的正確使用 (圖3.10 第11-12行和第15-16行)。

第4行指引C++前置處理器，在編譯前以GradeBook.h的內容(即GradeBook類別的定義) 取代第4行的內容。當原始碼檔案fig03_10.cpp被編譯，因爲它已經有GradeBook類別的定義 (第4行#include “GradeBook.h” 的作用)，編譯器能夠確定如何建立GradeBook物件，並查看他們的成員函式是否被正確呼叫。現在，該類別定義在標頭檔裡面 (沒有main函式)，我們可以將此標頭檔引進給任何要使用GradeBook的程式。

標頭檔置於何處

請注意，在圖3.10第4行程式中的標頭檔名GradeBook.h是用雙引號括起來 (“ ”)，而非尖括號 (<>)。通常，一個程式的原始碼檔案和用戶定義的標頭檔案被放置在相同的資料夾中。當前置處理器遇到由雙引號括柱的標頭檔，它試圖在原始檔所在資料夾中尋找該標頭檔，如果前置處理器找不到，就到C++標準函式庫所在的資料夾搜索。當前置處理器看到尖括號括住的標頭檔 (例如，<iostream的>)，它假設此標頭檔和C++標準函式庫在同一個資料夾，就不會在程式的資料夾作搜索。

錯誤預防要訣 3.3

爲確保前置處理器能夠正確找到標題檔，#include 前置處理指引後面應用以引號框住的用户自定義標頭檔案名稱 (例如，“GradeBook.h”)，至於C++標準函式庫則用尖括號框住標頭檔名稱 (例如，<iostream>)。

其他軟體工程問題

現在，GradeBook類別的定義儲存在標頭檔內，類別可重複使用。不幸的是，將類別的定義 (圖3.9) 放在標頭檔，會造成原始碼洩漏給使用類別的顧客端，因爲GradeBook.h只是一個簡單的文字檔，任何人都可以打開和讀取。軟體工程的觀念認爲，使用一個類別的顧客端，只需要知道有哪些成員函式可呼叫，每個成員函式需要提供哪些引數 (arguments)，回傳的資料是甚麼型態，讓函式呼叫可順利執行就可以，顧客端並不需要知道這些功能是如何實作的。

如果顧客端知道類別是如何實作 (implemented)，就可以根據類別的實作細節，修改自己顧客端的程式碼。有一天，類別的定義改變了，程式碼也要跟著大幅度修改。但理想的情況下應該是，如果類別的內容改變了，顧客端的程式不應該改變。因此，隱藏類別的實作細節，顧客端的程式碼比較容易維護。希望當類別改變後，顧客端程式只要做些微的改變就可順利執行。

在下一節中，我們將展示如何將GradeBook類別，分割成兩個檔案，使

1. 類別是可重複使用的。
2. 類別的顧客端知道有哪些成員函式可用，如何呼叫，回傳的資料型態爲何。
3. 顧客端不知道類別的成員函式是如何實作的 (看不到成員函式的原始碼)。

3.7 將介面與實作分開

在上一節中，我們展示了如何透過將類別的定義和顧客端程式 (main函式) 分離，以提升軟體的再利用性 (reusability)。現在，我們將介紹優質軟體工程的另一個基本原則，將**介面和實作分開** (separating interface from implementation)。

類別的介面

介面 (interface) 定義了一個互動的標準規範，譬如，人與系統間的互動。舉例，一個收音機控制機構充當收音機用戶端和收音機內部元件的一個界面。收音機控制機構允許用戶操作收音機 (例如改變站台、調節音量、選擇AM和FM電台)。各種收音機設備，以不同方式實作這些操作，如有些使用按鈕，有些提供刻度盤，另有些甚至提供語音命令。就像收音機操作手冊，會說明每個介面可以對收音機做哪些操作，哪些按鈕有哪些功能，但不會說明這些操作是如何在收音機內部實作的。

同樣，一個**類別的介面** (interface of a class)，說明類別的顧客端可以使用哪些服務，以及如何使用，但不會明示類別是如何執行的。一個類別的public interface 包括類別的公用成員函式 (也稱爲類別的**公用服務** (public service))。例如，GradeBook類別的界面 (圖3.9) 包含一個建構子和成員函式setCourseName、getCourseName和displayMessage。GradeBook的顧客端 (圖3.10中的main) 使用這些函式來要求類別的服務。您很快就會看到，可以設計一個類別的介面，其內容是類別的定義，但只列出成員函式名稱，回傳型態和參數型態，執行的程式碼部分則省略。

將介面從實作中分離

在我們之前的範例，每一個類別的定義，包含公用成員函式和它的私有資料成員宣告等完整內容。然而，更好的軟體工程製作，是將成員函式的內容，移出類別的定義之外，使它們的實作細節可以在顧客端的程式碼中隱藏。這種做法，確保顧客端的程式不會依附於類別的實作細節。

圖 3.11-3.13的程式，將intertface從GradeBook類別的實作中分離，分離的方法是將圖3.9的程式，分割為兩個檔案。第一個檔案GradeBook.h標頭檔 (圖3.11)，內容為GradeBook的定義。第二個檔案GradeBook.cpp (圖3.12) 內容為GradeBook成員函式的定義。按照慣例，成員函式的定義被放置副檔名為.cpp的檔案中，其主檔名則和類別同名 (GradeBook)。原始碼檔案fig03_13.cpp (圖3.13) 定義函式main (顧客端程式)。圖3.13程式的輸出和圖3.10的一樣。圖3.14則顯示，這三個檔案程式在GradeBook類別的程式設計師一方，和顧客端程式設計師一方，是如何編譯的，我們會解釋圖3.14中的細節。

GradeBook.h：定義一個有函式原型的類別介面

標頭檔GradeBook.h (圖3.11) 包含了新版本GradeBook類別定義 (第8-17行)。這個版本和圖3.9類似，但圖3.9中函式的定義替換成**函式原型** (function prototypes) (第11-14行)。函式原型只描述公用成員函式的介面 (顧客端透過此介面資訊，可正確呼叫此函式)，沒有透露類別成員函式的程式碼。一個函式原型只是一個函式的宣告，告訴編譯器函式名稱、回傳資料型態、參數及參數資料型態。另外，標頭檔還有private變數的宣告 (第16行)。因為，編譯器也必須知道資料成員的資訊，保留記憶體給每個該類別物件的資料成員。在顧客端引進標頭檔GradeBook.h (圖3.13，第5行)，編譯器可根據這個資訊，判斷顧客端是否正確呼叫成員函式。

```
 1 // Fig. 3.11: GradeBook.h
 2 // GradeBook class definition. This file presents GradeBook's public
 3 // interface without revealing the implementations of GradeBook's member
 4 // functions, which are defined in GradeBook.cpp.
 5 #include <string> // class GradeBook uses C++ standard string class
 6
 7 // GradeBook class definition
 8 class GradeBook
 9 {
10 public:
11    explicit GradeBook( std::string ); // constructor initialize courseName
12    void setCourseName( std::string ); // sets the course name
13    std::string getCourseName() const; // gets the course name
14    void displayMessage() const; // displays a welcome message
15 private:
16    std::string courseName; // course name for this GradeBook
17 }; // end class GradeBook
```

圖3.11 GradeBook類別的定義，包含函式原型，建立了類別的介面

圖3.11第11行的建構子函式原型，表明建構子要求一個字串參數。回想一下，建構子沒有回傳型態，所以函式原型中沒有回傳型態。成員函式setCourseName的函式原型指出setCourseName需要一個字串參數，並且不回傳值 (即它的回傳型態為void)。成員函式getCourseName的函式原型指出該函式不需要參數，並回傳一個字串。最後，成員函式displayMessage的函式原型 (第14行) 指出displayMessage不需要參數，並且不回傳值。這些函式原型和圖3.9中定義函式的第一行程式是相同的，當中只有參數不同，在函式原型中，參數名稱是可有可無的，每個函式原型的定義，必須以分號結束。

良好的程式設計習慣 3.2

雖然在函式原型中參數名稱是可有可無(即使有，編譯器也不理會參數名稱)，許多程式設計師使用這些名稱，只爲增加程式的可讀性或製作說明文件。

GradeBook.cpp：將成員函式定義在一個單獨的原始碼檔案

原始碼檔案GradeBook.cpp (圖3.12) 定義GradeBook類別的成員函式，這是在圖3.11中的第11-14行宣告。函式的程式碼則在圖3.12第9-33行定義，其內容幾乎和圖3.9第11-35所述成員函式定義相同。注意，const關鍵字必在兩個函式原型中出現 (圖3.11，第13-14行)，分別是函式getCourseName和displayMessage (第22和28行)。

```
 1 // Fig. 3.12: GradeBook.cpp
 2 // GradeBook member-function definitions. This file contains
 3 // implementations of the member functions prototyped in GradeBook.h.
 4 #include <iostream>
 5 #include "GradeBook.h" // include definition of class GradeBook
 6 using namespace std;
 7
 8 // constructor initializes courseName with string supplied as argument
 9 GradeBook::GradeBook( string name )
10    : courseName( name ) // member initializer to initialize courseName
11 {
12    // empty body
13 } // end GradeBook constructor
14
15 // function to set the course name
16 void GradeBook::setCourseName( string name )
17 {
18    courseName = name; // store the course name in the object
19 } // end function setCourseName
20
21 // function to get the course name
22 string GradeBook::getCourseName() const
23 {
24    return courseName; // return object's courseName
25 } // end function getCourseName
26
27 // display a welcome message to the GradeBook user
28 void GradeBook::displayMessage() const
29 {
30    // call getCourseName to get the courseName
31    cout << "Welcome to the grade book for\n" << getCourseName()
32       << "!" << endl;
33 } // end function displayMessage
```

圖3.12　| GradeBook 成員函式的定義代表GradeBook類別的實作(implement)

每個成員函式名稱 (第9、16、22和28) 前面是類別名稱和兩個冒號 :: 這被稱爲**範圍解析運算子** (scope resolution operator)。如此，將每個成員函式和GradeBook類別的定義 (圖3.11) **"綑綁"** (ties)在一起。如果沒有"GradeBook:"這個前置詞放在每個函式名稱前，這些函式不會被編譯器看成是GradeBook的成員函式，編譯器會認爲他們是"自由"或"寬鬆"的函式，如main函式一樣。這些函式也稱爲全域函式 (global function)。

這些函式不能存取GradeBook的私有資料，在沒有指定類別物件的情形下，也不能執行該類別的函式成員。因此，編譯器也可能無法編譯這些函式。例如，圖3.12的第18和24行，存取變數courseName，但程式中卻沒有把courseName宣告爲區域變數，編譯器不曉得courseName變數已經在GradeBook類別中宣告。

程式中常犯的錯誤 3.3

當在類別外定義類別成員函式時，忘了在函式名稱前加上類別名稱和範圍解析運算子(::)，導致錯誤發生。

爲了表示在GradeBook.cpp中的成員函式，的確是GradeBook類別的一部分，我們必須引入標頭檔GradeBook.h (圖3.12，第5行)。這樣我們才能在GradeBook.cpp中使用類別GradeBook。當編譯GradeBook.cpp時，編譯器使用GradeBook.h內的資訊，以確保

1. 每個成員函數(第9、16、22和28行)的第一行和在GradeBook.h中定義的函式原型相匹配。例如，編譯器可以確認getCourseName不接受參數並回傳一個字串，並且
2. 每個成員函式都知道類別的資料成員和其他成員函式，例如，第18和24行可以存取courseName變數，是因爲該變數在GradeBook.h中的確被宣告是GradeBook類別的資料成員，且第31行之所以能呼叫getCourseName函式，也是因爲該函式在GradeBook.h中的確被宣告爲是GradeBook的成員函式(且因爲呼叫與相應的原型符合)。

測試GradeBook類別

圖3.13對GradeBook物件執行的操作和圖3.10相同。將GradeBook類別的介面和成員函式實作分成兩個不同的檔案，並不影響顧客端使用類別的方式。影響的只有該程式的編譯和連結方式，我們將在稍後詳細討論。

```
 1 // Fig. 3.13: fig03_13.cpp
 2 // GradeBook class demonstration after separating
 3 // its interface from its implementation.
 4 #include <iostream>
 5 #include "GradeBook.h" // include definition of class GradeBook
 6 using namespace std;
 7
 8 // function main begins program execution
 9 int main()
10 {
11    // create two GradeBook objects
12    GradeBook gradeBook1( "CS101 Introduction to C++ Programming" );
13    GradeBook gradeBook2( "CS102 Data Structures in C++" );
14
15    // display initial value of courseName for each GradeBook
16    cout << "gradeBook1 created for course: " << gradeBook1.getCourseName()
17       << "\ngradeBook2 created for course: " << gradeBook2.getCourseName()
18       << endl;
19 } // end main
```

```
gradeBook1 created for course: CS101 Introduction to C++ Programming
gradeBook2 created for course: CS102 Data Structures in C++
```

圖3.13 介面和實作分開後的顧客端程式

如圖3.10，圖3.13的第5行引進GradeBook.h標頭檔，使編譯器可以確保顧客端程式碼可正確建立物件和處理相關資料。在執行這個程式前，圖3.12和圖3.13這兩個檔案必須正確編譯和連結 也就是說，在顧客端程式中呼叫的成員函式必須和類別成員函式的實作捆綁在一起，綑綁的工作由連結器(linker)完成。

編譯和連接過程

圖 3.14顯示了編譯和連結的過程，結果產生一個可執行的 GradeBook 應用程式，老師可用來管理學生成績。通常，一個類別界面 (.h檔) 和和實作 (.cpp檔) 由一位程式設計師建立，然後，由需用到此類別的其他程式設計師實作顧客端程式碼。因此，圖3.14顯示，實作類別的程式設計師和應用類別的程式設計師，各自需要甚麼檔案，來進行編譯和連結，最後產生各自的應用程式。圖中的虛線框，標示類別程式設計師、顧客端程式設計師和應用程式客戶，各自所需的檔案。〔注意，圖3.14不是UML圖。〕

類別實作的程式設計師負責建立可重複使用的 GrafeBook類別、建立標頭檔GradeBook.h和引用標頭檔的原始碼程式檔GradeBook.cpp，以便產生GradeBook的目的碼 (object code)。為隱藏類成員函式的實作細節，類別設計者必須提供GradeBook.h (當中有類別的界面和資料成員資訊) 和GradeBook目的碼檔案 (呈現GradeBook類別成員函式的機器碼指令)。GradeBook.cpp原始碼檔案不會交給顧客端，所以，顧客端即使可在其程式中使用GradeBook類別，但仍然不知道GradeBook類別是如何運作的。

顧客端的程式設計師只需要知道GradeBook類別的介面，以正確使用類別，並將自己程式和所提供的目的檔做連結。因為，GradeBook.h標頭檔中的類別介面是類別定義的一部分，顧客端程式設計師必須能夠取得這個檔案，並且在程式中使用#include 將其引入。當顧客端的程式被編譯，編譯器使用GradeBook.h中類別定義，確保在main函式中正確建立和使用GradeBook類別物件。

為建立使用GradeBook類別的應用程式，最後一個步驟是連結 (link)，連結步驟：

1. main函式的目的碼 (即顧客端程式碼)
2. 實作GradeBook類別成員函式的目的碼
3. 實作類別的程式設計師和顧客端的程式設計師會用到的C++標準函式庫 (譬如，string類別) 的目的碼。

連結器的輸出是可執行的 (executable) GradeBook應用程式，老師可以用它來管理學生的成績。編譯器和IDE (Integrated Development Environment: 整合開發環境) 通常在編譯完後，會執行連結的動作。

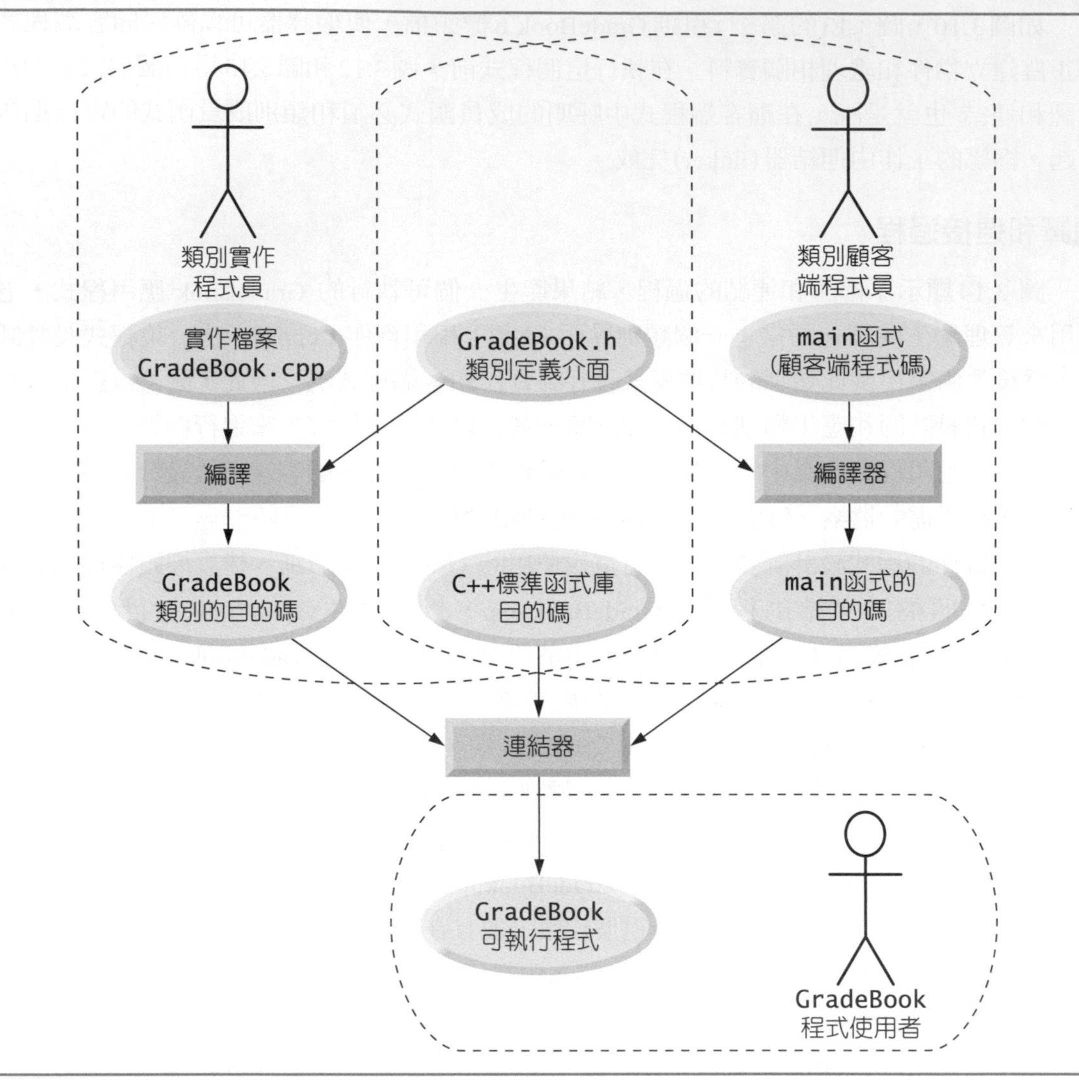

圖3.14 編譯和連結的過程，產生一個可執行的應用程式

有關編譯多個原始檔程式的詳細資訊，請參閱所使用編譯器的文件。在C++資源中心，我們提供幾個不同C++編譯器，www.deitel.com/cplusplus/。

3.8 以set函式驗證資料

在3.4節，我們介紹了set函式，允許類別的顧客端修改private成員資料。圖3.5 GradeBook類別定義了成員函式setCourseName，只是將傳來的參數name指派給資料成員courseName。此成員函式並不保證課程名稱符合任何特定的格式，或其他任何法則使課程名稱是"有效的"。假設一所大學可以列印學生成績單，其中的課程名稱不能超過25個字元。如果有大學要使用包含GradeBook類別目的碼來產生成績單，我們可要求GradeBook類別的設計者，確保資料成員courseName的字串長度不超過25個字元。圖3.15-3.17的程式，加強GradeBook類別的成員函式setCourseName的功能，執行**驗證** (validation)，這也被稱爲**有效性檢查** (validity checking)。

GradeBook類別定義

GradeBook類別的定義 (圖3.15)，也就是界面，和圖3.11的相同。由於介面保持不變，所以，即使類別的成員函式經過修改，類別的顧客端也不需要改變程式。顧客端只要簡單地和新版的GradeBook目的碼重新連結，就可使用GradeBook的課程名稱驗證功能。

```
 1 // Fig. 3.15: GradeBook.h
 2 // GradeBook class definition presents the public interface of
 3 // the class. Member-function definitions appear in GradeBook.cpp.
 4 #include <string> // program uses C++ standard string class
 5
 6 // GradeBook class definition
 7 class GradeBook
 8 {
 9 public:
10    explicit GradeBook( std::string ); // constructor initialize courseName
11    void setCourseName( std::string ); // sets the course name
12    std::string getCourseName() const; // gets the course name
13    void displayMessage() const; // displays a welcome message
14 private:
15    std::string courseName; // course name for this GradeBook
16 }; // end class GradeBook
```

圖 3.15　GradeBook類別定的義釋出了類別的公用介面

使用GradeBook類別的成員函式setCourseName驗證課程名稱

GradeBook類別的變動出現在建構子的定義 (圖3.16，第9-12行) 和setCourseName函式當中 (第16-29行)。不再使用成員初值設定器設定初值，因為無法執行驗證，只是設初值簡單的動作。建構子現在用 setCourseName設定課程名稱。在一般情況下，所有資料成員應以初值設定器執行初始化。然而，有時建構子也必須驗證其引數，通常，這部分是在建構子的主體程式內完成 (第11行)。呼叫setCourseName函式來驗證建構子引數的有效性，無誤後，使用set 設定資料成員courseName。剛開始，變數courseName的值在建構子主體程式執行前被預設爲空字串，然後setCourseName函式會修改變數courseName的值。

在setCourseName函式中第18-19行的if敘述，其作用在判斷參數 name的值是否有效 (少於25個字元的字串)。如果課程名稱是有效的，第19行程式會將有效的課程名稱指派給資料成員courseName。注意，在第18行name.size()，這是一個成員函式呼叫，就像myGradeBook.display()一樣，只是現在呼叫的是string類別的成員函式size。C++標準函式庫的string類別定義了一個成員函式size，會回傳string物件的字元個數。參數name是一個字串物件，因此可以呼叫name.size()，取得name中的字元個數。如果這個值小於或等於25，name是有效的，則執行第19行程式。

```
1 // Fig. 3.16: GradeBook.cpp
2 // Implementations of the GradeBook member-function definitions.
3 // The setCourseName function performs validation.
4 #include <iostream>
5 #include "GradeBook.h" // include definition of class GradeBook
6 using namespace std;
7
8 // constructor initializes courseName with string supplied as argument
9 GradeBook::GradeBook( string name )
10 {
11    setCourseName( name ); // validate and store courseName
12 } // end GradeBook constructor
13
14 // function that sets the course name;
15 // ensures that the course name has at most 25 characters
16 void GradeBook::setCourseName( string name )
17 {
18    if ( name.size() <= 25 ) // if name has 25 or fewer characters
19       courseName = name; // store the course name in the object
20
21    if ( name.size() > 25 ) // if name has more than 25 characters
22    {
23       // set courseName to first 25 characters of parameter name
24       courseName = name.substr( 0, 25 ); // start at 0, length of 25
25
26       cerr << "Name \"" << name << "\" exceeds maximum length (25).\n"
27          << "Limiting courseName to first 25 characters.\n" << endl;
28    } // end if
29 } // end function setCourseName
30
31 // function to get the course name
32 string GradeBook::getCourseName() const
33 {
34    return courseName; // return object's courseName
35 } // end function getCourseName
36
37 // display a welcome message to the GradeBook user
38 void GradeBook::displayMessage() const
39 {
40    // call getCourseName to get the courseName
41    cout << "Welcome to the grade book for\n" << getCourseName()
42       << "!" << endl;
43 } // end function displayMessage
```

圖3.16 GradeBook類別的成員函式，其中set函式驗證courseName變數的字數

當setCourseName函式收到的參數是無效的名稱(名稱超過25個字元)，if敘述的第21-28部分做對應的處理。雖然課程名稱太長，還是希望GradeBook物件處在一致的狀態(consistent state)，也就是說，物件的資料成員courseName仍包含有效的值(少於25個字元的字串)。我們做法是擷取課程名稱的前25個字元，其餘字元截斷。(這麼做的缺點是可能造成難懂的課程名稱)。標準string類別提供的成員函式**substr** (**substring的簡寫**) 會回傳新的string物件，其值由原字串的子字串複製而來。第24行的呼叫name.substr (0,25) 傳遞兩個整數給name物件成員函式substr。這兩個參數指定要回傳原字串的哪一段。第一個引數指定

所有子字串的起始位置，所有字串的第一個字元其位置為0，第二個參數指定欲複製的字元數。因此，在第24行的呼叫，會回傳name字串第0個字元算起的25個字元（也就是name的前25個字元）。例如，如果name的值是“CS101 Introduction to Programming in C++”，substr會回傳子字串“CS101 Introduction to Pro”。呼叫substr後，第24行會將substr回傳的子字串指派給資料成員courseName。以這種方式設定課程名稱，函式setCourseName可確保課程名稱不會超過25個字元。如果成員函式必須截斷課程名稱使之有效，第26-27行會顯示一個警告訊息cerr，這在第1章中有提到。

第21-28行的if敘述包含兩個程式敘述，一個用來擷取引數name前25個字元，一個用來顯示訊息給用戶。若引數非有效，這兩個程式敘述就必須執行，所以把他們括在一對大括號{ }當中。回憶第2章，這形成了一個程式區塊。第4章您會學到將多個程式敘述放在一個控制敘述的主體。

第26-27行的敘述也可寫成在第二行的最前面，省略資料流插入運算子 (stream insertion operator)，如：

```
ceer<< "Name \"" << name << "\" exceeds maximum length (25).\n"
  "Limiting courseName to first 25 characters.\n" << endl;
```

C++編譯器依序結合相鄰的字元串 (string literals)，即使它們出現在程式中不同的獨立行。因此，上面的敘述，C++編譯器將結合字元串"exceeds maximum length (25).\n"和"Limiting courseName to first 25 characters.\n"為單一字元串，產生的輸出和圖3.16的第26-27行一樣。這種行為可以讓您列印很長的字元串，且不用資料流插入運算子，把他們拆成可讀性較佳的數個較短字元串，放在不同的連續行中。

測試GradeBook類別

圖3.17展示具有驗證特色的修改版 GradeBook類別 (圖3.15-3.16)。第12行建立了一個名為gradeBook1的GradeBook物件。回想一下，GradeBook的建構子在呼叫setCourseName函式初始化資料成員coursName。在前一個版本的類別，呼叫setCourseName函式的好處並不明顯。但現在，建構子透過呼叫setCourseName而具有驗證功能。建構子只要呼叫setCourseName，不用再複製驗證用的程式碼。當圖3.17第12行傳遞初始課程名稱"CS101 Introduction to Programming in C++"給GradeBok的建構子，建構子將這個值傳遞給setCourseName函式，該函式是實際執行初始化courseName的地方。因為課程名稱超過25個字元，if的第二個敘述會執行，導致課程名稱被初始化為擷取前25個字元的課程名稱 "CS101 Introduction to Pro" (截斷的部分在第12行中以黑色背景顯示)。圖 3.17的輸出的警告訊息是由圖3.16第26-27行setCourseName 函式所產生的。第13行建立了一個名為gradeBook2的GradeBook物件，有效的課程名稱正好是25個字。

```
 1 // Fig. 3.17: fig03_16.cpp
 2 // Create and manipulate a GradeBook object; illustrate validation.
 3 #include <iostream>
 4 #include "GradeBook.h" // include definition of class GradeBook
 5 using namespace std;
 6
 7 // function main begins program execution
 8 int main()
 9 {
10    // create two GradeBook objects;
11    // initial course name of gradeBook1 is too long
12    GradeBook gradeBook1( "CS101 Introduction to Programming in C++" );
13    GradeBook gradeBook2( "CS102 C++ Data Structures" );
14
15    // display each GradeBook's courseName
16    cout << "gradeBook1's initial course name is: "
17       << gradeBook1.getCourseName()
18       << "\ngradeBook2's initial course name is: "
19       << gradeBook2.getCourseName() << endl;
20
21    // modify gradeBook1's courseName (with a valid-length string)
22    gradeBook1.setCourseName( "CS101 C++ Programming" );
23
24    // display each GradeBook's courseName
25    cout << "\ngradeBook1's course name is: "
26       << gradeBook1.getCourseName()
27       << "\ngradeBook2's course name is: "
28       << gradeBook2.getCourseName() << endl;
29 } // end main
```

```
Name "CS101 Introduction to Programming in C++" exceeds maximum length (25).
Limiting courseName to first 25 characters.

gradeBook1's initial course name is: CS101 Introduction to Pro
gradeBook2's initial course name is: CS102 C++ Data Structures

gradeBook1's course name is: CS101 C++ Programming
gradeBook2's course name is: CS102 C++ Data Structures
```

圖3.17 建立和處理GradeBook 物件，當中課程名稱被限制在長度為25個字元內

圖3.17 第16-19行 物件gradeBook1被截斷 (有黑色背景的字) 的課程名稱和gradeBook2的課程名稱。第22行，對GradeBook物件直接呼叫gradeBook1的setCourseName成員函式，將課程名稱變短，不必被截斷。第25-28行，再次輸出GradeBook課程名稱。

Set 函式的其他注意事項

公用set函式，如setCourseName應仔細檢查，任何準備指派給資料成員 (例如，courseName) 的新值是有效的。例如，嘗試將某月的日數設爲37就應被拒絕，嘗試將一個人的重量設爲零或負值也應被拒絕，嘗試將考試成績設爲185 (成績範圍爲0-100) 也應該被拒絕，以此類推。

軟體工程觀點 3.3

將資料成員設爲private而不是public，在存取控制面上有較佳的完整性，特別是寫入的存取。

錯誤預防要訣 3.4

資料完整性不是光靠將其存取權限設爲private就可以，還必須提供適當的有效性檢查和錯誤報告

Set函式在有人企圖將類別物件資料設爲無效時，會回傳一個值來警示此企圖。顧客端程式則可根據回傳的值，判斷修改物件資料是否成功，若失敗，應採取適當的行動。後面章節的程式就會循此原則，引入一些程式設計技術。在C++中，物件的顧客端還可以透過異常處理(exception-handling)機制，取得錯誤資訊，此機制會在第7章討論，並在第17章做更深入的應用。

3.9 總結

在本章中，定義了一個類別，並且建立和使用此類別的物件。我們宣告一個類別的資料成員，以維護每個類別物件的資料。我們還定義了一些成員函式來處理成員資料。您也學到，若成員函式不會修改物件資料，必須宣告爲const。我們也示範了如何呼叫成員函式，以取得物件提供的服務，以及如何將資料傳遞給函式的引數。我們討論成員函式區域變數 (local variable) 與類別成員資料 (member data) 間的差異。我們也展現如何使用建構子和一個成員初始化列表，確保每一個物件被適當地初始化。您也學到，只有一個參數的建構應以 explicit 宣告，這類的建構子不能被宣告爲const，因爲有一個參數的建構子，通常會對物件做初始化，變更了物件的資料。我們展示，如何將介面從類別分離出來，提升優質軟體工程。也說明，不應該在標頭檔內使用using指引 (using directive) 和using宣告 (using declarations)。我們呈現一個流程圖，說明類別實作程式設計師和顧客端程式設計師，需要那些檔案來編譯他們所寫的程式。我們展現 set函式如何驗證資料，確保物件資料保有一致性。UML類別圖被用來將類別與類別的建構子、函式成員式和資料成員塑模。

下一章中，我們開始介紹程式的控制敘述，指定程式執行操作順序。

摘要

3.2 定義一個有成員函式的類別

- 一個類別的定義包含資料成員和成員函式，這等同定義了類別的屬性(資料成員)和行爲(成員函式)。
- 類別的定義由關鍵字class開頭，後面緊跟著類別名稱。
- 按照慣例，一個用戶定義的類別名稱以大寫字母開頭，爲便於閱讀，隨後的每個單詞也以大寫字母開頭。
- 每個類別的主體被包在一對大括號({和})中，並以分號結束。
- 存取修飾詞爲public 的成員函式(第頁)可以被其他函式呼叫。也可被其他類別的成員函式呼叫。
- 存取修飾詞後總是跟著一個冒號(:)。
- 關鍵字void是一個特殊回傳型態，表明一個函式執行完工作，不會回傳任何資料給呼叫它的函式。
- 按照慣例，函式名稱第一個字母用小寫，後續所有單詞則以大寫字母起頭。
- 函式名稱後的空括號，表示該函式不需要附加資料來執行其工作。
- 若一個函式不會也不該修改物件資料的話，則應該宣告爲const。
- 通常，在建立類別物件前，您不能呼叫該類別的成員函式。
- 在UML中，每個類被塑模成類別圖，該圖爲一個矩形，內有三個隔層，從上到下分別是：類別名稱、屬性和操作。
- UML模型的操作，以操作名稱後面緊隨括號表示。在操作名稱前的加號(+)表示這是一個公用操作(即C++中的public成員函式)。

3.3 定義成員函式與參數

- 一個成員函式可能需要一個或多個參數表示它需要其他資料來完成工作。函式呼叫應對每個參數提供相對應的引數。
- 要呼叫成員函式，需藉由物件名稱後緊隨一個點號‘.’和函式名稱來完成。函式名稱後的括號內是引數，多個引數以逗號(,)分隔。
- 資料型態爲C++標準函式庫中string 類別的變數展現一串字元，此類別定義在<String>標頭檔中，類別名稱string的命名空間爲std。
- 函式getline(定義於標頭檔<string>)從它的第一個引數讀取字元，直到遇到換行符號，然後將讀取的字元(不包括換行)指定給第二個引數，換行字元則被丟棄。
- 參數列表可以包含任意數量的參數，包括沒有參數(以空括號表示)，空括號表示一個函式不需要任何參數。
- 呼叫函式時所傳遞的引數數量、資料型態和出現順序，必須和函式定義的參數列表一致。
- UML將操作的參數以列出參數名稱的方式塑模，參數名稱後面跟一個冒號，緊隨參數型態，參數列表在括號內並放置在操作名稱後面。

- UML有其自己的資料型態。不是所有的UML資料型態都和C++具有相同的名稱，譬如，UML的String型態對應於C++ string型態。

3.4　資料成員，set成員函和 get成員函式

- 在一個函式主體內宣告的變數是區域變數，只能在被宣告後到函式主體右括號 (}) 間的程式呼叫。
- 區域變數必須在使用前宣告。區域變數不能在宣告它的函式外部使用。
- 資料成員 (第頁) 通常是私有的。私有變數只有宣告它的類別的成員函式或此類別的夥伴可以存取。
- 當一個程式建立類別物件時 (instanitate: 實體化)，它的私有資料成員被封裝 (隱藏) 在物件內，並且只可以透過該物件的成員函式存取 (或類別的“夥伴”，第9章介紹)。
- 當一個函式指定非void的回傳型態，當被呼叫並完成其工作後，此函式會回傳一個結果給其呼叫函式。
- 預設情況下，一個字串的初始值是空字串，一個沒有任何字元的字串。空字串在螢幕上不會顯示任何內容。
- 類別通常會提供公有成員函式，允許類別的顧客端用 set或get存取私有資料成員。這些成員函式的名稱通以set或get開頭。
- set和get函式允許類別的顧客端間接存取隱藏的資料。顧客端並不知道物件是怎麼執行這些操作。
- 類別的set和get函式應該由類別的其他成員函式來使用，以取得類別的私有資料。如果類別資料的表示方式被改變，透過set和get 處理資料的成員函式將不需要修改程式碼。
- 公用set函式應該仔細審查任何企圖修改資料成員的值。以確保新的值是適合於該數資料。
- UML將資料成員以屬性來表示，呈現方式爲先列出屬性名稱，然後面跟一個冒號，冒號後面是屬性型態。UML私有屬性的前面有一個減號 ()。
- UML操作的回傳型態，放置在操作名稱括號的後面，一個冒號後緊隨回傳型態。
- UML類別圖中的操作，若無回傳值，就不用指定回傳型態。

3.5　使用建構子初始化物件

- 每個類別應該提供一個或多個建構子，使得當物件建立時，就可以初始化類別物件。建構子的名稱必須和類別的名稱相同。
- 建構子和函式間的不同處在於建構子不能回傳值，因此，不能指定回傳型態 (連void都不行)。通常情況下，建構子以public宣告。
- C++的每個物件建在建立時，會自動呼叫建構子，這有助於確保物件在被使用前，已經適當的初始化。

- 不帶參數的建構子是一個預設的建構子。如果不提供建構子，編譯器會提供一個預設的建構子。您也可以明確的定義一個預設的建構子。如果已經爲類別定義任何建構子，C++就不會建立預設建構子。
- 只有單一參數的建構子應以explicit宣告。
- 建構子使用成員初始化列表初始化類別的資料成員。成員初始化出現在建構子參數列表和建構子開頭的左括號間。成員初始化列表以冒號 (:) 和參數列表隔開。初始化由資料成員的變數名稱後面以小括號括住成員的初始值。您也可以在建構子主體內進行初始化，但是使用成員初值設定器來執行初始化，其執行效率更好，而且某些型態的資料成員必須用這種方式初始化。
- UML模型將建構子以操作來表示，置於類別圖的第三個隔層，在建構子名稱前面加上以雙尖號框住"constructor"以便和一般操作做區隔。

3.6 將類別放置在另一個檔案以增加再利用性

- 類別的定義若打包得當，可以被全世界程式設計師使用。
- 通常在標頭檔定義類別，副檔名爲.h。

3.7 介面和實作分離

- 如果類別的實作經過更改，類別的顧客端程式應該不需要改變。
- Interface的定義，使事物間的互動標準化。如人與系統間的互動。
- 一個類別的公用介面描述了可被顧客端引用的公用成員函式。介面提供顧客端資訊，有甚麼服務可用，以及如何申請這些服務，介面不描述類別如何進行這些服務。
- 介面和實作分離使程式更易於修改。只要類別的介面保持不變，變更類別的實作，不會影響顧客端程式。
- 永遠不要將using指引和using宣告放在標頭檔。
- 函式原型包含函式名稱、回傳型態和此函式接收的參數個數，和預期依序出現的參數列表。
- 一旦類別已經定義，其成員函式也已宣告 (藉由函式原型)，成員函式應該在另一個獨立的檔案中實作。
- 成員函式若是在類別的主體外定義，函式名稱前必須有類別名稱，接著緊隨範圍解析運算子 (::)。

3.8 以set 函式驗證資料

- string類別成員函式size會回傳字串的字元的個數。
- string類別成員函式substr會回傳一個新的字串，新字串是現存字串的子字串。第一個參數指定原始字串的起始位置，第二個指定要複製的字元個數。

自我測驗題

3.1　請在以下題目填空：

a)　一個______變數在被使用前須要先宣告。

b)　______函式從它的第一個引數讀取字元，直到換行字元出現。

c)　UML模型將建構子塑模爲操作，位置在類別圖中的第三個隔層，在建構子間名稱前面的雙角括號 (« ») 內必須填入______。

d)　一個_____set 函數應該仔細檢查任何資料成員值的有效性，以確保新的值是適合於該項資料。

e)　永遠不要在____內使用using宣告和using指引。

f) 在函數名稱後的____表示該函式不需要額外的資料來執行其任務。

g)　____定義了標準化的方法，使各項事物，如人和系統可互動。

h)　不帶參數的建構子是一個___建構子。如果您不提供建構子，編譯器會提供一個___。

i)　一個函式的____包含函數的名稱、它的回傳類型和參數的數量和型態。

3.2　說明下列何者爲對，何者爲錯。如果是錯的，請說明原因。

a)　按照慣例，類名稱以大寫字母起始，且隨後的所有單字也以大寫字母起始。

b)　類別的定義以關鍵字class開始，後面緊跟著類別名稱。

c)　一個函數，它既不會也不應該修改物件，就應該以const宣告。

d)　一個類別通常會提供公有成員函數，允許類別的顧客端得以設定或讀取私有資料成員。

e)　UML類別圖中的操作項目若不回傳值，仍要指定回傳型態。

f)　只有單一參數的建構子，應以implicit宣告。

g)　類別string的成員函式size，會回傳字串長度。

3.3　函式參數列表有何用處？

3.4　解釋區域變數目的。

自我測驗題解答

3.1　a) 區域。b) getline。c) 建構子。d) public。e) 標頭檔。f) 空括號。g) 介面。h) 預設，預設建構子。i) 原型。

3.2　a) 對。 b) 對。 c) 對。 d) 對。 e) 錯，UML類別圖中的操作，若沒有回傳值，就不用指明回傳型態。 f) 錯，單一參數建構子應以explicit 宣告。 g) 對。

3.3　函數若需要額外資料執行其任務，就有必要把這些資料放到函式參數列表。函式參數列表位在函數名稱後的括號裡面，參數列表可包含任何數目的參數。空括號表示空的參數列表，代表函式不需額外資料。

3.4　在函式內定義的變數稱爲區域變數，有效範圍從宣告開始到所在區塊的結束爲止 (右大括號)。

習題

3.5 (Private Access Specifier) 解釋private存取修飾詞的用處。

3.6 (Mutators and Accessors) 解釋甚麼是物件的顧客端？解釋mutators和accessors是甚麼？

3.7 (Data Hiding) 解釋資料隱藏的目的。

3.8 (Scope Resolution Operator) 什麼是範圍解析運算子？詳細說明它的各種用法。

3.9 (Using a Class Without a using Directive) 解釋程式如何在不使用using 指引的前提下，使用string類別。

3.10 (Driver Program) 解釋啓動程式的用途。

3.11 (修改GradeBook類別) 以下列方式修改GradeBook類別 (圖3.11-3.12)：

a) 加入第二個字表示教師的名字。

b) 提供set函式來改變教師的名字，和get函式來取其值。

c) 修改建構子，指定課程名稱和教師性名兩個參數。

d) 修改函式displayMessage輸出歡迎訊息和課程名稱，接著顯示“This course is presented by:”，再加上教師的姓名。

在測試程式中使用修改版的類別，展現新功能。

3.12 (Account類別) 建立一個名爲Account的類別，銀行能使用該類別代表客戶的銀行帳戶。類別中有一個資料成員，表示帳戶餘額。[注意：在隨後的章節中，我們將使用含有小數點的數字 (如2.75) 稱爲浮點數，來表示金額。]提供一個接收帳戶餘額初始值的建構子，並用它來初始化資料成員。建構子必須驗證初始值，確保帳戶餘額大於或等於0。如果不是，則將餘額設爲0，並顯示錯誤訊息，指出帳戶餘額初始值無效。提供三個成員函式。成員函式credit要對帳戶餘額增值。成員函式debit從賬戶提款，並確保提款金額不超過該賬戶的餘額。若超過，餘額應保持不變，並印出一條訊息，表示“提款金額超過帳戶餘額”。成員函式getBalance應回傳當前餘額。寫一個程式，建立兩個Account物件，並測試Account 類別的成員函式是否正確執行。

3.13 (Invoice類別) 建立一個名爲Invoice 的類別，五金行可以使用該類別代表賣出一項商品的發票。Invoice有4個資料成員，分別是：物件編號 (string型態)，物件描述 (string型態)、物件售出量 (int 型態) 和物件單價 (int型態)。[注意：在隨後的章節中，我們將使用含有小數點的數字 (如2.75) 稱爲浮點數，來表示金額。] Invoice 類別必須要有一個建構子，用來初始化四個資料成員。以下列方式，定義接收多個引數的建構子：

類別名稱 (型態1 參數1, 型態2 參數2，...)

爲每個資料成員各提供一個set函式和一個get函式。此外，提供一個名爲getInvoiceAmount成員函式，計算發票金額 (單價乘數量)，然後回傳一個整數值。如果發票金額算出來是負的，或物件單價是負的，都應該回傳0。寫一個程式來展示Invoice 類別的功能。

3.14 **(Employee類別)** 建立一個名爲Employee的類別，其中包括三個資訊，以資料成員表示，分別是：名字 (string型態)、姓氏 (string型態) 和月薪 (int型態)。[注意：在隨後的章節中，我們將使用含有小數點的數字 (如2.75) 稱爲浮點數，來表示金額。] Employee類別應該有一個用來初始化三個成員資料的建構子。爲每個資料成員各提供一個set 函式和一個get函式。如果月薪爲負值，將其設爲0。寫個測試程式，展示Employee類別的功能。建兩個Employee物件並顯示各自的年薪。然後，給每個員工加薪10%，並再次顯示每個員工的年薪。

3.15 **(Date類別)** 建立一個名爲Date的類別，該類別包括三個以資料成員表示的資訊，分別是：月 (int型態)、日 (int型態)、年 (int型態)。Date類別要有一個含三個參數的建構子，以初始化三個資料成員。爲展現本題教學目的，假設提供建構子的年份和日期的值是正確的，但月份則不一定正確，建構子要驗證月份的值是在1-12的範圍；如超出範圍，設定月份爲1。對每個資料成員提供一個set和一個get函式。提供一個名爲displayDate的成員函式，顯示月、日和年，彼此以正斜線 (/) 相隔。一個測試程序展示Date類別的功能。

創新進階題

3.16 **(目標心率計算器)** 運動時，您可以使用一個心率監視器來檢視心跳是否保持在醫生建議的安全範圍。根據美國心臟協會 (AHA) (www.americanheart.org/presenter.jhtml?identifier=4736) 的資料，計算每分鐘最大心率的公式是：220減去年您的年齡。正常心跳速率的範圍落在最大心跳率的50-85%之間。[注意：這些公式是由美國心臟協會提供的估算。最大目標心跳速率可能基於健康、運動項目和性別而有所不同。在開始量測或變更運動項目之前，請務必諮詢醫師或合格的衛生保健專業人士。]建立一個名爲HeartRates 的類別。類別屬性應包括受測人的姓、名和出生日期 (年、月、日各爲一個獨立的屬性)。HeartRate類別應該有一個以這些資料爲參數的建構子。對於每一個屬性提供 set和get 函式。該類別要有一個名爲getage的函式計算和回傳量測人的年紀(以年來表示)。還要有一個名爲getMaxiumumHeartRate的函式來計算和回傳受測人的目標心跳速率。假設您不知道如何從計算機取得當前的日期，getAge函式在計算年齡前，應提示用戶輸入當前月、日和年。寫一個程式，提示用戶輸入個資。實體化一個HeartRates類別物件，並由物件印出姓氏、名字和生日，然後計算此人的年齡(歲)、最高心跳速率和目標心跳率範圍。

3.17 **(電子健康照護紀錄)** 近年來，在衛生保健這個領域有個新的議題：健康紀錄電腦化。由於涉及敏感隱私和安全問題，電腦化目標正謹愼逐步達成。 [後面的習題會關心該議題]，健康紀錄輸入電腦能爲各種醫療保健專業人員傳遞病人的健康概況和病史。這可以提高醫療品質，有助於避免藥物衝突和錯誤的藥物處方，降低成本，在緊急情況下，甚至可以挽救生命。在這個習題中，您會設計一個HealthProfile類別，電腦化人的健康照護紀錄。類別屬性應包括人的姓、名、性別、出生日期 (獨立屬性：月，日和出生年份)、身高 (英寸) 和體重 (磅)。您設計的類別還應有接收這些資料的建構子。對每個屬性,提供set和get函式。該類別還應包括計算和回傳用戶以年歲表示的年齡、最大心率、目標心率範圍 (見練習3.16) 和身體質量指數 (BMI; 見習題2.30)。寫一個程式,提示用戶輸入相關個資,實體化一個HealthProfile物件,印出該物件資訊,包括姓、名、性別、出生日期、身高和體重,然後計算和印出用戶的年齡(歲)、BMI、最大心率和目標心跳速率範圍。還應顯示習題2.30計算過的"BMI值"。使用和習題3.16相同技術來計算此人的年齡。

4 控制敘述：第一部分

Let's all move one place on.
—Lewis Carroll

The wheel is come full circle.
—William Shakespeare

All the evolution we know of proceeds from the vague to the definite.
—Charles Sanders Peirce

學習目標

在本章中，您將學到：

- 基本解決問題的技術。
- 以由上而下、逐步修改的程序，開發演算法。
- 使用if和if…else選擇敘述選擇要執行的動作。
- 使用while重複敘述反覆執行程式中的敘述。
- 計數控制循環與警示控制循環。
- 使用增量、減量和指派運算子。

本章綱要

4.1 簡介

在動手寫程式解決問題之前，首要之務，是要對問題有全盤透徹的了解，然後精心策劃解決之道。撰寫程式時，也必須了解有哪些可用的程式構件 (building blocks) (參見軟體工程觀點1.1)，並採用經過驗證有效的程式建構技術。本章與第5章，介紹結構化程式設計的理論與守則時，會再討論這些議題。本章所呈現的程式觀念，對建構有效的類別以及妥善操作物件是非常重要的。

本章將介紹C++的if、if…else與while敘述，這三種構件讓您的成員函式得以用所需的邏輯，執行其工作。本章 (以及第5-7章) 的其中一部分會進一步開發GradeBook類別。尤其是我們在GradeBook類別中加入一個成員函式，它使用控制敘述來計算一群學生的平均成績。另一個範例介紹其他方式，將控制敘述加以組合，以解決類似問題。我們介紹C++ 的指派運算子、遞增運算子和遞減運算子。這些額外的運算子可縮短、簡化許多程式敘述。

4.2 演算法

任何一個可解的計算問題，一定可依特定順序執行一系列的動作來完成。解決問題的**程序** (procedure)，換成白話文是：

1. 要執行的**動作** (action)
2. 執行這些動作的**順序** (order)

這就是所謂的**演算法** (algorithm)。以下的範例說明，正確指定動作執行的順序是很重要的。

想像一位中級主管所遵循的“早起上班演算法”，這是他從早上起床到上班之間所做的動作：(1) 起床，(2) 脫掉睡衣，(3) 沖澡，(4) 穿衣服，(5) 吃早餐，(6) 與同事共乘汽車上班。這個程序讓這位主管能精神飽滿地工作，進行各種決策。但若以不同順序執行相同動作：(1) 起床，(2) 脫掉睡衣，(3) 穿衣服，(4) 沖澡，(5) 吃早餐，(6) 與同事共乘汽車上班。那這位老兄就會全身沾滿肥皂，濕淋淋的去上班。指定電腦程式中敘述式 (動作) 執行的順序，就是所謂的**程式控制** (program control)。本章探討以C++的**控制敘述** (control statement) 進行程式控制。

4.3 虛擬碼

虛擬碼 (Pseudocode)（或稱“假碼”）是人工式非正式語言，可幫助您開發演算法，而不必操心C++嚴格的語法。在此討論的虛擬碼對開發演算法很有幫助，這些演算法可以轉成C++ 程式的結構。虛擬碼類似日常語言，雖然它不是實際的電腦程式設計語言，卻很方便且具有使用者親和性。

虛擬碼無法在電腦上執行。但卻能幫助程式設計者在使用程式語言(如C++)撰寫程式前，“思考”如何設計程式。本章會提供幾個範例，說明如何有效運用虛擬碼開發C++程式。

本書的虛擬碼樣式純粹由字元組成，所以您可以很方便地用編輯程式撰寫虛擬碼。電腦可依需求印出美觀的虛擬碼紙本。虛擬碼只要細心撰寫，便可輕易轉成對應的C++程式。在許多情況下，我們只需用C++的同等敘述替換虛擬碼的敘述即可。

虛擬碼通常只會描述**可執行的敘述** (executable statements)，當程式從虛擬碼轉成C++並在電腦執行時，該敘述可執行特定動作。宣告(不含初值設定或建構子呼叫)並非可執行的敘述。例如，以下宣告

```
int  counter;
```

只是告訴編譯器變數counter的資料型態，並要編譯器爲這個變數保留記憶體空間。執行程式時，這個宣告不會產生任何動作，如輸入、輸出或計算等。在虛擬碼中，通常不會寫上變數宣告。不過有些程式設計者會在虛擬碼的開頭列出變數並說明其用途。

現在我們來看一個虛擬碼的範例，可幫助程式設計者建立圖2.5的加法程式。此虛擬碼(圖4.1)對應的演算法可輸入兩個整數，將兩數相加並顯示總和。雖然我們在此列出完整的虛擬碼，但本章後面會說明如何從問題描述中建立虛擬碼。

第1-2行對應到圖2.5第13-14行的敘述。注意，虛擬碼敘述都是簡單的英文，說明C++要執行什麼工作。同樣的，第4-5行對應到圖2.5第16-17行的敘述，第7-8行對應到圖2.5第19和21行的敘述。

```
1  Prompt the user to enter the first integer
2  Input the first integer
3
4  Prompt the user to enter the second integer
5  Input the second integer
6
7  Add first integer and second integer, store result
8  Display result
```

圖4.1　圖2.5加法程式的虛擬碼

4.4 控制結構

一般而言，程式中的敘述會按撰寫順序依次執行。這就是所謂的**循序執行** (sequential execution)。稍後討論的各種C++敘述，可以讓您指定接下來要執行的敘述，它不一定是依照順序的下一個。這就是所謂的**控制權轉換** (transfer of control)。

在1960年代，人們發現任意使用控制權轉換，是造成軟體開發小組困擾的根本原因。goto敘述成了眾矢之的，因爲它可以讓您將控制權轉換到程式中幾乎任何地方，把程式搞得錯綜複雜。結構化程式設計 (structured programming) 幾乎成爲 **"消除goto"** (goto elimination) 的同義字。

Böhm與Jacopini[1]的研究顯示，不用goto敘述照樣能寫程式。當代程式設計者得轉換程式設計風格，接受"不用goto"的挑戰。直到1970年代，程式設計者才開始重視結構化的程式設計方式。其結果讓人印象深刻，軟體開發組織報告，這可減少開發軟體時間、更快完成系統設計，並在預算內完成軟體專案。其成功的關鍵，就是結構化程式設計更加清楚、更易除錯和修改，且更可能一開始就建立沒有錯誤的程式。

Böhm和Jacopini證明所有程式都可以只用三種**控制結構** (control structures) 撰寫，分別是：**循序結構** (sequence structure)、**選擇結構** (selection structure) 和**重複結構** (repetition structure)。"控制結構"這個詞來自資訊科學領域。當我們介紹C++的控制結構實作時，會以C++標準文件中的術語"控制敘述" (control statement) 稱呼。

C++的循序結構

循序結構內建於C++中。除非特別指示，否則電腦會按撰寫順序逐一執行C++敘述。圖4.2的UML**活動圖** (activity diagram) 是典型的循序結構，這兩個計算是依序執行的。C++可讓我們在循序結構中，視需要加入許多動作。待會可看到，只要該處可放置單一動作，就可循序加入數個動作。

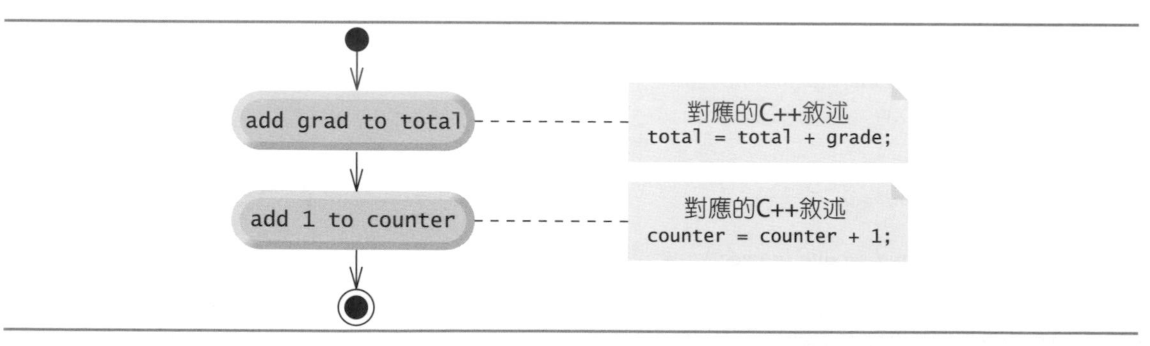

圖4.2 循序結構活動圖

本圖中的兩個敘述，表示將成績加到total變數，並將counter變數加1。計算學生平均成績的程式中，便可能出現這樣的敘述。成績總和除以成績筆數，便可算出平均成績。計數變數可用來追蹤成績筆數。第4.8節的程式便可看到類似敘述。

1 Böhm, C., and G. Jacopini, "Flow Diagrams, Turing Machines, and Languages with Only Two Formation Rules," Communications of the ACM, Vol. 9, No. 5, May 1966, pp. 366–371.

活動圖是UML的一部分。活動圖將軟體系統的部分**工作流程** (workflow，又叫做**活動**，activity) 加以模型化。這種工作流程可能包含部分的演算法，例如圖4.2的循序結構。活動圖是由特殊用途的符號所組成，例如：**動作狀態符號** (action state symbol，圓弧邊角的長方形)、**菱形** (diamond) 和**小圓形** (small circle)，這些符號會使用**轉移箭頭** (transition arrow) 連結，代表活動的方向。

活動圖清楚地顯示了如何控制結構運作。圖4.2循序結構的活動圖，有兩個**動作狀態** (action state)，代表要執行的動作。每個動作狀態包含**動作運算式** (action expression)，例如"add grade to total"或"add 1 to counter"，此運算式指定要執行的特定動作。其他動作可能有計算或輸入／輸出操作。活動圖中的箭頭稱爲轉移箭頭。這些箭頭表示**轉換** (transitions)，代表由"動作狀態"表示的動作之發生順序，圖4.2的活動圖說明實作此活動的程式，會先將grade的值加到total，再將counter的值加1。

位在狀態圖上方的**實心圓形** (solid circle) 代表**初始狀態** (initial state)，也就是在程式執行此模型的動作之前，工作流程的起始位置。在活動圖底下的實心圓形外面有個空心圓形，它代表**最終狀態** (final state)，也就是程式執行該動作之後，工作流程的結束位置。

圖4.2亦含右上角折角的長方形。在UML中，這稱爲**注意事項** (notes)。注意事項是個解釋性註解，可說明活動圖中各記號的用途。注意事項不止可以用在活動圖，它也可用在任何UML圖示。圖4.2使用UML注意事項，顯示與活動圖中每個活動狀態相關的C++程式碼。**虛線** (dotted line) 會連結每個注意事項和該注意事項描述的項目。活動圖通常不會顯示實作該活動的C++程式碼。但我們在注意事項裡寫上程式碼，以說明該圖與C++程式碼之間的關係。如需UML的進一步資訊，請見我們第25-26章的選讀案例研討，或造訪UML資源中心：www.deitel.com/UML/。

C++ 的選擇敘述

C++提供三種選擇敘述 (於本章與第5章討論)。在if選擇敘述中，若條件 (命題) 爲true，就會執行 (選擇) 某個動作，若條件是false，則略過該動作。在if...else選擇敘述中，若條件爲true，則會執行某個動作，若條件是false，則會執行另一個動作。switch選擇結構 (第5章) 則會依某個整數運算式的值，執行不同動作的其中一個。

if選擇敘述是**單一選擇敘述** (single-selection statement)，因爲它會選擇或略過單一動作 (或單一群動作，如後所述)。if…else敘述是**雙重選擇敘述** (double-selection statement)，因爲它會在兩個不同的動作 (或兩群動作) 之間選擇。switch敘述是**多重選擇敘述** (multiple-selection statement)，因爲它會在多個不同的動作 (或多群動作) 之間選擇。

C++的重複敘述

C++提供三種重複敘述 (又叫做**迴圈敘述**，looping statement，或**迴圈**，loops)，只要條件 (稱爲**迴圈測試條件**，loop-continuation condition) 仍爲true，就會持續不斷執行敘述。重複敘述有while、do...while和for敘述。(第5章介紹do...while和for敘述。) while與for敘述會在其主體內執行動作 (或一群動作) 零或多次，若迴圈持續條件一開始就是false，就不會執行動作 (或一群動作)。do...while敘述會在其主體內至少執行一次動作 (或一群動作)。

每個單字如if、else、switch、while、do和for等都是C++的關鍵字。C++所有的關鍵字都是用小寫。識別字在命名的時候，譬如，爲變數命名，不可和任何關鍵字同名，避免混淆，且編譯器也不允許。圖4.3列出完整的C++關鍵字。

C++ Keywords				
Keywords common to the C and C++ programming languages				
auto	break	case	char	const
continue	default	do	double	else
enum	extern	float	for	goto
If	int	long	register	return
short	signed	sizeof	static	struct
switch	typedef	union	unsigned	void
volatile	while			
C++-only keywords				
and	and_eq	asm	bitand	bitor
bool	catch	class	compl	const_cast
delete	dynamic_cast	explicit	export	false
friend	inline	mutable	namespace	new
not	not_eq	operator	or	or_eq
private	protected	public	reinterpret_cast	static_cast
template	this	throw	true	try
typeid	typename	using	virtual	wchar_t
xor	xor_eq			
C++11 keywords				
alignas	alignof	char16_t	char32_t	constexpr
decltype	noexcept	nullptr	static_assert	thread_local

圖4.3　C++關鍵字

C++控制敘述摘要

C++只有三種控制結構，從現在開始我們稱作控制敘述：循序敘述、選擇敘述(三種形態：if、if...else和switch)以及重複敘述(三種形態：while、for和do...while)。每個程式都是由許多適於實作演算法的控制敘述組合成的。我們可以將每個控制敘述畫成活動圖。每個活動圖都有初始狀態和最終狀態，分別代表控制敘述的入口和出口。這種**單一進入／單一離開的控制敘述** (single-entry/single-exit control statements)，很容易建立程式，只需要將一個控制敘述的離開點接到另一個控制敘述的進入點即可。這很像兒童玩的積木，因此稱爲**堆疊控制敘述** (control-statement stacking)。稍後將學到，將各控制敘述連結起來的其他方式只有另外一種，叫做**巢狀控制敘述** (control-statement nesting)，就是控制敘述包含另一個控制敘述。

軟體工程觀點 4.1

我們可用七種不同的控制敘述建構所有C++程式(這七種控制敘述就是循序if、if...else、switch、while、do...while和for)這些敘述只以兩種方式組合(就是堆疊控制敘述和巢狀控制敘述)。

4.5 if選擇敘述

程式利用選擇敘述在諸多課程動作中選擇。例如，假設考試及格成績是60分。此虛擬碼

If student's grade is greater than or equal to 60
　　Print "Passed

可用來判斷條件“student's grade is greater than or equal to 60”是true或false。若條件爲true，就印出“Passed”，然後會依序“執行”下一個虛擬碼敘述(記得，虛擬碼不是眞正的程式語言)。若條件爲false，就不會印出“Passed”，並依序執行下一個虛擬碼敘述。第二排的縮排機制是選擇性的，但強烈建議您使用它，因爲它可強調結構化程式的設計。

前面所提到的虛擬碼If敘述，可改成以下C++程式碼

```
if ( grade >= 60 )
   cout << "Passed";
```

C++的程式碼與虛擬碼非常類似。這是虛擬碼的特性之一，它讓虛擬碼成爲一種很有用的程式開發工具。

這裡要注意的是，我們有意地假設分數是有效的，也就是分數落在0到100的範圍內，否則，程式就不會那麼簡單。本書處處都會介紹到驗證資料的技巧。

錯誤預防要訣 4.1

軟體若要達到工業化等級，對每個用户輸入的資料，都要做有效性驗證。

圖4.4是單一選擇if敘述的活動圖。活動圖中最重要的符號就是菱形符號(diamond symbol)，也稱爲**判斷符號**(decision symbol)，表示必須進行判斷。判斷符號指出，工作流程必須沿著與該符號相關的**檢查條件**(guard condition)執行，此條件可能爲true也可能爲false。每個由判斷符號產生的轉移箭頭都具有檢查條件(此條件會在轉移箭頭上方或周圍的方括號中指定)。若特定的檢查條件爲true，則工作流程會進入動作狀態(action state)，也就是轉移箭頭所指的位置。在圖4.4中，如果grade大於或等於60，程式便會在螢幕上印出“Passed”，然後轉換到此活動的最終狀態。如果grade小於60，程式會立即轉換到最終狀態，不顯示任何訊息。

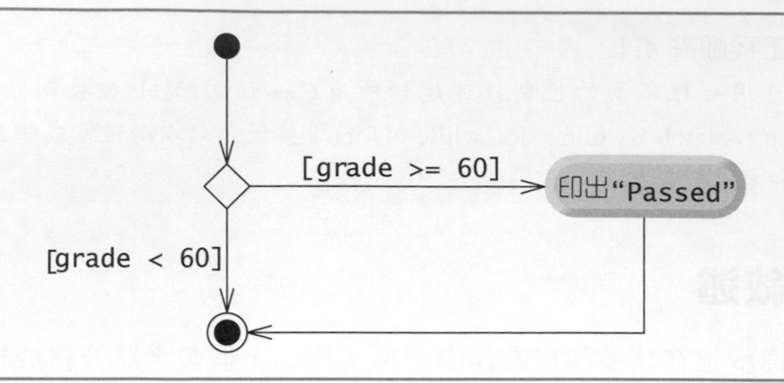

圖4.4 if單一選擇敘述活動圖

第2章講過，我們可在含有關係運算子或等號運算子的條件運算式下進行判斷。實際上，在C++中，我們可用任何運算式進行判斷，若運算式的計算結果為零，則此運算式就是false，若運算式結果不為零，此運算式就是true。C++提供變數資料型態bool，只能儲存true和false，這兩個字都是C++的關鍵字。

可攜性要訣 4.1

C的較早版本使用整數代表布林值，為了與之相容，bool值true亦可用任何非零值代表(編譯器通常用1)，bool值false可用零表示。

if敘述是一個單進/單出的敘述。稍後可看到，其他控制敘述的活動圖也會包含初始狀態、轉移箭頭、指出執行動作的動作狀態、指出必須進行決策的判斷符號(附有檢查條件)以及最終狀態。

設想有七個箱子，每個箱子內含有一個空的UML活動圖，分別代表七種不同的控制敘述。您的工作便是依演算法的需求，將每一種控制敘述的活動圖以兩種方式(堆疊或巢狀)加以組合，並依演算法的需要，以結構化實作的方式，用動作運算式與控制條件填入動作狀態與判斷，組合出程式。我們會討論各種動作和判斷的不同寫法。

4.6 if…else雙重選擇敘述

只有當條件為true時，電腦才會執行if單一選擇敘述指定的動作，否則會略過這些動作。而if…else雙重選擇敘述允許程式設計者指定，當條件為true或false時，應該執行哪些不同的動作。例如，以下的虛擬碼敘述

```
If student's grade is greater than or equal to 60
   Print "Passed"
Else
   Print "Failed
```

會在學生成績大於或等於60分時印出"Passed"，低於60分則印出"Failed"。不論是哪種情況，在列印完成後，就會，"執行"下一行虛擬碼敘述。

前面所提到的虛擬碼If…else敘述，可改成以下C++程式碼

```
if ( grade >= 60 )
   cout << "Passed";
else
   cout << "Failed";
```

else的主體部分也要縮排。

良好的程式設計習慣 4.1

若需要多層級的縮排，則每一層的縮排量必須相同，以增加可讀性並且方便維護

圖4.5說明if…else敘述的流程控制。

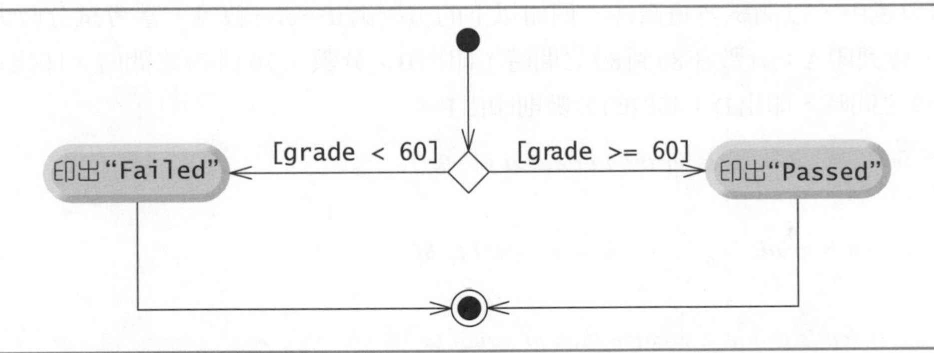

圖4.5 if…else雙重選擇敘述活動圖

條件運算子 (?:)

C++提供**條件運算子** (?:) (conditional operator, ?:)，這個運算子與if…else敘述關係密切。條件運算子是C++中唯一的**三元運算子** (ternary operator)，它包含三個運算元。這些運算元加上條件運算子，就成爲**條件運算式** (conditional expression)。第一個運算元就是條件，第二個運算元就是當條件爲true時，該條件運算式代表的值，第三個運算元就是當條件爲false時，該條件運算式代表的值。例如，以下的輸出敘述

```
cout << ( grade >= 60 ? "Passed" : "Failed" );
```

包含條件運算式grade >= 60 ?"Passed" :"Failed"，當條件式grade >= 60爲true時，則此條件運算式的值爲字串"Passed"，當條件式爲false時，則此條件運算式的值爲字串"Failed"。因此，包含條件運算子的敘述所執行的功能，與先前if…else敘述的功能相同。稍後會看到，條件運算子的優先權很低，因此在前面敘述中的小括號是必要的。

錯誤預防要訣 4.2

爲避免優先順序問題(並維持程式碼清晰)，請將(出現在較長運算式中的)條件運算式用小括號括起來。

在條件運算式中的值，也可以是要執行的動作。例如，以下的條件運算式也會印出“Passed”或“Failed”：

```
grade >= 60 ? cout << "Passed" : cout << "Failed";
```

前述條件式的解讀如下：如果grade大於或等於60，則cout <<"Passed"; 否則cout << "Failed"。這也和前述if…else敘述有相同的功效。條件運算式可放在某些if…else敘述沒辦法放置的地方。

巢狀if…else敘述

巢狀if…else敘述 (nested if...else statements) 會將if…else選擇敘述擺進另一個if…else選擇敘述中，以測試多重條件。例如以下的虛擬碼if…else敘述，當考試分數大於或等於90時，會列印A；分數在80到89之間時，印出B；分數在70到79之間時，印出C；分數在60到69之間時，印出D；其他的分數則印出F。

```
If student's grade is greater than or equal to 90
    Print "A"
Else
    If student's grade is greater than or equal to 80
        Print "B"
    Else
        If student's grade is greater than or equal to 70
            Print "C"
        Else
            If student's grade is greater than or equal to 60
                Print "D"
            Else
                Print "F"
```

此虛擬碼可改寫成以下的C++程式碼

```
if ( studentGrade >= 90 ) // 90 and above gets "A"
    cout << "A";
else
    if ( studentGrade >= 80 ) // 80-89 gets "B"
        cout << "B";
    else
        if ( studentGrade >= 70 ) // 70-79 gets "C"
          cout << "C";
        else
            if ( studentGrade >= 60 ) // 60-69 gets "D"
                cout << "D";
            else // less than 60 gets "F"
                cout << "F";
```

如果studentGrade大於或等於90，前四個條件都爲眞，但測試後只有第一個敘述被執行。程式將跳過“最外層的”if ... else敘述部分。大多數程式設計師會這麼寫：

```
if ( studentGrade>= 90 ) // 90 and above gets "A"
    cout<< "A";
else if ( studentGrade>= 80 ) // 80-89 gets "B"
```

```
    cout<< "B";
else if ( studentGrade>= 70 ) // 70-79 gets "C"
    cout<< "C";
else if ( studentGrade>= 60 ) // 60-69 gets "D"
    cout<< "D";
else // less than 60 gets "F"
    cout<< "F";
```

這兩種格式完全相同，但它們的空格和縮排方式不一樣，編譯器會忽略這些空格和縮排。後者的格式較普及，因爲這種寫法可避免縮排的向右位移過大。

效能要訣 4.1

巢狀if…else敘述的執行速度會比一連串單一選擇if敘述快許多，因爲前者只要條件一符合就可能提早離開

效能要訣 4.2

在巢狀if…else敘述中，請將測試結果較可能爲true的條件放在巢狀if…else敘述的前面。這可讓巢狀if…else敘述執行得更快，並能較早離開，而不用先測試不常發生的狀況。

懸置else問題

C++編譯器一定會將else接到前一個if上，除非用大括號 ({和}) 明確隔開。此特性會造成**懸置else問題 (dangling-else problem)**。例如，

```
if ( x > 5 )
    if ( y > 5 )
        cout << "x and y are > 5";
    else
        cout << "x is <= 5";
```

第一個if的主體是個巢狀if…else。外面的if敘述判斷x是否大於5。若是，就繼續測試y是否也大於5。若第二個條件也成立，的確會顯示正確的字串“x and y are > 5”。若第二個條件不成立，就會顯示“x is <= 5”，雖然x其實大於5。

爲了確保巢狀if…else敘述如我們預想般執行，必須這樣寫：

```
if ( x > 5 )
{
    if ( y > 5 )
     cout << "x and y are > 5";
}
else
    cout << "x is <= 5";
```

大括號 ({}) 會告訴編譯器，第二個if敘述在第一個if主體之內，而else是連到第一個if的。習題4.23和習題4.24會進一步討論懸置else問題。

區塊

if選擇敘述通常預期在主體中只有一行敘述。類似地，if…else敘述的if和else部分也預期只包含一個敘述。若要在if的主體內或在if…else的兩個部分中包含數行敘述，我們可將這些敘述放在大括號內 ({和})。放在一對大括號內的敘述，我們稱為**複合敘述** (compound statement) 或**區塊** (block)。從現在開始我們使用"區塊"這個術語。

軟體工程觀點 4.2

程式中哪個地方允許放單行敘述，那個地方就可以放區塊敘述。

以下範例在if…else敘述的else部分含一個區塊。

```
if ( studentGrade >= 60 )
    cout << "Passed.\n";
else
{
    cout << "Failed.\n";
    cout << "You must take this course again.\n";
}
```

在此種情況下，如果studentGrade小於60，程式就會執行else主體內的兩個敘述，並且將它列印出來。

```
Failed.
You must take this course again.
```

請注意else中包圍這兩個敘述的大括號。這些大括號很重要。若沒有大括號，則敘述

```
cout << "You must take this course again.\n";
```

會在if的else部分主體之外，不論成績是否低於60分都會執行到。這便是邏輯錯誤。

任何可容納單一敘述的位置都可容納區塊。同樣地，我們也可以不放任何敘述，這就是**null敘述** (null statement) 或**空敘述** (empty statement)。null敘述就是在原本放敘述的位置上，放一個分號 (;)。

程式中常犯的錯誤 4.1

如果在if條件式後面多放一個分號，會產生邏輯錯誤，但若在if…else條件後面多放一個分號，則會產生語法錯誤(如果if部分包含一個非空的主體敘述)。

4.7 while重複敘述

重複敘述 (repetition statement) 可以讓您在條件持續為true的情況下，指定程式應重複的動作。虛擬碼敘述

While there are more items on my shopping list
Purchase next item and cross it off my list

說明一趟購物之旅可能會重複發生的動作。條件式“there are more items on my shopping list”可能爲true或false。如果是true時，就會執行動作“Purchase next item and cross it off my list”。當條件式持續爲true時，程式就會重複執行這項動作。在while重複敘述中的敘述會構成while的主體，該主體可能是單一的敘述或區塊。總有一天條件式會成爲false（當買到採購單上的最後一項產品，並且從採購單畫掉之後）。此時重複就會終止，然後會執行重複敘述之後的第一個虛擬碼敘述。

舉一個C++ while重複敘述的範例，本範例要從3的某次方中，找出第一個大於100的數字。假設我們將int變數product初始化爲3。當以下的while敘述執行完後，product就會包含所要的結果：

```
int product = 3;
while ( product <= 100 )
    product = 3 * product;
```

當while敘述開始執行時，變數product等於3。在while敘述的每次迴圈中，product就會乘以3，即product會依序成爲9、27、81、243等等。當product變成243，while敘述條件product <= 100會變成false。重複便會終止，而product的最終數值就是243。此時程式就會接著執行while敘述的下一個敘述。

程式中常犯的錯誤 4.2

如果您在while的主體程式中，沒有任何讓while條件變成false的敘述，那就會造成嚴重的錯誤：無限循環。使程式“懸置”或“凍結”在while主體的迴圈當中。

圖4.6的UML活動圖表示前述while敘述的控制流程。我們又再次看到，除了初始狀態、轉移箭頭、最終狀態和三個注意事項之外，活動圖中的符號表示動作狀態和判斷。本圖亦採用UML的**合併符號 (merge symbol)**，它可將兩條活動流程合併成一條活動流程。UML以菱形來代表合併符號和判斷符號。在這個活動圖中，合併符號會合併來自初始狀態的轉移和動作狀態，所以這兩個流程就會併入判斷是否應該執行迴圈（或繼續執行迴圈）的決策流程。雖然UML以菱形同時表示判斷與合併符號，但可以由“進入”和“離開”的轉移箭頭數目，區隔這兩個符號。判斷符號有一個指向菱形的轉移箭頭，以及兩個或多個指出菱形的轉移箭頭，指出該點可能會有的轉移。此外，每個從判斷符號指出的轉移箭頭都含有一個檢查條件。合併符號會有兩個或更多指向菱形的轉移箭頭，但只有一個從菱形指出的轉移箭頭，表示合併多個活動流程以繼續某個活動。跟判斷符號不一樣的是，合併符號並沒有對應的C++程式碼。

圖4.6的活動圖清楚地顯示本節稍早討論的while重複敘述。轉移箭頭會從動作狀態發出，連到合併符號，再折回到判斷符號，每次迴圈都會測試條件運算式，直到檢查條件product > 100成爲true之後，才會終止。然後就會離開while敘述（到達最終狀態），並將控制權傳給程式的下一個敘述。

效能要訣 4.3

在一個迴圈中，任何一小塊程式效能提升，就會對整體效能有顯著的改善。

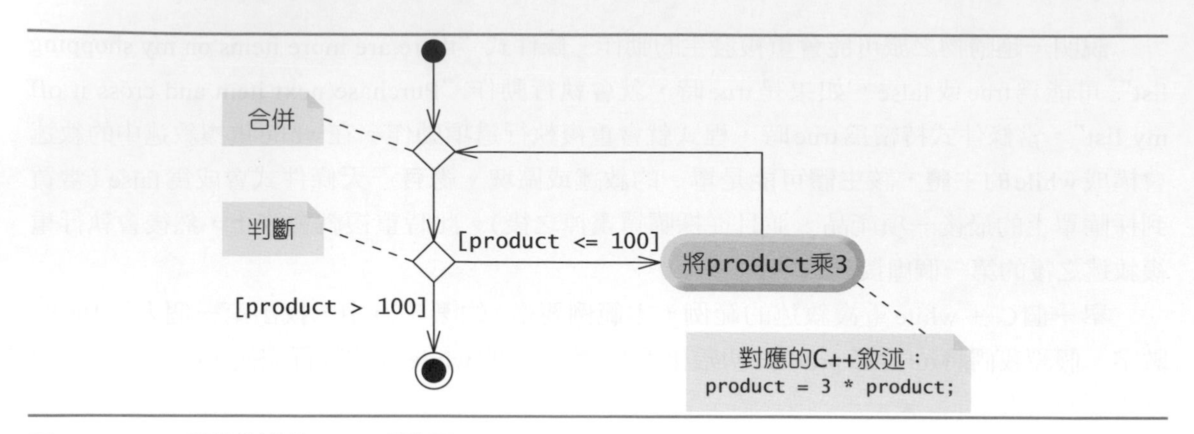

圖4.6 while 重複敘述的UML活動圖

4.8 規劃演算法：計數控制循環

為了說明程式設計者開發演算法的方式，本節和4.9節解決兩個不同版本的全班平均成績問題。請看以下問題描述：

> 某個班級有十位學生參加測驗。您已知道考試的分數(範圍從0到100的整數)。計算並顯示所有學生的成績總和，以及班級小考平均成績。

全班平均分數等於全班分數總和除以學生人數。若要在電腦解出這個問題，您必須輸入每一位學生的分數，然後計算平均值，再印出結果。

計數控制循環的虛擬碼演算法

我們可用虛擬碼列出要執行的動作，並指定這些動作執行的順序。我們用**計數控制循環** (counter-controlled repetition) 一次輸入一位學生的分數。本技巧使用一種叫做**計數器** (counter) 的變數，以控制一群敘述的執行次數(又稱作迴圈的**循環** (iteration) 次數)。

計數控制循環也常稱為**限定重複** (definite repetition)，因為執行迴圈前，程式就已知道迴圈執行的次數。本範例中，當計數器超過10時，重複就終止。本節介紹一個開發完整的虛擬碼演算法 (圖4.7) 以及一版GradeBook類別 (圖4.8-圖4.9)，此類別以C++成員函式實作本演算法。本節稍後會展示一個應用程式 (圖4.10)，以實例方式說明演算法。第4.9節則說明如何用虛擬碼從頭發展演算法。

軟體工程觀點 4.3

利用電腦解決問題最困難的地方，就是設計出解決問題的演算法。從演算法產生可執行的C++程式，這個過程是很直接的。

請注意圖4.7虛擬碼演算法中有關總和 (total) 和計數器 (counter) 的說明。總和 (total) 是用來將一串數值累加起來的變數。計數器 (counter) 是用來計算次數的變數，在這個範例中，就是計算輸入成績的次數。在程式使用前，用來儲存總和的變數一開始是零，不然就會加上先前儲存在total記憶體位置的值。回憶一下，第2章提過，所有變數都要先賦予初值。

```
 1 Set total to zero
 2 Set grade counter to one
 3
 4 While grade counter is less than or equal to ten
 5     Prompt the user to enter the next grade
 6     Input the next grade
 7    Add the grade into the total
 8    Add one to the grade counter
 9
10 Set the class average to the total divided by ten
11 Print the total of the grades for all students in the class
12 Print the class average
```

圖4.7　使用計數控制循環來解班級平均成績的虛擬碼演算法

改進GradeBook驗證

現在先來看看我們對GradeBook類別所作的改進。圖3.16中，setCourseName成員函式會先使用if敘述，測試課程名稱的長度是否小於等於25個字元，藉此驗證課程名稱。若為true，就設定課程名稱。後面接著另一個if敘述，測試課程名稱的長度是否大於25個字元(此時課程名稱應予縮短)。第二個if敘述的條件跟第一個if敘述完全相反。如果一個條件運算式計算的結果不是true就是false，這種情況最適用於if... else敘述。因此我們修改程式，以一個if ... else敘述取代兩個if敘述，如圖4.9 第18-25行程式。

在GradeBook類別中實作計數控制循環

GradeBook類別(圖4.8-圖4.9) 含一個建構子(在圖4.8的第10行宣告，並在圖4.9的第9–12行定義)，它指定了一個值給類別的資料成員courseName(於圖4.8的第16行宣告)。圖4.9的第16–26行、第29–32行和第35–39行分別定義了成員函式setCourseName、getCourseName和displayMessage。第42–64行定義成員函式determineClassAverage，它實作了圖4.7的虛擬碼所描述的班級平均成績演算法。

```
 1 // Fig. 4.8: GradeBook.h
 2 // Definition of class GradeBook that determines a class average.
 3 // Member functions are defined in GradeBook.cpp
 4 #include <string> // program uses C++ standard string class
 5
 6 // GradeBook class definition
 7 class GradeBook
 8 {
 9 public:
10    explicit GradeBook( std::string ); // initializes course name
11    void setCourseName( std::string ); // set the course name
12    std::string getCourseName() const; // retrieve the course name
13    void displayMessage() const; // display a welcome message
14    void determineClassAverage() const; // averages user-entered grades
15 private:
16    std::string courseName; // course name for this GradeBook
17 }; // end class GradeBook
```

圖4.8　使用計數控制循環來解班級平均成績問題：GradeBook標頭檔

```
 1 // Fig. 4.9: GradeBook.cpp
 2 // Member-function definitions for class GradeBook that solves the
 3 // class average program with counter-controlled repetition.
 4 #include <iostream>
 5 #include "GradeBook.h" // include definition of class GradeBook
 6 using namespace std;
 7
 8 // constructor initializes courseName with string supplied as argument
 9 GradeBook::GradeBook( string name )
10 {
11    setCourseName( name ); // validate and store courseName
12 } // end GradeBook constructor
13
14 // function to set the course name;
15 // ensures that the course name has at most 25 characters
16 void GradeBook::setCourseName( string name )
17 {
18    if ( name.size() <= 25 ) // if name has 25 or fewer characters
19       courseName = name; // store the course name in the object
20    else // if name is longer than 25 characters
21    { // set courseName to first 25 characters of parameter name
22       courseName = name.substr( 0, 25 ); // select first 25 characters
23       cerr << "Name \"" << name << "\" exceeds maximum length (25).\n"
24          << "Limiting courseName to first 25 characters.\n" << endl;
25    } // end if...else
26 } // end function setCourseName
27
28 // function to retrieve the course name
29 string GradeBook::getCourseName() const
30 {
31    return courseName;
32 } // end function getCourseName
33
34 // display a welcome message to the GradeBook user
35 void GradeBook::displayMessage() const
36 {
37    cout << "Welcome to the grade book for\n" << getCourseName() << "!\n"
38       << endl;
39 } // end function displayMessage
40
41 // determine class average based on 10 grades entered by user
42 void GradeBook::determineClassAverage() const
43 {
44    // initialization phase
45    int total = 0; // sum of grades entered by user
46    unsigned int gradeCounter = 1; // number of grade to be entered next
47
48    // processing phase
49    while ( gradeCounter <= 10 ) // loop 10 times
50    {
51       cout << "Enter grade: "; // prompt for input
52       int grade = 0; // grade value entered by user
53       cin >> grade; // input next grade
54       total = total + grade; // add grade to total
55       gradeCounter = gradeCounter + 1; // increment counter by 1
56    } // end while
57
58    // termination phase
59    int average = total / 10; // ok to mix declaration and calculation
60
61    // display total and average of grades
62    cout << "\nTotal of all 10 grades is " << total << endl;
63    cout << "Class average is " << average << endl;
64 } // end function determineClassAverage
```

圖4.9 使用計數控制循環來解班級平均成績問題：GradeBook原始碼檔案

因爲gradeCounter變數（圖4.9，第46行）在程式中用來計數，範圍從1至10（全爲正值），所以我們將其資料型態宣告爲unsigned int，這僅可儲存非負值（大於0）。區域變數total（圖4.9，第45行）、grade（第52行）和average（第59行）這三個變數資料型態爲int。變數grade儲存使用者輸入值。請注意，前面的宣告出現在成員函數determineClassAverage的主體。此外，變數grade 在while主體中宣告，因爲它只用在迴圈，變數應該剛好在使用前宣告。我們將grade初始化爲0（第52行）是一個很好的做法，即使在第53行，新的值立即指派給grade。

良好的程式設計習慣 4.2

每一行只宣告一個變數，並加上註解，以增加程式可讀性。

在本章的GradeBook類別版本中，我們只讀入並處理一組成績。成員函式determineClassAverage使用區域變數計算平均成績，我們不會把學生成績存在資料成員中。在第7章中，我們會修改GradeBook類別，其資料成員採用一種稱做"陣列"的資料結構，以在記憶體中存放成績。這種方式使GradeBook物件可針對一組成績執行各種計算，使用者不必將一組成績重複輸入許多次。

第45-46行將total初始化爲0，並將gradeCounter初始化爲1。計數器變數通常都初始化爲0或1，依用途而定。未初始化的變數可能會包含一個 **"垃圾值"**（garbage value，也稱爲**未定義的數値**，undefined value），就是之前存放在該記憶體位置上的數值。變數grade和average（分別儲存使用者輸入以及算出來的平均）不必在使用前初始化，稍後在本函式中，這兩個變數分別會指定爲輸入值以及計算結果。

錯誤預防要訣 4.3

永遠在宣告變數時就賦予初始值，以避免取用未初始化的變數進行運算，降低邏輯錯誤發生的機率。

錯誤預防要訣 4.4

在某些情況下，如果嘗試使用未初始化變數的值，編譯器會發出警告。您應該努力解決編譯器發出的所有錯誤和警告，讓編譯錯誤警示區，總是空白一片。

第49行說明只要gradeCounter的值小於或等於10，while敘述就會繼續執行（亦稱爲循環，iterate）。當這個條件持續爲true時，while敘述就會重複執行大括號內主體的敘述（第49–56行）。

第51行顯示提示"Enter grade:"。此行對應到虛擬碼敘述"Prompt the user to enter the next grade"。第53行讀取使用者輸入的成績，並設給grade變數。此行對應到虛擬碼敘述"Input the next grade"。還記得變數grade在程式前面部分並沒有初始化，因爲grade的數値，就是程式在每次迴圈期間從使用者取得的數值。第54行將使用者輸入新的grade與total相加，並將相加結果指定給total，取代原來的total值。

第55行則將gradeCounter加1，表示程式又多處理了一筆成績，並準備讓使用者輸入下一筆成績。遞增的gradeCounter最後會使gradeCounter超過10。如果超過10，則while迴圈便會終止，因爲迴圈的條件式(第49行)已經變成false了。

當迴圈終止時，第59行會計算平均成績，並將結果指定給變數average。第62行顯示文字"Total of all 10 grades is"，後面接著total變數的值。接著，第63行顯示文字"Class average is"，後面接著average變數的值。然後成員函式determineClassAverage就會將控制權還給呼叫它的函式(也就是圖4.10的main)。

示範使用GradeBook類別

圖4.10爲此應用程式的main函式，它會建立一個GradeBook類別物件並示範其功能。圖4.10的第9行新增一個GradeBook物件，叫做myGradeBook。第9行的字串會傳給GradeBook建構子(圖4.9的第9–12行)。圖4.10的第11行呼叫myGradeBook的displayMessage成員函式以顯示使用者歡迎訊息。接著，第12行呼叫myGradeBook的determineClassAverage成員函式，以讓使用者輸入10筆成績，然後成員函式會計算並印出平均。此成員函式執行圖4.7虛擬碼所代表的演算法。

```
 1 // Fig. 4.10: fig04_10.cpp
 2 // Create GradeBook object and invoke its determineClassAverage function.
 3 #include "GradeBook.h" // include definition of class GradeBook
 4
 5 int main()
 6 {
 7    // create GradeBook object myGradeBook and
 8    // pass course name to constructor
 9    GradeBook myGradeBook( "CS101 C++ Programming" );
10
11    myGradeBook.displayMessage(); // display welcome message
12    myGradeBook.determineClassAverage(); // find average of 10 grades
13 } // end main
```

```
Welcome to the grade book for
CS101 C++ Programming
Enter grade: 67
Enter grade: 78
Enter grade: 89
Enter grade: 67
Enter grade: 87
Enter grade: 98
Enter grade: 93
Enter grade: 85
Enter grade: 82
Enter grade: 100

Total of all 10 grades is 846
Class average is 84
```

圖4.10 使用計數控制循環來解班級平均成績問題：建立GradeBook (圖4.8-圖4.9) 類別物件，並呼叫其determineClassAverage成員函式

整數除法與捨去注意事項

函式計算平均後，會產生一個整數，以回應圖4.10中第12行的呼叫。範例輸出表示本範例的成績總和爲846，除以10就是84.6，它有小數點。然而total/10（圖4.9第59行）的計算結果卻是整數84，因爲total與10都是整數。將兩個整數相除就是“整數除法”，任何小數部分都會被**截斷** (truncated)（捨去，discarded）。下一節將介紹如何得到含小數點的平均成績。

程式中常犯的錯誤 4.3

以爲整數除法會將結果四捨五入（而不是捨去）會導致錯誤的結果。例如一般算術中，7÷4的結果爲1.75，但整數運算會無條件捨去使結果變成1，而非進位後的2。同樣，-7÷4結果爲-1。

在圖4.9中，若第59行使用gradeCounter而非10來進行計算，輸出會顯示錯誤結果：76。這是因爲while敘述的最後一次循環中，gradeCounter已經在第55行遞增到11了。

程式中常犯的錯誤 4.4

在迴圈結束後使用迴圈計數器變數做計算，常會造成一般的邏輯錯誤，叫做偏差一的錯誤 (off-by-one-error)。如果計數器控制迴圈每執行一次迴圈，就將計數器加1，則當迴圈終止時，計數器控制變數的值會比它最後一次合法通過測試的數值多1（也就是說從1算到10之後，該變數的值就是11)。

算數溢位注意事項

圖4.9 中的第54行

```
total = total + grade; // add grade to total
```

將用戶每次輸入的成績grade 和total變數做累加，這麼個簡單的程式也有其潛在的問題。不斷的加入整數，可能會導致total值過大，以致於記憶體留存的空間不夠用。這就是所謂的**算術溢位** (arithmetic overflow)，並導致不確定的行爲，而產生意想不到的後果 (en.wikipedia.org/wiki/Integer_overflow#Security_ramifications)。圖2.5的第19行，計算用戶輸入兩個int值的總和，也有同樣的溢位問題存在。

```
sum = number1 + number2; // add the numbers; store result in sum
```

可以儲存在一個int型態變數的最大值和最小值，在標頭檔<climits>中就有定義，分別是常數INT_MAX和INT_MIN。對於其他的整數和浮點數型態，也有類似的極限值定義。用編輯器開<climits>和<cfloat>這兩個標頭檔，看看這些限制常數在平台上的值是多少（您可以用檔案系統提供的功能，執行搜索）。

一個公認很好的做法是，在進行算術運算之前，確保像在圖4.9中的第54行和圖2.5的第19行的程式，不會產生溢出。達此目的的程式碼在CERT網站可找到。在搜索網站鍵入關鍵字“INT32-CPP”就可搜尋到“ www.securecoding.cert.org”網站。該程式碼使用第5章會

介紹的 && (邏輯AND) 和|| (邏輯OR) 運算子。要撰寫工業等級程度的程式碼，對所有的計算，都必須執行這般檢查。

深入了解接收用的戶輸入

一個程式，在任何時間只要有接收用戶輸入的動作，程式就可能會發生各種問題。例如圖4.9第53行

```
cin >> grade; // input next grade
```

我們假定用戶輸入的值落在範圍0到100。但是，要求人爲輸入整數，一不小心就可能輸入小於0的整數、大於100的整數、超出極限產生溢位的整數、帶小數點的數和帶特殊符號或非數值的字元。

爲了確保用戶的輸入是有效的，工業級強度的程式，必須測試所有可能的錯誤情況。隨著本書的進展，您將學習各種技巧，處理隨時會發生的輸入問題。

4.9 規劃演算法：警示控制循環

讓我們將計算全班平均分數的程式功能再擴大。請看以下問題：

設計一個計算全班平均成績的程式，且學生人數不限。

在前一個計算全班平均成績的例子中，限定了學生人數，事先就已知道有10筆考試成績。在本例中，不會預先知道該輸入多少筆成績。本程式必須能處理任意筆數的成績。但程式怎麼判斷何時該停止輸入呢？它怎麼知道何時要計算和列出全班平均分數呢？

有一個方法可以解決這個問題，就是使用一個特殊的數值，稱爲警示值 (sentinel value)，也稱爲**訊號值** (signal value)、**啞值** (dummy value) 或**旗標值** (flag value)，以指出”資料已輸入完畢”。在輸入最後一筆合法的分數後，使用者會再鍵入警示值，表示已經輸入最後一筆分數。警示控制循環也常稱爲**非限定重複** (indefinite repetition)，因爲開始執行迴圈前，程式無法得知迴圈執行的次數。

我們選擇的警示值不能與任何可接受的輸入值混淆。考試分數一般都是非負的整數值，所以在本問題中，–1是一個可接受的警示值。這樣一來，計算全班平均成績的程式，可能會處理到像95、96、75、74、89和－1的輸入值。然後程式應可計算並印出全班成績95、96、75、74和89的平均值。因爲－1表示警示值，所以不應列入平均計算。

以由上而下，逐步修改的方式開發虛擬碼演算法：最上層與初步修改

我們利用一種稱爲**由上而下，逐步修改** (top-down, stepwise refinement) 的技術來設計這個全班平均分數的程式，此爲開發結構化設計程式的基本技術。我們會從最上層 (top) 的虛擬碼開始，即單獨一行的敘述來表達整個程式的功能：

```
Determine the class average for the quiz for an arbitrary number of students
```

實際上，最上層就是完整的程式目的。不幸的是，(在本案例中) 最上層的資訊不足，無法寫出程式。所以我們開始進行修改。我們先將上述問題細分成一連串較小型的工作，並按執行順序列出這些工作。就會產生以下的**第一次修改結果** (first refinement)。

Initialize variables
Input, sum and count the quiz grades
Calculate and print the total of all student grades and the class average

修改結果只使用循序結構，也就是列出的步驟會依序逐一執行。

軟體工程觀點 4.4

每一次的修改，以及原來的最上層部分，都是完整的演算法規格，只是它們在詳細程度上有所差別。

軟體工程觀點 4.5

許多程式可以邏輯分割成三個階段，初始化階段：可初始化程式中的變數；處理階段：輸入資料並依此調整程式的變數(如計數器與總和)；結束階段：計算並輸出結果。

進行第二次修改

前述的“軟體工程觀點”通常就是由上而下，細部修改的第一步過程中，所需使用的技術。在**第二次修改** (second refinement) 中，我們要指派特定的變數。在此範例中，我們需要一個變數來存放加總的總數、一個變數來記錄已處理過多少筆成績、一個變數來接收使用者輸入的每一筆分數，以及一個變數來儲存計算出的平均值。虛擬碼敘述

Initialize variables

可以再細緻化如下：

Initialize total to zero
Initialize counter to zero

虛擬碼敘述

Input, sum and count the quiz grades

需要一個重複敘述 (也就是迴圈)，以連續輸入每一筆分數。因為無法事先得知有多少筆分數要處理，所以必須使用**警示控制循環** (sentinel-controlled repetition)。使用者一次可輸入一筆合法的分數。在輸入最後一筆合法的分數後，就必須輸入警示值。每次輸入完成績之後，程式會測試警示值，而當使用者輸入警示值時，迴圈便會結束。虛擬碼敘述的第二次修改結果就是

Prompt the user to enter the first grade
Input the first grade (possibly the sentinel)
While the user has not yet entered the sentinel
　Add this grade into the running total
　Add one to the grade counter

pt the user to enter the next grade
t the next grade (possibly the sentinel)

在虛擬碼中，我們並未使用大括號括住一組敘述，作爲While結構的主體。我們只是將While以後的敘述加以縮排，以顯示它們是屬於這個While結構。虛擬碼依然只是一種非正式的程式開發輔助工具。

虛擬碼敘述

Calculate and print the total of all student grades and the class average

可以再細緻化如下：

If the counter is not equal to zero
Set the average to the total divided by the counter
Print the total of the grades for all students in the class
Print the class average
else
Print "No grades were entered"

我們非常小心，檢查是否有除以零的可能性。除以零通常是個**嚴重邏輯錯誤** (fatal logic error)，若不檢查，可能造成**程式失敗** (也稱爲crashing)。全班平均分數問題的第二次修改完整虛擬碼，如圖4.11所示。

程式中常犯的錯誤 4.5
除以零通常會產生嚴重的執行時期錯誤。

```
1   Initialize total to zero
2   Initialize counter to zero
3
4   Prompt the user to enter the first grade
5   Input the first grade (possibly the sentinel)
6
7   While the user has not yet entered the sentinel
8       Add this grade into the running total
9       Add one to the grade counter
10      Prompt the user to enter the next grade
11      Input the next grade (possibly the sentinel)
12
13   If the counter is not equal to zero
14      Set the average to the total divided by the counter
15      Print the total of the grades for all students in the class
16      Print the class average
17   else
18      Print "No grades were entered"
```

圖4.11 使用警示控制循環，求全班平均成績問題的虛擬碼演算法

錯誤預防要訣 4.5

當我們執行除法運算式，且其運算式的值可能爲零時，我們必須在程式中明確測試是否發生這種狀況，並以適當方式處理它(例如印出錯誤訊息)，而不是直接讓程式產生致命錯誤。後續章節(第7、9和17章)討論到異常處理時，會談到更多關於如何處理這類型的錯誤。

圖4.11的虛擬碼演算法，能解決更一般化的全班平均分數問題。這個演算法經過兩階段修改。有可能還需進行更多次修改。

軟體工程觀點 4.6

當虛擬碼演算法提供的資料已經夠詳盡，能讓我們將虛擬碼轉換成C++程式碼時，便不需進一步修改。通常，我們便可依此直接實作C++程式。

軟體工程觀點 4.7

許多經驗老到的程式設計師在寫程式時，都不曾使用過虛擬碼等程式開發工具。他們認爲最終目標就是在電腦上解決問題，寫虛擬碼只是浪費時間。雖然這對簡單、常見的問題行得通，但當遇到大型、複雜的專案時，可能會碰到嚴重困難。

在類別GradeBook中實作警示控制循環

圖4.12 − 4.13是內含成員函式determineClassAverage的類別GradeBook，它實作了圖4.11的虛擬碼演算法(圖4.14示範如何使用本類別)。雖然每個輸入的成績都是整數，但平均結果很有可能帶小數，也就是實數或**浮點數** (floating-point number，如7.33、0.0975或1000.12345)。由於int資料型態不能表示實數，所以本程式得用其他資料型態處理。C++提供數種可在記憶體儲存浮點數的資料型態，包括float和double。這兩種資料型態的主要差別，在於和float變數相較起來，double變數能儲存更大範圍、更精確的數字(也就是小數點右邊可有更多位數，又稱作數字的精準度(precision))。本程式引進一種特別的運算子，叫做**轉型運算子** (cast operator)，強迫將平均結果產生爲浮點數。

```
 1 // Fig. 4.12: GradeBook.h
 2 // Definition of class GradeBook that determines a class average.
 3 // Member functions are defined in GradeBook.cpp
 4 #include <string> // program uses C++ standard string class
 5
 6 // GradeBook class definition
 7 class GradeBook
 8 {
 9 public:
10    explicit GradeBook( std::string ); // initializes course name
11    void setCourseName( std::string ); // set the course name
12    std::string getCourseName() const; // retrieve the course name
13    void displayMessage() const; // display a welcome message
14    void determineClassAverage() const; // averages user-entered grades
15 private:
16    std::string courseName; // course name for this GradeBook
17 }; // end class GradeBook
```

圖4.12 使用警示控制循環來解班級平均成績問題：GradeBook標頭檔

```
 1 // Fig. 4.13: GradeBook.cpp
 2 // Member-function definitions for class GradeBook that solves the
 3 // class average program with sentinel-controlled repetition.
 4 #include <iostream>
 5 #include <iomanip> // parameterized stream manipulators
 6 #include "GradeBook.h" // include definition of class GradeBook
 7 using namespace std;
 8
 9 // constructor initializes courseName with string supplied as argument
10 GradeBook::GradeBook( string name )
11 {
12    setCourseName( name ); // validate and store courseName
13 } // end GradeBook constructor
14
15 // function to set the course name;
16 // ensures that the course name has at most 25 characters
17 void GradeBook::setCourseName( string name )
18 {
19    if ( name.size() <= 25 ) // if name has 25 or fewer characters
20       courseName = name; // store the course name in the object
21    else // if name is longer than 25 characters
22    { // set courseName to first 25 characters of parameter name
23       courseName = name.substr( 0, 25 ); // select first 25 characters
24       cerr << "Name \"" << name << "\" exceeds maximum length (25).\n"
25          << "Limiting courseName to first 25 characters.\n" << endl;
26    } // end if...else
27 } // end function setCourseName
28
29 // function to retrieve the course name
30 string GradeBook::getCourseName() const
31 {
32    return courseName;
33 } // end function getCourseName
34
35 // display a welcome message to the GradeBook user
36 void GradeBook::displayMessage() const
37 {
38    cout << "Welcome to the grade book for\n" << getCourseName() << "!\n"
39       << endl;
40 } // end function displayMessage
41
42 // determine class average based on 10 grades entered by user
43 void GradeBook::determineClassAverage() const
44 {
45    // initialization phase
46    int total = 0; // sum of grades entered by user
47    unsigned int gradeCounter = 0; // number of grades entered
48
49    // processing phase
50    // prompt for input and read grade from user
51    cout << "Enter grade or -1 to quit: ";
52    int grade = 0; // grade value
53    cin >> grade; // input grade or sentinel value
54
```

圖4.13　使用警示控制循環來解班級平均成績問題：GradeBook原始碼檔案(1/2)

```
55    // loop until sentinel value read from user
56    while ( grade != -1 ) // while grade is not -1
57    {
58       total = total + grade; // add grade to total
59       gradeCounter = gradeCounter + 1; // increment counter
60
61       // prompt for input and read next grade from user
62       cout << "Enter grade or -1 to quit: ";
63       cin >> grade; // input grade or sentinel value
64    } // end while
65
66    // termination phase
67    if ( gradeCounter != 0 ) // if user entered at least one grade...
68    {
69       // calculate average of all grades entered
70       double average = static_cast< double >( total ) / gradeCounter;
71
72       // display 7total and average (with two digits of precision)
73       cout << "\nTotal of all " << gradeCounter << " grades entered is "
74          << total << endl;
75       cout << setprecision( 2 ) << fixed;
76       cout << "Class average is " << average << endl;
77    } // end if
78       else // no grades were entered, so output appropriate message
79         cout << "No grades were entered" << endl;
80 } // end function determineClassAverage
```

圖4.13 使用警示控制循環來解班級平均成績問題：GradeBook原始碼檔案(2/2)

```
 1 // Fig. 4.14: fig04_14.cpp
 2 // Create GradeBook object and invoke its determineClassAverage function.
 3 #include "GradeBook.h" // include definition of class GradeBook
 4
 5 int main()
 6 {
 7    // create GradeBook object myGradeBook and
 8    // pass course name to constructor
 9    GradeBook myGradeBook( "CS101 C++ Programming" );
10
11    myGradeBook.displayMessage(); // display welcome message
12    myGradeBook.determineClassAverage(); // find average of 10 grades
13 } // end main
```

```
Welcome to the grade book for
CS101 C++ Programming

Enter grade or -1 to quit: 97
Enter grade or -1 to quit: 88
Enter grade or -1 to quit: 72
Enter grade or -1 to quit: -1

Total of all 3 grades entered is 257
Class average is 85.67
```

圖4.14 使用警示控制循環來解班級平均成績問題：建立GradeBook類別物件，並呼叫其成員函式determineClassAverage

在本範例中，將這些控制敘述（循序地）堆疊到另一個控制敘述的上方。while敘述（圖4.13的第56-64行）堆疊在if…else敘述（第67-79行）上面。本程式中有許多程式碼和圖4.9的程式碼雷同，因此我們只針對新功能和問題加以探討。

第46-47行將變數 total 和gradeCounter初始化為0，因為此時尚未輸入任何成績。記住，本程式用的是警示控制循環。為了記錄正確的成績筆數，每當使用者輸入合法成績時（也就是非警示值時），程式便會增加變數gradeCounter的值，並完成此筆成績的處理。第52行和第70行，分別宣告 grade和 average變數，並將這兩個變數初始化(賦予初值)。注意，第70行將變數average宣告為double型態。回想一下，我們在前面範例中使用int變數儲存班級平均成績。目前範例使用double資料型態，可讓我們以浮點數儲存平均成績。現在我們所計算的班級平均成績是以浮點數儲存。最後，注意兩個輸入敘述（第53和63行）前面，都有一行提示用戶輸入資料的輸出敘述。

良好的程式設計習慣 4.3

每一次使用者利用鍵盤輸入時，都給予提示。此提示應指出輸入的格式和任何特殊的輸入數值。例如在警示控制迴圈中，要求使用者輸入資料的提示，必須明確提醒使用者警示值為何。

比較警示控制循環與計數控制循環的程式邏輯

我們比較本程式的警示控制循環與圖4.9的計數控制循環的程式邏輯。在計數控制循環中，while敘述（圖4.9的第49-56行）的每次循環都會從使用者輸入讀入一個數值，代表該次循環。而在警示控制循環中，程式在到達while敘述之前，會先讀取第一個數值（圖4.13中第51-53行）。這個數值決定程式的控制流程是否應進入while敘述的主體。

如果while的條件為false時，表示使用者輸入了警示值，就不會執行while的主體（也就是不再輸入任何成績）。反之，若條件為true時，就開始執行主體，迴圈會將grade的值加到total變數（第58行）並遞增gradeCounter（第59行）。迴圈主體的第62–63行提示使用者，並取得下一個輸入值。接下來，程式控制在第64行碰到主體的右大括號(})，所以繼續測試while的條件（第56行）。條件判斷式會利用使用者最新輸入的grade，判斷是否應再次執行迴圈主體。程式都是在測試while條件之前，先讓使用者輸入下一個grade值。如此可在處理最新輸入的值（就是將該數值加至total變數並遞增gradeCounter）之前，先判斷該數值是否為警示值。如果輸入的數值是警示值，就終止while敘述，程式也不會將–1加到total變數。

迴圈結束後，會執行的if…else敘述(第67–79行)。第67行的條件會判斷是否有任何新輸入的成績。若沒有，就執行if…else敘述的else部分（第78–79行），並顯示“No grades were entered”訊息，此成員函式就將控制權還給呼叫它的函式。

請注意圖4.13中while迴圈的區塊。如果沒有使用大括號，則迴圈主體中的最後三行敘述會落到迴圈外，並讓電腦錯誤地解譯此程式碼，如下所示：

```
// loop until sentinel value read from user
while ( grade != -1 )
   total = total + grade; // add grade to total
gradeCounter = gradeCounter + 1; // increment counter
// prompt for input and read next grade from user
cout << "Enter grade or -1 to quit: ";
cin >> grade;
```

若使用者輸入的第一筆成績不是–1 (第53行)，這就會造成無限迴圈。

程式中常犯的錯誤 4.6

若將主體區塊的大括號省略時，可能會導致無限迴圈的邏輯錯誤。為了避免這種問題，有些程式設計者會將每個控制敘述的主體都以大括號括住，就算主體內只有一行敘述也一樣。

浮點數精準度與記憶體需求

float資料型態是**單精度浮點數 (single-precision floating-point number)**，在今日大部分的系統上有7位小數。double資料型態則是**倍精度浮點數 (double-precision floating-point number)**。它的記憶體空間是float變數的兩倍，在今日大部分系統上提供15位小數，精度幾乎是float的兩倍。對大部分問題所需要的數值範圍而言，float資料型態應該就綽綽有餘了，但還是可用double讓程式更加穩當。某些程式即使用double仍嫌不足，這類程式就超出本書範疇了。大部分程式設計者會用double資料型態表示浮點數。事實上，C++會將您在原始碼中所鍵入的浮點數值 (如7.33以及0.0975)，預設都以double資料型態處理。在原始碼裡，這種數值便是**浮點常數 (floating-point constant)**。關於float與double的數值範圍，請參閱附錄C。

在一般算術運算中，除法通常也會產生浮點數。譬如，10除以3的結果是3.3333333....，是一連串3.3333333的無限循環數列。但電腦只分配固定空間來放置這種數值，因此存放的浮點數很明顯是近似值。

程式中常犯的錯誤 4.7

若以為浮點數是精確的，並直接按其表示的值使用 (如比較它們是否相等)，會造成錯誤結果。大多數電腦所表示的浮點數只是近似值。

儘管浮點數並非百分之百精確，但仍有許多應用。例如，當我們說"正常的"體溫是華氏98.6度，並不需太精確。儘管真正的溫度值可能是華氏98.5999473210643度，但從溫度計讀取數值時，只會讀成華氏98.6度而已。對大多數與體溫有關的應用程式而言，98.6度就算相當精確了。由於浮點數資料型態數值不甚精確，因此人們比較喜歡用double而非float，因為double可將浮點數表達得更精確。因此本書全部採用double資料型態。

基本資料型態間的顯式轉型和隱式轉型

變數average會宣告為資料型態double (圖4.13的第70行)，以存放計算結果的小數部分。但total和gradeCounter都是整數。回想一下，將兩個整數相除會成為整數除法，任何分數部分都會**捨去** (truncated)。以下的敘述：

```
double average = total / gradeCounter;
```

因為程式會先執行除法計算，所以小數部分會先捨棄，然後它才會將結果指定給average。若要對整數進行浮點計算，我們必須先建立暫時的浮點數。C++提供一元轉型運算子 (unary cast operator) 來完成這項工作。第70行使用轉型運算子static_cast <double>(total)，以建立其括號內運算元 (total) 的一個暫時性浮點數副本。以這種方式使用轉型運算子，就稱為**顯式轉型** (explicit conversion)。儲存在total內的數值仍是整數。

此計算現在由一個浮點數 (total的暫時性double版本) 除以整數gradeCounter。編譯器只能計算運算元資料型態相同的運算式。為了確定運算元擁有相同資料型態，編譯器對要處理的運算元，會執行一種稱為**資料型態提昇** (promotion) 的操作 (也稱為**隱式轉型，**implicit conversion)。例如，運算式若包含資料型態int和double的值，則C++會將int運算元的資料型態**提昇** (promote) 為double。在範例中，我們將total當成double (使用一元轉型運算子)，因此編譯器會將gradeCounter提昇為double以進行計算。浮點數除法的結果會存到average。在第6章，我們會討論所有基本資料型態及其提昇順序。

任何資料型態都能使用轉型運算子，就連類別也不例外。在關鍵字static_cast後面用箭頭 (< 和 >) 把資料型態名稱包起來，就可構成static_cast運算子。轉型運算子屬於一元運算子 (unary operator)，也就是只包含一個運算元的運算子。在第2章中，我們已討論過二元算術運算子。C++亦支援加號 (+) 和減號 (-) 運算子的一元版本，因此程式設計者可寫-7或+5這樣的運算式。轉型運算子的優先順序比其他一元運算子 (如一元+和一元－) 來得高。轉型運算子的優先順序比**乘法運算子** (multiplicative operator) *、/ 和 % 來得高，但比小括號低。在優先順序圖表中，我們以static_cast< type>()符號表示轉型運算子。

浮點數格式

這裡簡單討論圖4.13的格式化能力，第13章會詳細解釋這部分。第75行呼叫setprecision (引數是2) 表示double變數average應印出兩位小數 (如92.37)。此呼叫稱作參數化串流操作子 (parameterized stream manipulator，因為在小括號裡面有個2)。使用這些呼叫的程式，必須包含前置處理指令 (第5行)

```
#include <iomanip>
```

操作子endl是個**非參數化串流操作子** (nonparameterized stream manipulator，因為它後面沒有塞數值或運算式的小括號)，而且不需要 <iomanip> 標頭檔。如果沒有指定精準度，則浮點數通常是以6位數的精準度進行輸出，也就是大多數系統的**預設精準度** (default precision)，不過我們很快會看到一種例外。

串流操作子 fixed（第75行）表示浮點數值應以定點格式 (fixed-point format) 輸出，而非**科學記號法** (scientific notation)。科學記號法是一種顯示數字的方法，它將數字表示成1.0到10.0之間的數再乘上10的次方。例如3,100.0用科學記號法寫就是3.1×10^3。數字非常大或非常小，科學記號法就很好用了。

第13章會進一步討論科學記號法格式。另一方面，定點格式會強迫浮點數顯示出特定位數。定點格式會強迫輸出值必須印出小數點和後面的零，即使是整數88，也得印出88.00。若沒有定點格式選項，則C++印出88時，就不會印出小數點和後面的零。當程式使用串流操作子fixed和setprecision時，印出的數字會在setprecision所指定的小數位做**捨入** (rounded，如75行的2)，雖然記憶體中的值不變。例如，數值87.946和67.543會分別輸出成87.95和67.54。程式也可用串流操作子showpoint，強迫印出小數點。如果指定**showpoint**，而沒有fixed，程式不會印出末端的零。如同endl，串流操作子fixed和showpoint沒有參數，程式也不需加入 <iomanip> 標頭檔。我們可在 <iostream> 標頭檔找到這兩者。

圖4.13的第75和76行輸出班級平均成績。本範例將班級平均成績進位到小數點第二位，並輸出小數點後兩位數字。參數化串流操作子 (第75行) 表示變數average的值應顯示成兩位小數，由setprecision (2)設定。圖4.14輸入的三筆成績總和是257，平均是85.666…，顯示爲85.67。

無號整數注意事項

在圖4.9第46行宣告形態爲unsigned int的變數 gradeCounter，因爲假設其範圍只從1到11的值 (11終止循環)，均爲正值。在一般情況下，計數值應只有非負值，故宣告爲unsigned 型態。無號型態整數所能表示的數值範圍，是有號整數範圍的兩倍。您可以從標頭檔<climits>中的常數UINT_MAX得知無號整數的最大範圍。

圖4.9的程式，也可以將變數grade、total和average 宣告爲unsigned int。因爲，成績範圍通常都在0到100之間，所以total和average兩個變數值，應該是大於或等於0。我們將這些變數以 int 型態宣告，是因爲我們無法控制用戶的輸入，可能輸入負值，更糟糕的是，用戶輸入的根本不是數字（後續章節，我們將介紹如何處理這樣的錯誤）。

有時，警示控制迴圈故意用不應該出現的值來終止迴圈。譬如，圖4.13第56行，當用戶輸入警示值 -1 (不應該出現的分數)，結束迴圈。因此將變數宣告爲unsigned int並不恰當。另外，有一個下一章會介紹的檔案結束 (EOF:end of file) 符號，通常用來終止迴圈，在編譯器內部將其編碼爲負值，這都構成將迴圈控制變數宣告爲int的原因。

4.10 規劃演算法：巢狀控制敘述

下一個範例會再次使用虛擬碼和“由上而下，逐步修改”的方式設計演算法，並依此開發對應的C++程式。前面講過，我們可將這些控制敘述 (循序地) 疊在另一個控制敘述的上方，如同小孩堆積木一樣。在這個範例中，我們將檢視另一種連接控制敘述的結構方式，也就是將控制敘述以**巢狀** (nesting) 的方式納入另一個控制敘述內。

請看以下問題描述：

某個學院開了一門課程，提供學生參加不動產經紀人國家證照考試的準備。去年，10位修完課程的學生參加了這項證照考試。學院希望知道這些學生考試的結果。現在，我們要求寫一個程式，摘要列出考試結果。您已經知道這10位學生的名單。在名單上，如果該名學生通過考試，就會在名字的後面註明1，如果沒有通過考試，則會註明2。
您的程式須依下列要求分析考試結果：

1. 輸入每位學生的測驗結果(也就是1或2)。每當程式要求另一筆考試結果時，顯示提示訊息“Enter result”。
2. 計算每種測驗結果的人數。
3. 顯示出測驗結果的摘要內容，指出通過考試的學生人數和沒有通過的學生人數。
4. 如果超過8位學生通過考試，請顯示獎勵教師“Bonus to instructor!”的訊息。

在仔細讀完問題描述之後，我們提出以下幾個觀點：

1. 本程式須能處理10個學生的測驗結果。因爲事先知道測試結果的數目，所以可用計數控制迴圈。
2. 每個考試結果都是1個數字，不是1就是2。每當程式讀到考試結果時，程式必須判斷該數字是1還是2。我們的演算法會測試1。如果數目不是1，我們就假設它是2。(習題4.20會討論這項假設的後果)。
3. 我們必須使用兩個計數器來記錄考試的結果，一個計算通過考試的學生人數，另一個則計算沒有通過考試的學生人數。
4. 在程式處理完全部的測驗結果後，再判斷是否有8位以上學生通過這項考試。

讓我們採用由上而下，逐步修改的方式來處理。首先看最上層的虛擬碼表示：

Analyze exam results and decide whether a bonus should be paid

再次強調，最上層的虛擬碼就是程式的完整說明，但是將虛擬碼轉成C++程式之前，可能得經過數次修改。

第一次修改結果如下

Initialize variables
Input the 10 exam results, and count passes and failures
Display a summary of the exam results and decide whether a bonus should be paid

這裡也一樣，即使我們已寫出整個程式的完整說明，但仍須進一步修改。現在要指派特定的變數。這裡需要用兩個計數器，來記錄通過和沒有通過的人數，還要另一個計數器以控制迴圈流程，並使用一個變數來儲存使用者輸入。最後一個變數不會初始化，因爲它的值就是每次迴圈執行時使用者輸入的值。

虛擬碼敘述

Initialize variables

可以再細緻化如下：

Initialize passes to zero
Initialize failures to zero
Initialize student counter to one

請注意，演算法一開始只初始化計數器。

虛擬碼敘述

Input the 10 exam results, and count passes and failures

需要一個迴圈，以連續輸入每次考試的結果。因為已事先知道有10位學生，因此可用計數器控制迴圈。迴圈內部（就是巢狀地位在迴圈內部）有一個if…else敘述能判斷每次的考試成績是通過，還是未通過，然後再依判斷結果將適當的計數器遞增。前述虛擬碼敘述的修改結果就是

```
While student counter is less than or equal to 10
   Prompt the user to enter the next exam result
   Input the next exam result
   If the student passed
      Add one to passes
   Else
      Add one to failures
   Add one to student counter
```

我們使用空白行獨立出If…Else控制結構，以提升可讀性。

虛擬碼敘述

Display a summary of the exam results and decide whether a bonus should be paid

可以再細緻化如下：

```
Display the number of passes
Display the number of failures
If more than eight students passed
      Display "Bonus to instructor!"
```

圖4.15顯示第二次修改後的完整內容。請注意，我們可用空白行分隔While結構，以增加程式可讀性。此虛擬碼已充分修改，可轉成C++程式了。

```
1  Initialize passes to zero
2  Initialize failures to zero
3  Initialize student counter to one
4
5  While student counter is less than or equal to 10
6      Prompt the user to enter the next exam result
7      Input the next exam result
8
9      If the student passed
10         Add one to passes
11     Else
12         Add one to failures
13
```

圖4.15　考試成績問題的虛擬碼(1/2)

```
14 Add one to student counter
15
16   Display the number of passes
17   Display the number of failures
18
19   If more than eight students passed
20       Display "Bonus to instructor!"
```

圖4.15 考試成績問題的虛擬碼(2/2)

轉換成Analysis類別

實作本虛擬碼演算法的程式以及兩個執行範例如圖4.16所示。這個例子沒有類別，只有一個含main函式的原始碼檔案，所有工作都在main函式內完成。在本章和第3章中，您已經看過有一個類別(包括標頭檔和原始碼檔)和一個測試類別的原始碼檔案。該原始碼檔案有一個main函式，在其中建立類別物件並呼叫成員函數。偶爾，當只為表達觀念，就沒必要定義可再利用的類別，將所有程式碼放到main函式裡面就可以了。

第9-11行和第18行用來宣告和初始化考試結果會用到的變數。在迴圈中有些變數可能每次執行都得進行初始化，在這種情況，就只能在迴圈主體內設定值，而不是在迴圈外宣告和初始化。或者，把外部的宣告和初始化放到迴圈內也行，等同迴圈每次執行，都宣告區域變數。

```
 1 // Fig. 4.16: fig04_16.cpp
 2 // Examination-results problem: Nested control statements.
 3 #include <iostream>
 4 using namespace std;
 5
 6 int main()
 7 {
 8    // initializing variables in declarations
 9    unsigned int passes = 0; // number of passes
10    unsigned int failures = 0; // number of failures
11    unsigned int studentCounter = 1; // student counter
12
13    // process 10 students using counter-controlled loop
14    while ( studentCounter <= 10 )
15    {
16       // prompt user for input and obtain value from user
17       cout << "Enter result (1 = pass, 2 = fail): ";
18       int result = 0; // one exam result (1 = pass, 2 = fail)
19       cin >> result; // input result
20
21       // if...else nested in while
22       if ( result == 1 )          // if result is 1,
23          passes = passes + 1;     // increment passes;
24       else                        // else result is not 1, so
25          failures = failures + 1; // increment failures
26
27       // increment studentCounter so loop eventually terminates
28       studentCounter = studentCounter + 1;
29    } // end while
```

圖4.16 考試成績問題：巢狀控制敘述(1/2)

```
30
31    // termination phase; display number of passes and failures
32    cout << "Passed " << passes << "\nFailed " << failures << endl;
33
34    // determine whether more than eight students passed
35    if ( passes > 8 )
36       cout << "Bonus to instructor!" << endl;
37 } // end main
```

```
Enter result (1 = pass, 2 = fail): 1
Enter result (1 = pass, 2 = fail): 2
Enter result (1 = pass, 2 = fail): 2
Enter result (1 = pass, 2 = fail): 1
Enter result (1 = pass, 2 = fail): 1
Enter result (1 = pass, 2 = fail): 1
Enter result (1 = pass, 2 = fail): 2
Enter result (1 = pass, 2 = fail): 1
Enter result (1 = pass, 2 = fail): 1
Enter result (1 = pass, 2 = fail): 2
Passed 6
Failed 4
```

```
Enter result (1 = pass, 2 = fail): 1
Enter result (1 = pass, 2 = fail): 1
Enter result (1 = pass, 2 = fail): 1
Enter result (1 = pass, 2 = fail): 1
Enter result (1 = pass, 2 = fail): 2
Enter result (1 = pass, 2 = fail): 1
Enter result (1 = pass, 2 = fail): 1
Enter result (1 = pass, 2 = fail): 1
Enter result (1 = pass, 2 = fail): 1
Enter result (1 = pass, 2 = fail): 1
Passed 9
Failed 1
Bonus to instructor!
```

圖4.16　考試成績問題：巢狀控制敘述 (2/2)

while敘述（第14-29行）會跑10次。每一次循環期間，迴圈會輸入一項測驗的結果並加以處理。處理每筆結果的if…else敘述（第22-25行）放在while敘述之中，成為巢狀。如果result是1，則if...else敘述會遞增passes，否則程式會假設result是2並遞增failures。再度測試第15行的迴圈條件之前，第28行會先遞增studentCounter。輸入10個數字以後，迴圈終止運作，而第32行顯示passes以及failures的值。第35-36行的if敘述會判斷是否超過八位學生通過測驗，如果有，就輸出"Bonus to instructor!"。

圖4.16顯示程式的兩個輸入與輸出範例。在第一次範例執行結束處，第35行的條件為true—超過八位學生及格，所以程式顯示一段訊息，表示應該獎勵教師。

 C++11 初始化列表

C++11引入了一個新的變數初始化語法，**初始化列表** (List initialization)，也稱爲**統一形式初始化** (uniform initialization)，讓您只使用一種語法，就可以初始化任何型態的變數。現在以圖 4.16 第11行的程式爲例

```
unsigned int studentCounter = 1;
```

在C++11，您可以寫成

```
unsigned int studentCounter = { 1 };
```

或

```
unsigned int studentCounter{ 1 };
```

大括號 ({和}) 代表初始化列表。對於屬於基本資料型態的變數，大括號內只能有一個初始值。對物件變數則不同，初始化列表可以是個多值以逗號分格的列表，此列表會遞送給建構子。例如，習題3.14 要求您創建一個可以代表員工的類別Employee，類別內有 name (名字)、lastname(姓氏) 和salary (工資) 三個資料成員。假設類別已經定義一個建構子接收兩個 string 參數設定name和lastname，一個 double參數設定salary，您可以將Employee物件變數的初始化寫成：

```
Employee employee1{ "Bob", "Blue", 1234.56 };
Employee employee2 = { "Sue", "Green", 2143.65 };
```

對於基本型態的變數，列表初始化語法還可防止所謂的**減縮轉換** (narrowing conversions) 導致資料遺失 (data loss)。例如，可防止您寫成

```
int x = 12.7
```

試圖將浮點數12.7指派給int變數x。於是，float數值轉換爲int，通過截斷程式，小數點部分 (0.7) 被截斷，這導致資訊遺失，即所謂的減縮轉換。指派給x的實際值是12，許多編譯器產會產生警告訊息，但仍然允許編譯。但如果改用初始化列表，如

```
int x = { 12.7 };
```

或

```
int x{ 12.7 };
```

則會產生編譯錯誤，從而幫助您避免潛在微妙的邏輯錯誤。例如，蘋果的Xcode LLVM編譯器會提供錯誤訊息

```
Type 'double' cannot be narrowed to 'int' in initializer list
     (double 型態不能在初始化列表減縮成int型態)
```

後面章節會再討論初始化列表。

4.11 指派運算子

C++提供數種指派運算子 (assignment operator) 以縮短賦值運算式。例如，以下的敘述

```
c = c + 3;
```

可用加法指派運算子 (addition assignment operator) += 縮寫

```
c += 3;
```

+=運算子會將運算式中，位於運算子右邊的數值和位於運算子左邊的數值相加，然後再將結果存入位於運算子左方的變數中。任何具有下述形式的敘述

variable = variable operator expression

其中相同的variable出現在指派運算子兩邊，且operator是二元運算子之一，如+、-、*、/ 或 % (或往後會介紹的其他運算子)，均可改寫成如下形式

variable operator= expression;

因此c += 3便是將c加上3。圖4.17列出算術指派運算子、使用這些運算子的運算式範例及其解釋。

指派運算子	運算式範例	解釋	指派
Assume: `int`	`c = 3, d = 5,`	`e = 4, f = 6,`	`g = 12;`
`+=`	`c += 7`	`c = c + 7`	`10 to c`
`-=`	`d -= 4`	`d = d - 4`	`1 to d`
`*=`	`e *= 5`	`e = e * 5`	`20 to e`
`/=`	`f /= 3`	`f = f / 3`	`2 to f`
`%=`	`g %= 9`	`g = g % 9`	`3 to g`

圖4.17　算術指派運算子

4.12 遞增和遞減運算子

除了算術指派運算子之外，C++亦提供兩種一元運算子，可將數值變數的值加1或減1。如圖4.18所示，這些運算子就是一元**遞增運算子** (increment operator) ++，以及一元**遞減運算子** (decrement operator) --。變數c可用遞增運算子++直接加1，不用寫成c = c + 1或c += 1。放在變數前面的遞增或遞減運算子分別稱作**前置遞增運算子** (prefix increment operator) 或**前置遞減運算子** (prefix decrement operator)。如果將遞增或遞減運算子放在變數的後面，就會分別視為**後置遞增運算子** (postfix increment operator) 或**後置遞減運算子** (postfix decrement operator)。

運算子	名稱	運算式範例	解釋
++	前置遞增	++a	先把a加1，再把a的新值用在a所在的運算式
++	後置遞增	a++	先把a的原值用在a所在的運算式，然後把a+1
--	前置遞減	--b	先把b減1，再把b的新值用在b所在的運算式
--	後置遞減	b--	先把b的原值用在b所在的運算式，然後把b減1

圖4.18 遞增和遞減運算子

使用前置遞增(或遞減)運算子使變數加1(或減1)時，就是使變數**前置遞增** (preincrementing) 或**前置遞減** (predecrementing)。前置遞增(或前置遞減)使變數加1(減1)之後，才將這個增加(減少)後的值當作新的變數值，代入運算式裡進行運算。使用後置遞增(或遞減)運算子使變數加1(或減1)時，就是使變數**後置遞增** (postincrementing) 或**後置遞減** (postdecrementing)。後置遞增(後置遞減)運算式會使用目前的變數值，然後在運算完成後，才使該變數加1(減1)。

良好的程式設計習慣 4.4

與二元運算子不同，一元遞增運算子與遞減運算子應該緊鄰其運算元，中間沒有空格。

圖4.19示範前置遞增和後置遞增++運算子的差異。遞減運算子(--)的功用類似。

```
 1 // Fig. 4.19: fig04_19.cpp
 2 // Preincrementing and postincrementing.
 3 #include <iostream>
 4 using namespace std;
 5
 6 int main()
 7 {
 8    // demonstrate postincrement
 9    int c = 5; // assign 5 to c
10    cout << c << endl; // print 5
11    cout << c++ << endl; // print 5 then postincrement
12    cout << c << endl; // print 6
13
14    cout << endl; // skip a line
15
16    // demonstrate preincrement
17    c = 5; // assign 5 to c
18    cout << c << endl; // print 5
19    cout << ++c << endl; // preincrement then print 6
20    cout << c << endl; // print 6
21 } // end main
```

```
5
5
6

5
6
6
```

圖4.19 前置遞增與後置遞增

第9行將變數c初始化爲5，第10行將c的初始值輸出。第11行輸出運算式c++的值。這個運算式使變數c後置遞增，所以先輸出c的初始值 (5)，然後才使c的值遞增。因此，第11行再次輸出c的初始值 (5)。第12行輸出c的新值 (6)，證明變數的值在第11行時確實增加了1。

第17行重設c的值爲5，而第18行輸出c的值。第19行輸出運算式++c的值。這個運算式使c前置遞增，所以其值已經增加，然後輸出新的值 (6)。第20行再次輸出c的值，並證明在執行第19行後，c的值仍然爲 (6)。

算數指派運算子、遞增及遞減運算子可簡化程式敘述。圖4.16的三行指派敘述：

```
passes = passes + 1;
failures = failures + 1;
studentCounter = studentCounter + 1;
```

可用指派運算子寫得更精簡

```
passes += 1;
failures += 1;
studentCounter += 1;
```

如果使用前置遞增運算子，就成爲

```
++passes;
++failures;
++studentCounter;
```

或使用後置遞增運算子，就成爲

```
passes++;
failures++;
studentCounter++;
```

當敘述中只有變數本身時，此時將遞增 (++) 或遞減 (--) 運算子放在變數前面或後面，都具有相同效果，前置遞減和後置遞減也具有相同效果。只有變數出現在較長的運算式時，將遞增或遞減運算子放在變數前面或後面才會有不同結果 (前置遞減和後置遞減也一樣)。

程式中常犯的錯誤 4.8

將遞增或遞減運算子使用在一個運算式上，而不是單一的變數名稱或參考，例如寫 ++(x + 1)，會產生語法錯誤

圖4.20顯示目前爲止介紹過的運算子優先權與結合性。運算子的優先權是從上到下遞減。第二欄說明每個優先權層次的運算子結合性。請注意，條件運算子 (?:)、一元運算子後置遞增 (++)、後置遞減 (--)、正號 (+)、負號 (-) 以及指派運算子 =、+=、-=、*=、/= 和 %= 都是從右到左結合。圖4.20的其他運算子都是從左到右結合。第三欄則是對各群運算子進行命名。

運算子	結合性	型態
:: ()	從左到右	主要(primary)
++ -- static_cast<*type*>()	從左到右	後置運算
++ -- + -	從右到左	一元運算(前置)
* / %	從左到右	乘除法
+ -	從左到右	加減法
<< >>	從左到右	插入/擷取
< <= > >=	從左到右	關係運算
== !=	從左到右	等號運算
?:	從右到左	條件運算
= += -= *= /= %=	從右到左	指派運算

圖4.20　運算子的優先順序和結合性

4.13 總結

本章介紹了基礎的解題技巧，您可以用這些技巧建立類別和類別成員函式。我們介紹了如何用虛擬碼建構演算法(解決問題的方法)，我們在撰寫虛擬碼的過程中逐步修改演算法，最後成爲函式中的一段可執行的C++程式碼。您學會如何使用由上而下、逐步修改的方式列出函式要執行的動作，並指定這些動作執行的順序。

您也學到了三種控制結構，即循序結構、選擇結構及重複結構，可用來建立任何演算法。我們示範了兩種C++選擇敘述式— if單一選擇敘述式以及if…else雙重選擇敘述式。我們可以用if敘述式，在條件爲true時，會執行某組敘述式，若條件爲false，則略過該組敘述式。if…else雙重選擇敘述式決定在某個條件下執行一組敘述式，當條件爲true時，執行某組動作，而當條件爲false時，就執行另一組動作。接著我們討論了while重複敘述，當條件持續爲true時，就會重複執行一組敘述式。我們使用兩種堆疊控制敘述：計數控制循環與警示控制循環將學生成績加總並計算平均值，我們使用巢狀控制敘述來分析考試成績並依此作判斷。我們介紹了指派運算子，可以用來簡化敘述式。我們也介紹了遞增運算子以及遞減運算子，分別將變數遞增1或遞減1。在下一章中，我們會繼續討論控制敘述，介紹for、do…while以及switch敘述。

摘要

4.2　演算法

- 演算法是解決某個問題的程序，由所要執行的動作和執行這些動作的順序來表示。
- 指定程式中敘述執行的順序，就是所謂的程式控制。

4.3　虛擬碼

- 虛擬碼幫助您構思程式設計方式，然後才用程式語言實際撰寫出來。

4.4　控制結構

- 活動圖將軟體系統的工作流程 (又叫做活動) 加以模型化。
- 活動圖是由許多符號所組成，如動作狀態符號、菱形符號、以及小圓圈符號。這些符號都是由轉移箭頭所連接，轉移箭頭表示活動的流程。
- 跟虛擬碼一樣，活動圖可以幫助您建立和表示演算法。
- 我們用圓弧邊角的長方形表示動作狀態。動作運算式會顯示在動作狀態內。
- 活動圖中的箭頭表示轉換，代表由動作狀態所表示的動作之發生順序。
- 位在狀態圖中的實心圓形代表初始狀態，也就是在程式執行此模型的動作之前，工作流程的起始位置。
- 在活動圖底下的實心圓形外面有個空心圓形，它代表最終狀態 (final state)，也就是程式執行該動作之後，工作流程的結束位置。
- 右上角摺角的長方形在UML裡稱爲注意事項。虛線會連結每個注意事項和該注意事項描述的項目。
- 控制結構有三種，即循序結構、選擇結構及重複結構。
- C++內建了循序結構，根據預設，它會以敘述出現的順序循序執行。
- 選擇結構是從多種動作中選取一種動作。

4.5　if選擇敘述

- 若條件爲true，則if單一選擇敘述就會執行 (選擇) 某個動作，若條件是false，則略過該動作。
- 在活動圖中的判斷符號 (表示要做出決定。其工作流程依決策點條件確定路徑指向。每個轉換箭頭都伴隨有決策點條件。如果決策點條件爲眞，工作流程依箭頭指向進入操作狀態。

4.6　if…else雙重選擇敘述

- 在if...else雙重選擇敘述中，若條件爲true，則會執行某個動作，若條件是false，則會執行另一個動作。
- 若要在if主體內 (或if...else敘述的else主體內) 放入多行敘述，可將這些敘述放在同一對大括號 ({}) 內。放在一對大括號內的一組敘述，稱爲一個區塊。區塊可以放在程式中任何可容納單行敘述的地方。

- null敘述表示程式不會採取任何動作，用一個分號(;)表示。

4.7 while重複敘述

- 重複敘述在條件持續爲true的情況下，重複執行某個動作。
- UML的合併符號有兩個或多個轉移箭頭指向菱形，但只有一個指出的轉移箭頭，表示合併多個活動流程以繼續活動。

4.8 規劃演算法：計數控制循環

- 計數控制循環用於在迴圈開始執行前，便已知道重複次數的情況，也就是有限迴圈。
- 整數加法可能會導致一個太大的值，無法儲存在一個int變數中。這就是所謂的算術溢位，引發不可預測行爲。
- 一個int變數的最大值和最小值，可從標頭檔<climits>中的常數INT_MAX和INT_MIN查到。
- 進行計算前確保算術運算不會溢位，被公認爲是一個很好的做法。要達到工業強度的程式，應該對所有可能會導致溢位或下溢位(underflow)的計算都執行這樣的檢查

4.9 規劃演算法：警示控制循環

- 由上而下，逐步求精是細緻化虛擬碼的程序，每一個細緻化程序都對虛擬碼做更細緻、更完整的表達。
- 警示控制循環用於在迴圈開始執行前，尚不知重複次數的情況，也就是非限定重複。
- 包含小數部分的值被稱爲一個浮點數，類似於C++中的float和double資料型態。
- 轉型運算子static_cast<double>可以用來建立一個運算元的臨時浮點數副本。
- 一元運算子只有一個運算元，二元運算子有兩個運算元。
- 參數化串流操作子setprecision表示小數點的顯示要精確到小數第幾位。
- 串流操作子fixed表示浮點數值應以定點格式輸出，而非科學記號法
- 在一般情況下，不會用到負值的任何整數變數，應宣告爲unsigned int。無號整數所能表達的資料範圍是有號整數正值範圍的兩倍。
- 您可以從標頭檔<climits>中的常數UINT_MAX查到unsigned int的最大值。

4.10 規劃演算法：巢狀控制敘述

- 巢狀控制敘述會出現在另一個控制敘述的主體裡。
- C++引入新的初始化變數的方法:初始化列表，如

```
int studentCounter = { 1 };
```

或

```
int studentCounter{ 1 };
```

- 大括號（{和}）代表初始化列表。對於屬於基本資料型態的變數，大括號內只能有一個初始值。對物件變數則不同，初始化列表可以是個多值以逗號分格的列表，此列表會遞送給建構子。

- 對基礎型態的變數而言，初始化列表可以預防會導致資料遺失的減縮轉換。

4.11　指派運算子

- 算術指派運算子 +=、-=、*=、/= 和 %=，可縮短賦值運算式。

4.12　遞增和遞減運算子

- 遞增運算子 (++) 以及遞減運算子 (--) 分別將變數遞增 1 或遞減 1。若該運算子在變數前面，那麼這個變數值會先加 1 或減 1，然後這個經過加 1 或減 1 的新值，才會用到運算式裡。若該運算子在變數後面，那麼這個變數值會先用到運算式裡，然後該變數值才會加 1 或減 1。

自我測驗題

4.1　回答下列問題：

a）_____重複在迴圈開始前，不知道重複的次數。

b）轉型運算子_____可以用來建立一個運算元臨時浮點數的副本。

c）一個空敘述是以_____來表示。

d）一個_____是一個解決問題的程序，也就是任何計算問題，一定可以特定順序執行一系列的動作來完成。

4.2　請撰寫四種不同的 C++ 敘述，將整數變數 x 的值減 1。

4.3　請撰寫 C++ 敘述完成以下的動作：

a)　在一行敘述中，將變數 x 和 y 的乘積指定給變數 z，再後置遞減變數 x 的值。

b)　判斷變數 count 的值是否小於 10。若是，就印出 "Count is less than 10"。

c)　前置遞增變數 x，再把 x 值加入變數 total。

d)　算出 q 除以 divisor 的商數，再將這個商數指定給 q，請用二種不同方式撰寫這個敘述。

4.4　請撰寫 C++ 敘述完成以下的動作：

a)　宣告一個變數 var 為 long 型態，並設初值為 10。

b)　宣告一個變數 x 為 long 型態，並設初值為 0。。

c)　將變數 var 減掉 x 結果指派給 var。

d)　印出變數 var 的值。

4.5　將您在習題 4.4 裡所寫的敘述整合成一個程式，依序印出 10 到 0 的所有整數。請使用 while 迴圈執行遞減運算。當變數 x 的值等於 11 時，迴圈就會終止。

4.6　請求出計算執行完後，每個 unsigned int 變數的數值。假設所有變數的初值都是整數值 2。

a)　`sum += x++;`

b)　`sub -= ++x;`

4.7 請撰寫一行C++敘述完成以下動作：

a) 使用cin和 >> 輸入unsigned int變數lb。

b) 使用cin和 >> 輸入int變數ub。

e) 宣告一個unsigned int變數i，設定初値爲lb。

d) 宣告一個unsigned int變數sum，設定初値爲0。

e) 將整數變數i加sum，再將結果指派給sum。

f) 將變數i前置遞增1。

g) 判斷i是否小於或等於ub。

h) 使用cout和 << 輸出整數變數sum。

4.8 請用習題4.7中的敘述，撰寫一個C++程式，計算習題4.7所有變數再給定範圍的和。此程式應使用while重複敘述。

4.9 請找出並更正下列敘述的錯誤：

a)
```
while ( c <= 5 )
(
   product *= c;
   ++c;
)
```

b)
```
cout >> value;
```

c)
```
if ( i == 1 )
   cout << "A" << endl;
   cout << "B" << endl;
else
   cout << "C" << endl;
```

4.10 以下while重複敘述有何錯誤？

```
while ( i <= 10 )
product *= i;
```

自我測驗題解答

4.1 a) 警示控制。b) static_cast<double)。c) 分號(;) 。d) 演算法。

4.2
```
x = x - 1;
x -= 1;
--x;
x--;
```

4.3 a)
```
z = x-- + y;
```

b)
```
if ( count < 10 )
      cout << "Count is less than 10" << endl;
```

c)
```
total += ++x;
```

d)
```
q /= divisor;
q = q / divisor;
```

4.4 a) `long var = 10;`
b) `long x = 0;`
c) `var -= x;`
or
`var = var - x;`
d) `cout << var << endl;`

4.5 參見以下程式碼：

```
 1 // Exercise 4.5 Solution: ex04_05.cpp
 2 // Calculate the sum of the integers from 1 to 10.
 3 #include <iostream>
 4 using namespace std;
 5
 6 int main()
 7 {
 8    unsigned int sum = 0; // stores sum of integers 1 to 10
 9    unsigned int x = 1; // counter
10
11    while ( x <= 10 ) // loop 10 times
12    {
13       sum += x; // add x to sum
14       ++x; // increment x
15    } // end while
16    cout << "The sum is: " << sum << endl;
17 } // end main
```

4.6 a) `sum = 4, x = 3.`
b) `sub = -1, x = 3.`

4.7 a) `cin>> lb;`
b) `cin >> ub;`
c) `unsigned int i = lb;`
d) `unsigned int sum = 0;`
e) `sum += i;`
f) `++i;`
g) `if ( i <= ub )`
h) `cout<< sum << endl;`

4.8 參見以下程式碼：

```
 1 // Exercise 4.8 Solution: ex04_08.cpp
 2 // Raise x to the y power.
 3 #include <iostream>
 4 using namespace std;
 5
 6 int main()
 7 {
 8    unsigned int i = 1; // initialize i to begin counting from 1
 9    unsigned int power = 1; // initialize power
10
```

```
11     cout << "Enter base as an integer: ";  // prompt for base
12     unsigned int x; // base
13     cin >> x; // input base
14
15     cout << "Enter exponent as an integer: "; // prompt for exponent
16     unsigned int y; // exponent
17     cin >> y; // input exponent
18
19     // count from 1 to y and multiply power by x each time
20     while ( i <= y )
21     {
22        power *= x;
23        ++i;
24     } // end while
25
26
27     cout << power << endl; // display result
28  } // end main
```

4.9 a) 錯誤：誤用小括號 ( ) 為while主體程式。

更正：應用大括號 { } 為while主體程式。

b) 錯誤：使用了串流萃取運算子，而不是串流插入運算子。

更正：請將 >> 運算子改成 << 運算子。

c) 錯誤：if 主體有多行敘述，確未使用大括號。

更正：用大括號框住 if 的所有主體敘述。

4.10 在while敘述中，變數i的值永遠不會改變。因此，如果迴圈測試條件 (i<=10) 剛開始為true時，就會形成無窮迴圈。為了防止發生無窮迴圈，必需遞增變數i，使它最後的值大於10。

習題

4.11 請找出並更正下列敘述的錯誤：

a)
```
if ( age >= 65 );
   cout << "Age is greater than or equal to 65" << endl;
else
   cout << "Age is less than 65 << endl";
```

b)
```
if ( age >= 65 )
   cout << "Age is greater than or equal to 65" << endl;
else;
   cout << "Age is less than 65 << endl";
```

c)
```
unsigned int x = 1;
unsigned int total;
while ( x <= 10 )
{
   total += x;
   ++x;
}
```

d)
```
While ( x <= 100 )
    total += x;
    ++x;
```

e)
```
while ( y > 0 )
{
    cout << y << endl;
    ++y;
}
```

4.12 (程式在做甚麼?) 以下程式會印出什麼內容？

```
1 // Exercise 4.12: ex04_12.cpp
2 // What does this program print?
3 #include <iostream>
4 using namespace std;
5
6 int main()
7 {
8    unsigned int y = 0; // declare and initialize y
9    unsigned int x = 1; // declare and initialize x
10   unsigned int total = 0; // declare and initialize total
11
12   while ( x <= 10 ) // loop 10 times
13   {
14      y = x * x; // perform calculation
15      cout << y << endl; // output result
16      total += y; // add y to total
17      ++x; // increment counter x
18   } // end while
19
20   cout << "Total is " << total << endl; // display result
21 } // end main
```

習題4.13到4.16，請執行下列每個步驟：

a) 首先閱讀問題敘述的內容。

b) 再利用虛擬碼和由上而下、逐步修改的方式規劃演算法。

c) 撰寫一個C++程式。

d) 測試，除錯和執行C++程式。

4.13 (每加侖汽油的哩程數) 汽車駕駛都很關心汽車的行駛里程數。有一位駕駛者記錄了數次當車子油用光時所走的里程數及所加的油加侖數。請撰寫一個使用while敘述的C++程式，能夠輸入每次油箱加滿後，到下一次加油前所行駛的里程和所用掉的油量。程式應計算並且顯示每箱油的每加侖所跑英里數，還有截至目前爲止，每加侖所能跑的平均里程數。

```
Enter miles driven (-1 to quit): 287
Enter gallons used: 13
MPG this trip: 22.076923
Total MPG: 22.076923

Enter miles driven (-1 to quit): 200
Enter gallons used: 10
MPG this trip: 20.000000
Total MPG: 21.173913

Enter the miles driven (-1 to quit): 120
Enter gallons used: 5
MPG this trip: 24.000000
Total MPG: 21.678571

Enter the miles used (-1 to quit): -1
```

4.14 (信用卡限制) 請設計一個C++程式，能夠判斷百貨公司的顧客是否已刷爆信用卡。我們可知道每位顧客的下述資料：

a) 帳號(整數)。

b) 當月月初的帳戶餘額。

c) 該顧客在當月的所有進出帳戶明細。

d) 該顧客帳戶在當月的所有簽帳明細。

e) 信用額度。

程式應使用while敘述輸入這些資料，並且計算新的簽帳餘額(也就是當月初的餘額+已付清金額–當月簽帳金額)，然後判斷新的餘額是否超過顧客的信用額度。對於已經超過信用卡額度的顧客，程式必須顯示此顧客的帳戶號碼、信用卡額度、新的餘額，並且在螢幕上顯示"Credit limit exceeded"。

```
Enter account number (or -1 to quit): 100
Enter beginning balance: 5394.78
Enter total charges: 1000.00
Enter total credits: 500.00
Enter credit limit: 5500.00
New balance is 5894.78
Account: 100
Credit limit: 5500.00
Balance: 5894.78
Credit Limit Exceeded.

Enter Account Number (or -1 to quit): 200
Enter beginning balance: 1000.00
Enter total charges: 123.45
Enter total credits: 321.00
Enter credit limit: 1500.00
New balance is 802.45

Enter Account Number (or -1 to quit): -1
```

4.15 (業務員佣金計算程式) 某家大公司是按照佣金的方式計算業務員的薪資。業務員的底薪是每星期$200美元，加上該週銷售毛額的9%。例如，一週銷售$5000美元藥品的業務員就給$200美元加$5000美元的9%，也就是$650美元。開發一個C++程式，使用while敘述輸入每位業務員上週的銷售毛額，並計算、顯示該業務員的薪資。一次處理一位業務員的薪資。

```
Enter sales in dollars (-1 to end): 5000.00
Salary is: $650.00

Enter sales in dollars (-1 to end): 6000.00
Salary is: $740.00

Enter sales in dollars (-1 to end): 7000.00
Salary is: $830.00

Enter sales in dollars (-1 to end): -1
```

4.16 (薪資計算程式) 請設計一個使用while敘述的C++程式，能算出每位職員的薪資總額。該公司支付每位職員薪資的方式，就是前40個小時，是以"基本薪資"來計算，超過40小時的部分則按照"原來薪資的一倍半"費用來加以計算。假設您已經有該公司所有職員的名單，每位職員上一週的工作時數和每位職員的時薪。程式應輸入每位員工的這些薪資，並決定和顯示該員工的總收入。

```
Enter hours worked (-1 to end): 39
Enter hourly rate of the employee ($00.00): 10.00
Salary is $390.00

Enter hours worked (-1 to end): 40
Enter hourly rate of the employee ($00.00): 10.00
Salary is $400.00

Enter hours worked (-1 to end): 41
Enter hourly rate of the employee ($00.00): 10.00
Salary is $415.00

Enter hours worked (-1 to end): -1
```

4.17 (尋找最大值) 電腦的一種常見應用，就是在一堆數字中找出最大的數字 (也就是一群數字中的最大值)。例如，程式會先輸入每位業務員的銷售數量，然後決定銷售競賽的優勝者。銷售最多的人員就能夠贏得該項競賽。請撰寫一個使用while敘述的C++程式，並輸入10個數字，然後決定並印出其中最大的數字。程式應使用下列三個變數：

Counter：　一個算到10的計數器 (也就是追蹤究竟已經輸入多少數字，並判斷這10個數是否都已處理過)。

Number：　目前輸入程式的數字。

Largest：　目前最大的數字。

4.18 (表格輸出) 請撰寫一個使用while敘述和tab跳脫序列\t的C++程式，印出以下的數值表格：

```
N   10*N     100*N      1000*N
1   10        100        1000
2   20        200        2000
3   30        300        3000
4   40        400        4000
5   50       500       5000
```

4.19 (找出最大和最小的兩個數字) 找出10個數字中，最大和最小的兩個數字。[請注意：每個數字只能輸入一遍。]

4.20 (驗證使用者的輸入) 圖4.16的考試成績程式，假設使用者輸入的數字若不是1，就一定是2。修改該程式以驗證其輸入。如果輸入的數值不是1或2，程式仍然會執行迴圈的動作，直到使用者輸入正確的數值爲止。

4.21 以下程式會印出什麼內容？

```
 1 // Exercise 4.21: ex04_21.cpp
 2 // What does this program print?
 3 #include <iostream>
 4 using namespace std;
 5
 6 int main()
 7 {
 8    unsigned int count = 1; // initialize count
 9
10    while ( count <= 10 ) // loop 10 times
11    {
12       // output line of text
13       cout << ( count % 2 ? "****" : "++++++++" ) << endl;
14       ++count; // increment count
15    } // end while
16 } // end main
```

4.22 以下程式會印出什麼內容？

```
 1 // Exercise 4.22: ex04_22.cpp
 2 // What does this program print?
 3 #include <iostream>
 4 using namespace std;
 5
 6 int main()
 7 {
 8    unsigned int row = 10; // initialize row
 9
10    while ( row >= 1 ) // loop until row < 1
11    {
12       unsigned int column = 1; // set column to 1 as iteration begins
13
14       while ( column <= 10 ) // loop 10 times
15       {
16          cout << ( row % 2 ? "<" : ">" ); // output
```

```
17          ++column; // increment column
18       } // end inner while
19
20       --row; // decrement row
21       cout << endl; // begin new output line
22    } // end outer while
23 } // end main
```

4.23 (懸置Else問題) 當x是9且y是11時，以下各項的輸出是多少？ x是11且y是9時又是多少？編譯器會忽略C++程式中的縮排。C++編譯器一定會將else接到前一個if上，除非用大括號{}隔開。頭一次看程式時，程式設計者可能無法確定哪個if會和哪個else配對，這就是"懸置else問題"。我們已經將下述程式碼的縮排刪除，讓題目更具挑戰性。[提示：請使用您學過的縮排規則。]

a)
```
if ( x < 10 )
if ( y > 10 )
cout << "*****" << endl;
else
cout << "#####" << endl;
cout << "$$$$$" << endl;
```

b)
```
if ( x < 10 )
{
if ( y > 10 )
cout << "*****" << endl;
}
else
{
cout << "#####" << endl;
cout << "$$$$$" << endl;
}
```

4.24 (另一個懸置Else問題) 請修改以下的程式碼，以便產生所顯示的輸出。請適當加以縮排。除了在程式碼加入大括號之外，您不可對程式進行任何改變。編譯器會忽略C++程式中的縮排。我們已經將下述程式碼的縮排刪除，讓題目更具挑戰性。[請注意：程式可能連改都不用改。]

```
if ( y == 8 )
if ( x == 5 )
cout << "@@@@@" << endl;
else
cout << "#####" << endl;
cout << "$$$$$" << endl;
cout << "&&&&&" << endl;
```

a) 假設x = 5和y = 8，則會產生以下的輸出。

```
@@@@@
$$$$$
&&&&&
```

b) 假設x = 5和y = 8，則會產生以下的輸出。

```
@@@@@
```

c) 假設x = 5和y = 8，則會產生以下的輸出。

```
@@@@@
&&&&&
```

d) 假設x = 5和y = 7，則會產生以下的輸出。[請注意：在else後面的最後三行輸出敘述，都是區塊的一部分。]

```
#####
$$$$$
&&&&&
```

4.25 (用星號印出四方形) 撰寫一個程式，能夠讀入正方形的邊長，然後使用星號和空格，印出一個相同大小的中空正方形。您的程式應可處理邊長1到20之間的正方形。例如，若程式讀入邊長5，應該印出

```
*****
*   *
*   *
*   *
*****
```

4.26 (迴文) 迴文是指某個數字或文字片語，不論從頭或從尾端讀起，它的數字或文字的順序都是相同的。例如，以下五位數整數都是迴文：12321、55555、45554和11611。撰寫一個可以讀入五位數整數的應用程式，並判定所讀入的五位數整數是否爲迴文。[提示：請使用除法和模數運算子，將數字分成它的個別數字。]

4.27 (以十進位表示法印出二進位整數) 請輸入一個只包含0和1的整數 (也就是“二進位”整數)，並印出它所代表的十進位整數。使用模數運算子和除法運算子，從右往左，每次取出“二進位”數字的一個數字。如同十進位的數字系統，最右邊位數的數字1就代表1，往左的下一位數的1就代表10，其次就代表100，再其次就是1000。依此類推，在二進位數字系統中，最右邊位數的數字1就代表1，往左的下一個位數的1就代表2，其次代表4，再其次代表8，依此類推。因此十進位數234可解譯爲2 * 100 + 3 * 10 + 4 * 1。而二進位數1101的十進位值就是1 * 1 + 0 * 2 + 1 * 4 + 1 * 8，也就是1 + 0 + 4 + 8，就是13。[請注意：不熟悉二進位數字的讀者可參閱附錄D。]

4.28 (以星號印出棋盤) 請設計一個程式，顯示出以下的棋盤圖樣。程式只能使用三個輸出敘述，也就是下面三種格式之一：

```
cout << "* ";
cout << ' ';
cout << endl;
```

```
* * * * * * * *
 * * * * * * * *
* * * * * * * *
 * * * * * * * *
* * * * * * * *
 * * * * * * * *
* * * * * * * *
 * * * * * * * *
```

4.29 (用無限迴圈印出2的冪次) 寫一個程式，可印出整數3的冪次，就是3、9、27、81，等等。您的while迴圈不能結束 (就是寫個無限迴圈)。您可在while敘述內直接使用關鍵字true，就能做到這件事。當您執行這個程式時，會產生什麼現象？

4.30 (計算方形的邊長和面積)請撰寫一個程式，能讀入一個邊長 (一個double資料型態的數值)，然後計算並且印出邊長和面積。

4.31 以下敘述有何錯誤？請提供正確的敘述，完成原來程式設計者想要完成的動作。

```
cout << ( x + y + z )++;
```

4.32 (三角形的邊長) 請撰寫一個程式，能夠輸入三個非零的double值，然後判斷並印出此三個數值是否能表示三角形的三個邊長。

4.33 (直角三角形的邊長) 請撰寫一個程式，能夠輸入三個非零的整數，然後判斷並印出此三個數值是否能表示直角三角形的三個邊長。

4.34 (階乘) 非負整數n的階乘寫成n! (唸做"n階乘")，定義如下：

$n! = n \cdot (n-1) \cdot (n-2) \cdot ... \cdot 1$ (若n大於1)

以及

$n! = 1$ (當 $n = 0$ 或 $n = 1$)。

例如，5! = 5・4・3・2・1，就是120。請在以下各項使用while敘述：

a) 撰寫一個程式，能讀取一個非負整數，並計算、印出它的階乘。

b) 撰寫一個程式，利用以下的公式，計算出數學常數e的估計值：

$$e = 1 + \frac{1}{1!} + \frac{1}{2!} + \frac{1}{3!} + ...$$

提示使用者輸入e想要的精準度 (就是此加總的項數)。

c) 請撰寫一個程式，能用以下公式計算ex的值。

$$e^x = 1 + \frac{x}{1!} + \frac{x^2}{2!} + \frac{x^3}{3!} + ...$$

提示使用者輸入e想要的精準度 (就是此加總的項數)。

4.35 (C++11 列表初始化) 寫一個C++11程式，使用初始化列表執下列任務

a) 初始化unsigned int 變數studentCounter爲0。

b) 初始化double 變數initialBalance爲1000.0。

c) 初始化Account類別物件，提供一個建構子，接收一個unsigned int、兩個string和一個double 用來初始化物件的的資料成員：accountNumber、firstName、lastName和balance。

創新進階題

4.36 (使用密碼學保護隱私) 隨著網際網路通訊以及網路資料儲存的爆炸性成長，資料隱私的問題越來越受重視。密碼學是將資料編碼，讓未經授權的使用者難以 (最好能使用最先進的技術，讓他不可能解讀這些資料)。在本習題中，您將使用最簡單的方法來替資料加密和解密。某一間公司想要透過網際網路傳送資料，他們請您寫一個程式將資料加密，因此可以較安全地將資料傳送出去。他們所有的資料都是以四位數的整數來傳送。您的程式應該讓使用者鍵入一個四位數的整數，並以下列的方法加密：將每一位數分別加7，然後將此數除以10，所得餘數即爲新的數，以此取代原來的位數。然後將第一個位數和第三個位數交換，第二個位數和第四個位數交換。最後印出加密過的整數。請再寫一個程式讀入加密過的四位數整數，然後將之解密成原來的數字。[選讀性的閱讀專題：您可以研讀一般性的公開金鑰法 (public key cryptography) 以及特殊化的 PGP (Pretty Good Privacy) 法。也可以研究 RSA法，這種方法被廣泛運用在許多專業的應用軟體中。]

4.37 (世界人口成長率) 幾世紀以來，世界人口有驚人的成長。如果人口繼續增加，一定會衝擊到有限的資源，例如呼吸的空氣、飲用水、農田等等。有證據顯示，近年來人口增加速度正在減緩，世界人口會在本世紀達到尖峰值，接著就會衰退下來。

在本習題中，請在網路上調查世界人口的議題。請注意含括各種觀點的看法。請估算目前的世界人口數以及成長率 (今年可能增加的比例)。寫一個程式計算接下來75年每年的人口成長率，我們簡單地假設接下來也會維持目前的成長率。然後將結果以表列的方式印出來。第一行應該印出從今年到第75年的年份。第二行應該印出該年結束時我們預期的世界人口數。第三行印出該年世界人口的增加數量。用這個表格，找出哪一年世界人口會變成現在的兩倍 (假如成長率沒有改變的話)。

5 控制敘述：第二部分

Who can control his fate?
—William Shakespeare

The used key is always bright.
—Benjamin Franklin

學習目標

在本章中，您將學到：

- 計數控制循環的基本原理。
- 使用for和do…while重複執行程式中的敘述。
- 瞭解如何使用switch選擇敘述執行多重選擇。
- 如何使用break跟continue變更控制流程。
- 使用邏輯運算子在控制敘述裡組成複雜的條件運算式。
- 避免因爲混淆等號運算子和指派運算子所造成的後果。

本章綱要

5.1 簡介

在本章中，我們將持續第4章內容，介紹其他幾個控制敘述，以強化結構化程式的重要構件。前後兩章所介紹的控制敘述，可強化您建構和操控物件的能力。我們仍繼續第1章引介的物件導向程式設計觀念，並沿用在第3-4章中的範例和習題，繼續物件導向程式的設計和探討。

本章介紹for、do…while和switch三個控制敘述。透過幾個使用while和for的精簡範例，探討**計數控制循環** (counter-controlled repetition)。我們使用switch敘述擴展GradeBook類別的功能，計算學生五個成績級距A、B、C、D和F的分佈。我們介紹break和continue兩個程式控制敘述。討論邏輯運算子以建立功能更強大的條件運算式 (conditional expressions)。我們也檢視常被誤用的等號 (==) 和**指派** (=) 運算子，並教導如何避免發生錯誤。

5.2 計數控制循環的基本原理

本節使用while重複敘述，定義出計數控制循環所需的元素。計數控制循環需要下列條件：

1. **控制變數的名稱** (name of a control variable，或迴圈計數器)
2. 控制變數的**初始值** (initial value)
3. 測試控制變數之**最終值** (final value) 的迴圈測試條件 (loop-continuation condition，也就是決定迴圈是否要繼續執行)
4. 決定每次迴圈執行時，控制變數所需**遞增** (increment) 或**遞減** (decrement) 的大小。

圖5.1的範例程式印出1到10的數字。第8行的宣告為控制變數取名 (counter)、宣告它為整數、為它保留記憶體空間，並將初始值設為1。若宣告需進行初始化，那麼實際上它就是個可執行敘述。在C++中，宣告並同時保留記憶體的動作叫做**定義** (definition)。因為定義也是一種宣告，因此除非有甚麼重大差異，我們一律使用“宣告”這個術語。

每次執行迴圈主體時，第13行就會將迴圈計數器的值遞增1。在while敘述中的迴圈測試條件 (第10行) 會測試控制變數的值是否小於或等於10 (條件依然為true的最後數值)。此while的主體在控制變數是10的時候依然會執行。當控制變數大於10 (counter 的值是11) 迴圈才終止。

```
 1 // Fig. 5.1: fig05_01.cpp
 2 // Counter-controlled repetition.
 3 #include <iostream>
 4 using namespace std;
 5
 6 int main()
 7 {
 8    unsigned int counter = 1; // declare and initialize control variable
 9
10    while ( counter <= 10 ) // loop-continuation condition
11    {
12       cout << counter << " ";
13       ++counter; // increment control variable by 1
14    } // end while
15
16    cout << endl; // output a newline
17 } // end main
```

```
1 2 3 4 5 6 7 8 9 10
```

圖5.1　計數控制循環

圖5.1的程式可以更簡潔，只要將counter先初始化爲0，再將while敘述的內容取代成

```
counter = 0;
while ( ++counter <= 10 ) // loop-continuation condition
   cout << counter << " ";
```

這個程式碼可以節省一行敘述，因爲在測試while條件前，它會在條件式內直接將counter的值遞增。同時，這個程式碼也將while敘述主體的大括號省略，因爲現在的while內只包含一個敘述。以這種精簡的方式撰寫程式可能會讓程式較難以理解、除錯、修改和維護。

錯誤預防要訣 5.1

浮點數只是近似值，若拿浮點數做計數器，會導致不精確的計數結果和不準確的終止判斷。以整數作爲計數器，則可使用++和--這兩個只有整數可以使用的運算子。

5.3　for重複敘述

除了while之外，C++還提供**for重複敘述 (for repetition statement)**，可在單行程式碼中指定計數控制循環的細節。爲了說明for迴圈的功能，我們將圖5.1的程式重新撰寫過。圖5.2是重寫後的結果。

開始執行for敘述時 (第10-11行)，宣告控制變數counter並初始化爲1。接著便檢查迴圈測試條件counter <= 10。counter的初始值是1，所以條件滿足，主體敘述 (第11行) 會印出counter的值，也就是1。接著，運算式counter++遞增控制變數counter，並檢查迴圈測試條件，再度執行迴圈。因爲控制變數現在等於2，並未超過控制變數的終值限制，因此程式會再次執行此迴圈主體中的敘述。此程序會不斷重複，直到迴圈主體執行10次，且控制變

數counter遞增至11爲止。如此便無法滿足迴圈測試條件，重複因而終止。程式就會繼續執行for敘述後的第一個敘述(這裡就是第13行的輸出敘述)。

```
 1 // Fig. 5.2: fig05_02.cpp
 2 // Counter-controlled repetition with the for statement.
 3 #include <iostream>
 4 using namespace std;
 5
 6 int main()
 7 {
 8    // for statement header includes initialization,
 9    // loop-continuation condition and increment.
10    for ( unsigned int counter = 1; counter <= 10; ++counter )
11       cout << counter << " ";
12
13    cout << endl; // output a newline
14 } // end main
```

```
1 2 3 4 5 6 7 8 9 10
```

圖5.2　使用for敘述的計數控制循環

for敘述標頭部分

圖5.3進一步說明for敘述的標頭(圖5.2的第10行)。請注意，**for敘述標頭**“做了所有的事”，它使用控制變數來指定計數控制循環所需的每個項目。如果for敘述的主體中包含一行以上的敘述，就需用大括號將迴圈的主體包起來。通常，for 敘述用在計數控制循環，while敘述用於警示控制循環。

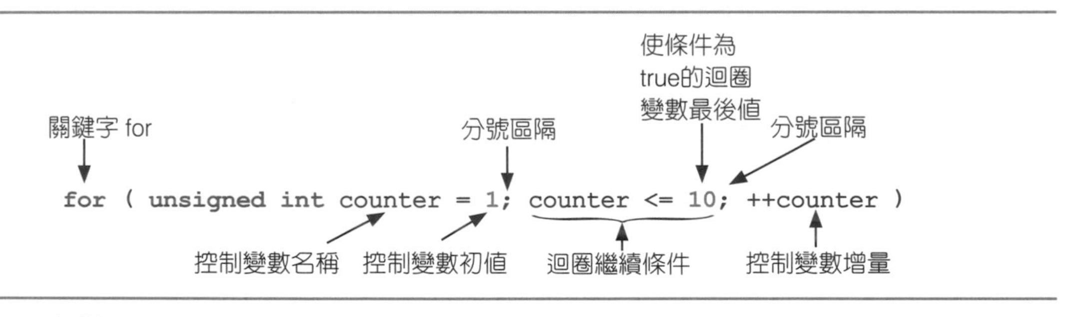

圖5.3　for敘述的標頭部分

偏差一的錯誤

假如您錯誤地寫成counter < 10，那迴圈只會跑九次。這也是常見的**偏差一的錯誤** (off-by-one error)。

程式中常犯的錯誤 5.1

在while或for敘述中的條件運算式內，使用不正確的關係運算子，或是在迴圈計數器使用不正確的終值，都會造成偏差一的錯誤。

良好的程式設計習慣 5.1

在while或for敘述的條件式內，將終值和 <= 關係運算子併用，將有助於避免偏差一的錯誤。例如，在印出數值1到10的迴圈中，其迴圈測試條件就要寫成counter <= 10，而不是counter < 10 (會產生偏差一的錯誤)，或是counter < 11 (雖然這是對的)。許多程式設計者喜歡從0開始計算 (zero-based counter)，比方說，要跑10次迴圈，就把counter初始化爲0，然後迴圈測試條件寫成counter < 10。

for敘述的一般格式

for敘述的一般格式如下

```
for ( initialization; loopContinuationCondition; increment )
   statement
```

其中initialization會初始化迴圈的控制變數，而loopContinuationCondition可決定迴圈是否要繼續執行，increment則會遞增控制變數。在大部分的情況下，for敘述可以用以下等效的while敘述表示：

```
initialization;
while ( loopContinuationCondition )
{
   statement
   increment;
}
```

不過這項規則有一個例外，我們將在第5.7節討論。

如果在for敘述標頭的initialization運算式宣告了控制變數 (也就是在控制變數名稱前面，指定控制變數的資料型態)，則此控制變數就只能夠在for敘述的主體中使用，也就是說，在for敘述的主體外無法使用此控制變數。這種對控制變數名稱的限制使用，就是所謂的變數**範圍 (scope)**。變數範圍可指定它在程式中能夠使用的位置。我們將在第6章詳細討論範圍。

逗號分隔的運算式列表

initialization和increment運算式，可用以逗號分隔的數個運算式組成。逗號，在此處稱爲**逗號運算子 (comma operator)**，可以確保這些以逗號分隔的運算式，會從左往右依次計算。在所有C++運算子中，逗號運算子具有最低的優先權。以逗號分隔的一連串運算式，其計算結果的值和資料型態會與最右邊的運算式相同。逗號運算子常使用在for敘述中。它最主要的用法，就是讓您能使用多重初始化運算式，和/或使用多重遞增運算式。例如，在單一for敘述中可能使用多個控制變數，這些變數都需要進行初始化和遞增處理，這種情況就會使用逗號運算子。

良好的程式設計習慣 5.2

只有包含控制變數的運算式，放在for敘述的初始化和遞增兩個區域中，其他運算式，放入for主體區塊內。

for敘述標頭的運算式具選用性

for敘述標頭的這三個運算式是選用性的(但一定要寫上那兩個分號)。如果省略loopContinuationCondition，C++會假設此迴圈測試條件永遠成立，因此會產生一個無窮迴圈。如果控制變數在程式的前面已經初始化過，則可省略initialization運算式。如果要在for敘述主體內的運算式執行遞增動作，或不需要執行遞增動作，則可省略increment運算式。

增量運算式就像一個獨立的敘述

在for敘述中的遞增運算式，它的功能就像在for主體末端的一行獨立敘述。因此，以下運算式

```
counter = counter + 1
counter += 1
++counter
counter++
```

在for敘述標頭的遞增部分是全部相等的(當該處沒有其他程式碼時)。因為此處遞增的變數並未出現在更長的運算式中，所以前置遞增和後置遞增都有相同的結果。

程式中常犯的錯誤 5.2

如果在for標頭的小括號右方緊接著放置一個分號，則會讓for敘述的主體成為空白敘述。這通常是個邏輯錯誤。

for敘述：注意與觀察

for敘述的初始化、迴圈測試條件和遞增運算式這三個區域，可使用算術運算式。例如，若x = 2且y = 10，且迴圈主體不會修改x與y，則for標頭

```
for ( unsigned int j = x; j <= 4 * x * y; j += y / x )
```

就等同

```
for ( unsigned int j = 2; j <= 80; j += 5 )
```

for敘述的"遞增量"也可以是負值，這其實就是遞減的動作，迴圈會往下倒數(如第5.4節所示)。

如果迴圈測試條件一開始就不成立，就不會執行for敘述的主體。反之，程式會執行for敘述之後的敘述。

控制變數經常會在for敘述的主體中計算或列印，但這不一定需要。我們也常用控制變數來控制迴圈，卻不會在for敘述的主體中使用它。

錯誤預防要訣 5.2

雖然您可以在for迴圈的主體中，更改控制變數的值，但請儘量避免這麼做，因為可能會產生微妙的邏輯錯誤。

for敘述的UML活動圖

for敘述的UML活動圖跟while敘述的UML活動圖(圖4.6)類似。圖5.4顯示圖5.2中for敘述的活動圖。活動圖明白顯示出，初始化動作會在評估迴圈測試條件前執行一次，而遞增動作會在每次執行迴圈本體的敘述之後執行一次。注意(除了初始狀態、轉移箭號、合併符號、最終狀態與數個注意事項之外)本圖只有動作狀態和判斷符號。

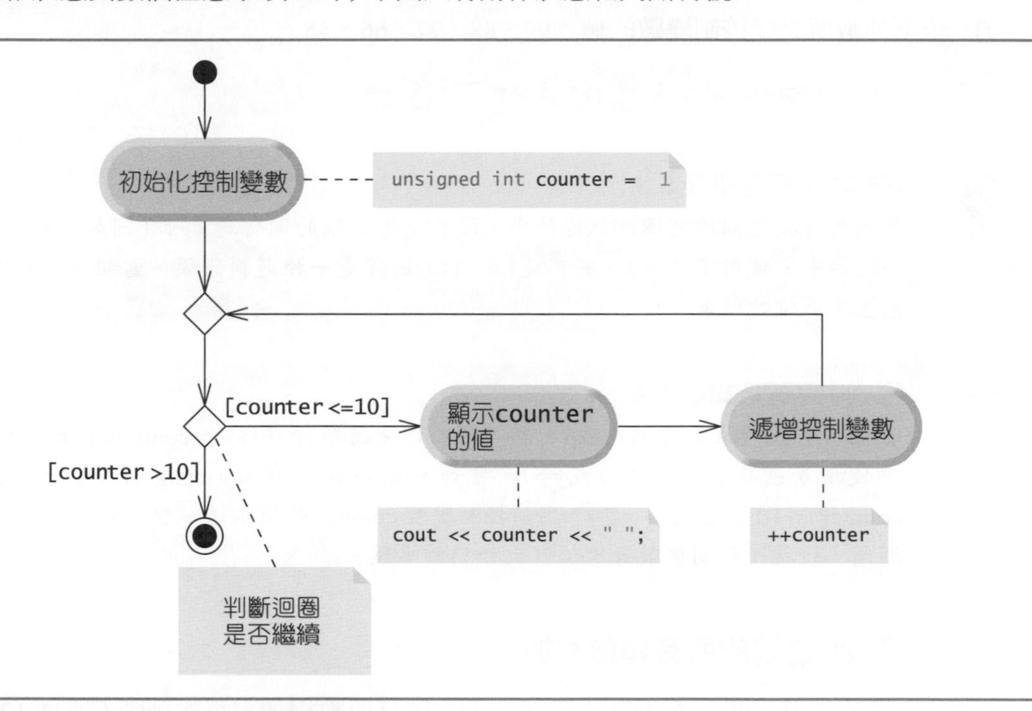

圖5.4　圖5.2中for敘述的UML活動圖

5.4　使用for敘述的範例

以下範例顯示在for敘述中改變控制變數的方法。在每一種情況下，我們都會撰寫適當的for敘述標頭。請注意在控制變數遞減的迴圈中，關係運算子的改變方式。

a) 將控制變數從1變動到100，每次的遞增量爲1。

```
for ( unsigned int i = 1; i <= 100; ++i )
```

b) 將控制變數從100變動到0，每次的遞減量爲1。注意，我們在for敘述的標頭使用的控制變數其資料型態爲int 。迴圈會不斷執行，直到控制變數i減到-1，所以，控制變數必須正、負值都能儲存。

```
for ( int i = 100; i >= 0; --i )
```

c) 將控制變數從7變動到77，每次的遞增量爲7。

```
for ( unsigned int i = 7; i <= 77; i += 7 )
```

d) 將控制變數從20變動到2，每次遞增-2。

```
for ( unsigned int i = 20; i >= 2; i -= 2 )
```

e) 依下列數值改變控制變數的值：2、5、8、11、14、17。

```
for ( unsigned int i = 2; i <= 17; i += 3 )
```

f) 依下列數值改變控制變數的值：99、88、77、66、55。

```
for ( unsigned int i = 99; i >= 55; i -= 11 )
```

程式中常犯的錯誤 5.3

在倒數計次迴圈的迴圈測試條件中，沒有使用正確的關係運算子(例如，在倒數至1的迴圈中，誤用了i <= 1，而不是i >= 1)，通常是一種邏輯錯誤，當執行程式時，會產生不正確的結果。

程式中常犯的錯誤 5.4

若控制變數增減量的值大於1，就不要在迴圈持續條件(loop-continuation condition)中使用等號運算子（！=或==)。譬如，for的標頭寫成(unsigned int counter = 1; counter != 10; counter += 2)。因爲控制變數counter的值永遠不會等於10，造成無窮迴圈。這就是控制變數每次加2(大於1)所導致。

應用：將2至20之間的所有偶數相加

圖5.5的程式使用一個for敘述將2到20之間的所有偶數相加。每次迴圈(第11-12行)會將控制變數number目前的值加到total變數。

```
 1 // Fig. 5.5: fig05_05.cpp
 2 // Summing integers with the for statement.
 3 #include <iostream>
 4 using namespace std;
 5
 6 int main()
 7 {
 8    unsigned int total = 0; // initialize total
 9
10    // total even integers from 2 through 20
11    for ( unsigned int number = 2; number <= 20; number += 2 )
12       total += number;
13
14    cout << "Sum is " << total << endl; // display results
15 } // end main
```

```
Sum is 110
```

圖5.5　使用for敘述計算整數加總

圖5.5的for敘述主體若採用下述的逗號運算子，就可合併到for敘述標頭的遞增區域：

```
for ( unsigned int number = 2; // initialization
      number <= 20; // loop continuation condition
      total += number, number += 2 ) // total and increment
   ; // empty body
```

良好的程式設計習慣5.3

雖然在for敘述之前的敘述和for敘述主體內的敘述，通常可以併入for敘述的標頭，但為了便利程式的閱讀、維護、更改和除錯，請儘量避免這麼做。

應用：計算複利

考慮以下問題描述：

某人在儲蓄帳戶內存入$1000.00元，年利率是百分之5。假設所有的利息仍留在戶頭內沒有提出來，請計算並列印出10年內，每年年終帳戶內的餘額。請使用以下公式計算金額：

$a = p(1 + r)^n$

其中

p　是原始的存款（也就是本金），

r　是年利率，

n　是年數，而

a　是在第n年年終時的帳戶餘額。

for敘述（圖5.6第21-28行）會執行其主體10次，將控制變數從1變成10，遞增量為1。C++沒有指數運算子，所以我們使用**標準函式庫函式**pow（第24行）進行運算。函式pow(x, y)會計算x的y次方的數值。此範例中，代數運算式 $(1+r)^n$ 寫成pow(1.0 + rate, year)，其中rate變數代表r，year變數代表n。函式pow會接收兩個資料型態double的引數，並且傳回double數值。

```
 1 // Fig. 5.6: fig05_06.cpp
 2 // Compound interest calculations with for.
 3 #include <iostream>
 4 #include <iomanip>
 5 #include <cmath> // standard math library
 6 using namespace std;
 7
 8 int main()
 9 {
10    double amount; // amount on deposit at end of each year
11    double principal = 1000.0; // initial amount before interest
12    double rate = .05; // annual interest rate
13
14    // display headers
15    cout << "Year" << setw( 21 ) << "Amount on deposit" << endl;
16
17    // set floating-point number format
18    cout << fixed << setprecision( 2 );
```

圖5.6　使用for的複利計算(1/2)

```
19
20    // calculate amount on deposit for each of ten years
21    for ( unsigned int year = 1; year <= 10; ++year )
22    {
23       // calculate new amount for specified year
24       amount = principal * pow( 1.0 + rate, year );
25
26       // display the year and the amount
27       cout << setw( 4 ) << year << setw( 21 ) << amount << endl;
28    } // end for
29 } // end main
```

```
Year    Amount on deposit
   1              1050.00
   2              1102.50
   3              1157.63
   4              1215.51
   5              1276.28
   6              1340.10
   7              1407.10
   8              1477.46
   9              1551.33
  10              1628.89
```

圖5.6　使用for的複利計算(2/2)

如果程式沒有加入標頭檔 <cmath> (第5行)，則無法編譯此程式。函式pow需要兩個double資料型態的引數。year是一個整數變數。標頭檔 <cmath> 包含的資訊會告訴編譯器在呼叫pow函式之前，先將year的數值轉換成暫時的double資料型態。這項資訊包含在pow的函式原型 (function prototype) 中。第6章也會提供其他數學函式庫函式的摘要。

程式中常犯的錯誤 5.5

當使用標準函式庫函式時，忘了加入適當的標頭檔 (例如，在使用數學函式庫函式的程式中，忘了加入 <cmath>)，會產生編譯錯誤。

使用float或double資料型態代表金額的注意事項

注意，第10-12行將變數amount、principal和rate宣告為double資料型態。為了簡化起見，所以我們這麼做，因為我們要處理的金錢具有小數部分，並且我們需要可以存放小數的資料型態。不幸地，這麼做可能會產生問題。以下範例顯示以float或double代表金額會產生的問題 (假設以setprecision (2) 指定列印精確度為兩位小數)：帳戶中的兩筆金額可能是14.234 (印成14.23) 和18.673 (印成18.67)。當我們將這兩筆金額相加時，帳戶中的總金額是32.907，會印成32.91。因此，您印出的結果如下

```
  14.23
+ 18.67
-------
  32.91
```

但若由人做計算，將印出來的這兩個數相加，結果卻是32.90！現在您知道問題出在哪了！在前面習題中，我們就已經提醒過了，要用整數來執行貨幣計算。[注：已經有一些第三方供應商出售C++類別函式庫，可對貨幣進行精確的計算]。

使用串流操作子指定數值輸出的格式

在for迴圈之前的輸出敘述(第18行)以及for迴圈中第27行的輸出敘述，使用了參數化串流操作子setprecision和setw，以及非參數化串流操作子fixed所指定的格式，印出變數year和amount。串流操作子setw(4)會指定接下來輸出的值，其**欄位寬度** (field width) 為4，也就是說，cout至少以4個字元印出該數值。當輸出的數值小於4個字元的寬度時，預設的輸出格式是**靠右對齊** (right justified)。若輸出的數值超過4個字元的寬度時，則程式會自動擴充欄位寬度來容納整個數值。若要將數值的輸出格式指定為**靠左對齊** (left justified)，您只需要輸出非參數化串流操作子left(可在標頭檔 <iostream> 中找到)。只要輸出非參數化串流操作子right，就可重新使用靠右對齊。

輸出敘述的其他格式指出，變數amount必須以定點格式列印，它帶有小數點(使用串流操作子fixed在第18行指定)，在具有21個字元寬度的欄位內靠右對齊(利用第27行的setw(21) 指定)，以及具有兩位小數的精準度(使用setprecision(2)在第18行指定)。我們在for迴圈前面將串流操作子fixed和setprecision套用到輸出串流上(也就是cout)，因為這些格式設定持續有效，直到它們改變為止。這種設定稱為**黏著性設定** (sticky setting)。因此，在每次執行迴圈時，不需再重複套用這些設定。然而，以setw指定的欄位寬度，只會用於下一個數值輸出。我們會於第13章詳細探討C++強大的輸入/輸出格式化能力。

pow函式的引數1.0+rate，是包含在for敘述的主體內。實際上，本計算結果在每次迴圈都相同，所以重複算它是多餘的，應該在迴圈開始前算一次就行了。

您一定要試試看習題5.29的Peter Minuit問題。這個問題展現了複利的威力。

效能要訣 5.1

請避免將數值不會變動的運算式放到迴圈主體中。但即使您這麼做，今日許多成熟的最佳化編譯器也會在產生機器語言程式碼時，自動將這種運算式移到迴圈的外面。

效能要訣 5.2

許多編譯器都擁有最佳化的功能，它能夠將您撰寫的程式碼加以改善，但是最好還是一開始就寫出良好的程式碼。

5.5 do⋯while重複敘述

do⋯while重複敘述跟while敘述很類似。在while敘述中，執行迴圈主體之前，會先測試位在迴圈前面的迴圈測試條件。do⋯while敘述則是在執行完迴圈主體的敘述之後，才測試迴圈測試條件是否成立；因此，迴圈主體程式至少會被執行一次。

圖5.7使用do⋯while敘述印出1-10的數字。進入do⋯while敘述後，第12行輸出counter的值，第13行則遞增counter。然後，程式會評估位在迴圈最後面的迴圈測試條件(第14行)。如果條件爲true，迴圈會再從do⋯while主體的第一行敘述繼續執行(第12行)。若條件爲false，迴圈便停止，接下來，程式會跳到迴圈後面的下一行敘述(第16行)繼續執行下去。

```
 1 // Fig. 5.7: fig05_07.cpp
 2 // do...while repetition statement.
 3 #include <iostream>
 4 using namespace std;
 5
 6 int main()
 7 {
 8    unsigned int counter = 1; // initialize counter
 9
10    do
11    {
12       cout << counter << " "; // display counter
13       ++counter; // increment counter
14    } while ( counter <= 10 ); // end do...while
15
16    cout << endl; // output a newline
17 } // end main
```

```
1 2 3 4 5 6 7 8 9 10
```

圖5.7 do⋯while重複敘述

do⋯while敘述的UML活動圖

圖5.8是do⋯while敘述的UML活動圖。此圖可清楚看出，迴圈至少執行一次動作狀態之後，才評估迴圈測試條件。請比較這個活動圖與while敘述的活動圖(圖4.6)。同樣的，除了初始狀態、轉移箭號、合併符號、最終狀態與數個注意事項之外，本圖只有動作狀態和判斷符號。

以大括號框住do⋯while 敘述

如果在do⋯while敘述的主體中只有一個敘述，就不需使用大括號；但大部分程式設計者都會加上大括號，以避免混淆while敘述和do⋯while敘述。例如以下敘述

```
while ( condition )
```

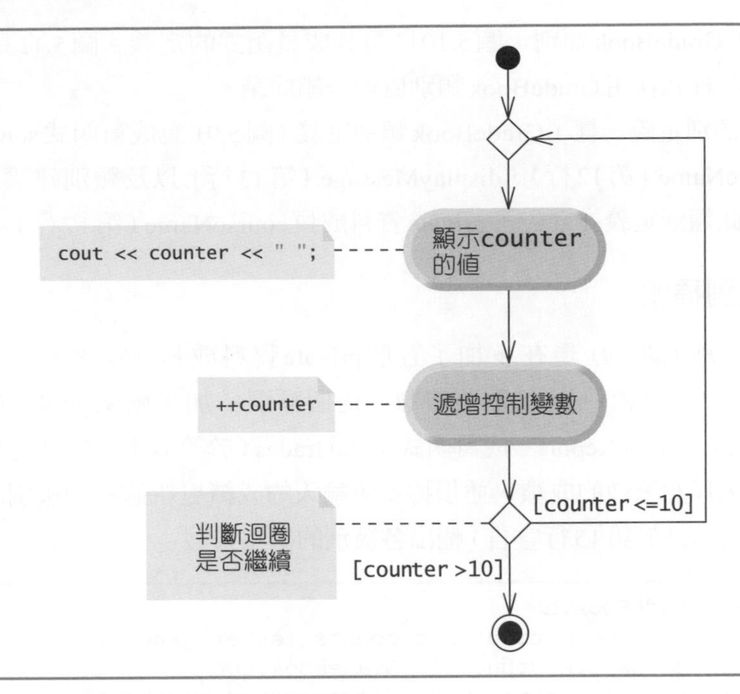

圖5.8　圖5.7中do…while重複敘述的UML活動圖

通常會視爲while敘述的標頭。一個只有一個敘述的do…while敘述，如果不使用大括號的話，就會變成

```
do
    statement
while ( condition );
```

這會產生混淆。讀者可能會把最後一行後面的分號while(condition)；讀錯，以爲while敘述本身的主體是個空敘述。因此，只包含一個敘述的do…while敘述，通常會寫成以下格式，以避免混淆：

```
do
{
    statement
} while ( condition );
```

5.6　switch多重選擇敘述

C++提供**switch多重選擇敘述**(switch multiple-selection)，以根據某個變數或運算式的可能值，來執行數種不同動作。每個動作會關聯到一個**常數整數運算式**(constant integral expression)，就是任何字元常數與整數常數的組合，其計算結果是一個整數值)的值。

GradeBook類別使用swith敘述，計算出A、B、C、D以及F級的成績分佈

本進化版的GradeBook類別要求使用者輸入一組成績，並顯示各級成績的學生人數有多少。本類別使用switch判斷輸入的成績是A、B、C、D還是F級，並遞增適當的級別計數

器。圖5.9定義了GradeBook類別，圖5.10則是其成員函式的定義。圖5.11是main程式的輸入／輸出範例，此程式採用GradeBook類別處理一組成績。

就跟之前的類別定義一樣，GradeBook類別定義(圖5.9)有成員函式setCourseName(第11行)、getCourseName(第12行)、displayMessage(第13行)以及類別建構子(第10行)的函式原型定義。此類別定義亦宣告了private資料成員courseName(第17行)。

GradeBook類別標頭

GradeBook類別(圖5.9)現在多加了五個private資料成員(第18-22行)，分別是每種成績級別(A、B、C、D和F)的計數器變數。這個類別多加了兩個public成員函式，就是inputGrades和displayGradeReport。成員函式inputGrades(於第14行宣告)採用警示控制循環從使用者輸入讀入任意筆數的成績，並根據每筆輸入的成績更新適當的級別計數器。成員函式displayGradeReport(於第15行宣告)輸出各級別的學生人數。

```
 1 // Fig. 5.9: GradeBook.h
 2 // GradeBook class definition that counts letter grades.
 3 // Member functions are defined in GradeBook.cpp
 4 #include <string> // program uses C++ standard string class
 5
 6 // GradeBook class definition
 7 class GradeBook
 8 {
 9 public:
10    explicit GradeBook( std::string ); // initialize course name
11    void setCourseName( std::string ); // set the course name
12    std::string getCourseName() const; // retrieve the course name
13    void displayMessage() const; // display a welcome message
14    void inputGrades(); // input arbitrary number of grades from user
15    void displayGradeReport() const;  // display report based on user input
16 private:
17    std::string courseName; // course name for this GradeBook
18    unsigned int aCount; // count of A grades
19    unsigned int bCount; // count of B grades
20    unsigned int cCount; // count of C grades
21    unsigned int dCount; // count of D grades
22    unsigned int fCount; // count of F grades
23 }; // end class GradeBook
```

圖5.9 GradeBook類別定義

GradeBook原始碼檔案

原始碼檔案GradeBook.cpp(圖5.10)含GradeBook類別的成員函式定義。注意，建構式中的第11-15行將五個級別計數器初始化為0，因為初次建立GradeBook物件時，尚未輸入任何成績。稍後我們將看到，使用者輸入成績時，這些計數器將於成員函式inputGrades中遞增。成員函式setCourseName、getCourseName和displayMessage的定義與先前的GradeBook類別完全相同。

```
 1 // Fig. 5.10: GradeBook.cpp
 2 // Member-function definitions for class GradeBook that
 3 // uses a switch statement to count A, B, C, D and F grades.
 4 #include <iostream>
 5 #include "GradeBook.h" // include definition of class GradeBook
 6 using namespace std;
 7
 8 // constructor initializes courseName with string supplied as argument;
 9 // initializes counter data members to 0
10 GradeBook::GradeBook( string name )
11    : aCount( 0 ), // initialize count of A grades to 0
12      bCount( 0 ), // initialize count of B grades to 0
13      cCount( 0 ), // initialize count of C grades to 0
14      dCount( 0 ), // initialize count of D grades to 0
15      fCount( 0 )  // initialize count of F grades to 0
16 {
17    setCourseName( name );
18 } // end GradeBook constructor
19
20 // function to set the course name; limits name to 25 or fewer characters
21 void GradeBook::setCourseName( string name )
22 {
23    if ( name.size() <= 25 ) // if name has 25 or fewer characters
24       courseName = name; // store the course name in the object
25    else // if name is longer than 25 characters
26    { // set courseName to first 25 characters of parameter name
27       courseName = name.substr( 0, 25 ); // select first 25 characters
28       cerr << "Name \"" << name << "\" exceeds maximum length (25).\n"
29          << "Limiting courseName to first 25 characters.\n" << endl;
30    } // end if...else
31 } // end function setCourseName
32
33 // function to retrieve the course name
34 string GradeBook::getCourseName() const
35 {
36    return courseName;
37 } // end function getCourseName
38
39 // display a welcome message to the GradeBook user
40 void GradeBook::displayMessage() const
41 {
42    // this statement calls getCourseName to get the
43    // name of the course this GradeBook represents
44    cout << "Welcome to the grade book for\n" << getCourseName() << "!\n"
45       << endl;
46 } // end function displayMessage
47
48 // input arbitrary number of grades from user; update grade counter
49 void GradeBook::inputGrades()
50 {
51    int grade; // grade entered by user
52
53    cout << "Enter the letter grades." << endl
54       << "Enter the EOF character to end input." << endl;
55
```

圖5.10 GradeBook類別採用switch敘述，計算各級成績的人數(1/2)

```
56    // loop until user types end-of-file key sequence
57    while ( ( grade = cin.get() ) != EOF )
58    {
59       // determine which grade was entered
60       switch ( grade ) // switch statement nested in while
61       {
62          case 'A': // grade was uppercase A
63          case 'a': // or lowercase a
64             ++aCount; // increment aCount
65             break; // necessary to exit switch
66
67          case 'B': // grade was uppercase B
68          case 'b': // or lowercase b
69             ++bCount; // increment bCount
70             break; // exit switch
71
72          case 'C': // grade was uppercase C
73          case 'c': // or lowercase c
74             ++cCount; // increment cCount
75             break; // exit switch
76
77          case 'D': // grade was uppercase D
78          case 'd': // or lowercase d
79             ++dCount; // increment dCount
80             break; // exit switch
81
82          case 'F': // grade was uppercase F
83          case 'f': // or lowercase f
84             ++fCount; // increment fCount
85             break; // exit switch
86
87          case '\n': // ignore newlines,
88          case '\t': // tabs,
89          case ' ': // and spaces in input
90             break; // exit switch
91
92          default: // catch all other characters
93             cout << "Incorrect letter grade entered."
94                << "Enter a new grade." << endl;
95             break; // optional; will exit switch anyway
96       } // end switch
97    } // end while
98 } // end function inputGrades
99
100 // display a report based on the grades entered by user
101 void GradeBook::displayGradeReport() const
102 {
103    // output summary of results
104    cout << "\n\nNumber of students who received each letter grade:"
105       << "\nA: " << aCount // display number of A grades
106       << "\nB: " << bCount // display number of B grades
107       << "\nC: " << cCount // display number of C grades
108       << "\nD: " << dCount // display number of D grades
109       << "\nF: " << fCount // display number of F grades
110       << endl;
111 } // end function displayGradeReport
```

圖5.10 GradeBook類別採用switch敘述，計算各級成績的人數(2/2)

讀取輸入字元

成員函式inputGrades（第49-98行）中，使用者輸入多筆課程成績。在第57行的while標頭中，小括弧包圍的指派敘述 (grade = cin.get()) 會最先執行。函式cin.get()會從鍵盤讀取一個字元，然後再將該字元存入整數變數grade中（此變數於第51行宣告）。字元通常會存在char資料型態的變數中；但字元亦可存成任何整數資料型態，因爲儲存short、int和long資料型態的記憶體空間一定不會小於char資料型態。因此，我們可以依據字元的用途，將它當成整數或字元。例如，以下的敘述

```
cout << "The character (" << 'a' << ") has the value "
   << static_cast< int > ( 'a' ) << endl;
```

會列印字元a和它的整數值，如下所示：

```
The character (a) has the value
```

整數97在電腦中就是字元a的數值表示。現今許多電腦都使用Unicode字元集，在此字元集中，97代表的就是小寫字母a。附錄B列出**ASCII字元集** (American Standard Code for Information Interchange character set) 和它們代表的十進位數值，ASCII字元集是Unicode字元集中的一部分。

指派敘述的值，就是指定給 = 左邊變數的值。因此，指派運算式grade = cin.get()的值，就等於cin.get()回傳並設定給變數grade的值。

我們可充分運用"指派敘述擁有數值"這件事，將相同數值指派給不同變數。例如以下敘述

```
a = b = c = 0;
```

首先執行賦值敘述c = 0（因爲指派運算子 = 是從右往左的方向進行結合）。然後，程式會將c = 0的值（也就是0）指定給變數b。然後，再將賦值敘述b =(c = 0)的值（也就是0）指定給變數a。在此程式中，程式會比較grade = cin.get()的值和EOF的值 (EOF是檔案結束"end-of-file"的縮寫)。我們使用EOF（其值通常爲－1）作爲警示值。但您不可輸入數值－1，也不可輸入字母EOF作爲警示值。應依照作業系統的規定，按下代表"檔案結束"的複合鍵，表示您已經輸入完所需的資料。EOF是一個符號的整數常數，它定義在 <iostream>[1] 標頭檔內。若指派給grade的值等於EOF，while迴圈（第57–97行）便會終止。我們已經選擇將輸入程式的字元，視爲int資料型態，因爲EOF的資料型態是int。

輸入EOF 指示詞

在UNIX/Linux系統與其他諸多系統上，可在一行內輸入

<Ctrl> d

1　要編譯這個程式，一些編譯器需要標頭檔<cstdio>，當中定義了EOF

代表檔案結束。此符號表示按住Ctrl鍵再按d鍵。在其他系統（如Microsoft Window）可輸入以下複合鍵表示檔案結束

<Ctrl> z

[請注意：在某些狀況下，您必須在前述複合鍵之後再加上Enter鍵。有時^Z會出現在螢幕上，代表檔案結束，如圖5.11所示。]

可攜性要訣 5.1

檔案結束的複合鍵與作業系統有關。

可攜性要訣 5.2

測試符號常數EOF而非測試數值－1，會讓程式更具可攜性。C++採納了ANSI/ISO C標準的EOF定義。該標準說明EOF是個負整數值，所以各系統的EOF值可能不一樣。

在此程式中，使用者會使用鍵盤輸入分數的等級。當使用者按下輸入鍵(Enter或Return)時，函式cin.get()就會讀取這些字元，每次讀取一個字元。若輸入的字元不是檔案結束，控制流程便進入switch敘述(圖5.10，第60-69行)，該處遞增適當的成績級別計數器。

switch敘述細節

switch敘述是由一連串的**case標籤**(case labels)和一個選用性的**default狀況**(default case)所組成。本範例使用switch，以根據成績決定要遞增哪一個計數器。當控制流程走到switch時，程式便計算switch關鍵字後面小括號中的運算式(也就是grade，第60行)。這就稱爲**控制運算式**(controlling expression)。switch敘述會將控制運算式的值與每個case標籤比較。假設使用者輸入的分數爲字母C。程式會將C與switch敘述中的每一個case進行比較。若彼此相符(第72行的case 'C':)程式便執行該case的敘述。以字母C來說，第74行會將Count加1。break敘述(第75行)會讓程式直接跳到switch後的第一行敘述，例如在本程式中，控制會跳到第97行。此行則是整個輸入成績的while迴圈主體(第57-97行)結束之處，所以控制流程會跳回while的條件(第57行)，判斷迴圈是否應繼續執行。

switch中的case明確的檢查大寫和小寫的A、B、C、D和F。注意第62-63行用來檢查'A'和'a'的case(兩個都代表成績A)。若以此種方式連續列出case且中間不含任何敘述，可讓這些case執行同一組敘述。不論控制運算式的結果是'A'還是'a'，都會執行第64–65行的敘述。每個case內可以有好幾行敘述。switch多重選擇敘述每個case內的多重敘述並不需要以大括號括住。

若無break敘述，那麼只要switch內有相符的case，則該case的敘述以及後續所有case的敘述都會被執行，直到碰到break敘述，或碰到switch的結尾爲止。這種情形常稱爲“落入(falling through)”後續case的敘述裡。此特性恰好可用來設計一個簡明的程式，顯示習題5.28的“耶誕節的十二天(The Twelve Days of Christmas)”。

程式中常犯的錯誤 5.6

忘了在switch選擇敘述中，放入我們需要的break敘述，就是一種邏輯錯誤。

程式中常犯的錯誤 5.7

在switch敘述中，如果在case和測試的整數值之間省略空白(例如寫成case3: 而非case 3:)，則會造成邏輯錯誤。若控制運算式的值爲3，switch敘述將無法執行正確的動作。

提供default狀況

假如控制運算式計算的值跟所有的case標籤都不符合，便只好去執行default狀況(第92–95行)。本範例中，若控制運算式的值不是有效的級別，也不是換行字元、tab或空白字元，便用default狀況處理它們。只要沒有相符的狀況，就會執行default狀況，且第93–94行會印出一段錯誤訊息，表示輸入的成績不正確。若switch敘述中沒有default狀況，那麼在沒有任何相符時，程式便繼續執行switch後的第一行敘述。

錯誤預防要訣 5.3

在switch敘述中提供dcfault狀況。如果一個switch敘述中沒有default狀況，則所有未經明確測試的狀況就會被忽略。在switch敘述中加入default狀況，會強迫您處理例外狀況。也有不需要default的情況。雖然switch敘述中的case子句和default子句可以任意排列，但最好還是將default子句放在最後面。

良好的程式設計習慣 5.4

switch敘述中最後的case不需要break敘述。有些程式設計者仍會加上break，以保持清晰與一致性。

忽略輸入中的換行、Tab和空白字元

圖5.10的switch敘述中的第87-90行會讓程式忽略換行、tab與空白字元。每次讀取一個字元可能會造成某些問題。若要讓程式讀取這些字元，則必須在輸入這些字元之後，再按下鍵盤的輸入鍵(Enter key)。這種作法會在我們希望處理的字元之後，再加上一個換行字元。這個換行字元通常需要特別處理。藉著在switch敘述中加入前述的case，則當我們每次輸入換行、tab和空白字元時，就不會因爲掉進default狀況而印出錯誤訊息。

測試GradeBook類別

圖5.11新增一個GradeBook物件(第8行)。第10行叫用該物件的displayMessage成員函式，向使用者顯示一個歡迎的訊息。第11行呼叫物件的inputGrades成員函式，以從使用者處讀取一組成績，並追蹤每個級別的學生人數。圖5.11的輸出視窗會顯示一段錯誤訊息，表示輸入的是無效值(也就是E)。第12行呼叫GradeBook的成員函式displayGradeReport(在圖5.10的第101-111行定義)，它會根據輸入的成績而輸出一份報告(如圖5.11的輸出所示)。

```
 1 // Fig. 5.11: fig05_11.cpp
 2 // Creating a GradeBook object and calling its member functions.
 3 #include "GradeBook.h" // include definition of class GradeBook
 4
 5 int main()
 6 {
 7    // create GradeBook object
 8    GradeBook myGradeBook( "CS101 C++ Programming" );
 9
10    myGradeBook.displayMessage(); // display welcome message
11    myGradeBook.inputGrades(); // read grades from user
12    myGradeBook.displayGradeReport(); // display report based on grades
13 } // end main
```

```
Welcome to the grade book for
CS101 C++ Programming!

Enter the letter grades.
Enter the EOF character to end input.
a
B
c
C
A
d
f
C
E
Incorrect letter grade entered. Enter a new grade.
D
A
b
^Z

Number of students who received each letter grade:
A: 3
B: 2
C: 3
D: 2
F: 1
```

圖5.11 新增一個GradeBook物件並呼叫其成員函式

switch敘述的UML活動圖

圖5.12是一般switch多重選擇敘述的UML活動圖。大多數的switch敘述會在每個case中使用break敘述，以便處理完該case之後終止switch敘述。圖5.12在活動圖中包含break敘述，以強調這項特性。若沒有break敘述，那麼處理完一個case後，控制權就不會轉移到switch敘述後的下一行敘述。反之，控制權會轉移到下一個case的動作。

活動圖清楚顯示，每個case結束的break敘述，會讓程式的控制權立刻離開switch敘述。再次注意到，除了初始狀態、轉移箭號、最終狀態與數個注意事項之外，本圖包含了動作狀態和判斷符號。此活動圖也使用合併符號，將break敘述之後的結果合併到最終狀態。

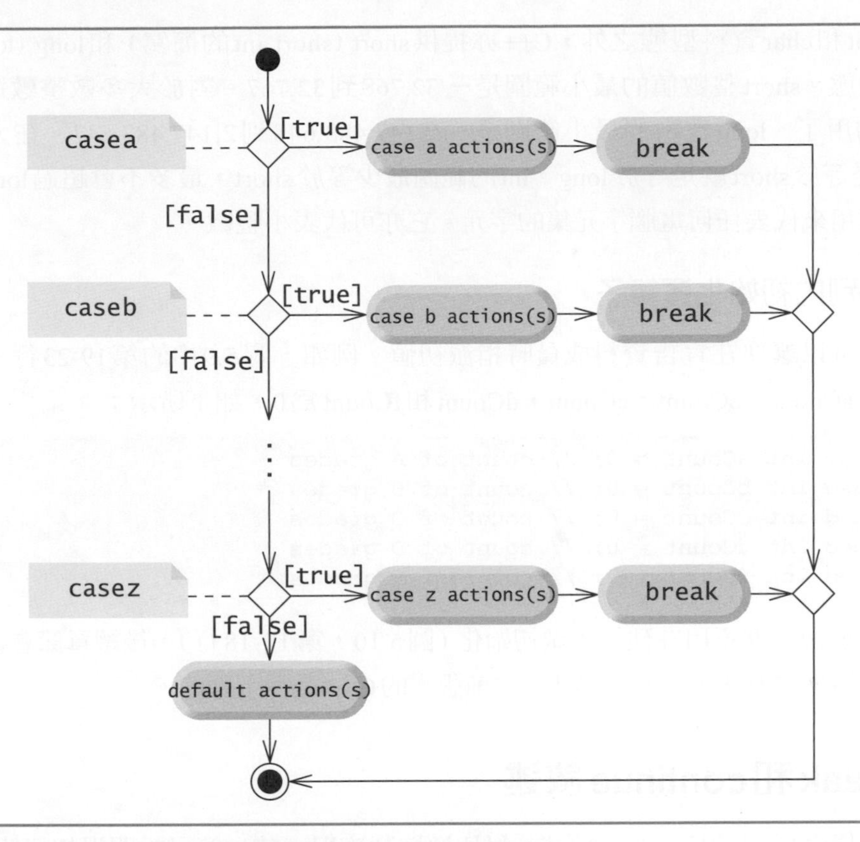

圖5.12　含break敘述的switch多重選擇敘述之UML活動圖

使用switch敘述時，請記得，它只能夠測試常數的整數運算式，也就是任何字元常數和整數常數所組成的運算式，並且其計算結果是常數整數值。字元常數就是將某個特定字元放在單引號中，例如 'A'。整數常數只是一個整數值。此外，每個case標籤只可以指定一個常數整數的運算式。

程式中常犯的錯誤 5.8

在switch敘述的case標籤內指定非常數整數的運算式，會造成語法錯誤。

程式中常犯的錯誤 5.9

如果在switch敘述中提供同值的標籤，會造成編譯錯誤

第12章會介紹一種更優雅的switch邏輯實作方式。我們會使用一種稱為“多型”(polymorphism) 的技術來撰寫程式，這種技術比使用switch邏輯更清楚、更精簡、更易於維護與擴充。

資料型態注意事項

C++的資料型態大小很有彈性 (參見附錄C)。例如，不同的應用程式可能需要使用大小不同的整數。C++提供好幾種整數資料型態。每種整數資料型態的範圍則依特定電腦硬體而定。除了int和char資料型態之外，C++亦提供short (short int的簡寫) 和long (long int的簡寫) 資料型態。short整數值的最小範圍是－32,768到32,767。對於大多數整數運算而言，long就很夠用了。long整數的最小範圍是－2,147,483,648到2,147,483,647。在大部分電腦上，int不是等於short就是等於long。int的範圍最少等於short，最多不會超過long。資料型態char可以用來代表任何電腦字元集的字元。它亦可代表小整數。

C++11 類別內初始化運算子

C++11可以讓您在宣告資料成員時指派初值。例如，圖5.9中的第19-23行，可以初始化資料成員aCount，bCount，cCount，dCount和fCount爲0，如下所示：

```
unsigned int aCount = 0; // count of A grades
unsigned int bCount = 0; // count of B grades
unsigned int cCount = 0; // count of C grades
unsigned int dCount = 0; // count of D grades
unsigned int fCount = 0; // count of F grades
```

若能這麼做，就不用在建構子做初始化 (圖5.10，第10-18行)，後續章節會再討論某些資料成員初始化的方法，這些新方法在之前版本的C++是行不通的。

5.7 break和continue敘述

C++亦提供break和continue敘述，以切換控制流程。前一節已說明過如何使用break敘述中斷switch敘述的執行。本節探討如何在一個重複敘述裡使用break語法。

break敘述

當我們在while、for、do…while或switch敘述中執行**break敘述 (break statement)** 時，程式會立即離開該敘述。程式會繼續執行下一行敘述。我們通常使用break敘述來提早離開迴圈，或者跳過switch敘述中的剩餘部分。圖5.13介紹break敘述 (第13行)，可跳出for重複敘述。

當if敘述發現count等於5時，便執行break敘述。這樣便中斷了for迴圈敘述，而程式接著執行第18行 (for敘述之後的第一行程式)，這一行會顯示一個訊息，指出迴圈中斷時控制變數的數值。for敘述的主體只跑了4次，而不是10次。控制變數count定義於for敘述標頭的外部，因此迴圈主體可用它，迴圈跑完後依然可使用此控制變數。

```
1  // Fig. 5.13: fig05_13.cpp
2  // break statement exiting a for statement.
3  #include <iostream>
4  using namespace std;
5
6  int main()
7  {
8     unsigned int count; // control variable also used after loop terminates
9
10    for ( count = 1; count <= 10; ++count ) // loop 10 times
11    {
```

圖5.13 可跳出for敘述的break敘述 (1/2)

```
12         if (count == 5 ) // if count is 5,
13            break; // break loop only if x is 5
14
15         cout << count << " ";
16      } // end for
17
18      cout << "\nBroke out of loop at count = " << count << endl;
19   } // end main
```

```
1 2 3 4
Broke out of loop at count = 5
```

圖5.13　可跳出for敘述的break敘述(2/2)

continue敘述

當我們在while、for或do…while敘述中執行continue**敘述** (continue statement) 時，程式就會跳過該敘述主體的剩餘敘述，然後再執行下一次的迴圈。在while和do…while敘述中，程式執行continue敘述之後，就會立即測試迴圈測試條件。在for敘述中，程式會先執行遞增運算式，然後才測試迴圈測試條件。

圖5.14在for敘述內使用continue敘述 (第11行)，以在巢狀if (第10-11行) 發現count等於5時跳過輸出敘述 (第13行)。執行continue敘述時，程式控制仍會遞增for標頭 (第8行) 的控制變數，並繼續跑5次迴圈。

```
1  // Fig. 5.14: fig05_14.cpp
2  // continue statement terminating an iteration of a for statement.
3  #include <iostream>
4  using namespace std;
5
6  int main()
7  {
8     for ( unsigned int count = 1; count <= 10; ++count ) // loop 10 times
9     {
10       if ( count == 5 ) // if count is 5,
11          continue;      // skip remaining code in loop
12
13       cout << count << " ";
14    } // end for
15
16    cout << "\nUsed continue to skip printing 5" << endl;
17 } // end main
```

```
1 2 3 4 6 7 8 9 10
Used continue to skip printing 5
```

圖5.14　continue敘述可立刻終止for迴圈一次

第5.3節曾提到，while敘述可取代大部分的for敘述。唯一的例外，就是在while敘述中，放在continue敘述後面的遞增運算式。在這種狀況下，程式測試迴圈測試條件之前，不會執行遞增的動作，所以while跟for就不同了。

良好的程式設計習慣 5.5

某些程式設計者覺得break和continue敘述會破壞結構化的程式設計。因為這些敘述的效果，也可利用我們即將學到的"結構化程式設計"技術來達成，所以這些程式設計者不再使用break和continue敘述。大部分程式設計者覺得在switch中使用break還是可接受的。

軟體工程觀點 5.1

"良好的軟體工程"與"最佳系統效能"之間有個兩難。通常，為了達到某個目標，必須犧牲另一個目標。對效能為重的應用而言，請遵守以下規則：首先，請讓您的程式碼簡單正確；只有在需要的情況下，才讓它既輕巧又快速。

5.8 邏輯運算子

目前為止，我們只學了**簡單條件 (simple condition)**，如counter <= 10、total > 1000與number != sentinelValue。我們利用關係運算子>、<、>= 和 <=，以及等號運算子 == 和 != 表示這些條件式。每個判斷都只測試一個條件。若在判斷之前需要測試多個條件，則我們會在個別的敘述，或在巢狀的if或if…else敘述中執行這些測試動作。

C++提供**邏輯運算子 (logical operator)**，可以藉著結合簡單的條件式，來構成複雜的條件式。邏輯運算子就是&&(邏輯AND)、||(邏輯OR)和!(邏輯NOT，也稱為邏輯否定)。

邏輯AND (&&) 運算子

假設我們希望在選擇某個特定的執行路徑之前，先確定兩個條件式均為true。此時，我們可用下述方式使用&&(**邏輯AND**，logical AND)運算子：

```
if ( gender == FEMALE && age >= 65 )
   ++seniorFemales;
```

這個if敘述包含了兩個簡單條件式。條件式gender == FEMALE可以用來判斷某人是否為女性。條件式age >= 65可以判斷某人是否為退休的老人。這裡會先判斷&&運算子左邊的條件，若有需要，會再判斷&&運算子右邊的條件。稍後將說明，若邏輯AND運算式的左邊是true，才會繼續判斷右邊。然後if敘述才會測試下述的合併條件式

```
gender == FEMALE && age >= 65
```

若且唯若 (if and only if) 這兩個簡單的條件式皆為true，則此條件式才會是true。最後，如果這個結合的條件式的確是true，則if敘述的主體會遞增seniorFemales的計數。如果兩個簡單條件式中的其中一個是false (或兩個都是false)，則程式就會略過遞增動作，繼續執行if後的敘述。前述的合併條件式可加上小括號，使它更具可讀性：

```
( gender == FEMALE ) && ( age >= 65 )
```

程式中常犯的錯誤 5.10

雖然 $3 < x < 7$ 在數學上是一個正確的條件式，但是在C++中，它可能無法如您預期地進行計算。請使用 $(3 < x$ && $x < 7)$ 才能在C++中正確計算。

圖5.15摘要列出&&運算子。此表格顯示運算式1和運算式2的四個true、false值的所有組合結果。這種表格通常稱爲**真值表** (truth table)。所有包含關係運算子、等號運算子和邏輯運算子的運算式，C++都可以決定其值爲true或false。

運算式1	運算式2	運算式1 && 運算式2
`false`	`false`	`false`
`false`	`true`	`false`
`true`	`false`	`false`
`true`	`true`	`true`

圖5.15　&& (邏輯AND) 運算子的真值表

邏輯OR (||) 運算子

現在，讓我們來看看 || (邏輯OR，logical OR) 運算子。假設我們希望先確定兩個條件式中的任一個或兩者皆爲true之後，才選擇某個特定的執行路徑。此時，我們使用邏輯||運算子，如下所示：

```
if ( ( semesterAverage >= 90 ) || ( finalExam >= 90 ) )
   cout << "Student grade is A" << endl;
```

這個敘述包含兩個簡單的條件式。簡單的條件式semesterAverage >= 90可用來判斷學生的這一門課程，是否因爲整個學期優秀的表現，而得到"A"的成績。簡單條件式finalExam >= 90可用來判斷，學生的這一門課程，是否因爲期末考的傑出表現而得到"A"。然後if敘述才會測試下述的合併條件式

```
( semesterAverage >= 90 ) || ( finalExam >= 90 )
```

如果任一個簡單條件式爲true (或兩個均爲true) 時，便給予這位學生"A"的成績。請注意，只有當兩個簡單條件式皆爲false時，才不會顯示訊息"Student grade is A"。

運算式1	運算式2	運算式1 && 運算式2
`false`	`false`	`false`
`false`	`true`	`true`
`true`	`false`	`true`
`true`	`true`	`true`

圖5.16　邏輯OR (||) 運算子的真值表。

&& 運算子的優先權比 || 運算子高。這兩個運算子都是從左到右結合。包含 && 或 || 運算子的運算式，只會計算到運算式的true或false成立爲止。因此，以下這個運算式

```
( gender == FEMALE ) && ( age >= 65 )
```

如果gender不等於FEMALE的話 (即整個運算式爲false)，就會立刻停止執行；反之，如果gender等於FEMALE的話，就會繼續執行 (也就是如果條件式age >= 65爲true的話，整個運算式就會是true)。這種邏輯AND和邏輯OR運算式的效能特性，就稱爲**捷徑運算** (short-circuit evaluation)。

效能要訣 5.3

在使用 && 運算子的運算式中，如果條件式彼此獨立，請將最有可能爲false的條件放在最左邊的位置。在使用 || 運算子的運算式中，請將最有可能爲true的條件式放在最左邊的位置。這便可發揮捷徑運算的效益，縮短程式的執行時間。

邏輯否定 (!) 運算子

C++提供 ! (**邏輯** NOT，也叫做邏輯否定，logical negation) 運算子可讓程式設計者 "反轉" 條件。一元邏輯否定運算子只需要一個條件式來作爲運算元。邏輯否定運算子會放置在條件式前面，如果原來的條件式 (尚未加上邏輯否定運算子) 爲false的話，就會執行所選擇的路徑，例如以下的程式碼：

```
if ( !( grade == sentinelValue ) )
   cout << "The next grade is " << grade << endl;
```

因爲邏輯否定運算子的優先權比等號運算子高，所以框住grade==sentinelValue條件式的小括號是必要的。

您可以透過適當的關係運算子或等號運算子，以不同的方法表達條件式，以避免使用邏輯否定運算子。例如，前面的if敘述可改寫如下：

```
if ( grade != sentinelValue )
   cout << "The next grade is " << grade << endl;
```

此彈性可幫助程式設計者以更自然、方便的形式表示條件。圖5.17爲邏輯否定運算子 (!) 的眞值表。

運算式	!運式算
false	true
true	false

圖5.17 ! (邏輯否定) 運算子眞值表

邏輯運算子的範例

圖5.18產生各邏輯運算子的眞值表。此輸出顯示每個運算式及其bool運算結果。預設上，bool值true和false由cout與串流插入運算子顯示，分別顯示爲1與0。我們在第9行使用**串流操作子boolalpha** (stream manipulator boolalpha，這是一個黏著性的操作子) 指定每個bool運算式的值顯示爲"true"或"false"。例如，第10行false && false運算式的結果是false，所以第2行輸出是"false"。第9–13行產生&&的眞值表。第16–20行產生||的眞值表。第23–25行產生!的眞值表。

```
 1 // Fig. 5.18: fig05_18.cpp
 2 // Logical operators.
 3 #include <iostream>
 4 using namespace std;
 5
 6 int main()
 7 {
 8    // create truth table for && (logical AND) operator
 9    cout << boolalpha << "Logical AND (&&)"
10       << "\nfalse && false: " << ( false && false )
11       << "\nfalse && true: " << ( false && true )
12       << "\ntrue && false: " << ( true && false )
13       << "\ntrue && true: " << ( true && true ) << "\n\n";
14
15    // create truth table for || (logical OR) operator
16    cout << "Logical OR (||)"
17       << "\nfalse || false: " << ( false || false )
18       << "\nfalse || true: " << ( false || true )
19       << "\ntrue || false: " << ( true || false )
20       << "\ntrue || true: " << ( true || true ) << "\n\n";
21    // create truth table for ! (logical negation) operator
22    cout << "Logical NOT (!)"
23       << "\n!false: " << ( !false )
24       << "\n!true: " << ( !true ) << endl;
25 } // end main
```

```
Logical AND (&&)
false && false: false
false && true: false
true && false: false
true && true: true

Logical OR (||)
false || false: false
false || true: true
true || false: true
true || true: true

Logical NOT (!)
!false: true
!true: false
```

圖5.18　邏輯運算子

運算子優先順序和結合性摘要

圖5.19在運算子優先順序和結合性列表中加上邏輯運算子。運算子的優先權是從上到下遞減。

運算子	結合性	型態
`::` `()`	從左到右	主要(primary)
`++` `--` `static_cast<type>()`	從左到右	後置運算
`++` `--` `+` `-`	從右到左	一元運算(前置)
`*` `/` `%`	從左到右	乘除法
`+` `-`	從左到右	加減法
`<<` `>>`	從左到右	插入/擷取
`<` `<=` `>` `>=`	從左到右	關係運算
`==` `!=`	從左到右	等號運算
`&&`	從左到右	邏輯 AND
`||`	從左到右	邏輯 OR
`?:`	從右到左	條件運算
`=` `+=` `-=` `*=` `/=` `%=`	從右到左	指派運算
`,`	從左到右	逗號

圖5.19 運算子的優先順序和結合性

5.9 等號運算子(==)和指派運算子(=)的混淆

不論是多麼經驗老到的C++程式設計者都會犯一種大家經常犯的錯誤，我們覺得應該以一個獨立的小節來說明。這種錯誤就是不小心將等號運算子 (==) 和指派運算子 (=) 搞混了。這種混淆很危險，因爲它們通常不會產生語法錯誤。反之，這些錯誤敘述都可正常地通過編譯器的檢查，產生的程式也可完整執行，但可能會因執行時期的邏輯錯誤，而產生不正確的結果。請注意：當某處應該是 ==，但卻出現 = 時，某些編譯器會發出警告。

此問題的原因要從C++的兩個方面說起。其中一個原因，就是任何會產生數值的運算式，都可以用於任何控制敘述中的判斷條件。如果此運算式的值爲0，它就會視爲false，如果運算式的值是非零的數值，它就視其爲true。第二個原因，就是C++的指派運算子會產生一個數值，也就是要指定給位於指派運算子左邊變數的數值。例如，假設我們想寫

```
if ( payCode == 4 ) // good
   cout << "You get a bonus!" << endl;
```

卻不小心寫成

```
if ( payCode = 4 ) // bad
   cout << "You get a bonus!" << endl;
```

第一個if敘述沒有問題，會把獎金發給payCode等於4的人。第二個if敘述就錯了，它會將if條件中的運算式計算成常數4。因爲任何非零值都會當成true，所以此if敘述中的條件永遠都是true，不管那個人的payCode是多少，都會拿到獎金！更糟的是，paycode原本只是拿來檢查的，但它的值卻被改了！

程式中常犯的錯誤 5.11

使用 == 運算子來執行指派動作，或用 = 運算子作爲等號運算子，都是邏輯錯誤。

錯誤預防要訣 5.4

程式設計者通常會將條件式寫成x == 7，亦即將變數名稱放在左邊，而將常數放在右邊。如果將常數放在左邊，例如7 == x，此時程式設計者如果不小心將 == 運算子寫成 = 運算子，則編譯器就會發現這項錯誤而加以防止。編譯器會把它當成編譯錯誤，因爲我們不能改變常數的值。如此便能防止潛在的執行期邏輯錯誤。

lvalues 和 rvalues

變數名稱可以說是一種lvalue（**左值**），因爲它們必須放在指派運算子的左邊。常數可以說是一種rvalue（**右值**），因爲它們只能放置在指派運算子的右邊。左值 (lvalue) 也可以當作右值 (rvalue) 使用，但反過來則不可行。

還有一個地方會出毛病。假設您想用以下簡單的敘述，將某個數值指定給某個變數

```
x = 1;
```

但卻寫成

```
x == 1;
```

這也不是語法錯誤。反之，編譯器只是將它視爲一個條件運算式。如果x等於1，則此條件式就是true，且此運算式的值是true。如果x不等於1，則此條件式就是false，且此運算式的值爲false。無論運算式的數值爲何，由於根本沒有指派運算子，所以此數值會遺失。x的數值依然是不變的，這可能會造成執行期的邏輯錯誤。但很抱歉，我們沒有什麼法寶可以幫助您解決這個問題！

錯誤預防要訣 5.5

用編輯器搜尋程式中所有 = 的位置，然後檢查每一個符號是否爲正確的運算子。

5.10 結構化程式設計摘要

就像建築師運用集體智慧來設計房屋，程式設計者也應該如此設計程式。我們的領域比建築學的發展史還短，而我們集體的智慧結晶也少很多。我們已經知道，結構化程式設計的程式，比非結構化程式更易於瞭解，因此也更容易進行測試、除錯、修改，甚至在數學上，我們也可以證明它是正確的。

圖5.20使用活動圖摘要列出C++的控制敘述。其中的初始狀態跟最終狀態，分別表示每個控制敘述的單一進入點跟單一離開點。將活動圖上的個別符號任意連接，就會產生非結構化的程式。因此，程式設計專家就想出辦法，只利用兩種簡單的方法，將有限的控制結構結合起來，以設計出結構化的程式。

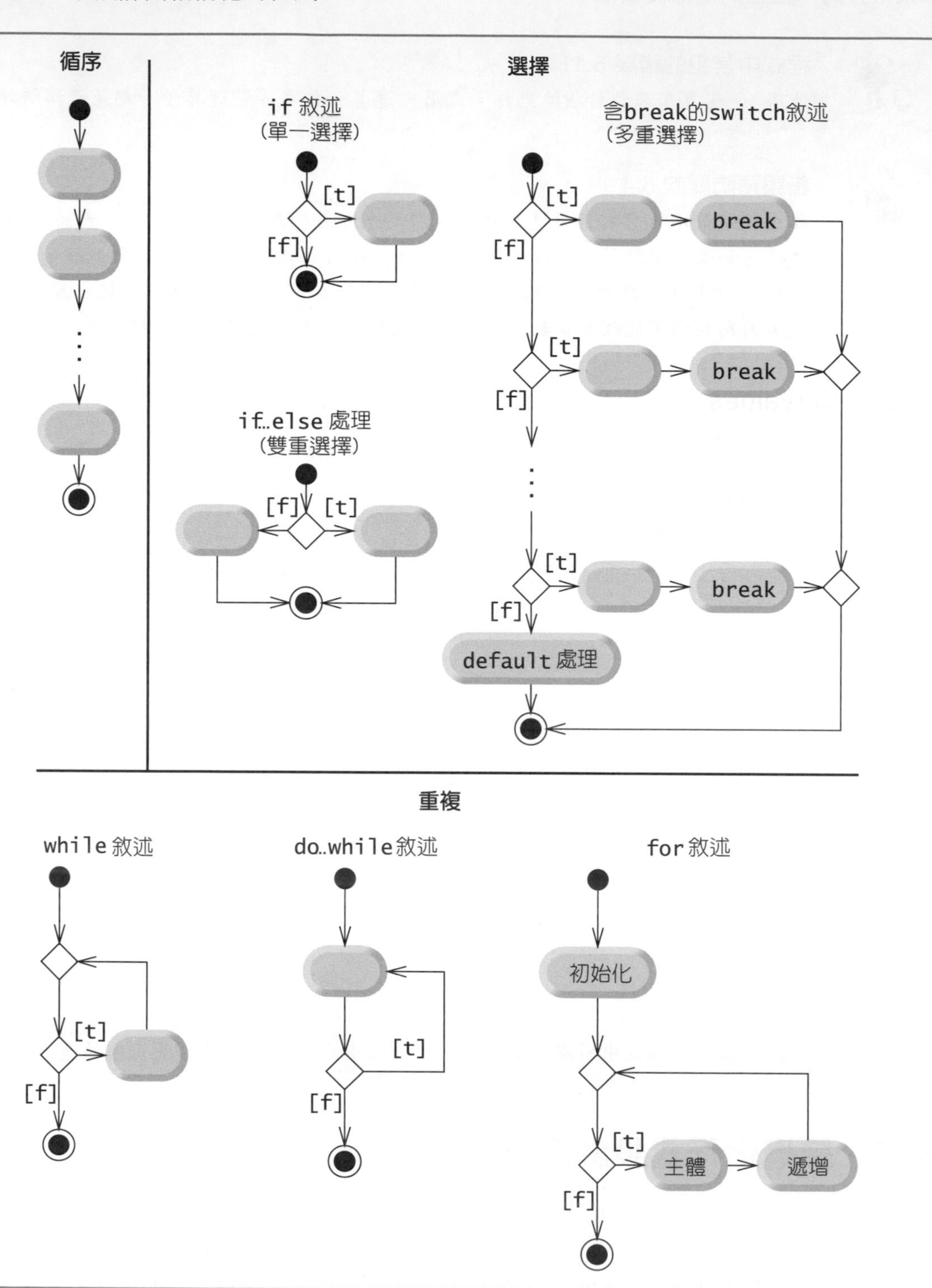

圖5.20 C++ 的單一入口／單一出口的循序、選擇和重複敘述

簡單地說，就是只使用單一進入點與單一離開點的控制敘述，亦即每個控制敘述只有一種方式可以進入，也只有一種方式可以離開。將控制敘述循序連結，以變成結構化程式的過程是很簡單的，某個控制敘述的最終點會連到下一個控制敘述的初始點，也就是說，將控制敘述一個接著一個加到程式中。我們將這種技術稱為“堆疊控制敘述”。另外，組成結構化程式的規則也允許巢狀控制敘述存在。

圖5.21列出組成結構化程式的一些規則。這些規則假設動作狀態可用來表示任何動作。這些規則也假設我們會以最簡單的活動圖開始（圖5.22)，這個最簡單的活動圖裡只有一個初始狀態、一個動作狀態、一個最終狀態，以及幾個轉移箭號。

組成建構化程式的規則

從“最簡單的活動圖開始”。

任何一個活動狀態都可由兩個循序狀態取代。

任何動作狀態可由任何控制敘述取代(循序、if、if…else、switch、do…while或for)。

可隨易使用規則2和規則3，順序不限。

圖5.21　組成結構化程式的規則

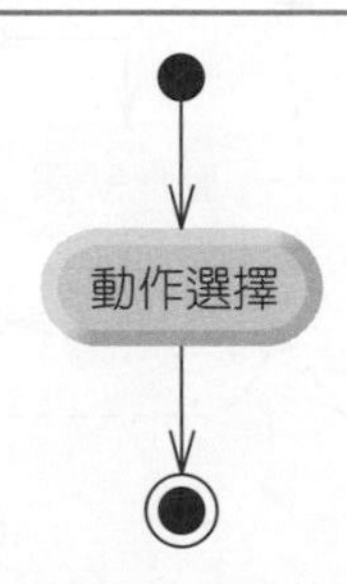

圖5.22　最簡單的活動圖

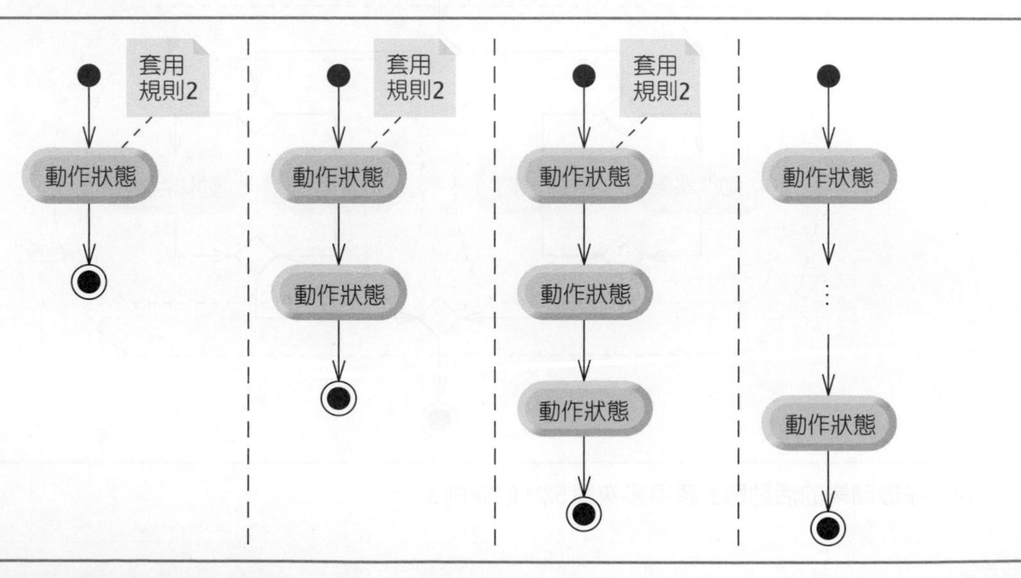

圖5.23　在最簡單的活動圖上重複套用圖5.21的規則2

採用圖5.21的規則，都會在活動圖中，產生整齊像建築方塊般的外觀。例如，對最簡單的活動圖重複使用規則2，就會產生包含許多循序動作狀態的活動圖 (圖5.23)。規則2會產生堆疊的控制敘述，所以我們稱規則2爲**堆疊規則** (stacking rule)。圖5.23的垂直虛線並不是UML的一部分。我們使用它將四個活動圖分隔開來，以說明圖5.21的規則2之應用。

規則3則稱爲**巢狀規則** (nesting rule)。對最簡單的活動圖重複套用規則3，就會產生包含整齊巢狀控制敘述的活動圖。例如，在圖5.24中，最簡單活動圖的動作狀態會以一個雙重選擇 (if…else) 敘述取代。然後，在這個雙重選擇敘述中的兩個動作狀態裡，再次套用規則3，也就是利用雙重選擇敘述取代這些動作狀態。每個雙重選擇敘述周圍的虛線動作狀態符號，都代表動作狀態，它可以用原來最簡單的活動圖取代。[請注意：圖5.24中的虛線箭號和虛線動作狀態符號不屬於UML的部分。此作爲教學工具，說明任何的動作狀態都可用控制敘述取代。]

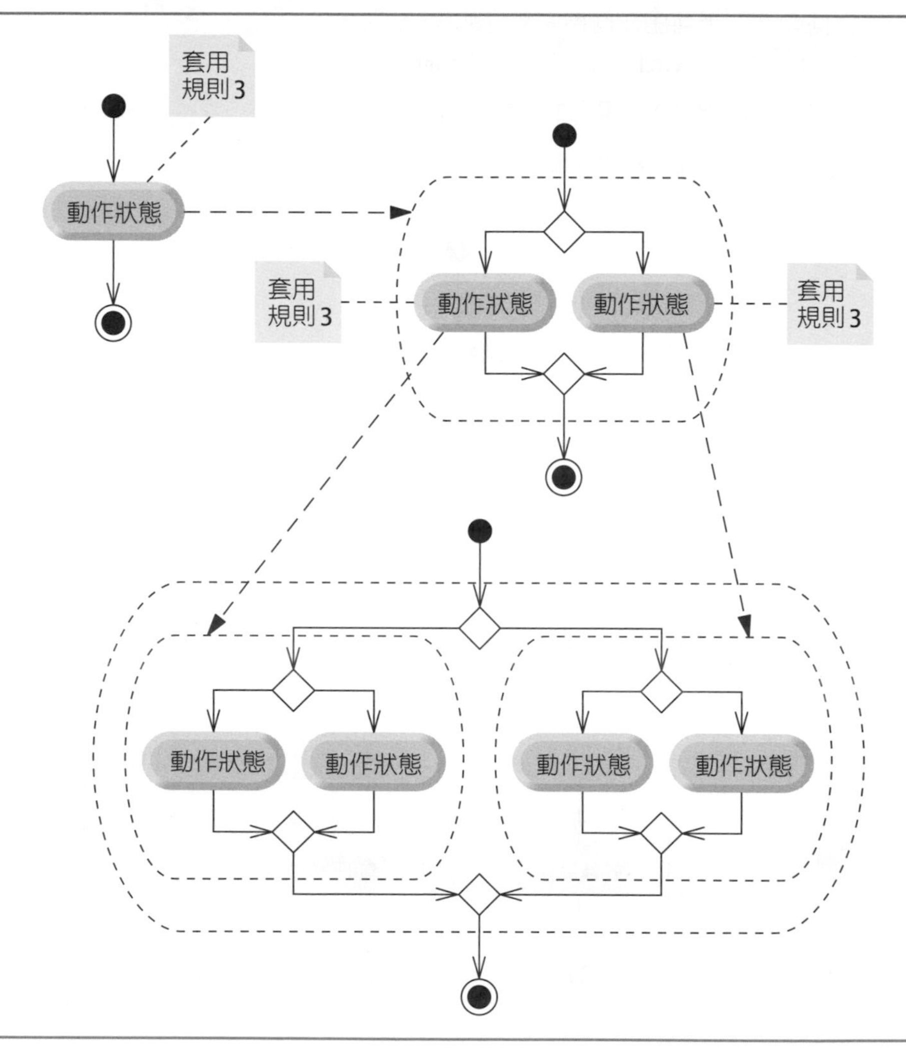

圖5.24 在最簡單的活動圖上套用多次圖5.21的規則3

使用規則4可以產生規模更大、內容更多、深度更深的巢狀敘述。套用圖5.21的規則所產生的圖示，會構成所有可能活動圖的集合，因此這可以產生所有可能的結構化程式。結構化方法的美妙，在於我們只使用單一進入點與單一離開點的七種控制敘述，然後只用兩種簡單的方式將它們組合起來。

如果依照圖5.21的規則，就不會產生不合語法的活動圖(如圖5.25)。如果您無法確定某個活動圖是否合法，請反向使用圖5.21的規則，看看是否能將此活動圖減化(reduce)成最基本的活動圖。若它能簡化成最簡單的活動圖，那麼原本的圖就是結構化的，反之則不是。

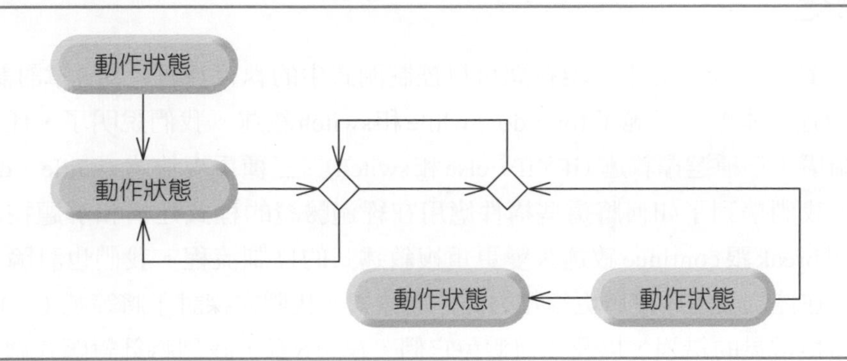

圖5.25　Activity diagram with illegal syntax

結構化程式設計可幫助簡化。Böhm和Jacopini告訴我們，結構化設計只需三種形式的控制方式：

- 循序(sequence)
- 選擇(selection)
- 重複(repetition)

循序結構非常簡單。只是依執行順序列出這些敘述。

選擇則以下列三種方式實作：

- if敘述(單一選擇)
- if…else敘述(雙重選擇)
- switch敘述(多重選擇)

我們很簡單就可證明，光用if敘述就足以提供所有形式的選擇敘述。任何if…else和switch敘述能做的事，都可組合多個if敘述而達成(雖然可能較不清楚，也較沒效率)。

重複則以下列三種方式實作：

- while敘述
- do…while敘述
- for敘述

我們很容易證明，while敘述就足以產生任何形式的重複結構。do…while和for敘述能做的事，都可用while完成(雖然可能較不流暢)。

綜上所述，C++程式所需要的任何控制形式都可以下列結構來表達：

- 循序
- if敘述(選擇)
- while敘述(重複)

且這些控制敘述的組合方式只有兩種：堆疊和巢狀。結構化程式設計的確大大簡化了複雜的程式設計。

5.11 總結

控制敘述到此已介紹完畢，現在您可以控制函式中的執行流程。第4章討論了if、if…else和while敘述。本章則示範了for、do…while和switch敘述。我們說明了，任何演算法都可以用循序結構、三種選擇敘述 (if、if…else和switch)、三種重複敘述 (while、do…while和for) 來建構。我們學到了如何將這些構件應用在經過驗證的程式建構和解題技巧中。您學到了如何使用break跟continue敘述來變更重複敘述式的控制流程。我們也討論了邏輯運算子，可以讓您在控制敘述中使用更複雜的條件運算式。我們亦探討了將等號 (==) 與賦值 (=) 運算子混淆這種常見的錯誤，以及如何避免它們。在第6章，我們將針對函式做更深入的討論。

摘要

5.2　計數控制循環的基本原理

- 在C++中，宣告並同時保留記憶體的動作叫做定義(definition)。

5.3　for重複敘述

- for重複敘述可處理計數控制迴圈所能執行的所有細節。
- for敘述的一般格式如下

```
for ( initialization; loopContinuationCondition; increment )
   statement
```

  其中initialization會初始化迴圈的控制變數，而loopContinuationCondition可決定迴圈是否要繼續執行，increment則會遞增控制變數。
- 通常，for敘述用於計數控制循環，while敘述則用於警示控制循環。
- 變數範圍運算子可指定它在程式中能夠使用的位置。
- 在所有C++運算子中，逗號運算子具有最低的優先權。以逗號分隔的一連串運算式，其計算結果的值和資料型態會與最右邊的運算式相同。
- for敘述的初始化、迴圈測試條件和遞增運算式這三個區域，可使用算術運算式。此外，for敘述的"遞增量"也可以是負值。
- 如果for標頭中的迴圈測試條件一開始就不成立，就不會執行for敘述的主體。反之，程式會執行for敘述之後的第一行敘述。

5.4　使用for敘述的範例

- 標準函式庫函式pow(x, y)會計算x的y次方的數值。函式pow會接收兩個資料型態double的引數，並且傳回double數值。
- 參數化串流操作子setw可指定下一個數值輸出的欄位寬度。預設上，此值在欄位中是向右對齊。若輸出的數值超過欄位寬度時，則程式會自動擴充欄位寬度來容納整個數值。非參數化串流操作子left (在標頭 <iostream> 中) 可讓欄位中的數值向左對齊，而right可回復成向右對齊。
- 黏著性設定 (sticky setting) 是一種輸出格式設定，這些格式設定持續有效，直到它們改變為止。

5.5　do…while重複敘述

- do…while敘述是在迴圈結束處測試迴圈測試條件是否成立；因此，程式至少會執行迴圈主體一次。do…while敘述的一般格式如下

```
do
{
      statement
} while ( condition );
```

5.6 switch多重選擇敘述

- switch多重選擇敘述可依整數變數或運算式的可能數值，去執行不同動作。
- cin.get()函式可從鍵盤讀入一個字元。字元通常會存在char資料型態的變數中。我們可依據字元的用途，將它當成整數或字元。
- switch敘述是由一連串的case標籤和一個選用性的default狀況所組成。
- 在關鍵字switch後面小括號裡的運算式，稱為控制運算式。switch敘述會將控制運算式的值與每個case標籤比較。
- 連續條列出cases，並使cases之間不含任何敘述，能夠讓這些cases執行同一組敘述。
- 每一個case label只能指定一個常數的運算式。
- 每個case內可以有好幾行敘述。switch多重選擇敘述與其他控制敘述的不同之處，在於其case內的多重敘述並不需要以大括號括住。
- C++提供數種代表整數的資料型態；int、char、short和long。每種整數資料型態的範圍則依特定電腦硬體而定。
- C++11允許在定義類別時所宣告的資料成員，可直接初始化。

5.7 break和continue敘述

- 當程式執行重複敘述(for、while和do…while)的break敘述時，程式就會立刻離開該敘述。
- 當程式執行while、for或do…while敘述中的continue敘述時，程式就會跳過該敘述主體中剩餘的敘述，然後再進行下一次的迴圈操作。在while或do…while敘述中，程式會繼續計算條件式的數值。在for敘述中，程式會繼續執行for敘述標頭中的遞增運算式。

5.8 邏輯運算子

- 邏輯運算子可讓您將單純的條件組合成較複雜的條件。邏輯運算子就是&&(邏輯AND)，||(邏輯OR)和!(邏輯否定)。
- &&(邏輯AND)運算子用來確定兩個條件式均為true。
- ||(邏輯OR)運算子用來確定其中一個條件式為true(或兩個均為true)。
- 包含&&或||運算子的運算式，只會計算到運算式的true或false成立為止。這種邏輯AND和邏輯OR運算式的效能特性，就稱為捷徑運算(short-circuit evaluation)。
- !(邏輯NOT，也叫做邏輯否定)運算子可讓程式設計者"反轉"條件。邏輯否定運算子會放置在條件式前面，如果原來的條件式(尚未加上邏輯否定運算子)為false的話，就會執行所選擇的路徑。在大部分的情況下，您可以透過適當的關係運算子或等號運算子，以不同的方法表達條件式，以避免使用邏輯否定運算子。
- 使用條件式時，任何非零的值會隱式地轉換成true；而0(零)會隱式地轉換成false。
- 預設上，bool值true和false由cout分別顯示為1與0。串流操作子boolalpha(這是一個黏著性的操作子)指定每個bool運算式的值顯示為"true"或"false"。

5.9 等號運算子 (==) 和指派運算子 (=) 的混淆

- 任何會產生數値的運算式，都可以用於任何控制敘述中的判斷條件。如果此運算式的值爲0，它就會視爲false，如果運算式的值是非零的數值，它就視其爲true。
- 指派運算子會產生一個數値，也就是要指定給位於指派運算子左邊變數的數値。

5.10 結構化程式設計摘要

- 任何控制型式都能以循序敘述、選擇敘述、以及重複敘述來表示，組合方式也只有兩種，就是堆疊與巢狀。

自我測驗題

5.1 是非題。如果答案爲錯，請解釋爲什麼。

a) 每一個case label只能指定一個常數的運算式。

b) switch 選擇敘述和其他控制敘述不一樣的地方是，若case有多行敘述，可以不用大括號框住。

c) 運算式 (x > y||a<b) 的值爲true，若運算式x>y的值爲true或者則運算式a < b爲true。

d) 一個含有&&運算子的運算式，其兩個運算元中任一個或者兩個都是true，則此運算式的值就爲true。

5.2 請撰寫一行C++敘述，或一組C++敘述，完成以下的動作：

a) 使用for敘述，將2到999之間的所有偶數相加。假設變數sum和count以unsigned int 宣告。

b) 在15個字元寬的欄位中列印345.796372這個值，精確度分別爲1位、2位和3位小數。請將各自欄位內的每個數字靠左對齊，並在同一行印出這三個數值？

c) 請使用pow函式計算3.5的4次方的數值。在欄位寬度爲10個字元的欄位內，請以精確度3，寬度20來列印出結果。

d) 使用while迴圈跟型態爲 unsigned int 的計數器變數x，印出1到30的整數，每行只印七個整數。[提示：當x % 7的結果是0時，就印出換行字元，如果不是0，則印出tab字元。]

e) 使用for敘述重作習題5.2 (d)。

5.3 請找出下列程式碼哪裡錯誤(假如有錯的話)，並且解釋如何更正它們。

a)
```
unsigned int x = 11;
while ( x <= 10 )
   ++x;
}
```

b)
```
for ( char y = 'a'; y != 'z'; y += 1 )
   cout << y << endl;
```

c)
```
switch ( n )
{
   case 1:
     cout << "The number is 1" << endl;
     break;
   case 2:
     cout << "The number is 2" << endl;
     break;
}
```

d) The following code should print the values 1 to 10.
```
unsigned int n = 1;
while ( n <= 11 )
   cout << n++ << endl;
```

自我測驗題解答

5.1 a) 對。

b) 對。

c) 對

d) 錯，一個含有&&運算子的運算示，只在兩個運算元都為真時，結果才為真。

5.2 a)
```
unsigned int sum = 0;
for ( unsigned int count = 2; count <= 999; count += 2 )
   sum += count;
```

b)
```
cout << fixed << left
   << setprecision( 1 ) << setw( 15 ) << 345.796372
   << setprecision( 2 ) << setw( 15 ) << 345.796372
   << setprecision( 3 ) << setw( 15 ) << 345.796372
   << endl;
```

c)
```
cout << fixed << setprecision( 3 ) << setw( 20 ) << pow( 3.5, 4 ) << endl;
```

d)
```
unsigned int x = 1;
while ( x <= 30 )
{
   if ( x % 7 == 0 )
      cout << x << endl;
   else
      cout << x << '\t';
   ++x;
}
```

e)
```
for ( unsigned int x = 1; x <= 30; ++x )
{
   if ( x % 7 == 0 )
```

```
      cout << x << endl;
   else
      cout << x << '\t';
}
```

5.3 a) 錯誤：程式未進入while迴圈。

更正：while 條件運算式中控制變數的終止值，必須大於初始值11。

b) 錯誤：使用字元當控制變數。

更正：請使用unsigned int 做正確的計算，得到您所想要的數值。

```
for ( unsigned int y = 1; y != 10; ++y )
   cout << ( static_cast< double >( y ) / 10 ) << endl;
```

c) 錯誤：少了default敘述。

更正：在switch case敘述的最末端處，加上default，如果有您指定case的值的話，則這並不是一種錯誤。

d) 錯誤：在while敘述的迴圈測試條件中，使用不正確的關係運算子。

更正：使用 < 而不是 <=，或將11改成10。

習題

5.4 請找出以下程式碼的錯誤(假如有錯誤的話)：

a)
```
For ( unsigned int x = 100, x >= 1, ++x )
   cout << x << endl;
```

b) 下面程式碼必須能印出整數value是奇數還是偶數：

```
switch ( value % 2 )
{
   case 0:
      cout << "Even integer" << endl;
   case 1:
      cout << "Odd integer" << endl;
}
```

c) 以下程式碼應該輸出19到1之間的奇數：

```
for ( unsigned int x = 19; x >= 1; x += 2 )
   cout << x << endl;
```

d) 以下程式碼應該輸出2到100之間的偶數

```
unsigned int counter = 2;
do
{
   cout << counter << endl;
   counter += 2;
} While ( counter < 100 );
```

5.5 (整數相乘) 寫個程式，使用for敘述相乘一連串整數。假設輸入的第一個整數，代表後續即將輸入的數值個數。您的程式應該在每個輸入敘述中，每次只讀取一個數值。典型的的輸入序列可能是：

```
5 1 2 3 4 5
```

其中的5代表接下來有5個數值需要進行相乘。

5.6 (整數的平均值) 請設計一個使用for敘述的程式，計算並印出幾個整數的平均值。假設最後一個讀入的是警示值9999。典型的的輸入序列可能是：10 8 11 7 9 9999，表示程式應該計算在9999之前所有數值的平均值。

5.7 (這個程式在做甚麼？) 以下程式會執行什麼工作？

```
 1 // Exercise 5.7: ex05_07.cpp
 2 // What does this program do?
 3 #include <iostream>
 4 using namespace std;
 5
 6 int main()
 7 {
 8    unsigned int x; // declare x
 9    unsigned int y; // declare y
10
11    // prompt user for input
12    cout << "Enter two integers in the range 1-20: ";
13    cin >> x >> y; // read values for x and y
14
15    for ( unsigned int i = 1; i <= y; ++i ) // count from 1 to y
16    {
17       for ( unsigned int j = 1; j <= x; ++j ) // count from 1 to x
18          cout << '@'; // output @
19
20       cout << endl; // begin new line
21    } // end outer for
22 } // end main
```

5.8 (找出最大的整數) 請設計一個使用for敘述的程式，能夠找出幾個整數的最大值。假設讀取的第一個數字代表後續數字的個數。

5.9 (偶數的乘積) 請設計一個程式，能夠使用for敘述計算，並列印出從1到15所有偶數的連乘積。

5.10 (階乘) 在機率問題中，我們經常使用到階乘函式 (factorial function)。使用習題4.34的階乘定義寫個程式，使用for敘述計算從1到5整數的階乘值。以表格形式印出結果。當計算25的階乘數時，會碰到何種困難呢？

5.11 (複利) 請修改5.4節的複利計算程式，以利率爲11%、12%、13%、14%、15%和16%重複程式的計算步驟。請使用for迴圈來變更利率。

5.12 (使用for迴圈畫出圖案) 請設計一個使用for敘述的程式，能夠一個接一個印出以下的圖案。請使用for迴圈產生這些圖案。所有的星號 (*) 必須使用cout << '*'; 格式的單一敘述印出 (這樣就能夠一個接著一個印出星號)。[提示：最後兩個圖案要在每一行

開頭放適當數量的空格，才能夠印出來。加分題：將四個不同問題的程式碼合併成單獨一個程式，使用巢狀for迴圈，將四個圖案一個接著一個印出。]

```
(a)            (b)            (c)            (d)
*              **********     **********              *
**             *********       *********             **
***            ********         ********            ***
****           *******           *******           ****
*****          ******             ******          *****
******         *****               *****         ******
*******        ****                 ****        *******
********       ***                   ***       ********
*********      **                     **      *********
**********     *                       *     **********
```

5.13 (條狀圖) 繪製圖形與條狀圖是一種有趣的電腦應用。請設計一個能夠輸入5個數字的程式 (每個都是1到30之間)。假設使用者輸入的值都是有效的。針對每個輸入的數字，您的程式應該印出一行包含該數目的連續星號。例如，如果輸入程式的數目為7，則程式必須印出*******。

5.14 (計算銷售總額) 一家郵購公司銷售五種不同的產品，其零售價格分別是：產品1—$2.98，產品2—$4.50，產品3—$9.98，產品4—$4.49和產品5—$6.87。請設計一個程式，能夠讀取一連串數字配對：

a) 產品編號

b) 銷售量

您的程式應該使用switch敘述，以判定各個產品的零售價格。您的程式應計算並顯示上一週所有售出產品的總零售價格。使用一個警示控制迴圈，決定何時該終止程式並顯示最後的結果。

5.15 (修改GradeBook) 修改圖5.9到圖5.11的GradeBook程式，算出成績的點數平均。A可獲得5分，B可獲得4分，依此類推。

5.16 (計算複利) 請修改圖5.6的程式，讓程式只能用整數計算複利。[提示：將所有金額以一分錢作單位。然後，使用除法運算和模數運算，將計算所得的金額換成美元和美分兩個部分。請在中間加入句點。]

5.17 (程式會印出什麼？) 假設i=2、j=3、k=4以及m=3，那麼下列各個敘述的列印結果為何？

a) `cout << ( i == 1 ) << endl;`

b) `cout << ( j == 3 ) << endl;`

c) `cout << ( i >= 1 && j < 4 ) << endl;`

d) `cout << ( m <= 99 && k < m ) << endl;`

e) `cout << ( j >= i || k == m ) << endl;`

f) `cout << ( k + m < j || 3 - j >= k ) << endl;`

g) `cout << ( !m ) << endl;`

h) `cout << ( !( j - m ) ) << endl;`

i) `cout << ( !( k > m ) ) << endl;`

5.18 (數字系統表) 寫個程式，以表格方式印出十進位數1到-256的二進位、八進位與十六進位值。若您不熟悉這些數字系統，請先參見附錄D。[提示：您可以使用串流操作子dec、oct和hex，來指定整數應該分別以十進位、十六進位和八進位數值的格式顯示。]

5.19 (計算 π) 從以下的無窮數列計算出 π 值

$$\pi = 4 - \frac{4}{3} + \frac{4}{5} - \frac{4}{7} + \frac{4}{9} - \frac{4}{11} + \cdots$$

用表格顯示此數列前1000項的每一種計算結果，以表示出1000種 π 的近似值。

5.20 (畢氏定理的三合數) 直角三角形的三邊長可以全部都是整數值。直角三角形三邊長的三個整數值，統稱爲畢氏定理的三合數 (Pythagorean triple)。這三個邊的長度必須滿足以下的關係，也就是兩股長的平方和，等於斜邊長的平方。找出所有side1、side2與hypotenuse均不超過500的畢氏定理三合數。使用三層巢狀for迴圈去試所有可能性。這是個"暴力法"(brute force) 的例子。資工系的進階課程 (如高等演算法) 會介紹許多有趣的問題，這些問題目前除了暴力法之外，尚無有效的演算法可正確解答。

5.21 (計算薪資) 某家公司按照以下的方式支付員工薪資：經理級 (按照固定的週薪支付)，時薪員工 (每週工作40小時以內，按照固定的時薪計算，超過40小時的工作時間，則按照時薪的1.5倍來計算)，約聘員工 (底薪是每週 $250元，加上每週銷售總金額的5.7%)，或按件計酬員工 (薪資按照所加工完成的件數來計算，按件計酬員工只能加工一種產品)。請設計一個程式，能夠計算每位員工的週薪。您無法預先知道員工的人數。每種類型的員工，都有它自己的paycode：

經理的code是1，時薪員工的code是2，約聘員工的code是3，按件計酬者的code是4。使用switch根據該員工的paycode計算每名員工的薪資。在switch敘述中，請提示使用者 (也就是計算薪資的會計) 輸入正確的資料，以便讓程式能夠依據每位員工的paycode，計算每位員工的薪水。

5.22 (笛摩根定律) 在本章中，我們曾經討論過邏輯運算子&&、||和!。笛摩根定律有時能夠讓我們以更方便的方式，來表示邏輯運算式。此定律表示，運算式! (condition1 && condition2) 在邏輯上等於運算式 (!condition1 || !condition2)。運算式! (condition1 || condition2) 在邏輯上也等於運算式 (!condition1 && !condition2)。使用笛摩根定律寫出以下運算式的相等式，然後寫個程式，證明每個原本的運算式和新的運算式的確是相等的：

a) `!( x < 5 ) && !( y >= 7 )`
b) `!( a == b ) || !( g != 5 )`
c) `!( ( x <= 8 ) && ( y > 4 ) )`
d) `!( ( i > 4 ) || ( j <= 6 ) )`

5.23 (用星號印出鑽石) 請設計一個程式，印出下列鑽石形狀。您可以使用輸出敘述印出單一星號 (*)、單一空格或單一空行。儘量多使用重複敘述 (巢狀的for敘述)，將輸出敘述的數量降至最少。

```
    *
   ***
  *****
 *******
*********
 *******
  *****
   ***
    *
```

5.24 (用星號印出鑽石) 修改您在習題5.23寫出的程式，讀入1到19間的某個奇數，以指定鑽石的列數，然後印出正確大小的鑽石。

5.25 (移除break和continue) 有人批評break和continue敘述會破壞結構性。實際上，這些敘述可用結構化敘述加以取代。請說明一般而言，要如何將迴圈中的break敘述移除，然後再利用一些結構化的等效敘述加以取代。[提示：break敘述會讓程式的控制權，離開迴圈的主體。離開迴圈的另一個方法，就是讓迴圈測試條件的測試不通過。可在迴圈測試條件中加入第二個測試條件，表示"因爲 'break' 條件，所以提早離開"。] 使用您在此想出來的技術，將圖5.13程式的continue敘述移除。

5.26 (這個程式在做甚麼？) 以下程式片段會執行什麼動作？

```
1   for ( unsigned int i = 2; i <= 6; ++i )
2   {
3     for ( unsigned int j = 2; j <= 8; ++j )
4      {
5        for ( unsigned int k = 2; k <= 7; ++k )
6          cout << '*';
7
8       cout << endl;
9     } // end inner for
10
11    cout << endl;
12  } // end outer for
```

5.27 (移除continue敘述) 請說明一般而言，要如何將迴圈中的continue敘述移除，然後再利用一些結構化的等效敘述加以取代。使用您在此想出來的技術，將圖5.14程式的continue敘述移除。

5.28 (歌曲："聖誕節的十二天") 寫個程式，使用重複敘述和switch敘述印出"耶誕節的十二天"歌詞。使用switch敘述，印出歌詞中的第幾天 (也就是"第一天"、"第二天"...等等)。再用另一個switch敘述，印出每段歌詞的剩餘部分。請造訪www.12days.com/library/carols/12daysofxmas.htm取得歌詞。

5.29 (Peter Minuit問題) 傳說中，Peter Minuit於1626年使用以物易物的方式，用美金$24.00買下了紐約的曼哈頓。他的這項投資划算嗎？爲了回答這個問題，我們首先得修改圖5.6的複利計算程式，將本金設爲$24.00然後計算利息，我們假設本金一直留在帳戶內，直到2010年爲止 (前後有384年之久)。將計算複利的for迴圈放進另一個for迴圈中，此外層的for迴圈會將利率從5%遞增到10%，藉此觀察複利的威力！

創新進階題

5.30 (全球暖化的眞相測驗) 由前美國副總統，高爾主演的紀錄片“不願面對的眞相”引起了對全球暖化議題的廣泛討論，他與聯合國政府間氣候變遷委員會 (Intergovernmental Panel on Climate Change, IPCC) 在2007年獲得諾貝爾和平獎，以表揚他們“致力於建立和散播對人爲氣候變遷的清楚認識”。請您在網路上尋找有關全球暖化議題的正反兩面意見 (您可以搜尋關鍵字諸如“global warming skeptic”)。建立一個具有五個問題的全球暖化測驗，每個問題都有四個可能的答案 (編號1-4)。試著客觀公正地傳達正反兩面的意見。接下來，寫一個應用程式來檢視這份測驗卷，計算使用者得到了幾個正確的答案 (0-5)，並將訊息回傳給使用者。假如使用者答對五題，印出“Excellent”；四題印出“Very good”；三題以下則印出“Time to brush up on your knowledge of global warming,”，並列出您找到這些資料的網站來源。

5.31 (稅收方案) 我們有很多讓稅制更公平的提案。您可以在以下網站找到美國公平稅改的計畫

`www.fairtax.org/site/PageServer?pagename=calculator`

研究這些公平稅改的方法。有一個建議是除去所得稅和其他稅，而您購買的所有商品和服務都課以23%的消費稅。有些人質疑23%的計算方法，認爲應該是30%才正確 —— 仔細思考這個問題。寫一個程式，提示使用者輸入生活中各式各樣的支出項目 (房屋、食物、衣服、交通、教育、健康照顧、休閒)，顯示出此人應付的公平稅爲何。

5.32 (Facebook的用戶群增長)，2013年1月，在互聯網上大約有25億人。2012年10月，Facebook的用戶的達到10億人。假設其月增長率固定以2%，3%，4%或5%循環，請寫一個程式，以確定何時Facebook將達到25億人。使用您在圖5.6學到的技術。

6 函式與遞迴

Form ever follows function.
—Louis Henri Sullivan

E pluribus unum.
(One composed of many.)
—Virgil

O! call back yesterday, bid time return.
—William Shakespeare

Answer me in one word.
—William Shakespeare

There is a point at which methods devour themselves.
—Frantz Fanon

學習目標

在本章中，您將學到：

- 使用函式模組化方式建構程式。
- 使用常見的數學函式庫。
- 資料傳遞給函式及回傳運算結果的機制。
- 使用函式呼叫堆疊和活動記錄來完成函式呼叫/回返機制。
- 使用亂數產生器實作遊戲程式。
- 識別字在程式中不同區域的範圍。
- 撰寫並使用遞迴函式。

本章綱要

6.1 簡介

解決實際問題的程式，其規模大都比我們之前的範例程式大上許多。經驗顯示，開發和維護大程式最好的方法，就是將大程式分割爲小而簡單的模組 (modules) 加以建構。這種策略就是所謂的**各個擊破法** (divide and conquer)。並把重點放在函式的定義和使用，讓大型程式在設計、實作、操作與維護等面向更加容易。

我們將簡單介紹C++標準程式庫中的一些數學函式。接下來，學習多個參數的函式。我們會繼續探討函式原型，以及編譯器在必要時如何將函式呼叫中的引數型態，轉換爲函式參數列表中所指定的型態。

接下來，會運用到目前爲止學過的各種程式設計技巧，搭配模擬技術與亂數產生器，設計一套賭場骰子遊戲。

隨後，我們會討論C++的儲存類別 (storage class) 與範圍解析原則 (scope rule)；它們會決定物件存活在記憶體中的時間，以及識別字 (identifier) 在程式中可被參考到的範圍。您還會學到C++如何記錄目前正在執行的函式、如何在記憶體中維護函式的參數及其他區域變數 (local variable)，以及函式執行結束時，如何返回當時被呼叫的地方。我們還會討論inline 函式 及reference (參考) 參數這二種改進程式效能的技巧，前者可完全消除呼叫函式所需的額外運算，後者能有效率地傳遞大量的引數資料給函式。

開發程式時，我們常會設計多個具有相同名稱的函式。這種技術稱爲多載 (overloading)，用來讓程式設計師實作功能類似的函式，但它們的引數型態或個數不同。接下來，我們會討論多載的實作方法之一，即函式樣板 (function template)。最後，我們會討論遞迴函式 (recursive function)，也就是直接或間接 (由其他函式) 呼叫自己的函式。

6.2 C++程式元件

正如您所看到的C++程式通常是由自己撰寫的新函式及類別，以及C++標準程式庫預先包裝好的函式及類別所組成。C++標準程式庫提供豐富的函式，能夠執行一般的數學計算、字串處理、字元處理、輸入／輸出、錯誤檢查和許多其他有用的功能等。

函式可以讓您藉由將工作分解成多個獨立的單元，把程式模組化。您所寫的程式通常都結合函式庫函式共同組成。自己寫的函式又稱爲**使用者自訂函式** (user-defined function) 或程式設計者自訂函式 (programmer-defined function)。函式本體中的敘述只寫一次，但可在程式許多其他地方使用，而且這些敘述對其他函式來說是隱藏起來的。

以函式爲模組建構程式的動機有幾個：

- 第一個動機是各個擊破法 (divide-and-conquer approach)。
- 另一個則是「軟體再利用」。例如，在前面幾章的範例程式中，我們不需自行定義由鍵盤讀入文字的程式碼，因爲此功能已由C++在 <string> 標頭檔裡定義的getline函式提供。
- 第三個動機是避免重複的程式碼。
- 另外，程式分割成許多有意義的函式後，偵錯及維護也會更加容易。

軟體工程觀點 6.1

爲提高軟體再利用性，每個函式應該只進行一項明確定義的工作，且其名稱應能明確表示它所進行的工作爲何。

如您所知，函式由函式呼叫 (function call) 啓動。當工作執行完畢後，不是直接把程式控制權還給呼叫的函式，就是先回傳運算結果，再交還控制權。這種架構很像公司裡頭的管理階層 (圖6.1)。這就好比老闆 (呼叫函式) 要求員工 (受呼叫函式) 進行指定的工作，並於完成後回報 (回傳) 結果。呼叫函式並不知道，也不需要知道被呼叫的函式如何執行指定的工作。被呼叫的員工可能會呼叫其他員工函式，而老闆也不會知道。這樣「隱藏」實作細節會增進良好的軟體工程。圖6.1說明「老闆」(boss) 函式如何用這樣的階層方式，和幾個「員工」(worker) 函式溝通。函式boss把任務分給好幾個員工函式執行，worker1對worker4和worker5而言形同「老闆」函式。

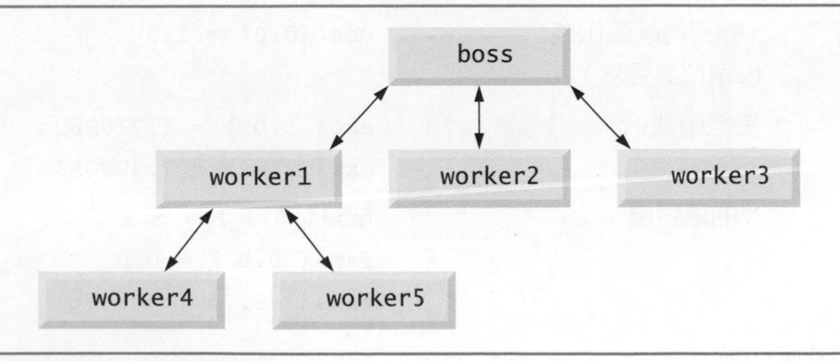

圖6.1 呼叫函式和被呼叫函式的階層關係

6.3 數學函式庫

有時，函式和main一樣，不是類別的成員。這種函式稱爲全域函式 (global function)。就像類別的成員函式，全域函式的原型也是放在標頭檔裡，如此一來任何程式只要含括其標頭檔，再連結該函式的目標碼 (object codes)，即可使用該函式。例如，在圖5.6中，我們用 <cmath> 標頭檔的函式pow計算次方。本章稍後我們會介紹多個由 <cmath> 定義的函式，它們都是全域函式，不屬於任何類別。

<cmath> 提供許多常用的數學計算函式。例如，以下函式可以用來計算900的平方根：

```
sqrt( 900.0 )
```

上述運算式的計算結果爲30.0。函式sqrt只有一個型態爲double的引數，其傳回値的型態亦爲double。呼叫函式sqrt前不需產生任何物件。此外，所有 <cmath> 定義的函式都是全域函式；所以，只要直接寫出要使用的函式名稱，後面接著內含函式引數的成對括號，就可使用它們。呼叫sqrt並傳入負的引數，sqrt函式會將全域變數errno的值設爲一個常數值EDOM(Domain error) 代表定義域錯誤。errno和EDOM在標頭檔<cerrno>中定義。我們會在第6.10節將討論全域變數。

錯誤預防要訣 6.1

呼叫sqrt函式不要傳遞負值引數。對於工業級強度的程式，在呼叫數學函數前，先檢查傳遞的參數是有效的。

函式的引數可以是常數、變數或更複雜的敘述。如果c = 13.0、d = 3.0和f = 4.0，以下敘述

```
cout << sqrt( c + d * f ) << endl;
```

會計算並輸出13.0 + 3.0 * 4.0 = 25.0的平方根，也就是5.0。圖6.2摘要列出一些數學函式庫的函式。在此圖中，變數x和y的型態是double。

函式	說明	範例
ceil(x)	傳回不小於x的最接近整數値	ceil(9.2) = 10.0 ceil(-9.8) = -9.0
cos(x)	x的三角餘弦函式 (x單位為弧度)	cos (0.0) = 1.0
exp(x)	指數函數ex	exp(1.0) = 2.718282 exp(2.0) = 7.389056
fabs(x)	X的絕對值	fabs(5.1) = 5.1 fabs(0.0) = 0.0 fabs(-8.76) = 8.76

圖6.2 數學函式庫(1/2)

函式	說明	範例
floor(x)	傳回不大於x的最接近整數	floor(9.2) = 9.0 floor(-9.8) = -10.0
fmod(x, y)	取x/y的浮點數餘數	fmod(2.6, 1.2) = 0.2
log(x)	x的自然對數 (以e為底)	log(2.718282) = 1.0 log(7.389056) = 2.0
log10(x)	x的對數 (以10為底)	log10(10.0) = 1.0 log10(100.0) = 2.0
pow(x, y)	x的y次方(xy)	pow(2, 7) = 128 pow(9, .5) = 3
sin(x)	x的三角正弦函式 (x單位為弧度)	sin(0.0) = 0
sqrt(x)	x的平方根 (當x值為非負值時)	sqrt(9.0) = 3.0
tan(x)	x的三角正切函數 (x單位為弧度)	tan(0.0) = 0

圖6.2　數學函式庫(2/2)

6.4　定義多參數函式

在這一節裡，我們要討論多參數函式。圖6.3-6.5的程式修改自原來的GradeBook類別。我們新增了使用者自訂函式maximum，它能在三個型態爲int的數字中找出最大值，並將之傳回。程式開始執行時，main函式（圖6.5中第5-13行）首先會產生類別GradeBook的物件（第8行），並呼叫該物件的成員函式 inputGrades（第11行）由使用者讀入三個整數成績。在類別GradeBook的實作檔中（圖6.4），成員函式inputGrades於第52–53行提示使用者輸入三個整數成績。第56行呼叫成員函式maximum（定義於第60–73行）。函式maximum會判斷最大的數值，然後return敘述（第72行）會將該數值，傳回到函式inputGrades呼叫maximum的位置（第56行）。之後，成員函式inputGrades會將maximum傳回的數值存到資料成員maximumGrade內。最後，該值由呼叫函式displayGradeReport顯示出來（圖6.5的第12行）。[請注意：我們把這個函式命名爲displayGradeReport，因爲在後面的章節中，我們會對GradeBook這個類別進行改版，到時我們會用這個函式顯示完整的成績報告，包括最高和最低分數。] 在第7章中，我們會讓GradeBook可處理任意數目的成績。

```
1 // Fig. 6.3: GradeBook.h
2 // Definition of class GradeBook that finds the maximum of three grades.
3 // Member functions are defined in GradeBook.cpp
4 #include <string> // program uses C++standard string class
5
6 // GradeBook class definition
```

圖6.3　定義GradeBook類別，計算最高成績(1/2)

```
 7 class GradeBook
 8 {
 9 public:
10    explicit GradeBook( std::string ); // initializes course name
11    void setCourseName( std::string ); // to set the course name
12    std::string getCourseName() const; // to retrieve the course name
13    void displayMessage() const; // display a welcome message
14    void inputGrades(); // input three grades from user
15    void displayGradeReport() const; // display report based on the grades
16    int maximum( int, int, int ) const; // determine max of 3 values
17 private:
18    std::string courseName; // course name for this GradeBook
19    int maximumGrade; // maximum of three grades
20 }; // end class GradeBook
```

圖6.3 定義GradeBook類別，計算最高成績(2/2)

```
 1 // Fig. 6.4: GradeBook.cpp
 2 // Member-function definitions for class GradeBook that
 3 // determines the maximum of three grades.
 4 #include <iostream>
 5 using namespace std;
 6
 7 #include "GradeBook.h" // include definition of class GradeBook
 8
 9 // constructor initializes courseName with string supplied as argument;
10 // initializes maximumGrade to 0
11 GradeBook::GradeBook( string name )
12    : maximumGrade( 0 ) // this value will be replaced by the maximum grade
13 {
14    setCourseName( name ); // validate and store courseName
15 } // end GradeBook constructor
16
17 // function to set the course name; limits name to 25 or fewer characters
18 void GradeBook::setCourseName( string name )
19 {
20    if ( name.size() <= 25 ) // if name has 25 or fewer characters
21       courseName = name; // store the course name in the object
22    else // if name is longer than 25 characters
23    { // set courseName to first 25 characters of parameter name
24       courseName = name.substr( 0, 25 ); // select first 25 characters
25       cerr << "Name \"" << name << "\" exceeds maximum length (25).\n"
26          << "Limiting courseName to first 25 characters.\n" << endl;
27    } // end if...else
28 } // end function setCourseName
29
30 // function to retrieve the course name
31 string GradeBook::getCourseName() const
32 {
33    return courseName;
34 } // end function getCourseName
35
36 // display a welcome message to the GradeBook user
37 void GradeBook::displayMessage() const
38 {
```

圖6.4 類別GradeBook定義成員函式，取得三個成績中的最高分(1/2)

```
39    // this statement calls getCourseName to get the
40    // name of the course this GradeBook represents
41    cout << "Welcome to the grade book for\n" << getCourseName() << "!\n"
42       << endl;
43 } // end function displayMessage
44
45 // input three grades from user; determine maximum
46 void GradeBook::inputGrades()
47 {
48    int grade1; // first grade entered by user
49    int grade2; // second grade entered by user
50    int grade3; // third grade entered by user
51
52    cout << "Enter three integer grades: ";
53    cin >> grade1 >> grade2 >> grade3;
54
55    // store maximum in member maximumGrade
56    maximumGrade = maximum( grade1, grade2, grade3 );
57 } // end function inputGrades
58
59 // returns the maximum of its three integer parameters
60 int GradeBook::maximum( int x, int y, int z ) const
61 {
62    int maximumValue = x; // assume x is the largest to start
63
64    // determine whether y is greater than maximumValue
65    if ( y > maximumValue )
66       maximumValue = y; // make y the new maximumValue
67
68    // determine whether z is greater than maximumValue
69    if ( z > maximumValue )
70       maximumValue = z; // make z the new maximumValue
71
72    return maximumValue;
73 } // end function maximum
74
75 // display a report based on the grades entered by user
76 void GradeBook::displayGradeReport() const
77 {
78    // output maximum of grades entered
79    cout << "Maximum of grades entered: " << maximumGrade << endl;
80 } // end function displayGradeReport
```

圖6.4　類別GradeBook定義成員函式，取得三個成績中的最高分(2/2)

```
 1 // Fig. 6.5: fig06_05.cpp
 2 // Create GradeBook object, input grades and display grade report.
 3 #include "GradeBook.h" // include definition of class GradeBook
 4
 5 int main()
 6 {
 7    // create GradeBook object
 8    GradeBook myGradeBook( "CS101 C++Programming" );
 9
10    myGradeBook.displayMessage(); // display welcome message
11    myGradeBook.inputGrades(); // read grades from user
12    myGradeBook.displayGradeReport(); // display report based on grades
13 } // end main
```

圖6.5　建立GradeBook物件，輸入成績並顯示成績報告(1/2)

```
Welcome to the grade book for
CS101 C++Programming!

Enter three integer grades: 86 67 75
Maximum of grades entered: 86
```

```
Welcome to the grade book for
CS101 C++Programming!

Enter three integer grades: 67 86 75
Maximum of grades entered: 86
```

```
Welcome to the grade book for
CS101 C++Programming!

Enter three integer grades: 67 75 86
Maximum of grades entered: 86
```

圖6.5 建立GradeBook物件，輸入成績並顯示成績報告(2/2)

軟體工程觀點6.2

圖6.4第56行的逗號用來分隔maximum函式的引數，它與第5.3節討論的逗號運算子並不相同。逗號運算子的作用是保證其運算元的運算順序是由左而右。但是C++的標準並沒有規定函式引數的運算順序，因此，不同編譯器可能會依不同的順序計算函式引數的值。C++標準只規定所有的引數必須在被呼叫函式執行前運算完畢。

可攜性要訣 6.1

有時函式的引數是運算式，有些甚至可能會呼叫其他函式。這時，編譯器對函式引數的運算順序，就可能會對引數的值造成影響。這種情形會讓同一個函式在不同編譯器下得到不同的引數值，導致難以發現的邏輯錯誤。

錯誤預防要訣 6.2

如果您不知道現有編譯器對引數的運算順序，或者不確定順序不同是否會影響傳遞給函式的值，最好的解決方式是在呼叫該函式前，用獨立的敘述把運算結果逐一賦值給區域變數，再拿這些區域變數當引數傳給被呼叫的函式。

maximum的函式原型

成員函式maximum的原型(圖6.3，第16行)指出該函式會傳回一個整數，函式的名字是maximum，以及該函式需要三個整數參數以完成其工作。函式maximum的標頭(圖6.4，第60行)與其原型宣告符合，並指出這三個參數的名字是x、y與z。maximum被呼叫時(圖6.4，第56行)，參數x會被設爲引數grade1的值，y會被設爲grade2的值，而z會被設爲grade3的值。呼叫函式時，函式定義裡的每一個參數(亦稱爲**正規參數，formal parameter**)都必須傳入相對應的引數。

請注意，不管是在函式原型或函式標頭，引數列中的引數都以逗號彼此相隔。編譯器會參考函式原型，以便每次呼叫maximum函式時，檢查呼叫的程式碼是否包含正確的引數數目和型態，以及傳入的型態順序是否正確。此外，編譯器還會利用函式原型，確保呼叫該函式的敘述正確地使用其傳回值。(例如，傳回型態為void的函式就不能使用在賦值敘述的等號右邊)。同時，每個引數也必須和對應參數的型態相容。例如，型態為double的參數可接受像7.35、22或－0.03456這樣的值，但不能接受字串 "hello"。若傳入的引數型態與函式原型所指定的不符，編譯器會試著進行型態轉換。我們會在第6.5節對這個主題進行更深入的討論。

程式中常犯的錯誤 6.1

將相同型態的函式參數宣告成double x, y，而不是double x，double y的話，會產生語法錯誤，因為參數列中的每個參數都需要個別宣告型態。

程式中常犯的錯誤 6.2

引數和參數的數目、型態及順序及其傳回型態在函式原型、標頭、以及呼叫中如非完全相同，就會產生編譯錯誤。

軟體工程觀點 6.3

如果函式的參數太多，很可能是因為您把太多工作放在這個函式裡。此時，請考慮將該函式分成數個更精簡的函式，讓它們分別執行。我們建議，盡可能讓函式標頭的長度限制在一行之內。

函式maximum的邏輯

要決定三個值中哪一個最大，(圖6.4中第60-73 行)，我們首先假設x最大，所以函式maximum在第62行宣告區域變數maximumValue，並將其值設為x。當然，實際上最大值可能是y或z，所以我們必須把它們的值和maximumValue進行比較。第65-66行的if敘述檢查y的值是否大於maximumValue，如果是，則把maximumValue的值設為y。同樣的，第69-70行的if敘述檢查 z的值是否大於maximumValue，若是，則把maximumValue的值設為 z。此時，maximumValue的值是三個數中最大的，所以第72行就把其值傳回第56行的函式呼叫。當程式控制權回到maximum被呼叫處後，程式就再也無法使用參數x、y、z的值了。

將控制權交還給呼叫函式

將控制權交還給呼叫函式方法有三種。如果函式沒有傳回值 (即傳回值型態為void的函式)，當執行到函式末的右大括號處，或return敘述時，控制權會返回

```
return;
```

如果函式必須傳回結果，則以下敘述

```
return expression;
```

會計算expression的值，並將其傳回給呼叫者。一個該回傳值的函數卻沒有回傳值的話，編譯器會發出錯誤或警告訊息。

6.5 函式原型及引數強制轉換

函式原型 (function prototype，又稱為**函式宣告**，function declaration) 會告知編譯器函式的名稱、函式傳回值的型態、參數的數目、參數的型態及其順序。

軟體工程觀點 6.4

函式原型是必須的，除非在呼叫前就已經完成定義。若在程式中使用標準程式庫中的函式，請使用#include前置處理指令含括其函式原型。(如sqrt的原型是在<cmath> 標頭檔中；我們會在第6.6節介紹標準程式庫的一些標頭檔)。您也可使用#include含括您或是其他程式設計師所開發之函式原型的標頭檔。

程式中常犯的錯誤 6.3

如果函式在被呼叫前就已經定義，其定義便成為函式的原型，故不須另外宣告原型。反之，若某函式被呼叫時還沒被定義，也沒有該函式的原型，就會產生編譯錯誤。

軟體工程觀點 6.5

即使在函式被呼叫之前就已經完成定義，也應該提供函式原型，(此時函式標頭會作為函式原型來使用)。這麼做可以避免程式碼受限於函式定義的先後次序，而這個順序很容易在程式的寫作過程中變動。

函式簽名

在函式原型中，函式名稱和引數型態的部分，稱為**函式簽名** (function signature)，或簡稱為**簽名** (signature)。函式簽名不包括其傳回值的型態。在相同範圍 (scope) 中的函式簽名式不得相同。函式的範圍是整個程式中，該函式可以被「看到」或呼叫的範圍。我們會在6.11節中繼續討論這個主題。

在圖6.3中，如果我們把第16行的函式原型寫成：

```
void maximum( int, int, int );
```

則編譯器會回報錯誤訊息，因為函式原型會傳回void型態，與函式標頭中所規定的傳回型態int不同。而且，該函式原型也會讓以下敘述

```
cout << maximum( 6, 7, 0 );
```

產生編譯錯誤，因為該敘述需要函式maximum傳回一值以便顯示。

引數強制轉換

函數原型的另一個重要的功能就是**引數強制轉換** (argument coercion)，也就是強制規定引數的型態必須與參數宣告所指定的型態一致。舉例來說，若某函式原型規定其引數的型態為double，呼叫該函式時，我們就算傳入整數，該函式還是可以正常運作。

引數型態提昇原則[1]

有時候，在呼叫函式時，即使引數的數值與該函式原型中的參數型態不符，編譯器還是可以在函式被呼叫前，將引數轉換為適當型態。至於如何轉換則由C++的**提昇原則** (promotion rules) 規定。型態提昇原則是一種在基本資料型態間的一種隱式轉換。例如，型態為int的資料可被轉換為double而不改變其值。然而，如果將double型態轉換成int，就會將double值的小數部分截去。記住，型態為double的變數可表示的範圍遠大於int，因此資料損失可能非常可觀。此外，當資料由表示範圍較大的整數型態轉換成較小的型態（如由long轉換成short)，或者由有號 (signed) 型態轉換成無號 (unsigned) 型態時，其值可能也會被改變。無號整數的範圍是從0開始，到有號整數正號範圍的兩倍。

型態提昇原則適用於包含兩種或多種資料型態數值的運算式；這種運算式稱為**混合型態運算式** (mixed-type expressions)。在混合型態運算式中，各數值暫時會被轉換成運算式中「最高」的型態，再進行運算（實際上，編譯器會為每個值產生一個暫時的副本，以供運算式使用，而各變數的原值依然保持不變。）當函式引數的型態與函式定義或原型宣告中的參數型態不符合時，型態提昇原則也會派上用場。圖6.6依「高」至「低」的順序列出所有的基本型態。

Data types	
`long double`	
`double`	
`float`	
`unsigned long long int`	(和`unsigned long long`同義)
`long long int`	(和`long long`同義)
`unsigned long int`	(和`unsigned long`同義)
`long int`	(和`long`同義)
`unsigned int`	(和`nsigned`同義)
`int`	
`unsigned short int`	(和`unsigned short`同義)
`short int`	(和`short`同義)
`unsigned char`	
`char and signed char`	
`bool`	

圖6.6　基本資料型態的提昇層級

1　在第4節和第5節前面所討論的提昇和轉換是個複雜的主題。您可以在bit.ly/CPlusPlus11Standard買到提昇和轉換的標準。

轉換可能會產生錯誤的值

將數值由較高型態轉換成較低型態時，可能會產生錯誤的值。所以，如果一定要這樣做，我們必須使用cast運算子（見第4.9節），或明確地 (explicitly) 把該值設給較低型態的變數（此法可能會讓某些編譯器產生警告訊息）。函式引數之值會轉換成函式原型的參數型態，就好像把該值直接設給此型態的變數一樣。假設square函式使用整數參數，但我們在呼叫此函式時傳入浮點型態的引數，則該值會被轉換成int（較低的型態），且square函式通常會傳回不正確的結果。例如，square(4.5) 會傳回16，而不是20.25。

程式中常犯的錯誤 6.4

函式呼叫中，若引數的數目及型態與對應的函式原型中宣告的參數不符，會造成編譯錯誤。另外，即使引數的數目相符，但無法轉換成函式原型規定的型態，也會造成編譯錯誤。

6.6 C++標準程式庫標頭檔

C++標準程式庫分成許多部分，每個部分都有自己的標頭檔。這些標頭檔內含相關函式的函式原型，各種類別及函式的定義，以及這些函式會用到的各樣常數，藉由標頭檔來告知編譯器如何與函式庫及使用者自訂的各樣程式元件接口。

圖6.7列出一些常用的C++標準程式庫標頭檔，我們會在本書稍後討論它們。讀者可能會注意到圖6.7裡面用到了好幾次「巨集」(macro) 這個名詞，我們會在附錄E中討論它。

標準程式庫標頭檔	說明
<iostream>	包含C++標準輸入與輸出函式原型，已於第2章介紹。第13章會做更深入探討。
<iomanip>	包含用來格式化串流處理子(stream manipulators)的函式原型。這個標頭檔已經在4.9節用到，第13章會做更深入探討。
<cmath>	包含數學函式庫的函式原型(見第6.3節)
<cstdlib>	包含數字轉文字、文字轉數字、記憶體分配、亂數和其他函式的函式原型，部分標頭檔會在第6.7節討論、第11章、第17章、第22章、附錄F等章節中討論。
<ctime>	包含時間、日期處理的函式原型，此標頭檔在第6.7節中使用。
<array>, <vector>, <list>, <forward_list>, <deque>, <queue>, <stack>, <map>, <unordered_map>, <unordered_set>, <set>, <bitset>	這些標頭檔內容涵蓋：實作C++標準程式庫的標頭、程式執行時儲存資料的容器、標頭檔<vector>在第7章介紹。所有這些標頭檔會在第15章中討論。

圖 6.7 C++標準函示庫標頭檔(1/2)

標準程式庫標頭檔	說明
<cctype>	包含測試字元特性(如字元是數字還是標點符號)函式的原型、大小寫轉換函式的原型。這些應用會在第22章中討論。
<cstring>	包含C型態字串處理函式的函式原型，這個標頭檔會在第10章中使用。
<typeinfo>	包含執行期型態確認幾個類別，第12.8節會討論。
<exception>, <stdexcept>	包含例外處理的函式原型。第17章中會詳細討論。
<memory>	包含C++標準程式庫分配記憶體給C++標準程式庫容器的類別與函式，第17章有深入探討。
<fstream>	包含檔案輸入與輸出的函式原型，第14章會有深入討論。
<string>	包含C++標準程式庫 string 類別的定義。第21章會做討論。
<sstream>	包含記憶體中字串輸入與輸出函式的函式原型，第21章會做討論。
<functional>	包含C++標準程式庫會用到的類別，第15章介紹這個標頭檔。
<iterator>	包含C++標準程式庫容器處理資料用的類別，第15章介紹這個標頭檔。
<algorithm>	包含C++標準程式庫容器處理資料用的類別，第15章介紹這個標頭檔。
<cassert>	包含有助於除錯的對話巨集。附錄E介紹這個標頭檔。
<cfloat>	包含系統浮點數的限制。
<climits>	包含系統整數的限制。
<cstdio>	包含C型態標準輸入/輸出的函式原型。
<locale>	包含不同語言自然形態等串流處理的函式原型，譬如，貨幣格式、字串排序、字元呈現等。
<limits>	包含在不同電腦平台中，數值資料型態的定義和限制。
<utility>	包含C++標準程式庫會用到的許多函式與類別。

圖 6.7　C++標準函示庫標頭檔(2/2)

6.7　個案研究：亂數產生器

在本節和第6.8節中所使用的隨機亂數產生技術，也適用在尚未使用C++11編譯器的讀者。在第6.9節中，我們再介紹C++11對隨機亂數功能的改進。

現在我們先把話題轉到一項常見的程式設計應用：模擬和電腦遊戲。在本節和下一節中，我們將發展包含多個函式的電腦遊戲程式。我們會在這個程式中使用之前學過的各樣控制敘述和概念。

利用標準程式庫中的函式rand，可以將隨機因子，導入電腦應用程式中。考慮以下敘述：

```
i = rand();
```

函式rand會產生一個無號整數，其值介於0和RAND_MAX（這是定義於 <cstdlib> 標頭檔中的一個符號常數）之間。寫個簡短程式RAND_MAX就知道亂數範圍到底有多大。若rand函式眞的是以隨機方式產生亂數，那麼任何0到RAND_MAX之間的整數都應該有相同的機會（或機率，probability）被傳回。

rand函式所產生的數值範圍，可視需要而變。例如，模擬擲銅板的程式只需要代表「正面」的0和代表「反面」的1而已。模擬擲骰子的程式則需要1到6的隨機整數。某個電玩程式需要隨機預測下一艘由地平線飛出的太空船是四種可能型號中的哪一型，則我們需要1至4的隨機整數。

擲六面骰子

爲說明rand函式的用法，圖6.8模擬投擲一個六面骰子20次，並列出每次投擲出來的點數。rand的原型宣告在 <cstdlib> 中。爲產生範圍0到5之間的整數，我們可以使用模數運算子 (%) 和rand，如下所示：

```
rand() % 6
```

這個運算式稱爲**縮放** (scaling)，而數字6稱爲**縮放係數** (scaling factor)。然後，我們將先前產生的數字加1，就能夠將數字的範圍**平移** (shift)。圖6.8確認其結果介於1和6之間。

```
 1 // Fig. 6.8: fig06_08.cpp
 2 // Shifted, scaled integers produced by 1 + rand() % 6.
 3 #include <iostream>
 4 #include <iomanip>
 5 #include <cstdlib> // contains function prototype for rand
 6 using namespace std;
 7
 8 int main()
 9 {
10    // loop 20 times
11    for ( unsigned int counter = 1; counter <= 20; ++counter )
12    {
13       // pick random number from 1 to 6 and output it
14       cout << setw( 10 ) << ( 1 + rand() % 6 );
15
16       // if counter is divisible by 5, start a new line of output
17       if ( counter % 5 == 0 )
18          cout << endl;
19    } // end for
20 } // end main
```

```
6    6    5    5    6
5    1    1    5    3
6    6    2    4    2
6    2    3    4    1
```

圖6.8 利用1 + rand() % 6 將產生整數平移、範圍減縮後的亂數

擲六面骰子6,000,000次

為證明rand函式產生各數字的機率幾乎相同，圖6.9模擬擲骰子6,000,000次的情況。範圍在1到6之間的每個整數應大約各出現1,000,000次，如程式的輸出所示。

```
 1 // Fig. 6.9: fig06_09.cpp
 2 // Roll a six-sided die 6,000,000 times.
 3 #include <iostream>
 4 #include <iomanip>
 5 #include <cstdlib> // contains function prototype for rand
 6 using namespace std;
 7
 8 int main()
 9 {
10    unsigned int frequency1 = 0; // count of 1s rolled
11    unsigned int frequency2 = 0; // count of 2s rolled
12    unsigned int frequency3 = 0; // count of 3s rolled
13    unsigned int frequency4 = 0; // count of 4s rolled
14    unsigned int frequency5 = 0; // count of 5s rolled
15    unsigned int frequency6 = 0; // count of 6s rolled
16
17    // summarize results of 6,000,000 rolls of a die
18    for ( unsigned int roll = 1; roll <= 6000000; ++roll )
19    {
20       unsigned int face = 1 + rand() % 6; // random number from 1 to 6
21
22       // determine roll value 1-6 and increment appropriate counter
23       switch ( face )
24       {
25          case 1:
26             ++frequency1; // increment the 1s counter
27             break;
28          case 2:
29             ++frequency2; // increment the 2s counter
30             break;
31          case 3:
32             ++frequency3; // increment the 3s counter
33             break;
34          case 4:
35             ++frequency4; // increment the 4s counter
36             break;
37          case 5:
38             ++frequency5; // increment the 5s counter
39             break;
40          case 6:
41             ++frequency6; // increment the 6s counter
42             break;
43          default: // invalid value
44             cout << "Program should never get here!";
45       } // end switch
46    } // end for
47
48    cout << "Face" << setw( 13 ) << "Frequency" << endl; // output headers
49    cout << "   1" << setw( 13 ) << frequency1
```

圖6.9 擲一個六面的骰子6,000,000次 (1/2)

```
50          << "\n   2" << setw( 13 ) << frequency2
51          << "\n   3" << setw( 13 ) << frequency3
52          << "\n   4" << setw( 13 ) << frequency4
53          << "\n   5" << setw( 13 ) << frequency5
54          << "\n   6" << setw( 13 ) << frequency6 << endl;
55 } // end main
```

```
Face        Frequency
   1           999702
   2          1000823
   3           999378
   4           998898
   5          1000777
   6          1000422
```

圖6.9 擲一個六面的骰子6,000,000次 (2/2)

顯示的結果正是我們要的，我們可透過縮放和平移計算，利用rand模擬擲六面骰子的動作。程式絕對不會進入switch結構所提供的default程式（第43-44行），因為這個switch的控制運算式中的隨機數值face 一定介於1到6之間。然而，我們依然提供default處理狀況，這是好的實作習慣。在第7章研究陣列後，我們將說明如何使用單行敘述，優雅地取代圖6.9的switch結構。

錯誤預防要訣 6.3

在switch結構中一定要提供default處理狀況，以便處理意料之外的錯誤，即使您百分之百確定程式沒有錯誤，也應該這麼做。

隨機化處理亂數產生器

再次執行圖6.8的程式，會產生以下的輸出

```
6         6         5         5         6
5         1         1         5         3
6         6         2         4         2
6         2         3         4         1
```

其結果與圖6.8完全相同。讀者可能要問，這怎麼能算是亂數呢？然而，這種重複性是函式rand的一項重要特性：我們對程式進行除錯時，若沒有這種重複性，就無法得知程式修正後是否工作正常。

函式rand產生的數列其實並不眞正是隨機的，這種特性稱為**虛擬亂數** (pseudorandom numbers)。重複呼叫函式rand可以得到一個亂數序列。不過，每次重新執行程式，所出現的數列都會相同。程式徹底除錯完畢後，就可讓程式每次執行時都產生不同的亂數序列。這稱為**隨機化處理** (randomizing)，可藉C++標準程式庫的函式srand達成。函式srand具有一個unsigned的整數引數，用來設定seed的數值，讓函式rand在每次執行時，得以產生不同的亂數序列。C++11 提供了額外的亂數功能，能產生非確定性亂數，即一組不能事先預測的亂

數。這種隨機亂數產生器可用於模擬和安全方案，這些應用絕不允許一猜即中的情形發生。第6.9節會介紹C++11的亂數生成功能。

良好的程式設計習慣 6.1

確保每次執行程式時，隨機種子的值都不相同。否則，攻擊者很容易就能預料即將產生的偽隨機亂數序列的值。

用函數srand播種隨機亂數

圖6.10說明srand的使用方法。在此程式中，我們使用的資料型態為unsigned，這是unsigned int的縮寫。型態int的記憶空間必須至少是2個位元組（在32位元電腦上通常為4個位元組，64位元系統上為8個位元組），而且可以表示正負號。型態unsigned int的變數至少需要2個位元組的記憶體空間。若使用4個位元組，表示範圍則增大到0 － 4294967295。函式srand的引數型態為unsigned int。您可以在標頭檔<cstdlib>中找到函式srand的函式原型。

```
 1 // Fig. 6.10: fig06_10.cpp
 2 // Randomizing die-rolling program.
 3 #include <iostream>
 4 #include <iomanip>
 5 #include <cstdlib> // contains prototypes for functions srand and rand
 6 using namespace std;
 7
 8 int main()
 9 {
10    unsigned int seed = 0; // stores the seed entered by the user
11
12    cout << "Enter seed: ";
13    cin >> seed;
14    srand( seed ); // seed random number generator
15
16    // loop 10 times
17    for ( unsigned int counter = 1; counter <= 10; ++counter )
18    {
19       // pick random number from 1 to 6 and output it
20       cout << setw( 10 ) << ( 1 + rand() % 6 );
21
22       // if counter is divisible by 5, start a new line of output
23       if ( counter % 5 == 0 )
24          cout << endl;
25    } // end for
26 } // end main
```

```
Enter seed: 67
         6         1         4         6         2
         1         6         1         6         4
```

```
Enter seed: 432
         4         6         3         1         6
         3         1         5         4         2
```

圖6.10　隨機擲骰子程式(1/2)

```
Enter seed: 67
        6         1         4         6         2
        1         6         1         6         4
```

圖6.10 隨機擲骰子程式(2/2)

只要提供不同的seed值，程式每次執行，結果都不一樣。在第一次和第三次使用相同的seed值，所以程式輸出的10個亂數都是相同的。

以下敘述可讓程式隨機化，不必每次輸入seed值：

```
srand( static_cast<unsigned int>( time( 0 ) ) );
```

該敘述會使電腦讀取系統時間，用來設定seed值。函式time(引數爲0時)會傳回以秒爲單位的系統時間，由格林威治時間(Greenwich Mean Time，GMT) 1970年1月1日午夜起算。此值會被轉換成型態爲unsigned的整數，然後當作亂數產生器的seed值。在上面敘述中，之所以加了前置詞static_cast，是避免編譯器發出警告，因爲sand函式的參數是unsigned int，如此可確保傳入的引數型態與其相符合。time的函式原型可在標頭檔 <ctime> 中找到。

通用的亂數縮放和平移

我們先前示範過如何使用一行敘述來模擬擲骰子，如下所示：

```
face = 1 + rand() % 6;
```

該敘述會把變數face的值隨機設爲1到6之間的數。請注意，這個隨機範圍的大小是6，且第一個數字由1開始。更進一步觀察該敘述可以發現，這個範圍是由用來縮放rand的值決定，這個值也就是執行模數運算的運算元6。且亂數的起始值是運算式rand%6前面加上的值。綜合以上觀察，我們可以把以上敘述改寫爲：

```
number = shiftingValue + rand() % scalingFactor;
```

其中shiftingValue代表所產生亂數的最小值，而scalingFactor則爲縮放係數，代表亂數範圍的大小。

6.8 案例研究：機率遊戲與enum介紹

craps是一個很受歡迎的擲骰子遊戲，在全世界的賭場和暗巷裡都有人在玩。遊戲的規則很簡單：

> 玩家一次擲兩粒骰子。每粒骰子都有六個面。這六個面分別標示有1、2、3、4、5和6的點數。骰子停下來時，將兩粒骰子朝上的點數相加。如果第一次投擲的總點數是7或11，則玩家贏。如果第一次投擲的總點數是2、3或12，這叫做「crap」，由莊家獲勝。如果第一次投擲的總點數是4、5、6、8、9或10，則其總點數就成爲玩家的點數。爲了要贏，玩家必須連續擲骰子，直到再次擲出前述點數爲止。如果在擲出相同的點數之前，玩家擲出點數7，則算玩家輸。

圖6.11列出模擬程式。根據遊戲規則，玩家必須每次同時投擲二個骰子。我們定義函式rollDice（第62-74行）來投擲骰子，並計算和顯示點數的總和。函式只定義一次，但是會被呼叫兩次第20行和第44行。此函式不接受任何引數並回傳兩個骰子的總數，所以在其原型（第8行）及函式標頭（第62行）中，參數列是空的而回傳型態爲int。

```
 1 // Fig. 6.11: fig06_11.cpp
 2 // Craps simulation.
 3 #include <iostream>
 4 #include <cstdlib> // contains prototypes for functions srand and rand
 5 #include <ctime> // contains prototype for function time
 6 using namespace std;
 7
 8 unsigned int rollDice(); // rolls dice, calculates and displays sum
 9
10 int main()
11 {
12    // enumeration with constants that represent the game status
13    enum Status { CONTINUE, WON, LOST }; // all caps in constants
14
15    // randomize random number generator using current time
16    srand( static_cast<unsigned int>( time( 0 ) ) );
17
18    unsigned int myPoint = 0; // point if no win or loss on first roll
19    Status gameStatus = CONTINUE; // can contain CONTINUE, WON or LOST
20    unsigned int sumOfDice = rollDice(); // first roll of the dice
21
22    // determine game status and point (if needed) based on first roll
23    switch ( sumOfDice )
24    {
25       case 7: // win with 7 on first roll
26       case 11: // win with 11 on first roll
27          gameStatus = WON;
28          break;
29       case 2: // lose with 2 on first roll
30       case 3: // lose with 3 on first roll
31       case 12: // lose with 12 on first roll
32          gameStatus = LOST;
33          break;
34       default: // did not win or lose, so remember point
35          gameStatus = CONTINUE; // game is not over
36          myPoint = sumOfDice; // remember the point
37          cout << "Point is " << myPoint << endl;
38          break; // optional at end of switch
39    } // end switch
40
41    // while game is not complete
42    while ( CONTINUE == gameStatus ) // not WON or LOST
43    {
44       sumOfDice = rollDice(); // roll dice again
45
46       // determine game status
47       if ( sumOfDice == myPoint ) // win by making point
48          gameStatus = WON;
```

圖6.11　Craps模擬遊戲(1/2)

```
49       else
50          if ( sumOfDice == 7 ) // lose by rolling 7 before point
51             gameStatus = LOST;
52    } // end while
53
54    // display won or lost message
55    if ( WON == gameStatus )
56       cout << "Player wins" << endl;
57    else
58       cout << "Player loses" << endl;
59 } // end main
60
61 // roll dice, calculate sum and display results
62 unsigned int rollDice()
63 {
64    // pick random die values
65    unsigned int die1 = 1 + rand() % 6; // first die roll
66    unsigned int die2 = 1 + rand() % 6; // second die roll
67
68    unsigned int sum = die1 + die2; // compute sum of die values
69
70    // display results of this roll
71    cout << "Player rolled " << die1 << " + " << die2
72       << " = " << sum << endl;
73    return sum; // return sum of dice
74 } // end function rollDice
```

```
Player rolled 2 + 5 = 7
Player wins
```

```
Player rolled 6 + 6 = 12
Player loses
```

```
Player rolled 1 + 3 = 4
Point is 4
Player rolled 4 + 6 = 10
Player rolled 2 + 4 = 6
Player rolled 6 + 4 = 10
Player rolled 2 + 3 = 5
Player rolled 2 + 4 = 6
Player rolled 1 + 1 = 2
Player rolled 4 + 4 = 8
Player rolled 4 + 3 = 7
Player loses
```

```
Player rolled 3 + 3 = 6
Point is 6
Player rolled 5 + 3 = 8
Player rolled 4 + 5 = 9
Player rolled 2 + 1 = 3
Player rolled 1 + 5 = 6
Player wins
```

圖6.11 Craps模擬遊戲(2/2)

enum資料型態Status

玩家可能會在第一次投擲，或接下來任何一次投擲中立刻獲勝或輸掉。我們用變數gameStatus對此進行記錄。變數gameStatus宣告成新型態Status；這是我們在程式第13行建立的使用者自訂型態，稱爲列舉 (enumeration)。列舉的宣告方式是關鍵字enum後接型態名稱 (type name，如這裡的Status)，其值可爲由一連串識別字 (identifier) 組成的整數常數之一。這些數字稱爲列舉常數 (enumeration constant)，除非特別指定，否則第一個常數的值爲0，其他往後以1遞增。在這個例子中，常數CONTINUE的值爲0，WON是1，LOST是2。列舉型態中的識別字不得相同，但不同的列舉常數可具有相同的整數值。

良好的程式設計習慣 6.2

自訂型態名稱的識別字，第一個字母用大寫。

良好的程式設計習慣 6.3

列舉常數的名稱全爲大寫字母組成。這樣可讓列舉常數在程式中特別醒目，列舉是常數，而不是變數。

型態爲Status的變數，其值只能爲列舉所宣告的三個數值之一。當遊戲獲勝時，程式會將gameStatus設成WON (第27行和48行)。遊戲輸掉時，我們會將gameStatus設成LOST (第32行和51行)。否則，程式就會將gameStatus設成CONTINUE (第35行)，代表玩家必須繼續擲骰子。

程式中常犯的錯誤 6.5

列舉型態變數的值只能設爲該列舉的列舉常數。如果用整數直接設定，即使該整數值和列舉常數之一相同，也會產生編譯錯誤。

另一個常見的列舉

```
enum Months { JAN = 1, FEB, MAR, APR, MAY, JUN, JUL, AUG,
   SEP, OCT, NOV, DEC };
```

以上敘述會建立使用者自訂型態Months，其中的列舉常數分別代表一年中的月份。在這個例子中，第一個列舉常數的值設爲1，因爲其他常數的值由此以1遞增，所以這些常數的值就是從1到12。我們可以在列舉定義中將整數值設定給列舉常數，接下來的列舉常數就會由此開始每次遞增1，直到遇到下一個使用者自行設值的列舉常數爲止。

錯誤預防要訣 6.4

列舉中個別使用獨一無二的值，以預防邏輯錯誤。

在擲完第一次骰子的輸贏

在擲完第一次骰子後，如果遊戲輸贏已經確定，程式會跳過while敘述 (第42-52行) 的主體，因爲此時gameStatus並不等於CONTINUE。在第55-58行之間的if…else敘述中，如果gameStatus的值爲WON，則程式印出 "Player wins" 訊息；若gameStatus爲LOST，則顯示 "Player loses"。

繼續投擲

在第一次投擲骰子之後，如果遊戲尚未結束，sum的值會存放在變數myPoint中（第36行）。程式會繼續執行while敘述，因爲此時的gameStatus等於CONTINUE。每執行一次while結構的主體，程式就會呼叫rollDice，產生新的總點數sum。如果sum的值等於myPoint，程式會將gameStatus設定成WON（第48行），此時while的測試條件無法被滿足，於是if…else結構會印出 "Player wins" 的訊息，並終止程式。如果sum的值爲7，程式會把gameStatus設成LOST（第51行），這時while迴圈的檢查會失敗，if…else敘述印出 "Player loses" 訊息，最後結束程式執行。

C++11—強型列舉

在圖6.11已介紹了列舉，這種列舉又稱爲非強型列舉(unscoped enums)。非強型列舉有一個問題待解決，不同的列舉但有同名的列舉元素時，產生了相同的識別字，導致命名衝突和邏輯錯誤。爲了消除這類問題，C++11引入所謂範圍的強型列舉。強行列舉的宣告方式是

enum class {……}; 或是 enum struct{……};

這兩種宣告強型列舉語法，均可使用。舉例，圖6.11的列舉 Status 可以宣告成

```
enum class Status { CONTINUE, WON, LOST };
```

要參考強型列舉Status中的常數，不能只用列舉內的識別字，必須在識別字前面加上列舉名稱Status ，再接上範圍解析運算子(::)才可以，譬如，要取得Status列舉中CONTINUE的值，必須寫成 Status::CONTINUE 才可以。這就很明確的指定了我要的是強型列舉中的CONTINUE，這樣就不會和其他強型列舉的CONTINUE混淆。所以，Status::CONTINUE 是一個明確識別字。

錯誤預防要訣 6.5

使用強型列舉可避免一般列舉所產生的名稱衝突和邏輯錯誤。

C++11可指定強型列舉中常數的資料型態

在一個列舉中的常數其資料型態爲整數，但C++有多個不同範圍的整數型態，到底列舉是用哪個整數型態？在預設情況下，非強型列舉的資料型態，依列舉中的常數值而定，所使用的整數型態保證容納得下列舉中的值。強型列舉預設的型態則指定是int。但C++11允許指定強型列舉常數的資料型態。指定語法是：在列舉型態名稱後面加上冒號(:)，冒號後面接上資料型態即可。譬如，要將強型列舉Status的常數型態指定爲 unsigned int，宣告語法如下：

```
enum class Status : unsigned int { CONTINUE, WON, LOST };
```

程式中常犯的錯誤 6.6

列舉中的常數值，超出所使用資料型態的範圍，產生編譯錯誤。

6.9 C++11隨機亂數

根據計算機安全應急響應組CERT (Computer Emergency Response Team) 的資料顯示，函數rand不具備“良好的統計特性”，而且是可預測的，這使得使用rand的程式，安全性較差 (CERT指導方案MSC30-CPP)。正如我們在6.7節所提到的，C++11提供了一個新的，更安全的程式庫，可產生不確定性的眞正隨機亂數，以供模擬和安全等不希望亂數是可預測的實際環境使用。這些新功能都定義在C++標準程式庫的標頭檔<random>當中。

隨機亂數生成在數學領域，算是一個複雜的主題。數學家已經開發出許多具有不同統計特性的隨機亂數生成演算法。爲了確保隨機亂數在程式應用的靈活性，C++11提供了很多類別，各代表不同的隨機亂數生成引擎和分佈。一個亂數生成引擎實作一個亂數生成算法。亂數分佈則控制生成引擎所產生亂數的範圍、型態和統計性質。譬如，生成的亂數是整數還是浮點數，或其他型態等等，都是由亂數分佈所控制。在本節中，我們將使用預設的隨機亂數生成引擎**default_random_engine**和**uniform_int_distribution**在指定範圍產生分佈平均的亂數。預設範圍是0到使用電腦中最大的整數。

擲六面骰子

圖6.12使用default_random_engine和uniform_int_distribution來滾動六面骰子。第14行建立一個default_random_engine物件，名爲engine。它的建構子引數以當前時間作爲隨機亂數生成引擎的種子。如果不以這種方式傳遞引數給建構子，預設的種子將被使用，結果是每次執行時，程式將產生相同的亂數序列。第15行建立一個uniform_int_distribution物件randomInt，產生無符號整數值 (由<uniform_int>指定而來) 範圍爲1～6 (由建構子的引數設定)。運算式randomInt (engine) (第21行) 回傳範圍爲1至6的無符號整數值。

```
 1 // Fig. 6.12: fig06_12.cpp
 2 // Using a C++11 random-number generation engine and distribution
 3 // to roll a six-sided die.
 4 #include <iostream>
 5 #include <iomanip>
 6 #include <random> // contains C++11 random number generation features
 7 #include <ctime>
 8 using namespace std;
 9
10 int main()
11 {
12    // use the default random-number generation engine to
13    // produce uniformly distributed pseudorandom int values from 1 to 6
14    default_random_engine engine( static_cast<unsigned int>( time(0) ) );
15    uniform_int_distribution<unsigned int> randomInt( 1, 6 );
16
17    // loop 10 times
18    for ( unsigned int counter = 1; counter <= 100; ++counter )
19    {
20       // pick random number from 1 to 6 and output it
```

圖6.12　使用C++11中的亂數生成引擎與分佈，模擬投擲六面骰子出現點數(1/2)

```
21         cout << setw( 10 ) << randomInt( engine );
22
23         // if counter is divisible by 5, start a new line of output
24         if ( counter % 5 == 0 )
25            cout << endl;
26      } // end for
27 } // end main
```

```
2          1          2          3          5
6          1          5          6          4
```

圖6.12 使用C++11中的亂數生成引擎與分佈，模擬投擲六面骰子出現點數(2/2)

第15行中的符號<unsigned int>表示uniform_int_distribution是一個類別樣板。在這種情況下，任何整數型態可用在尖括號中（<和>）。在第18章中，我們討論了如何創建類別樣板，其他章節則展示如何使用C ++標準程式庫中現有的類別樣板。現在，您對在本範例中使用類別樣板uniform_int_distribution應不會感到陌生才是。

6.10 儲存類別與儲存時間

到目前為止，程式當中我們使用識別字為變數和函式命名。變數的屬性包括名稱、型態、大小和數值。每個識別字都有各自的屬性，包括**儲存類別** (storage class)、範圍 (scope) 和**連結** (linkage)。

C++提供五種**儲存類別修飾詞** (storage-class specifiers)：auto、register、extern、mutable和static。本節會討論儲存類別修飾詞auto、register、extern和static。儲存類別修飾詞mutable只能用在類別上，thread_local則用在多執行緒應用程式，我們會在第23和24兩章深入討論。

儲存時間

識別字的儲存類別 (storage class) 會決定該識別字存放在記憶體的時間。某些識別字只會短暫存在，某些則會重複建立和清除，而有些識別字則在程式的整個執行時期都存在。我們先討論兩種儲存類別：static和automatic。

範圍

識別字的範圍 (scope) 是指在程式中可以參考此識別字的區域。某些識別字，整個程式都可參考；而有些則只能在程式中某些區域被參考。第6.11節會討論識別字的範圍。

連結

識別字的連結 (linkage) 決定該識別字是否僅能在宣告這個識別字的檔案中使用，或是可跨檔案被別的檔案使用，不論是本地使用或跨檔使用，編譯器都能編譯，然後藉由連結將其組合在一起。識別字的儲存類別修飾詞可以用來判定它的儲存類別和連結。

儲存時間

儲存類別修飾詞分成四種儲存持續時間(Storage Duration)，分別是：自動 (automatic) 儲存持續時間 、靜態 (static) 儲存持續時間、動態(dynamic) 儲存持續時間和執行續(thread) 儲存持續時間。接下來要介紹的是 automatic和 static。第10章，您會學到，您可以在程式中要求更多的記憶體，這就是所謂的動態記憶體分配。動態分配的變數具有動態儲存持續時間(dynamic storage duration)。第24章會討論 thread storage duration (執行續儲存持續時間)。

區域變數和自動儲存持續時間

屬於自動儲存持續時間的變數有：

- 函式內宣告的區域變數
- 函式的參數
- 以 register 宣告的變數或函式參數

以上這些變數都是在程式執行到程式區塊時才定義，它們的生命週期就在區塊內，程式執行完畢，離開區塊，變數就被撤銷。自動變數存在範圍僅限於宣告它們的函式中，或在最接近宣告敘述之成對大括號包圍起來的範圍中。區域變數屬於自動儲存類別，因此關鍵字auto很少被使用。從現在開始，我們將自動儲存持續時間的變數，簡稱爲自動變數(automatic variables)。

效能要訣 6.1

自動儲存是一種節省記憶體的方法，因爲只有當程式在定義它們的區塊中執行時，自動儲存類別變數才存在於記憶體之中。

軟體工程觀點 6.6

自動儲存是最小權限原則 (principle of least privilege) 的一個例子，對應用程式來說，根據本原則，程式碼應被賦予能完成其指定工作的特權與存取權限。當變數已不再需要時，爲何還要把它們存放在記憶體中，讓它們隨時可被存取呢？

良好的程式設計習慣 6.4

用到變數時，才宣告變數，不要提早宣告，浪費記憶體。

暫存器變數

在機器語言中，各種資料必須先載入暫存器，才能執行計算或其他操作。

如沒有足夠的暫存器供編譯器使用，在某些情況下，編譯器可能會忽略register修飾詞。以下的宣告會建議編譯器將變數counter存入電腦的暫存器中；然而，不管編譯器最後到底有沒有把counter放入暫存器，它的初始值都會被設定爲1：

```
register unsigned int counter = 1;
```

關鍵字register只能夠用於區域變數和函式的參數。

效能要訣 6.2

宣告自動變數時，若把儲存類別修飾詞register放在該變數之前，編譯器會把它存放在電腦的高速硬體暫存器中，而非存放在記憶體內。將大量密集使用的變數(如計數器或加總用的變數)存放於硬體暫存器，就可不必重複地將變數從記憶體取出，載入暫存器進行計算，再將計算結果存回記憶體。省略這些額外的工作可以提高程式的執行效率。

效能要訣 6.3

通常沒有必要特別使用register。今日大部分編譯器都能自動辨識哪些變數會經常被使用，而將它們存放在暫存器中，不需程式設計師刻意指定。

靜態儲存持續時間

關鍵字extern和static宣告變數或函式的識別字爲靜態儲存類別。此等變數在程式一開始執行就存在，到程式結束爲止。程式會在一開始執行時配置靜態儲存類別變數的記憶體。這類變數會在宣告時設定其初始值。對靜態儲存類別的函式來說，其名稱在程式一開始執行就存在，這和其他函式一樣。然而，即使變數和函式的名稱從程式開始執行時就已經存在，但這並不意謂這些識別字可以被使用在整個程式中。儲存類別和範圍(即名稱可以被使用的區域)是二個不同的問題，我們將在第6.11節討論。

靜態儲存持續時間的識別字

靜態儲存持續時間的識別字有兩種：外部識別字(如**全域變數** (global variables) 和全域函式名稱)，以及以儲存類別修飾詞static宣告的區域變數。變數的宣告若在任何函式定義之外，就是全域變數。全域變數在整個程式的執行時期都能夠保存其值。在原始檔中任意位置的任何函式，只要位於全域變數和函式的宣告或定義之後，就能參考它們。

軟體工程觀點 6.7

將變數宣告成全域變數而非宣告成區域變數，有時會在無意中產生一些副作用；例如讓不需要存取這個變數的函式，不小心修改到該變數。這是先前提到的「最小權限原則」的反例。一般來說，除非有程式效能上的特別考量，或者是眞正全域共享的資源如cin或cout，否則最好避免使用全域變數。

軟體工程觀點 6.8

變數若只會在某個特定函式中使用，則應於該函式內宣告成區域變數，而非全域變數。

靜態區域變數

區域變數若以static進行宣告，則只能在定義它們的函式中參考它們。和自動變數不同的是，static區域變數會在程式離開這個函式之後，仍然保留其值；意思是說，當下一次呼叫此函式時，該static區域變數仍會保有上一次函式結束時的值。以下敘述將區域變數count宣告為static，並將初始值設為1：

```
static unsigned int count = 1;
```

若您沒有指定初始值，編譯器會把所有靜態儲存類別的數值型態變數（如int、float）的初始值設為0。不過，我們建議最好養成為所有變數設置初始值的好習慣。

儲存類別修飾詞extern和static明確用於外部識別字時（如全域變數和函式名稱），會有不同的意義。在附錄F中，我們會討論如何將extern和static用於外部識別字，和多個原始檔的程式中。

6.11　範圍解析原則

在程式的不同區域中，若能使用某個識別字，則該區域稱為該識別字的"範圍"(scope)。例如，若某個區域變數在某個程式區塊中宣告，則我們只能夠在這個區塊，或在此區塊內的巢狀區塊中，參考該區域變數。本節討論識別字的四種範圍，即**區塊範圍** (block scope)、**函式範圍** (function scope)、**全域命名空間範圍** (global namespace scope)和函式**原型範圍** (function prototype scope)。稍後，我們會討論另外兩種範圍—**類別範圍** (class scope，在第9章討論）和**命名空間範圍** (namespace scope，在第23章討論）。

區塊範圍

在程式區塊中宣告的識別字，具有區塊範圍 。區塊範圍開始於識別字的宣告處，並且結束於區塊終止處的右大括弧 (})。區域變數和函式參數一樣，具有區塊範圍，後者同時亦為函式的區域變數。變數宣告可出現在任何區塊中。若區塊為巢狀結構，如果位於外部區塊的識別字與內部區塊的識別字名稱相同，則外部區塊的識別字會被暫時「隱藏」，直到程式離開內部區塊為止。內部區塊會使用它本身區域識別字的數值，而非外部區塊中名稱相同識別字的值。宣告成static的區域變數仍然具有區塊範圍，儘管它們從程式開始執行時就已經存在。儲存時間不影響識別字的範圍。

程式中常犯的錯誤 6.7

一個常見的邏輯錯誤是：某識別字原來已在外部區塊中使用，但是您又在內部區塊中用了相同的識別字。如果您希望在程式執行到內部區塊時使用外部區塊的識別字，因為範圍的緣故，程式會使用內部區塊識別字的值。

錯誤預防要訣 6.6

請避免讓變數名稱遮蓋了外部範圍中的變數名稱(同義：區域變數不要和全域變數同名)。

函式範圍

標籤 (Labels，由識別字加上冒號組成，如start:) 是唯一具有函式範圍的識別字。標籤可以用在函式中任何位置，但無法在函式主體之外參考。標籤主要供goto敘述 (附錄F) 使用。標籤是函式彼此隱藏的實作細節。

全域命名空間

在所有函式以外宣告的識別字具有全域命名空間範圍。所有函式，只要在該識別字的宣告之後，直到檔案結尾，都可以「看見」這個變數。全域變數、函式定義和函式原型都放在函式的外部，且都具有全域命名空間範圍。

函式原型範圍

具有函式原型範圍 (function-prototype scope) 的識別字只有一種，即函式原型參數列中的識別字。如同先前所述，函式原型的參數列不一定要列出參數的名稱；只需標明型態即可。編譯器會自動忽略函式宣告中參數列裡面的名稱。我們可以在程式中其他地方重複使用函式原型中出現過的識別字，而不會造成模擬兩可的狀況。

範圍展示範例

圖6.13的程式說明全域變數、自動區域變數和static區域變數的範圍。我們在第10行宣告全域變數x，並將其初始值設為1。在任何區塊或函式中，只要有其他變數也叫x，就會隱藏這個全域變數。在main函式中，第14行會顯示全域變數x的值。第16行宣告名為x的區域變數，並將其初始值設為5。我們在第18行印出該變數的值，說明全域變數x在main裡被隱藏起來了。接下來，程式第20-24行，我們在main中定義一個新的區塊。在此區塊中，另一個區域變數x會初始成7 (第21行)。程式第23行輸出這個變數，證明它隱藏了main外部區塊的x。當程式離開此區塊時，系統會自動消除數值為7的變數x。接下來，程式第26行輸出的區域變數x，位在main的外部區塊中，顯示它已經不再受隱藏。

```
 1 // Fig. 6.13: fig06_13.cpp
 2 // A scoping example.
 3 #include <iostream>
 4 using namespace std;
 5
 6 void useLocal(); // function prototype
 7 void useStaticLocal(); // function prototype
 8 void useGlobal(); // function prototype
 9
10 int x = 1; // global variable
11
12 int main()
13 {
14    cout << "global x in main is " << x << endl;
15
```

圖6.13 範圍範例 (1/3)

```
16    int x = 5; // local variable to main
17
18    cout << "local x in main's outer scope is " << x << endl;
19
20    { // start new scope
21       int x = 7; // hides both x in outer scope and global x
22
23       cout << "local x in main's inner scope is " << x << endl;
24    } // end new scope
25
26    cout << "local x in main's outer scope is " << x << endl;
27
28    useLocal(); // useLocal has local x
29    useStaticLocal(); // useStaticLocal has static local x
30    useGlobal(); // useGlobal uses global x
31    useLocal(); // useLocal reinitializes its local x
32    useStaticLocal(); // static local x retains its prior value
33    useGlobal(); // global x also retains its prior value
34
35    cout << "\nlocal x in main is " << x << endl;
36 } // end main
37
38 // useLocal reinitializes local variable x during each call
39 void useLocal()
40 {
41    int x = 25; // initialized each time useLocal is called
42
43    cout << "\nlocal x is " << x << " on entering useLocal" << endl;
44    ++x;
45    cout << "local x is " << x << " on exiting useLocal" << endl;
46 } // end function useLocal
47
48 // useStaticLocal initializes static local variable x only the
49 // first time the function is called; value of x is saved
50 // between calls to this function
51 void useStaticLocal()
52 {
53    static int x = 50; // initialized first time useStaticLocal is called
54
55    cout << "\nlocal static x is " << x << " on entering useStaticLocal"
56       << endl;
57    ++x;
58    cout << "local static x is " << x << " on exiting useStaticLocal"
59       << endl;
60 } // end function useStaticLocal
61
62 // useGlobal modifies global variable x during each call
63 void useGlobal()
64 {
65    cout << "\nglobal x is " << x << " on entering useGlobal" << endl;
66    x *= 10;
67    cout << "global x is " << x << " on exiting useGlobal" << endl;
68 } // end function useGlobal
```

圖6.13 範圍範例(2/3)

```
global x in main is 1
local x in main's outer scope is 5
local x in main's inner scope is 7
local x in main's outer scope is 5

local x is 25 on entering useLocal
local x is 26 on exiting useLocal
```

```
local static x is 50 on entering useStaticLocal
local static x is 51 on exiting useStaticLocal

global x is 1 on entering useGlobal
global x is 10 on exiting useGlobal

local x is 25 on entering useLocal
local x is 26 on exiting useLocal

local static x is 51 on entering useStaticLocal
local static x is 52 on exiting useStaticLocal

global x is 10 on entering useGlobal
global x is 100 on exiting useGlobal

local x in main is 5
```

圖6.13 範圍範例(3/3)

爲說明其他範圍種類，本程式定義了三個函式，每個函式都沒有引數，且沒有傳回值。定義於第39-46行的函式useLocal宣告自動變數x (第41行)，並將其初始值設爲25。程式呼叫useLocal時，該函式會印出這個變數的值，把它的值加1，然後在程式控制權返回呼叫者前，把它的值再印出一次。每當這個函式被呼叫時，它會重新建立自動變數x，並將其初始值設爲25。

在第51-60行的函式useStaticLocal宣告static變數x，並將其初始值設爲 50。宣告爲static的區域變數會一直保存它的值，即使程式沒有在執行定義它們的函式也一樣。程式呼叫useStaticLocal時，它會印出x，增加它的值，並且在函式將程式控制權傳給它的呼叫者前，再次列印其值。下次再呼叫它時，static區域變數x的值是51。第53行的設初值動作，只會於useStaticLocal第一次被呼叫時執行一次。

函式useGlobal (第63-68行) 並未宣告任何變數。因此，當它參考變數x時，會使用全域 (第10行，在main之前宣告) 的x。當程式呼叫useLocal時，函式會印出變數x的值，將它乘以10，並且在函式將程式控制權回傳給呼叫者前，再次列印其值。程式下次呼叫它時，全域變數的值是上次更改過的，即10。執行過useGlobal、useStaticLocal、useGlobal各二次之後，程式會再次印出main中區域變數x 的值，顯示其值未被更改，因爲先前的函式呼叫參考的是定義在其他區域裡的x。

6.12 函式呼叫堆疊與活動記錄

要瞭解C++如何處理函式呼叫，必須先了解一種稱爲**堆疊** (stack) 的資料結構 。您可以把堆疊想成一疊盤子。當一個盤子堆上去的時候，通常是放在頂端，這個動作稱爲把盤子**推入** (pushing) 堆疊。同樣地，當一個盤子拿下來的時候，通常是從頂端拿，稱爲把盤子**取出** (popping) 堆疊。堆疊是一種後進先出 (last-in, first-out，LIFO) 的資料結構，也就是說，最後推入 (加入) 堆疊的項目會最先從堆疊取出 (移除)。

函式呼叫堆疊

對電腦科學的學生來說，**函式呼叫堆疊** (function call stack，或稱爲**程式執行堆疊**，program execution stack) 是必須徹底了解的重要觀念之一。這個資料結構是函式呼叫/返回機制的基石。此外，函式自動變數的產生、維護以及清除，也有賴堆疊才得以完成。接下來，我們用疊盤子的例子，進一步解釋後進先出的堆疊概念。如圖6.15-6.17所示，被呼叫的函式返回呼叫者的行爲模式，就是這種後進先出的概念。

堆疊訊框

一個函式被呼叫後，在結束之前，可能會呼叫其他函式。那些被呼叫的函式也一樣。所有函式最後都必須把程式控制權還給它的呼叫者；因此，我們必須記錄每個函式呼叫的返回位址。函式呼叫堆疊是處理這種資訊的完美資料結構。函式呼叫另一個函式時，會產生一筆資料並將其推入堆疊。這記錄稱爲**堆疊訊框** (stack frame) 或**活動記錄** (activation record)，其中存有被呼叫函式返回呼叫函式所需的返回位址以及其他資訊 (將於稍後討論)。被呼叫的函式若在返回前沒有呼叫其他函式，系統會彈出該函式呼叫所產生的堆疊訊框，並把程式控制權轉移到該框架先前儲存的返回位址。

程式呼叫堆疊的優雅之處在於，只要檢查堆疊頂端的框架，就可得知受呼叫的函式所需的返回位址。而且，當函式呼叫另一個函式時，只要把新的框架放進堆疊即可。因此，當新呼叫的函式返回時，所需的返回位址一定位於堆疊的頂端。

自動變數與堆疊訊框

堆疊訊框的另一個重要工作是維護自動變數。大部分函式都具有自動變數；包括函式的參數和於其本體中宣告的所有區域變數。自動變數只需於函式執行時存在。函式呼叫其他函式時，它們仍必須存在。不過，當函式結束，控制權返回呼叫函式時，它們就必須被消滅。因此，被呼叫函式的堆疊訊框是配置記憶體空間給這些自動變數的絕佳地點。堆疊訊框只在被呼叫的函式存活時存在。被呼叫的函式返回時，就不再需要其區域自動變數了，此時儲存區域變數的堆疊訊框恰好取出，程式從此之後就無法使用它們。

堆疊溢滿

當然，電腦的記憶體容量有限，所以程式執行堆疊可使用的記憶體空間也有上限。假如函式呼叫的數量大於函式呼叫堆疊可儲存的活動紀錄，稱做**堆疊溢滿** (stack overflow)。

函式呼叫堆疊實例

現在，讓我們來看main函式(圖6.14，第9-14行)中呼叫函式square時，呼叫堆疊是如何支援這項操作。首先，作業系統呼叫main，並把活動記錄推入堆疊 (如圖6.15所示)。該記錄告訴main如何於結束時返回作業系統 (返回位址R1)，並配置main的自動變數所需的記憶體空間 (變數a，初值設爲10)。

```
1  // Fig. 6.14: fig06_14.cpp
2  // square function used to demonstrate the function
3  // call stack and activation records.
4  #include <iostream>
5  using namespace std;
6
7  int square( int ); // prototype for function square
8
9  int main()
10 {
11    int a = 10; // value to square (local automatic variable in main)
12
13    cout << a << " squared: " << square( a ) << endl; // display a squared
14 } // end main
15
16 // returns the square of an integer
17 int square( int x ) // x is a local variable
18 {
19    return x * x; // calculate square and return result
20 } // end function square
```

```
10 squared: 100
```

圖6.14 函式square，用來示範函式的呼叫堆疊與活動記錄

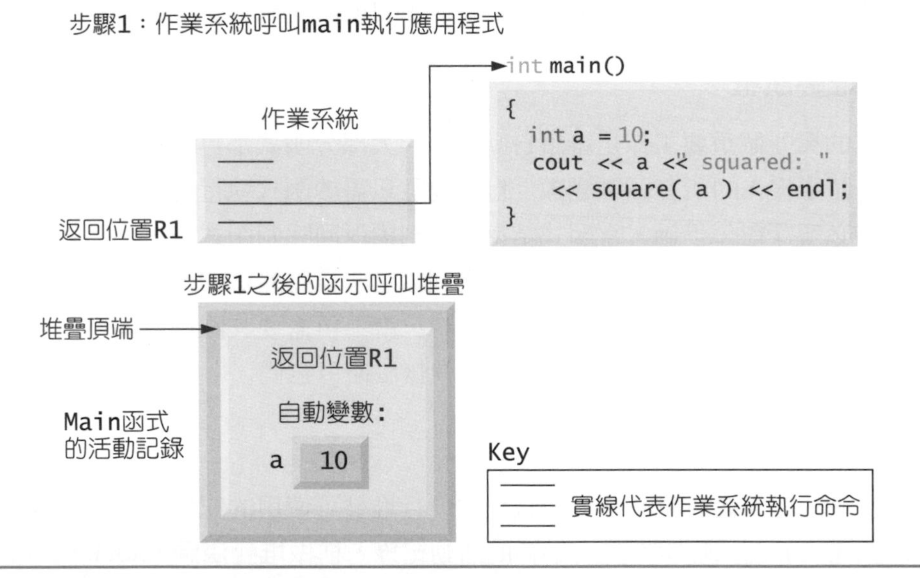

圖6.15 作業系統呼叫main執行程式之後：函式呼叫堆疊

在圖6.14的第13行，我們可以看到main在返回作業系統前呼叫了函式square。這會把函式square（第17-20行）的堆疊訊框推入函式呼叫堆疊（圖6.16）。此框架包含square返回main時的位址（R2），及其自動變數（x）的記憶體空間。

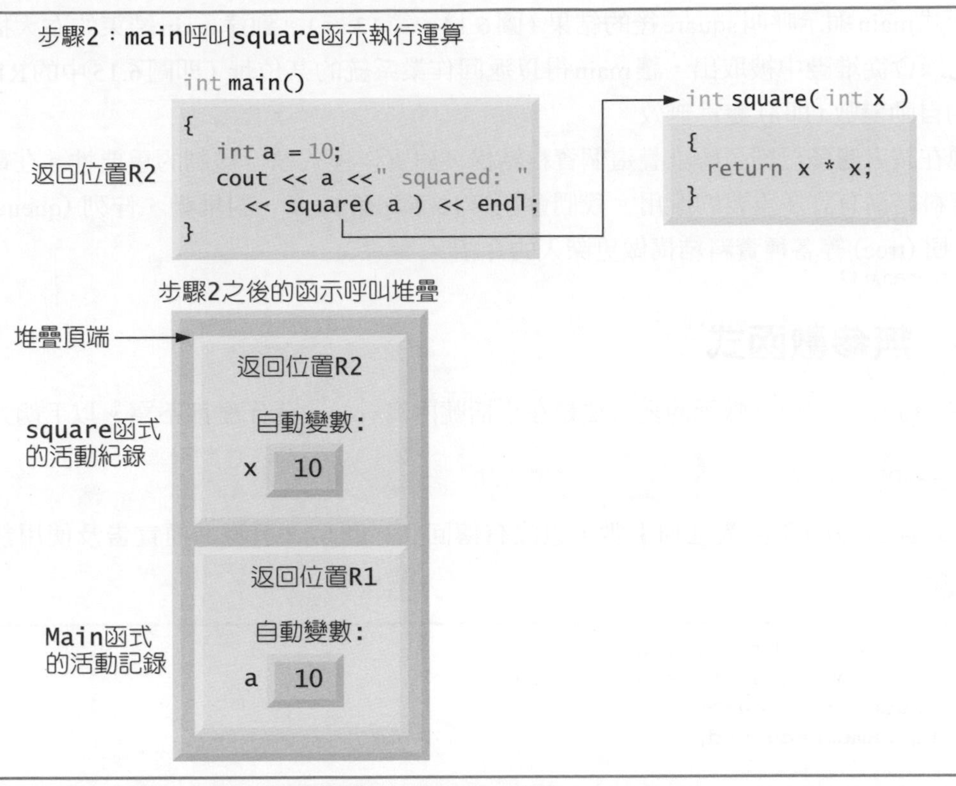

圖6.16　main呼叫函式square進行計算後：函式呼叫堆疊

函式squre計算完引數的平方值後，必須把控制權還給main，這時自動變數x的記憶體空間就不再需要了。此時，系統會取出堆疊，讓square得知main中的返回位址（譬如，R2），並清除自動變數的記憶體空間。圖6.17顯示square的活動記錄被取出後函式呼叫堆疊的內容。

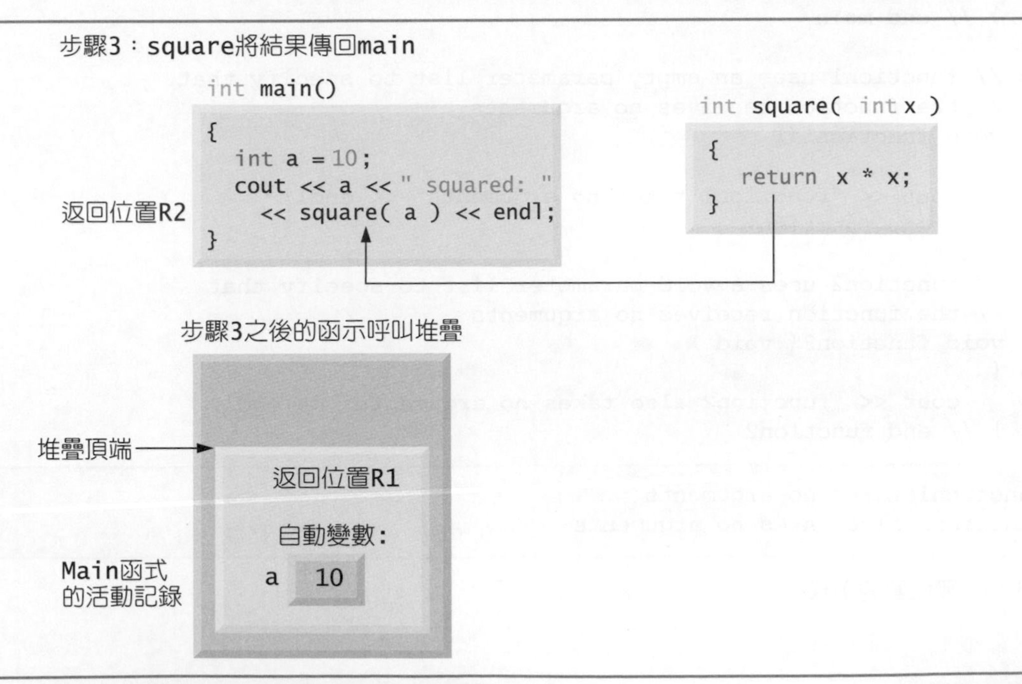

圖6.17　函式square返回main後，函式呼叫堆疊

函式main顯示呼叫square後的結果（圖6.14，第13行）。到達main結束的右大括號時，活動紀錄會從堆疊中被取出，讓main得以返回作業系統的某位址（即圖6.15中的R1），並讓main的自動變數（即a）變爲無效。

現在讀者應該已經了解堆疊這個資料結構，對實作程式執行機制的重要性。在電腦科學中，資料結構有許多重要的應用。我們會在第15章和第19章，對堆疊、佇列（queue）、串列（list）、樹（tree）等各種資料結構做更深入的介紹。

6.13 無參數函式

在C++中，空白參數列的表示法是在小括號內寫void，或什麼都不寫。以下函式原型

```
void print();
```

表示函式print不接受任何引數，也沒有傳回值。圖6.18示範二種宣告及使用無參數函式的方法。

```
 1 // Fig. 6.1:8 fig06_18.cpp
 2 // Functions that take no arguments.
 3 #include <iostream>
 4 using namespace std;
 5
 6 void function1(); // function that takes no arguments
 7 void function2( void ); // function that takes no arguments
 8
 9 int main()
10 {
11    function1(); // call function1 with no arguments
12    function2(); // call function2 with no arguments
13 } // end main
14
15 // function1 uses an empty parameter list to specify that
16 // the function receives no arguments
17 void function1()
18 {
19    cout << "function1 takes no arguments" << endl;
20 } // end function1
21
22 // function2 uses a void parameter list to specify that
23 // the function receives no arguments
24 void function2( void )
25 {
26    cout << "function2 also takes no arguments" << endl;
27 } // end function2
```

```
function1 takes no arguments
function2 also takes no arguments
```

圖6.18 無引數的函式

6.14　內嵌函式

從軟體工程的觀點來看，將程式實作成許多函式的組合是一件好事，但函式呼叫會對程式效能造成額外的負擔。C++的**內嵌函式** (inline function) 可降低函式呼叫帶來的額外效能負擔。我們可以在函式定義中的傳回值型態前面，加上修飾詞inline，建議編譯器在程式呼叫此函式時，在程式碼中插入該函式的副本代替函式呼叫。這麼做會使程式變大，但執行時間變快，可說是以空間換取時間。編譯器有可能會忽略inline修飾詞，但對小的函式通常就依其宣告，以內嵌方式插入內容。可重複使用的內嵌函式通常放置在標頭檔，想用它的函式只要將該標頭檔引入即可。

軟體工程觀點 6.9

若變更內嵌函式的內容，使用此內嵌函式的所有函式都要進行重新編譯。

效能要訣 6.4

即使不是內嵌函式，編譯器有時也會自動將其以內嵌方式執行。現今的編譯器大都有複雜的最佳化機制，內嵌就成了編譯器執行最佳化的工具之一。

圖6.19使用內嵌函式cube (第9-12行) 來計算立方體的體積。函式cube參數列表 (第9行) 中的const關鍵字在告訴編譯器，函式不會修改變數side。這保證了在計算過程中side的值不會被改變。(第7-9章會詳細討論關鍵字const)。

軟體工程觀點 6.10

修飾詞const可用來強制實行最小權限原則。適當使用最小權限原則來設計軟體，可以大幅減少除錯所需的時間以及副作用發生的機會，並可讓程式更容易修改和維護。

```
 1 // Fig. 6.19: fig06_19.cpp
 2 // inline function that calculates the volume of a cube.
 3 #include <iostream>
 4 using namespace std;
 5
 6 // Definition of inline function cube. Definition of function appears
 7 // before function is called, so a function prototype is not required.
 8 // First line of function definition acts as the prototype.
 9 inline double cube( const double side )
10 {
11    return side * side * side; // calculate cube
12 } // end function cube
13
14 int main()
15 {
16    double sideValue; // stores value entered by user
17    cout << "Enter the side length of your cube: ";
18    cin >> sideValue; // read value from user
19
```

圖6.19　計算正方體體積的inline函式(1/2)

```
20     // calculate cube of sideValue and display result
21     cout << "Volume of cube with side "
22        << sideValue << " is " << cube( sideValue ) << endl;
23 } // end main
```

```
Enter the side length of your cube: 3.5
Volume of cube with side 3.5 is 42.875
```

圖6.19 計算正方體體積的inline函式(2/2)

6.15 參考與參考參數

許多的程式語言都提供兩種呼叫函式的方法，即**傳值呼叫** (call-by-value) 和**傳參考呼叫** (call-by-reference)。使用傳值呼叫傳遞引數時，會產生引數值的副本，並將它傳給被呼叫的函式 (經由函式呼叫堆疊)。對副本做的任何改變不會影響呼叫函式中原始變數的值。這麼做可以避免產生意料之外的副作用，確保軟體得以正確、可靠地發展。本章到目前爲止的所有範例都採傳值呼叫。

效能要訣 6.5

傳值呼叫的缺點之一，就是如果要傳送的資料量大，複製這些資料會耗費大量執行時間和記憶體空間。

參考參數

本節介紹參考參數 (reference parameter)，這是C++中傳參考呼叫兩種方式中的第一種。採用傳參考呼叫時，呼叫者讓被呼叫函式可以直接存取呼叫者的資料，還可以修改資料。

效能要訣 6.6

傳參考呼叫有助提高程式效率，因爲它可以避免傳值呼叫複製大量資料的額外負擔。

軟體工程觀點 6.11

傳參考呼叫弱化了程式的安全性，被呼叫函數可破壞呼叫者的資料。

我們將在本章稍後說明，如何在享用傳參考呼叫帶來的高效率的同時，依軟體工程的原則保護呼叫者的資料不受毀損。

參考參數 (reference parameter) 可視爲函式呼叫中對應引數的別名。要指定某個函式的參數是傳參考呼叫，寫法是在函式原型的參數型態之後加上&符號；在函式標頭列出參數的型態時，表示法亦相同。例如，在下面這個函式標頭宣告中

```
int  &count
```

由右到左閱讀這個宣告時，唸作「count是int的參考」。在此函式呼叫中，只需使用變數的名稱，就可將它的參考值傳入函式。之後，只要在被呼叫函式的程式碼主體中使用某個

變數的參數名稱，就會參考到呼叫者中原始變數的值，且被呼叫函式可以直接修改其值。另外，請特別注意函式原型必須與標頭一致。

傳值與傳址傳遞引數

圖6.20比較傳值呼叫和傳參考呼叫的不同。呼叫函式squareByValue和函式squareByReference的方法是一樣的：都是在函式呼叫中寫出變數的名稱。若不看函式的原型或定義，我們無法從函式呼叫分辨哪一個函式可以修改其引數。然而，因爲我們必須提供函式原型，所以編譯器可以判斷這兩種函式呼叫的不同。

程式中常犯的錯誤 6.8

參考參數在被呼叫函式的主體中使用時，是以名稱來參考的，所以您可能會誤把它當成傳值呼叫的參數。如果函式更改原始變數，可能會導致不可預期的副作用。

```
 1 // Fig. 6.20: fig06_20.cpp
 2 // Passing arguments by value and by reference.
 3 #include <iostream>
 4 using namespace std;
 5
 6 int squareByValue( int ); // function prototype (value pass)
 7 void squareByReference( int & ); // function prototype (reference pass)
 8
 9 int main()
10 {
11    int x = 2; // value to square using squareByValue
12    int z = 4; // value to square using squareByReference
13
14    // demonstrate squareByValue
15    cout << "x = " << x << " before squareByValue\n";
16    cout << "Value returned by squareByValue: "
17       << squareByValue( x ) << endl;
18    cout << "x = " << x << " after squareByValue\n" << endl;
19
20    // demonstrate squareByReference
21    cout << "z = " << z << " before squareByReference" << endl;
22    squareByReference( z );
23    cout << "z = " << z << " after squareByReference" << endl;
24 } // end main
25
26 // squareByValue multiplies number by itself, stores the
27 // result in number and returns the new value of number
28 int squareByValue( int number )
29 {
30    return number *= number; // caller's argument not modified
31 } // end function squareByValue
32
33 // squareByReference multiplies numberRef by itself and stores the result
34 // in the variable to which numberRef refers in function main
35 void squareByReference( int &numberRef )
36 {
37    numberRef *= numberRef; // caller's argument modified
38 } // end function squareByReference
```

圖6.20　使用傳值呼叫和傳參考呼叫傳遞引數(1/2)

```
x = 2 before squareByValue
Value returned by squareByValue: 4
x = 2 after squareByValue

z = 4 before squareByReference
z = 16 after squareByReference
```

圖6.20 使用傳值呼叫和傳參考呼叫傳遞引數(2/2)

我們將在第8章討論指標 (pointer)。指標是另一種傳參考呼叫的方法。和參考參數不同的是，指標更能明確地在程式碼中表現所傳遞的是參考而非一般變數，並強調呼叫者引數被更改的可能性。

效能要訣 6.7

傳遞大型物件時，使用常數參數可以模擬傳值呼叫的運作方式和安全性，同時避免複製大型物件的額外負擔。

為預防呼叫函時引數內容被修改，將修飾詞const放在參數宣告中型態修飾詞的前面，意思是該參考指向的是常數。請注意在圖6.20的第35行的函式squareByReference參數列中&的位置。有些C++程式設計師比較喜歡寫成int& numberRef，這二種寫法是一樣的。

在函式中作為別名的參數

在函式中，參數也可以作為其他變數的別名 (不過它們通常是如圖6.20所示和函式一起使用)。例如以下程式碼

```
int count = 1; // declare integer variable count
int &cRef = count; // create cRef as an alias for count
++cRef; // increment count (using its alias cRef)
```

會用變數count的別名cRef把它的值加一。參考變數必須於宣告時設定初值，且不能被重新指定為其他變數的別名。把參考宣告成其他變數的別名後，對此別名 (即參考) 進行的任何操作都會作用到原始的變數上，因為別名是原始變數的另一個名稱。除了常數參考之外，參考引數一定是lvalue (如變數名稱)，而非常數或rvalue 運算式(即計算結果)。

由函式傳回參考

函式可以傳回參考，但這麼做相當危險。一般來說，若讓函式回傳區域變數的參考，該變數必須在函式中宣告為static。否則，該參考會參考到自動變數，而自動變數會在函式結束時自動清除；此時，該變數會變成「未定義」，讓程式會產生不可預期的結果。指向未定義變數的參考，稱為懸置參考 (dangling references)。

程式中常犯的錯誤 6.9

在被呼叫函式內返回一個自動變數的參考是一種邏輯錯誤。編譯器通常會發出警告。對於工業級的程式，在執行程式之前應消除所有的編譯警告。

6.16 預設引數

許多情況下，我們會用同樣的參數值重複呼叫一個函式。遇到這種情況，我們可利用**預設引數** (default argument) 為它們配置預設值。當程式呼叫具有預設引數的函式時，若省略引數，編譯器會重新改寫函式呼叫，以預設值代替該引數。

預設引數必須位於函式參數列的最右邊 (尾端)。呼叫包含兩個或兩個以上預設引數的函式時，如果省略的引數不是位於引數列的最右邊，則所有在該引數右方的引數也必須一併省略。預設引數必須在函式名稱第一次於程式中出現時定義，這通常是函式的原型。若不提供函式原型，函式的定義會被用做函式原型，此時預設引數必須寫在函式標頭中。預設引數的預設值可以是任何敘述，包括常數、全域變數或函式呼叫。預設引數也可用於inline函式。

圖6.21示範如何使用預設引數計算盒子的體積。第7行的boxVolume函式原型指出三個參數的預設值都為1。我們在函式原型中寫出引數的名稱，這是為了提高程式的可讀性。雖然這不是必要的。

第一次呼叫boxVolume (第13行) 未提供參數，所以三個引數都使用其預設值1。第二次呼叫 (第17行) 傳入引數length，這時只有width及height使用預設值1。第三次呼叫 (第21行) 傳入length和width引數，因此它使用height引數的預設值。

```
 1 // Fig. 6.21: fig06_21.cpp
 2 // Using default arguments.
 3 #include <iostream>
 4 using namespace std;
 5
 6 // function prototype that specifies default arguments
 7 unsigned int boxVolume( unsigned int length = 1, unsigned int width = 1,
 8    unsigned int height = 1 );
 9
10 int main()
11 {
12    // no arguments--use default values for all dimensions
13    cout << "The default box volume is: " << boxVolume();
14
15    // specify length; default width and height
16    cout << "\n\nThe volume of a box with length 10,\n"
17       << "width 1 and height 1 is: " << boxVolume( 10 );
18
19    // specify length and width; default height
20    cout << "\n\nThe volume of a box with length 10,\n"
21       << "width 5 and height 1 is: " << boxVolume( 10, 5 );
22
23    // specify all arguments
24    cout << "\n\nThe volume of a box with length 10,\n"
25       << "width 5 and height 2 is: " << boxVolume( 10, 5, 2 )
26       << endl;
27 } // end main
28
29 // function boxVolume calculates the volume of a box
30 unsigned int boxVolume( unsigned int length, unsigned int width,
31    unsigned int height )
32 {
33    return length * width * height;
34 } // end function boxVolume
```

圖6.21 使用預設引數(1/2)

```
The default box volume is: 1

The volume of a box with length 10,
width 1 and height 1 is: 10

The volume of a box with length 10,
width 5 and height 1 is: 50

The volume of a box with length 10,
width 5 and height 2 is: 100
```

圖6.21 使用預設引數(2/2)

最後一次呼叫(第25行)同時傳入length、width和height三個引數的值，此時未使用任何預設值。任何明確傳遞給函式的引數會依由左而右順序指定給函式的參數。因此，當boxVolume接收一個引數時，函式會將該引數的值指定給length參數(即參數列最左邊的參數)。當boxVolume接收兩個引數時，函式會把它們的值，依序指定給length和width。最後，當boxVolume接收三個引數時，函式會將它們的值，分別指定給length、width和height。

良好的程式設計習慣 6.5

預設引數可以簡化函式呼叫的寫法。不過，有些程式設計師認為寫出所有的引數會讓程式更容易閱讀。

6.17 單運算元範圍解析運算子

我們可讓區域變數具有和全域變數相同的名稱。C++的**單運算元範圍解析運算子 (::) (unary scope resolution operator)**，可用來在區域變數的範圍內，存取具相同名稱的全域變數。不過，如果在外部區塊，就不能用單元範圍解析運算子，存取相同名稱的內層區域變數。若全域變數的名稱與區域變數不同，在區域變數的範圍內，不需使用單元範圍解析運算子就可以直接存取全域變數。

圖6.22說明如何利用單運算元範圍解析運算子存取名稱相同的區域及全域變數(分別在第6和10行)。我們特意把區域和全域版本的變數number定為int及double型態，以示它們是不同的變數。

```
 1 // Fig. 6.22: fig06_22.cpp
 2 // Unary scope resolution operator.
 3 #include <iostream>
 4 using namespace std;
 5
 6 int number = 7; // global variable named number
 7
 8 int main()
 9 {
10    double number = 10.5; // local variable named number
11
```

圖6.22 單運算元範圍解析運算子(1/2)

```
12   // display values of local and global variables
13   cout << "Local double value of number = " << number
14      << "\nGlobal int value of number = " << ::number << endl;
15 } // end main
```

```
Local double value of number = 10.5
Global int value of number = 7
```

圖6.22　單運算元範圍解析運算子(2/2)

良好的程式設計習慣 6.6

使用單運算元範圍解析運算子(::)參考全域變數會使程式更容易理解，不會讓人誤以為取用的是區域變數。

軟體工程觀點 6.12

使用單元範圍解析運算子 (::) 參考全域變數，可以讓程式更容易修改，並避免與區域變數發生名稱衝突的風險。

錯誤預防要訣 6.7

使用單元範圍解析運算子 (::) 參考全域變數，可以消除邏輯錯誤，因為非全域變數可能會隱藏全域變數

錯誤預防要訣 6.8

在程式中，最好避免讓目的不同的變數具有相同名稱。雖然這是合法的，但很容易造成錯誤。

6.18 函式多載

我們可在C++中定義多個名稱相同的函式，只要它們的簽名不同即可。這稱為**函式多載** (function overloading)。C++編譯器會依受呼叫函式的引數個數、型態和排列順序，選出適當的函式來呼叫。函式多載可以用來建立幾個具有相同名稱的函式，通常這些函式執行的工作類似，只是處理的資料型態不同。例如，許多數學函式庫中的函式，會對不同的數值型態進行多載。依C++標準的規定，第6.3節討論的數學函式庫函式應具float、double以及long double的多載版本。

良好的程式設計習慣 6.7

將執行相關工作的函式進行多載，可以讓程式更具可讀性，也更容易瞭解。

多載函式square

圖6.23使用多載函式square計算int（第7-11行）和double（第14-18行）型態的平方值。第22行藉由傳入字面常數7呼叫int版的square函式。這是因為C++預設會把字面 (literal) 整

數看成int。同樣地，第24行會呼叫square函式的double版本，因爲此處我們傳遞字面常數7.5給該函式，而C++會將它視爲double。在每種情況下，編譯器會依據不同的引數類型，選擇呼叫適當的函式。輸出視窗的最後兩行，確認在每種情況下，程式呼叫了適當的函式。

```
 1 // Fig. 6.23: fig06_23.cpp
 2 // Overloaded square functions.
 3 #include <iostream>
 4 using namespace std;
 5
 6 // function square for int values
 7 int square( int x )
 8 {
 9    cout << "square of integer " << x << " is ";
10    return x * x;
11 } // end function square with int argument
12
13   // function square for double values
14 double square( double y )
15 {
16    cout << "square of double " << y << " is ";
17    return y * y;
18 } // end function square with double argument
19
20 int main()
21 {
22    cout << square( 7 ); // calls int version
23    cout << endl;
24    cout << square( 7.5 ); // calls double version
25    cout << endl;
26 } // end main
```

```
square of integer 7 is 49
square of double 7.5 is 56.25
```

圖6.23　多載函式square

編譯器如何分辨多載函式

編譯器依函式簽名辨別多載函式。函式的簽名由函式名稱，及其參數的型態(依順序)組成。編譯器會依據每個函式的參數個數和型態產生其識別代號(這個動作稱爲**名稱重整** (name mangling) 或**名稱修飾** (name decoration)，以便進行**型態安全連結** (type-safe linkage)。型態安全連結可確保程式呼叫的是適當的多載函式，而且傳入的引數型態與參數相符。

圖6.24是由GNU C++所編譯的。這裡顯示的不是程式的執行結果，而是GNU C++產生的以組合語言表示的多載函式名稱代碼 (mangled function names)。名稱代碼的格式是以底線符號 (__)、字母z以及一個數字開頭，後面加上函式名稱 (main除外)。z後面的數字代表函式名稱中有多少個字元。例如，square函式名稱有6個字元，因此它的名稱代碼以 __Z6開頭。接下來是函式名稱後面接著參數列代碼。輸出的第4行，這來自原始碼第25行的函式nothing2，c代表char型態，i代表int型態，Rf代表float& 型態 (即float參考)，Rd代表double& 型態 (double參考)。在函式nothing1的參數列中，i代表int型態，f代表float型態，

c代表char型態，而Ri代表int&型態。這兩個square函式按照它們的參數列進行區分；一個是d (double型態)，而另一個是i (int型態)。名稱代碼不包含函式傳回值的型態。多載函式可以具有不同的傳回型態，但無論如何它們的參數列必須不同。再強調一次，函式不能具有相同的函式簽名而只有傳回型態不同。函式名稱代碼的表示法與編譯器有關。不同的編譯器可能會有不同的編碼規則。另外，main函式並未使用名稱代碼，因爲它不能夠進行多載。

程式中常犯的錯誤 6.10

建立參數列相同，但傳回值型態不同的多載函式，會產生編譯錯誤。

```
 1 // Fig. 6.24: fig06_24.cpp
 2 // Name mangling to enable type-safe linkage.
 3
 4 // function square for int values
 5 int square( int x )
 6 {
 7    return x * x;
 8 } // end function square
 9
10 // function square for double values
11 double square( double y )
12 {
13    return y * y;
14 } // end function square
15
16 // function that receives arguments of types
17 // int, float, char and int &
18 void nothing1( int a, float b, char c, int &d )
19 {
20    // empty function body
21 } // end function nothing1
22
23 // function that receives arguments of types
24 // char, int, float & and double &
25 int nothing2( char a, int b, float &c, double &d )
26 {
27    return 0;
28 } // end function nothing2
29
30 int main()
31 {
32 } // end main
```

```
__Z6squarei
__Z6squared
__Z8nothing1ifcRi
__Z8nothing2ciRfRd
main
```

圖6.24　藉名稱重整碼進行型態安全連結

編譯器只會依據參數列對多載函式進行區分。多載函式的參數數目不必相同。使用預設參數多載函式時，程式設計師必須相當小心，避免造成模稜兩可的情況。

程式中常犯的錯誤 6.11

呼叫具有預設引數的多載函式時，若省略其引數，可能會與該多載函式的另一版本相同，而造成編譯錯誤。例如，程式中有兩個多載函式，其中一個函式明確表示不需接受任何引數，而另一個同名函式所有的引數都有預設值；當我們使用這兩個函式的名稱進行呼叫，卻未提供任何引數時，會產生編譯錯誤，因爲編譯器不知道該選擇哪個版本。

運算子多載

我們會在第10章討論如何進行運算子多載(overloaded operators)，並對使用者自訂型態的物件進行各種運算。(其實，我們早已用過多載運算子了：串流運算子 <<和>> 就是這樣的多載運算子，它們可處理各種基本型態的資料。我們會在第10章說明多載 << 和 >> 兩個運算子，來處理使用者自訂的資料型態。)

6.19 函式樣板

多載函式通常用來處理類似的任務，但使用不同的程式邏輯處理不同的資料型態。如果每種資料型態的程式邏輯都一樣，則使用**函式樣板** (function template) 會比多載函式更方便。我們只需撰寫一份函式樣板的定義。得知引數型態後，C++編譯器會自動產生各別的**特殊化函式樣板** (function template specializations)，來處理不同類別的函式呼叫。因此，定義一個函式樣板，就可達到定義一整群多載函式的效果。

請看圖6.25。函式maximum是一個函式樣板 (定義在第3-17行) 它可找出三個數中的最大值。函式樣板定義的第一個字必須是**關鍵字**template (第3行)，後接以尖括號 (< 和 >) 包圍的**樣板參數列** (template parameter list)。樣板參數列中的每個參數 (通常稱爲**正規型態參數**formal type parameter) 前面必須寫有關鍵字typename或class (它們在C++中是同義字)。正規型態參數 (formal type parameter) 可爲內建型態或使用者自訂型態。它們的用處是指定函式參數的型態 (第4行)，函式的傳回值 (第4行)，以及在函式定義中宣告變數 (第6行)。函式樣板的定義方法和正常函式一樣，唯一不同處是函式樣板利用正規型態引數把資料型態的地方先空下來，等到編譯時才讓編譯器依函式呼叫替換成眞正的型態。

```
1 // Fig. 6.25: maximum.h
2 // Function template maximum header.
3 template < typename T >  // or template< class T >
4 T maximum( T value1, T value2, T value3 )
5 {
6    T maximumValue = value1; // assume value1 is maximum
7
8    // determine whether value2 is greater than maximumValue
```

圖6.25　函式樣板maximum標頭檔(1/2)

```
9      if ( value2 > maximumValue )
10        maximumValue = value2;
11
12     // determine whether value3 is greater than maximumValue
13     if ( value3 > maximumValue )
14        maximumValue = value3;
15
16     return maximumValue;
17  } // end function template maximum
```

圖6.25　函式樣板maximum標頭檔(2/2)

函式樣板宣告一個正規型態參數T(第3行)，作爲函式maximum所要測試資料的型態。定義樣板時，樣板參數列中的型態參數不得重複。編譯器在程式原始碼內偵測到呼叫函式maximum時，會以傳給函式maximum的資料型態取代樣板定義中所有的T，讓C++建立一個完整的函式，此函式會針對指定資料型態的三個數值，決定其中的最大值(我們在本範例中只使用了一個型態參數，因此這三個數值的型態應該相同)。接著，程式會編譯這個新建立的函式。因此，樣板其實是產生程式碼的一種方式。

在圖6.26中，使用maximum函式樣板分別找出三個型態爲int、double及char的最大值(第17、27及37行)。編譯器會分別爲第17、27及37行的函式呼叫產生三個不同的函式，它們的參數型態分別爲int、double與char。

```
1  // Fig. 6.26: fig06_26.cpp
2  // Function template maximum test program.
3  #include <iostream>
4  #include "maximum.h" // include definition of function template maximum
5  using namespace std;
6
7  int main()
8  {
9     // demonstrate maximum with int values
10    int int1, int2, int3;
11
12    cout << "Input three integer values: ";
13    cin >> int1 >> int2 >> int3;
14
15    // invoke int version of maximum
16    cout << "The maximum integer value is: "
17       << maximum( int1, int2, int3 );
18
19    // demonstrate maximum with double values
20    double double1, double2, double3;
21
22    cout << "\n\nInput three double values: ";
23    cin >> double1 >> double2 >> double3;
24
25    // invoke double version of maximum
26    cout << "The maximum double value is: "
27       << maximum( double1, double2, double3 );
28
```

圖6.26　函式樣板maximum 測試程式(1/2)

```
29     // demonstrate maximum with char values
30     char char1, char2, char3;
31
32     cout << "\n\nInput three characters: ";
33     cin >> char1 >> char2 >> char3;
34
35     // invoke char version of maximum
36     cout << "The maximum character value is: "
37        << maximum( char1, char2, char3 ) << endl;
38 } // end main
```

```
Input three integer values: 1 2 3
The maximum integer value is: 3

Input three double values: 3.3 2.2 1.1
The maximum double value is: 3.3

Input three characters: A C B
The maximum character value is: C
```

圖6.26 函式樣板maximum 測試程式(2/2)

樣板函式針對型態int 產生的特定型態函式，樣板函式中的T，全部以int 取代

```
int maximum( int value1, int value2, int value3 )
{
   int maximumValue = value1; // assume value1 is maximum
   // determine whether value2 is greater than maximumValue
   if ( value2 > maximumValue )
   maximumValue = value2;

   // determine whether value3 is greater than maximumValue
   if ( value3 > maximumValue )
   maximumValue = value3;

   return maximumValue;
} // end function template maximum
```

C++11--函式的追蹤回傳型態

C++11引用了追蹤回傳型態(trailing return types)的功能。要指定一個追蹤回傳型態必須將關鍵字auto置於函數名稱前面，然後在函數的參數列表後面引用符號“->”和回傳型態。例如，要對樣板函式maxium (圖6.25) 指定追蹤回傳型態，語法

```
template < typename T >
auto maximum( T x, T y, T z ) -> T
```

若想打造更複雜的樣板函式，有些情況也只能用追蹤回傳型態才能做到。這種複雜的樣板函式已經超出了本書的範圍。

6.20 遞迴

對某些問題，讓函式呼叫自己會更加方便。遞迴函式 (recursive function) 是一種直接呼叫自己，或透過其他函式呼叫自己的函式。[請注意：C++標準文件指出，main函式不應該在程式中遞迴地呼叫自己。main函式應該只作爲程式執行的起點。]在本節和下一節中，我們會舉幾個遞迴的簡單範例。遞迴在計算機領域算是較高階的應用。圖6.32 (在6.22節的後面) 整理出本書有關遞迴的範例與習題。

遞迴的觀念

我們首先說明遞迴的觀念，然後說明包含**遞迴函式** (recursive function) 的兩個程式。使用遞迴解決問題時，有一些通用的手法。用遞迴函式解決問題時，該函式知道如何解決問題最簡單的情況，即所謂的**基本狀況** (base case)。在基本狀況下用遞迴函式，會直接傳回結果。若否，遞迴函式會把問題切成二部分，一部分是它知道怎麼處理的，另一部分是它不知道怎麼處理的。要用遞迴的方式解決問題，我們必須讓「還不知道怎麼處理的哪部分」與原問題非常類似，只是較爲簡單或較小。這個新問題看起來和原始的問題很像，所以函式能夠再次呼叫自己來處理這些較小的問題，這就形成了**遞迴呼叫** (recursive call)，也稱爲**遞迴步驟** (recursion step)。遞迴步驟通常包含關鍵字return，因爲遞迴步驟處理的結果會和原函式已經知道如何解決的部分結合起來，成爲完整的結果，然後再傳回給原始的呼叫者，像是main函式。

程式中常犯的錯誤 6.12

遞迴函式若忽略基本狀況，或遞迴步驟不正確，會讓遞迴動作無法收斂成基本狀況，造成無窮遞迴，最後耗盡記憶體。這種情形和循環 (非遞迴) 法中的無窮迴圈很像。

遞迴步驟進行時，原呼叫函式仍在執行。遞迴函式會持續將問題分割成許多新的子問題，並對這兩個部分進行遞迴呼叫，而每個部分也可能會產生更多的遞迴呼叫。要讓遞迴動作最後能夠終止，每次函式呼叫它自己時，會處理比原始問題稍微簡單一點的問題。問題會一次比一次更小，最後收斂成基本狀況。此時，函式會處理基本狀況，並把結果傳回給上一次的函式呼叫。如此這般經過一連串的傳回動作，最後會回到原來的函式呼叫，然後將最後的結果傳回給main函式。至此，讀者也許會覺得遞迴函式聽起來和我們到目前爲止看到的傳統方法相較，顯得很不一樣。爲了舉例，接下來讓我們寫一個遞迴程式，執行一種常見的數學計算。

階乘

對任何非負整數n的階乘，寫成n!。(中文念作「n階乘」，英文是n factorial) 其定義如下：

$$n \cdot (n-1) \cdot (n-2) \cdot \cdots \cdot 1$$

1! 等於1，且0! 定義爲1。例如，5! = 5・4・3・2・1，其値等於120。

循環因子

要計算整數 number 的階乘，number 要大等於 0。可以**循環** (iteratively) 方式，也就是**非遞迴** (nonrecursively) 方式計算：

```
factorial = 1;
for ( unsigned int counter = number; counter >= 1; --counter )
   factorial *= counter;
```

遞迴因子

觀察以下關係，我們可以得到階乘函式的遞迴定義：

$$n! = n \cdot (n - 1)!$$

例如，5! 等於 5 * 4!，如下所示：

$$5! = 5 \cdot 4 \cdot 3 \cdot 2 \cdot 1$$
$$5! = 5 \cdot (4 \cdot 3 \cdot 2 \cdot 1)$$
$$5! = 5 \cdot (4!)$$

計算 5!

5! 的計算過程，顯示在圖 6.27 中。圖 6.27 顯示如何連續進行遞迴呼叫，直到計算 1! 等於 1，並終止遞迴。圖 6.27 (b) 顯示每次遞迴呼叫傳回給呼叫者的值，直到計算出最後的數值，並傳回給最初的呼叫者為止。

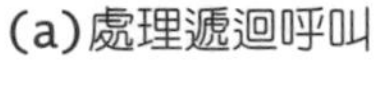

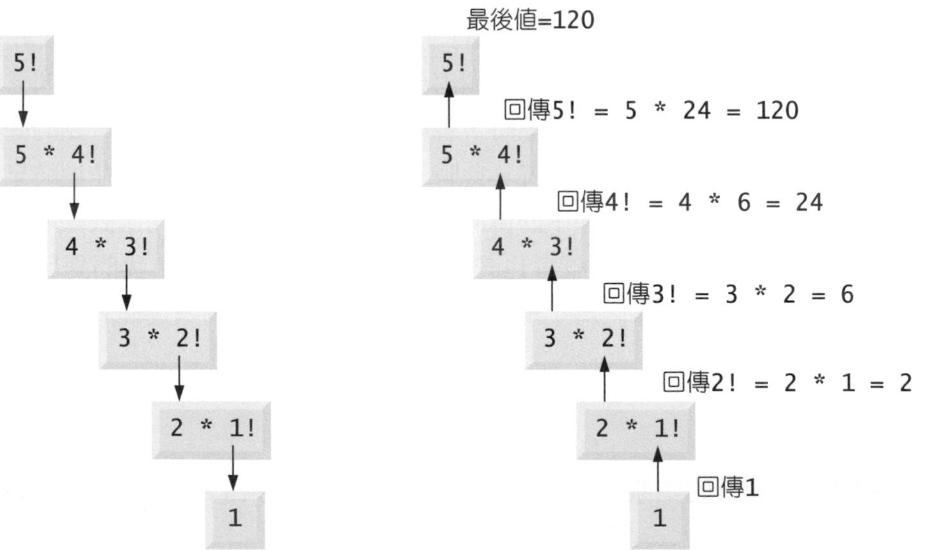

圖 6.27　5! 的遞迴計算

使用遞迴函式 factorial 計算階乘

圖6.28顯示程式如何使用遞迴，計算並印出從0到10之間所有整數的階乘。(我們很快會說明此處爲何選用資料型態unsigned long)。遞迴函式factorial (第18-24行) 首先會判斷終止條件number <= 1 (第20行) 是否成立。如果number的確小於或等於1，代表不需進一步進行遞迴處理，此時函式factorial會傳回1 (第21行) 並終止執行。如果number的值大於1，則第23行的敘述會把問題拆成number與用函式factorial計算number-1的階乘的乘積。factorial(number-1)這個問題比factorial(number)稍微簡單一點。

本範例為何使用 unsigned long 型態

在函式factorial的宣告中，我們可以看到它的參數和傳回值的型態都是unsigned long，這是unsigned long int的縮寫。C++標準規範型態爲unsigned long int的變數存放空間至少要跟int一樣大。

```
 1 // Fig. 6.28: fig06_28.cpp
 2 // Recursive function factorial.
 3 #include <iostream>
 4 #include <iomanip>
 5 using namespace std;
 6
 7 unsigned long factorial( unsigned long ); // function prototype
 8
 9 int main()
10 {
11    // calculate the factorials of 0 through 10
12    for ( unsigned int counter = 0; counter <= 10; ++counter )
13       cout << setw( 2 ) << counter << "! = " << factorial( counter )
14          << endl;
15 } // end main
16
17 // recursive definition of function factorial
18 unsigned long factorial( unsigned long number )
19 {
20    if ( number <= 1 ) // test for base case
21       return 1; // base cases: 0! = 1 and 1! = 1
22    else // recursion step
23       return number * factorial( number - 1 );
24 } // end function factorial
```

```
0! = 1
1! = 1
2! = 2
3! = 6
4! = 24
5! = 120
6! = 720
7! = 5040
8! = 40320
9! = 362880
10! = 3628800
```

圖6.28　遞迴函式factorial

unsigned long int通常存在4個位元組 (32位元) 中，因此，該型態可表示的範圍為0到至少4,294,967,295。(資料型態long int也占用至少4個位元組，可表示的範圍至少為－2,147,483,647至2,147,483,647)。由圖6.28可知，階乘的值增加的非常快。因此，我們使用資料型態unsigned long，以便讓程式能夠在整數定義較小 (如2個位元組) 的電腦上，計算大於7!的階乘。然而，函式factorial產生的數值增加的非常快，即使用unsigned long也無法計算太大數字的階乘，因為它會很快超過unsigned long所能表示的大小。

C++11的新資料型態：unsigned long long int

C++11的新資料型態 unsigned long long int，可縮寫為 unsigned long long，在某些系統此資料型態可以儲存8 bytes(64 bits) 的資料，可儲存的最大值達18,446,744,073,709,551,615。

呈現更大的數值

double型態的變數，可用來計算更大的階乘數。這道破了許多程式語言的問題：程式語言本身通常不易擴充以因應各種應用的特殊需求。不過，讀者只要繼續閱讀本書就可以了解，C++是一個擴充性很強的程式語言，我們甚至可以自訂類別，處理任意大小的整數。許多常用的類別庫就有提供這種類別，我們也會在習題9.14和10.9中練習自訂類似的類別。

6.21 遞迴範例：Fibonacci數列

以下數列稱為Fibonacci數列

```
0, 1, 1, 2, 3, 5, 8, 13, 21, …
```

Fibonacci數列的前兩個數字分為0和1，之後每個數字都是前面兩個數字的和。我們可以在自然界發現這種數列，尤其是在描述螺旋的形狀時，就會使用到這種數列。Fibonacci數列前後兩個數字的比值，最後會收斂成為一個常數值1.618…。這個數字重複出現在自然界中，稱為**黃金比率** (golden ratio) 或**黃金平均值** (golden mean)。人類的審美直覺認為黃金平均值是美麗的。建築設計師時常將窗戶、房間和建築物的長度和寬度設計成黃金比率，以追求美感。明信片通常也是以黃金比例的長／寬比率來加以設計。

Fibonacci數列的定義

Fibonacci數列可以用遞迴的方式定義，如下所示：

```
fibonacci(0) = 0
fibonacci(1) = 1
fibonacci(n) = fibonacci(n – 1) + fibonacci(n – 2)
```

圖6.29的程式利用函式fibonacci計算Fibonacci數列第n項的數字。Fibonacci數列中的數值也會快速增大，不過速度沒有階乘哪麼快。因此，函式fibonacci的參數及傳回值我們採用unsigned long型態。圖6.29顯示程式執行的情形，顯示幾個Fibonacci數列的數字。

程式由for迴圈開始，計算並顯示0-10的Fibonacci值，然後於第16-18行計算20、30及35的Fibonacci值。在main中的fibonacci函式呼叫(第13、16-18行)不是遞迴呼叫，但第27行，在fibonacci函式裡面的卻是遞迴。每次程式呼叫fibonacci (第22-28行)時，函式會立即測試基本狀況，判斷number是否等於0或1 (第24行)。若此條件爲眞，第25行會傳回number的值。有趣的是，如果number的值大於1，第27行的遞迴步驟會進行二個遞迴呼叫，每個遞迴呼叫分別處理比原問題稍小一點的問題。

```
 1 // Fig. 6.29: fig06_29.cpp
 2 // Recursive function fibonacci.
 3 #include <iostream>
 4 using namespace std;
 5
 6 unsigned long fibonacci( unsigned long ); // function prototype
 7
 8 int main()
 9 {
10    // calculate the fibonacci values of 0 through 10
11    for ( unsigned int counter = 0; counter <= 10; ++counter )
12       cout << "fibonacci( " << counter << " ) = "
13          << fibonacci( counter ) << endl;
14
15    // display higher fibonacci values
16    cout << "\nfibonacci( 20 ) = " << fibonacci( 20 ) << endl;
17    cout << "fibonacci( 30 ) = " << fibonacci( 30 ) << endl;
18    cout << "fibonacci( 35 ) = " << fibonacci( 35 ) << endl;
19 } // end main
20
21 // recursive function fibonacci
22 unsigned long fibonacci( unsigned long number )
23 {
24    if ( ( 0 == number ) || ( 1 == number ) ) // base cases
25       return number;
26    else // recursion step
27       return fibonacci( number - 1 ) + fibonacci( number - 2 );
28 } // end function fibonacci
```

```
fibonacci( 0 ) = 0
fibonacci( 1 ) = 1
fibonacci( 2 ) = 1
fibonacci( 3 ) = 2
fibonacci( 4 ) = 3
fibonacci( 5 ) = 5
fibonacci( 6 ) = 8
fibonacci( 7 ) = 13
fibonacci( 8 ) = 21
fibonacci( 9 ) = 34
fibonacci( 10 ) = 55

fibonacci( 20 ) = 6765
fibonacci( 30 ) = 832040
fibonacci( 35 ) = 9227465
```

圖6.29 遞迴函式fibonacci

計算fibonacci(3)

圖6.30顯示fibonacci函式如何計算fibonacci(3)。讀者也許會發現一個有趣的問題，那就是C++編譯器計算運算子 (operator) 的運算元 (operand) 時順序為何。這和運算子按照何種順序作用到運算元上，即運算子優先順序原則，是不一樣的問題。圖6.30顯示，計算fibonacci(3)會產生兩個遞迴呼叫，也就是fibonacci(2)和fibonacci(1)。它們的前後順序為何？

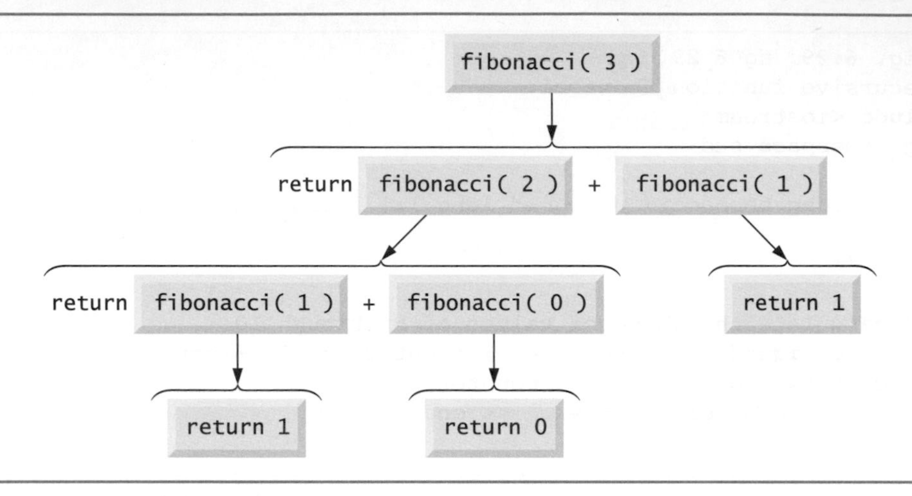

圖6.30 fibonacci函式的遞迴呼叫

運算元執行順序

大部分的程式設計師會依直覺假設運算元是從左到右進行計算。但是奇怪的是，大部分運算子 (包括+) C++並沒有指定該以何種順序來計算運算元。因此，我們不可假設這些呼叫的執行順序。以這個例子來說，可能fibonacci(2)先執行，然後是fibonacci(1)，或者反過來。對這個例子和其他許多問題來說，無論順序為何最後結果都一樣。然而，在某些程式中，運算元的計算過程，可能會產生一些**副作用** (side effects，例如改變資料數值)，進而影響最後結果。

C++語言只對四種運算子指定運算元的計算順序，也就是&&、||、逗號運算子 (,) 和?:。前面三個運算子都是二元運算子，並且兩個運算元都是從左向右進行計算。最後一個運算子則是C++唯一的三元運算子。它的最左邊運算元通常都會最先進行計算；如果最左邊運算元的計算結果是非零值 (true)，則程式會接著計算中間的運算元，並忽略最後的運算元；如果最左邊運算元的計算結果為零 (false)，則程式會計算第三個運算元，並忽略中間的運算元。

可攜性要訣 6.2

如果您撰寫的程式與運算元的計算順序有關 (除了&&、||、逗號運算子 (,) 和條件運算子?:之外)，不同編譯器可能會產生不同的結果。

程式中常犯的錯誤 6.13

除了&&、||、條件運算子?:和逗號運算子之外，如果您撰寫的程式與運算元的計算順序有關，可能會導致邏輯錯誤。

錯誤預防要訣 6.9

不要依賴其運算元的計算順序。爲確保會影響程式結果的運算式可正確執行，應將複雜的運算式簡化爲多個簡單的運算式。

程式中常犯的錯誤 6.14

回想一下&&和||運算子，使用捷徑運算。將會影響程式結果的運算式放在&&或||的右邊，會產生邏輯錯誤。因爲，在某些情況下，右邊的運算式根本不被執行。譬如，&&左邊的運算式爲false，或||左邊的運算式爲true。

指數複雜度

我們目前用來計算Fibonacci數列的遞迴程式有一點特別值得注意。每次遞迴呼叫函式fibonacci時，會讓呼叫的次數倍增；例如，計算第n項的Fibonacci數字時，需要執行2^n次的遞迴呼叫。這種情況會越來越嚴重，例如，計算第20項的Fibonacci數字，就需要2^{20}次的遞迴呼叫，相當於一百萬次函式呼叫。計算第30項的Fibonacci數字，需要2^{30}次的遞迴呼叫，相當於十億次函式呼叫。電腦科學家把這種現象稱爲**指數複雜度** (exponential complexity)。面對這種問題，即使是世界上最強大的電腦也得低頭了！有關複雜度的問題，特別是指數複雜度，會在高階電腦科學課程「演算法」(algorithms) 中詳細討論。

效能要訣 6.8

避免在程式中使用和Fibonacci遞迴類似的函式，以免函式呼叫的數目成指數性成長。

6.22　遞迴與循環

在前兩節中的兩個函式，都能夠以遞迴或循環的方式實作。在這一節裡，我們會比較這兩種方法，並討論在某個特殊的狀況下，我們會選擇其中之一而不使用另一種。

- 控制敘述是循環和遞迴的基礎：循環主要使用重複 (repetition) 結構；而遞迴是選擇 (selection) 結構。
- 循環和遞迴兩者都包括重複結構：循環會明確地 (explicitly) 使用重複結構；而遞迴則透過重複的函式呼叫，以達到重複的效果。
- 循環和遞迴兩者都包括終止條件測試：迴圈檢查條件不符合時，循環會終止；而問題縮減成基本狀況時，遞迴會終止。
- 使用計數控制迴圈的循環、以及遞迴，都會逐漸終止：循環會持續改變計數器的值，直到計數器的值讓迴圈測試條件不符合爲止；遞迴則會持續將原始的問題簡化，直到問題變成基本狀況爲止。
- 循環和遞迴兩者都可能會無止盡的執行下去：當迴圈測試條件永遠符合時，循環會產生無窮迴圈；如果遞迴步驟無法將問題收斂成基本狀況，則會產生無窮遞迴。

階乘循環解法

爲說明循環解法和遞迴解法的不同，我們回到階乘的範例(圖6.31)。我們使用循環敘述(圖6.31，第23-24行)，取代遞迴解中的選擇敘述(圖6.28，第20-23行)。二個方法都有終止條件測試。在循環解中，圖6.31的第23行會測試迴圈條件，若測試失敗，則中止迴圈。最後，循環解不像遞迴解每次會產生簡化版的運算式，而是每次更改計數器的值，直到迴圈測試條件失敗爲止。

```
 1 // Fig. 6.31: fig06_31.cpp
 2 // Iterative function factorial.
 3 #include <iostream>
 4 #include <iomanip>
 5 using namespace std;
 6
 7 unsigned long factorial( unsigned int ); // function prototype
 8
 9 int main()
10 {
11    // calculate the factorials of 0 through 10
12    for ( unsigned int counter = 0; counter <= 10; ++counter )
13       cout << setw( 2 ) << counter << "! = " << factorial( counter )
14          << endl;
15 } // end main
16
17 // iterative method factorial
18 unsigned long factorial( unsigned int number )
19 {
20    unsigned long result = 1;
21
22    // iterative factorial calculation
23    for ( unsigned int i = number; i >= 1; --i )
24       result *= i;
25
26    return result;
27 } // end function factorial
```

```
0! = 1
1! = 1
2! = 2
3! = 6
4! = 24
5! = 120
6! = 720
7! = 5040
8! = 40320
9! = 362880
10! = 3628800
```

圖6.31 循環函式 factorial

遞迴的缺點

遞迴有許多缺點。因爲函式自己呼叫自己，會產生大量的函式呼叫，對處理器的計算時間和記憶體空間會造成沉重的負擔。每次遞迴呼叫都產生新的函式變數和活動記錄，消耗掉可觀的記憶體。循環通常在函式內進行，因此可避免重複函式呼叫的額外負擔和額外的記憶體配置。既然如此，爲何還要使用遞迴呢？

軟體工程觀點 6.13

任何可以使用遞迴解決的問題，都可以用循環法(非遞迴方式)解決。當遞迴比循環更像問題本身的狀況時，我們通常會選擇遞迴，因爲程式會比較容易瞭解和除錯。另外，不容易看出問題的循環解時，也會使用遞迴。

效能要訣 6.9

執行效率若爲重要考量，請避免使用遞迴。遞迴呼叫會花費額外的時間，也會消耗額外的記憶體。

程式中常犯的錯誤 6.15

如果不小心讓非遞迴函式呼叫它自己，不論是直接或間接呼叫(透過其他的函式)，都會造成邏輯錯誤。

摘要：本書關於遞迴的範例和習題

圖 6.32 列出本書關於遞迴的範例和習題。

本書章節與習題	遞迴範例與習題
第6章	
第6.20節，圖6.28	階乘函式
第6.21節，圖6.29	費伯納西函式
習題 6.36	遞迴冪次
習題 6.38	河內之塔
習題 6.40	視覺遞迴
習題 6.41	最大公約數
習題 6.44 習題 6.45	程式在做些甚麼？
第7章	
習題7.17	程式在做些甚麼？
習題7.20	程式在做些甚麼？
習題7.28	判斷一個字串是否是回文
習題7.29	八個皇后
習題7.30	列印陣列
習題7.31	反向列印字串
習題7.32	陣列中的最小值
習題7.33	迷宮穿越
習題7.34	隨機產生迷宮

圖 6.32　本書關於遞迴的範例和習題 (1/2)

本書章節與習題	遞迴範例與習題
第19章	
第 19.6節，圖19.20-19.22	二元樹插入
第 19.6節，圖19.20-19.22	二元樹前序搜索(Preorder traversal)
第 19.6節，圖19.20-19.22	二元樹中序搜索(Preorder traversal)
第 19.6節，圖19.20-19.22	二元樹後續走搜索Preorder traversal)
習題19.20	反向列印鏈結串列
習題19.21	搜尋鏈結串列
習題19.22	二元樹刪除
習題19.23	二元樹搜尋
習題19.24	二元樹廣度優先搜索(Level order traversal)
習題19.25	列印樹
第20章	
第 20.3.3節，圖20.6	合併排序法
習題 20.8	線性搜尋法
習題 20.9	二元搜尋法
習題 20.10	快速排序法

圖6.32 本書關於遞迴的範例和習題(2/2)

6.23 總結

您在本章學到了更多有關函式宣告的特性，包括函式原型、函式簽名、函式標頭和函式本體。我們簡單介紹了數學函式庫函式。您學到了「引數強制轉換」，也就是強迫引數的型態必須與參數宣告所指定的型態一致。我們示範如何使用rand和srand函式，產生可用來進行模擬的一組亂數。我們示範了如何以enum定義一組常數。您也學到了變數的範圍和儲存類別。我們學到兩種傳遞引數給函式的方法，即傳值呼叫 (call-by-value) 和傳參考呼叫 (call-by-reference)。對傳參考呼叫來說，參數有如變數的別名。我們示範了如何實作行內函式，以及具有預設引數的函式。您學到了如何在一個類別中使用相同的函式名稱以及不同的簽名式來多載函式。這些函式執行的工作類似，只是處理的資料型態和數量不同。我們學到了如何使用函式樣板來多載函式，函式只須定義一次就可以套用在許多不同的型態上。接下來我們介紹了遞迴的觀念，也就是呼叫自己來解決問題的函式。

在第7章中，我們將學習如何利用陣列以及物件導向的vector來管理資料列和資料表格。我們將利用陣列，以更簡潔的方式來實作擲骰子應用程式，並將第3-6章的GradeBook範例修改產生兩個改良版本，使用陣列來儲存輸入的成績。

摘要

6.1 簡介

- 經驗顯示，開發和維護大型程式最好的方法，就是使用小而簡單的程式片段或模組 (modules) 加以建構。這種策略就是所謂的「各個擊破法」(divide and conquer)。

6.2 C++程式元件

- C++程式通常是由您自己撰寫的新函式及類別，以及C++標準程式庫預先包裝好的函式及類別所組成。
- 利用函式，您可以將複雜的工作分成許多自成一體的小單位，將程式模組化。
- 函式本體中的敘述雖然只寫一次，但可能會在程式許多其他地方，而且這些敘述對其他函式來說是隱藏起來的。

6.3 數學函式庫函式

- 有時，函式不一定是類別的成員。這種函式稱爲全域函式。
- 全域函式的原型也是放在標頭檔裡，如此一來任何程式只要含括其標頭檔，再連結該函式的目標碼 (object codes)，即可使用該函式。

6.4 定義多參數函式

- 編譯器利用函式原型檢查函式呼叫的引數數目及型態是否正確，還會檢查型態的順序是否正確，以及傳回值的型態是否能正確使用在進行函式呼叫的敘述之中。
- 如果被呼叫函式不需傳回結果，則執行到代表函式結束的右大括號時，控制權便會回到原來的呼叫點，或者，我們可以藉以下敘述傳回控制權：

  ```
  return;
  ```

  如果函式必須傳回結果，則以下敘述

  ```
  return expression;
  ```

  會計算expression的值，並將其傳回給呼叫者。

6.5 函式原型及引數強制轉換

- 在函式原型中，函式名稱和引數型態的部分，稱爲函式簽名 (function signature)，或簡稱爲簽名。
- 函數原型的另一個重要的功能就是引數強制轉換 (argument coercion)，也就是強制規定引數的型態必須與參數宣告所指定的型態一致。
- 編譯器會依C++的型態提昇原則進行引數的型態轉換。提昇原則以隱式轉換方式進行，編譯器只能在基本型態間進行提升。

6.6 C++標準程式庫標頭檔

- C++標準程式庫分成許多部分，每個部分都有自己的標頭檔。這些標頭檔也包含各種類別、函式以及常數的定義。
- 藉由標頭檔來告知編譯器，如何與函式庫及使用者自訂的各樣程式元件接口。

6.7 案例研究：亂數產生器

- 重複呼叫函式rand，可產生一連串虛擬亂數。每次重新執行程式，所出現的亂數序列都會相同。
- 函式srand可讓rand在每次執行時得以產生不同的亂數序列。srand具有一個unsigned的整數引數，用來設定seed的數值(通常來自time函式)。
- 我們可用以下敘述產生固定範圍內的亂數：

```
number = shiftingValue + rand() % scalingFactor;
```

其中shiftingValue代表連續整數期望範圍的第1個數字，而scalingFactor則爲縮放係數，代表連續整數範圍的大小。

6.8 案例研究：機率遊戲與enum介紹

- 列舉以關鍵字enum開頭，後面接列舉型態的名稱。列舉的值是一組具有名稱的整數常數。除非特別指定，否則列舉常數的值以0開始，且以1往後遞增。
- 非強型列舉可能導致命名衝突和邏輯錯誤。爲了消除這些問題，C++11引入了強型列舉，必須以關鍵字 enum class 宣告(使用 enum struct 也可以，兩者同義)。
- 要引用強型列舉範圍中的常數，必須在常數識別字前面加上列舉型態名稱和範圍解析運算子(::)。如果另一個強型列舉包含相同的識別字，這種表示法清楚表明是哪家的識別字被使用，不會混淆。
- 在列舉中的常數，其資料型態爲int 。
- 強型列舉中常數的資料型態取決於它的常數值。所使用的資料型態一定容得下最大常數值。
- 強型列舉中常數的資料型態，預設爲int。
- C++11 允許您指定強型列舉的資料型態。宣告方式是：在列舉的型態名稱後面加上冒號(:)，冒號後爲指定的資料型態。
- 如果列舉常數的值，超出現用型態範圍，會發生編譯錯誤。

6.9 C++11隨機亂數

- 根據計算機安全應急響應組CERT(Computer Emergency Response Team)的資料顯示，函數rand不具備“良好的統計特性”，而且是可預測的，這使得使用rand的程式，安全性較差。
- C++11 提供了一個新的，更安全的程式庫，可產生不確定性的眞正隨機亂數，以供模擬和安全等不希望亂數是可預測的實際環境使用。這些新功能都定義在C++標準程式庫的標頭檔<random>當中。

- 為了確保隨機亂數在程式應用的靈活性，C++11提供了很多類別，各代表不同的隨機亂數生成引擎和分佈。一個亂數生成引擎實作一個亂數生成算法。亂數分佈則控制生成引擎所產生亂數的範圍、型態和統計性質。譬如，生成的亂數是整數還是浮點數，或其他型態等等，都是由亂數分佈所控制。
- default_random_engin是預設的隨機亂數生成引擎
- uniform_int_distribution在一個指定範圍，均勻地分佈即將產生的亂數整數。預設範圍是從0到int的最大值，此最大值依平台而定。

6.10　儲存類別和儲存持續時間

- 一個識別字的儲存持續時間，決定了它留存在記憶體的時間。
- 識別字的範圍 (scope) 是指在程式中可以參考此識別字的區域。
- 識別字的連結 (linkage) 決定該識別字是否僅能在宣告這個識別字的原始檔中使用，或可跨檔案使用，然後以個別編譯和連結方式將其組合。
- 具備自動儲存持續時間(automatic storage duration)的變數有：函式內宣告的區域變數、函式參數、以 register 宣告的區域變數、以 register 宣告的函式參數。這些變數的生命週期起始於執行程式進入宣告變數的區塊，當程式離開宣告的區塊，則生命週期結束。
- 關鍵字extern和static宣告變數識別字或函式識別字為靜態持續時間。靜態持續時間變數在程式一開始執行就存在，到程式結束為止。
- 靜態持續時間變數在程式一開始執行就分配記憶體。該變數在宣告區塊只會在第一次被執行時進行變數初始化。對於靜態持續時間函式，則當函式第一次執行後就一直存在記憶體，供其他函式呼叫。
- 外部識別字(如全域變數和函式名稱)和區域變數，若以儲存類別修飾詞static宣告，則具有靜態儲存持續時間。
- 全域變數在任何函式與類別定義之外宣告。全域變數在整個程式的執行時期都能夠保存其值。全域變數和全域函式一旦宣告，在宣告後出現的任何函式都能參考它們。
- 和自動變數不一樣的是，靜態變數即使在宣告的函式執行完畢，將控制權交還呼叫者，其值仍保持不變。

6.11　範圍解析原則

- 在所有函式以外宣告的識別字具有全域範圍。
- 在程式區塊中宣告的識別字，具有區塊範圍 (block scope)。區塊範圍開始於識別字的宣告處，並且結束於區塊終止處的右大括弧 (})。
- 籤 (label) 是具有函式範圍的唯一識別字。標籤可以用在函式中任何位置，但無法在函式主體之外參考。
- 在任何函式與類別定義之外宣告的是識別字具有全域命名範圍，在宣告後出現的任何函式都“認識”該識別字，並能參考它們。
- 函式原型參數列表中的識別字擁有函式原型範圍。

6.12 函式呼叫堆疊與活動記錄

- 堆疊是一種後進先出 (last-in, first-out，LIFO) 的資料結構，也就是說，最後推入 (加入) 堆疊的項目會最先從堆疊取出 (移除)。
- 函式呼叫堆疊負責函式呼叫／返回機制、產生、維護、並摧毀被呼叫函式的自動變數。
- 函式呼叫另一個函式時，會產生一筆資料並將其推入堆疊。該筆資料稱為堆疊訊框 (stack frame)，或活動記錄 (activiation record)，其中包括被呼叫函式結束後的返回位址，以及該函 式呼叫的自動變數和參數。
- 只要被呼叫函式還在執行，其對應的堆疊訊框就會存在。函式結束後，就不再需要其自動變數了，此時系統會把其對應的堆疊框架取出 (pop)，那些自動變數就不復存在。

6.13 無參數函式

- 在C++中，空參數列有兩種表示法：可以用小括號包夾關鍵字void，或空的小括號。

6.14 內嵌函式

- C++的內嵌函式 (inline function) 可降低函式呼叫帶來的額外效能負擔，這對較小的函式來說特別重要。我們可以在函式定義中的傳回值型態前面，加上修飾詞inline，建議編譯器在程式呼叫此函式時，在程式碼中嵌入該函式代替函式呼叫，以節省呼叫函式使用堆疊所需的額外負擔。
- 即使未在函式前加上關鍵字inline，編譯器仍會執行內嵌動作。當前的編譯器多具有複雜的最佳化機制，是否內嵌，就交由編譯器決定。

6.15 參考與參考參數

- 使用傳值呼叫傳遞引數時，會產生引數值的副本，並將它傳給被呼叫的函式。對副本做的任何改變不會影響呼叫函式中原始變數的值。
- 使用傳參考呼叫時，被呼叫的函式能直接存取及修改呼叫者的資料。
- 參考參數 (reference parameter) 可視為函式呼叫中對應引數的別名。
- 要指定某個函式的參數是傳參考呼叫，寫法是在函式原型的參數型態之後加上 & 符號。
- 對參考進行的任何操作都會作用到原始的變數上。

6.16 預設引數

- 許多情況下，我們會用同樣的參數值重複呼叫一個函式。遇到這種情況，我們可利用預設引數 (default argument) 為它們配置預設值。
- 若程式忽略了具預設引數的參數，編譯器會把預設值填入。
- 預設引數必須位於函式參數列的最右邊 (尾端)。
- 預設引數通常在函式原型中定義。

6.17　單運算元範圍解析運算子

- C++的單運算元範圍解析運算子 (::)，可用來在區域變數的範圍內，存取具相同名稱的全域變數。

6.18　函式多載

- 我們可在C++中定義多個名稱相同的函式，只要它們的參數列不同即可。這稱為函式多載 (function overloading)。
- 呼叫多載函式時，C++編譯器會依受呼叫函式的引數個數、型態和排列順序，選出適當的函式。
- 編譯器依函式簽名辨別多載函式。
- 編譯器藉由函式的辨別字及其參數的數目及型態，進行型態安全連結 (type-safe linkage)。型態安全連結可確保程式呼叫的是適當的多載函式，而且傳入的引數型態與參數相符。

6.19　函式樣板

- 多載函式通常用來處理類似的任務，但使用不同的程式邏輯處理不同的資料型態。如果每種資料型態的程式邏輯都一樣，則使用函式樣板 (function template) 會比多載函式更方便。
- 得知引數型態後，C++編譯器會自動產生對應型態函式樣板，來處理不同類別的函式呼叫。
- 函式樣板定義的第一個字必須是關鍵字template，後接以尖括號 (<和>) 包圍的樣板參數列 (template parameter list)。
- 正規型態參數 (formal type parameter) 可為內建型態或使用者自訂型態。它的作用是為函式參數、函式傳回值以及函式內部變數的型態先留一個空位，等到編譯器得知實際型態後再代入。
- C++11引用了追蹤回傳型態的功能。要指定一個追蹤回傳型態必須將關鍵字auto置於函數名稱前面，然後在函數的參數列表後面引用符號“ ->”和回傳型態。

6.20　遞迴

- 遞迴函式 (recursive function) 是直接或間接呼叫自己的函式 。
- 遞迴函式知道如何解決問題最簡單的情況，即所謂的基本狀況 (base case)。在基本狀況下叫用遞迴函式，會直接傳回結果。
- 如果遞迴函式在更複雜的狀況下被叫用，遞迴函式會把問題切成二部分：函式知道怎麼解決的部分，以及函式還不知道怎麼解決的部分。
- 要讓遞迴動作最後能夠終止，一系列的遞迴呼叫必須收斂，最後成為基本狀況。
- C++11的新資料型態 unsigned long long int，可縮寫為 unsigned long long，在某些系統此資料型態可以儲存8 bytes(64 bits) 的資料，可儲存的最大值達18、446、744、073、709、551、615。

6.21 遞迴範例：Fibonacci數列 (Fibonacci Series)

- Fibonacci數列前後兩個數字的比值，最後會收斂成為一個常數值1.618。…這個數字重複出現在自然界中，稱為黃金比率 (golden ratio) 或黃金平均 (golden mean)。

6.22 遞迴與循環

- 循環 (iteration) 和遞迴 (recursion) 有許多相似之處：二者都以控制結構為基礎、都有終止條件測試、都會慢慢收斂到終止條件、也可能永遠一直執行下去。
- 遞迴函式自己呼叫自己，會產生大量的函式呼叫，對處理器的計算時間和記憶體空間會造成沉重的負擔。每次遞迴呼叫都產生新的函式變數和活動記錄，消耗掉可觀的記憶體。

自我測驗題

6.1 回答以下問題：

a) 在C++中，所謂的程式元件就是______和______。
b) 引用函式這個動作稱為______。
c) 只能在所定義的函式中使用的變數稱為______。
d) 被呼叫的函式內的______敘述，可用來將運算式的值傳回給呼叫函式。
e) 用於函式標頭的關鍵字______代表該函式不會傳回數值，或不使用任何參數。
f) 識別字在程式中可被使用的區域稱為______。
g) 被呼叫的函式將控制權傳回給呼叫者的方法有三種，分別為_____、_____和_____。
h) ______讓編譯器可以檢查傳給函式的引數數字、型態和順序是否正確。
i) 函式______可以用來產生亂數。
j) 函式______可以用來設定亂數的seed值，將程式進行隨機化處理。
k) 儲存類別修飾詞______會建議編譯器將變數儲存在電腦的暫存器中。
l) 在任何區塊或者函式外部宣告的變數，就是______變數。
m) 若要函式的區域變數在呼叫函式期間，仍可以保留其值，則此區域變數必須宣告成______儲存類別修飾詞。
n) 能夠直接或間接 (透過其他函式) 呼叫自己的函式，稱為______函式。
o) 遞迴函式一般包含兩個部分：一個部分就是藉著測試_____狀況終止遞迴，另一個部分則將問題以遞迴方式表示，逐次簡化問題。
p) 在C++中，幾個函式可能具有相同的名稱，但每個函式的引數型態和引數個數都必須不同。此稱為函式的______。
q) 我們可藉______在某區域變數的有效範圍內，存取相同名稱的全域變數。
r) 修飾詞______可以用來宣告唯讀變數。
s) 藉由函式______，我們只需定義一個函式，就可處理各種不同的資料型態。

6.2 請針對圖6.33的程式，說明下列每個元件的範圍 (不論是函式範圍、全域範圍、區塊範圍或函式原型範圍)。

a) 函式main中的變數x。

b) 函式cube中的變數y。

c) 函式cube。

d) 函式main。

e) cube的函式原型。

f) cube函式原型中的識別字y。

```
 1 // Exercise 6.2: ex06_02.cpp
 2 #include <iostream>
 3 using namespace std;
 4
 5 int cube( int y ); // function prototype
 6
 7 int main()
 8 {
 9    int x = 0;
10
11    for ( x = 1; x <= 10; ++x ) // loop 10 times
12       cout << cube( x ) << endl; // calculate cube of x and output results
13 } // end main
14
15 // definition of function cube
16 int cube( int y )
17 {
18    return y * y * y;
19 } // end function cube
```

圖6.33　習題6.2的程式

6.3　請撰寫一個程式，測試圖6.2用到的數學函式庫函式，是否確實能產生所示結果。

6.4　請撰寫以下函式的函式標頭：

a) 函式 sum，接收三個雙精度的浮點數引數x、y和z，並且傳回一個雙精度的浮點數的結果。

b) 函式 largest接收兩個整數x和y，回傳一個整數。

c) 函式 display接收一個雙精度的浮點數引數x，不回傳值。
[注意，此類程式通常只是簡單地顯示參數]

d) 函式 doubleToInt接收一個雙精度的浮點數引數x，回傳整數結果。

6.5　請為以下函式提供函式原型(不需要參數名稱)：

a) 函式sum，接收兩個整數引數 x和y，回傳一個整數。

b) 函式product，接收兩個整數引數 x和y，回傳一個整數。

c) 函式sum，接收三個整數引數 x和y，回傳一個整數。

d) 函式sum，接收三個整數引數 x和y，沒有回傳。

6.6　請寫出以下宣告：

a) 字元型態變數 ch，將其初值設定為‘a’，必須存到暫存器。

b) 整數變數var，當定義var的函式被多次呼叫，var能保留其值不變。

6.7 請找出以下程式片段的錯誤，並解釋如何更正 (請參閱習題6.47)：

a)
```
int g()
{
   cout << "Inside function g" << endl;
   int h()
   {
      cout << "Inside function h" << endl;
   }
}
```

b)
```
int sum( int x, int y )
{
int result = 0;
result = x + y;
}
```

c)
```
int sum( int n )
{
   if ( 0 == n )
      return 0;
   else
      n + sum( n - 1 );
}
```

d)
```
void f( double a );
{
   float a;
   cout << a << endl;
}
```

e)
```
void product()
{
   int a = 0;
   int b = 0;
   int c = 0;
   cout << "Enter three integers: ";
   cin >> a >> b >> c;
   int result = a * b * c;
   cout << "Result is " << result;
   return result;
}
```

6.8 int & 和 int 這兩個參數定義有何不同？

6.9 (是非題) 多載函式用簽名來區別。。

6.10 請撰寫一個完整的程式，提示使用者輸入球體半徑，計算並且印出圓球體的體積。請定義行內函式 sphereVolume，傳回以下敘述的結果：(3.14159 * pow(radius, 2) * height).

自我測驗題解答

6.1　a) 函式，類別。b) 函式呼叫。c) 區域變數。d) return。e) void。f) 範圍。g) return，return 運算式，函式結束處的右大括號。h) 函式原型。i) rand。j) srand。k) register。l) global。m) static。n) 遞迴。o) 基本。p) 多載。q) 單元範圍解析運算子 (::)。r) const。s) 樣板。

6.2　a) 區塊範圍。b) 區塊範圍。c) 全域範圍。d) 全域範圍。e) 全域範圍。f) 函式原型範圍。

6.3　請見以下程式：

```
 1 // Exercise 6.3: ex06_03.cpp
 2 // Testing the math library functions.
 3 #include <iostream>
 4 #include <iomanip>
 5 #include <cmath>
 6 using namespace std;
 7
 8 int main()
 9 {
10    cout << fixed << setprecision( 1 );
11
12    cout << "sqrt(" << 9.0 << ") = " << sqrt( 9.0 );
13    cout << "\nexp(" << 1.0 << ") = " << setprecision( 6 )
14       << exp( 1.0 ) << "\nexp(" << setprecision( 1 ) << 2.0
15       << ") = " << setprecision( 6 ) << exp( 2.0 );
16    cout << "\nlog(" << 2.718282 << ") = " << setprecision( 1 )
17       << log( 2.718282 )
18       << "\nlog(" << setprecision( 6 ) << 7.389056 << ") = "
19       << setprecision( 1 ) << log( 7.389056 );
20    cout << "\nlog10(" << 10.0 << ") = " << log10( 10.0 )
21       << "\nlog10(" << 100.0 << ") = " << log10( 100.0 ) ;
22    cout << "\nfabs(" << 5.1 << ") = " << fabs( 5.1 )
23       << "\nfabs(" << 0.0 << ") = " << fabs( 0.0 )
24       << "\nfabs(" << -8.76 << ") = " << fabs( -8.76 );
25    cout << "\nceil(" << 9.2 << ") = " << ceil( 9.2 )
26       << "\nceil(" << -9.8 << ") = " << ceil( -9.8 );
27    cout << "\nfloor(" << 9.2 << ") = " << floor( 9.2 )
28       << "\nfloor(" << -9.8 << ") = " << floor( -9.8 );
29    cout << "\npow(" << 2.0 << ", " << 7.0 << ") = "
30       << pow( 2.0, 7.0 ) << "\npow(" << 9.0 << ", "
31       << 0.5 << ") = " << pow( 9.0, 0.5 );
32    cout << setprecision( 3 ) << "\nfmod("
33       << 2.6 << ", " << 1.2 << ") = "
34       << fmod( 2.6, 1.2 ) << setprecision( 1 );
35    cout << "\nsin(" << 0.0 << ") = " << sin( 0.0 );
36    cout << "\ncos(" << 0.0 << ") = " << cos( 0.0 );
37    cout << "\ntan(" << 0.0 << ") = " << tan( 0.0 ) << endl;
38 } // end main
```

```
sqrt(9.0) = 3.0
exp(1.0) = 2.718282
exp(2.0) = 7.389056
log(2.718282) = 1.0
log(7.389056) = 2.0
log10(10.0) = 1.0
log10(100.0) = 2.0
fabs(5.1) = 5.1
fabs(0.0) = 0.0
fabs(-8.8) = 8.8
ceil(9.2) = 10.0
ceil(-9.8) = -9.0
floor(9.2) = 9.0
floor(-9.8) = -10.0
pow(2.0, 7.0) = 128.0
pow(9.0, 0.5) = 3.0
fmod(2.600, 1.200) = 0.200
sin(0.0) = 0.0
cos(0.0) = 1.0
tan(0.0) = 0.0
```

6.4 a) `double sum( double x, double y, double z)`
b) `int largest( int x, int y )`
c) `void display(double x)`
d) `int doubleToInt(double number )`

6.5 a) `int sum( int , int )`
b) `int product( int , int )`
c) `int sum( int , int, int )`
d) `void sum( int , int, int )`

6.6 a) `register char ch = 'a';`
b) `static int var;`

6.7 a) 錯誤：在函式g的內部定義函式h。
更正：將函式h的定義移到函式g的定義之外。
b) 錯誤：此函式需傳回一個整數，但未傳回。
更正：刪除變數result，並將以下敘述加入函式中：
```
return  x+y;
```
c) 錯誤：n + sum(n - 1)的結果並未傳回；sum傳回的是不正確的結果。
更正：將else裡面的敘述改為：
```
return n + sum( n - 1 );
```
d) 錯誤：參數列右括號後面出現分號，且在函式定義中重新定義參數a。更正：刪除參數列右括弧後的分號，並刪除float a;這個宣告。
e) 錯誤：函式不該傳回數值。
更正：刪除return敘述或是更改回傳型態。

6.8　引用參數型態為"int &"允許被呼叫函數，修改呼叫函式的引數。參數型態為"int "則不允許被呼叫函數做修改。

6.9　對。

6.10　請見以下程式：

```
 1 // Exercise 6.10: ex06_10.cpp
 2 // Inline function that calculates the volume of a sphere.
 3 #include <iostream>
 4 #include <cmath>
 5 using namespace std;
 6
 7 const double PI = 3.14159; // define global constant PI
 8
 9 // calculates volume of a sphere
10 inline double sphereVolume( const double radius )
11 {
12    return 4.0 / 3.0 * PI * pow( radius, 3 );
13 } // end inline function sphereVolume
14
15 int main()
16 {
17    double radiusValue = 0;
18
19    // prompt user for radius
20    cout << "Enter the length of the radius of your sphere: ";
21    cin >> radiusValue; // input radius
22
23    // use radiusValue to calculate volume of sphere and display result
24    cout << "Volume of sphere with radius " << radiusValue
25       << " is " << sphereVolume( radiusValue ) << endl;
26 } // end main
```

習題

6.11　執行完下列敘述之後，x的值為何。

a) `x = fabs( -2.0 )`
b) `x = fabs( 2.0 )`
c) `x = log( 7.389056)`
d) `x = sqrt( 16.0 )`
e) `x = log10(1000.0)`
f) `x = sqrt( 36 .0)`
g) `x = pow( 2, 3)`

6.12　(停車收費) 某個停車場的最低收費是$2.00，可停3小時。超過3小時後，每小時收費$0.50，不滿1小時以1小時計算。任何時段滿24小時則最多收費$10.00。假設沒有任何汽車會停超過24小時。請設計一個程式，針對昨天將車子停入停車場的3位顧客，計算並且印出每位顧客的停車費用。您必須輸入每位客戶的停車時數。程式必須以簡單的表格形式印出結果，並且計算及印出昨天一整天的收入。這個程式必須使用函式calculateCharges，計算每位顧客的收費。輸出格式必須如下所示：

```
Car     Hours      Charge
1        1.5        2.00
2        4.0        2.50
3       24.0       10.00
TOTAL   29.5       14.50
```

6.13 (四捨五入) 函式floor捨去某值的小數，傳回最接近該值的整數，以下敘述

```
y = floor( x + 0.5 );
```

能找出與x最接近的整數，並將其存入變數y。請撰寫一個程式，讀入多個數字，利用以上敘述計算這些數字最接近的整數。印出每個輸入數字的原始值和計算結果。

6.14 (四捨五入) 我們也能用函式floor將數字進位到指定的小數位數。以下敘述

```
y = floor( x * 10 + 0.5 ) / 10;
```

會將數字x進位到小數的十分位 (小數點右方第一位)。以下敘述

```
y = floor( x * 100 + 0.5 ) / 100;
```

會將數字x進位到小數的百分位 (小數點右方第二位)。請撰寫一個程式，其中定義四個函式，以各種方法將數字x進位：

a) roundToInteger(number)

b) roundToTenths(number)

c) roundToHundredths(number)

d) roundToThousandths(number)

針對每個讀入的數值，程式必須列印原始數字，進位到最接近的整數、進位到最接近十分位的數字、進位到最接近至百分位的數字，及進位到最接近千分位的數字。

6.15 (簡答題) 回答下列問題：

a) 標頭檔的用途？

b) 列舉中具名常整數預設起始值是多少？

c) default_random_engine 代表甚麼？

d) 在C++如何表示空參數列表？

e) 爲什麼堆疊比循環更耗資源？

6.16 (隨機亂數) 寫出產生以下範圍的整數亂數，並指派給n：

a) $1 \le n \le 2$

b) $1 \le n \le 100$

c) $0 \le n \le 9$

d) $1000 \le n \le 1112$

e) $-1 \le n \le 1$

f) $-3 \le n \le 11$

6.17 (隨機亂數) 對以下的整數序列，撰寫一個單行敘述，從集合中隨機印出一個數字：

a) 2, 4, 6, 8, 10.

b) 3, 5, 7, 9, 11.

c) 6, 10, 14, 18, 22.

6.18 (指數) 設計一個函式 integerPower (base, exponent)，傳回下列運算式的數值

$base^{exponent}$

例如，integerPower (3, 4) = 3 * 3 * 3 * 3。假設exponent是永遠爲正、且大於零的整數，而base則爲一整數。不要使用任何數學函式庫中的函式。

6.19 (直角三角形之斜邊) 定義函式hypotenuse，利用兩個已知的邊求出直角三角形的斜邊長。這個函式應有兩個double型態的引數，並且傳回double型態的斜邊長。然後，在程式中利用該函式，計算以下每個三角形的斜邊長度。

三角形	邊長 1	邊長 2
1	3.0	4.0
2	5.0	12.0
3	8.0	15.0

6.20 (因數) 請撰寫函式multiple，判斷兩個整數中，第二個是否爲第一個的因數。該函式應接收兩個整數引數，如果第二個整數是第一個整數的因數，則傳回true，否則傳回false。請在程式中使用這個函式，該程式可接受一連串的成對整數。

6.21 (奇數) 請設計一程式，該程式可讀入一連串整數，並逐一將其傳給函式isOdd。該函式會使用模數運算子 (modulus) 判定某個整數是否爲奇數。該函式應接收一個整數引數，如果整數爲奇數，就傳回true，否則傳回false。

6.22 (用星號畫出正方形) 請寫出一個程式，在螢幕的左邊用星號畫出一個實心正方形，其邊長是由整數參數side指定。例如，如果side爲4，函式會顯示以下圖形：

```
****
****
****
****
```

6.23 (用任意字元畫出正方形) 修改習題6.22所建立的函式，將正方形以字元參數fillCharacter所規定的字元繪出。因此，如果side是5，而fillCharacter是“#”，則會印出以下圖形：

```
#####
#####
#####
#####
#####
```

6.24 (將數字分離) 請撰寫一個程式，完成以下工作：

a) 計算整數a除以整數b所得商數之整數部分。

b) 計算整數a除以整數b所得餘數之整數部分。

c) 利用 (a) 和 (b) 的程式碼，設計一個函式，將輸入的1到32767之間的整數印出，但是每個數字之間隔著兩個空白。例如，整數4562會被列印如下：

```
4  5  6  2
```

6.25 (計算秒數) 請設計一個函式，以三個整數引數輸入時間 (時、分、秒)，然後傳回從上次12點整到此時間所經過的秒數。使用這個函數計算兩個時間之間相隔的秒數，這兩個時間都位在同一個12小時的週期內。

6.26 (攝氏華氏溫度轉換) 請實作以下整數函式：

a) 函式celsius可將華氏溫度轉換成攝氏溫度，並傳回結果。

b) 函式fahrenheit可將攝氏溫度轉換成華氏溫度，並傳回結果。

c) 使用以上函式撰寫一個程式，該程式能印出一個圖表，顯示攝氏0到100度的對應華氏溫度，以及從華氏32到212度的對應攝氏溫度。請以表格形式印出結果，並且在看得懂的前提下，儘可能以最少的行數顯示。

6.27 (找出最大值) 請設計一個程式，輸入三個倍精度浮點數，再將此三個浮點數傳給一函式，利用函式找出並傳回其中的最大值。

6.28 (完全數) 若某個整數的所有因數 (包括1，但不包含該數字本身) 相加起來的總和，恰好等於該整數，則稱為完全數 (perfect number)。例如6就是一個完全數，因為6 = 1 + 2 + 3。撰寫一個函式perfect，判定其參數number是否為完全數。寫一個程式，利用該函式判斷並印出1到1000之間所有的完全數。印出每個完全數的所有因數，以確認該數的確是完全數無誤。將測試數字範圍設定超過1000很多，測試您電腦的計算能力。

6.29 (質數) 若一個整數只可被1和自己整除，稱之為質數。例如，2、3、5、7都是質數，但4、6、8、9不是。

a) 設計一個函式，判斷某數是否為質數。

b) 在程式中利用以上函式，判斷並印出2到10000中間的所有質數。程式必須對多少數字進行測試，才能找到所有的質數？

c) 起初您可能會認為，測試一個數值n是否為質數的上限是n/2，但其實只需測試到到n的平方根即可。請重新撰寫程式，然後兩種方式都試試看。請估算執行速度能提昇多少。

6.30 (反轉數字) 請撰寫一個函式，輸入一個整數值，並將此值按照其數字的相反順序傳回。例如，傳入數字7631，則函式傳回1367。

6.31 (最小公倍數) 兩個整數的最小公倍數 (least common multiple ，LCM) 是能將兩整數都整除的最小整數。請撰寫函式lcm，找出兩個整數的最小公倍數。

6.32 (將數值成績轉換成級數) 請撰寫函式generateDivision，該函式可讀入學生的平均成績，如果其平均成績在60-100之間，就傳回"First";若在59-45之間，傳回"Secondt"，平均成績在44-35之間，傳回 "Third"；若平均低於35，傳回 "Fail"。

6.33 (擲銅板) 請設計一個程式，模擬擲銅板的遊戲。每拋一次銅板，程式會印出Heads或Tails。讓程式拋銅板100次，然後計算銅板兩面出現的次數，並印出結果。程式應呼叫一個沒有引數的函式flip，該函式模擬擲銅板的動作，若結果為硬幣的反面傳回0，正面就傳回1。[請注意：如果程式能確實模擬硬幣丟擲的情形，則硬幣二面出現的次數應該是相等的]。

6.34 (猜數字遊戲) 請撰寫一個程式，依以下規則進行猜數字遊戲：程式首先在1到1000中間隨機選擇一個數字，然後顯示以下訊息：

```
I have a number between 1 and 1000.
Can you guess my number?
Please type your first guess.
```

隨後玩家輸入所猜測的第一個數字。程式會回應以下訊息：

```
1. Excellent! You guessed the number!
   Would you like to play again (y or n)?
2. Too low. Try again.
3. Too high. Try again.
```

如果玩家猜錯，程式會繼續進行下去，直到最後猜中爲止。程式應提醒玩家，他所猜的數字過高 (Too high) 或太低 (Too low)，幫助玩家逐漸猜中正確的答案。

6.35 (修改猜數字遊戲) 修改習題6.34的程式，計算玩家猜過的次數。如果次數在10次以下，顯示 "Either you know the secret or you got lucky!" 的訊息。如果遊戲者在第10次才猜中，顯示 "Ahah!You know the secret!" 字樣。如果超過10次才猜中，顯示 "You should be able to do better!"。請想一想，爲何玩家不應超過10次才猜中呢？這是因爲玩家每次的猜測，都能剔除一半的數字。請說明爲何能夠在10以內就可猜中1000以下的數字。

6.36 (遞迴計算指數) 請寫出遞迴函式power (base, exponent)，呼叫此函式時，傳回

$base^{exponent}$

例如，integerPower (3, 4) = 3 * 3 * 3 * 3。假設exponent是永遠爲正、且大於零的整數。提示：遞迴步驟可用下列關係式表示：

$$base^{exponent} = base \cdot base^{exponent - 1}$$

當exponent等於1時即爲終止條件，因爲

$base1 = ^{base}$

6.37 (最小公倍數：以遞迴方式求解) 寫個遞迴版的函式lcm，見圖6.29。將此版本和習題6.31的版本做個比較。

6.38 (河內塔 Tower of Hanoi) 我們在本章學習到可以用循環法或遞迴法解決的函式。在這個習題裡，我們要介紹一個遞迴解十分優雅，但循環解並不直覺的問題。

河內塔 (Towers of Hanoi) 是電腦科學中一個有名的經典問題，每個初學者都應該練習這個題目。相傳在遠東的一座寺廟，祭司嘗試將一堆套環從一個桿子移到另一個桿子 (圖6.34)。一開始是共有64個套環，從大到小，從桿子的底部排上來。祭司們嘗試將這堆套環從一個桿子移到另一個桿子，但是有以下的限制，一次只能夠移動一個套環，而且較大的套環不可以放在較小的套環上面。桿子一共有三個，其中一個作爲暫時存放套環之用。相傳，這些祭司完成之日，就是世界毀滅之時。

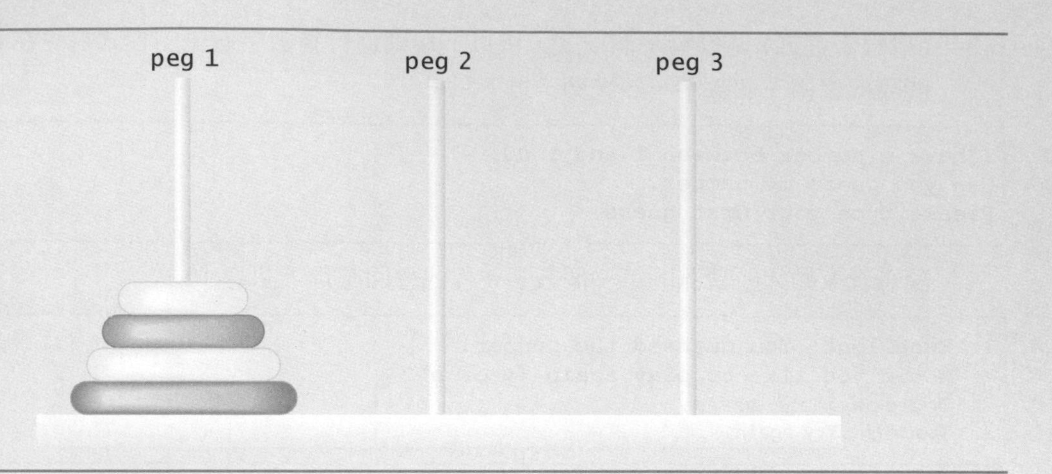

圖6.34 有四個套環的河內塔

假設這些祭司要把套環從桿子1移到桿子3。我們希望設計一個演算法解決這個問題，同時印出套環的移動順序。

若以傳統的方式來解這個問題，讀者很快就會發現自己身陷在一堆套環中。然而，如果運用遞迴的觀念，這個問題就會變得簡單許多。我們可將移動n個套環視爲比移動n − 1個套環再難一點的問題(也就是遞迴的觀念)，想法如下：

a) 從桿子1將n − 1個套環先移動到桿子2，利用桿子3作爲暫放區。

b) 將最後一個套環(即最大的套環)從桿子1移到桿子3。

c) 從桿子2將n − 1個套環移動到桿子3，利用桿子1作爲暫放區。

只移動n = 1個套環時，以上動作就會結束，這就是遞迴的基本狀況。此時只要直接移動該套環即可，不需用到暫存區。請撰寫程式來解決河內塔問題。請使用一個具有四個參數的遞迴函式，這些參數分別爲：

a) 要移動的套環總數。

b) 這些套環最初所在的桿子。

c) 這些套環要移往的桿子。

d) 作爲暫存區的桿子。

程式應印出套環將要從哪個桿子移動到目的桿子的詳細過程。要將三個套環從桿子1移到桿子3，程式應該印出以下移動順序：

1 → 3 (代表將一個套環從桿子1移到桿子3)

1 → 2

3 → 2

1 → 3

2 → 1

2 → 3

1 → 3

6.39 (河內塔：循環法) 任何能以遞迴方式實作的程式，都應該能以循環法實作，只是有時會較爲困難，而且程式碼較不易閱讀。請試著以循環法寫出河內塔程式。如果您寫出來了，請比較循環法和習題6.38用遞迴法的不同：請注意二者的效能，程式的易懂度，以及證明解法正確的容易程度。

6.40 (視覺化遞迴) 實際觀察「遞迴」的動作是很有趣的一件事。請修改圖6.28的階乘函式，列印其區域變數和遞迴呼叫的參數。對於每次的遞迴呼叫，請將它的輸出列在下一行，並向內縮排一層。請盡量以清楚、有趣且有意義的方式，將輸出顯示出來。程式的設計目標是要設計且實作出一種輸出格式，幫助別人更加了解遞迴。您可將此功能加入本書許多其他的遞迴範例和習題中。

6.41 (最大公因數的遞迴解) 整數x和y的最大公因數，是能同時整除它們的最大整數。請利用以下遞迴關係，撰寫遞迴函式gcd，計算參數x和y的最大公因數：如果y等於0，則gcd (x, y)的值爲x，否則gcd (x, y)的值爲gcd (y, x % y)，其中%是模數運算子。[請注意：這個演算法規定x必須大於y。]

6.42 (兩點之間的距離) 請寫出一個函式distance，計算兩點(x1, y1,z1) 和 (x2, y2,z2) 在三度空間之間的距離。所有的數字和傳回值均應爲double型態。[提示：Distance = SquareRoot(x1*x2 + y1*y2 + z1*z2)].

6.43 以下程式有何錯誤？

```
1  // Exercise 6.43: ex06_43.cpp
2  // What is wrong with this program?
3  #include <iostream>
4  using namespace std;
5
6  int main()
7  {
8     int c = 0;
9
10    if ( ( c = cin.get() ) != EOF )
11    {
12       main();
13       cout << c;
14    } // end if
15 } // end main
```

6.44 以下程式執行的工作爲何？

```
1  // Exercise 6.44: ex06_44.cpp
2  // What does this program do?
3  #include <iostream>
4  using namespace std;
5
6  int mystery( int, int ); // function prototype
7
8  int main()
9  {
10    int x = 0;
11    int y = 0;
```

```
12
13    cout << "Enter two integers: ";
14    cin >> x >> y;
15    cout << "The result is " << mystery( x, y ) << endl;
16 } // end main
17
18 // Parameter b must be a positive integer to prevent infinite recursion
19 int mystery( int a, int b )
20 {
21    if ( b == 1 ) // base case
22       return a;
23    else // recursive step
24       return a + mystery( a, b - 1 );
25 } // end function mystery
```

6.45 了解習題6.44程式執行的工作後，請修改程式，以循環方式執行。

6.46 (檢查資料型態) 寫一個程序，輸入不同型態的數值後，套用圖6.2的函式庫做運算。針對每種資料型態測試，輸出計算結果。

6.47 (找出錯誤) 找出以下程式片段中的錯誤，並解釋如何更正：

a)
```
float cube( float ); // function prototype
cube( float number ) // function definition
{
   return number * number * number;
}
```

b)
```
int randomNumber = srand();
```

c)
```
float y = 123.45678;
int x;
x = y;
cout << static_cast< float >( x ) << endl;
```

d)
```
double square( double number )
{
   double number = 0;
   return number * number;
}
```

e)
```
int sum( int n )
{
   if ( 0 == n )
      return 0;
   else
      return n + sum( n );
}
```

6.48 (修改craps遊戲) 修改圖6.11的craps程式，提供押注的功能。將程式中執行擲骰子遊戲部分包裝成函式。將變數bankBalance初始值設定為1000元。請提示玩家輸入一個押注金額 (wager)。用while迴圈檢查wager是否小於或等於銀行餘額

bankBalance，若否，則提示玩家重新輸入wager直到檢查條件符合爲止。輸入正確的wager之後，執行craps遊戲一次。如果玩家贏了，就將wager加到bankBalance，然後印出新的bankBalance。如果玩家輸了，就將bankBalance減掉wager，然後印出新的bankBalance，檢查bankBalance是否變爲零，假如是的話，就印出訊息Sorry. You busted!" 當遊戲進行時，印出各種不同的訊息的旁白，例如"Oh, you're going for broke, huh?"或"Aw cmon, take a chance!"或"You're up big.Now's the time to cash in your chips!"。

6.49 (方形面積) 請寫一個C++程式，讓使用者輸入邊長，並呼叫內嵌函式circleArea計算方形的面積。

6.50 (傳值呼叫與傳參考呼叫) 請撰寫一個完整的C++程式，程式中有兩個函式，其中每個函式都可以將main函式定義的變數count乘以三倍。比較這兩種方式的異同。兩個函式的敘述如下：

a) 函式tirpleCallByValue使用傳值呼叫傳遞count的副本，將傳入值乘以三倍後再傳回新的數值。

b) 函式tirpleByReference透過參考型態參數，使用傳參考呼叫傳遞count，並且利用別名 (即參考參數) 將count的原始值乘以三倍。

6.51 函式預設引數的目的爲何？函數參事列表對預設引數擺放位置有何限制？

6.52 (函式樣板sum) 請撰寫一個程式，使用函式樣板sum 計算兩個引數的和。請以整數、長整數和浮點數測試此程式。

6.53 (函式樣板 product) 請撰寫一個程式，使用函式樣板product 計算兩個引數的乘積。請以整數、長整數和浮點數測試此程式

6.54 (找出錯誤) 請檢查下列程式片段是否有錯。針對每個錯誤，說明其更正方式。[請注意：某些程式區段可能沒有任何錯誤。]

a)
```
template < class A >
int sum( int num1, int num2, int num3 )
{
   return num1 + num2 + num3;
}
```

b)
```
void printResults( int x, int y )
{
   cout << "The sum is " << x + y << '\n';
   return x + y;
}
```

c)
```
template < A >
A product( A num1, A num2, A num3 )
{
   return num1 * num2 * num3;
}
```

d)
```
double cube( int );
int cube( int );
```

6.55 (C++11隨機亂數：修改Crapse Game) 修改圖6.11中的程式，使用6.9節學到的C++11隨機亂數函式來產生亂數。

6.56 (C++11強型列舉)建立一個名為Days的強型列舉，常數名稱為MON,TUES, WED, THU, FRI, SAT和SUN.

創新進階題

隨著電腦的價格下降，無論學生在什麼樣的經濟環境下，都有機會可以擁有電腦或是在學校使用。因此我們有機會能夠藉由電腦，來改善全世界所有學生的教學經驗，如同下列五個習題所做的。[請注意：您可以在網上找到像「1名兒童擁有1台電腦」(One Laptop Per Child Project)這樣的計畫 (www.laptop.org)。也可以研究所謂的「綠色行動電腦」(“green” laptop)是什麼 — 這些產品的「綠化」特質是什麼？ 您可以在www.epeat.net找到電子產品環境評估工具 (Electronic Product Environmental Assessment Tool)，它可以幫助您評估桌上型電腦、筆記型電腦和螢幕的「綠化程度」，幫助您決定要購買哪些產品。]

6.57 (電腦輔助教學) 電腦用在教學上稱為電腦輔助教學 (computer-assisted instruction，CAI)。請撰寫一個程式來協助小學生學習乘法運算。請利用rand來產生兩個正的個位整數，程式應該提示使用者回答一個問題，像是：

```
How much is 6 times 7?
```

學生便將答案鍵入。程式將會檢查學生的答案。如果答對的話，印出 "Very good!"然後再問下一道乘法問題。 如果答錯的話，則印出 "No. Please try again."，並讓學生重複進行這一道題目，直到他答對為止。您應該用一個單獨的函式來產生新問題。當應用程式開始時，以及使用者答對問題時，都應該呼叫這個函式。

6.58 (電腦輔助教學程式：防止學生的倦怠) CAI環境有一個問題，哪就是學生容易感到倦怠。這一點可以經由改變電腦的問答方式來吸引學生的注意力。請修改習題6.56的程式，使得每一次回答問題的時候，能印出不同的評語。如下：

對正確答案的可能評語：

```
Very good!
Excellent!
Nice work!
Keep up the good work!
```

對錯誤答案的可能評語：

```
No. Please try again.
Wrong. Try once more.
Don't give up!
No. Keep trying.
```

請使用1到4的亂數對正確或錯誤的答案選擇適當的評語。用switch敘述式來印出評語。

6.59 (電腦輔助教學程式：監控學生的成績) 較複雜的CAI系統會統計學生在某段期間內的成績表現。學生必須在目前的項目上取得一定的成績，才能進階至下一個項目。請修改習題6.58的程式來計算答對和答錯的次數。在學生鍵入10個答案之後，您的程式應計算出他的正確率。假如正確率低於75%，在螢幕上顯示 **"Please ask your teacher for extra help."**，接下來重置程式，讓下一個學生練習。假如正確率等於75%，在螢幕上顯示 **"Congratulations, you are ready to go to the next level!"**，接下來重置程式，讓下一個學生練習。

6.60 (電腦輔助教學程式：學習級數) 習題6.57到6.59發展了一個電腦輔助教學程式來教導小學生學習乘法運算。請修改此程式讓使用者能夠輸入級數。困難度1代表在問題裡只使用一個數位，困難度2則可以使用二位數，以此類推。

6.61 (電腦輔助教學程式：改變練習種類) 修改習題6.60程式讓使用者能夠選擇他想要進行的算術練習的種類。1代表加法運算，2代表減法運算，3代表乘法運算，4代表除法運算，5則代表混合型四則運算。

Memo

類別樣板陣列與向量；異常處理

Now go, write it
before them in a table,
and note it in a book.
—Isaiah 30:8

Begin at the beginning, ... and
go on till you come to the end:
then stop.
—Lewis Carroll

To go beyond is as
wrong as to fall short.
—Confucius

學習目標

在本章中，您將學到：

- 使用C++標準函式庫中的類別樣板陣列-一個大小固定由相關類型資料組成的集合。
- 使用陣列儲存、排序並搜尋串列及表格資料。
- 宣告陣列、設定陣列初始值以及取用陣列中各個元素。
- 使用以範圍爲基礎的 for 敘述。
- 將陣列傳遞給函式。
- 基本搜尋與排序技巧。
- 宣告並操作多維陣列。
- 使用C++標準函式庫vector類別樣板-一個大小可變由相關類型資料組成的集合。

本章綱要

7.1 簡介

本章介紹**資料結構** (data structures)。資料結構是由一群彼此相關的資料項目，所組成的集合。我們會討論到常用的資料結構：**陣列** (arrays)。陣列是個大小固定，由相同類型的資料所構成的集合。向量和陣列類似(也是由相同類型資料群聚組合而成)，但它的一個特點是：可在執行時動態地增大和縮小資料。陣列和向量是C++標準函式庫中的**類別樣板** (class templates)。要使用它們，必須引入<array>和<vector>兩個標頭檔。

介紹完如何宣告、建立和初始化陣列後，我們提出幾個範例，呈現常見的陣列操作。我們會展示如何在陣列搜索某特定的元素，並依需求對陣列中元素進行排序。

我們同時加強了GradeBook的功能，使用一維和二維陣列，在記憶體中維護學生成績，並從多個考試分析成績。我們介紹異常處理機制，藉由這個機制，當試圖存取陣列或向量元中不存在的元素時，程式不會因而中斷，仍能繼續執行。

7.2 陣列

陣列 (array) 是記憶體中的一段連續空間，每個元素具有相同的型態。要引用陣列中某特定元素，必須指出陣列的名稱和陣列中特定元素的**位置編號** (position number)。

圖7.1顯示擁有12個**元素** (elements) 名爲c的整數陣列。存取陣列元素的語法是：先寫出陣列名稱，後接上左右方括號 ([ ]) ，括號內是元素位置編號。位置編號又稱爲標註(或**附標**)(subscript)或**索引** (index)，代表從陣列開頭起算的元素編號。陣列第一個元素的**索引為0** (subscript 0)，也稱爲第0個元素 (zeroth element)。因此，陣列的元素應寫作c[0] (英文念作「c sub zero」)、c[1]、c[2]…依此類推。陣列c中最大的索引爲11，比陣列中的元素數目(12) 小1。和其他變數名稱一樣，陣列的名稱必須遵守識別字的命名規則。

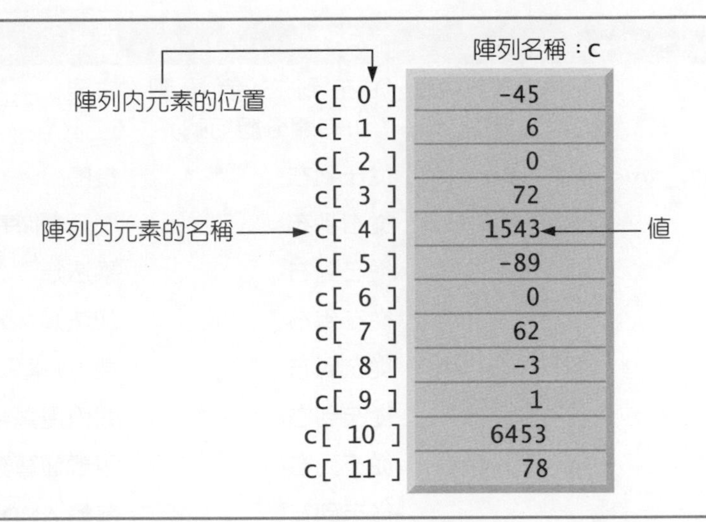

圖7.1　有12個元素的陣列

索引必須是整數或整數運算式（任何整數型態均可）。若我們在程式中使用運算式作爲索引，則程式會先對運算式進行計算，以決定其值。舉例來說，假設變數a等於5，而變數b等於6，則下列敘述

```
c[ a + b ] += 2;
```

會將陣列元素c[11]的值加2。和索引寫在一起的陣列名稱是個左值運算元 (lvalue)，意即它可以寫在指派敘述等號的左邊，這和一般非陣列變數是一樣的。

讓我們更仔細地檢視圖7.1中的陣列c。整個陣列的**名稱** (name) 是c。每個陣列都知道自己的大小，只要呼叫陣列的**成員函式 size** 。譬如，c.size()，就可取得陣列大小的值。陣列裡的12個元素是從c[0]到c[11]。c[0]的**值** (value) 是－45，c[1]的值爲6，c[2]的值爲0，c[7]的值爲62，c[11]的值爲78。以下敘述印出陣列c前三個元素的和：

```
cout << c[ 0 ] + c[ 1 ] + c[ 2 ] << endl;
```

要把c[6]的值除以2並將結果指派給變數x，可以寫成：

```
x = c[ 6 ] / 2;
```

程式中常犯的錯誤 7.1

請特別注意「陣列的第七個元素」和「陣列元素7」所指的元素是不同的。陣列索引是從0開始計算，所以「陣列第七個元素」是索引爲6的元素，而「陣列元素7」是索引爲7的元素，但它實際上是陣列的第八個元素。這很容易會造成**偏差1的錯誤** (off-by-one errors)。爲避免混淆，本書直接用索引號碼（即c[6]或c[7]）來稱呼陣列元素。

用來框住陣列索引的方括號其實是一個運算子，方括號 (brackets) 的優先權和小括號 (parentheses) 相同。圖7.2顯示目前爲止介紹過運算子的優先權與結合性。圖中的運算子依據優先權，由上而下以遞減順序排列，同時顯示它們的結合性和型態。

<table>
<tr><th>運算子</th><th>結合性</th><th>型態</th></tr>
<tr><td>:: ()</td><td>從左到右(參見圖2.10有關分組括號)</td><td>主要</td></tr>
<tr><td>() [] ++ -- static_cast<type> (operand)</td><td>從左到右</td><td>後序</td></tr>
<tr><td>++ -- + - !</td><td>從右到左</td><td>一元(前序)</td></tr>
<tr><td>* / %</td><td>從左到右</td><td>乘法類</td></tr>
<tr><td>+ -</td><td>從左到右</td><td>加法類</td></tr>
<tr><td><< >></td><td>從左到右</td><td>插入/萃取</td></tr>
<tr><td>< <= > >=</td><td>從左到右</td><td>關係運算類</td></tr>
<tr><td>== !=</td><td>從左到右</td><td>等號運算類</td></tr>
<tr><td>&&</td><td>從左到右</td><td>邏輯 AND</td></tr>
<tr><td>||</td><td>從左到右</td><td>邏輯 OR</td></tr>
<tr><td>?:</td><td>從右到左</td><td>條件運算</td></tr>
<tr><td>= += -= *= /= %=</td><td>從右到左</td><td>指派類</td></tr>
<tr><td>,</td><td>從左到右</td><td>逗號</td></tr>
</table>

圖7.2 到目前為止，學習過的運算元優先順序與結合性

7.3 宣告陣列

陣列會佔據記憶體空間。我們可用以下敘述，宣告陣列的元素數目及其型態：

```
array< type, arraySize > arrayName;
```

符號：<type, arraySize> 表示陣列是一個類別樣板。編譯器會依陣列元素型態，配置適當的記憶體空間。(還記得宣告並同時保留記憶體這個動作，更正確的稱呼是“定義”)。在上列敘述中，arraySize必須是無號整數。要通知編譯器爲整數陣列c保留12個元素，可以寫成：

```
array< int, 12 > c; // c is an array of 12 int values
```

陣列可以任何型態宣告。譬如，string 型態的陣列，可以用來儲存字元串。

7.4 陣列使用範例

下列範例展示如何宣告、初始化和處理陣列。

7.4.1 宣告陣列與運用迴圈設定陣列元素初始值

圖7.3的程式宣告5個元素的整數陣列n (第10行)。第5行引入標頭檔<array>，內含陣列類別樣板的宣告。第13-14行用for敘述把陣列元素的初始值設爲0。就像其他的自動變數，自動 (automatic) 陣列不會自動初始化爲零，但是靜態 (static) 陣列則會。第一個輸出敘

述(第16行)顯示欄位標題，接著後續的for結構(第19-20行)以表格形式印出陣列的內容。請記得，setw指定的是下一個數值的輸出欄位寬度。

```
 1 // Fig. 7.3: fig07_03.cpp
 2 // Initializing an array's elements to zeros and printing the array.
 3 #include <iostream>
 4 #include <iomanip>
 5 #include <array>
 6 using namespace std;
 7
 8 int main()
 9 {
10    array< int, 5 > n; // n is an array of 5 int values
11
12    // initialize elements of array n to 0
13    for ( size_t i = 0; i < n.size(); ++i )
14       n[ i ] = 0; // set element at location i to 0
15
16    cout << "Element" << setw( 13 ) << "Value" << endl;
17
18    // output each array element's value
19    for ( size_t j = 0; j < n.size(); ++j )
20       cout << setw( 7 ) << j << setw( 13 ) << n[ j ] << endl;
21 } // end main
```

```
Element      Value
      0          0
      1          0
      2          0
      3          0
      4          0
```

圖7.3　將陣列元素的初始值設為0並且印出來

在這個程式中，控制變數i(第13行)和j(第19行)的資料型態是size_t，用來指定陣列索引。根據C++標準，size_t代表一個無號整數資料型態。這種型態被推薦用於表示任何陣列的大小和索引。型態size_t的命名空間爲std，在標頭檔<cstddef>中定義。<cstddef>已經被其他許多標頭檔引用。如果您嘗試使用size_t型態，卻產生編譯錯誤，表示它沒被定義，解決方法很簡單，在程式中引用<cstddef>就可以。

7.4.2　在宣告中使用初始值列表，設定陣列初始值

陣列的元素可以在宣告陣列時設定其初始值，方法是在陣列名稱後面接寫等號和成對的大括號，並且在大括號中寫出以逗號分隔的**初始值**(initializer)。圖7.4的程式使用**初始值列表**(initializer list)爲具有5個數值的整數陣列設定初始值(第11行)，並以表格形式印出其內容(第13-17行)。

```
 1 // Fig. 7.4: fig07_04.cpp
 2 // Initializing an array in a declaration.
 3 #include <iostream>
 4 #include <iomanip>
 5 #include <array>
 6 using namespace std;
 7
 8 int main()
 9 {
10    // use list initializer to initialize array n
11    array< int, 5 > n = { 32, 27, 64, 18, 95 };
12
13    cout << "Element" << setw( 13 ) << "Value" << endl;
14
15    // output each array element's value
16    for ( size_t i = 0; i < n.size(); ++i )
17       cout << setw( 7 ) << i << setw( 13 ) << n[ i ] << endl;
18 } // end main
```

```
Element        Value
      0           32
      1           27
      2           64
      3           18
      4           95
```

圖7.4 在陣列宣告時設定初始值

若初始值列表中的值，少於陣列元素個數，則多出的陣列元素會自動設定爲零。例如，我們可用以下宣告，將圖7.3的陣列n的所有元素設定爲0：

```
array< int, 5 > n = {}; // initialize elements of array n to 0
```

因爲初始值列表的長度少於陣列元素個數，所以這個宣告，自動將元素都設定爲0。這個技巧只能用在陣列的宣告中。然而，圖7.3的方法可以在程式執行期間反覆地將陣列元素「重新初始化」。

若在陣列宣告時，就指定它的大小和初始值列表，則初始值列表元素的個數必須小於或等於陣列的大小(陣列元素個數)。例如以下敘述

```
array< int, 5 > n = { 32, 27, 64, 18, 95, 14 };
```

會造成編譯錯誤，因爲陣列有5個元素的，卻有6個初始值。

7.4.3 以常數變數指定陣列大小，以計算式設定陣列

圖7.5的程式把具5個元素的陣列s的初始值，設定爲2、4、6、8和10(第15-16行)，並以表格形式印出其內容(第18-22行)。這些數字是將迴圈計數變數的值乘以2再加2而得(第16行)。

第11行使用**修飾字**const (const qualifier)，把arraySize宣告成**常數變數** (constant variable)，並將其值設爲5。常數變數必須在宣告時，以常數敘述設定初始值，之後就不得

更改其值（如圖7.6和圖7.7所示）。常數變數又稱爲**具名常數** (named constants) 或**唯讀變數** (read-only variables)。

```
 1 // Fig. 7.5: fig07_05.cpp
 2 // Set array s to the even integers from 2 to 10.
 3 #include <iostream>
 4 #include <iomanip>
 5 #include <array>
 6 using namespace std;
 7
 8 int main()
 9 {
10    // constant variable can be used to specify array size
11    const size_t arraySize = 5; // must initialize in declaration
12
13    array< int, arraySize > s; // array s has 5 elements
14
15    for ( size_t i = 0; i < s.size(); ++i ) // set the values
16       s[ i ] = 2 + 2 * i;
17
18    cout << "Element" << setw( 13 ) << "Value" << endl;
19
20    // output contents of array s in tabular format
21    for ( size_t j = 0; j < s.size(); ++j )
22       cout << setw( 7 ) << j << setw( 13 ) << s[ j ] << endl;
23 } // end main
```

```
Element      Value
      0          2
      1          4
      2          6
      3          8
      4         10
```

圖7.5　將陣列s的元素設為2到10的偶數

程式中常犯的錯誤 7.2

未於常數變數宣告時設定其初始值，會造成編譯錯誤。

程式中常犯的錯誤 7.3

在可執行的敘述中指派值給常數變數，會造成編譯錯誤。

```
1 // Fig. 7.6: fig07_06.cpp
2 // Using a properly initialized constant variable.
3 #include <iostream>
4 using namespace std;
5
6 int main()
7 {
```

圖7.6　使用正確的方式設定常數變數的初值 (1/2)

```
 8     const int x = 7; // initialized constant variable
 9
10     cout << "The value of constant variable x is: " << x << endl;
11  } // end main
```

```
The value of constant variable x is: 7
```

圖7.6 使用正確的方式設定常數變數的初值(2/2)

```
1  // Fig. 7.7: fig07_07.cpp
2  // A const variable must be initialized.
3
4  int main()
5  {
6     const int x; // Error: x must be initialized
7
8     x = 7; // Error: cannot modify a const variable
9  } // end main
```

Microsoft Visual C++ compiler error message:

```
error C2734: 'x' : const object must be initialized if not extern
error C3892: 'x' : you cannot assign to a variable that is const
```

GNU C++ compiler error message:

```
fig07_07.cpp:6:14: error: uninitialized const 'x' [-fpermissive]
fig07_07.cpp:8:8: error: assignment of read-only variable 'x'
```

LLVM compiler error message:

```
Default initialization of an object of const type 'const int'
```

圖7.7 常數變數必須設定初值

在圖7.7，由Microsoft Visual C++所產生的編譯錯誤指出int變數x是個**常數物件** (const object)。在C++標準中，物件的定義是佔有記憶體的個體。基本型態變數也佔有記憶體，所以稱其爲"物件"也無妨。

常數變數可以放在程式中任何可放常數運算式的地方。圖7.5，常數變數arraySize在第13行指定了陣列的大小。

良好的程式設計習慣 7.1

利用常數變數來定義陣列的大小，而非數值常數，可讓程式更清晰易懂。這個技巧可以用來消除所謂的「魔術數字」(magic numbers)。魔術數字意爲數字本身無任何意義。使用常數變數等同使用具名的數字，數字不再魔幻，讓程式的目的更一目了然。

7.4.4 陣列元素加總

通常，陣列元素表示一系列可用於計算的數值。舉例來說，若陣列元素代表某班級的考試成績，則該班老師可能會希望合計陣列中所有的元素，計算該班考試成績的平均。

圖7.8的程式對具4個元素的陣列a進行加總。程式於第10行宣告、建立和設定初始值。for敘述(第14-15行)執行計算。我們也可讓使用者透過鍵盤鍵入陣列初始值，或由磁碟的檔案(第14章)讀入。例如，以下for敘述

```
for ( size_t j = 0; j < a.size(); ++j )
   cin >> a[ j ];
```

每次由鍵盤讀取一值，並存放在元素a[j]中。

```
1  // Fig. 7.8: fig07_08.cpp
2  // Compute the sum of the elements of an array.
3  #include <iostream>
4  #include <array>
5  using namespace std;
6
7  int main()
8  {
9     const size_t arraySize = 4; // specifies size of array
10    array< int, arraySize > a = { 10, 20, 30, 40 };
11    int total = 0;
12
13    // sum contents of array a
14    for ( size_t i = 0; i < a.size(); ++i )
15       total += a[ i ];
16
17    cout << "Total of array elements: " << total << endl;
18 } // end main
```

```
Total of array elements: 100
```

圖7.8　計算陣列元素的總和

7.4.5 使用長條圖表示陣列資料

許多程式會利用圖形呈現資料。譬如，數值資料常用長條圖中的長條，表示數值的大小。長條愈長表示數值愈大。一個用圖形顯示數字簡單的方式，是用星號(*)繪出長條。

考試之後，老師通常會想知道成績的分佈。方式之一，是把成績進行分類，然後再繪成圖表，如此成績分佈即可一目了然。假設某次考試的成績爲87、68、94、100、83、78、85、91、76、87。

該次考試有一個滿分100，兩個9字頭，四個8字頭，兩個7字頭，一個6字頭，而且沒有任何成績低於60。我們會在下個例子中(圖7.9)，把這些資料存入一個具11個元素的陣列，其中每個元素對應到一個成績等級。例如，n[0]代表0至9分範圍的成績數，n[7]代表70到79分，而n[10]代表100分。本章稍後會談到類別GradeBook的二個不同版本 圖7.15-7.16及圖7.22-7.23。到時我們會計算這些成績等級的出現頻率。現在，我們先用觀察法，手動建立陣列。

```
 1 // Fig. 7.9: fig07_09.cpp
 2 // Bar chart printing program.
 3 #include <iostream>
 4 #include <iomanip>
 5 #include <array>
 6 using namespace std;
 7
 8 int main()
 9 {
10    const size_t arraySize = 11;
11    array< unsigned int, arraySize > n =
12       { 0, 0, 0, 0, 0, 0, 1, 2, 4, 2, 1 };
13
14    cout << "Grade distribution:" << endl;
15
16    // for each element of array n, output a bar of the chart
17    for ( size_t i = 0; i < n.size(); ++i )
18    {
19       // output bar labels ("0-9:", ..., "90-99:", "100:" )
20       if ( 0 == i )
21          cout << "  0-9: ";
22       else if ( 10 == i )
23          cout << "  100: ";
24       else
25          cout << i * 10 << "-" << ( i * 10 ) + 9 << ": ";
26
27       // print bar of asterisks
28       for ( unsigned int stars = 0; stars < n[ i ]; ++stars )
29          cout << '*';
30
31       cout << endl; // start a new line of output
32    } // end outer for
33 } // end main
```

```
Grade distribution:
  0-9:
10-19:
20-29:
30-39:
40-49:
50-59:
60-69: *
70-79: **
80-89: ****
90-99: **
  100: *
```

圖7.9 長條圖列印程式

這個程式會從陣列讀入數字，並印出對應的長條圖。程式會顯示各個成績範圍，並印出一列星號代表此範圍的成績個數。第20-25行，爲各長條加上標籤 (如"70-79:")，這部分是根據迴圈變數i的值計算而得。注意第28行的迴圈測試條件 (stars < n[i])。每次程式到達內部的for迴圈時，迴圈會從0計數到n[i]，讓array裡的值決定要顯示的星號數。在本例中，n[0]-n[5]的值爲0，因爲沒有學生的成績低於60，所以前六個範圍沒有星號。

7.4.6 使用陣列元素作為計數變數

有時候我們會用計數變數對資料做個統整，譬如某項調查的結果之類等。在圖6.9的擲骰程式中，我們用不同的計數值，統計擲骰6,000,000次之後，每面出現的次數。圖7.10是這個程式陣列版的實作，這個版本用到在第6.9節介紹過的C++11新的亂數產生函式。

```
 1 // Fig. 7.10: fig07_10.cpp
 2 // Die-rolling program using an array instead of switch.
 3 #include <iostream>
 4 #include <iomanip>
 5 #include <array>
 6 #include <random>
 7 #include <ctime>
 8 using namespace std;
 9
10 int main()
11 {
12    // use the default random-number generation engine to
13    // produce uniformly distributed pseudorandom int values from 1 to 6
14    default_random_engine engine( static_cast< unsigned int >( time(0) ) );
15    uniform_int_distribution< unsigned int > randomInt( 1, 6 );
16
17    const size_t arraySize = 7; // ignore element zero
18    array< unsigned int, arraySize > frequency = {}; // initialize to 0s
19
20    // roll die 6,000,000 times; use die value as frequency index
21    for ( unsigned int roll = 1; roll <= 6000000; ++roll )
22       ++frequency[ randomInt( engine ) ];
23
24    cout << "Face" << setw( 13 ) << "Frequency" << endl;
25
26    // output each array element's value
27    for ( size_t face = 1; face < frequency.size(); ++face )
28       cout << setw( 4 ) << face << setw( 13 ) << frequency[ face ]
29          << endl;
30 } // end main
```

```
Face   Frequency
   1     1000167
   2     1000149
   3     1000152
   4      998748
   5      999626
   6     1001158
```

圖7.10　使用陣列代替switch設計擲骰子程式

圖7.10使用frequency陣列（第18行）計算每個點數出現的次數。這裡我們用第22行的單一敘述取代圖6.9中第23-45行的switch敘述。第22行使用隨機值決定在每次迴圈中要增加哪個frequency元素。第22行產生的隨機數字，其範圍是1到6，所以frequency要大到足以儲存六個計數變值。然而，我們在這裡使用含有七個元素的陣列，忽略掉frequency[0]；這樣可讓點數是1的時候增加的是frequency[1]而非frequency[0]，讓點數的值，直接用作陣

列frequency的索引，這樣比較合乎邏輯。我們同時也用迴圈取代圖6.9中的第49-54行，印出陣列frequency中的值(圖7.10，第27-29行)。

7.4.7 運用陣列總結調查結果

接下來的例子(圖7.11)使用陣列，對問卷調查收集的資料進行加總。考慮以下問題：

有20個學生被要求對學生自助餐廳食物的品質進行評分，分數從1到5，1表示極差，5表示極佳。請將這20個回覆資料放在整數陣列中，並加總其結果。

這是一個典型的陣列處理程式(圖7.11)。我們想加總每個評等的票數(1到5)。陣列response(第15-16行)具有20個整數元素，儲存問卷調查的結果。陣列response宣告為const，其值不能(也不應)被改變。我們使用具6個元素的陣列frequency(第19行)，計算每種回覆的次數。該陣列每個元素都作為回覆資料的計數變數，並設定初始值為0。和圖7.10一樣，我們忽略frequency[0]。

```
 1 // Fig. 7.11: fig07_11.cpp
 2 // Poll analysis program.
 3 #include <iostream>
 4 #include <iomanip>
 5 #include <array>
 6 using namespace std;
 7
 8 int main()
 9 {
10    // define array sizes
11    const size_t responseSize = 20; // size of array responses
12    const size_t frequencySize = 6; // size of array frequency
13
14    // place survey responses in array responses
15    const array< unsigned int, responseSize > responses =
16       { 1, 2, 5, 4, 3, 5, 2, 1, 3, 1, 4, 3, 3, 3, 2, 3, 3, 2, 2, 5 };
17
18    // initialize frequency counters to 0
19    array< unsigned int, frequencySize > frequency = {};
20
21    // for each answer, select responses element and use that value
22    // as frequency subscript to determine element to increment
23    for ( size_t answer = 0; answer < responses.size(); ++answer )
24       ++frequency[ responses[ answer ] ];
25
26    cout << "Rating" << setw( 17 ) << "Frequency" << endl;
27
28    // output each array element's value
29    for ( size_t rating = 1; rating < frequency.size(); ++rating )
30       cout << setw( 6 ) << rating << setw( 17 ) << frequency[ rating ]
31          << endl;
32 } // end main
```

```
Rating    Frequency
     1            3
     2            5
     3            7
     4            2
     5            3
```

圖7.11 問卷分析程式

第一個for敘述(第23-24行)會由responses陣列一次取出一筆回覆資料，並使frequency陣列裡5個計數變數其中之一 (frequency[1]到frequency[5]) 遞增。迴圈中最主要的敘述在第24行，依據responses[answer]的值，遞增對應計數變數的值。

讓我們跟著for迴圈跑幾次看看。當控制變數answer爲0時，responses[answer]等同responses[0]，其值爲1 (第16行)；所以，程式會把敘述++frequency[responses[answer]]看成：

```
++frequency[ 1 ]
```

這會將第一個陣列元素增加1。因爲程式會從最內側的方括號的值 (answer) 開始看。一旦得到answer的值 (即第23行迴圈控制變數的值)，程式會把它代入運算式下一層的方括號 (也就是responses[answer]，其值來自第15-16行的response陣列) 之中。最後，再使用其結果作爲frequency陣列的索引，決定要遞增哪個計數變數。

當answer爲1時，responses[answer]意即responses[1]，其值爲2；所以，程式會把敘述式frequency[responses[answer]]++看成：

```
++frequency[ 2 ]
```

以上敘述會遞增索引爲2的陣列元素。

當answer爲2時，responses[answer]意即responses[1]，其值爲5；所以，程式會把敘述式frequency[responses[answer]]++看成：

```
++frequency[ 5 ]
```

以上敘述會遞增索引爲5的陣列元素，依此類推。不管調查的回覆次數爲何，本程式僅需一個具6個元素的陣列 (忽略元素0)，就可進行統計，因爲所有的回覆值皆在1到5之間，且索引的範圍爲0到5。

陣列索引的臨界檢查

若responses陣列裡的資料包含無效的值，如13，則程式會試圖對frequency[13]增加1，但此項資料在陣列範圍之外。當您使用運算子“[ ]”存取陣列元素，C++不會對陣列進行**臨界檢查 (bounds checking)**，防止電腦參用到不存在的元素。因此，即使程式執行時，可能會參用到超過陣列上下邊界的元素，編譯器也不會發出任何警告。在7.10節，使用vector類別樣板的函式at，就會執行臨界檢查。陣列類別樣板也有at函式。

程式設計師必須確認所有參用到的陣列元素，都保持在陣列有效範圍之內，也就是陣列索引值必須大於0並小於陣列的大小。

允許程式越界存取，是常見的安全漏洞。讀取邊界外的資料可能會導致程式崩潰，雖然程式仍照常執行，但取得的是錯誤的資料。寫資料到邊界外 (稱爲緩衝區溢出) 就更嚴重了，攻擊者可利用此漏洞植入惡意程式，造成系統當機。更多有關緩衝區溢位的資訊，請參閱網站en.wikipedia.org/wiki/Buffer_overflow。

程式中常犯的錯誤 7.4

參用超出陣列範圍的元素，會造成執行期間邏輯錯誤，而非語法錯誤。

錯誤預防要訣 7.1

運用迴圈逐一處理陣列元素時，陣列索引永遠不要小於零且應小於陣列元素總數(陣列大小減1)。請確認迴圈測試條件不會讓程式存取到超過陣列範圍的元素。在第15-16章，會介紹**迭代器** (iterator)，可預防跨界存取資料。

7.4.8 靜態區域陣列和自動區域陣列

我們在第6章討論了儲存類別修飾詞static。在函式定義中的static區域變數會在整個程式執行期間存在，但只能在函式主體中使用。

效能要訣 7.1

我們可用static在函式中宣告區域陣列，如此就不需每次呼叫函式時，建立和初始化該陣列，且其內容也不會在程式離開這個函式時被清除。此技巧可增進效能，對大型陣列尤其有效。

程式會在第一次遇到static區域陣列的宣告時設定其初始值。若未明確設定其初始值，編譯器會於建立陣列時，自動將所有元素的初始值設定為0。但請記得，C++不會為自動變數設定初始值。

圖7.12顯示函式staticArrayInit (第24-40行) 以及其中的靜態區域陣列 (第27行)，和函式automaticArrayInit (第43-59行) 以及其中的自動區域陣列 (第46行)。

```
 1 // Fig. 7.12: fig07_12.cpp
 2 // static array initialization and automatic array initialization.
 3 #include <iostream>
 4 #include <array>
 5 using namespace std;
 6
 7 void staticArrayInit(); // function prototype
 8 void automaticArrayInit(); // function prototype
 9 const size_t arraySize = 3;
10
11 int main()
12 {
13    cout << "First call to each function:\n";
14    staticArrayInit();
15    automaticArrayInit();
16
17    cout << "\n\nSecond call to each function:\n";
18    staticArrayInit();
19    automaticArrayInit();
20    cout << endl;
21 } // end main
```

圖7.12 靜態陣列初始化與自動陣列初始化(1/2)

```
22
23 // function to demonstrate a static local array
24 void staticArrayInit()
25 {
26    // initializes elements to 0 first time function is called
27    static array< int, arraySize > array1; // static local array
28
29    cout << "\nValues on entering staticArrayInit:\n";
30
31    // output contents of array1
32    for ( size_t i = 0; i < array1.size(); ++i )
33       cout << "array1[" << i << "] = " << array1[ i ] << "  ";
34
35    cout << "\nValues on exiting staticArrayInit:\n";
36
37    // modify and output contents of array1
38    for ( size_t j = 0; j < array1.size(); ++j )
39       cout << "array1[" << j << "] = " << ( array1[ j ] += 5 ) << "  ";
40 } // end function staticArrayInit
41
42 // function to demonstrate an automatic local array
43 void automaticArrayInit()
44 {
45    // initializes elements each time function is called
46    array< int, arraySize > array2 = { 1, 2, 3 }; // automatic local array
47
48    cout << "\n\nValues on entering automaticArrayInit:\n";
49
50    // output contents of array2
51    for ( size_t i = 0; i < array2.size(); ++i )
52       cout << "array2[" << i << "] = " << array2[ i ] << "  ";
53
54    cout << "\nValues on exiting automaticArrayInit:\n";
55
56    // modify and output contents of array2
57    for ( size_t j = 0; j < array2.size(); ++j )
58       cout << "array2[" << j << "] = " << ( array2[ j ] += 5 ) << "  ";
59 } // end function automaticArrayInit
```

```
First call to each function:
Values on entering staticArrayInit:
array1[0] = 0 array1[1] = 0 array1[2] = 0
Values on exiting staticArrayInit:
array1[0] = 5 array1[1] = 5 array1[2] = 5
Values on entering automaticArrayInit:
array2[0] = 1 array2[1] = 2 array2[2] = 3
Values on exiting automaticArrayInit:
array2[0] = 6 array2[1] = 7 array2[2] = 8
Second call to each function:
Values on entering staticArrayInit:
array1[0] = 5 array1[1] = 5 array1[2] = 5
Values on exiting staticArrayInit:
array1[0] = 10 array1[1] = 10 array1[2] = 10
Values on entering automaticArrayInit:
array2[0] = 1 array2[1] = 2 array2[2] = 3
Values on exiting automaticArrayInit:
array2[0] = 6 array2[1] = 7 array2[2] = 8
```

圖7.12　靜態陣列初始化與自動陣列初始化(2/2)

函式staticArrayInit1被呼叫兩次(第14和18行)。第一次呼叫該函式時，編譯器會把宣告成static的區域陣列設定為0。該函式會先印出陣列的內容，把每個元素加5，然後再列印一次。第二次呼叫此函式時，該靜態陣列會包含第一次呼叫函式時儲存在其中的值。

函式automaticArrayInit也一共被呼叫了二次(第15和19行)。自動區域陣列array2元素的初始值分別設定為1、2和3(第46行)。該函式會印出陣列的內容，把每個元素加5，然後再列印一次。第二次呼叫此函式時，陣列的元素會重新設定為1、2和3，這是因為該陣列為自動儲存類別，所以每次呼叫時都會重新建立和初始化。

7.5 以範圍為基礎的 for 敘述

從前面幾個範例看到，我們經常要處理陣列的所有元素。新的C++11**以範圍為基礎的for 敘述** (range-based for statement)，可以讓您無需使用計數變數就能巡訪所有元素，從而避免了"越界"的危機，並省去了自己檢查邊界的麻煩。

錯誤預防要訣 7.2

遇到要處理陣列所有元素的場合，使用以範圍為基礎的 for 敘述再恰當不過，不要再使用元素索引。

以範圍為基礎的 for 敘述的語法：

```
for ( rangeVariableDeclaration : expression )
   statement
```

其中，rangeVariableDeclaration有一個資料型態和一個識別字(例如：int item)以及expression(運算式)則是欲處理的陣列。在rangeVariableDeclaration的資料型態必須和陣列元素的型態一致。識別字表示每次進入迴圈輪替處理的元素值。您可以在C++標準函式庫預先建好的資料結構(通常稱為容器)使用以範圍為基礎的for敘述。預先建好的資料結構有array類別和vector類別。

圖7.13使用以範圍為基礎的for敘述，顯示一個陣列的內容(第13-14行和22-23行)並將陣列的每一個元素值乘以2(第17-18行)。

```
 1 // Fig. 7.13: fig07_13.cpp
 2 // Using range-based for to multiply an array's elements by 2.
 3 #include <iostream>
 4 #include <array>
 5 using namespace std;
 6
 7 int main()
 8 {
 9    array< int, 5 > items = { 1, 2, 3, 4, 5 };
10
11    // display items before modification
12    cout << "items before modification: ";
13    for ( int item : items )
```

圖7.13 使用以範圍為基礎的for敘述將陣列中每個元素乘以2(1/2)

```
14          cout << item << " ";
15
16      // multiply the elements of items by 2
17      for ( int &itemRef : items )
18          itemRef *= 2;
19
20      // display items after modification
21      cout << "\nitems after modification: ";
22      for ( int item : items )
23          cout << item << " ";
24
25      cout << endl;
26  } // end main
```

```
items before modification: 1 2 3 4 5
items after modification: 2 4 6 8 10
```

圖7.13　使用以範圍為基礎的for敘述將陣列中每個元素乘以2(2/2)

使用以範圍為基礎的for敘述顯示陣列內容

使用以範圍爲基礎的for敘述，簡化了巡訪陣列所有元素的程式碼。第13行可以解釋爲“對於每次迭代，指派陣列items的下一個元素給int變數item，然後執行後續程式”。因此，每次迭代，識別字item代表items中的不同元素。第13-14行程式與下列計數變數控制循環同義。

```
for ( int counter = 0; counter < items.size(); ++counter )
    cout << items[ counter ] << " ";
```

使用以範圍為基礎的 for 敘述變更陣列內容

第17-18行，使用以範圍爲基礎的for敘述，將items的每一個元素乘以2。第17行中，rangeVariableDeclaration中的itemRef是一個int型態的reference (&)。稍作回想，參考(reference) 是記憶體中某變數的別名，在本例中被取別名的變數是陣列元素。我們使用int reference 的原因有二：首先items中的元素型態是int；其次，我們要修改每個元素的值。因爲itemRef被宣告爲是一個reference，所以itemRef是陣列一個元素的別名，變動了itemRef的值，等同改變數陣列中相應元素的值，這正是我們所要的。

使用元素的註標

以範圍爲基礎的for敘述可取代計數控制的for敘述，不需要註標就可巡訪所有元素。例如，累加陣列元素的值 (圖7.8)，只需要存取元素值，元素的註標是無關緊要的。然而，如果程式必須取用元素的註標，而不只是簡單巡訪取得所有元素值 (例如，本章之前範例，需列印元素的註標和值。) 就應該使用計數控制的for敘述。

7.6 個案研究：類別Gradebook用陣列儲存成績

我們在這一節進一步強化曾在第3章介紹，並在第4-6章擴充過的GradeBook類別。讀者也許還記得，老師可用此類別儲存並分析學生成績。先前的版本能讓使用者輸入成績並加以處理，但並未保留這些輸入的成績。因此，若要進行計算，就要再次輸入成績。要解決這個問題，我們可以利用該類別的資料成員儲存所有的成績。例如，我們可以在GradeBook類別中加入grade1、grade2、...、grade10等資料成員儲存10個學生的成績，但這會讓計算總分和平均時很不方便。在本節中，我們將運用陣列解決這個問題。

GradeBook類別中運用陣列儲存學生成績

圖7.14，是下一個版本的GradeBook類別 (圖7.15-7.16) 將10位學生成績存入物件後，重整輸出的結果。這樣使用者就不必重複輸入相同的成績。圖7.15的第28行宣告陣列grade為資料成員，所以，每個GradeBook物件都能維護自己的一組成績。

```
Welcome to the grade book for
CS101 Introduction to C++ Programming!
The grades are:

Student  1:  87
Student  2:  68
Student  3:  94
Student  4: 100
Student  5:  83
Student  6:  78
Student  7:  85
Student  8:  91
Student  9:  76
Student 10:  87

Class average is 84.90
Lowest grade is 68
Highest grade is 100

Grade distribution:
  0-9:
10-19:
20-29:
30-39:
40-49:
50-59:
60-69: *
70-79: **
80-89: ****
90-99: **
  100: *
```

圖7.14 類別GradeBook的輸出，用陣列儲存測驗成績

```
 1 // Fig. 7.15: GradeBook.h
 2 // Definition of class GradeBook that uses an array to store test grades.
 3 // Member functions are defined in GradeBook.cpp
 4 #include <string>
 5 #include <array>
 6
 7 // GradeBook class definition
 8 class GradeBook
 9 {
10 public:
11    // constant -- number of students who took the test
12    static const size_t students = 10; // note public data
13
14    // constructor initializes course name and array of grades
15    GradeBook( const std::string &, const std::array< int, students > & );
16
17    void setCourseName( const std::string & ); // set the course name
18    std::string getCourseName() const; // retrieve the course name
19    void displayMessage() const; // display a welcome message
20    void processGrades() const; // perform operations on the grade data
21    int getMinimum() const; // find the minimum grade for the test
22    int getMaximum() const; // find the maximum grade for the test
23    double getAverage() const; // determine the average grade for the test
24    void outputBarChart() const; // output bar chart of grade distribution
25    void outputGrades() const; // output the contents of the grades array
26 private:
27    std::string courseName; // course name for this grade book
28    std::array< int, students > grades; // array of student grades
29 }; // end class GradeBook
```

圖7.15 類別GradeBook的定義；用陣列儲存測驗成績

```
 1 // Fig. 7.16: GradeBook.cpp
 2 // GradeBook class member functions manipulating
 3 // an array of grades.
 4 #include <iostream>
 5 #include <iomanip>
 6 #include "GradeBook.h" // GradeBook class definition
 7 using namespace std;
 8
 9 // constructor initializes courseName and grades array
10 GradeBook::GradeBook( const string &name,
11    const array< int, students > &gradesArray )
12    : courseName( name ), grades( gradesArray )
13 {
14 } // end GradeBook constructor
15
16 // function to set the course name
17 void GradeBook::setCourseName( const string &name )
18 {
19    courseName = name; // store the course name
20 } // end function setCourseName
21
22 // function to retrieve the course name
23 string GradeBook::getCourseName() const
24 {
```

圖7.16 類別GradeBook的一組成員函式，對成績陣列進行處理(1/3)

```
25      return courseName;
26   } // end function getCourseName
27
28   // display a welcome message to the GradeBook user
29   void GradeBook::displayMessage() const
30   {
31      // this statement calls getCourseName to get the
32      // name of the course this GradeBook represents
33      cerr << "Welcome to the grade book for\n" << getCourseName() << "!"
34         << endl;
35   } // end function displayMessage
36
37   // perform various operations on the data
38   void GradeBook::processGrades() const
39   {
40      // output grades array
41      outputGrades();
42
43      // call function getAverage to calculate the average grade
44      cout << setprecision( 2 ) << fixed;
45      cout << "\nClass average is " << getAverage() << endl;
46
47      // call functions getMinimum and getMaximum
48      cout << "Lowest grade is " << getMinimum() << "\nHighest grade is "
49         << getMaximum() << endl;
50
51      // call function outputBarChart to print grade distribution chart
52      outputBarChart();
53   } // end function processGrades
54
55   // find minimum grade
56   int GradeBook::getMinimum() const
57   {
58      int lowGrade = 100; // assume lowest grade is 100
59
60      // loop through grades array
61      for ( int grade : grades )
62      {
63         // if current grade lower than lowGrade, assign it to lowGrade
64         if ( grade < lowGrade )
65            lowGrade = grade; // new lowest grade
66      } // end for
67
68      return lowGrade; // return lowest grade
69   } // end function getMinimum
70
71   // find maximum grade
72   int GradeBook::getMaximum() const
73   {
74      int highGrade = 0; // assume highest grade is 0
75
76      // loop through grades array
77      for ( int grade : grades )
78      {
79         // if current grade higher than highGrade, assign it to highGrade
80         if ( grade > highGrade )
81            highGrade = grade; // new highest grade
82      } // end for
83
```

圖7.16 類別GradeBook的一組成員函式，對成績陣列進行處理(2/3)

```
84      return highGrade; // return highest grade
85   } // end function getMaximum
86
87   // determine average grade for test
88   double GradeBook::getAverage() const
89   {
90      int total = 0; // initialize total
91
92      // sum grades in array
93      for ( int grade : grades )
94         total += grade;
95
96       // return average of grades
97      return static_cast< double >( total ) / grades.size();
98   } // end function getAverage
99
100  // output bar chart displaying grade distribution
101  void GradeBook::outputBarChart() const
102  {
103     cout << "\nGrade distribution:" << endl;
104
105     // stores frequency of grades in each range of 10 grades
106     const size_t frequencySize = 11;
107     array< unsigned int, frequencySize > frequency = {}; // init to 0s
108
109     // for each grade, increment the appropriate frequency
110     for ( int grade : grades )
111        ++frequency[ grade / 10 ];
112
113     // for each grade frequency, print bar in chart
114     for ( size_t count = 0; count < frequencySize; ++count )
115     {
116        // output bar labels ("0-9:", ..., "90-99:", "100:" )
117        if ( 0 == count )
118           cout << "  0-9: ";
119        else if ( 10 == count )
120           cout << "  100: ";
121        else
122           cout << count * 10 << "-" << ( count * 10 ) + 9 << ": ";
123
124        // print bar of asterisks
125        for ( unsigned int stars = 0; stars < frequency[ count ]; ++stars )
126           cout << '*';
127
128        cout << endl; // start a new line of output
129     } // end outer for
130  } // end function outputBarChart
131
132  // output the contents of the grades array
133  void GradeBook::outputGrades() const
134  {
135     cout << "\nThe grades are:\n\n";
136
137     // output each student's grade
138     for ( size_t student = 0; student < grades.size(); ++student )
139        cout << "Student " << setw( 2 ) << student + 1 << ": " << setw( 3 )
140           << grades[ student ] << endl;
141  } // end function outputGrades
```

圖7.16 類別GradeBook的一組成員函式，對成績陣列進行處理(3/3)

請注意，圖7.15第28行陣列的大小，由資料成員students決定；students以public static const且型態爲size_t的敘述宣告（第12行）。此資料成員宣告爲public，故可被該類別的使用者取用。稍後我們會介紹使用此成員的範例程式。修飾詞const指出資料成員students是常數，設定完初始值後，就不能修改其值。

變數宣告中的關鍵字static指出該資料成員為此類別所有物件所共用，所有GradeBook物件都可儲存相同學生人數的成績。請回憶第3.4節，類別的每個物件都保有其屬性的副本，代表這些屬性的變數亦稱為資料成員。類別的每個物件（即實例）在記憶體中都保有這些變數的獨立副本。不過，有些變數並非如此。如這裡的**static資料成員**（static data members），這種變數又稱為**類別變數**（class variables），當具有static資料成員的類別產生物件時，該類別的所有物件只會共享同一份static資料成員。和其他資料成員一樣，我們可在類別及成員函式定義中使用之。

我們可以在類別外部存取宣告為public static的資料成員，甚至不必產生物件，只要在類別名稱後面接上範圍解析運算子（::），後面再寫資料成員的名稱就可直接進行存取。我們會在第9章對static資料成員進行更進一步的討論。

建構子

該類別的建構子（於圖7.15第15行宣告，圖7.16第10-14行定義）有二個參數，分別是課程名稱及成績陣列的參考（reference）。程式產生GradeBook物件時（如圖7.17的15行），會把既存的int陣列傳給建構子，並在其中把陣列內容複製給資料成員grades（圖7.16第12行）。傳遞給建構子的成績，可由使用者輸入，或由磁碟檔案讀取（這部分會在第14章討論）。這裡，只簡單的用一組成績作為陣列的初值（圖7.17，第11-12行）。一旦成績儲存於類別GradeBook的資料成員grades後，該類別所有成員函式都可存取其值進行各項運算。

注意，建構子以傳reference（參考）的形式接收string和array，這麼做，省去了傳值方式所需複製資料的時間，增加程式的效率。但是傳reference的方式又怕建構子修改課程名稱或學生成績（傳reference可以修改資料），這是不必要的動作。所以，在定義建構子時，在參數前面加上const，這麼做，被呼叫的函示（建構子），就不能修改傳入的引數。我們也變更了成員函式setCouseName，改用傳reference的方式接收string型態引數。

成員函式processGrades

成員函式processGrades（宣告於圖7.15第20行，並於圖7.16第38-53行定義）呼叫了五個成員函式，印出成績的總結報告。第41行呼叫成員函式outputGrades印出陣列grades的內容。該函式中第138-140行用for敘述印出每個學生的成績。陣列索引雖然由0開始，但學號通常從1號開始，因此第139-140行以student + 1作為學生號碼，並印出“Student 1:”，"Student 2:"等字串。

成員函式getAverage

成員函式processGrades接下來會呼叫成員函式getAverage（第45行）計算陣列中成績的平均值。成員函式getAverage（宣告於圖7.15第23行，定義於圖7.16第88-98行）在計算平均值前，先用for敘述加總陣列grades的元素值。請注意第97行，使用grade.size()取得學生人數（陣列grades的元素個數）來計算平均成績。

成員函式getMininum和getMaximum

成員函式processGrades在第48-49行呼叫成員函式getMininum和getMaximum找出測驗中的最低及最高成績。我們先看getMinimum如何找出最低分。因爲最高分是100，我們先假設最低分是100 (第58行)。接下來，我們逐一檢查陣列的值，看看有沒有比它小的。函式getMinimum的第61-66行檢查陣列的每個值，第64行把每個值和lowGrade做比較。若分數低於lowGrade，則將該值設給lowGrade。當執行到第68行時，lowGrade便含有陣列中的最低分。成員函式getMaximum (第72-85行) 依類似的原理運作。

成員函式outputBarChart

最後，成員函式processGrades在第52行呼叫成員函式outputBarChart，運用和圖7.9類似的技巧印出成績分佈的長條圖。在那個例子中，我們用手動的方式把成績按0-9、10-19、...、90-99及100分組。在此範例中，第110-111行運用類似圖7.10及圖7.11的技巧，計算每個組距裡面的成績個數。第107行宣告並產生具11個unsigned int元素的陣列frequency，用來儲存每個組距中成績出現的頻率。第110-111行會檢查陣列grades裡的每個元素，用它的值作爲索引，遞增frequency陣列中對應的元素，索引的計算方法在第111行，將目前的grade值除以10。舉例來說，若grade的值爲85，第111行會遞增frequency[8]，把80-89的成績數加1。第114-129行接著依frequency陣列裡的值印出長條圖 (見圖7.17)。和圖7.9的第28-29行一樣，圖7.16的第125-126行使用frequency陣列裡的值決定每個長條需要的星號數。

測試類別GradeBook

圖7.17的程式建立類別GradeBook (請見圖7.15-7.16) 的物件，該物件運用int型態的陣列grades (宣告並設初始值於第11-12行)。請注意，範圍解析運算子 (::) 用在運算式"GradeBook::students"中 (第11行) 以存取GradeBook類別的static常數students。用它的值建立大小與該類別資料成員grades相同的陣列。第13行宣告string 型態變數，表示課程名稱。第15行將課程名稱及成績陣列傳遞給GradeBook建構子。第16行顯示歡迎訊息，第17行是呼叫GradeBook物件的成員函式processGrades。

```
 1 // Fig. 7.17: fig07_17.cpp
 2 // Creates GradeBook object using an array of grades.
 3 #include <array>
 4 #include "GradeBook.h" // GradeBook class definition
 5 using namespace std;
 6
 7 // function main begins program execution
 8 int main()
 9 {
10    // array of student grades
11    const array< int, GradeBook::students > grades =
12       { 87, 68, 94, 100, 83, 78, 85, 91, 76, 87 };
13    string courseName = "CS101 Introduction to C++ Programming";
14
15    GradeBook myGradeBook( courseName, grades );
16    myGradeBook.displayMessage();
17    myGradeBook.processGrades();
18 } // end main
```

圖7.17　建立GradeBook物件並使用成績陣列，呼叫成員函式processGrades進行分析

7.7 排序與搜尋陣列

在本節中，我們使用C++標準函式庫的排序函式，將陣列元素按升序排序，並利用內建的二元搜尋(binary_search)函式，來確定是陣列中是否有我們要搜尋的元素。

排序

所謂資料**排序**(sorting)，就是依升序(ascending)或降序(descending)原則排列資料，是計算機領域最重要的應用之一。例如，銀行會將所有的支票按帳戶號碼進行排序，以便於月底進行清算。電話公司會依姓氏排序電話號碼、同姓氏底下再依姓名排列，以方便查閱。幾乎所有公司都必須進行大量的資料排序。資料排序是個有趣的問題，多年來電腦科學界投入了大量研究。本章我們先討論簡單的排序方法。在第20章，我們會討論更複雜但也更有效率的排序演算法。到時我們還會介紹「Big O」(英文念作「Big Oh」)的概念和表示法，探討每種排序方法的複雜度。

搜尋

經常，我們必須找出某個陣列是否包含特定**鍵值**(key value)。在陣列中找出某特殊元素的過程，稱為**搜尋**(searching)。我們將在第20章介紹兩個搜尋演算法：一個是簡單但耗時的線性搜尋法(linear search)，搜尋對象是未排序的陣列；另一個是稍微複雜但更有效率的二元搜尋法(binary search)，搜尋對象是已排序的陣列。

演示函式sort和binary_search

圖7.18首先建立一個未排序的字串陣列(第13-14行)，並顯示陣列的內容(第17-19行)。接下來，第21行使用C++標準函式中的sort對陣列color按升序進行排序。sort函式的引數指定陣列中需排序的元素範圍，本例是整個陣列都需要排序。在後面的章節我們將討論陣列類別樣板中的begin和end函式。正如您所看到的，sort函式可針對各種資料結構進行排序。第24-26行顯示已排序陣列的內容。

第29和34行示範使用binary_search搜尋陣列。首先，陣列必須按升序排列，binary_search函式不會先檢查搜尋對象是否已排序。函數的前兩個參數代表搜尋範圍，第三個參數是欲搜索的鍵值(search key)。該函數回傳一個布林值，表示是否搜尋到鍵值。在第16章中，我們將使用C++標準函式庫中的find函式，找出鍵值在陣列中的位置。

```
1 // Fig. 7.18: fig07_18.cpp
2 // Sorting and searching arrays.
3 #include <iostream>
4 #include <iomanip>
5 #include <array>
6 #include <string>
7 #include <algorithm> // contains sort and binary_search
8 using namespace std;
9
```

圖7.18 陣列的排序與搜尋(1/2)

```
10 int main()
11 {
12    const size_t arraySize = 7; // size of array colors
13    array< string, arraySize > colors = { "red", "orange", "yellow",
14       "green", "blue", "indigo", "violet" };
15
16    // output original array
17    cout << "Unsorted array:\n";
18    for ( string color : colors )
19       cout << color << " ";
20
21    sort( colors.begin(), colors.end() ); // sort contents of colors
22
23    // output sorted array
24    cout << "\nSorted array:\n";
25    for ( string item : colors )
26       cout << item << " ";
27
28    // search for "indigo" in colors
29    bool found = binary_search( colors.begin(), colors.end(), "indigo" );
30    cout << "\n\n\"indigo\" " << ( found ? "was" : "was not" )
31       << " found in colors" << endl;
32
33    // search for "cyan" in colors
34    found = binary_search( colors.begin(), colors.end(), "cyan" );
35    cout << "\"cyan\" " << ( found ? "was" : "was not" )
36       << " found in colors" << endl;
37 } // end main
```

```
Unsorted array:
red orange yellow green blue indigo violet
Sorted array:
blue green indigo orange red violet yellow

"indigo" was found in colors
"cyan" was not found in colors
```

圖7.18　陣列的排序與搜尋(2/2)

7.8　多維陣列

具有兩個維度（索引）的陣列常用來表示**數值表格** (tables of values)，其值以**列** (rows) 和**行** (columns) 的方式排列。存取表格中特定元素時，要用到兩個索引。依慣例，第一個索引代表元素的列號，第二個代表行號。需二個索引存取元素的陣列稱為**二維陣列** (two-dimensional arrays)，又稱**2D陣列** (2-D arrays)。具有兩個維度以上的陣列，稱為**多維陣列** (multidimensional arrays)。圖7.19說明一個二維陣列a，這個陣列包含三列和四行，所以可稱為3x4的陣列。一般而言，帶有m列和n行的陣列稱為（**英文稱作m-by-n）陣列**。

圖7.19中，陣列a的每個元素都可用a[i][j]的格式加以存取，a是陣列名稱，而i和j代表a陣列中列和行的索引。請注意，在第0列中，所有元素的第1個索引都是0；第3行所有元素的第2個索引都是3。

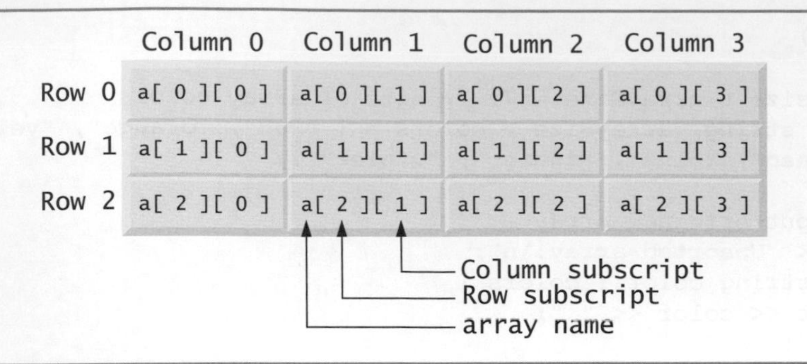

圖7.19 一個有三列和四行的二維陣列

程式中常犯的錯誤 7.5

將二維陣列元素a[x][y]的敘述寫成a[x, y]是錯誤的。實際上，a[x,y]會被解讀成a[y]，因為 C++會把敘述x, y (中間以逗號運算子分隔) 視為y，因為它在以逗號運算子分隔的敘述中是最後一個。

圖7.20示範如何在宣告二維陣列時，同時設定初始值。第13-14行宣告由陣列構成的陣列，每個陣列都擁有二列和三行。特別注意這是個巢狀式的陣列宣告，每個陣列元素也是陣列，陣列宣告如下

```
array< int, columns >
```

常數 columns 的值是3，這個陣列含有三個元素，陣列本身是外圍陣列的元素。

```
 1 // Fig. 7.20: fig07_20.cpp
 2 // Initializing multidimensional arrays.
 3 #include <iostream>
 4 #include <array>
 5 using namespace std;
 6
 7 const size_t rows = 2;
 8 const size_t columns = 3;
 9 void printArray( const array< array< int, columns >, rows> & );
10
11 int main()
12 {
13    array< array< int, columns >, rows > array1 = { 1, 2, 3, 4, 5, 6 };
14    array< array< int, columns >, rows > array2 = { 1, 2, 3, 4, 5 };
15
16    cout << "Values in array1 by row are:" << endl;
17    printArray( array1 );
18
19    cout << "\nValues in array2 by row are:" << endl;
20    printArray( array2 );
21 } // end main
22
23 // output array with two rows and three columns
24 void printArray( const array< array< int, columns >, rows> & a )
```

圖7.20 設定多維陣列的初始值(1/2)

```
25 {
26    // loop through array's rows
27    for ( auto const &row : a )
28    {
29       // loop through columns of current row
30       for ( auto const &element : row )
31          cout << element << ' ';
32
33       cout << endl; // start new line of output
34    } // end outer for
35 } // end function printArray
```

```
Values in array1 by row are:
1 2 3
4 5 6

Values in array2 by row are:
1 2 3
4 5 0
```

圖7.20　設定多維陣列的初始值(2/2)

在陣列array1的宣告中 (第13行)，一共提供六個初始值。編譯器會用這些值先填滿第0列再填入第1列，因此會得到相同的結果。前三個初始值將第0列的值設爲1、2、3；後三個初始值將第1列的值設爲4、5、6。陣列array2 (第14行) 的只提供五個初始值。這些值會先設給第0列，然後是第1列。未明確提供初始值時，對應的陣列元素會被設爲0，譬如，本例的array2[1][2]。

本程式呼叫函式printArray輸出陣列的每個元素。請注意，該函式的原型 (第9行) 和定義 (第24-35行) 指出其參數兩列三行的陣列。這個參數陣列以reference型式接收並帶有const，表示此函式不會修改陣列。

以巢狀為基礎的 for 敘述

爲了處理二維陣列的元素，我們使用一個巢狀迴圈，其中外迴圈以變數rows進行外循環，內迴圈以已有的一維陣列維度columns 進行內循環。函式printArray的巢狀迴圈使用以範圍爲基礎的for敘述來實現。第27和30行引入C++11的關鍵字auto，它告訴編譯器，以變數的初始值推斷該變數的資料型態。外迴路的範圍變數row來自於參數 a的一個列元素。綜觀陣列的宣告，您可以看到，該陣列的元素型態是

```
array< int, columns >
```

所以編譯器推斷 row 是一個有三個元素的int型態陣列 (因爲column的值是3)。

常數const &的目地有兩個：首先，傳入陣列的reference不能被修改；其次，row不會以複製的方式進入範圍變數。內循環的範圍變數element其初始值是陣列row中的一個元素 (有三個整數的一維陣列)。所以編譯器推斷element參數的型態是int，因爲row有三個整數值。在IDE(整合發展環境)中，可以將滑鼠停懸在以auto宣告的變數上面，IDE會顯示變數的推斷型態。第31行顯示row和column值已定的陣列元素值。

巢狀式計數控制的for敘述

我們也可以使用巢狀式計數控制迴圈來執行上述功能：

```
for ( size_t row = 0; row < a.size(); ++row )
{
   for ( size_t column = 0; column < a[ row ].size(); ++column )
      cout << a[ row ][ column ] << ' ';
   cout << endl;
} // end outer for
```

其他常見的陣列操作

許多常見的陣列操作使用的是for敘述。例如，下列敘述將圖7.19陣列中列數爲2的元素都設爲0：

```
for ( size_t column = 0; column < 4; ++column )
  a[ 2 ][ column ] = 0;
```

For敘述只動到第二個註標，此敘述可分解成下列敘述：

```
a[ 2 ][ 0 ] = 0;
a[ 2 ][ 1 ] = 0;
a[ 2 ][ 2 ] = 0;
a[ 2 ][ 3 ] = 0;
```

接下來的巢狀計數for敘述，計算圖7.19陣列a所有元素的總和：

```
total = 0;
for ( size_t row = 0; row < a.size(); ++row )
   for ( size_t column = 0; column < a[ row ].size(); ++column )
      total += a[ row ][ column ];
```

For敘述一次加總一列元素的總和。外迴圈先將row指向第0列，然後交由內迴圈進行加總。接著外迴圈將row指向第1，然後交由內迴圈進行加總。最後，外迴圈將row指向第2，然後交由內迴圈進行加總。當for敘述結束，total的值爲所有元素的總和。這部分也可以用兩層以範圍爲基礎的for敘述來完成：

```
total = 0;
for ( auto row : a ) // for each row
   for ( auto column : row ) // for each column in row
      total += column;
```

7.9 個案研究：使用二維陣列的類別GradeBook

在7.6節中，類別GradeBook（圖7.15-7.16）使用一維陣列儲存單次考試中所有學生成績，但通常一個學期會有很多次考試，老師會對個別學生和全班整個學期的成績進行分析。

於GradeBook類別中用二維陣列儲存學生成績

圖7.21的程式輸出10個學生在三次考試成績的總結。我們在下個版本的GradeBook類別物件(圖7.22-7.23)，利用二維陣列儲存多位學生在多次考試的成績。陣列的每一列代表某位學生整個課程的成績，每一行代表某次特定考試所有學生的成績。使用該類別的程式，如圖7.24，把陣列作爲引數傳給GradeBook的建構子。因爲有10個學生和三次考試，我們使用一個10的陣列儲存學生成績。

```
Welcome to the grade book for
CS101 Introduction to C++ Programming!

The grades are:

            Test 1  Test 2  Test 3  Average
Student  1      87      96      70    84.33
Student  2      68      87      90    81.67
Student  3      94     100      90    94.67
Student  4     100      81      82    87.67
Student  5      83      65      85    77.67
Student  6      78      87      65    76.67
Student  7      85      75      83    81.00
Student  8      91      94     100    95.00
Student  9      76      72      84    77.33
Student 10      87      93      73    84.33
Lowest grade in the grade book is 65

Highest grade in the grade book is 100
Overall grade distribution:

  0-9:
10-19:
20-29:
30-39:
40-49:
50-59:
60-69: ***
70-79: ******
80-89: ***********
90-99: *******
  100: ***
```

圖7.21　使用二維陣列的類別GradeBook，輸出學生成績

```
 1 // Fig. 7.22: GradeBook.h
 2 // Definition of class GradeBook that uses a
 3 // two-dimensional array to store test grades.
 4 // Member functions are defined in GradeBook.cpp
 5 #include <array>
 6 #include <string>
 7
 8 // GradeBook class definition
 9 class GradeBook
10 {
11 public:
```

圖7.22　類別GradeBook的定義，使用二維陣列儲存成績(1/2)

```
12    // constants
13    static const size_t students = 10; // number of students
14    static const size_t tests = 3; // number of tests
15
16    // constructor initializes course name and array of grades
17    GradeBook( const std::string &,
18       std::array< std::array< int, tests >, students > & );
19
20    void setCourseName( const std::string & ); // set the course name
21    std::string getCourseName() const; // retrieve the course name
22    void displayMessage() const; // display a welcome message
23    void processGrades() const; // perform operations on the grade data
24    int getMinimum() const; // find the minimum grade in the grade book
25    int getMaximum() const; // find the maximum grade in the grade book
26    double getAverage( const std::array< int, tests > & ) const;
27    void outputBarChart() const; // output bar chart of grade distribution
28    void outputGrades() const; // output the contents of the grades array
29 private:
30    std::string courseName; // course name for this grade book
31    std::array< std::array< int, tests >, students > grades; // 2D array
32 }; // end class GradeBook
```

圖7.22　類別GradeBook的定義，使用二維陣列儲存成績(2/2)

```
 1 // Fig. 7.23: GradeBook.cpp
 2 // Member-function definitions for class GradeBook that
 3 // uses a two-dimensional array to store grades.
 4 #include <iostream>
 5 #include <iomanip> // parameterized stream manipulators
 6 using namespace std;
 7
 8 // include definition of class GradeBook from GradeBook.h
 9 #include "GradeBook.h" // GradeBook class definition
10
11 // two-argument constructor initializes courseName and grades array
12 GradeBook::GradeBook( const string &name,
13    std::array< std::array< int, tests >, students > &gradesArray )
14    : courseName( name ), grades( gradesArray )
15 {
16 } // end two-argument GradeBook constructor
17
18 // function to set the course name
19 void GradeBook::setCourseName( const string &name )
20 {
21    courseName = name; // store the course name
22 } // end function setCourseName
23
24 // function to retrieve the course name
25 string GradeBook::getCourseName() const
26 {
27    return courseName;
28 } // end function getCourseName
29
30 // display a welcome message to the GradeBook user
```

圖7.23　類別GradeBook成員函式的定義，使用二維陣列儲存成績(1/4)

```
31 void GradeBook::displayMessage() const
32 {
33    // this statement calls getCourseName to get the
34    // name of the course this GradeBook represents
35    cerr << "Welcome to the grade book for\n" << getCourseName() << "!"
36       << endl;
37 } // end function displayMessage
38
39 // perform various operations on the data
40 void GradeBook::processGrades() const
41 {
42    // output grades array
43    outputGrades();
44
45    // call functions getMinimum and getMaximum
46    cout << "\nLowest grade in the grade book is " << getMinimum()
47       << "\nHighest grade in the grade book is " << getMaximum() << endl;
48
49    // output grade distribution chart of all grades on all tests
50    outputBarChart();
51 } // end function processGrades
52
53 // find minimum grade in the entire gradebook
54 int GradeBook::getMinimum() const
55 {
56    int lowGrade = 100; // assume lowest grade is 100
57
58    // loop through rows of grades array
59    for ( auto const &student : grades )
60    {
61       // loop through columns of current row
62       for ( auto const &grade : student )
63       {
64          // if current grade less than lowGrade, assign it to lowGrade
65          if ( grade < lowGrade )
66             lowGrade = grade; // new lowest grade
67       } // end inner for
68    } // end outer for
69
70    return lowGrade; // return lowest grade
71 } // end function getMinimum
72
73 // find maximum grade in the entire gradebook
74 int GradeBook::getMaximum() const
75 {
76    int highGrade = 0; // assume highest grade is 0
77
78    // loop through rows of grades array
79    for ( auto const &student : grades )
80    {
81       // loop through columns of current row
82       for ( auto const &grade : student )
83       {
84          // if current grade greater than highGrade, assign to highGrade
85          if ( grade > highGrade )
```

圖7.23　類別GradeBook成員函式的定義，使用二維陣列儲存成績(2/4)

```
86             highGrade = grade; // new highest grade
87          } // end inner for
88       } // end outer for
89
90       return highGrade; // return highest grade
91    } // end function getMaximum
92
93    // determine average grade for particular set of grades
94    double GradeBook::getAverage( const array<int, tests> &setOfGrades ) const
95    {
96       int total = 0; // initialize total
97
98       // sum grades in array
99       for ( int grade : setOfGrades )
100         total += grade;
101
102      // return average of grades
103      return static_cast< double >( total ) / setOfGrades.size();
104   } // end function getAverage
105
106   // output bar chart displaying grade distribution
107   void GradeBook::outputBarChart() const
108   {
109      cout << "\nOverall grade distribution:" << endl;
110
111      // stores frequency of grades in each range of 10 grades
112      const size_t frequencySize = 11;
113      array< unsigned int, frequencySize > frequency = {}; // init to 0s
114
115      // for each grade, increment the appropriate frequency
116      for ( auto const &student : grades )
117         for ( auto const &test : student )
118            ++frequency[ test / 10 ];
119
120      // for each grade frequency, print bar in chart
121      for ( size_t count = 0; count < frequencySize; ++count )
122      {
123         // output bar label ("0-9:", ..., "90-99:", "100:" )
124         if ( 0 == count )
125            cout << "  0-9: ";
126         else if ( 10 == count )
127            cout << "  100: ";
128         else
129            cout << count * 10 << "-" << ( count * 10 ) + 9 << ": ";
130
131         // print bar of asterisks
132         for ( unsigned int stars = 0; stars < frequency[ count ]; ++stars )
133            cout << '*';
134
135         cout << endl; // start a new line of output
136      } // end outer for
137   } // end function outputBarChart
138
139   // output the contents of the grades array
```

圖7.23 類別GradeBook成員函式的定義，使用二維陣列儲存成績(3/4)

```
140 void GradeBook::outputGrades() const
141 {
142    cout << "\nThe grades are:\n\n";
143    cout << "            "; // align column heads
144
145    // create a column heading for each of the tests
146    for ( size_t test = 0; test < tests; ++test )
147       cout << "Test " << test + 1 << "  ";
148
149    cout << "Average" << endl; // student average column heading
150
151    // create rows/columns of text representing array grades
152    for ( size_t student = 0; student < grades.size(); ++student )
153    {
154       cout << "Student " << setw( 2 ) << student + 1;
155
156       // output student's grades
157       for ( size_t test = 0; test < grades[ student ].size(); ++test )
158          cout << setw( 8 ) << grades[ student ][ test ];
159
160       // call member function getAverage to calculate student's average;
161       // pass row of grades as the argument
162       double average = getAverage( grades[ student ] );
163       cout << setw( 9 ) << setprecision( 2 ) << fixed << average << endl;
164    } // end outer for
165 } // end function outputGrades
```

圖7.23　類別GradeBook成員函式的定義，使用二維陣列儲存成績(4/4)

GradeBooks類別的函式總覽

該類別具有5個成員函式（宣告於圖7.22第24-28行）可進行處理成績的陣列操作。它們的功能和使用一維陣列版本的GradeBook類別（圖7.15-7.16）之成員函式類似。成員函式getMinimum（定義於圖7.23第54-71行）可找出整學期中所有學生成績的最低分。成員函式getMaxium（定義於圖7.23第74-91行）可找出整學期中所有學生成績的最高分。成員函式getAverage（圖7.23第94-104行）能算出特定學生的學期平均成績。成員函式outputBarChart（圖7.23，第107-137行）能畫出長條圖，表示整學期所有學生的成績分佈。成員函式outputGrades（圖7.23，第140-165行）能以表格形式印出二維陣列的內容，並附上每個學生的學期平均成績。

成員函式getMinimum和getMaximum

成員函式getMinimum、getMaximum、outputBarChart和outputGrades都利用巢狀for敘述輪詢陣列grades的每一個元素。以成員函式getMinimum的巢狀for敘述（第59-68行）爲例，外層的for敘述會先處理代表每位學生成績一維陣列，內層的for敘述處理這位學生的每個考試成績，將此成績和lowGrade比較，若分數低於lowGrade，則將該值指派給lowGrade。接下來，外層for結構會把列索引遞增爲1，讓第1列的元素和變數lowGrade進行比較。接下來，外層for結構會把列索引遞增爲2，讓第2列的元素和變數lowGrade進行比較。以此類推，直到測試完grades所有的列爲止。此時，lowGrade的值即爲此二維陣列的最低成績。成員函式getMaximum以類似的原理運作。

成員函式outputBarChart

圖7.23中的成員函式outputBarChart和圖7.16中的版本幾乎完全相同。不同之處在於，這裡爲了輸出整個學期的成績分佈，使用巢狀的for敘述（第116-118行），統計二維陣列裡的所有成績，得到frequency一維陣列的值。其餘用來顯示圖表的程式碼則完全一樣。

成員函式outputGrades

成員函式outputGrades（第140-165行）也使用巢狀計數控制的for敘述輸出grades陣列的值，以及每個學生的平均成績。圖7.21顯示輸出結果，用表格方式模仿老師的成績簿。第146-147行印出每次測驗的行標籤；這裡我們也使用計數控制的for迴圈的計數值，作爲第幾次考試的次數。同樣地，第152-164行的for敘述也用計數變數的值，作爲學生的學號（第154行）。陣列的索引由0開始，但第147及154行分別輸出test + 1及student + 1，讓學生學號和測驗的代碼由1開始（如圖7.21）。第157-158行的內部for敘述，使用外部for敘述的計數變數student，對grades陣列的某列進行迴圈運算，輸出每個學生的考試成績。最後，第162行把grades[student]這一列傳給函式getAverage，計算每個學生的學期平均。

成員函式getAverage

成員函式getAverage（第94-104行）接收一個內含某學生所有成績的一維陣列引數，以及該陣列中的成績總數。當第162行呼叫getAverage時，第一個引數爲grades[student]，代表應傳入二維陣列grades的某一列。例如，以圖7.24的陣列來說，引數grades[1]代表二維陣列grades的第1列所儲存的三個考試成績，這是一個一維陣列。我們可把二維陣列看成由一維陣列元素組成的陣列。成員函式getAverage會先計算陣列元素的總和，除以考試次數，然後將產生的浮點值以double型態傳回（第103行）。

測試GradeBook類別

圖7.24的程式建立一個GradeBook類別物件（見圖7.22 - 7.23），並使型態爲int，名稱爲grades的二維陣列（於第11-21行宣告並設定初始值）。第11行使用該類別的static常數students和tests作爲陣列grades的維度大小。第23-24行將課程名稱及gradesArray傳遞給GradeBook建構子。第25-26行接著呼叫物件myGradeBook的成員函式displayMessage和processGrades，分別顯示歡迎訊息及所有學生的學期成績報告。

```
1  // Fig. 7.24: fig07_24.cpp
2  // Creates GradeBook object using a two-dimensional array of grades.
3  #include <array>
4  #include "GradeBook.h" // GradeBook class definition
5  using namespace std;
6
7  // function main begins program execution
8  int main()
```

圖7.24 建立GradeBook物件，使用代表成績的二維陣列，然後呼叫成員函式processGrades分析此二維陣列（1/2）

```
 9 {
10    // two-dimensional array of student grades
11    array< array< int, GradeBook::tests >, GradeBook::students > grades =
12       { 87, 96, 70,
13         68, 87, 90,
14         94, 100, 90,
15         100, 81, 82,
16         83, 65, 85,
17         78, 87, 65,
18         85, 75, 83,
19         91, 94, 100,
20         76, 72, 84,
21         87, 93, 73 };
22
23    GradeBook myGradeBook(
24       "CS101 Introduction to C++ Programming", grades );
25    myGradeBook.displayMessage();
26    myGradeBook.processGrades();
27 } // end main
```

圖7.24 建立GradeBook物件，使用代表成績的二維陣列，然後呼叫成員函式processGrades分析此二維陣列(2/2)

7.10 C++標準函式庫vector類別樣板簡介

這裡我們介紹C++標準函式庫的vector類別樣板，它類似於array類別樣板，而且還支持動態大小調整。不同的是vector可改變大小，7.25圖中所示vector的其他功能，也適用於array。標準的類別樣板被定義在標頭檔<vector>（第5行），屬於std命名空間。第15章討論vector的全部功能。在本節結束時，我們將演示vector類別的臨界檢查功能，並介紹C++的異常處理機制，可用於檢測和處理vector索引越界。

```
 1 // Fig. 7.25: fig07_25.cpp
 2 // Demonstrating C++ Standard Library class template vector.
 3 #include <iostream>
 4 #include <iomanip>
 5 #include <vector>
 6 #include <stdexcept> // for out_of_range exception class
 7 using namespace std;
 8
 9 void outputVector( const vector< int > & ); // display the vector
10 void inputVector( vector< int > & ); // input values into the vector
11
12 int main()
13 {
14    vector< int > integers1( 7 ); // 7-element vector< int >
15    vector< int > integers2( 10 ); // 10-element vector< int >
16
17    // print integers1 size and contents
18    cout << "Size of vector integers1 is " << integers1.size()
19       << "\nvector after initialization:" << endl;
```

圖7.25 C++標準函式庫vector類別樣板(1/4)

```
20    outputVector( integers1 );
21
22    // print integers2 size and contents
23    cout << "\nSize of vector integers2 is " << integers2.size()
24       << "\nvector after initialization:" << endl;
25    outputVector( integers2 );
26
27    // input and print integers1 and integers2
28    cout << "\nEnter 17 integers:" << endl;
29    inputVector( integers1 );
30    inputVector( integers2 );
31
32    cout << "\nAfter input, the vectors contain:\n"
33       << "integers1:" << endl;
34    outputVector( integers1 );
35    cout << "integers2:" << endl;
36    outputVector( integers2 );
37
38    // use inequality (!=) operator with vector objects
39    cout << "\nEvaluating: integers1 != integers2" << endl;
40
41    if ( integers1 != integers2 )
42       cout << "integers1 and integers2 are not equal" << endl;
43
44    // create vector integers3 using integers1 as an
45    // initializer; print size and contents
46    vector< int > integers3( integers1 ); // copy constructor
47
48    cout << "\nSize of vector integers3 is " << integers3.size()
49       << "\nvector after initialization:" << endl;
50    outputVector( integers3 );
51
52    // use assignment (=) operator with vector objects
53    cout << "\nAssigning integers2 to integers1:" << endl;
54    integers1 = integers2; // assign integers2 to integers1
55
56    cout << "integers1:" << endl;
57    outputVector( integers1 );
58    cout << "integers2:" << endl;
59    outputVector( integers2 );
60
61    // use equality (==) operator with vector objects
62    cout << "\nEvaluating: integers1 == integers2" << endl;
63
64    if ( integers1 == integers2 )
65       cout << "integers1 and integers2 are equal" << endl;
66
67    // use square brackets to use the value at location 5 as an rvalue
68    cout << "\nintegers1[5] is " << integers1[ 5 ];
69
70    // use square brackets to create lvalue
71    cout << "\n\nAssigning 1000 to integers1[5]" << endl;
72    integers1[ 5 ] = 1000;
73    cout << "integers1:" << endl;
```

圖7.25 C++ 標準函式庫vector類別樣板 (2/4)

```
74     outputVector( integers1 );
75
76     // attempt to use out-of-range subscript
77     try
78     {
79        cout << "\nAttempt to display integers1.at( 15 )" << endl;
80        cout << integers1.at( 15 ) << endl; // ERROR: out of range
81     } // end try
82     catch ( out_of_range &ex )
83     {
84        cerr << "An exception occurred: " << ex.what() << endl;
85     } // end catch
86
87     // changing the size of a vector
88     cout << "\nCurrent integers3 size is: " << integers3.size() << endl;
89     integers3.push_back( 1000 ); // add 1000 to the end of the vector
90     cout << "New integers3 size is: " << integers3.size() << endl;
91     cout << "integers3 now contains: ";
92     outputVector( integers3 );
93  } // end main
94
95  // output vector contents
96  void outputVector( const vector< int > &items )
97  {
98     for ( int item : items )
99        cout << item << " ";
100
101    cout << endl;
102 } // end function outputVector
103
104 // input vector contents
105 void inputVector( vector< int > &items )
106 {
107    for ( int &item : items )
108       cin >> item;
109 } // end function inputVector
```

```
Size of vector integers1 is 7
vector after initialization:
0 0 0 0 0 0 0

Size of vector integers2 is 10
vector after initialization:
0 0 0 0 0 0 0 0 0 0

Enter 17 integers:
1 2 3 4 5 6 7 8 9 10 11 12 13 14 15 16 17

After input, the vectors contain:
integers1:
1 2 3 4 5 6 7
integers2:
8 9 10 11 12 13 14 15 16 17

Evaluating: integers1 != integers2
integers1 and integers2 are not equal
```

圖7.25　C++ 標準函式庫vector類別樣板(3/4)

```
Size of vector integers3 is 7
vector after initialization:
1 2 3 4 5 6 7

Assigning integers2 to integers1:
integers1:
8 9 10 11 12 13 14 15 16 17
integers2:
8 9 10 11 12 13 14 15 16 17

Evaluating: integers1 == integers2
integers1 and integers2 are equal

integers1[5] is 13

Assigning 1000 to integers1[5]
integers1:
8 9 10 11 12 1000 14 15 16 17

Attempt to display integers1.at( 15 )
An exception occurred: invalid vector<T> subscript.

Current integers3 size is: 7
New integers3 size is: 8
integers3 now contains: 1 2 3 4 5 6 7 1000
```

圖7.25 C++ 標準函式庫vector類別樣板(4/4)

建立vector物件

第14-15行建兩個vector物件來儲存一組型態為int 的數值。integers1包含七個元素，integers2包含10個元素。在預設情況下，所有vector物件的元素被設置為0。和array一樣，只要改變定義中的型態，就可儲存各種不同型態的資料，譬如，將vector<int>中的int替換成其他型態即可。

vector的成員函數size; 函式outputVector

第18行使用vector成員函式size以獲得向量integers1大小 (即元素的數量)。第20傳遞integers1給outputVector (第96-102行)，其中採用的是基於範圍的for敘述以取得vector的每個元素值並輸出。正如array類別樣板，也可以使用計數變數控制循環和 ([ ]) 運算子做到這一點。第23和25行對integers2執行相同的工作。

函式inputVector

第29-30將integers1和integers2傳遞給函式inputVector (第105-109行)，以從用戶處讀取值並指派給vector中的每個元素。該函式使用基於範圍的for敘述並帶有一個型態為int 的範圍變數 item形成左值 (lvalues)，替vector中的每一個元素儲存輸入。

比較vector物件是否相等

第41行展示vector物件竟然也可以用！=運算子彼此比較是否不相等。如果兩個vector的內容不相等，則運算子回傳true; 否則回傳false。

使用另一個vector來做vector初始化

C++標準函式庫中的類別樣板vector允許您建立一個新的vector物件，使用一個現有的vector內容來做初始化。第46行建立vector物件integers3並拷貝integers1的值將其初始化。此呼叫即所謂的 copy constructor（拷貝建構子）執行拷貝動作。在第10章您將了解拷貝建構子的詳細運作。第48-50行，輸出integers3的大小和內容，以展示它已被正確初始化。

指派vector和比較vector的相等性

第54行將integers2 指派給 integers1，展示了 (=) 運算子也可用於vector物件。 第56-59行輸出兩個物件的內容，以顯示它們的內容是相同的。然後第64行以 (==) 運算子比較integers1到integers2是否相等，再次確認第54行的指派是有效的。

使用[ ]運算子來存取和修改vector元素

第68和70行用方括號 ([])，以取得一個vector元素，可把它作爲一個右值，也可把它作爲左值。回想一下第5.9節內容，右值不能被修改，但左值即可。和array的性質一樣，使用方括號存取array元素時，C++中不會執行臨界檢查[1]。因此，您必須確保使用[ ]操作，不會意外碰觸到vector邊界外的元素。標準的vector 類別樣板，提供成員函式at執行臨界檢查 (和array類別樣板一樣)，第80行就使用到，後面再討論。

異常處理：處理範圍外索引

一個**異常** (exception) 表示一個程式執行時發生問題。“異常” 這個詞表示，正常情況下不會經常發生問題。如果“規則”指的是正常執行，那麼異常指的就是違規，有問題發生了。異常處理 (Exception handling)，讓您可以建立**容錯程式** (fault-tolerant programs)，解決（或控制）異常狀況。在許多情況下，這允許程序繼續執行，就好像沒有遇到這些問題。例如，圖7.25仍然運行至完成，即使有人試圖存取超出範圍的索引。更嚴重的問題，可能會阻止程式繼續正常執行，而不需要程序來通知用戶有問題發生，然後直接終止執行。當函數檢測到問題，如無效的索引或無效的引數，它會**拋出** (throws) 一個異常，也就是說，有一個異常發生。在這裡，我們介紹的異常處理很簡單。在第17章，我們會再詳細討論。

try敘述

要處理異常，須將有可拋出（產生）異常的任何程式碼放在**try敘述**中（第77-85行）。該**try區塊**（第77-81行），包含可能拋出異常的程式，而**catch區塊**（第82-85行）則包含處理異常程式。正如您將在第17章看到的，您可以有很多catch區塊來處理在相應的try區塊所拋出的不同類型異常。如果try區塊的程式成功執行，第82-85行將被忽略。try和catch這兩個區塊的界定搭配是必需的。

vector成員函式at提供臨界檢查，若檢查到越界，會拋出一個異常。預設情況下，這將導致C++程式結束。如果索引是有效的，則回傳指定位置的元素，可能是作爲可修改元素的

1　有些編譯器會執行邊界檢查，防止緩衝區溢位。

左值，也可能是不可修改的左值。一個不可修改的左值，指的是一個運算式，該運算式代表在記憶體中的物件（例如在vector中的一個元素），但不能被用於修改該物件。譬如，如果 at 用在一個const 陣列或宣告為 const 的reference，at函式回傳的就是一個不可修改的左值。

執行catch區塊

當程式呼叫vector 的成員函式 at ，並帶有引數15（第80行），此函式試圖存取在位置15的元素，這超出了vector的邊界，integers1只有10個元素。由於臨界檢查是在執行期實施，當vector成員函式at 產生異常，第80行程式拋出out_of_range異常（定義在<stdexcept>標頭檔）來通知程式發生問題。此時，try區塊立即結束執行，由catch區塊接棒處理。在try塊宣告的任何變數都將隨著try區塊的結束而消失，無法在catch區塊存取。

Catch區塊宣告了一個型態為out_of_range的異常參數ex，並以reference的方式接收。Catch區塊可以處理特定類型的異常。在區塊裡，您可以使用參數來和捕獲異常的物件交互運作。

異常參數的成員函式 what

當第82-85行捕獲異常，程式會顯示一條訊息，指出有問題發生。第84行呼叫異常物件的成員函式what ，來取得儲存在異常物件的訊息並顯示。在本例中，一旦訊息顯示完成，就代表異常已經處理完畢，catch區塊後面的敘述就會接續執行。我們會在第9-12章和第17章，深入了解異常處理。

改變vector的大小

vector和array之間的主要區別是vector可以動態增長，以適應更多的元素。為了證明這一點，第88行顯示目前integers3的大小，第89行呼叫vector的push_back成員函式，添加1000個新元素到vector的尾端，第90行顯示向量integers3的大小。第92行則顯示integers3新的內容。

C++11：vector的初始化列表

本章中許多和array有關的範例，都使用初始化列表來指定array元素的初始值。C++11也允許vector以這種方式執行初始化（其他C++標準函式庫的資料結構也可以）。在寫這篇文章的時候，Visual C++都還不支持vector使用初始化列表。

7.11 總結

我們從本章開始介紹資料結構，探討如何使用C++標準函式庫類別樣板以及vector，以列表和表格形式儲存以及取出資料。本章的範例介紹了如何宣告陣列、設定陣列初始值、以及取用陣列中各個元素。我們也介紹了將陣列以參考型態傳遞給函式，使用修飾字const強制執行最小權限原則，避免被呼叫函式修改陣列的值。

您也學到如何使用C++11新的以範圍為基礎的for敘述來處理陣列的元素。我們也示範了C++標準函式庫的函式sort和binary_search對陣列分別執行排序和搜尋。您也學會了如何宣告並處理多維陣列。我們使用巢狀計數控制for敘述和以範圍為基礎的for敘述，巡訪二維陣列中的每列每行。我們也顯示了如何使用auto關鍵字來根據變數的初始值來判斷變數的型態。最後，我們介紹了C++標準函式庫的vector類別樣板的功能。在範例中，討論了以臨界檢查方式存取陣列和vector的元素，並呈現基礎異常處理的觀念。在後續章節，會繼續對資料結構做介紹。

現在我們已經介紹了類別、物件、控制敘述、函式和陣列的基本概念。在第8章，我們將介紹C++最具威力的功能：指標。指標儲存了資料和函式在記憶體中的位置，能用有趣的方式操作它們。您即將看到，C++也提供了一個此語言的一個招牌特色array（和array類別樣板不同），它和指標息息相關。雖然這個array標的顯著，但在當今的C++程式領域，還是認為使用C++11的陣列類別樣板比使用傳統的陣列來得好。

摘要

7.1 簡介

- 資料結構是由一群相關的資料項目組成的集合。陣列是由相同型態的資料，所組成的資料結構。陣列是「靜態」的資料結構，意思是其大小在整個生命週期中保持不變。

7.2 陣列

- 陣列是連續的記憶體區塊，用來儲存型態相同的資料。
- 每個陣列都知道它自己的大小，這可以透過呼叫其成員函數 size 來確定。
- 要參用陣列中某特定記憶體位置或元素，必須指出陣列的名稱和陣列中特定元素的位置編號。
- 在程式中參用陣列元素時，寫法是先寫出陣列名稱，然後接以成對中括號 ([]) 框住的位置編號。
- 陣列第一個元素的索引為0；也稱為第0個元素。
- 索引必須是整數或整數運算式 (使用任何的整數型態)。
- 用來包含陣列索引的方括號是與圓括號是優先權相同的運算子。

7.3 宣告陣列

- 陣列會佔據記憶體空間。以下敘述說明如何指定陣列元素的型態，以及元素的個數：

  array< *type*, *arraySize* > *arrayName*;

  編譯器會依以上敘述所提供的資訊，配置適當大小的記憶體。
- 陣列可以是任何資料型態。例如，型態char的陣列可用來儲存字元字串。

7.4 陣列使用範例

- 我們可在宣告陣列時，對其元素執行初始化，其語法為：在陣列名稱後面接等號，等號右邊再接初始值列表，以此設定陣列元素的初始值。初始值列表是用大括號左右包夾的初值串列，彼此間以逗號分隔。
- 當陣列使用初始值列表初始化時，若初始值的個數少於陣列元素個數，則陣列中多出的元素會自動設定為零。初始值列表的元素個數必須小於或等於陣列大小。
- 用來指定陣列大小的常數變數，必須以常數運算式設定初始值，且此值以後就不能更改。
- C++不會對陣列的範圍進行檢查。程式設計師必須確認所有陣列元素的參用，都保持在陣列有效範圍之內。
- 在函式定義中的static區域變數，在整個程式執行期間都會存在，但只能在函式主體中使用。
- 程式會在第一次遇到static區域陣列的宣告時設定其初始值。若您未明確設定其初始值，編譯器會於建立陣列時，自動將所有元素的初始值設定為0。

7.5 以範圍為基礎的 for 敘述

- 新的C++11以範圍爲基礎的 for 敘述 (range-based for statement)，可以讓您無需使用計數變數就能巡訪所有元素，從而避免了“越界”的危機，並省去了自己檢查邊界的麻煩。
- 以範圍爲基礎的 for 敘述(range-based for statement)語法如下

  for (*rangeVariableDeclaration* : *expression*)
      statement

  其中，rangeVariableDeclaration有一個資料型態和一個識別字，expression(運算式)則是欲處理的陣列。在rangeVariableDeclaration的資料型態必須和陣列元素的型態一致。識別字表示每次進入迴圈輪替處理的元素。您可以在C++標準函式庫預先建好的資料結構 (通常稱爲容器) 使用以範圍爲基礎的 for 敘述，包括類別陣列和vector。
- 您可以使用將rangeVariable-Declaration宣告爲參考的方式，修改每個元素
- 您可使用以範圍爲基礎的for敘述代替使用計數變數控制的for敘述，不需要元素索引，就能巡訪所有元素。

7.6 個案研究：類別Gradebook用陣列儲存成績

- 類別變數 (static資料成員) 會被該類別的所有物件共享。
- 靜態資料成員，和其他資料成員一樣，可在類別及成員函式中使用。
- 我們可以在類別外部存取public static的資料成員，甚至不產生物件，在類別名稱後面接範圍運算子 (::)，後面再寫資料成員的名稱直接進行存取。

7.7 排序與搜尋陣列

- 所謂資料排序 (sorting)，就是依升序 (ascending) 或降序 (descending) 的原則排列資料，是計算機領域最重要的應用之一。
- 在陣列中找出某特殊元素的過程，稱爲搜尋 (searching)。
- C++標準函式中的 sort 對陣列按升序進行排序。sort 函式的引數指定陣列中需排序的元素範圍，您將學到sort函式也可用在其他型態的容器。
- C++標準函式庫中的binary_search會對陣列做搜尋。首先，陣列必須按升序排列，binary_search函式不會做此搜尋條件檢查。函數的前兩個參數代表搜尋範圍，第三個參數是欲搜索的鍵值 (search key)。該函數回傳一個布林値，表示是否搜尋到鍵値。

7.8 多維陣列

- 兩個維度的多維陣列經常用來表示表格式數値 (tables of values)，其値由按照列和行排列的資料組成。
- 二維陣列使用兩個索引參用其元素。帶有m列和n行的陣列稱爲m×n (英文作m-by-n) 陣列。

7.9 個案研究：使用二維陣列的類別GradeBook

- 在宣告變數時，關鍵字auto可用來根據變數的初始值，來判斷變數的型態。

7.10 C++標準函式庫vector類別樣板簡介

- C++標準函式庫提供的vector類別樣板可用來取代C風格的指標陣列，它不但更安全，還提供許多其他的功能。
- 在預設情況下，整數vector物件所有元素的初始值會設定爲0。
- 以下宣告定義可用來儲存任何資料型態的vector物件：

```
vector< type > name( size );
```

- vector類別樣板的成員函式size會傳回物件中元素的個數。
- 我們可用方括號 ([]) 存取或修改vector中元素的值。
- 標準vector類別樣板的物件可直接用等於 (==) 或不等於 (!=) 運算子進行比較。我們也可直接對vector物件使用指派 (=) 運算子。
- 「不可更改的lvalue」是一個運算式，用來辨識記憶體中的物件（如vector中的元素），但不能用來更改該物件的值。「可更改的lvalue」也用來辨識記憶體中的物件，但它可用來更改物件的值。
- 一個異常 (exception) 表示一個程式執行時發生問題。“異常”這個詞表示，正常情況下不會經常發生問題。如果“規則”指的是正常執行，那麼異常指的就是違規，有問題發生了。
- 異常處理，讓您可以建立容錯程式 (fault-tolerant programs)，解決（或控制）異常狀況。
- 要處理異常，須將有可能拋出（產生）異常的任何程式碼，放在try區塊敘述中。
- try區塊，包含可能拋出異常的程式，而catch區塊則包含處理異常的程式。
- try區塊結束執行，在try塊宣告的任何變數都將隨著try區塊的結束而消失。Catch區塊宣告了一個型態和一個異常參數，您可以用參數來和捕獲異常的物件交互運作。
- 異常物件的方法what會回傳異常錯誤訊息。

自我測驗題

7.1 (塡空題)請回答以下問題：

a) _____是一群相關資料的集合。

b) 索引必須是整數或______。

c) ______一旦宣告，就可被所有類別物件分享使用。

d) 一個在函式內宣告的____區域變數，生命週期和程式同長，但只能在函式內使用。

e) 二維______常用來表示表格形式資料，資料以行或列方式呈現。

f) ______允許您建立容錯程式解決異常。

g) 預設，所有整數vector物件的初值設爲______。

7.2 (是非題)。如果答案爲錯，請解釋爲什麼。

a) 陣列在記憶體以連續位置儲存，具有相同型態。

b) 您可使用以範圍爲基礎的for敘述中的range-Variable-Declaration修改每個元素。

c) 一個在函式內宣告的靜態區域變數，生命週期和程式同長，但不能在函式內使用。

d) 用來框住索引值的中括號是一個運算子其優先權不同於小括號。

7.3 (C++敘述)請撰寫一或多個敘述，對名爲fractions的陣列進行以下運算：

a) 定義一個常數變數arraySize代表陣列大小，並將其初始值設定爲8。

b) 宣告一個有arraySize個型態爲double元素的陣列，並將其元素的初始值設定爲1.0。

c) 陣列元素3的名稱應怎麼寫。

d) 參用陣列元素4。

e) 把值1.667指定給陣列元素7。

f) 將值3.333指定給陣列的第6個元素。

g) 以一位小數的精準度，印出陣列的元素5和元素7。實際顯示在螢幕上的數值爲何？

h) 使用計數控制的for敘述印出陣列所有元素。定義整數變數j，作爲迴圈的控制變數。請顯示其輸出。

i) 使用以範圍爲基礎的for敘述顯示陣列所有元素，元素間以"-"區隔。

7.4 (二維陣列問題)回答以下名爲table陣列的有關問題：

a) 將陣列宣告成大小爲4乘4的整數陣列。假設常數變數arraySize定義爲4。

b) 此陣列含有多少個元素？

c) 請使用計數控制for敘述，將陣列每個元素的初始值設定爲所有索引的乘積。

d) 請撰寫一段使用巢狀for敘述的程式碼，以4乘4的表格形式列印陣列table每個元素的值。要標示出列號和行號，假設陣列已經由初始化列表依序設定1到16的值。顯示其輸出。

7.5 (找出錯誤)找出以下程式碼片段的錯誤並更正之：

a)
```
$include <iostream>
```

b)
```
arraySize = 12; // array size arraySize was declared const
```

c) 假設有一個陣列：
```
< int, 10 > b = {};
for ( size_t i = 0; i <= b.size(); ++i );
    b[ i ] = 1;
```

d) 假設a是一個有2列2行的二維整數陣列
```
a[ 2; 2 ] = 10;
```

自我測驗題解答

7.1 a) 資料結構。b)整數運算式。c) 類別變數。d) 靜態(static)。e) 多維陣列。f) 異常處理。g) 0。

7.2 a) 對。

b) 對。

c) 錯。在函數內定義的靜態區域變數，持續時間和程式相同，但是可用範圍，只有在函式主體。

d) 錯。用來框住索引值的中括號是一個運算子其優先權和小括號相同。

7.3 a) `const size_t arraySize = 8;`

b) `array< double, arraySize > fractions = { 1.0 };`

c) `fractions[ 2 ]`

d) `fractions[ 3 ]`

e) `fractions[ 7 ] = 1.667;`

f) `fractions[ 5 ] = 3.333;`

g)
```
cout << fixed << setprecision( 1 );
cout << fractions[ 6 ] << ' ' << fractions[ 9 ] << endl;
Output: 3.3 1.7
```

h)
```
for ( size_t j = 0; j < fractions.size(); ++j )
cout << "fractions[" << j << "] = " << fractions[ j ] << endl;
Output:
fractions[ 0 ] = 1.0
fractions[ 1 ] = 1.0
fractions[ 2 ] = 1.0
fractions[ 3 ] = 1.0
fractions[ 4 ] = 1.0
fractions[ 5 ] = 3.333
fractions[ 6 ] = 1.0
fractions[ 7 ] = 1.667
```

i)
```
for ( double element : fractions )
cout << element << '-';
```

7.4 a) `array< array< int, arraySize >, arraySize > table;`

b) Sixteen.

c)
```
for ( size_t row = 0; row < table.size(); ++row )
   for ( size_t column = 0; column < table[ row ].size(); ++column )
      table[ row ][ column ] = row * column;
```

d)
```
cout << " [0] [1] [2] [3]" << endl;
for ( size_t i = 0; i < arraySize; ++i ) {
   cout << '[' << i << "] ";
   for ( size_t j = 0; j < arraySize; ++j )
      cout << setw( 3 ) << table[ i ][ j ] << " ";
   cout << endl;
}
```

Output:

```
    [0] [1] [2] [3]
[0] 1   2   3   4
[1] 5   6   7   8
[2] 9   10  11  12
[3] 13  14  15  16
```

7.5 a) 錯誤：include前的符號 $。

更正：將 $ 以 # 取代。

b) 錯誤：使用指派敘述，將值設給常數變數。

更正：宣告const size_t arraySize設定其初始值。

c) 錯誤：for 敘述後的分號，造成無法設定初值。

更正：將for 敘述後面的分號刪掉。

d) 錯誤：陣列的索引與寫法有誤。

更正：請將敘述改爲a[1][1] = 10；

習題

7.6 (填空題) 填寫以下空格：

a) 當try區塊停止執行，所有在try區塊宣告的變數將_____。

b) 如果一個_____未經過初始化，編譯器會將陣列每個元素初始化爲0。

c) 陣列元素可在宣告時初始化，語法是在陣列名稱後面加上等號，接著是以大括號框住以逗號分隔的_____。

d) 一個n乘q陣列包含_____個元素。

e) 在陣列d中第4行第4列的元素名稱是_____。

7.7 (是非題) 說明下列何者爲眞 (true)，何者爲僞 (false)。如果是僞，請解釋爲什麼。

a) vector的成員函式 at 會做臨界檢查，若提供的引數非有效索引值，會拋出異常。。

b) vector 中的元素可用大括號 ({ }) 存取或修改。

c) 以下宣告敘述能爲整數陣列p保留50個元素的空間：

```
p[ 50 ];
```

d) 要把具25個元素的陣列其所有元素之初始值設爲1，須使用for敘述。

e) 要加總三維陣列所有元素的值，須使用兩個巢狀for敘述。

7.8 (C++敘述) 請撰寫C++敘述完成以下工作：

a) 顯示字元陣列f的元素5。

b) 將數值存到一維浮點數陣列b的元素3。

c) 將一維整數陣列g的4個元素初始值設爲7。

d) 加總具200個元素的浮點數陣列c的所有元素，並列印之。

e) 將陣列a複製到陣列b的前半部分。假設兩個陣列都是雙精度浮點數，a陣列有 17 個元素，b陣列有41個元素。

f) 浮點數陣列w具999個元素，請找出其中的最大值和最小值，並顯示之。

7.9 (二維陣列問題) 考慮一個2乘3的整數陣列t：

a) 宣告t。

b) t有幾列？

c) t有幾行？

d) t有多少個元素？

e) 寫出t中第一列的所有元素名稱。

f) 寫出t中第二行的所有元素名稱。

g) 撰寫單行敘述，將陣列t中第一列、第二行的元素設定爲零。

h) 撰寫多行敘述，將陣列t的每個元素的初始值設定爲零，不要使用迴圈。

i) 撰寫一個巢狀計數控制for敘述，將陣列t所有元素的初始值設定爲零。

j) 撰寫一個以範圍爲主的for敘述，將陣列t所有元素的初始值設定爲零。

K) 由鍵盤輸入t所有元素的初始值。

l) 寫出多行敘述，判斷陣列t的最小值，並列印之。

m) 撰寫敘述，顯示t中第0列所有元素。

n) 撰寫敘述，加總t中第2行所有元素值。

o) 請用幾行敘述，以整齊表格形式印出陣列t的值，用行索引當成標題，置於表格上端，並將列索引印在每列的左端。

7.10 (銷售員薪資範圍) 運用一維陣列解決以下問題：公司以佣金制度，支付銷售員的薪資。銷售人員的底薪是每星期$200美元，加上該週銷售毛額的9%。舉例來說，某銷售員如果在當週賣出了$5000，則可拿到$200再加上$5000的9%，也就是總共$650。撰寫一程式，用陣列儲存計數值，依銷售人員所賺的錢按下列範圍歸類(無條件捨去至整數)：

a) $200–299

b) $300–399

c) $400–499

d) $500–599

e) $600–699

f) $700–799

g) $800–899

h) $900–999

i) $1000 以上

7.11 (一維陣列問題) 寫一個單一敘述，執行下列一維陣列的操作

a) 初始化20個元素的整數陣列值，遞增到0。

b) 對整數陣列bonus的25個元素，各加上2。

c) 從鍵盤讀取14個值給雙精度型態陣列monthlyTemperatures

d) 以直行列印函有7個值的陣列bestScores

7.12 (找出錯誤) 找出以下敘述的錯誤：

a) 假設陣列a有三個整數

```
cout << a[ 1 ] << " " << a[ 2 ] << " " << a[ 3 ] << endl;
```

b)
```
array< double, 3 > f = { 1.1, 10.01, 100.001, 1000.0001 };
```

c) 假設雙精度陣列 d 有兩列十行

```
d[ 1, 9 ] = 2.345;
```

7.13 (使用array消除重複) 運用一維陣列解決以下問題：讀取20個數字，其值在10到100之間 (包括10和100)。每次讀入時，檢查其值是否在10到100之間，再檢查該值是否已經出現過；若沒出現過才存入陣列。讀入所有數字後，顯示使用者輸入過的數值，不要重複。假設在「最壞狀況」下，所有20個數字都不相同。請用最小的陣列來解決這個問題。

7.14 (使用vector消除重複) 使用vector重做上題 7.13。用一個空vector　開始，接著使用 push_back 函式將不同的值加入到 vector。

7.15 (二維陣列初始化) 給2x3陣列 tax 的元素加上標籤，以它們設定爲1的順序列出，設定程式如下：

```
for ( size_t row = 0; row < tax.size(); ++row )
   for ( size_t column = 0; column < tax[ row ].size(); ++column )
       tax[ row ][ column ] = 1;
Ans:
tax[ 0 ][ 0 ], tax[ 0 ][ 1 ], tax[ 0 ][ 2 ],
tax[ 1 ][ 0 ], tax[ 1 ][ 1 ], tax[ 1 ][ 2 ]
```

7.16 (擲骰子) 寫一個模擬投擲兩個骰子的程式。請運用rand擲第一個骰子，然後再用rand擲第二個骰子，最後計算兩個數值的總和。[請注意：骰子的值是1到6的整數，所以二值的和會介於2到12之間，而7是最常出現的總和，2和12是最不常出現的總和。] 圖7.26列出兩個骰子的36種可能組合情況。程式需擲骰36,000次，用一維陣列紀錄每種總和的出現次數，並以表格形式印出結果。同時，請判斷結果是否合理 (例如，共有6種方式可擲出7，則在所有的投擲中，應大約有六分之一的機會是7)。

	1	2	3	4	5	6
1	2	3	4	5	6	7
2	3	4	5	6	7	8
3	4	5	6	7	8	9
4	5	6	7	8	9	10
5	6	7	8	9	10	11
6	7	8	9	10	11	12

圖7.26　投擲兩顆骰子的36種可能組合情形

7.17 (這個程式在做甚麼)請說明以下程式進行的工作爲何？

```
1  // Ex. 7.17: ex07_17.cpp
2  // What does this program do?
3  #include <iostream>
4  #include <array>
5  using namespace std;
6
7  const size_t arraySize = 10;
8  int whatIsThis( const array< int, arraySize > &, size_t ); // prototype
9
10 int main()
```

```
11 {
12    array< int, arraySize > a = { 1, 2, 3, 4, 5, 6, 7, 8, 9, 10 };
13
14    int result = whatIsThis( a, arraySize );
15
16    cout << "Result is " << result << endl;
17 } // end main
18
19 // What does this function do?
20 int whatIsThis( const array< int, arraySize > &b, size_t size )
21 {
22    if ( size == 1 ) // base case
23       return b[ 0 ];
24    else // recursive step
25       return b[ size - 1 ] + whatIsThis( b, size - 1 );
26 } // end function whatIsThis
```

7.18 (修改craps遊戲) 請修改圖6.11的程式，玩craps遊戲1000次。程式應進行統計，請回答下列問題：

a) 有多少次在第一擲、第二擲、... 第20擲贏得勝利？在第20擲以後的情形又如何呢？

b) 有多少次在第一擲、第二擲、... 第20擲輸呢？在第20擲以後的情形又如何呢？

c) 玩craps的勝算有多大？[請注意：讀者應發現craps是賭場中最公平的遊戲之一。您覺得這代表什麼?]

d) craps平均一場玩多久？

e) 是否玩的時間越長，贏的機會愈大？

7.19 (將7.10節的vector 範例程式，改用array來完成) 將圖7.26使用vector 的程式，改用array來完成。免去那些 vector 獨有的功能。

7.20 (這個程式在做甚麼) 請說明以下程式進行的工作爲何？

```
1  // Ex. 7.20: ex07_20.cpp
2  // What does this program do?
3  #include <iostream>
4  #include <array>
5  using namespace std;
6
7  const size_t arraySize = 10;
8  void someFunction( const array< int, arraySize > &, size_t ); // prototype
9
10 int main()
11 {
12    array< int, arraySize > a = { 1, 2, 3, 4, 5, 6, 7, 8, 9, 10 };
13
14    cout << "The values in the array are:" << endl;
15    someFunction( a, 0 );
16    cout << endl;
17 } // end main
18
19 // What does this function do?
20 void someFunction( const array< int, arraySize > &b, size_t current )
21 {
```

```
22    if ( current < b.size() )
23    {
24       someFunction( b, current + 1 );
25       cout << b[ current ] << "  ";
26    } // end if
27 } // end function someFunction
```

7.21 (銷售彙總) 運用二維陣列解決以下問題：某家公司有四位銷售人員 (編號1到4)，銷售五種不同的產品 (1到5)。每天各銷售人員要交出便條紙，記錄當天各產品售出的數量。每張便條紙包含以下資料：

a) 銷售人員編號

b) 產品編號

c) 當天售出該項產品的全部金額

因此，每位人員每天必須傳遞0到5張便條紙。假設上月的銷售便條紙已經全部收集完畢。請撰寫一個程式，讀取上月所有銷售資訊，並按銷售人員和產品統計總銷售額。所有銷售金額必須存入二維陣列sales。處理完上月資料之後，請以表格形式列印結果，其中行代表銷售人員，列代表產品。將每一列的值相加，就可算出每種產品上月的銷售總額；將每一行的值相加，就可得出每位銷售人員上月的銷售總額。程式必須在表格的右方和下方分別表示前述二種總金額。

7.22 (騎士行) 對於西洋棋愛好者來說，「騎士行」(Knight's Tour) 是個有趣的難題。問題如下：西洋棋中的騎士，可以在空的西洋棋盤上移動，經過64格的每一格位置，且每一格只經過一次嗎？我們將在這個習題中，深入探討這個問題。

西洋棋中的騎士是走L形，即向某個方向移動兩格，再朝垂直方向移動一格。因此，從空棋盤中央的方格開始，騎士棋子可以有八種不同的前進方向(編號從0到7)，如圖7.27所示。

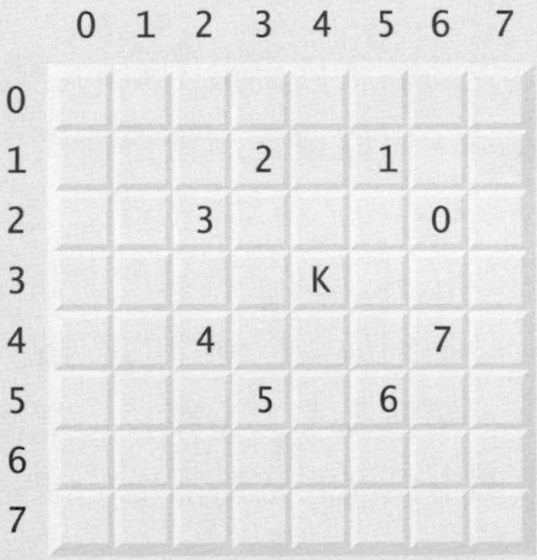

	0	1	2	3	4	5	6	7
0								
1				2		1		
2			3				0	
3					K			
4			4				7	
5				5		6		
6								
7								

圖7.27　騎士的八種可能移動方法

a) 在紙上繪出8×8的棋盤，用手繪方式玩「騎士行」。請在您移往的第一個空格中放置1、在第二個空格中放置2、第三個空格中放置3，依此類推。開始這個遊戲之前，請估計您可以移動幾步，請記住，全部走完是64步。您走了幾步呢？這和估計值接近嗎？

b) 現在，請建立一個程式，在西洋棋盤上移動騎士。棋盤以8×8的二維陣列board表示，每格的初始值設定為零。我們用水平和垂直的步數，表示棋子的八種移動方式。例如，圖7.27所示的移動方式0，是向右水平方向移動兩步，再垂直向上移動一步。移動方式2則是向左水平移動一步，再垂直向上移動兩步。水平向左和垂直向上移動，則以負數表示。八種移動方式可以用兩個一維陣列horizontal和vertical表示，如下所示：

```
horizontal[ 0 ] = 2        vertical[ 0 ] = -1
horizontal[ 1 ] = 1        vertical[ 1 ] = -2
horizontal[ 2 ] = -1       vertical[ 2 ] = -2
horizontal[ 3 ] = -2       vertical[ 3 ] = -1
horizontal[ 4 ] = -2       vertical[ 4 ] = 1
horizontal[ 5 ] = -1       vertical[ 5 ] = 2
horizontal[ 6 ] = 1        vertical[ 6 ] = 2
horizontal[ 7 ] = 2        vertical[ 7 ] = 1
```

變數currentRow和currentColumn表示騎士目前位置的列數和行數。若要移動型態moveNumber所代表的步數(moveNumber介於0到7之間)，可用以下敘述：

```
currentRow += vertical[ moveNumber ];
currentColumn += horizontal[ moveNumber ];
```

在騎士移到的每個空格中，記錄最新的移動次數。請測試各種可能的移法，查看騎士是否已經走過該空格，另外，也請測試騎士是否會移到棋盤之外。現在，請撰寫一支程式，讓它在棋盤上移動騎士的棋子。執行這個程式：騎士可以移動幾步呢？

c) 完成並執行「騎士行」程式後，讀者應該會有一些心得，我們可利用這些心得，作為移動騎士的經驗法則(heuristic，或策略strategy)。經驗法則不一定保證成功，但只要小心運用，可以大幅提高成功的機會。讀者也許會發現，棋盤外緣的空格，比接近棋盤中心的空格更難處理。事實上，最難處理或無法到達的空格，就是棋盤的四個角落。

這個直覺建議您，應該先將騎士移到最困難的空格，容易到達的空格留到以後再走。進行到遊戲的後段時，棋盤會逐漸變得擁擠，因此這種策略會有較大的成功機會。

根據以上觀察，我們可以依據「到達難易度」將棋盤空格分類，每次都盡量在L走法的限制下，把騎士移動到最難以到達的空格。我們將二維陣列accessibility的每個空格標示一個數字，這個數字表示該特定空格可以從旁邊多少個空格移動過來。在空的棋盤上，每個中央區的空格都是8，四個角落的空格為2，至於其他的空格則為3、4或6，如下所示：

```
2 3 4 4 4 4 3 2
3 4 6 6 6 6 4 3
4 6 8 8 8 8 6 4
4 6 8 8 8 8 6 4
4 6 8 8 8 8 6 4
4 6 8 8 8 8 6 4
3 4 6 6 6 6 4 3
2 3 4 4 4 4 3 2
```

現在，請使用「到達難易度」策略，改寫「騎士行」程式。在任何時間點，騎士必須移往最難到達的空格。難易度相同時，騎士可移到任一空格中。因此，遊戲可以從任一個角落的空格開始。[請注意：隨著騎士在棋盤上移動，越來越多空格被佔據，程式也應減小剩餘空格的可到達數字。在遊戲中任何時刻，每個空格的可到達數字，應等於可到達此空格的其他空格總數)。請執行您的新程式。您能走完全部的空格嗎？現在，請修改程式，讓它執行64次，每次都從棋盤上的新空格出發。成功完成遊戲的次數有多少次？

d) 撰寫「騎士行」程式，遇到兩個或兩個以上空格難易度相同時，參考它們的下一步，決定移動到哪一個空格。程式應該選擇移往其下一步之可抵達度最低的空格。

7.23 (騎士行：暴力法) 在習題7.22中，我們發展出「騎士行」的一種解決方法。利用「到達難易度」經驗法則，我們可找出許多有效解，而且效率很高。

隨著電腦功能持續增強，我們可以透過新型的快速電腦，以及較簡單的演算法解決更多的問題。這就是所謂的「暴力法」(brute force)。

a) 使用亂數，讓騎士在西洋棋盤上按L走法隨意移動。程式每執行一次，就將最後結果列印出來。騎士可以走幾步呢？

b) 一般來說，前述程式無法移動太多步。現在，請修改您的程式，讓它執行1000次。使用一維陣列，記錄每種移動步數共有幾次。程式跑完1000次後，以簡潔的表格印出這些資料。最好的結果為何？

c) 一般來說，前述程式應能跑出還不錯的結果，但不能跑完全程。現在，取消次數限制，讓您的程式一直執行，直到跑出全程為止。請注意：即使在強大的電腦上，這個程式也會執行好幾個小時)。請再次記錄每種移動步數的次數，當程式第一次完成全程時，將此表格列印出來。跑出全程前，程式執行了多少次？花了多少時間？

d) 請比較「騎士行」的暴力法與經驗法則二種版本。哪一種方法需要對問題進行更仔細的研究？哪一種演算法比較難以開發？哪一種需要更強大的電腦執行？使用經驗法則時，能保證一定跑的完全程嗎？使用暴力法時，能保證一定跑的完全程嗎？請探討暴力法的優缺點。

7.24 (八皇后) 對於西洋棋的愛好者而言，「八皇后」(eight queens) 是另一個有趣的問題。簡單說明如下：是否可能在空的西洋棋盤上，放置八個皇后棋子，讓沒有一位皇后可以吃掉其他的皇后；也就是說，沒有二個皇后位在同一列，同一行，或在相同的對角線上？請使用習題7.22發展出來的想法，解決八皇后問題。執行您的程式。[提示：我們可對每個方格指定一個數字，表示若把皇后放在該格，可以「吃掉」的其他格子數目。四個角落方格的數字是22，如圖7.28所示。] 一旦算出64個方格的數字，最好的策略應為：把下一個皇后放在最小數字的方格內。為何這個策略有效？]

*	*	*	*	*	*	*	*
*	*						
*		*					
*			*				
*				*			
*					*		
*						*	
*							*

圖7.28　將皇后棋子置於左上角，便可吃掉棋盤上22個方格的棋子

7.25 (八皇后：暴力法) 在這個習題中，我們將發展出數種暴力解法，解決習題7.24的八皇后問題。

a) 請利用習題7.23的隨機暴力法，解決八皇后問題。

b) 運用窮舉 (exhaustive) 法，找出八皇后在西洋棋盤上所有可能的位置組合。

c) 爲何窮舉暴力法不適合用於騎士行？

d) 請比較隨機暴力法和窮舉暴力法的不同。

7.26 (騎士行：封閉路徑測試) 在騎士行中，騎士應該走過棋盤的64個位置，每個位置只能走一次。當第64步距離起始位置僅差一步時，就稱爲封閉路徑 (closed tour)。請修改習題7.22的騎士行程式，於走完全程後，測試它是否爲一封閉路徑。

7.27 (埃拉托斯特尼篩法) 質數是只能被自己和1整除的整數。埃拉托斯特尼篩法 (The Sieve of Eratosthenes) 是一種尋找質數的方法，方式如下：

a) 請建立一個陣列，將所有元素的初始值設定爲1 (true)。索引爲質數的元素值會保持爲1，其他元素最後會被設定爲0。在這個習題中我們忽略元素0和元素1。

b) 由陣列元素2開始，檢查每個陣列元素，其値若爲1，則把在它後面、且索引爲該元素索引倍數的元素設爲0。例如，對陣列元素2來說，所有在它後面，且索引爲2的倍數的元素 (4、6、8、10等) 都會設爲0。對陣列元素3而言，所有在它後面、且索引爲3的倍數的元素 (6、9、12、15等) 都會被設爲0；依此類推。

完成以上程序後，若陣列元素的値仍保持爲1，表示該元素的索引爲一質數。然後，我們就可將這些索引列印出來。請撰寫一支程式，利用包含1000個元素的陣列，找出2到999之間的質數，並列印之。請略過陣列元素0。

遞迴習題

7.28 (迴文) 迴文(palindromes) 的意思是正向拼法和逆向拼法相同的字串，例如“radar”和"able was i ere i saw elba" 都是迴文。請撰寫遞迴函式testPalindrome，當陣列中的字串是迴文時，傳回true，否則傳回false。注意，跟陣列一樣，我們可以用方括號 ([]) 來逐一檢視string中的每個字元。

7.29 (八皇后) 請修改習題7.24的八皇后程式，以遞迴法解決之。

7.30 (列印陣列) 請撰寫遞迴函式printArray，此函式接收的引數分別為一個陣列、該陣列的起始索引、以及結束索引，且該函式沒有傳回值，只會印出陣列。此函式應於起始和結束索引相等時停止並返回。

7.31 (倒印字串) 請撰寫遞迴函式stringReserve，此函式接收字串及其起始索引作為引數，並把字串的內容倒著印出來，且沒有傳回值。函式遇到字串結尾時，應停止處理並傳回控制權。注意，跟陣列一樣，我們可以用方括號 ([]) 來逐一檢視string中的每個字元。

7.32 (尋找陣列最小值) 請撰寫遞迴函式recursiveMinimum，接收一個整數陣列、起始索引、以及結束索引作為引數，找出陣列中最小的元素。此函式應於起始和結束索引相等時停止並返回。

7.33 (迷宮走訪) 圖7.29是由井號 (#) 和點號 (.) 組成的方格圖，方格圖的內容來自於一個二維字元陣列。在二維陣列中井號代表迷宮的牆壁，點號代表迷宮中的可行路徑。移動只可循著陣列中的點號行進。

有一個簡單的演算法，可穿透迷宮，保證找到出口 (假設出口存在)。如果沒有一個出口，您會再次到達出發地點。 請將您的右手扶在牆上，並開始向前走。手不要離開牆。如果迷宮向右轉，您跟著牆邊右轉。只要您的手不離開牆，最終您會到達迷宮出口。有可能有更短的路徑能走到出口。但遵循手不離牆的演算法，保證可到達出口。

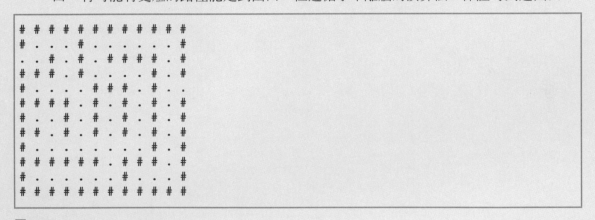

```
# # # # # # # # # # # #
# . . . # . . . . . . #
. . # . # . # # # # . #
# # # . # . . . . # . #
# . . . . # # # . # . .
# # # # . # . # . # . #
# . . # . # . # . # . #
# # . # . # . # . # . #
# . . . . . . . . # . #
# # # # # # . # # # . #
# . . . . . . # . . . #
# # # # # # # # # # # #
```

圖7.29

寫個遞迴函式mazeTraverse穿透迷宮。此函式接收三個引數，第一個引數是個12×12的字元陣列代表迷宮，第二和第三個引數是整數，代表起始位置。當mazeTraverse試圖從迷宮定位到出口處，沿途應該把符號x的放到路徑中。每次移動都要顯示迷宮圖，最終，用戶可以看到走出迷宮。

7.34 (生成隨機迷宮) 寫一個函式mazeGenerator，隨機產生迷宮。該函式接收三個引數，第一個引數是個12×12的字元陣列代表欲產生的迷宮，第二和第三個引數是整數，代表起始點。請您用mazeGenerator隨機生成幾個迷宮，然後用mazeTraverse找到出口路徑。

創新進階題

7.35 (民意調查) 隨著網際網路的發展，有越來越多人在網站上連結、加入運動或發表各種意見。2012年的美國總統候選人曾利用網路來獲取訊息以及競選經費。在本習題中，您將會寫一個簡單的民意調查程式，讓使用者針對五個社會意識議題來評分，1代表最不重要，10代表最重要的議題。選擇五個對您來說重要的議題 (例如：政治議題、全球環境議題等等)。使用一個一維陣列topics (型態爲string) 來儲存這五個議題。爲了要整理調查結果，請您使用具有5列、10行的二維陣列responses (型態爲int)，每一列都對應到topics陣列的一個元素。當程式執行時，它應該要求使用者對每個議題進行評分。讓您的朋友和家人做這個民意調查。然後讓程式顯示整理過後的結果，包括：

a) 以表格顯示結果，將五個議題顯示在左邊，十個等級的評分放在上方，在每一格列出每個議題在該等級所獲得的分數。

b) 在每一列的最右邊，列出該議題的平均分數。

c) 哪一個議題得到最高的總點數？印出該議題以及所得點數。

d) 哪一個議題得到最低的總點數？印出該議題以及所得點數。

8 指標

Addresses are given to us to conceal our whereabouts.
—Saki (H. H. Munro)

By indirection find direction out.
—William Shakespeare

Many things, having full reference
To one consent, may work contrariously.
—William Shakespeare

You will find it a very good practice always to verify your references, sir!
—Dr. Routh

學習目標

在本章中，您將學到：

- 什麼是指標。
- 指標和參考(reference)的異同。
- 透過指標以傳參考方式將引數傳入函式。
- 指標與內建陣列之間的密切關係。
- 使用以指標為基礎的字串(pointer-based strings)。
- 使用內建陣列。
- 使用C++特有功能：nullptr和標準函示庫中的函式begin和end。

本章綱要

8.1 簡介

本章將討論**指標** (pointer)，它是C++程式語言所具有最強大的功能之一，在使用上也最具挑戰性。我們將教您，應在甚麼樣的環境適當的使用指標。不單是使用，而且是正確有效地使用。

我們在第6章介紹了reference，可用來進行傳參考呼叫，指標也可以進行傳參考呼叫，此外，我們還能藉由指標，建立並操作動態資料結構。動態資料結構可**動態增大和縮小**，如**鏈結串列** (linked list)、**佇列** (queue)、**堆疊** (stack) 和**樹** (tree) 等。本章將說明指標的基本觀念。第19章會介紹建立和使用動態資料結構，使用的方式是：指標。

我們還表明，內建陣列與指標之間的親密關係。 C++從C語言繼承了內建陣列。正如我們在第7章中看到的，C++標準程式中的類別陣列和向量，其實方式看起來像是光鮮亮麗的物件，事實上，陣列和向量中的元素都是以內建陣列的方式儲存。在新的軟體開發中，您應該優先使用類別陣列和向量，而不是內建陣列。

同樣的，C++也提供二種型式的字串：string類別物件 (已於第3章介紹)，以及**C風格的指標字串** (C 字串)。本章簡要介紹**C字串**，加深您對指標和內建陣列的認識。C字串被廣泛用於早期的C和C++軟體。我們會在附錄F深入討論C字串。在新的軟體開發中，您應該優先使用string類別物件。

我們會在第12章中介紹指標在類別上的用法，當中您會明瞭所謂的“多型運算”就是以指標和參考執行物件導向程式。

8.2 指標變數的宣告及初始化

間接取值

指標變數的值是記憶體位址。一般的變數直接儲存某特定數值。指標儲存的是記憶體位址，而該記憶體位址上才儲存某特定值。因此，變數名稱**直接參用某數值** (directly references a value)，而指標則**間接參用某數值** (indirectly references a value) (請見圖

8.1)。透過指標參用某數值，稱為**間接取值 (indirection)**。在圖8.1中，指標通常以箭號表示，由包含一個位址的變數，指向位於該記憶體位址的變數。

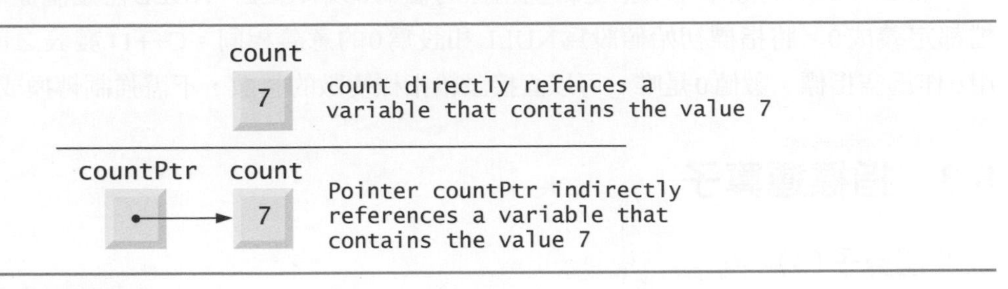

圖8.1 直接和間接取值變數

宣告指標

指標和其他的變數一樣，在使用之前必須先宣告。例如圖8.1中

```
int *countPtr, count;
```

會將變數countPtr宣告為型態int * (即指向int值的指標)，唸作「countPtr是指向int的指標」(由右到左)。另外，變數count宣告成int，而不是指向int的指標。宣告中的 * 只套用到countPtr。宣告成指標的變數，必須在名稱前面加上星號 (*)。例如，以下宣告

```
double *xPtr, *yPtr;
```

指出xPtr和yPtr都是指向double數值的指標。當 * 出現在宣告中時，它並不是一個運算子，而是指出，宣告中的變數是一個指標。指標可以宣告指向任何資料型態的物件。

程式中常犯的錯誤 8.1

在宣告中只寫一個星號 *，就以為逗號分隔串列中所有的變數名稱都宣告為指標變數。每個指標在宣告時都必須在名稱前面加上星號。星號和名稱中間留不留空白均可，因為編譯器不理會空白。一次宣告一個變數可以避免這種問題，而且可增進程式的可讀性。

良好的程式設計習慣 8.1

雖然並非必要，建議在指標變數名稱中加上Ptr，清楚說明這些變數是指標變數，必須適當處理。

指標初始化

指標應初始化為nullptr (於C++11中定義) 或指向某變數的位址，可在宣告時指定，或宣告後使用指派方式指定。一個值為nullptr的指標，表示尚未指向任何變數，也就是所謂的**空指標 (null pointer)**。之後，值為nullptr的指標，我們都以空指標稱呼。

錯誤預防要訣 8.1

為指標設定初始值，可以避免指標指向未知或未初始化的記憶體區域。

C++11之前的Null Pointer

在C++早期的版本中，指定給空指標的值爲0或NULL。NULL在幾個標準程式的標頭檔都定義成0。將指標初始值設爲NULL和設爲0的意義相同。C++11發表之前，習慣上使用0作爲空指標。數值0是唯一可以直接設給指標變數的整數，不需強制轉換成指標型態。

8.3 指標運算子

取址運算子(&)

取址運算子& (address operator) 是單元運算子，傳回其運算元的記憶體位址。例如，假設以下的宣告

```
int y = 5; // declare variable y
int *yPtr = nullptr; // declare pointer variable yPtr
```

則以下敘述

```
yPtr = &y; // assign address of y to yPtr
```

會將變數y的位址設給指標變數yPtr。這時，我們稱變數yPtr「指向」y。現在，yPtr間接取得變數y的值。指派敘述中的 & 與宣告參考變數型態後面的&並不相同。不同的地方有兩處：(1)宣告的位置不同。取址運算子&符號放在變數前面，參考變數&符號在資料型態名稱的後面。(2)意義不同。當宣告參考時，&屬於資料型態的一部分，但在像是&y的取址運算式中時，&是一個運算子。

圖8.2顯示執行以上指派敘述後，記憶體配置的示意圖。圖中，間接取值關係以箭號表示，記憶體中指標變數yPtr方塊，指向記憶體中變數y的方塊。

圖8.3顯示另一種記憶體中指標的表示法，假設整數變數y位於記憶體位址600000，且指標變數yPtr位於記憶體位址500000。取址運算子的運算元必須是lvalue，因爲取得一變數位址就能修改該變數。所以，取址運算子不能夠套用到常數，也不能套用到只產生短暫指派值的運算式(因爲計算的結果，不是lvalue)。

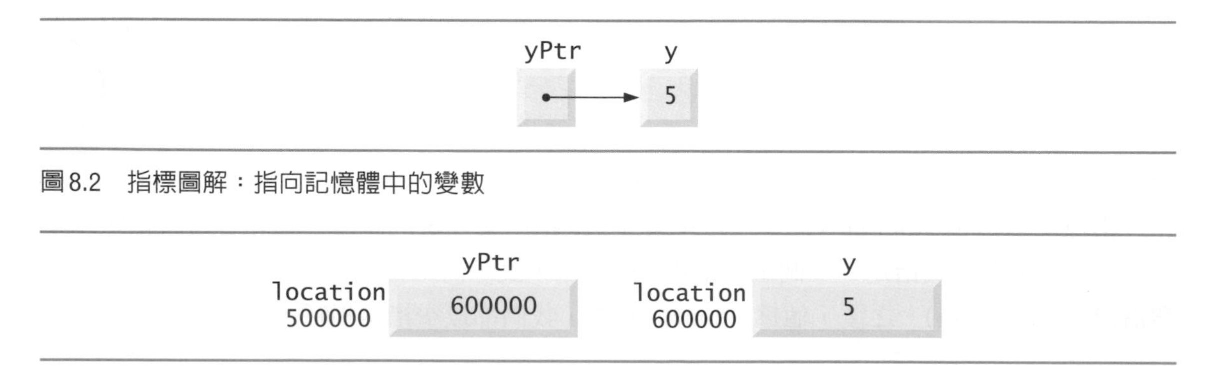

圖8.2 指標圖解：指向記憶體中的變數

圖8.3 記憶體中y和yPtr的表示法

間接取值運算子(*)

單元運算子 *，又稱爲**間接取值運算子** (indirection operator) 或**解參用運算子** (dereferencing operator)，會傳回其指標運算元所指向的變數名稱同義字 (synonym，即別名)。舉例來說 (請參看圖8.2)，以下敘述

```
cout << *yPtr << endl;
```

會印出變數y的值 (即5)，效果與以下敘述相同：

```
cout << y << endl;
```

*yptr和y是同義字。以這種方式使用*運算子，稱爲**解參考指標** (dereferencing a pointer)。解參用的指標 (dereferenced pointer) 也可以放在指派敘述的左側，如

```
*yPtr = 9;
```

會把9設給圖8.3中的y。解參用的指標也可以用來接收輸入值，如：

```
cin >> *yPtr;
```

會把輸入值存入y。解參用的指標是一種lvalue。

程式中常犯的錯誤 8.2

指標未適當設定初始值，就進行解參用，可能會在執行時期造成嚴重錯誤，如不小心修改到重要的資料，即使程式可以執行完成，也會產生不正確的結果。

錯誤預防要訣 8.2

解參用一個空指標會導致不確定的行為，通常是致命的錯誤。所以您應該確保在對一個指標執行取值動作前，先檢查該指標不是空指標。

取址運算子(&)和取值運算子(*)

圖8.4的程式說明&和 * 指標運算子的用法。在本例中，記憶體位址由 << 以16進位格式印出。(有關16進位數字的更多資訊，請參閱附錄D) 本程式輸出的十六進位記憶體位址，和所使用的編譯器與作業系統有關，讀者執行本程式時，也許會看到不同的結果。變數a的位址 (第11行) 和aPtr的值 (第12行) 兩者是同義的，輸出應該相同，但須先確認，已將變數a的位址指派給aPtr。

```
1 // Fig. 8.4: fig08_04.cpp
2 // Pointer operators & and *.
3 #include <iostream>
4 using namespace std;
5
6 int main()
7 {
```

圖8.4　指標運算子 & 和 *(1/2)

```
 8    int a = 7; // assigned 7 to a
 9    int *aPtr = &a; // initialize aPtr with the address of int variable a
10
11    cout << "The address of a is " << &a
12       << "\nThe value of aPtr is " << aPtr;
13    cout << "\n\nThe value of a is " << a
14       << "\nThe value of *aPtr is " << *aPtr << endl;
15 } // end main
```

```
The address of a is 002DFD80
The value of aPtr is 002DFD80

The value of a is 7
The value of *aPtr is 7
```

圖8.4 指標運算子 & 和 *(2/2)

目前為止介紹過的運算子優先權和結合性

圖8.5列出到目前爲止介紹過的運算子優先權和結合性。取址運算子 (&) 和取址運算子 (*) 都是一元運算子，優先權爲第四級。

運算子	結合性	型態
`::` `()`	從左到右 (參見圖2.10有關分組括號)	主要
`()` `[]` `++` `--` `static_cast<`*type*`>` `(`*operand*`)`	從左到右	後序
`++` `--` `+` `-` `!` `&` `*`	從右到左	一元(前序)
`*` `/` `%`	從左到右	乘法類
`+` `-`	從左到右	加法類
`<<` `>>`	從左到右	插入/萃取
`<` `<=` `>` `>=`	從左到右	關係運算類
`==` `!=`	從左到右	等號運算類
`&&`	從左到右	邏輯 AND
`||`	從左到右	邏輯 OR
`?:`	從右到左	條件運算
`=` `+=` `-=` `*=` `/=` `%=`	從右到左	指派類
`,`	從左到右	逗號

圖8.5 運算子的優先順序和結合性

8.4 以指標進行傳參考呼叫

C++中有三種方法，可以將引數傳遞給函式：

(1)使用**傳值呼叫** (pass-by-value)。

(2)使用**參考引數的傳參考呼叫** (pass-by-reference with reference arguments)。

(3)使用**指標引數的傳參考呼叫** (pass-by-reference with pointer arguments)。

第6章中，我們比較了傳值呼叫，以及使用參考引數的傳參考呼叫的不同。本節我們要討論運用指標引數的傳參考呼叫。

如同我們在第6章所學，return可由被呼叫的函式傳回一值給呼叫者，或無傳回值，只是將控制權傳給呼叫者。前面也學到，我們可以用參考 (reference) 參數把引數傳遞給函式，透過此類引數，被呼叫的函式可以修改呼叫函式中的原始值。參考引數也能讓程式將大型的資料物件傳遞給函式，避免傳值呼叫帶來的額外負擔 (建立該物件的副本)。指標和參考一樣，可以用來修改呼叫者的單一或多個變數，傳遞指向大型資料物件的指標，可避免傳值呼叫的額外負擔。

您可用指標配合取值運算子 (*) 達到 pass-by-reference 的效果 (和C程式中的pass-by-reference做法一樣，C沒有代表變數別名的reference)。呼叫函式時，若想讓它修改傳入的引數，則應傳入引數的位址，通常的作法是將取址運算子 (&) 加在要修改變數的名稱之前。

傳值呼叫範例

圖8.6和圖8.7列出計算整數立方函式的兩個版本。圖8.6採傳值呼叫，將變數number傳給函式cubeByValue (第14行)。函式cubeByValue計算引數的立方 (第19-22行)，並使用return敘述(第21行)把結果傳回給main，在main中此值會設給number (第14行)。呼叫的函式可在修改變數number之值前，檢查被呼叫函式的結果。例如，我們可將cubeByValue的結果儲存到另一個變數，檢視並判斷這個數值是否合法，再將結果指定給number。

```
 1 // Fig. 8.6: fig08_06.cpp
 2 // Pass-by-value used to cube a variable   value.
 3 #include <iostream>
 4 using namespace std;
 5
 6 int cubeByValue( int ); // prototype
 7
 8 int main()
 9 {
10    int number = 5;
11
12    cout << "The original value of number is " << number;
13
14    number = cubeByValue( number ); // pass number by value to cubeByValue
15    cout << "\nThe new value of number is " << number << endl;
16 } // end main
17
18 // calculate and return cube of integer argument
19 int cubeByValue( int n )
20 {
21    return n * n * n; // cube local variable n and return result
22 } // end function cubeByValue
```

```
The original value of number is 5
The new value of number is 125
```

圖8.6　使用傳值呼叫，計算變數的立方值

使用指標引數的傳參考呼叫範例

圖8.7使用傳遞參考方式(程式第15行，將number的位址傳遞給函式)，將變數number的位址傳遞給函式cubeByReference。函式cubeByReference(第21-24行)會以nPtr(指向int的指標)接收引數。函式會解參考nPtr，計算它所指向變數數值的立方(第23行)。這會直接改變main函式中變數number的值(第11行)，所以，不須使用return敘述。第23行和下列敘述同義：

```
*nPtr = (*nPtr) * (*nPtr) * (*nPtr); // cube *nPtr
```

```
 1 // Fig. 8.7: fig08_07.cpp
 2 // Pass-by-reference with a pointer argument used to cube a
 3 // variable   value.
 4 #include <iostream>
 5 using namespace std;
 6
 7 void cubeByReference( int * ); // prototype
 8
 9 int main()
10 {
11    int number = 5;
12
13    cout << "The original value of number is " << number;
14
15    cubeByReference( &number ); // pass number address to cubeByReference
16
17    cout << "\nThe new value of number is " << number << endl;
18 } // end main
19
20 // calculate cube of *nPtr; modifies variable number in main
21 void cubeByReference( int *nPtr )
22 {
23    *nPtr = *nPtr * *nPtr * *nPtr; // cube *nPtr
24 } // end function cubeByReference
```

```
The original value of number is 5
The new value of number is 125
```

圖8.7 使用傳參考(Pass-by-reference)呼叫的指標引數，計算變數值的立方

接收位址作爲引數的函式，必須以指標作爲參數，以便接收位址。例如，函式cubeByReference(第21行)的標頭指出，cubeByReference接收int變數的位址(指向int的指標)作爲引數，將此位址儲存於區域變數nPtr，且不回傳任何數值。

函式cubeByReference原型(第7行)中的小括弧中只寫int*而沒有變數名稱，和其他的變數型態一樣，我們不需將指標參數的名稱放到函式原型中。但我們還是可以在函式原型中寫出參數名稱，以增加程式的可讀性，編譯器會忽略參數名稱。

洞悉：所有引數都是以值傳遞

在C++中，其實所有的參數都是按值傳遞。譬如，使用指標參考傳遞變數，實際上並沒傳遞任何參考，指向變數的指標仍以傳值的方式傳遞，只是這個值是將變數的位址這個

"值"傳遞給相對應的引數。所以不論是以何種方式傳遞參數，都是傳值呼叫，只是此值非彼值，視傳遞方式而異，有的傳遞的是變數的值，有的傳遞是變數的位址，如此而已。被呼叫的函數然後可以藉由取值運算子取得指標值所指向的變數，從而完成所謂的 pass-by-reference，但在骨子裡傳遞的仍是值，只不過這個值代表的是欲處理變數的記憶體位址。

圖形分析：傳值呼叫與傳址呼叫

圖 8.8-8.9 以圖解的方式呈現圖 8.6 和 8.7 中程式的執行情形。在圖中的方形表示運算式或變數的值。右邊的圖表是函式 cubeByValue (圖 8.6) 和 cubeByReference (圖 8.7) 的執行情形。

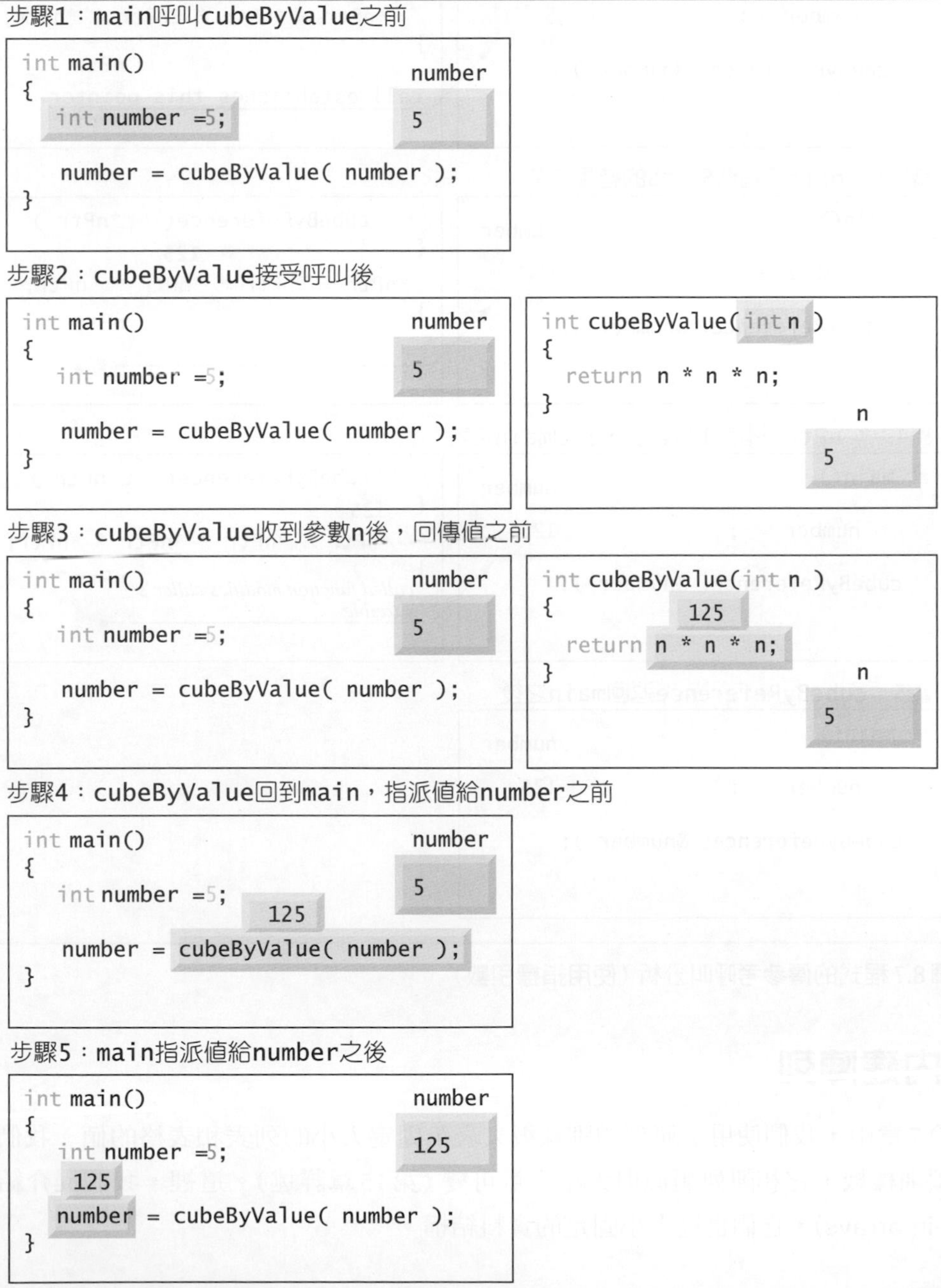

步驟1：main呼叫cubeByValue之前

```
int main()                              number
{
   int number = 5;                      5

   number = cubeByValue( number );
}
```

步驟2：cubeByValue接受呼叫後

```
int main()                              number
{
   int number = 5;                      5

   number = cubeByValue( number );
}
```

```
int cubeByValue( int n )
{
  return n * n * n;
}
                                        n
                                        5
```

步驟3：cubeByValue收到參數n後，回傳值之前

```
int main()                              number
{
   int number = 5;                      5

   number = cubeByValue( number );
}
```

```
int cubeByValue( int n )
{                 125
  return n * n * n;
}
                                        n
                                        5
```

步驟4：cubeByValue回到main，指派值給number之前

```
int main()                              number
{
   int number = 5;                      5
                 125
   number = cubeByValue( number );
}
```

步驟5：main指派值給number之後

```
int main()                              number
{
   int number = 5;                      125
   125
   number = cubeByValue( number );
}
```

圖 8.8　圖 8.6 程式的傳值呼叫分析

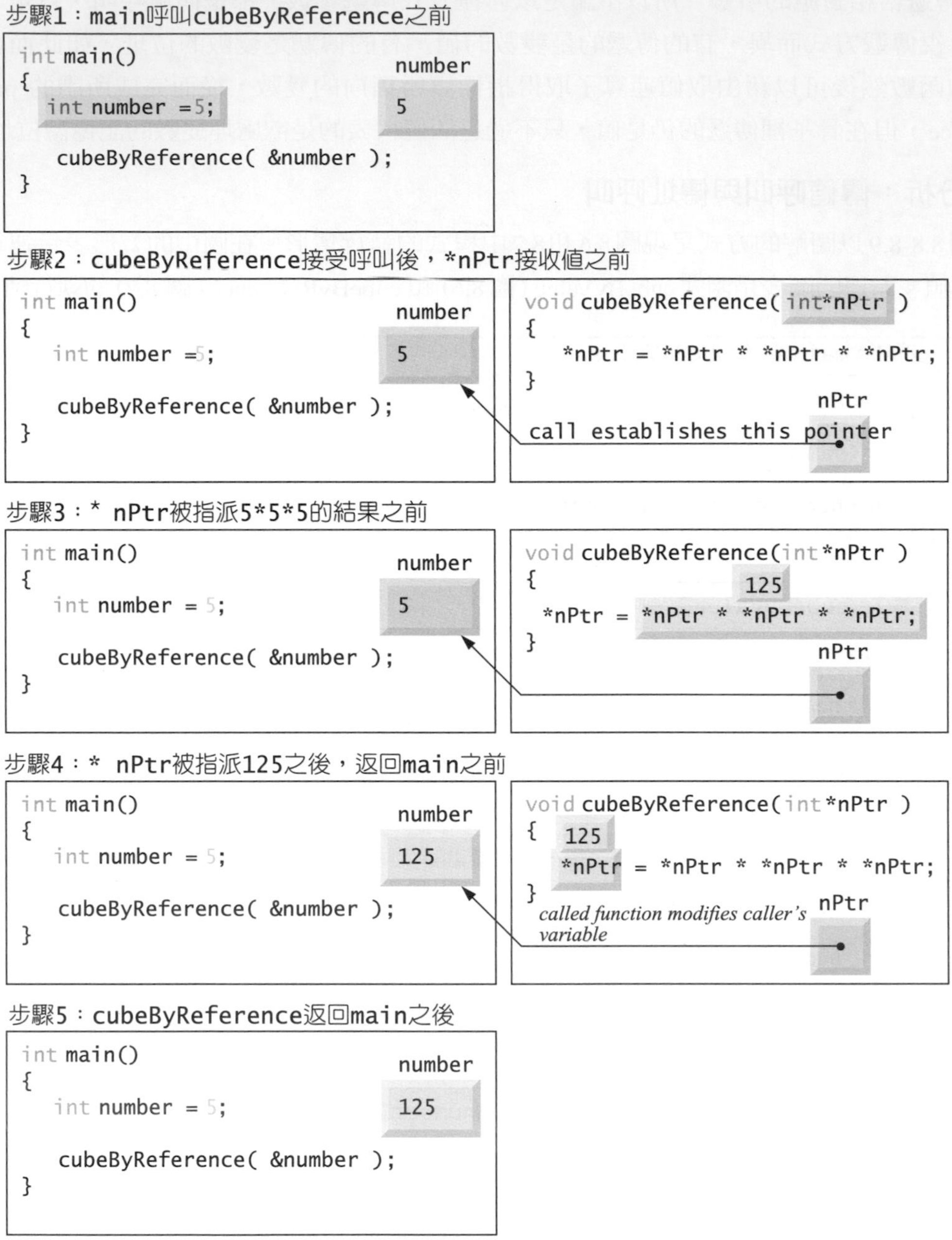
步驟1：main呼叫cubeByReference之前
int main()
{
int number =5;
number
5
cubeByReference(&number);
}
步驟2：cubeByReference接受呼叫後，*nPtr接收值之前
int main()
{
int number =5;
number
5
cubeByReference(&number);
}
void cubeByReference(int*nPtr)
{
*nPtr = *nPtr * *nPtr * *nPtr;
}
nPtr
call establishes this pointer
步驟3：* nPtr被指派5*5*5的結果之前
int main()
{
int number = 5;
number
5
cubeByReference(&number);
}
void cubeByReference(int*nPtr)
{
125
*nPtr = *nPtr * *nPtr * *nPtr;
}
nPtr
步驟4：* nPtr被指派125之後，返回main之前
int main()
{
int number = 5;
number
125
cubeByReference(&number);
}
void cubeByReference(int*nPtr)
{
125
*nPtr = *nPtr * *nPtr * *nPtr;
}
called function modifies caller's variable
nPtr
步驟5：cubeByReference返回main之後
int main()
{
int number = 5;
number
125
cubeByReference(&number);
}

圖8.9 圖8.7程式的傳參考呼叫分析（使用指標引數）

8.5 內建陣列

在第7章中，我們使用了陣列類別樣板來表示固定大小的列表和表格的值。我們也使用了向量類別樣板，它和陣列類似但大小容量可變（第15章詳述）。這裡，我們提介紹**內建陣列** (built-in arrays)，它們也是大小固定的資料結構。

宣告一個內建陣列

指定內建陣列元素的型態和元素的數目，語法如下

```
type arrayName[ arraySize ];
```

編譯器會保留適量的記憶體。arraySize必須是大於零的整數常數。例如，告訴編譯器預留12個元素給名爲c且型態爲整數的內建陣列，宣告如下

```
int c[ 12 ]; // c is a built-in array of 12 integers
```

存取內陣列的元素

正如陣列物件，您可使用中括號 ([]) 運算子來存取內建陣列的單個元素。回憶第7章，中括號運算子 ([]) 並不對陣列物件提供邊界檢查，對於內建陣列也同樣不會做此檢查。

初始化內建陣列

您可以使用初始化列表初始化一個內建陣列的元素。例如：

```
int n[ 5 ] = { 50, 20, 30, 10, 40 };
```

建立含有五個整數元素的內建陣列，並以初始化列表中的值做初始化。如果提供初始值少於元素的數量，則剩下的元素就設爲預設初始值：基本數值型態初始化爲0、布林變數初始化爲false、指標初始化爲nullptr、物件則由預設建構子執行初始化。如果提供的初始值多於元素個數，則產生編譯錯誤。新的C++11初始化列表的語法，是沿襲內建陣列的初始化列表而來。

如果一個內建的陣列在宣告時未指名大小，編譯器會以初始化列表中元素的數量作爲陣列的大小。例如，

```
int n[] = { 50, 20, 30, 10, 40 };
```

建了一個五個元素的內建陣列，此陣列的大小是5。

錯誤預防要訣 8.3

就算是使用初始化列表執行初始化，也應明確指定內建陣列的大小，使編譯器得以檢視不會提供太多的初始值。

傳遞內建陣列給函式

內建陣列的名稱被隱式轉換爲內建陣列第一個元素的位址。所以arrayName被**隱式轉換**爲&arrayName[0]。出於這個原因，當您要將內置陣列傳遞給一個函式時，不需要在陣列名稱前面加上取址運算子 (&)，只需傳遞陣列的名稱就可以。正如您在第8.4節看到的，一個被呼叫函式若接收指標參數，表示該函式可改變指標所指變數的值。對於內建陣列，這意味著，被呼叫函數可以修改內建的陣列中的所有元素。但若在函式的指標參數前加上關鍵字const，則傳遞的即使是內建陣列的位址，也無法修改內建陣列元素的值。

軟體工程觀點 8.1

在定義函式時，在內建陣列參數前加上**型態限定詞** (type qualifier) const，可以預防被呼叫函式修改陣列元素，這也算是最小權限原則。除非有必要，否則不應該給函式修改內建陣列的權限。

宣告內建陣列參數

您可以在函式標頭內宣告內建陣列參數，如下所示：

```
int sumElements( const int values[], const  size_t  numberOfElements )
```

這表明該函數的第一個參數是一個一維的內建整數陣列，且函式不能修改陣列元素的值。不像陣列物件，內建陣列不知道它們自己的大小，所以必須有第二個參數numberOfElements明示陣列的大小，否則函式無法正確處理陣列資料。

前述函式標頭也可以寫爲：

```
int sumElements( const int *values, const size_t numberOfElements )
```

編譯器無法分辨函式所接收的是一個變數的指標，還是一個內建陣列的位址。當然，這意味著該函式必須事先“知道”它接收一個內建的陣列或簡單只是單一變數的reference。當編譯器遇到一個帶有一維內建陣列參數的函式，且此參數以const int values[] 傳遞，編譯器會將參數轉換爲const int* values (即，values 是一個指向整數常數的指標)。這些針對一維內建陣列參數的宣告是可以互換的，但爲了更清楚表達，傳遞的確實是一個內建陣列，應該使用中括號“[]”符號來宣告較爲妥切。

C++11 標準程式的函式：begin 和 end

在第7.7節中，我們展示了如何用C++標準程式中的函式sort ，對陣列物件進行排序。現在，我們對名爲colors 的字串陣列進行排序，敘述如下

```
sort( colors.begin(), colors.end() ); // sort contents of colors
```

陣列類別的 begin 和 end 表示，整個陣列都要進行排序。函式sort (和其他許多C++標準程式)，也可以適用於內建陣列。例如，要對內建陣列n 做排序，可以這麼寫：

```
sort( begin( n ), end( n ) ); // sort contents of built-in array n
```

C++11 新的函式begin和end (於標頭檔<iterator>定義) 各自以內建陣列作爲引數，所回傳的是代表陣列範圍的指標，其語法和功能和sort函式類似。

內建陣列的限制

內建陣列具有若干限制：

- 它們不能使用關係運算子和等號運算子進行比較，您只能寫程式，用迴圈對陣列的每個元素逐一比較。
- 它們不能使用指派運算子。

- 它們不知道自己的大小，欲處理陣列的函式通常要接收兩個引數，一個是內建陣列，另一個則是陣列的大小。
- 內建陣列不提供自動邊界檢查，您必須確保存取陣列元素的索引值，必須在陣列的界限之內。

類別樣板物件array和vector比內建陣列更安全，更穩固，並供更多的功能。

有時，內建陣列是必須的

在當今的C++程式中，您應該使用功能更強大的陣列物件或向量，來表示列表或表格的值。然而，在某些情況下，您還非得使用內建陣列才行。譬如，命令列參數。在命令名稱後面，指引命令執行的引數，就是所謂的**命令列參數** (command-line arguments)。這些引數讓命令的執行具多功能與多樣化。例如，在Windows中，命令

```
dir /p
```

使用/ p選項列出當前目錄的內容，資訊佔滿一個螢幕後會暫停。同樣，在Linux或OS X上，下面的命令使用-la作爲引數，列出當前目錄每個文件和目錄的詳細內容：

```
ls  -la
```

命令列參數以內建陣列的型態，將引數以字串指標方式傳遞給main做處理第8.10節。附錄F展示了如何處理命令行參數。

8.6　使用常數指標

型態限定詞const，可用來通知編譯器，某特定變數的值不可在程式中被修改。許多場合，我們會在函式參數中使用（或不使用）const，究竟怎麼使用才算恰當呢？答案是：最小權限原則。讓函式透過參數取得足夠資料以便完成工作即可，不必要的權限不必賦予。本節將討論如何結合修飾詞const和指標宣告，強制執行最小權限原則。

第6章解釋過，使用傳值呼叫來呼叫函式時，程式會建立函式呼叫引數的副本，再把它們傳遞給函式。如果引數的副本在函式中受到修改，呼叫函式中的原始值依然會維持不變。在許多情況下，我們必須修改傳遞給函式的數值，以便函式完成其工作。然而也有些場合，被呼叫的函式連傳入的引數也不應該做修改，即使這些引數由原始值拷貝而來。

例如，考慮一個函式，接收一維陣列和陣列大小爲其引數，並印出陣列的內容。該函式應個別檢查並輸出陣列每個元素。在函式主體中，程式用陣列的大小決定陣列的最大索引值，所以當列印完成時，迴圈會剛好結束。陣列的大小不會在函式主體中改變，所以應宣告爲const。程式只列印陣列內容而不會改變它，所以陣列也應該宣告爲const。這對陣列來說特別重要，因爲陣列一定是以傳址的方式傳入函式，一不小心很容易遭被呼叫的函式修改到內容。若嘗試修改const值，會發出錯誤訊息。

軟體工程觀點8.2

如果傳入函式的值不會也不應在函式主體中更改，則該參數應宣告成爲const。

錯誤預防要訣 8.4

使用函式之前，請先檢查其函式原型，判斷函式是否可以修改其參數。

將指標傳遞給函式的方法有四種，分別是：

(1)指向非常數資料的非常數指標 (a nonconstant pointer to nonconstantdata)。

(2)指向常數資料的非常數指標 (a nonconstant pointer to constant data) (圖8.10)。

(3)指向非常數資料的常數指標 (a constant pointer to nonconstant data) (圖8.11)。

(4)指向常數資料的常數指標 (a constant pointer to constant data) (圖8.12)。

每種組合提供不同層次的存取權限。

8.6.1 指向非常數資料的非常數指標

在四種組合當中，**指向非常數資料的非常數指標** (nonconstant pointer to nonconstant data) 擁有最高的存取權：資料可以透過解參考指標被修改，並且指標本身也可改變，指到其他資料。這種指標的宣告敘述 (例如 int *countPtr) 不包含 const。

8.6.2 指向常數資料的非常數指標

指向常數資料的非常數指標 (nonconstant pointer to constant data)，意思是指標可以被修改，指向不同的資料，但是被指標所指的資料不可以透過該指標進行修改。這種指標可以用來接收傳遞給函式的陣列引數，讓函式處理陣列中每個元素，但不能用來修改陣列的資料。若試圖在函式內修改資料，會發生編譯錯誤。這種指標的宣告敘述會將const置於指標型態的左邊，如下所示

```
const int *countPtr;
```

這個宣告的念法是由右到左，「countPtr是指向整數常數的指標」，或更精確的說，「countPtr 是個非常數指標，指向整數常數」。

圖8.10展示，GNU C++編譯器發現某函式接收指向常數資料的非常數指標，卻在函式主體內嘗試使用該指標修改資料，所發出的語法錯誤訊息。

```
 1 // Fig. 8.10: fig08_10.cpp
 2 // Attempting to modify data through a
 3 // nonconstant pointer to constant data.
 4
 5 void f( const int * ); // prototype
 6
 7 int main()
 8 {
 9    int y = 0;
10
11    f( &y ); // f will attempt an illegal modification
12 } // end main
```

圖8.10 嘗試透過指向常數資料的非常數指標修改資料(1/2)

```
13
14 // constant variable cannot be modified through xPtr
15 void f( const int *xPtr )
16 {
17    *xPtr = 100; // error: cannot modify a const object
18 } // end function f
```

GNU C++ compiler error message:

```
fig08_10.cpp: In function 'void f(const int*)':
fig08_10.cpp:17:12: error: assignment of read-only location '* xPtr'
```

圖8.10　嘗試透過指向常數資料的非常數指標修改資料(2/2)

當一個函數以內建陣列作爲引數被呼叫時，其內容實際上是按傳遞參考的方式遞送，因爲內建陣列的名稱，被隱式轉換爲內建陣列第一個元素的位址。然而，在預設的情況下，陣列物件和向量物件是以傳值方式傳遞，實際傳遞的是拷貝整個物件的副本。拷貝物件的動作，浪費了電腦的執行時間，而且副本必須儲存在呼叫函式的堆疊當中，佔用了大量的記憶體。若傳遞的是物件的指標的話，傳遞的只是物件位址的副本，資料量很小，並且和物件資料大小無關，更重要的是物件本身不必行使拷貝這個耗費時間和記憶體動作。

效能要訣 8.1

把大型物件傳入函式時，如果被呼叫的函式不需更改它們，可使用指向常數資料的指標或參考 (reference)，以達到傳參考呼叫的高效率，避免傳值呼叫的複製和儲存浪費資源的行爲。

軟體工程觀點 8.3

把大型物件傳入函式時，如果被呼叫的函式不需更改它們，可使用指向常數資料的指標或參用，以使用傳參考呼叫的高效率特性。

軟體工程觀點 8.4

除非呼叫函式的確需要被呼叫的函式直接修改其變數，否則請用傳值呼叫傳入引數，尤其是對基本資料型態(如 ints、doubles 等)。這是最小權限原則的另一個例子。

8.6.3 指向非常數資料的常數指標

指向非常數資料的常數指標 (constant pointer to nonconstant data)，意思是指標不能被更改，永遠指向同一個記憶體位址，但程式可以透過該指標修改該記憶體位置上的資料內容。const的指標必須於宣告時設定初始值，若該指標爲一函式參數，其初始值會設爲傳入函式的指標之值。

圖 8.11 的程式嘗試修改常數指標。程式第 11 行將指標 ptr 宣告成型態 int * const。這個宣告的念法是由右到左，「Ptr 是指向非常數整數的常數指標」。該指標的初始值設定爲整數變數 x 的位址。第 14 行嘗試把 y 的位址設給 ptr，但編譯器產生錯誤訊息。請注意，當第 13 行

把7設定給* ptr時，不會產生錯誤。這是因為ptr所指向的值並非常數，故可藉解參用ptr修改之，即使ptr本身宣告為const。

```
1 // Fig. 8.11: fig08_11.cpp
2 // Attempting to modify a constant pointer to nonconstant data.
3
4 int main()
5 {
6    int x, y;
7
8    // ptr is a constant pointer to an integer that can
9    // be modified through ptr, but ptr always points to the
10   // same memory location.
11   int * const ptr = &x; // const pointer must be initialized
12
13   *ptr = 7; // allowed: *ptr is not const
14   ptr = &y; // error: ptr is const; cannot assign to it a new address
15 } // end main
```

Microsoft Visual C++ compiler error message:

```
you cannot assign to a variable that is const
```

圖8.11 嘗試修改指向非常數資料的常數指標

8.6.4 指向常數資料的常數指標

指向常數資料的常數指標 (constant pointer to constant data) 所具的存取權限最低。它只能指向固定的記憶體位址，且無法透過指標修改該位址上的資料。若函式只使用陣列索引來讀取陣列，而不修改其內容，就該以此種指標傳入陣列。圖8.12的程式把指標變數ptr的型態宣告為const int * const (第13行)，念法為由右到左，

即「ptr是指向整數常數的常數指標」。此圖表示，試圖修改ptr指向的資料時 (第17行)，或嘗試修改儲存在指標變數的位址 (第18行)，Xode LLVM編譯器所產生的錯誤訊息。當程式試圖解參考ptr (第15行) 或輸出ptr所指向的數值，並不會產生任何錯誤，因為不會修改指標或它指向的資料。

```
1 // Fig. 8.12: fig08_12.cpp
2 // Attempting to modify a constant pointer to constant data.
3 #include <iostream>
4 using namespace std;
5
6 int main()
7 {
8    int x = 5, y;
9
10   // ptr is a constant pointer to a constant integer.
11   // ptr always points to the same location; the integer
12   // at that location cannot be modified.
13   const int *const ptr = &x;
14
```

圖8.12 試圖修改指向常數資料的常數指標(1/2)

```
15    cout << *ptr << endl;
16
17    *ptr = 7; // error: *ptr is const; cannot assign new value
18    ptr = &y; // error: ptr is const; cannot assign new address
19 } // end main
```

Xcode LLVM compiler error message:

```
Read-only variable is not assignable
Read-only variable is not assignable
```

圖8.12　試圖修改指向常數資料的常數指標(2/2)

8.7 sizeof運算子

一元運算子sizeof能在程式編譯期間，以byte（位元組）爲單位計算內建陣列（或任何資料型態的變數或常數）的大小。如圖8.13所示（第13行），當我們將sizeof用於內建陣列名稱時，sizeof運算子會傳回內建陣列的總位元組數，其型態爲size_t（無號的整數型態，大小至少爲unsigned int）。請不要把它和vector <int> 的size混淆，後者會傳回vector中整數元素的個數。我們用來編譯此程式的電腦，以8位元組的記憶體存放型態double的變數，且array具20個元素（第11行），故共使用160個位元組的記憶體空間。當套用到函式中用來接收內建陣列的指標參數時（第22行），sizeof運算子會傳回內建指標的位元組數（在我所使的系統是4），而非陣列的大小。

程式中常犯的錯誤8.3

在函式中使用sizeof運算子，可計算內建陣列參數的位元組大小，即指標的位元組大小，而非整個內建陣列的位元組大小。

```
1 // Fig. 8.13: fig08_13.cpp
2 // Sizeof operator when used on a built-in array's name
3 // returns the number of bytes in the built-in array.
4 #include <iostream>
5 using namespace std;
6
7 size_t getSize( double * ); // prototype
8
9 int main()
10 {
11    double numbers[ 20 ]; // 20 doubles; occupies 160 bytes on our system
12
13    cout << "The number of bytes in the array is " << sizeof( numbers );
14
15    cout << "\nThe number of bytes returned by getSize is "
16       << getSize( numbers ) << endl;
17 } // end main
18
```

圖8.13　對內建陣列使用sizeof運算子，傳回陣列的總位元組(1/2)

```
19 // return size of ptr
20 size_t getSize( double *ptr )
21 {
22    return sizeof( ptr );
23 } // end function getSize
```

```
The number of bytes in the array is 160
The number of bytes returned by getSize is 4
```

圖8.13 對內建陣列使用sizeof運算子，傳回陣列的總位元組(2/2)

內建陣列的元素個數，也可以透過兩次sizeof運算子的結果來計算。例如，想得知內建陣列numbers的元素個數，可使用以下運算式(在編譯時期計算)：

```
sizeof numbers / sizeof( numbers[ 0 ] )
```

該運算式可找出陣列numbers使用的總位元組數(160，doubles型態通常是8位元組)，除以陣列第一個元素所需的位元組數(8)，即得numbers陣列的元素個數(20)。

決定基本型態、內建陣列及指標的大小

圖8.14的程式使用sizeof運算子計算在電腦中，儲存每種標準資料型態所需的位元組個數。輸出結果是由 Windows 7平台中的Visual C++2012預設環境所產生。型態的大小具平台相依性。在其他系統上，double和long double也許會有不同的大小。

```
 1 // Fig. 8.14: fig08_14.cpp
 2 // sizeof operator used to determine standard data type sizes.
 3 #include <iostream>
 4 using namespace std;
 5
 6 int main()
 7 {
 8    char c; // variable of type char
 9    short s; // variable of type short
10    int i; // variable of type int
11    long l; // variable of type long
12    long long ll; // variable of type long long
13    float f; // variable of type float
14    double d; // variable of type double
15    long double ld; // variable of type long double
16    int array[ 20 ]; // built-in array of int
17    int *ptr = array; // variable of type int *
18
19    cout << "sizeof c = " << sizeof c
20       << "\tsizeof(char) = " << sizeof( char )
21       << "\nsizeof s = " << sizeof s
22       << "\tsizeof(short) = " << sizeof( short )
23       << "\nsizeof i = " << sizeof i
24       << "\tsizeof(int) = " << sizeof( int )
25       << "\nsizeof l = " << sizeof l
26       << "\tsizeof(long) = " << sizeof( long )
```

圖8.14 使用sizeof運算子計算標準資料型態的大小(1/2)

```
27         << "\nsizeof ll = " << sizeof ll
28         << "\tsizeof(long long) = " << sizeof( long long )
29         << "\nsizeof f = " << sizeof f
30         << "\tsizeof(float) = " << sizeof( float )
31         << "\nsizeof d = " << sizeof d
32         << "\tsizeof(double) = " << sizeof( double )
33         << "\nsizeof ld = " << sizeof ld
34         << "\tsizeof(long double) = " << sizeof( long double )
35         << "\nsizeof array = " << sizeof array
36         << "\nsizeof ptr = " << sizeof ptr << endl;
37 } // end main
```

```
sizeof c = 1    sizeof(char) = 1
sizeof s = 2    sizeof(short) = 2
sizeof i = 4    sizeof(int) = 4
sizeof l = 4    sizeof(long) = 4
sizeof ll = 8   sizeof(long long) = 8
sizeof f = 4    sizeof(float) = 4
sizeof d = 8    sizeof(double) = 8
sizeof ld = 8   sizeof(long double) = 8
sizeof array = 80
sizeof ptr = 4
```

圖8.14　使用sizeof運算子計算標準資料型態的大小(2/2)

可攜性要訣 8.1

各資料型態所需的記憶體大小可能依系統而異。程式與資料型態大小有關，若須在數種電腦系統上執行時，請用sizeof判斷儲存資料型態所需的位元組個數。

運算子sizeof可以用在任何運算式或型態名稱上。當sizeof套用於變數名稱 (陣列名稱除外) 或運算式時，程式會傳回此運算式最後結果所屬資料型態的位元組數。sizeof若以型態名稱 (例如int) 作爲運算元，須使用小括弧；若以某個運算式作爲它的運算元則不用。請記住，sizeof是編譯時期的運算子，所以並不會計算作爲sizeof元算元的運算式，運算式只在執行期做計算。

8.8　指標運算式與指標算術

本節討論一些可拿指標作爲運算元的運算子，以及這些運算子如何與指標一起做運算。C++ 允許我們進行**指標算術運算** (pointer arithmetic)，某些特定的算術運算可用在指標上。指標算術運算只在指標指向內建陣列元素時才有意義。

指標可以遞增 (++) 也可以遞減 (--)，可和整數相加 (+或+=) 也可相減 (-或-=)，同型態的指標也可以彼此互減。這些特殊的指標二元運算只在兩個指標指向同一個內建陣列元素時才有作用。

指標是算術運算式、指派運算式和比較運算式中的有效運算元。然而，並不是所有可用於這些運算式的運算子，都能用於指標變數。在本節中我們將說明，哪些運算子可以使用指標作爲運算元，以及如何讓它拿指標做運算。

可攜性要訣 8.2

今日電腦系統，大都用4或8個位元組表示整數。因為指標算術運算的結果與指標所指的物件大小有關，故指標算術運算結果會相依於電腦系統。

假設我們宣告了陣列int v[5]，且其第一個元素的記憶體位址為3000。假設指標vPtr已指向v[0] (即vPtr的值為3000)。圖8.15顯示在以4個位元組儲存整數的電腦系統上，記憶體配置的樣子。指標變數vPtr的初始值，可透過下列任一敘述，指向內建陣列v (因為陣列名稱等於陣列第一個元素的位址)：

```
int *vPtr = v;
int *vPtr = &v[ 0 ];
```

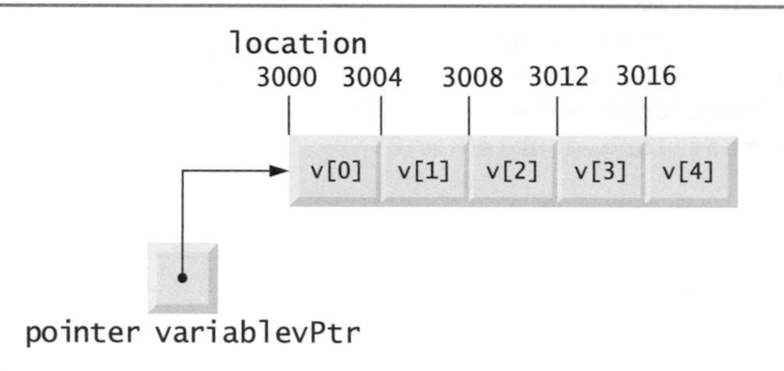

圖8.15 內建陣列v和指向v的指標變數int *vPtr

對指標進行整數加法和減法運算

在一般算術運算中，3000+2會得到3002。然而在指標算術中，並非如此。對指標進行整數加法或減法時，指標不只是按照這個整數的大小增加或減少。其改變的大小，是這個整數值乘以指標所參用的物件大小，故與物件的資料型態有關。例如，以下敘述

```
vPtr += 2;
```

的結果為3008 (3000+2*4)，假設int在記憶體中以4個位元組儲存。在陣列v中，vPtr現在會指向v[2] (圖8.16)。若整數以8個位元組表示，則前述的計算會讓vPtr指向記憶體位置3016 (3000 + 2*8)。

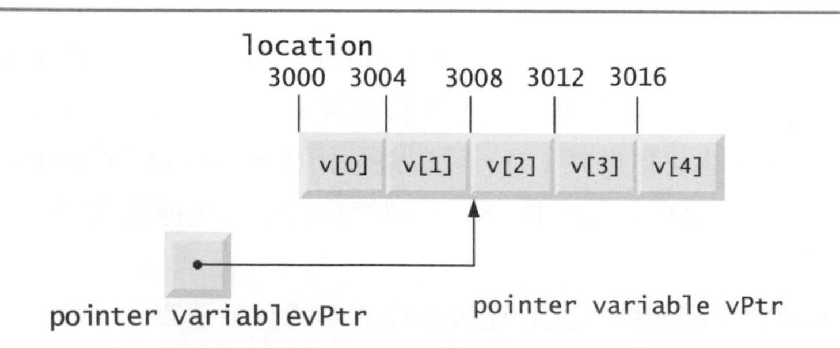

圖8.16 指標算術運算之後的指標vPtr

若將vPtr遞增到3016，即指向v[4]，則敘述

```
vPtr -= 4;
```

會將vPtr指回3000，即陣列的起始位置。程式可以用遞增 (++) 和遞減 (--) 運算子將指標遞增或遞減1。下列每個敘述

```
++vPtr;
vPtr++;
```

都會遞增指標，讓之指向陣列下一個元素。下列每個敘述

```
--vPtr;
vPtr--;
```

都會遞減指標，讓它指向陣列前一個元素。

錯誤預防要訣 8.5

對指標執行算術，不會執行邊界檢查。您必須確認執行指標加法或減法算術運算後，移動指標所產生的新位址，必須落在陣列前後兩端的範圍內。

指標間的減法運算

指向相同陣列的指標變數，可以彼此相減。例如，如果vPtr指向位址3000，v2Ptr指向位址3008，則敘述

```
x = v2Ptr - vPtr;
```

會把x的值設爲在內建陣列vPtr到v2Ptr之間的元素個數，在這個例子中爲2。除非指標都指向同一個內建陣列，否則對它們進行指標算術運算是沒有意義的。除了內建陣列的相鄰元素，否則，不能假設二個相同型態的變數，是以連續方式儲存在記憶體中。

程式中常犯的錯誤 8.4

對二個未參用相同陣列的指標，進行相減或比較運算，會造成邏輯錯誤。

指標指派運算

若兩個指標型態相同，則可將一個指標指派給另一個。否則，須使用型態轉換運算 (通常使用reinterpret_cast；我們會在14.7節討論)，將賦值運算式右邊的指標型態，轉換成左邊的型態。唯一的例外就是指向型態void (即void*) 的指標，它是泛型指標，可代表任何型態的指標。所有型態的指標都可以指派給void*指標，無須進行轉換。但反過來，型態void*的指標，卻不能直接指定給其他型態的指標，必須先強制轉換成適當的指標型態後，才可以執行指派動作。

指向void*的指標不能進行解參考

指向void*的指標不能進行解參考。舉例來說，編譯器知道指向int的指標會參用四個位元組（假設使用以四個位元組表示整數的電腦系統），但指到void的指標只代表一個記憶體位址，因爲型態未知，故無法得知到底該取用多少個位元組，轉換成甚麼型態的資料。解參考指標時，編譯器必須知道資料型態，才能決定到底該取用多少個位元組的資料。指向void的指標因爲沒有資料型態，故無法得知。

程式中常犯的錯誤 8.5

若將某指標指定給另一個非void*的指標，但未強制轉型（通常是reinterpret_cast），會造成編譯錯誤。

程式中常犯的錯誤 8.6

對void*指標可進行幾種運算：將void*指標和其他指標做比較、將void*指標轉換成其他型態的指標、指派位址給void*指標。對void*指標進行其他的運算都會造成語法錯誤。

對指標進行比較運算

指標可以使用等號 (equality) 和關係 (relational) 運算子進行比較。除非指標指向相同陣列的成員，否則對它們使用關係運算子是沒有意義的。比較指標時，會比較儲存放在指標變數上的位址。將二個指向相同陣列的指標進行比較，可以決定某個指標指向的元素是否比另一個指標編號較高。一種常見的指標比較運算是判斷某指標是否爲nullptr、0或NULL（也就是空指標，代表指標未指向任何位置）。

8.9 指標與內建陣列之間的關係

在C++中，內建陣列和指標的關係非常密切，二者幾乎可以互換使用。陣列名稱可以當成常數指標，指標也可以用在任何與內建陣列索引有關的運算。

假設以下宣告：

```
int b[ 5 ]; // create 5-element int array b; b is a const pointer
int *bPtr; // create int pointer bPtr, which isn't a const pointer
```

以下敘述會將bPtr設爲陣列b的第一個元素的位址：

```
bPtr = b; // assign address of built-in array b to bPtr
```

這等同於使用下列敘述，取得陣列第一個元素的位址：

```
bPtr = &b[ 0 ]; // also assigns address of built-in array b to bPtr
```

指標/偏移量表示法

內建陣列元素b[3]可用以下的指標運算式參用：

```
*( bPtr + 3 )
```

前述運算式中的3，稱爲指標的**偏移量** (offset)。當指標指向內建陣列的起始位址時，偏移量指出應參用哪個陣列元素，其值等於內建陣列的索引。上述寫法稱爲**指標/偏移量表示法** (pointer/offset notation)。這裡不能省略小括號，因爲 * 運算子的優先權高於 + 運算子。沒有小括號時，上述運算式將會將3加到運算式*bPtr (即把3加到b[0]，假設bPtr指到陣列的起始位址)。

如同指標運算式可以參用內建陣列元素，以下位址

```
&b[ 3 ]
```

可以寫成以下的指標運算式

```
bPtr + 3
```

指標/偏移量與內建陣列名稱作爲指標整合運用

陣列名稱 (它是一個常數) 可以作爲指標，在指標算術中使用。例如，運算式

```
*( b + 3 )
```

會參用到內建陣列元素b[3]。一般而言，所有加上索引的內建陣列運算式，都可以改寫成指標加上偏移量。在這種情況下，我們會在指標/偏移量表示法中，以內建陣列名稱作爲指標。前面的敘述並沒有修改陣列名稱，b仍指向內建陣列的第一個元素。

指標/索引表示法

和陣列一樣，指標也可以加上索引。例如，運算式

```
bPtr[ 1 ]
```

會參用陣列元素b[1]，這稱爲**指標/索引表示法** (pointer/subscript notation)。

內建陣列名稱不可修改

請記得，陣列名稱是常數指標，永遠指向陣列的起始位址。因此，以下運算式

```
b += 3
```

會產生編譯錯誤，因爲該運算試圖運用指標算術修改陣列名稱。

良好的程式設計習慣 8.2

爲了簡潔起見，操作內建陣列時請使用陣列表示法來取代指標表示法。

展現指標和內建陣列間的關係

圖 8.17 使用本節討論過的四種參用陣列元素的方法：

(1)陣列索引表示法(array subscript notation)。

(2)將陣列名稱作為指標的指標/偏移量表示法(pointer/offset notation with the built-in array's name as a Pointer)。

(3)指標/索引表示法(pointer subscript notation)。

(4)指標/偏移量表示法(pointer/offset notation with a pointer)。

印出整數內建陣列 b 的四個元素。

```
 1 // Fig. 8.17: fig08_17.cpp
 2 // Using subscripting and pointer notations with built-in arrays.
 3 #include <iostream>
 4 using namespace std;
 5
 6 int main()
 7 {
 8    int b[] = { 10, 20, 30, 40 }; // create 4-element built-in array b
 9    int *bPtr = b; // set bPtr to point to built-in array b
10
11    // output built-in array b using array subscript notation
12    cout << "Array b displayed with:\n\nArray subscript notation\n";
13
14    for ( size_t i = 0; i < 4; ++i )
15       cout << "b[" << i << "] = " << b[ i ] << '\n';
16
17    // output built-in array b using array name and pointer/offset notation
18    cout << "\nPointer/offset notation where "
19       << "the pointer is the array name\n";
20
21    for ( size_t offset1 = 0; offset1 < 4; ++offset1 )
22       cout << "*(b + " << offset1 << ") = " << *( b + offset1 ) << '\n';
23
24    // output built-in array b using bPtr and array subscript notation
25    cout << "\nPointer subscript notation\n";
26
27    for ( size_t j = 0; j < 4; ++j )
28       cout << "bPtr[" << j << "] = " << bPtr[ j ] << '\n';
29
30    cout << "\nPointer/offset notation\n";
31
32    // output built-in array b using bPtr and pointer/offset notation
33    for ( size_t offset2 = 0; offset2 < 4; ++offset2 )
34       cout << "*(bPtr + " << offset2 << ") = "
35          << *( bPtr + offset2 ) << '\n';
36 } // end main
```

```
Array b displayed with:

Array subscript notation
b[0] = 10
b[1] = 20
b[2] = 30
b[3] = 40
```

圖 8.17 使用索引和指標參用內建陣列元素(1/2)

```
Pointer/offset notation where the pointer is the array name
*(b + 0) = 10
*(b + 1) = 20
*(b + 2) = 30
*(b + 3) = 40
Pointer subscript notation
bPtr[0] = 10
bPtr[1] = 20
bPtr[2] = 30
bPtr[3] = 40

Pointer/offset notation
*(bPtr + 0) = 10
*(bPtr + 1) = 20
*(bPtr + 2) = 30
*(bPtr + 3) = 40
```

圖8.17　使用索引和指標參用內建陣列元素(2/2)

8.10 以指標為基礎的字串

在前面的許多範例，我們用C++標準程式的string類別，以完整功能的物件表示字串。例如，我們在第3-7章討論的類別GradeBook利用string物件表示課程名稱。我們將在第21章深入討論string類別。本節我們要介紹C風格的指標字串（和C程式語言的定義相同），簡稱**C 字串** (C strings)。我們建議使用C++的string類別來建立新的程式，因爲它能消除許多C字串造成的安全問題。我們在這裡簡短介紹C字串，是爲了加深對指標和內建陣列的了解。此外，假如您必須使用舊的C++程式碼，可能會需要操作這些指標字串。我們會在附錄F深入討論C風格的字串。

字元和字元常數

字元是C++原始程式碼的基本構件。每個程式都是由一連串的字元組成，每組字元的群聚，都具有特別的涵義，經過電腦組譯之後，變成指令以完成工作。程式碼可以包含**字元常數** (character constants)。字元常數是一個整數值，表示法爲在字元兩側以單引號框夾，其值是在電腦字元集中的對應整數值。例如，'z'代表字元z的整數值（在ASCII字元集中爲122，參見附錄B)，而'\n'代表換行字元的整數值(在ASCII字元集中爲10)。

字串

字串 (strings) 是一連串字元的集合，整個集合作爲單一的處理單位。字串可以包括字母、數字和各種不同的**特殊字元** (special characters)，如+、-、*、/ 和 $。在C++中，**字面字串** (String literals) 或稱**字串常數** (string constants)，其寫法是放在雙引號內，如下所示：

```
"John Q. Doe"                    (a name)
"9999 Main Street"               (a street address)
"Maynard, Massachusetts"         (a city and state)
"(201) 555-1212"                 (a telephone number)
```

以指標為基礎的字串

以指標爲基礎的字串儲存在型態爲字元的內建陣列中，並以**空字元**null character('\0')，來表示字串到此結束。字串可藉由指向第一個字元的指標來存取。對字面字串使用sizeof，得到的是包含空字元的字串長度。以指標爲基礎的字串和內建陣列一樣，內建陣列名稱也是指到內建陣列第一個元素的指標。

以字面字串為初始值

字面字串可以在宣告內建字元陣列時作爲其初始值，也可以在宣告字元指標char* 時，作爲其初始值。以下宣告

```
char color[] = "blue";
const char *colorPtr = "blue";
```

都會將變數的初始值設爲字串"blue"。第一個宣告會建立包含5個元素的內建陣列color，其內包含字元'b'、'l'、'u'、'e'和'\0'。第二個宣告建立指標變數colorPtr，指向位於記憶體某處的字串"blue"的第一個字母'b'（以'\0'做結尾）。字面字串的儲存類別爲static，即所謂的靜態持續時間，在程式整個執行期間都存在。如果它在程式中被參用多次，被參用的位址可能相同也可能不同，也就是相同值的字面字串，在程式中出現多次，不代表都位在同一個記憶體中。

錯誤預防要訣 8.6

若程式會修改到字面字串，首要之務，是將字面字串先儲存到內建陣列當中。

字元常數作為初始值

宣告char color[] = "blue"；也可以寫成

```
char color[] = { 'b', 'l', 'u', 'e', '\0' };
```

這個敘述式將字元常數放在單引號中，用來設定字元陣列中每一個元素的初值。宣告字元陣列儲存字串時，陣列必須夠大，以便儲存字串和它的結尾空字元。上述宣告會依據初始值列表中的初始值個數，自動決定陣列的大小。

程式中常犯的錯誤 8.7

未替字元內建陣列配置足夠記憶體空間，儲存結尾空字元，是一種邏輯錯誤。

程式中常犯的錯誤 8.8

產生或使用C風格字串時，若未包含結尾空字串，會產生邏輯錯誤。

錯誤預防要訣 8.7

將字元字串儲存到字元內建陣列時，請確認內建陣列足以儲存最長的字串。字串長度在C++中沒有限制。若字串比要存入的字元內建陣列還長，超過內建陣列範圍的字元，會覆寫內建陣列之後記憶體的資料，造成邏輯錯誤和潛在的安全漏洞。

存取C字串中的字元

既然C字串是由字元組成的陣列，所以我們可以使用陣列索引，直接存取字串的每個字元。例如，在前面的宣告中，color[0]的值是字元'b'，color[2]是字元'u'，color[4]是空字元。

使用cin讀取字串並存到字元內建陣列中

我們可用串流擷取運算cin把字串讀入內建陣列。例如，以下敘述式可將字串指派給有20個元素的字元內建陣列word：

```
cin >> word;
```

使用者輸入的字串會存入word。以上敘述會讀取字元，直到遇見空格字元或檔案結束(end-of-file) 符號爲止。字串不可超過19個字元，以便保留空間給字串結尾空字元。我們可使用setw串流操作子 (stream manipulator) 確保讀入word的字串不會超過陣列大小。例如，以下敘述

```
cin >> setw( 20 ) >> word;
```

指定cin最多會將19個字元讀入陣列word，且保留陣列的第20個位置存放結尾空字元。setw串流操作子會作用到下一個輸入的數值上。若輸入超過19個字元，剩下的字元不會被存入word，但仍保留在串流中，被下一個cin讀取[1]。當然，任何讀取的動作也可能失敗。第13.8節中，會介紹如何偵測輸入失敗。

使用cin.getline 讀取一行文字，存入內建字元陣列

在某些情況下，我們需要一次將一整行文字存入字元內建陣列中，cin物件提供了成員函式getline滿足這個需求。成員函式getline接收三個引數，分別是：儲存結果的字元陣列、陣列長度以及分界字元 (delimiter character)。例如，以下敘述

```
char sentence[ 80 ];
cin.getline( sentence, 80, '\n' );
```

宣告具80個字元的陣列sentence，並由鍵盤讀取一行文字存入之。當函式遇到分界符號'\n'，或檔案結束標示符號，或讀入的總字元數比函式第二個引數規定的字串長度少1時，就會停止讀入字元。內建陣列最後一個元素保留給結尾空字元使用。若遇到分界符號，函式會讀入並忽略之。cin.getline第三個引數的預設值是'\n'，故前述函式呼叫可以縮寫如下：

1　要了解如何忽略輸入串流中多餘的字元，請參閱：www.daniwb.com/software-development/cpp/threads/90228/flushing-the-input-stream.

```
cin.getline( sentence, 80 );
```

在第13章中，我們會對cin.getline和其他輸入/輸出函式進行詳細的討論。

顯示C字串

以空字元結尾字串的字元內建陣列，可用cout和 << 輸出。以下敘述

```
cout << sentence;
```

會印出sentence內建陣列。請注意cout<< 和cin>> 一樣，不會管字元陣列的大小。程式會一直輸出字元，直到遇到結尾空字元止，空字元則不會印出。[請注意：cin和cout假設字元陣列的內容，是以空字元結尾的字串，它們不能處理其他型態的陣列。]

8.11 總結

在本章中，我們詳細地介紹了指標，指標也是變數，但儲存的是記憶體位址。我們一開始先介紹如何宣告和初始化指標。您學到了如何使用取址運算子 (&) 指定變數的位址給指標，也學到了如何用取值運算子(間接參用運算子) (*) 存取某個指標所間接參用變數中的資料。我們討論了如何使用指標引數，行使傳參考呼叫。

我們也討論了如何宣告和使用內建陣列，內建陣列是C++沿襲C語言而來。您學到了如何使用const和指標，強制執行最小權限原則。我們示範了指向非常數資料的非常數指標、指向常數資料的非常數指標、指向非常數資料的常數指標，以及指向常數資料的常數指標。我們討論了sizeof運算子，能在編譯期間，以位元組爲單位計算資料型態和變數的大小。

說明了如何將指標運用在算術運算式和比較運算式中。我們可以使用指標算術，從內建陣列的某個元素移動到另一個元素。簡單介紹了以指標爲基礎的字串。

在下一章，我們將深入討論類別。您將會學到類別成員的能見度，以及如何讓物件保持在一致的狀態。您將會學到如何使用特殊的成員函式：建構子和解構子，它們分別會在物件建立或摧毀時執行，此外還會討論建構子和解構子的呼叫時機。此外我們會示範如何使用建構子與預設引數，以及使用預設的逐成員指派，將某個類別的物件指定給同類別的另一個物件。我們也會討論，當回傳參考給類別的private資料成員時，會產生的危險。

摘要

8.2 指標變數的宣告及初始化

- 指標也是一種變數，用來儲存其他變數的位址。
- 以下宣告

```
int *ptr;
```

將ptr宣告為指向int變數的指標，唸做「ptr是指向int的指標」。此處的 * 指出該變數是一個指標。

- 有兩種方法可用來設定指標的初始值，分別是：同型態物件的位址和nullptr。
- 可以指定給指標且不需強制轉型的整數是0。

8.3 指標運算子

- & (取址) 運算子會傳回運算元的記憶體位址。
- 取址運算子的運算元必須是變數名稱 (或其他lvalue)，取址運算子不能夠套用於常數，或者只短暫傳回結果的運算式。
- * 稱為取值運算子 (或稱解參用運算子)，會傳回運算元 (指標) 所指向物件的名稱，形同此物件的別名。此運算又稱為解參考指標。

8.4 以指標進行傳參考呼叫

- 呼叫函式時，若呼叫者希望被呼叫的函式修改所傳入的引數，則應傳入變數的位址，讓被呼叫的函式使用間接參用運算子 (*) 解參考指標，以便修改其值。
- 接收位址作為引數的函式，必須以指標作為對應的參數。

8.5 內建陣列

- 內建陣列和類別陣列相同，都屬於大小固定的資料結構
- 指定內建陣列元素的型態和元素的數目，語法如下

  type arrayName[*arraySize*];

- 編譯器會保留適量的記憶體。arraysize必須是大於零的整數常數。
- 正如陣列物件，您可使用中括號 ([]) 運算子來存取內建陣列的單個元素。
- 中括號 ([]) 運算子不會對陣列物件和內建陣列執行邊界檢查。
- 您可以使用初始化列表初始化一個內建陣列的元素。如果提供初始值少於元素的數量，則剩下的元素就初始化為0。如果提供的初始值多於元素個數，則產生編譯錯誤。
- 如果一個內建的陣列在宣告時未指名大小，編譯器會以初始化列表中元素的數量作為陣列的大小。
- 內建陣列的名稱被隱式轉換為內建陣列第一個元素的位址。
- 當您以陣列的名稱將內置陣列傳遞給一個函式時，表示被呼叫函數可以修改內建的陣列中的所有元素。若在函式的指標參數前加上關鍵字const，即使傳遞的是內建陣列的位址，也無法修改內建陣列元素的值。

- 內建陣列不知道他們自己的大小，所以若函示要處理陣列必須有兩個參數。第一個參數是陣列，第二個參數是陣列的大小。
- 編譯器無法分辨函式所接收的是一個變數的指標，還是一個內建陣列的位址。當然，這意味著該函式必須事先“知道”它接收一個內建的陣列或簡單只是單一變數的reference。
- 當編譯器遇到一個帶有一維內建陣列參數的函式，且此參數以const int values[] 傳遞，編譯器會將參數轉換爲const int* values (即，values 是一個指向整數常數的指標)。這些針對一維內建陣列參數的宣告是可以互換的，但爲了更清楚表達，傳遞的確實是一個內建陣列，應該使用“[]”符號來宣告。
- 函式sort (和其他許多C++標準程式)，也可以適用於內建陣列。
- C++11的新的函式begin和end (於標頭檔<iterator>定義) 各自以內建陣列作爲引數，所回傳的是代表陣列範圍的指標，其語法和功能和sort函式類似。
- 內建陣列不能使用關係運算子和等號運算子進行比較。
- 內建陣列不能相互使用指派運算子。內建陣列的名稱是指標常數，不能更改。
- 內建陣列不知道自己的大小。
- 內建陣列不提供自動邊界檢查。
- 在當今的C++程式中，您應該使用功能更強大的陣列物件 (或向量) 來表示列表或表格的值。

8.6 使用const指標

- 限定詞const讓程式能告知編譯器，某指定變數不能透過識別字修改。
- 傳遞指標給函式的方法有四種：指向非常數資料的非常數指標、指向常數資料的非常數指標、指向非常數資料的常數指標以及指向常數資料的常數指標。
- 使用指標，以傳參考呼叫方式傳遞陣列單一元素時，應傳遞其位址。

8.7 sizeof運算子

- sizeof運算子能在程式編譯期間，以位元組爲單位計算資料型態、變數或常數的大小。
- 以內建陣列名稱作爲sizeof的運算元，會傳回陣列以位元組爲單位的大小值。

8.8 指標運算式及指標算術

- C++允許指標執行算數運算，某些算術運算可用在指標上。
- 指標算術運算只在指標指向內建陣列元素時才有作用。
- 可對指標執行的算術運算，包括遞增 (++) 指標，遞減 (--) 指標，將指標和整數相加 (+或+=)，或將指標和整數相減 (-或-=)，以及從某個指標減去另一個指標。這些特殊的指標二元運算，只在兩個指標指向同一個內建陣列元素時才有作用。
- 將整數加入指標或從指標減掉整數時，會按照該整數乘上物件的大小，遞增或遞減指標的位址。
- 兩個指標型態相同時，可將一個指標指定給另一個。否則，就必須強制轉型。唯一例外是泛型指標void*，它可以儲存任何型態的指標值。

- 唯一可對 void* 指標進行的合法操作包括：與其他 void* 指標比較、轉換成其他合法的指標型態以及將位址指定給 void* 指標。
- 指標可以用比較運算子和關係運算子來互相比較。透過關係運算子進行比較時，運算元所指的元素必須屬同一內建陣列才有意義。

8.9　指標與內建陣列之間的關係

- 指向陣列的指標可以像陣列名稱一樣，以索引值存取其中的元素。
- 在指標/偏移量表示法中，若指標指向陣列的第一個元素，則偏移量就等於陣列的索引。
- 所有具索引的陣列運算式，都可以使用陣列名稱作爲指標，或是使用另外一個指標指向陣列，以改寫成指標/偏移量表示法。

8.10　以指標為基礎的字串

- 字元常數是一個整數值，表示法爲以單引號框夾字元，其值是在電腦字元集中對應的整數值。
- 字串是一連串字元的集合，整個集合作爲單一的處理單位。字串可以包括字母、數字和各種不同的特殊字元 (special characters)，如 +、-、*、/ 和 $。
- 在 C++ 中，字面字串又稱作字串常數，寫法將字串放在雙引號內。
- 以指標爲基礎的字串儲存在內建陣列中。以空字元 ('\0') 作爲字串結束符號。字串可藉由指向第一個字元的指標存取。
- 將字面字串作爲 sizeof 的運算元，可得到字面字串的長度，包含結束的空字元。
- 字面字串可以作爲內建字元陣列或型態爲 char* 變數的初始值。
- 字面字串的儲存類別爲 static，即所謂的靜態持續時間，在程式整個執行期間都存在。如果它在程式中被參用多次，被參用的位址可能相同也可能不同，也就是相同值的字面字串，在程式中出現多次，不代表都儲存在同一個記憶體中。
- 程式中不能修改字面字串，必須將宣告爲 const char* 的指標指向字面字串，才可做修改動作。
- 宣告字元內建陣列儲存字串時，陣列必須夠大，以便儲存字串和它的結尾空字元。
- 若字串比要存入的字元陣列還長，超過陣列範圍的字元會覆寫陣列之後記憶體的資料，造成邏輯錯誤。
- 我們可用一般的陣列索引寫法存取字串中的個別字元。
- 我們可用串流擷取運算 cin 把字元讀入陣列，持續讀入字元，直到讀取空白字元或檔案結素字元爲止。
- 我們可使用 setw 串流操作子 (stream manipulator) 確保讀入字元陣列的字串不會超過陣列大小。
- cin 物件提供成員函式 getline，可以一次將一整行文字存入陣列中，這個函式接收三個引數：儲存結果的字元陣列、陣列長度以及分界字元 (delimiter character)。第三個引數的預設值是 '\n'。
- 我們可用串流擷取運算 cin 把字串讀入陣列。程式會一直輸出字元，直到遇到結尾空字元止。

自我測驗題

8.1 回答以下問題：

a) 內建陣列名稱是_____指標。

b) 以指標為基礎的字串是個內建字元陣列，以_____字元作為字串結束符號。

c) _____可在編譯時期以byte為單位決定資料型態、變數、常數的大小。

8.2 是非題。如果答案為錯，請解釋為什麼。

a) 取址運算子 & 會回傳其運算元所指向物件名稱同義的變數。

b) 和陣列物件一樣，可對內建陣列使用間接取值運算子 * 存取個別元素。

c) 算數運算不能用在指標上。

8.3 請替下面每個小題撰寫C++ 敘述，執行指定的工作。假設倍精度浮點數在記憶體中以8個位元組儲存，且陣列的起始位址為記憶體位置1002500。每個小題都使用先前小題的結果。

a) 宣告具10個元素，型態為double的陣列numbers，並將其元素的初始值設為0.0、1.1、2.2、...、9.9。假設符號常數size定義為10。

b) 宣告一個指到型態為double變數的指標nPtr。

c) 使用for敘述及陣列索引符號印出numbers的元素，每個數字顯示到小數點後一位。

d) 撰寫二個敘述，分別將內建陣列numbers的起始位址指定給指標變數nPtr。

e) 使用for結構，用指標/偏移量表示法和指標nPtr，列印內建陣列numbers的元素。

f) 使用for敘述，用指標/偏移量表示法，以內建陣列名稱當作指標，列印內建陣列numbers的元素。

g) 使用for敘述，用指標/索引值表示法和指標nPtr，列印內建陣列numbers的元素。

h) 使用四種方法，存取內建陣列numbers的第4個元素。四種方法分別是：

(1) 陣列/索引值表示法。

(2) 指標/偏移量表示法，將陣列名稱當做指標。

(3) nPtr的指標/索引值表示法。

(4) nPtr的指標/偏移量表示法。

i) 假設nPtr指向陣列numbers的起始位址，則nPtr+8參用的位址為何？儲存在該位址的值為何？

j) 假設nPtr指到numbers[5]，則執行nPtr-=4運算式後，nPtr址向的位址為何？儲存在該位址的值為何？

8.4 請替下面每個小題撰寫單行敘述，執行指定的工作。假設程式已經宣告整數變數var1和var2，且var2的初始值設定為10。

a) 宣告指標變數iPtr，指向型態為int物件，初始值為nullptr。

b) 將變數var2的位址，指派給指標變數iPtr。

c) 列印iPtr所指向物件的值。

d) 將iPtr所指向物件的值加倍後，指派給變數var1。

e) 列印var1的值。

f) 列印var2的位址。

g) 列印儲存於iPtr的位址。印出的值是否與var2的位址相同？

8.5 執行以下敘述指定的工作：

a) 撰寫函式update的標頭，讓它接受三個指向整數x、y和z的指標作為參數，且沒有回傳值。

b) 寫出 (a) 小題的函式原型。

c) 寫個敘述，將正整數內建陣列初始化為10,20,⋯,100。

8.6 找出以下程式片斷的錯誤，假設以下宣告和敘述：

```
int *zPtr; // zPtr will reference built-in array z
void *sPtr = nullptr;
int number;
int z[ 6 ] = { 10, 20, 30, 40, 50, 60 };
```

a)
```
zPtr = zPtr + 2;
```

b)
```
// use pointer to get second value of a built-in array
number = zPtr + 2;
```

c)
```
// assign built-in array element 3 (the value 40) to number
number = *zPtr( 3 );
```

d)
```
// display entire built-in array z in reverse order
for ( size_t i = 6; i > 0; --i )
   cout << zPtr[ i ] << endl;
```

e)
```
// assign the value pointed to by sPtr to first element of z
z[0] = *sPtr;
```

f)
```
z++;
```

自我測驗題解答

8.1 a) 常數。b) null。c) sizeof。

8.2 a) 錯。間接運算子 * (解參運算子)，才會回傳回其運算元所指向記憶體所代表的物件。

b) 錯。和陣列物件一樣，需使用中括號運算子 ([]) 加上索引值，取得內建陣列的元素。

c) 錯。算數運算子可執行指標運算。

8.3 a)
```
double numbers[ size ] = { 0.0, 1.1, 2.2, 3.3, 4.4, 5.5, 6.6, 7.7, 8.8, 9.9 };
```

b)
```
double *nPtr;
```

c)
```
cout << fixed << showpoint << setprecision( 1 );
for ( size_t i = 0; i < size; ++i )
   cout << numbers[ i ] << ' ';
```

d)
```
nPtr = numbers;
nPtr = &numbers[ 0 ];
```

e)
```
cout << fixed << showpoint << setprecision( 1 );
for ( size_t j = 0; j < size; ++j )
   cout << *( nPtr + j ) << ' ';
```

f)
```
cout << fixed << showpoint << setprecision( 1 );
for ( size_t k = 0; k < size; ++k )
   cout << *( numbers + k ) << ' ';
```
g)
```
cout << fixed << showpoint << setprecision( 1 );
for ( size_t m = 0; m < size; ++m )
   cout << nPtr[ m ] << ' ';
```
h)
```
numbers[ 3 ]
*( numbers + 3 )
nPtr[ 3 ]
*( nPtr + 3 )
```
i) The address is `1002500 + 8 * 8 = 1002564. The value is 8.8.`

j) The address of `numbers[ 5 ] is 1002500 + 5 * 8 = 1002540.`
The address of `nPtr -= 4 is 1002540 - 4 * 8 = 1002508.`
The value at that location is `1.1.`

8.4 a) `int *iPtr = nullptr;`
b) `iPtr = &var2;`
c) `cout << "The value of *iPtr is " << *iPtr << endl;`
d) `var1 = *iPtr * 2;`
e) `cout << "The value of var1 is " << var1 << endl;`
f) `cout << "The address of var2 is " << &var2 << endl;`
g) `cout << "The address stored in iPtr is " << iPtr << endl;`
Yes, the value is the same.

8.5 a) `void update( int *x, int *y, int *z )`
b) `void update( int *, int *, int * );`
c) `int arr[] = { 10, 20, 30, 40, 50, 60, 70, 80, 90, 100 };`

8.6 a) 錯誤：zPtr未設定初始值。
更正：使用zPtr = z，設定zPtr的初值。

b) 錯誤：指標未解參用。
更正：將此敘述改成number=*(zPtr+2)

c) 錯誤：zPtr(3)不是指標，不該解參用，此外，應該以中括號[]取代小括號()。
更正：將*zPtr(3)改爲zPtr[3]。

d) 錯誤：指標索引存取到超出陣列範圍的元素。
更正：把for敘述改成
```
for ( size_t i = 5; i >= 0; --i )
   cout << zPtr[ i ] << endl;
```

e) 錯誤：void指標不能解參用。
更正：若要解參用void指標，必須先將其強制轉型成整數指標。把敘述改爲
```
z[0] = *static_cast< int * >( sPtr );
```

f) 錯誤：嘗試利用指標算術修改內建陣列名稱。
更正：在指標算術中運用指標變數代替陣列名稱，或替陣列名稱加索引，存取特定的元素。

習題

8.7 (是非題) 如果答案是錯，請解釋爲什麼。

a) 指標算術運算，只在指標指向內建陣列元素時，才有意義。

b) 唯一可對void*指標進行的合法操作包括：與其他void*指標比較、轉換成其他合法的指標型態。

8.8 (撰寫C++敘述) 請替下面每個小題撰寫C++敘述，執行指定的工作。假設無號整數在記憶體中以2個bytes儲存，且陣列的起始位址爲記憶體位置1002500。

a) 宣告具五個unsigned int元素、名爲values的內建陣列，並將其初始值設爲2到10的偶數。假設常數SIZE定義爲5。

b) 宣告指到型態unsigned int物件的指標vPtr。

c) 使用for敘述及陣列索引符號印出內建陣列values的元素，

d) 撰寫兩個單一敘述，將內建陣列values的起始位址設給指標變數vPtr。

e) 請使用for敘述以及指標/偏移量表示法，列印陣列values的元素。

f) 使用for敘述以及指標/偏移量表示法，以內建陣列名稱作爲指標，列印陣列values的元素。

g) 使用for敘述，對指標使用陣列索引，列印內建陣列values的元素。

h) 請分別使用陣列索引表示法，指標/偏移量表示法 (以陣列名稱作爲指標)、指標索引表示法、以及指標/偏移量表示法存取內建陣列values的第五個元素。

i) vPtr+3指到的位址爲何？儲存在該位址的值爲何？

j) 若vPtr指向values[4]，則vPtr-=4指到的位址爲何？儲存在該位址的值爲何？

8.9 (撰寫C++敘述) 請替下面每個小題撰寫單行敘述，執行指定的工作。假設程式已經宣告兩個char變數var1和var2，且var2的初始值已設定爲 'a'。

a) 宣告指標變數charPtr爲指向型態char的物件。

b) 將變數var2的位址，指派給指標變數charPtr。

c) 顯示charPtr所指向物件的值。

d) 將charPtr所指向物件的值，指派給變數var1。

e) 顯示var1的值。

f) 顯示var2的位址。

g) 顯示儲存於charPtr的位址。顯示的值與var1的位址相同嗎？

8.10 (函示標頭與原型) 執行以下敘述指定的工作：

a) 寫出函式check的標頭，接收兩個長整數型態的內建陣列爲參數，分別是bigIntegers1和bigIntegers2，並回傳一個整數值。

b) 寫出 (a) 小題的函式原型。

c) 撰寫函式max的函式標頭，此函式接受一個長整數型態的內建陣列爲參數，並回傳一個整數值。

d) 撰寫 (c) 小題中函式的原型。

8.11 (找出程式錯誤) 找出下列每個程式片段的錯誤，如果可以修正，解釋如何修正。

a)
```
int *number;
cout << number << endl;
```
b)
```
double *realPtr;
long *integerPtr;
integerPtr = realPtr;
```
c)
```
int * x, y;
x = y;
```
d)
```
char s[] = "this is a character array";
for ( ; *s != '\0'; ++s)
   cout << *s << ' ';
```
e)
```
short *numPtr, result;
void *genericPtr = numPtr;
result = *genericPtr + 7;
```
f)
```
double x = 19.34;
double xPtr = &x;
cout << xPtr << endl;
```

8.12 (模擬：龜兔賽跑) 在這個習題中，讀者將建立龜兔賽跑的遊戲，透過產生亂數模擬這個難忘的故事。

遊戲中，競賽者由70個方格中的「方格 1」開始比賽。每個方格代表比賽路線上的可能位置。終點線在第70格。第一個到達或通過第70格的競賽者，會得到一桶新鮮的胡蘿蔔和萵苣作爲獎賞。競賽路線沿著滑溜的山坡向山頂進行，有時候，競賽者會失足跌落地面。

模擬中，有個時鐘每秒滴答一次。時鐘每滴答一次，程式應按圖8.18的規則，使用函式moveTortoise和moveHare調整動物的位置。這些函式應該以指標爲基礎，使用傳參考呼叫來調整烏龜和兔子的位置。

請使用變數來追蹤這些動物的位置 (即1-70的位置編號)。每隻動物由位置1開始起跑。若動物在第1格就向左移動，則將動物移回方格1。

請用介於1到10之間的隨機整數i產生表格內的比例。對烏龜來說，當$1 \le i \le 5$時，會快速移動；當$6 \le i \le 7$時，會滑一跤；當$8 \le i \le 10$時，慢速移動。兔子也以相同方式移動。

請印出以下的句子，然後開始比賽：

```
BANG !!!!!
AND THEY'RE OFF !!!!!
```

當時鐘每滴答一下 (即重複執行一次迴圈)，印出代表70個位置的直線，以字母T代表烏龜的位置，以字母H顯示兔子的位置。有時，競賽者會位在相同的方格內。此時，烏龜會咬一下兔子，而程式應在該位置前面印出"OUCH!!!"字樣。除了T、H或"OUCH!!!" (二者位於同一格時)，其他的位置都留白。

每當印出一行，請測試是否有動物抵達或超過第70格。假如有，請印出獲勝者，然後結束這個模擬程式。如果烏龜贏了，印出TORTOISE WINS!!!YAY!!!野兔贏了，請列印Hare wins. Yuch.如果兩隻動物在相同的時鐘滴答下贏了，您可讓烏龜贏，或列印"It's a tie!"。如果都沒贏，則再執行一次迴圈來模擬下一個時鐘滴答的情況。

動物	移動方式	時間百分比	實際移動
烏龜	快跑	50%	向右移3格
	滑倒	20%	向左移6格
	慢走	30%	向右移1格
野兔	睡覺	20%	原地不動
	大跳躍	20%	向右移9格
	大滑倒	10%	向左移12格
	小跳躍	30%	向右移1格
	小滑倒	20%	向右移2格

圖8.18　移動烏龜和野兔的規則

8.13　說明以下程式執行的工作為何？

```
 1 // Ex. 8.13: ex08_13.cpp
 2 // What does this program do?
 3 #include <iostream>
 4 using namespace std;
 5
 6 void mystery1( char *, const char * ); // prototype
 7
 8 int main()
 9 {
10    char string1[ 80 ];
11    char string2[ 80 ];
12
13    cout << "Enter two strings: ";
14    cin >> string1 >> string2;
15    mystery1( string1, string2 );
16    cout << string1 << endl;
17 } // end main
18
19 // What does this function do?
20 void mystery1( char *s1, const char *s2 )
21 {
22    while ( *s1 != '\0' )
23       ++s1;
24
25    for ( ; ( *s1 = *s2 ); ++s1, ++s2 )
26       ; // empty statement
27 } // end function mystery1
```

8.14 說明以下程式執行的工作為何？

```
 1 // Ex. 8.14: ex08_14.cpp
 2 // What does this program do?
 3 #include <iostream>
 4 using namespace std;
 5
 6 int mystery2( const char * ); // prototype
 7
 8 int main()
 9 {
10    char string1[ 80 ];
11
12    cout << "Enter a string: ";
13    cin >> string1;
14    cout << mystery2( string1 ) << endl;
15 } // end main
16
17 // What does this function do?
18 int mystery2( const char *s )
19 {
20    unsigned int x;
21
22    for ( x = 0; *s != '\0'; ++s )
23       ++x;
24
25    return x;
26 } // end function mystery2
```

特別章節：建立自己的電腦

接下來的幾個問題，我們臨時改道，遠離高階程式語言的世界。“剝開”一台電腦，仔細檢視其內部結構。我們介紹機器語言程式設計，教您寫一些機器語言程式。為了使這寶貴經驗得以傳承，我們建立一台計算機（以軟體模擬的方式）執行您的機器語言程式！

8.15 （機器語言程式設計）讓我們建立一部稱為Simpletron的電腦。正如其名，這是一部簡單的機器，但仍能進行許多工作。Simpletron只會執行由它能直接瞭解的語言，即Simpletron機器語言（縮寫為SML），所寫成的程式。

Simpletron有一個「累加器」(accumulator，一個特殊的暫存器)，用來存放資訊，使用各種不同的方式加以檢視或計算。所有Simpletron中的資料，都以字組(words)為處理的單位。一個字組代表有正負號的四位數十進位數，如+3364、-1293、+0007、-0001等。Simpletron的記憶體能容納100個字組，且這些字組可透過位置號碼00、01、...、99參用。

執行SML程式之前，必須將程式載入(load)記憶體中。SML程式的第一個指令（或敘述）永遠放在位置00；模擬器會從這個位置開始執行。

SML中每個指令都佔據Simpletron一個字組的記憶體；因此，指令是有正負號的四位數十進位數。在SML中，我們假設SML指令都為正值，但資料則可正可負。

Simpletron記憶體中每個位址存放的可能是指令，也可能是資料或未使用的記憶體（未定義值)。每個SML指令的前二位數是指令碼 (operation code)，規定要執行的動作。SML操作碼顯示於圖8.19。

指令碼	動作
輸入/輸出指令	
`const int read = 10;`	從鍵盤讀取一個word並儲存到指定的記憶體。
`const int write = 11;`	將指定記憶體中一個word的資料輸出到螢幕。
載入和儲存指令	
`const int load = 20;`	將指定記憶體中一個word的資料載入到累加器。
`const int store = 21;`	將累加器中一個word的資料儲存到指定的記憶體。
算數指令	
`const int add = 30;`	將指定記憶體中一個word的資料，和累加器中一個word相加(結果存到累加器)
`const int subtract = 31;`	將指定記憶體中一個word的資料，和累加器中一個word相減(結果存到累加器)
`const int divide = 32;`	將指定記憶體中一個word的資料，和累加器中一個word相除(結果存到累加器)
`const int multiply = 33;`	將指定記憶體中一個word的資料，和累加器中一個word相乘(結果存到累加器)
轉移控制指令	
`const int branch = 40;`	跳到指定的記憶位址執行。
`const int branchneg = 41;`	累加器為負值時，跳到指定的記憶位址執行。
`const int branchzero = 42;`	累加器為0時，跳到指定的記憶位址執行
`const int halt = 43;`	停止，程式執行完畢。

圖8.19　Simpletron機器語言 (SML) 的操作碼。

SML指令的後二個位數是運算元 (operand)，即存放操作所需字組的記憶體位址。

現在，讓我們看二個簡單的SML程式。第一個SML程式 (圖8.24)，會從鍵盤讀入二個數字，計算並且列印出它們的總和。指令+1007會自鍵盤讀取第一個數字，並存入位址07 (該處位址的初始值爲0)。指令+1008會讀入下一個數字，並存入位址08。載入 (load) 指令+2007會將第一個輸入的數值拷貝到累加器，而加法 (add) 指令+3008，會將第二個數字加到累加器的數字中。所有SML算術運算指令會將它們的運算結果放在累加器中。儲存 (store) 指令+2109會將運算結果複製到記憶體位址09。隨後寫入 (write) 指令+1109讀入這個數字並以有正負號四位整數的格式列印其值。停止 (halt) 指令+4300，結束執行。

記憶體位址	機械碼	指令
00	+1007	(Read A)
01	+1008	(Read B)
02	+2007	(Load A)
03	+3008	(Add B)
04	+2109	(Store C)
05	+1109	(Write C)
06	+4300	(Halt)
07	+0000	(Variable A)
08	+0000	(Variable B)
09	+0000	(Result C)

圖8.20 SML 範例1

圖8.21的SML程式，會從鍵盤讀取兩個數字，找出其中較大的值，並列印之。請注意，指令+4107可進行條件式控制權轉移，類似C++的if敘述。

記憶體位址	機械碼	指令
00	+1009	(Read A)
01	+1010	(Read B)
02	+2009	(Load A)
03	+3110	(Subtract B)
04	+4107	(Branch negative to 07)
05	+1109	(Write A)
06	+4300	(Halt)
07	+1110	(Write B)
08	+4300	(Halt)
09	+0000	(Variable A)
10	+0000	(Variable B)

圖8.21 SML範例2

現在，請撰寫SML程式，解決以下問題：

a) 用警示控制迴圈，讀入正整數値，計算和列印它們的總和，直到讀入負數爲止。

b) 使用計數器控制迴圈，讀入七個可正可負的數字，並計算及列印平均値。

c) 讀入一串數字，判斷和列印最大的數字，其中第一個數字指出程式需要處理的數字數目。

8.16 (電腦模擬器) 讀者將在這個習題建立自己的電腦。這裡我們不是要動手用零件組裝成一部電腦；而是利用軟體模擬 (software-based simulation) 技術，建立Simpletron電腦的軟體模型 (software model)。Simpletron模擬器能將您正使用的電腦轉換成Simpletron，讓讀者能在此電腦上，實際執行、測試和除錯在習題8.15撰寫的SML程式。

執行Simpletron模擬器時，首先應列出以下訊息：

```
*** Welcome to Simpletron! ***

*** Please enter your program one instruction ***
*** (or data word) at a time. I will type the ***
*** location number and a question mark (?). ***
*** You then type the word for that location. ***
*** Type the sentinel -99999 to stop entering ***
*** your program. ***
```

請用具100個元素的一維陣列memory，模擬Simpletron的記憶體。假設模擬器正在執行中，下面是輸入習題8.15的範例2程式時，模擬器的輸出：

```
00 ? +1009
01 ? +1010
02 ? +2009
03 ? +3110
04 ? +4107
05 ? +1109
06 ? +4300
07 ? +1110
08 ? +4300
09 ? +0000
10 ? +0000
11 ? -99999
*** Program loading completed ***
*** Program execution begins ***
```

在上述的對話訊息中，每個？右邊的數字代表使用者輸入的SML程式指令。

SML程式現在已載入陣列memory內，隨後Simpletron便開始執行之。程式會從位置00的指令開始執行，並和C++一樣循序執行，除非控制權移轉去執行其他部分的程式。

用變數accumulator代表累加器。用變數instructionCounter記錄正執行指令的記憶體位址。用變數operationCode代表目前正在執行的操作 (即指令字組前二個位數的值)。用變數operand儲存目前指令作用的記憶體位置。因此，operand就是前面正執行指令的右邊二位數的值。請勿直接從記憶體執行指令；請先將下一個要執行的指令從記憶體載入名爲instructionRegister的變數，然後取出左邊的二位數，將其放入operationCode，再取出右邊的二位數，將其放入operand。Simpletron開始執行時，這些特殊的暫存器的初始值應全部設定爲0。

接下來，我們要討論執行第一個SML指令 (記憶體位置00中的+1009) 的詳細過程，此過程稱爲指令執行週期 (instruction execution cycle)。

instructionCounter的值指出下一個要執行的指令位址。我們用以下的C++敘述式取得 (fetch) memory位址的內容：

```
instructionRegister = memory[ instructionCounter ];
```

下列敘述式可從指令暫存器取得操作碼和運算元：

```
operationCode = instructionRegister / 100;
operand = instructionRegister % 100;
```

現在，Simpletron必須判斷操作碼是否是讀取 (read) 指令，而非其他指令如寫入和載入等。這裡我們用switch結構區分SML的12種運算。圖8.22說明switch敘述中一些SML指令的行爲；其他指令請讀者自行研究。

read:	`cin >> memory[ operand ];`
load:	`accumulator = memory[ operand ];`
add:	`accumulator += memory[ operand ];`
branch:	We'll discuss the branch instructions shortly.
halt:	This instruction displays the message `*** Simpletron execution terminated ***`

圖8.22 SML指令的行為

停止 (halt) 指令會讓Simpletron印出每個暫存器的名稱和內容，以及記憶體的完整內容。這稱爲暫存器和記憶體傾印 (register and memory dump)。圖8.23顯示傾印的內容，供讀者撰寫函式時參考。請注意，若在執行完Simpletron程式之後進行傾印，會顯示程式結束時所有指令和資料實際的值。請使用串流操作子showpos，讓數字與正負號。若不想顯示正負號，可使用串流操作子noshowpos。若數字少於4位數，可在輸出數值之前，藉以下的敘述，在正負號和數字之間加入0：

```
cout << setfill( '0' ) << internal;
```

```
REGISTERS:
accumulator            +0000
instructionCounter        00
instructionRegister    +0000
operationCode             00
operand                   00

MEMORY:
       0     1     2     3     4     5     6     7     8     9
 0 +0000 +0000 +0000 +0000 +0000 +0000 +0000 +0000 +0000 +0000
10 +0000 +0000 +0000 +0000 +0000 +0000 +0000 +0000 +0000 +0000
20 +0000 +0000 +0000 +0000 +0000 +0000 +0000 +0000 +0000 +0000
30 +0000 +0000 +0000 +0000 +0000 +0000 +0000 +0000 +0000 +0000
40 +0000 +0000 +0000 +0000 +0000 +0000 +0000 +0000 +0000 +0000
50 +0000 +0000 +0000 +0000 +0000 +0000 +0000 +0000 +0000 +0000
60 +0000 +0000 +0000 +0000 +0000 +0000 +0000 +0000 +0000 +0000
70 +0000 +0000 +0000 +0000 +0000 +0000 +0000 +0000 +0000 +0000
80 +0000 +0000 +0000 +0000 +0000 +0000 +0000 +0000 +0000 +0000
90 +0000 +0000 +0000 +0000 +0000 +0000 +0000 +0000 +0000 +0000
```

圖8.23 暫存器以及記憶體傾印範例

以五個欄位的字元寬度來顯示數字，但數字卻不足四位數時，可用參數串流操作子setfill (標頭檔 <iomanip>) 指定用來填入正負號和數值之間的字元。(其中一個位置保留給正符號使用)。串流操作子internal表示填入字元應出現在符號字元和數值之間。

現在，讓我們執行程式的第一個指令：位址00的+1009。此時，switch敘述利用下列C++敘述式模擬這個指令：

```
cin >> memory[ operand ];
```

執行cin之前，應在螢幕上顯示一個問號 (?)，提示使用者輸入數值。Simpletron會等待使用者輸入一個數值，然後按下進入鍵 (Enter key)。輸入的數值會被存入位址09。

至此，模擬器完成了第一個指令。接著，Simpletron會準備執行下一個指令。剛執行完的指令並未轉移控制權，因此我們只需依以下的敘述式，遞增指令計數暫存器：

```
++instructionCounter;
```

這就結束了模擬第一個指令。這個完整的過程稱爲指令執行週期，它會繼續取得下一個要執行的指令。

現在，讓我們考慮如何模擬分支指令，移轉程式的控制權。我們只需調整instructionCounter的值。要模擬此類指令，我們在switch結構中，用以下敘述模擬無條件分支指令 (40)：

```
instructionCounter = operand;
```

以下敘述模擬「如果累加器的值是零就分支」的指令

```
if ( 0 == accumulator )
   instructionCounter = operand;
```

請實作Simpletron模擬器，執行習題8.15的每個SML程式。用來模擬Simpletron記憶體和暫存器的變數應該定義在main中，然後以傳址或傳值的方式傳遞給其他函式。

模擬器應該檢查各種不同的錯誤。舉例來說，載入程式時，使用者鍵入Simpletron記憶體的數值應在-9999到+9999的範圍內。模擬器應使用while迴圈測試鍵入的值是否合法，若否，則提示使用者重新輸入直到正確爲止。

在執行階段，模擬器也應檢查各種不同的嚴重錯誤，如嘗試除以零，嘗試執行無效的操作碼，累加器溢位 (即算術運算產生比-9999還小，或比+9999更大的值)，和其他類似的錯誤。此類嚴重的錯誤稱爲致命錯誤 (fatal error)。發現致命錯誤時，模擬器應列印以下錯誤訊息：

```
*** Attempt to divide by zero ***
*** Simpletron execution abnormally terminated ***
```

並應按前面討論的格式，在螢幕進行暫存器及記憶體傾印，幫助使用者找出程式中的錯誤。

8.17 (專案：修改Simpletron模擬器) 習題8.16發展了一個能執行Simpletron機器語言 (SML) 程式的電腦軟體模擬器。在本習題中，我們將對Simpletron模擬器進行修改和強化。在習題 18.31–18.35中，我們會帶領讀者建立一個編譯器，把用高階程式設計語言 (類似BASIC) 撰寫的程式轉換成 SML程式。執行這個編譯器所產生的程式時，會用到我們在這裡進行的某些修改和強化工作。[請注意：以下某些修改可能會與其他的項目衝突，因此請分別進行。]

a) 請擴充Simpletron模擬器的記憶體至1000個記憶體位置，以便處理較大型的程式。
b) 允許模擬器執行模數 (modulus) 計算。這需要額外的Simpletron機器語言指令。
c) 允許模擬器執行指數運算。這需要額外的Simpletron機器語言指令。
d) 修改模擬器，使用十六進位值代替整數值表示Simpletron機器語言指令。

e) 修改模擬器，支援輸出換行字元。這需要額外的Simpletron機器語言指令。

f) 修改模擬器，讓它除了整數值之外，還能處理浮點數值。

g) 修改模擬器，讓它處理字串輸入。[提示：每個Simpletron字組可以切割成2個部分，每個部分會存放一個兩位數的整數。每個兩位數的整數代表字元相對應的ASCII十進制數值。]請增加一道機器語言指令，將輸入字串儲存在Simpletron記憶體中特定位置。該位置的左半邊字，代表該字串所含字元的數目 (即字串長度)；接下來，後續每半個字組，包含二個十進位數字，分別代表一個ASCII字元。機器語言指令會將每個字元轉換成ASCII整數值，並且將此值指定給半個字組。

h) 修改模擬器，讓它輸出以第 (g) 小題格式儲存的字串。[提示：增加一個機器語言指令，印出以某個Simpletron記憶體位置起始的字串。該位置的左半邊字，代表該字串所含字元的數目 (即字串長度)；接下來，後續每半個字組，包含二個十進位數字，分別代表一個ASCII字元。這個SML指令應先看看長度爲何，然後根據此長度將半字組裡的ASCII值轉換成字元印出來。

i) 修改模擬器，加入指令SML_DEBUG，在每個指令執行之後，執行記憶體傾印。SML_DEBUG操作碼爲44。指令+4401會開啓偵錯模式，+4400會關閉除錯模式。

10

運算子多載；string類別

There are two men inside the artist, the poet and the craftsman. One is born a poet. One becomes a craftsman.
—Emile Zola

A thing of beauty is a joy forever.
—John Keats

學習目標

在本章中，您將學到

- 學習如何以運算子多載提升類別應用價值。
- 多載一元運算子和二元運算子。
- 將物件從一個類別轉換成另一個類別。
- 使用string 類別的運算子多載和其他特定功能。
- 建立能執行運算子多載的PhoneNumber、Array和Date類別。
- 使用new 和delete 執行動態記憶體分配。
- 使用關鍵字explicit抑制建構子執行隱式型態轉換。
- 當您懂得欣賞類別的優雅和美麗的概念時，內心必有"醍醐灌頂" 般的歡喜。

本章綱要

10.1 簡介

本章將介紹如何讓C++的運算子能與相關物件搭配操作，這項技術就稱爲**運算子多載**(operator overloading)。內建於C++的一個多載運算子的例子就是 <<，這個運算子可以同時作爲**串流插入運算子**和逐位元左移運算子 (將在第22章介紹)。同樣地，>> 運算子也經過多載；它可以作爲**串流擷取運算子**和右移運算子。在C++標準類別函式庫中，這兩個運算子都是由C++標準函式庫多載的。您已經不自覺地在前幾章中使用經過多載的運算子。舉例來說，C++語言本身已經將加法運算子 (+) 和減法運算子 (-) 予以多載。依據這兩個運算子在整數算術、浮點數算術和指標算術的程式上下文，它們會執行不同的操作。

C++允許您對大部分的運算子，搭配類別物件進行多載，編譯器會根據運算元型態產生適當的機器碼。可以由多載取得的服務，也可由對應的明確函式呼叫取得，但使用運算子表示法，通常會更自然些。

我們會先示範C++標準函式庫中的string類別，它提供許多的運算子多載。在學會運行自己設計的運算子多載前，先了解string類別的運算子多載，可收事半功倍之效。然後，我們將建立類別PhoneNumbe，多載兩個常用的輸入與輸出運算子 << 和 >> ，以自訂的格式輸入和輸出帶10個數字的電話號碼。接著建立Date類別，多載前序和後序增量運算子 (++)，將Date的值增加一天。此類別也會多載+=運算子，使程式能夠使用運算子的右值運算元增加Date的天數。

接下來，我們提出了一個頂峰案例研究，Array類別，使用運算子多載和許多其他功能，解決以指標爲基礎陣列的各式問題。這是本書幾個最重要個案研究中的一個。很多學生表示，弄懂Array類別個案，會有"醍醐灌頂"般的豁然開朗。在這個範例中，我們用到串流插入、串流擷取、指派、等號、關係、索引等。一旦您瞭解本案例，您就眞正了解了物件的精髓：精緻化、使用、重複使用有價値的類別。

最後，本章會討論型態轉換 (包含類別型態)，隱式型態所引發的問題和解決之道。

10.2 使用標準函式庫string類別的運算子多載

圖10.1示範了string類別的多個多載運算子，以及其他有用的成員函式，包括empty、substr和at。函式empty用於判斷一個string是否為空物件，函式substr可以傳回一個已存在之string的部份string，此外，函式at則會傳回一個string特定索引位置上的字元（在檢查索引是否在有效範圍內之後）。我們會在第21章深入討論string類別。

```
 1 // Fig. 10.1: fig10_01.cpp
 2 // Standard Library string class test program.
 3 #include <iostream>
 4 #include <string>
 5 using namespace std;
 6
 7 int main()
 8 {
 9    string s1( "happy" );
10    string s2( " birthday" );
11    string s3;
12
13    // test overloaded equality and relational operators
14    cout << "s1 is \"" << s1 << "\"; s2 is \"" << s2
15       << "\"; s3 is \"" << s3 << '\"'
16       << "\n\nThe results of comparing s2 and s1:"
17       << "\ns2 == s1 yields " << ( s2 == s1 ? "true" : "false" )
18       << "\ns2 != s1 yields " << ( s2 != s1 ? "true" : "false" )
19       << "\ns2 > s1 yields " << ( s2 > s1 ? "true" : "false" )
20       << "\ns2 <  s1 yields " << ( s2 < s1 ? "true" : "false" )
21       << "\ns2 >= s1 yields " << ( s2 >= s1 ? "true" : "false" )
22       << "\ns2 <= s1 yields " << ( s2 <= s1 ? "true" : "false" );
23
24    // test string member function empty
25    cout << "\n\nTesting s3.empty():" << endl;
26
27    if ( s3.empty() )
28    {
29       cout << "s3 is empty; assigning s1 to s3;" << endl;
30       s3 = s1; // assign s1 to s3
31       cout << "s3 is \"" << s3 << "\"";
32    } // end if
33
34    // test overloaded string concatenation operator
35    cout << "\n\ns1 += s2 yields s1 = ";
36    s1 += s2; // test overloaded concatenation
37    cout << s1;
38
39    // test overloaded string concatenation operator with a C string
40    cout << "\n\ns1 += \" to you\" yields" << endl;
41    s1 += " to you";
42    cout << "s1 = " << s1 << "\n\n";
43
44    // test string member function substr
45    cout << "The substring of s1 starting at location 0 for\n"
```

圖10.1　標準函式庫的string類別程式(1/3)

```
46        << "14 characters, s1.substr(0, 14), is:\n"
47        << s1.substr( 0, 14 ) << "\n\n";
48
49     // test substr "to-end-of-string" option
50     cout << "The substring of s1 starting at\n"
51        << "location 15, s1.substr(15), is:\n"
52        << s1.substr( 15 ) << endl;
53
54     // test copy constructor
55     string s4( s1 );
56     cout << "\ns4 = " << s4 << "\n\n";
57
58     // test overloaded copy assignment (=) operator with self-assignment
59     cout << "assigning s4 to s4" << endl;
60     s4 = s4;
61     cout << "s4 = " << s4 << endl;
62
63     // test using overloaded subscript operator to create lvalue
64     s1[ 0 ] = 'H';
65     s1[ 6 ] = 'B';
66     cout << "\ns1 after s1[0] = 'H' and s1[6] = 'B' is: "
67        << s1 << "\n\n";
68
69     // test subscript out of range with string member function "at"
70     try
71     {
72        cout << "Attempt to assign 'd' to s1.at( 30 ) yields:" << endl;
73        s1.at( 30 ) = 'd'; // ERROR: subscript out of range
74     } // end try
75     catch ( out_of_range &ex )
76     {
77        cout << "An exception occurred: " << ex.what() << endl;
78     } // end catch
79  } // end main
```

```
s1 is "happy"; s2 is " birthday"; s3 is ""

The results of comparing s2 and s1:
s2 == s1 yields false
s2 != s1 yields true
s2 > s1 yields false
s2 < s1 yields true

s2 >= s1 yields false
s2 <= s1 yields true

Testing s3.empty():
s3 is empty; assigning s1 to s3;
s3 is "happy"

s1 += s2 yields s1 = happy birthday

s1 += " to you" yields
s1 = happy birthday to you
```

圖 10.1　標準函式庫的 string 類別程式 (2/3)

```
The substring of s1 starting at location 0 for
14 characters, s1.substr(0, 14), is:
happy birthday

The substring of s1 starting at
location 15, s1.substr(15), is:
to you

s4 = happy birthday to you

assigning s4 to s4
s4 = happy birthday to you

s1 after s1[0] = 'H' and s1[6] = 'B' is: Happy Birthday to you

Attempt to assign 'd' to s1.at( 30 ) yields:
An exception occurred: invalid string position
```

圖10.1　標準函式庫的string類別程式(2/3)

第9-11行建立了三個string物件，其中s1初始化成文字 "happy"，s2初始化成文字 "birthday"，而s3則使用預設的字串建構子來建立空的string。第14-15行使用cout和operator<< 來輸出這三個物件，其中的operator<< 被string類別的設計者加以多載成可以處理string物件。然後，第16-22行顯示，使用string類別多載的等號運算子和關係運算子比較s2和s1的結果。比較方式以類似辭典編纂的方式進行 (像一本排序的字典般)，利用每個字串中字元的數值型態來決定字串的大小 (請參考附錄B)。

第27行，類別string提供**成員函式**empty，判斷string是否為空字串。如果string是空的，則成員函式empty會傳回true，否則函式將傳回false。

第30行藉由將s1指派給s3，來示範說明string類別內多載的指派運算子。第31行輸出s3，藉以證明指派運算式可以正確運作。

第36行示範說明string類別內，用於執行字串串接、經過多載的 += 運算子。在此程式行中，s2的內容會加到s1的末端。然後，第37行會輸出最後儲存在s1的字串。第41行示範說明，C語言風格的字面字串常數可以利用 += 運算子，附加到string物件。第42行則顯示其結果。

類別string提供了**substr成員函式** (第47行和第52行)，會以string物件的形式將字串的一部分傳回。第47行對substr的呼叫，從s1的第0個 (以第一個引數加以標明) 位置開始，取得一個14字元的子字串 (以第二個引數加以標明)。第52行對substr的呼叫，從s1的第15個位置開始，取得一個子字串。當第二個引數沒有指定的時候，substr會傳回它被呼叫來處理的string的其餘部分。

第55行建立了一個string物件s4，並以s1的副本對它初始化。這將造成對string類別複製建構子的呼叫。第60行則使用string類別多載的 = 運算子，來說明它能正確處理自我指派的問題。稍後在建立類別Array時，我們會了解自我分配可能是危險的，我們將顯示如何處理這些問題。

第64-65行使用了string類別多載的 [ ] 運算子來建立左值，此左值使得新字元能夠取代s1中現存的字元。第67行將輸出s1的新值。類別string多載的[]運算子不會執行任何範圍界限檢查。因此，程式設計者必須確保，使用標準類別string多載的[]運算子時，不會對string範圍以外的元素加以操作。string類別的**成員函式at**提供邊界檢查，若其引數是非法的附標，則會拋出例外。如果附標是有效的，函式at會將指定位置的字元，以能修改的左值或不能修改的左值 (即一個const參考) 傳回。第73行示範呼叫at函式時使用非法索引，會拋出out_of_range異常。

10.3 運算子多載基礎架構

正如您在圖10.1看到的，運算子多載對字串物件的處理，提供了一個簡潔的表達方式。您可以將運算子與自訂型態一起使用。雖然C++並不允許建立新的運算子，但它卻允許對大部分現存的運算子進行多載，以便這些運算子與物件一起使用的時候，能夠具有適用於這些物件的運算。

運算子多載並不會自動形成，我們必須撰寫運算子多載函式，來執行所想要的運算。您會藉由寫出non-static成員函式定義或非成員函式定義使一個運算子多載，只是函式名稱現在變成關鍵字operator，再附加要多載的運算子符號。舉例來說，函式的名稱operator+可以用來多載加法運算子 (+)。當我們將運算子多載爲成員函式的時候，它們必須是non-static的，這是因爲它們必須被針對所屬類別的物件來進行呼叫，並且對該物件加以操作。

如果要將某個運算子運用在類別物件上，則此運算子必須經過多載，不過有三個例外。

- **指派運算子** (=) 可以用在所有類別上，以便對類別的各資料成員執行逐成員指派動作，此時每一個資料成員將從「原始」物件，指派到「目標」物件。對擁有指標成員的類別而言，這種預設的逐員指定動作是十分危險的，通常我們都會爲這種類別明確地多載指定運算子。
- **取址運算子** (&) 會傳回指向該物件的指標，此運算子也可以多載。
- **逗號運算子** (,) 會計算其左側運算式的值，然後再計算右側運算式的值，最後傳回後者的值。這個運算也能夠進行多載。

不能被多載的運算子

大部分的C++運算子都可以進行多載。圖10.2則列出不能被多載的運算子[1]。

Operators that cannot be overloaded			
.	.* (pointer to member)	::	?:

圖10.2 不能被多載的運算子

1 雖然仍可多載位址運算子 (&)、逗點運算子 (,)、&& 運算子和 || 運算子，但儘可能避免，以免產生一些微妙錯誤。有關此見解，參見CERT指引DCL10-CPP。

運算子多載的原則和限制

當您準備爲自定義的類別進行多載，有一些規則和限制應該牢記於心：

- 運算子的運算優先權不會因多載而改變。然而，我們可以使用小括號來強迫經過多載的運算子改變在運算式中的計算順序。
- 運算子的結合性，運算子是由右至左或由左至右地執行，也不會因爲多載而有所改變。
- 無法改變運算子的「**運算元數目**」(arity) (也就是運算子操作時，所需要的運算元個數)，經過多載的一元運算子仍然是一元運算子。經過多載的二元運算子仍然是二元運算子。C++唯一的三元運算子 (?:) 不能進行多載。運算子&、*、+ 和 - 都可以是一元或二元運算子，這些一元或二元運算子都可以進行多載。
- 我們不能創造新的運算子，只有現存的運算子才能多載。
- 用於基礎型態資料的多載，是不能以運算子多載來改變的。舉例來說，您不能改變+運算子如何將兩個整數相加的方式。運算子多載只能夠用於用戶自訂型態的物件，或用戶自訂型態物件與內建型態物件的混合型態。
- 像 + 和 += 之類相關的運算子，必須個別進行多載。
- 在多載 ( )、[ ]、-> 或任何指定運算子的時候，其多載的運算子函式必須宣告爲類別成員。對於其他運算子而言，運算子多載函式可以是成員函式或非成員函式。

軟體工程觀點 10.1

經過多載的運算子，應該提供與它們對應的內建運算子相似的功能。

10.4　多載二元運算子

二元運算子可以多載成具有一個參數的非static成員函式，或具有兩個參數的非成員函式 (其中一個參數必須是屬於該類別的物件，或指向該類別物件的參考)。非成員函式爲了效能原因，通常將其宣告爲類別的夥伴函式。

以成員函式進行二元運算子多載

本章稍後，我們將對 < 進行多載，藉以比較兩個String物件。當我們將二元運算子 < 多載成String類別具一個引數的non-static成員函式時，如果y和z是String類別物件，則y < z的處理方式，如同我們撰寫y.operator<(z)，它會呼叫宣告如下的成員函式operator<：

```
class String
{
public:
   bool operator<( const String & ) const;
   ...
}; // end class String
```

要將二元運算子多載爲類別的成員函式，則左運算元物件必須和運算子成員函式同屬一個類別的才可以，違反此原則，就不能以成員函式執行運算子多載。

以非成員函式進行二元運算子多載

如果要將二元運算子<多載爲非成員函式，則它必須含有兩個引數，其中一個引數必須是類別物件 (或指向類別物件的參考)。如果y和z是String類別的物件或指向String類別的參考，則y < z的處理方式如同我們撰寫operator<(y,z)，它會呼叫宣告如下的非成員函式operator<：

```
bool operator<( const String &, const String & );
```

10.5 對二元串流插入和串流擷取運算子進行多載

您可以使用串流插入運算子 (<<) 和串流擷取運算子 (>>)，來處理基礎資料型態的輸出和輸入。C++類別函式庫將這些運算子予以多載，使其可以處理每一種基礎資料型態，其中包括指標和char*字串。您也可以對這些運算子進行多載，使其能處理自訂型態的輸入和輸出操作。圖10.3-10.5將這些運算子多載，以“(000)000−0000”的格式輸入和輸出PhoneNumber物件。這個程式假設了輸入的電話號碼是完全正確的。

```
 1 // Fig. 10.3: PhoneNumber.h
 2 // PhoneNumber class definition
 3 #ifndef PHONENUMBER_H
 4 #define PHONENUMBER_H
 5
 6 #include <iostream>
 7 #include <string>
 8
 9 class PhoneNumber
10 {
11    friend std::ostream &operator<<( std::ostream &, const PhoneNumber & );
12    friend std::istream &operator>>( std::istream &, PhoneNumber & );
13 private:
14    std::string areaCode; // 3-digit area code
15    std::string exchange; // 3-digit exchange
16    std::string line; // 4-digit line
17 }; // end class PhoneNumber
18
19 #endif
```

圖10.3 PhoneNumber類別，將串流插入和串流擷取運算子多載成friend函式

```
1 // Fig. 10.4: PhoneNumber.cpp
2 // Overloaded stream insertion and stream extraction operators
3 // for class PhoneNumber.
4 #include <iomanip>
5 #include "PhoneNumber.h"
6 using namespace std;
7
8 // overloaded stream insertion operator; cannot be
9 // a member function if we would like to invoke it with
```

圖10.4 PhoneNumber類別，將串流插入和串流擷取運算子多載 (1/2)

```
10 // cout << somePhoneNumber;
11 ostream &operator<<( ostream &output, const PhoneNumber &number )
12 {
13    output << "(" << number.areaCode << ") "
14       << number.exchange << "-" << number.line;
15    return output; // enables cout << a << b << c;
16 } // end function operator<<
17
18 // overloaded stream extraction operator; cannot be
19 // a member function if we would like to invoke it with
20 // cin >> somePhoneNumber;
21 istream &operator>>( istream &input, PhoneNumber &number )
22 {
23    input.ignore(); // skip (
24    input >> setw( 3 ) >> number.areaCode; // input area code
25    input.ignore( 2 ); // skip ) and space
26    input >> setw( 3 ) >> number.exchange; // input exchange
27    input.ignore(); // skip dash (-)
28    input >> setw( 4 ) >> number.line; // input line
29    return input; // enables cin >> a >> b >> c;
30 } // end function operator>>
```

圖10.4　PhoneNumber類別，將串流插入和串流擷取運算子多載(2/2)

```
 1 // Fig. 10.5: fig10_05.cpp
 2 // Demonstrating class PhoneNumber's overloaded stream insertion
 3 // and stream extraction operators.
 4 #include <iostream>
 5 #include "PhoneNumber.h"
 6 using namespace std;
 7
 8 int main()
 9 {
10    PhoneNumber phone; // create object phone
11
12    cout << "Enter phone number in the form (123) 456-7890:" << endl;
13
14    // cin >> phone invokes operator>> by implicitly issuing
15    // the global function call operator>>( cin, phone )
16    cin >> phone;
17
18    cout << "The phone number entered was: ";
19
20    // cout << phone invokes operator<< by implicitly issuing
21    // the global function call operator<<( cout, phone )
22    cout << phone << endl;
23 } // end main
```

```
Enter phone number in the form (123) 456-7890:
(800) 555-1212
The phone number entered was: (800) 555-1212
```

圖10.5　將串流插入和串流擷取運算子進行多載

多載串流擷取運算子(>>)

串流擷取運算子函式operator>>（圖10.4，第21-30行）會接收引數istream參考input和PhoneNumber參考number，並且傳回一個istream參考。運算子函式operator>>會將以下格式的電話號碼

```
(800) 555-1212
```

輸入到PhoneNumber類別的物件中。當編譯器看到圖10.5，第16行運算式

```
cin >> phone
```

編譯器會產生非成員函示呼叫

```
operator>>( cin, phone );
```

這個呼叫在執行的時候，參考參數input（圖10.4，第21行）變成cin的別名，而且參考參數number變成phone的別名。運算子函式以string的形式，將電話號碼的三個部分，讀入參數number參考之PhoneNumber物件的areaCode（第24行）、exchange（第26行）和line（第28行）成員中。其中串流操作子setw會限制讀入每個字串的字元個數。當cin和string一起使用時，setw可以利用其引數所指示的字元個數，來限制被讀入個數的字元（換言之，setw (3)允許讀入三個字元）。藉著呼叫istream的成員函式ignore，我們將小括號、空白和橫線(-)字元忽略（圖10.4，第23、25和27行），ignore函式會捨棄掉輸入串流中的字元，捨棄的量由引數所指定（預設個數是一個字元）。函式operator>>會傳回istream型態的參考input（也就是cin）。這讓對PhoneNumber物件的輸入操作，可以對其他PhoneNumber物件，或對其他資料型態物件的輸入操作，串接在一起。舉例來說，一個程式可以用下列方式，在一個敘述內對兩個PhoneNumber物件進行輸入的動作：

```
cin >> phone1 >> phone2;
```

首先，運算式cin>>phone1會藉著以下的非成員函式呼叫來加以執行

```
operator>>( cin, phone1 );
```

然後此呼叫會傳回指向cin的參考，當作cin>>phone1的傳回值，所以剩餘的運算式可以單純地解釋成cin>>phone2。這個運算式可以藉由以下的非成員函式呼叫來加以執行

```
operator>>( cin, phone2 );
```

良好的程式設計習慣 10.1

經過多載的運算子應該提供與它們對應的內建運算子相似的功能，舉例來說，+運算子經過多載以後，應該執行的是加法運算，而不是減法運算。請避免過度或不一致的使用運算子多載，因爲這會造成程式的混淆與閱讀上的困難。

多載串流插入運算子(<<)

串流插入運算子函式(圖10.4，第11-16行)會接受指向ostream參考(output)，以及指向const PhoneNumber參考(number)的兩個引數，並且傳回一個ostream型態的參考。函式operator<< 會顯示PhoneNumber型態的物件。當編譯器在圖10.5的第22行看到如下的運算式時

```
cout << phone
```

編譯器將產生非成員函式呼叫

```
operator<<( cout, phone );
```

因為電話號碼的各部分儲存成字串物件，所以函式operator<< 將以字串的形式顯示電話號碼。

以非成員夥伴函式多載運算子

函式operator>> 和operator<< 是在PhoneNumber中，宣告成非成員friend函式(圖10.3，第11-12行)。它們宣告成非成員函式的原因是，類別PhoneNumber的物件是這兩個運算子的右運算元。如果硬要使用成員函式來進行多載，則下列尷尬語句就得用於 input、output和PhoneNumber：

```
phone << cout;
phone >> cin;
```

這樣的敘述和C++程式語言相衝突，cout和cin使用的雙箭號，正好和慣例相反。

對於二元運算子而言，多載的運算子函式只有在其左運算元是此運算子所屬的類別成員時，才可以宣告為成員函式。如果基於效率的理由，多載的輸入和輸出運算子需要直接存取非public類別成員，或者因為類別不提供適用的get函式的緣故，則將多載的輸入和輸出運算子宣告為friend。此外請注意，因為PhoneNumber只是單純地作為輸出的用途，所以在函式operator<< 的參數列(圖10.4，第11行)中，PhoneNumber參考是const的，又因為PhoneNumber物件必須修改以便存放輸入的電話號碼，所以在函式operator>>的參數列(第21行)中，PhoneNumber參考是non-const的。

軟體工程觀點 10.2

我們可以在不修改C++標準輸入/輸出函式庫類別的情形下，將新的用戶自訂型態的輸入/輸出功能加到C++中。這是C++程式語言具擴展性的另一個例子。

為何以非成員函式對串流插入和串流擷取運算子進行多載

多載串流插入運算子(<<)使用在左運算元是ostream & 的運算式，如cout<< classObject。要以這種方式使用運算子，右運算元是用戶定義的類別物件，則必須以非成員函式進行多載。如果要以成員函式的方式進行多載，則運算子<<必須是ostream的成員。這是不可能的，因為我們是不允許修改C++標準類別函式庫。

同樣地，串流擷取運算子 (>>) 使用在左運算元是istream& 型態的運算式，如cin>> classObject，右運算元是用戶定義的類別物件，同樣的理由，必須以非成員函式進行多載才行。此外，上述每個欲多載的運算子函式，必須能對類別的私有成員進行存取，才能進行輸出或輸入，所以這些多載運算子函數，爲效能考量，應宣告爲運算子所屬類別的夥伴函式。

10.6 多載一元運算子

類別的一元運算子可以多載成不具引數的非static成員函式，或是具有一個引數的非成員函式，該引數必須是此類別的物件或指向該類別物件的參考。用於實作多載運算子的成員函式，必須是non-static，如此它們才能存取所屬類別每一個物件中的non-static資料。

以成員函式進行一元運算子多載

現在以自訂類別String 爲例，討論一元運算子多載。我們將多載一元運算子!，判斷建立的String物件是否爲空字串，並傳回bool值。當一元運算子 (!) 被多載成不具有任何引數的成員函式，而且編譯器遇見運算式!s的時候，編譯器將產生函式呼叫s.operator!()。運算元s是String類別的物件，呼叫String類別的成員函式operator! 在類別的定義中，函式宣告如下：

```
class String
{
public:
   bool operator!() const;
   ...
}; // end class String
```

以非成員函式進行一元運算子多載

像 (!) 這樣的一元運算子也可以用帶一個參數的非成員函式進行多載。如果s是一個String類別物件 (或指向String類別物件的一個參考)，則!s的處理方式就好像我們所寫的是呼叫operator!(s)的程式碼一樣，它會呼叫非成員operator! 函式，函式的宣告方式如下：

```
bool operator!( const String & );
```

10.7 多載一元前序與後序 ++ 和 -- 運算子

遞增和遞減運算子的前序和後序版本都可以施以多載。我們將會瞭解，編譯器如何區分前序和後序遞增和遞減運算子之間的差異。

若要將遞增運算子多載成可以使用前序遞增和後序遞增兩種語法，則這兩種多載的運算子函式必須具有清楚不同的**簽署方式 (signature)**，以便編譯器能夠分辨該使用哪一種++運算子。遞增運算子前序版本的多載方式，與其他前序的一元運算子完全相同。本節所討論的每一個前序與後序單元遞增運算子 (++) 多載等細節，也適用於單元遞減運算子 (--)。在下一節中，我們將建立Date類別，該類別具多載前序和後序遞增運算子。

多載前序遞增運算子

假設我們想要將Date物件d1的天數加1。當編譯器遇到++d1運算式的時候，編譯器會產生以下的成員函式呼叫

```
d1.operator++()
```

這個運算子函式的原型將會是

```
Date &operator++();
```

如果將前序遞增運算子實作成非成員函式的話，則當編譯器遇到運算式++d1的時候，編譯器將產生下列函式呼叫

```
operator++( d1 )
```

此運算子函式的原型可在Date類別中宣告成

```
Date &operator++( Date & );
```

多載後序遞增運算子

對後序的遞增運算子進行多載，是一項挑戰，因爲此時編譯器必須能夠分辨多載的前序和後序遞增運算子的簽署方式。C++所採取的慣例，就是當編譯器看到以下的後序遞增運算式d1++時，它會產生下列成員函式呼叫

```
d1.operator++( 0 )
```

這個函式的原型是

```
Date operator++( int )
```

嚴格來說，引數0是沒有實際效用的數值，它只是讓編譯器能夠分辨前序和後序遞增運算子函式。我們用同一個語法來辨別遞增 (++) 運算子的前序以及後序版本。

如果將後序遞增運算子實作成非成員函式，則當編譯器看到運算式d1++時，它會產生下列函式呼叫

```
operator++( d1, 0 )
```

此函式的原型將會是

```
Date operator++( Date &, int );
```

再一次地，編譯器利用引數0來分辨，實作成非成員函式的前序和後序遞增運算子。請注意，後序遞增運算子會以傳值的方式傳回Date物件，然而前序遞增運算子則以傳參考的方式傳回Date物件，這是因爲後序遞增運算子通常會傳回一個暫時物件，在此暫時物件中所含有的，是在遞增執行之前的原始物件的值。C++會以右值來處理這種物件，它不能夠用於指定運算子的左邊。前序遞增運算子傳回的是實際上已經執行過遞增的物件，此時它含有的是新的數值。這種物件可以在連續的運算式中當作左值來使用。

效能要訣 10.1

由後序遞增(遞減)運算子所建立的額外物件，可能會造成無法忽視的效能問題，尤其是在此運算子使用於迴圈的情形下更是如此。因爲這個原因，我們應該只在程式邏輯必須執行後序遞增(或後序遞減)運算的時候，才使用後序遞增(遞減)運算子。

10.8 個案研究：Date類別

圖10.6-10.8的程式示範Date類別，這個類別使用多載的前序遞增和後序遞增運算子，將Date物件的天數加1，與此同時也視需要將日期物件的年份和月份予以遞增。Date標頭檔(圖10.6) 詳細指明，Date的public介面包含多載的串流插入運算子(第11行)，預設建構子(第13行)，函式setDate(第14行)，多載的前序遞增運算子(第15行)，多載的後序遞增運算子(第16行)，多載的 += 加法指派運算子(第17行)，測試閏年的函式(第18行)，以及判斷這一天是否爲當月最後一天的程式(第19行)。

```
 1 // Fig. 10.6: Date.h
 2 // Date class definition with overloaded increment operators.
 3 #ifndef DATE_H
 4 #define DATE_H
 5
 6 #include <array>
 7 #include <iostream>
 8
 9 class Date
10 {
11    friend std::ostream &operator<<( std::ostream &, const Date & );
12 public:
13    Date( int m = 1, int d = 1, int y = 1900 ); // default constructor
14    void setDate( int, int, int ); // set month, day, year
15    Date &operator++(); // prefix increment operator
16    Date operator++( int ); // postfix increment operator
17    Date &operator+=( unsigned int ); // add days, modify object
18    static bool leapYear( int ); // is date in a leap year?
19    bool endOfMonth( int ) const; // is date at the end of month?
20 private:
21    unsigned int month;
22    unsigned int day;
23    unsigned int year;
24
25    static const std::array< unsigned int, 13 > days; // days per month
26    void helpIncrement(); // utility function for incrementing date
27 }; // end class Date
28
29 #endif
```

圖10.6 Date類別的定義，具有多載遞增運算子

```
 1 // Fig. 10.7: Date.cpp
 2 // Date class member- and friend-function definitions.
 3 #include <iostream>
 4 #include <string>
```

圖10.7 Date類別成員和Friend函式的定義(1/3)

```
 5 #include "Date.h"
 6 using namespace std;
 7
 8 // initialize static member; one classwide copy
 9 const array< unsigned int, 13 > Date::days =
10    { 0, 31, 28, 31, 30, 31, 30, 31, 31, 30, 31, 30, 31 };
11
12 // Date constructor
13 Date::Date( int month, int day, int year )
14 {
15    setDate( month, day, year );
16 } // end Date constructor
17
18 // set month, day and year
19 void Date::setDate( int mm, int dd, int yy )
20 {
21    if ( mm >= 1 && mm <= 12 )
22       month = mm;
23    else
24       throw invalid_argument( "Month must be 1-12" );
25
26    if ( yy >= 1900 && yy <= 2100 )
27       year = yy;
28    else
29       throw invalid_argument( "Year must be >= 1900 and <= 2100" );
30
31    // test for a leap year
32    if ( ( month == 2 && leapYear( year ) && dd >= 1 && dd <= 29 ) ||
33         ( dd >= 1 && dd <= days[ month ] ) )
34       day = dd;
35    else
36       throw invalid_argument(
37          "Day is out of range for current month and year" );
38 } // end function setDate
39
40 // overloaded prefix increment operator
41 Date &Date::operator++()
42 {
43 helpIncrement(); // increment date
44    return *this; // reference return to create an lvalue
45 } // end function operator++
46
47 // overloaded postfix increment operator; note that the
48 // dummy integer parameter does not have a parameter name
49 Date Date::operator++( int )
50 {
51    Date temp = *this; // hold current state of object
52    helpIncrement();
53
54    // return unincremented, saved, temporary object
55    return temp; // value return; not a reference return
56 } // end function operator++
57
58 // add specified number of days to date
59 Date &Date::operator+=( unsigned int additionalDays )
60 {
```

圖10.7　Date類別成員和Friend函式的定義(2/3)

```
61    for ( int i = 0; i < additionalDays; ++i )
62       helpIncrement();
63
64    return *this; // enables cascading
65 } // end function operator+=
66
67 // if the year is a leap year, return true; otherwise, return false
68 bool Date::leapYear( int testYear )
69 {
70    if ( testYear % 400 == 0 ||
71       ( testYear % 100 != 0 && testYear % 4 == 0 ) )
72       return true; // a leap year
73    else
74       return false; // not a leap year
75 } // end function leapYear
76
77 // determine whether the day is the last day of the month
78 bool Date::endOfMonth( int testDay ) const
79 {
80    if ( month == 2 && leapYear( year ) )
81       return testDay == 29; // last day of Feb. in leap year
82    else
83       return testDay == days[ month ];
84 } // end function endOfMonth
85
86 // function to help increment the date
87 void Date::helpIncrement()
88 {
89    // day is not end of month
90    if ( !endOfMonth( day ) )
91       ++day; // increment day
92    else
93       if ( month < 12 ) // day is end of month and month < 12
94       {
95          ++month; // increment month
96          day = 1; // first day of new month
97       } // end if
98       else // last day of year
99       {
100         ++year; // increment year
101         month = 1; // first month of new year
102         day = 1; // first day of new month
103      } // end else
104 } // end function helpIncrement
105
106 // overloaded output operator
107 ostream &operator<<( ostream &output, const Date &d )
108 {
109    static string monthName[ 13 ] = { "", "January", "February",
110       "March", "April", "May", "June", "July", "August",
111       "September", "October", "November", "December" };
112    output << monthName[ d.month ] << ' ' << d.day << ", " << d.year;
113    return output; // enables cascading
114 } // end function operator<<
```

圖10.7　Date類別成員和Friend函式的定義(3/3)

```
1 // Fig. 10.8: fig10_08.cpp
2 // Date class test program.
3 #include <iostream>
4 #include "Date.h" // Date class definition
5 using namespace std;
6
7 int main()
8 {
9    Date d1( 12, 27, 2010 ); // December 27, 2010
10   Date d2; // defaults to January 1, 1900
11
12   cout << "d1 is " << d1 << "\nd2 is " << d2;
13   cout << "\n\nd1 += 7 is " << ( d1 += 7 );
14
15   d2.setDate( 2, 28, 2008 );
16   cout << "\n\n  d2 is " << d2;
17   cout << "\n++d2 is " << ++d2 << " (leap year allows 29th)";
18
19   Date d3( 7, 13, 2010 );
20
21   cout << "\n\nTesting the prefix increment operator:\n"
22      << "  d3 is " << d3 << endl;
23   cout << "++d3 is " << ++d3 << endl;
24   cout << "  d3 is " << d3;
25
26   cout << "\n\nTesting the postfix increment operator:\n"
27      << "  d3 is " << d3 << endl;
28   cout << "d3++ is " << d3++ << endl;
29   cout << "  d3 is " << d3 << endl;
30 } // end main
```

```
d1 is December 27, 2010
d2 is January 1, 1900

d1 += 7 is January 3, 2011

d2 is February 28, 2008
++d2 is February 29, 2008 (leap year allows 29th)

Testing the prefix increment operator:
d3 is July 13, 2010
++d3 is July 14, 2010
d3 is July 14, 2010

Testing the postfix increment operator:
d3 is July 14, 2010
d3++ is July 14, 2010
d3 is July 15, 2010
```

圖10.8　Date類別測試程式

main函式（圖10.8）建立了三個Date物件（第9-10行），其中d1式初始化成2010年12月27日，d2預設初始化成1900年1月1日，d3初始化成無效的日期。Date建構子（定義於圖10.7，第13-16行）會呼叫setDate來確認月、日和年是否爲有效值（圖10.7，第19-38行）。無效的月、日或年會引發invalid_argument異常。

main函式 (圖10.8) 的第12行使用多載的串流插入運算子 (定義於圖10.7，第107-114行)，來輸出每一個經過建構的Date物件。main函式第13行使用多載的運算子+= (定義於圖10.7，第59-65行)，使d1加上七天。圖10.8的第15行使用函式setDate，將d2設定成2008年2月28日，這一年恰好是閏年。然後，第17行對d2施以遞增運算，以便證明日期確實正確地增加成2月29日。接下來，第19行建立一個Date物件d3，而且將它初始化成2010年7月13日。然後第23行利用多載的前序遞增運算子使d3加1。第21-24行會在前序遞增運算的之前和之後，輸出d3，以便確認前序遞增運算的正確性。最後，第28行利用多載的後序遞增運算子使d3遞增。第26-29行會在後序遞增運算的之前和之後，輸出d3，以便確認後序遞增運算的正確性。

Date類別的前序增量運算子

對前序遞增運算子的多載方式，是很直接的。前序遞增運算子 (定義於圖10.7，第41-45行) 呼叫工具函式helpIncrement (定義於圖10.7，第87-104行) 使日期遞增。這個函式處理的是，當我們使當月最後一天遞增的時候，所發生之日期「回歸起始點」與「進位」的問題。這些進位都得將月份遞增1。如果月份已經是12，則年份也必須遞增1，而且月份必須設定成1。其中函式helpIncrement使用函式endOfMonth，以便使日數正確遞增。

多載的前序遞增運算子將傳回一個指向當前Date物件的參考 (也就是我們剛遞增的物件)。會發生這個結果，是因為目前的物件 *this 被當成Date &傳回。這讓被前序遞增的Date物件，可以用來作為左值，這就是內建的前序遞增運算子處理基本型態的方法。

Date類別的後序增量運算子

對後序遞增運算子的多載 (定義於圖10.7，第49-56行)，比較需要訣竅。為了模擬後序遞增的效應，我們一定要傳回Date物件尚未遞增的副本。舉例來說，由於int變數x的數值是7，下列敘述

```
cout << x++ << endl;
```

將輸出變數x原本的數值。所以我們希望我們的後序遞增運算子，也以類似的方式對Date物件進行操作。在剛進入operator++的時候，我們會先將當前的物件 (*this) 存放在temp中 (第51行)。接下來，我們呼叫helpIncrement將當前的Date物件遞增。然後，程式第55行會將先前儲存在temp尚未遞增的日期物件副本傳回。當宣告Date物件temp的函式結束執行而跳離的時候，區域變數temp會被清除，所以這個函式不能夠傳回指向區域Date物件temp的參考。因此，如果將傳回到此函式的傳回型態宣告為Date &，則所傳回的參考會指向不再存在的物件。傳回一個指向區域變數的參考 (或指標)，是很常見的錯誤，大部分編譯器會針對這個錯誤發出警告。

程式中常犯的錯誤 10.1

將區域變數以參考 (或指標) 方式回傳，是常犯的錯誤，大多數的編譯器會對此不當行為發出警告。

10.9　動態記憶體配置

您能對任何內建型態，或用戶自訂型態的物件或陣列，進行記憶體的配置和清除。這稱爲**動態記憶體管理 (dynamic memory management)**，透過運算子new和delete進行。我們會使用這些功能在下一節建立Array物件。

您可以用new運算子動態**配置 (allocate)** 或保留執行時期物件或陣列所需的記憶體空間。陣列或物件會在**自由儲存空間 (free store，又稱為堆積 heap)** 中產生。此空間由作業系統指配給程式，用於儲存執行期動態產生的物件[2]。當記憶體在自由儲存空間中配置好了以後，您可以用new運算子回傳的指標來存取這塊記憶體。當我們不再需要這個記憶體時，可以用delete運算子歸還 (deallocate，或釋放) 自由儲存空間，讓後續的new操作重複使用[3]。

使用new取得動態記憶體

這請看底下的敘述：

```
Time *timePtr = new Time();
```

運算子new爲型態爲Time的物件配置適當的儲存空間，呼叫其預設建構子進行初始化，並傳回一指標，其型態由new運算子右側的敘述所指定 (此處爲Time*)。如果new無法爲物件在記憶體中找到足夠的空間，會以拋出異常的方式，指出發生了錯誤。

使用delete釋放動態記憶體

要清除動態配置的物件且釋放它所佔用的記憶體空間，請用delete運算子，如下所示：

```
delete timePtr;
```

以上敘述首先會呼叫timePtr指向之物件的解構子，然後清除與該物件相關的記憶體，並將它還給自由儲存空間。

程式中常犯的錯誤 10.2

當不再需要使用動態配置的記憶體空間時，沒能即時將它釋放，導致系統提前耗光記憶體。這有時稱爲記憶體洩漏 (memory leak)。

錯誤預防要訣 10.1

不要釋放未經new要求而得的記憶體。否則會產生未知的行爲。

錯誤預防要訣 10.2

釋放一個由分配而來的記憶體區塊後，不要再重複釋放。爲防止此失誤，可將釋放後的記憶體指標設爲nullptr。釋放nullptr不會產生任何效應，避免失誤。

2 New 運算子在要求記憶體時可能會失敗，這會引起bad_alloc 異常。第17章會討論如何處理由new所引發的失敗。

3 運算子new 和delete也可以多載，但超出本書範圍。若您要多載new，在相同的範圍就要多載delete，避免產生一些微妙的記憶體管理錯誤。

動態記憶體的初始化

在新建立基本型態變數時，可一併提供初始值 (initializer)，如下所示：

```
double *ptr = new double( 3.14159 );
```

以上敘述會將新建立的double物件的初始值設為3.14159，並且將結果的指標設給ptr。我們可以用相同的語法，把以逗號分隔的引數列表，傳給物件的建構子。例如：

```
Time *timePtr = new Time( 12, 45, 0 );
```

會把新建立的Time物件的初始值設為12:45 PM，並將產生的指標設給timePtr。

使用new[]動態配置陣列

您也可以使用new運算子動態配置陣列。例如，以下敘述可配置一個具10個元素的整數陣列，並將它設給gradesArray：

```
int *gradesArray = new int[ 10 ]();
```

以上宣告int指標gradesArray，並將動態配置的整數陣列 (具10個元素) 的第一個元素的位址，設給該指標。接續在int[10]後的小括號，表示要對陣列做初始化，基本型態的元素則會初始化為0，bool元素設為false，指標設為nullptr，物件則執行其預設建構子。陣列大小在編譯期決定，需為常數整數運算式，當動態產生的物件陣列時，其大小可由非負值的整數運算式在執行期決定。

C++11：對動態配置內建陣列使用初始化列表

11

在C++11之前，在為內建陣列動態分配記憶體時，您不能傳遞任何引數給每個物件的建構子，每個物件由預設建構子執行初始化。在C++11，您可對動態配置的內建陣列以初始化列表執行初始化。譬如

```
int *gradesArray = new int[ 10 ]{};
```

空的大括號暗示使用預設初始值對每個元素進行初始化，對基礎型態，每個元素初始化為0。大括號內也可一是以逗號分隔的每個元素的初始值。

使用delete[]釋放動態配置陣列

要釋放gradesArray所指向的記憶體，您可以使用以下敘述：

```
delete [] gradesArray;
```

若以上敘述中的指標指向一個物件陣列，則會先為陣列中的每個物件呼叫解構子，然後再清除記憶體。若此敘述未在delete及指向物件陣列的gradesArray指標中間寫出方括號([])，則結果是未定義的。某些編譯器只會呼叫陣列第一個物件的解構子。對指向nullptr的指標 使用delete 或 delete[] 不會產生任何效用。

程式中常犯的錯誤 10.3

對物件陣列使用delete，而非delete [] 時，會造成執行期的邏輯錯誤。爲確認陣列中每個物件都會呼叫其解構子，請記得使用delete [] 運算子來清除陣列配置的記憶體。同樣地，請使用delete運算子來清除只配置單一元素的記憶體。對單一物件使用delete []的結果是未定義的。

C++11：使用unique_ptr 管理動態配置記憶體

C++11新的unique_ptr是一個"智慧型指標"，用來管理動態記憶體配置。當unique_ptr超出範圍，其解構子會自動歸還管理的記憶體給自由儲存區。在第17章中，我們會介紹unique_ptr並展示如何用它來管理動態配置的物件或內建陣列。

10.10　個案研究：Array類別

我們在第8章討論過內建陣列。以指標爲基礎的陣列有一些問題存在：

- 一個程式可能很容易「掉落」到陣列兩個端點之外，因爲C++不會自行檢查索引是否落在陣列的範圍之外(雖然您仍然可以明確地執行這件事情)。
- 大小爲n的陣列，必須以數字0、...、n - 1來標示它的元素；改變索引的範圍是不被允許的。
- char以外的陣列不能夠一次全部輸入或輸出；我們必須個別讀取或寫入陣列的每一個元素(除非此陣列是以null結尾的C字串)。
- 兩個陣列不能夠使用等號運算子或關係運算子來進行有意義的比較(因爲陣列名稱只是一個指標，它指向陣列在記憶體中的起始位址，且兩個陣列永遠都位於不同的記憶體位置)。
- 當我們將陣列傳給一般函式，此函式是用來處理任何大小的陣列時，此時陣列的大小也必須當作另一個額外的引數傳入。
- 一個陣列不能使用指派運算子指定給另一個陣列。

類別的發展是一種有趣、具創造性和智慧性的挑戰工作，而其目標一直都是「有技巧地建立有用的類別」。使用C++，您可透過類別和運算子多載的運用，建立出功能更強的陣列類別，C++標準函式庫的vector類別樣板和 array 類別樣板，也提供了許多類似的功能。本節我們將發展比內建陣列更有用的陣列類別。接下來提到陣列，指的是內建陣列，不再多解釋。

本範例，我們建立一個功能強大的類別，Array，可以執行邊界檢查，以確保陣列索引能夠在Array的範圍限制之內。這個類別允許我們使用指派運算子，將一個陣列物件指定給另一個陣列物件。Array類別的物件知道它們自己的大小，因此，傳遞Array給函式的時候，並不需要另一個引數來傳遞陣列的大小。整個Array可以分別使用串流擷取和串流插入運算子，來進行輸入或輸出的操作。此外，我們還可以使用等號運算子 == 和 != 來進行Array的比較。

10.10.1 使用 Array 類別

圖 10.9-10.11 中的程式，示範了 Array 類別及其多載的運算子。首先我們探討 main (圖 10.9) 的部分。然後，我們探討此類別的定義 (圖 10.10)，以及每個成員函式的定義 (圖 10.11)。

```
 1 // Fig. 10.9: fig10_09.cpp
 2 // Array class test program.
 3 #include <iostream>
 4 #include <stdexcept>
 5 #include "Array.h"
 6 using namespace std;
 7
 8 int main()
 9 {
10    Array integers1( 7 ); // seven-element Array
11    Array integers2; // 10-element Array by default
12
13    // print integers1 size and contents
14    cout << "Size of Array integers1 is "
15       << integers1.getSize()
16       << "\nArray after initialization:\n" << integers1;
17
18    // print integers2 size and contents
19    cout << "\nSize of Array integers2 is "
20       << integers2.getSize()
21       << "\nArray after initialization:\n" << integers2;
22
23    // input and print integers1 and integers2
24    cout << "\nEnter 17 integers:" << endl;
25    cin >> integers1 >> integers2;
26
27    cout << "\nAfter input, the Arrays contain:\n"
28       << "integers1:\n" << integers1
29       << "integers2:\n" << integers2;
30
31    // use overloaded inequality (!=) operator
32    cout << "\nEvaluating: integers1 != integers2" << endl;
33
34    if ( integers1 != integers2 )
35       cout << "integers1 and integers2 are not equal" << endl;
36
37    // create Array integers3 using integers1 as an
38    // initializer; print size and contents
39    Array integers3( integers1 ); // invokes copy constructor
40
41    cout << "\nSize of Array integers3 is "
42       << integers3.getSize()
43       << "\nArray after initialization:\n" << integers3;
44
45    // use overloaded assignment (=) operator
46    cout << "\nAssigning integers2 to integers1:" << endl;
47    integers1 = integers2; // note target Array is smaller
```

圖 10.9　Array 類別測試程式 (1/3)

```
48
49    cout << "integers1:\n" << integers1
50       << "integers2:\n" << integers2;
51
52    // use overloaded equality (==) operator
53    cout << "\nEvaluating: integers1 == integers2" << endl;
54
55    if ( integers1 == integers2 )
56       cout << "integers1 and integers2 are equal" << endl;
57
58    // use overloaded subscript operator to create rvalue
59    cout << "\nintegers1[5] is " << integers1[ 5 ];
60
61    // use overloaded subscript operator to create lvalue
62    cout << "\n\nAssigning 1000 to integers1[5]" << endl;
63    integers1[ 5 ] = 1000;
64    cout << "integers1:\n" << integers1;
65
66    // attempt to use out-of-range subscript
67    try
68    {
69       cout << "\nAttempt to assign 1000 to integers1[15]" << endl;
70       integers1[ 15 ] = 1000; // ERROR: subscript out of range
71    } // end try
72    catch ( out_of_range &ex )
73    {
74       cout << "An exception occurred: " << ex.what() << endl;
75    } // end catch
76 } // end main
```

```
Size of Array integers1 is 7
Array after initialization:
           0           0           0           0
           0           0           0

Size of Array integers2 is 10
Array after initialization:
           0           0           0           0
           0           0           0           0
           0           0

Enter 17 integers:
1 2 3 4 5 6 7 8 9 10 11 12 13 14 15 16 17
After input, the Arrays contain:
integers1:
           1           2           3           4
           5           6           7

integers2:
           8           9          10          11
          12          13          14          15
          16          17
```

圖10.9　Array類別測試程式(2/3)

```
Evaluating: integers1 != integers2
integers1 and integers2 are not equal

Size of Array integers3 is 7
Array after initialization:
           1           2           3           4
           5           6           7

Assigning integers2 to integers1:
integers1:
           8           9          10          11
          12          13          14          15
          16          17

integers2:
           8           9          10          11
          12          13          14          15
          16          17

Evaluating: integers1 == integers2
integers1 and integers2 are equal

integers1[5] is 13

Assigning 1000 to integers1[5]
integers1:
           8           9          10          11
          12        1000          14          15
          16          17

Attempt to assign 1000 to integers1[15]
An exception occurred: Subscript out of range
```

圖10.9　Array類別測試程式(3/3)

建立Arrays，輸出Array的大小並顯示其內容

此程式起始於實體化兩個Array類別的物件，這兩個物件是integers1（圖10.9，第10行）有7個元素，和integers2（第11行）有預設大小爲10的元素個數（此預設值是由圖10.10中，第14行Array預設建構子的原型所指定）。圖10.9第14-16行使用成員函式getSize，以決定integers1的大小，並使用Array類別中經過多載的串流插入運算子來輸出integers1的內容。輸出結果證實了建構子正確地將Array元素初始化成零。接下來，第19-21行會輸出Array integers2的大小，並且使用Array類別中經過多載的串流插入運算子來輸出integers2的內容。

使用多載的串流插入運算子將資料存入Array

第24行程式提示使用者，輸入17個整數。第25行使用Array類別中經過多載的串流擷取運算子，來讀取這些數值，並且將它們存入兩個陣列中。前7個數值存放在integers1內，剩下的10個數值則存放在integers2。第27-29行使用Array類別中多載的串流插入運算子輸出這兩個陣列的內容，以便確認原先輸入的正確性。

使用多載的不等號運算子

第34行計算下列的條件，來測試多載的不等號運算子

```
integers1 != integers2
```

程式的輸出顯示，這兩個陣列確實是不相等的。

以現存的Array內容副本初始化新Array

程式第39行，建立第三個Array類別物件，integers3，並且以Array integers1的副本對它進行初始化的工作。這會呼叫Array的**複製建構子** (copy constructor)，將integers1的元素複製到integers3。我們很快會討論複製建構子的細節。複製運算子也可以經由將程式第39行寫成下列的方式，來加以呼叫：

```
Array integers3 = integers1;
```

在上面的敘述中，等號並不是指派運算子。當等號出現在物件的宣告中，它會替該物件呼叫一個建構子。不過這種形式的呼叫方式只能遞送單一引數給建構子，這個引數就是出現在等號右邊的值。

第41-43行會輸出integers3的大小，並使用Array類別中經過多載的串流插入運算子輸出integers3的內容，以便確認複製建構子已經正確地初始化Array的元素。

使用多載的指派運算子

接下來，程式第47行藉由將integers2指派給integers1，來測試多載的指派運算子 (=)。第49-50行輸出上述兩個Array物件的內容，以便確認指派的過程是否成功。請注意，integers1原先只存放7個整數，所以程式需要重新指定它的大小，來存放integers2的10個元素。稍後我們將瞭解，多載的指派運算子執行這項重新設定大小的操作時，對用戶端程式碼而言是**看不見的**(transparent)。

使用多載的等號運算子

程式第55行使用多載的等號運算子 (==)，確認經過第47行指派後的物件integers1和integers2確實相同。

使用多載的索引運算子

程式第59行使用多載的索引運算子來參考integers1[5]，這是在integers1陣列範圍內的一個元素。這個加上索引的名稱在此會當成右值 (rvalue)，它用來印出儲存於integers1[5]的數值。程式第63行使用integers1[5]作爲可以修改的左值 (lvalue)，它會置於指派敘述的左邊，以便將新的數值1000指定給integers1的元素5。我們將發現，在operator[]確認5是integers1的合法索引後，它就會傳回一個用來當作左值的參考。

第70行試圖將數值1000指定給一個超出範圍的元素integers1[15]。在這個例子中，operator[]判斷出此索引位在範圍之外，接著拋出out_of_range 異常。

有趣的是，陣列的索引運算子[ ]並沒有限定只能夠用於陣列；舉例來說，它也可以用來選取其他容器類別的元素，例如像鏈結串列、字串和字典之類的類別。此外，當operator[]函式被定義的時候，索引不再必須是整數；字元、字串、浮點數或者甚至是用戶自訂的類別物件，都可以作爲索引。在第15章，我們將討論允許使用字串作爲索引的STL map類別。

10.10.2 Array類別定義

截至目前爲止，我們已經瞭解這個程式如何運作，接下來，讓我們探討類別的標頭(圖10.10)。當我們談論到標頭檔中的每個成員函式時，我們將討論該函式在圖10.11中的實作方式。在圖10.10中，第34-35行定義的是類別Array的private資料成員。每一個Array物件包含一個表示Array元素個數的size成員，以及一個int型態的指標ptr，這個指標會指向由Array物件所控制，以指標爲基礎的動態配置整數陣列。

```
 1 // Fig. 10.10: Array.h
 2 // Array class definition with overloaded operators.
 3 #ifndef ARRAY_H
 4 #define ARRAY_H
 5
 6 #include <iostream>
 7
 8 class Array
 9 {
10    friend std::ostream &operator<<( std::ostream &, const Array & );
11    friend std::istream &operator>>( std::istream &, Array & );
12
13 public:
14    explicit Array( int = 10 ); // default constructor
15    Array( const Array & ); // copy constructor
16    ~Array(); // destructor
17    size_t getSize() const; // return size
18
19    const Array &operator=( const Array & ); // assignment operator
20    bool operator==( const Array & ) const; // equality operator
21
22    // inequality operator; returns opposite of == operator
23    bool operator!=( const Array &right ) const
24    {
25       return ! ( *this == right ); // invokes Array::operator==
26    } // end function operator!=
27
28    // subscript operator for non-const objects returns modifiable lvalue
29    int &operator[]( int );
30
31    // subscript operator for const objects returns rvalue
32    int operator[]( int ) const;
33 private:
34    size_t size; // pointer-based array size
35    int *ptr; // pointer to first element of pointer-based array
36 }; // end class Array
37
38 #endif
```

圖10.10 Array類別定義，具有多載運算子

```
1  // Fig. 10.11: Array.cpp
2  // Array class member- and friend-function definitions.
3  #include <iostream>
4  #include <iomanip>
5  #include <stdexcept>
6
7  #include "Array.h" // Array class definition
8  using namespace std;
9
10 // default constructor for class Array (default size 10)
11 Array::Array( int arraySize )
12    : size( arraySize > 0 ? arraySize :
13         throw invalid_argument( "Array size must be greater than 0" ) ),
14      ptr( new int[ size ] )
15 {
16    for ( size_t i = 0; i < size; ++i )
17       ptr[ i ] = 0; // set pointer-based array element
18 } // end Array default constructor
19
20 // copy constructor for class Array;
21 // must receive a reference to an Array
22 Array::Array( const Array &arrayToCopy )
23    : size( arrayToCopy.size ),
24      ptr( new int[ size ] )
25 {
26    for ( size_t i = 0; i < size; ++i )
27       ptr[ i ] = arrayToCopy.ptr[ i ]; // copy into object
28 } // end Array copy constructor
29
30 // destructor for class Array
31 Array::~Array()
32 {
33    delete [] ptr; // release pointer-based array space
34 } // end destructor
35
36 // return number of elements of Array
37 size_t Array::getSize() const
38 {
39    return size; // number of elements in Array
40 } // end function getSize
41
42 // overloaded assignment operator;
43 // const return avoids: ( a1 = a2 ) = a3
44 const Array &Array::operator=( const Array &right )
45 {
46    if ( &right != this ) // avoid self-assignment
47    {
48       // for Arrays of different sizes, deallocate original
49       // left-side Array, then allocate new left-side Array
50       if ( size != right.size )
51       {
52          delete [] ptr; // release space
53          size = right.size; // resize this object
54          ptr = new int[ size ]; // create space for Array copy
```

圖10.11　Array類別成員函式和夥伴函式的定義(1/3)

```
55          } // end inner if
56
57          for ( size_t i = 0; i < size; ++i )
58             ptr[ i ] = right.ptr[ i ]; // copy array into object
59       } // end outer if
60
61       return *this; // enables x = y = z, for example
62    } // end function operator=
63
64    // determine if two Arrays are equal and
65    // return true, otherwise return false
66    bool Array::operator==( const Array &right ) const
67    {
68       if ( size != right.size )
69          return false; // arrays of different number of elements
70
71       for ( size_t i = 0; i < size; ++i )
72          if ( ptr[ i ] != right.ptr[ i ] )
73             return false; // Array contents are not equal
74
75       return true; // Arrays are equal
76    } // end function operator==
77
78    // overloaded subscript operator for non-const Arrays;
79    // reference return creates a modifiable lvalue
80    int &Array::operator[]( int subscript )
81    {
82       // check for subscript out-of-range error
83       if ( subscript < 0 || subscript >= size )
84          throw out_of_range( "Subscript out of range" );
85
86       return ptr[ subscript ]; // reference return
87    } // end function operator[]
88
89    // overloaded subscript operator for const Arrays
90    // const reference return creates an rvalue
91    int Array::operator[]( int subscript ) const
92    {
93       // check for subscript out-of-range error
94       if ( subscript < 0 || subscript >= size )
95          throw out_of_range( "Subscript out of range" );
96
97       return ptr[ subscript ]; // returns copy of this element
98    } // end function operator[]
99
100   // overloaded input operator for class Array;
101   // inputs values for entire Array
102   istream &operator>>( istream &input, Array &a )
103   {
104      for ( size_t i = 0; i < a.size; ++i )
105         input >> a.ptr[ i ];
106
107      return input; // enables cin >> x >> y;
108   } // end function
```

圖10.11 Array類別成員函式和夥伴函式的定義(2/3)

```
109
110 // overloaded output operator for class Array
111 ostream &operator<<( ostream &output, const Array &a )
112 {
113    // output private ptr-based array
114    for ( size_t i = 0; i < a.size; ++i )
115    {
116       output << setw( 12 ) << a.ptr[ i ];
117
118       if ( ( i + 1 ) % 4 == 0 ) // 4 numbers per row of output
119          output << endl;
120    } // end for
121
122    if ( a.size % 4 != 0 ) // end last line of output
123       output << endl;
124
125    return output; // enables cout << x << y;
126 } // end function operator<<
```

圖10.11　Array類別成員函式和夥伴函式的定義(3/3)

將串流插入和串流擷取運算子多載成friend 函式

圖10.10的第10-11行將多載的串流插入運算子和串流擷取運算子，宣告為Array類別的friend。當編譯器遇見像cout << arrayObject這樣的運算式時，它會以下列的函式呼叫來使用非成員函式operator<<

```
operator<<( cout, arrayObject )
```

當編譯器遇到像cin >> arrayObject這樣的運算式時，它會以下列的函式呼叫來使用非成員函式operator>>

```
operator>>( cin, arrayObject )
```

我們再一次注意到，串流插入和串流擷取運算子函式不能是Array類別的成員函式。因為Array物件一定會放在串流插入運算子和串流擷取運算子的右邊。

函式operator<<(定義在圖10.11，第111-126行)會印出ptr指向之整數陣列的元素個數，此個數是利用size加以指明。函式operator>>(定義在圖10.11，第102-108行)則直接將數值輸入到ptr所指向的陣列中。這兩個運算子函式都會傳回適當的參考，因而使輸出和輸入的敘述能串接起來。因為這兩個函式都已經宣告成Array類別的friend，所以它們都可以存取Array的private資料。此外，operator<<和operator>>可以使用Array類別的getSize和operator[]函式，在此情況下，這些運算子函式並不需要是Array類別的friend函式。然而，額外的函式呼叫可能會增加執行時間的額外負擔。

您也許會嘗試將第104-105計數控制的for敘述，和許多本範例Array類別用到的for敘述用C++11以範圍為基礎的for敘述來取代。不幸的是，基於範圍的for敘述不能用在做動態配置的陣列。

Array類別的預設建構子

圖10.10的第14行宣告了此類別的預設建構子，並且將陣列的預設大小指定爲10個元素。當編譯器遇見像圖10.9，第11行的宣告時，它便會呼叫Array類別的預設建構子。預設建構子（定義在圖10.11，第11-18行）會確認引數，並且將引數指給size資料成員，它會使用new爲內部這個以指標爲基礎的陣列，取得所需要的記憶體空間，然後將new傳回的指標指定給資料成員ptr。接下來，建構子使用for敘述，將陣列所有元素都初始化爲零。雖然，讓Array類別的成員不被初始化也是可以的，但這不是好的程式設計習慣。陣列與物件在建立時就應妥善地執行初始化。

Array複製建構子

圖10.10的第15行宣告了一個複製建構子 (copy constructor)（定義於圖10.11，第22-28行），藉由複製一個現存Array物件的副本，對Array進行初始化。這樣的複製動作必須十分謹慎，以避免掉入將兩個Array物件指向相同動態配置記憶體區塊的陷阱。如果編譯器被允許替這個類別定義預設的複製建構子，則上述情況正是預設的逐成員複製會導致的問題。每當需要複製某個物件時，程式就會呼叫複製建構子，以下列出呼叫複製建構子的時機：

- 以傳值呼叫將物件傳遞給函式時
- 以傳值呼叫從函式傳回物件時
- 以相同類別另一個物件的副本，來初始化某個物件時。

當我們要在宣告中將某個類別Array的物件予以實體化，並且以另一個Array類別的物件來對它進行初始化的時候，就會在這個宣告中呼叫複製建構子，如同圖10.9的第39行的宣告一樣。

Array的複製建構子使用了初始器 (initializer)，將引數Array物件的size成員值複製到資料成員size中，接著使用new 取得這個以指標爲基本表示法的Array的記憶體空間，並將new所傳回的指標指定給資料成員ptr。然後複製建構子會使用for敘述去複製初始器Array的所有元素，到新Array物件中。類別物件可以「看見」該類別任何其他物件的private資料（只要有該物件的handle，複製建構子的引數就是Array物件的handle)。

軟體工程觀點 10.3

傳遞到複製建構子的引數應該是一個const參考，以便能夠複製const物件。

程式中常犯的錯誤 10.4

如果複製建構子只將來源物件的指標複製到目的物件的指標，則這兩個物件的指標就會指到相同的動態配置記憶體。然後，第一個執行的解構子會將這塊動態配置的記憶體刪除，而其他物件的指標ptr就會變成無定義的懸置指標 (dangling pointer)。在這種情形下使用這種指標時，極可能產生嚴重的執行階段錯誤（例如，程式提早終止）

Array解構子

圖10.10的第16行宣告了類別的解構子（定義於圖10.11，第31-34行）。當Array類別的物件離開其使用域時，便會呼叫它的解構子。解構子會使用delete[]，釋放由new在建構子中動態配置的記憶體空間。

錯誤預防要訣 10.3

假如在刪除動態配置記憶體之後，指標仍存在於記憶體中，請將指標的值設爲nullptr，這表示指標將不會再指向自由儲存空間中的記憶體。把原先指向這塊空間的指標設爲nullptr，程式就再也不能存取這塊空間，這塊記憶體可能已經被配置做其他的用途。若不這麼做，程式也許會不小心用同樣的指標存取已經被重新配置的記憶體，造成非常難以偵知的邏輯錯誤。在圖10.11第33行，不需要將ptr設定爲nullptr，因爲解構子執行後，Array物件就不存在於記憶體中了。

getSize成員函式

圖10.10第17行宣告了函式getSize（定義於圖10.11第37-40行），這個函式回傳了Array中的元素個數。

多載指派運算子

圖10.10第19行宣告了此類別經過多載的指定運算子函式。當編譯器看見圖10.9中第47行的integers1 = integers2運算式時，編譯器將會以下面的函式來呼叫成員函式opertor =

```
integers1.operator=( integers2 )
```

成員函式operator=的執行過程（圖10.11，第44-62行）會進行**自我指派**（self-assignment）的測試（第46行），所謂自我指派，意即Array類別的物件企圖指派給它自己。當this等於right運算元的位址時，此程式即企圖進行自我指派，所以指派動作會被略過（也就是說，物件原本就是它自己，而不需要再進行自我指派；我們很快就會討論爲什麼自我指派深具危險性）。如果並非自我指派，則成員函式會先判斷兩個陣列的大小是否相同（第50行）；如果它們的大小相同，則位在operator=左邊Array物件的原本整數陣列，就不會重新配置記憶體。

否則，operator=會使用delete運算子（第52行），釋放原來配置給目標陣列的記憶體空間，將來源陣列的size複製到目標陣列的size（第53行），然後再使用new配置目標陣列所需要的記憶體空間，並且將new傳回的指標指定給陣列資料成員ptr。

然後，第57-58行的for迴圈會從來源陣列，複製陣列元素到目標陣列。不論這是否是自我指派的動作，成員函式會以const參考傳回現行的物件（即第61行的*this）；這讓我們得以使用x = y = z這樣的串接式Array指派。但避免了(x = y) = z這樣的運算，因爲z無法被設定爲(x = y)所傳回的const Array參考。如果自我指派發生，而且函式operator=沒有針對這種情形進行測試，則operator=可能會複製Array的元件給它自己。

軟體工程觀點 10.4

複製建構子、解構子和多載的指定運算子，在各種使用到動態配置記憶體的類別中，通常會被提供來當作一組運算子。若程式進展到使用C++11，另有其他函式必須加入，第24章會說明。

程式中常犯的錯誤 10.5

當類別物件含有指到動態配置記憶體的指標，且未提供多載的指定運算子及複製建構子，這是一種邏輯錯誤。

C++11：移動建構子和移動指派運算子

C++11增加了**移動建構子** (move constructor) 和**移動指派運算子**(move assignment operator)的概念。這裡，我們暫時不討論這些新功能，第24章我們會探討這兩個技巧。

C++11：刪除您類別中不需要的成員函式

在C++11之前，爲防止類別物件被複製或指派，您可將拷貝建構子和多載指派運算子宣告爲private。在C++11，您可以簡單地刪除這些函式。譬如，在Array類別，可將圖10.10的第15和19行，分別以下面兩行敘述取代：

```
Array( const Array & ) = delete;
const Array &operator=( const Array & ) = delete;
```

所以，可使用delete 刪除任何成員函式，但delete最常用在編譯器自動產生的成員函式，如預設建構子、複製建構子、指派運算子、C++11的移動建構子和移動指派運算子。

多載等號和不等號運算子

圖10.10的第20行宣告了該類別多載的等號運算子 (==)。當編譯器看見圖10.9中第55行的integers1 = integers2運算式時，編譯器將會以下面的函式來呼叫成員函式opertor ==

```
integers1.operator==( integers2 )
```

如果兩個陣列size成員不相同的話，operator== 成員函式 (定義在圖10.11的第66-76行) 會立刻傳回false。否則，operator== 會逐一比較兩陣列的每個元素。如果所有元素都相同，則函式會傳回true。只要第一對元素不相同，該函式就會立刻傳回false。

圖10.9，第23-26行定義了此類別多載的不等號運算子 (!=)。成員函式operator!=使用多載的operator== 函式，來判斷兩個陣列物件是否相等，然後傳回比較結果的相反值。以這種方式撰寫operator!=函式，讓您可以重複使用operator==，這可以減少在類別中所需撰寫的程式碼。此外，也請注意operator!=函式的完整定義會放在Array的標頭檔。故編譯器可以將operator!=當成行內函式處理，就可減少額外函式呼叫的時間負擔。

多載的索引標記運算子

圖10.10的第29和32行宣告了兩個多載的索引標記運算子（分別定義在圖10.11的第80-87和91-98行）。當編譯器遇到integers1[5]運算式（圖10.9，第59行），它就會按照以下的呼叫，呼叫適當的多載成員函式operator[]。

```
integers1.operator[]( 5 )
```

當索引標記運算子用於const Array物件時，編譯器就會呼叫const的operator[]（圖10.11，第91-98行）。舉例來說，如果您將Array傳遞給函式，該函式以名為z 型態為const Array & 的方式接收，則const版的operator[]就必須執行像下列這樣的敘述

```
cout << z[ 3 ] << endl;
```

請記得，程式只能呼叫const物件的const成員函式。

operator[]的每個定義都會判斷，它從引數所接收的索引是否位在界定範圍內。如果並沒有在範圍內，則每一個函式會拋出out_of_range異常。如果此索引在界定範圍內，則non-const版本的operator[]將傳回適當的陣列元素作為參考，使得此陣列元素可以用作能加以修改的lvalue（例如，位於指派敘述的左側）。如果索引在界定範圍內，則const版本的operator[]將傳回陣列適當元素的副本。

C++11：使用的unique_ptr管理動態配置的記憶體

在這個案例中，Array類別的解構子使用 delete[] 將動態配置的內建陣列歸還給自由儲存區。回憶之前提過，C++11允許使用unique_ptr以確保當Array物件離開有效範圍後，動態配置的記憶體被適當刪除。在第17章中，我們會詳細介紹unique_ptr並展示如何使用它來管理一個動態配置的物件或動態配置的內建陣列。

C++11：傳遞一個初始值列表給建構子

在圖7.4中，我們展示了如何用以大括號框圍逗號分隔的初始值列表來將array物件初始化，如

```
array< int, 5 > n = { 32, 27, 64, 18, 95 };
```

第4.10節說過，C++11現在允許任何物件以初始值列表來將物件初始化，上列運算式也可寫成省略等號=，如

```
array< int, 5 > n{ 32, 27, 64, 18, 95 };
```

C++11還允許您在宣告自定義類別物件時，使用初始化列表。例如，您現在就可以提供一個Array建構子做如下的宣告：

```
Array integers = { 1, 2, 3, 4, 5 };
```

或

```
Array integers{ 1, 2, 3, 4, 5 };
```

以上兩個敘述，各自建立Array物件integers，每個物件有5個元素，其值爲整數1到5。

爲了支援列表初始化，您需要定義可接收類別樣板initializer_list物件爲參數的建構子。譬如，對於Array類別，必須先引入標頭檔<initializer_list>，接著將建構子的第一行寫成：

```
Array::Array( initializer_list< int > list )
```

可以透過呼叫size成員函式，決定list內元素個數。要提取每個初始化列表的值並複製到動態配置的內建陣列當中，可以使用基於範圍的for敘述如下：

```
size_t i = 0;
for ( int item : list )
   ptr[ i++ ] = item;
```

10.11 運算子實作為成員函示與實作為非成員函式的對照

運算子函式可以用成員函式或非成員函式來實踐，不管以哪種函式來實踐運算子多載，運算子在運算式的用法都是一樣的。那麼到底要用哪一種比較好呢？

當運算子函式實作爲成員函式的時候，最左邊(或唯一)的運算元必須是該運算子所屬類別的物件(或是指向物件的參考)。如果左運算元必須是不同類別或內建基本型態的物件，則此運算子函式必須實作成非成員函式(如同我們在第10.5節，分別對 << 和 >> 多載成串流插入和串流擷取運算子時將會做的)。如果一個非成員運算子函式必須直接存取某一個類別的private或protected成員，則該函式必須成爲這個類別的friend。

只有二元運算子的左運算元是此運算子所屬類別的物件時，或者一元運算子的單一運算元爲此運算子所屬類別的物件時，我們才能呼叫(由編譯器默默地完成)該類別相對應的運算子成員函式。

具有交換性的運算子

另一個讓我們可能選擇非成員函式來多載運算子的原因，是爲了使該運算子具有交換性。舉例來說，假設我們有一個型態long int的物件number，以及一個類別HugeInt(此類別可以用於任意大小的整數，而不會受到機器硬體字組大小的限制，我們會在本章習題中發展此類別)的物件bigInteger1。加法運算元(+)產生了臨時的HugeInt物件，作爲HugeInt物件和long int物件的加總結果(在運算式bigInteger1 + number中)，或者作爲long int物件和HugeInt物件的加總結果(在運算式number + bigInteger1中)。因此，我們需要讓加法運算子具有交換性(與加法運算子操作兩個內建型態運算元的情形一樣)。而問題在於如果將運算子多載爲成員函式，則加法運算子的左邊必須是類別物件。所以，我們將此運算子多載成非成員函式，以便能將HugeInt物件放在加號的右邊。處理HugeInt物件出現在左方的operator+函式，則仍然可以是一個成員函式。非成員函式只要交換它的引數並呼叫成員函式即可。

10.12 不同資料型態間的轉換

大部分程式都可以處理許多不同型態的資訊。有時候，所有運算都只對「相同的型態」運算元進行運算。例如，將一個int加到另一個int上，結果產生另一個int。然而，我們也常需要將資料由某種型態轉換成另一種型態。這可能會發生在指派、計算、傳遞值給函式以及從函式傳回值的時候。編譯器知道如何執行內建型態之間的轉換。您可以使用強制轉型運算子，去強制執行不同內建型態間的轉換。

但是遇到用戶自訂型態時該何處理呢？編譯器無法預先知道如何在不同戶自訂型態，以及用戶自訂型態和內建型態之間進行轉換，所以您必須詳細指明如何執行這項操作。這樣的型態轉換可以使用**轉型建構子** (conversion constructor) 予以執行，這種建構子是一種**單引數的建構子** (single argument constructor)，它會將其他型態 (包括內建型態) 的物件轉換成特定類別的物件。

轉型運算子 (conversion operator)

轉型運算子 (conversion operator) 也稱爲**強制轉型運算子** (cast operator)，它可以將一個類別的物件轉換成另一個類別的物件。這樣的轉型運算子必須爲非static成員函式。下列函式原型

```
MyClass::operator char *() const;
```

宣告了一個多載的強制轉型運算子函式，用於將MyClass物件轉換成一個暫時的char*物件。因爲此運算子函式不會修改原始的物件，所以它被宣告成const。多載的**強制轉型運算子函式** (cast operator function) 並不用明確指定傳回的型態，其中傳回的型態就是此物件所要轉換成的型態。如果s是一個類別物件，則當編譯器遇見運算式static_cast< char * >(s)的時候，編譯器將產生下列函式呼叫，

```
s.operator char *()
```

將運算元s轉換成 char* 。

強制轉型運算子函式

多載的強制轉型運算子函式能夠定義成將用戶自訂型態物件，轉換成內建基本型態物件，或其他用戶自訂型態物件。下列的函式原型

```
MyClass::operator int() const;
MyClass::operator OtherClass() const;
```

宣告了兩個多載的強制轉型運算子函式，它們分別將用戶的自訂型態MyClass物件轉換爲int型態或轉換成另一個用戶自訂型態OtherClass的物件。

隱式呼叫強制轉型和轉型建構子

強制轉型運算子和轉型建構子很好的一項功能是，在需要的時候，編譯器可以自動呼叫

這些函式來建立暫時的物件。舉例來說，如果用戶自訂的String類別物件s，出現在程式中通常應該使用char* 型態的位置，例如

```
cout << s;
```

則編譯器可以呼叫多載的強制轉型運算子函式operator char*，將此物件轉換成char* 型態，並且將所產生的char* 物件使用於運算式中。利用String類別所提供的這個強制轉型運算子，串流插入運算子就不需要加以多載，利用cout就可以輸出String物件。

軟體工程觀點 10.5

當使用轉型建構子或轉型運算子來執行隱式型態轉換時，C++只能嘗試使用一個隱式的建構子或運算子呼叫 (也就是單一使用者自訂型態轉換) 來比對它是否能符合多載運算子的需求。編譯器無法使用多個使用者自訂的隱式轉型來比對它們是否符合該多載運算子。

10.13 explicit建構子與轉型運算子

回想一下，我們講述過，具單一引數的建構子可用explicit來宣告。編譯器可以使用任何單一引數建構子，來執行隱式型態轉換，在這種型態轉換方式中，建構子接收到的型態會轉換成建構子被定義的類別物件。這種型態轉換會自動執行，而且程式設計者不需要使用強制轉型運算子。不過在某些狀況下，隱式型態轉換不可靠或容易造成錯誤。舉例來說，圖10.10中我們的Array類別定義了一個接受單一int引數的建構子。這個建構子的用途是要建立一個Array物件，而且此物件含有此int引數所指定的元素個數。然而，若這個建構子未使用explicit宣告的話，這個建構子可能會被編譯器誤用來執行隱式型態轉換，將一個整數轉換成Array。

程式中常犯的錯誤 10.6

很不幸地，編譯器可能在不預期到的情況下，使用隱式自動型態轉換，結果會產生模糊混淆的運算式，而造成編譯錯誤或執行時期錯誤。

誤將單引數建構子當成轉型建構子使用

圖10.12的程式使用圖10.10-10.11的類別Array，示範說明不正確的隱式型態轉換。爲了能執行隱式轉型，我們將圖10.10，Array.h標頭檔第14行的explicit拿掉。

main函式 (圖10.12) 的第11行將一個Array物件integers1實體化，並且呼叫帶有引數int 7的單一引數建構子，來指定Array中的元素個數。回看一下圖10.11，接收一個int引數的Array建構子，將所有陣列元素初始化爲0。第12行呼叫了函式outputArray (定義於第17-21行)，此函式接收到一個指向Array的const Array & 當作其引數。此函式將輸出其Array引數中的元素個數，以及Array的內容。在這種情形下，Array的大小是7，所以結果輸出了七個0。

第13行也有呼叫函式outputArray，其引數是int數值3。然而，這個程式並不包含一個可以接收int引數，而且名稱爲outputArray的函式。所以，編譯器會判斷類別Array是否提供了一個能將int轉換成Array的轉型建構子。因爲任何接收單一引數的建構子都可以視爲轉型建構子，所以編譯器假定，接收了單一int引數的Array建構子是一個轉型建構子，而且使用它將引數3轉換成含有三個元素的暫時Array物件。接著，編譯器將暫時的Array物件傳遞給函式outputArray，以便輸出Array的內容。因此，即使我們沒有明確地提供能接收int引數的函式outputArray，編譯器仍舊能編譯第13行。輸出結果顯示了一個含有三個元素的Array，而內容都是0。

```
 1 // Fig. 10.12: fig10_12.cpp
 2 // Single-argument constructors and implicit conversions.
 3 #include <iostream>
 4 #include "Array.h"
 5 using namespace std;
 6
 7 void outputArray( const Array & ); // prototype
 8
 9 int main()
10 {
11    Array integers1( 7 ); // 7-element Array
12    outputArray( integers1 ); // output Array integers1
13    outputArray( 3 ); // convert 3 to an Array and output Array's contents
14 } // end main
15
16 // print Array contents
17 void outputArray( const Array &arrayToOutput )
18 {
19    cout << "The Array received has " << arrayToOutput.getSize()
20       << " elements. The contents are:\n" << arrayToOutput << endl;
21 } // end outputArray
```

```
The Array received has 7 elements. The contents are:
           0           0           0           0
           0           0           0

The Array received has 3 elements. The contents are:
           0           0           0
```

圖10.12　單引數建構子和隱式型態轉型

預防單引數建構子造成的隱式型態轉換

使用關鍵字explicit宣告單引數建構子的原因，是抑制隱式型態轉換，防止不必要的轉型在背後自動隱式執行。以explicit宣告的建構子不會執行隱式轉型。在圖10.13的範例中，我們是用圖10.10中原版的標頭檔Array.h，保持第14行，單引數建構子的explicit宣告不變：

```
explicit Array( int = 10 ); // default constructor
```

圖10.13的程式只對圖10.12做些微的變更。當圖10.13的程式進行編譯的時候，編譯器會產生錯誤訊息，指出在第13行傳給outputArray的整數值，並不能轉換成const Array &。

編譯器的錯誤訊息 (Visual C++) 顯示在輸出視窗中。第14行將示範說明，以explicit宣告的建構子也可被用於建立含有三個元素的暫時Array物件，並且將它傳遞給函式outputArray。

錯誤預防要訣 10.4

除非想用單引數建構子做型態轉換，否則，永遠記得應加上關鍵字explicit。

```
 1 // Fig. 10.13: fig10_13.cpp
 2 // Demonstrating an explicit constructor.
 3 #include <iostream>
 4 #include "Array.h"
 5 using namespace std;
 6
 7 void outputArray( const Array & ); // prototype
 8
 9 int main()
10 {
11    Array integers1( 7 ); // 7-element Array
12    outputArray( integers1 ); // output Array integers1
13    outputArray( 3 ); // convert 3 to an Array and output Array contents
14    outputArray( Array( 3 ) ); // explicit single-argument constructor call
15 }  // end main
16
17 // print Array contents
18 void outputArray( const Array &arrayToOutput )
19 {
20    cout << "The Array received has " << arrayToOutput.getSize()
21       << " elements. The contents are:\n" << arrayToOutput << endl;
22 } // end outputArray
```

```
c:\books\2012\cpphtp9\examples\ch10\fig10_13\fig10_13.cpp(13): error C2664:
'outputArray' : cannot convert parameter 1 from 'int' to 'const Array &'
        Reason: cannot convert from 'int' to 'const Array'
        Constructor for class 'Array' is declared 'explicit'
```

圖10.13　示範explicit constructor

C++11: explicit Conversion Operators

在C++11中，就和explicit用於單引數的建構子關閉隱式轉型一樣，您也可以將explicit用在轉型運算子上關閉隱式轉型。譬如：

```
explicit MyClass::operator char *() const;
```

將MyClass的 char* 強制轉型運算子以關鍵字explicit 宣告。

10.14　多載函示呼叫運算子( )

多載的 function call operator () (函式呼叫運算子) 具有強大的功能，這是因爲函式可以接收任意數量的參數。譬如，在自訂的String類別中，我們將這個運算子多載，用來從String中選取一段子字串。這個運算子有兩個整數參數，指定子字串的開始位置和長度。operator() function 可檢查起始位置是否超出字串範圍，或是子字串的長度是否爲負數。

多載的函式呼叫必須是非靜態的成員函式，可依下列敘述寫出第一行定義：

```
String String::operator()( size_t index, size_t length ) const
```

在本例中，必須以const來宣告成員函式，因爲只是取得子字串，不會修改到原String物件。

假設string1是個String物件，含有一個字串“AEIOU”。則當編譯器遇到string1(2,3)運算式的時候，會產生以下的成員函式呼叫：

```
string1.operator()( 2, 3 )
```

它會傳回內容爲 "IOU" 的字串。

函式呼叫運算子另一種可能使用的方式Array 物件的索引符號。C++取用二維陣列元素的標準方式是雙方括號標記，如chess-Board[row] [column]，您可藉由多載函式呼叫以chess-Board (row,column) 來存取元素，chess-Board是Array類別的修正版，代表二維陣列物件。習題10.7會要求您建立此類別。函式呼叫運算子的主要功能在定義函式物件，詳細內容在第16章討論。

10.15　總結

在本章中，您學到了如何定義多載運算子以便和類別物件協同運作。我們也示範了如何使用標準C++類別string，該類別利用多載運算子建立出更健全、可再利用的類別，取代了C語言的字串。接著，我們討論C++標準在運算子多載上的幾個限制。我們示範了PhoneNumber類別，該類別多載了 << 和 >> 兩個運算子，可很方便的輸入和輸出電話號碼。您也看到了Date 類別對前序和後序(++) 運算子進行多載，也明瞭要如何區分同一個運算子前序和後序語法的不同。

本章也介紹了動態記憶體配置的觀念。您學到了可以用new以及delete運算子，動態地產生及摧毀物件。我們也引介了一個經典的範例，Array類別，當中用了許多運算子多載搭配一些其他功能，共同解決以指標爲基礎陣列的一些問題。此案例讓您眞正了解到整體類別和物件的技術，使用各具特色並重複利用專具用途的類別。在這範例的類別中，多載串流擷取以及串流插入運算子、多載指派運算子、多載等號運算子和陣列索引標記運算子。

在下一章中，我們會繼續討論類別，介紹軟體再利用的另一種形式，稱爲「繼承」。我們將會見到，當類別有共同的屬性和行爲時，可以將這些屬性和行爲定義在一個一般性的「基本」類別中，並在新的類別定義中「繼承」這些功能。這讓您可以只撰寫少量的程式碼，就建立出新的類別。

摘要

10.1 簡介

- C++允許您對大部分的運算子予以多載，使這些運算子能對它們所在程式具有內容敏感度，編譯器會根據運算元的型態產生適當的機器碼。
- 內建於C++的一個多載運算子的例子就是 <<，這個運算子可以同時作為串流插入運算子和逐位元左移運算子。同樣地，>> 運算子也經過多載；它可以作為串流擷取運算子和右移運算子。在C++標準類別函式庫中，這兩個運算子都是多載的。
- C++語言本身也多載了 + 和 - 運算子。依據這兩個運算子在整數算術、浮點數算術和指標算術的程式上下文，它們會執行不同的操作。
- 多載運算子執行的工作，也可以透過明確的函式呼叫來加以執行，但是對程式設計者而言，使用運算子通常會比較清晰也更自然些。

10.2 對標準函式庫的string類別使用運算子多載

- 標準類別string定義於標頭檔 <string> 中，屬於命名空間std。
- 類別string提供許多經過多載的運算子，其中包含等號、關係、指派、加法指派 (用於字串串接) 以及附標運算子。
- 類別string提供成員函式empty，當string為空字串時，此函式會傳回true；否則，它將傳回false。
- 標準類別string的成員函式substr會藉第二個引數所指定的長度，取得一個子字串，其起始位置是由第一個引數指定。當第二個引數沒有指定的時候，substr會傳回它被呼叫來處理的string的其餘部分。
- 類別string多載的[]運算子不會執行任何範圍界限檢查。因此，程式設計者必須確保，使用標準類別string多載的[]運算子時，不會對string範圍以外的元素加以操作。
- string類別的成員函式at提供範圍界線檢查，若其引數是非法的附標，則會拋出例外。根據預設的處理過程，這將導致C++程式結束執行。如果附標是有效的，則at函式將根據此函式呼叫在程式中的上下文，以參考或const參考的形式傳回在指定位置上的字元。

10.3 運算子多載基礎架構

- 多載運算子的方式為，寫出其non-static成員函式定義或非成員函式定義，函式名稱則是關鍵字operator，其後跟隨著要多載的運算子符號。
- 當我們將運算子多載為成員函式的時候，它們必須是non-static的，這是因為它們必須被針對所屬類別的物件來進行呼叫，並且對該物件加以操作。
- 如果要將某個運算子運用在類別物件上，則此運算子必須經過多載，不過有三個例外：指定運算子 (=)，取址運算子 (&) 和逗點運算子 (,)。
- 我們無法藉由多載的方式，改變運算子的優先權和結合性。
- 我們無法改變運算子的「運算元數目」(arity) (也就是，運算子能接受的運算元個數)。

- 我們無法建立新的運算子，只有現存的運算子可以加以多載。
- 我們無法改變運算子對內建型態物件進行操作時的意義。
- 針對一個類別的指定運算子和加法運算子予以多載，並不意味著運算子 += 也已經被多載了。我們必須明確多載該類別的+=運算子，才能夠使用這項功能。
- 在多載 ( )、[ ]、-> 或指定運算子的時候，其多載的運算子函式必須宣告爲類別成員。對於其他運算子而言，運算子多載函式可以是類別成員或非成員函式。

10.4　多載二元運算子

- 二元運算子可以多載成具有一個引數的non-static成員函式，或具有兩個引數的非成員函式 (其中一個引數必須是屬於該類別的物件，或指向該類別物件的參考)。

10.5　對二元串流插入和串流擷取運算子進行多載

- 多載的串流插入運算子 (<<) 用於其左運算元具有ostream & 型態的運算式中。基於這個原因，它必須多載成非成員函式。如果要讓它成爲成員函式，則運算子 << 就必須是類別ostream的成員，但這是不可能的，因爲我們不允許修改C++標準函式庫類別。同樣地，多載的串流擷取運算子 (>>) 也必須是非成員函式。
- 選擇將運算子多載成非成員函式的另一個理由是，這樣子能讓此運算子具有交換性。
- 在與cin和strings搭配使用的時候，setw可以藉著其引數，將讀入的字元個數限制在該引數所指明的字元個數。
- 類別istream的成員函式ignore會捨棄在輸入串流中指定個數的字元 (預設爲一個字元)。
- 基於效率的考量，如果多載的輸入運算子和輸出運算子需要直接存取非public的類別成員，則我們必須將它們宣告成friend函式。

10.6　多載一元運算子

- 類別的一元運算子可以多載成不具引數的non-static成員函式，或是具有一個引數的非成員函式；該引數必須是此類別的物件或指向該類別物件的參考。
- 用於實作多載運算子的成員函式，必須是non-static，如此它們才能存取所屬類別每一個物件中的non-static資料。

10.7　多載一元前序與後序++和--算子

- 前序和後序遞增和遞減運算子都能加以多載。
- 若要多載前序遞增和後序遞增運算子，則這兩種多載的運算子函式必須具有清楚不同的簽署方式 (signature)。遞增運算子前序版本的多載方式，與其他前序的一元運算子完全相同。後序遞增運算子唯一的簽署方式，需藉由提供第二個引數來加以完成，其中第二個引數必須是int型態。在用戶碼 (client code) 中並沒有提供這個引數。它是由編譯器隱含地加以使用，以便在前序和後序遞增運算子之間進行區分。我們用同一個語法來辨別遞減運算子的前序以及後序版本。

10.9 動態記憶體配置

- 您可以透過動態記憶體管理，針對任何內建的型態或使用者自訂型態，進行記憶體的配置和清除。
- 自由儲存空間 (又稱爲堆積) 是配發給程式的記憶體區塊，作爲執行期動態配置給儲存物件之用。
- 運算子new能爲物件配置適當的記憶體空間，執行物件的建構子，並傳回正確型態的指標。請注意，new可以動態配置任何基本型態 (如int或double) 或類別型態。如果new無法爲物件在記憶體中找到可用的空間，會以拋出例外的方式，指出發生了錯誤。除非例外被處理，否則這通常會導致程式立即結束。
- 運算子delete可清除動態配置的物件且釋放它所佔用的記憶體空間。
- 物件陣列可藉以下方式，使用new運算子進行動態配置：

```
int *ptr = new int[ 100 ]();
```

- 以上敘述會配置一個具100個整數的內建陣列，每個元素的初始值爲0，且將陣列的起始位置指定給ptr。前述的整數陣列可以使用下列敘述式加以清除。

```
delete [] ptr;
```

10.10 個案研究：Array類別

- 藉由複製類別現存物件的成員，複製建構子可以將該類別的一個新物件予以初始化。當類別的物件含有動態配置記憶體的時候，通常會提供建構子、解構子和多載的指定運算子。
- 成員函式operator=的執行過程應該針對自我指派的情形進行測試，所謂自我指派指的是一個物件被指定給它自己。
- 當索引標記運算子使用於const物件上的時候，編譯器將呼叫operator[]的const版本，當索引標記運算子使用於non-const物件上的時候，編譯器將呼叫運算子operator[]的non-const版本。
- 陣列的索引標記運算子[ ]可以用來選取其他容器類別的元素。同時，利用多載的機制，索引也不再需要是整數。

10.11 運算子作為成員函示與作為非成員函式的對照

- 運算子函式可以是成員函式或非成員函式；當它是非成員函式的時候，爲了效能的緣故，通常會做成friend。成員函式使用this指標，隱含地取得其類別物件的其中一個引數 (對二元運算子而言是左引數)。在非成員函式呼叫中，與二元運算子的兩個運算元有關的引數都必須明確地列出。
- 當運算子函式實作爲成員函式的時候，最左邊 (或唯一) 的運算元必須是該運算子所屬類別的物件 (或是指向物件的參考)。
- 如果左運算元必須是不同類別的物件，或者必須是內建 (基本) 型態的物件，則這個運算子函式必須實作成非成員函式。
- 如果一非成員運算子函式必須直接存取某一個類別的private或protected成員，則該函式必須成爲這個類別的friend。

10.12 不同型態之間的轉換

- 編譯器無法預先知道如何在不同使用者自訂的型態之間，以及使用者自訂型態和內建型態之間進行轉換，所以您必須詳細指明如何執行這項操作。這樣的型態轉換可以使用轉型建構子 (conversion constructor) 予以執行，這種建構子是一種單引數的建構子，它會將其他型態 (包括內建型態) 的物件轉換成特定類別的物件。
- 任何單一引數建構子 (single-argument constructor) 都可以視爲轉型建構子。
- 轉型運算子必須爲 non-static 成員函式。轉型運算子可以將一個類別的物件轉換成另一個類別的物件，或者轉換成內建型態的物件。
- 多載的強制轉型運算子函式 (cast operator function) 並沒有指定傳回的型態，其中傳回的型態就是此物件所要轉換成的型態。
- 在需要的時候，編譯器可以呼叫轉型建構子來隱式地建立暫時的物件。

10.13 explicit 建構子

- 宣告成 explicit 的建構子，無法用來進行隱式型態轉換。

10.14 多載函示呼叫運算子( )

- 多載的函式呼叫運算子 () (function call operator ()) 具有強大的功能，這是因爲函式可以接收任意數量的參數。

自我測驗題

10.1　填空題

a) 當運算子被多載爲成員函式，它們必須是______，因爲它們必須由類別物件來呼叫，而且就在該物件執行運算。

b) 一個建構子若以_______宣告，就不能被用在隱式轉型。

c) 標準類別 string ，在標頭擋 <string> 中定義，屬於命名空間_______。

d) istream 成員函式_______會在輸入串流丟棄指定的字元個數。

e) 轉型運算子必須是_______成員函式。

f) 您不能改變運算子的_______。

g) 可用單一引數呼叫的建構子，可用來當成_______建構子。

10.2　請解釋運算子 new 和 delete 的用途。

10.3　在什麼樣的情況下，運算子以非成員函式實作？

10.4　(是非題) 可用單一引數呼叫的建構子，可用來當成轉型建構子。

10.5　經過多載的運算子的運算元數 (arity)，和原始運算子的運算元數比較起來結果如何？

自我測驗題解答

10.1 a) 非靜態(non-static)。b) explicit。c) std 。d) ignore。e) 非靜態(non-static)。f) 運算元數目 (arity)。g) 轉型 (conversion)。

10.2 您能對任何內建型態，或用戶自訂型態的物件或陣列，進行記憶體的配置和清除。這稱為動態記憶體管理 (dynamic memory management)，透過運算子 new 和 delete 進行。

10.3 如果左運算元必須是不同類別或內建基本型態的物件，則此運算子函式必須實作成非成員函式。如果一個非成員運算子函式必須直接存取某一個類別的 private 或 protected 成員，則該函式必須成為這個類別的 friend。

10.4 是。

10.5 兩者的運算元數目相等。您無法改變運算子的「運算元數目」(arity) (也就是運算子操作時所需要的運算元個數)，經過多載的一元運算子仍然是一元運算子。經過多載的二元運算子仍然是二元運算子。

習題

10.6 (記憶體配置和記憶體釋放運算子) 將運算子函式以成員函式實作，和以非成員函式實作，請做比較和比對 (compare and contrast)。

10.7 (多載小括號運算子) 多載函式呼叫運算子 () 很好的一個例子，就是允許程式設計者使用另一個二維陣列附標的形式，此附標形式在某些程式語言頗常用。此時程式設計者不使用下列方式

```
chessBoard[ row ][ column ]
```

對於物件的陣列、我們可以將函式呼叫運算子多載成能使用以下的替換形式

```
chessBoard( row, column )
```

請建立一個與圖 10.10-10.11 類別 Array 類似的類別 DoubleSubscriptedArray。在建構期間，此類別應該可以建立擁有任意列數和行數的陣列。此類別應該提供 operator() 來執行雙附標的運算。舉例來說，在一個稱為 a 的 3x5 DoubleSubscriptedArray 中，使用者應該寫 a (1,3) 來存取位於其第 1 列第 3 行的元素。請記得 operator() 可以接受任意個數的引數。雙附標陣列的底層表示法應該是一個單一附標的整數陣列，它包含列數 * 行數個元素。函式 operator() 應該執行適當的指標運算，來存取陣列的每個元素。operator() 應該有二種版本，一種會傳回型態 int & (使得 DoubleSubscriptedArray 的元素可以當作左值使用)，而另一個則會傳回型態 const int &。類別也應該提供以下的運算子：==、!=、=、<< (用於以列和以行的格式輸出陣列)，和 >> (用於輸入整個陣列的內容)。

10.8 (Complex 類別) 請研讀圖 10.14-10.16 所示的類別 Complex。此類別允許對所謂的複數進行操作。這種數值具有 realPart + imaginaryPart* i 的形式，其中的 i 代表

$\sqrt{-1}$

a) 修改此類別，讓此類別可以分別利用多載的 >> 和 << 運算子來輸入和輸出複數，(讀者必須從類別中移除print函式)。

b) 將乘法運算子多載，以便讓程式能夠像代數一樣，將兩個複數相乘。

c) 將 == 和 != 兩個運算子多載，以便能比較兩個複數。

做完此習題，您可能會讀有關標準函式庫中的complex 類別 (定義在<complex>標頭檔中)

```
 1 // Fig. 10.14: Complex.h
 2 // Complex class definition.
 3 #ifndef COMPLEX_H
 4 #define COMPLEX_H
 5
 6 class Complex
 7 {
 8 public:
 9    explicit Complex( double = 0.0, double = 0.0 ); // constructor
10    Complex operator+( const Complex & ) const; // addition
11    Complex operator-( const Complex & ) const; // subtraction
12    void print() const; // output
13 private:
14    double real; // real part
15    double imaginary; // imaginary part
16 }; // end class Complex
17
18 #endif
```

圖10.14 Complex類別定義

```
 1 // Fig. 10.15: Complex.cpp
 2 // Complex class member-function definitions.
 3 #include <iostream>
 4 #include "Complex.h" // Complex class definition
 5 using namespace std;
 6
 7 // Constructor
 8 Complex::Complex( double realPart, double imaginaryPart )
 9    : real( realPart ),
10    imaginary( imaginaryPart )
11 {
12    // empty body
13 } // end Complex constructor
14
15 // addition operator
16 Complex Complex::operator+( const Complex &operand2 ) const
17 {
18    return Complex( real + operand2.real,
19       imaginary + operand2.imaginary );
20 } // end function operator+
21
22 // subtraction operator
23 Complex Complex::operator-( const Complex &operand2 ) const
```

圖10.15 Complex類別成員函式的定義(1/2)

```
24 {
25    return Complex( real - operand2.real,
26       imaginary - operand2.imaginary );
27 } // end function operator-
28
29 // display a Complex object in the form: (a, b)
30 void Complex::print() const
31 {
32    cout << '(' << real << ", " << imaginary << ')';
33 } // end function print
```

圖10.15 Complex類別成員函式的定義(2/2)

```
 1 // Fig. 10.16: fig10_16.cpp
 2 // Complex class test program.
 3 #include <iostream>
 4 #include "Complex.h"
 5 using namespace std;
 6
 7 int main()
 8 {
 9    Complex x;
10    Complex y( 4.3, 8.2 );
11    Complex z( 3.3, 1.1 );
12
13    cout << "x: ";
14    x.print();
15    cout << "\ny: ";
16    y.print();
17    cout << "\nz: ";
18    z.print();
19
20    x = y + z;
21    cout << "\n\nx = y + z:" << endl;
22    x.print();
23    cout << " = ";
24    y.print();
25    cout << " + ";
26    z.print();
27
28    x = y - z;
29    cout << "\n\nx = y - z:" << endl;
30    x.print();
31    cout << " = ";
32    y.print();
33    cout << " - ";
34    z.print();
35    cout << endl;
36 } // end main
```

```
x: (0, 0)
y: (4.3, 8.2)
z: (3.3, 1.1)

x = y + z:
(7.6, 9.3) = (4.3, 8.2) + (3.3, 1.1)

x = y - z:
(1, 7.1) = (4.3, 8.2) - (3.3, 1.1)
```

圖10.16 複數類別測試程式

10.9 (HugeInt類別) 32位元整數的電腦，能夠表示範圍介於大約負二十億到正二十億之間的整數。這種固定大小的限制通常就足以應付所需，但是在某些應用程式中，我們想要使用範圍大很多的整數。這就是C++所要達成的任務，也就是建立強而有力的新資料型態。請研讀圖10.17-10.19的類別HugeInt。請仔細研究這個類別，然後回答以下的問題：

a) 確切描述此類別如何運作。

b) 此類別具有什麼限制？

c) 多載 * 乘法運算子。

d) 多載 / 除法運算子。

e) 多載所有關係運算子和等號運算子。

[請注意：因為由編譯器提供的指定運算子和複製建構子能夠正確地複製整個陣列資料成員，所以我們不說明類別HugeInt的指定運算子和複製建構子。]

```
 1 // Fig. 10.17: Hugeint.h
 2 // HugeInt class definition.
 3 #ifndef HUGEINT_H
 4 #define HUGEINT_H
 5
 6 #include <array>
 7 #include <iostream>
 8 #include <string>
 9
10 class HugeInt
11 {
12    friend std::ostream &operator<<( std::ostream &, const HugeInt & );
13 public:
14    static const int digits = 30; // maximum digits in a HugeInt
15
16    HugeInt( long = 0 ); // conversion/default constructor
17    HugeInt( const std::string & ); // conversion constructor
18
19    // addition operator; HugeInt + HugeInt
20    HugeInt operator+( const HugeInt & ) const;
21
22    // addition operator; HugeInt + int
23    HugeInt operator+( int ) const;
24
25    // addition operator;
26    // HugeInt + string that represents large integer value
27    HugeInt operator+( const std::string & ) const;
28 private:
29    std::array< short, digits > integer;
30 }; // end class HugetInt
31
32 #endif
```

圖10.17 HugeInt類別定義

```
1 // Fig. 10.18: Hugeint.cpp
2 // HugeInt member-function and friend-function definitions.
3 #include <cctype> // isdigit function prototype
4 #include "Hugeint.h" // HugeInt class definition
5 using namespace std;
6
7 // default constructor; conversion constructor that converts
8 // a long integer into a HugeInt object
9 HugeInt::HugeInt( long value )
10 {
11    // initialize array to zero
12    for ( short &element : integer )
13       element = 0;
14
15    // place digits of argument into array
16    for ( size_t j = digits - 1; value != 0 && j >= 0; --j )
17    {
18       integer[ j ] = value % 10;
19       value /= 10;
20    } // end for
21 } // end HugeInt default/conversion constructor
22
23 // conversion constructor that converts a character string
24 // representing a large integer into a HugeInt object
25 HugeInt::HugeInt( const string &number )
26 {
27    // initialize array to zero
28    for ( short &element : integer )
29       element = 0;
30
31    // place digits of argument into array
32    size_t length = number.size();
33
34    for ( size_t j = digits - length, k = 0; j < digits; ++j, ++k )
35       if ( isdigit( number[ k ] ) ) // ensure that character is a digit
36          integer[ j ] = number[ k ] - '0';
37 } // end HugeInt conversion constructor
38
39 // addition operator; HugeInt + HugeInt
40 HugeInt HugeInt::operator+( const HugeInt &op2 ) const
41 {
42    HugeInt temp; // temporary result
43    int carry = 0;
44
45    for ( int i = digits - 1; i >= 0; --i )
46    {
47       temp.integer[ i ] = integer[ i ] + op2.integer[ i ] + carry;
48
49       // determine whether to carry a 1
50       if ( temp.integer[ i ] > 9 )
51       {
52          temp.integer[ i ] %= 10;  // reduce to 0-9
53          carry = 1;
54       } // end if
```

圖10.18 HugeInt類別成員函式以及夥伴函式定義(1/2)

```
55        else // no carry
56           carry = 0;
57     } // end for
58
59     return temp; // return copy of temporary object
60  } // end function operator+
61
62  // addition operator; HugeInt + int
63  HugeInt HugeInt::operator+( int op2 ) const
64  {
65     // convert op2 to a HugeInt, then invoke
66     // operator+ for two HugeInt objects
67     return *this + HugeInt( op2 );
68  } // end function operator+
69
70  // addition operator;
71  // HugeInt + string that represents large integer value
72  HugeInt HugeInt::operator+( const string &op2 ) const
73  {
74     // convert op2 to a HugeInt, then invoke
75     // operator+ for two HugeInt objects
76     return *this + HugeInt( op2 );
77  } // end operator+
78
79  // overloaded output operator
80  ostream& operator<<( ostream &output, const HugeInt &num )
81  {
82     size_t i;
83
84     for ( i = 0; ( i < HugeInt::digits ) && ( 0 == num.integer[ i ] ); ++i
)
85        ; // skip leading zeros
86
87     if ( i == HugeInt::digits )
88        output << 0;
89     else
90        for ( ; i < HugeInt::digits; ++i )
91           output << num.integer[ i ];
92
93     return output;
94  } // end function operator<<
```

圖10.18　HugeInt類別成員函式以及夥伴函式定義(2/2)

```
 1  // Fig. 10.19: fig10_19.cpp
 2  // HugeInt test program.
 3  #include <iostream>
 4  #include "Hugeint.h"
 5  using namespace std;
 6
 7  int main()
 8  {
 9     HugeInt n1( 7654321 );
10     HugeInt n2( 7891234 );
```

圖10.19　HugeInt類別測試程式(1/2)

```
11    HugeInt n3( "9999999999999999999999999999" );
12    HugeInt n4( "1" );
13    HugeInt n5;
14
15    cout << "n1 is " << n1 << "\nn2 is " << n2
16       << "\nn3 is " << n3 << "\nn4 is " << n4
17       << "\nn5 is " << n5 << "\n\n";
18
19    n5 = n1 + n2;
20    cout << n1 << " + " << n2 << " = " << n5 << "\n\n";
21
22    cout << n3 << " + " << n4 << "\n= " << ( n3 + n4 ) << "\n\n";
23
24    n5 = n1 + 9;
25    cout << n1 << " + " << 9 << " = " << n5 << "\n\n";
26
27    n5 = n2 + "10000";
28    cout << n2 << " + " << "10000" << " = " << n5 << endl;
29 } // end main
```

```
n1 is 7654321
n2 is 7891234
n3 is 9999999999999999999999999999
n4 is 1
n5 is 0

7654321 + 7891234 = 15545555

9999999999999999999999999999 + 1
= 10000000000000000000000000000

7654321 + 9 = 7654330

7891234 + 10000 = 7901234
```

圖10.19 HugeInt類別測試程式(2/2)

10.10 (RationalNumber類別)請建立具有以下功能的RationalNumber(分數)類別：

a) 請建立一個建構子，使這個建構子能夠防止分數的分母爲0，將不是最簡的分數予以化簡，並且避免分母是負數。

b) 將這個類別的加法、減法、乘法和除法運算子多載。

c) 將這個類別的關係運算子和等號運算子進行多載。

10.11 (Polynomial類別)請開發類別Polynomial。類別Polynomial在程式的內部表示法是以陣列元素來代表每個多項式的數項。每一個項都包含係數和指數部分。以下數項

$2x^4$

的係數爲2，而指數爲4。試開發一個完整類別，其中包含適當的建構子和解構子函式，以及設定(set)函式和擷取(get)函式。類別也應該提供以下經過多載的運算子功能:

a) 將加法運算子(+)多載成能使兩個Polynomial相加。

b) 將減法運算子(-)多載成能使兩個Polynomial相減。

c) 將指定運算子多載成能使一個Polynomial指定給另一個Polynomial。

d) 將乘法運算子(*)多載成能使兩個Polynomial相乘。

e) 多載加法指定運算子(+=)、減法指定運算子(-=)，以及乘法指定運算子(*=)。

物件導向程式設計：繼承

Say not you know another entirely, till you have divided an inheritance with him.
—Johann Kasper Lavater

This method is to define as the number of a class the class of all classes similar to the given class.
—Bertrand Russell

Save base authority from others' books.
—William Shakespeare

學習目標

在本章中，您將學到：

- 甚麼是繼承，繼承如何提升軟體再利用。
- 基礎類別與衍生類別的觀念，以及它們之間的關係。
- protected成員存取修飾詞。
- 在繼承階層架構下使用建構子與解構子。
- 在繼承階層架構下建構子與解構子執行順序。
- public、protected 和private三種繼承方式有何不同。
- 使用繼承來客製化軟體。

本章綱要

11.1 簡介

本章將繼續討論物件導向程式設計 (Object Oriented Programming，OOP)，主題特色是：**繼承** (inheritance)。繼承是軟體再利用的一種形式，您可吸收現有類別的功能，以您的需求加以客製化並在既有基礎，強化原有功能。軟體再利用可藉由已開發軟體的高效率、高品質、證實無誤等優點，節省軟體系統開發時間。

當您建立新類別時，不需重新撰寫全新的資料成員和成員函式，只要指定欲繼承 (inherit) 的現有類別即可。這個現有的類別就稱爲**基礎類別** (base class)，而新類別則稱爲**衍生類別** (derived class)。其他程式語言，例如Java，則將基礎類別稱爲**父類別** (superclass)，而將衍生類別稱爲**子類別** (subclass)。衍生類別代表一群目的更明確的物件。

C++提供三種繼承的方式：public、protected和private。在本章中，我們會著重於public繼承，並簡要說明其他兩種繼承方式。使用public 繼承方式，衍生類別的所有物件同時也是基礎類別的物件。但基礎類別物件並不是衍生類別的物件。例如，我們有一個運輸工具的基礎類別，而汽車是它的衍生類別，則所有汽車都是運輸工具，但運輸工具並非都是汽車，譬如船是運輸工具，但船不是汽車。

我們必須分辨 **"是一種關係"** (is-a relationship) 跟 "有一個關係" (has-a relationship) 的差異。"是一種" 關係代表繼承。在 "是一種" 關係中，衍生類別的物件也可以視爲其基礎類別的物件。例如，汽車是一種運輸工具，所以運輸工具的任何屬性和行爲也都是汽車的屬性。相對的，"有一個" 關係代表組合，我們在第9章討論過組合。在 "有一個" 關係中，物件會包含一個或更多其他類別所產生的物件作爲其成員。例如汽車會包含許多零件，它有一個方向盤、有一個煞車踏板、有一個傳動器以及有很多其他各種零件。

11.2 基礎類別與衍生類別

圖11.1列出幾個基礎類別和衍生類別的例子。基礎類別較具有一般性，衍生類別則較具有具體性 (specific)。

Base class	Derived classes
Student	GraduateStudent, UndergraduateStudent
Shape	Circle, Triangle, Rectangle, Sphere, Cube
Loan	CarLoan, HomeImprovementLoan, MortgageLoan
Employee	Faculty, Staff
Account	CheckingAccount, SavingsAccount

圖11.1　繼承範例

因爲每個衍生類別都是其基礎類別的物件，而一個基礎類別可能會有許多衍生類別，某個基礎類別所代表的物件集合，通常會大於衍生類別所代表的物件集合。例如，基礎類別Vehicle代表所有的運輸工具，這包含汽車、卡車、船、腳踏車，以此類推。相反地，衍生類別Car代表較少量、較具針對性的運輸工具。

繼承關係會形成一個**類別階層架構** (class hierarchies)。基礎類別和它的衍生類別之間，存在階層的關係。雖然類別可以獨立存在，一旦它們位在繼承關係中，它們就會與其他的類別產生關連。如此，一個類別若不是提供成員給別的類別繼承的基礎類別 ，就是成員由繼承其他類別的成員而來衍生類別，或兩種都是。

CommunityMember 類別階層架構

讓我們發展一個五層的簡單繼承階層關係 (如圖11.2所示的UML類別示意圖)。大學社區通常會有數千位成員。

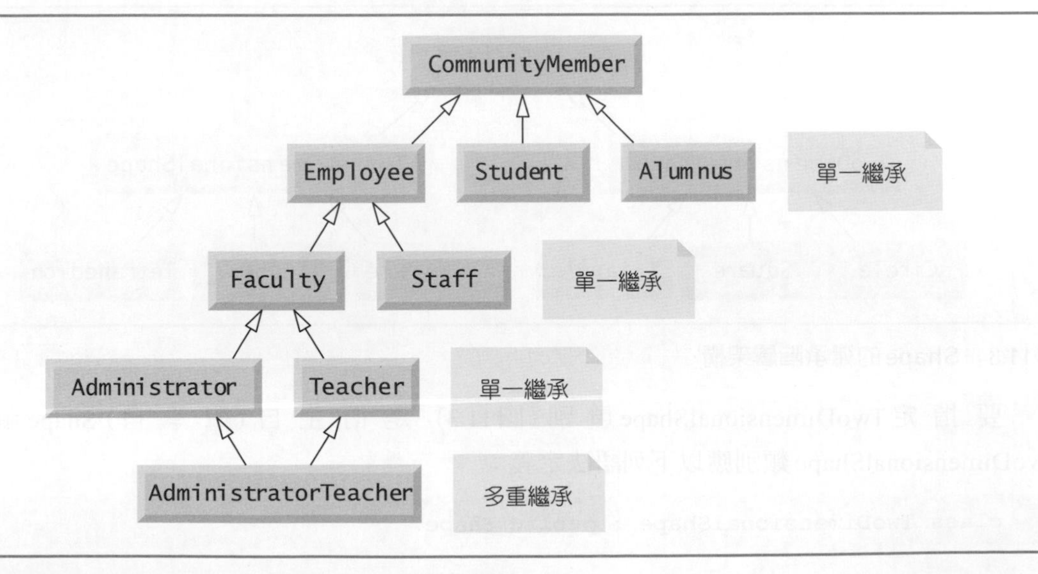

圖11.2　University CommunityMember的繼承階層

類別CommunityMember包括學校的員工 (employee)、學生 (student) 和校友 (alumni)。員工又分成教師 (faculty) 和職員 (staff)。教師又可分爲行政主管以及老師。然而，有些行政主管也是老師。我們使用多重繼承 (multiple inheritance) 形成AdministratorTeacher類別。在**單一繼承中**(single inheritance)，衍生類別由一的基礎類別繼承而來。在多重繼承，衍生類別可繼承兩個或兩個以上的基礎類別 (彼此可能無任何關係)。我們會在第23章討論多重繼承，一般而論，並不鼓勵使用多重繼承。

在階層中的每一個箭頭皆代表"是一種" 關係 (is-a relationship) (圖11.2)。例如，依據這個類別階層的箭號，我們便可以說，"Employee是一種CommunityMember"，而"Teacher是 一 種Faculty"。CommunityMember是Employee、Student和Alumnus的 直 接 基 礎 類 別 (direct base class)。此外，CommunityMember是圖中所有其他類別的間接基礎類別(indirect base class)。間接基礎類別在繼承架構圖中的上兩層或更高層。

由此圖的底部開始，您可以依據箭號的方向，對最上方的基礎類別套用"是一種"關係。例如，AdministratorTeacher同時是一種Administrator、是一種Faculty、是一種Employee、也是一種CommunityMember。

Shape 類別階層架構

現在考慮圖11.3中的Shape繼承階層架構。這個階層架構是由基礎類別Shape開始。類別TwoDimensionalShape和ThreeDimensionalShape是由基礎類別Shape所衍生出來的。一個Shape是一種TwoDimensionalShape，或是一種ThreeDimensionalShape。此階層架構的第三層是更具體而特定的類別，包含TwoDimensionalShape類別或ThreeDimensionalShape類別。跟圖11.2一樣，我們也可以從圖的最底部，順著箭頭到達這個類別階層圖最頂部的基礎類別而找出好幾個「是一種」關係。比如說、一個三角形是一種TwoDimensionalShape，並且也是一種Shape。

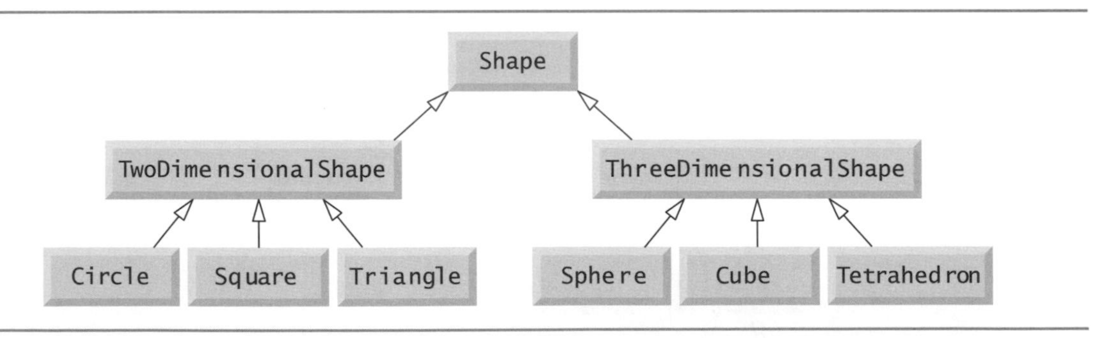

圖11.3 Shape的繼承階層架構

要 指 定TwoDimensionalShape類 別 (圖11.3) 是 衍 生 自 (繼 承 自) Shape類 別，TwoDimensionalShape類別應以下列語法定義：

```
class TwoDimensionalShape : public Shape
```

這是public繼承的例子。public最常用到的繼承形式。我們也會討論private繼承和protected繼承（第11.5節）。對所有型式的繼承，從基礎類別衍生出的類別無法直接使用基礎類別的private成員，但基礎類別中的這些private成員仍然被繼承到衍生類別內。（換句話說，這些private成員依然是衍生類別中的一部分）。在public繼承中，基礎類別的public或protected成員變成衍生類別的成員時，它們會維持原本的成員存取權（也就是說，基礎類別的public成員會變成衍生類別的public成員，並且我們稍後將看到，基礎類別的protected成員會變成衍生類別的protected成員）。透過這些被繼承基礎類別的成員函式，衍生的類別仍可處理基礎類別的private成員（如果基礎類別的成員函式有提供這些功能）。請注意，friend函式是不被繼承的。

繼承並不適用於每一種類別關係。在第9章中，我們討論過「有一個」關係，在這種關係中，類別中某些成員是其他類別的物件。這種關係會藉著組合現存的類別來建立類別。例如，有三個類別分別是Employee、BirthDate和TelephoneNumber，如果我們說Employee是一種BirthDate或Employee是一種TelephoneNumber，都是不恰當的。然而，我們可以說，Employee有一個BirthDate，Employee有一個TelephoneNumber。

您可以用類似的方式來看待基礎類別的物件和衍生類別的物件；它們的共通性表現在基礎類別的成員中。所有繼承同一個基礎類別的衍生類別所產生出的物件，可以直接被當作是基礎類別的物件（換言之，這些物件與基礎類別存在「是一種」關係）。在第12章中，我們會舉許多例子來探討這種關係的優點。

11.3　基礎類別和衍生類別之間的關係

在本節中，我們使用含有各種員工繼承階層的薪資系統，來討論基礎類別與衍生類別之間的關係。員工（將表示為基礎類別的物件）將被給付其業績的某個百分比作為薪資，而底薪制員工（將以衍生類別的物件表示）將會收到底薪加上業績的某個百分比當作薪水。我們將員工以及底薪制員工之間的關係仔細逐步的分成一系列五個例子。

11.3.1　建立並使用CommissionEmployee類別

我們先來檢視CommissionEmployee類別的定義（圖11.4-11.5）。CommissionEmployee的標頭檔（圖11.4）說明了CommissionEmployee類別中的public服務，包含建構子（第11-12行）以及成員函式earnings（第29行）和print（第30行）。第14-27行宣告了public get和set函式，用來操控類別中的資料成員(在32-36行宣告)：firstName、lastName、socialSecurityNumber、grossSales和commissionRate。成員函式setGrossSales（在圖11.5中，第57-63行宣告）和setCommissionRate（在圖11.5中，第72-78行宣告）為例，它們將引數指派給grossSales與commissionRate之前會先驗證該資料是否正確。

```
1 // Fig. 11.4: CommissionEmployee.h
2 // CommissionEmployee class definition represents a commission employee.
3 #ifndef COMMISSION_H
4 #define COMMISSION_H
5
6 #include <string> // C++standard string class
7
8 class CommissionEmployee
9 {
10 public:
11    CommissionEmployee( const std::string &, const std::string &,
12       const std::string &, double = 0.0, double = 0.0 );
13
14    void setFirstName( const std::string & ); // set first name
15    std::string getFirstName() const; // return first name
16
17    void setLastName( const std::string & ); // set last name
18    std::string getLastName() const; // return last name
19
20    void setSocialSecurityNumber( const std::string & ); // set SSN
21    std::string getSocialSecurityNumber() const; // return SSN
22
23    void setGrossSales( double ); // set gross sales amount
24    double getGrossSales() const; // return gross sales amount
25
26    void setCommissionRate( double ); // set commission rate (percentage)
27    double getCommissionRate() const; // return commission rate
28
29    double earnings() const; // calculate earnings
30    void print() const; // print CommissionEmployee object
31 private:
32    std::string firstName;
33    std::string lastName;
34    std::string socialSecurityNumber;
35    double grossSales; // gross weekly sales
36    double commissionRate; // commission percentage
37 }; // end class CommissionEmployee
38
39 #endif
```

圖11.4 CommissionEmployee類別的標頭檔

```
1 // Fig. 11.5: CommissionEmployee.cpp
2 // Class CommissionEmployee member-function definitions.
3 #include <iostream>
4 #include <stdexcept>
5 #include "CommissionEmployee.h" // CommissionEmployee class definition
6 using namespace std;
7
8 // constructor
9 CommissionEmployee::CommissionEmployee(
10    const string &first, const string &last, const string &ssn,
11    double sales, double rate )
12 {
```

圖11.5 CommissionEmployee類別的實作檔案，表示某員工以銷售額的比例給薪(1/3)

```
13    firstName = first; // should validate
14    lastName = last; // should validate
15    socialSecurityNumber = ssn; // should validate
16    setGrossSales( sales ); // validate and store gross sales
17    setCommissionRate( rate ); // validate and store commission rate
18 } // end CommissionEmployee constructor
19
20 // set first name
21 void CommissionEmployee::setFirstName( const string &first )
22 {
23    firstName = first; // should validate
24 } // end function setFirstName
25
26 // return first name
27 string CommissionEmployee::getFirstName() const
28 {
29    return firstName;
30 } // end function getFirstName
31
32 // set last name
33 void CommissionEmployee::setLastName( const string &last )
34 {
35    lastName = last; // should validate
36 } // end function setLastName
37
38 // return last name
39 string CommissionEmployee::getLastName() const
40 {
41    return lastName;
42 } // end function getLastName
43
44 // set social security number
45 void CommissionEmployee::setSocialSecurityNumber( const string &ssn )
46 {
47    socialSecurityNumber = ssn; // should validate
48 } // end function setSocialSecurityNumber
49
50 // return social security number
51 string CommissionEmployee::getSocialSecurityNumber() const
52 {
53    return socialSecurityNumber;
54 } // end function getSocialSecurityNumber
55
56 // set gross sales amount
57 void CommissionEmployee::setGrossSales( double sales )
58 {
59    if ( sales >= 0.0 )
60       grossSales = sales;
61    else
62       throw invalid_argument( "Gross sales must be >= 0.0" );
63 } // end function setGrossSales
64
65 // return gross sales amount
66 double CommissionEmployee::getGrossSales() const
67 {
```

圖11.5　CommissionEmployee類別的實作檔案，表示某員工以銷售額的比例給薪(2/3)

```
68     return grossSales;
69  } // end function getGrossSales
70
71  // set commission rate
72  void CommissionEmployee::setCommissionRate( double rate )
73  {
74     if ( rate > 0.0 && rate < 1.0 )
75        commissionRate = rate;
76     else
77        throw invalid_argument( "Commission rate must be > 0.0 and < 1.0" );
78  } // end function setCommissionRate
79
80  // return commission rate
81  double CommissionEmployee::getCommissionRate() const
82  {
83     return commissionRate;
84  } // end function getCommissionRate
85
86  // calculate earnings
87  double CommissionEmployee::earnings() const
88  {
89     return commissionRate * grossSales;
90  } // end function earnings
91
92  // print CommissionEmployee object
93  void CommissionEmployee::print() const
94  {
95     cout << "commission employee: " << firstName << ' ' << lastName
96        << "\nsocial security number: " << socialSecurityNumber
97        << "\ngross sales: " << grossSales
98        << "\ncommission rate: " << commissionRate;
99  } // end function print
```

圖11.5 CommissionEmployee類別的實作檔案，表示某員工以銷售額的比例給薪(3/3)

CommissionEmployee的建構子

在本節的前幾個範例中，CommissionEmployee建構子的定義故意不使用成員初始化語法，好讓我們說明private和protected修飾詞會如何影響衍生類別的成員存取權限。如圖11.5，第13-15行所示，我們是在建構子本體中將資料指定給資料成員firstName、lastName和socialSecurityNumber。在本節稍後，我們將在建構子中，使用成員初始值列表。

我們並沒有在指定給對應的資料成員前，驗證建構子的引數first、last和ssn是否正確。我們當然可以確認姓名的有效性，也許可根據姓名是否具有合理的長度。同樣，要確認社會安全號碼的有效性，可檢驗是否包含九個數字，或是否有破折號(譬如說，123-45-6789或是123456789)。

CommissionEmployee的成員函式earnings和print

成員函式earnings(第87-90行)會計算CommissionEmployee的收入。第89行將commissionRate乘以grossSales，再將計算結果傳回。成員函式print(第93-99行)會顯示出CommissionEmployee物件中資料成員的值。

測試CommissionEmployee類別

圖11.6中的程式是用來測試CommissionEmployee類別。第11-12行將CommissionEmployee類別實體化為物件employee，並呼叫CommissionEmployee的建構子，以"Sue"為名、"Jones"為姓，"222-22-2222"為身分證字號，10000為總業績以及0.06為佣金比率來初始化物件。第19-24行使用employee的get函式來顯示其資料成員的值。第26-27行呼叫物件的成員函式setGrossSales和setCommissionRate來改變資料成員grossSales和commissionRate的值。然後第31行呼叫employee的print成員函式來輸出更新過後的CommissionEmployee資訊。最後，第34行會顯示出經由物件的成員函式earnings使用更新過的資料成員grossSales和commissionRate計算出CommissionEmployee的收入。

```
 1 // Fig. 11.6: fig11_06.cpp
 2 // CommissionEmployee class test program.
 3 #include <iostream>
 4 #include <iomanip>
 5 #include "CommissionEmployee.h" // CommissionEmployee class definition
 6 using namespace std;
 7
 8 int main()
 9 {
10    // instantiate a CommissionEmployee object
11    CommissionEmployee employee(
12       "Sue", "Jones", "222-22-2222", 10000, .06 );
13
14    // set floating-point output formatting
15    cout << fixed << setprecision( 2 );
16
17    // get commission employee data
18    cout << "Employee information obtained by get functions: \n"
19       << "\nFirst name is " << employee.getFirstName()
20       << "\nLast name is " << employee.getLastName()
21       << "\nSocial security number is "
22       << employee.getSocialSecurityNumber()
23       << "\nGross sales is " << employee.getGrossSales()
24       << "\nCommission rate is " << employee.getCommissionRate() << endl;
25
26    employee.setGrossSales( 8000 ); // set gross sales
27    employee.setCommissionRate( .1 ); // set commission rate
28
29    cout << "\nUpdated employee information output by print function: \n"
30       << endl;
31    employee.print(); // display the new employee information
32
33    // display the employee's earnings
34    cout << "\n\nEmployee's earnings: $" << employee.earnings() << endl;
35 } // end main
```

圖11.6　CommissionEmployee類別測試程式(1/2)

```
Employee information obtained by get functions:

First name is Sue
Last name is Jones
Social security number is 222-22-2222
Gross sales is 10000.00
Commission rate is 0.06

Updated employee information output by print function:

commission employee: Sue Jones
social security number: 222-22-2222
gross sales: 8000.00
commission rate: 0.10

Employee's earnings: $800.00
```

圖11.6 CommissionEmployee類別測試程式(2/2)

11.3.2 不使用繼承機制建立BasePlusCommissionEmployee類別

現在，我們透過建立和測試類別(全新且獨立的類別) BasePlusCommissionEmployee繼續討論繼承介紹的第二部分(圖11.7-11.8)，其中包含了姓、名、身分證字號、總業績、佣金比率以及底薪。

```
 1 // Fig. 11.7: BasePlusCommissionEmployee.h
 2 // BasePlusCommissionEmployee class definition represents an employee
 3 // that receives a base salary in addition to commission.
 4 #ifndef BASEPLUS_H
 5 #define BASEPLUS_H
 6
 7 #include <string> // C++standard string class
 8
 9 class BasePlusCommissionEmployee
10 {
11 public:
12    BasePlusCommissionEmployee( const std::string &, const std::string &,
13       const std::string &, double = 0.0, double = 0.0, double = 0.0 );
14
15    void setFirstName( const std::string & ); // set first name
16    std::string getFirstName() const; // return first name
17
18    void setLastName( const std::string & ); // set last name
19    std::string getLastName() const; // return last name
20
21    void setSocialSecurityNumber( const std::string & ); // set SSN
22    std::string getSocialSecurityNumber() const; // return SSN
23
24    void setGrossSales( double ); // set gross sales amount
25    double getGrossSales() const; // return gross sales amount
26
27    void setCommissionRate( double ); // set commission rate
28    double getCommissionRate() const; // return commission rate
29
```

圖11.7 BasePlusCommissionEmployee類別的標頭檔(1/2)

```
30    void setBaseSalary( double ); // set base salary
31    double getBaseSalary() const; // return base salary
32
33    double earnings() const; // calculate earnings
34    void print() const; // print BasePlusCommissionEmployee object
35 private:
36    std::string firstName;
37    std::string lastName;
38    std::string socialSecurityNumber;
39    double grossSales; // gross weekly sales
40    double commissionRate; // commission percentage
41    double baseSalary; // base salary
42 }; // end class BasePlusCommissionEmployee
43
44 #endif
```

圖11.7　BasePlusCommissionEmployee類別的標頭檔(2/2)

```
 1 // Fig. 11.8: BasePlusCommissionEmployee.cpp
 2 // Class BasePlusCommissionEmployee member-function definitions.
 3 #include <iostream>
 4 #include <stdexcept>
 5 #include "BasePlusCommissionEmployee.h" // class definition
 6 using namespace std;
 7
 8 // constructor
 9 BasePlusCommissionEmployee::BasePlusCommissionEmployee(
10    const string &first, const string &last, const string &ssn,
11    double sales, double rate, double salary )
12 {
13    firstName = first; // should validate
14    lastName = last; // should validate
15    socialSecurityNumber = ssn; // should validate
16    setGrossSales( sales ); // validate and store gross sales
17    setCommissionRate( rate ); // validate and store commission rate
18    setBaseSalary( salary ); // validate and store base salary
19 } // end BasePlusCommissionEmployee constructor
20
21 // set first name
22 void BasePlusCommissionEmployee::setFirstName( const string &first )
23 {
24    firstName = first; // should validate
25 } // end function setFirstName
26
27 // return first name
28 string BasePlusCommissionEmployee::getFirstName() const
29 {
30    return firstName;
31 } // end function getFirstName
32
33 // set last name
34 void BasePlusCommissionEmployee::setLastName( const string &last )
35 {
36    lastName = last; // should validate
```

圖11.8　BasePlusCommissionEmployee類別代表有底薪又有佣金的員工(1/3)

```
37 } // end function setLastName
38
39 // return last name
40 string BasePlusCommissionEmployee::getLastName() const
41 {
42    return lastName;
43 } // end function getLastName
44
45 // set social security number
46 void BasePlusCommissionEmployee::setSocialSecurityNumber(
47    const string &ssn )
48 {
49    socialSecurityNumber = ssn; // should validate
50 } // end function setSocialSecurityNumber
51
52 // return social security number
53 string BasePlusCommissionEmployee::getSocialSecurityNumber() const
54 {
55    return socialSecurityNumber;
56 } // end function getSocialSecurityNumber
57
58 // set gross sales amount
59 void BasePlusCommissionEmployee::setGrossSales( double sales )
60 {
61    if ( sales >= 0.0 )
62       grossSales = sales;
63    else
64       throw invalid_argument( "Gross sales must be >= 0.0" );
65 } // end function setGrossSales
66
67 // return gross sales amount
68 double BasePlusCommissionEmployee::getGrossSales() const
69 {
70    return grossSales;
71 } // end function getGrossSales
72
73 // set commission rate
74 void BasePlusCommissionEmployee::setCommissionRate( double rate )
75 {
76    if ( rate > 0.0 && rate < 1.0 )
77       commissionRate = rate;
78    else
79       throw invalid_argument( "Commission rate must be > 0.0 and < 1.0" );
80 } // end function setCommissionRate
81
82 // return commission rate
83 double BasePlusCommissionEmployee::getCommissionRate() const
84 {
85    return commissionRate;
86 } // end function getCommissionRate
87
88 // set base salary
89 void BasePlusCommissionEmployee::setBaseSalary( double salary )
90 {
```

圖11.8 BasePlusCommissionEmployee類別代表有底薪又有佣金的員工(2/3)

```
91    if ( salary >= 0.0 )
92       baseSalary = salary;
93    else
94       throw invalid_argument( "Salary must be >= 0.0" );
95 } // end function setBaseSalary
96
97 // return base salary
98 double BasePlusCommissionEmployee::getBaseSalary() const
99 {
100    return baseSalary;
101 } // end function getBaseSalary
102
103 // calculate earnings
104 double BasePlusCommissionEmployee::earnings() const
105 {
106    return baseSalary + ( commissionRate * grossSales );
107 } // end function earnings
108
109 // print BasePlusCommissionEmployee object
110 void BasePlusCommissionEmployee::print() const
111 {
112    cout << "base-salaried commission employee: " << firstName << ' '
113       << lastName << "\nsocial security number: " << socialSecurityNumber
114       << "\ngross sales: " << grossSales
115       << "\ncommission rate: " << commissionRate
116       << "\nbase salary: " << baseSalary;
117 } // end function print
```

圖11.8　BasePlusCommissionEmployee類別代表有底薪又有佣金的員工(3/3)

定義BasePlusCommissionEmployee類別

BasePlusCommissionEmployee類別的標頭檔(圖11.7)定義了BasePlusCommissionEmployee類別中public服務，其中包含BasePlusCommissionEmployee的建構子(第12-13行)與成員函式earnings(第33行)與print(第34行)。第15-31行宣告了public get和set函式，用來操控類別中的private資料成員(在36-41行宣告)：firstName、lastName、socialSecurityNumber、grossSales、commissionRate和baseSalary。這些變數跟成員函式已經將有底薪的佣金員工的全部特徵要素封裝於其中了。注意這個類別與CommissionEmployee類別之間的相似性(圖11.4-11.5)；在這個例子中，我們先不去探討這個相似性。

BasePlusCommissionEmployee類別的成員函式earnings(在圖11.8，第104-107行中定義)計算底薪制的員工收入。第106行將員工底薪，加上雇員總業績與佣金比率的乘積，然後傳回。

測試BasePlusCommissionEmployee類別

圖11.9的程式用來測試BasePlusCommissionEmployee類別。第11-12行將BasePlusCommissionEmployee類別實體化成爲employee物件，並且傳遞“Bob”、"Lewis"、"333-33-3333"、"5000"、0.04以及300到建構子，分別當作名字、姓氏、社會安全號碼、總業績、佣金比率、以及底薪的資料。第19-25行使用了BasePlusCommissionEmployee類別的get函式取回該物件資料成員中的資料以供顯示輸出。第27行呼叫了物件的setBaseSalary成

員函式來更改底薪。成員函式setBaseSalary (圖11.8，第89-95行) 確保資料成員baseSalary不能被指派為負數值，因員工的底薪不可以是負的。圖11.9中，第31行呼叫物件的print成員函式來輸出更新過的BasePlusCommissionEmployee資訊，而第34行則呼叫成員函式earnings來顯示BasePlusCommissionEmployee的收入。

```
 1 // Fig. 11.9: fig11_09.cpp
 2 // BasePlusCommissionEmployee class test program.
 3 #include <iostream>
 4 #include <iomanip>
 5 #include "BasePlusCommissionEmployee.h" // class definition
 6 using namespace std;
 7
 8 int main()
 9 {
10    // instantiate BasePlusCommissionEmployee object
11    BasePlusCommissionEmployee
12       employee( "Bob", "Lewis", "333-33-3333", 5000, 0.04, 300 );
13
14    // set floating-point output formatting
15    cout << fixed << setprecision( 2 );
16
17    // get commission employee data
18    cout << "Employee information obtained by get functions: \n"
19       << "\nFirst name is " << employee.getFirstName()
20       << "\nLast name is " << employee.getLastName()
21       << "\nSocial security number is "
22       << employee.getSocialSecurityNumber()
23       << "\nGross sales is " << employee.getGrossSales()
24       << "\nCommission rate is " << employee.getCommissionRate()
25       << "\nBase salary is " << employee.getBaseSalary() << endl;
26
27    employee.setBaseSalary( 1000 ); // set base salary
28
29    cout << "\nUpdated employee information output by print function: \n"
30       << endl;
31    employee.print(); // display the new employee information
32
33    // display the employee's earnings
34    cout << "\n\nEmployee's earnings: $" << employee.earnings() << endl;
35 } // end main
```

```
Employee information obtained by get functions:

First name is Bob
Last name is Lewis
Social security number is 333-33-3333
Gross sales is 5000.00
Commission rate is 0.04
Base salary is 300.00

Updated employee information output by print function:

base-salaried commission employee: Bob Lewis
social security number: 333-33-3333
gross sales: 5000.00
commission rate: 0.04
base salary: 1000.00

Employee's earnings: $1200.00
```

圖11.9 BasePlusCommissionEmployee類別的測試程式

探討BasePlusCommissionEmployee與CommissionEmployee兩個類別的相似性

類別BasePlusCommissionEmployee (圖11.7-11.8)中的程式碼和類別CommissionEmployee (圖11.4-11.5)的程式碼即使不完全相同，卻也非常相似。舉例來說，在BasePlusCommissionEmployee類別裡，private資料成員firstName和lastName，以及成員函式setFirstName、getFirstName、setLastNam與getLastName，都跟CommissionEmployee類別裡的相同。CommissionEmployee類別與BasePlusCommissionEmployee類別皆包含了private資料成員socialSecurityNumber、commissionRate和grossSales，也都包含了get與set函式來操控這些資料成員。

除此之外，BasePlusCommissionEmployee的建構子跟CommissionEmployee的建構子幾乎一模一樣，除了BasePlusCommissionEmployee的建構子多設定了資料成員baseSalary。另外，BasePlusCommissionEmployee類別多出了private資料成員baseSalary，和成員函式setBaseSalary與getBaseSalary。BasePlusCommissionEmployee類別的print成員函式與CommissionEmployee類別的print成員函式幾乎一樣，除了BasePlusCommissionEmployee的print函式會多印出baseSalary資料成員的內容。

我們可以從CommissionEmployee類別中，逐行逐字地複製程式碼，再貼到BasePlusCommissionEmployee類別裡，接下來修改BasePlusCommissionEmployee類別，加上基本薪資資料與操控基本薪資的各種成員函式。這種複製貼上 (copy-and-paste) 的方式通常就是錯誤的起因，而且非常的耗時。

軟體工程觀點 11.1

從某個類別複製程式碼，再貼到另一個類別裡，這種作法會讓錯誤擴散到不同的原始碼檔案裡。當您想讓一個類別「吸收」另一個類別的成員函式與資料成員時，請使用繼承而不是複製貼上，以避免程式碼(可能是錯誤的)的複製。

軟體工程觀點 11.2

有了繼承，階層中所有類別共同的成員函式與資料成員都會在基礎類別內宣告。當這些共同的特徵需要改變時，您只需要在基礎類別中做修改，衍生類別則直接繼承這些改變。如果不使用繼承，就要對所有複製過，有問題的原始碼檔案，進行全面性的修改。

11.3.3　建立CommissionEmployee與BasePlusCommissionEmployee繼承階層

我們現在來建立並測試由CommissionEmployee類別(圖11.4-11.5) 所衍生出全新版本的BasePlusCommissionEmployee類別(圖11.10-11.11)。在這個例子中，一個BasePlusCommissionEmployee物件是一種CommissionEmployee類別(因為繼承會將CommissionEmployee類別的能力給傳遞下去)，但BasePlusCommissionEmployee類別多了一個資料成員baseSalary (圖11.10，第22行)。類別定義的第10行有一個冒號(:)，代表繼承關係。關鍵字public表示繼承的方法。身為一個衍生類別 (使用了public繼承方法)，BasePlusCommissionEmployee繼承CommissionEmployee類別除了建構子以外的所有成員，每個衍生類別都要提供自己專屬的建構子。[解構子也不會被繼承。]因此，BasePlusCommissionEmployee類別的public服務包含它自己的建構子(第13-14行)以及由CommissionEmployee類別繼承而來的public成員函式，雖然我們在BasePlusCommissionEmployee類別中看不見這些繼承之成員函式的程式碼，它們仍然是衍生類別BasePlusCommissionEmployee的一部分。衍生類別BasePlusCommissionEmployee的public服務還包含成員函式setBaseSalary、getBaseSalary、earnings和print(第16-20行)。

```
 1 // Fig. 11.10: BasePlusCommissionEmployee.h
 2 // BasePlusCommissionEmployee class derived from class
 3 // CommissionEmployee.
 4 #ifndef BASEPLUS_H
 5 #define BASEPLUS_H
 6
 7 #include <string> // C++standard string class
 8 #include "CommissionEmployee.h" // CommissionEmployee class declaration
 9
10 class BasePlusCommissionEmployee : public CommissionEmployee
11 {
12 public:
13    BasePlusCommissionEmployee( const std::string &, const std::string &,
14       const std::string &, double = 0.0, double = 0.0, double = 0.0 );
15
16    void setBaseSalary( double ); // set base salary
17    double getBaseSalary() const; // return base salary
18
19    double earnings() const; // calculate earnings
20    void print() const; // print BasePlusCommissionEmployee object
21 private:
22    double baseSalary; // base salary
23 }; // end class BasePlusCommissionEmployee
24
25 #endif
```

圖11.10 BasePlusCommissionEmployee類別的定義，明確指出與CommissionEmployee類別的繼承關係

```
 1 // Fig. 11.11: BasePlusCommissionEmployee.cpp
 2 // Class BasePlusCommissionEmployee member-function definitions.
 3 #include <iostream>
 4 #include <stdexcept>
 5 #include "BasePlusCommissionEmployee.h" // class definition
 6 using namespace std;
 7
 8 // constructor
 9 BasePlusCommissionEmployee::BasePlusCommissionEmployee(
10    const string &first, const string &last, const string &ssn,
11    double sales, double rate, double salary )
12    // explicitly call base-class constructor
13    : CommissionEmployee( first, last, ssn, sales, rate )
14 {
```

圖11.11 BasePlusCommissionEmployee的實作檔案：private的基礎類別資料不可以被衍生類別所存取(1/2)

```
15    setBaseSalary( salary ); // validate and store base salary
16 } // end BasePlusCommissionEmployee constructor
17
18 // set base salary
19 void BasePlusCommissionEmployee::setBaseSalary( double salary )
20 {
21    if ( salary >= 0.0 )
22       baseSalary = salary;
23    else
24       throw invalid_argument( "Salary must be >= 0.0" );
25 } // end function setBaseSalary
26
27 // return base salary
28 double BasePlusCommissionEmployee::getBaseSalary() const
29 {
30    return baseSalary;
31 } // end function getBaseSalary
32
33 // calculate earnings
34 double BasePlusCommissionEmployee::earnings() const
35 {
36    // derived class cannot access the base class's private data
37    return baseSalary + ( commissionRate * grossSales );
38 } // end function earnings
39
40 // print BasePlusCommissionEmployee object
41 void BasePlusCommissionEmployee::print() const
42 {
43    // derived class cannot access the base class's private data
44    cout << "base-salaried commission employee: " << firstName << ' '
45       << lastName << "\nsocial security number: " << socialSecurityNumber
46       << "\ngross sales: " << grossSales
47       << "\ncommission rate: " << commissionRate
48       << "\nbase salary: " << baseSalary;
49 } // end function print
```

Compilation Errors from the LLVM Compiler in Xcode 4.5

```
BasePlusCommissionEmployee.cpp:37:26:
   'commissionRate' is a private member of 'CommissionEmployee'
BasePlusCommissionEmployee.cpp:37:43:
   'grossSales' is a private member of 'CommissionEmployee'
BasePlusCommissionEmployee.cpp:44:53:
   'firstName' is a private member of 'CommissionEmployee'
BasePlusCommissionEmployee.cpp:45:10:
   'lastName' is a private member of 'CommissionEmployee'
BasePlusCommissionEmployee.cpp:45:54:
   'socialSecurityNumber' is a private member of 'CommissionEmployee'
BasePlusCommissionEmployee.cpp:46:31:
   'grossSales' is a private member of 'CommissionEmployee'
BasePlusCommissionEmployee.cpp:47:35:
   'commissionRate' is a private member of 'CommissionEmployee'
```

圖11.11　BasePlusCommissionEmployee的實作檔案：private的基礎類別資料不可以被衍生類別所存取 (2/2)

圖11.11展示了BasePlusCommissionEmployee類別的成員函式實作。建構子（第9-16行）介紹了**基礎類別初始值語法**（base-class initializer syntax，第13行），使用成員初始值串列來傳遞引數到基礎類別（CommissionEmployee）的建構子。C++實際上需要衍生類別的建構子呼叫基礎類別的建構子，來初始化繼承自基礎類別的資料成員。第13行就是用基礎類別名稱CommissionEmployee來呼叫其建構子來達成這項工作：這一行將建構子的參數first、last、ssn、sales和rate當成引數來初始化基礎類別的資料成員firstName、lastName、socialSecurityNumber、grossSales和commissionRate。如果BasePlusCommissionEmployee的建構子沒有明確的寫出呼叫CommissionEmployee類別的建構子，C++會嘗試呼叫CommissionEmployee類別的預設建構子；但這個類別並無此建構子，所以編譯器會發出錯誤訊息。回想第3章提到的，編譯器會為沒有明確寫出建構子的類別提供一個無參數的預設建構子。但是CommissionEmployee類別卻有明確的定義與寫出建構子，所以編譯器不會為它提供預設建構子。因此所有隱式呼叫CommissionEmployee類別預設建構子的嘗試都會導致編譯錯誤。

程式中常犯的錯誤 11.1

當衍生類別呼叫基礎類別的建構子時，所使用的參數數量、資料型態、參數順序必須與基礎類別的建構子一致，否則會導致編譯錯誤。

效能要訣 11.1

在衍生類別建構子中，在成員初始值列表初始化成員物件並明確呼叫基礎類別建構子，可以避免重複初始化的問題。在重複初始化的情況下，程式會呼叫預設的建構子，然後在衍生類別建構子中，再次修改資料成員。

存取基礎類別private 成員所產生的編譯錯誤

編譯器會對圖11.11，第37行程式產生錯誤訊息，因為基礎類別CommissionEmployee的資料成員commissionRate和grossSales是private，衍生類別BasePlusCommissionEmployee的成員函式，不能存取基礎類別CommissionEmployee的資料成員。我們在圖11.11中使用灰色文字來標示錯誤的程式碼。編譯器在第44-47行也會對BasePlusCommissionEmployee類別的成員函式print發出錯誤訊息，原因和上述一樣。如您所見，C++強制限制對private資料成員的存取，所以即使是衍生的類別（與它的基礎類別關係密切）也不能存取基礎類別的private資料。

避免BasePlusCommissionEmployee類別中的錯誤

我們故意在圖11.11中寫幾行錯誤的程式碼來強調衍生類別的成員函式不可以存取基礎類別的private資料成員。BasePlusCommissionEmployee類別中的錯誤可以使用從基礎類別CommissionEmployee繼承而來的get成員函式來避免。例如，第37行可以呼叫getCommissionRate和getGrossSales來存取CommissionEmployee的private資料成員commissionRate和grossSales。同樣的，第44-47行可以使用適當的get成員函式來取回基礎類別資料成員中的值。在下一個例子當中，我們將展示如何以protected資料來避免在這例子中碰到的錯誤。

在衍生類別的標頭檔使用#include引入基礎類別的標頭檔

請注意我們使用#include將基礎類別的標頭檔引入衍生類別的標頭檔之中(圖11.10，第8行)。有三個原因顯示這是必要的。第一，在第10行爲了讓衍生類別能夠使用基礎類別的名稱，我們必須告知編譯器這個基礎類別存在，而在CommissionEmployee.h所定義的類別，就是編譯器所需要的資訊。

第二個原因是編譯器需要使用類別的定義資訊，來決定這個類別所產生之物件的大小(在第3.6節所討論到)。一個顧客端程式要建立該類別的物件，必須#include這個類別的定義資訊，好讓編譯器預留足夠的記憶體來容納該物件。使用繼承時，衍生類別的物件大小，是由它所宣告的資料成員，以及由直接繼承與間接繼承基礎類別的資料成員所決定。在第8行引入基礎類別的定義，目的也是要讓編譯器知道，基礎類別的資料成員會需要多少記憶體，而這些記憶體需求會併入衍生類別物件的總記憶體需求量內計算。

第8行存在的最後一個理由，是要讓編譯器判斷，衍生類別是否正確的使用，由基礎類別繼承而來的成員。例如在圖11.10-11.11中的程式，編譯器使用基礎類別的標頭檔，來判斷被衍生類別使用的資料成員，是否在基礎類別中被宣告爲private。既然這些資料成員不能被衍生類別所存取，編譯程式會以錯誤訊息告知程式有誤。編譯器也會使用基礎類別標頭檔中的函式原型，來驗證衍生類別呼叫基礎類別的方式是否正確。

繼承階層中的連結程序

在第3.7節中，我們討論了產生GradeBook應用程式執行檔的連結過程。在那個例子當中，可看到顧客端類別的目的碼(Object Code)與GradeBook類別的目的碼連結，同時也會與由顧客端或GradeBook類別所使用到的C++標準函式庫的目的碼連結。

繼承階層中類別程式所進行的連結程序是相似的。這個過程需要所有這個程式中所有使用到的類別，包含衍生類別所直接繼承與間接繼承的基礎類別目的碼。假設顧客端程式要由BasePlusCommissionEmployee類別來建立應用程式，而BasePlusCommissionEmployee類別又是由CommissionEmployee類別衍生而來(我們會在第11.3.4節看到一個例子)。

在編譯顧客端應用程式之時，顧客端的目的碼必須與BasePlusCommissionEmployee類別和CommissionEmployee類別的顧客端目的碼進行連結，因爲BasePlusCommissionEmployee類別繼承了基礎類別CommissionEmployee的成員函式。這份目的碼也會與在顧客端程式中，被CommissionEmployee類別，以及BasePlusCommissionEmployee類別所使用到的C++標準函式庫類別的目的碼連結。這個機制讓程式可以存取，它需要用到的所有功能。

11.3.4 CommissionEmployee- BasePlusCommission Employee繼承階層使用protected資料

第3章介紹了存取修飾詞public和private。只要有基礎類別public成員的控制碼(handle，如名稱、參考和指標)就能在類別主體或程式中的任何地方存取。基礎類別的private 成員，就只有類別主體和夥伴函式能存取。在本節中，所要介紹的是存取修飾詞：protected。

protected存取修飾詞在public 和 private 之間提供了中間層級的存取權。訪問提供保護的中間水平的公共和私接。讓BasePlusCommissionEmployee類別可以直接存取CommissionEmployee類別的資料成員firstName、lastName、socialSecurityNumber、grossSales和commissionRate，我們可以將基礎類別的這些資料成員宣告成protected。基礎類別的protected成員可在基礎類別主體內存取、可被基礎類別成員存取、可被基礎類別夥伴函式存取、也可被衍生類別的成員函式和夥伴函式存取。

定義有protected資料的基礎類別CommissionEmployee

CommissionEmployee類別(圖11.12)將資料成員firstName、lastName、socialSecurityNumber、grossSales以及commissionRate宣告為protected(第31-36行)而非private。成員函式的實作與圖11.5完全相同，CommissionEmployee.cpp程式碼就不再呈現。

```
 1 // Fig. 11.12: CommissionEmployee.h
 2 // CommissionEmployee class definition represents a commission employee.
 3 #ifndef COMMISSION_H
 4 #define COMMISSION_H
 5
 6 #include <string> // C++standard string class
 7
 8 class CommissionEmployee
 9 {
10 public:
11    CommissionEmployee( const std::string &, const std::string &,
12       const std::string &, double = 0.0, double = 0.0 );
13
14    void setFirstName( const std::string & ); // set first name
15    std::string getFirstName() const; // return first name
16
17    void setLastName( const std::string & ); // set last name
18    std::string getLastName() const; // return last name
19
20    void setSocialSecurityNumber( const std::string & ); // set SSN
21    std::string getSocialSecurityNumber() const; // return SSN
22
23    void setGrossSales( double ); // set gross sales amount
24    double getGrossSales() const; // return gross sales amount
25
26    void setCommissionRate( double ); // set commission rate (percentage)
27    double getCommissionRate() const; // return commission rate
28
29    double earnings() const; // calculate earnings
30    void print() const; // print CommissionEmployee object
31 private:
32    std::string firstName;
33    std::string lastName;
34    std::string socialSecurityNumber;
35    double grossSales; // gross weekly sales
36    double commissionRate; // commission percentage
37 }; // end class CommissionEmployee
38
39 #endif
```

圖11.12 CommissionEmployee類別定義中宣告protected資料成員，讓衍生類別可存取這些變數

BasePlusCommissionEmployee類別

圖11.10-11.11中對BasePlusCommissionEmployee的定義無任何改變，這裡就不顯示其程式碼。現在，BasePlusCommissionEmployee類別繼承CommissionEmployee類別（圖11.12）。BasePlusCommissionEmployee類別的物件可以存取基礎類別CommissionEmployee中宣告為protected的資料成員（資料成員firstName、lastName、socialSecurityNumber、grossSales和commissionRate）。因此，在編譯BasePlusCommissionEmployee類別的earnings和print成員函式（圖11.11，第34-38、41-49行）時，不會產生任何錯誤訊息。這說明了衍生類別具有直接存取基礎類別protected資料成員的特殊權限。衍生類別的物件也可以存取間接基礎類別中的protected成員。

BasePlusCommissionEmployee類別並不會繼承CommissionEmployee類別的建構子。但是BasePlusCommissionEmployee類別的建構子（圖11.11，第9-16行）會使用成員初始值語法明確的呼叫類別CommissionEmployee建構子（第13行）。再次提醒，BasePlusCommissionEmployee類別必須明確呼叫CommissionEmployee類別的建構子，因為，CommissionEmployee類別並沒有預設建構子好讓BasePlusCommissionEmployee類別做隱式呼叫。

測試修改過的BasePlusCommissionEmployee類別

要測試修正版的類別繼承，我們重複使用圖11.9的測試程式。圖11.13呈現的輸出和圖11.9相同。我們首先建立了一個不使用繼承的BasePlusCommissionEmployee類別，以及一個使用繼承的BasePlusCommissionEmployee類別，但是，這兩個類別都提供一模一樣的功能。

請注意BasePlusCommissionEmployee類別（標頭檔以及實作檔）只有74行程式碼，比起沒使用繼承版本的BasePlusCommissionEmployee類別的161行程式碼短上許多。因為使用繼承的版本吸收了CommissionEmployee類別部分的功能，而沒使用繼承的版本卻什麼都沒有吸收到。而且宣告在CommissionEmployee類別中，能提供使用功能的類別CommissionEmployee只要有一分就可以分享。這讓原始程式碼很容易維護、修改和除錯，因為有關CommissionEmployee類別的程式碼就只儲存在CommissionEmployee.h和CommissionEmployee.cpp兩個檔案中。

```
Employee information obtained by get functions:

First name is Bob
Last name is Lewis
Social security number is 333-33-3333
Gross sales is 5000.00
Commission rate is 0.04
Base salary is 300.00

Updated employee information output by print function:
base-salaried commission employee: Bob Lewis
social security number: 333-33-3333
gross sales: 5000.00
commission rate: 0.04
base salary: 1000.00

Employee's earnings: $1200.00
```

圖11.13　基礎類別的protected資料可以被衍生類別所存取

使用protected資料的注意事項

在此範例中，我們將基礎類別資料成員宣告爲protected，所以衍生類別可以直接修改它們的數值。繼承protected資料成員會增加一點效能，原因是我們不用經由set或get成員函式就可以直接存取這些成員，省去了呼叫函式的額外負擔。

軟體工程觀點 11.3

大部分的狀況下，良好軟體程式的觀點會比較鼓勵使用private等級的資料成員，並將程式碼最佳化的問題交付給編譯器處理即可。這麼做，您的程式碼會更容易維護、修改和除錯。

使用protected資料成員會產生兩個嚴重的問題。首先，衍生類別物件並沒有使用成員函式來設定基礎類別protected資料成員的數值。因此，衍生類別物件可以指定非有效的數值給protected資料成員，這會讓物件處於不可用的狀態。例如，CommissionEmployee類別的資料成員grossSales宣告成protected時，衍生類別的物件可以直接指定負値給grossSales。

使用protected資料成員的第二個問題就是衍生類別成員函式會與基礎類別的實作有很大的依賴關係。衍生類別應該只使用基礎類別的服務（也就是非private成員函式）並且不應該與基礎類別的實作有關。在使用基礎類別的protected資料成員時，如果基礎類別的實作改變了，則我們可能需要修改該基礎類別的所有衍生類別。

例如，如果因爲某些原因，我們將資料成員firstName和lastName的名稱改成first和last，則我們也必須更改衍生類別直接參照基礎類別資料成員的所有位置。在這種情況下，軟體被稱作**脆弱的** (fragile) 或易損壞的 (brittle)，因爲基礎類別的細微改變都可能「破壞」衍生類別的實作。您應該可以隨意改變基礎類別的實作，但同時對衍生類別提供相同的服務。當然，如果基礎類別服務改變的話，我們必須重新實作衍生類別，但是良好的物件導向設計會試圖避免這種事發生。

軟體工程觀點 11.4

當基礎類別只提供服務（也就是non-private成員函式）給它的衍生類別以及friend時，使用protected存取修飾詞算是適當的。

軟體工程觀點 11.5

將基礎類別資料成員宣告爲private（而不是將它們宣告爲protected）讓您在改變基礎類別的實作後，不需要改變衍生類別的實作。

11.3.5 CommissionEmployee-BasePlusCommissionEmployee繼承階層使用private資料

現在重新檢視我們的階層，這一次要使用最佳的軟體工程實作方式。CommissionEmployee類別 現在將資料成員firstName、lastName、socialSecurityNumber、grossSales和commissionRate宣告爲private ，這部分已在圖11.4，第31-36行呈現過。

改變CommissionEmployee類別成員函式的定義

在CommissionEmployee類別的建構子中（圖11.14，第9-16行），我們使用了成員初始值串列（第12行）來設定資料成員firstName、lastName和socialSecurityNumber。我們示範衍生類別BasePlusCommissionEmployee（圖11.15）如何呼叫非private的基礎類別成員函式（setFirstName、getFirstName、setLastName、getLastName、setSocialSecurityNumber和getSocialSecurityNumber）來處理這些資料成員。

在建構子的主體、成員函式earning（圖11.14，第85-88行）和print（第91-98行）的主體，我們呼叫set和get成員函式來存取類別的私有成員。當我們決定要改變資料成員的名稱時，earnings和print的定義完全不用改－只有get和set這些直接操控被更改的資料成員之成員函式需要一起修改。這些改變只會在基礎類別中發生，衍生類別完全不用變動。像這樣使程式修改的影響局部化的方式，就是一種優良的軟體工程實作方式。

```
 1 // Fig. 11.14: CommissionEmployee.cpp
 2 // Class CommissionEmployee member-function definitions.
 3 #include <iostream>
 4 #include <stdexcept>
 5 #include "CommissionEmployee.h" // CommissionEmployee class definition
 6 using namespace std;
 7
 8 // constructor
 9 CommissionEmployee::CommissionEmployee(
10    const string &first, const string &last, const string &ssn,
11    double sales, double rate )
12    : firstName( first ), lastName( last ), socialSecurityNumber( ssn )
13 {
14    setGrossSales( sales ); // validate and store gross sales
15    setCommissionRate( rate ); // validate and store commission rate
16 } // end CommissionEmployee constructor
17
18 // set first name
19 void CommissionEmployee::setFirstName( const string &first )
20 {
21    firstName = first; // should validate
22 } // end function setFirstName
23
24 // return first name
25 string CommissionEmployee::getFirstName() const
26 {
27    return firstName;
28 } // end function getFirstName
29
30 // set last name
31 void CommissionEmployee::setLastName( const string &last )
32 {
33    lastName = last; // should validate
34 } // end function setLastName
35
36 // return last name
```

圖11.14　CommissionEmployee類別實作檔案：CommissionEmployee類別使用成員函式來處理private資料（1/3）

```
37 string CommissionEmployee::getLastName() const
38 {
39    return lastName;
40 } // end function getLastName
41
42 // set social security number
43 void CommissionEmployee::setSocialSecurityNumber( const string &ssn )
44 {
45    socialSecurityNumber = ssn; // should validate
46 } // end function setSocialSecurityNumber
47
48 // return social security number
49 string CommissionEmployee::getSocialSecurityNumber() const
50 {
51    return socialSecurityNumber;
52 } // end function getSocialSecurityNumber
53
54 // set gross sales amount
55 void CommissionEmployee::setGrossSales( double sales )
56 {
57    if ( sales >= 0.0 )
58       grossSales = sales;
59    else
60       throw invalid_argument( "Gross sales must be >= 0.0" );
61 } // end function setGrossSales
62
63 // return gross sales amount
64 double CommissionEmployee::getGrossSales() const
65 {
66    return grossSales;
67 } // end function getGrossSales
68
69 // set commission rate
70 void CommissionEmployee::setCommissionRate( double rate )
71 {
72    if ( rate > 0.0 && rate < 1.0 )
73       commissionRate = rate;
74    else
75       throw invalid_argument( "Commission rate must be > 0.0 and < 1.0" );
76 } // end function setCommissionRate
77
78 // return commission rate
79 double CommissionEmployee::getCommissionRate() const
80 {
81    return commissionRate;
82 } // end function getCommissionRate
83
84 // calculate earnings
85 double CommissionEmployee::earnings() const
86 {
87    return getCommissionRate() * getGrossSales();
88 } // end function earnings
89
90 // print CommissionEmployee object
```

圖11.14 CommissionEmployee類別實作檔案：CommissionEmployee類別使用成員函式來處理private資料(2/3)

```
91 void CommissionEmployee::print() const
92 {
93    cout << "commission employee: "
94       << getFirstName() << ' ' << getLastName()
95       << "\nsocial security number: " << getSocialSecurityNumber()
96       << "\ngross sales: " << getGrossSales()
97       << "\ncommission rate:" << getCommissionRate();
98 } // end function print
```

圖11.14　CommissionEmployee類別實作檔案：CommissionEmployee類別使用成員函式來處理private資料(3/3)

效能要訣 11.2

使用成員函式來存取資料成員的數值，可能會比直接存取該資料緩慢。儘管如此，現今的編譯器經過精細設計，並且會以隱式自動化方式進行許多最佳化(例如將set和get成員函式的呼叫以內嵌方式執行)。您應該遵照軟體工程原則來撰寫程式，並把最佳化的工作留給編譯器。有一個很好的準則："信任編譯器"。

改變BasePlusCommissionEmployee類別成員函式的定義

BasePlusCommissionEmployee類別繼承基礎類別CommissionEmployee的public 成員函式，透過這些函式，可存取基礎類別的私有成員。圖11.10中類別的標頭維持不變。類別中成員函式的實作有一些改變(圖11.15)，因此與之前的版本(圖11.10-11.11)有所區別。成員函式earnings(圖11.15，第34-37行)和print(第40-48行)呼叫成員函式getBaseSalary來取得底薪的值，而不是直接存取baseSalary的值。這樣可以避免資料成員baseSalary變更時，earnings和print函式也必須隨著變更。例如，假設我們決定要將資料成員baseSalary重新命名或是改變它的資料型態，只有成員函式setBaseSalary和getBaseSalary需要隨著更改。

```
 1 // Fig. 11.15: BasePlusCommissionEmployee.cpp
 2 // Class BasePlusCommissionEmployee member-function definitions.
 3 #include <iostream>
 4 #include <stdexcept>
 5 #include "BasePlusCommissionEmployee.h"
 6 using namespace std;
 7
 8 // constructor
 9 BasePlusCommissionEmployee::BasePlusCommissionEmployee(
10    const string &first, const string &last, const string &ssn,
11    double sales, double rate, double salary )
12    // explicitly call base-class constructor
13    : CommissionEmployee( first, last, ssn, sales, rate )
14 {
15    setBaseSalary( salary ); // validate and store base salary
16 } // end BasePlusCommissionEmployee constructor
17
18 // set base salary
19 void BasePlusCommissionEmployee::setBaseSalary( double salary )
20 {
21    if ( salary >= 0.0 )
```

圖11.15　繼承CommissionEmployee類別的BasePlusCommissionEmployee類別無法直接存取CommissionEmployee類別的private資料(1/2)

```
22          baseSalary = salary;
23       else
24          throw invalid_argument( "Salary must be >= 0.0" );
25 } // end function setBaseSalary
26
27 // return base salary
28 double BasePlusCommissionEmployee::getBaseSalary() const
29 {
30    return baseSalary;
31 } // end function getBaseSalary
32
33 // calculate earnings
34 double BasePlusCommissionEmployee::earnings() const
35 {
36    return getBaseSalary() + CommissionEmployee::earnings();
37 } // end function earnings
38
39 // print BasePlusCommissionEmployee object
40 void BasePlusCommissionEmployee::print() const
41 {
42    cout << "base-salaried ";
43
44    // invoke CommissionEmployee's print function
45    CommissionEmployee::print();
46
47    cout << "\nbase salary: " << getBaseSalary();
48 } // end function print
```

圖11.15 繼承CommissionEmployee類別的BasePlusCommissionEmployee類別無法直接存取CommissionEmployee類別的private資料(2/2)

BasePlusCommissionEmployee類別的成員函式earnings

BasePlusCommissionEmployee類別的成員函式earnings（圖11.15，第34-37行）重新定義了CommissionEmployee類別的成員函式earnings（圖11.14，第85-88行）來計算底薪制員工的收入。BasePlusCommissionEmployee類別版本的earnings經由呼叫基礎類別CommissionEmployee的earnings函式CommissionEmployee::earnings()（圖11.15，第36行）來取得員工收入的佣金部分。然後BasePlusCommissionEmployee類別的earnings函式再加上底薪來計算員工的總收入。

請注意衍生類別在呼叫重新定義的基礎類別成員函式時，所用的語法，它會將基礎類別名稱和二元範圍域解析運算子 (::) 放在基礎類別成員函式之前。這種成員函式呼叫是很好的軟體工程實作技術。

請回想第9章，如果物件的成員函式執行其他物件所需的動作，則請呼叫該成員函式而非複製其程式碼本體。使用BasePlusCommissionEmployee類別的earnings函式來呼叫CommissionEmployee類別的earnings函式，以計算BasePlusCommissionEmployee物件的部分收入，我們避免了複製該部分的程式碼，並減少程式碼維護問題。

程式中常犯的錯誤 11.2

當衍生類別重新定義基礎類別的成員函式時，衍生類別通常會呼叫基礎類別的函式，來執行一些額外的工作。忘記在基礎類別的成員函式名稱前，加上基礎類別名稱和範圍運算子 :: ，有可能會造成無窮遞迴，因爲衍生類別的成員函式會因此自己呼叫自己。

BasePlusCommissionEmployee類別的print函式

同樣地，BasePlusCommissionEmployee類別的print函式 (圖11.15，第40-48行) 重新定義了CommissionEmployee類別的成員函式print (圖11.14，第91-98行) 來輸出底薪制員工的正確資訊。新版本使用CommissionEmployee::print() (圖11.15，第45行) 來呼叫基礎類別CommissionEmployee 的成員函式print 來顯示BasePlusCommissionEmployee類別物件的部分資訊(譬如，字串“commission employee”和CommissionEmploye的privare資料成員)。然後BasePlusCommissionEmployee類別的print函式會把剩餘的物件資訊(BasePlusCommissionEmployee類別的底薪) 輸出。

測試修改過的類別階層架構

再次，本例仍用圖 11.9 BasePlusCommissionEmployee作爲測試程式，並產生相同的輸出。雖然每個「底薪制員工」類別的行爲相同，本範例較符合軟體工程觀點。藉由使用繼承及呼叫成員函式將資料隱藏，並確保合法性，這已經十分有效率地建構出一個設計優良的類別。

CommissionEmployee-BasePlusCommissionEmployee 範例摘要

在這一節中，我們仔細設計了一組逐步完善的範例，藉此讓讀者瞭解使用繼承的軟體工程設計。學會了如何以繼承來建立衍生類別，如何使用基礎類別的protected的成員讓衍生類別物件能夠存取，以及如何重新定義基礎類別的函式來提供更適當的版本供衍生類別的物件使用。此外，也學到如何應用軟體工程的技巧，而在本章，我們則學到如何建構易於維護、修改和除錯的類別。

11.4　衍生類別的建構子與解構子

如我們在前面章節解釋過的，實體化一個衍生類別物件會引發一連串的建構子呼叫，而在衍生類別的建構子開始執行前，會先呼叫最直接基礎類別的建構子。呼叫方法可以是明確的呼叫 (如基礎類別的成員初始器) 或是隱式的呼叫 (呼叫基礎類別的預設建構子)。同樣地，如果基礎類別衍生自其他的類別，則基礎類別建構子需要呼叫繼承階層中上一層類別的建構子，以此類推。

在這一串呼叫中，最後一個被呼叫的建構子是繼承階層中的最上層 (base of the hierarchy)，而這個建構子將會是第一個執行完成的。最底層的衍生類別，其建構子本體則會最後執行。每個基礎類別建構子會初始化其資料成員，這些資料成員由衍生類別繼承並使用。

在CommissionEmployee/BasePlusCommissionEmployee的繼承階層架構中，當程式產生一個BasePlusCommissionEmployee類別的物件時，CommissionEmployee類別的建構子會被呼叫。因為CommissionEmployee類別在階層的最上層(基層)，它的建構子會執行，並且將屬於BasePlusCommissionEmployee物件的CommissionEmployee類別private資料成員初始化。當CommissionEmployee的建構子完成執行後，會將控制權傳回給BasePlusCommissionEmployee的建構子，該建構子則會將BasePlusCommissionEmployee物件的baseSalary初始化。

軟體工程觀點 11.6

當程式建立衍生類別的物件時，衍生類別的建構子會立刻呼叫基礎類別的建構子，然後基礎類別的建構子會執行，之後衍生類別的成員初始器才會執行，最後執行的是衍生類別的建構子本體。如果這個階層超過兩層，上述過程持續往上傳遞。

清除衍生類別物件時，程式會呼叫該物件的解構子。這會開始一連串的解構子呼叫，在此情況下，衍生類別、直接基礎類別、間接基礎類別的解構子會以建構子執行順序相反的順序進行呼叫。當呼叫衍生類別物件的解構子時，解構子會執行它的工作，執行完後呼叫階層中下一個基礎類別的解構子。這個過程會不斷重複，直到程式呼叫繼承階層最頂端基礎類別的解構子。然後物件會從記憶體中移除。

軟體工程觀點 11.7

假設我們建立一個衍生類別的物件，而此基礎類別和衍生類別都含有一些其他類別的物件(經由組合的方式)。建立衍生類別的物件時，程式會先執行基礎類別成員物件的建構子，然後執行基礎類別的建構子，然後執行衍生類別成員物件的建構子，最後執行衍生類別的建構子。衍生類別的解構子的呼叫順序與建構子呼叫順序剛好相反。

基礎類別的建構子、解構子、多載指定運算子(overloaded assignment operators)(詳見第10章)並不會被衍生類別所繼承。但是衍生類別的建構子、解構子以及多載賦值運算元可以呼叫基礎類別的建構子、解構子和多載指定運算子。

C++11 繼承基礎類別的建構子

有時一個衍生類別的建構子簡單模仿基礎類別的建構子。一個在C++11經常被要求使用的一個特點功能是：繼承一個基礎類別建構子。要使用此功能，必須以下列語法明確使用using宣告

```
using BaseClass::BaseClass;
```

此宣告可置於類別定義內的任何地方。宣告語法中的BaseClass是基礎類別的名稱。多數情況下，對每個基礎類別，編譯器會產生呼叫基礎類別的衍生類別建構子，少數例外會表列於下。生成的建構子衍生只對衍生類別的其他資料成員，執行預設初始化。當使用繼承建構子時：

- 在預設情況下，每一個繼承的建構子和對應的基礎類別有相同的存取級別(public、protected或private)和其對應的基礎類別的建構子。

- 預設、複製和移動建構子不被繼承。
- 如果建構子在原型中透過 =delete 來刪除，則在衍生類別中對應的建構子也將被刪除。
- 如果衍生類別沒有明確定義建構子，編譯器會在衍生類別產生預設建構子，即使該衍生類別已從基礎類別繼承了建構子。
- 如果您在衍生類別中明確定義的建構子，具有和基礎類別的建構子相同的參數列表，那麼基礎類別的建構子是不能被繼承的。
- 一個基礎類別的預設建構子是不能繼承。相反，編譯器會在衍生類別產生多載的建構子。例如，如果基礎類別宣告建構子

```
BaseClass( int = 0, double = 0.0 );
```

編譯器會自動產生不帶預設引數的兩個建構子

```
DerivedClass( int );
DerivedClass( int, double );
```

每個建構子會呼叫 BaseClass 中帶預設值的建構子。

11.5　三種繼承方式：public、protected 和 private

從基礎類別衍生類別時，我們可使用public、protected和private等三種繼承方法。使用protected和private繼承很少見，且使用時必須格外謹慎，在本書中，一般狀況下我們都使用public繼承。在第19章，我們會討論如何以private繼承來替代組合。圖11.16針對每種繼承方式，摘要列出衍生類別對基礎類別成員的存取權限。第一欄列出代表基礎類別成員存取權限的修飾詞。

	繼承型態		
	Public 繼承型態	Protected 繼承型態	Private 繼承型態
public	Public in derived class. 可直接由成員函式和夥伴函式和非成員函式存取	Protected in derived class. 可直接由成員函式和夥伴函式存取	Private in derived class. 可直接由成員函式和夥伴函式存取
protected	Protected in derived class. 可直接由成員函式和夥伴函式存取	Protected in derived class. 可直接由成員函式和夥伴函式存取	Private in derived class. 可直接由成員函式和夥伴函式存取
private	Hidden in derived class. 可由成員函式和夥伴函式透過基礎函式的public或protected成員函式存取	Hidden in derived class. 可由成員函式和夥伴函式透過基礎函式的public或protected 成員函式存取	Hidden in derived class. 可由成員函式和夥伴函式透過基礎函式的public或protected 成員函式存取

圖11.16　摘要列出衍生類別對基礎類別成員的存取權限

用public繼承方法衍生出新類別時，基礎類別的public成員就成爲衍生類別的public成員，基礎類別的protected成員就成爲衍生類別的protected成員。基礎類別的private成員不可以從衍生類別直接存取，但是可以透過呼叫基礎類別的public和protected成員來存取。

用protected繼承方法從基礎類別衍生類別時，基礎類別的public成員和protected成員會成爲衍生類別的protected成員。以private繼承時，基礎類別的public和protected成員都會成爲private成員（換言之，所有函式都成爲工具函式）。Private和protected繼承皆非「是一種」(is-a) 關係。

11.6 使用繼承的軟體工程

我們很難讓學生瞭解到程式設計者在實作大型軟體專案中所面對的問題。具有大型計劃開發經驗的人都會說，有效率地再利用軟體可以改善軟體開發的過程。物件導向程式設計提供了軟體再利用，因此能夠減少軟體發展及改良所需要的時間。

當我們使用繼承從現存的類別建立新類別時，新的類別會繼承現存類別的資料成員與成員函式，如圖11.16所描繪的。我們可以加入新的成員，或是重新定義基礎類別中的成員，來客製化一個新類別以符合我們的需求。衍生類別的程式設計者使用C++就不需要動到基礎類別的原始碼(但衍生類別必須要能夠連結到基礎類別的目的碼)。這項強而有力的功能，深深吸引了許多獨立軟體供應商。他們可以開發自有的類別程式碼，供銷售或授權使用，並且能以目的碼的方式，提供類別程式碼給顧客使用。使用者能夠從這些類別庫，很快地衍生出新的類別，而不需要存取私有的原始碼。軟體供應商只需要提供目的碼的標頭檔案即可。

現存許多有用的類別庫，可藉由繼承達到軟體充分地再利用。現在的C++標準程式庫，趨向於較一般性的應用，在使用範圍上也有所限制。全世界的供應商會對各種不同領域和應用提供大量的類別庫，滿足顧客需求。

軟體工程觀點 11.8

在物件導向系統的設計階段中，類別間經常彼此互相緊密地關聯著。設計者應該「篩選」出共同的屬性以及行爲，將這些東西放到基礎類別內，然後以繼承方法形成衍生類別並賦予他們比繼承基礎類別時更強大的能力。

軟體工程觀點 11.9

建立衍生類別並不會影響到其基礎類別的目的碼。繼承會保留基礎類別的完整性。

11.7 總結

本章介紹了繼承，藉由吸收現存類別的資料成員及成員函式來產生新類別，並加入新的功能。藉著一系列員工階層的範例，您學到了基礎類別與衍生類別的概念，並使用public繼承來產生一個衍生類別，繼承基礎類別的成員。本章介紹了存取修飾詞protected，衍生類別的成員函式可以存取基礎類別的protected成員。您學到了如何在已重新定義的基礎類別成員名稱前面 (基礎類別和衍生類別成員有相同名稱)，加上該基礎類別的名稱以及二元範圍解析運算子 (::)，存取其基礎類別成員。學到了類別物件的建構子和解構子的呼叫順序，這些類別都是繼承階層的一部分。最後，我們解釋了三個型態的繼承：public、protected以及private，以及使用這些繼承方式時，衍生類別對基礎類別成員的存取權。

在第12章，我們會討論繼承中的多型，這是一個物件導向的觀念，能夠以更一般性的方式，處理具有繼承關係的各式類別。在學習第12章之後，您將會更熟悉物件導向程式設計中的主要概念：類別、物件、封裝、繼承以及多型。

摘要

11.1 簡介

- 軟體再利用可以減少軟體開發時間與金錢花費。
- 繼承是軟體再利用的一種形式，您可以創造出新的類別並吸收固有類別的資料與行為，加強並賦予原有類別新的能力。這種現存的類別稱為基礎類別，而新類別稱為衍生類別。
- 衍生類別的每一個物件也是其基礎類別的物件。但是，反過來說，基礎類別的物件並非其衍生類別的物件。
- 「是一種」關係代表繼承。在「是一種」關係中，衍生類別的物件也可視為它的基礎類別物件。
- 「有一種」關係表示「組合」，一個類別內可能包含一或多個其他類別的物件作為成員，但不會在它的介面中直接顯現出這些物件的能力。

11.2 基礎類別與衍生類別

- 直接基礎類別 (direct base class) 就是衍生類別所宣告繼承的類別。透過兩層以上類別階層所繼承的類別，則稱作間接基礎類別。
- 單一繼承 (single inheritance) 是指衍生類別只繼承自一個基礎類別。而多重繼承 (multiple inheritance) 代表一個類別從多個基礎類別 (可能互相不相干) 繼承而來。
- 衍生類別代表一群較為特殊化的物件。
- 衍生關係形成類別的階層架構。
- 可用類似的方式來處理基礎類別的物件和衍生類別的物件，其共通之處就是基礎類別的屬性和行為。

11.4 衍生類別的建構子與解構子

- 因為衍生類別繼承了基礎類別的成員，當衍生類別的物件產生時，必須呼叫每個基礎類別的建構子，以便將衍生類別物件中，來自基礎類別的成員設定初始值 (在衍生類別的資料成員初始化之前)。
- 清除衍生類別的物件時，解構子呼叫順序和建構子的呼叫順序相反，先是呼叫衍生類別的解構子，然後才呼叫基礎類別的解構子。
- 基礎類別的public成員可以在程式的任何地方進行存取，只要在該處程式擁有該基礎類別或其衍生類別的任何物件代表或使用二元使用域解析運算子，只要該類別的名稱位在使用域中。
- 基礎類別的private成員只允許基礎類別的成員函式和夥伴存取。
- 基礎類別的成員和夥伴可以存取基礎類別的protected成員，這些protected成員也可以由基礎類別的衍生類別成員和夥伴進行存取。
- 在C++11中，衍生類別可繼承基礎類別建構子。要使用此功能，必須以下列語法明確使用using宣告。

```
using BaseClass::BaseClass;
```

11.5　public、protected和private繼承

- 將資料成員宣告成private，並提供非private成員函式來操控，並驗證這些資料可以強制執行良好的軟體工程習慣。
- 從基礎類別衍生出新類別時，可將基礎類別宣告成public、protected和private等三種繼承方法。
- 利用public方式衍生新類別時，基礎類別的public成員就成為衍生類別的public成員，基礎類別的protected成員就成為衍生類別的protected成員。
- 使用protected衍生新類別時，基礎類別的public成員和 protected成員會成為衍生類別的protected成員。
- 使用private方式衍生新類別時，基礎類別的public成員和protected成員就成為衍生類別的private成員。

自我測驗題

11.1　填充題：

a) ________是一種軟體的再利用，新類別吸收現有類別的資料和行為，架構出新類別所需的功能。

b) 基礎類別的______成員只可以在基礎類別的定義或是衍生類別的定義以及它們的夥伴中被存取。

c) 在______的關係中，衍生類別的物件也可視為基礎類別物件。

d) 在______的關係中，類別物件擁有一或多個其他類別的物件當作成員。

e) 在單一繼承中，類別與其衍生類別間存在_______關係。

f) 基礎類別的_______成員可由基礎類別中其他成員存取，或是在程式的任何地方進行存取，只要在該處程式擁有該基礎類別或其衍生類別物件的控制碼(handle)。

g) 基礎類別的protected存取成員在保護的等級上介於public存取與_____存取之間。

h) C++提供了_____，讓衍生類別可以繼承許多個基礎類別，即使這些類別彼此之間並無關係。

i) 當衍生類別的物件被實體化時，基礎類別的______會被明確或隱含地呼叫，以便對衍生類別物件中來自基礎類別的成員進行必要的初始化。

j) 從基礎類別利用public繼承方法衍生出新類別時，基礎類別的public成員就成為衍生類別的_____成員，基礎類別的protected成員就成為衍生類別的______成員。

k) 從基礎類別利用protected繼承方法衍生出新類別時，基礎類別的public成員就成為衍生類別的______成員，基礎類別的protected成員就成為衍生類別的______成員。

11.2　說明下列何者為對，何者為錯。如是錯的，請解釋為什麼。

a) 軟體再利用，減少程式開發成本和時間。

b) 一個直接的基礎類別指的是衍生類別明確繼承的類別。

c) 基礎類別的公有成員只可在基礎類別內和它的夥伴函式存取。

d) 衍生出新類別時，基礎類別宣告成public、protected或private。

e) 使用多重繼承，一個類別由一個基礎類別所衍生。

自我測驗題解答

11.1 a) 繼承。b) protected。c) is-a或繼承。d) has-a 或組合或聚合(aggregation)。e) 階層。f) public。g) private。h) 多重繼承。i) 建構子。j) public、protected。k) protected、protected。

11.2 a) 對。b) 對。c) 錯。一個基礎類別的private成員只可在基礎類別內和它的夥伴函式存取。d) 對。e) 錯。一個類別由一個基礎類別所衍生指的是單一繼承而不是多重繼承。

習題

11.3 (以組合代替繼承) 很多使用繼承所寫的程式，也可以利用組合的技術改寫，反之亦然。請使用組合技術取代原有的繼承方法來改寫CommissionEmployee-BasePlusCommissionEmployee階層中的BasePlusCommissionEmployee類別。當您完成之後，請比較與評論使用這兩種方法來設計類別CommissionEmployee和BasePlusCommissionEmployee相對的優點，並延伸至一般的物件導向程式。使用哪種方法比較自然？為什麼呢？

11.4 (繼承的優點) 請詳述使用繼承時，在哪些方面會提升軟體再利用性、節省程式開發時間、並有助於防止錯誤發生。

11.5 (Protected vs. Private基礎類別) 一些程式設計者比較不喜歡使用protected存取方式，因為這樣會破壞基礎類別的封裝特性。試論在基礎類別中使用protected存取和private存取的優缺點？

11.6 (學生繼承階層) 試就某一所大學的學生，畫出類似於圖11.2的繼承階層圖。以Student類別為階層中的基礎類別，然後加入衍生自Student類別的衍生類別UndergraduateStudent和GraduateStudent。階層的層數越多越好。例如，從UndergraduateStudent類別可以衍生出Freshman、Sophomore、Junior和Senior類別，以及從GraduateStudent類別可以衍生出MastersStudent和DoctoralStudent。在畫好這個階層圖之後，請詳述這些類別之間所存在的關係。[請注意：這一題不需要您撰寫任何程式碼。]

11.7 (加強圖形階層) 圖形的世界比圖11.3裡繼承階層所包含的圖形要多得多。針對二度空間跟三度空間，請記下您所能想到的所有圖形，而這些圖形以儘可能多層的方式，再去形成一個更完整的Shape類別階層。您的階層必須有一個基礎類別Shape。並且衍生出兩個類別TwoDimensionalShape和ThreeDimensionalShape。[請注意：這一題不需要您撰寫任何程式碼。] 我們將在第12章的習題中，使用這個階層範例，並且將一組圖形當成基礎類別Shape的物件加以處理(這種技術叫做多型 ，是第12章的主題)。

11.8 (Quadrilateral繼承階層) 試撰寫一個有關Quadrilateral類別、Trapezoid類別、Parallelogram類別、Rectangle類別和Square類別的繼承階層。將Quadrilateral作爲階層的基礎類別。階層的層數越多越好。

11.9 (Package繼承階層) 包裹郵遞服務，如FedEx®、DHL®和UPS，皆提供不同的郵遞選項，而每一個選項皆有不同的運輸費用。建立一個繼承階層來表示不同類別的包裹形式。請使用Package類別作爲階層中的基礎類別，然後加入兩個由Package類別衍生出的類別TwoDayPackage和OvernightPackage。基礎類別Package應該包含以下代表寄件者與收件者雙方的姓名、住址、城市、州和郵遞區號的資料成員，另外也要加入資料成員來記載郵件的重量(盎司)以及載運每盎司貨件的價格。Package的建構子應該要初始化這些資料成員。

請確認重量和每盎司價格都是正數。Package應該提供public的成員函式calculateCost來傳回 (double型態)，代表載運此一貨件所需的價錢。而Package類別的成員函式calculateCost計算此值是將貨件重量乘上載運每盎司貨物的價格得來。

請建立衍生類別TwoDayPackage繼承基礎類別Package的功能性，並加入一個資料成員來代表公司對於兩天到貨郵件服務所收取的固定費率。TwoDayPackage的建構子應該接收一個值並將這個資料成員初始化成這個值。TwoDayPackage也應該重新定義成員函式calculateCost來讓它得以計算新的貨運價格，將固定費率加上由基礎類別Package的成員函式calculateCost所計算出來的值。

類別OvernightPackage應該直接從Package類別衍生而來，並加上額外的資料成員代表隔夜送貨服務每盎司的費率。OvernightPackage類別應該重新定義成員函式calculateCost來將額外的費用加到一般費用之中。請寫一個測試程式建立每一種Package類別的物件，並測試他們的成員函式calculateCost。

11.10 (Account繼承階層) 請建立一個銀行可能會用來表示客戶帳號的繼承階層。所有在這家銀行的客戶都可從他的帳戶存款與提款。銀行還有其他特殊的帳號。例如，存款帳戶可以從它所存的錢中獲得利息。另外，支票帳戶則會在每次交易時收取手續費。

建立一個繼承階層，把Account當作基礎類別，而從這基礎類別衍生出的類別有SavingsAccount和CheckingAccount。基礎類別Account應該只含一個資料成員，型態爲double，用來表示目前帳戶的餘額。這個類別應該提供建構子，接收帳戶的初始餘額，並將資料成員給初始化爲這個參數值。建構子要確認初始餘額是大於或是等於0.0。如果不是，則將餘額設定成0.0並顯示出錯誤訊息來表示出初始餘額不正確。這個類別需要提供三個成員函式。成員函式credit應該對目前的餘額增加一個定量。成員函式debit應該從Account提出金錢，並確保提款的金額不會超出Account的餘額。若提領金額超過帳戶餘額，那麼餘額應不變，但會印出一條訊息「提領金額超過帳戶餘額」。getBalance成員函式可傳回目前餘額。

衍生類別SavingsAccount應該繼承Account的功能，然後加上資料成員 (double型態) 來記錄這個Account的利率 (百分比)。SavingsAccount的建構子要接收的參數有初始餘額以及初始利率。SavingsAccount應該提供一個public成員函式calculateInterest (傳回一個double) 來計算這個帳戶所獲取的利息。成員函式calculateInterest計算利息方法是將利率乘上目前帳戶餘額。[請注意：SavingsAccount應該直接繼承成員函式credit和debit而不進行任何的重新定義。]

衍生類別CheckingAccount應該從基礎類別Account繼承而來，並增加資料成員 (double型態) 來代表每筆交易所需要的手續費。CheckingAccount的建構子應該接收的參數有初始餘額以及手續費。CheckingAccount類別需要重新定義成員函式credit和debit，讓它們在每一筆交易成功之時會從帳戶餘額減去手續費。CheckingAccount的這些函式應該呼叫基礎類別Account的函式來對帳戶餘額做更新。CheckingAccount的debit函式應該只在提款動作成功時收取手續費 (即提款金額不超過餘額)。[提示：將Account的debit函式定義成：傳回一個布林數 (bool) 來指示提款是否成功。然後使用這個傳回值來決定是否收取手續費。]

在定義完階層中的這些類別之後，寫一個程式針對每個類別來建立一個物件並測試它們的成員函式。以此方法將利息金額加到SavingsAccount物件中：先呼calculateInterest函式，然後將傳回的利息金額傳給物件的credit。

12

物件導向程式設計：多型

The silence often of pure innocence
Persuades when speaking fails.
—William Shakespeare

General propositions do not decide concrete cases.
—Oliver Wendell Holmes

A philosopher of imposing stature doesn't think in a vacuum. Even his most abstract ideas are, to some extent, conditioned by what is or is not known in the time when he lives.
—Alfred North Whitehead

學習目標

在本章中，您將學到：

- 如何使用多型使程式設計更加便利、並使系統更具擴充性。
- 辨識抽象類別與具體類別的不同，學習如何建立抽象類別。
- 使用執行時期資料型態資訊(RTTI，runtime type information)。
- C++ 如何實作虛擬函式並執行動態繫結。
- 如何使用virtual解構子確保每個物件的解構子均執行正確。

本章綱要

12.1 簡介

現在我們將繼續研究物件導向繼承階層的**多型** (polymorphism) 觀念。多型讓我們能以更「一般化」而非「針對性」的方式撰寫程式。特別是，多型可以把位於同一類別階層中的所有物件，都當作同一基礎類別的物件，撰寫同樣的程式碼來加以處理。如同我們即將看到的，多型會使用基礎類別的指標或參考，而非利用變數名稱進行操作。

實作易於擴充的系統

有了多型機制之後，我們便能設計並實作出易於擴充的系統，由於新類別是繼承階層的一部分，而程式是以一般性的方式來處理繼承的階層，因此程式只需稍加修改甚至不需修改具一般性的部分，就可以將新的類別加入。程式唯一需要修改的地方，只是新類別專用的基本行爲而已。舉例來說，如果希望再從Animal類別衍生出Tortoise類別 (並假設這個類別對move訊息的回應是爬行一吋)。我們只需要撰寫Tortoise類別，以及實體化Tortoise物件。屬於所有Animal類別物件的部分則仍然保持不變。

選擇性閱讀-透視多型幕後運作

本章一個重要特色是，(選擇性閱讀的) 透視多型、虛擬函式和動態繫結，我們會使用詳細的圖表來說明C++是如何實作多型的。

12.2　多型簡介：範例 Video Game

假設我們要設計一個可以操控不同型態物件的電視遊戲，其中包含Martian、Venutian、Plutonian、SpaceShip和LaserBeam等類別的物件。這些類別物件都繼承自相同的基礎類別SpaceObject，內有成員函式draw。每個衍生類別都實作了適用於自身類別的draw函式，螢幕管理程式會維護一個容器(如vector)，其中存放著SpaceObject指標，指向各種類別的物件。螢幕管理員只需週期性地傳送同樣的訊息給每個物件來更新螢幕畫面，此訊息即draw。每個物件都會以它自己的方式回應，例如，Martian物件可能會以紅色線段，再加上適量的觸角來繪製自己。SpaceShip物件會繪製成銀色的飛碟；LaserBeam物件則會繪製成跨螢幕的亮紅色直線。相同的訊息(本例中為draw)傳送給不同的物件，得到不同的結果，這就是所謂的多型(polymorphism)。

多型的螢幕管理程式可以很方便地增加新的類別到系統中，我們只需極少量地修改程式碼。假設我們想要把Mercurian類別的物件加到電視遊戲中。必須產生繼承自SpaceObject的Mercurian類別，然後定義出該類別特有的成員函式draw。之後當Mercurian類別的物件指標出現在容器中時，就不需要修改螢幕管理程式的程式碼。螢幕管理程式會呼叫容器中每個物件的draw函式，而忽略它們的型態。所以新增的Mercurian物件就能輕易地加入系統中，我們可以不用修改系統(除了建立以及加入這些類別)。您可以使用多型來新增類別，包括在開發系統時沒有想到的類別。

軟體工程觀點 12.1

使用多型，您只需處理共通的部分，具體針對性的部分讓執行時期環境處理。您可以對許多物件直接操作其行為，甚至不需知道物件的型態為何，只要確認該物件屬於相同的繼承階層，就可以用相同的基礎類別指標或參考進行存取。

軟體工程觀點 12.2

多型可以增加擴充性：撰寫呼叫多型功能的軟體時，可以不用考慮訊息要傳遞的物件是哪一種型態。所以，在系統中新增可回應目前訊息的新型態物件，並不需要修改原來的系統。只需要修改可以產生新物件的程式碼就可以了。

12.3　繼承階層架構中的物件關係

第11.3節建立了一個員工類別的階層，其中BasePlusCommissionEmployee類別繼承自CommissionEmployee類別。第11章示範了如何藉由物件名稱呼叫CommissionEmployee和BasePlusCommissionEmployee 物件的成員函式。現在我們將再次檢視階層中的類別關係。下面幾個小節的一連串範例會示範基礎類別指標和衍生類別指標如何指向基礎類別和衍生類別的物件，我們也會介紹如何使用這些指標來呼叫可以處理物件的成員函式。

- 在12.3.1節，我們將衍生類別物件的位址，指派給基礎類別的指標(handle的一種)來達到多型的效果，然後示範此基礎類別指標雖指向衍生類別物件，但透過指標所呼叫的函式是基礎類別的函式，也就是說，handle的型態會決定要呼叫哪個函式。

- 在第12.3.2節中，我們會將基礎類別物件的位址指派給衍生類別的指標，這會產生編譯錯誤。我們會討論錯誤訊息的內容，並且研究爲何編譯器不允許這種指派動作。
- 在第12.3.3節中，我們會將衍生類別物件的位址指派給基礎類別的指標，示範基礎類別的指標只能用來呼叫基礎類別的功能，也就是說，當嘗試透過基礎類別的指標來呼叫衍生類別的功能時，也會產生編譯錯誤。
- 最後，在第12.3.4節中，示範如何利用將基礎類別的指標指向衍生類別物件實踐多型的功能。我們藉由用將基礎類別函式宣告爲virtual，引入多型和虛擬函式。然後將衍生類別的位址指派給基礎類別指標，並利用此指標呼叫衍生類別的函式，正確達成我們所希望的多型功能。

這些範例的重點在說明，衍生類別的物件可以視爲其基礎類別的物件。這點讓程式可以使用各種有用的功能。例如，程式可以建立一個基礎類別指標的陣列，它的元素會指向許多衍生類別的物件。儘管這些衍生類別實際上都屬於不同的型態，編譯仍會成功，因爲每個衍生類別物件也是一種其基礎類別的物件。然而我們無法將基礎類別的物件當作任何衍生類別的物件，比方說，第11章的CommissionEmployee在階層上並不屬於BasePlusCommissionEmployee，CommissionEmployee中並沒有baseSalary的資料欄位，也沒有成員函式setBaseSalary和getBaseSalary。這種「是一種」(is-a) 關係只存在於衍生類別對應到它的直接和間接基礎類別。

12.3.1 從衍生類別物件呼叫基礎類別的函式

圖12.1重複利用第11.3.5節所發展最後版本的兩個類別：CommissionEmployee和BasePlusCommissionEmployee。本範例示範三種可用的方法，將基礎類別指標和衍生類別指標分別指向基礎類別物件和衍生類別物件。

第一種方法最自然明瞭，用基礎類別的指標指向基礎類別物件，並呼叫基礎類別提供的功能。

第二種方法類似，用衍生類別的指標指向衍生類別物件，並呼叫衍生類別提供的功能。

第三種方法用到衍生類別和基礎類別的關係 (is-a的繼承關係)，用基礎類別的指標指向衍生類別的物件，並顯示基礎類別的功能的確可以被衍生類別使用。

```
 1 // Fig. 12.1: fig12_01.cpp
 2 // Aiming base-class and derived-class pointers at base-class
 3 // and derived-class objects, respectively.
 4 #include <iostream>
 5 #include <iomanip>
 6 #include "CommissionEmployee.h"
 7 #include "BasePlusCommissionEmployee.h"
 8 using namespace std;
 9
10 int main()
11 {
```

圖12.1 使用基礎類別和衍生類別的指標指向基礎類別及衍生類別的物件 (1/3)

```
12     // create base-class object
13     CommissionEmployee commissionEmployee(
14        "Sue", "Jones", "222-22-2222", 10000, .06 );
15
16     // create base-class pointer
17     CommissionEmployee *commissionEmployeePtr = nullptr;
18
19     // create derived-class object
20     BasePlusCommissionEmployee basePlusCommissionEmployee(
21        "Bob", "Lewis", "333-33-3333", 5000, .04, 300 );
22
23     // create derived-class pointer
24     BasePlusCommissionEmployee *basePlusCommissionEmployeePtr = nullptr;
25
26     // set floating-point output formatting
27     cout << fixed << setprecision( 2 );
28
29     // output objects commissionEmployee and basePlusCommissionEmployee
30     cout << "Print base-class and derived-class objects:\n\n";
31     commissionEmployee.print(); // invokes base-class print
32     cout << "\n\n";
33     basePlusCommissionEmployee.print(); // invokes derived-class print
34
35     // aim base-class pointer at base-class object and print
36     commissionEmployeePtr = &commissionEmployee; // perfectly natural
37     cout << "\n\n\nCalling print with base-class pointer to "
38        << "\nbase-class object invokes base-class print function:\n\n";
39     commissionEmployeePtr->print(); // invokes base-class print
40
41     // aim derived-class pointer at derived-class object and print
42     basePlusCommissionEmployeePtr = &basePlusCommissionEmployee; // natural
43     cout << "\n\n\nCalling print with derived-class pointer to "
44        << "\nderived-class object invokes derived-class "
45        << "print function:\n\n";
46     basePlusCommissionEmployeePtr->print(); // invokes derived-class print
47
48     // aim base-class pointer at derived-class object and print
49     commissionEmployeePtr = &basePlusCommissionEmployee;
50     cout << "\n\n\nCalling print with base-class pointer to "
51        << "derived-class object\ninvokes base-class print "
52        << "function on that derived-class object:\n\n";
53     commissionEmployeePtr->print(); // invokes base-class print
54     cout << endl;
55  } // end main
```

```
Print base-class and derived-class objects:

commission employee: Sue Jones
social security number: 222-22-2222
gross sales: 10000.00
commission rate: 0.06

base-salaried commission employee: Bob Lewis
social security number: 333-33-3333
gross sales: 5000.00
commission rate: 0.04
base salary: 300.00
```

圖12.1　使用基礎類別和衍生類別的指標指向基礎類別及衍生類別的物件(2/3)

```
Calling print with base-class pointer to
base-class object invokes base-class print function:

commission employee: Sue Jones
social security number: 222-22-2222
gross sales: 10000.00
commission rate: 0.06

Calling print with derived-class pointer to
derived-class object invokes derived-class print function:

base-salaried commission employee: Bob Lewis
social security number: 333-33-3333
gross sales: 5000.00
commission rate: 0.04
base salary: 300.00

Calling print with base-class pointer to derived-class object
invokes base-class print function on that derived-class object:

commission employee: Bob Lewis
social security number: 333-33-3333
gross sales: 5000.00
commission rate: 0.04          Notice that the base salary is not displayed
```

圖12.1 使用基礎類別和衍生類別的指標指向基礎類別及衍生類別的物件(3/3)

回憶一下，每一個BasePlusCommissionEmployee物件“是一種”CommissionEmployee物件，有各自的底薪。BasePlusCommissionEmployee類別的earnings成員函式(圖11.15的第34-37行)重新定義了CommissionEmployee類別的earnings成員函式(圖11.14的第85-88行)使該物件擁有基本的底薪。BasePlusCommissionEmployee類別的print成員函式(圖11.15的第40-48行)重新定義了CommissionEmployee類別的print成員函式(圖11.14的第91-98行)，使它除了和CommissionEmployee類別的print函式顯示一樣的資訊外，還會印出員工的底薪。

建立物件並顯示內容

圖12.1中，第13-14行產生了一個CommissionEmployee物件，而第17行產生了一CommissionEmployee物件的指標，第20-21行產生了一個BasePlusCommissionEmployee物件而第24行產生了一個BasePlusCommissionEmployee物件的指標。第31和33行使用物件的名稱來呼叫各個物件的print成員函式。

將基礎類別指標指向基礎類別物件

第36行將基礎類別物件commissionEmployee的位址指派給基礎類別的指標commissionEmployeePtr，第39行則使用指標呼叫該CommissionEmployee物件的print成員函式。這會呼叫基礎類別CommissionEmployee定義的print函式。

將衍生類別指標指向衍生類別物件

同樣地，第42行將衍生類別物件basePlusCommissionEmployee的位址指派給衍生類別指標basePlusCommissionEmployeePtr，第46行使用該指標呼叫該BasePlusCommissionEmployee物件的print成員函式。這會呼叫衍生類別BasePlusCommissionEmployee的print函式。

將基礎類別指標指向衍生類別物件

接著，第49行將衍生類別物件basePlusCommissionEmployee的位址指派給基礎類別指標commissionEmployeePtr，第53行則用該指標來呼叫成員函式print。這樣的「交錯應用」是被允許的，因爲衍生類別的物件也是一種基礎類別的物件。您可以注意到，即使基礎類別CommissionEmployee的指標指向了衍生類別BasePlusCommissionEmployee的物件，但呼叫的print方法還是CommissionEmployee類別的成員函式(而不是BasePlusCommissionEmployee的print函式)。我們由程式每次呼叫print函式的輸出中發現，會使用的函式與呼叫該函式的指標(或參考)型態有關，而與該指標實際指向的物件型態無關。在第12.3.4節介紹虛擬函式時，我們會說明如何呼叫handle所代表物件的函式，而非handle型態物件的函式。我們會瞭解這對實作多型行爲是很重要的，而這也是本章的重要主題。

12.3.2 以衍生類別的指標指向基礎類別的物件

在第12.3.1節中，我們將衍生類別物件的位址指派給基礎類別的指標，並解釋C++編譯器爲何會允許這種指派動作，因爲衍生類別的物件是一種基礎類別物件。如圖12.2所示，我們將以相反的方式，希望用衍生類別的指標指向基礎類別的物件。[請注意：這個程式使用第11.3.5節所發展兩個類別CommissionEmployee和BasePlusCommissionEmployee的最後版本。]圖12.2的第8-9行建立了一個CommissionEmployee物件，而第10行則建立了一個BasePlusCommissionEmployee的指標，第14行嘗試將基礎類別物件commissionEmployee的位址指派給basePlusCommissionEmployeePtr，但是C++編譯器會產生錯誤訊息。編譯器不允許這種指派動作，因爲CommissionEmployee並不是BasePlusCommissionEmployee。

您可以思考一下如果編譯器允許這種行爲，會發生什麼事；我們可以透過BasePlusCommissionEmployee指標呼叫每個BasePlusCommissionEmployee的成員函式，包括setBaseSalary，以作用於任何該指標指向的物件(例如基礎類別commissionEmployee的物件)。然而，CommissionEmployee物件並沒有提供setBaseSalary成員函式，它也不提供資料成員baseSalary的設定。這會造成問題，因爲成員函式setBaseSalary會假設BasePlusCommissionEmployee物件中的資料成員baseSalary，會在它「應有的位置上」，而可以加以設定。但是此記憶體位置並不屬於CommissionEmployee物件，所以成員函式setBaseSalary可能會覆寫到記憶體中其他的重要資料，比如其他不同物件的資料。

```
1  // Fig. 12.2: fig12_02.cpp
2  // Aiming a derived-class pointer at a base-class object.
3  #include "CommissionEmployee.h"
4  #include "BasePlusCommissionEmployee.h"
5
6  int main()
7  {
8     CommissionEmployee commissionEmployee(
9        "Sue", "Jones", "222-22-2222", 10000, .06 );
10    BasePlusCommissionEmployee *basePlusCommissionEmployeePtr = nullptr;
11
```

圖12.2　將衍生類別指標指向基礎類別物件(1/2)

```
12    // aim derived-class pointer at base-class object
13    // Error: a CommissionEmployee is not a BasePlusCommissionEmployee
14    basePlusCommissionEmployeePtr = &commissionEmployee;
15 } // end main
```

Microsoft Visual C++ compiler error message:

```
C:\cpphtp8_examples\ch12\Fig12_02\fig12_02.cpp(14): error C2440: '=' :
  cannot convert from 'CommissionEmployee *' to 'BasePlusCommissionEmployee *'
        Cast from base to derived requires dynamic_cast or static_cast
```

圖12.2　將衍生類別指標指向基礎類別物件(2/2)

12.3.3　透過基礎類別指標來呼叫衍生類別的成員函式

編譯器只允許我們透過基礎類別的指標呼叫基礎類別的成員函式。因此，如果使用基礎類別指標指向衍生類別的物件，並嘗試存取衍生類別才具有的成員函式時，會產生錯誤。

圖12.3顯示出嘗試用基礎類別指標呼叫衍生類別成員函式的結果。[請注意：我們再次使用第11.3.5節所發展兩個類別CommissionEmployee和BasePlusCommissionEmployee] 其中第11行產生commissionEmployeePtr，也就是指向CommissionEmployee物件的指標。第12-13行產生BasePlusCommissionEmployee物件，而第16行使用基礎類別commissionEmployeePtr指標指向衍生類別物件basePlusCommissionEmployee。回想一下第12.3.1節，這是被允許的，因為BasePlusCommissionEmployee也是一種CommissionEmployee物件(BasePlusCommissionEmployee物件也具有CommissionEmployee物件的所有功能)。

第20-24行透過基礎類別的指標呼叫了基礎類別的成員函式：getFirstName、getLastName、getSocialSecurityNumber、getGrossSales和getCommissionRate等。這些方法的呼叫都是合法的，因為BasePlusCommissionEmployee從CommissionEmployee繼承了這些方法。我們知道commissionEmployeePtr指標指向一個BasePlusCommissionEmployee物件，所以第28-29行嘗試呼叫BasePlusCommissionEmployee的成員函式getBaseSalary和setBaseSalary，但是呼叫這些函式時，C++編譯器會產生錯誤訊息，因為它們並不是基礎類別CommissionEmployee的成員函式。使用handle方式，只能呼叫該handle所屬類別的成員函式。(在這個範例中，透過指標CommissionEmployee*我們只可以呼叫CommissionEmployee的成員函式，包括setFirstName、getFirstName、setLastName、getLastName、setSocialSecurityNumber、getSocialSecurityNumber、setGrossSales、getGrossSales、setCommissionRate、getCommissionRate、earnings和print等)。

```
1 // Fig. 12.3: fig12_03.cpp
2 // Attempting to invoke derived-class-only member functions
3 // through a base-class pointer.
4 #include <string>
5 #include "CommissionEmployee.h"
6 #include "BasePlusCommissionEmployee.h"
7 using namespace std;
```

圖12.3　嘗試利用基礎類別的指標呼叫衍生類別的函式(1/2)

```
 8
 9 int main()
10 {
11    CommissionEmployee *commissionEmployeePtr = nullptr; // base class ptr
12    BasePlusCommissionEmployee basePlusCommissionEmployee(
13       "Bob", "Lewis", "333-33-3333", 5000, .04, 300 ); // derived class
14
15    // aim base-class pointer at derived-class object (allowed)
16    commissionEmployeePtr = &basePlusCommissionEmployee;
17
18    // invoke base-class member functions on derived-class
19    // object through base-class pointer (allowed)
20    string firstName = commissionEmployeePtr->getFirstName();
21    string lastName = commissionEmployeePtr->getLastName();
22    string ssn = commissionEmployeePtr->getSocialSecurityNumber();
23    double grossSales = commissionEmployeePtr->getGrossSales();
24    double commissionRate = commissionEmployeePtr->getCommissionRate();
25
26    // attempt to invoke derived-class-only member functions
27    // on derived-class object through base-class pointer (disallowed)
28    double baseSalary = commissionEmployeePtr->getBaseSalary();
29    commissionEmployeePtr->setBaseSalary( 500 );
30 } // end main
```

GNU C++ compiler error messages:

```
fig12_03.cpp:28:47: error: 'class CommissionEmployee' has no member named
   'getBaseSalary'
fig12_03.cpp:29:27: error: 'class CommissionEmployee' has no member named
   'setBaseSalary'
```

圖 12.3　嘗試利用基礎類別的指標呼叫衍生類別的函式 (2/2)

向下轉型

編譯器的確允許使用指向衍生類別物件的基礎類別指標，存取屬於衍生類別的成員，但前提是我們必須將基礎類別的指標明確轉型為衍生類別的指標，這也就是所謂的**向下轉型** (downcasting) 技巧。如同您之前學到的，使用基礎類別指標指向衍生類別物件是可行的，但是就如同圖 12.3 所表示的，基礎類別指標只可以呼叫基礎類別定義的成員函式，向下轉型則可以在基礎類別指向的衍生類別物件上，執行衍生類別所定義的功能。向下轉型後，程式可呼叫衍生類別的函式，這些函式不在基礎類別中。向下轉型是個具潛在危險性的操作。我們會在第 12.8 節中討論，如何安全地使用向下轉型。

軟體工程觀點 12.3

如果將衍生類別物件的位址指派給其直接或間接基礎類別的指標，則程式可以將基礎類別指標轉型成衍生類別的指標。事實上，這是一定要呼叫衍生類別中的函式，而不會出現在基礎類別。

12.3.4 虛擬函式與虛擬解構子

在第12.3.1節中，我們使用基礎類別CommissionEmployee的指標指向衍生類別BasePlusCommissionEmployee的物件，並透過該指標來呼叫成員函式print。請回想一下，handle的資料型態決定了程式會呼叫哪一個類別的函式。在上述情況中，CommissionEmployee指標在BasePlusCommissionEmployee物件上呼叫了CommissionEmployee的成員函式，即使指標指向的物件是BasePlusCommissionEmployee物件，而該物件也有自己的print函式。

軟體工程觀點 12.4

在使用虛擬函式的情況下，程式會根據handle指向的物件型態而非handle的型態，來判斷要呼叫哪一個版本的虛擬函式。

虛擬函式的用途何在

首先，讓我們研究一下虛擬函式可用在哪裡。假設有一組關於圖形的類別，例如Circle、Triangle、Rectangle和Square等，都是Shape類別衍生的類別。這些類別都被賦予透過各自的draw成員函式畫出圖形的能力，不過雖然各個類別都有自己的draw函式，但是所有圖形的draw都是不同的。在一個需要畫出許多圖形的程式中，我們可以將所有圖形都視爲基礎類別Shape的物件。若要繪出任何的圖形，可以使用基礎類別Shape指標來呼叫函式draw，並且讓程式隨時根據基礎類別Shape指標所指向的物件型態，動態的(dynamically，例如在執行時期)決定要使用哪個衍生類別的draw函式。

宣告虛擬函式

要使用這種功能，我們必須在基礎類別中將draw函式宣告爲**虛擬函式**(virtual function)，然後在每個衍生類別中**重載**(override) draw函式來繪出適當的圖形。從實作的觀點來看，重載函式與重新定義函式(這是我們截至目前爲止所使用的方法)並沒有不同。在衍生類別中重載函式的簽章和傳回值型態(也就是函式原型)和在基礎類別中重載的函式是一樣的，但是如果沒有將基礎類別函式宣告爲virtual的話，就等同是新定義該函式。所以相反地，如果我們將基礎類別的函式宣告爲virtual，就可以重載這個函式來實現多型。宣告虛擬函式的方法爲，在基礎類別的函式原型前面加上關鍵字virtual。例如：

```
virtual void draw() const;
```

會出現在基礎類別Shape中。上述的原型會宣告draw函式爲虛擬函式，它不接收引數，也不會傳回任何數值。這個函式被宣告成const，因爲一般來說draw函式不會修改呼叫它的Shape物件內容，虛擬函式不是一定要宣告成const。

軟體工程觀點 12.5

一旦將函式宣告爲virtual後，它在其之下的繼承階層都會保持virtual性質，即使衍生類別重載該函式時，沒有將此函式宣告爲virtual亦然。

良好的程式設計習慣 12.1

即使某些函式因爲在繼承階層較高處被宣告爲virtual，而隱式地自動成爲虛擬函式，將這些函式明確地宣告爲virtual會增進程式的可讀性。

軟體工程觀點 12.6

當衍生類別沒有重載其基礎類別的virtaul函式時，就會繼承基礎類別的虛擬函式定義。

透過指向衍生類別物件的基礎類別指標或是參考來呼叫虛擬函式

如果程式透過指向衍生類別物件的基礎類別指標（例如shapePtr->draw()）或是參考（例如shapeRef.draw()）來呼叫虛擬函式，則程式會動態地（在執行期間）根據物件型態（不是指標或參考的型態）來選擇正確的衍生類別draw函式。在執行時期選出正確函式（而不是在編譯時期）的方法稱爲**動態繫結** (dynamic binding) 或是**晚期繫結** (late binding)。

透過物件名稱呼叫虛擬函式

使用物件名稱配合點號參考物件（如squareObject.draw()）來呼叫虛擬函式時，程式會在編譯時期就分析該呼叫（稱爲**靜態繫結**，static binding）和虛擬功能，所呼叫的虛擬函式會是該特定物件之類別所定義或繼承，這種呼叫法不是多型。因此虛擬函式的動態繫結只會出現在handle以指標或是參考呈現的程式環境。

CommissionEmployee 中的虛擬函式

現在我們來觀察虛擬函式如何在員工範例的階層中使用多型行爲。圖12.4-12.5分別爲CommissionEmployee和BasePlusCommissionEmployee類別的標頭檔，我們做了些修改，將類別中的成員函式earnings和print宣告爲virtual（圖12.4的第29-30行及圖12.5的第19-20行）。因爲earnings和print函式都是CommissionEmployee類別的虛擬函式，所以BasePlusCommissionEmployee類別的earnings和print函式都重載了CommissionEmployee類別的同名函式。此外，類別BasePlusCommissionEmployee的兩個函式earnings和print都以關鍵字override宣告。

錯誤預防要訣 12.1

在C++11中將衍生類別中的每一個重載函式以override宣告，目的在強制編譯器檢查基礎類別中有相同的函式名稱和參數列(相同的簽章)。若檢查結果爲否，會產生錯誤。

如果使用基礎類別CommissionEmployee的指標指向衍生類別BasePlusCommissionEmployee的物件，並使用該指標呼叫earnings或print函式，將會呼叫BasePlusCommissionEmployee物件所對應的函式。我們不需要修改類別CommissionEmployee和BasePlusCommissionEmployee的成員函式實作，所以可以再次使用圖11.14和圖11.15的程式。

```
1 // Fig. 12.4: CommissionEmployee.h
2 // CommissionEmployee class header declares earnings and print as virtual.
3 #ifndef COMMISSION_H
4 #define COMMISSION_H
5
6 #include <string> // C++ standard string class
7
8 class CommissionEmployee
9 {
10 public:
11    CommissionEmployee( const std::string &, const std::string &,
12       const std::string &, double = 0.0, double = 0.0 );
13
14    void setFirstName( const std::string & ); // set first name
15    std::string getFirstName() const; // return first name
16
17    void setLastName( const std::string & ); // set last name
18    std::string getLastName() const; // return last name
19
20    void setSocialSecurityNumber( const std::string & ); // set SSN
21    std::string getSocialSecurityNumber() const; // return SSN
22
23    void setGrossSales( double ); // set gross sales amount
24    double getGrossSales() const; // return gross sales amount
25
26    void setCommissionRate( double ); // set commission rate
27    double getCommissionRate() const; // return commission rate
28
29    virtual double earnings() const; // calculate earnings
30    virtual void print() const; // print object
31 private:
32    std::string firstName;
33    std::string lastName;
34    std::string socialSecurityNumber;
35    double grossSales; // gross weekly sales
36    double commissionRate; // commission percentage
37 }; // end class CommissionEmployee
38
39 #endif
```

圖12.4 CommissionEmployee類別的標頭檔將earnings和print函式宣告為Virtual

```
1 // Fig. 12.5: BasePlusCommissionEmployee.h
2 // BasePlusCommissionEmployee class derived from class
3 // CommissionEmployee.
4 #ifndef BASEPLUS_H
5 #define BASEPLUS_H
6
7 #include <string> // C++ standard string class
8 #include "CommissionEmployee.h" // CommissionEmployee class declaration
9
10 class BasePlusCommissionEmployee : public CommissionEmployee
11 {
12 public:
```

圖12.5 BasePlusCommissionEmployee類別的標頭檔將earnings和print函式(1/2)

```
13    BasePlusCommissionEmployee( const std::string &, const std::string &,
14       const std::string &, double = 0.0, double = 0.0, double = 0.0 );
15
16    void setBaseSalary( double ); // set base salary
17    double getBaseSalary() const; // return base salary
18
19    virtual double earnings() const override; // calculate earnings
20    virtual void print() const override; // print object
21 private:
22    double baseSalary; // base salary
23 }; // end class BasePlusCommissionEmployee
24
25 #endif
```

圖12.5　BasePlusCommissionEmployee類別的標頭檔將earnings和print函式(2/2)

我們修改了圖12.1中的程式來建立圖12.6的程式。其中圖12.6第40-51行再次使用CommissionEmployee指標指向CommissionEmployee物件，呼叫CommissionEmployee的函式，並使用BasePlusCommissionEmployee指標指向BasePlusCommissionEmployee物件以呼叫BasePlusCommissionEmployee的函式。 第54行使用基礎類別指標commissionEmployeePtr指向衍生類別物件BasePlusCommissionEmployee。請注意，第61行透過基礎類別指標呼叫成員函式print時，程式會呼叫衍生類別BasePlusCommissionEmployee的print成員函式，所以第61行會與圖12.1的第53行（沒有宣告爲virtual的成員函式print）輸出不同的文字。宣告爲virtual可使程式依據handle所指向的物件型態來判斷要呼叫的函式，而不是依據handle的型態來判斷要呼叫的函式。您可以再次觀察到當commissionEmployeePtr指向CommissionEmployee物件（圖12.6，第40行）時，會呼叫CommissionEmployee的print函式，而使用CommissionEmployeePtr指向BasePlusCommissionEmployee物件的話，則會使用BasePlusCommissionEmployee的print函式（第61行）。因此，在本範例中，傳送同一個函式名稱print（透過基礎類別的指標），卻可以呼叫繼承此基礎類別的多個不同物件，因而呈現出多種不同的形式—這便是多型的行爲。

```
 1 // Fig. 12.6: fig12_06.cpp
 2 // Introducing polymorphism, virtual functions and dynamic binding.
 3 #include <iostream>
 4 #include <iomanip>
 5 #include "CommissionEmployee.h"
 6 #include "BasePlusCommissionEmployee.h"
 7 using namespace std;
 8
 9 int main()
10 {
11    // create base-class object
12    CommissionEmployee commissionEmployee(
13       "Sue", "Jones", "222-22-2222", 10000, .06 );
14
15    // create base-class pointer
```

圖12.6　使用基礎類別的指標指向衍生類別的物件，呼叫衍生類別的虛擬函式以展現多型虛擬解構子(1/3)

```
16    CommissionEmployee *commissionEmployeePtr = nullptr;
17
18    // create derived-class object
19    BasePlusCommissionEmployee basePlusCommissionEmployee(
20       "Bob", "Lewis", "333-33-3333", 5000, .04, 300 );
21
22    // create derived-class pointer
23    BasePlusCommissionEmployee *basePlusCommissionEmployeePtr = nullptr;
24
25    // set floating-point output formatting
26    cout << fixed << setprecision( 2 );
27
28    // output objects using static binding
29    cout << "Invoking print function on base-class and derived-class "
30       << "\nobjects with static binding\n\n";
31    commissionEmployee.print(); // static binding
32    cout << "\n\n";
33    basePlusCommissionEmployee.print(); // static binding
34
35    // output objects using dynamic binding
36    cout << "\n\n\nInvoking print function on base-class and "
37       << "derived-class \nobjects with dynamic binding";
38
39    // aim base-class pointer at base-class object and print
40    commissionEmployeePtr = &commissionEmployee;
41    cout << "\n\nCalling virtual function print with base-class pointer"
42       << "\nto base-class object invokes base-class "
43       << "print function:\n\n";
44    commissionEmployeePtr->print(); // invokes base-class print
45
46    // aim derived-class pointer at derived-class object and print
47    basePlusCommissionEmployeePtr = &basePlusCommissionEmployee;
48    cout << "\n\nCalling virtual function print with derived-class "
49       << "pointer\nto derived-class object invokes derived-class "
50       << "print function:\n\n";
51    basePlusCommissionEmployeePtr->print(); // invokes derived-class print
52
53    // aim base-class pointer at derived-class object and print
54    commissionEmployeePtr = &basePlusCommissionEmployee;
55    cout << "\n\nCalling virtual function print with base-class pointer"
56       << "\nto derived-class object invokes derived-class "
57       << "print function:\n\n";
58
59    // polymorphism; invokes BasePlusCommissionEmployee's print;
60    // base-class pointer to derived-class object
61    commissionEmployeePtr->print();
62    cout << endl;
63 } // end main
```

```
Invoking print function on base-class and derived-class
objects with static binding

commission employee: Sue Jones
social security number: 222-22-2222
gross sales: 10000.00
commission rate: 0.06
```

圖12.6 使用基礎類別的指標指向衍生類別的物件，呼叫衍生類別的虛擬函式以展現多型虛擬解構子 (2/3)

```
base-salaried commission employee: Bob Lewis
social security number: 333-33-3333
gross sales: 5000.00
commission rate: 0.04
base salary: 300.00

Invoking print function on base-class and derived-class
objects with dynamic binding

Calling virtual function print with base-class pointer
to base-class object invokes base-class print function:

commission employee: Sue Jones
social security number: 222-22-2222
gross sales: 10000.00
commission rate: 0.06

Calling virtual function print with derived-class pointer
to derived-class object invokes derived-class print function:

base-salaried commission employee: Bob Lewis
social security number: 333-33-3333
gross sales: 5000.00
commission rate: 0.04
base salary: 300.00

Calling virtual function print with base-class pointer
to derived-class object invokes derived-class print function:

base-salaried commission employee: Bob Lewis
social security number: 333-33-3333
gross sales: 5000.00
commission rate: 0.04
base salary: 300.00-------Notice that the base salary is now displayed
```

圖12.6　使用基礎類別的指標指向衍生類別的物件，呼叫衍生類別的虛擬函式以展現多型虛擬解構子(3/3)

使用多型處理動態配置的階層物件時會產生一個問題。目前為止您看到的都是非虛擬解構子 (nonvirtual destructors)，也就是沒有用關鍵字virtual宣告的解構子。如果在基礎類別指標指向的物件上，明確的使用delete運算子來摧毀使用非虛擬解構子的衍生類別物件，C++編譯器會告知您這個動作尚未定義。

這個問題最簡單的解決方式就是在基礎類別中產生一個public **虛擬解構子**。若基礎類別宣告虛擬解構子，這會使所有衍生類別的解構子都成為虛擬解構子，並重載基礎類別的解構子。例如，在CommissionEmployee類別的定義中，我們可以下列語法定義虛擬解構子：

```
virtual ~CommissionEmployee() { }
```

現在，如果在層次結構中的物件被明確透過將delete運算子套用在基礎類別指標而銷毀，由基礎類別指標所指向類別的解構子會被呼叫。請記得，當衍生類別的物件被銷毀後，衍生類別的基礎類別內容也會被銷毀，因此衍生類別及基礎類別的解構子都會執行。基礎類別的解構子會在衍生類別的解構子之後自動被執行。此後，含有虛擬函式的每個類別都會有一個虛擬解構子。

錯誤預防要訣 12.2

如果一個類別含有虛擬函式，則請在此類別中提供虛擬解構子，即使該類別不需要解構子也還是提供。這樣可以確保衍生類別物件透過基礎類別指標刪除時，衍生類別物件的解構子會被執行。

程式中常犯的錯誤 12.1

建構子不可以是virtual。將建構子宣告爲virtual是一種語法錯誤。

C++11：final 成員函式和類別

在C++11之前，衍生類別可以重載任何基礎類別的虛擬函數。在C++11中，基礎類別虛擬函數在原型中若以final宣告

```
virtual someFunction( parameters ) final;
```

在衍生類別就不能重載，這保證了基礎類別的final成員函式的定義會被所有基礎類別物件、直接衍生類別物件和間接衍生類別物件所使用。同樣的，在C++11之前，任何現有的類別可以作爲層次結構中的基礎類別。在C++11，您可以將一個類別宣告爲final以防止它被用作基礎類別，如

```
class MyClass final // this class cannot be a base class
{
    // class body
};
```

試圖重載 final成員函數或從final 基礎類別繼承，會產生編譯錯誤。

12.4 Type欄位與switch敘述

在程式中判斷物件型態的一種方法，是使用switch敘述確認物件的欄位值。我們可以利用這種語法區分每個物件的型態，針對特定的物件採取適當的動作。例如，在圖形階層中，每個圖形物件都有一個shapeType屬性，因此可以使用switch敘述檢查物件的shapeType決定要呼叫的print函式。

不過，使用switch邏輯容易讓程式產生各種潛在的問題。例如，您可能會忘記加入某一型態的測試，或在switch結構中忘記測試所有可能的情況。當您在以switch爲基礎的程式中加入新型態時，便很可能會忘記也要在所有相關的switch結構中加入新的型態判斷條件。每當新增或刪除類別時，系統中每個switch敘述都必須進行修改，追蹤這麼多部分的程式碼很耗時，也很容易造成錯誤。

軟體工程觀點 12.7

多型程式設計可以不必使用switch邏輯。因爲您可以利用多型機制來執行相同的邏輯方法，如此就可以避免switch可能產生的各種錯誤。

軟體工程觀點 12.8

使用多型的有用結果就是程式會變得很簡潔，含有較少的邏輯分支，產生較簡潔的循序程式碼。

12.5 抽象類別和純虛擬函式

當我們將類別視爲資料型態來處理時，通常會假設程式會產生該資料型態的物件。然而，在某些情況下，如果定義不會產生物件的類別，反而會很有用。這種類別稱爲**抽象類別** (abstract classes)。因爲這種類別通常會用做繼承階層中的基礎類別，所以通常稱爲**抽象基礎類別** (abstract base classes)。這種類別無法實作出物件，很快您就會了解，抽象類別並不夠完整，其衍生類別必須要定義"缺少的內容"(missing pieces)，我們會在第12.6節中建立抽象類別的範例程式。

抽象類別的主要目的，就是提供一個基礎類別讓其他類別繼承。能夠產生實體物件的類別稱爲**具體類別** (concrete classes)，這種類別爲它們所宣告的每個成員函式都提供了定義。例如可以定義一個抽象基礎類別TwoDimensionalShape，然後衍生出Square、Circle與Triangle等具體類別。我們也可以定義一個抽象基礎類別ThreeDimensionalShape，然後衍生出Cube、Sphere與Cylinder等具體類別。抽象基礎類別太過一般化，無法定義出實體的物件，所以程式需要更具體的資料才能產生物件。舉例來說，如果有人要求"畫出一個二維圖形"，您會畫出什麼形狀來？具體類別提供了讓物件實體化所需的細節。

繼承階層中不一定要含有抽象類別，但許多良好的物件導向系統都會在類別階層的最上層放入抽象基礎類別。甚至在某些情況下，階層的上面幾層都是由抽象類別組成的。圖11.3的圖形階層就是一個很好的例子，其最上層爲抽象基礎類別Shape，下一層是兩個抽象基礎類別，TwoDimensionalObject與Three-DimensionalObject。接下來的階層開始定義二維圖形 (例如，Circle、Square和Triangle) 的具體類別，以及三維圖形 (例如，Sphere、Cube和Tetrahedron) 的具體類別。

純虛擬函式

如果將類別中一或多個虛擬函式宣告爲純虛擬函式 (pure virtual function)，則該類別就會成爲抽象類別。純虛擬函式的定義方式是在宣告中加入"= 0"的敘述，如：

```
virtual void draw() const = 0; // pure virtual function
```

其中"= 0"稱爲**純粹修飾詞** (pure specifier)。純虛擬函式通常不會提供實作。但每個實體衍生類別都必須重載所有基礎類別的純虛擬函式，並且提供這些函式的實體化實作，否則這些衍生類別也是抽象的。虛擬函式和純虛擬函式之間的差異，在於虛擬函式具有實作，並且讓衍生類別可以選擇是否重載該函式。相對地，純虛擬函式並不提供任何實作，並且要求衍生類別重載該函式，否則衍生類別則仍爲抽象類別。

純虛擬函式的使用適用於基礎類別不需要實作函式，但希望其衍生的實體類別都可以實作該函式的情況下。讓我們回到剛才的太空物件範例中，基礎類別SpaceObject並不清楚函式draw的實作方式 (無法畫出「太空中的物體」這個通稱的物件)。舉例，有一個函式定義爲虛擬函式 (但不是純虛擬函式)，該函式會回傳物件的名稱。我們可以給類別SpaceObject物件一個名稱 (例如"space object")，所以，可在基礎類別先提供這個預設函式的實作，而函式不需要是純虛擬函式。不過這個函式仍舊以virtual宣告，因爲我們還是希望衍生類別使用這個函式時必須加以重載，以表現各自的性質，回傳更具體的名稱。

軟體工程觀點 12.9

抽象類別爲類別階層中各種不同的類別定義了一個共同的public interface。抽象類別通常包含一或多個必須被重載的純虛擬函式。

程式中常犯的錯誤 12.2

衍生類別未重載純虛擬函式時，衍生類別仍是抽象類別，試圖實體化抽象類別的物件會產生編譯錯誤。

軟體工程觀點 12.10

抽象類別至少必須包含一個純虛擬函式。抽象類別也可以包含資料成員與具體函式(包含建構子和解構子)，這些成員遵循衍生類別的繼承規則。

雖然我們不能產生抽象基礎類別的物件，但是我們可以宣告抽象基礎類別的指標和參考(reference)，而這些指標和參考可以用來參考衍生自該抽象類別的實體物件。程式通常會使用這些指標和參考配合多型機制，操作這些衍生類別的物件。

驅動程式和多型

在多層架構的軟體系統中，“多型”的功能就更加顯著。例如在作業系統中，每個實體裝置的操作方式差異性都很大。即便如此，對裝置進行資料讀取或寫入的命令還是具有某種程度的共通性。例如，將寫入訊息傳送給裝置驅動程式，需要根據該裝置驅動程式的環境和格式進行特定的解讀。然而，這個寫入動作跟系統中其他裝置的寫入呼叫是沒有差別的，都只是將記憶體中的一些位元組資料移入該裝置而已。物件導向的作業系統便使用抽象基礎類別，提供所有裝置驅動程式的介面。然後，透過繼承這個抽象基礎類別，所有衍生類別就會有類似的操作方式。裝置驅動程式的功能(也就是public函式)，會以純虛擬函式的形式出現在抽象基礎類別裡。這些純虛擬函式的實作，是由裝置驅動程式的衍生類別來執行。

這種架構讓我們可以輕易在系統中加入新的裝置，即使在作業系統已經定義好之後。使用者只要把裝置插入電腦，然後安裝新的裝置驅動程式就好。作業系統將會透過它的驅動程式對這個裝置「說話」，這個驅動程式和其他所有裝置驅動程式都擁有相同的public成員函式，這些函式定義在裝置驅動程式的抽象基礎類別中。

12.6 案例研究：利用多型建立薪資系統

本節將重新檢視由CommissionEmployee和BasePlusCommissionEmployee所組成的階層架構，在第11.3節曾經探討過這個階層架構。這個範例中將使用抽象類別和多型處理以員工爲基礎類別的薪資計算系統，我們建立了一個擴充版的員工階層架構以解決下述問題：

公司發給員工的是週薪，而員工有三種類型：

Ssalaried Employee：固定薪水員工，會得到固定的週薪，不論工作時數是多少。

Commission Employee：抽佣員工，會得到銷售總額某百分比的佣金收入。

Salaried-Commission Employee：薪資加抽佣員工，會得到基本底薪，再加上銷售總額某百分比的佣金收入。

在目前的薪水計算期間，公司決定薪資加抽佣員工可以增加底薪的百分之十。公司希望實作一個C++應用程式，以多型的方式來計算它們的薪資。

我們使用抽象類別Employee，來表示所有員工的一般通用資料。而直接繼承自Employee的類別有SalariedEmployee、CommissionEmployee。BasePlusCommissionEmployee類別則繼承自CommissionEmployee，代表最後一種員工類型。圖12.7的UML類別圖，表示了多型員工薪資應用系統的繼承階層。根據UML的規定，抽象類別Employee會以斜體字表示。

抽象基礎類別Employee中宣告了階層的interface(介面)，也就是可以用在所有Employee物件上的函式。不論員工的薪水計算方式是哪一種，每位員工都會有一個名字、一個姓氏跟一組社會安全號碼。所以private資料成員firstName、lastName以及socialSecurityNumber，都會出現在抽象基礎類別Employee裡。

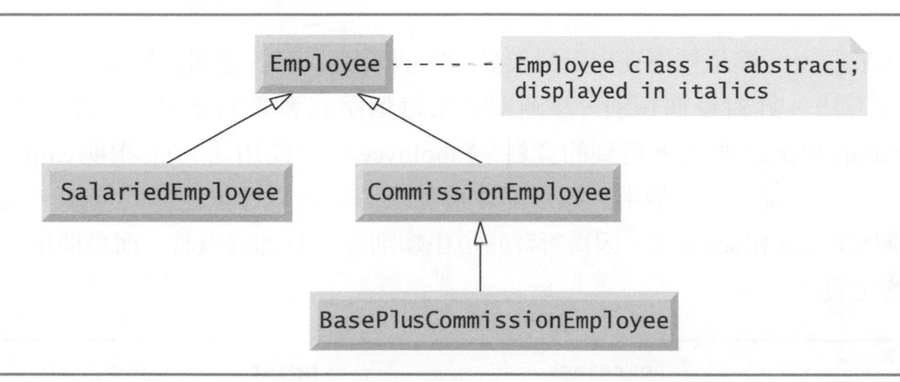

圖12.7　Employee階層的UML類別圖

軟體工程觀點 12.11

衍生類別可以從基礎類別中繼承介面，並視需要對該介面進行實作。針對實作繼承(implementation inheritance)所設計的階層，會將它們的功能放在階層中較高的地方，每個新的衍生類別都會繼承一或多個定義在基礎類別中的成員函式，衍生類別會使用這些基礎類別的定義。針對介面繼承(interface inheritance)所設計的階層，會將它們的功能放在階層中較低的地方。基礎類別會指定一或多個必須爲階層中所有類別定義的函式(意即，它們都擁有相同的原型)，但是個別的衍生類別會對這些虛擬函式提供各自的實作方式。

下面幾個小節會實作Employee類別階層。前四個小節(12.6.1~12.6.4)實作抽象或具體類別，最後一小節(12.6.5)則實作一個測試程式，該程式會建構出所有類別的物件，並且以多型機制進行物件的處理。

12.6.1 產生抽象基礎類別Employee

類別Employee（圖12.9-12.10，稍後將詳細敘述）包含earnings和print函式，以及許多可操作Employee資料成員的get和set函式。函式earnings可以使用在所有員工上，但計算方式則因員工類別的不同而異。所以我們將earnings宣告成基礎類別Employee的純虛擬函式，因為該函式無法有預設的實作，它必須取得更多資訊才能決定傳回的earnings值。每個衍生類別都會以各自的方式重載earnings函式。計算員工薪資時，程式會使用基礎類別Employee指標指向衍生類別的位址，然後呼叫該物件的earnings函式。我們會維護一個由Employee指標所組成的vector，每個指標都指向一個Employee物件。當然，不會有真正的Employee物件，因為Employee是抽象類別。但因為繼承關係，所有衍生類別的物件都可以視為Employee物件。程式會循環處理vector中的每一個指標，並對每一個Employee物件呼叫其earnings函式。C++會以多型的方式呼叫這些函式。在Employee類別中將earning函式定義為純虛擬函式，會強迫所有想成為具體類別的Employee直接衍生類別必須重載earnings函式。

Employee類別的print函式會顯示員工的姓、名和社會安全號碼。如同您將看到的，每個Employee的衍生類別都重載了print函式以顯示該員工的類別（如"salaried employee:"），其後接著一些該員工的相關資料。print函式也可以呼叫earnings，雖然earnings是Employee類別的純虛擬函式。

圖12.8最左邊的欄位依序列出階層架構的四個類別，而右邊欄位的最上方則是earnings方法跟print方法。針對每個類別，該圖顯示出每個函式會有的結果。斜體字表示特定物件執行earnings和print函式實用到的資料。Employee類別使用「= 0」指明earnings函式為純虛擬函式，不必實作。每個衍生類別都會重載這個函式以提供適當的實作。我們不列出Employee類別的get和set函式，因為所有的衍生類別都沒有加以重載，而是使用該函式在基礎類別中的定義。

	earnings	print
Employee	= 0	*firstName lastName* social security number: *SSN*
Salaried-Employee	*weeklySalary*	salaried employee: *firstName lastName* social security number: *SSN* weekly salary: *weeklySalary*
Commission-Employee	*commissionRate* * *grossSales*	commission employee: *firstName lastName* social security number: *SSN* gross sales: *grossSales*; commission rate: *commissionRate*
BasePlus-Commission-Employee	*(commissionRate * grossSales) + baseSalary*	base-salaried commission employee: *firstName lastName* social security number: *SSN* gross sales: *grossSales*; commission rate: *commissionRate*; base salary: *baseSalary*

圖12.8 Employee類別階層的多型介面

Employee類別的標頭檔

觀察Employee類別的標頭檔（圖12.9），public成員函式包含一個以姓氏、名字和社會安全號碼作爲引數的建構子（第11-12行）；虛擬解構子（第13行）；可以設定姓、名字和社會安全號碼的set函式（第15、18和21行）；可傳回姓、名字和社會安全號碼的get函式（第16、19和22行）；以及純虛擬函式earnings（第25行）和虛擬函式print（第26行）。

```
 1 // Fig. 12.9: Employee.h
 2 // Employee abstract base class.
 3 #ifndef EMPLOYEE_H
 4 #define EMPLOYEE_H
 5
 6 #include <string> // C++ standard string class
 7
 8 class Employee
 9 {
10 public:
11    Employee( const std::string &, const std::string &,
12       const std::string & );
13    virtual ~Employee() { } // virtual destructor
14
15    void setFirstName( const std::string & ); // set first name
16    std::string getFirstName() const; // return first name
17
18    void setLastName( const std::string & ); // set last name
19    std::string getLastName() const; // return last name
20
21    void setSocialSecurityNumber( const std::string & ); // set SSN
22    std::string getSocialSecurityNumber() const; // return SSN
23
24    // pure virtual function makes Employee abstract base class
25    virtual double earnings() const = 0; // pure virtual
26    virtual void print() const; // virtual
27 private:
28    std::string firstName;
29    std::string lastName;
30    std::string socialSecurityNumber;
31 }; // end class Employee
32
33 #endif // EMPLOYEE_H
```

圖12.9　Employee抽象基礎類別

回想一下，爲何將eaings宣告爲純虛擬函式，因爲必須先知道特定的Employee型態，才能決定適當的earnings計算方式。將這個函式宣告爲純粹virtual，讓每種具體的衍生類別必須提供earnings的實作，如此一來程式便可以使用基礎類別的Employee指標以多型的方式呼叫所有Employee型態物件的earnings函式。

Employee類別的成員函式的定義

圖12.10包含Employee類別的成員函式實作，其中並未提供虛擬函式earnings的實作內容。這裡的Employee建構子（第9-14行）並沒有檢查社會安全號碼是否正確。通常程式必須提供檢查的功能。

```
 1 // Fig. 12.10: Employee.cpp
 2 // Abstract-base-class Employee member-function definitions.
 3 // Note: No definitions are given for pure virtual functions.
 4 #include <iostream>
 5 #include "Employee.h" // Employee class definition
 6 using namespace std;
 7
 8 // constructor
 9 Employee::Employee( const string &first, const string &last,
10    const string &ssn )
11    : firstName( first ), lastName( last ), socialSecurityNumber( ssn )
12 {
13    // empty body
14 } // end Employee constructor
15
16 // set first name
17 void Employee::setFirstName( const string &first )
18 {
19    firstName = first;
20 } // end function setFirstName
21
22 // return first name
23 string Employee::getFirstName() const
24 {
25    return firstName;
26 } // end function getFirstName
27
28 // set last name
29 void Employee::setLastName( const string &last )
30 {
31    lastName = last;
32 } // end function setLastName
33
34 // return last name
35 string Employee::getLastName() const
36 {
37    return lastName;
38 } // end function getLastName
39
40 // set social security number
41 void Employee::setSocialSecurityNumber( const string &ssn )
42 {
43    socialSecurityNumber = ssn; // should validate
44 } // end function setSocialSecurityNumber
45
46 // return social security number
47 string Employee::getSocialSecurityNumber() const
48 {
49    return socialSecurityNumber;
50 } // end function getSocialSecurityNumber
51
52 // print Employee's information (virtual, but not pure virtual)
53 void Employee::print() const
54 {
55    cout << getFirstName() << ' ' << getLastName()
56       << "\nsocial security number: " << getSocialSecurityNumber();
57 } // end function print
```

圖12.10 Employee類別的實作檔案

虛擬函式print（第53-57行）提供了會被所有衍生類別所重載的實作內容。不過，這些重載的函式會使用抽象類別版本的print函式，來印出Employee階層各類別共通的資訊。

12.6.2 產生具體衍生類別SalariedEmployee

類別SalariedEmployee（圖12.11-12.12）衍生自Employee類別（圖12.11的第9行），其public成員函式有：建構子，以名字、姓氏、社會安全號碼和週薪為引數（第12-13行）；一個虛擬解構子（第14行）；一個set函式，以一個新的非負數值來指定資料成員weeklySalary（第16行）；一個get函式，可以傳回weeklySalary數值（第17行）；虛擬函式earnings，可計算SalariedEmployee薪資（第20行）；以及虛擬函式print（第21行），可以輸出員工型態，也就是輸出"salaried employee:"，以及由基礎類別Employee的print函式與SalariedEmployee類別的getWeeklySalary函式所提供的員工資訊內容。

```
 1 // Fig. 12.11: SalariedEmployee.h
 2 // SalariedEmployee class derived from Employee.
 3 #ifndef SALARIED_H
 4 #define SALARIED_H
 5
 6 #include <string> // C++ standard string class
 7 #include "Employee.h" // Employee class definition
 8
 9 class SalariedEmployee : public Employee
10 {
11 public:
12    SalariedEmployee( const std::string &, const std::string &,
13       const std::string &, double = 0.0 );
14    virtual ~SalariedEmployee() { } // virtual destructor
15
16    void setWeeklySalary( double ); // set weekly salary
17    double getWeeklySalary() const; // return weekly salary
18
19    // keyword virtual signals intent to override
20    virtual double earnings() const override; // calculate earnings
21    virtual void print() const override; // print object
22 private:
23    double weeklySalary; // salary per week
24 }; // end class SalariedEmployee
25
26 #endif // SALARIED_H
```

圖12.11　SalariedEmployee類別標頭檔

SalariedEmployee類別的的成員函式

圖12.12包含SalariedEmployee類別的成員函式實作。這個類別建構子會傳送姓氏、名字和社會安全號碼給Employee建構子（第11行）以初始化繼承於基礎類別的private的資料成員，這些資料成員在衍生類別中是無法存取的。earnings函式（第33-36行）重載了Employee的純虛擬函式earnings以提供具體的實作，可傳回SalariedEmployee的週薪。如果我們未實作earnings，則SalariedEmployee類別將成為抽象類別，所以任何將該類別物件實體化的過

程都會產生編譯錯誤(但我們希望SalariedEmployee是一個具體類別)。在SalariedEmployee類別的標頭檔中，我們將成員函式earnings與print宣告為virtual(圖12.11的第20-21行)；事實上，在這兩個成員函式前加上關鍵字virtual是多餘的，我們已經在基礎類別Employee中將它們宣告為virtual了，所以它們在所有層級中都會是虛擬函式。如果能明確的將層級中所有函式都宣告為virtual，可以增加程式的可讀性。沒有將earings宣告為純虛擬函式，表明在這個具體類別必須提供earings 函式的實作。

```
 1 // Fig. 12.12: SalariedEmployee.cpp
 2 // SalariedEmployee class member-function definitions.
 3 #include <iostream>
 4 #include <stdexcept>
 5 #include "SalariedEmployee.h" // SalariedEmployee class definition
 6 using namespace std;
 7
 8 // constructor
 9 SalariedEmployee::SalariedEmployee( const string &first,
10    const string &last, const string &ssn, double salary )
11    : Employee( first, last, ssn )
12 {
13    setWeeklySalary( salary );
14 } // end SalariedEmployee constructor
15
16 // set salary
17 void SalariedEmployee::setWeeklySalary( double salary )
18 {
19    if ( salary >= 0.0 )
20       weeklySalary = salary;
21    else
22       throw invalid_argument( "Weekly salary must be >= 0.0" );
23 } // end function setWeeklySalary
24
25 // return salary
26 double SalariedEmployee::getWeeklySalary() const
27 {
28    return weeklySalary;
29 } // end function getWeeklySalary
30
31 // calculate earnings;
32 // override pure virtual function earnings in Employee
33 double SalariedEmployee::earnings() const
34 {
35    return getWeeklySalary();
36 } // end function earnings
37
38 // print SalariedEmployee's information
39 void SalariedEmployee::print() const
40 {
41    cout << "salaried employee: ";
42    Employee::print(); // reuse abstract base-class print function
43    cout << "\nweekly salary: " << getWeeklySalary();
44 } // end function print
```

圖12.12 SalariedEmployee類別的實作檔

SalariedEmployee類別的print函式（圖12.12的第39-44行）重載了Employee的print函式。如果SalariedEmployee類別沒有重載print函式，就會繼承Employee類別的print函式內容。若是如此，則SalariedEmployee類別的print方法就只能傳回員工的全名和社會安全號碼，但這些資料還不夠清楚表達SalariedEmployee。為了印出SalariedEmployee的完整資訊，衍生類別的print方法會印出「salaried employee:」，然後在後面接著輸出基礎類別Employee指定的資訊（如名字、姓氏和社會安全號碼），這些資料是利用使用域解析運算子（第42行）呼叫基礎類別的print函式所輸出的，這也是一個很好的程式碼再利用範例。由SalariedEmployee的print函式輸出的內容包含呼叫該類別的getWeeklySalary函式所得到的員工週薪。

12.6.3 產生具體衍生類別CommissionEmployee

CommissionEmployee類別（圖12.13-12.14）衍生自Employee類別（圖12.13，第9行）。實作的成員函式（圖12.14）有：建構子（第9-15行），以名字、姓氏、社會安全號碼、業績數量和抽佣比例為引數；set函式（第18-24行和第33-39行），可將新值指派給資料成員commissionRate和grossSales；get函式（第27-30行和第42-45行），可取得資料成員的值；函式earnings（第48-51行），可計算員工CommissionEmployee的薪水；以及print函式（第54-60行），可輸出員工的薪資型態字串"commission employee:"以及員工相關資訊。類別CommissionEmployee的建構子將會把名字、姓氏和社會安全號碼等值傳遞給Employee類別的建構子（第11行），以初始化Employee類別的private資料成員。函式print會呼叫基礎類別的print函式（第57行）以顯示員工的資訊。

```
1  // Fig. 12.13: CommissionEmployee.h
2  // CommissionEmployee class derived from Employee.
3  #ifndef COMMISSION_H
4  #define COMMISSION_H
5
6  #include <string> // C++ standard string class
7  #include "Employee.h" // Employee class definition
8
9  class CommissionEmployee : public Employee
10 {
11 public:
12    CommissionEmployee( const std::string &, const std::string &,
13       const std::string &, double = 0.0, double = 0.0 );
14    virtual ~CommissionEmployee() { } // virtual destructor
15
16    void setCommissionRate( double ); // set commission rate
17    double getCommissionRate() const; // return commission rate
18
19    void setGrossSales( double ); // set gross sales amount
20    double getGrossSales() const; // return gross sales amount
21
22    // keyword virtual signals intent to override
23    virtual double earnings() const override; // calculate earnings
24    virtual void print() const override; // print object
```

圖12.13　CommissionEmployee類別的標頭檔(1/2)

```
25 private:
26    double grossSales; // gross weekly sales
27    double commissionRate; // commission percentage
28 }; // end class CommissionEmployee
29
30 #endif // COMMISSION_H
```

圖12.13 CommissionEmployee類別的標頭檔(2/2)

```
 1 // Fig. 12.14: CommissionEmployee.cpp
 2 // CommissionEmployee class member-function definitions.
 3 #include <iostream>
 4 #include <stdexcept>
 5 #include "CommissionEmployee.h" // CommissionEmployee class definition
 6 using namespace std;
 7
 8 // constructor
 9 CommissionEmployee::CommissionEmployee( const string &first,
10    const string &last, const string &ssn, double sales, double rate )
11    : Employee( first, last, ssn )
12 {
13    setGrossSales( sales );
14    setCommissionRate( rate );
15 } // end CommissionEmployee constructor
16
17 // set gross sales amount
18 void CommissionEmployee::setGrossSales( double sales )
19 {
20    if ( sales >= 0.0 )
21       grossSales = sales;
22    else
23       throw invalid_argument( "Gross sales must be >= 0.0" );
24 } // end function setGrossSales
25
26 // return gross sales amount
27 double CommissionEmployee::getGrossSales() const
28 {
29     return grossSales;
30 } // end function getGrossSales
31
32 // set commission rate
33 void CommissionEmployee::setCommissionRate( double rate )
34 {
35    if ( rate > 0.0 && rate < 1.0 )
36       commissionRate = rate;
37    else
38       throw invalid_argument( "Commission rate must be > 0.0 and < 1.0" );
39 } // end function setCommissionRate
40
41 // return commission rate
42 double CommissionEmployee::getCommissionRate() const
43 {
44     return commissionRate;
45 } // end function getCommissionRate
```

圖12.14 CommissionEmployee類別的實作檔案(1/2)

```
46
47 // calculate earnings; override pure virtual function earnings in Employee
48 double CommissionEmployee::earnings() const
49 {
50    return getCommissionRate() * getGrossSales();
51 } // end function earnings
52
53 // print CommissionEmployee's information
54 void CommissionEmployee::print() const
55 {
56    cout << "commission employee: ";
57    Employee::print(); // code reuse
58    cout << "\ngross sales: " << getGrossSales()
59       << "; commission rate: " << getCommissionRate();
60 } // end function print
```

圖12.14　CommissionEmployee類別的實作檔案(2/2)

12.6.4 產生間接具體衍生類別BasePlusCommissionEmployee

BasePlusCommissionEmployee類別(圖12.15-12.16)直接繼承CommissionEmployee類別(圖12.15的第9行)，所以也等於間接繼承Employee類別。類別BasePlusCommissionEmployee的成員函式有：建構子(圖12.16的第9-15行)，以名字、姓氏、社會安全號碼、業績、抽佣比例和基本底薪等資料作爲引數；類別BasePlusCommissionEmployee的建構子會將名字、姓氏、社會安全號碼、銷售量、和抽佣比例傳給CommissionEmployee類別的建構子(第12行)，將所繼承的資料成員初始化。BasePlusCommissionEmployee也有一個set函式(第18-24行)可以將新值指派給資料成員baseSalary;以及get函式(第27-30行)可傳回baseSalary的值。

earnings函式(第34-37行)可以計算BasePlusCommissionEmployee的薪水。第36行呼叫了基礎類別CommissionEmployee的earnings函式，計算抽佣員工薪資的業績獎金部分。這也是程式碼再利用的一個很好例子。BasePlusCommissionEmployee的print函式(第40-45行)輸出字串“base-salaried”，然後是基礎類別CommissionEmployee之print函式的輸出(這也是程式碼的再利用)，最後是基本底薪。整體的輸出以字串“base-salaried commission employee:”開始，其後接著BasePlusCommissionEmployee的一些相關資料。

請回想CommissionEmployee的print函式會呼叫基礎類別(即Employee類別)的print函式印出員工的名字、姓氏和社會安全號碼；這也是一個程式碼再利用的範例。請注意到，BasePlusCommissionEmployee類別的print方法實施了一連串的方法呼叫，總共跨越了三層的Employee階層架構。

```
1 // Fig. 12.15: BasePlusCommissionEmployee.h
2 // BasePlusCommissionEmployee class derived from CommissionEmployee.
3 #ifndef BASEPLUS_H
4 #define BASEPLUS_H
5
6 #include <string> // C++ standard string class
7 #include "CommissionEmployee.h" // CommissionEmployee class definition
```

圖12.15　BasePlusCommissionEmployee類別的標頭檔(1/2)

```
 8
 9 class BasePlusCommissionEmployee : public CommissionEmployee
10 {
11 public:
12    BasePlusCommissionEmployee( const std::string &, const std::string &,
13       const std::string &, double = 0.0, double = 0.0, double = 0.0 );
14    virtual ~BasePlusCommissionEmployee() { } // virtual destructor
15
16    void setBaseSalary( double ); // set base salary
17    double getBaseSalary() const; // return base salary
18
19    // keyword virtual signals intent to override
20    virtual double earnings() const override; // calculate earnings
21    virtual void print() const override; // print object
22 private:
23    double baseSalary; // base salary per week
24 }; // end class BasePlusCommissionEmployee
25
26 #endif // BASEPLUS_H
```

圖12.15 BasePlusCommissionEmployee類別的標頭檔(2/2)

```
 1 // Fig. 12.16: BasePlusCommissionEmployee.cpp
 2 // BasePlusCommissionEmployee member-function definitions.
 3 #include <iostream>
 4 #include <stdexcept>
 5 #include "BasePlusCommissionEmployee.h"
 6 using namespace std;
 7
 8 // constructor
 9 BasePlusCommissionEmployee::BasePlusCommissionEmployee(
10    const string &first, const string &last, const string &ssn,
11    double sales, double rate, double salary )
12    : CommissionEmployee( first, last, ssn, sales, rate )
13 {
14    setBaseSalary( salary ); // validate and store base salary
15 } // end BasePlusCommissionEmployee constructor
16
17 // set base salary
18 void BasePlusCommissionEmployee::setBaseSalary( double salary )
19 {
20    if ( salary >= 0.0 )
21       baseSalary = salary;
22    else
23       throw invalid_argument( "Salary must be >= 0.0" );
24 } // end function setBaseSalary
25
26 // return base salary
27 double BasePlusCommissionEmployee::getBaseSalary() const
28 {
29     return baseSalary;
30 } // end function getBaseSalary
31
32 // calculate earnings;
```

圖12.16 BasePlusCommissionEmployee類別的實作檔(1/2)

```
33 // override virtual function earnings in CommissionEmployee
34 double BasePlusCommissionEmployee::earnings() const
35 {
36     return getBaseSalary() + CommissionEmployee::earnings();
37 } // end function earnings
38
39 // print BasePlusCommissionEmployee's information
40 void BasePlusCommissionEmployee::print() const
41 {
42    cout << "base-salaried ";
43    CommissionEmployee::print(); // code reuse
44    cout << "; base salary: " << getBaseSalary();
45 } // end function print
```

圖12.16　BasePlusCommissionEmployee類別的實作檔(2/2)

12.6.5 多型處理的範例

爲了測試Employee階層架構，圖12.17的應用程式針對SalariedEmployee、CommissionEmployee跟BasePlusCommissionEmployeen三個具體類別，各產生了一個物件。這個程式會先對這些物件以靜態繫結的方式處理，然後，藉由vector中的Employee指標，以多型的方式進行處理。第22-27行中產生了三個具體的Employee衍生類別物件。第32-38行則輸出每一種Employee的資訊及薪水。第32-37行是靜態繫結的例子，也就是在編譯時期完成繫結，因爲handle用的是物件名稱(而不是指標或參考，此二者可以在執行時期繫結)，所以編譯器可以根據每個物件的型態判斷應該呼叫的print和earnings函式版本。

```
 1 // Fig. 12.17: fig12_17.cpp
 2 // Processing Employee derived-class objects individually
 3 // and polymorphically using dynamic binding.
 4 #include <iostream>
 5 #include <iomanip>
 6 #include <vector>
 7 #include "Employee.h"
 8 #include "SalariedEmployee.h"
 9 #include "CommissionEmployee.h"
10 #include "BasePlusCommissionEmployee.h"
11 using namespace std;
12
13 void virtualViaPointer( const Employee * const ); // prototype
14 void virtualViaReference( const Employee & ); // prototype
15
16 int main()
17 {
18    // set floating-point output formatting
19    cout << fixed << setprecision( 2 );
20
21    // create derived-class objects
22    SalariedEmployee salariedEmployee(
23       "John", "Smith", "111-11-1111", 800 );
24    CommissionEmployee commissionEmployee(
```

圖12.17　Employee類別階層的測試程式(2/3)

```
25        "Sue", "Jones", "333-33-3333", 10000, .06 );
26     BasePlusCommissionEmployee basePlusCommissionEmployee(
27        "Bob", "Lewis", "444-44-4444", 5000, .04, 300 );
28
29     cout << "Employees processed individually using static binding:\n\n";
30
31     // output each Employee  information and earnings using static binding
32     salariedEmployee.print();
33     cout << "\nearned $" << salariedEmployee.earnings() << "\n\n";
34     commissionEmployee.print();
35     cout << "\nearned $" << commissionEmployee.earnings() << "\n\n";
36     basePlusCommissionEmployee.print();
37     cout << "\nearned $" << basePlusCommissionEmployee.earnings()
38        << "\n\n";
39
40     // create vector of three base-class pointers
41     vector < Employee * > employees( 3 );
42
43     // initialize vector with Employees
44     employees[ 0 ] = &salariedEmployee;
45     employees[ 1 ] = &commissionEmployee;
46     employees[ 2 ] = &basePlusCommissionEmployee;
47
48     cout << "Employees processed polymorphically via dynamic binding:\n\n";
49
50     // call virtualViaPointer to print each Employee's information
51     // and earnings using dynamic binding
52     cout << "Virtual function calls made off base-class pointers:\n\n";
53
54     for ( const Employee *employeePtr : employees )
55        virtualViaPointer( employeePtr );
56
57     // call virtualViaReference to print each Employee's information
58     // and earnings using dynamic binding
59     cout << "Virtual function calls made off base-class references:\n\n";
60
61     for ( const Employee *employeePtr : employees )
62        virtualViaReference( *employeePtr ); // note dereferencing
63  } // end main
64
65  // call Employee virtual functions print and earnings off a
66  // base-class pointer using dynamic binding
67  void virtualViaPointer( const Employee * const baseClassPtr )
68  {
69     baseClassPtr->print();
70     cout << "\nearned $" << baseClassPtr->earnings() << "\n\n";
71  } // end function virtualViaPointer
72
73  // call Employee virtual functions print and earnings off a
74  // base-class reference using dynamic binding
75  void virtualViaReference( const Employee &baseClassRef )
76  {
77     baseClassRef.print();
78     cout << "\nearned $" << baseClassRef.earnings() << "\n\n";
79  } // end function virtualViaReference
```

圖12.17 Employee類別階層的測試程式(2/3)

```
Employees processed individually using static binding:
salaried employee: John Smith
social security number: 111-11-1111
weekly salary: 800.00
earned $800.00
commission employee: Sue Jones
social security number: 333-33-3333
gross sales: 10000.00; commission rate: 0.06
earned $600.00
base-salaried commission employee: Bob Lewis
social security number: 444-44-4444
gross sales: 5000.00; commission rate: 0.04; base salary: 300.00
earned $500.00
Employees processed polymorphically using dynamic binding:
Virtual function calls made off base-class pointers:
salaried employee: John Smith
social security number: 111-11-1111
weekly salary: 800.00
earned $800.00
commission employee: Sue Jones
social security number: 333-33-3333
gross sales: 10000.00; commission rate: 0.06
earned $600.00
base-salaried commission employee: Bob Lewis
social security number: 444-44-4444
gross sales: 5000.00; commission rate: 0.04; base salary: 300.00
earned $500.00
Virtual function calls made off base-class references:
salaried employee: John Smith
social security number: 111-11-1111
weekly salary: 800.00
earned $800.00
commission employee: Sue Jones
social security number: 333-33-3333
gross sales: 10000.00; commission rate: 0.06
earned $600.00
base-salaried commission employee: Bob Lewis
social security number: 444-44-4444
gross sales: 5000.00; commission rate: 0.04; base salary: 300.00
earned $500.00
```

圖12.17 Employee類別階層的測試程式(3/3)

第41行建立一個vector名爲employees，其中包含三個Employee指標。第44行將指標employees[0]指向salariedEmployee物件。第45行將指標employees[1]指向commissionEmploye物件。第46行則將指標employee[2]指向basePlusCommissionEmployee物件。編譯器允許上述指派，因爲SalariedEmployee物件“是一種”Employee物件，

HourlyEmployee物件“是一種”Employee物件，BasePlusCommissionEmployee物件也“是一種”Employee物件。因此，我們可以將SalariedEmployee、CommissionEmployee和BasePlusCommissionEmployee等物件的位址以基礎類別Employee的指標來代表(即使Employee是抽象類別)。

第54-55行的迴圈，會作用在每個employees指標上，並對employees中的每個元素呼叫virtualViaPointer函式(第67-71行)。virtualViaPointer函式接受參數baseClassPtr，參數內容來自於向量employees元素的位址值。每次呼叫virtualViaPointer都會使用baseClassPtr指標呼叫虛擬函式print(第69行)與earnings函式(第70行)。請注意virtualViaPointer函式並不包含所有SalariedEmployee、HourlyEmployee、CommissionEmployee或BasePlusCommissionEmployee型態的資訊，這個函式只了解基礎類別Employee。因此，編譯器並不知道透過baseClassPtr指標會呼叫的實體類別函式是什麼。但是在執行時期，虛擬函式就會依據baseClassPtr所指向物件來呼叫函式。輸出的內容說明程式的確呼叫了適當的程式並顯示適當的物件資訊。例如對SalariedEmployee員工顯示了其週薪，而對BasePlusCommissionEmployee和CommissionEmployee員工顯示其業績收入。並請您注意到在第70行使用多型取得Employee員工的薪水，與第33、35、37行使用靜態方式，取得Employee員工的薪水，結果相同。所有對於print和earnings函式的虛擬函式呼叫，都會在執行時期以動態繫結進行解析。

最後，第61-62行敘述會遍歷每一個employees元素，並且呼叫virtualViaReference函式(第75-79行)，virtualViaReference函式的參數baseClassRef(型態爲const Employee &)會接受一個參考，由解參考employees元素中儲存的指標而得(第62行)。每次呼叫virtualViaReference函式都會透過參考baseClassRef呼叫虛擬函式print(第77行)和earnings(第78行)，以展示使用基礎類別參考也會產生多型處理。每次虛擬函式呼叫，都會呼叫baseClassRef在執行時所參考的物件上的函式。這是另一個動態繫結的例子。使用基礎類別參考輸出的內容，與使用基礎類別指標輸出的內容是相同的。

12.7 (選讀)剖析多型，虛擬函式和動態繫結

C++讓程式更便於使用多型的機制。您當然也可以在非物件導向的程式語言中，例如C語言，使用多型，但是會比較複雜而且可能會產生懸置指標。本節會討論C++內部如何實作多型、虛擬函式和動態繫結。您會對這些功能的實際運作方式有深刻的瞭解。更重要的是，它讓您體會到使用多型時的額外負擔，額外的記憶體需求和處理器所耗費的時間。了解多型運作，可以幫助您決定何時要使用多型以及何時要避免使用它。C++標準函式庫的類別如array和vector就不用多型和虛擬函式，避免執行時期的負擔以達最佳效能。

首先，我們會說明C++編譯器在編譯時期所建立用來支援執行時期多型的資料結構。您會看到多型以三層的指標來完成(三層間接方式)，然後會說明程式如何使用這些資料結構執行虛擬函式，達成與多型有關的動態繫結效果。我們討論的是可能的實作方式，程式語言不一定就是這麼做。

當C++編譯一個含有虛擬函式的類別時，會爲該類別建立**虛擬函式表**(virtual function table，vtable)。vtable儲存的資訊是指到虛擬函式的指標。正如內建陣列名稱代表陣列第一個元素，**指向函式的指標**含有記憶體中欲執行函式的位址。執行中的程式，使用虛擬函式表選擇適當的虛擬函式來執行。圖12.18 vtables的最左邊一行分別列出了Employee、SalariedEmployee、ComissionEmployee和BasePlusCommissionEmployee類別的相關資訊。

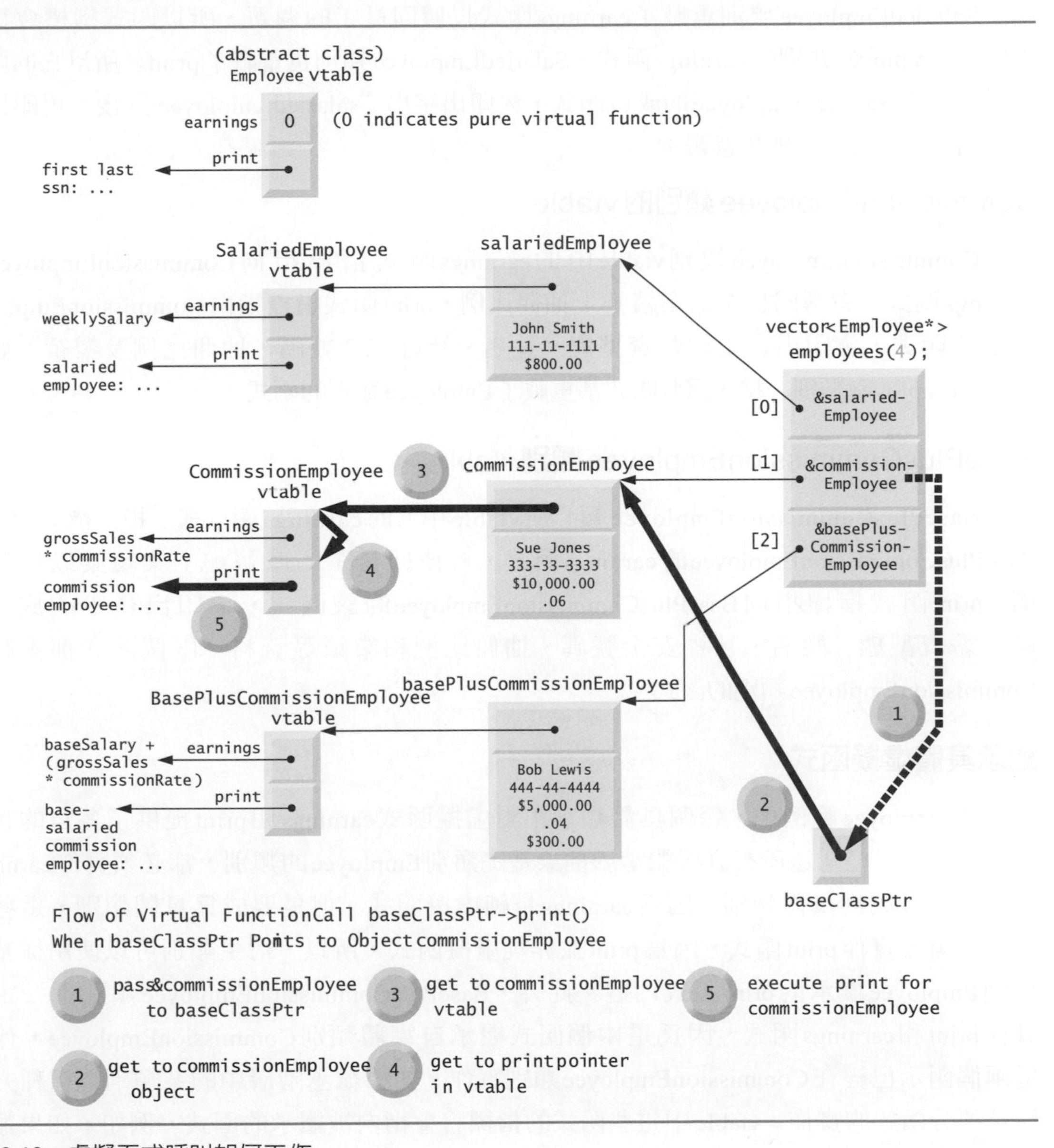

圖12.18　虛擬函式呼叫如何工作

Employee類別vtable

在Employee類別vtable中，第一個函式的指標設定爲0(也就是null指標)。因爲earnings函式是一個純虛擬函式，所以它沒有實作內容，不占記憶體。第二個函式指標指向print函式，該函式可以顯示員工的完整姓名和社會安全編號。[請注意：我們在圖中縮短了print函式的輸出以節省空間]。如果類別的vtable中含有一或多個0指標，表示此類別是抽象類別。沒有任何null vtable指標的(如SalariedEmployee、HourlyEmployee、CommissionEmployee和BasePlusCommissionEmployee等類別)則是具體類別。

SalariedEmployee類別vtable

SalariedEmployee類別重載了earnings函式以傳回員工的週薪，所以函式指標會指向SalariedEmployee類別的earnings函式，SalariedEmployee類別也重載了print，所以它的函式指標會指向SalariedEmployee的成員函式，先印出字串"salaried employee:"後，再印出員工姓名、社會安全號碼和週薪。

CommissionEmployee類別的vtable

CommissionEmployee類別vtable中的earnings函式指標指向CommissionEmployee的earnings函式，會傳回員工的業績乘上抽佣比例，print函式指標指向CommissionEmployee類別的函式，會印出員工的薪資型態、姓名、社會安全號碼、抽佣比例及業績。如同HourlyEmployee類別一樣，這些函式都重載了Employee類別的函式。

BasePlusCommissionEmployee類別vtabl

BasePlusCommissionEmployee類別vtable中的earnings函式指標指向BasePlusCommissionEmployee的earnings函式，會傳回員工的底薪加上業績乘以抽佣比例。print函式指標指向BasePlusCommissionEmployee的該函式，會印出員工的底薪、員工薪資型態、姓名、社會安全號碼、抽佣比例和業績等資料。兩個函式都重載了CommissionEmployee類別的函式。

繼承具體虛擬函式

在Employee範例中，每個具體類別都對虛擬函式earnings和print提供了各自的實作方式。我們已經知道所有直接繼承於抽象基礎類別Employee的類別，都必須實作earnings函式，才能成為具體類別，因為earnings是純虛擬函式。但是要成為具體類別，這些類別並不需要實作print函式，因為print並非純虛擬函式。所以，衍生類別可以使用從基礎類別Employee繼承的print函式內容。此外，BasePlusCommissionEmployee類別不一定要實作print和earnings函式，因為這兩個函式繼承自實體類別CommissionEmployee，代表這兩個函示已經在CommissionEmployee類別實作。如果繼承階層中的某類別以這種方式繼承部分函式的實作，vtable中這些函式的指標將會指向被繼承的函式，例如，如果類別BasePlusCommissionEmployee並沒有重載earnings函式，則BasePlusCommissionEmployee類別vtable的earnings函式指標將會指向CommissionEmployee類別的vtable中的earnings函式指標。上下兩個類別的earnings函式指標指向的同一位址。

透過三層指標實作多型

多型的實作會透過具有三層指標的優雅資料結構來達成。我們已經討論過其中的一層，虛擬函式表中的函式指標。呼叫虛擬函式時，其中的指標會指向實際執行的函式。

現在，我們研究第二層指標的內容。當具有虛擬函式的類別建構物件時，編譯器會在該物件加上一個指標，指向該類別的虛擬函式表。這個指標通常位在於該物件的前面，也有可能在其他位置。圖12.18中，這些指標屬於圖12.17中產生的物件 (SalariedEmployee、HourlyEmployee、CommissionEmployee和BasePlusCommissionEmployee等類別產生的物件)，請注意圖表中顯示了每個物件的資料成員值，例如salariedEmployee物件含有一個指向SalariedEmployee的vtable的指標，以及John Smith、111-11-1111和$800.00這些值。

第三層的指標則是物件的handle，該物件接收虛擬函式呼叫。在這一層物件的handle也可以是參考。圖12.18所顯示的employees陣列中包含了Employee的指標。

現在，讓我們檢視一般虛擬函式呼叫的執行步驟。請觀察virtualViaPointer函式中的呼叫：baseClassPtr->print()（圖12.17的第69行）。假設baseClassPtr的內容是指標employees[1]（也就是employees中物件commissionEmployee的位址）。當編譯器編譯這一行時，會判斷這的確是由基礎類別指標所產生的呼叫，而print是一個虛擬函式。

編譯器會判斷print函式是vtables的第二項，為了定位這個項目，編譯器會注意到我們必須跳過表中的第一項。因此，編譯器會在機器語言目的碼中編譯出一單位的**偏移量** (offset) 或**位移量** (displacement)，來尋找要執行的虛擬函式。偏移量的大小依平台中一個指標佔有的位元組數而定。例如，在32位元的電腦中，每個指標需四位元組的空間，而在64位元的電腦中，每個指標需八位元組的空間。假設在目前環境，指標佔四位元組的空間。

編譯器會產生執行下列操作的程式碼：[注意：下列的編號對應到圖12.18的圓形編號。]

1. 選取employees的第i個進入點(此情況下，是物件commissionEmployee的位址)，把它當成引數傳遞給virtualViaPointer函式。這會使參數baseClassPtr指向commissionEmployee。
2. 解參考這個指標以存取commissionEmployee物件，即前述的，取得指向CommissionEmployee vtable的指標。
3. 解參考commissionEmployee的vtable指標以取得CommissionEmployee vtable的位址。
4. 跳過4位元組的偏移量取得print函式的指標。
5. 解參考print函式指標以建立實際呼叫的函式名稱，並使用函式呼叫運算子( )呼叫適當的print函式，在本範例中，該函式會印出員工的型態、姓名、社會安全號碼、銷售總額和工時。

圖12.18的資料結構看起來似乎很複雜，但這部分的工作是由編譯器處理，程式設計者不會察覺背後的運作，因此多型是很簡單的。但是每個虛擬函式呼叫時進行的解參考取值和記憶體存取操作，都需要一些額外的執行時間。vtable和物件被放在vtable中的指標，都需要一些額外的記憶體空間。您必須在使用虛擬函式前先了解該程式是否適合使用這種方法。

效能要訣 12.1

在C++中，多型通常會採用虛擬函式和動態繫結來實作，其效率是很高的。您可以在效能不致於有重大影響的情況下使用這些功能。

效能要訣 12.2

虛擬函式和動態繫結讓多型程式設計可與使用switch邏輯的程式設計相媲美。最佳化的編譯器一般都會產生多型的程式碼，產生出如人工最佳化或以switch方式爲基礎的程式碼一樣的良好效率。大部分的應用程式多半可以忍受多型造成的一些負擔，但是在某些執行效率非常重要，必須即時反應的應用程式中，它們可能就無法承受多型的額外負擔。

12.8 案例研究：使用多型、向下轉型及執行時期資料型態資訊、dynamic_cast、typeid和type_info完成的薪資系統

請您回想第12.6節提到的問題，目前，公司決定給予BasePlusCommissionEmployees員工底薪再加上百分之十的銷售總額。當我們在第12.6.5節中以多型方式處理物件時並不需要特別注意"個別差異"。但是現在若要調整員工BasePlusCommissionEmployees的底薪，則我們必須在執行時期知道Employee的種類，才能執行正確的動作。本節會說明**執行時期型態資訊**(RTTI)以及**動態轉型**(dynamic casting)的強大功能，它讓程式可以判斷執行時期的物件型態，並據此執行適當的動作[1]。

圖12.19的程式使用了第12.6節的範例Employee階層並對每個BasePlusCommissionEmployee薪資型態的員工，將其底薪再加上百分之十的銷售總額。第21行宣告含有三個元素的向量：employees，它儲存指向Employee物件的指標。第24-29行將SalariedEmployee (圖12.11-12.12)、CommissionEmployee (圖12.13-12.14) 和BasePlusCommissionEmployee (圖12.15-12.16) 類別動態配置物件的位址放入vector中。第32-52行遍歷employees向量中的指標，呼叫每一個Employee的print函式(第34行) 以顯示該物件的資訊。因爲print函式在基礎類別Employee中被宣告成virtual，所以系統將呼叫衍生類別自行定義的print函式。

```
1  // Fig. 12.19: fig12_19.cpp
2  // Demonstrating downcasting and runtime type information.
3  // NOTE: You may need to enable RTTI on your compiler
4  // before you can compile this application.
5  #include <iostream>
6  #include <iomanip>
7  #include <vector>
8  #include <typeinfo>
9  #include "Employee.h"
10 #include "SalariedEmployee.h"
11 #include "CommissionEmployee.h"
```

圖12.19 使用向下轉型及執行時期的型態資訊(1/3)

1 一些編譯器需先啓動RTTI的功能。用來測試本書奮力程式的編譯器：GNU C++ 4.7, Visual C++ 2012 and Xcode 4.5 LLVM等，預設是已啓動RTTI功能。

```
12 #include "BasePlusCommissionEmployee.h"
13 using namespace std;
14
15 int main()
16 {
17    // set floating-point output formatting
18    cout << fixed << setprecision( 2 );
19
20    // create vector of three base-class pointers
21    vector < Employee * > employees( 3 );
22
23    // initialize vector with various kinds of Employees
24    employees[ 0 ] = new SalariedEmployee(
25       "John", "Smith", "111-11-1111", 800 );
26    employees[ 1 ] = new CommissionEmployee(
27       "Sue", "Jones", "333-33-3333", 10000, .06 );
28    employees[ 2 ] = new BasePlusCommissionEmployee(
29       "Bob", "Lewis", "444-44-4444", 5000, .04, 300 );
30
31    // polymorphically process each element in vector employees
32    for ( Employee *employeePtr : employees )
33    {
34       employeePtr->print(); // output employee information
35       cout << endl;
36
37       // downcast pointer
38       BasePlusCommissionEmployee *derivedPtr =
39          dynamic_cast < BasePlusCommissionEmployee * >( employeePtr );
40
41       // determine whether element points to a BasePlusCommissionEmployee
42       if ( derivedPtr != nullptr ) // true for "is a" relationship
43       {
44          double oldBaseSalary = derivedPtr->getBaseSalary();
45          cout << "old base salary: $" << oldBaseSalary << endl;
46          derivedPtr->setBaseSalary( 1.10 * oldBaseSalary );
47          cout << "new base salary with 10% increase is: $"
48             << derivedPtr->getBaseSalary() << endl;
49       } // end if
50
51       cout << "earned $" << employeePtr->earnings() << "\n\n";
52    } // end for
53
54    // release objects pointed to by vector   elements
55    for ( const Employee *employeePtr : employees )
56    {
57       // output class name
58       cout << "deleting object of "
59          << typeid( *employeePtr ).name() << endl;
60
61       delete employeePtr;
62    } // end for
63 } // end main
```

圖12.19　使用向下轉型及執行時期的型態資訊(2/3)

```
salaried employee: John Smith
social security number: 111-11-1111
weekly salary: 800.00
earned $800.00

commission employee: Sue Jones
social security number: 333-33-3333
gross sales: 10000.00; commission rate: 0.06
earned $600.00

base-salaried commission employee: Bob Lewis
social security number: 444-44-4444
gross sales: 5000.00; commission rate: 0.04; base salary: 300.00
old base salary: $300.00
new base salary with 10% increase is: $330.00
earned $530.00

deleting object of class SalariedEmployee
deleting object of class CommissionEmployee
deleting object of class BasePlusCommissionEmployee
```

圖12.19 使用向下轉型及執行時期的型態資訊(3/3)

使用dynamic_cast決定物件型態

在這個範例中，當我們找到BasePlusCommissionEmployee的物件時，底薪需要加上業績的百分之十。但是由於已多型來處理Employee，我們無法確定(以目前所學的技術)在某個時間點處理的是哪一種Employee。這會產生一個問題，因為我們只希望對BasePlusCommissionEmployee員工加百分之十的薪水。為了達成這個要求，必須使用dynamic_cast運算子(第39行)來檢查每個物件是否是BasePlusCommissionEmployee。這就是我們在第12.3.3節提過的向下轉型操作。第38-39行動態的將employeePtr 指標從型態Employee*向下轉型為BasePlusCommissionEmployee*。如果employeePtr所指到的是BasePlusCommissionEmployee類別物件，則把BasePlusCommissionEmployee的位址指定給commissionPtr，否則將會把nullptr指派給衍生類別指標derivedPtr。注意，此處對物件型態做檢查是用的是dynamic_cast 而不是 static_cast，static_cast 直接將Employee*轉型成BasePlusCommissionEmployee*，不管Employee所指向物件的型態是否是BasePlusCommissionEmployee。使用static_cast，程式會對每個Employee 物件加薪，對於非BasePlusCommissionEmployee物件加薪會產生不可預期的結果，這些物件沒有加薪所需資料。

如果第 38-39行中使用dynamic_cast運算傳回的值不是nullptr，表示該物件的型態正確，而if敘述(第42-49行)則會對BasePlusCommissionEmployee物件執行加薪動作。第44、46和48行呼叫了BasePlusCommissionEmployee的getBaseSalary和setBaseSalary函式，來取得並更新員工的薪資。

計算現行Employee的薪資

第51行則會呼叫employeePtr指向物件的成員函式earnings。請回想earnings函式在基礎類別中被宣告為virtual，所以程式會呼叫衍生類別的earnings函式，這也是一種動態繫結的例子。

顯示Employee的型態

第55-62行，針對向量employee每個指標指向的物件，顯示其物件型態，並使用運算子delete釋放物件動態配置的記憶體空間。運算子typeid（第59行）會傳回一個指向type_info類別物件的參考，此類別包含其運算元的型態資訊，也包含該資料型態的名稱。呼叫type_info的name成員函式（第59行）時，會傳回一個以指標為基礎的字串，內容為typei函式的引數的型態名稱（例如class BasePlusCommissionEmployee)。要使用typeid，程式必須引入標頭檔 <typeinfo>（第8行)。

可攜性要訣 12.1

type_info的成員函式name所傳回的字串內容會因編譯器而異。

使用dynamic_cast以避免許多編譯錯誤

請注意我們在這個範例中將指標Employee向下轉型為BasePlusCommissionEmployee指標可以避免許多編譯上的錯誤（第38-39行)。如果將第39行中的dynamic_cast刪除，而企圖將當前的Employee指標指派給BasePlusCommissionEmployee指標derivedPtr，我們會收到一個編譯錯誤。C++不允許程式將基礎類別的指標指派給衍生類別的指標，因為兩者之間不存在is-a關係；is-a關係只存在於衍生類別對基礎類別上，但反向則不存在。

同樣的，若在第44、46和48行使用目前的基礎類別employees指標而非衍生類別指標derivedPtr呼叫衍生類別專用的函式getBaseSalary和setBaseSalary，會在每行中都產生一個編譯錯誤。如同您在第12.3.3節學過的，使用基礎類別指標呼叫衍生類別專用的函式是不合法的，雖然第44、46和48行只處理不等於nullptr的commissionPtr（也就是向下轉型已執行)，我們還是不可以用基礎類別Employee的指標呼叫衍生類別專用的getBaseSalary和setBaseSalary函式。請回想，使用基礎類別Employee指標只可以呼叫基礎類別包含的函式，也就是earnings、print和Employee中的get和set函式。

12.9　總結

本章中，我們討論了多型，能以「一般化」的方式設計程式，而非以「特殊化」的方式設計程式，這讓程式更加具有擴充性。一開始討論了「太空中的物體」這個範例，使用多型讓螢幕管理程式可以顯示數個太空物件。接著示範了基礎類別指標和衍生類別指標如何指向基礎類別和衍生類別的物件。基礎類別指標指向基礎類別物件是很自然的，衍生類別指標指向衍生類別物件也是如此。使用基礎類別指標指向衍生類別物件是合法的，因為衍生類別物件「是一種」基礎類別的物件。您學到了以衍生類別的指標指向基礎類別的物件是危險的，也理解編譯器不允許這種指派的原因。

我們介紹了虛擬函式，當各種不同繼承階層中的物件經由基礎類別指標參考時（在執行期間)，可以呼叫正確的函式。這也稱為動態或晚期繫結。我們也討論了虛擬解構子，物件透過基礎類別指標刪除時，虛擬解構子能夠確保繼承階層中衍生類別物件的正確解構子會被執行。接著討論了純虛擬函式（沒有提供實作的虛擬函式）以及抽象類別（具有一個以上純虛擬函式的類別）。學到了抽象類別不能用來實體化物件，而具體類別可以。我們接著示範在繼承階層中使用抽象類別。學到了編譯器如何透過vtable的產生來執行多型的工作。我們使用執行時期型態資訊（RTTI）以及動態轉型來判斷執行時期的物件型態，並據此執行適當的動作。我們使用typeid運算子取得type_info物件，該物件有物件型態等相關資訊。

在下一章中，我們將討論C++許多的I/O功能，並展示幾個串流操作子執行不同的格式化工作。

摘要

12.1　簡介

- 多型讓我們能以更「一般化」而非「特殊化」的方式撰寫程式。
- 多型讓我們可以把位於同一類別階層中的所有物件，都當作同一基礎類別的物件，撰寫同樣的程式碼來加以處理。
- 有了多型機制之後，我們便能設計並實作出易於擴充的系統；因此程式只需稍加修改甚至不需修改具一般性的部分，就可以將新的類別加入。程式唯一需要修改的地方，只是新類別專用的基本行爲而已。

12.2　多型的範例

- 多型機制讓函式可以依呼叫者的物件型態不同而產生不同的結果。
- 能設計並實作出易於擴充的系統。程式可以撰寫來處理在程式開發階段並不存在的型態。

12.3　繼承階層中的物件關係

- C++提供多型的功能，也就是呼叫同一成員函式，可以獲得同一繼承階層下，不同類別物件的不同回應。
- 多型是以虛擬函式和動態繫結實作而成。
- 使用基礎類別指標或參考呼叫虛擬函式時，C++會選擇屬於此物件的正確衍生類別來呼叫其重載的函式。
- 如果使用物件的名稱和點號運算子來呼叫虛擬函式，這種形式的參考將會在編譯時期解析名稱(這稱爲靜態繫結)，然後程式會呼叫這個類別所定義的虛擬函式。
- 如果需要的話，衍生類別可以自行提供基礎類別虛擬函式的實作，如果沒有提供自己的實作，則會繼承基礎類別的實作內容。
- 如果某類別含有虛擬函式，必須將其基礎類別解構子宣告爲virtual解構子。這會使所有衍生類別的解構子都成爲虛擬解構子，即使這些解構子與基礎類別解構子的名稱並不相同。如果程式明確透過delete運算子來清除基礎類別指標指向的衍生類別物件，則程式會呼叫適當類別的解構子。在衍生類別解構子執行之後，會沿著類別階層往上執行，並解構每一層的物件。

12.4　Type欄位與switch敘述

- 使用虛擬函式的多型程式設計方法，可以避免使用switch邏輯的程式設計。您可以使用虛擬函式得到相同的邏輯效果，因此可以避免switch邏輯所可能帶來的錯誤。

12.5　抽象類別和純虛擬函式

- 抽象類別只會用來當成基礎類別，所以通常將它們稱爲抽象基礎類別。抽象基礎類別並不會產生物件。

- 能夠產生實體物件的類別稱爲具體類別。
- 當建立抽象類別時，需宣告一個以上的純虛擬函式，在其宣告中加入純粹修飾子 (= 0)。
- 如果類別是從含有純虛擬函式的類別繼承而來，並且該衍生類別對此純虛擬函式並未提供任何定義，則此虛擬函式在衍生類別中仍然爲純虛擬函式。因此，這個衍生類別也是抽象類別。
- 雖然我們不能建立抽象基礎類別的物件，但是可以宣告抽象基礎類別的指標和參考，這種指標和參考可以對具體衍生類別的物件執行多型操作。

12.7 (選讀) 剖析多型，虛擬函式和動態繫結

- 動態繫結需要在執行時期將virtual成員函式的呼叫導向該類別適當的虛擬函式版本。虛擬函式表又稱爲vtable，它是由許多函式指標所組成的陣列。包含虛擬函式的類別都含有一個vtable。對類別中的每個虛擬函式，vtable都會有一個對應的函式指標 (進入點)，此指標會指向此類別物件所使用的虛擬函式。特定類別所使用的虛擬函式，可能是定義在該類別中的函式，或直接或間接繼承自更高階層的基礎類別函式。
- 當基礎類別提供virtual成員函式時，衍生類別可以重載此虛擬函式，但不一定要這麼做。
- 含有虛擬函式的類別物件，都含有一個指向該類別虛擬函式表的指標。當程式對基礎類別指標指向的衍生類別物件進行函式呼叫時，會在執行時期取得vtable中記錄的函式指標，並進行解參考以呼叫適當的函式。
- 如果類別的虛擬函式表中含有一或多個nullptr指標，表示此類別是抽象類別。類別的虛擬函式表中如果不含任何nullptr值指標，則該類別就是具體類別。
- 系統會經常使用動態繫結加入新類別。

12.8 案例研究：使用多型、向下轉型及執行時期型態資訊完成的薪資系統：dynamic_cast、typeid和type_info

- 運算子dynamic_cast會檢查指標所指向的物件型態，然後判斷該型態與被轉換的型態是否具有「is-a」關係。如果有「is-a」關係，則dynamic_cast會傳回物件位址。如果沒有「is-a」關係，則dynamic_cast會傳回0。
- 運算子typeid會傳回一個type_info類別物件的參考，它包含其運算元的資料型態資訊，以及該型態的名稱。使用typeid時，程式必須加入標頭檔 <typeinfo>。
- 呼叫type_info的成員函式name時會傳回一個以指標表示的字串，其中含有type_info物件表示的型態名稱。
- dynamic_cast和typeid運算子是C++動態時期型態資訊 (RTTI) 的功能，這讓程式設計者可以在執行時期判斷物件的型態。

自我測驗題

12.1　填空題：

a) 將基礎類別物件當成_______可能會造成錯誤。

b) 多型可以省略_______邏輯。

c) 如果類別含有一或多個純虛擬函式，該類別就是_______類別。

d) 能夠產生實體物件的類別稱爲_______類別。

e) 運算子_______可以用來安全地對基礎類別指標執行向下轉型。

f) 運算子 typeid 會傳回_______物件的參考。

g) _______會使用基礎類別的指標或參考對基礎類別和衍生類別物件呼叫虛擬函式。

h) 可重載的函式會使用關鍵字_______加以宣告。

i) 將基礎類別指標轉換成衍生類別指標稱爲_______。

12.2　說明下列何者爲對，何者爲錯。如是錯的，請解釋爲什麼。

a) 多型使程式設計更加特殊化。

b) 使用多型，一個函式呼叫會導致不同的結果發生。

c) 多行只由動態繫結實作。

d) 衍生類別的解構子執行後，該類別所有基礎類別的解構子，隨之在階層中向上延伸執行。

e) 可由虛擬類別建立物件。

自我測驗題解答

12.1　a) 衍生類別物件。b) switch。c) 抽象。d) 具體。e) dynamic_cast。f) type_info。g) 多型。h) virtual。i) 向下轉型

12.2　a) 錯。多型使程式設計更加一般化。b) 對。c) 錯。多型由動態繫結和虛擬函式實作。d) 對。e) 錯，不可用虛擬類別建立物件。。

習題

12.3　(使用多型增加擴充性) 多型如何讓我們的程式更易增加擴充性。

12.4　(用基礎類別指標呼叫衍生類別函式) 討論用基礎類別指標呼叫衍生類別專有函式所產生的問題。

12.5　(抽象類別與具體類別) 請區分抽象類別與具體類別的差異。什麼情況下要使用抽象類別。

12.6　(抽象衍生類別) 什麼情況下衍生類別也是抽象類別。

12.7　(dynamic_cast 和 static_cast) 請說明dynamic_cast vs. static_cast的差異。請說明 dynamic_cast 傳回nullptr的意義何在。

12.8　(Overriding和Overloading) 請說明重載 (Overriding) 與多載 (Overloading) 的差異。

12.9 (抽象基礎類別)針對圖11.3所示的Shape階層,請提出一層以上的抽象基礎類別。(第一層是類別Shape,第二層則包括TwoDimensionalShape類別和ThreeDimensionalShape類別)。

12.10 (執行期型態資訊)執行期型態資訊如何幫助您決定物件型態?

12.11 (多型應用)請您開發一個飛行模擬器,它必須具有精緻的圖形輸出。請解釋爲何多型程式設計對這種特殊要求的問題特別有效。

12.12 (薪資系統修訂)請修改圖12.9-12.17的薪資系統,使Employee類別包含private成員函式birthDate,請使用圖10.6-10.7中的Date類別表示員工生日。假設這個薪資系統每個月會執行一次。請建立Employee參考的vector來儲存各種員工物件。在一個迴圈內,計算每位Employee(利用多型)的薪資,如果該職員當月過生日,則將$100.00元的生日禮金加入他的薪資內。

12.13 (Package繼承階層)使用習題11.9中的Package繼承階層,產生可以顯示包裹寄送地址及運費資訊的程式,這個程式含有一個vector,內容指向TwoDayPackage類別或 OvernightPackage類別物件的Package指標,請以迴圈走過vector,並多型的處理Packages。對每個Package呼叫get函式取得寄件人和收件人的地址,並將地址以信封格式印出,同時呼叫每個Package的calculateCost成員函式並印出其結果,追蹤vector中的Packages運費,最後在迴圈結束時顯示總價。

12.14 (使用Account階層的多型銀行程式)請使用習題11.10中的Account階層,開發多型的銀行程式。請產生一個陣列,其中放有指向SavingsAccount或CheckingAccount物件的Account指標。對vector中每個Account允許使用者利用debit函式指定從Account領取的金額數量,或是使用成員函式credit存放金錢,當您處理每個Account時請檢查其型態。如果Account爲SavingsAccount,請使用成員函式calculateInterest計算借貸的利息,然後使用credit函式將利息加到總額中,處理Account後,請呼叫基礎類別的成員函式getBalance更新戶頭總額。

12.15 (薪資系統修訂)修改圖12.9-12.17的薪資系統。增加兩個Employee子類別:PieceWorker和HourlyWorker。一個PieceWorker代表一位員工,其薪資給付是根據件商品生產的數量。一個HourlyWorker代表一位員工,其薪資是基於小時工資和工作時數。超過40小時的工作時間,每小時工人領取加班費(1.5倍時薪)。

類別PieceWorker應該包含private變數wage(每個工件的工資)和private變數piece(工件的數量)。類別HourlyWorker應包含private變數wage(每小時員工的工資)和private變數hours(工作時間)。PieceWorker類別,提供具體實作函式earnings 計算薪資,計算方法是將工件量乘以每工件薪資。HourlyWorker類別,提供具體實作函式earnings 計算薪資,計算方法是將工作時數乘以每小時工資。如果工作時數超過40,一定要在HourlyWorker算上加班時間。在main函式,針對每個新類別在向量employee中增加一個指到該類別物件的指標。對於每一個Employee,顯示其以string表達的資訊和薪資。

創新進階題

(CarbonFootprint抽象類別：多型) 您可以利用只包含純虛擬函式的抽象類別，來指定不同類別之間的共同行爲。全球的政府組織與企業都逐漸關注碳足跡的問題(每年排放到大氣中的二氧化碳數量，來自人類燃燒各種燃料以取得熱能，或是汽車燃燒燃料以取得動力等等)。許多科學家認爲，這些溫室氣體會產生全球暖化的問題。建立三個沒有繼承關係的小型類別，一Building、Car和Bicycle類別。替每個類別找出與其他類別不同的屬性和行爲。撰寫具有純虛擬函式getCarbonFootprint的抽象類別CarbonFootprint。讓您的每個類別都繼承這個抽象類別並實作getCarbonFootprint函式，計算每個類別的碳足跡 (您可以找幾個教您怎麼計算碳足跡的網站並參考之。) 寫一個應用程式，建立這三個類別的物件，將指向物件的指標存放在型態爲CarbonFootprint指標的vector中，走訪這個vector，多型地呼叫每個物件的getCarbonFootprint函式。印出每個物件的識別資訊以及碳足跡。

Memo

13 深入探討：串流輸入/輸出

Consciousness ... does not appear to itself chopped up in bits ... A "river" or a "stream" are the metaphors by which it is most naturally described.
—William James

學習目標

在本章中，您將學到：

- 使用C++物件導向串流輸入／輸出。
- 將輸入與輸出格式化。
- 串流I/O類別階層。
- 使用串流操作子。
- 控制對齊與填補。
- 判斷輸入／輸出操作的成功與否。
- 把輸出串流和輸入串流繫接。

本章綱要

13.1 簡介

本章會討論許多最常用的 I/O 操作功能，並簡單敘述其餘的功能。我們會討論先前使用過的一些 I/O 功能，並做深入的探討。之前討論過的許多 I/O 功能都是物件導向的。這種類型的 I/O 都會用到 C++ 的特點，例如，參考、函式多載和運算子多載等。

C++ 使用型態安全性 I/O (type-safe I/O)。每個 I/O 操作會先對資料的資料型態加以確認後才執行。如果某個 I/O 成員函式已經定義爲處理某個特定的資料型態，則程式會呼叫該成員函式來處理該資料型態。如果沒有函式可以處理該資料型態，編譯器會產生錯誤訊息。因此，不正確的資料就無法“潛入”系統 (但 C 卻會發生這種錯誤，它會造成一些奇怪的嚴重錯誤)。

使用者可多載串流插入運算子 (<<) 與串流擷取運算子 (>>)，以指定使用者自訂型態物件的 I/O 操作方式。這種**擴充性** (extensibility) 是 C++ 最有價值的功能之一。

軟體工程觀點 13.1
儘管 C++ 程式設計者也可以使用 C 風格的 I/O，但還是儘量使用 C++ 風格的 I/O 比較好。

錯誤預防要訣 13.1
C++ 的 I/O 具型態安全性。

軟體工程觀點 13.2

C++對語言自身定義的資料型態和使用者自定義的資料型態的I/O，都使用相同的處理方式。此共通性有助於軟體開發和再利用。

13.2 串流

C++的I/O以**串流 (streams)** 為基礎，它們就是連續的位元組。當輸入操作時，位元組就會從裝置(例如，鍵盤、磁碟機或者網路連線)流向主記憶體。而在輸出操作時，位元組就會從主記憶體流向裝置(例如，螢幕、印表機、磁碟機或者是網路連線)。

應用程式會賦予位元組的含意。位元組可代表字元、原始資料、圖形影像、數位語音、數位視訊或應用程式所需的其他任何資訊。

系統I/O機制應該以一致和可靠的方式，將位元組從裝置移到記憶體(反之亦然)。這種傳輸通常會牽涉到一些機械動作，例如，磁碟或磁帶的轉動，或在鍵盤上按下按鍵。這些傳輸所需的時間，通常比處理器內部處理資料的時間長很多。因此，I/O操作需要仔細地計劃和調整，以確保獲得最佳的執行效率。

C++提供"低階"和"高階"的I/O功能。低階的I/O功能(也就是是**非格式化I/O，unformatted I/O**)只是將一些位元組從裝置傳送到記憶體，或從記憶體傳送到裝置。在這種傳送的方法中，程式只會處理個別的位元組。這種低階功能提供高速、高容量的傳輸，但是並不方便。

程式設計者偏好高階的I/O(也就是**格式化I/O，formatted I/O**)，此機制可將幾個位元組合併成有意義的單元，例如整數、浮點數、字元、字串和使用者自訂型態。除了大量的檔案處理之外，這些型態導向的功能可以滿足大部分的I/O的需求。

效能要訣 13.1

在大量的檔案處理時，使用非格式化的I/O可達到最佳的效率。

可攜性要訣 13.1

使用非格式化I/O可能會產生可攜性問題，因為非格式化資料並非適用於所有平台。

13.2.1 典型串流與標準串流

過去，C++的**典型串流函式庫 (classic stream libraries)** 可讓使用者輸入和輸出char。因為char會佔用一個位元組，所以它只可以代表有限的字元集合(例如，在ASCII字元集中的字元)。但許多語言使用的字母，比一個位元組char所能代表的字元個數還多。ASCII字元集並不支援這些字元，但**Unicode® 字元集 (Unicode® character set)** 可以。Unicode是一種擴充的國際字元集，它可表示全世界主流的商業語言、數學符號以及其他符號的字元集。如需進一步了解Unicode，請造訪www.unicode.org。

C++內含**標準串流函式庫** (standard stream libraries)，可讓開發者建立以Unicode字元執行I/O操作的系統。針對此目的，C++包含額外的字元集，稱爲wchar_t，可存放Unicode字元。C++標準也重新設計只能處理char的典型C++串流類別，新增個別的特殊化類別樣板，可分別處理char和wchar_t型態的字元。本書採用char型態的類別樣板。在C++11中未指定wchar_t型態的大小。C++11新的char16_t和char32兩種型態可用來表示Unicide字元，並可明確指定每個字元占記憶體大小。

13.2.2 iostream函式庫標頭檔

C++的iostream函式庫提供數百種I/O功能。其中幾個標頭檔內包含函式庫的部分介面。

大部分C++程式都有 <iostream> 標頭檔，它會宣告所有串流I/O操作需要的基本服務。<iostream> 標頭檔定義了cin、cout、cerr和clog物件，分別對應到標準輸入串流、標準輸出串流、非暫存標準錯誤串流、暫存標準錯誤串流。(第13.2.3節會討論cerr和clog)。C++提供非格式化和格式化I/O功能。

<iomanip> 標頭宣告很有用的服務，可用**參數化串流操作子** (parameterized stream manipulators) 執行格式化的I/O，例如setw和setprecision。

<fstream> 標頭宣告的服務，可用來進行使用者控制的檔案處理。我們會在第14章的檔案處理程式中使用此標頭檔。

13.2.3 串流輸入／輸出類別和物件

iostream函式庫提供許多處理常見I/O操作的樣板。例如，類別樣板basic_istream支援串流輸入操作，類別樣板basic_ostream支援串流輸出操作，而類別樣板basic_iostream會支援串流輸入和串流輸出操作。每個樣板均有一個預先定義的特殊化樣板，可執行char I/O。此外，iostream函式庫提供一組typedef，作爲這些特殊化樣板的別名。typedef修飾子會爲事先定義的資料型態宣告同義詞 (別名)。程式設計者有時會使用typedef來建立更簡短或更具可讀性的型態名稱。例如，以下的敘述

```
typedef Card *CardPtr;
```

定義額外的型態名稱CardPtr來代表Card* 型態的別名。使用typedef建立的名稱並不會建立資料型態。typedef只會建立程式中可能會使用的型態名稱。22.3節將對typedef做進一步的討論。typedef istream代表特殊化的basic_istream，可使用char輸入。同樣地，typedef ostream代表特殊化的basic_ostream，可使用char輸出。還有，typedef iostream代表特殊化的basic_iostream，可使用char輸入和輸出。我們會在本章中使用這些typedef。

串流I/O樣板階層和運算子多載

樣板basic_istream與basic_ostream均單一繼承了基礎樣板basic_ios[1]。樣板basic_iostream則多重繼承了樣板[2] basic_istream與basic_ostream。圖13.1的UML類別示意圖說明了這些繼承關係。

1 在本章中，當討論樣板時，僅限於使用char I/O的特殊化樣板。
2 我們將在第23章探討多重繼承。

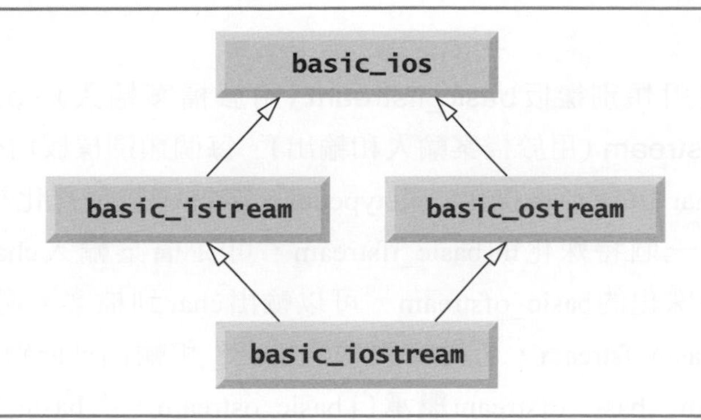

圖13.1　串流I/O階層

運算子的多載提供輸入／輸出的簡便表示方法。多載左移運算子 (<<) 來處理串流輸出，稱爲串流插入運算子 (stream-insertion operator)。多載右移運算子 (>>) 來處理串流輸入，稱爲串流擷取運算子 (stream-extraction operator)。這兩個運算子通常用於標準串流物件cin、cout、cerr、clog，以及使用者自訂串流物件。

標準串流物件cin、cout、cerr和clog

預先定義的物件cin是istream類別的物件，它們會"連結"(或附加)到標準輸入裝置(通常是鍵盤)。以下敘述中的串流擷取運算子 (>>) 會從cin傳一個值到記憶體，當作整數變數grade (假設grade已經宣告爲int變數) 的值：

```
cin >> grade; // data "flows" in the direction of the arrows
```

編譯器會判斷grade的資料型態，並選擇適當的多載串流擷取運算子。假設變數grade已正確宣告，則使用串流擷取運算子時，就不需額外的型態資訊 (但像C風格的I/O就要)。運算子 >> 已多載，以輸入內建型態的資料項目、字串和指標數值。

預先定義的物件cout是ostream類別的物件，它們會 "連結" 到標準輸出裝置 (通常是螢幕)。以下敘述的串流插入運算子 (<<)，會將變數grade的數值從記憶體輸出到標準輸出裝置：

```
cout << grade; // data "flows" in the direction of the arrows
```

編譯器會判斷grade的資料型態 (假設grade已經宣告了)，並選擇適當的多載串流擷取運算子。運算子 << 已多載，以輸出內建型態的資料項目、字串和指標數值。

預先定義的物件cerr是ostream類別的物件，會"連結"到標準錯誤裝置 (通常是螢幕)。輸出到cerr物件是**非暫存的** (unbuffered)。表示每個串流插入cerr的操作都會立即顯示在螢幕上；適用於提醒使用者錯誤發生。

預先定義的物件clog是ostream類別的物件，會 "連結" 到標準錯誤裝置。輸出到clog的資料是**暫存的** (buffered)。表示每個插入clog的串流都會先保留在暫存區，直到暫存區填滿或更新暫存區時，才會進行輸出。"暫存" 是在作業系統課程中討論的I/O效能加強技術。

檔案處理樣板

C++檔案處理使用類別樣板basic_ifstream（用於檔案輸入）、basic_ofstream（用於檔案輸出）和basic_fstream（用於檔案輸入和輸出）。每個類別樣板均有一個預先定義的特殊化樣板，可執行char I/O。C++提供一組typedef，作爲這些特殊化樣板的別名。例如，typedef ifstream代表一個特殊化的basic_ifstream，可從檔案輸入char。同樣地，typedef ofstream代表一個特殊化的basic_ofstream，可以輸出char到檔案。還有，typedef fstream代表一個特殊化的basic_fstream，可從檔案輸入char，和輸出char到檔案。basic_ifstream樣板繼承basic_istream，basic_ofstream繼承自basic_ostream，而basic_fstream繼承自basic_iostream。圖13.2的UML類別示意圖列出I/O相關類別的各種繼承關係。整個串流I/O類別階層提供了您所需要的大部分功能。您可參閱C++系統的類別函式庫參考資料，以獲得其他檔案處理資訊。

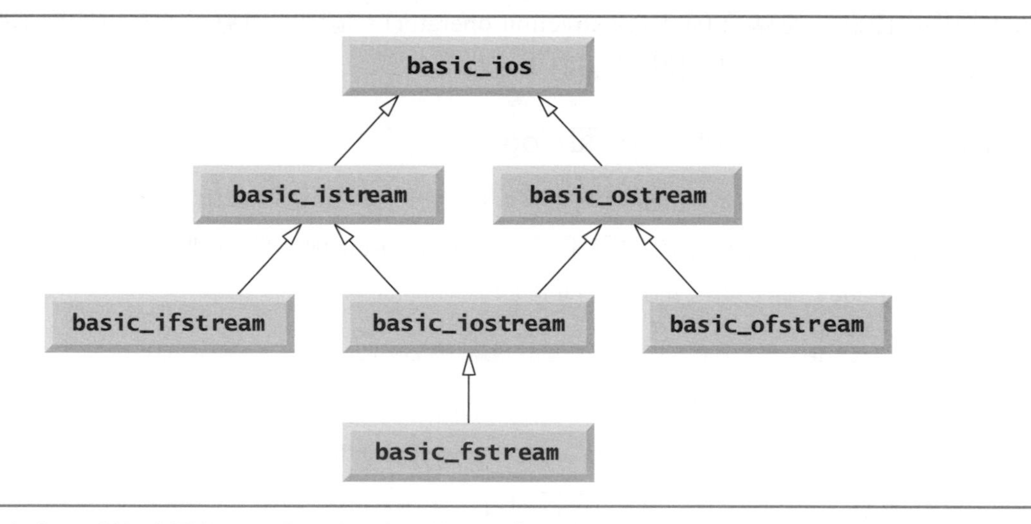

圖13.2　串流I/O樣板階層的一部分，顯示主要的檔案處理樣板

13.3 串流輸出

ostream提供格式化和非格式化輸出功能。它的輸出功能包括：

- 使用串流插入運算子 (<<) 輸出標準資料型態。
- 使用put成員函式輸出字元。
- 使用write成員函式進行非格式化輸出。
- 以十進位、八進位和十六進位格式輸出整數。
- 輸出不同精準度的浮點數。
- 以固定小數位數的格式輸出浮點數。
- 以科學記號法和定點格式輸出浮點數。
- 在指定寬度的欄位內以對齊方式輸出資料。
- 在欄位內以特殊字元填補空格的方式輸出資料。

● 在科學記號法和十六進位表示法中，使用大寫字母表示輸出的數值。

13.3.1 輸出char* 變數

C++會自動判斷資料型態，比C強得多。但這功能有時反而是一種障礙。例如，假設我們想印出存在char* 指標中的位址。程式已經多載<<運算子來印出char* 型態的資料，並將它視爲含有結束字元 (null-terminated) 的字串。要印出指標變數所包含的位址，必須將char* 強制轉換成void* (您可以對任何指標變數執行這種運算)。圖13.3示範如何將char* 型態的變數以字串和位址的格式列印出來。請注意位址是以十六進位數字列印，在不同電腦上這個值可能會有所不同。您可以在附錄D找到有關十六進位數的資料。第13.6.1節和13.7.4節會進一步討論數字進位法的控制。

```
 1 // Fig. 13.3: fig13_03.cpp
 2 // Printing the address stored in a char * variable.
 3 #include <iostream>
 4 using namespace std;
 5
 6 int main()
 7 {
 8    const char *const word = "again";
 9
10    // display value of char *, then display value of char *
11    // after a static_cast to void *
12    cout << "Value of word is: " << word << endl
13       << "Value of static_cast< const void * >( word ) is: "
14       << static_cast< const void * >( word ) << endl;
15 } // end main
```

```
Value of word is: again
Value of static_cast< const void * >( word ) is: 0135CC70
```

圖13.3　印出儲存在char* 變數中的位址

13.3.2 使用成員函式put輸出字元

我們可用put成員函式來輸出字元。例如，以下的敘述

```
cout.put( 'A' );
```

可顯示一個字元A。put的呼叫可以連接起來，如下所示

```
cout.put( 'A' ).put( '\n' );
```

它會在螢幕上顯示字母A和一個換行字元。如同 << 運算子，先前的敘述也會以相同方式執行，因爲點運算子 (.) 也是從左到右結合運算，而成員函式put會回傳一個指向“接受put呼叫的ostream物件”(cout) 的指標。我們亦可用代表ASCII值的數值運算式來呼叫put函式，以下敘述也會輸出A：

```
cout.put( 65 );
```

13.4 串流輸入

現在讓我們來介紹串流輸入。istream提供格式化和非格式化輸入功能。這個串流擷取運算子(也就是 >> 運算子)通常會忽略輸入**串流中的空白字元**(white-space characters,例如,空白、tab和換行字元),我們將會探討如何改變這種行為。在每個輸入後,串流擷取運算子會回傳一個"接收此擷取訊息的串流物件"(如cin >> grade中的cin)的參照。若此參照用於條件式中(如while敘述的迴圈測試條件中),便會隱含呼叫此串流的多載void* 轉型運算子,根據上次操作成功與否,將此參照轉換成非null指標或null指標。非null指標會轉換成bool值true表示成功,null指標會轉換成bool值false表示失敗。當讀到串流的結束處時,此串流的多載void* 轉型運算子會回傳null指標,表示檔案結束。

每個串流物件都包含一組**狀態位元**(state bits),可用來控制串流的狀態(如格式化,設定錯誤狀態等)。串流的多載void* 轉型運算子會使用這些狀態位元,以判斷究竟要回傳非null指標還是null指標。當輸入錯誤型態的資料時,串流的擷取動作就會設定串流的failbit位元,如果操作失敗就設定串流的badbit位元。第13.7和13.8節會詳細討論串流狀態位元,然後介紹如何在I/O操作之後測試這些位元。

13.4.1 get與getline成員函式

無引數的get成員函式會從指定的串流輸入一個字元(包括空白字元與其他非圖形字元,如代表檔案結束的組合鍵),並將此字元當作函式呼叫的回傳值。當遇到串流上的檔案結束字元時,這種版本的get函式就會回傳EOF。

使用成員函式eof、get和put

圖13.4說明如何對輸入串流物件cin使用成員函式eof和get,以及對輸出串流物件cout使用成員函式put。第5章提過,EOF是用int呈現。本程式將字元變數讀到整數變數character,因此,我們可判定是否讀到EOF。程式首先會印出cin.eof()的數值,也就是false(輸出為0),來表示cin還未遇到檔案結束字元。使用者輸入一行文字並且按下Enter鍵,接著輸入檔案結束字元(在Microsoft Windows系統上是 <ctrl>-z,在UNIX和Macintosh系統則是 <ctrl>-d)。第15行會讀取每個字元,而第16行使用成員函式put將這些字元輸出到cout。遇到檔案結束字元時,while敘述就會結束,而第20行會顯示cin.eof()的數值,它現在是true(輸出值是1),這表示cin遇到了檔案結束字元。此程式使用的istream成員函式get不需要引數,並且會回傳輸入的字元(第15行)。只有在程式讀過串流中的最後一個字元時,函式eof才會回傳true。

```
1 // Fig. 13.4: fig13_04.cpp
2 // get, put and eof member functions.
3 #include <iostream>
4 using namespace std;
5
6 int main()
7 {
```

圖13.4 get、put與eof成員函式(1/2)

```
8      int character; // use int, because char cannot represent EOF
9
10     // prompt user to enter line of text
11     cout << "Before input, cin.eof() is " << cin.eof() << endl
12        << "Enter a sentence followed by end-of-file:" << endl;
13
14     // use get to read each character; use put to display it
15     while ( ( character = cin.get() ) != EOF )
16        cout.put( character );
17
18     // display end-of-file character
19     cout << "\nEOF in this system is: " << character << endl;
20     cout << "After input of EOF, cin.eof() is " << cin.eof() << endl;
21  } // end main
```

```
Before input, cin.eof() is 0
Enter a sentence followed by end-of-file:
Testing the get and put member functions
Testing the get and put member functions
^Z

EOF in this system is: -1
After input of EOF, cin.eof() is 1
```

圖13.4　get、put與eof成員函式(2/2)

具有一個字元參考引數的get成員函式，會從輸入串流擷取下一個字元(即使這是一個空白字元)，然後將此字元存入字元引數。此版本的get會回傳一個istream物件的參考，我們就是在這個istream物件上呼叫get成員函式的。

成員函式get的第三種版本有三個引數：一個字元陣列、一個大小的限制，以及分界符號(預設值為'\n')。這個版本會從輸入串流讀取一些字元。它會一直讀取字元，直到比指定的最大字元數限制少一個字元為止，或讀取到分界符號為止。程式會加入null字元，以結束字元陣列中的輸入字串，程式會將此字元陣列當成暫存區。分界符號不會被放入此字元陣列，但是仍會保留在輸入串流中(因為分界符號是下一個要讀取的字元)。因此，第二次連續呼叫get函式的結果就是一個空白行，除非將分界符號字元從輸入串流(可以利用cin.ignore())刪除。

比較cin和cin.get

圖13.5比較用串流擷取運算子和cin來輸入(會讀取字元，直到碰到空白字元為止)以及用cin.get來輸入的差別。呼叫cin.get(第22行)不會指定分界符號，所以會使用預設字元'\n'。

```
1  // Fig. 13.5: fig13_05.cpp
2  // Contrasting input of a string via cin and cin.get.
3  #include <iostream>
4  using namespace std;
5
6  int main()
7  {
8     // create two char arrays, each with 80 elements
```

圖13.5　用cin.get和cin來輸入字串對比(2/2)

```
 9    const int SIZE = 80;
10    char buffer1[ SIZE ];
11    char buffer2[ SIZE ];
12
13    // use cin to input characters into buffer1
14    cout << "Enter a sentence:" << endl;
15    cin >> buffer1;
16
17    // display buffer1 contents
18    cout << "\nThe string read with cin was:" << endl
19       << buffer1 << endl << endl;
20
21    // use cin.get to input characters into buffer2
22    cin.get( buffer2, SIZE );
23
24    // display buffer2 contents
25    cout << "The string read with cin.get was:" << endl
26       << buffer2 << endl;
27 } // end main
```

```
Enter a sentence:
Contrasting string input with cin and cin.get

The string read with cin was:
Contrasting

The string read with cin.get was:
string input with cin and cin.get
```

圖13.5 用cin.get和cin來輸入字串對比(2/2)

使用成員函式getline

成員函式getline的功能很像第三個版本的get成員函式，它會在字元陣列的最後加入一個null字元。函式getline會從串流移除分界符號(也就是讀取這個分界符號字元，但是將它捨棄)，但是不會將它儲存到字元陣列。圖13.6的程式說明使用getline成員函式來輸入一行文字(第13行)。

```
 1 // Fig. 13.6: fig13_06.cpp
 2 // Inputting characters using cin member function getline.
 3 #include <iostream>
 4 using namespace std;
 5
 6 int main()
 7 {
 8    const int SIZE = 80;
 9    char buffer[ SIZE ]; // create array of 80 characters
10
11    // input characters in buffer via cin function getline
12    cout << "Enter a sentence:" << endl;
13    cin.getline( buffer, SIZE );
14
```

圖13.6 以cin的成員函式getline輸入字元(1/2)

```
15     // display buffer contents
16     cout << "\nThe sentence entered is:" << endl << buffer << endl;
17 } // end main
```

```
Enter a sentence:
Using the getline member function

The sentence entered is:
Using the getline member function
```

圖13.6　以cin的成員函式getline輸入字元(1/2)

13.4.2　istream的成員函式peek、putback和ignore

istream的成員函式ignore會讀取和捨棄指定數目的字元（預設是一個字元），或遇到指定的分界符號時終止輸入（預設的分界符號是EOF，當讀取檔案遇到這個符號時，會讓ignore直接跳到檔案的末端）。

成員函式putback會將先前get函式從輸入串流所擷取的字元放回到該串流。這個函式對於掃描輸入串流，以便搜尋由某個特定字元帶頭的字串，是很有用的。當輸入該字元時，應用程式就會將此字元放回串流，所以這個字元可以包括在輸入資料當中。

成員函式peek會回傳輸入串流中的下一個字元，但是不會從串流移除這個字元。

13.4.3　型態安全性I/O

C++提供**型態安全性**I/O (type-safe I/O)。它將 << 和 >> 運算子多載來接受特定型態的資料項。如果處理的資料是非預期型態的資料，則會設定各種不同的錯誤位元，使用者可以依照這些旗標來決定I/O操作是否成功。若沒有為某個使用者自訂型態來多載 << 運算子，而您又輸入或輸出此種自訂型態物件的內容，編譯器就會產生錯誤。這讓您可以輕易控制程式。第13.8節會討論這些錯誤狀態。

13.5　使用read、write和gcount執行非格式化I/O

程式可以分別使用istream和ostream的read和write成員函式來進行非格式化的輸入／輸出 (Unformatted input/output)。成員函式read會將一些位元組讀入記憶體中的字元陣列；成員函式write會將位元組輸出到字元陣列。這些位元組不具有任何格式。它們只是以原始的位元組進行輸入或輸出。例如，像下述的呼叫

```
char buffer[] = "HAPPY BIRTHDAY";
cout.write( buffer, 10 );
```

會將buffer的前10個位元組的資料輸出（包括會讓cout和 << 輸出終止的null字元）。以下呼叫

```
cout.write( "ABCDEFGHIJKLMNOPQRSTUVWXYZ", 10 );
```

就會顯示最初10個字母字元。

成員函式read會將指定數目的字元輸入到字元陣列。如果讀取到的字元數目少於指定的字元數目，就會設定failbit。第13.8節顯示如何判斷程式是否已經設定failbit。成員函式gcount會計算出上一次輸入操作所讀取字元的數目。

圖13.7說明如何使用istream的成員函式read和gcount，以及ostream的成員函式write。程式使用read函式（第13行）從比20個字元更長的輸入序列，將20個字元輸入字元陣列buffer，使用gcount函式（第17行）計算輸入字元的數目，並使用write函式（第17行）將buffer中的字元輸出。

```
 1 // Fig. 13.7: fig13_07.cpp
 2 // Unformatted I/O using read, gcount and write.
 3 #include <iostream>
 4 using namespace std;
 5
 6 int main()
 7 {
 8    const int SIZE = 80;
 9    char buffer[ SIZE ]; // create array of 80 characters
10
11    // use function read to input characters into buffer
12    cout << "Enter a sentence:" << endl;
13    cin.read( buffer, 20 );
14
15    // use functions write and gcount to display buffer characters
16    cout << endl << "The sentence entered was:" << endl;
17    cout.write( buffer, cin.gcount() );
18    cout << endl;
19 } // end main
```

```
Enter a sentence:
Using the read, write, and gcount member functions
The sentence entered was:
Using the read, writ
```

圖13.7 非格式化I/O使用read、gcount和write

13.6 串流操作子簡介

C++提供不同的**串流操作子** (stream manipulators) 來處理格式化的工作。串流操作子可以設定欄位寬度、設定精準度、設定和取消格式狀態、設定欄內的填充字元、清除串流、在輸出串流加入換行字元（和清除串流）、在輸出串流中加入null字元，以及忽略輸入串流中的空白字元。這些功能會在以下幾個小節中說明。

13.6.1 整數串流進位法：dec、oct、hex和setbase

整數一般會被視為十進位數值（基底是10）。若要改變串流中整數的基底，加入hex操作子就可以將基底改成十六進位（基底為16），或加上oct操作子就可將基底改成八進位（基底為8）。加上dec串流操作子可以將串流基底重新設成十進位。它們都是黏著性操作 (sticky manipulations)。

程式也可以使用串流操作子setbase來變更串流的基底，但需要10、8或16中的一個整數作爲引數，來分別將基底設定成十進位、八進位或十六進位。因爲setbase需要接收一個引數，所以它又稱爲參數化串流操作子 (parameterized stream manipulator)。使用setbase (或任何其他參數化操作子) 都需要含入 <iomanip> 標頭檔。串流基底值會維持不變，除非明確改變了基底，setbase設定是"黏著性"的。圖13.8說明串流操作子hex、oct、dec和setbase的使用方法。想要了解更多十進位、八進位、十六進位的資訊，請參閱附錄D。

```
 1 // Fig. 13.8: fig13_08.cpp
 2 // Using stream manipulators hex, oct, dec and setbase.
 3 #include <iostream>
 4 #include <iomanip>
 5 using namespace std;
 6
 7 int main()
 8 {
 9    int number;
10
11    cout << "Enter a decimal number: ";
12    cin >> number; // input number
13
14    // use hex stream manipulator to show hexadecimal number
15    cout << number << " in hexadecimal is: " << hex
16       << number << endl;
17
18    // use oct stream manipulator to show octal number
19    cout << dec << number << " in octal is: "
20       << oct << number << endl;
21
22    // use setbase stream manipulator to show decimal number
23    cout << setbase( 10 ) << number << " in decimal is: "
24       << number << endl;
25 } // end main
```

```
Enter a decimal number: 20
20 in hexadecimal is: 14
20 in octal is: 24
20 in decimal is: 20
```

圖13.8　使用串流操作子hex、oct、dec和setbase

13.6.2 浮點數的精準度 (precision和setprecision)

我們可使用串流操作子setprecision或ios_base的precision成員函式，來控制浮點數 (也就是小數點右邊的位數) 的**精準度** (precision)。使用這兩種方法之一設定好精準度之後，後續的所有輸出操作都會沿用該設定值，直到重新設定精準度爲止。無引數的precision成員函式呼叫會回到目前的精準度設定 (若不再需要"黏著性"設定，而想還原到原始精準度時，便要使用此功能)。圖13.9的程式使用成員函式precision (第22行) 和操作子setprecision (第31行)，印出一個顯示2的平方根的表格，其精準度從0到9。

```
1 // Fig. 13.9: fig13_09.cpp
2 // Controlling precision of floating-point values.
3 #include <iostream>
4 #include <iomanip>
5 #include <cmath> // for sqrt
6 using namespace std;
7
8 int main()
9 {
10    double root2 = sqrt( 2.0 ); // calculate square root of 2
11    int places; // precision, vary from 0-9
12
13    cout << "Square root of 2 with precisions 0-9." << endl
14       << "Precision set by ios_base member function "
15       << "precision:" << endl;
16
17    cout << fixed; // use fixed point format
18
19    // display square root using ios_base function precision
20    for ( places = 0; places <= 9; ++places )
21    {
22       cout.precision( places );
23       cout << root2 << endl;
24    } // end for
25
26    cout << "\nPrecision set by stream manipulator "
27       << "setprecision:" << endl;
28
29    // set precision for each digit, then display square root
30    for ( places = 0; places <= 9; ++places )
31       cout << setprecision( places ) << root2 << endl;
32 } // end main
```

```
Square root of 2 with precisions 0-9.
Precision set by ios_base member function precision:
1
1.4
1.41
1.414
1.4142
1.41421
1.414214
1.4142136
1.41421356
1.414213562

Precision set by stream manipulator setprecision:
1
1.4
1.41
1.414
1.4142
1.41421
1.414214
1.4142136
1.41421356
1.414213562
```

圖13.9 控制浮點數的精準度

13.6.3 欄位寬度 (width 和 setw)

基本類別ios_base的width成員函式會設定欄位寬度(也就是輸出數值時需要放置字元位置的數目，或需要輸入的最大字元數目)，並且回傳先前的寬度。如果輸出的數值小於欄位寬度，則會在**填補** (padding) 的部分加入**填充字元** (fill characters)。如果數值比指定的欄位寬度大，則多出的部分並不會截掉，而是將完整的數字顯示出來。沒有引數的width函式則會回傳目前的設定。

程式中常犯的錯誤 13.1

寬度設定只會套用在下一個插入或擷取上(也就是說，寬度設定不具"黏著性")；之後寬度便隱含地設回0(也就是說，會以預設設定進行輸入與輸出)。誤以為寬度設定會套用到所有後續的輸出，是一種邏輯錯誤。

程式中常犯的錯誤 13.2

如果沒有提供足夠寬度的欄位來處理輸出，則輸出就會依據原本的寬度加以顯示，這可能會造成紊亂的輸出結果。

圖13.10說明如何在輸入和輸出中使用width成員函式。當輸入資料到char陣列時，最多只會讀取比欄位寬度少一個字元的資料，因為程式必須在輸入字串的最後面加上一個null字元。請記得，當遇到字串中非前導的空白字元時，串流擷取就會終止。程式可用setw串流操作子來設定欄位寬度。[注意：圖.13.10提示輸入時，使用者應輸入一行文字並按Enter鍵，接著按檔案結束(在微軟Windows系統檔案結束鍵為<CTRL>+z。 Linux和OS X作業系統檔案結束鍵為<CTRL>+D)。]

```
 1 // Fig. 13.10: fig13_10.cpp
 2 // width member function of class ios_base.
 3 #include <iostream>
 4 using namespace std;
 5
 6 int main()
 7 {
 8    int widthValue = 4;
 9    char sentence[ 10 ];
10
11    cout << "Enter a sentence:" << endl;
12    cin.width( 5 ); // input only 5 characters from sentence
13
14    // set field width, then display characters based on that width
15    while ( cin >> sentence )
16    {
17       cout.width( widthValue++ );
18       cout << sentence << endl;
19       cin.width( 5 ); // input 5 more characters from sentence
20    } // end while
21 } // end main
```

圖13.10　ios_base類別的width成員函式(1/2)

```
Enter a sentence:
This is a test of the width member function
This
   is
     a
   test
      of
      the
      widt
          h
        memb
           er
          func
           tion
```

圖13.10 ios_base類別的width成員函式(2/2)

13.6.4 使用者自訂輸出串流操作子

您可以建立自己的串流操作子。圖13.11介紹如何建立並使用新的非參數化串流操作子bell (第8-11行)、carriageReturn (第14-17行)、tab (第20-23行) 和endLine (第 27-30行)。輸出串流操作子的回傳型態與參數必須是ostream &。當35行將endLine操作子插入輸出串流時，會呼叫endLine函式，且第29行會輸出跳脫序列 \n與flush操作子到標準輸出串流cout上。同樣的，當第35-44行將tab、bell和carriageReturn操作子插入輸出串流時，會呼叫其對應函式tab (第20行)、bell (第8行) 與carriageReturn (第14行)，它們會輸出各種跳脫序列。

```
 1 // Fig. 13.11: fig13_11.cpp
 2 // Creating and testing user-defined, nonparameterized
 3 // stream manipulators.
 4 #include <iostream>
 5 using namespace std;
 6
 7 // bell manipulator (using escape sequence \a)
 8 ostream& bell( ostream& output )
 9 {
10    return output << '\a';  // issue system beep
11 } // end bell manipulator
12
13 // carriageReturn manipulator (using escape sequence \r)
14 ostream& carriageReturn( ostream& output )
15 {
16    return output << '\r';  // issue carriage return
17 } // end carriageReturn manipulator
18
19 // tab manipulator (using escape sequence \t)
20 ostream& tab( ostream& output )
21 {
22    return output << '\t';  // issue tab
23 } // end tab manipulator
24
```

圖13.11 使用者自訂的非參數化串流操作子(2/2)

```
25 // endLine manipulator (using escape sequence \n and flush stream
26 // manipulator to simulate endl)
27 ostream& endLine( ostream& output )
28 {
29    return output << '\n' << flush; // issue endl-like end of line
30 } // end endLine manipulator
31
32 int main()
33 {
34    // use tab and endLine manipulators
35    cout << "Testing the tab manipulator:" << endLine
36       << 'a' << tab << 'b' << tab << 'c' << endLine;
37
38    cout << "Testing the carriageReturn and bell manipulators:"
39       << endLine << "..........";
40
41    cout << bell; // use bell manipulator
42
43    // use ret and endLine manipulators
44    cout << carriageReturn << "-----" << endLine;
45 } // end main
```

```
Testing the tab manipulator:
a       b       c
Testing the carriageReturn and bell manipulators:
-----.....
```

圖13.11　使用者自訂的非參數化串流操作子(2/2)

13.7　串流格式狀態和串流操作子

在串流I/O期間，程式可用串流操作子來指定各種格式設定。串流操作子會控制輸出的格式設定。圖13.12列出每個串流操作子，它們可以控制特定的串流格式狀態。這些操作子都屬於ios_base類別。我們會在接下來幾個小節中，顯示這些串流操作子的幾個例子。

串流操作子	說明
skipws	跳過輸入串流中的空白字元。使用noskipws重設。
left	將欄位輸出靠左對齊。視需求在右邊加上填充字元。
right	將欄位輸出靠右對齊。視需求在左邊加上填充字元。
internal	數值的正負號向左對齊，數字部分向右對齊(填充字元在正負號和數字之間)
boolalpha	Bool 數值應以 true 或 false 顯示。串流操作子 noboolalpha 還到預設顯示格式：true以1顯示，false 以0顯示。
dec	將整數當成十進位值。
oct	將整數當成八進位值。
hex	將整數當成十六進位值。
showbase	指定數值前面加上進位法(0:表示八進位。0x 或 0X：表示十六進位)使用noshowbase重設。

圖 13.12　<iostream>串流操作子格式狀態(1/2)

串流操作子	說明
showpoint	設定輸出浮點數時，必須要有小數點。搭配fixed一起使用，確保顯示小數點右邊的數值。使用noshowpoint重設。
uppercase	指定十六進位整數超過9的部分以大寫子母表示(X 和 A 到 F)。科學記號法的浮點數使用大寫字母E。使用nouppercase重設。
showpos	指定正數的數值前面加上符號(+)。使用noshowpos重設。
scientific	浮點數以科學記號法格式輸出。
fixed	將浮點數以定點格式輸出，並指定小數點的位數。

圖 13.12 <iostream>串流操作子格式狀態(2/2)

13.7.1 補零和小數點 (showpoint)

串流操作子showpoint可設定輸出浮點數時，必須要有小數點且右方必須補零。例如，浮點數79.0若不用showpoint，就會印成79，若用showpoint，就會印成79.000000 (後面的0依目前的精準度而定)。為了要重新設定showpoint，請輸出串流操作子noshowpoint。圖13.13的程式顯示如何使用串流操作子showpoint，來控制浮點數值的補零和小數點的顯示方式。前面提過，浮點數的預設精準度是6。若未使用fixed或scientific串流操作子，則此精準度表示會顯示出來的數字(整數加小數部分)總共有多少個，而不是只代表小數部分的數字。

```
 1 // Fig. 13.13: fig13_13.cpp
 2 // Controlling the printing of trailing zeros and
 3 // decimal points in floating-point values.
 4 #include <iostream>
 5 using namespace std;
 6
 7 int main()
 8 {
 9    // display double values with default stream format
10    cout << "Before using showpoint" << endl
11       << "9.9900 prints as: " << 9.9900 << endl
12       << "9.9000 prints as: " << 9.9000 << endl
13       << "9.0000 prints as: " << 9.0000 << endl << endl;
14
15    // display double value after showpoint
16    cout << showpoint
17       << "After using showpoint" << endl
18       << "9.9900 prints as: " << 9.9900 << endl
19       << "9.9000 prints as: " << 9.9000 << endl
20       << "9.0000 prints as: " << 9.0000 << endl;
21 } // end main
```

```
Before using showpoint
9.9900 prints as: 9.99
9.9000 prints as: 9.9
9.0000 prints as: 9

After using showpoint
9.9900 prints as: 9.99000
9.9000 prints as: 9.90000
9.0000 prints as: 9.00000
```

圖 13.13 控制浮點數的小數點後補零

13.7.2 對齊方式 (left、right和internal)

串流操作子left和right分別指定欄位內是靠左對齊(填充字元出現在右邊)，或是靠右對齊(填充字元出現在左邊)。我們可用成員函式fill或參數化串流操作子setfill(在第13.7.3節討論)指定使用的填充字元。圖13.14使用setw、left和right操作子來對欄位內的整數，執行靠左對齊和靠右對齊。

```
 1 // Fig. 13.14: fig13_14.cpp
 2 // Left and right justification with stream manipulators left and right.
 3 #include <iostream>
 4 #include <iomanip>
 5 using namespace std;
 6
 7 int main()
 8 {
 9    int x = 12345;
10
11    // display x right justified (default)
12    cout << "Default is right justified:" << endl
13       << setw( 10 ) << x;
14
15    // use left manipulator to display x left justified
16    cout << "\n\nUse std::left to left justify x:\n"
17       << left << setw( 10 ) << x;
18
19    // use right manipulator to display x right justified
20    cout << "\n\nUse std::right to right justify x:\n"
21       << right << setw( 10 ) << x << endl;
22 } // end main
```

```
Default is right justified:
     12345

Use std::left to left justify x:
12345

Use std::right to right justify x:
     12345
```

圖13.14　使用串流操作子left和right來執行靠左和靠右對齊

串流操作子internal指出數字的正負號(當使用串流操作子showbase時，就是基底)應該在欄位中靠左對齊，數值的大小必須靠右對齊，中間空格的位置會填入填充字元。圖13.15顯示指定中間空格的串流操作子internal(第10行)。請注意，showpos會強迫程式印出正號(第10行)。要重新設定showpos，請輸出串流操作子noshowpos。

```
 1 // Fig. 13.15: fig13_15.cpp
 2 // Printing an integer with internal spacing and plus sign.
 3 #include <iostream>
 4 #include <iomanip>
 5 using namespace std;
 6
```

圖13.15 使用中間空格與正號列印整數(1/2)

```
 7 int main()
 8 {
 9    // display value with internal spacing and plus sign
10    cout << internal << showpos << setw( 10 ) << 123 << endl;
11 } // end main
```

```
+      123
```

圖13.15 使用中間空格與正號列印整數(2/2)

13.7.3 填補(fill、setfill)

成員函式fill指定在對齊欄位內所使用的填充字元，如果沒有指定任何值，就會使用空白作爲填充字元。函式fill會回傳先前設定的填充字元。操作子setfill也會設定填充字元。圖13.16說明使用成員函式fill(第30行)和**串流操作子**setfill(第34行和37行)來設定填充字元。

```
 1 // Fig. 13.16: fig13_16.cpp
 2 // Using member-function fill and stream-manipulator setfill to change
 3 // the padding character for fields larger than the printed value.
 4 #include <iostream>
 5 #include <iomanip>
 6 using namespace std;
 7
 8 int main()
 9 {
10    int x = 10000;
11
12    // display x
13    cout << x << " printed as int right and left justified\n"
14       << "and as hex with internal justification.\n"
15       << "Using the default pad character (space):" << endl;
16
17    // display x with base
18    cout << showbase << setw( 10 ) << x << endl;
19
20    // display x with left justification
21    cout << left << setw( 10 ) << x << endl;
22
23    // display x as hex with internal justification
24    cout << internal << setw( 10 ) << hex << x << endl << endl;
25
26    cout << "Using various padding characters:" << endl;
27
28    // display x using padded characters (right justification)
29    cout << right;
30    cout.fill( '*' );
31    cout << setw( 10 ) << dec << x << endl;
32
33    // display x using padded characters (left justification)
34    cout << left << setw( 10 ) << setfill( '%' ) << x << endl;
35
```

圖13.16 使用成員函式fill和串流操作子setfill改變填充字元，以印出比數值更寬的欄位(1/2)

```
36    // display x using padded characters (internal justification)
37    cout << internal << setw( 10 ) << setfill( '^' ) << hex
38       << x << endl;
39 } // end main
```

```
10000 printed as int right and left justified
and as hex with internal justification.
Using the default pad character (space):
     10000
10000
0x    2710

Using various padding characters:
*****10000
10000%%%%%
0x^^^^2710
```

圖13.16　使用成員函式fill和串流操作子setfill改變填充字元，以印出比數值更寬的欄位(2/2)

13.7.4　整數串流進位法(dec、oct、hex、showbase)

C++提供串流操作子dec、hex和oct，來指定整數應該分別以十進位、十六進位和八進位數值的格式顯示。如果這些操作子都沒有設定，則串流插入操作預設會使用十進位。在串流擷取中，前面加上0(零)的整數會視爲八進位數值，前面加上0x或0X的整數會視爲十六進位數值，而其他的整數會視爲十進位數值。一旦設定好串流的基底，則串流中所有的整數都會使用該基底加以處理，直到指定新的基底或程式結束爲止。

串流操作子showbase可以強迫輸出整數的基底。程式預設會輸出十進位數字、輸出八進位數字時，前面會加一個0，而輸出十六進位數字時，前面會加上0x或0X(第13.7.6節會看到串流操作子uppercase會決定使用哪個選項)。圖13.17說明如何使用串流操作子showbase強迫以十進位、八進位和十六進位格式印出整數。爲了要重新設定showbase，請輸出串流操作子noshowbase。

```
 1 // Fig. 13.17: fig13_17.cpp
 2 // Stream-manipulator showbase.
 3 #include <iostream>
 4 using namespace std;
 5
 6 int main()
 7 {
 8    int x = 100;
 9
10    // use showbase to show number base
11    cout << "Printing integers preceded by their base:" << endl
12       << showbase;
13
14    cout << x << endl; // print decimal value
15    cout << oct << x << endl; // print octal value
16    cout << hex << x << endl; // print hexadecimal value
17 } // end main
```

圖13.17　串流操作子showbase(1/2)

```
Printing integers preceded by their base:
100
0144
0x64
```

圖13.17 串流操作子 showbase(2/2)

13.7.5 浮點數、科學記號法和定點表示法 (scientific、fixed)

串流黏著性操作子scientific和fixed會控制浮點數的輸出格式。串流操作子scientific強迫以科學記號法格式輸出浮點數。串流操作子fixed強迫在浮點數的小數點右方使用指定位數(以成員函式precision或串流操作子setprecision加以指定)的格式顯示該浮點數。如果沒有使用其他的操作子，則浮點數的數值會決定輸出格式。

圖13.18說明如何使用串流操作子scientific(第18行)和fixed(第22行)，以固定小數位數和科學記號法來顯示浮點數。在各種編譯器中，科學記號法的指數格式可能會有所不同。

```
1  // Fig. 13.18: fig13_18.cpp
2  // Floating-point values displayed in system default,
3  // scientific and fixed formats.
4  #include <iostream>
5  using namespace std;
6
7  int main()
8  {
9     double x = 0.001234567;
10    double y = 1.946e9;
11
12    // display x and y in default format
13    cout << "Displayed in default format:" << endl
14       << x << '\t' << y << endl;
15
16    // display x and y in scientific format
17    cout << "\nDisplayed in scientific format:" << endl
18       << scientific << x << '\t' << y << endl;
19
20    // display x and y in fixed format
21    cout << "\nDisplayed in fixed format:" << endl
22       << fixed << x << '\t' << y << endl;
23 } // end main
```

```
Displayed in default format:
0.00123457      1.946e+009

Displayed in scientific format:
1.234567e-003   1.946000e+009

Displayed in fixed format:
0.001235        1946000000.000000
```

圖13.18 以預設格式、科學記號法和定點格式來顯示浮點數值

13.7.6 大寫／小寫控制 (uppercase)

串流操作子uppercase會分別在十六進位整數值或科學記號法浮點數中輸出大寫X或E (圖13.19)。使用uppercase串流操作子，十六進位數值中的所有英文字母都會使用大寫格式。根據預設，十六進位的字母，與科學記號法浮點數中的指數，都以小寫顯示。為了要重新設定uppercase，請輸出串流操作子nouppercase。

```
 1 // Fig. 13.19: fig13_19.cpp
 2 // Stream-manipulator uppercase.
 3 #include <iostream>
 4 using namespace std;
 5
 6 int main()
 7 {
 8    cout << "Printing uppercase letters in scientific" << endl
 9       << "notation exponents and hexadecimal values:" << endl;
10
11    // use std:uppercase to display uppercase letters; use std::hex and
12    // std::showbase to display hexadecimal value and its base
13    cout << uppercase << 4.345e10 << endl
14       << hex << showbase << 123456789  << endl;
15 } // end main
```

```
Printing uppercase letters in scientific
notation exponents and hexadecimal values:
4.345E+010
0X75BCD15
```

圖13.19　串流操作子uppercase

13.7.7 指定Boolean格式 (boolalpha)

C++提供bool資料型態，它的數值可能是false或true，以前的C++程式通常會使用0來代表false，使用非零的數值來代表true。根據預設，bool值會輸出成0或1。但我們可用串流操作子boolalpha來設定輸出串流，以將bool數值顯示成字串"true"和"false"。使用串流操作子noboolalpha來設定輸出串流，以將bool數值顯示成整數(也就是預設值)。圖13.20的程式說明這些串流操作子。第11行以整數格式顯示bool數值(在第8行設定為true)。第15行使用操作子boolalpha將bool數值顯示成字串。然後，第18-19行改變bool的數值，並使用noboolalpha操作子，所以第22行可以將bool數值顯示成整數。第26行使用操作子boolalpha將bool數值顯示成字串。boolalpha和noboolalpha都是"黏著性"設定。

良好的程式設計習慣 13.1

將bool數值分別顯示成true或false，而不顯示成非零值或0，可讓程式輸出更加清楚。

```
 1 // Fig. 13.20: fig13_20.cpp
 2 // Stream-manipulators boolalpha and noboolalpha.
 3 #include <iostream>
 4 using namespace std;
 5
 6 int main()
 7 {
 8    bool booleanValue = true;
 9
10    // display default true booleanValue
11    cout << "booleanValue is " << booleanValue << endl;
12
13    // display booleanValue after using boolalpha
14    cout << "booleanValue (after using boolalpha) is "
15       << boolalpha << booleanValue << endl << endl;
16
17    cout << "switch booleanValue and use noboolalpha" << endl;
18    booleanValue = false; // change booleanValue
19    cout << noboolalpha << endl; // use noboolalpha
20
21    // display default false booleanValue after using noboolalpha
22    cout << "booleanValue is " << booleanValue << endl;
23
24    // display booleanValue after using boolalpha again
25    cout << "booleanValue (after using boolalpha) is "
26       << boolalpha << booleanValue << endl;
27 } // end main
```

```
booleanValue is 1
booleanValue (after using boolalpha) is true

switch booleanValue and use noboolalpha

booleanValue is 0
booleanValue (after using boolalpha) is false
```

圖13.20 串流操作子boolalpha和noboolalpha

13.7.8 透過成員函式flags來設定和重設格式狀態

在第13.7節，我們已使用串流操作子來改變輸出格式的特性。現在討論如何在使用幾個操作子後，將輸出串流的格式回復到預設狀態。沒有引數的flags成員函式會將目前的格式設定以fmtflags資料型態(ios_base類別)回傳，它代**表格式狀態**(format state)。具有fmtflags引數的成員函式flags，會按照指定的引數來設定格式狀態，並且回傳先前的狀態設定。flags回傳的初始數值在各系統可能不一樣。圖13.21的程式使用flags成員函式，來保留串流的原始格式狀態(第17行)，然後恢復原來的格式設定(第25行)。

```
 1 // Fig. 13.21: fig13_21.cpp
 2 // flags member function.
 3 #include <iostream>
 4 using namespace std;
 5
```

圖13.21 flags成員函式(1/2)

```
 6 int main()
 7 {
 8    int integerValue = 1000;
 9    double doubleValue = 0.0947628;
10
11    // display flags value, int and double values (original format)
12    cout << "The value of the flags variable is: " << cout.flags()
13       << "\nPrint int and double in original format:\n"
14       << integerValue << '\t' << doubleValue << endl << endl;
15
16    // use cout flags function to save original format
17    ios_base::fmtflags originalFormat = cout.flags();
18    cout << showbase << oct << scientific; // change format
19
20    // display flags value, int and double values (new format)
21    cout << "The value of the flags variable is: " << cout.flags()
22       << "\nPrint int and double in a new format:\n"
23       << integerValue << '\t' << doubleValue << endl << endl;
24
25    cout.flags( originalFormat ); // restore format
26
27    // display flags value, int and double values (original format)
28    cout << "The restored value of the flags variable is: "
29       << cout.flags()
30       << "\nPrint values in original format again:\n"
31       << integerValue << '\t' << doubleValue << endl;
32 } // end main
```

```
The value of the flags variable is: 513
Print int and double in original format:
1000    0.0947628

The value of the flags variable is: 012011
Print int and double in a new format:
01750   9.476280e-002

The restored value of the flags variable is: 513
Print values in original format again:
1000    0.0947628
```

圖13.21　flags成員函式(2/2)

13.8　串流錯誤狀態

串流的狀態可以透過類別ios_base的位元來測試。本書前面章節已做了些輸入是否成功的測試。接下來，我們在圖13.22的範例中說明如何測試這些位元。在工業強度的程式中，應該對I/O執行類似的測試。

```
 1 // Fig. 13.22: fig13_22.cpp
 2 // Testing error states.
 3 #include <iostream>
 4 using namespace std;
 5
 6 int main()
 7 {
 8    int integerValue;
 9
10    // display results of cin functions
11    cout << "Before a bad input operation:"
12       << "\ncin.rdstate(): " << cin.rdstate()
13       << "\n    cin.eof(): " << cin.eof()
14       << "\n   cin.fail(): " << cin.fail()
15       << "\n    cin.bad(): " << cin.bad()
16       << "\n   cin.good(): " << cin.good()
17       << "\n\nExpects an integer, but enter a character: ";
18
19    cin >> integerValue; // enter character value
20    cout << endl;
21
22    // display results of cin functions after bad input
23    cout << "After a bad input operation:"
24       << "\ncin.rdstate(): " << cin.rdstate()
25       << "\n    cin.eof(): " << cin.eof()
26       << "\n   cin.fail(): " << cin.fail()
27       << "\n    cin.bad(): " << cin.bad()
28       << "\n   cin.good(): " << cin.good() << endl << endl;
29
30    cin.clear(); // clear stream
31
32    // display results of cin functions after clearing cin
33    cout << "After cin.clear()" << "\ncin.fail(): " << cin.fail()
34       << "\ncin.good(): " << cin.good() << endl;
35 } // end main
```

```
Before a bad input operation:
cin.rdstate(): 0
    cin.eof(): 0
   cin.fail(): 0
    cin.bad(): 0
   cin.good(): 1

Expects an integer, but enter a character: A

After a bad input operation:
cin.rdstate(): 2
    cin.eof(): 0
   cin.fail(): 1
    cin.bad(): 0
   cin.good(): 0

After cin.clear()
   cin.fail(): 0
   cin.good(): 1
```

圖 13.22 測試錯誤狀態

在遇到檔案結束字元時，就會設定輸入串流的eofbit。程式可用成員函式eof來判斷串流是否遇到檔案結束字元，以免擷取的資料超過串流的結尾。以下呼叫

```
cin.eof()
```

在串流cin中遇到檔案結束字元就會回傳true，否則會回傳false。

當串流遇到格式錯誤時，就會設定串流的failbit，同時不會輸入任何字元（例如當程式要輸入整數，輸入串流中卻出現字串時）。當這種錯誤發生時，這些字元並不會遺失。fail成員函式會回報串流操作是否失敗，一般而言，這種錯誤是可以恢復的。

當發生錯誤而造成資料遺失的時候，就會設定串流的badbit。成員函式bad可以判斷串流操作是否失敗。一般而言，這種嚴重錯誤是無法恢復的。

如果串流的eofbit、failbit和badbit都沒有設定，則會設定串流的goodbit。

如果bad、fail和eof函式都回傳false，則成員函式good就會回傳true。只有在狀況"良好"的串流中，才能夠進行I/O操作。

成員函式rdstate會回傳串流的錯誤狀態。例如，呼叫cout.rdstate會回傳串流的狀態，這可用一個switch敘述來測試，檢查eofbit、badbit、failbit和goodbit。測試串流狀態的較佳方法，就是使用eof、bad、fail和good等成員函式，使用這些函式的程式設計者不需熟悉特定的狀態位元。

成員函式clear通常用來將串流的狀態回復到"良好"的狀態，以便繼續對串流執行I/O操作。函式clear的預設引數是goodbit，所以以下的敘述

```
cin.clear();
```

會清除cin並且設定串流的goodbit。以下敘述

```
cin.clear( ios::failbit )
```

會設定failbit。當使用cin輸入使用者自訂型態而碰到問題時，您可以採用上述操作。clear名稱在此處好像有些不恰當，但它可以正確運作。

圖13.22的程式示範成員函式rdstate、eof、fail、bad、good和clear。[請注意：不同編譯器實際輸出的數值會有所差異。

若設定了badbit、failbit或兩者皆被設定了，basic_ios的成員函式operator! 會回傳true。若設定了badbit、failbit或兩者皆被設定了，operator void* 成員函式會回傳false(0)。在使用選擇敘述或重複敘述進行true/false條件判斷時，這些函式對檔案處理是很有用的。

13.9　將輸出串流與輸入串流連結

互動式程式一般會用istream進行輸入，而用ostream進行輸出。當螢幕出現提示訊息，使用者會輸入適當的資料作爲回應。很顯然地，提示訊息需要在開始進行輸入操作之前出現。但是使用輸出緩衝器時，只有當緩衝器填滿、程式主動清除緩衝器、以及程式結束，才

會將輸出顯示出來。C++提供成員函式tie，可將istream和ostream的操作同步（也就是將兩個動作“結合”），以確定輸出會在它們接下來的輸入動作發生之前先執行。以下呼叫

```
cin.tie( &cout );
```

會將cout（一個ostream物件）連結到cin（一個istream物件）。實際上，這個特殊的呼叫是重複多餘的動作，因為C++會自動執行這個動作，來建立使用者的標準輸入/輸出環境。但使用者可明確的將其他istream/ostream連結起來。要將輸入串流inputStream從輸出串流解除連結，可以呼叫

```
inputStream.tie( 0 );
```

13.10 總結

本章總結了C++如何使用串流執行輸入／輸出。您學到了串流I/O類別以及物件，以及串流I/O樣板類別階層。我們討論了以put和write函式執行ostream的格式化與非格式化輸出功能。您見到了使用eof、get、getline、peek、putback、ignore以及read函式，以istream的格式化與非格式化輸入功能執行的範例。接下來，討論了執行格式化工作的串流操作子以及成員函式：dec、oct、hex以及setbase用來顯示整數；precision以及setprecision用來控制浮點數精確度；width以及setw用來設定欄寬。您也學到了其他的格式化iostream操作子以及成員函式：showpoint用來顯示小數點及補零；left、right、以及internal用來對齊；fill、setfill用來填充；scientific和fixed以科學記號法和定點格式輸出浮點數；uppercase用來控制大小寫；boolalpha用來指定布林值格式；flags和fmtflags用來重設格式狀態。

在下一章中，我們將介紹檔案處理，包括持久性的資料該如何處理與儲存等相關主題。

摘要

13.1　簡介

- I/O操作的方式與資料型態有關。

13.2　串流

- C++的I/O是以串流處理。串流就是一連串的位元組。
- 低階的I/O功能就是將一些位元組，從裝置傳到記憶體，或從記憶體傳到裝置。高階I/O則會將位元組先組成有意義的單元，例如整數、字串和使用者自訂型態。
- C++提供非格式化I/O和格式化I/O操作。非格式化I/O傳輸很快，但是人們很難處理原始的資料。格式化I/O會以有意義單元的方式處理資料，但是需要額外的處理時間，因此效能較低。
- <iostream> 標頭檔宣告所有串流I/O操作。
- 標頭 <iomanip> 宣告參數化串流操作子。
- 標頭 <fstream> 宣告檔案處理操作。
- basic_istream樣板支援串流輸入操作。
- basic_ostream樣板支援串流輸出操作。
- basic_iostream樣板支援串流輸入和串流輸出兩種操作。
- 樣板basic_istream與basic_ostream均繼承樣板basic_ios。
- 樣板basic_iostream則繼承了樣板basic_istream與basic_ostream。
- 類別istream的物件cin會連結到標準輸入裝置，通常是鍵盤。
- 類別ostream的物件cout會連結到標準輸出裝置，通常是螢幕。
- 類別ostream的物件cerr會連結到標準錯誤裝置，通常是螢幕。輸出到cerr不會暫存起來；每個輸出到cerr的操作都會立刻顯示出來。
- 類別ostream的物件clog會連結到標準錯誤裝置，通常是螢幕。輸出到clog的資料是暫存的 (buffered)。
- C++編譯器會自動判斷輸入和輸出資料型態。

13.3　串流輸出

- 預設會以十六進位格式來表示位址。
- 要印出指標變數所包含的位址，必須將指標強制轉換成void*。
- 成員函式put可以輸出一個字元。程式可以接續呼叫函式put。

13.4　串流輸入

- 程式可用串流擷取運算子 >> 來處理串流輸入，它通常會忽略輸入串流中的空白字元，當遇到檔案結束字元時會回傳false。
- 串流擷取操作遇到不適當的輸入時，會設定failbit，如果操作失敗，則會設定badbit。

- 如在while迴圈標頭中使用串流擷取操作，就可以輸入一連串的數值。當遇到檔案結束位元或發生錯誤時，擷取操作就會回傳0。
- 不具引數的成員函式get，會輸入一個字元並將該字元回傳；當串流中遇到檔案結束位元時，就會回傳EOF。
- 具有一個字元參考引數的get成員函式，會從輸入串流擷取下一個字元，然後將此字元存入字元引數。此版本的get會回傳一個istream物件的參考，我們就是在這個istream物件上呼叫get成員函式。
- 具有三個引數的成員函式get，此三個引數分別是字元陣列、大小限制和分界符號（預設值是換行符號），最多可以從輸入串流讀取比最大限制值少一個的字元資料，或讀取到分界符號時就停止輸入。輸入字串會以Null字元結束。分界符號不會放入字元陣列中，但是仍然會保留在輸入串流中。
- 成員函式getline的操作跟三個引數的get成員函式類似。函式getline會從輸入串流中刪除分界符號，但是不會將它儲存在字串中。
- 成員函式ignore會忽略輸入串流中指定數目的字元（預設值是一個字元）；但是如果遇到指定的分界符號（預設分界符號是EOF），則函式就會結束執行。
- 成員函式putback會將先前由get函式從串流中取得的字元，再放回該串流。
- 成員函式peek會回傳輸入串流中的下個字元，但不會將該字元從串流中移除。
- C++提供型態安全性I/O。如果 << 和 >> 運算子處理的資料是非預期型態的資料，則會設定各種不同的錯誤位元，使用者可以依照這些旗標來決定I/O操作是否成功。若沒有爲某個使用者自訂型態多載 << 運算子，編譯器就會產生錯誤。

13.5 使用read、write和gcount的非格式化I/O

- 成員函式read和write可進行非格式化I/O操作。這兩個函式會從指定的記憶體位址開始輸入和輸出特定數量的位元組。
- 成員函式gcount會回傳先前read操作從串流中輸入的字元個數。
- 成員函式read會將指定數目的字元輸入到字元陣列。如果讀取到的字元數目少於指定的字元數目，就會設定failbit。

13.6 串流操作子簡介

- 要改變輸出整數的基底，請使用操作子hex將基底設定爲十六進位（基底16），或使用oct將基底設定爲八進位（基底8）。使用操作子dec就可以將基底重設爲十進位。除非經過明確改變，否則基底都不會改變。
- 您亦可使用串流操作子setbase來設定整數輸出的基底。但setbase需要10、8或16中的一個整數作爲引數來設定此基底。
- 程式可用串流操作子setprecision或成員函式precision來控制浮點數的精準度。這兩者都可以替所有後續的輸出操作設定精準度，直到下一次再次設定精準度爲止。不具引數的成員函式precision會回傳目前的精準度。

- 參數化操作子需要含入標頭檔 <iomanip>。
- 成員函式 width 可以設定欄位寬度並且回傳先前的寬度。如果數值較欄位寬度小，則多出的欄位可以使用填充字元填入。欄位寬度的設定只對下一次的插入或擷取動作有效；然後欄位寬度就自行設定為 0（接著數值就會依據所需的位數進行輸出）。數值的位數如果比欄位寬度大，程式就會完整的印出其值。不具引數的函式 width，會回傳目前的寬度設定。操作子 setw 也可以設定寬度。
- 至於輸入方面，setw 串流操作子可以指定輸入字串的最大值；如果輸入字串超過最大值，則超過部分就會被切割，輸入字串不會超過指定的大小。
- 您可以建立自己的串流操作子。

13.7　串流格式狀態和串流操作子

- 串流操作子 showpoint 可以強迫浮點數以小數點形式輸出，至於小數的位數則是由精準度加以決定。
- 串流操作子 left 和 right 分別指定欄位內是靠左對齊（填充字元出現在右邊），或是靠右對齊（填充字元出現在左邊）。
- 串流操作子 internal 指出數字的正負號（當使用串流操作子 showbase 時，就是基底）應該在欄位中靠左對齊，數值的大小必須靠右對齊，中間空格的位置會填入填充字元。
- 成員函式 fill 指定串流操作子 left、right 和 internal 的填充字元（預設是空白字元）；回傳先前設定的填充字元。串流操作子 setfill 也可設定填充字元。
- oct、hex 和 dec 串流操作子，可以分別將整數指定為八進位、十六進位和十進位。如果沒有設定以上的旗標，則整數的輸出預設是十進位；串流擷取操作則視輸入串流中所提供的資料格式來處理。
- 串流操作子 showbase 可以強迫輸出整數的基底。
- 串流操作子 scientific 強迫以科學記號法格式來輸出浮點數。串流操作子 fixed 會以成員函式 precision 指定的精準度來輸出浮點數。
- 串流操作子 uppercase 會分別在十六進位整數值或科學記號法浮點數中輸出大寫 X 或 E。十六進位數值中的所有英文字母都會使用大寫格式。
- 沒有引數的 flags 函式會以 long 回傳目前的格式狀態設定。具有 long 引數的成員函式 flags 會以引數指定的格式來設定格式狀態。

13.8　串流錯誤狀態

- 串流的狀態可以透過類別 ios_base 的位元加以測試。
- 當輸入操作遇到檔案結束字元時，就會設定輸入串流的 eofbit。成員函式 eof 會回報 eofbit 是否已經設定。
- 當串流中發生格式錯誤時，就會設定串流的 failbit。成員函式 fail 會回報串流操作是否失敗；這種錯誤通常是可恢復的。
- 當串流發生格式錯誤並且造成資料遺失之後，就會設定串流的 badbit。bad 成員函式會回報串流操作是否失敗。通常這種嚴重錯誤是無法挽回。

- 如果bad、fail和eof函式都回傳false，則成員函式good就會回傳true。只有在狀況“良好”的串流中，才能夠進行I/O操作。
- 成員函式rdstate會回傳串流的錯誤狀態。
- 成員函式clear可將串流的狀態回復到“良好”的狀態，以便繼續對串流執行I/O操作。

13.9 將輸出串流與輸入串流連結

- C++提供成員函式tie來將istream和ostream的操作同步化，以確保輸出動作會在後續的輸入動作之前執行。

自我測驗題

13.1 回答下列問題：

a) 在C++中，可以將輸入／輸出視為由位元組所組成的____。

b) 調整格式的串流操作子為____、____和____。

c) 成員函式　　可以用來設定和重新設定格式狀態。

d) 大部分執行I/O的C++程式都會包含____標頭檔，內含所有串流I/O操作所需的宣告。

e) 使用參數化操作子時，必須引入標頭檔____。

f) 標頭檔____包含檔案處理所需要的宣告。

g) 類別ostream的成員函式____可用來執行非格式化輸出。

h) 類別____可支援輸入操作。

i) 標準錯誤串流的輸出會導向到____或____串流物件。

j) 類別____可支援輸出操作。

k) 串流插入運算子的符號是____。

l) 對應於系統標準裝置的四個物件包括了____、____、____和____。

m) 串流擷取運算子的符號是____。

n) 串流操作子____、____和____分別指定以八進位、十六進位和十進位的格式來顯示整數。

o) 設定狀態串流操作子時，____規定正數必須連同加號一起顯示。

13.2 是非題。如果答案為錯，請解釋其原因。

a) 具有一個型態long引數的串流成員函式flags，會將flags狀態變數設定給它的引數，並且回傳它先前的數值。

b) 串流插入運算子 << 和串流擷取運算子 >>，可以多載來處理所有標準的資料型態，包括字串和記憶體位址（只適用於串流插入操作），以及所有使用者自訂的資料型態。

c) 不具引數的串流成員函式flags()，可以重設串流的格式狀態。

d) 串流擷取運算子 >> 可以多載成一個運算子函式，它會接受兩個引數，一個是 istream 參考，另一個是指向使用者自訂型態的參考，而且回傳值是一個istream參考。
e) 串流插入運算子 << 可以多載成一個運算子函式，它會接受兩個引數，一個是 istream 參考，另一個是指向使用者自訂型態的參考，而且回傳值是一個istream參考。
f) 根據預設，使用串流擷取運算子 >> 的輸入，都會忽略輸入串流中前導的空白字元。
g) 串流成員函式 rdstate 會回傳串流的目前狀態。
h) 串流 cout 一般會連結到顯示螢幕。
i) 如果 bad、fail 和 eof 函式都回傳 false，則串流成員函式 good 就會回傳 true。
j) 串流 cin 通常會連結到顯示螢幕。
k) 在執行串流操作時間，如果發生不可恢復的錯誤，則成員函式 bad 會回傳 true。
l) 串流 cerr 的輸出不會經過暫存區，串流 clog 的輸出則會先輸出到暫存區。
m) showpoint 串流操作子會強制浮點數以預設的六位小數的精準度印出，如果精準度改變的話，程式就會按照指定的精準度印出浮點數。
n) ostream 的成員函式 put 可以輸出指定數目的字元。
o) 串流操作子 dec、oct 和 hex 只會影響到下一個整數輸出操作。

13.3 (寫一行 C++ 程式) 請替以下每個小題寫一行敘述，執行指定的工作。
a) 輸出字串 "Enter your name:".。
b) 使用某個狀態串流操作子，使得科學記號法中的指數和十六進位數字的英文字母以大寫印出。
c) 輸出型態 char* 的變數 myString 的位址。
d) 使用串流操作子，來讓浮點數以科學記號法印出。
e) 輸出型態 int* 的變數 integerPtr 的位址。
f) 使用串流操作子，使得在輸出整數時，顯示八進位和十六進位的基底。
g) 輸出型態 float* 的指標 floatPtr 所指向的數值。
h) 當顯示一個欄位寬度大於即將輸出的數值時，使用串流成員函式來將填充字元設定為 '*'。使用串流操作子再寫一個敘述式執行以上工作。
i) 在使用 ostream 函式 put 的敘述中，輸出字元 'O' 和 'K'。
j) 讀取輸入串流中的下一個字元，但是不要將它從串流中刪除。
k) 使用 istream 成員函式 get，以兩種不同的方法將一個字元輸入到型態 char 的 charValue 變數。
l) 輸入但是捨棄輸入串流中的後續六個字元。
m) 使用 istream 成員函式 read，將 50 個字元輸入 char 陣列 line。
n) 讀取 10 個字元到字元陣列 name。如果遇到分界符號 '.'，就停止讀取字元的動作。不要將分界符號從輸入串流中刪除。撰寫另一個執行此項工作的敘述，但是要將分界符號從輸入串流中刪除。
o) 使用 istream 成員函式 gcount，判斷上一次呼叫 istream 成員函式 read 時，共讀入多少個字元到字元陣列 line，然後再使用 ostream 成員函式 write 輸出這個數目。

p) 輸出124、18.376、'Z'、1000000和"String"，這些字組之間應該以空格分開。

q) 使用cout物件的成員函式，印出目前的精準度設定。

r) 輸入一個整數值給int變數months，並輸入一個浮點數值給float變數percentageRate。

s) 使用串流操作子，將1.92、1.925和1.9258按照三位小數的精準度顯示，並且使用tab鍵分隔它們。

t) 使用串流操作子，以八進位、十六進位和十進位印出整數100，使用tab鍵分隔它們。

u) 使用串流操作子來改變基底，以十進位、八進位和十六進位印出整數100，使用tab鍵分隔它們。

v) 在一個10位數的欄位中，靠右對齊顯示1234。

w) 將字元讀入字元陣列line，直到遇到字元'z'，讀取上限為20個字元(包括結束null字元)。不要將分界符號字元從串流中刪除。

x) 使用整數變數x和y來指定欄位寬度和精準度，以便顯示double型態數值87.4573，並且將此數值顯示出來。

13.4 (錯誤更正)找出以下敘述的錯誤，並說明如何更正。

a) `cout << "Value of x < y is: " << x < y;`

b) The following statement should print the integer value of 'A'.

```
cout << 'A';
```

c) `cout << 'A string in quotes';`

13.5 (顯示輸出)請寫出以下各小題的輸出結果。

a)
```
cout << "123456789" << endl;
cout.width( 5 );
cout.fill( '$' );
cout << 12 << endl << 12;
```

b) `cout << setw( 8 ) << setfill( '*' ) << 1000;`

c) `cout << setw( 9 ) << setprecision( 3 ) << 1024.987344;`

d) `cout << showbase << oct << 100 << endl << hex << 100;`

e) `cout << 10000 << endl << showpos << 10000;`

f) `cout << setw( 10 ) << setprecision( 2 ) << scientific << 244.93739;`

自我測驗解答

13.1 a) 串 流。b) left、right和internal。c) flags。d) <iostream>。e) <iomanip>。f) <fstream>。g) write。h) istream。i) cerr或clog。j) ostream。k) <<。l) cin、cout、cerr和clog。m) >>。n) oct、hex和dec。o) showpos。

13.2 a) 錯。具有一個型態fmtflags引數的串流成員函式flags，會將flags狀態變數設定給它的引數，並回傳它先前的狀態設定。

b) 錯。串流插入運算子和串流擷取運算子無法對所有使用者自訂型態資料進行多載。您必須針對每種使用者自訂型態的資料，提供多載運算子函式來多載串流運算子。

c) 錯。無引數的串流成員函式flags會以fmtflags資料型態回傳目前的格式設定，此fmtflags代表格式狀態。

d) 對。

e) 錯。若要多載串流插入運算子 <<，此多載的運算子函式必須拿一個ostream參考以及一個指到使用者自訂型態的參考當作引數，並回傳一個ostream參考。

f) 對。g) 對。h) 對。i) 對。

j) 錯。cin串流會連到電腦的標準輸入，通常是鍵盤。

k) 對。l) 對。m) 對。

n) 錯。ostream的成員函式put會輸出它的單一字元引數。

o) 錯。串流操作子dec、oct和hex可以設定整數的格式狀態來指定整數的基底，直到重新設定新的基底或程式結束爲止。

13.3

a) `cout << "Enter your name: ";`

b) `cout << uppercase;`

c) `cout << static_cast< void * >( myString );`

d) `cout << scientific;`

e) `cout << integerPtr;`

f) `cout << showbase;`

g) `cout << *floatPtr;`

h)
```
cout.fill( '*' );
cout << setfill( '*' );
```

i) `cout.put( 'O' ).put( 'K' );`

j) `cin.peek();`

k)
```
charValue = cin.get();
cin.get( charValue );
```

l) `cin.ignore( 6 );`

m) `cin.read( line, 50 );`

n)
```
cin.get( name, 10, '.' );
cin.getline( name, 10, '.' );
```

o) `cout.write( line, cin.gcount() );`

p) `cout << 124 << ' ' << 18.376 << ' ' << "Z " << 1000000 << " String";`

q) `cout << cout.precision();`

r) `cin >> months >> percentageRate;`

s) `cout << setprecision( 3 ) << 1.92 << '\t' << 1.925 << '\t' << 1.9258;`

t) `cout << oct << 100 << '\t' << hex << 100 << '\t' << dec << 100;`

u)
```
cout << 100 << '\t' << setbase( 8 ) << 100 << '\t' << setbase( 16 ) <<
100;
```

v) `cout << setw( 10 ) << 1234;`

w) `cin.get( line, 20, 'z' );`

x) `cout << setw( x ) << setprecision( y ) << 87.4573;`

13.4 a) 錯誤：左移運算子 << 的優先權比運算子 <= 更高，這造成不正確地計算敘述的值，而產生編譯器錯誤。

更正：在運算式 x <= y 外面括上小括號。

b) 錯誤：C++ 並不像 C，C 會將字元視爲小整數。

更正：要印出字元在電腦字元集中的等效數值，字元必須按照以下敘述轉型成整數值：

```
cout << static_cast< int >( 'A' );
```

c) 錯誤：雙引號字元無法在字串中印出，除非使用跳脫序列。

更正：可採用以下方式之一印出字串：

```
cout << "\'A string in quotes\'";
```

13.5 a)
```
123456789
$$$12
12
```

b) `****1000`

c) `1024.9873`

d)
```
0144
0x64
```

e)
```
10000
+10000
```

f) `2.45e+002`

習題

13.6 (寫出C++敘述) 爲下列各項撰寫敘述式。

a) 在一個15位數的欄位中，以八位數靠左對齊顯示整數40000。

b) 讀入一個字串到字元陣列變數 state。

c) 分別使用正號以及不使用正號印出200。

d) 以十六進制格式，並且以前面加0x的方式，顯示十進位的100。

e) 將字元讀入陣列 charArray，直到遇到字元 'p'，讀取上限爲10個字元 (包括結束 null 字元)。再將分界符號從輸入串流中取出並加以刪除。

f) 在一個位數9的欄位中，前方補零顯示1.234。

13.7 (輸入十進位值、八進位值、十六進位值) 撰寫一個程式，來測試以十進位、八進位或十六進位輸入的整數值。將程式讀取的整數按照三種格式輸出。以下列的輸入資料來測試程式：10, 010, 0x10。

13.8 (以整數格式印出指標值) 撰寫一個程式，將指標強制轉換成各種整數資料型態，印出該指標的數值。哪些整數資料型態會印出奇怪的數？哪些會造成錯誤？

13.9 (用欄位寬度顯示數字) 撰寫一個程式測試用各種欄位寬度來顯示整數值12345和浮點值1.2345的結果。如果欄位寬度比要顯示的數值還小，會有什麼情況發生？

13.10 (四捨五入) 撰寫一個程式，將數值100.453627分別四捨五入到小數十分位、百分位、千分位和萬分位，並且加以印出。

13.11 (字串長度) 請撰寫一個程式，從鍵盤輸入一個字串並且判斷此字串的長度。並在該字串兩倍寬度的欄位內印出此字串。

13.12 (華氏換算成攝氏) 撰寫一個程式，將整數的華氏溫度(0到212)轉換成3位精確度的浮點攝氏溫度。使用公式

```
celsius = 5.0 / 9.0 * ( fahrenheit - 32 );
```

來執行計算。輸出必須印成兩行，都要靠右對齊，攝氏溫度值的前面應該標明正負號。

13.13 在某些程式語言中，輸入字串必須加上單引號或雙引號。撰寫一個程式來讀入三個字串suzy、"suzy"和'suzy'。雙引號和單引號會被捨棄還是視同字串的一部分，一起讀進來？

13.14 (使用多載的串流擷取運算子輸入電話號碼) 在圖10.5中，串流擷取運算子和串流插入運算子多載爲執行輸入和輸出PhoneNumber類別的物件。請將串流擷取運算子重新撰寫，讓它能夠對輸入執行以下的錯誤檢查。operator>> 函式需要重寫。

a) 將完整的電話號碼輸入陣列。測試是否輸入正確的數字字元。對於格式 (800) 555-1212的電話號碼，程式必須讀入14個字元。若輸入不正確，請用ios_base的成員函式clear設定failbit。

b) 區碼和交換碼不能以0或1開頭。測試區碼和交換碼的第一個數字，確保它沒有以0或1開頭。若輸入不正確，請用ios_base的成員函式clear設定failbit。

c) 區碼的中央位元都是0或1 (雖然最近已有所改變)。測試中間位元是不是0或1。若輸入不正確，請用ios_base的成員函式clear設定failbit。如果以上的操作都不會設定failbit，請將此電話號碼的三個部分複製到物件PhoneNumber的三個成員areaCode、exchange和line。如果已經在輸入的過程中設定failbit，請讓程式印出錯誤訊息並且終止程式，而非印出電話號碼。

13.15 (Point 類別) 撰寫一個程式完成以下的工作：

a) 建立使用者自訂類別Point，包含private整數資料成員xCoordinate和yCoordinate，並且宣告多載的串流插入和擷取運算子函式爲該類別的friend。

b) 定義串流插入和串流擷取運算子函式。串流擷取運算子函式必須能夠判定輸入的資料是否有效，如果它爲無效的資料，則必須設定failbit來表示不正確的輸入。如果發生輸入錯誤，則串流插入運算子不可以顯示該點。

c) 撰寫一個main函式，採用多載的串流擷取運算子和串流插入運算子，測試使用者自訂類別Point的輸入和輸出。

13.16 (Complex類別) 撰寫一個程式完成以下的工作：

a) 建立使用者自訂類別Complex，包含private整數資料成員real和imaginary，並且宣告多載的串流插入和擷取運算子函式爲該類別的friend。

b) 定義串流插入和串流擷取運算子函式。串流擷取運算子函式必須能夠判定輸入的資料是否有效，如果它爲無效的資料，則必須設定failbit來表示不正確的輸入。輸入的資料應如下所示

```
3 + 8i
```

c) 這個數值可以是正的或負的，並且也可能只提供其中一個數值。若其中一個數值沒有提供，該資料成員應設爲0。若發生輸入錯誤，串流插入運算子就不應顯示此值。如果虛數部分是負值，就需將虛數改用負號表示而不是使用正號。

d) 撰寫一個main函式，採用多載的串流擷取運算子和串流插入運算子，測試使用者自訂類別Complex的輸入和輸出。

13.17 (將ASCII值以表格形式印出來) 撰寫一個程式，使用一個for敘述列印ASCII數值的表格，顯示ASCII字元集中33到126的字元。程式應印出每個字元的十進位、八進位、十六進位和字元數值。使用串流操作子dec、oct和hex來印出整數值。

13.18 (String-Terminating Null Character) 撰寫一個程式，說明istream類別的getline和擁有三個引數的get成員函式都能在輸入字串的末端加上字串結束null字元。此外，請顯示get函式會將分界符號留在輸入串流，而getline函式則會將分界符號從輸入串流刪除。對於串流中未讀取的字元，會發生什麼情形呢？

14 檔案處理

A great memory does not make a philosopher, any more than a dictionary can be called grammar.
—John Henry, Cardinal Newman

I can only assume that a "Do Not File" document is filed in a "Do Not File" file.
—Senator Frank Church

Senate Intelligence Subcommittee Hearing, 1975

學習目標

在本章中，您將學到：

- 建立、讀取、寫入與更新檔案。
- 循序檔案處理。
- 隨機存取檔案處理。
- 使用高效能的未格式化I/O運算。
- 格式化資料與原始資料檔案處理的差異。
- 使用隨機存取檔案的處理，建立一個交易處理程式。
- 了解物件序列化觀念。

本章綱要

14.1 簡介

將資料儲存在記憶體中是暫時性的。**檔案** (Files)用於需永久保存的大量資料 (**資料永續性，data persistence**)。電腦會將檔案儲存在磁碟、CD、DVD、隨身碟和磁帶等**輔助儲存裝置** (secondary storage devices) 中。在本章中，我們會說明如何使用C++程式來建立、更新和處理資料檔案。探討循序存取檔案 (sequential access files) 和隨機存取檔案 (random-access files)。我們會比較格式化資料檔案和原始資料檔案的處理方法。在第21章，會檢視從字串串流而非檔案輸入和輸出資料的技術。

14.2 檔案與串流

C++將每個檔案視爲一連串的位元組 (圖14.1)。每個檔案不是以**檔案結束符號** (end-of-file marker) 結束，就是以某特定的位元組數值字做結束，該數值由作業系統維護和管理的資料結構所記錄。當開啓檔案時，要先建立物件，並將串流連結到這個物件。在第13章中，當包含 <iostream> 標頭檔時，我們看見程式會建立cin、cout、cerr和clog物件。與這些物件結合的串流，提供程式和某個特定檔案或裝置之間的通訊管道。

舉例來說，cin物件 (標準輸入串流物件) 讓程式可以從鍵盤或其他的裝置輸入資料，cout物件 (標準輸出串流物件) 讓程式可以將資料輸出到螢幕或其他的裝置，而cerr和clog物件 (標準錯誤串流物件) 讓程式可以將錯誤訊息輸出到螢幕或其他裝置。

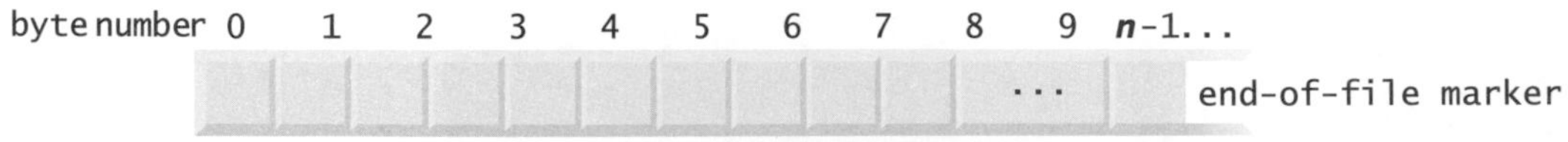

```
byte number 0   1   2   3   4   5   6   7   8   9   n-1...
           [  |   |   |   |   |   |   |   |   | ... |   ] end-of-file marker
```

圖14.1 以C++以簡單方式來看待含有n個位元組的檔案

檔案處理類別樣板

若要在C++裡執行檔案處理，程式必須引入標頭檔 <iostream> 和 <fstream>。標頭檔 <fstream> 包含串流類別樣板basic_ifstream (用於檔案輸入)、basic_ofstream (用於檔案輸出)

和basic_fstream (用於檔案輸入和檔案輸出)。每個類別樣板均有一個預先定義的特殊化樣板，可執行char I/O。

此外，<fstream> 函式庫亦提供一組typedef，作爲這些特殊化樣板的別名。舉個例子，typedef ifstream代表一個特殊化的basic_ifstream，這個特殊化樣板讓字元能從檔案輸入。同樣地，typedef ofstream代表一個特殊化的basic_ofstream，可以輸出char到檔案。此外，typedef fstream代表特殊化的basic_fstream，它讓程式可以從檔案輸入char，將char輸出到檔案。

這些樣板分別從類別樣板basic_istream、basic_ostream和basic_iostream繼承而來。因此，這些樣板的所有成員函式、運算子和操作子 (我們在第13章介紹過) 也可以用於檔案串流。圖14.2摘要列出截至目前爲止所討論過的I/O類別的繼承關係。

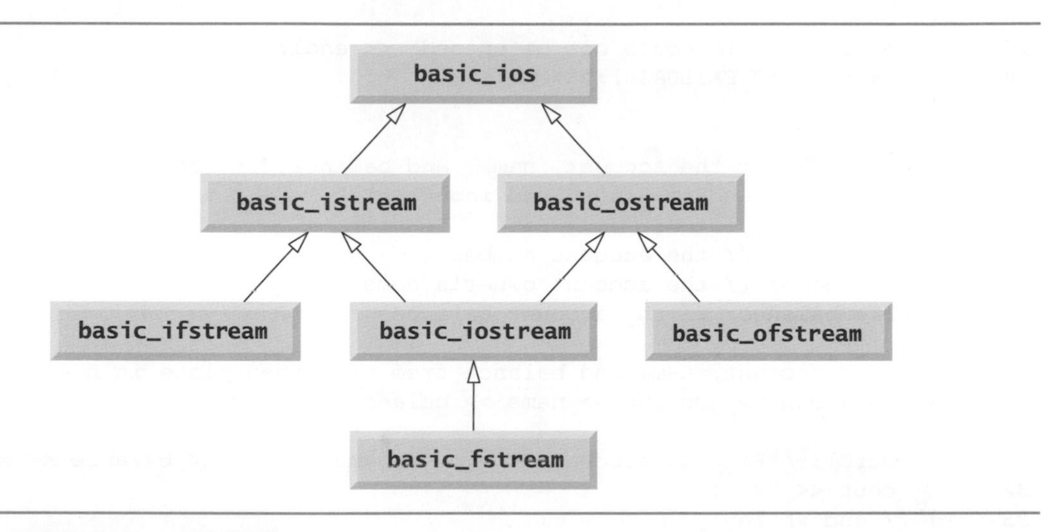

圖14.2　部分的串流I/O樣板階層

14.3　建立循序存取檔案

C++並沒有規定檔案的結構。因此，像“記錄”這種觀念在C++檔案中是不存在的。因此，程式設計者必須自行架構出檔案，來符合應用程式的需求。在以下的範例中，可以看到程式設計者如何在一個檔案上架構出簡單的記錄結構。

圖14.3建立一個可以用於應收帳款系統的循序存取檔案，來幫助管理公司信用客戶的應收帳款。對於每一個客戶，這個程式得到客戶的帳號、姓名與結餘 (換句話說，在貨物與得到的服務上，客戶端過去欠這間公司的金額)。每位客戶的資料就會成爲該客戶的一筆記錄。在此應用程式中，帳戶編號會當成記錄鍵值；也就是說，程式會以帳戶編號來建立檔案和維護檔案。這個程式假設使用者會按照帳戶編號的順序輸入記錄。在一個完整的應收帳款系統中，程式必須提供排序的功能，以便讓使用者能夠以任意的順序輸入記錄，然後排序記錄並且將它們寫入檔案。

```
1  // Fig. 14.3: fig14_03.cpp
2  // Create a sequential file.
3  #include <iostream>
4  #include <string>
5  #include <fstream> // contains file stream processing types
6  #include <cstdlib> // exit function prototype
7  using namespace std;
8
9  int main()
10 {
11    // ofstream constructor opens file
12    ofstream outClientFile( "clients.txt", ios::out );
13
14    // exit program if unable to create file
15    if ( !outClientFile ) // overloaded ! operator
16    {
17       cerr << "File could not be opened" << endl;
18       exit( EXIT_FAILURE );
19    } // end if
20
21    cout << "Enter the account, name, and balance." << endl
22       << "Enter end-of-file to end input.\n? ";
23
24    int account; // the account number
25    string name; // the account owner's name
26    double balance; // the account balance
27
28    // read account, name and balance from cin, then place in file
29    while ( cin >> account >> name >> balance )
30    {
31       outClientFile << account << ' ' << name << ' ' << balance << endl;
32       cout << "? ";
33    } // end while
34 } // end main
```

```
Enter the account, name, and balance.
Enter end-of-file to end input.
? 100 Jones 24.98
? 200 Doe 345.67
? 300 White 0.00
? 400 Stone -42.16
? 500 Rich 224.62
? ^Z
```

圖14.3 建立循序存取檔案

開啓檔案

圖14.3中的程式要將資料輸出到檔案中，所以程式藉由建立ofstream物件來開啓檔案來輸出資料。建立物件時需傳遞兩個參數給建構子，分別是：**檔案名稱** (filename) 與**檔案開啓模式** (file-open mode，第12行)。對於ofstream物件，檔案開啓模式可以是ios::out(預設模式)，它會將資料輸出到檔案，或是ios::app，它會將資料附加到檔案的末端 (不會更動檔案現有的資料)。因爲ios::out 是預設開啓模式，所以第12行程式的第二個參數可省略。

以ios::out模式開啓的現存檔案會被**刪除** (truncated)，檔案內的所有資料都會消失。如果指定的檔案不存在，則ofstream會利用該檔案名稱來建立檔案。在C++11之前，檔案名稱是以string指標表示，C++11則允許以string物件作爲檔案名稱。

錯誤預防要訣 14.1

當您實際上希望能保留現存檔案的內容，但是卻以ios::out模式開啓，檔案的內容會在沒有警告之下遭到刪除。

第12行會建立一個ofstream物件，稱爲outClientFile，它會與用來輸出的檔案clients.txt結合。引數 "clients.txt" 和ios::out會傳遞給ofstream建構子，以開啓檔案。這會建立程式與檔案之間的"通訊連線"。根據預設，物件ofstream爲了輸出而建立，所以第12行也可以用以下敘述替代

```
ofstream outClientFile( "clients.txt" );
```

來開啓clients.txt檔案以供輸出。圖14.4列出一些檔案開啓模式。這些模式可以被結合，14.8節會再討論。

檔案開啓模式	說明
`ios:app`	將資料附加到檔案尾端。
`ios:ate`	開啟檔案作為輸出用，並移到檔案末端(通常用來附加資料)。資料可寫入到檔案中任何地方。
`ios:in`	開啓一個檔案以供輸入。
`ios:out`	開啓一個檔案以供輸出。
`ios:trunc`	刪除檔案內容(ios:out的預設動作)
`ios:binary`	以binary 型式開啟檔案(非文字型式)，可作為輸入也可做為輸出。

圖14.4　檔案開啓模式

程式可以建立一個ofstream物件而不開啓特定的檔案，此檔案可以稍後再附加到物件上。例如，以下敘述

```
ofstream outClientFile;
```

會建立一個名爲outClientFile的ofstream物件。ofstream成員函式open會開啓一個檔案，並且按照下列方式將此檔案附加到現存的ofstream物件：

```
outClientFile.open( "clients.txt", ios::out );
```

錯誤預防要訣 14.2

有些作業系統允許對一個檔案同時開啓多次，爲避免錯誤，不要同時開啓同一檔案多次。

測試是否成功開啓檔案

在建立ofstream物件並且嘗試開啓它之後，程式應該測試是否成功開啓檔案。第15-19行的if敘述使用多載的ios運算子成員函式operator!，來判斷開啓檔案的操作是否成功。在對資料做open運算時，假如failbit或是badbit被設定（見第13章），則測試條件會傳回true值。當開啓檔案時可能會導致一些錯誤，如：嘗試開啓不存在的檔案來進行讀取、嘗試開啓未經許可的檔案來進行讀取、以及嘗試開啓檔案來準備寫入資料，但是已經沒有可用的磁碟記憶體空間。

如果測試條件指出開啓檔案失敗，則第17行會輸出錯誤訊息"File could not be opened"，並且第18行會呼叫函式exit來結束程式。傳遞給exit函式的引數會回傳給呼叫程式。引數EXIT_SUCCESS（定義在標頭檔<cstdlib>中）表示程式是正常終止，而其他的值（譬如，EXIT_FAILURE）則表示程式因爲發生錯誤而終止。

多載運算子void*

另外一個多載的ios成員函式：運算子operator void*，會將串流轉換成一個指標，所以它可以測試指標是否爲0（也就是空指標：null pointer）或不爲零（也就是任何其他的指標值）。當指標值被用來當作測試條件時，C++會將空指標（null pointer）轉成布林值false，將非空指標（non-null pointer）轉成布林值true。如果串流已經設定failbit或badbit，則會傳回0（false）。

第29-33行的while敘述的測試條件，會自動對cin呼叫operator void*成員函式。只要cin的failbit和badbit沒有被設定，程式的測試條件就會保持true。輸入檔案結束符號會設定cin的failbit。operator void*函式可以用來測試輸入物件的檔案結束符號，而不需要明確呼叫輸入物件的eof成員函式。

處理資料

如果第12行成功開啓檔案，則程式會開始處理資料。第21-22行會提示使用者輸入每一筆記錄的各種欄位，或當資料登錄完畢時，提示使用者輸入檔案結束符號。圖14.5列出各種電腦系統中，代表檔案結束符號的組合鍵。

電腦系統	組合建
UNIX/Linux/Mac OS X	*<Ctrl-d>*（在同一行按下）
Microsoft Windows	*<Ctrl-z>*（有時必須按下*Enter*鍵）

圖14.5　各種不同電腦系統的檔案結束符號組合鍵

第29行會擷取每組輸入的資料，並且判斷是否輸入了檔案結束符號。當碰到檔案結束（end-of-file）或是讀到不正確的資料時，運算子void*會傳回空指標（轉換成布林值false），並終止while敘述。使用者會輸入檔案結束符號，來通知程式沒有資料需要處理了。當使用者輸入檔案結束符號組合鍵時，就會設定檔案結束符號指示器。while敘述會重複執行，直到設定檔案結束符號指示器爲止。

第31行會在程式起始位置，使用串流插入運算子<<和與檔案連結的outClientFile物件，將一組資料寫入檔案"clients.txt"。設計用來讀取檔案的程式，可以從檔案擷取資料（請參閱第14.4節）。因為在圖14.3建立的檔案是簡單的文字檔，所以它可以被任何的文字編輯器所檢視。

關閉檔案

一旦使用者輸入檔案結束符號，函式main就會終止。程式會自動呼叫outClientFile物件的解構子，這會關閉clients.txt檔案。您也可以在如下的敘述裡使用close成員函式，手動地關閉ofstream物件。

```
outClientFile.close();
```

錯誤預防要訣 14.3
當程式不再用到檔案時應立即關閉。

執行範例檔案

執行圖14.3的範例程式，使用者鍵入五個帳號資訊，然後藉由鍵入end-of-file (^Z會被顯示在微軟視窗上)，發出資料輸入已完成的訊息。這個對話視窗並不會顯示檔案中的資料記錄結構。為了要確認檔案建立成功，下一節會說明如何建立一個程式來讀取檔案並且列印它的內容。

14.4 從循序存取檔案讀取資料

檔案儲存著資料，所以當資料被需要時，可以從檔案取出來進行處理。前一節說明如何建立一個循序存取檔案。在本節中，我們會討論如何循序地從一個檔案讀取資料。圖14.6會從圖14.3的程式所建立的檔案"clients.txt"來讀取記錄，並且顯示記錄的內容。建立一個ifstream物件來開啓輸入的檔案。ifstream建構子可以接收檔案名稱和檔案開啓模式兩個引數。第15行會建立一個稱作inClientFile的ifstream物件，並將它與客戶資料檔案clients.txt做連結。小括號內的引數會傳給ifstream建構子，這會開啓檔案並且與該檔案建立"通訊連線"。

良好的程式設計習慣 14.1
如果檔案的內容不可以修改，則應該使用ios::in檔案開啓模式來開啓一個用來輸入的檔案。這可以避免不小心修改到檔案的內容，這是最小權限原則的一個例子。

```
1 // Fig. 14.6: fig14_06.cpp
2 // Reading and printing a sequential file.
3 #include <iostream>
4 #include <fstream> // file stream
5 #include <iomanip>
6 #include <string>
```

圖14.6　讀取與列印循序存取檔案(1/2)

```
 7 #include <cstdlib> // exit function prototype
 8 using namespace std;
 9
10 void outputLine( int, const string &, double ); // prototype
11
12 int main()
13 {
14    // ifstream constructor opens the file
15    ifstream inClientFile( "clients.txt", ios::in );
16
17    // exit program if ifstream could not open file
18    if ( !inClientFile )
19    {
20       cerr << "File could not be opened" << endl;
21       exit( EXIT_FAILURE );
22    } // end if
23
24    int account; // the account number
25    string name; // the account owner's name
26    double balance; // the account balance
27
28    cout << left << setw( 10 ) << "Account" << setw( 13 )
29       << "Name" << "Balance" << endl << fixed << showpoint;
30
31    // display each record in file
32    while ( inClientFile >> account >> name >> balance )
33       outputLine( account, name, balance );
34 } // end main
35
36 // display single record from file
37 void outputLine( int account, const string &name, double balance )
38 {
39    cout << left << setw( 10 ) << account << setw( 13 ) << name
40       << setw( 7 ) << setprecision( 2 ) << right << balance << endl;
41 } // end function outputLine
```

```
Account   Name   Balance
100       Jones    24.98
200       Doe     345.67
300       White     0.00
400       Stone   -42.16
500       Rich    224.62
```

圖 14.6　讀取與列印循序存取檔案 (2/2)

開啓檔案來讀取資料

類別 ifstream 的物件預設會開啓為輸入之用。我們可以使用敘述

```
ifstream inClientFile( "clients.txt" );
```

來開啓輸入的 clients.txt 檔案。如同 ofstream 物件，程式可以建立一個 ifstream 物件，而不用開啓特定的檔案，因為檔案可以稍後再連結到該物件。

確認檔案是否成功開啓

在從檔案讀取資料之前，應使用條件測試 !inClientFile 判斷該檔案是否已經成功開啓。

讀取檔案資料

第32行會從檔案讀取一組資料（也就是一筆記錄）。在第一次執行前述這一行程式之後，account的值爲100，name的值爲"Jones"，而balance的值爲24.98。每次執行第32行時，程式就會從檔案讀取另一筆記錄到變數account、name和balance。第33行會利用函式outputLine（第37-41行）顯示記錄，並且使用參數化串流操作子將顯示的資料格式化。抵達檔案結尾時，則會自動地呼叫在while測試條件裡的void* 運算子，這會傳回空指標（轉換成布林值false），ifstream解構子會關閉檔案，然後程式終止。

檔案位置指標

要從檔案循序取回資料，程式通常會從檔案的起始位置開始讀取，並且讀取接下來的資料，直到找到所需要的資料爲止。在程式執行期間，程式可能需要循序處理檔案好幾次（從檔案的起始位置）。類別istream和ostream兩者都會提供成員函式，來將檔案**位置指標（file position pointer**，也就是檔案中要讀取或寫入的下一個位元組的位元組編號）重新定位。這些成員函式就是istream的**seekg**（seek get：尋找擷取），以及ostream的**seekp**（seek put：尋找放入）。每個istream物件都有一個讀取指標（get pointer），指出下一個要擷取的位元組在檔案中的位元組編號，而每個ostream物件有一個寫入指標(put pointer)，指出下一個輸出位元組在檔案中要放入的位元組編號。敘述

```
inClientFile.seekg( 0 );
```

會將連結到inClientFile物件的檔案位置指標，重新定位指向檔案的起始位置（位置0）。函式seekg的引數通常是一個long整數。第二個引數可以指定**搜尋方向（seek direction）**，它可以是ios::beg（內定值），定位在資料流開始的相對位置，或是ios::cur，定位在資料流裡現在的位置，或是ios::end，定位在資料流結束的相對位置。檔案位置指標是一個整數值，它會以從檔案起始位置開始計算的位元組數目來指定檔案的位置（有時又稱爲從檔案起始位置的**偏移量，offset**）。以下是一些將"擷取"檔案位置指標定位的範例。

```
// position to the nth byte of fileObject (assumes ios::beg)
fileObject.seekg( n );
// position n bytes forward in fileObject
fileObject.seekg( n, ios::cur );
// position n bytes back from end of fileObject
fileObject.seekg( n, ios::end );
// position at end of fileObject
fileObject.seekg( 0, ios::end );
```

相同的操作可以使用ostream的成員函式seekp來加以執行。成員函式tellg和tellp能夠分別傳回"擷取"和"放入"指標的目前位置。以下的敘述會將擷取檔案位置指標的數值，指定給資料型態long的變數location：

```
location = fileObject.tellg();
```

信用調查程序

圖14.7讓信用部經理能夠顯示三種狀態的客戶：(1)餘額爲零的帳戶相關資料(也就是不欠公司任何費用的客戶)(2)有信用餘額的帳戶(也就是公司積欠其費用的客戶)(3)有借貸餘額的帳戶(也就是積欠公司貨款以及服務費用的客戶)。程式顯示一個選單，並且讓信用部經理可以輸入三個選項之一來取得信用資料。選項1會產生餘額爲零的帳戶清單。選項2會產生具有信用餘額的帳戶清單。選項3會產生具有借貸餘額的帳戶清單。選項4會結束程式的執行。輸入一個無效的選項值，只會提示使用者輸入另一個選擇。第64-65行會讓程式在遇到EOF符號之後，從檔案的起始處開始讀取。

```
 1 // Fig. 14.7: fig14_07.cpp
 2 // Credit inquiry program.
 3 #include <iostream>
 4 #include <fstream>
 5 #include <iomanip>
 6 #include <string>
 7 #include <cstdlib>
 8 using namespace std;
 9
10 enum RequestType { ZERO_BALANCE = 1, CREDIT_BALANCE, DEBIT_BALANCE, END };
11 int getRequest();
12 bool shouldDisplay( int, double );
13 void outputLine( int, const string &, double );
14
15 int main()
16 {
17    // ifstream constructor opens the file
18    ifstream inClientFile( "clients.txt", ios::in );
19
20    // exit program if ifstream could not open file
21    if ( !inClientFile )
22    {
23       cerr << "File could not be opened" << endl;
24       exit( EXIT_FAILURE );
25    } // end if
26
27    int account; // the account number
28    string name; // the account owner's name
29    double balance; // the account balance
30
31    // get user's request (e.g., zero, credit or debit balance)
32    int request = getRequest();
33
34    // process user's request
35    while ( request != END )
36    {
37       switch ( request )
38       {
```

圖14.7 信用查詢程式(1/3)

```
39          case ZERO_BALANCE:
40             cout << "\nAccounts with zero balances:\n";
41             break;
42          case CREDIT_BALANCE:
43             cout << "\nAccounts with credit balances:\n";
44             break;
45          case DEBIT_BALANCE:
46             cout << "\nAccounts with debit balances:\n";
47             break;
48       } // end switch
49
50       // read account, name and balance from file
51       inClientFile >> account >> name >> balance;
52
53       // display file contents (until eof)
54       while ( !inClientFile.eof() )
55       {
56          // display record
57          if ( shouldDisplay( request, balance ) )
58             outputLine( account, name, balance );
59
60          // read account, name and balance from file
61          inClientFile >> account >> name >> balance;
62       } // end inner while
63
64       inClientFile.clear();     // reset eof for next input
65       inClientFile.seekg( 0 ); // reposition to beginning of file
66       request = getRequest();  // get additional request from user
67    } // end outer while
68
69    cout << "End of run." << endl;
70 } // end main
71
72 // obtain request from user
73 int getRequest()
74 {
75    int request; // request from user
76
77    // display request options
78    cout << "\nEnter request" << endl
79       << " 1 - List accounts with zero balances" << endl
80       << " 2 - List accounts with credit balances" << endl
81       << " 3 - List accounts with debit balances" << endl
82       << " 4 - End of run" << fixed << showpoint;
83
84    do // input user request
85    {
86       cout << "\n? ";
87       cin >> request;
88    } while ( request < ZERO_BALANCE && request > END );
89
90    return request;
91 } // end function getRequest
92
93 // determine whether to display given record
94 bool shouldDisplay( int type, double balance )
95 {
```

圖14.7 信用查詢程式(2/3)

```
96     // determine whether to display zero balances
97     if ( type == ZERO_BALANCE && balance == 0 )
98        return true;
99
100    // determine whether to display credit balances
101    if ( type == CREDIT_BALANCE && balance < 0 )
102       return true;
103
104    // determine whether to display debit balances
105    if ( type == DEBIT_BALANCE && balance > 0 )
106       return true;
107
108    return false;
109 } // end function shouldDisplay
110
111 // display single record from file
112 void outputLine( int account, const string &name, double balance )
113 {
114    cout << left << setw( 10 ) << account << setw( 13 ) << name
115       << setw( 7 ) << setprecision( 2 ) << right << balance << endl;
116 } // end function outputLine
```

```
Enter request
1 - List accounts with zero balances
2 - List accounts with credit balances
3 - List accounts with debit balances
4 - End of run
? 1

Accounts with zero balances:
300       White           0.00

Enter request
1 - List accounts with zero balances
2 - List accounts with credit balances
3 - List accounts with debit balances
4 - End of run
? 2

Accounts with credit balances:
400       Stone         -42.16

Enter request
1 - List accounts with zero balances
2 - List accounts with credit balances
3 - List accounts with debit balances
4 - End of run
? 3

Accounts with debit balances:
100       Jones          24.98
200       Doe           345.67
500       Rich          224.62

Enter request
1 - List accounts with zero balances
2 - List accounts with credit balances
3 - List accounts with debit balances
4 - End of run
? 4
End of run.
```

圖 14.7　信用查詢程式(3/3)

14.5 更新循序存取檔案

當我們要修改在14.3節格式化和寫入的循序存取檔案中的資料時，可能會破壞該檔案內的其他資料。舉例來說，如果名稱 "White" 需要改成 "Worthington"，則我們在覆寫舊名稱時，會破壞原有的檔案。記錄 White 在檔案中會記錄成

```
300 White 0.00
```

如果這個記錄要從檔案中的相同位置開始重新寫入，但是使用較長的名稱，則此記錄會記錄成

```
300 Worthington 0.00
```

新的記錄比原來的記錄多六個字元。因此，超過 "Worthington" 第二個 "o" 的字元會覆寫檔案中下一筆記錄的起始位置。此處的問題就是，在使用插入運算子<<和擷取運算子>> 的格式化輸入/輸出模式中，欄位 (以及記錄) 的大小可能會改變。舉個例子，數值7、14、－117、2074與27383都是整數，在內部是以相同數目的位元組來儲存原始資料 (一般在32位元機器裡通常是四個位元組；64位元機器裡通常是八個位元組)。然而，當輸出成格式化文字 (字元串列) 時，這些整數會變成具有不同大小的欄位。因此，格式化的輸入/輸出模型通常不會用來更新記錄。第14.6-14.10討論如何行就地更新固定長度的記錄。

這種更新動作雖可運作，但卻很粗糙。舉例來說，要改變前面所提的名稱，您可以將循序存取檔案中300 White 0.00以前的記錄複製到一個新的檔案，然後將更新的記錄寫到這個新的檔案內，並且將300 White 0.00以後的記錄複製到新的檔案內。為了要更新一筆記錄，您需要處理檔案的每一筆記錄。如果在一次檔案巡訪中更新多筆記錄，則這項技術可勉強接受。

14.6 隨機存取檔案

截至目前為止，我們已經瞭解如何建立循序存取檔案，以及在檔案中搜尋它們來找出特定的資訊。循序存取檔案並不適用於**即時存取的應用程式** (instant-access applications)，因為這種程式必須很快就能找到某個特定的記錄資料。常見的即時存取應用程式就是航空公司的訂位系統、銀行系統、銷售系統、自動提款機和其他各種的**交易處理系統** (transaction-processing system)，它們需要能夠迅速存取特定的資料。一個銀行可能有數以萬計 (或甚至數百萬計) 的客戶，然而當客戶使用自動提款機時，在幾秒鐘內，程式就能夠檢查客戶的帳戶是否有足夠的餘額。這種即時存取只有使用**隨機存取檔案** (random-access files) 才可能達成。隨機存取檔案的個別記錄，可以不用搜尋其他的記錄，就能夠直接並且快速地存取到所需的記錄。

如同我們曾經提過，C++ 並沒有規定檔案的架構。所以想要使用隨機存取檔案的應用程式必須先建立檔案。我們有許多不同的技術可以利用。最簡單的方式應該就是要求檔案中所有記錄，都具有相同的固定長度。使用固定長度的記錄，程式便很容易算出 (可以視為與記錄大小和記錄鍵值有關的一個函式) 任何一筆記錄相對於檔案起始位置的真正位置。我們很快會看到如何能夠立即存取到特定的記錄，甚至在大型的檔案中也能夠做到。

圖14.8說明C++如何以固定長度的記錄（每個記錄有100個位元組的長度）來處理隨機存取檔案。隨機存取檔案就像是一列有多節車廂的火車，有些車廂是空的，有些車廂則存有內容。

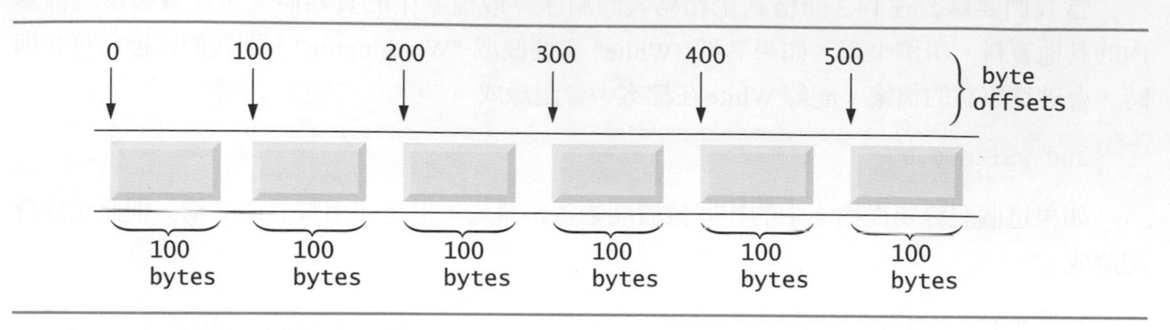

圖14.8 C++對隨機存取檔案的觀點

您可以隨意將資料加入隨機存取檔案中，而不會破壞其他的資料。要將先前儲存的資料更新或刪除時，程式不需要重新寫入整個檔案。在以下幾個小節中，我們會說明如何建立一個隨機存取檔案、輸入資料、循序或隨機讀取資料、更新資料，以及刪除不再需要的資料。

14.7 建立隨機存取檔案

ostream成員函式write會將記憶體中某一個特定位置，開始的一段指定bytes數的資料，輸出到指定的串流。當串流與某個檔案結合時，write函式就會按照put file-position指標所指定的檔案位置開始寫入資料。istream成員函式read會將指定串流中固定數目的位元組資料，輸入到以特定位址為起始位址的記憶體區域中。當串流與某個檔案結合時，read函式就會按照get file-position pointer所指定的檔案位置開始輸入位元組。

以ostream的成員函式write寫入位元組資料

現在，當我們將一個整數number寫入檔案時，我們不會使用敘述

```
outFile << number;
```

使用以上敘述印出四個位元組的整數可能短到只有個位數，也可能長到有11位數（10個數字加上一個正負號，每個需要單一位元組的儲存空間），我們可以使用這個敘述

```
outFile.write( reinterpret_cast< const char * >( &number ),
   sizeof( number ) );
```

它會將二進位版本佔四個位元組的整數（在整數為四個位元組的機器上）寫入檔案。write函式會將它的第一個引數當做一群位元組，這是藉由將記憶體裡的物件視作為const char*，也就是指向一個位元組的指標。從那個位置開始，write函式會輸出被它的第二個參數，一個整數資料型態size_t所指定的位元組數量。如同我們將看到的，istream的read函式可以用來讀取四個位元組回到整數變數number。

使用reinterpret_cast運算子將指標轉型

我們傳遞到write函式的第一個指標參數，大部分都不是const char*資料型態。為了輸出其他資料型態的物件，我們必須將指向物件的指標轉型為const char*資料型態，否則編譯器將無法編譯write函式呼叫。當某種指標型態必須轉型成和原資料型態無關的指標型態時，須使用C++提供的reinterpret_cast運算子。若不使用reinterpret_cast運算子，用來輸出整數number的write敘述將無法被編譯。這是因為編譯器不允許int* 資料型態的指標（這個資料型態被運算式 & number傳回）被傳遞到預期一個const char* 資料型態引數的函式。就目前的編譯器而言，這些資料型態是不相容的。

reinterpret_cast轉型會在編譯時期被執行，而且不改變它的運算元指向的物件的值。反之，它讓編譯器將運算元重新直譯為目標資料型態（指定在reinterpret_cast關鍵字後面的括號裡）。在圖14.11，我們使用reinterpret_cast將ClientData指標換成const char*，這會重新直譯ClientData物件為輸出到檔案的位元組。隨機存取檔案的處理程式很少只將一個欄位的資料寫入檔案。一般而言，它們每次會寫入一個class的物件，如同我們在以下的範例中顯示的一樣。

錯誤預防要訣 14.4

使用reinterpret_cast來執行轉型語法簡單，但卻屬危險的操作，會導致執行時期的嚴重錯誤，應儘量避免。

可攜性要訣 14.1

reinterpret_cast與編譯器相關 (compiler-dependent)，在不同平台上有不同的行為。除非絕對需要，reinterpret_cast運算子應避免被使用。

可攜性要訣 14.2

程式讀取沒有格式化的資料（以write寫入）必須在與程式相容的系統上編譯執行，因為不同的系統會用不同方式表達內部資料。

信用處理程式

考慮以下的問題描述：

建立一個信用處理程式，讓它能夠為一家公司儲存最多高達100筆固定長度的記錄，該公司最多可以擁有100位客戶的資料。每筆記錄都應該由帳戶編號、名稱、姓氏和帳戶餘額所組成，而帳戶編號則可以當作記錄鍵來加以使用。程式必須能夠更新帳戶資料、加入新的帳戶、移除帳戶，而且在格式化的檔案中列出所有的帳戶記錄，以便將它們列印出來。

在接下來幾個小節，我們會建立這個信用處理程式。圖14.11會舉一個開啟隨機存取檔案的例子，使用ClientData類別物件定義資料記錄格式（圖14.9-14.10）並以二進位格式寫入資料到磁碟。程式使用函式write將100筆以空物件初始化的記錄寫入檔案"credit.dat"中。每個空物件所包含的帳戶編號為0，名稱和姓氏都是空字串，帳戶餘額則為0.0。每一筆記錄初始化時會佔據的空間即為將來帳號資料必須儲存的空間。

```
 1 // Fig. 14.9: ClientData.h
 2 // Class ClientData definition used in Fig. 14.11-Fig. 14.14.
 3 #ifndef CLIENTDATA_H
 4 #define CLIENTDATA_H
 5
 6 #include <string>
 7
 8 class ClientData
 9 {
10 public:
11    // default ClientData constructor
12    ClientData( int = 0, const std::string & = "",
13       const std::string & = "", double = 0.0 );
14
15    // accessor functions for accountNumber
16    void setAccountNumber( int );
17    int getAccountNumber() const;
18
19    // accessor functions for lastName
20    void setLastName( const std::string & );
21    std::string getLastName() const;
22
23    // accessor functions for firstName
24    void setFirstName( const std::string & );
25    std::string getFirstName() const;
26
27    // accessor functions for balance
28    void setBalance( double );
29    double getBalance() const;
30 private:
31    int accountNumber;
32    char lastName[ 15 ];
33    char firstName[ 10 ];
34    double balance;
35 }; // end class ClientData
36
37 #endif
```

圖14.9　ClientData類別的標頭檔

```
 1 // Fig. 14.10: ClientData.cpp
 2 // Class ClientData stores customer's credit information.
 3 #include <string>
 4 #include "ClientData.h"
 5 using namespace std;
 6
 7 // default ClientData constructor
 8 ClientData::ClientData( int accountNumberValue, const string &lastName,
 9    const string &firstName, double balanceValue )
10    : accountNumber( accountNumberValue ), balance( balanceValue )
11 {
12    setLastName( lastName );
13    setFirstName( firstName );
14 } // end ClientData constructor
15
```

圖14.10　ClientData類別代表顧客的信用資訊(1/2)

```
16 // get account-number value
17 int ClientData::getAccountNumber() const
18 {
19    return accountNumber;
20 } // end function getAccountNumber
21
22 // set account-number value
23 void ClientData::setAccountNumber( int accountNumberValue )
24 {
25    accountNumber = accountNumberValue; // should validate
26 } // end function setAccountNumber
27
28 // get last-name value
29 string ClientData::getLastName() const
30 {
31    return lastName;
32 } // end function getLastName
33
34 // set last-name value
35 void ClientData::setLastName( const string &lastNameString )
36 {
37    // copy at most 15 characters from string to lastName
38    int length = lastNameString.size();
39    length = ( length < 15 ? length : 14 );
40    lastNameString.copy( lastName, length );
41    lastName[ length ] = '\0'; // append null character to lastName
42 } // end function setLastName
43
44 // get first-name value
45 string ClientData::getFirstName() const
46 {
47    return firstName;
48 } // end function getFirstName
49
50 // set first-name value
51 void ClientData::setFirstName( const string &firstNameString )
52 {
53    // copy at most 10 characters from string to firstName
54    int length = firstNameString.size();
55    length = ( length < 10 ? length : 9 );
56    firstNameString.copy( firstName, length );
57    firstName[ length ] = '\0'; // append null character to firstName
58 } // end function setFirstName
59
60 // get balance value
61 double ClientData::getBalance() const
62 {
63    return balance;
64 } // end function getBalance
65
66 // set balance value
67 void ClientData::setBalance( double balanceValue )
68 {
69    balance = balanceValue;
70 } // end function setBalance
```

圖14.10　ClientData類別代表顧客的信用資訊(2/2)

string類別的物件沒有固定大小，因爲它們使用動態配置記憶體，來供應不同長度的字串。這個程式必須維護固定長度的記錄，所以ClientData類別以固定長度的字元陣列，儲存客戶端的姓氏與名稱(宣告於圖14.9第32-33行)。成員函式setLastName(圖14.10，第35-42行)與setFirstName(圖14.10，第51-58行)會複製字串物件的字元到對應的字元陣列。先說明setLastName函式。第38行會呼叫字串成員函式size以取得lastNameString的長度。第39行保證length少於15個字元，然後第40行利用字串的成員函式copy從lastNameValue複製length個字元到lastName字元陣列。成員函式setFirstName會對firstname執行相同的步驟。

以二進位模式開啓輸出檔案。

圖14.11中，第11行爲credit.dat檔案建立一個ofstream物件。建構子的第二個引數ios::out | ios::binary指出我們要以二進位模式開啓輸出的檔案。當要寫入固定長度記錄時，這是必要的。多重開啓模式是將各個開啓模式以逐位元或運算子 | 做連結(第22章會詳細討論此運算子)。第24-25行將blankClient寫入credit.dat檔案。請記得，運算子sizeof會傳回小括弧內物件的位元組大小(請參閱第8章)。第24行的write函式第一個引數的資料型態必須是const char*。然而，& blankClient的資料資料型態是ClientData*。爲了轉換& blankClient爲const char*，第24行使用轉型運算子reinterpret_cast，所以write呼叫在編譯時不會發生編譯錯誤。

```
 1 // Fig. 14.11: fig14_11.cpp
 2 // Creating a randomly accessed file.
 3 #include <iostream>
 4 #include <fstream>
 5 #include <cstdlib>
 6 #include "ClientData.h" // ClientData class definition
 7 using namespace std;
 8
 9 int main()
10 {
11    ofstream outCredit( "credit.dat", ios::out | ios::binary );
12
13    // exit program if ofstream could not open file
14    if ( !outCredit )
15    {
16       cerr << "File could not be opened." << endl;
17       exit( EXIT_FAILURE );
18    } // end if
19
20    ClientData blankClient; // constructor zeros out each data member
21
22    // output 100 blank records to file
23    for ( int i = 0; i < 100; ++i )
24       outCredit.write( reinterpret_cast< const char * >( &blankClient ),
25          sizeof( ClientData ) );
26 } // end main
```

圖14.11 循序地建立有100筆空白記錄的隨機存取檔案

14.8 將資料隨機寫入隨機存取檔案

圖14.12將資料寫入檔案credit.dat中，並且使用fstream的seekp和write兩個函式，將資料儲存到檔案中的特定位置。函式seekp將put檔案位置指標 (file-position pointer) 指到檔案的某個特定位置，然後write會輸出資料。請注意，第6行含括圖14.9所定義的ClientData.h標頭檔，所以程式可以使用ClientData物件。

```
 1 // Fig. 14.12: fig14_12.cpp
 2 // Writing to a random-access file.
 3 #include <iostream>
 4 #include <fstream>
 5 #include <cstdlib> // exit function prototype
 6 #include "ClientData.h" // ClientData class definition
 7 using namespace std;
 8
 9 int main()
10 {
11    int accountNumber;
12    string lastName;
13    string firstName;
14    double balance;
15
16    fstream outCredit( "credit.dat", ios::in | ios::out | ios::binary );
17
18    // exit program if fstream cannot open file
19    if ( !outCredit )
20    {
21       cerr << "File could not be opened." << endl;
22       exit( EXIT_FAILURE );
23    } // end if
24
25    cout << "Enter account number (1 to 100, 0 to end input)\n? ";
26
27    // require user to specify account number
28    ClientData client;
29    cin >> accountNumber;
30
31    // user enters information, which is copied into file
32    while ( accountNumber > 0 && accountNumber <= 100 )
33    {
34       // user enters last name, first name and balance
35       cout << "Enter lastname, firstname, balance\n? ";
36       cin >> lastName;
37       cin >> firstName;
38       cin >> balance;
39
40       // set record accountNumber, lastName, firstName and balance values
41       client.setAccountNumber( accountNumber );
42       client.setLastName( lastName );
43       client.setFirstName( firstName );
44       client.setBalance( balance );
45
```

圖14.12 寫入一個隨機存取檔案(1/2)

```
46       // seek position in file of user-specified record
47       outCredit.seekp( ( client.getAccountNumber() - 1 ) *
48          sizeof( ClientData ) );
49
50       // write user-specified information in file
51       outCredit.write( reinterpret_cast< const char * >( &client ),
52          sizeof( ClientData ) );
53
54       // enable user to enter another account
55       cout << "Enter account number\n? ";
56       cin >> accountNumber;
57    } // end while
58 } // end main
```

```
Enter account number (1 to 100, 0 to end input)
? 37
Enter lastname, firstname, balance
? Barker Doug 0.00
Enter account number
? 29
Enter lastname, firstname, balance
? Brown Nancy -24.54
Enter account number
? 96
Enter lastname, firstname, balance
? Stone Sam 34.98
Enter account number
? 88
Enter lastname, firstname, balance
? Smith Dave 258.34
Enter account number
? 33
Enter lastname, firstname, balance
? Dunn Stacey 314.33
Enter account number
? 0
```

圖14.12　寫入一個隨機存取檔案(2/2)

以二進位模式開啓用來輸入與輸出的檔案

第16行使用fstream物件outCredit，開啓一個已存在的credit.dat檔案。爲了能以二進位模式輸入與輸出，檔案是藉由合併檔案模式ios::in、ios::out與ios::binary來開啓。多重檔案開啓模式是將每一個開啓模式以OR運算子 (|) 分隔來合併。以這種方式開啓現存的credit.dat檔案可確保這個程式可以操作圖14.11程式所寫入檔案的記錄，而非先消去資料後再建立檔案。

定位檔案位置指標

第47–48行可以將物件outCredit的put檔案位置指標，指向以下運算式計算出來的位元組位置：

```
( client.getAccountNumber() - 1 ) * sizeof( ClientData )
```

因為帳戶編號介於1和100之間，所以計算記錄的位元組位置時，程式會將帳戶編號減1。因此，對於記錄1，它的檔案位置指標會設定為檔案的位元組0。

14.9 循序地從隨機存取檔案讀取資料

在前一節中，建立一個隨機存取檔案並且將資料寫入該檔案。在本節中，我們建立一個能夠循序讀取檔案的程式，並且只印出包含資料的記錄。這些程式有一項額外的優點。請看看您是否能找出這項優點，我們會在本節結束時揭曉謎底。

istream的函式read會從連結到某物件的特定串流中，從目前的位置開始輸入指定的位元組數。例如，圖14.13的第31-32行會從與ifstream物件inCredit結合的檔案，讀取sizeof (ClientData) 個數的位元組資料，並且將資料儲存到client記錄。read函式所需的第一個引數資料型態是char*。因為 & client的資料型態是ClientData*，所以程式必須使用轉型運算子reinterpret_cast將 & client轉型為char*。

```
1 // Fig. 14.13: fig14_13.cpp
2 // Reading a random-access file sequentially.
3 #include <iostream>
4 #include <iomanip>
5 #include <fstream>
6 #include <cstdlib> // exit function prototype
7 #include "ClientData.h" // ClientData class definition
8 using namespace std;
9
10 void outputLine( ostream&, const ClientData & ); // prototype
11
12 int main()
13 {
14    ifstream inCredit( "credit.dat", ios::in | ios::binary );
15
16    // exit program if ifstream cannot open file
17    if ( !inCredit )
18    {
19       cerr << "File could not be opened." << endl;
20       exit( EXIT_FAILURE );
21    } // end if
22
23    // output column heads
24    cout << left << setw( 10 ) << "Account" << setw( 16 )
25       << "Last Name" << setw( 11 ) << "First Name" << left
26       << setw( 10 ) << right << "Balance" << endl;
27
28    ClientData client; // create record
29
30    // read first record from file
31    inCredit.read( reinterpret_cast< char * >( &client ),
32       sizeof( ClientData ) );
33
34    // read all records from file
35    while ( inCredit && !inCredit.eof() )
```

圖14.13　循序地從隨機存取檔案讀取資料(1/2)

```
36     {
37         // display record
38         if ( client.getAccountNumber() != 0 )
39            outputLine( cout, client );
40
41         // read next from file
42         inCredit.read( reinterpret_cast< char * >( &client ),
43            sizeof( ClientData ) );
44     } // end while
45  } // end main
46
47  // display single record
48  void outputLine( ostream &output, const ClientData &record )
49  {
50     output << left << setw( 10 ) << record.getAccountNumber()
51        << setw( 16 ) << record.getLastName()
52        << setw( 11 ) << record.getFirstName()
53        << setw( 10 ) << setprecision( 2 ) << right << fixed
54        << showpoint << record.getBalance() << endl;
55  } // end function outputLine
```

```
Account   Last Name       First Name    Balance
29        Brown           Nancy          -24.54
33        Dunn            Stacey         314.33
37        Barker          Doug             0.00
88        Smith           Dave           258.34
96        Stone           Sam             34.98
```

圖14.13 循序地從隨機存取檔案讀取資料(2/2)

圖14.13會循序讀取"credit.dat"檔案裡的每一筆記錄，檢查每一筆記錄是否存有資料，若有資料則格式化輸出該筆記錄。第35行的測試條件使用ios的成員函式eof來判斷，何時會到達檔案的末端，並且終止while敘述的執行。此外，從檔案讀取資料時，如果發生了錯誤，則迴圈會終止執行，因爲inCredit的計算結果爲false。從檔案輸入的資料會藉著outputLine (第48-55行) 函式輸出，outputLine需要二個引數，一個ostream物件以及即將輸出的clientData結構。ostream參數資料型態很有趣，因爲任何的ostream物件 (例如cout) 或ostream衍生類別的任何物件 (例如，ofstream類別的物件) 都可以作爲引數。這意謂著程式可以使用相同的函式，例如，在執行輸出到標準輸出串流和檔案串流的操作時，均不需要另外撰寫個別的函式。

我們之前提到的額外優點爲何呢？如果您檢視輸出視窗，將注意到記錄是依據排序過的順序加以列出 (依據帳戶編號)。這就是我們使用直接存取技術，將這些記錄儲存在檔案中的結果。相較於我們曾經提過的插入排序法，使用直接存取技術進行排序顯然快很多。要達到這種速度，是因爲我們讓檔案大到足以存放每個可能產生的記錄。這表示檔案大部分時間只會包含少數的資料項，因此會造成儲存空間的浪費。這是另一種記憶體空間和執行時間的取捨：使用大量的記憶體空間，我們能夠發展出一個非常快的排序演算法。幸運地，儲存設備在價格上的不斷調降，已使得這個爭議變得較小。

14.10　案例研究：交易處理程式

現在提出一個使用隨機存取檔案的交易處理程式 (圖 14.14) 來建立即時處理系統。程式會維護銀行的帳戶資訊。程式可以更新現有的帳戶、增加新的帳戶、移除帳戶並且將目前所有的帳戶依據格式化的清單存放到文字檔中。我們假設系統已經執行圖 14.11 的程式並且建立 credit.dat 檔案，系統也已經執行圖 14.12 的程式並且加入初始的資料。第 25 行藉由建立 fstream 物件開啓 credit.dat 檔案來讀取與寫入資料。

```
 1 // Fig. 14.14: fig14_14.cpp
 2 // This program reads a random-access file sequentially, updates
 3 // data previously written to the file, creates data to be placed
 4 // in the file, and deletes data previously stored in the file.
 5 #include <iostream>
 6 #include <fstream>
 7 #include <iomanip>
 8 #include <cstdlib> // exit function prototype
 9 #include "ClientData.h" // ClientData class definition
10 using namespace std;
11
12 int enterChoice();
13 void createTextFile( fstream& );
14 void updateRecord( fstream& );
15 void newRecord( fstream& );
16 void deleteRecord( fstream& );
17 void outputLine( ostream&, const ClientData & );
18 int getAccount( const char * const );
19
20 enum Choices { PRINT = 1, UPDATE, NEW, DELETE, END };
21
22 int main()
23 {
24    // open file for reading and writing
25    fstream inOutCredit( "credit.dat", ios::in | ios::out | ios::binary );
26
27    // exit program if fstream cannot open file
28    if ( !inOutCredit )
29    {
30       cerr << "File could not be opened." << endl;
31       exit ( EXIT_FAILURE );
32    } // end if
33
34    int choice; // store user choice
35
36    // enable user to specify action
37    while ( ( choice = enterChoice() ) != END )
38    {
39       switch ( choice )
40       {
41          case PRINT: // create text file from record file
42             createTextFile( inOutCredit );
43             break;
44          case UPDATE: // update record
```

圖 14.14　銀行帳號程式 (1/5)

```
45             updateRecord( inOutCredit );
46             break;
47          case NEW: // create record
48             newRecord( inOutCredit );
49             break;
50          case DELETE: // delete existing record
51             deleteRecord( inOutCredit );
52             break;
53          default: // display error if user does not select valid choice
54             cerr << "Incorrect choice" << endl;
55             break;
56       } // end switch
57
58       inOutCredit.clear(); // reset end-of-file indicator
59    } // end while
60 } // end main
61
62 // enable user to input menu choice
63 int enterChoice()
64 {
65    // display available options
66    cout << "\nEnter your choice" << endl
67       << "1 - store a formatted text file of accounts" << endl
68       << "    called \"print.txt\" for printing" << endl
69       << "2 - update an account" << endl
70       << "3 - add a new account" << endl
71       << "4 - delete an account" << endl
72       << "5 - end program\n? ";
73
74    int menuChoice;
75    cin >> menuChoice; // input menu selection from user
76    return menuChoice;
77 } // end function enterChoice
78
79 // create formatted text file for printing
80 void createTextFile( fstream &readFromFile )
81 {
82    // create text file
83    ofstream outPrintFile( "print.txt", ios::out );
84
85    // exit program if ofstream cannot create file
86    if ( !outPrintFile )
87    {
88       cerr << "File could not be created." << endl;
89       exit( EXIT_FAILURE );
90    } // end if
91
92    // output column heads
93    outPrintFile << left << setw( 10 ) << "Account" << setw( 16 )
94       << "Last Name" << setw( 11 ) << "First Name" << right
95       << setw( 10 ) << "Balance" << endl;
96
97    // set file-position pointer to beginning of readFromFile
98    readFromFile.seekg( 0 );
99
```

圖 14.14　銀行帳號程式 (2/5)

```
100    // read first record from record file
101    ClientData client;
102    readFromFile.read( reinterpret_cast< char * >( &client ),
103       sizeof( ClientData ) );
104
105    // copy all records from record file into text file
106    while ( !readFromFile.eof() )
107    {
108       // write single record to text file
109       if ( client.getAccountNumber() != 0 ) // skip empty records
110          outputLine( outPrintFile, client );
111
112       // read next record from record file
113       readFromFile.read( reinterpret_cast< char * >( &client ),
114          sizeof( ClientData ) );
115    } // end while
116 } // end function createTextFile
117
118 // update balance in record
119 void updateRecord( fstream &updateFile )
120 {
121    // obtain number of account to update
122    int accountNumber = getAccount( "Enter account to update" );
123
124    // move file-position pointer to correct record in file
125    updateFile.seekg( ( accountNumber - 1 ) * sizeof( ClientData ) );
126
127    // read first record from file
128    ClientData client;
129    updateFile.read( reinterpret_cast< char * >( &client ),
130       sizeof( ClientData ) );
131
132    // update record
133    if ( client.getAccountNumber() != 0 )
134    {
135       outputLine( cout, client ); // display the record
136
137       // request user to specify transaction
138       cout << "\nEnter charge (+) or payment (-): ";
139       double transaction; // charge or payment
140       cin >> transaction;
141
142       // update record balance
143       double oldBalance = client.getBalance();
144       client.setBalance( oldBalance + transaction );
145       outputLine( cout, client ); // display the record
146
147       // move file-position pointer to correct record in file
148       updateFile.seekp( ( accountNumber - 1 ) * sizeof( ClientData ) );
149
150       // write updated record over old record in file
151       updateFile.write( reinterpret_cast< const char * >( &client ),
152          sizeof( ClientData ) );
153    } // end if
154    else // display error if account does not exist
```

圖14.14　銀行帳號程式(3/5)

```
155       cerr << "Account #" << accountNumber
156          << " has no information." << endl;
157 } // end function updateRecord
158
159 // create and insert record
160 void newRecord( fstream &insertInFile )
161 {
162    // obtain number of account to create
163    int accountNumber = getAccount( "Enter new account number" );
164
165    // move file-position pointer to correct record in file
166    insertInFile.seekg( ( accountNumber - 1 ) * sizeof( ClientData ) );
167
168    // read record from file
169    ClientData client;
170    insertInFile.read( reinterpret_cast< char * >( &client ),
171       sizeof( ClientData ) );
172
173    // create record, if record does not previously exist
174    if ( client.getAccountNumber() == 0 )
175    {
176       string lastName;
177       string firstName;
178       double balance;
179
180       // user enters last name, first name and balance
181       cout << "Enter lastname, firstname, balance\n? ";
182       cin >> lastName;
183       cin >> firstName;
184       cin >> balance;
185
186       // use values to populate account values
187       client.setLastName( lastName );
188       client.setFirstName( firstName );
189       client.setBalance( balance );
190       client.setAccountNumber( accountNumber );
191
192       // move file-position pointer to correct record in file
193       insertInFile.seekp( ( accountNumber - 1 ) * sizeof( ClientData ) );
194
195       // insert record in file
196       insertInFile.write( reinterpret_cast< const char * >( &client ),
197          sizeof( ClientData ) );
198    } // end if
199    else // display error if account already exists
200       cerr << "Account #" << accountNumber
201          << " already contains information." << endl;
202 } // end function newRecord
203
204 // delete an existing record
205 void deleteRecord( fstream &deleteFromFile )
206 {
207    // obtain number of account to delete
208    int accountNumber = getAccount( "Enter account to delete" );
209
```

圖14.14 銀行帳號程式(4/5)

```
210    // move file-position pointer to correct record in file
211    deleteFromFile.seekg( ( accountNumber - 1 ) * sizeof( ClientData ) );
212
213    // read record from file
214    ClientData client;
215    deleteFromFile.read( reinterpret_cast< char * >( &client ),
216       sizeof( ClientData ) );
217
218    // delete record, if record exists in file
219    if ( client.getAccountNumber() != 0 )
220    {
221       ClientData blankClient; // create blank record
222
223       // move file-position pointer to correct record in file
224       deleteFromFile.seekp( ( accountNumber - 1 ) *
225          sizeof( ClientData ) );
226
227       // replace existing record with blank record
228       deleteFromFile.write(
229          reinterpret_cast< const char * >( &blankClient ),
230          sizeof( ClientData ) );
231
232       cout << "Account #" << accountNumber << " deleted.\n";
233    } // end if
234    else // display error if record does not exist
235       cerr << "Account #" << accountNumber << " is empty.\n";
236 } // end deleteRecord
237
238 // display single record
239 void outputLine( ostream &output, const ClientData &record )
240 {
241    output << left << setw( 10 ) << record.getAccountNumber()
242       << setw( 16 ) << record.getLastName()
243       << setw( 11 ) << record.getFirstName()
244       << setw( 10 ) << setprecision( 2 ) << right << fixed
245       << showpoint << record.getBalance() << endl;
246 } // end function outputLine
247
248 // obtain account-number value from user
249 int getAccount( const char * const prompt )
250 {
251    int accountNumber;
252
253    // obtain account-number value
254    do
255    {
256       cout << prompt << " (1 - 100): ";
257       cin >> accountNumber;
258    } while ( accountNumber < 1 || accountNumber > 100 );
259
260    return accountNumber;
261 } // end function getAccount
```

圖14.14 銀行帳號程式(5/5)

這個程式有五個選項（選項5會結束程式）。選項1會呼叫函式createTextFile，來將所有帳戶資訊的格式化清單儲存在文字檔案print.txt，以便稍後將它們列印出來。函式createTextFile（第80-116行）會接受fstream物件作爲引數，用它從credit.dat檔案輸入資料。createTextFile函式呼叫istream的成員函式read（第102–103行），並且使用圖14.13的循序存取檔案技術，從credit.dat輸入資料。在14.9節討論的outputLine函式被用來輸出資料到print.txt檔案。注意到createTextFile使用istream的成員函式seekg（第98行）以確保檔案位置指標是在檔案的開頭。在選取選項1之後，檔案print.txt會包含

```
Account   Last Name   First Name   Balance
29        Brown       Nancy         -24.54
33        Dunn        Stacey        314.33
37        Barker      Doug            0.00
88        Smith       Dave          258.34
96        Stone       Sam            34.98
```

選項2會呼叫函式updateRecord（第119–157行）來更新帳戶。函式只會更新現存的記錄，所以函式首先會判斷指定的記錄是否是空的。第129–130行會使用istream的成員函式read，將資料讀入client物件。然後第133行會比較client物件的getAccountNumber傳回的數值是否等於零，來判斷記錄是否包含資訊。假如數值是零，第155–156行會印出一個錯誤訊息，指出記錄是空的。如果該記錄含有資訊，則第135行會使用outputLine函式在螢幕上顯示記錄，第140行會輸入交易金額，而第143–152行會計算新的餘額，並且重新將記錄寫入檔案。選項2的典型輸出是

```
Enter account to update (1 - 100): 37
37        Barker          Doug            0.00

Enter charge (+) or payment (-): +87.99
37        Barker          Doug           87.99
```

選項3會呼叫newRecord函式（第160-202行）將新的帳戶加入檔案。如果使用者輸入目前帳戶的帳戶號碼，則newRecord會顯示該帳戶已經存在的錯誤訊息（第200-201行）。這個函式與圖14.12中的程式使用相同的方式，增加新的帳戶。選項3的典型輸出是

```
Enter new account number (1 - 100): 22
Enter lastname, firstname, balance
? Johnston Sarah 247.45
```

選項4會呼叫deleteRecord函式（第205–236行），從檔案刪除一筆記錄。第208行會提示使用者輸入帳戶編號。程式只可以刪除現存的記錄，如果指定的帳戶是空的，第235行會顯示錯誤訊息。如果帳戶已經存在，第221–230行會藉著將空的記錄（blankClient）複製到檔案中來重新設定初始值。第232行顯示訊息來通知使用者，該筆記錄已經刪除。選項4的典型輸出是

```
Enter account to delete (1 - 100): 29
Account #29 deleted.
```

14.11　物件序列化概述

在本章和第13章中，討論了物件導向形式的輸入/輸出。但是範例專注於基本資料型態的I/O，而不是使用者自訂資料型態的物件。在第10章中，說明如何使用運算子多載來輸入和輸出物件。我們替適當的istream類別多載串流擷取運算子 >>，以完成物件的輸入。我們替適當的ostream類別多載串流插入運算子 <<，以完成物件的輸出。在這兩種狀況下，程式都只會輸入或輸出物件的資料成員，而在個別的狀況下，它們分別會以對特定抽象化資料型態物件有意義的格式，來進行輸入和輸出操作。物件的成員函式不會隨著物件的資料被輸入或輸出，而是會留有一份內部可取用的類別成員函式副本，和類別內的所有物件共同分享。

當物件的資料成員輸出到磁碟檔案時，我們就會遺失物件的資料型態資訊。只會在磁碟中儲存物件屬性的值，而不會保留資料型態資訊。如果讀取這個資料的程式，知道該資料所對應的物件資料型態，則程式會將資料讀入該資料型態的物件內。

當我們將不同資料型態的物件儲存在相同的檔案時，會產生一個有趣的問題。當將它們讀入一個程式時，要如何區別它們呢 (或它們的資料成員集合)？問題是物件通常沒有資料型態欄位 (我們曾在第12章討論這個問題)。

有許多程式語言使用一種方法來解決這個問題，就是**物件序列化** (object serialization)。**序列化物件** (serialized object) 是以一連串的位元組來代表某個物件，包括物件的資料、物件的資料型態以及物件中所儲存資料的資料型態。當我們將序列化物件寫入檔案後，可以再從檔案讀出並加以**反序列化** (deserialized)，也就是說，利用物件的資料型態資訊和位元組，重新建立記憶體中的物件。C++並未提供內建的序列化機制，然而有許多第三方廠商和開放原始碼的C++函式庫，支援物件序列化。開放原始碼Boost C++函式庫 (www.boost.org) 以文字、二進位和XML格式支援序列化物件 (www.boost.org/libs/serialization/doc/index.html)。

14.12　總結

在本章中，我們介紹了幾種檔案處理的技巧，用來操作永續性資料。介紹了以字元爲基礎與以位元組爲基礎的串流之間的相異處，並介紹了 <fstream> 標頭檔中，幾個檔案處理類別樣板。接著，您學到了如何處理循序存取檔案中的紀錄，這些記錄依照記錄鍵欄位的順序來儲存。也學到了使用隨機存取檔案，立即存取並操作固定長度的記錄。我們提出一個使用隨機存取檔案的交易處理程式來建立"即時處理"程序。最後也討論到物件序列化的基本觀念。我們也討論了array和在第7章介紹過的vector。在下一章，您將了解標準函式庫的其他預定義的資料結構 (稱爲容器) 以及迭代器的基礎知識，這是用來處理容器元素。

摘要

14.1 簡介

- 永久保存大量的資料必須使用檔案。
- 電腦會將檔案儲存在磁碟、CD、DVD、隨身碟和磁帶等輔助儲存裝置中。

14.2 檔案與串流

- C++將每個檔案視爲一連串的位元組。
- 每個檔案不是以檔案結束符號結束，就是以系統維護和管理的資料結構所記錄的特定位元組數字結束。
- 當開啓檔案時就建立了物件，並將串流連結到這個物件。
- 若要在C++裡執行檔案處理，程式必須含入標頭檔 <iostream> 和 <fstream>。
- 標頭檔 <fstream>引入 (include) 串流類別樣板basic_ifstream (用於檔案輸入)、basic_ofstream (用於檔案輸出) 和basic_fstream (用於檔案輸入和檔案輸出)。
- 每個類別樣板均有一個預先定義的特殊化樣板，可執行char I/O。此外，<fstream> 函式庫亦提供一組typedef，作爲這些特殊化樣板的別名。typedef ifstream代表一個特殊化的basic_ifstream，這個特殊化樣板讓字元能從檔案輸入。typedef ofstream代表一個特殊化的basic_ofstream，可以輸出char到檔案。typedef fstream代表特殊化的basic_fstream，它讓程式可以從檔案輸入char，將char輸出到檔案。
- 檔案處理樣板分別繼承自basic_istream、basic_ostream和basic_iostream類別樣板。因此，這些樣板的所有成員函式、運算子和操作子也可以用於檔案串流。

14.3 建立循序存取檔案

- C++並沒有規定檔案的結構。您必須自行架構出檔案來符合應用程式的需求。
- 當程式建立ofstream物件時，可以開啓檔案以輸出資料。兩個參數被傳遞到此物件的建構子：檔案名稱與檔案開啓模式。
- 對於ofstream物件，檔案開啓模式可以是ios::out，它會將資料輸出到檔案，或是ios::app，它會將資料附加到檔案的末端。以ios::out模式開啓的現存檔案會被刪除(truncated)。如果指定的檔案不存在，則ofstream會利用該檔案名稱來建立檔案。
- 根據預設，物件ofstream爲了輸出而建立。
- 程式可以建立一個ofstream物件，而不開啓特定的檔案，此檔案可以稍後再以open成員函式連結到物件上。
- ios運算子的成員函式operator! 可以判斷串流是否正確開啓。這個運算子可以用在測試條件中，在對資料流做open運算時，假如failbit或是badbit被設定，則測試條件會傳回true值。
- 多載的ios運算子成員函式operator void*；會將串流轉換成一個指標，所以它可以測試是否爲0。當指標值被用來當作測試條件時，C++會將空指標 (null pointer) 轉成布林值false，將非空指標 (non-null pointer) 轉成布林值true。如果串流已經設定failbit或badbit，則會傳回0 (false)。

- 輸入檔案結束符號會設定cin的failbit。
- operator void* 函式可以用來測試輸入物件的檔案結束符號，而不需要明確呼叫輸入物件的eof成員函式。
- 當程式呼叫串流物件的解構子時，即會關閉對應的串流。您也可以使用串流的close成員函式，手動地關閉串流物件。

14.4　從循序存取檔案讀取資料

- 檔案儲存著資料，所以當資料被需要時，可以從檔案取出來進行處理。
- 建立一個ifstream物件來開啓輸入的檔案。ifstream建構子可以接收檔案名稱和檔案開啓模式兩個引數。
- 如果檔案的內容不可以修改，則應該開啓一個只能夠輸入的檔案。
- 類別ifstream的物件預設會開啓爲輸入之用。
- 程式可以建立一個ifstream物件，而不用開啓特定的檔案，檔案可以稍後再連結到該物件。
- 要從檔案循序讀取資料，程式通常會從檔案的起始位置開始讀取，並且讀取接下來的資料直到找到所需要的資料爲止。
- 類別istream和ostream兩者都會提供成員函式，來將檔案位置指標重新定位。這些成員函式就是istream的seekg (意指“尋找擷取”)，以及ostream的seekp (意指“尋找放入”)。每個istream物件都有一個“讀取指標”(get pointer)，指出下一個要讀取的位元組在檔案中的位元組編號，而每個ostream物件有一個“寫入指標”(put pointer)，指出下一個輸出位元組在檔案中要寫入的位元組編號。
- 函式seekg的引數通常是一個long整數。第二個引述可以指定搜尋方向，它可以是ios::beg (內定值)，定位在資料流開始的相對位置，或是ios::cur，定位在資料流裡現在的位置，或是ios::end，定位在資料流結束的相對位置。
- 檔案位置指標是一個整數值，它會以從檔案起始位置開始計算的位元組數目來指定檔案的位置 (從檔案起始位置的偏移量)。
- 成員函式tellg和tellp能夠分別傳回get和put指標的目前位置。

14.5　更新循序存取檔案

- 當我們要修改格式化和寫入循序存取檔案的資料時，可能會破壞該檔案內的其他資料。問題出在：紀錄的大小不是固定的。

14.6　隨機存取檔案

- 循序存取檔案並不適用於即時存取的應用程式 (instant-access applications)，因爲這種程式必須立刻找到某個特定的記錄資料。
- 這種即時存取只有使用隨機存取檔案 (random-access files) 才可能達成。隨機存取檔案的個別記錄可以不用搜尋其他的記錄，就能夠直接並且快速地存取到所需的記錄。

- 最簡單的檔案格式化方式，就是要求檔案中所有記錄都具有相同的固定長度。使用固定長度的記錄，程式便很容易算出（可以視爲與記錄大小和記錄鍵値有關的一個函式）任何一筆記錄相對於檔案起始位置的眞正位置。
- 您可以隨意將資料加入隨機存取檔案中，而不會破壞其他的資料。
- 要將先前儲存的資料更新或刪除時，程式不需要重新寫入整個檔案。

14.7 建立隨機存取檔案

- ostream成員函式write會將某一個特定記憶體位置開始的固定個數位元組，輸出到指定的串流。write函式就會按照put檔案位置指標，所指定的檔案位置開始寫入資料。
- istream成員函式read會將指定串流中固定數目的位元組資料，輸入到以特定位址爲起始位址的記憶體區域中。當串流與某個檔案結合時，read函式就會按照get檔案位置指標所指定的檔案位置開始輸入位元組。
- write函式會將它的第一個引數作做一群位元組，這是藉由將記憶體裡的物件視作爲const char*，也就是指向一個位元組的指標。從那個位置開始，write函式會輸出被它的第二個參數所指定的位元數目。接著，istream的read函式可以用來讀取位元組回到記憶體。
- reinterpret_cast運算子能將某種指標資料型態轉型成與原型態無關的指標資料型態。
- reinterpret_cast會在編譯時期被執行，而且不改變它的運算元指向的物件的値。
- 程式讀取沒有格式化的資料必須在與程式相容的系統上編譯執行，不同的系統會用不同方式表達內部資料。
- 字串類別的物件沒有固定大小，因爲它們使用動態配置記憶體來供應不同長度的字串。

14.8 將資料隨機寫入隨機存取檔案

- 多重檔案開啓模式是將每一個開啓模式以OR運算子 (|) 分隔來合併。
- string的成員函式size可以取得字串的長度。
- 檔案開啓模式ios::binary指出我們要以二進位模式開啓檔案。

14.9 循序地從隨機存取檔案讀取

- istream的函式read會從特定串流目前的位置開始，讀取指定個數的位元組資料到物件中。
- 接收ostream參數的函式會接收任何的ostream物件（例如cout）或ostream衍生類別的任何物件（例如，ofstream類別的物件）作爲引數。這意謂著程式可以使用相同的函式，來執行輸出到標準輸出串流和檔案串流的操作，而不需要另外撰寫個別的函式。

14.11 物件序列化概述

- 當物件的資料成員輸出到磁碟檔案時，我們就會遺失物件的資料型態資訊。只會在磁碟中儲存物件屬性的值，而不會保留資料型態資訊。如果讀取這個資料的程式，知道該資料所對應的物件資料型態，則程式會將資料讀入該資料型態的物件內。
- 序列化物件 (serialized object) 是以一連串的位元組來代表某個物件，包括物件的資料、物件的資料型態以及物件中所儲存資料的資料型態。序列化物件可以再從檔案讀出並加以"反序列化"(deserialized)。

- 開放原始碼Boost函式庫(www.boost.org)以文字、二進位和XML格式支援序列化物件。

自我測驗題

14.1　填寫下列題目中的空格：

a) 檔案串流fstream、ifstream和ofstream的成員函式_____可以關閉檔案。

b) istream成員函式_____可以從指定的串流讀取一個字元。

c) 檔案串流類別fstream、ifstream和ofstream的成員函式_____可以開啓檔案

d) istream成員函式_____通常用在隨機存取的應用程式中，從檔案讀取資料。

e) istream和ostream的成員函式_____和_____，會分別將輸入或輸出串流的位置指標設定在特定的位置。

14.2　說明下列何者爲對，何者爲錯。如果答案是錯，請解釋爲什麼。

a) 成員函式read不能夠從輸入物件cin讀取資料。

b) 您必須明確建立cin、cout、cerr和clog物件。

c) 程式必須明確呼叫函式close，關閉與ifstream、ofstream或fstream物件結合的檔案。

d) 如果檔案位置指標指到的循序存取檔案位置不是檔案的開端，則檔案必須先行關閉，然後再開啓，以便從檔案的起始位置讀取資料。

e) ostream的成員函式write能夠將資料寫入標準輸出串流cout。

f) 循序存取檔案的資料總是在不覆寫附近資料的情況下被更新。

g) 爲了找出特定的記錄，程式不需要搜尋隨機存取檔案中的所有記錄。

h) 隨機存取檔案的記錄必須具有固定的長度。

i) 成員函式seekp和seekg必須以相對於檔案的起始位置來執行搜尋動作。

14.3　假設以下每個敘述都用於相同的程式。

a) 撰寫一行敘述，使用ifstream物件inOldMaster，開啓輸入檔案oldmast.dat。

b) 撰寫一行敘述，使用ifstream物件inTransaction，開啓輸入檔案trans.dat。

c) 撰寫一行敘述，使用ofstream物件outNewMaster，開啓(和建立)輸出檔案newmast.dat。

d) 撰寫一行敘述，從trans.dat檔案讀取記錄。這個記錄由整數的accountNumber，name字串與currentBalance浮點數組成，使用ifstream物件inOldMaster。

e) 撰寫一行敘述，從trans.dat檔案讀取記錄。這個記錄由整數的accountNum與dollarAmount浮點數組成，使用ifstream物件inTransaction。

f) 撰寫一行敘述寫入記錄到newmast.dat檔案。這個記錄由整數accountNum、string name與浮點數currentBalance組成。

14.4　在下列各小題中找出錯誤，並解釋如何更正這些錯誤。

a) ofstream物件outPayable所參照的檔案payables.dat目前尚未開啓。

```
outPayable << account << company << amount << endl;
```

b) 下面敘述應從檔案payables.dat讀取記錄。ifstream物件inPayable指向這個檔案；istream物件inReceivable指向receivables.dat這個檔案。

```
inReceivable >> account >> company >> amount;
```

c) 應該開啓檔案 "tools.dat" 來加入資料，但是檔案中目前的資料不會被刪除。

```
ofstream outTools( "tools.dat", ios::out );
```

自我測驗題解答

14.1 a) close。b) get。c) open。d) read。e) seekg, seekp

14.2 a) 錯。函式read能夠從istream衍生的任何輸入串流物件讀取資料。

b) 錯。這四個串流會自動爲您而建立。標頭檔 <iostream> 必須包含入檔案中，才能夠使用它們。這個標頭包括每一個串流物件的宣告。

c) 錯。當程式離開這些串流物件的使用域，或程式停止執行時，它就會執行ifstream、ofstream或fstream物件的解構子來關閉這些檔案，但是如果檔案不再需要檔案時，明確使用函式close關閉所有的檔案是一個良好的程式設計習慣。

d) 錯。程式可以使用成員函式seekp或seekg，重新將put或get檔案位置指標，指向檔案的起始位置。

e) 對。

f) 錯。在大部分的情況下，循序存取檔案的記錄並不是固定的長度。因此，程式可能因爲更新某一筆記錄而覆寫了其他的資料。

g) 對。

h) 錯。隨機存取檔案的記錄通常具有固定的長度。

i) 錯。程式可能會從檔案的起始位置，或從檔案的結束位置和檔案目前的位置開始搜尋資料。

14.3 a) `ifstream inOldMaster( "oldmast.dat", ios::in );`

b) `ifstream inTransaction( "trans.dat", ios::in );`

c) `ofstream outNewMaster( "newmast.dat", ios::out );`

d) `inOldMaster >> accountNumber >> name >> currentBalance;`

e) `inTransaction >> accountNum >> dollarAmount;`

f) `outNewMaster << accountNum << " " << name << " " << currentBalance;`

14.4 a) 錯誤：在嘗試將資料輸出到串流之前，程式並未開啓檔案payables.dat。

更正：使用ostream的open函式，開啓檔案 "payables.dat" 以供輸出之用。

b) 錯誤：不正確的istream物件會用來從檔案 "payables.dat" 讀取一筆記錄。

更正：使用istream的inPayable物件來參照 "payables.dat" 檔案。

c) 錯誤：因爲此檔案開啓爲輸出之用 (ios::out)，所以檔案的內容會受到刪除。

更正：若要將資料加入檔案，可以將檔案開啓爲更新之用 (ios::ate)，或將檔案開啓爲附加之用 (ios::app)。

習題

14.5　填寫下列題目中的空格：

a) 電腦在輔助儲存裝置上儲存的大量資料稱爲________。

b) 標頭檔 <iostream> 所宣告的標準串流物件包括______、______、______和______。

c) ostream 成員函式______會輸出一個字元到指定的串流中。

d) ostream 成員函式______通常會用來將資料寫入隨機存取檔案。

e) istream 成員函式______會將檔案位置指標重新定位。

14.6　(檔案配對) 習題 14.3 要求讀者撰寫連續的單獨敘述。實際上，這些敘述會形成檔案處理程式的重要核心，也就是尋找符合檔案的程式。在商業的資料處理中，每個應用程式系統通常會擁有幾個檔案。舉例來說，在應收帳款帳戶系統中，通常都有一個主檔案，它會包含每個客戶的詳細資訊，例如客戶名稱、地址、電話號碼、未償付餘額、信用額度、折扣項目、契約，可能的話，可以加上最近的採購和現金支付的記錄。

當交易發生 (舉例來說，銷售完成而且收到現金付款) 的時候，資料就會輸入檔案。在營業週期結算時 (有些公司是以一個月、一個星期，在某些情況下甚至是一天)，交易的檔案 (習題 14.3 裡的 "trans.dat") 就會加入主檔案 (習題 14.3 中的 "oldmast.dat")，如此就可更新每個帳戶採購和付款的記錄。在更新記錄期間，主檔案會重新整理成新的檔案 ("newmast.dat")，這個檔案會在下一次結算時，再次用來進行更新的動作。

尋求符合檔案的程式需要處理一些問題，而這些問題對於處理單一檔案的程式而言，並不會碰到。舉例來說，程式並不是永遠都會找到符合的檔案。主檔案的客戶可能會在目前的結算中，沒有任何的採購或支付價款，因此交易檔案中並沒有這個客戶的交易記錄。同樣的，確實有採購和支付貨款的客戶，可能剛好移轉到這個統計區域，而公司還來不及替這位客戶建立主記錄。

使用習題 14.3 的敘述當作基礎，撰寫一個完整的檔案核對應收帳款程式。每個檔案都使用帳戶編號作爲記錄鍵值，來作爲核對之用。假設每個檔案都是循序的檔案，所儲存的記錄都是按照帳戶編號遞增的順序進行排列。

找到符合的情形時 (也就是在主檔案和交易檔案中，都出現相同帳戶編號的記錄)，請將交易檔案的金額加到主檔案的目前餘額，並且寫入 newmast.dat 記錄中。(假設在交易檔案中，採購金額是以正的數值表示，而支付金額是以負的數值表示)。當有一個特定帳號的主要記錄但沒有對應的交易記錄，則僅將主要記錄寫到 newmast.dat。當有交易記錄但沒有對應到的主要記錄，則印出錯誤訊息 "Unmatched transaction record for account number..."。(從交易記錄填入帳號)。

14.7　(檔案配對程式的測試資料) 在撰寫習題 14.6 的程式之後，請再撰寫一個簡單的程式建立一些測試資料來測試這個程式。使用以下的帳戶資料：

Master file Account number	Name	Balance
100	Alan Jones	348.17
300	Mary Smith	27.19
500	Sam Sharp	0.00
700	Suzy Green	–14.22

Transaction file Account number	Transaction amount
100	27.14
300	62.11
400	100.56
900	82.17

14.8 (測試檔案配對程式) 利用習題14.6中建立的測試資料檔案，執行習題14.7的程式。列印新的主檔案。檢查是否帳戶已經正確更新。

14.9 (加強檔案配對程式) 經常會有幾筆交易記錄使用相同的記錄鍵值。會發生這種現象，是因爲某個特定客戶在營業週期中，進行幾次採購並且支付了貨款。請重新撰寫習題14.6的應收帳款程式，讓程式可以處理幾筆擁有相同記錄鍵值的交易記錄。請修改習題14.7的測試資料，包括以下的額外交易記錄：

Account number	Dollar amount
300	83.89
700	80.78
700	1.53

14.10 寫出一系列的敘述，來完成以下的每一項工作。假設我們已經定義Person類別，它包含private資料成員

```
char lastName[ 15 ];
char firstName[ 10 ];
int age;
int id;
```

以及public成員函式

```
// accessor functions for id
void setId( int );
int getId() const;
// accessor functions for lastName
void setLastName( const string & );
string getLastName() const;
// accessor functions for firstName
void setFirstName( const string & );
```

```
string getFirstName() const;
// accessor functions for age
void setAge( int );
int getAge() const;
```

假設隨機存取檔案已經正確開啓。

a) 請以存放 lastName = " unassigned "、firstName = "" 和 age = "0" 這些數值的記錄來初始化具有 100 筆記錄的檔案 "nameage.dat"。

b) 請輸入 10 筆資料，其中包括姓氏、名字、還有年齡，請將這些資料寫入檔案中。

c) 更新已經包含資訊的記錄。如果記錄沒有包含資訊，請通知使用者 "No info"。

d) 透過重新設定特定記錄的初始值，來刪除包含資訊的記錄。

14.11 (硬體的庫存表) 假設您是一家五金行的老板，並且需要一份存貨清單，它能夠告訴您目前有多少不同的工具，每種工具有多少存貨以及每種工具的單價。請撰寫一個程式，能夠將隨機存取檔案 "hardware.dat" 的初始值設定成 100 個空記錄，能夠輸入每一種工具的資料，並列出所有的工具，能夠刪除您不再進貨的工具記錄，能夠更新檔案中的任何資料。工具的識別號碼必須是記錄編號。使用以下的資訊來開始您的檔案記錄：

Record #	Tool name	Quantity	Cost
3	Electric sander	7	57.98
17	Hammer	76	11.99
24	Jig saw	21	11.00
39	Lawn mower	3	79.50
56	Power saw	18	99.99
68	Screwdriver	106	6.99
77	Sledge hammer	11	21.50
83	Wrench	34	7.50

14.12 (電話號碼字組產生器) 標準的電話按鈕包含 0 到 9 的數字。數字 2 到 9，每一個有三個字母與它們有關，如下面表格所示。

Digit	Letter	Digit	Letter
2	A B C	6	M N O
3	D E F	7	P Q R S
4	G H I	8	T U V
5	J K L	9	W X Y Z

許多人覺得記憶電話號碼很困難，所以他們使用在數字與文字之間的對應，發展出七個文字的單字來表達他們的電話號碼。舉個例子，某人的電話號碼是 686-2377，可以使用上面表格所對應的指示來發展出七個文字的單字“NUMBERS”。

企業通常喜歡取得對客戶而言，容易記憶的電話號碼。假如企業能對它們的客戶宣傳簡單的單字來撥電話，則毫無疑問地，企業將接到更多的電話。

每一組七個文字的單字剛好對應到一組七個數字的電話號碼。餐廳想要增加它的外帶收入可以用號碼825-3688 (TAKEOUT)。

每一組七個數字的電話號碼，對應到許多種七個文字的單字。不幸地，大部分的單字都是無法辨認字義的單字。然而，理髮店的老闆會很高興得知這家店的電話號碼是424-7288，對應到HAIRCUT。而擁有738-2273這支號碼的獸醫，會很高興知道該號碼對應到"PETCARE"。

寫一個C++程式，給一個七位數的號碼，將每個可能對應到這個號碼的七個文字單字寫到一個檔案。有2187 (3的7次方)這麼多的字。請避免電話號碼中有數字0跟1的。

14.13 (sizeof 運算子) 撰寫一個程式，使用sizeof運算子來判斷您的電腦系統中，各種不同資料資料型態的位元組大小。將結果寫入檔案"datasize.dat"，所以您可以於稍後將結果列印出來。這個結果應該被顯示在兩欄格式上，資料型態名稱在左欄，資料型態大小在右欄，如下：

```
char 1
unsigned char 1
short int 2
unsigned short int 2
int 4
unsigned int 4
long int 4
unsigned long int 4
float 4
double 8
long double 10
```

[請注意：您電腦中內建資料資料型態的大小，可能會與上述所列出的資料有所不同。]

創新進階題

14.14 (網路釣魚的掃描程式) 網路釣魚是盜竊身分的一種方法，竊盜者假裝從可信賴的來源，透過e-mail詢問您的個人資料，像是使用者名稱、密碼、信用卡號和身分證字號等等。網路釣魚信件會宣稱它們來自銀行、信用卡公司、拍賣網、社交網站和線上刷卡服務等看起來合法的單位。這些詐騙訊息通常會提供連結，讓您連到假的網站，然後要求您輸入重要的資訊。

造訪網站：Security Extra (www.securityextra.com/)、www.snopes.com 或是其他網站，找到最熱門的網路釣魚詐騙清單。您也可以參考Anti-Phishing Working Group

`www.antiphishing.org/`

以及FBI的Cyber Investigations 網站

`www.fbi.gov/cyberinvest/cyberhome.htm`

上面有最新的詐騙資訊，並教導您如何保護自己。

建立一個清單，列出30個最常在網路釣魚訊息中出現的單字、片語和公司名稱。依據這些單字或片語出現在釣魚訊息中的可能性，指定一個點數給它 (例如，有一點點可能性，就給1點，中等的可能性給2點，高度可疑則給3點)。寫一個程式，掃描一個文字檔，在其中尋找上述片語。假如在檔案中發現一個片語，就把該片語的點數加到總點數中。針對每一個搜尋到的單字或片語，輸出一行文字，包含這個字、它出現的次數和點數和。然後印出整封訊息得到的總點數。假如收到了一封真正的網路釣魚信件，您的程式是否能印出高點數呢？假如收到的是一封沒有問題的信件，您的程式會給它高分嗎？

Memo

標準程式庫中的容器和迭代器

They are the books,
the arts, the academes,
That show, contain, and
nourish all the world.
—William Shakespeare

Journey over all the
universe in a map.
—Miguel de Cervantes

學習目標

在本章中，您將學到：

- 標準程式庫中的容器、迭代器和演算法
- 使用循序容器：vector、list和deque。
- 使用關聯式容器：set、multiset、map和multimap。
- 使用容器配接器：stack、queue和priority_queue。
- 使用迭代器存取容器元素。
- 使用近似容器bitset實踐Sieve of Eratosthenes篩選質數。

本章綱要

15.1 簡介

標準程式庫定義了功能強大，以樣板為基礎並且可再利用的元件，使用這些元件可以實作許多常用的資料結構，以及用來處理這些資料結構的演算法。我們在第6-7章開始介紹template (樣板)，本章與後續的第16和19章則擴展template的應用。習慣上，這一章所提出的功能常稱為標準樣板函式庫[1] (Standard Template Library)。我們會偶爾將這些功能稱作STL。不過，C++標準文件中並沒有使用這些名詞，這些功能僅只是被視為C++標準程式庫的一部分。

容器、迭代器與演算法

本章介紹標準程式庫中的三種主要元件：**容器** (container，常見的樣板化資料結構)、循環器 (iterator) 與演算法 (algorithms)。容器就是可以存放幾乎任何資料型態物件的資料結構 (但有一些限制)。我們將看到共有三種容器的類型：第一類容器 (first-class container)、配接器 (adapter) 和近似容器 (near container)。

容器常用的演算法

每一種容器，都有與它搭配使用的函式，當中有一些函式適用於所有容器。我們將在範例中展示這些通用的函式如何用於array (第7章)、vector (第7章)、list (第15.5.2節) 和queue (第15.5.3節)。

迭代器

迭代器 (iterator) 與指標的性質類似，用來操作容器的元素。事實上，內建陣列也可用標準程式庫演算法進行操作，只要將標準指標當迭代器用就行了。我們將瞭解到，以迭代器

1 標準樣板程式庫 (STL) 是由惠普公司的Alexander Stepanov和Meng Lee所研發出來，以他們在泛型程式設計領域的研究成果為基礎，其中還加上David Musser的重要貢獻。

操作容器是很方便的，且當它們與標準程式庫演算法結合時，更可提供強大的功能。在某些情況下，可將很多行程式碼減成一行敘述。

演算法

標準程式庫**演算法**都是以函式樣板方式呈現，可用來對資料做搜尋、排序、比較等常見的操作。標準程式庫提供許多演算法。大部分的演算法都會使用迭代器去存取容器元素。每一種演算法，對能與它搭配的迭代器，各有最小的需求。我們將看到，每一個第一類容器都會支援特定的迭代器類型，有些迭代器會比其他迭代器更有效率。容器所支援的迭代器種類會決定，該容器是否可以搭配使用特定的演算法。迭代器會封裝存取容器元素的機制。這種封裝機制讓許多演算法可以應用於多種容器，而不用管底層的容器實作方式。這也讓程式設計者可以建立新的演算法，來處理多種不同容器類型的元素。

客製化資料結構樣板

在第19章中，我們將建立自有的資料結構樣板。包括鏈結串列、佇列、堆疊和樹。我們小心地利用指標將鏈結物件結合在一起。以指標為基礎的程式碼是很複雜的，而且輕微的疏忽可能會導致嚴重的記憶體存取問題，以及記憶體遺漏的錯誤，但是編譯器卻不會產生任何的錯誤訊息。如果大型專案中許多程式設計者為了不同的任務目標，而實作類似容器和演算法，則程式碼將變得難以修改、維護和除錯。

軟體工程觀點 15.1

使用C++標準程式庫可再利用的元件來撰寫程式，不要浪費時間自行開發這些已有的高效能元件。

錯誤預防要訣 15.1

已包裝的樣板化標準程式庫容器，就足以滿足大多數應用。使用標準程式庫可以幫助您減少測試和除錯的時間。

效能要訣 15.1

標準程式庫的構思和設計是以提升程式效能和靈活性為目的。

15.2　容器簡介

在圖15.1中，我們列出幾種標準程式庫容器類別。容器類別大略可分為四大類；**循序式容器** (sequence containers)、**有序關聯式容器** (ordered associative containers)、**無序關聯式容器** (unordered associative containers) 以及**容器配接器** (container adapters)。

容器類別	說明
循序式容器	
`array`	大小固定。可直接存取任何元素。
`deque`	可在前後兩端快速執行插入和刪除元素。可直接存取任何元素。
`forward_list`	單向鏈結串列，可在任何地方快速執行插入和刪除元素。是C++11才有的新容器。
`list`	雙向鏈結串列，可在任何地方快速執行插入和刪除元素。
`vector`	可在後端快速執行插入和刪除元素。可直接存取任何元素。
有序關聯式容器-鍵值已排序	
`set`	快速檢索。不允許重複。
`multiset`	快速檢索。允許重複。
`map`	一對一對應，不允許重複，快速鍵值檢索。
`multimap`	一對多對應，允許重複，快速鍵值檢索。
無序關聯式容器	
`unordered_set`	快速檢索。不允許重複。
`unordered_multiset`	快速檢索。允許重複。
`unordered_map`	一對一對應，不允許重複，快速鍵值檢索。
`unordered_multimap`	一對多對應，允許重複，快速鍵值檢索。
容器配接器	
`stack`	後進先出 (LIFO：Last-in, first-out.)。
`queue`	先進先出 (FIFO：First-in, first-out.)。
`Priority queue`	最高優先權元素先出。

圖15.1　標準程式庫容器類別和容器配接器

容器概觀

循序式容器 (sequence containers) 是一種線性資料結構 (在觀念上，所有元素排成一列)，例如陣列、向量和鏈結串列。我們會在第19章討論鏈結資料結構。關聯式容器是非線性的容器，它們可以快速找到存放在容器中的元素，這種容器可以儲存數值的集合或**鍵值-數值配對** (key-value pairs)。在C++11中鍵值是不可改變的 (immutable)。循序式容器和關聯式容器統稱爲**第一類容器** (first-class containers)。堆疊和佇列實際上是受限的循序容器。基於這個原因，標準程式庫將堆疊和佇列實作成**容器配接器** (container adapters)，它讓程式可以用某種限定的方式來檢視循序式容器。String類別支援的功能與循序容器相同，但是它只能儲存字元資料。

近似容器

另有一種容器被認爲是**近似容器** (near container) 如內建陣列和bitset。bitset維護一組旗標值和valarray以執行高速數學向量運算（不要與向量容器混淆）。這些類型被認爲是近似容器，因爲它們能具有部分第一類容器功能。

容器的通用函式

大多數容器會提供類似的功能性。許多操作能夠應用到所有容器，另有些操作則只可應用於具有相似性的部分容器。圖15.2描述了所有標準程式庫容器都會用到的函式功能。priority_queue中不提供多載運算子operator<、operator<=、operator>、operator>=、operator== 以及 operator!=。forward_list 中無法使用成員函式rbegin、rend、crbegin 和 crend。在使用容器前，必須先確認其功能。

成員函式	說明
default constructor	建構子用來初始化空的容器。一個容器通常有數個建構子，各提供不同方式來對容器設定初始值。
copy constructor	複製建構子用來將其他現有相同容器內容拷貝到容器中。
move constructor	移動建構子(C++11新的功能，第24章討論)將現有容器內容移動到另一個容器。避免了作為引數的容器對每個元素執行拷貝動作所造成的負擔。
destructor	當容器不再需要時，解構子負責釋放記憶體。
empty	容器沒有元素時回傳true，有元素則回傳false。
insert	在容器中插入元素。
size	回傳容器現有元素數量。
copy operator=	拷貝容器內容給另一個容器。
move operator=	移動指派運算子(move assignment operator)(C++11新的功能，第24章討論)將現有容器內容移動到另一個容器。避免了作為引數的容器對每個元素執行拷貝動作所造成的負擔。
operator<	若第一個容器小於第二個容器回傳true，否則回傳false。
operator<=	若第一個容器小於或等於第二個容器回傳true，否則回傳false。
operator>	若第一個容器大於第二個容器回傳true，否則回傳false。
operator>=	若第一個容器大於或等於第二個容器回傳true，否則回傳false。
operator==	若第一個容器等於第二個容器回傳true，否則回傳false。
operator!=	若第一個容器不等於第二個容器回傳true，否則回傳false。
swap	將兩個容器的內容交換。在C++11中，有非成員函式版本的swap函式，用來交換兩個引數容器的內容(兩個容器型態必須相同)，使用的是移動而不是拷貝。
max_size	回傳容器最大元素數量。
begin	多載參考到容器第一個元素的iterator或const_iterator。
end	多載參考到容器中緊鄰最後一個元素後面元素的iterator或const_iterator。

圖15.2 標準程式庫容器的通用成員函式(1/2)

成員函式	說明
cbegin (C++11)	回傳參考到容器第一個元素的const_iterator。
cend (C++11)	回傳參考到容器中緊鄰最後一個元素後面元素的const_iterator。
rbegin	有兩個版本的rbegin參考到容器最後一個元素，一個回傳everse_iterator，另一個版本則回傳const_reverse_iterator。
rend	有兩個版本的rbegin參考到容器第一個元素，一個回傳的everse_iterator，另一個版本則回傳const_reverse_iterator。
crbegin (C++11)	回傳參考到容器中最後一個元素的const_reverse_iterator。
crend (C++11)	回傳參考到容器中第一個元素的const_reverse_iterator。
erase	移除容器中一或多個元素。
clear	移除容器所有元素。

圖 15.2 標準程式庫容器的通用成員函式(2/2)

第一類容器通用的Nested Types

圖15.3顯示了在第一類容器中通用的嵌套型態(nested types)(在容器類別內部定義的型態)。這些型態用基於樣板變數的宣告、函式的參數和從函式傳回的數值(在本章和第16章會討論到)。例如，每個容器的value_type都是一個代表儲存於該容器的資料型態。forward_list類別沒有提供reverse_iterator和const_reverse_iterator兩個型態。

typedef	說明
allocator_type	物件的資料型態用來配製容器的記憶體，在array類別樣板中不包括此型態。
value_type	存在容器中的元素型態。
reference	指向容器元素型態的參考。
const_reference	指向容器元素型態的參考，只能用在容器中供讀取的元素並執行const操作。
pointer	指向容器元素型態的指標。
const_pointer	指向容器型態元素的指標，只能用在容器中供讀取的元素並執行const操作。
iterator	迭代器，用於指向某容器元素型態的元素。
const_iterator	常數迭代器，用於指向某容器元素型態的元素。只能用在容器中供讀取的元素並執行const 操作。
reverse_iterator	反向迭代器，用於指向某容器元素型態的元素。以相反順序巡訪容器內元素。
const_reverse_iterator	反向迭代器，用於指向某容器元素型態的元素，只能用在容器中供讀取的元素並執行const 操作。以相反順序巡訪容器內元素
difference_type	同一容器中兩個迭代器相減後的型態(list和associative 容器的迭代器未定義相減操作)
size_type	用來計算容器項目數量的型態，透過循序容器做索引(在list中不能做索引)。

圖 15.3 在第一類容器中可以找到嵌套型態

對容器元素的要求

在準備使用標準程式庫中的容器時，確保要儲存到容器的元素型態至少支援最小的一組功能，是很重要的。當某個元素要加入一個容器時，程式就會產生該元素的副本。基於這個原因，此元素型態應該提供它自己的複製建構子和指派運算子（使用客製或預設的版本取決於類別是否使用動態記憶體）。此外，關聯式容器和許多的演算法需要比較各個元素。基於這個原因，此元素型態應該提供等號運算子 (==) 以及小於運算子 (<)。在C++11中，物件可移動到容器元素中，移動物件的資料型態須提供移動建構子 (move constructor) 和移動指派運算子(move assignment operator)，第24章會討論移動語法 (move semantics)。

15.3 迭代器簡介

迭代器有許多功能和指標相同，它可以用來指向第一類容器的元素以及一些其他的用途。迭代器包含著狀態資訊，這些狀態資訊對迭代器正在操作的容器是很敏感的；因此，對每個型態的容器，都需要適當地實作迭代器。某些迭代器在不同容器上的操作是不變的。例如，解參考運算子 (*) 會對迭代器進行解參考，以便我們能使用這個迭代器所指向的元素。對迭代器執行++操作，則可以將迭代器指向容器的下一個元素（這很像對指向陣列的指標執行遞增運算，就可以將指標指向陣列的下一個元素）。

標準程式庫第一類容器提供了成員函式begin和end。begin函式會傳回指向容器第一個元素的迭代器。end函式則傳回指向容器結束位置後面第一個元素（最後一個元素後面）的迭代器，最後一個元素後面的元素並不存在，只是用來判斷是否已到達容器尾端。如果迭代器i指向特定元素，則++i將指向“下一個”元素，而且*i會參考到由i所指向的元素。由end產生的迭代器只能用於等號和不等號的比較，以便判斷“移動中的迭代器”（在此情形下爲i) 是否已經抵達容器的結束位置。

我們使用型態爲iterator的物件來參考容器元素，該元素能被修改。對於不能被修改的元素，則以const_interator參考。

使用istream_iterator進行輸入和使用ostream_iterator進行輸出

我們也使用具有**序列** (sequences)（**也稱為範圍**:range) 的迭代器。這些序列可能位在容器內，或是**輸入序列** (input sequences) 或**輸出序列** (output sequences)。圖15.4的程式說明如何使用istream_iterator從標準輸入（輸入程式的一連串資料）輸入資料，以及如何使用ostream_iterator將資料輸出到標準輸出（從程式輸出的一序列資料）。程式會讓使用者從鍵盤輸入兩個整數，並且將這些整數的總和顯示出來。在本章後續章節會說明istream_iterators和ostream_iterators可以用標準程式庫中的演算法來建立功能強大的敘述。例如，可以一行敘述用ostream_iterator與copy演算法，將容器的全部內容複製到標準輸出串流。

```
 1 // Fig. 15.4: fig15_04.cpp
 2 // Demonstrating input and output with iterators.
 3 #include <iostream>
 4 #include <iterator> // ostream_iterator and istream_iterator
 5 using namespace std;
 6
 7 int main()
 8 {
 9    cout << "Enter two integers: ";
10
11    // create istream_iterator for reading int values from cin
12    istream_iterator< int > inputInt( cin );
13
14    int number1 = *inputInt; // read int from standard input
15    ++inputInt; // move iterator to next input value
16    int number2 = *inputInt; // read int from standard input
17
18    // create ostream_iterator for writing int values to cout
19    ostream_iterator< int > outputInt( cout );
20
21    cout << "The sum is: ";
22    *outputInt = number1 + number2; // output result to cout
23    cout << endl;
24 } // end main
```

```
Enter two integers: 12 25
The sum is: 37
```

圖15.4 使用迭代器做輸入和輸出

istream_iterator

第12行會建立一個istream_iterator迭代器，它能夠從標準輸入物件cin擷取（輸入）int數值。第14行將迭代器inputInt解參考，從cin讀取第一個整數，並且將這個整數指派給number1。對inputInt施以解參考運算子*，可以從與inputInt相關的串流讀取數值；這個方法很類似對一個指標進行解參考。第15行將迭代器inputInt指向輸入串流的下一個數值。第16行會從inputInt輸入下一個整數，然後將它指派給number2。

ostream_iterator

第19行建立了一個能夠將int數值插入（輸出）到標準輸出物件cout的ostream_iterator。第22行藉著將number1和number2的總和指定給*outputInt，而將一個整數輸出到cout。請注意，在使用解參考運算子*的時候，是將*outputInt當做指派敘述的左值(lvalue)來使用。如果要使用outputInt輸出另一個數值，則必須利用++使迭代器遞增1。前置遞增和後置遞增兩種方式都可以使用，但是基於效能的緣故，前置的形式比較可取，因爲前置形式不會產生暫時性物件。

錯誤預防要訣 15.2

任何const迭代器的解參考運算子(*)都會回傳一個指向容器元素的const參考，所以將不允許使用non-const成員函式。

迭代器種類以及迭代器種類的階層架構

圖15.5顯示迭代器種類。每一種迭代器都提供特定的一組功能。圖15.6說明迭代器種類的階層關係。當按照階層關係從下到上檢視時，每一個迭代器種類都會支援圖中位在其下方種類的所有功能。因此"功能最弱"的迭代器型態是位於底端，而功能最強的迭代器型態則位於頂端。請注意，這可不是一般的繼承階層關係。

迭代器種類	說明
random access	將雙向迭代器再加上前向或反向跳躍，跨過任意元素直接存取容器任何元素的功能。這些也可和關聯運算子相比較。
bidirectional	將順向迭代器加上反向移動功能（從容器尾端向起始端移動）。雙向迭代器支援重複處理(multipass)演算法。
forward	結合輸入和輸出迭代器的功能，並維持它們在容器中的位置(狀態資訊)。這種迭代器可巡訪一序列元素多次(用在multipass演算法)
output	用來將一個元素寫入容器中。輸出迭代器一次只能順向移動一個元素，同一個輸出迭代器不能巡訪一序列元素多次。
input	用來從容器中讀取一個元素。輸入迭代器一次只能順向移動一個元素(從起始端到尾端)。輸入迭代器支援使用單次巡訪即可完成工作的演算法，同一個輸入迭代器不能巡訪一序列元素多次。

圖15.5　迭代器的種類

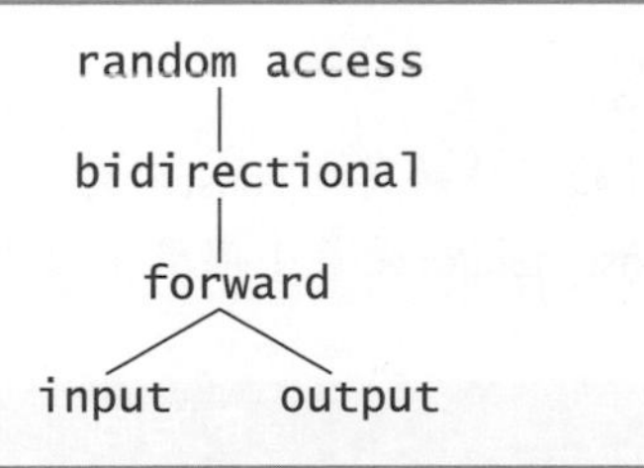

圖15.6　迭代器種類的階層架構

容器所支援的迭代器

每一種容器所支援的迭代器種類，決定了該容器是否能夠和特定演算法搭配使用。支援隨機存取迭代器的容器，可以和標準程式庫中的所有演算法搭配使用，但有個異常：演算法若需要變動容器的大小，則演算法不能用在內建陣列和陣列物件兩種容器。在大部分演算法中，指向陣列的指標都可以用來代替迭代器。圖15.7顯示了每一種容器的迭代器種類。第一類容器、string和array可以使用迭代器進行巡訪。

容器	迭代器種類	容器	迭代器種類
Sequence containers (first class)		*Unordered associative containers (first class)*	
`vector`	random	access `unordered_set`	bidirectional
`array`	random	access `unordered_multiset`	bidirectional
`deque`	random	access `unordered_map`	bidirectional
`list`	bidirectional	`unordered_multimap`	bidirectional
`forward_list`	forward		
Ordered associative containers (first class)		*Container adapters*	
`set`	bidirectional	`stack`	none
`multiset`	bidirectional	`queue`	none
`map`	bidirectional	`priority_queue`	none
`multimap`	bidirectional		

圖 15.7　每個容器所支援的迭代器類型

預先定義的迭代器 typedefs

圖 15.8 顯示標準程式庫容器類別中，預先定義的迭代器型態。並非每個迭代器型態都針對每個容器而定義。我們使用 const 版本的迭代器巡訪 const 容器，也可巡訪 non-constant 容器，只是不能修改其內容。我們使用反向迭代器，以相反的方向來巡訪容器。

錯誤預防要訣 15.3

對 const_iterator 執行的操作將傳回 const 參考，以便防止修改到目前正在處理的容器元素。適時使用 const_iterator 是最小權限原則的另一個例子。

預先定義的迭代器型態	++的方向	功能
`iterator`	forward	read/write
`const_iterator`	forward	read
`reverse_iterator`	backward	read/write
`const_reverse_iterator`	backward	read

圖 15.8　迭代器的 typedefs

迭代器的操作

圖 15.9 指出可以用來對各種迭代器型態執行的一些操作。迭代器除了提供圖中所列的運算子外，迭代器還必須提供預設建構子、複製建構子和指派運算子。順向迭代器 (forward iterator) 支援 ++ 運算子和所有輸入和輸出迭代器的功能。雙向迭代器 (bidirectional iterator) 支援所有順向迭代器的功能。隨機存取迭代器 (random access iterator) 支援表中所列所有的操作。對輸入和輸出迭代器，則無法執行儲存然後再使用的動作。

迭代器種類	說明
All iterators	
`++p`	將迭代器前置遞增。
`p++`	將迭代器後置遞增。
`p=p1`	將迭代器指派給另一個迭代器。
Input iterator	
`*p`	將一個迭代器解參考為 rvalue (右值)。
`p->m`	使用迭代器讀取元素 m。
`p==p1`	比較兩個迭代器是否相等。
`p!=p1`	比較兩個迭代器是否不相等。
Output iterator	
`*p`	將一個迭代器解參考為 lvalue (左值)。
`p=p1`	將迭代器指派給另一個迭代器。
Forward iterators	順向迭代器為數入迭代器和輸出迭代器提供所有功能。
Bidirectional iterators	
`--p`	將迭代器前置遞減。
`p--`	將迭代器後置遞減。
Random-access iterators	
`p+=i`	將迭代器往前移 i 個位置。
`p-=i`	將迭代器往後移 i 個位置。
`p+i` 或 `i+p`	將迭代器 p 向前移 i 個位置。
`p-i`	將迭代器 p 向後移 i 個位置。
`p-p1`	迭代器 p 和 p1 間的元素距離。
`p[i]`	回傳迭代器 p 算起第 i 個元素的參考。
`p<p1`	若迭代器 p 小於 p1 則回傳 true (容器中 p 在 p1 前面)，否則回傳 false。
`p<=p1`	若迭代器 p 小於或等於 p1 則回傳 true (容器中 p 在 p1 前面，或兩者指向相同元素)，否則回傳 false。
`p>p1`	若迭代器 p 大於 p1 則回傳 true (容器中 p 在 p1 後面)，否則回傳 false。
`p>=p1`	若迭代器 p 大於或等於 p1 則回傳 true (容器中 p 在 p1 後面，或兩者指向相同元素)，否則回傳 false。

圖 15.9　針對每種迭代器型態的一些迭代器操作

15.4 演算法簡介

標準程式庫提供許多操作容器時，經常會用到的一些演算法。譬如，插入、刪除、搜尋、排序和其他的功能。有些演算法只適用於特定容器，另有些演算法則適用於所有容器。演算法只能經由迭代器間接處理容器元素。許多演算法都會對由一對迭代器所指向的序列元素進行操作，一個迭代器指向序列的第一個元素，而另一個迭代器則會指向序列最後一個元素之後的那個元素。

此外，也可以建立自己的新演算法，這些新演算法會以類似的方式進行操作，使得它們可以與標準程式庫的容器和迭代器搭配使用。在本章的許多範例中，我們使用copy演算法，將容器元素拷貝到標準輸出。在第16章會介紹更多的演算法。

15.5 循序式容器

C++標準樣板程式庫共提供五種循序式容器：array、vector、deque、list和forward_list。類別樣板array、vector和deque都是以陣列爲基礎。類別樣板list和forward_lis則實作一種鏈結串列資料結構，會在第19章討論此結構。我們已討論過array類別樣板，並廣泛用在範例程式，此處就不再提出討論。

效能與選擇適當的容器

圖15.2介紹大多數通用於標準程式庫容器的操作。除了這些操作，每個容器通常提供各種其他功能。其中許多是通用於數個容器，但它們的執行效率則各有千秋。

軟體工程觀點 15.2

在程式中，最好使用重用標準程式庫提供的容器，而不要自行開發樣板化的資料結構。對於新手，vector通常滿足大多數的應用。

效能要訣 15.2

在vector尾端加入新的元素是很有效率的。因爲vector若要容納新的項目，只需要加大即可。但是若要從vector中間插入(或刪除)一個項目則很費事，此時位於插入或刪除位置之後的所有的vector項目，都需要移動，這是因爲vector元素在記憶體以連續性的方式排列。

效能要訣 15.3

經常需要在容器頭尾兩端執行加入和刪除動作的應用程式，通常都會使用deque而不使用vector。雖然我們可以在vector和deque的頭尾兩端加入和刪除元素，但是類別deque在頭端加入和刪除元素的執行效率會比vector好。

效能要訣 15.4

經常需要在容器頭尾兩端和中間部分，執行加入和刪除動作的應用程式，一般都會使用list，這是因爲list能夠在資料結構的任何位置有效率地加入和刪除元素。

15.5.1　vector 循序式容器

第7.10節已介紹過類別樣板vector，它提供一個具有連續性記憶體配置的資料結構。這使得程式能透過註標運算子[]，有效而直接地存取vector的任何一個元素，其操作情形就像內建陣列一樣。和內建陣列一樣，當應用程式要求，能透過註標輕易地存取元素且容器需要動態擴大時，vector就是最佳首選。

當一個vector配置的記憶體耗盡時，該vector會配置一個更大連續記憶體的內建陣列，然後將原來的元素複製(或移動，第24章會討論)到這個新的陣列，然後將舊內建陣列佔用的記憶體交回給系統。

效能要訣 15.5

選擇vector容器使可成長容器中的元素，有最佳的隨機存取效率。

效能要訣 15.6

類別樣板vector的物件利用多載的註標運算子[]，提供快速的索引值存取，因爲這些物件都像built-in array或array物件一樣，儲存在連續的記憶體空間。

使用vector和Iterators

圖15.10將說明類別樣板vector的幾種函式。這些函式中有很多都可以讓每個第一類容器加以使用。若要使用類別樣板vector，我們必須引入標頭檔<vector>。

```
 1 // Fig. 15.10: Fig15_10.cpp
 2 // Demonstrating Standard Library vector class template.
 3 #include <iostream>
 4 #include <vector> // vector class-template definition
 5 using namespace std;
 6
 7 // prototype for function template printVector
 8 template < typename T > void printVector( const vector< T > &integers2 );
 9
10 int main()
11 {
12    const size_t SIZE = 6; // define array size
13    int values[ SIZE ] = { 1, 2, 3, 4, 5, 6 }; // initialize values
14    vector< int > integers; // create vector of ints
15
16    cout << "The initial size of integers is: " << integers.size()
17       << "\nThe initial capacity of integers is: " << integers.capacity();
18
19    // function push_back is in vector, deque and list
20    integers.push_back( 2 );
21    integers.push_back( 3 );
22    integers.push_back( 4 );
23
24    cout << "\nThe size of integers is: " << integers.size()
```

圖15.10　標準程式庫的vector類別樣板(1/2)

```
25         << "\nThe capacity of integers is: " << integers.capacity();
26      cout << "\n\nOutput built-in array using pointer notation: ";
27
28      // display values using pointer notation
29      for ( const int *ptr = begin( values ); ptr != end( values ); ++ptr )
30         cout << *ptr << ' ';
31
32      cout << "\nOutput vector using iterator notation: ";
33      printVector( integers );
34      cout << "\nReversed contents of vector integers: ";
35
36      // display vector in reverse order using const_reverse_iterator
37      for ( auto reverseIterator = integers.crbegin();
38         reverseIterator!= integers.crend(); ++reverseIterator )
39         cout << *reverseIterator << ' ';
40
41      cout << endl;
42   } // end main
43
44   // function template for outputting vector elements
45   template < typename T > void printVector( const vector< T > &integers2 )
46   {
47      // display vector elements using const_iterator
48      for ( auto constIterator = integers2.cbegin();
49         constIterator != integers2.cend(); ++constIterator )
50         cout << *constIterator << ' ';
51   } // end function printVector
```

```
The initial size of integers is: 0
The initial capacity of integers is: 0
The size of integers is: 3
The capacity of integers is: 4

Output built-in array using pointer notation: 1 2 3 4 5 6
Output vector using iterator notation: 2 3 4
Reversed contents of vector integers: 4 3 2
```

圖15.10 標準程式庫的vector類別樣板(2/2)

建立一個vector

第14行定義了一個稱為integers的類別樣板vector實體，儲存的是int數值。當這個物件被實體化的時候，程式會先產生一個空的vector，其大小為0(也就是存放在vector內的元素個數)且容量也為零(也就是沒有額外配置更多記憶體時，vector所能夠儲存的元素個數)。

vector的成員函式size和capacity

第16和17行將示範使用size函式和capacity函式。在這個範例中，對vector v套用size和capacity一開始都會傳回零。除了forward_List容器外，其他每一個容器都可使用size函式，它會傳回目前儲存在容器中的元素個數。capacity函式(只有vector和deques能用)傳回的是vector目前所能容納的元素個數，若要容納更多的元素，則要動態調整vector的大小。

vector的成員函式push_back

第20-22行使用push_back函式，在vector尾端加入一個元素。除了forward_List和array容器外，所有循序式容器都能使用push_back函式。如果要將一個元素加入全滿的vector中，則vector會自動增加其容量，某些編譯器會將vector的容量加倍。循序式容器deque、list和priority list另提供push_front函式。

效能要訣 15.7

需要更多記憶體空間的時候，將vector的容量變成兩倍，可能會是一種浪費。舉例來說，當只要新加入一個元素時，我們卻將一個大小爲1,000,000元素的vector，擴充到能容納2,000,000個元素。這就造成999,999個元素沒有使用到。您可以使用resize和reserve，來控制記憶體，使其具有更好的使用效率。

修改vector後更新大小和容量

第24和25行使用size函式和capacity函式，來顯示執行三次push_back操作之後，vector新的大小和容量。size函式傳回的是加入的vector元素個數3。capacity函式會傳回4，這意謂著在vector需要添加更多記憶體以前，我們可以對它再加入一個元素。當加入第一個元素的時候，vector爲了一個元素，動態配置了記憶體空間，而且其大小變成1，意謂著vector只含有一個元素。當加入第二個元素的時候，容量加倍成2，而且大小也變成2。當加入第三個元素的時候，容量再次加倍成4。所以在vector需要動態配置更多記憶體空間以前，我們實際上可以再加入另一個元素。當vector最後填滿了其配置的記憶體容量，而且程式嘗試將一個以上的元素加到vector中的時候，vector會將其容量加倍成8個元素。

vector的擴增方式

C++標準文件並沒有指明爲了容納更多元素，vector增加記憶體空間的處理方式，而且我們要意識到，這個處理過程會耗費時間。爲了將重新調整vector容量，額外花費的系統資源減少到最小，C++程式庫實作工程師使用各種不同的巧妙方案。因此，這個程式的輸出會根據我們使用的編譯器vector版本而有所不同。

有些程式設計師會在一開始的時候，替vector配置較大的記憶體空間。如果vector儲存了比較少的元素個數，則這樣的容量將會是一種記憶體浪費。然而，如果程式必須對vector加入許多元素，而且vector不必爲了容納那些元素而重新配置記憶體，則這種作法將相當程度地改善程式效能。這是一種典型的時間與空間的取捨。程式設計師必須在使用的記憶體數量，和執行各種不同的vector操作所花費的時間之間，取得平衡。

使用指標來輸出內建陣列的內容

第29-30行會示範如何使用指標和指標算術運算，來輸出陣列的內容。指向陣列的指標可當迭代器來用。回想一下在第8.5節中，使用C++11所提供定義在<iterator>標頭檔的的函式begin和end（第29行），以內建陣列當作引數。函式begin回傳指到陣列第一個元素的迭代器，

函式end回傳指到陣列最後元素之後的迭代器。函式begin和end也可接收容器物件作爲引數。注意，我們在迴圈條件中使用運算子!=作爲。當使用指標巡訪內建陣列元素時，常見的迴圈條件測試是判斷指標是否已到達內建陣列的尾端。這種技術常用在標準程式庫的演算法。

使用iterator輸出vector內容

第33行呼叫printVector函式（定義在第45-51行），使用迭代器來輸出vector的內容。printVector函式樣板會接收一個constvector 的參考作爲引數。第48-50中for敘述的初值變數constIterator 使用vector的成員函式cbegin（C++11提供的新函式），該函式回傳指向第一個元素的const_iterator。在C++11之前，您可能必須使用多載的成員函式begin，以取得const_iterator，在const 容器呼叫begin，回傳的是const_iterator。

只要constIterator尙未到達vector的末端，迴圈就會繼續循環。是否到達末端，是透過將constIterator和呼叫vector 成員函數cend（C++11提供的新函式）的結果作比較而得。函式cend回傳指向最後一個元素後面元素的const_iterator。如果constIterator等於該值時，代表已經到達vector末端，之後再無元素。在C++11之前，可能必須使用多載的成員函式emd，以取得const_iterator。函式cbegin、begin,、cend 和end 適用於所有的第一類容器。

迴圈主體對constIterator 執行取値運算（dereferences）以取得所參考元素的值。記住，迭代器的行爲和指標類似，指向一個元素，運算子*則經過多載，會回傳元素的參考。運算式++constIterator（第49行）會將迭代器移到vector的下一個元素。注意，第48-50行可用下列以範圍爲基礎(range-based)的敘述來取代：

```
for ( auto const &item : integers2 )
  cout << item << ' ';
```

程式中常犯的錯誤 15.1

將指到容器範圍外的迭代器執行取值運算，會產生執行期邏輯錯誤。特別是不要對函式end回傳的迭代器，做取值和減法運算。

使用const_reverse_iterators以相反順序顯示vector內容

第37-39行使用for敘述（類似於printVector）反向巡訪元素。C++11現在有vector成員函數crbegin和crend，回傳const_reverse_iterators代表容器中反向看待的起點和終點。大部分第一類的容器支援這種類型的迭代器。和cbegin與cend函式一樣，在C++11之前，您會使用多載的成員函式rbegin和rend以取得const_reverse_iterators或reverse_iterators，根據容器是否爲const決定回傳迭代器型態。

C++11: shrink_to_fit

由於C++11，您可藉由函式shrink_to_fit要求vector或deque釋放多餘的記憶體給系統。這項要求使容器記憶體剛好容得下容器中的元素。根據C++標準，在實作中可以忽略該項請求，使程式能夠執行特定的最佳化。

vector 元素處理函式

圖15.11出了用於檢索和操縱向量元素的函式。第16行使用一個多載的vector建構子，此建構子需兩個迭代器作為引數，對向量integers執行初始化動作。第16行以陣列 values對vector integers做初始化，從value.cbegin開始到values.cend間的內容做為integers 的初值（不包括 value.cend指到的空元素）。在C++11，您可以用列表初始化對向量設初值

```
vector< int > integers{ 1, 2, 3, 4, 5, 6 };
```

或

```
vector< int > integers = { 1, 2, 3, 4, 5, 6 };
```

但這兩個初始化語法尚未被所有編譯器支援。基於此理由，本章範例一律使用第16行的語法執行初始化。

```
 1 // Fig. 15.11: fig15_11.cpp
 2 // Testing Standard Library vector class template
 3 // element-manipulation functions.
 4 #include <iostream>
 5 #include <array> // array class-template definition
 6 #include <vector> // vector class-template definition
 7 #include <algorithm> // copy algorithm
 8 #include <iterator> // ostream_iterator iterator
 9 #include <stdexcept> // out_of_range exception
10 using namespace std;
11
12 int main()
13 {
14    const size_t SIZE = 6;
15    array< int, SIZE > values = { 1, 2, 3, 4, 5, 6 };
16    vector< int > integers( values.begin(), values.end() );
17    ostream_iterator< int > output( cout, " " );
18
19    cout << "Vector integers contains: ";
20    copy( integers.cbegin(), integers.cend(), output );
21
22    cout << "\nFirst element of integers: " << integers.front()
23       << "\nLast element of integers: " << integers.back();
24
25    integers[ 0 ] = 7; // set first element to 7
26    integers.at( 2 ) = 10; // set element at position 2 to 10
27
28    // insert 22 as 2nd element
29    integers.insert( integers.cbegin() + 1, 22 );
30
31    cout << "\n\nContents of vector integers after changes: ";
32    copy( integers.cbegin(), integers.cend(), output );
33
34    // access out-of-range element
35    try
36    {
```

圖15.11　類別樣板vector的元素處理函式(1/2)

```
37          integers.at( 100 ) = 777;
38       } // end try
39       catch ( out_of_range &outOfRange ) // out_of_range exception
40       {
41          cout << "\n\nException: " << outOfRange.what();
42       } // end catch
43
44       // erase first element
45       integers.erase( integers.cbegin() );
46       cout << "\n\nVector integers after erasing first element: ";
47       copy( integers.cbegin(), integers.cend(), output );
48
49       // erase remaining elements
50       integers.erase( integers.cbegin(), integers.cend() );
51       cout << "\nAfter erasing all elements, vector integers "
52          << ( integers.empty() ? "is" : "is not" ) << " empty";
53
54       // insert elements from the array values
55       integers.insert( integers.cbegin(), values.cbegin(), values.cend() );
56       cout << "\n\nContents of vector integers before clear: ";
57       copy( integers.cbegin(), integers.cend(), output );
58
59       // empty integers; clear calls erase to empty a collection
60       integers.clear();
61       cout << "\nAfter clear, vector integers "
62          << ( integers.empty() ? "is" : "is not" ) << " empty" << endl;
63    } // end main
```

```
Vector integers contains: 1 2 3 4 5 6
First element of integers: 1
Last element of integers: 6

Contents of vector integers after changes: 7 22 2 10 4 5 6

Exception: invalid vector<T> subscript

Vector integers after erasing first element: 22 2 10 4 5 6
After erasing all elements, vector integers is empty

Contents of vector integers before clear: 1 2 3 4 5 6
After clear, vector integers is empty
```

圖15.11 類別樣板vector的元素處理函式(2/2)

ostream_iterator

第17行定義了稱爲output的ostream_iterator型態迭代器，它可以用來透過cout輸出以單一空格加以分隔的若干整數值。ostream_iterator<int> 使得程式只能輸出型態int或相容型態的數值。建構子的第一個引數會指明輸出串流，而第二個引數則是一個字串，它會指明輸出值的分隔字元，此處的字串含有一個空格字元。在這個範例中，我們使用ostream_iterator (定義於標頭檔<iterator>) 輸出vector的內容。

copy 演算法

第20行使用標準程式庫的演算法copy (定義在標頭檔<algorithm>中)，將vector integers的全部內容輸出到標準輸出。演算法copy會將這個容器中，從第一個引數的迭代器指示的位置開始，一直到第二個引數的迭代器指示的位置（但不包括此元素）為止，複製每一個元素。第一個引數和第二個引數必須滿足輸入迭代器的功能要求，也就是說，它們必須是能從容器讀取數值的迭代器，譬如const_iterators。此外，它們必須能代表一定範圍的元素，如果將++持續用於第一個迭代器，最終將造成第一個迭代器，到達容器中第二個迭代器引數所指向的位置。

這些元素會複製到輸出迭代器（也就是可以藉這個迭代器輸出或儲存數值）所指定的位址，其中輸出迭代器是以最後一個引數加以指定。在本例中，輸出迭代器就是連結到cout的一個ostream_iterator，所以這些元素將複製到標準輸出。若要使用標準程式庫的演算法，我們必須引入標頭檔<algorithm>。

vector的成員函式front和back

第22-23行使用front函式和back函式（所有循序式容器均可使用）來判斷vector的第一個元素和最後一個元素。請注意front函式和begin函式之間的差別。front函式會傳回指向向量第一個元素的參考，而begin函式則傳回指向向量第一個元素的隨機存取迭代器。另外也要注意back函式和end函式之間的差異。back函式將傳回指向向量最後元素的參考，而end函式則傳回指向向量末端（在最後一個元素後面的位置）的隨機存取迭代器。

程式中常犯的錯誤 15.2

使用front和back時，vector不能是空的，否則會產生未定義的結果。

存取vector中的元素

第25-26行顯示了兩種存取vector元素的方法。這些方法也可用於deque容器。第25行使用了多載的註標運算子，它會依據容器是否為常數物件，傳回指向位於指定位置值的參考，或指向該位置值的常數參考。at函式（第26行）執行的是相同操作，但是它會檢查索引值是否位於範圍邊界內。at函式會先檢查由引數所提供的數值，判斷它是否位於vector的邊界內。若越界，at函式會拋出一個out_of_range異常（第35-42行）。圖15.12描述了一些標準程式庫的異常類型。（有關標準程式庫的異常類型會在第17章討論）。

異常類型	說明
out_of_range	指出索引超出範圍，例如將無效的索引傳給at函式驗證，就會產生此類異常。
invalid_argument	將無效的引數傳遞給函式。
length_error	指出程式企圖建立過長的容器或字串等。
bad_alloc	指出程式使用new（或分配器）要求記憶體，卻因系統無足夠記憶體而導致失敗時，會觸發此類異常。

圖15.12　標頭檔<stdexcept>.定義的一些異常型態

vector的成員函式insert

第29行使用每一個循序式容器都會提供的多載函式insert (array容器是個異常，因爲其大小固定。forward_list容器也是個異常，它已有insert_after函式執行相同功能)。第29行將數值22插入到第一個引數迭代器所指向的元素之前。在這個範例中，迭代器是指向vector的第二個元素，所以22會加入成第二個元素，而原來第二個元素會成爲vector的第三個元素。其他版本的insert函式，允許我們從容器某個特殊的位置開始，將多個相同的數值加到容器內，或者將另一個容器所含某個範圍的數值，從原來容器的某個特定位置開始，加到原來的容器中。在C++11中，此版本的成員函式insert會回傳指向插入元素的迭代器。

vector的成員函式erase

第45行和第50行使用了所有第一類容器都適用的兩種erase函式 (array容器是個異常，因爲其大小固定。forward_list容器也是個異常，它已有erase_after函式執行相同功能)。第45行移除迭代器引數所指定位置的元素(在這個範例中，指的就是vector開頭的元素)。第50行指的是，從第一個引數所指向的位置到第二個引數所指向的位置，這個範圍內的所有元素都必須從容器中移除。在這個範例中，所有的元素都必須從vector移除。第52行使用empty函式 (所有容器和配接器都能使用此函式) 來確認vector是空的。

程式中常犯的錯誤 15.3

通常erase函式從容器中移除物件。如果某個元素含有指向動態配置記憶體物件的指標，而在將這樣的元素移除的時候，沒有把指向的物件delete掉，這會導致記憶體遺漏。若元素是個unique_ptr，unique_ptr會被移除，動態配置的記憶體也一併移除。若元素是個shared_ptr，參考到動態配置的數量隨之減少，當減到0的時候，記憶體才會隨之刪除。

vector的成員函式insert帶有三個引數(範圍插入)

第55行示範insert函式版本，使用第二個和第三個引數，來分別指出應該加入vector數列值的起始位置和結束位置 (在本例子中，是來自整數陣列array)。請記住，insert函式引數所指向的結束位置，是指要加入的序列最後一個元素後面的位置；複製動作只能夠到達這個位置，但不包括這個位置。在C++11，此版本的insert 函式會回傳指到第一個插入元素的迭代器，若未插入任何資料，函式會回傳第一個引數。

vector的成員函式 clear

最後，第60行將使用clear函式 (所有第一類容器都能使用此函式) 來清空vector，這並不一定會將vector佔用的記憶體歸還給系統。[請注意：我們會在以下幾個小節討論容器通用的許多成員函式，也將討論每個容器所特有的一些函式。]

15.5.2 list循序式容器

循序式容器list (定義於標頭檔<list>) 可以在容器的任何位置，執行元素的插入和刪除。如果大部分的加入和刪除動作發生在容器的前後兩端，則deque資料結構 (第15.5.3節) 可以提供更有效率的實作。類別樣板list被實作成一種雙重鏈結串列，也就是說，list的每個節點都包含兩個指標，一個指向list中的前一個節點，另一個則指向下一個節點。這樣做讓類別樣板list能夠支援雙向迭代器的功能，使得容器能夠執行順向和逆向巡訪的動作。任何要求輸入、輸出、順向或雙向迭代器等功能的演算法，都可以在list上進行操作。許多list成員函式，都會將容器的元素當作有序元素集合來加以處理。

C++11：forward_list容器

C++11包含了全新的**forward_list**序列容器 (定義於標頭檔<forward_list>中)，以單向鏈結串列實作，每個節點包含一個指向list中下一個節點的指標。這使得類別樣板list得以支持前向迭代器，允許以順向方式巡訪容器元素。任何要求輸入、輸出或前向迭代的演算法都可以在forward_list容器上操作。

list容器的成員函式

除了圖15.2中所有標準程式庫容器的成員函式，以及在第15.5節討論的所有循序式容器通用的成員函式之外，類別樣板list還另外提供其他成員函式，包括：splice、push_front、pop_front、remove、remove_if、unique、merge、reverse和sort。其中某些成員函式是標準程式庫演算法的list最佳化實作，這部分會在第16章討論。forward_list和deque兩個容器都支援push_front和pop_front兩個函式。圖15.13示範了list類別的若干功能。請記得，在圖15.10-15.11中提出的許多函式，也可以和list類別搭配使用，在本範例中，我們聚焦在list的新特點上。

```
 1 // Fig. 15.13: Fig15_13.cpp
 2 // Standard library list class template.
 3 #include <iostream>
 4 #include <array>
 5 #include <list> // list class-template definition
 6 #include <algorithm> // copy algorithm
 7 #include <iterator> // ostream_iterator
 8 using namespace std;
 9
10 // prototype for function template printList
11 template < typename T > void printList( const list< T > &listRef );
12
13 int main()
14 {
15    const size_t SIZE = 4;
16    array< int, SIZE > ints = { 2, 6, 4, 8 };
17    list< int > values; // create list of ints
18    list< int > otherValues; // create list of ints
19
```

圖15.13 標準程式庫的list類別樣板(1/3)

```
20     // insert items in values
21     values.push_front( 1 );
22     values.push_front( 2 );
23     values.push_back( 4 );
24     values.push_back( 3 );
25
26     cout << "values contains: ";
27     printList( values );
28
29     values.sort(); // sort values
30     cout << "\nvalues after sorting contains: ";
31     printList( values );
32
33     // insert elements of ints into otherValues
34     otherValues.insert( otherValues.cbegin(), ints.cbegin(), ints.cend() );
35     cout << "\nAfter insert, otherValues contains: ";
36     printList( otherValues );
37
38     // remove otherValues elements and insert at end of values
39     values.splice( values.cend(), otherValues );
40     cout << "\nAfter splice, values contains: ";
41     printList( values );
42
43     values.sort(); // sort values
44     cout << "\nAfter sort, values contains: ";
45     printList( values );
46
47     // insert elements of ints into otherValues
48     otherValues.insert( otherValues.cbegin(), ints.cbegin(), ints.cend() );
49     otherValues.sort(); // sort the list
50     cout << "\nAfter insert and sort, otherValues contains: ";
51     printList( otherValues );
52
53     // remove otherValues elements and insert into values in sorted order
54     values.merge( otherValues );
55     cout << "\nAfter merge:\n   values contains: ";
56     printList( values );
57     cout << "\n   otherValues contains: ";
58     printList( otherValues );
59
60     values.pop_front(); // remove element from front
61     values.pop_back(); // remove element from back
62     cout << "\nAfter pop_front and pop_back:\n   values contains: ";
63     printList( values );
64
65     values.unique(); // remove duplicate elements
66     cout << "\nAfter unique, values contains: ";
67     printList( values );
68
69     // swap elements of values and otherValues
70     values.swap( otherValues );
71     cout << "\nAfter swap:\n   values contains: ";
72     printList( values );
73     cout << "\n   otherValues contains: ";
74     printList( otherValues );
```

圖15.13 標準程式庫的list類別樣板(2/3)

```
75
76    // replace contents of values with elements of otherValues
77    values.assign( otherValues.cbegin(), otherValues.cend() );
78    cout << "\nAfter assign, values contains: ";
79    printList( values );
80
81    // remove otherValues elements and insert into values in sorted order
82    values.merge( otherValues );
83    cout << "\nAfter merge, values contains: ";
84    printList( values );
85
86    values.remove( 4 ); // remove all 4s
87    cout << "\nAfter remove( 4 ), values contains: ";
88    printList( values );
89    cout << endl;
90 } // end main
91
92 // printList function template definition; uses
93 // ostream_iterator and copy algorithm to output list elements
94 template < typename T > void printList( const list< T > &listRef )
95 {
96    if ( listRef.empty() ) // list is empty
97       cout << "List is empty";
98    else
99    {
100      ostream_iterator< T > output( cout, " " );
101      copy( listRef.begin(), listRef.end(), output );
102   } // end else
103} // end function printList
```

```
values contains: 2 1 4 3
values after sorting contains: 1 2 3 4
After insert, otherValues contains: 2 6 4 8
After splice, values contains: 1 2 3 4 2 6 4 8
After sort, values contains: 1 2 2 3 4 4 6 8
After insert and sort, otherValues contains: 2 4 6 8
After merge:
   values contains: 1 2 2 2 3 4 4 4 6 6 8 8
   otherValues contains: List is empty
After pop_front and pop_back:
   values contains: 2 2 2 3 4 4 4 6 6 8r
After unique, values contains: 2 3 4 6 8
After swap:
   values contains: List is empty
   otherValues contains: 2 3 4 6 8
After assign, values contains: 2 3 4 6 8
After merge, values contains: 2 2 3 3 4 4 6 6 8 8
After remove( 4 ), values contains: 2 2 3 3 6 6 8 8
```

圖15.13 標準程式庫的list類別樣板(3/3)

建立list物件

第17-18行建立兩個能夠儲存整數的list物件。第21-22行使用函式push_front在values的頂端插入整數。push_front函式爲類別forward_list、list和deque所特有。第23-24行使用

push_back函式在values的尾端插入整數。push_back函式是array和forward_list除外，其他所有循序式容器通用的函式。

list成員函式sort

第29行使用list成員函式sort，將list的元素按照遞增順序進行排序。[請注意：這和標準程式庫演算法中的sort有所不同。]有第二種sort函式版本，它允許程式設計者提供二元判斷函式，接收兩個引數(在串列中的數值)，然後比較這兩個數值，並傳回bool值來指出比較的結果。這個函式用來判斷list中的元素排列順序。這個版本的函式對於儲存指標而非儲存數值的list，顯得特別有用。[請注意：我們會在圖16.3中示範一元判斷函式。一元判斷函式接收一個引數，然後使用這個引數執行比較，並且傳回一個bool值來顯示比較的結果。]

list成員函式splice

第39行使用了list的成員函式splice，將otherValues的元素移除，並且將這些元素加入values中，加入位置在第一個迭代器引數所指位置之前。這個函式有另外兩種其他的版本。具有三個引數的splice函式，允許移除由第二個引數所指定的容器中的一個元素，移除哪個元素則由第三個引數的迭代器所指定。具有四個引數的函式splice，則會使用最後兩個引數來指定需要移除元素的位置範圍，而第二個引數是指定要從哪個容器移除這些引數，第一個引數則指定要放置的位置。

類別樣板forward_list提供類似的成員函式splice_after。

list成員函式merge

將更多元素加進otherValues，並且對values和otherValues兩者進行排序以後，第54行使用list的成員函式merge，將otherValues的所有元素移除，然後將這些元素以排序的方式插入values中。在執行這個操作之前，這兩個list容器都需要先進行同順序的排序工作。merge函式的第二種版本，可以讓程式設計者提供一個判斷函式，此判斷函式會接收兩個引數(在串列中的數值)並傳回bool數值。這個判斷函式會指明merge函式所使用的排序順序。

list成員函式pop_front

第60行使用list的pop_front函式，將list的第一個元素移除。第60行使用pop_back函式(所有循序式容器除了array和forward_list都能使用此函式)將list最後一個元素移除。

list成員函式unique

第65行使用list的成員函式unique來移除list中重複的元素。爲了確保能清除所有重複的數值，在執行這項操作之前，程式必須先將list排序(使得所有重複的元素都會排列在一起)。另一個版本的unique函式，能讓程式設計者提供一個判斷函式，此判斷函式會接收兩個引數(在串列中的數值)，並傳回一個指出兩個元素是否相等的bool數值。

list成員函式 swap

第70行使用swap函式（所有第一類容器都能使用此函式）將values和otherValues的內容交換。

list成員函式 assign 和remove

第77行使用list的assign函式（所有循序式容器都能使用此函式），用otherValues的內容取代values的內容，而取代內容的範圍則是由兩個迭代器引數來指定。assign函式的第二種版本，會將第二個引數指定的副本取代原先的內容。函式的第一個引數則指明副本的個數。第86行使用list的成員函式remove，將list中所有的數值4刪除。

15.5.3 deque循序式容器

deque容器提供vector和list的一些優點。名詞deque是"double-ended queue"（雙端點佇列）的縮寫。在讀取和修改元素的方面，類別deque的實作是用來提供有效率的索引存取（使用註標的方式）以讀取和修改元素資料。類別deque也像list一樣，實作成在前端和後端，執行有效率的插入和刪除的操作（雖然list也可以有效率地在容器中間，執行加入和刪除操作）。類別deque支援隨機存取迭代器，所以deque可以和所有標準程式庫演算法搭配使用。deque最常見的用途是架構先進先出的佇列。事實上，deque是佇列配接器預設的底層實作格式（第15.7.2節）。

至於對deque添加的記憶體，則可以用記憶體區段方式，配置在deque的任何一端；程式一般會以指向這些區段的指標陣列方式加以維護管理[2]。因爲deque使用的是非連續的記憶體安排方式，因此deque的迭代器必然比vector使用的循環指標，或是指標基礎的陣列指標，更有智慧。

效能要訣 15.8

一般而言，deque較vector耗用更多的系統資源。

效能要訣 15.9

在deque容器中間執行插入和移除的操作時，C++語言本身會將整個過程予以最佳化，使複製的元素個數減少到最小，所以它會比vector更有效率，但是也因爲這樣修改元素的方式，deque比list沒有效率。

類別deque提供和類別vector相同的基本操作，但是跟list一樣增加了成員函式push_front和pop_front，這允許我們可以在deque的頂端分別插入和刪除元素。

圖15.14示範了類別deque的若干功能。在圖15.10、15.11和15.13中的許多函式，也都可以用於類別deque。若要使用類別deque，程式就必須引入標頭檔<deque>。

2　這是屬於實作的細節，而非C++標準所規定的。

```
1 // Fig. 15.14: Fig15_14.cpp
2 // Standard Library deque class template.
3 #include <iostream>
4 #include <deque> // deque class-template definition
5 #include <algorithm> // copy algorithm
6 #include <iterator> // ostream_iterator
7 using namespace std;
8
9 int main()
10 {
11    deque< double > values; // create deque of doubles
12    ostream_iterator< double > output( cout, " " );
13
14    // insert elements in values
15    values.push_front( 2.2 );
16    values.push_front( 3.5 );
17    values.push_back( 1.1 );
18
19    cout << "values contains: ";
20
21    // use subscript operator to obtain elements of values
22    for ( size_t i = 0; i < values.size(); ++i )
23       cout << values[ i ] << ' ';
24
25    values.pop_front(); // remove first element
26    cout << "\nAfter pop_front, values contains: ";
27    copy( values.cbegin(), values.cend(), output );
28
29    // use subscript operator to modify element at location 1
30    values[ 1 ] = 5.4;
31    cout << "\nAfter values[ 1 ] = 5.4, values contains: ";
32    copy( values.cbegin(), values.cend(), output );
33    cout << endl;
34 } // end main
```

```
values contains: 3.5 2.2 1.1
After pop_front, values contains: 2.2 1.1
After values[ 1 ] = 5.4, values contains: 2.2 5.4
```

圖15.14 標準程式庫deque類別樣板

第11行會實體化一個能儲存double型態數值的deque。第15-17行使用push_front函式和push_back函式，分別將元素加進deque的頂端和尾端。

第22-23行的for敘述使用註標運算子，擷取deque每一個元素中的數值，然後加以輸出。在條件式中使用size函式，以便確保我們不會存取到超過deque界限以外的元素。

第25行使用了pop_front函式，藉以示範如何移除deque的第一個元素。第30行使用註標運算子來建立一個左值(lvalue)。這樣做可以讓數值直接指派給deque的任何元素。

15.6 關聯式容器

關聯式容器提供可以透過**鍵值** (key)，對容器元素進行直接存入和擷取的動作，這些鍵值也稱爲**搜尋鍵值** (search key)。有四種有序關聯式容器，分別是：multiset、set、multimap和map。在每種容器中，鍵值會以排序的方式加以維護管理。另外，也有有四種無序關聯式容器，分別是：unordered_multiset、unordered_set、unordered_multimap和unordered_map，所提供的功能和有序關聯式容器類似。排序和未排序關連式容器的差別，在於未排序關聯容器的鍵值未經排序。在本節我們著重在排序關連式容器。

效能要訣 15.10

若應用程式不需要將鍵值排序，使用未排序關連式容器會有較佳效能。

對關聯式容器進行巡訪，會以該容器的排序順序執行。類別multiset和set提供了處理數值集合的操作方法，其數值就是鍵值 (key)；沒有其他數值與鍵值相關聯。multiset和set之間的主要差異是，multiset允許重複的鍵值，而set則否。類別multimap和map提供了可以用來處理鍵值相關數值 (這些數值有時又稱爲**映射值** (mapped value)) 的操作。multimap和map之間的主要差異是，multimap允許若干個數值關連於完全相同的鍵值，而map只允許一個鍵值關連於一個數值。除了所有容器都能使用的成員函式之外，關聯式容器另支援若干其他的成員函式。每一種關聯式容器和關聯式容器通用成員函式的範例，會陸續在以下幾個小節中討論。

15.6.1 multiset關聯式容器

已排序關聯式容器multiset (定義於標頭檔<set>) 提供了快速儲存和擷取鍵值的方法，並且允許重複的鍵值出現。元素的排列順序是由**比較器函式物件** (comparator function object) 所決定。例如，在型態integer的multiset中，我們可以使用**比較器函式物件** (comparator function object) less<int>，將鍵值按照遞增順序排列。我們會在第16.4節詳細探討函式物件。在本章中，只展示在宣告排序關連式容器時如何使用less<int>。所有關聯容器中的鍵值資料型態，都必須支援比較器函式物件所指定的比較方式；例如，由less<T>所排序的鍵值必須支援使用operator<的比較方式。如果關聯式容器使用的鍵值，是由程式設計者自訂的資料型態，則這些型態就必須提供適當的比較運算子。multiset會支援雙向迭代器 (但並非隨機存取迭代器)。若應用程式對關鍵值是否排序無特別要求，則可使用unordered_multiset (定義於標頭檔<unorder_set>)。

圖15.15示範有序關聯式容器multiset，是有關以遞增順序排列的整數multiset。容器multiset和set (15.6.2節) 會提供相同的基礎函式。

```
1 // Fig. 15.15: Fig15_15.cpp
2 // Standard Library multiset class template
3 #include <iostream>
4 #include <array>
5 #include <set> // multiset class-template definition
```

圖15.15　標準程式庫multiset類別樣板(1/3)

```
 6 #include <algorithm> // copy algorithm
 7 #include <iterator> // ostream_iterator
 8 using namespace std;
 9
10 int main()
11 {
12    const size_t SIZE = 10;
13    array< int, SIZE > a = { 7, 22, 9, 1, 18, 30, 100, 22, 85, 13 };
14    multiset< int, less< int > > intMultiset; // multiset of ints
15    ostream_iterator< int > output( cout, " " );
16
17    cout << "There are currently " << intMultiset.count( 15 )
18       << " values of 15 in the multiset\n";
19
20    intMultiset.insert( 15 ); // insert 15 in intMultiset
21    intMultiset.insert( 15 ); // insert 15 in intMultiset
22    cout << "After inserts, there are " << intMultiset.count( 15 )
23      << " values of 15 in the multiset\n\n";
24
25    // find 15 in intMultiset; find returns iterator
26    auto result = intMultiset.find( 15 );
27
28    if ( result != intMultiset.end() ) // if iterator not at end
29       cout << "Found value 15\n"; // found search value 15
30
31    // find 20 in intMultiset; find returns iterator
32    result = intMultiset.find( 20 );
33
34    if ( result == intMultiset.end() ) // will be true hence
35       cout << "Did not find value 20\n"; // did not find 20
36
37    // insert elements of array a into intMultiset
38    intMultiset.insert( a.cbegin(), a.cend() );
39    cout << "\nAfter insert, intMultiset contains:\n";
40    copy( intMultiset.cbegin(), intMultiset.cend(), output );
41
42    // determine lower and upper bound of 22 in intMultiset
43    cout << "\n\nLower bound of 22: "
44       << *( intMultiset.lower_bound( 22 ) );
45    cout << "\nUpper bound of 22: " << *( intMultiset.upper_bound( 22 ) );
46
47    // use equal_range to determine lower and upper bound
48    // of 22 in intMultiset
49    auto p = intMultiset.equal_range( 22 );
50
51    cout << "\n\nequal_range of 22:" << "\n   Lower bound: "
52       << *( p.first ) << "\n   Upper bound: " << *( p.second );
53    cout << endl;
54 } // end main
```

```
There are currently 0 values of 15 in the multiset
After inserts, there are 2 values of 15 in the multiset

Found value 15
Did not find value 20
```

圖15.15 標準程式庫multiset類別樣板(2/3)

```
After insert, intMultiset contains:
1 7 9 13 15 15 18 22 22 30 85 100

Lower bound of 22: 22
Upper bound of 22: 30

equal_range of 22:
   Lower bound: 22
   Upper bound: 30
```

圖15.15　標準程式庫multiset類別樣板(3/3)

建立multiset物件

第14行建立一個遞增排序的整數容器multiset，使用函式物件less<int>。遞增排序是multiset的預設排列方式，所以less<int>是可以省略的。C++11修復了一個編譯器的問題，問題出在less<int> 的關閉符號 > 和multiset 型態的關閉符號 > 兩者間的空白。在C++11之前，如果您用下列敘述指定multiset型態

```
multiset<int, less<int>> intMultiset;
```

編譯器會將尾端的兩個右角括號>> 解讀爲>>運算子，於是產生編譯錯誤。所以必須在兩個右角括號>>間加入空白符號(其他樣板型態也是如此，如vector<vector<int>>)。在C++11加不加空白都不會產生錯誤。

multiset成員函式cout

第17行使用count函式(所有關聯式容器都能使用此函式)來計算目前multiset中，數值15出現的次數。

multiset 成員函式 insert

insert函式有多個版本，第20-21行使用insert函式，將數值15加入multiset兩次。insert函式的第二個版本，會接收一個迭代器和一個數值作爲引數，並且從迭代器所指定的位置開始搜尋加入的位置。insert函式的第三個版本則會接收兩個迭代器作爲引數，這兩個引數將從另一個容器，指定某個範圍的數值加入multiset。

multiset 成員函式 find

第26行使用find函式(所有關聯式容器都能使用此函式)來找出數值15在multiset的位置。find函式會傳回一個iterator或const_iterator，這個迭代器會指向最先找到數值的位置。如果沒有找到這個數值，則find函式所傳回的iterator或const_iterator，會等於呼叫end函式所傳回的值。第32行顯示了這種情況。

將其他容器內容插入到multiset容器中

第38行使用insert函式，將陣列a的元素加入到multiset。在第40行中，演算法copy會將multiset的元素以遞增的順序，複製到標準輸出。

multiset 成員函式 lower_bound 和 upper_bound

第44和45行使用lower_bound函式和upper_bound函式（所有關聯式容器都有這兩個函式）判斷數值22在multiset中最先出現的位置，以及在multiset中，數值22最後出現的位置。這兩個函式都會傳回iterator或const_iterator，這些迭代器都會指向適當的位置，如果在multiset中找不到這個數值，則這些迭代器會指向end函式所傳回的迭代器。

pair 物件和 multiset 成員函式 equal_range

第49行會產生一個名爲p的pair物件。再次，我們使用C++11的關鍵字auto從初始值推斷變數型態，於本例中，multiset的成員函式equal_range回傳值的型態是pair物件。程式可以使pair物件，將一對數值連結起來。在這個範例中，類別pair的內容是兩個與我們的整數multiset有關的迭代器const_iterator。p的用途是儲存multiset的equal_range函式的傳回值，此函式所傳回的pair含有lower_bound和upper_bound操作的結果。型態pair包含兩個public資料成員，稱爲first和second。第49行使用equal_range函式來判斷在multiset中，數值22的lower_bound和upper_bound。第52行分別使用p.first和p.second來存取lower_bound和upper_bound。我們會對這些迭代器執行取值的動作，然後輸出由equal_range所傳回的位置上的數值。在取值前必須先確認由lower_bound、upper_bound和equal_range所傳回的迭代器不等於end迭代器，否則會產生錯誤，雖然程式中未做檢查，但這是應執行的動作。

C++11 Variadic 類別樣板 tuple

C++還包括類別樣板tuple，這和pair類似，但可以保存任何數量的各種型態物件。在C++11，類別樣板元組已經用variadic templates實作，此樣板接收不同數量的參數。我們會在第24章討論tuple和variadic。

15.6.2 set 關聯式容器

關聯式容器set(定義於標頭檔<set>中)用來對關聯式容器中的唯一鍵值，進行快速儲存和擷取操作。關聯式容器set的實作與multiset完全相同，只不過set必須使用唯一的鍵值。因此，如果嘗試將重複的鍵值加入set，則重複的鍵值會被忽略；因爲這是集合的可預期的數學行爲，所以我們不會將它視爲一般的程式設計錯誤。set會支援雙向迭代器（但並非隨機存取迭代器）。若關鍵值的排序在應用中並不重要，建議使用unordered_set（定義於標頭檔<unordered_set>中）。圖15.16示範了型態double的set關聯容器。

```
1 // Fig. 15.16: Fig15_16.cpp
2 // Standard Library set class template.
3 #include <iostream>
4 #include <array>
5 #include <set>
6 #include <algorithm>
7 #include <iterator> // ostream_iterator
8 using namespace std;
```

圖15.16 標準程式庫類別樣板set(1/2)

```
 9
10 int main()
11 {
12    const size_t SIZE = 5;
13    array< double, SIZE > a = { 2.1, 4.2, 9.5, 2.1, 3.7 };
14    set< double, less< double > > doubleSet( a.begin(), a.end() );
15    ostream_iterator< double > output( cout, " " );
16
17    cout << "doubleSet contains: ";
18    copy( doubleSet.begin(), doubleSet.end(), output );
19
20    // insert 13.8 in doubleSet; insert returns pair in which
21    // p.first represents location of 13.8 in doubleSet and
22    // p.second represents whether 13.8 was inserted
23    auto p = doubleSet.insert( 13.8 ); // value not in set
24    cout << "\n\n" << *( p.first )
25       << ( p.second ? " was" : " was not" ) << " inserted";
26    cout << "\ndoubleSet contains: ";
27    copy( doubleSet.begin(), doubleSet.end(), output );
28
29    // insert 9.5 in doubleSet
30    p = doubleSet.insert( 9.5 ); // value already in set
31    cout << "\n\n" << *( p.first )
32       << ( p.second ? " was" : " was not" ) << " inserted";
33    cout << "\ndoubleSet contains: ";
34    copy( doubleSet.begin(), doubleSet.end(), output );
35    cout << endl;
36 } // end main
```

```
doubleSet contains: 2.1 3.7 4.2 9.5

13.8 was inserted
doubleSet contains: 2.1 3.7 4.2 9.5 13.8

9.5 was not inserted
doubleSet contains: 2.1 3.7 4.2 9.5 13.8
```

圖15.16　標準程式庫類別樣板set(2/2)

第14行，使用函式物件less<double>建立了一個double型態的set物件，該物件以遞增方式排序鍵值。建構子將陣列a的所有元素插入到set物件。第18行使用演算法copy將set的內容輸出。請注意，在陣列a中出現兩次的數值2.1，在doubleSet中只出現一次。這是因爲容器set不允許出現重複的鍵值。

第23行定義並初始化一個類別pair物件p，其初值是doubleSet呼叫set成員insert函式後，所傳回的結果。pair物件由一個doubleSet的迭代器const_iterator，和一個bool數值所組成。bool數值表示插入是否成功，若欲插入的值不在容器中，代表插入成功，其值爲true；若欲插入的在容器中已有，代表插入失敗，其值爲false。

第23行使用insert函式將數值13.8放到set中。函式insert會回傳pair物件p。p.first是一個迭代器，指向set中的數值13.8。p.second是個bool值，如果數值成功插入，p.second值爲true，否則爲false。在此情況下，13.8並不在集合中，所以它有被加入。第30行嘗試加入9.5，而它已經位在集合中。輸出結果顯示，沒有加入9.5因爲set不允許重複的鍵值。此時p.first指到set容器中元素值爲9.5的位置。

15.6.3 multimap關聯式容器

multimap關聯式容器可以用來快速儲存和擷取鍵值與其相關數值(通常稱爲鍵值-數值配對)。許多和multiset和set搭配使用的函式,也可用於multimap和map。multimap和map的元素都是由鍵值和相關數值所組成的配對,而不是個別的數值。當我們對multimap或map執行插入的操作時,將使用pair類別的物件,而此物件含有鍵值和數值。鍵值的排列順序是由比較器函式物件所決定。例如,在一個使用整數當作鍵值型態的multimap內,我們可以藉由使用比較器函式物件less<int>,來將鍵值按照遞增方式進行排序。multimap允許重複的鍵值出現,因此單一鍵值可以與多個數值相關。這通常稱爲**一對多 (one-to-many)** 的關係。

例如,在一個信用卡交易處理系統中,一個信用卡帳戶可以擁有多筆相關聯的交易;在一間大學中,一位學生可以選修許多門課程,而一位教授可以教導許多學生;在軍隊中,一個官階(像士兵)可以對應很多人。multimap會支援雙向迭代器,但並非隨機存取迭代器。圖15.17示範了multimap關聯式容器的應用情形。若要使用類別multimap,程式必須引入標頭檔<map>。若關鍵值的排序在應用中並不重要,建議使用unordered_multimap(定義於標頭檔<unordered_map>中)。

效能要訣 15.11

multimap是實作來有效率地找出所有與某指定鍵值配對的數值。

```
1  // Fig. 15.17: Fig15_17.cpp
2  // Standard Library multimap class template.
3  #include <iostream>
4  #include <map> // multimap class-template definition
5  using namespace std;
6
7  int main()
8  {
9     multimap< int, double, less< int > > pairs; // create multimap
10
11    cout << "There are currently " << pairs.count( 15 )
12       << " pairs with key 15 in the multimap\n";
13
14    // insert two value_type objects in pairs
15    pairs.insert( make_pair( 15, 2.7 ) );
16    pairs.insert( make_pair( 15, 99.3 ) );
17
18    cout << "After inserts, there are " << pairs.count( 15 )
19       << " pairs with key 15\n\n";
20
21    // insert five value_type objects in pairs
22    pairs.insert( make_pair( 30, 111.11 ) );
23    pairs.insert( make_pair( 10, 22.22 ) );
24    pairs.insert( make_pair( 25, 33.333 ) );
25    pairs.insert( make_pair( 20, 9.345 ) );
26    pairs.insert( make_pair( 5, 77.54 ) );
27
```

圖15.17 標準程式庫multimap類別樣板(1/2)

```
28     cout << "Multimap pairs contains:\nKey\tValue\n";
29
30     // walk through elements of pairs
31     for ( auto mapItem : pairs )
32        cout << mapItem.first << '\t' << mapItem.second << '\n';
33
34     cout << endl;
35 } // end main
```

```
There are currently 0 pairs with key 15 in the multimap
After inserts, there are 2 pairs with key 15

Multimap pairs contains:
Key	Value
5	77.54
10	22.22
15	2.7
15	99.3
20	9.345
25	33.333
30	111.11
```

圖15.17　標準程式庫multimap類別樣板(2/2)

第9行程式建立一個multimap物件，其鍵值的型態是int，與鍵值的相關數值型態是double，而且元素會按照遞增的順序加以排序。第11行使用count函式，藉以找出具有鍵值15的鍵值-數值(key–value)配對個數(目前容器是空的，所以配對個數爲0。

第15行使用insert函式將新的鍵值-數值配對加入這個multimap。運算式make_pair (15, 2.7) 會建立一個pair類別物件，其中first是int型態的鍵值 (15)，而second是double型態的數值 (2.7)。函式make_pair自動使用在宣告multimap時 (第9行) 所使用的鍵值和數值資料型態。第16行加進另一個鍵值15、數值99.3的pair物件。然後第18-19行輸出鍵值15的配對個數。在C++11中，您可對pair物件使用初始值列表，所以第15行可簡化爲

```
pairs.insert( { 15, 2.7 } );
```

同樣，C++11使您能夠使用初始化列表來初始化準備從函數回傳的物件。例如，如果一個函數回傳一個int和double的pair物件，您可以寫成：

```
return { 15, 2.7 };
```

第22-26行將另外5個pair加入這個multimap。在第31-32行使用以範圍爲基礎的for敘述輸出multimap的內容，其中包括鍵值和數值。我們使用關鍵字auto來推斷控制變數的型態(pair容器，包括鍵值和數值。第32行存取multimap每個元素所包含的pair成員。請注意，在輸出結果中，鍵值是以遞增的順序進行排列。

C++11：列表初始化鍵值-數值 pair容器

在這個例子中，我們使用不同敘述，將鍵值-數值配對插入到multimap中。如果您已經有鍵值-數值配對的資料，可以使用清單初始化multimap物件。例如，下面的語句初始化一個多重鍵值-數值配對，此配對在串列中以子串列方式呈現，語法如下：

```
multimap< int, double, less< int > > pairs =
   { { 10, 22.22 }, { 20, 9.345 }, { 5, 77.54 } };
```

15.6.4 map關聯式容器

關聯式容器map (定義於標頭檔<map>) 會對唯一鍵值和其相關的數值，進行快速儲存和擷取的操作。重複的鍵值是不被允許的，所以一個鍵值只可以關聯於一個數值。這就是所謂的**一對一映射** (one-to-one mapping)。例如，一個只使用唯一職員編號的公司，例如100、200和300，可能具有一種map關係，能夠將職員編號分別與他們的分機號碼4321、4115和5217 關聯起來。利用map，我們只需要指明鍵值，就能很快地取得相關聯的資料。在map的註標運算子[]中提供鍵值，就可以找到map中與鍵值相關聯的數值。程式可以在map的任何位置執行加入和刪除動作。若鍵值的排序在應用中並不重要，建議使用unordered_map (定義於標頭檔<unordered_map>中)。

圖15.18示範了map關聯式容器的應用情形，並使用與圖15.17相同的程式特徵，來示範註標運算子。第27-28行使用了類別map的註標運算子。當註標是map中已經存在的鍵值 (第27行) 時，運算子會傳回指向其相關數值的參考。當註標不是map中的鍵值 (第18行) 時，運算子就會將這個鍵值加入map中，並傳回一個參考，這個參考能夠用來將某一個數值與這個鍵值關聯起來。第27行以一個新的數值9999.99，取代與鍵值25相關聯的數值 (先前在第16行將這個數值指定為33.333)。第28行會在map中加入一個新鍵值-數值配對pair (稱為建**立一個關聯**，creating an association)。

```
1  // Fig. 15.18: fig15_18.cpp
2  // Standard Library class map test program.
3  #include <iostream>
4  #include <map> // map class-template definition
5  using namespace std;
6
7  int main()
8  {
9     map< int, double, less< int > > pairs;
10
11    // insert eight value_type objects in pairs
12    pairs.insert( make_pair( 15, 2.7 ) );
13    pairs.insert( make_pair( 30, 111.11 ) );
14    pairs.insert( make_pair( 5, 1010.1 ) );
15    pairs.insert( make_pair( 10, 22.22 ) );
16    pairs.insert( make_pair( 25, 33.333 ) );
17    pairs.insert( make_pair( 5, 77.54 ) ); // dup ignored
18    pairs.insert( make_pair( 20, 9.345 ) );
19    pairs.insert( make_pair( 15, 99.3 ) ); // dup ignored
20
21    cout << "pairs contains:\nKey\tValue\n";
22
23    // use const_iterator to walk through elements of pairs
24    for ( auto mapItem : pairs )
```

圖15.18　標準程式庫的map類別樣板(1/2)

```
25       cout << mapItem.first << '\t' << mapItem.second << '\n';
26
27    pairs[ 25 ] = 9999.99; // use subscripting to change value for key 25
28    pairs[ 40 ] = 8765.43; // use subscripting to insert value for key 40
29
30    cout << "\nAfter subscript operations, pairs contains:\nKey\tValue\n";
31
32    // walk through elements of pairs
33    for ( auto mapItem : pairs )
34       cout << mapItem.first << '\t' << mapItem.second << '\n';
35
36    cout << endl;
37 } // end main
```

```
pairs contains:
Key   Value
5     1010.1
10    22.22
15    2.7
20    9.345
25    33.333
30    111.11

After subscript operations, pairs contains:
Key   Value
5     1010.1
10    22.22
15    2.7
20    9.345
25    9999.99
30    111.11
40    8765.43
```

圖15.18　標準程式庫的map類別樣板(2/2)

15.7　容器配接器

有三種容器配接器(container adapter)，分別是：stack、queue和priority_queue。配接器不屬於第一類容器，因爲它們並不提供實際用來儲存元素的資料結構實作，而且也不支援迭代器。配接器類別的優點是，程式設計者可以選擇合適的資料結構作爲基礎。三種配接器類別都會提供成員函式push和pop，利用這兩個函式可以在每一種配接器資料結構中，正確地加入和刪除元素。以下幾個小節將提供配接器類別的若干範例。

15.7.1　stack配接器

類別stack(定義在標頭檔<stack>)提供在基礎資料結構的一個端點，執行加入和刪除動作的功能。所以堆疊通常稱爲後進先出的資料結構。我們以在第6.12節函式呼叫中介紹過stack。stack可以利用vector、list和deque任何循序式容器來實作。下列範例建立了三種整數堆疊，它們分別利用標準程式庫中的每一種循序式容器，來作爲stack的基礎資料結構。stack預設以deque來實作。對stack的操作有將元素加進stack頂端的push(藉由呼叫基礎容器的push_ back函式來實作)，將stack頂端元素移除的pop (藉由呼叫基礎容器的pop_back函式來實作)，取得指向stack頂端元素參考的top (藉由呼叫基礎容器的back函式來實作)，判斷stack是否清空的empty (藉由呼叫基礎容器的empty函式來實作)，以及取得stack中元素個數的size (藉由呼叫基礎容器的size函式來實作)。第19章會討論如何發展自訂的stack類別樣板。

圖15.19示範了stack配接器類別的應用。第18、21和24行分別建立三個整數堆疊物件。第18行建立一個整數stack，它使用預設的deque容器作爲基礎資料結構。第21行使用整數vector作爲整數stack基礎資料結構。第24行使用整數list作爲整數stack基礎資料結構。

```
 1 // Fig. 15.19: fig15_19.cpp
 2 // Standard Library adapter stack test program.
 3 #include <iostream>
 4 #include <stack> // stack adapter definition
 5 #include <vector> // vector class-template definition
 6 #include <list> // list class-template definition
 7 using namespace std;
 8
 9 // pushElements function-template prototype
10 template< typename T > void pushElements( T &stackRef );
11
12 // popElements function-template prototype
13 template< typename T > void popElements( T &stackRef );
14
15 int main()
16 {
17    // stack with default underlying deque
18    stack< int > intDequeStack;
19
20    // stack with underlying vector
21    stack< int, vector< int > > intVectorStack;
22
23    // stack with underlying list
24    stack< int, list< int > > intListStack;
25
26    // push the values 0-9 onto each stack
27    cout << "Pushing onto intDequeStack: ";
28    pushElements( intDequeStack );
29    cout << "\nPushing onto intVectorStack: ";
30    pushElements( intVectorStack );
31    cout << "\nPushing onto intListStack: ";
32    pushElements( intListStack );
33    cout << endl << endl;
34
35    // display and remove elements from each stack
36    cout << "Popping from intDequeStack: ";
37    popElements( intDequeStack );
38    cout << "\nPopping from intVectorStack: ";
39    popElements( intVectorStack );
40    cout << "\nPopping from intListStack: ";
41    popElements( intListStack );
42    cout << endl;
43 } // end main
```

圖15.19 標準程式庫stack配接器類別(1/2)

```
44
45 // push elements onto stack object to which stackRef refers
46 template< typename T > void pushElements( T &stackRef )
47 {
48    for ( int i = 0; i < 10; ++i )
49    {
50       stackRef.push( i ); // push element onto stack
51       cout << stackRef.top() << ' '; // view (and display) top element
52    } // end for
53 } // end function pushElements
54
55 // pop elements from stack object to which stackRef refers
56 template< typename T > void popElements( T &stackRef )
57 {
58    while ( !stackRef.empty() )
59    {
60       cout << stackRef.top() << ' '; // view (and display) top element
61       stackRef.pop(); // remove top element
62    } // end while
63 } // end function popElements
```

```
Pushing onto intDequeStack: 0 1 2 3 4 5 6 7 8 9
Pushing onto intVectorStack: 0 1 2 3 4 5 6 7 8 9
Pushing onto intListStack: 0 1 2 3 4 5 6 7 8 9

Popping from intDequeStack: 9 8 7 6 5 4 3 2 1 0
Popping from intVectorStack: 9 8 7 6 5 4 3 2 1 0
Popping from intListStack: 9 8 7 6 5 4 3 2 1 0
```

圖15.19　標準程式庫stack配接器類別(2/2)

函式pushElements(第46-53行)將元素推進每一個stack頂端。第50行則使用push函式(每一個配接器類別都能使用此函式)將一個整數放到stack的頂端。第51行使用stack的top函式，取得stack頂端的元素並且加以輸出。top函式不會將頂端的元素移除。

popElements函式(第56-63行)會從每個stack移除元素。第60行使用stack的top函式，取得stack頂端的元素並且加以輸出。第61行則使用pop函式(每一種配接器類別都能使用此函式)來移除stack頂端的元素。pop函式不會傳回數值。

15.7.2 queue配接器

queue就像個排隊線。在queue中待最久的項目最先被移出，所以queue通常稱為**先進先出資料結構**(FIFO：first-in, first-out)。queue(定義於標頭檔<queue>)讓程式能夠在基礎資料結構的尾端加進元素，並從前端移除元素。queue可以利用標準程式庫中list和deque容器加以實作。queue會預設以deque來實作。queue的通用操作有在queue後端加進元素的push(藉由呼叫基礎容器的push_back函式來實作)，在queue前端移除元素的pop(藉由呼叫基礎容器的pop_front函式來實作)，取得指向queue中第一個元素參考的front(藉由呼叫基礎容器的front函式來實作)，取得指向queue中最後一個元素參考的back(藉由呼叫基礎容器的back函式來實作)，會判斷queue是否清空的empty(藉由呼叫基礎容器的empty函式來實作)，以及取得queue元素個數的size(藉由呼叫基礎容器的size函式來實作)。第19章會討論如何發展自訂的queue類別樣板。

圖15.20將示範配接器類別queue的應用。第9行會建立一個能儲存double數值的queue物件。第12-14行使用push函式將元素加入queue。第19-23行的while敘述，使用empty函式(所有容器都能使用這個函式)去判斷queue是否為空的(第19行)。當queue還有元素存在的時候，第21行將使用queue的front函式來讀取(但不會移除)queue的第一個元素，然後加以輸出。第22行會使用pop函式(所有配接器類別都能使用這個函式)移除queue的第一個元素。

```
 1 // Fig. 15.20: fig15_20.cpp
 2 // Standard Library adapter queue test program.
 3 #include <iostream>
 4 #include <queue> // queue adapter definition
 5 using namespace std;
 6
 7 int main()
 8 {
 9    queue< double > values; // queue with doubles
10
11    // push elements onto queue values
12    values.push( 3.2 );
13    values.push( 9.8 );
14    values.push( 5.4 );
15
16    cout << "Popping from values: ";
17
18    // pop elements from queue
19    while ( !values.empty() )
20    {
21       cout << values.front() << ' '; // view front element
22       values.pop(); // remove element
23    } // end while
24
25    cout << endl;
26 } // end main
```

```
Popping from values: 3.2 9.8 5.4
```

圖15.20 標準程式庫queue配接器類別

15.7.3 priority_queue配接器

類別priority_queue(定義於標頭檔<queue>)能提供以下功能：以排序方式在底層資料結構中加入元素，以及從底層資料結構的前端刪除元素。priority_queue可以利用標準程式庫循序式容器vector和deque來實作。priority_queue預設以vector作為底層容器來實作。當我們將元素加入priority_queue時，元素會按照優先權的順序執行加入的動作，於是擁有最高優先權的元素(也就是最大的數值)就會第一個從priority_queue移除。實作上通常會將元素排列到**堆積**(heap)中(不要和系統用來動態配置記憶體的heap混淆)，堆積會永遠將最大值(也就是最高優先權的元素)放在資料結構的前端。我們會在16.3.12節討論標準程式庫的堆積演算法。程式預設以比較器函式物件less<T>來執行元素之間的比較，但是程式設計者可以提供不同的比較器。

priority_queue有幾個通用的操作。函式push根據priority_queue優先權順序在適當位置加入元素的（其實作方式爲呼叫基礎容器的push_back函式，然後使用堆積排序法重新排列元素的順序）。函式pop將priority_queue最高優先權元素移除（其實作方式是，在移除堆積的頂端元素之後，呼叫基礎容器的pop_back函式）。函式top取得指向priority_queue頂端元素參考（藉由呼叫基礎容器的front函式來實作）。函式empty用來判斷priority_queue是否清空（藉由呼叫基礎容器的empty函式來實作）。函式size取得priority_queue中元素個數的（藉由呼叫基礎容器的size函式來實作）。

圖15.21將示範priority_queue配接器類別的應用。程式第9行會建立一個priority_queue配接器，此配接器可以儲存double數值，並且使用vector作爲底層資料結構。第12-14行使用push函式將元素加入priority_queue。第19-23行的while敘述，使用empty函式（所有容器都能使用這個函式）去判斷priority_queue是否爲空的（第19行）。當priority_queue還有元素的時候，第21行會使用priority_queue的top函式來擷取priority_queue中具有最高優先權的元素（最大值），然後加以輸出。第22行則使用pop函式（所有配接器類別都能使用這個函式）來移除priority_queue的最高優先權元素。

```
 1 // Fig. 15.21: fig15_21.cpp
 2 // Standard Library adapter priority_queue test program.
 3 #include <iostream>
 4 #include <queue> // priority_queue adapter definition
 5 using namespace std;
 6
 7 int main()
 8 {
 9    priority_queue< double > priorities; // create priority_queue
10
11    // push elements onto priorities
12    priorities.push( 3.2 );
13    priorities.push( 9.8 );
14    priorities.push( 5.4 );
15
16    cout << "Popping from priorities: ";
17
18    // pop element from priority_queue
19    while ( !priorities.empty() )
20    {
21       cout << priorities.top() << ' '; // view top element
22       priorities.pop(); // remove top element
23    } // end while
24
25    cout << endl;
26 } // end main
```

```
Popping from priorities: 9.8 5.4 3.2
```

圖15.21　標準程式庫priority_queue配接器類別

15.8 類別bitset

類別bitset能讓建立和操作位元集合 (bit sets) 的工作變得更加容易，這種位元集合在表示位元旗標形成的集合時，會很有用。在編譯階段，bitset的大小就已固定的。bitset類別可以用來替代22章所討論的位元操作。

以下宣告

```
bitset< size > b;
```

建立一個bitset b，其中每一個位元都會將初值設定為0。

以下敘述

```
b.set( bitNumber );
```

將bitset b的位元bitNumber設定為"on"。運算式b.set()會將b中所有位元都設定為"on"。

以下敘述

```
b.reset( bitNumber );
```

將bitset b的位元bitNumber設定為"off"。運算式b.reset()會將b中所有的位元都設定為"off"。

以下敘述

```
b.flip( bitNumber );
```

會將bitset b的位元bitNumber加以「翻轉」(例如，如果此位元是on，則flip會將它設定為off)。運算式b.flip()將b中所有的位元都加以翻轉。

以下敘述

```
b[ bitNumber ];
```

將傳回指向bitset b的位元bitNumber的參考。

同樣地，

```
b.at( bitNumber );
```

會先對bitNumber執行範圍檢查。然後，如果bitNumber位在界定範圍內，則at函式會傳回指向該位元的參考。否則，at函式會拋出out_of_range異常。

以下敘述

```
b.test( bitNumber );
```

會先對bitNumber執行範圍檢查。然後，如果bitNumber位於界定範圍內，則當位元處於on狀態時，test將傳回true，當位於處於off狀態時，test將傳回false。否則，test會拋出out_of_range異常。

運算式

```
b.size()
```

將傳回bitset b的位元個數。

運算式

```
b.count()
```

將傳回bitset b的位元個數。

運算式

```
b.any()
```

如果bitset b中已經有設定任何一個位元，則運算式將傳回true。

運算式

```
b.all()
```

如果bitset b中所有的位元被設定則回傳 true。

運算式

```
b.none()
```

如果bitset b中沒有設定任何一個位元，將傳回true。

運算式

```
b == b1
b != b1
```

會分別比較兩個bitset是否相等以及不相等。

每一種逐位元指定運算子 &=、|=和^=都可以用來將兩個bitset結合(22.5節)。

例如

```
b &= b1;
```

會在bitset b和b1之間，執行逐位元AND運算。其結果儲存在b中。逐位元引入OR運算和逐位元互斥OR運算，則以下列運算式加以執行，

```
b |= b1;
b ^= b2;
```

運算式

```
b >>= n;
```

可以將bitset b中的各位元向右移位n個位置。

運算式

```
b <<= n;
```

可以將bitset b中的各位元向左移位n個位置。

運算式

```
b.to_string()
b.to_ulong()
```

會分別將bitset b轉換成string和unsigned long。

15.9 總結

在本章中，介紹了標準程式庫中三個主要元件，分別是容器、迭代器和演算法。您學到了sequence containers、array（第7章）、vector、deque、forward_list和list，這些都屬於線性資料結構。我們也討論了非線性關聯式容器：set、multiset、map和multimap，這些容器都另有未排序版本。學到了容器配接器stack、queue和priority_queue可以用來限制循序式容器vector、deque 和list的操作，實作出特殊化的資料結構。介紹了數種迭代器，每一個演算法可以和支援所需最小迭代器功能的容器搭配使用。您也學到了類別bitset，將其當作容器來使用，使建立和操作位元集合的工作變得更加容易。

在下一章中，將繼續對標準程式庫容器，迭代器和演算法的討論，尤其對演算法會有更深入的探討。也會介紹函式指標、函式物件和C++11 新的lambda運算式。

摘要

15.1　簡介

- 標準程式庫定義了功能強大，以樣板爲基礎可再利用的元件，這些元件實作了許多常見的資料結構和用來處理這些資料結構的演算法。
- 容器的種類有三種：第一類容器、配接器和近似容器。
- 迭代器性質和指標類似，用來處理容器內元素。
- 標準程式庫演算法是一種函式樣板，能夠執行常用的資料操作，諸如搜尋、排序、比較元素或整個容器等等。

15.2　容器簡介

- 容器類別大略可分爲三大類，分別是循序式容器、關聯式容器以及容器配接器。
- 循序式容器代表一種線性資料結構。
- 關聯式容器是非線性容器，它能很快找出儲存在容器內的元素，例如數值集合或鍵值/數值配對等容器。
- 循序式容器和關聯式容器統稱爲第一類容器。
- 類別樣板stack、queue和priority_queue是容器配接器，使一個程式能以另一個受限的角度看待序列容器。
- 近似容器(內建陣列、bitsets和valarrays)其功能和第一類容器類似，但並不支援第一類容器所有功能。
- 所有容器都提供類似的功能。有些運算子的操作適用於所有容器，另外一些運算子的操作只適用於部分容器。
- 第一類容器定義許多通用的巢狀型態，用來宣告以樣板爲基礎的變數、函式參數和返回值。

15.3　迭代器簡介

- 迭代器和指標有許多相似點，用來標示第一類容器元素。
- 第一類容器的begin函式，能傳回指向容器第一個元素的迭代器。end函式能傳回指向容器尾端下一個元素（這是一個不存在的元素），通常用在迴圈，以指出何時終止處理容器元素。
- istream_iterator能以型態安全 (type-safe) 的方式，從輸入串流中擷取數值。ostream_iterato能在輸出串流中插入數值。
- 隨機存取迭代器具有雙向迭代器的功能，以及直接存取容器任何元素的功能。
- 雙向迭代器具有順向迭代器的功能，而且也具有反向移動的功能。
- 順向迭代器結合了輸出和輸入迭代器的功能。
- 輸入和輸出迭代器只能以順向方式(也就是，從容器的首端到尾端)，一次移動一個元素。

15.4 演算法簡介

- 標準程式庫演算法只能間接透過迭代器處理容器內元素。
- 許多演算法應用在一序列元素，透過指到第一個元素和最後元素後面的迭代器完成所有元素的巡訪和處理。

15.5 循序式容器

- 標準程式庫提供五種循序式容器，分別是：array、vector、forward_list、list和deque。類別樣板array、vector和deque都是以陣列爲基礎。類別樣板forward_list和list則以鏈結串列資料結構實作。

15.5.1 vector循序式容器

- capacity函式會在vector動態調整大小以便容納更多元素之前，傳回vector所能儲存的元素個數。
- 循序式容器的push_back函式，能將元素插入容器的尾端。
- vrctor的成員函式cbegin (C++11新的成員函式) 會返回指到第一個元素的const_iterator。
- vrctor的成員函式cend (C++11新的成員函式) 會返回指到最後一個元素後面的const_iterator。
- vrctor 的成員函式crbegin (C++11新的成員函式) 會返回指到最後一個元素的const_reverse_iterator。
- vrctor 的成員函式crend (C++11新的成員函式) 會返回指到第一個元素前面的const_reverse_iterator。
- 在C++11中，您可要求vector和deque將用不到的記憶體藉由呼叫函式shrink_to_fit歸還給系統。
- 在C++11中，可用初始值列表對向量和其他容器做初始化。
- 演算法copy (定義在標頭檔<algorithm>) 會將這個容器中，從第一個引數的迭代器指示的位置開始，一直到第二個引數的迭代器指示的位置 (但不包括此元素) 爲止，複製每一個元素。
- front函式會傳回一個指向循序式容器第一個元素的參考。begin函式會傳回一個指向循序式容器開端的迭代器。
- back函式會傳回一個指向循序式容器最後一個元素的參考。end函式則會傳回一個指向循序式容器尾端之後下一個元素的迭代器。
- 循序式容器的insert函式會將數值插入指定位置的元素之前。
- erase函式 (所有第一類容器都可使用) 會將指定元素從容器中移除。
- empty函式 (所有容器和配接器均可使用此函式)，如果容器是空的，則將傳回true。
- clear函式 (所有第一類容器都可以使用此函式) 會將容器清空。

15.5.2 list循序式容器

- 循序式容器list (定義在標頭檔<list>中) 實作了doubly linked list，提供了可以在容器的任何位置，有效率地執行加入和刪除操作的功能。

- 循序式容器 forward_list（定義在標頭檔 <forward_list> 中）實作了 singly linked list，支援前向迭代器。
- list 的成員函式 push_front 會將數值插入 list 的開端。
- list 的成員函式 sort 會以遞增的順序，對 list 中的元素進行排序。
- list 的成員函式 splice 會將元素從一個 list 中移除，然後將這些元素插入另一個 list 的指定位置。
- list 的成員函式 unique 會將 list 中多餘的重複元素移除。
- list 的成員函式 assign 會將一個 list 的內容以另一個 list 的內容予以取代。
- list 的成員函式 remove 會從 list 將指定數值的所有副本移除。

15.5.3 deque 循序式容器

- 類別樣板 deque 提供和 vector 相同的基本操作，但是增加了成員函式 push_front 和 pop_front，這允許我們可以在 deque 的頭端分別加入和刪除元素。若要使用類別樣板 deque，程式就必須引入標頭檔 <deque>。

15.6 關聯式容器

- 標準程式庫的關聯式容器提供了直接存取的功能，程式可以經由鍵值儲存和擷取元素。
- 有四種有序關聯容器：multiset、set、multimap 和 map。
- 有四種無序關聯容器：unordered_multiset、unordered_set、unordered_multimap 和 unordered_map，除了不以排序方式維護鍵值外，其功能和有序關聯容器幾乎相同。
- 類別樣板 multiset 和 set 提供了處理數值集合的操作方法，其數值就是鍵值；鍵值並沒有與其相關的個別數值。若要使用類別樣板 set 和 multiset，則必須引入標頭檔 <set>。
- multiset 允許重複的鍵值，而 set 則否。

15.6.1 multiset 關聯式容器

- 關聯式容器 multiset 提供了快速儲存和擷取鍵值的方法，並且允許重複的鍵值出現。元素的排列順序是由比較器函式物件 (comparator function object) 所決定。
- 在 multiset 中，我們可以使用比較器函式物件 less<int>，將鍵值按照遞增順序排列。
- 所有關聯容器中的鍵值資料型態，都必須支援比較器函式物件所指定的比較方式。
- multiset 會支援雙向迭代器。
- 若要使用類別 multiset，程式就必須引入標頭檔 <set>。
- 使用 count 函式（所有關聯式容器都適用），計數某數值在容器中出現的次數。
- 使用 find（所有關聯式容器都適用）定位某數值在容器中的位置。
- 關聯式容器的函式 lower_bound 和 upper_bound 能定位某數值在容器最早出現的位置和最晚出現的位置，並將 upper_bound 指到最晚出現位置後的元素。
- 關聯式容器的函式 equal_range 返回一對執行 lower_bound 和 upper_bound 後的結果。
- C++ 也包括一個類別樣板 tuple，功能和 pair 類似，但能持有任意數量和任意型態的元素。

15.6.2 set關聯式容器

- 關聯式容器set用來對關聯式容器中的唯一鍵值，進行快速儲存和擷取操作。若鍵值的排序在應用中並不重要，建議使用unordered_set (定義於標頭檔<unordered_set>中)。
- 如果嘗試將重複的鍵值加入set，則重複的鍵值會被忽略。
- set會支援雙向迭代器。
- 若要使用類別set，程式就必須引入標頭檔<set>。

15.6.3 multimap關聯式容器

- multimap和map容器提供了能處理和鍵值相關的數值操作方法。若鍵值的排序在應用中並不重要，建議使用unordered_multimap (定義於標頭檔<unordered_map>中)。
- multimap和map之間的主要差異是，multimap允許若干個數值關連於完全相同的鍵值，而map只允許一個鍵值關連於一個數值。
- multimap關聯式容器可以用來快速儲存和擷取鍵值與其相關數值，通常稱爲鍵值-數值配對。
- multimap允許重複的鍵值出現，因此單一鍵值可以與多個數值相關。這通常稱爲一對多(one-to-many)的關係。
- 若要使用類別樣板map和multimap，程式必須引入標頭檔<map>。
- 函式make_pair使用multimap宣告中的型態，自動建立一個pair物件。
- 在C++11中，若您事先知道鍵值-數值配對，在建立multimap物件時，可使用初始化列表。

15.6.4 map關聯式容器

- 重複的鍵值在map是不被允許的，所以一個鍵值只可以關聯於一個數值。這就是所謂的一對一映射 (one-to-one mapping)。若關鍵值的排序在應用中並不重要，建議使用unordered_map (定義於標頭檔<unordered_map>中)。

15.7 容器配接器

- 有三種容器配接器，分別是：stack、queue和priority_queue。
- 配接器不屬於第一類容器，因爲它們並不提供實際的資料結構實作，然而元素卻必須利用資料結構才能儲存，此外它們也不支援迭代器。
- 三種配接器類別樣板都有提供成員函式push和pop，這兩個函式分別會將元素插入和移出每一種配接器資料結構。

15.7.1 stack配接器

- 類別樣板堆疊稱爲後進先出 (LIFO) 的資料結構。若要使用類別樣板stack，程式就必須引入標頭檔<stack>。
- stack的成員函式top會傳回一個指向stack頂端元素的參考 (藉由呼叫基礎容器的back函式來實作)。

- stack的成員函式empty會判斷stack是否爲空的（藉由呼叫基礎容器的empty函式來實作）。
- stack的成員函式size會傳回所取得的stack元素個數（藉由呼叫基礎容器的size函式來實作）。

15.7.2　queue配接器

- 類別queue實作先進先出資料結構。要使用queue或priority_queue類別樣板，程式必須引入標頭檔<queue>。
- queue的成員函式front會傳回一個指向queue第一個元素的參考。
- queue的成員函式back會傳回一個指向queue最後一個元素的參考。
- queue的成員函式empty會判斷queue是否爲空的。
- queue的成員函式size會傳回所取得的queue元素個數。

15.7.3　priority_queue配接器

- 類別樣板priority_queue能提供以下功能：維持排序狀態在基礎資料結構中加入元素，以及從基礎資料結構的前端刪除元素。
- priority_queue的通用操作有push、pop、top、empty和size。

15.8　類別bitset

- 類別樣板bitset能讓建立和操作位元集合 (bit sets) 的工作變得更加容易，這種位元集合在表示由位元旗標形成的集合時，會很有用。

自我測驗題

15.1　請回答下列敘述是對或錯。若答案爲錯，解釋爲什麼。

a) 以指標爲基礎的程式碼是複雜且容易出錯的，稍有疏忽就可能導致嚴重的記憶體存取違規和記憶體洩漏錯誤，編譯器會提出警告。

b) deques提供在前端或後端快速的插入和刪除，並可直接存取任何元素。

c) lists是單鍊串列，並提供在任何位置快速的插入和刪除。

d) multimap提供一對多的映射並允許重複，可快速透過鍵值搜尋。

e) 關聯容器是非線性的資料結構，通常能迅速找到儲存在容器中的元素。

f) 容器成員函數cbegin會返回指到的容器第一個元素的迭代器。

g) 迭代器的++運算子，會將其移動到容器的下一個元素。

h) 運算子*（參考取值）若用在const迭代器，則會返回容器元素的const參考，允許使用非const成員函式。

i) 適當的使用迭代器是最小權限原則的另一個例子。

j) 許多操作序列的算法，使用的指向第一個元素和指向最後一個元素的迭代器。

k) 函式capacity在vector尚未動態配置記憶體來儲存更多元素前，返回vector目前可儲存的元素個素。

l) deque的最常見的用途是維護一個先入先出的資料結構。事實上，deque是queue配接器預設的底層實現容器。。
m) push_front僅適用於list類別中。
n) map 容器的插入和刪除動作只能在前端和後端爲之。
o) 類別queue的底層資料結構允許從前端插入資料，從後端刪除資料 (通常被稱爲先進先出資料結構)。

15.2 在下列敘述填空：
a) 標準程式庫中"STL"的三個主要元件爲 ________、________和________。
b) 內建陣列可以透過標準程式庫的演算法操作，將________當作迭代器使用。
c) ______是標準程式庫中的容器配接器，與後進先出 (LIFO) 的插入和移除規則最密切相關。
d) 序列容器和________容器統稱爲第一類容器。
e) ________建構子複製現有同型容器內容作爲初始值。
f) ________容器的成員函數，若容器內沒有元素會返回true，否則，返回false。
g) ________容器成員函數 (C++11新的函式)，移動容器內元素到內容到另一個容器，這避免引數容器複製每個元素。
h) 容器成員函數________被多載，可返回iterator或const_iterator，指到容器的第一個元素。
i) 在const_iterator上執行的操作，會回傳______以防止現行操作容器元件的內容被修改。
j) 標準程式庫序列容器是有array、vector、deque、______和________。
k) 選擇________容器，使隨機存取能在可成長的容器中好好地被執行。
l) 函式push_back，能在序列容器中執行，不像______只能將元素添加到容器的尾端。
m) 就像cbegin和cend一樣，C++11的函式crbegin和crend在反向巡訪整個容器後，會返回________表示容器元素的的起點和終點。
n) 一元函數有一個引數________，用此引數執行比較，並返回一個布林值，表示執行的結果。
o) 有序和無序關聯容器之間的主要區別在於________。
p) multimap和map之間的主要區別是________。
q) C++11引入了類別模板tuple，它和pair類似，但可以________。
r) map關聯式容器可用鍵值-數值，執行快速儲存提取動作。不允許有重複的鍵值，每個鍵值指和一個數值相關聯。這被稱爲________映射。
s) 類別________提供一個功能，能夠在對底層資料結構執行插入和刪除動作時，保持在排序狀態。

15.3 寫一個敘述或運算式執行下列和bitset相關工作：
a) 寫一個宣告，建立大小爲size的名爲flag 的bitset，每個位元初值設爲0。

b) 寫一個敘述，將bitset物件flag的bitNumber位元設爲“off”。

c) 寫一個敘述，返回bitset物件flag的bitNumber位元的參考。

d) 寫一個運算式，返回bitset物件flag被設置的位元數。

e) 寫一個運算式，若bitset物件flag的每個位元都已設定，返回true。

f) 寫一個運算式，將兩個bitset物件：flag和otherFlags，做比較。

g) 寫一個運算式，將bitset物件flag中的位元向左移n個位置。

自我測驗題解答

15.1 a) 錯誤。編譯器不會對這些執行時間錯誤的類型發出警告。

b) 對。

c) 錯誤。它們是double linked list。

d) 對。

e) 對。

f) 錯誤。返回const_iterator。

g) 對。

h) 錯誤。禁止使用non_const成員函數。

i) 錯誤。將const_iterators用在合適的地方，是最小權限原則的另一個例子。

j) 錯誤。應該是：許多操作序列的算法，使用的指向第一個元素和指向最後一個元素後面元素的迭代器。

k) 對。

l) 對。

m) 錯誤。類別deque也可適用。

n) 錯誤。插入和刪除可以在map上任何位置進行。

o) 錯誤。插入僅可從後端進行，刪除僅可從前端進行。

15.2 a) 容器、迭代器和演算法。

b) 指標。

c) 堆疊(stack)。

d) 關聯式。

e) 複製。

f) empty。

g) 移動版的運算子=。

h) begin。

i) const 參考(reference)。

j) list和forward_list。

k) vector。

l) array。

m) const_reverse_iterators。
n) predicate。
o) 無序容器不會以有序方式維護鍵值。
p) multimap允許重複的鍵值和其他數值相關連。map只允許單一鍵值和其他數值相關連。
q) 持有任何數量和任何型態的項目。
r) 一對一。
s) priority_queue。

15.3 a) `bitset< size > flags;`
b) `flags.reset( bitNumber );`
c) `flags[ bitNumber ];`
d) `flags.count()`
e) `flags.all()`
f) `flags != otherFlags`
g) `flags <<= n;`

習題

15.4 請回答下列敘述是對或錯。若答案爲錯，解釋爲什麼。
a) 許多標準程式庫的演算法可以應用於各種容器，和底層容器實作方式無關。
b) array大小是固定的，並可直接存取任何元素。
c) forward_lists是單向鍊節串列 (singly linked lists)，只能在前端和後端提供快速的插入和刪除
d) 容器set 提供快速檢索，允許重複。
e) 在一個priority_queue，優先級最低的元素總是第一個元素了。
f) 循序式容器代表非線性資料結構。
g) 於C++11，現在非成員函式版本的函式swap，可交換兩個參數容器 (必須是不同的容器類型) 的內容，使用的操作是移動而不是複製。
h) 容器成員函式erase移除容器所有元素。
i) 型態爲iterator (迭代器) 的物件引用 (refer) 到容器元素，其內容可被修改。
j) 我們使用const版本的迭代器尋覽唯讀容器。
K) 對於輸入迭代器和輸出迭代器，常見的用途是先儲存後使用。
L) 類別樣板：array、vector和deque，是基於內建陣列的容器。
m) 試圖對指到容器外的迭代器解參考 (deference) 會產生編譯錯誤。特別是由end返回的迭代器，不應該執行解參考或遞增運算。
n) 在deque中間執行插入和刪除能以最少的複製動作最佳化，所以它比vector更有效率，但以這種方式修改，效率比不上list。
o) 容器set不允許重複。

p) 類別stack (定義於標頭檔<stack>) 的底層資料結構允許在一端口執行插入入和刪除動作 (通常被稱爲一個後進先出資料結構)。

q) 函式empty除deque外，可被所有容器使用。

15.5 填空題：

a) 三種型態的容器類都是第一類的容器、_______和近容器。

b) 容器可分爲四大類，循序式容器、有序關聯式容器、______和容器配接器。

c) 標準程式庫容器配接器大部分與先進先出(FIFO)最密切相關，插入和移除規則是________。

d) 內建陣列、bitsets，和valarrays都是________容器。

e) _______建構子 (C++11新的建構子) 將現有容器的內容移動到相同類型的新容器中，省去複製每個元素的負擔。

f) 在_________容器成員函式返回目前在該容器元素的數量。

g) 在_________容器的成員函式返回眞，如果第一個容器的內容物不等於第二個內容，否則，返回false。

h) 我們將迭代器與序列一起使用，這些序列可以是輸入序列、輸出序列或__________。

i) 標準程式庫算法對容器元素的操作只能間接地通過__________來完成。

j) 應用程式若頻繁在容器中間和/或在兩端執行插入和刪除的動作，通常會使容器__________。

k) 函式__________在每一個第一類的容器中都可用 (除forward_list)，它會返回當前存儲在容器中元素的數量。

l) 當需要更多的空間時就增加一倍大小的向量，在某些情況可以說是浪費的。例如，一個有1,000,000元素的向量，爲適應一個新元素的加入，調整大小爲2000000元素，留著999,999個元素未使用。您可以使用__________和__________以較佳效率控制使用空間。

m) 在C++11，您可以要求vector或deque將用不到的記憶體歸還給系統，藉由呼叫成員函式__________。

n) 關聯式容器透過鍵值元素直接對元素執行儲存和檢索 (通常稱爲搜索鍵)。有序關聯容器包括multiset、set、__________和__________。

o) 類別__________和__________對一集合和值提供處理方法，其中值就是鍵值，每個鍵值並無相關聯值與之對應。

p) 我們用C++11的關鍵字auto__________。

q) multimapu以高效率方式用找到配對值來實作__________。

r) 標準程式庫的容器配接器有stack、queue和__________。

討論問題

15.6 為什麼要使用迭代器？解釋迭代器和指標的相似性。

15.7 標準程式庫演算法的用途為何？

15.8 標準庫容器的主要類別為何？哪一個是C++11的最新容器？

15.9 近似容器的用途為何？

15.10 複製建構子和移動建構子用途為何？

15.11 標準程式庫的演算法copy是如何完成工作的？

15.12 描述list循序容器是如何完成工作的。

15.13 何時您會用list而不是array ？

15.14 multimap關聯式容器如何作為快速儲存體？

15.15 使用C++11初始化列表來初始化名為names的vector。初始值為："Cavendis"，"Banister"，"Crol" 和 "Anderson"。同時使用常見的語法。

15.16 有哪些不同類型的容器配接器？為什麼容器配接器不是第一類容器？

15.17 描述priority_queue的用途。

15.18 bitset用途為何？

15.19 有哪些不同類型的無序關聯式容器？解釋每個無序關聯式容器。

15.20 解釋堆疊的push、pop和top功能為何？

15.21 解釋迭代器支持的容器。

15.22 對c容器元素的要求是什麼？

程式練習

15.23 (迴文) 寫一個函式樣板palindrome，使它會接收vector參數，並且依據vector內容是否正反方向讀取皆相同，而分別傳回true或false (例如，當vector的內容是1、2、3、2、1的時候，它就是迴文，如果內容是1、2、3、4，則不是迴文)。

15.24 (使用bitset執行Sieve of Eratosthenes：埃拉托斯特尼篩法)
這個練習重溫埃拉托色尼的篩法尋找我們在練習7.27中討論的質數。使用一個bitset來實現演算法。程式應顯示2的1023所有的質數，然後當使用者輸入一個數字，判斷該數字是否為質數。

15.25 (埃拉托斯特尼篩法) 修改圖15.24的程式埃拉托斯特尼篩法，當使用者輸入程式的數字不是質數時，讓程式顯示該數字的質因數。請記住，質數的因數只有1和它自己。每一個非質數都具有唯一的質因數分解式。舉例來說，54的因數是2、3、3和3。當這些數值乘在一起的時候，所得結果是54。對於數值54而言，輸出的質因數應該是2和3。

15.26 (質數) 改習題15.25，當使用者輸入程式的數字不是質數時，讓程式顯示這個數字的質因數，以及在唯一的質因數分解式中，每一個質數出現的次數。舉例來說，數字54的輸出應該如下所述

```
The unique prime factorization of 54 is: 2 * 3 * 3 * 3
```

推薦閱讀

Abrahams, D., and A. Gurtovoy. C++Template Metaprogramming: Concepts, Tools, and Techniques from Boost and Beyond. Boston: Addison-Wesley Professional, 2004.

Ammeraal, L. STL for C++Programmers. New York: John Wiley & Sons, 1997.

Austern, M. H. Generic Programming and the STL: Using and Extending the C++Standard Template Library. Boston: Addison-Wesley, 2000.

Becker, P. The C++Standard Library Extensions: A Tutorial and Reference. Boston: Addison-Wesley Professional, 2006.

Glass, G., and B. Schuchert. The STL <Primer>. Upper Saddle River, NJ: Prentice Hall PTR, 1995.

Heller, S., and Chrysalis Software Corp., C++: A Dialog: Programming with the C++Standard Library. New York, Prentice Hall PTR, 2002.

Josuttis, N. The C++Standard Library: A Tutorial and Reference (2nd edition). Boston: Addison-Wesley Professional, 2012.

Josuttis, N. The C++Standard Library: A Tutorial and Handbook. Boston: Addison-Wesley, 2000.

Karlsson, B. Beyond the C++Standard Library: An Introduction to Boost. Boston: Addison-Wesley Professional, 2005.

Koenig, A., and B. Moo. Ruminations on C++. Boston: Addison-Wesley, 1997.

Lippman, S., J. Lajoie, and B. Moo. C++Primer (Fifth Edition). Boston: Addison-Wesley Professional, 2012.

Meyers, S. Effective STL: 50 Specific Ways to Improve Your Use of the Standard Template Library. Boston: Addison-Wesley, 2001.

Musser, D. R., G. Derge and A. Saini. STL Tutorial and Reference Guide: C++Programming with the Standard Template Library, Second Edition. Boston: Addison-Wesley, 2010.

Musser, D. R., and A. A. Stepanov. "Algorithm-Oriented Generic Libraries," Software Practice and Experience, Vol. 24, No. 7, July 1994.

Nelson, M. C++Programmer's Guide to the Standard Template Library. Foster City, CA: Programmer's Press, 1995.

Pohl, I. C++Distilled: A Concise ANSI/ISO Reference and Style Guide. Boston: Addison-Wesley, 1997.

Reese, G. C++Standard Library Practical Tips. Hingham, MA: Charles River Media, 2005.

Robson, R. Using the STL: The C++Standard Template Library, Second Edition. New York: Springer, 2000.

Schildt, H. STL Programming from the Ground Up, Third Edition. New York: McGraw-Hill Osborne Media, 2003.

Schildt, H. STL Programming from the Ground Up. New York: Osborne McGraw-Hill, 1999.

Stepanov, A., and M. Lee. "The Standard Template Library," Internet Distribution 31 October 1995 <www.cs.rpi.edu/~musser/doc.ps>.

Stroustrup, B. "C++11—the New ISO C++Standard" <www.stroustrup.com/C++11FAQ.html>.

Stroustrup, B. "Making a vector Fit for a Standard," The C++Report, October 1994.

Stroustrup, B. The Design and Evolution of C++. Boston: Addison-Wesley, 1994.

Stroustrup, B. The C++Programming Language, Fourth Edition. Boston: Addison-Wesley Professional, 2013.

Stroustrup, B. The C++Programming Language, Third Edition. Boston: Addison-Wesley, 2000.

Vandevoorde, D., and N. Josuttis. C++Templates: The Complete Guide. Boston: Addison-Wesley,2003.

Vilot, M. J., "An Introduction to the Standard Template Library," The C++Report, Vol. 6, No. 8, October 1994.

Wilson, M. Extended STL, Volume 1: Collections and Iterators. Boston: Addison-Wesley, 2007.

16 標準程式庫演算法

The historian is a prophet in reverse.
—Friedrich von Schlegel

Attempt the end, and never stand to doubt; Nothing's so hard but search will find it out.
—Robert Herrick

學習目標

在本章中，您將學到：

- 使用數十個標準程式庫演算法發展程式。
- 使用迭代器與演算法存取和操作標準程式庫容器內的元素。
- 傳遞函式指標、函式物件和lambda運算式給標準程式庫演算法。

本章綱要

16.1　簡介

本章延續標準程式庫容器、迭代器和演算法的討論，重點放在演算法。演算法對容器內所有元素執行常見的資料操作：搜索 (searching)、排序 (sorting) 和比較 (compare)。標準程式庫提供的算法超過90個，其中有不少是C++11所提供新的演算法。完整的列表可以在C++標準文件第25節及26.7節找到，另外，網路上也有大量的相關資源，在這裡您可以了解每個演算法的使用，如en.cppreference.com/w/cpp/algorithm。大部分的演算法使用迭代器來巡訪容器中的元素。

稍後會看到，各種演算法可以接收函式指標 (指向函式的指標) 作爲參數。這種演算法使用指標來呼叫函式，通常帶有一個或兩個容器元素作爲參數。本章將詳細介紹函式指標以及函式物件的概念，這類似一個函式指標，但是以類別物件的方式實作，該物件具有一個多的載函式呼叫運算子 (operator())，使得物件可以函式名稱方式使用。最後，將介紹lambda表示式：C++11對匿名函式物件 (沒有名稱的函式物件) 新的一個簡寫機制。

16.2　迭代器最低需求

除了少數例外，標準程式庫將演算法從容器分離出來。這使得新增演算法變得更加容易。每個容器的一個重要性質是它所支援迭代器的類型 (圖15.7)。這決定了哪些演算法可以應用到容器上。例如，向量和陣列支援與提供所有迭代器操作的隨機存取迭代器，參見圖15.9。因此，所有標準程式庫演算法可以用在向量上。若演算法不會修改容器的大小，這些演算法也可供陣列使用。每個標準程式庫演算法，若需要迭代器作爲參數，這些迭代器就必須提供演算法所需最起碼的操作。如果演算法需要一個前向迭代器，則該演算法可以用在支援前向迭代器、雙向迭代器或隨機存取迭代器的任何容器。

軟體工程觀點 16.1

標準程式庫的演算法和所操作容器的實作細節無關。只要容器（或內建陣列）的迭代器滿足演算法的要求，該算法就可以用在該容器上。

可攜性要訣 16.1

由於標準程式庫的演算法只間接地透過迭代器處理容器內資料，一種算法通常可以用於許多不同的容器。

軟體工程觀點 16.2

標準程式庫的容器以簡潔的方式實作。演算法從容器中分離，並只是間接地透過迭代器在容器內的元素進行操作。這種分離的方式，可以更容易地開發適用於各種容器的演算法。

軟體工程觀點 16.3

使用"最弱的迭代器"若其效能在可接受範圍，就有助於產生最大可重用的組件。例如，如果一個算法僅需要前向迭代就可以使用，則所有支持前向迭代器、雙向迭代器或隨機存取迭代器的任何容器都可使用。然而，若演算法需要隨機存取迭代器，則只能與具有隨機存取迭代器的容器使用。

迭代器失效

迭代器只單純的指向容器元素，所以，當容器做了某些修改，迭代器很有可能會失效。例如，如果對向量容器調用clear函式，向量內所有元素都被刪除。如果程式在clear調用前已經有迭代器指向容器內元素，這些迭代器現在將是無效的。C++標準第23節，對所有標準程式庫容器會使迭代器（指標和參考）無效的狀況有詳細討論。在這裡，我們總結在插入元素和刪除元素時，會使迭代器失效的原因。

當插入到：

- vector：如果vector重新配置記憶體，指向該vector的所有迭代器都會失效。要不就是從插入點到vector的末端的迭代器失效
- deque：所有迭代器失效。
- list或forward_list：所有迭代器仍然有效。
- 有序關聯容器：所有的迭代器仍然有效。
- 無序關聯容器：若容器需要被重新分配記憶體，則所有迭代器失效

當從容器中刪除元素，指到該元素的迭代器是無效的。另外：

- vector：指到被刪除元素開始，到vector末端元素的迭代器失效。
- deque：若有中間的元素被刪除，則原先指到該deque的所有迭代器失效。

16.3 演算法

從16.3.1節到16.3.13節，展示標準程式庫中一些演算法的用法。

16.3.1 fill、fill_n、generate和generate_n

圖16.1將示範演算法fill、fill_n、generate和generate_n的用法。演算法fill和fill_n會將容器某範圍內的所有元素設定成指定的數值。演算法generate和generate_n會使用**生成器函式** (generator function)，替容器某範圍內的所有元素建立數值。生成器函式不會接收引數，但是它會傳回一個能放置到容器元素的數值。

```
 1 // Fig. 16.1: fig16_01.cpp
 2 // Algorithms fill, fill_n, generate and generate_n.
 3 #include <iostream>
 4 #include <algorithm> // algorithm definitions
 5 #include <array> // array class-template definition
 6 #include <iterator> // ostream_iterator
 7 using namespace std;
 8
 9 char nextLetter(); // prototype of generator function
10
11 int main()
12 {
13    array< char, 10 > chars;
14    ostream_iterator< char > output( cout, " " );
15    fill( chars.begin(), chars.end(), '5' ); // fill chars with 5s
16
17    cout << "chars after filling with 5s:\n";
18    copy( chars.cbegin(), chars.cend(), output );
19
20    // fill first five elements of chars with As
21    fill_n( chars.begin(), 5, 'A' );
22
23    cout << "\n\nchars after filling five elements with As:\n";
24    copy( chars.cbegin(), chars.cend(), output );
25
26    // generate values for all elements of chars with nextLetter
27    generate( chars.begin(), chars.end(), nextLetter );
28
29    cout << "\n\nchars after generating letters A-J:\n";
30    copy( chars.cbegin(), chars.cend(), output );
31
32    // generate values for first five elements of chars with nextLetter
33    generate_n( chars.begin(), 5, nextLetter );
34
35    cout << "\n\nchars after generating K-O for the"
36       << " first five elements:\n";
37    copy( chars.cbegin(), chars.cend(), output );
38    cout << endl;
39 } // end main
40
```

圖16.1 演算法fill、fill_n、generate和generate_n (1/2)

```
41 // generator function returns next letter (starts with A)
42 char nextLetter()
43 {
44    static char letter = 'A';
45    return letter++;
46 } // end function nextLetter
```

```
chars after filling with 5s:
5 5 5 5 5 5 5 5 5 5

chars after filling five elements with As:
A A A A A 5 5 5 5 5

chars after generating letters A-J:
A B C D E F G H I J

chars after generating K-O for the first five elements:
K L M N O F G H I J
```

圖16.1　演算法fill、fill_n、generate和generate_n(2/2)

fill演算法

程式第13行定義了一個能儲存10個元素的array。第15行使用fill演算法將字元'5'（單引號的一致性，可用下一段A兩邊的引號）放入chars中，從chars.begin()開始，直到chars.end()為止的每個元素，但不包括chars. end()的元素。第一個和第二個迭代器引數至少必須是前向迭代器（也就是說，它們應該能以前向的方向，從容器輸入資料以及輸出資料到容器）。

fill_n演算法

程式第21行使用fill_n演算法，將字元'A'放置到chars的前5個元素。第一個引數迭代器至少必須是輸出迭代器（也就是說，它會以前向方式輸出到容器）。第2個引數會指明要填入的元素個數。第3個引數將指定要放在每個元素中的數值。

generate演算法

第27行使用generate演算法將生成器函式nextLetter的回傳值，放到chars從chars.begin()開始，直到chars.end()為止的每個元素，但不包含chars.end()的元素。第一個引數和第二個引數的迭代器至少必須是前向迭代器。nextLetter函式（定義在第42-46行）起初在static區域變數中儲存字元'A'。第45行的敘述會將letter的數值予以後置遞增，並在每次呼叫nextLetter，時會傳上次呼叫後letter的舊數值。

generate_n演算法

第33行使用generate_n函式將生成器函式nextLetter的傳回值，放入chars從chars.begin()開始的5個元素中。第一個引數的迭代器至少必須是輸出迭代器。

閱讀標準程式庫算法文件注意事項

當看到標準程式庫演算法的相關文件，指名某演算法可以接收函式指標作爲參數，您會發現，對應參數不會顯示指標宣告。這樣的參數其實可以接受函式指標、函式物件（第16.4節）或lambda表示式（第16.5節）作爲參數。出於這個原因，標準程式庫宣告使用更一般化的名稱宣告參數。

例如，在C++標準文件中的generate演算法原型：

```
template<class ForwardIterator, class Generator>
void generate(ForwardIterator first, ForwardIterator last,
   Generator gen);
```

指出演算法generate 期望有參數ForwardIterators能代表的一個範圍內的元素來處理資料，也期望有一個函式Generator。標準文件指出，演算法會爲範圍內由ForwardIterators指到的每個元素，呼叫Generator函式來獲取一個設定的值。該標準還規定，Generator函式不需要引數並指定必須回傳値的資料型態。

每個接收函式指標、函式物件或lambda表示式的函式，都提供類似的文件。在本章所舉的例子，我們提供的參數滿足每個演算法指定的要求，並且將函式指標傳入演算法。在第16.4-16.5節，我們將討論如何建立函式物件和lambda表示式，並將它們傳遞給演算法。

16.3.2 equal、mismatch和lexicographical_compare

圖16.2將示範使用演算法equal、mismatch和lexicographical_compare，來比較兩序列是否相等。

```
 1 // Fig. 16.2: fig16_05.cpp
 2 // Standard Library functions equal, mismatch and lexicographical_compare.
 3 #include <iostream>
 4 #include <algorithm> // algorithm definitions
 5 #include <array> // array class-template definition
 6 #include <iterator> // ostream_iterator
 7 using namespace std;
 8
 9 int main()
10 {
11    const size_t SIZE = 10;
12    array< int, SIZE > a1 = { 1, 2, 3, 4, 5, 6, 7, 8, 9, 10 };
13    array< int, SIZE > a2( a1 ); // initializes a2 with copy of a1
14    array< int, SIZE > a3 = { 1, 2, 3, 4, 1000, 6, 7, 8, 9, 10 };
15    ostream_iterator< int > output( cout, " " );
16
17    cout << "a1 contains: ";
18    copy( a1.cbegin(), a1.cend(), output );
19    cout << "\na2 contains: ";
20    copy( a2.cbegin(), a2.cend(), output );
21    cout << "\na3 contains: ";
22    copy( a3.cbegin(), a3.cend(), output );
23
```

圖16.2 演算法equal、mismatch和lexicographical_compare (1/2)

```
24     // compare a1 and a2 for equality
25     bool result = equal( a1.cbegin(), a1.cend(), a2.cbegin() );
26     cout << "\n\na1 " << ( result ? "is" : "is not" )
27        << " equal to a2.\n";
28
29     // compare a1 and a3 for equality
30     result = equal( a1.cbegin(), a1.cend(), a3.cbegin() );
31     cout << "a1 " << ( result ? "is" : "is not" ) << " equal to a3.\n";
32
33     // check for mismatch between a1 and a3
34     auto location = mismatch( a1.cbegin(), a1.cend(), a3.cbegin() );
35     cout << "\nThere is a mismatch between a1 and a3 at location "
36        << ( location.first - a1.begin() ) << "\nwhere a1 contains "
37        << *location.first << " and a3 contains " << *location.second
38        << "\n\n";
39
40     char c1[ SIZE ] = "HELLO";
41     char c2[ SIZE ] = "BYE BYE";
42
43     // perform lexicographical comparison of c1 and c2
44     result = lexicographical_compare(
45        begin( c1 ), end( c1 ), begin( c2 ), end( c2 ) );
46     cout << c1 << ( result ? " is less than " :
47        " is greater than or equal to " ) << c2 << endl;
48  } // end main
```

```
a1 contains: 1 2 3 4 5 6 7 8 9 10
a2 contains: 1 2 3 4 5 6 7 8 9 10
a3 contains: 1 2 3 4 1000 6 7 8 9 10

a1 is equal to a2.
a1 is not equal to a3.

There is a mismatch between a1 and a3 at location 4
where a1 contains 5 and a3 contains 1000

HELLO is greater than or equal to BYE BYE
```

圖16.2　演算法equal、mismatch和lexicographical_compare (2/2)

equal 演算法

第25行使用equal演算法來比較兩個序列是否相等。進行比較的序列必需要含有相同個數的元素，如果序列長度不同，則equal將傳回false。== operator（不論是內建或多載的運算子）會執行元素的比較。在這個範例中，程式會將a1從a1.cbegin()到a1.cend()位置，不包括a1.cend()的元素，與a2從a2.cbegin()位置開始的元素進行比較。在此例中，a1和a2是相等的。這三個迭代器引數至少必須是輸入迭代器（也就是說它們可以用前向，從序列進行輸入）。第30行使用equal函式來比較a1和a3，兩者不相等。

equal演算法接收一個二元判斷函式

另一版的equal演算法，會接收一個二元判斷函式作為第四個參數。二元判斷函式會接收兩個要進行比較的元素作為引數，並傳回能指出這兩個數值是否相等的bool值。當序列中儲存的是物件或指向數值的指標，而不是眞正的數值時，這種方式是很有用的，因爲我們可以自行定義一或多個比較方法。例如，可以比較物件Employee的年齡、社會安全碼或住址，而不是比較整個物件。我們可以比較這些指標所參考的內容，而不是比較指標本身的內容(也就是儲存在指標中的位址)。

mismatch演算法

在第34行程式呼叫演算法mismatch來比較兩個序列。演算法會回傳指向一對 (a pair) 元素的迭代器，此配對能指出在兩個序列中發現不相等元素的位置。如果所有的元素都吻合，則類別pair中的兩個迭代器會分別等於各序列中，迭代器最後指向的位置。這三個迭代器引數至少必須是輸入迭代器。我們使用C++11的關鍵字auto (第34行) 來推斷配對物件location的資料型態。第36行利用敘述location.first - a1.begin()，找出在array中發現元素不相符的眞正位置。這個運算產生的結果，就是兩個迭代器之間的元素個數 (類似在第8章所討論的指標算術)。因爲比較動作是從每個array的開端開始執行，所以上述運算結果對應的是元素個數。如同equal函式一樣，mismatch函式也有另一個版本，該版本會接收一個二元判斷函式作爲其第四個參數。

lexicographical_compare演算法

第44-45行使用lexicographical_compare演算法來比較兩個字元內建陣列的內容。這個函式的四個迭代器引數至少必須是輸入迭代器。再次提醒，指向陣列的指標是隨機存取迭代器。前兩個迭代器引數指定的是第一個序列中的位置範圍。後兩個迭代器指定的是第二個序列中的位置範圍。

再一次，我們使用C++11的begin和end 來決定每個內建陣列某範圍的元素。當程式對兩個序列進行循環走訪的時候，lexicographical_compare會檢視第一個序列中的元素，是否小於第二個序列中的對應元素。如果確實小於，則函式將傳回true。如果第一個序列中的元素大於等於第二個序列的對應元素，則此函式將傳回false。這個函式可以將序列按照字典排列的順序進行排序。這種序列通常含有字串。

16.3.3 remove、remove_if、remove_copy和remove_copy_if

圖16.3示範利用演算法remove、remove_if、remove_copy和remove_copy_if，從序列移除數值。

```
1 // Fig. 16.3: fig16_03.cpp
2 // Algorithms remove, remove_if, remove_copy and remove_copy_if.
3 #include <iostream>
4 #include <algorithm> // algorithm definitions
5 #include <array> // array class-template definition
6 #include <iterator> // ostream_iterator
7 using namespace std;
8
```

圖16.3 演算法remove、remove_if、remove_copy和remove_copy_if (1/3)

```
 9 bool greater9( int ); // prototype
10
11 int main()
12 {
13    const size_t SIZE = 10;
14    array< int, SIZE > init = { 10, 2, 10, 4, 16, 6, 14, 8, 12, 10 };
15    ostream_iterator< int > output( cout, " " );
16
17    array< int, SIZE > a1( init ); // initialize with copy of init
18    cout << "a1 before removing all 10s:\n   ";
19    copy( a1.cbegin(), a1.cend(), output );
20
21    // remove all 10s from a1
22    auto newLastElement = remove( a1.begin(), a1.end(), 10 );
23    cout << "\na1 after removing all 10s:\n   ";
24    copy( a1.begin(), newLastElement, output );
25
26    array< int, SIZE > a2( init ); // initialize with copy of init
27    array< int, SIZE > c = { 0 }; // initialize to 0s
28    cout << "\n\na2 before removing all 10s and copying:\n   ";
29    copy( a2.cbegin(), a2.cend(), output );
30
31    // copy from a2 to c, removing 10s in the process
32    remove_copy( a2.cbegin(), a2.cend(), c.begin(), 10 );
33    cout << "\nc after removing all 10s from a2:\n   ";
34    copy( c.cbegin(), c.cend(), output );
35
36    array< int, SIZE > a3( init ); // initialize with copy of init
37    cout << "\n\na3 before removing all elements greater than 9:\n   ";
38    copy( a3.cbegin(), a3.cend(), output );
39
40    // remove elements greater than 9 from a3
41    newLastElement = remove_if( a3.begin(), a3.end(), greater9 );
42    cout << "\na3 after removing all elements greater than 9:\n   ";
43    copy( a3.begin(), newLastElement, output );
44
45    array< int, SIZE > a4( init ); // initialize with copy of init
46    array< int, SIZE > c2 = { 0 }; // initialize to 0s
47    cout << "\n\na4 before removing all elements"
48       << "\ngreater than 9 and copying:\n   ";
49    copy( a4.cbegin(), a4.cend(), output );
50
51    // copy elements from a4 to c2, removing elements greater
52    // than 9 in the process
53    remove_copy_if( a4.begin(), a4.end(), c2.begin(), greater9 );
54    cout << "\nc2 after removing all elements"
55       << "\ngreater than 9 from a4:\n   ";
56    copy( c2.cbegin(), c2.cend(), output );
57    cout << endl;
58 } // end main
59
60 // determine whether argument is greater than 9
61 bool greater9( int x )
62 {
63    return x > 9;
64 } // end function greater9
```

圖16.3　演算法remove、remove_if、remove_copy和remove_copy_if (2/3)

```
a1 before removing all 10s:
   10 2 10 4 16 6 14 8 12 10
a1 after removing all 10s:
   2 4 16 6 14 8 12

a2 before removing all 10s and copying:
   10 2 10 4 16 6 14 8 12 10
c after removing all 10s from a2:
   2 4 16 6 14 8 12 0 0 0

a3 before removing all elements greater than 9:
   10 2 10 4 16 6 14 8 12 10
a3 after removing all elements greater than 9:
   2 4 6 8

a4 before removing all elements
greater than 9 and copying:
   10 2 10 4 16 6 14 8 12 10
c2 after removing all elements
greater than 9 from a4:
   2 4 6 8 0 0 0 0 0 0
```

圖16.3 演算法remove、remove_if、remove_copy和remove_copy_if (3/3)

remove演算法

第22行使用remove函式，將a1從a1.begin()到a1.end()中其值爲10的所有元素刪除，其中不包括a1.end()的元素。前兩個迭代器引數必須是前向迭代器，以便使得演算法可以在序列中修改元素。這個函式不會修改容器中的元素個數，也不會清除被刪除的元素，但是它會將所有未清除的元素，往容器的開端移動。這個函式所傳回的迭代器，指向未刪除的元素中最後一個元素的下一個位置。從這個迭代器指向的位置到vector末端的所有元素，都屬於未定義的數值。

remove_copy演算法

第32行使用remove_copy函式，將a2中所有數值不爲10的元素進行複製，從a2.cbegin()可到達的，但是不包括a2.cend()的元素。這些元素會放到以c.begin()位置起始的c中。前兩個引數的迭代器都必須是輸入迭代器。第三個引數的迭代器必須是輸出迭代器，以便使得被複製的元素可以插入所需複製的位置。此函式所傳回的迭代器，會指向複製到vector c的最後一個元素之後的位置。

remove_if演算法

第41行使用remove_if函式，將a3.begin()到a3.end()中，所有會讓使用者自訂一元判斷函式greater9傳回true的元素清除，其中不包括a3.end的元素。如果傳給greater9函式（定義在第61-64行）的數值大於9，則此函式會傳回true，否則就傳回false。前面兩個迭代器引數必須是前向迭代器，以便使得演算法能修改序列中的元素。這個函式不會改變容器中的元素個數，但是它確實會將所有未清除數值的元素往vector的開端移動。這個函式所回傳的迭代器指向未刪除的最後一個元素的下一個位置。從回傳迭代器的位置，直到容器末端的所有元素，都是未定義的數值。

remove_copy_if 演算法

第53行使用remove_copy_if函式，將a4.cbegin()到a4.cend()中，所有會讓使用者自訂一元判斷函式greater9傳回true的元素複製，其中不包括a4.end()的元素。被複製的元素會放置到c2中，放置的起始位址為c2.begin()。前兩個引數的迭代器都必須是輸入迭代器。第三個引數的迭代器必須是輸出迭代器，以便使得被複製的元素可以加進所需複製的位置。這個函式傳回的迭代器會指向複製到c2的最後一個元素的下一個位置。

16.3.4 replace、replace_if、replace_copy 和 replace_copy_if

圖16.4將示範利用演算法replace、replace_if、replace_copy和replace_copy_if來替換序列中的值。

```
 1 // Fig. 16.4: fig16_04.cpp
 2 // Algorithms replace, replace_if, replace_copy and replace_copy_if.
 3 #include <iostream>
 4 #include <algorithm>
 5 #include <array>
 6 #include <iterator> // ostream_iterator
 7 using namespace std;
 8
 9 bool greater9( int ); // predicate function prototype
10
11 int main()
12 {
13    const size_t SIZE = 10;
14    array< int, SIZE > init = { 10, 2, 10, 4, 16, 6, 14, 8, 12, 10 };
15    ostream_iterator< int > output( cout, " " );
16
17    array< int, SIZE > a1( init ); // initialize with copy of init
18    cout << "a1 before replacing all 10s:\n   ";
19    copy( a1.cbegin(), a1.cend(), output );
20
21    // replace all 10s in a1 with 100
22    replace( a1.begin(), a1.end(), 10, 100 );
23    cout << "\na1 after replacing 10s with 100s:\n   ";
24    copy( a1.cbegin(), a1.cend(), output );
25
26    array< int, SIZE > a2( init ); // initialize with copy of init
27    array< int, SIZE > c1; // instantiate c1
28    cout << "\n\na2 before replacing all 10s and copying:\n   ";
29    copy( a2.cbegin(), a2.cend(), output );
30
31    // copy from a2 to c1, replacing 10s with 100s
32    replace_copy( a2.cbegin(), a2.cend(), c1.begin(), 10, 100 );
33    cout << "\nc1 after replacing all 10s in a2:\n   ";
34    copy( c1.cbegin(), c1.cend(), output );
35
```

圖16.4　演算法replace、replace_if和replace_copy_if (1/2)

```
36    array< int, SIZE > a3( init ); // initialize with copy of init
37    cout << "\n\na3 before replacing values greater than 9:\n   ";
38    copy( a3.cbegin(), a3.cend(), output );
39
40    // replace values greater than 9 in a3 with 100
41    replace_if( a3.begin(), a3.end(), greater9, 100 );
42    cout << "\na3 after replacing all values greater"
43       << "\nthan 9 with 100s:\n   ";
44    copy( a3.cbegin(), a3.cend(), output );
45
46    array< int, SIZE > a4( init ); // initialize with copy of init
47    array< int, SIZE > c2; // instantiate c2
48    cout << "\n\na4 before replacing all values greater "
49         << "than 9 and copying:\n   ";
50    copy( a4.cbegin(), a4.cend(), output );
51
52    // copy a4 to c2, replacing elements greater than 9 with 100
53    replace_copy_if( a4.cbegin(), a4.cend(), c2.begin(), greater9, 100 );
54    cout << "\nc2 after replacing all values greater than 9 in a4:\n   ";
55    copy( c2.cbegin(), c2.cend(), output );
56    cout << endl;
57 } // end main
58
59 // determine whether argument is greater than 9
60 bool greater9( int x )
61 {
62    return x > 9;
63 } // end function greater9
```

```
a1 before replacing all 10s:
   10 2 10 4 16 6 14 8 12 10
a1 after replacing 10s with 100s:
   100 2 100 4 16 6 14 8 12 100

a2 before replacing all 10s and copying:
   10 2 10 4 16 6 14 8 12 10
c1 after replacing all 10s in a2:
   100 2 100 4 16 6 14 8 12 100

a3 before replacing values greater than 9:
   10 2 10 4 16 6 14 8 12 10
a3 after replacing all values greater
than 9 with 100s:
   100 2 100 4 100 6 100 8 100 100

a4 before replacing all values greater than 9 and copying:
   10 2 10 4 16 6 14 8 12 10
c2 after replacing all values greater than 9 in a4:
   100 2 100 4 100 6 100 8 100 100
```

圖16.4 演算法replace、replace_if和replace_copy_if (2/2)

replace演算法

第22行使用replace演算法，將a1.begin()到a1.end()中，數值爲10的所有元素替換成新數值100，但不包括a1.end()。前面兩個迭代器引數必須是前向迭代器，以便使演算法能修改序列中的元素。

replace_copy演算法

第32行使用replace_copy演算法，複製a2.cbegin()到a2.cend()的所有元素，不包括a2.end()元素，並且以新數值100取代原來的數值10。這些元素會被複製到c1中，複製動作的起始位置是c1.begin()。前兩個引數的迭代器都必須是輸入迭代器。第三個引數的迭代器必須是輸出迭代器，以便使得被複製的元素，可以加進所需複製的位置。這個函式所傳回的迭代器會指向複製到c1的最後一個元素的下一個位置。

replace_if演算法

第41行使用replace_if演算法，將a3.begin()到a3.end()中，所有會讓使用者自訂一元判斷函式greater9傳回true的元素替換成新值，其中不包括a3.end()的元素。如果傳給greater9函式（定義在第60-63行）的數值大於9，則此函式會傳回true，否則就傳回false。所有大於9的元素其數值變更爲100。前兩個引數的迭代器必須是前向迭代器，以便使演算法能修改序列中的元素。

replace_copy_if演算法

程式第53行使用replace_copy_if演算法複製從a4.cbegin()開始的所有元素，但不包括a4.cend()。元素的一元判斷函式greater9傳回true的元素，都會以數值100加以取代。這元素被放置在c2，從c2.begin()開始。提供前兩個引數的迭代器都必須是輸入迭代器。第三個引數的迭代器必須是輸出迭代器，以便使得被複製的元素可以加進所需複製的位置。這個函式傳回的迭代器會指向複製到c2的最後一個元素的下一個位置。

16.3.5 數學演算法

圖16.5將說明一些標準程式庫常用的數學演算法，其中包括random_shuffle、count、count_if、min_element、max_element、minmax_element、accumulate、for_each和transform。

```
 1 // Fig. 16.5: fig16_05.cpp
 2 // Mathematical algorithms of the Standard Library.
 3 #include <iostream>
 4 #include <algorithm> // algorithm definitions
 5 #include <numeric> // accumulate is defined here
 6 #include <array>
 7 #include <iterator>
 8 using namespace std;
 9
10 bool greater9( int ); // predicate function prototype
11 void outputSquare( int ); // output square of a value
12 int calculateCube( int ); // calculate cube of a value
13
14 int main()
15 {
```

圖16.5　標準程式庫的一些數學演算法(1/3)

```
16     const int SIZE = 10;
17     array< int, SIZE > a1 = { 1, 2, 3, 4, 5, 6, 7, 8, 9, 10 };
18     ostream_iterator< int > output( cout, " " );
19
20     cout << "a1 before random_shuffle: ";
21     copy( a1.cbegin(), a1.cend(), output );
22
23     random_shuffle( a1.begin(), a1.end() ); // shuffle elements of a1
24     cout << "\na1 after random_shuffle: ";
25     copy( a1.cbegin(), a1.cend(), output );
26
27     array< int, SIZE > a2 = { 100, 2, 8, 1, 50, 3, 8, 8, 9, 10 };
28     cout << "\n\na2 contains: ";
29     copy( a2.cbegin(), a2.cend(), output );
30
31     // count number of elements in a2 with value 8
32     int result = count( a2.cbegin(), a2.cend(), 8 );
33     cout << "\nNumber of elements matching 8: " << result;
34
35     // count number of elements in a2 that are greater than 9
36     result = count_if( a2.cbegin(), a2.cend(), greater9 );
37     cout << "\nNumber of elements greater than 9: " << result;
38
39     // locate minimum element in a2
40     cout << "\n\nMinimum element in a2 is: "
41        << *( min_element( a2.cbegin(), a2.cend() ) );
42
43     // locate maximum element in a2
44     cout << "\nMaximum element in a2 is: "
45        << *( max_element( a2.cbegin(), a2.cend() ) );
46
47     // locate minimum and maximum elements in a2
48     auto minAndMax = minmax_element( a2.cbegin(), a2.cend() );
49     cout << "\nThe minimum and maximum elements in a2 are "
50        << *minAndMax.first << " and " << *minAndMax.second
51        << ", respectively";
52
53     // calculate sum of elements in a1
54     cout << "\n\nThe total of the elements in a1 is: "
55        << accumulate( a1.cbegin(), a1.cend(), 0 );
56
57     // output square of every element in a1
58     cout << "\n\nThe square of every integer in a1 is:\n";
59     for_each( a1.cbegin(), a1.cend(), outputSquare );
60
61     array< int, SIZE > cubes; // instantiate cubes
62
63     // calculate cube of each element in a1; place results in cubes
64     transform( a1.cbegin(), a1.cend(), cubes.begin(), calculateCube );
65     cout << "\n\nThe cube of every integer in a1 is:\n";
66     copy( cubes.cbegin(), cubes.cend(), output );
67     cout << endl;
68  } // end main
69
```

圖16.5 標準程式庫的一些數學演算法(2/3)

```
70 // determine whether argument is greater than 9
71 bool greater9( int value )
72 {
73    return value > 9;
74 } // end function greater9
75
76 // output square of argument
77 void outputSquare( int value )
78 {
79    cout << value * value << ' ';
80 } // end function outputSquare
81
82 // return cube of argument
83 int calculateCube( int value )
84 {
85    return value * value * value;
86 } // end function calculateCube
```

```
a1 before random_shuffle: 1 2 3 4 5 6 7 8 9 10
a1 after random_shuffle: 9 2 10 3 1 6 8 4 5 7

a2 contains: 100 2 8 1 50 3 8 8 9 10
Number of elements matching 8: 3
Number of elements greater than 9: 3

Minimum element in a2 is: 1
Maximum element in a2 is: 100
The minimum and maximum elements in a2 are 1 and 100, respectively

The total of the elements in a1 is: 55

The square of every integer in a1 is:
81 4 100 9 1 36 64 16 25 49

The cube of every integer in a1 is:
729 8 1000 27 1 216 512 64 125 343
```

圖16.5　標準程式庫的一些數學演算法(3/3)

演算法random_shuffle

程式第23行使用random_shuffle演算法，將a1.begin()到a1.end()中所有的元素，予以隨機重新排列，其中不包括a1.end()的元素。這個函式接收兩個隨機存取迭代器的引數。這個版本的random_shuffle使用rand隨機化，若不變更隨機化的種子srand，則程式每次執行得到的結果都會相同。random_shuffle的另一個版本接收C++11的均勻隨機數產生器作爲其第三個參數。

演算法count

第32行使用count演算法，計算a2.cbegin()到a2.cend()中，數值爲8的元素個數，其中不包括a2.cend()。這個函式的兩個迭代器引數，至少必須是輸入迭代器。

演算法count_if

第36行使用count_if演算法，計算a2.cbegin()到a2.cend()中，使得判斷函式greater9傳回true的元素個數，其中不包括a2.cend()。count_if函式的兩個迭代器引數至少必須是輸入迭代器。

min_element演算法

程式第41行使用min_element演算法，找出a2.cbegin()到a2.cend()中最小的元素，其中不包括a2.cend()。函式所傳回的前向迭代器會指向最小元素的位置，或者，如果進行比較的範圍是空的，則傳回a2.end()。這個函式的兩個迭代器引數至少必須是前向迭代器。這個函式的第二個版本，會接收一個二元判斷函式作為第三個引數，它能夠將序列中的元素進行比較。假如第一個引數小於第二個引數，此函式會傳回true值。

錯誤預防要訣 16.1

有兩個動作是程式設計的好習慣：首先，在呼叫min_element函式時，檢查此函式的指定範圍是否為空的，接著檢查傳回的迭代器有沒有超過"容器的末端"。

演算法max_element

第45行使用max_element演算法，找出a2.cbegin()到a2.cend()中最大的元素，其中不包括a2.cend()。這個函式會傳回指向第一個最大元素的前向迭代器。這個函式的兩個迭代器引數至少必須是前向迭代器。這個函式的第二個版本會接收一個二元判斷函式作為第三個引數，該判斷函式可以比較序列中的元素。這個二元函式能接收兩個引數，假如第一個引數小於第二個引數，此函式會傳回true值。

C++11演算法minmax_element

第48行使用C++11的minmax_element演算法，找出a2.cbegin()到a2.cend()中最大的和最小的元素，其中不包括a2.cend()。這個函式會傳回一對指向最大和最小元素的輸入迭代器。若最大和最小值有重複，則迭代器指向第一個最大或最小值元素。這個函式的兩個迭代器引數至少必須是前向迭代器。這個函式的第二個版本會接收一個二元判斷函式作為第三個引數，該判斷函式可以比較序列中的元素。這個二元函式能接收兩個引數，假如第一個引數小於第二個引數，此函式會傳回true值。

演算法accumulate

第55行使用accumulate演算法（定義在標頭檔<numeric>中的樣板），將a1.cbegin()到a1.cend()的所有元素加總，其中不包括a1.cend()。此函式的兩個迭代器引數至少必須是輸入迭代器，其第三個引數代表總和的初始值。這個函式的第二個版本，會接收一個一般函式作為其第四個引數，此函式可以用來決定元素如何加總。這個一般函式必須接收兩個引數，並且將計算的結果傳回。函式的第一個引數是目前已經計算得到的總和。第二個引數是正要進行加總的序列元素。

演算法for_each

第59行使用for_each演算法，將一個一般函式應用於a1.cbegin()到a1.cend()的各個元素，其中不包括a1.cend()。這個一般函式應該接收目前要處理的元素作爲引數，並且可能會修改到該元素的值（假如它是以參考的方式接收且不是常數）。for_each函式要求它的兩個迭代器引數至少必須是輸入迭代器。

演算法transform

第63行使用transform演算法，將一個一般函式應用於從a1.cbegin()到a1.cend()的各個元素（不包括a1.cend()）。此一般函式（第四個引數）應該以目前的元素當作引數，而且不可以修改元素，並傳回transform產生的數值。transform函式要求它的前兩個迭代器引數，至少必須是輸入迭代器，它的第三個引數至少必須是輸出迭代器。第三個引數會指出應該將transform產生的數值放在何處。請注意，第三個引數可以等於第一個引數。transform函式的另一個版本會接收五個引數，前兩個引數是輸入迭代器，指出來源容器的元素範圍，第三個引數也是輸入迭代器，指出另一個來源容器的第一個元素，第四個引數是輸出迭代器，標明經過轉換的數值應該放置於何處，最後一個引數則是能接收兩個引數的一般函式。transform函式的這個版本會從兩個輸入來源容器各接收一個元素，並應用一般函式在這一對元素上，然後將經過轉換的數值放置到由第四個引數所指定的位置。

16.3.6 基本搜尋和排序演算法

圖16.6將示範標準程式庫一些基本的搜尋和排序功能，其中包括find、find_if、sort、binary_search、all_of、any_of、none_of和find_if_not。

```
 1 // Fig. 16.6: fig16_06.cpp
 2 // Standard Library search and sort algorithms.
 3 #include <iostream>
 4 #include <algorithm> // algorithm definitions
 5 #include <array> // array class-template definition
 6 #include <iterator>
 7 using namespace std;
 8
 9 bool greater10( int value ); // predicate function prototype
10
11 int main()
12 {
13    const size_t SIZE = 10;
14    array< int, SIZE > a = { 10, 2, 17, 5, 16, 8, 13, 11, 20, 7 };
15    ostream_iterator< int > output( cout, " " );
16
17    cout << "array a contains: ";
18    copy( a.cbegin(), a.cend(), output ); // display output vector
19
20    // locate first occurrence of 16 in a
21    auto location = find( a.cbegin(), a.cend(), 16 );
```

圖16.6　標準程式庫的基本搜尋和排序演算法(1/3)

```
22
23    if ( location != a.cend() ) // found 16
24       cout << "\n\nFound 16 at location " << ( location - a.cbegin() );
25    else // 16 not found
26       cout << "\n\n16 not found";
27
28    // locate first occurrence of 100 in a
29    location = find( a.cbegin(), a.cend(), 100 );
30
31    if ( location != a.cend() ) // found 100
32       cout << "\nFound 100 at location " << ( location - a.cbegin() );
33    else // 100 not found
34       cout << "\n100 not found";
35
36    // locate first occurrence of value greater than 10 in a
37    location = find_if( a.cbegin(), a.cend(), greater10 );
38
39    if ( location != a.cend() ) // found value greater than 10
40       cout << "\n\nThe first value greater than 10 is " << *location
41          << "\nfound at location " << ( location - a.cbegin() );
42    else // value greater than 10 not found
43       cout << "\n\nNo values greater than 10 were found";
44
45    // sort elements of a
46    sort( a.begin(), a.end() );
47    cout << "\n\narray a after sort: ";
48    copy( a.cbegin(), a.cend(), output );
49
50    // use binary_search to locate 13 in a
51    if ( binary_search( a.cbegin(), a.cend(), 13 ) )
52       cout << "\n\n13 was found in a";
53    else
54       cout << "\n\n13 was not found in a";
55
56    // use binary_search to locate 100 in a
57    if ( binary_search( a.cbegin(), a.cend(), 100 ) )
58       cout << "\n100 was found in a";
59    else
60       cout << "\n100 was not found in a";
61
62    // determine whether all of the elements of a are greater than 10
63    if ( all_of( a.cbegin(), a.cend(), greater10 ) )
64       cout << "\n\nAll the elements in a are greater than 10";
65    else
66       cout << "\n\nSome elements in a are not greater than 10";
67
68    // determine whether any of the elements of a are greater than 10
69    if ( any_of( a.cbegin(), a.cend(), greater10 ) )
70       cout << "\n\nSome of the elements in a are greater than 10";
71    else
72       cout << "\n\nNone of the elements in a are greater than 10";
73
74    // determine whether none of the elements of a are greater than 10
75    if ( none_of( a.cbegin(), a.cend(), greater10 ) )
76       cout << "\n\nNone of the elements in a are greater than 10";
```

圖 16.6　標準程式庫的基本搜尋和排序演算法 (2/3)

```
77     else
78        cout << "\n\nSome of the elements in a are greater than 10";
79
80     // locate first occurrence of value that's not greater than 10 in a
81     location = find_if_not( a.cbegin(), a.cend(), greater10 );
82
83     if ( location != a.cend() ) // found a value less than or eqaul to 10
84        cout << "\n\nThe first value not greater than 10 is " << *location
85           << "\nfound at location " << ( location - a.cbegin() );
86     else // no values less than or equal to 10 were found
87        cout << "\n\nOnly values greater than 10 were found";
88
89     cout << endl;
90  } // end main
91
92  // determine whether argument is greater than 10
93  bool greater10( int value )
94  {
95     return value > 10;
96  } // end function greater10
```

```
array a contains: 10 2 17 5 16 8 13 11 20 7

Found 16 at location 4
100 not found

The first value greater than 10 is 17
found at location 2

array a after sort: 2 5 7 8 10 11 13 16 17 20

13 was found in a
100 was not found in a

Some elements in a are not greater than 10

Some of the elements in a are greater than 10

Some of the elements in a are greater than 10

The first value not greater than 10 is 2
found at location 0
```

圖16.6　標準程式庫的基本搜尋和排序演算法(3/3)

演算法find

第21行使用find演算法，找出a中出現數值16的位置，範圍從a.cbegin()到a.cend()，但是不包含a.cend()。此函式要求兩個迭代器引數至少必須是輸入迭代器，而傳回的輸入迭代器若不是指向含有指定值的第一個位置，就是指向序列的尾端(如同第29行的情形)。

演算法find_if

第37行使用find_if演算法，找出a.cbegin()到a.cend()中，第一個讓判斷函式greater10傳回true的元素，其中不包括a.cend()。greater10函式(定義於第93-96行)會接收一個整數作爲引數，其傳回的bool值可以指出這個整數引數是否大於10。find_if函式要求其兩個迭代器引數至少必須是輸入迭代器。這個函式所傳回的輸入迭代器，若不是指向第一個讓判斷函式傳回true的元素位置，就是指向序列的尾端。

演算法sort

第46行會使用sort演算法，將a.begin()到a.end()中所有元素按遞增順序排序，其中不包括a.end()的元素。這個函式要求它的兩個迭代器引數必須是隨機存取迭代器。這個函式的第二個版本，會接收一個二元判斷函式作爲第三個引數，此判斷函式能接收兩個序列中的數值作爲引數，並且傳回一個bool值指出排序的順序；如果傳回的值是true，則表示比較的兩個元素是處於指定的排序順序。

演算法binary_search

第51行使用binary_search演算法，判斷a.cbegin()到a.cend()中是否有數值爲13的元素，但其中不包括a.cend()。序列的數值必須先按遞增排序。binary_search函式的兩個迭代器引數至少必須是前向迭代器。函式會傳回一個bool值，指出要搜尋的數值是否位在序列中。

第57行示範了呼叫binary_search函式，而沒有找到該數值的情形。這個函式的第二種版本會接收第四個引數，這個引數是二元判斷函式，它會接收兩個序列中的數值作爲引數，並傳回一個bool值。如果兩個要進行比較的元素處於指定的排序順序，則此判斷函式會傳回true。要取得搜尋鍵在容器中的位置，請使用lower_bound或是find演算法。

C++11：all_of算法

第63行使用all_of演算法來判斷從a.cbegin()到a.cend()間的所有元素，但不包括a.cend()，經過一元判斷函數greater10所回傳的結果是否全爲true。演算法all_of要求它的兩個迭代器引數必須是輸入迭代器。

C++11：any_of算法

第69行使用any_of演算法來判斷從a.cbegin()到a.cend()間的所有元素中，但不包括a.cend()，是否至少有一個元素經過一元判斷函數greater10所回傳的結果爲true。演算法all_of要求它的兩個迭代器引數必須是輸入迭代器。

C++11：none_of算法

第75行使用none_of演算法來判斷從a.cbegin()到a.cend()間的所有元素，但不包括a.cend()，經過一元判斷函數greater10所回傳的結果是否全爲false。演算法all_of要求它的兩個迭代器引數必須是輸入迭代器。

C++11：find_if_not算法

第81使用find_if_not演算法來搜尋某範圍經過一元判斷函數greater10所回傳的結果爲false的第一個字元。此範圍是a.cbegin()到a.cend()間的所有元素，但不包括a.cend()。演算法find_if要求它的兩個迭代器引數必須是輸入迭代器。該演算法返回傳一個輸入迭代器只到第一個經判斷函式回傳false的元素，若無此元素則指到該序列的末端。

16.3.7 swap、iter_swap和swap_ranges

圖16.7將示範用來交換元素的swap、iter_swap和swap_ranges演算法。

```
 1 // Fig. 16.7: fig16_07.cpp
 2 // Algorithms iter_swap, swap and swap_ranges.
 3 #include <iostream>
 4 #include <array>
 5 #include <algorithm> // algorithm definitions
 6 #include <iterator>
 7 using namespace std;
 8
 9 int main()
10 {
11    const size_t SIZE = 10;
12    array< int, SIZE > a = { 1, 2, 3, 4, 5, 6, 7, 8, 9, 10 };
13    ostream_iterator< int > output( cout, " " );
14
15    cout << "Array a contains:\n   ";
16    copy( a.cbegin(), a.cend(), output ); // display array a
17
18    swap( a[ 0 ], a[ 1 ] ); // swap elements at locations 0 and 1 of a
19
20    cout << "\nArray a after swapping a[0] and a[1] using swap:\n   ";
21    copy( a.cbegin(), a.cend(), output ); // display array a
22
23    // use iterators to swap elements at locations 0 and 1 of array a
24    iter_swap( a.begin(), a.begin() + 1 ); // swap with iterators
25    cout << "\nArray a after swapping a[0] and a[1] using iter_swap:\n   ";
26    copy( a.cbegin(), a.cend(), output );
27
28    // swap elements in first five elements of array a with
29    // elements in last five elements of array a
30    swap_ranges( a.begin(), a.begin() + 5, a.begin() + 5 );
31
32    cout << "\nArray a after swapping the first five elements\n"
33         << "with the last five elements:\n   ";
34    copy( a.cbegin(), a.cend(), output );
35    cout << endl;
36 } // end main
```

```
Array a contains:
   1 2 3 4 5 6 7 8 9 10
Array a after swapping a[0] and a[1] using swap:
   2 1 3 4 5 6 7 8 9 10
Array a after swapping a[0] and a[1] using iter_swap:
   1 2 3 4 5 6 7 8 9 10
Array a after swapping the first five elements
with the last five elements:
   6 7 8 9 10 1 2 3 4 5
```

圖16.7　演算法swap、iter_swap和swap_ranges

演算法swap

程式第18行會使用swap演算法來交換兩個數值。在這個範例中，程式會將陣列a的第一個元素和第二個元素交換。這個函式會接收兩個要進行數值交換物件的參考作爲引數。

演算法iter_swap

第24行使用iter_swap演算法交換這兩個元素。這個函式會接收兩個前向迭代器作爲引數(在目前這個情況下，迭代器引數指向陣列元素)，並且將這兩個迭代器所指向的元素數值進行交換。

演算法swap_ranges

第30行使用swap_ranges演算法，將從a.begin()到a.begin() + 5 (不包含在內) 的元素，與從a.begin() + 5開始的元素進行交換。此函式要求三個前向迭代器作爲引數。前兩個引數會指定第一個序列中的元素範圍，這個範圍的元素會與第二個序列的元素交換，此第二個序列的起始位置由第三個引數的迭代器加以指定。在這個範例中，這兩個序列位於相同的陣列內，但是這兩個序列也可以來自不同的陣列或容器。要注意的是該序列不能重疊。目標序列必須足夠大，來行使指定範圍元素的交換。

16.3.8 copy_backward、merge、unique和reverse

圖16.8將示範標準程式庫演算法copy_backward、merge、unique和reverse。

```
 1 // Fig. 16.8: fig16_08.cpp
 2 // Algorithms copy_backward, merge, unique and reverse.
 3 #include <iostream>
 4 #include <algorithm>  // algorithm definitions
 5 #include <array> // array class-template definition
 6 #include <iterator> // ostream_iterator
 7 using namespace std;
 8
 9 int main()
10 {
11    const size_t SIZE = 5;
12    array< int, SIZE > a1 = { 1, 3, 5, 7, 9 };
13    array< int, SIZE > a2 = { 2, 4, 5, 7, 9 };
14    ostream_iterator< int > output( cout, " " );
15
16    cout << "array a1 contains: ";
17    copy( a1.begin(), a1.end(), output ); // display a1
18    cout << "\narray a2 contains: ";
19    copy( a2.begin(), a2.end(), output ); // display a2
20
21    array< int, SIZE > results;
22
23    // place elements of a1 into results in reverse order
24    copy_backward( a1.cbegin(), a1.cend(), results.end() );
```

圖16.8 演算法copy_backward、merge、unique和reverse (1/2)

```
25     cout << "\n\nAfter copy_backward, results contains: ";
26     copy( results.cbegin(), results.cend(), output );
27
28     array< int, SIZE + SIZE > results2;
29
30     // merge elements of a1 and a2 into results2 in sorted order
31     merge( a1.cbegin(), a1.cend(), a2.cbegin(), a2.cend(),
32        results2.begin() );
33
34     cout << "\n\nAfter merge of a1 and a2 results2 contains: ";
35     copy( results2.cbegin(), results2.cend(), output );
36
37     // eliminate duplicate values from results2
38     auto endLocation = unique( results2.begin(), results2.end() );
39
40     cout << "\n\nAfter unique results2 contains: ";
41     copy( results2.begin(), endLocation, output );
42
43     cout << "\n\narray a1 after reverse: ";
44     reverse( a1.begin(), a1.end() ); // reverse elements of a1
45     copy( a1.cbegin(), a1.cend(), output );
46     cout << endl;
47 } // end main
```

```
array a1 contains: 1 3 5 7 9
array a2 contains: 2 4 5 7 9

After copy_backward, results contains: 1 3 5 7 9

After merge of a1 and a2 results2 contains: 1 2 3 4 5 5 7 7 9 9

After unique results2 contains: 1 2 3 4 5 7 9

array a1 after reverse: 9 7 5 3 1
```

圖16.8 演算法copy_backward、merge、unique和reverse (2/2)

演算法copy_backward

程式第24行使用copy_backward演算法，將a1.cbegin()到a1.cend()的元素複製到results，但其中不包括a1.cend()的元素。複製會從results.end()的前一個元素開始，然後向array起始端的方向進行。這個函式會傳回一個迭代器，它指向複製到results的最後一個元素的位置(也就是results的起始端，這是因爲我們反向複製的緣故)。這些元素會按照原來在a1中的相同順序放入results。這個函式要求三個雙向迭代器作爲引數(也就是說，這些迭代器能夠以遞增和遞減的方式，分別按照前向和逆向兩種方向，循環走訪序列中的每個元素)。

copy和copy_backward的主要差異是，copy傳回的迭代器指向複製的最後一個元素之後的位置，而copy_backward傳回的迭代器，則指向複製的最後一個元素的位置(實際上是序列的第一個元素)。copy_backward也可以處理容器中重複的元素範圍，只要第一個複製的元素不在目的元素的範圍之內即可。除了copy和copy_backward演算法，C++11有新的move和move_backward演算法。新的move演算法(會在第24章討論)會將物件移動到另一個物件，而不是用複製的方式移轉資料。

merge演算法

第31-32行程式使用merge演算法，將兩個按照遞增順序排序的序列結合，成為第三個經過排序的遞增序列。這個方法需要五個迭代器引數。前四個迭代器至少必須是輸入迭代器，最後一個則至少必須是輸出迭代器。前兩個引數會指定第一個排序過的序列 (a1) 的元素範圍，第三和第四個引數則會指定第二個排序過的序列 (a2) 的元素範圍，最後一個引數則指向定第三個序列 (results2) 的起始位置，用來接收合併的結果。這個函式的第二個版本，會接收一個二元判斷函式作為第6個引數，用來指定排序的順序。

back_inserter, front_inserter 和 inserter 迭代器調配器

第28用a1和a2的元素來建立array results2。使用merge函式，其前提是儲存此函式運算結果的序列大小，最少必須是兩個要合併的序列大小。如果我們不想在執行merge函式之前，就配置新序列所需的元素個數，則我們可以使用以下的敘述：

```
vector< int > results2;
merge( a1.begin(), a1.end(), a2.begin(), a2.end(),
   back_inserter( results2 ) );
```

引數back_inserter(results2)對容器results2套用back_inserter函式樣板 (定義於標頭檔<iterator>)。back_inserter會呼叫該容器預設的push_back函式，在此容器的末端加入一個元素。如果將一個元素加入某個容器，但此容器已沒有多餘的空間，則該容器的大小就必須增加。這就是為什麼我們在上面敘述使用vector的原因，因為array的大小是固定的無法增加，但vector可以擴增容量。因此，此容器的元素個數並不需要事先得知。還有另外兩個元素插入函式：front_inserter (使用push_front將元素加入容器的頭端，須將此容器作為此函式的引數) 和inserter (使用insert將元素加入該容器，由第二個引數指定的迭代器指向位置之前，此容器必須指定為此函式的第一個引數)。

演算法unique

程式第38行使用unique演算法處理已排序的序列results2。處理元素從位置results2.begin()開始，直到results2.end()之間的元素，其中不包括results2.end()的元素。將此函式運用於含有重複數值的已排序序列，原先重複數值只會留下一個在序列中。這個函式會接收兩個引數，而且它們至少必須是前向迭代器。這個函式會傳回一個迭代器，指向由唯一數值所組成的序列中，最後一個元素之後的位置。由於移除了重複的元素，在此容器中，位於最後一個唯一數值之後的所有元素，變成是未定義的。此函式的第二個版本會接收一個二元判斷函式，作為其第三個引數，此判斷函式將指示如何比較兩個元素是否相等。

演算法 reverse

第44行程式使用reverse演算法，將a1.begin()到a1.end()範圍內，所有元素反向排列，其中不包括a1.end()的元素。這個函式接收兩個引數，它們至少必須是雙向迭代器。

C++11：copy_if和copy_n演算法

C++11現在包括新的複製演算法copy_if和copy_n。該copy_if演算法先將一段範圍內所有元素，先送到由第四個引數所指一元判斷函式做運算，經函式運算返回true的元素會執行複製動作。前兩個引數迭代器至少必須是輸入迭代器。第三個引數迭代器必須是一個輸出迭代器，該被複製的元素可以存放到從該位置起始的容器。這個演算法會返回一個迭代器，定位到複製的最後一個元素之後。

copy_n演算法複製由第一個引數位置(輸入迭代器)開始的n個元素，n由第二個引數決定。複製的元素輸出到其第三個引數(輸出迭代器)指定的位置。

16.3.9 inplace_merge、unique_copy和reverse_copy

圖16.9將示範演算法inplace_merge、unique_copy和reverse_copy。

```
 1 // Fig. 16.9: fig16_09.cpp
 2 // Algorithms inplace_merge, reverse_copy and unique_copy.
 3 #include <iostream>
 4 #include <algorithm> // algorithm definitions
 5 #include <array> // array class-template definition
 6 #include <vector> // vector class-template definition
 7 #include <iterator> // back_inserter definition
 8 using namespace std;
 9
10 int main()
11 {
12    const size_t SIZE = 10;
13    array< int, SIZE > a1 = { 1, 3, 5, 7, 9, 1, 3, 5, 7, 9 };
14    ostream_iterator< int > output( cout, " " );
15
16    cout << "array a1 contains: ";
17    copy( a1.cbegin(), a1.cend(), output );
18
19    // merge first half of a1 with second half of a1 such that
20    // a1 contains sorted set of elements after merge
21    inplace_merge( a1.begin(), a1.begin() + 5, a1.end() );
22
23    cout << "\nAfter inplace_merge, a1 contains: ";
24    copy( a1.cbegin(), a1.cend(), output );
25
26    vector< int > results1;
27
28    // copy only unique elements of v1 into results1
29    unique_copy( a1.cbegin(), a1.cend(), back_inserter( results1 ) );
30    cout << "\nAfter unique_copy results1 contains: ";
31    copy( results1.cbegin(), results1.cend(), output );
32
33    vector< int > results2;
34
35    // copy elements of a1 into results2 in reverse order
36    reverse_copy( a1.cbegin(), a1.cend(), back_inserter( results2 ) );
```

圖16.9　inplace_merge、reverse_copy和unique_copy演算法(1/2)

```
37     cout << "\nAfter reverse_copy, results2 contains: ";
38     copy( results2.cbegin(), results2.cend(), output );
39     cout << endl;
40 } // end main
```

```
array a1 contains: 1 3 5 7 9 1 3 5 7 9
After inplace_merge, a1 contains: 1 1 3 3 5 5 7 7 9 9
After unique_copy results1 contains: 1 3 5 7 9
After reverse_copy, results2 contains: 9 9 7 7 5 5 3 3 1 1
```

圖16.9 inplace_merge、reverse_copy和unique_copy演算法(2/2)

演算法inplace_merge

第21行使用inplace_merge演算法，將兩個排序過的序列合併在相同的容器中。在此範例中，從a1.begin()到a1.begin()+5的元素，其中不包括a1.begin()+5的元素，會與從a1.begin() + 5到a1.end()中所有的元素進行合併，其中不包括a1.end()的元素。這個函式要求它的三個迭代器引數，至少必須是雙向迭代器。這個函式的第二個版本，會接收一個二元判斷函式來作爲第四個引數，用來比較兩個序列的元素。

演算法unique_copy

第29行使用unique_copy演算法，複製有序序列a從a1.cbegin()開始，到a1.cend()中所有元素並剔除重複元素，其中不包括a1.cend()的元素。被複製的元素會放到vector results1。前兩個引數至少必須是輸入迭代器，最後一個迭代器則至少必須是輸出迭代器。在這個範例中，我們在results1並未預先配置足夠的元素，以儲存從a1複製來的元素。使用back_inserter函式（定義在標頭檔<iterator>），將複製的元素加入到result1的末端。back_inserter使用類別vector的push_pack成員函式，將元素加到vector的末端。因爲back_inserter會將元素加進vector，而不是取代現存元素的數值，所以vector能夠增大來容納更多的元素。unique_copy函式的第二個版本，會接收一個二元判斷函式作爲第四個引數，用來比較元素是否相等。

演算法reverse_copy

第36行使用reverse_copy演算法，將a1.cbegin()到a1.cend()的所有元素，以相反順序複製，其中不包括a1.cend()的元素。然後使用back_inserter函式，將這些複製的元素加入results2，以確保vector能增大到足以容納適的複製元素量。reverse_copy演算法要求它的前兩個迭代器引數至少必須是雙向迭代器，它的第三個迭代器引數至少必須是輸出迭代器。

16.3.10 集合操作

圖16.10示範用演算法includes、set_difference、set_intersection、set_symmetric_difference和set_union 來處理有序資料集合。

```
1  // Fig. 16.10: fig16_10.cpp
2  // Algorithms includes, set_difference, set_intersection,
3  // set_symmetric_difference and set_union.
4  #include <iostream>
5  #include <array>
6  #include <algorithm> // algorithm definitions
7  #include <iterator> // ostream_iterator
8  using namespace std;
9
10 int main()
11 {
12    const size_t SIZE1 = 10, SIZE2 = 5, SIZE3 = 20;
13    array< int, SIZE1 > a1 = { 1, 2, 3, 4, 5, 6, 7, 8, 9, 10 };
14    array< int, SIZE2 > a2 = { 4, 5, 6, 7, 8 };
15    array< int, SIZE2 > a3 = { 4, 5, 6, 11, 15 };
16    ostream_iterator< int > output( cout, " " );
17
18    cout << "a1 contains: ";
19    copy( a1.cbegin(), a1.cend(), output ); // display array a1
20    cout << "\na2 contains: ";
21    copy( a2.cbegin(), a2.cend(), output ); // display array a2
22    cout << "\na3 contains: ";
23    copy( a3.cbegin(), a3.cend(), output ); // display array a3
24
25    // determine whether a2 is completely contained in a1
26    if ( includes( a1.cbegin(), a1.cend(), a2.cbegin(), a2.cend() ) )
27       cout << "\n\na1 includes a2";
28    else
29       cout << "\n\na1 does not include a2";
30
31    // determine whether a3 is completely contained in a1
32    if ( includes( a1.cbegin(), a1.cend(), a3.cbegin(), a3.cend() ) )
33       cout << "\na1 includes a3";
34    else
35       cout << "\na1 does not include a3";
36
37    array< int, SIZE1 > difference;
38
39    // determine elements of a1 not in a2
40    auto result1 = set_difference( a1.cbegin(), a1.cend(),
41       a2.cbegin(), a2.cend(), difference.begin() );
42    cout << "\n\nset_difference of a1 and a2 is: ";
43    copy( difference.begin(), result1, output );
44
45    array< int, SIZE1 > intersection;
46
47    // determine elements in both a1 and a2
48    auto result2 = set_intersection( a1.cbegin(), a1.cend(),
49       a2.cbegin(), a2.cend(), intersection.begin() );
50    cout << "\n\nset_intersection of a1 and a2 is: ";
51    copy( intersection.begin(), result2, output );
52
53    array< int, SIZE1 + SIZE2 > symmetric_difference;
54
```

圖16.10　演算法includes、set_difference、set_intersection、set_symmetric_difference和set_union(1/2)

```
55      // determine elements of a1 that are not in a2 and
56      // elements of a2 that are not in a1
57      auto result3 = set_symmetric_difference( a1.cbegin(), a1.cend(),
58         a3.cbegin(), a3.cend(), symmetric_difference.begin() );
59      cout << "\n\nset_symmetric_difference of a1 and a3 is: ";
60      copy( symmetric_difference.begin(), result3, output );
61
62      array< int, SIZE3 > unionSet;
63
64      // determine elements that are in either or both sets
65      auto result4 = set_union( a1.cbegin(), a1.cend(),
66         a3.cbegin(), a3.cend(), unionSet.begin() );
67      cout << "\n\nset_union of a1 and a3 is: ";
68      copy( unionSet.begin(), result4, output );
69      cout << endl;
70   } // end main
```

```
a1 contains: 1 2 3 4 5 6 7 8 9 10
a2 contains: 4 5 6 7 8
a3 contains: 4 5 6 11 15

a1 includes a2
a1 does not include a3

set_difference of a1 and a2 is: 1 2 3 9 10

set_intersection of a1 and a2 is: 4 5 6 7 8

set_symmetric_difference of a1 and a3 is: 1 2 3 7 8 9 10 11 15

set_union of a1 and a3 is: 1 2 3 4 5 6 7 8 9 10 11 15
```

圖16.10 演算法includes、set_difference、set_intersection、set_symmetric_difference和set_union(2/2)

演算法includes

程式第26和32行呼叫includes演算法。將兩個排序過的集合加以比較，以判斷第二個集合中的所有元素是否都在第一個集合中。如果確是如此，則includes會傳回true，否則傳回false。前兩個迭代器引數至少必須是輸入迭代器，它們必須指出第一個數值集合。在第26行中，第一個集合起始於a1.cbegin()，一直到a1.cend()範圍內元素，但是此範圍不包括a1.cend()元素。後兩個迭代器引數至少必須是輸入迭代器，它們必須指出第二個數值集合。在這個例子中，第二個集合起始於a2.cbegin()，一直到a2.cend()範圍內元素，但是此範圍不包括a2.cend()元素。includes函式的第二個版本，會以一個二元判斷函式作爲第5個引數，指出這些元素的排序方式。這兩個序列必須預先使用相同的比較函式進行排序。

演算法set_difference

程式第40-41行使用set_difference演算法，找出第一個排序過的數值集合中，沒有出現在第二個排序過數值集合的元素（兩個數值集合必須按照遞增順序排列）。不同的元素會複製到第五個引數（在此情形下，就是陣列difference）中。前兩個迭代器引數至少必須是輸入迭代器，用來指出第一個數值集合。接下來的兩個迭代器引數也至少必須是輸入迭代器，用來指出第二個數值集合。第5個引數至少必須是輸出迭代器，用來指出兩個集合不同數值欲儲存的位置。這個函式會傳回一個輸出迭代器，指向第5個引數所指向的集合中，最後一個複製數值的位置之後的下一個位置。set_difference函式的第二個版本，會接收一個二元判斷函式作爲第6個引數，指出這些元素的排序方式。這兩個序列必須使用相同的比較函式進行排序。

演算法set_intersection

第48-49行使用set_intersection演算法，找出第一個排序過的數值集合中，也屬於第二個排序過的數值集合的元素（兩個數值集合都必須按照遞增順序進行排列）。同時屬於兩個集合的元素會複製到第5個引數（在這裡，就是指陣列intersection）。前兩個迭代器引數至少必須是輸入迭代器，用來指出第一個數值集合。接下來的兩個迭代器引數也至少必須是輸入迭代器，用來指出第二個數值集合。第5個引數至少必須是輸出迭代器，它會儲存兩個集合的共同數值。這個函式會傳回一個輸出迭代器，指向第5個引數所指向的集合中，最後一個複製數值的位置之後的下一個位置。set_intersection函式的第二個版本，會接收一個二元判斷函式作爲第6個引數，這個判斷函式將指出這些元素的排序方式。這兩個序列必須使用相同的比較函式進行排序。

演算法set_symmetric_difference

程式第57-58行使用set_symmetric_difference演算法，找出屬於第一個集合但不屬於第二個集合的元素，以及屬於第二個集合但不屬於第一個集合的元素（這兩個集合都必須以遞增的順序進行排序）。不同的元素會從兩個集合複製到第五個引數（即陣列symmetric_difference）。前兩個迭代器引數至少必須是輸入迭代器，用來指出第一個數值集合。接下來的兩個迭代器引數也至少必須是輸入迭代器，用來指出第二個數值集合。

第5個引數至少必須是輸出迭代器，用來指向儲存兩個集合的不同數值的容器。這個函式會傳回一個輸出迭代器，指向第5個引數所指向的集合中，最後一個複製數值的位置之後的下一個位置。set_symmetric_difference函式的第二個版本，會接收一個二元判斷函式作爲第6個引數，這個判斷函式會指出這些元素的排序方式。這兩個序列必須使用相同的比較函式進行排序。

演算法set_union

第65-66行使用set_union演算法來建立一個集合，這個集合的元素必須屬於兩個集合中任一個集合，或者同時屬於兩個集合（兩個數值集合必須以遞增順序進行排序）。這些元素會從兩個集合複製到第5個引數（在這個情形下，就是指陣列unionSet）。同時出現在兩個集合的元素，只會從第一個集合加以複製。前兩個迭代器引數至少必須是輸入迭代器，用來指出第一個數值集合。接下來的兩個迭代器引數也至少必須是輸入迭代器，用來指出第二個數值集合。第5個引數至少必須是輸出迭代器，指出這些複製元素的儲存位置。這個函式會傳回一個輸出迭代器，指向第5個引數所指向的集合中，最後一個複製數值的位置之後的下一個位置。set_union 函式的第二個版本，接收一個二元判斷函式作爲第6個引數，這個判斷函式會指出這些元素的排序順序。這兩個序列必須使用相同的比較函式進行排序。

16.3.11 lower_bound、upper_bound 和 equal_range

圖 16.11 將示範演算法 lower_bound、upper_bound 和 equal_range 的應用。

```
1  // Fig. 16.11: fig16_11.cpp
2  // Algorithms lower_bound, upper_bound and
3  // equal_range for a sorted sequence of values.
4  #include <iostream>
5  #include <algorithm> // algorithm definitions
6  #include <array> // array class-template definition
7  #include <iterator> // ostream_iterator
8  using namespace std;
9
10 int main()
11 {
12    const size_t SIZE = 10;
13    array< int, SIZE > a = { 2, 2, 4, 4, 4, 6, 6, 6, 6, 8 };
14    ostream_iterator< int > output( cout, " " );
15
16    cout << "Array a contains:\n";
17    copy( a.cbegin(), a.cend(), output );
18
19    // determine lower-bound insertion point for 6 in a
20    auto lower = lower_bound( a.cbegin(), a.cend(), 6 );
21    cout << "\n\nLower bound of 6 is element "
22       << ( lower - a.cbegin() ) << " of array a";
23
24    // determine upper-bound insertion point for 6 in a
25    auto upper = upper_bound( a.cbegin(), a.cend(), 6 );
26    cout << "\nUpper bound of 6 is element "
27       << ( upper - a.cbegin() ) << " of array a";
28
29    // use equal_range to determine both the lower- and
30    // upper-bound insertion points for 6
31    auto eq = equal_range( a.cbegin(), a.cend(), 6 );
32    cout << "\nUsing equal_range:\n   Lower bound of 6 is element "
33       << ( eq.first - a.cbegin() ) << " of array a";
34    cout << "\n   Upper bound of 6 is element "
35       << ( eq.second - a.cbegin() ) << " of array a";
36    cout << "\n\nUse lower_bound to locate the first point\n"
37       << "at which 5 can be inserted in order";
38
39    // determine lower-bound insertion point for 5 in a
40    lower = lower_bound( a.cbegin(), a.cend(), 5 );
41    cout << "\n   Lower bound of 5 is element "
42       << ( lower - a.cbegin() ) << " of array a";
43    cout << "\n\nUse upper_bound to locate the last point\n"
44       << "at which 7 can be inserted in order";
45
```

圖 16.11　演算法 lower_bound、upper_bound 和 equal_range 用於已儲存的有序序列 (1/2)

```
46     // determine upper-bound insertion point for 7 in a
47     upper = upper_bound( a.cbegin(), a.cend(), 7 );
48     cout << "\n   Upper bound of 7 is element "
49        << ( upper - a.cbegin() ) << " of array a";
50     cout << "\n\nUse equal_range to locate the first and\n"
51        << "last point at which 5 can be inserted in order";
52
53     // use equal_range to determine both the lower- and
54     // upper-bound insertion points for 5
55     eq = equal_range( a.cbegin(), a.cend(), 5 );
56     cout << "\n   Lower bound of 5 is element "
57        << ( eq.first - a.cbegin() ) << " of array a";
58     cout << "\n   Upper bound of 5 is element "
59        << ( eq.second - a.cbegin() ) << " of array a" << endl;
60 } // end main
```

```
Array a contains:
2 2 4 4 4 6 6 6 6 8

Lower bound of 6 is element 5 of array a
Upper bound of 6 is element 9 of array a
Using equal_range:
   Lower bound of 6 is element 5 of array a
   Upper bound of 6 is element 9 of array a

Use lower_bound to locate the first point
at which 5 can be inserted in order
   Lower bound of 5 is element 5 of array a

Use upper_bound to locate the last point
at which 7 can be inserted in order
   Upper bound of 7 is element 9 of array a

Use equal_range to locate the first and
last point at which 5 can be inserted in order
   Lower bound of 5 is element 5 of array a
   Upper bound of 5 is element 5 of array a
```

圖16.11　演算法lower_bound、upper_bound和equal_range用於已儲存的有序序列(2/2)

演算法lower_bound

程式第20行使用lower_bound演算法，找出第三個引數可以加入此排序過序列的第一個位置，使元素插入後，此序列仍按原遞增的順序排序。其前兩個迭代器引數至少必須是前向迭代器。第三個引數則是欲插入的值，演算法根據此值，決定第一個適合插入的位置。函式所傳回的前向迭代器，會指向可以執行插入動作的位置。lower_bound函式的第二個版本，會接收一個二元判斷函式作爲第4個引數，這個判斷函式指出這些元素的排序順序。

演算法upper_bound

第25行使用upper_bound演算法，找到第三個引數可以加入此排序過序列的最後位置，使元素插入後，此序列仍按照原遞增順序排序。其前兩個迭代器引數至少必須是前向迭代器。第三個引數則是欲插入的值，演算法根據此值，決定最後一個適合插入的位置。函式所傳回的前向迭代器，會指向可以執行插入動作的位置。upper_bound函式的第二個版本，會接收一個二元判斷函式作為第4個引數，這個判斷函式可以指出這些元素的排序順序。

演算法equal_range

第31行用equal_range演算法來找出第一個和最後一個適合插入元素的位置。演算法會傳回一對前向迭代器，這兩個迭代器是執行lower_bound和upper_bound的結果。兩個迭代器引數至少必須是前向迭代器。第三個引數則是欲插入的值，演算法根據此值，決定第一個和最後一個適合插入的位置。演算法會傳回兩個前向迭代器，分別指向插入位置的下限(eq.first)和上限(eq.second)。

在有序序列定位插入點

演算法lower_bound、upper_bound和equal_range常會用來找出排序過的序列中適合插入元素的位置。程式第40行使用lower_bound找出數值5可以插入a中，並且使新序列仍按照原來的順序方向排列的第一個位置。第47行使用upper_bound找出數值7可以插入a中，並且使新序列仍按照原來的順序方向排列的最後一個位置。程式第55行則使用equal_range找出數值5可以插入a中，並且使新序列仍按照原來的順序方向排列的第一個和最後一個位置。

16.3.12 堆積排序

圖16.12示範了標準程式庫中，用來執行**堆積排序演算法** (heapsort sorting algorithm)的函式。堆積排序法(heapsort)是一種排序演算法，在這種演算法中，陣列元素會排成一種稱為堆積(heap)的特資料結構。在電腦科學課程「資料結構」和「演算法」中，會詳細討論堆積排序法。相關的資訊考參考網站：

```
en.wikipedia.org/wiki/Heapsort
```

```
 1 // Fig. 16.12: fig16_12.cpp
 2 // Algorithms push_heap, pop_heap, make_heap and sort_heap.
 3 #include <iostream>
 4 #include <algorithm>
 5 #include <array>
 6 #include <vector>
 7 #include <iterator>
 8 using namespace std;
 9
10 int main()
11 {
12    const size_t SIZE = 10;
13    array< int, SIZE > init = { 3, 100, 52, 77, 22, 31, 1, 98, 13, 40 };
14    array< int, SIZE > a( init ); // copy of init
15    ostream_iterator< int > output( cout, " " );
16
17    cout << "Array a before make_heap:\n";
18    copy( a.cbegin(), a.cend(), output );
```

圖16.12 演算法push_heap、pop_heap、make_heap和sort_heap (1/3)

```
19
20    make_heap( a.begin(), a.end() ); // create heap from array a
21    cout << "\nArray a after make_heap:\n";
22    copy( a.cbegin(), a.cend(), output );
23
24    sort_heap( a.begin(), a.end() ); // sort elements with sort_heap
25    cout << "\nArray a after sort_heap:\n";
26    copy( a.cbegin(), a.cend(), output );
27
28    // perform the heapsort with push_heap and pop_heap
29    cout << "\n\nArray init contains: ";
30    copy( init.cbegin(), init.cend(), output ); // display array init
31    cout << endl;
32
33    vector< int > v;
34
35    // place elements of array init into v and
36    // maintain elements of v in heap
37    for ( size_t i = 0; i < init.size(); ++i )
38    {
39       v.push_back( init[ i ] );
40       push_heap( v.begin(), v.end() );
41       cout << "\nv after push_heap(init[" << i << "]): ";
42       copy( v.cbegin(), v.cend(), output );
43    } // end for
44
45    cout << endl;
46
47    // remove elements from heap in sorted order
48    for ( size_t j = 0; j < v.size(); ++j )
49    {
50       cout << "\nv after " << v[ 0 ] << " popped from heap\n";
51       pop_heap( v.begin(), v.end() - j );
52       copy( v.cbegin(), v.cend(), output );
53    } // end for
54
55    cout << endl;
56 } // end main
```

```
Array a before make_heap:
3 100 52 77 22 31 1 98 13 40
Array a after make_heap:
100 98 52 77 40 31 1 3 13 22
Array a after sort_heap:
1 3 13 22 31 40 52 77 98 100

Array init contains: 3 100 52 77 22 31 1 98 13 40

v after push_heap(init[0]): 3
v after push_heap(init[1]): 100 3
v after push_heap(init[2]): 100 3 52
v after push_heap(init[3]): 100 77 52 3
v after push_heap(init[4]): 100 77 52 3 22
v after push_heap(init[5]): 100 77 52 3 22 31
v after push_heap(init[6]): 100 77 52 3 22 31 1
v after push_heap(init[7]): 100 98 52 77 22 31 1 3
v after push_heap(init[8]): 100 98 52 77 22 31 1 3 13
v after push_heap(init[9]): 100 98 52 77 40 31 1 3 13 22
```

圖16.12　演算法 push_heap、pop_heap、make_heap和sort_heap (2/3)

```
v after 100 popped from heap
98 77 52 22 40 31 1 3 13 100
v after 98 popped from heap
77 40 52 22 13 31 1 3 98 100
v after 77 popped from heap
52 40 31 22 13 3 1 77 98 100
v after 52 popped from heap
40 22 31 1 13 3 52 77 98 100
v after 40 popped from heap
31 22 3 1 13 40 52 77 98 100
v after 31 popped from heap
22 13 3 1 31 40 52 77 98 100
v after 22 popped from heap
13 1 3 22 31 40 52 77 98 100
v after 13 popped from heap
3 1 13 22 31 40 52 77 98 100
v after 3 popped from heap
1 3 13 22 31 40 52 77 98 100
v after 1 popped from heap
1 3 13 22 31 40 52 77 98 100
```

圖16.12 演算法 push_heap、pop_heap、make_heap和sort_heap (3/3)

演算法make_heap

程式第20行使用make_heap演算法，接收一個起始於a.begin()到a.end()範圍的序列，但其中不包括a.end()，並由此序列建立一個可以用來產生排序序列的堆積。此函式的兩個迭代器引數，必須是隨機存取迭代器，所以這個函式就只有在arrays、vectors和deques中才能執行。這個函式的第二個版本，會接收一個可以比較數值的二元判斷函式，作爲第三個引數。

演算法sort_heap

第24行使用sort_heap演算法，將a.begin()到a.end()範圍內的序列加以排序，上述範圍不包括a.end()的元素，而這些元素已經在堆積中排列過。此函式的兩個迭代器引數必須是隨機存取迭代器。這個函式的第二個版本，會接收一個可以比較數值的二元判斷函式，作爲第三個引數。

演算法push_heap

程式第40行使用push_heap演算法將一個新數值加入堆積。我們會每次選取一個陣列init的元素，然後將這個元素附加到vector v的末端，然後對v執行push_heap操作。如果這個附加元素是vector的唯一元素，則這個vector就已經是一個堆積。否則，push_heap函式會將vector的元素重新排列成堆積。

每次呼叫push_heap時，它都假設目前vector中的最後一個元素（也就是在呼叫push_heap函式之前所附加的元素）是正要加入堆積的元素，而且vector中其他所有的元素都已經排列成堆積。傳給push_heap函式的兩個迭代器引數，必須是隨機存取迭代器。這個演算法的第二個版本，會接收一個可以比較數值的二元判斷函式，作爲第三個引數。

演算法pop_heap

程式第51行使用pop_heap演算法移除堆積的頂端元素。這個函式假設其兩個隨機存取迭代器引數所指定範圍的元素，已經排列成堆積。重複移出堆積的頂端元素，可以產生一個排序過的序列。pop_heap函式會將第一個堆積元素(在這個例子中是指v.begin())和最後一個堆積元素(在這個例子中是指位於v.end()- j之前的元素)交換，然後確認直到堆積最後一個元素，但不包括最後一個元素，所有元素仍然排列成堆積。請注意輸出結果，在執行pop_heap操作之後，vector是按照遞增順序排列。這個函式的第二個版本，會接收一個可以比較數值的二元判斷函式，作爲第三個引數。

C++11: is_heap 和is_heap_until 演算法

除了圖16.12 中呈現的make_heap、sort_heap、push_heap和pop_heap演算法外，C++11還包含了全新的演算法is_heap和is_heap_until。如果在指定範圍內的元素，其結構是個堆積的話，is_heap演算法會返回true。這個函式的第二個版本，會接收一個可以比較數值的二元判斷函式，作爲第三個引數。

is_heap_until演算法檢查指定範圍，並返回一個迭代器，從起始位置到迭代器前一個元素間的元素，構成堆積資料結構。

16.3.13 min和max和minmax_element

圖16.13示範演算法min、max、minmax和minmax_element的用法。

```
 1 // Fig. 16.13: fig16_13.cpp
 2 // Algorithms min, max, minmax and minmax_element.
 3 #include <iostream>
 4 #include <array>
 5 #include <algorithm>
 6 using namespace std;
 7
 8 int main()
 9 {
10    cout << "The minimum of 12 and 7 is: " << min( 12, 7 );
11    cout << "\nThe maximum of 12 and 7 is: " << max( 12, 7 );
12    cout << "\nThe minimum of 'G' and 'Z' is: " << min( 'G', 'Z' );
13    cout << "\nThe maximum of 'G' and 'Z' is: " << max( 'G', 'Z' );
14
15    // determine which argument is the min and which is the max
16    auto result1 = minmax( 12, 7 );
17    cout << "\n\nThe minimum of 12 and 7 is: " << result1.first
18       << "\nThe maximum of 12 and 7 is: " << result1.second;
19
20    array< int, 10 > items = { 3, 100, 52, 77, 22, 31, 1, 98, 13, 40 };
21    ostream_iterator< int > output( cout, " " );
22
23    cout << "\n\nArray items contains: ";
24    copy( items.cbegin(), items.cend(), output );
25
```

圖16.13　演算法min、max、minmax和minmax_element (1/2)

```
26     auto result2 = minmax_element( items.cbegin(), items.cend() );
27     cout << "\nThe minimum element in items is: " << *result2.first
28        << "\nThe maximum element in items is: " << *result2.second
29        << endl;
30  } // end main
```

```
The minimum of 12 and 7 is: 7
The maximum of 12 and 7 is: 12
The minimum of 'G' and 'Z' is: G
The maximum of 'G' and 'Z' is: Z

The minimum of 12 and 7 is: 7
The maximum of 12 and 7 is: 12

Array items contains: 3 100 52 77 22 31 1 98 13 40
The minimum element in items is: 1
The maximum element in items is: 100
```

圖16.13 演算法min、max、minmax和minmax_element (2/2)

演算法min和max帶有兩個參數

演算法min和max (第10-13行) 可以分別判斷兩個元素的最大值和最小值。

C++11：min和max演算法與initializer_list參數

C++11現在有多載版本的min和max演算法，每個都可接收initializer_list參數，並返回initializer_list中的最小或最大值項目。例如，下面的敘述返回7：

```
int minumum = min( { 10, 7, 14, 21, 17 } );
```

min和max演算法另有一個多載版本，可以將做比較的二元判斷函式，當作做第二個引數。

C++11：minmax演算法

C++11的minmax演算法 (第16行)，接收兩個項目，並返回一對數值，其中較小的項目被儲存在first，較大的項目儲存在second。此演算法另有一個多載版本，可以將做比較的二元判斷函式，當作做第三個引數。

C++11：minmax_element算法

C++11的minmax_element演算法 (第26行)，接收兩個輸入迭代器代表範圍元素，並返回一對迭代器，其中迭代器first指到範圍內最小值元素，迭代器second指到範圍內最大值元素。此演算法另有一個多載版本，可將做比較的二元判斷函式，當作做第三個引數。

16.4 函式物件

許多標準程式庫演算法都允許將函式指標傳遞給演算法，以便幫助演算法完成工作。舉例來說，在第16.3.6節已經討論過的binary_search演算法，可以多載成另一個版本，在此新版本中，其第四個引數是指向一個函式的指標，這個函式能接收兩個引數，並且傳回一個bool值。binary_search演算法使用這個函式，將搜尋鍵值與一群元素進行比較。如果搜尋鍵值和元素被比較為相等，則函式將傳回true，否則函式會傳回false。這使得binary_search能夠對一群沒有提供相等的 = 運算子多載的元素進行搜尋。

能接收函式指標的演算法也能接收類別物件，而且此類別已經將小括弧運算子以operator()函式予以多載，此多載的運算子符合演算法的要求條件。在binary_search的例子中，此函式物件必須接收兩個引數並且傳回一個bool數值。這種類別的物件稱為**函式物件** (function object)，而且在語法和語意上，它都可以當作函式或函式指標來使用。多載的小括弧運算子可以經由寫出函式物件的名稱，其後加上小括弧，括弧內含函式的引數，來加以呼叫使用。函式物件和使用的函式合起來稱為仿函式 (functors)。大多數演算法將函式物件和函式交換使用。第16.5節您會學到，在C++11中允許函式指標或函式物件出現的地方，就可使用lambda運算式。

函式物件優於函式指標

函式物件有幾個比函式指標好的優點。編譯器會將多載operator()的物件內嵌(inline)到原始碼中，藉以改善效能。此外，因為它們是類別物件，所以函式物件具有operator()函式能使用的資料成員，以便完成它的工作。

標準程式庫預先定義的函式物件

標準程式庫提供了許多預先定義的函式物件，這些函式物件都可以在標頭檔<functional>中找到。圖16.14列舉了若干個標準程式庫的函式物件，它們全都實作成類別樣板。第20.8節會列出C++標準完整的函式物件。在set、multiset和priority_queue範例中，我們須使用函式物件less<T>，來指明容器元素的排序順序。

使用Accumulate演算法

圖16.15使用accumulate數值演算法 (在圖16.5中討論過)，計算array中所有元素平方的總和。accumulate的第四個引數是一個**二元函式物件** (binary function object，其operator()函式能接收兩個引數)，或是一個指向**二元函式** (binary function，能接收兩個引數的函式) 的函式指標。這裡示範了兩次accumulate函式的使用，一次以函式指標的形式，一次以函式物件的形式。

函式物件	型態	函式物件	型態
`divides< T >`	arithmetic	`logical_or< T >`	logical
`equal_to< T >`	relational	`minus< T >`	arithmetic
`greater< T >`	relational	`modulus< T >`	arithmetic
`greater_equal< T >`	relational	`negate< T >`	arithmetic
`less< T >`	relational	`not_equal_to< T >`	relational
`less_equal< T >`	relational	`plus< T >`	arithmetic
`logical_and< T >`	logical	`multiplies< T >`	arithmetic
`logical_not< T >`	logical		

圖16.14　標準程式庫的函式物件

```
 1 // Fig. 16.15: fig16_15.cpp
 2 // Demonstrating function objects.
 3 #include <iostream>
 4 #include <array> // array class-template definition
 5 #include <algorithm> // copy algorithm
 6 #include <numeric> // accumulate algorithm
 7 #include <functional> // binary_function definition
 8 #include <iterator> // ostream_iterator
 9 using namespace std;
10
11 // binary function adds square of its second argument and the
12 // running total in its first argument, then returns the sum
13 int sumSquares( int total, int value )
14 {
15    return total + value * value;
16 } // end function sumSquares
17
18 // Class template SumSquaresClass defines overloaded operator()
19 // that adds the square of its second argument and running
20 // total in its first argument, then returns sum
21 template< typename T >
22 class SumSquaresClass
23 {
24 public:
25    // add square of value to total and return result
26    T operator()( const T &total, const T &value )
27    {
28       return total + value * value;
29    } // end function operator()
30 }; // end class SumSquaresClass
31
32 int main()
33 {
34    const size_t SIZE = 10;
35    array< int, SIZE > integers = { 1, 2, 3, 4, 5, 6, 7, 8, 9, 10 };
36    ostream_iterator< int > output( cout, " " );
37
38    cout << "array integers contains:\n";
39    copy( integers.cbegin(), integers.cend(), output );
40
41    // calculate sum of squares of elements of array integers
42    // using binary function sumSquares
43    int result = accumulate( integers.cbegin(), integers.cend(),
44       0, sumSquares );
45
46    cout << "\n\nSum of squares of elements in integers using "
47       << "binary\nfunction sumSquares: " << result;
48
49    // calculate sum of squares of elements of array integers
50    // using binary function object
51    result = accumulate( integers.cbegin(), integers.cend(),
52       0, SumSquaresClass< int >() );
53
54    cout << "\n\nSum of squares of elements in integers using "
55       << "binary\nfunction object of type "
```

圖16.15 二元函式物件(1/2)

```
56          << "SumSquaresClass< int >: " << result << endl;
57 } // end main
```

```
array integers contains:
1 2 3 4 5 6 7 8 9 10

Sum of squares of elements in integers using binary
function sumSquares: 385

Sum of squares of elements in integers using binary
function object of type SumSquaresClass< int >: 385
```

圖16.15　二元函式物件(2/2)

函式sumSquares

程式第13-16行定義了sumSquares函式，此函式會將它的第二個引數value平方，然後將此平方值加到它的第一個引數total，接著傳回最後的總和。在此範例中，accumulate函式會將它以循環方式取得的每個序列元素，將序列元素傳遞給sumSquares函式作爲第二個引數。在第一次呼叫sumSquares時，其第一個引數是total的初始值(此初始值提供給accumulate函式作爲第三個引數，在此程式中爲0)。後續對sumSquares所有的呼叫，都會以前一次呼叫sumSquares所傳回的暫時總和，作爲其第一個引數。執行完accumulate的時候，它會將序列中所有元素的平方總和傳回。

類別SumSquaresClass

程式第21-30行定義了類別樣板SumSquaresClass，並多載了operator()函式，該函式有兩個參數和一個返回值，正式滿足二元函式物件，可供accumulate 演算法使用。在第一次呼叫函式物件時，第一個引數是total的初始值(提供給accumulate函式作爲第三個引數，在此程式中是0)，第二個引數是array integers的第一個元素。所有後續對operator的呼叫，都會將前一次呼叫函式物件所傳回的結果，接收來當作第一個引數，而第二個引數則會是array的下一個元素。執行完accumulate的時候，它會將array中所有元素的平方總和傳回。

將函式指標和函式物件傳遞給演算法accumulate

程式第43-44行呼叫accumulate函式，用sumSquares函式的指標作爲其最後一個引數。第51-52行的敘述又呼叫accumulate函式，此時它使用類別SumSquaresClass的物件作爲最後一個引數。運算式SumSquaresClass< int >()會建立(並呼叫預設建構子)一個類別SumSquaresClass的物件(一個函式物件)，然後將它傳遞給accumulate，accumulate會呼叫函式operator()。第51-52行敘述可以改寫成以下兩個獨立敘述：

```
SumSquaresClass< int > sumSquaresObject;
result = accumulate( integers.cbegin(), integers.cend(),
    0, sumSquaresObject );
```

第一行定義了一個類別SumSquaresClass的物件。然後該物件將傳遞給accumulate函式。

16.5 Lambda 運算式

正如您在本章中看到的，許多演算法可以接收函式指標或函式物件作爲參數。在可以傳遞函數指標或函式物件給演算法前，相應的函式或類別必須先宣告。

C++11的Lambda運算式(或lambda函式)，讓您可以在“傳遞給函式的地方”定義匿名函式物件。它們在函數內部做局部性的定義，並能“捕捉”(傳值或傳參考)封閉在函數內的區域變數，然後在lambda主體程式中使用這些變數。圖16.16演示了一個簡單lambda運算式，將整數陣列中每個元素的値加倍。

```
 1 // Fig. 16.16: fig16_16.cpp
 2 // Lambda expressions.
 3 #include <iostream>
 4 #include <array>
 5 #include <algorithm>
 6 using namespace std;
 7
 8 int main()
 9 {
10    const size_t SIZE = 4; // size of array values
11    array< int, SIZE > values = { 1, 2, 3, 4 }; // initialize values
12
13    // output each element multiplied by two
14    for_each( values.cbegin(), values.cend(),
15       []( int i ) { cout << i * 2 << endl; } );
16
17    int sum = 0; // initialize sum to zero
18
19    // add each element to sum
20    for_each( values.cbegin(), values.cend(),
21       [ &sum ]( int i ) { sum += i; } );
22
23    cout << "sum is " << sum << endl; // output sum
24 } // end main
```

```
2
4
6
8
sum is 10
```

圖16.16 Lambda運算式

第10行和第11行宣告並初始化一個小的array陣命名爲values。第14-15行呼叫for_each用在values的元素上。第三個引數(第15行)是給for_each執行的一個lambda運算式。lambda開始於Lambda導引([])，接下來是參序列表和函式主體。如果函式主體是一個單一敘述，型態爲return 運算式的話，返回型態是可以自動推斷出來，否則，返回類型態預設爲void，也可以明確地使用追蹤返回型態(在第6.19節介紹)。編譯器將lambda運算式轉換成一個函式物件。 lambda運算式在第15行接收一個int，將它乘以2後顯示結果。for_each演算法傳遞陣列的每個元素到Lambda運算式。

第二次呼叫for_each算法（第20-21行）計算array元素的總和。lambda導引[&sum]表示此lambda運算式以傳參考方式（請注意使用&符號）捕捉區域變數sum，使Lambda運算式可以修改sum的值。如果沒加上&有符號，變數sum會以傳值方式捕捉，那麼區域變數的值就不會被外部的lambda運算式更新。演算法for_each將values的每個元素傳遞值給Lambda，並將這元素的值和sum加總。第23行接著顯示sum的值。

您可以將lambda運算式指派給變數，然後可以用於呼叫lambda運算式或將其傳遞給其他的函式。例如，您可以將第15行的Lambda運算式指派給一個變數如下：

```
auto myLambda = []( int i ) { cout << i * 2 << endl; };
```

接著您可把變數名稱當作函式名稱來使用，以呼叫lambda，語法如下：

```
myLambda( 10 ); // outputs 20
```

16.6 標準程式庫摘要

C++標準制定了90餘個演算法，其中有許多演算法多載兩個或更多的版本。C++標準將演算法分爲幾大類：變化型序列演算法(mutating sequence algorithms)、非修改型序列演算法(nonmodifying sequence algorithms)、排序和相關演算法(sorting and related algorithms)和泛型數值運算法(generalizednumeric operations)，要學習本章未提到的演算法，可參考所使用編譯器的文件或造訪網站，如

```
en.cppreference.com/w/cpp/algorithm
msdn.microsoft.com/en-us/library/yah1y2x8.aspx
```

變化型序列演算法(mutating sequence algorithms)

圖16.17展示許多不同的**變化型序列算法**，可修改容器內容的演算法。在C++11新增的演算法在圖16.17-16.20中有加上*，本章有提到的演算法都有加上粗體顯示。

Mutating sequence algorithms from header <algorithm>			
copy	**copy_n***	**copy_if***	**copy_backward**
move*	move_backward*	**swap**	**swap_ranges**
iter_swap	**transform**	**replace**	**replace_if**
replace_copy	**replace_copy_if**	**fill**	**fill_n**
generate	**generate_n**	**remove**	**remove_if**
remove_copy	**remove_copy_if**	**unique**	**unique_copy**
reverse	**reverse_copy**	rotate	rotate_copy
random_shuffle	shuffle*	is_partitioned*	partition
stable_partition	partition_copy*	partition_point*	

圖16.17　變化型序列演算法，定義於標頭檔<algorithm>

非修改型序列演算法 (nonmodifying sequence algorithms)

圖 16.18 列出**非修改型序列演算法**，不會修改容器內容的演算法。

Nonmodifying sequence algorithms from header <algorithm>			
all_of*	**any_of***	**none_of***	**for_each**
find	**find_if**	**find_if_not***	find_end
find_first_of	adjacent_find	**count**	**count_if**
mismatch	**equal**	is_permutation*	search
search_n			

圖16.18　非修改型序列演算法，定義於標頭檔 <algorithm>

排序和相關演算法 (sorting and related algorithms)

圖 16.19 列出**排序和相關演算法**。

Sorting and related algorithms from header <algorithm>			
sort	stable_sort	partial_sort	partial_sort_copy
is_sorted*	is_sorted_until*	nth_element	**lower_bound**
upper_bound	**equal_range**	**binary_search**	**merge**
inplace_merge	**includes**	**set_union**	**set_intersection**
set_difference	**set_symmetric_difference**	**push_heap**	
pop_heap	**make_heap**	**sort_heap**	**is_heap***
is_heap_until*	**min**	**max**	**minmax***
min_element	**max_element**	**minmax_element***	**lexicographical_compare**
next_permutation	prev_permutation		

圖16.19　排序和相關演算法，定義於標頭檔 <algorithm>

泛型數值運算演算法 (numeric algorithms)

圖 16.20 列出**泛型數值運算演算法**。

Numerical algorithms from header <numeric>		
accumulate	partial_sum	iota*
inner_product	adjacent_difference	

圖16.20　泛型數值運算演算法，定義於標頭檔 <numeric>

16.7　總結

在本章，我們介紹了許多標準程式庫演算法，包括數學演算法、基本搜尋和排序演算法，以及集合操作。您學到了每一種演算法對迭代器的要求，演算法可以和容器搭配使用，條件是容器所支援的迭代器必須滿足演算法的要求。我們介紹了函式物件，在語法和語意上，它們可以當作一般函式來使用，且能提升效能並提供儲存資料的能力。最後，使用 lambda 運算式建立內嵌式函式物件，然後將它們傳遞給標準程式庫演算法。

在前面的章節討論陣列時，就介紹過異常處理。在下一章中，我們會深入了解 C++ 豐富的異常處理功能。

摘要

16.1　簡介

- 標準程式庫演算法執行常見的資料操作，如：搜索 (searching)、排序 (sorting) 和比較 (compare)。

16.3.1　fill、fill_n、generate和generate_n

- 演算法fill和fill_n會將容器某範圍內的所有元素，都設定成指定數值。
- 演算法generate和generate_n會使用生成器函式，替容器某範圍內的所有元素建立數值。

16.3.2　equal、mismatch和lexicographical_compare

- 演算法equal會比較兩個序列是否相同。
- 演算法mismatch會比較兩個序列，然後傳回一個迭代器配對，此配對能指出在兩個序列中發現不相等元素的位置。
- 演算法lexicographical_compare會比較兩個字元陣列的內容。

16.3.3　remove、remove_if、remove_copy和remove_copy_if

- 演算法remove會刪除在容器的某範圍內，具有指定數值的所有元素。
- 演算法remove_copy會複製在容器的某範圍內，不等於指定數值的所有元素。
- 演算法remove_if會刪除在容器的某範圍內，滿足if條件式的所有元素。
- 演算法remove_copy_if會複製在容器的某範圍內，滿足if條件式的所有元素。

16.3.4　replace、replace_if、replace_copy和replace_copy_if

- 演算法replace會替換在容器的某範圍內具有指定數值的所有元素。
- 演算法replace_copy會複製在容器的某範圍內具有指定數值的所有元素。
- 演算法remove_if會刪除在容器的某範圍內，滿足if條件式的所有元素。
- 演算法remove_copy_if會複製在容器的某範圍內，滿足if條件式的所有元素。

16.3.5　數學演算法

- 演算法random_shuffle會隨機重新排列容器某範圍內的元素。
- 演算法count會計數在容器的某範圍內，指定數值的元素個數。
- 演算法count_if能計數在容器的某範圍內，滿足if條件式的元素個數。
- 演算法min_element能找出在容器的某範圍內，最小值的元素位置。
- 演算法max_element能找出在容器的某範圍內，最大值的元素位置。
- 演算法minmax_element能找出在容器的某範圍內，最大和最小值的元素位置。
- 演算法accumulate能將容器某範圍內的數值加總起來。
- 演算法for_each會對容器某範圍內的所有元素，應用一個一般函式。

- 演算法transform會對容器某範圍內的所有元素，應用一個一般函式，並且以函式的運算結果取代每一個元素。

16.3.6 基本搜尋和排序演算法

- 演算法find能在容器的某範圍內，找出指定數值的位置。
- 演算法find_if會在容器的某範圍內，找出滿足if條件式的第一個數值的位置。
- 演算法sort會在容器的某範圍內，按照遞增順序，或者按照判斷函式所指定的順序，排列元素。
- 演算法binary_search會判斷指定數值是否出現在容器的某個範圍內。
- 演算法all_of會決定某個範圍內所有元素經過一元判斷函式運算後，是否全部返回true。
- 演算法any_of會決定某個範圍內元素經過一元判斷函式運算後，是否有任一元素返回true
- 演算法none_of會決定某個範圍內所有元素經過一元判斷函式運算後，是否全部返回false。
- 演算法find_if_not會定位第一個不滿足條件的元素。

16.3.7 swap、iter_swap和swap_ranges

- 演算法swap會將兩個數值交換。
- 演算法iter_swap會將兩個元素交換。
- 演算法swap_ranges會將某範圍內的元素，與另一範圍內的元素交換。

16.3.8 copy_backward、merge、unique和reverse

- 算法copy_backward會將容器內某範圍的元素，以相反反方向複製到另一個容器。
- 算法move會將容器內某範圍的元素，移動到另一個容器。
- 算法move _backward會將容器內某範圍的元素，以相反反方向移動到另一個容器。
- 演算法merge會將兩個遞增排序的序列，結合成第三個遞增排序的序列。
- 演算法unique會將有序序列某範圍重複的元素移除。
- 算法copy_if會複製容器內某範圍經一元判斷函式運算返回true的元素。
- 演算法reverse能將容器某範圍內的所有元素順序反轉。
- 演算法copy_n會將容器內從指定位置開始的n個元素，複製到由指定位置開始的容器內。

16.3.9 inplace_merge、unique_copy和reverse_copy

- 演算法inplace_merge會將兩個排序過的序列，合併到相同容器中。
- 演算法unique_copy能複製容器某排序範圍內不重複的元素。
- 演算法reverse_copy會對容器某範圍內的元素，製作一份反序的副本。

16.3.10 集合操作

- set的includes函式會將兩個排序過的數值集合加以比較，以判斷第二個集合中的所有元素是否都是第一個集合的元素。

- set的set_difference函式會找出在第一個排序過的數值set的元素中，沒有出現在第二個排序過的數值set的元素（兩個數值set必須按遞增順序排列）。
- set的set_intersection函式會找出在第一個排序過的數值set的元素中，同時也屬於第二個排序過的數值set的元素（兩個數值set都必須按遞增順序排列）。
- set的set_symmetric_difference函式能找出屬於第一個set但不屬於第二個set的元素，以及屬於第二個set但不屬於第一個set的元素（這兩個set都必須按遞增順序排列）。
- set的set_union函式能建立一個set，此set的所有元素不是恰好屬於兩個set中的任一個set，就是同時屬於兩個set（兩個數值set必須按遞增順序排列）。

16.3.11　lower_bound、upper_bound和equal_range

- 演算法lower_bound會在一個排序過的序列中，找出第一個位置，使得第三個引數插入這個位置以後，序列仍以遞增的順序排序。
- 演算法upper_bound會在一個排序過的序列中，找出最後一個位置，使得第三個引數插入這個位置以後，序列仍以遞增的順序排序。
- equal_range演算法返回一個pair物件，內含執行lower_bound和upper_bound執行結果。

16.3.12　堆積排序

- 演算法make_heap能接收某個範圍的序列，然後建立一個會產生排序序列的堆積。
- 演算法sort_heap會對已經在堆積中某個範圍的數值序列，進行排序。
- 演算法pop_heap會將堆積的頂端元素移除。
- 演算法is_heap若指定範圍元素構成hcap，返回true。
- 演算法is_heap_until檢視指定範圍元素，返回一個指到元素的迭代器，從起始位置到該迭代器前一個元素範圍的元素，構成一個heap。

16.3.13　min、max、minmax和minmax_element

- min和max演算法可以分別判斷兩個元素的最大值和兩個元素的最小值。
- C++11現在有多載版本的min和max演算法，每個都可接收initializer_list（初始值列表）參數，並返回initializer_list中的最小或最大值項目。min和max演算法另有一個多載版本，可將做比較的二元判斷函式當作做第二個引數。
- C++11現在有minmax演算法，接收兩個項目，並返回一對值，其中較小的項目被存儲first，較大的項存儲在second。此演算法另有一個多載版本，可將做比較的二元判斷函式當作做第三個引數。
- C++11現在有minmax_element演算法，接收兩個輸入迭代器代表範圍元素，並返回一對迭代器，其中迭代器first指到範圍內最小值元素，迭代器second指到範圍內最大值元素。此演算法另有一個多載版本，可將做比較的二元判斷函式當作做第三個引數。

16.4 函式物件

- 函式物件是一個將operator()予以多載的類別實體。
- 標準程式庫提供了許多預先定義的函式物件，這些函式物件都可以在標頭檔<functional>中找到。
- 二元函式物件是能接收兩個引數，並傳回數值的函式物件。

16.5 Lambda運算式

- Lambda運算式（或lambda函式），讓您可以在用到函式的地方直接以簡潔的語法定義函式物件。
- Lambda運算式能“捕捉”（傳值或傳參考）區域變數，然後在lambda主體程式中使用這些變數。
- lambda開始於Lambda導引 ([])，接下來是參數列表和函式主體。如果函式主體是一個單一敘述，型態爲return 運算式的話，返回型態是可以自動推斷出來，否則，返回類型態預設爲void。
- 要捕捉區域變數，須將變數名稱放入lambda導引中。若要以傳參考方式捕捉，需在變數前加上’&’符號。

自我測驗題

16.1 請回答下列敘述是對或錯。如果答案爲錯，請說明原因。

a) 標準程式庫的演算法可以在C風格基於指標的陣列操作。

b) 標準程式庫演算法在每個容器內封裝爲成員函式。

c) 如果使用容器上的remove演算法，該演算法不會降低從該元件被刪除的容器的大小。

d) 使用標準程式庫的演算法的一個缺點，是它們會依賴其所運作容器的實作細則。

e) 的remove_if演算法不會修改在容器元件的數量，但它會將未移除的所有元素移動到容器的開始位置。

f) 在find_if_not演算法會定位範圍內所有經一元判斷函式運算結果爲false的元素。

g) 使用set_union演算法建立一組元素，該組元素來自兩個集合元素的聯集（兩組值必須按升冪排列）。

16.2 請在下列題目填空：

a) 標準程式庫演算法，間接使用____________操作容器元素。

b) 排序演算法需要一個____________的迭代器。

c) 演算法____________和____________，將容器內某範圍內每個元素，設定成一個特定的值。

d) ____________演算法比較兩個序列是否相等。

e) C++11____________演算法會定位一個範圍內最小和最大值元素。

f) back_inserter呼叫容器的預設函式 ___________，在容器的底部插入元素。如果沒有更多的可用空間插入元素，容器大小會成長。

g) 任何演算法，若它可以接收函數指標，就可以接收一個類別的物件。該物件多載括號運算子，函式名稱爲operator()。多載的運算子滿足演算法的要求。這樣一個物件被稱爲 ___________，在語法和語義的使用就像函式或函式指標。

16.3 對下列工作，各寫一個敘述來完成。

a) 使用fill演算法以“hello”來填滿名爲items的字串陣列。

b) 函式nextInt返回序列中的下一個int值，第一次執行時會返回0。使用generate演算法和nextInt函式，填充名爲integers型態爲int的array。

c) 使用equal演算法來進行兩個 lists (strings1和strings2) 的相等比較。結果存儲在bool變數result中。

d) 使用的remove_if演算法，從名爲colors，型態爲string的向量中移除以“bl”開頭的字符。函式startsWithBL返回true，若字串以“bl”開頭。將newLastElement返回的迭代器存起來。

e) 使用replace_if演算法，將名爲values型態爲int的array中所有大於100的元素整數以0取代。函式greaterThan100返回true，若引數大於100。

f) 使用minmax_element演算法，找到名爲temperatures型態爲double的array中的最小值和最大值。將執行所返回的一對迭代器存起來。

g) 使用sort演算法對名爲colors型態string的array排序。

h) 使用reverse演算法，將名爲colors型態爲string的array，首尾顛倒排列。

i) 使用merge演算法，將已排序名爲valuee1和values2的陣列，混合成第三個名爲result的陣列。

j) 寫一個lambda運算式，返回int引數的平方值，並將lambda運算式指派給變數squareInt。

自我測驗題解答

16.1 a) 對。

b) 錯。 STL演算法並不成員函數。它們通過迭代器間接處理容器，。

c) 對。

d) 錯。標準程式庫的演算法並不依賴於容器的的實作細則。

e) 對。

f) 錯。於該範圍內，只返回第一個經一元判斷函式返回false的元素

g) 對。

16.2 a) 迭代器。

b) 隨機存取。

c) fill，fill_n。

d) equal。

e) minmax_element。

f) push_back。

g) 函數物件。

16.3 a) `fill( items.begin(), items.end(), "hello" );`

b) `generate( integers.begin(), integers.end(), nextInt );`

c)
```
bool result =
    equal( strings1.cbegin(), strings1.cend(), strings2.cbegin() );
```

d)
```
auto newLastElement =
    remove_if( colors.begin(), colors.end(), startsWithBL );
```

e) `replace_if( values.begin(), values.end(), greaterThan100 );`

f)
```
auto result =
    minmax_element( temperatures.cbegin(), temperatures.cend() );
```

g) `sort( colors.begin(), colors.end() );`

h) `reverse( colors.begin(), colors.end() );`

i)
```
merge( values1.cbegin(), values1.cend(), values2.cbegin(), values2.
    cend(), results.begin() );
```

j) `auto squareInt = []( int i ) { return i * i; };`

習題

16.4 判斷下列敘述是對還是錯。如果爲錯，請說明原因。

a) 由於標準程式庫的演算法直接處理容器，一種演算法往往能被許多不同的容器使用。

b) 使用的for_each演算法，可將序列範圍內所有元素套用一個通用函式。for_each的不修改序列。

c) 在預設情況下，演算法sort將範圍內元素以升冪排序

d) 使用merge演算法將第二個序列加到第一個序列之後，形成一個新的序列。

e) 使用set_intersection演算法，來尋找屬於第一組升冪序列，但不屬於第二組升冪序列的元素。

f) 演算法的lower_bound、upper_bound和equal_range通常用於在有序序列定位插入點。

g) 可以使用函式指標或函式物件的地方就可使用Lambda運算式。

h) C++11的Lambda運算式，局部性定義在函式內部，可以“捕捉”(傳值或傳參)封裝在函式內的區域變數，然後在Lambda主體內，處理這些變數。

16.5 在下列敘述填空：

a) 只要一個容器(或內建陣列)滿足一種演算法的要求，該演算法就可以在容器上工作。

b) (演算法generate和generate_n使用)函式來建立範圍內元素的值。這種類型的函數沒有參數，返回的值可被放置在容器的元素中。

c) 指到內建陣列的指標是迭代器。

d) 使用演算法 (樣板定義在標頭檔 <numeric>) 將範圍內元素加總。

e) 採用演算法，當您需要修改範圍內元素時，將這些元素套用在一個通用函式

f) 在爲了能夠正常工作，演算法 binary_search 要求序列值必須存在。

g) 使用函式 iter_swap 來交換由兩個迭代器指向的元素。

h) C++11 現在包括 minmax 演算法，可接收兩個項目，並返回一個，較小的項被儲存在 first，較大的項存儲在 second。

i) 演算法會修改它們所操作的容器。

16.6 區分 copy_if 和 copy_n 演算法之間的差異。

16.7 當您將 sort_heap 演算法用在 heap 中一組元素時，會發生什麼？

16.8 (消除重複) 將 20 個整數讀到陣列。接下來，使用 unique 演算法來將陣列元素減小到只由使用者輸入的唯一值組成。使用 copy 演算法顯示這些唯一值。

16.9 (消除重複) 修改練習 16.8，使用 unique_copy 演算法。唯一值應插入到最初爲空的向量中。使用 back_inserter 使向量在新增項目時會自動增長。使用 copy 演算法顯示這些唯一值。

16.10 (從檔案讀取資料) 使用 istream_iterator <int>、copy 演算法和 back_inserte 從檔案讀取內容，檔案由空格分隔的整數構成。將這些整數值放到整數向量中。copy 演算法的第一個參數必須是和文字檔 ifstream 物件相關聯的 istream_iterator <int> 物件。第二個參數應該是一個 istream_iterator <int> 的物件，該物件用類別樣板 istream_iterator 的預設建構子來初始化，產生的結果物件可當作一個 "end" 迭代器。讀取完文件的內容，顯示結果向量的內容。

16.11 (合併有序串列) 寫一個使用標準程式庫演算法的程式，合併兩個字串有序串列到另一個有序串列，然後顯示結果串列。

16.12 (回文測試器) 回文是一段文字，若分別從兩個方向唸，得到的是相同的一段文字。回文的例子有 "radar" 和 "radar" and "able was i ere i saw elba."" 等等。寫一個函式 palindromeTester，將 reverse 演算法用在一段原始字串上，然後比較原始字串和逆向字串是否相等，若相等，原始字串就是回文。就像標準程式庫容器，string 物件提供的功能如 begin 和 end，可取得指向字串字元的迭代器。假設原字串全都是小且不包含任何標點符號。在程式中使用 palindromeTester 函式。

16.13 (增強回文計) 加強習題 16.12 的 palindromeTester 函式，允許受測字串包括大、小和標點符號。在測試字串是否爲一個回文前，函式 palindromeTester 應該先將字串全轉換爲小寫，並消除任何標點。爲簡化問題，假設只可用下列標點符號：

，！；：()

您可以使用 copy_if 演算法和 back_inserter，消除原始字串標點符號，並將反序的字串存到一個新的字串物件。

Memo

深入探討：異常處理

It is common sense to take a method and try it. If it fails, admit it frankly and try another. But above all, try something.
—Franklin Delano Roosevelt

If they're running and they don't look where they're going I have to come out from somewhere and catch them.
—Jerome David Salinger

學習目標

在本章中，您將學到：

- 使用try、catch和throw執行偵測、處理和找出異常。
- 宣告新的異常類別。
- 堆疊展開如何讓範圍內無法捕捉的異常情況，在另一個範圍捕捉。
- 控制new產生的錯誤。
- 使用unique_ptr預防記憶體洩漏。
- 了解標準異常結構。

本章綱要

17.1 簡介

從第7.10節開始，您應該就了解**異常** (exception) 代表程式執行時遇到問題。**異常處理** (exception handling) 讓您建立能夠解決 (或掌控) 異常的應用程式。在許多情況下，異常處理讓程式得以繼續執行，如同程式沒有遇到問題一樣。本章介紹的功能讓您可以撰寫**穩固** (robust) 且**容錯的程式** (fault-tolerant programs)，以便處理發生的問題，在處理完後，程式可以繼續執行或是優雅的結束。

首先，我們以一個試圖除以零的函式所產生的異常，來回顧異常處理的概念。我們會介紹當建構子和解構子在使用運算子new爲物件配置記憶體發生錯誤時，這類的異常要如何處理。我們會爲大家介紹幾款C++標準程式庫的異常處理類別，並討論如何建立自己的異常處理類別。

軟體工程觀點 17.1

異常處理提供一個標準的機制來處理錯誤。在和大型程式設計團隊一起合作專案時，這個機制特別重要。

軟體工程觀點 17.2

從系統發展開始，就應將異常處理策略融入到系統中。當一個系統開發完成後，才想到引入有效的異常處理，會是很困難的。

錯誤預防要訣 17.1

如果沒有異常處理機制，很常見的做法是當函式成功執行，則回傳一個值表示成功，若執行失敗則回傳一個錯誤值。這種機制常見的問題是在隨後的程式執行過程中使用回傳值，但卻未先檢查所回傳的值是否是代表錯誤的值。異常處理可解決這類的問題。

17.2 範例：掌控除以零的運算

現在讓我們介紹一個簡單的異常處理範例 (圖 17.1-17.2)。這個範例展示如何解決常見的數學運算難題，就是除以零。在C++的整數運算除以零，通常會造成程式提前結束。在某些

C++實作版本中，浮點數運算除以零是被允許的，結果會顯示INF或-INF來分別表示正無限大與負無限大。

這個範例會定義一個名稱爲quotient的函式，這個函式會接收使用者輸入的兩個整數，然後把第一個int參數除以第二個int參數。函式在計算除法之前會把第一個int參數的值，轉型成double資料型態，然後第二個int參數在計算時，會提昇成爲double資料型態。所以quotient函式實際上是做兩個double的除法運算，再傳回double資料型態的結果。

雖然浮點數運算允許除以零，但是在這個範例，我們把除以零當成是錯誤。所以，quotient函式在進行除法運算之前，要先確定第二個參數不是零。如果第二個參數是零，這個函式要使用異常告訴呼叫的函式發生問題。然後呼叫的函式 (在此是main) 可以處理這個異常，讓使用者輸入兩個新的值，再呼叫quotient函式。依照這種方式的話，即使輸入不當的值，程式還是可以繼續執行，因此更加穩固。

這個範例包括兩個檔案：DivideByZeroException.h (圖 17.1) 定義異常類別，代表可能發生的問題，fig17_02.cpp (圖 17.2) 定義main函式以及它呼叫的quotient函式。main函式會示範異常處理的程式碼。

定義一個異常類別，表示可能發生的問題類型

圖 17.1 定義DivideByZeroException類別，繼承自標準程式庫runtime_error類別 (定義在標頭檔 <stdexcept>)。runtime_error類別繼承自標準程式庫的exception類別 (定義在標頭檔 <exception>)，是C++標準的基本類別，用來表示執行時期錯誤。exception類別是標準C++基本類別，用來表示所有的異常 (在第17.10節會詳細介紹exception類別及其衍生類別)。

繼承runtime_error類別的異常類別通常只有定義建構子 (例如，第11-12行)，把錯誤訊息字串傳給基本類別runtime_error的建構子。每個直接或間接繼承exception的異常類別都有virtual函式what，這個函式會傳回異常物件的錯誤訊息。您不一定要從C++的標準異常類別衍生自訂的異常類別，例如DivideByZeroException。可是這樣做的話可以讓您使用virtual函式what，獲得適當的錯誤訊息。在圖 17.2 中使用DivideByZeroException類別物件，表示發生除以零。

```
 1 // Fig. 17.1: DivideByZeroException.h
 2 // Class DivideByZeroException definition.
 3 #include <stdexcept> // stdexcept header contains runtime_error
 4
 5 // DivideByZeroException objects should be thrown by functions
 6 // upon detecting division-by-zero exceptions
 7 class DivideByZeroException : public std::runtime_error
 8 {
 9 public:
10    // constructor specifies default error message
11    DivideByZeroException()
12       : std::runtime_error( "attempted to divide by zero" ) {}
13 }; // end class DivideByZeroException
```

圖17.1　DivideByZeroException類別的定義

示範異常處理

圖17.2中的程式使用異常處理，來包裝可能會拋出DivideByZeroException（除以零）異常的程式碼，並且處理這個異常，如果真的發生異常的話。應用程式讓使用者能夠輸入兩個整數，這會當成引數傳遞給quotient函式（第10-18行）。這個函式會將第一個參數(numerator)除以第二個參數(denominator)。假設使用者沒有將除法運算的分母設定為0，則quotient函式會傳回除法的結果。然而，如果使用者輸入0當作分母，則quotient函式會拋出異常。

在範例輸出中，前兩行會顯示成功的計算，而接下來兩行會顯示錯誤的計算，因為程式嘗試執行除以零的運算。在異常發生時，程式會通知使用者發生錯誤，並且要使用者輸入兩個新的整數。在介紹完程式碼之後，我們會說明使用者的輸入，以及產生這種結果的程式流程。

```
1  // Fig. 17.2: fig17_02.cpp
2  // Example that throws exceptions on
3  // attempts to divide by zero.
4  #include <iostream>
5  #include "DivideByZeroException.h" // DivideByZeroException class
6  using namespace std;
7
8  // perform division and throw DivideByZeroException object if
9  // divide-by-zero exception occurs
10 double quotient( int numerator, int denominator )
11 {
12    // throw DivideByZeroException if trying to divide by zero
13    if ( denominator == 0 )
14       throw DivideByZeroException(); // terminate function
15
16    // return division result
17    return static_cast< double >( numerator ) / denominator;
18 } // end function quotient
19
20 int main()
21 {
22    int number1; // user-specified numerator
23    int number2; // user-specified denominator
24
25    cout << "Enter two integers (end-of-file to end): ";
26
27    // enable user to enter two integers to divide
28    while ( cin >> number1 >> number2 )
29    {
30       // try block contains code that might throw exception
31       // and code that will not execute if an exception occurs
32       try
33       {
34          double result = quotient( number1, number2 );
35          cout << "The quotient is: " << result << endl;
36       } // end try
37       catch ( DivideByZeroException &divideByZeroException )
38       {
39          cout << "Exception occurred: "
```

圖17.2　除以零時拋出異常的範例(1/2)

```
40             << divideByZeroException.what() << endl;
41       } // end catch
42
43       cout << "\nEnter two integers (end-of-file to end): ";
44    } // end while
45
46    cout << endl;
47 } // end main
```

```
Enter two integers (end-of-file to end): 100 7
The quotient is: 14.2857

Enter two integers (end-of-file to end): 100 0
Exception occurred: attempted to divide by zero

Enter two integers (end-of-file to end): ^Z
```

圖17.2　除以零時拋出異常的範例(2/2)

在try區塊內的程式碼

程式會先提示使用者輸入兩個整數，輸入整數的敘述成爲while迴圈（第28行）的條件運算式。第34行把這兩個數值傳給quotient函式（第10-18行），這個函式會計算整數除法並回傳結果，或是在除以零時**拋出異常**(throws an exception，表示有發生錯誤)。當函式偵測到錯誤發生，但又無法處理時，就必須使用已準備好的異常處理。

正如在7.10節所學，try區塊 (try block) 可啓動進行異常處理。try區塊是由try關鍵字加上大括號 ({}) 所組成，區塊內有也許會產生異常的程式碼。第32-36行的try區塊內有quotient函式的呼叫，和顯示除法結果的敘述。因爲範例中的quotient函式在被呼叫時（第34行）可能會拋出異常，所以把函式呼叫放在try區塊內。把輸出結果的敘述（第35行）放在try區塊內，可以確保只有在quotient函式傳回結果的時候才會輸出。

軟體工程觀點 17.3

異常可能會由try區塊內明確列出的程式碼產生，或是透過呼叫某個函式而產生，或是try區塊內深層的巢狀函式呼叫而產生。

定義catch處理常式，處理DivideByZeroException

在7.10節已提到，異常是由catch處理常式 (catch handler) 進行處理。每個try區塊之後至少要有一個catch處理常式（第37-41行）緊隨其後。異常參數 (exception parameter) 必須以參考 (reference) 方式宣告，異常參數的資料型態必須是catch所能處理（此例是DivideByZeroException）。

以參考方式宣告參數，避免因複製而產生的負擔，並允許異常處理能捕捉由異常處理所衍生的類別。當try區塊內有異常發生時，會被執行的catch處理常式是其資料型態與異常資料型態相符者 (catch區塊中的資料型態完全符合異常資料型態，或是該異常的基本類別)。

如果異常參數包含選用性的參數名稱，catch處理常式可以使用這個參數名稱，在catch的本體內，也就是大括號 ({和}) 限定的範圍內，和捕捉到的異常物件互動。catch處理常式通常會向使用者回報錯誤、把錯誤記錄在檔案、優雅地結束程式或是嘗試其他的策略，以完成失敗處理工作。這個範例的catch處理常式只是簡單地回報使用者想要除以零，然後程式會提示使用者輸入兩個新的整數。

程式中常犯的錯誤 17.1

把程式碼放在try區塊和對應的catch處理常式之間或catch處理常式中間，是一種語法錯誤。

程式中常犯的錯誤 17.2

每個catch處理常式只能有一個參數。指定一串逗點間隔的異常參數，是一種語法錯誤。

程式中常犯的錯誤 17.3

在單一try區塊之後，有兩個不同的catch處理常式捕捉相同資料型態的異常，是一種邏輯錯誤。

異常處理的終止模式

如果try區塊內某行敘述發生異常，這個try區塊就會過期 (就是立刻結束)。接著，程式會搜尋第一個可以處理該異常的catch處理常式。程式會透過比較拋出的異常資料型態與每一個catch的異常參數資料型態，直到找出符合的catch區塊。如果異常的資料型態與拋出異常的資料型態相同，或者異常的資料型態是異常參數資料型態的衍生類別，則是符合的情況。找到符合的情況時，程式會執行對應的catch處理常式。當catch處理常式到達自己的右括號 (}) 就是處理完成，會認定異常已經處理，而catch處理常式的區域變數 (包括catch參數) 會離開範圍。

因為try區塊已經過期，程式流程並不會回到發生異常的地點 (稱為**拋出點，throw point**)，而是從try區塊最後的catch處理常式之後第一行敘述 (第43行) 繼續執行。這稱為**異常處理的終止模式** (termination model of exception handling)。有些語言使用**異常處理的恢復模式** (resumption model of exception handling)，異常處理後的控制權會從拋出點之後繼續執行。如同其他區段的程式碼，當try區段終止時，在該區段定義的區域變數也會離開範圍。

程式中常犯的錯誤 17.4

在異常處理之後，如果您認為程式的控制權會回到拋出點後第一個敘述，就會發生邏輯錯誤。

錯誤預防要訣 17.2

程式藉由異常處理，可以在解決問題之後繼續執行 (而不是終止)。這有助於確保程式的穩固，達成重要任務的處理或是關鍵的商業處理。

如果try區塊執行成功（也就是這個區塊沒有發生異常），程式就會忽略catch處理常式，從這個try區塊最後的catch之後第一行敘述繼續執行。

如果在try區塊發生的異常沒有符合的catch處理常式，或者產生異常的敘述沒有在try區塊內，則包含該敘述的函式會立刻終止，然後程式會試著尋找呼叫函式內是否有try區塊。這個過程稱爲**堆疊展開** (stack unwinding)，我們會在第17.4節介紹。

當使用者輸入非零分母時，程式的執行流程

讓我們來探討，當使用者輸入分子100以及分母7時，程式的執行流程。第13行，函式quotient判斷分母不等於零，所以第17行執行除法運算，把結果 (14.2857) 以double資料型態傳回到第34行。程式會從第34行循序繼續執行，第35行顯示除法運算的結果，而第36行則是try區塊的結尾。因爲try區塊成功完成而且沒有拋出異常，所以程式不會執行catch處理常式（第37-41行）內的敘述，繼續從第43行（在catch處理常式之後的第一行程式碼）執行，提示使用者再輸入兩個整數。

當使用者輸入零當分母時，程式的執行流程

現在來探討當使用者輸入分子100以及分母0的狀況。quotient在第13行發現denominator等於零，這會造成除以零的情況。在第14行會拋出異常，以DivideByZeroException類別（圖17.1）的物件來表示。

爲了拋出異常，圖17.2的第14行使用關鍵字throw，其後緊隨一個運算元，代表要拋出異常的資料型態。一般而言，throw敘述只會指定一個運算元。（在第17.3節會討論，如何使用沒有運算元的throw敘述）。

throw的運算元可以是任何資料型態(但必須能經由複製來建構)。如果是物件的話，稱爲**異常物件** (exception object)，本例的異常物件是DivideByZeroException資料型態的物件。然而，throw運算元也可以是其他的數值，例如運算式的值（例如throw x > 5），或是int值（例如throw 5），這些不會產生類別物件的數值，也可做爲throw的運算元。本章的範例只著重在拋出異常物件。

錯誤預防要訣 17.3

一般情形下，您拋出的異常應該只是類別型態的物件。

作爲拋出異常機制的一部分，throw運算元會被建立，並用來初始化catch處理常式的參數，這部份很快就會討論到。第14行的throw敘述建立DivideByZeroException類別的物件。當第14行拋出異常時，quotient函式會立刻終止。所以，quotient函式在執行第17行除法運算之前，會先在第14行拋出異常。這是異常處理的主要特性：函式應該在有可能發生錯誤之前拋出異常。

因爲quotient函式呼叫（第34行）包圍在try區塊內，程式會執行到try區塊之後的catch處理常式（第37-41行），這個catch處理常式負責處理除以零異常。通常在try區塊拋出異常

之後，與拋出異常資料型態相符的catch區塊會捕捉到這個異常。這個程式的catch處理常式指定要捕捉DivideByZeroException物件，符合quotient函式拋出的物件資料型態。catch處理常式實際上會捕捉DivideByZeroException物件的參考，這個物件是quotient函式的throw敘述(第14行)建立的，因爲參考的關係，不用執行物件的複製。

catch處理常式的程式主體(第39-40行)會呼叫runtime_error基本類別的what函式，印出傳回的錯誤訊息，此函式會傳回由DivideByZeroException建構子(圖17.1，第11-12行)傳給runtime_error的基本類別建構子的字串。

良好的程式設計習慣 17.1

將每種執行時期錯誤類型，和名稱適合的異常物件關聯在一起，可以讓程式更清晰易懂。

17.3 重新拋出異常

一個函式有可能使用像檔案這樣的資源，若有異常發生，想釋放資源(關閉檔案)。

異常處理常式收到異常時，可先釋放資源，然後通知呼叫者有異常發生。處理異常完後又拋出異常，這就是所謂的將**異常重新拋出** (rethrowing the exception)。重新拋出異常的語法如下：

```
throw;
```

即使處理常式能夠處理(或部分處理)某個異常，仍然可以重新拋出這個異常，交給更外圍的處理常式進一步處理。外圍一層的try區塊偵測到重新拋出的異常，會在之後的catch處理常式處理這個異常。

程式中常犯的錯誤 17.5

如果在catch處理常式之外執行空的throw敘述，會呼叫terminate函式，放棄異常處理，立即結束程式。

圖17.3的程式示範如何重新拋出一個異常。在main的try區塊(第29-34行)，第32行呼叫throwException函式(第8-24行)。throwException函式也包含try區塊(第11-15行)，在第14行的throw敘述拋出一個標準程式庫exception類別的物件。throwException函式的catch處理常式(第16-21行)捕捉這個異常，印出錯誤訊息(第18-19行)再拋出異常(第20行)。因此throwException函式結束，控制權回到main函式第32行的try…catch區塊。這個try區塊結束(所以第33行沒有執行)，main的catch處理常式(第35-38行)捕捉這個異常，印出一段錯誤訊息(第37行)。因爲這個範例的catch處理常式沒有使用異常參數，所以省略異常參數名稱，只有指定捕捉異常的資料型態(第16行和第35行)。

```
 1 // Fig. 17.3: fig17_03.cpp
 2 // Rethrowing an exception.
 3 #include <iostream>
 4 #include <exception>
 5 using namespace std;
 6
 7 // throw, catch and rethrow exception
 8 void throwException()
 9 {
10    // throw exception and catch it immediately
11    try
12    {
13       cout << "  Function throwException throws an exception\n";
14       throw exception(); // generate exception
15    } // end try
16    catch ( exception & ) // handle exception
17    {
18       cout << "  Exception handled in function throwException"
19          << "\n  Function throwException rethrows exception";
20       throw; // rethrow exception for further processing
21    } // end catch
22
23    cout << "This also should not print\n";
24 } // end function throwException
25
26 int main()
27 {
28    // throw exception
29    try
30    {
31       cout << "\nmain invokes function throwException\n";
32       throwException();
33       cout << "This should not print\n";
34    } // end try
35    catch ( exception & ) // handle exception
36    {
37       cout << "\n\nException handled in main\n";
38    } // end catch
39
40    cout << "Program control continues after catch in main\n";
41 } // end main
```

```
main invokes function throwException
   Function throwException throws an exception
   Exception handled in function throwException
   Function throwException rethrows exception

Exception handled in main
Program control continues after catch in main
```

圖17.3　重新拋出異常

17.4 堆疊展開

當拋出的異常不能在特定範圍內捕捉時，函式呼叫的堆疊就會展開，在下一層外圍的try…catch區塊嘗試catch這個異常。函式呼叫堆疊展開表示，未能捕捉異常的函式會被終止，而且其中所有區域變數都會被刪除，控制權會回傳原先呼叫這個函式的敘述。如果這個敘述位於某個try區塊內，就會嘗試catch異常。如果這個敘述沒有try區塊包圍時，就會再次展開堆疊。如果沒有catch處理常式捕捉到這個異常，會呼叫terminate函式來終止程式。圖17.4的程式示範堆疊展開的過程。

```
 1 // Fig. 17.4: fig17_04.cpp
 2 // Demonstrating stack unwinding.
 3 #include <iostream>
 4 #include <stdexcept>
 5 using namespace std;
 6
 7 // function3 throws runtime error
 8 void function3()
 9 {
10    cout << "In function 3" << endl;
11
12    // no try block, stack unwinding occurs, return control to function2
13    throw runtime_error( "runtime_error in function3" ); // no print
14 } // end function3
15
16 // function2 invokes function3
17 void function2()
18 {
19    cout << "function3 is called inside function2" << endl;
20    function3(); // stack unwinding occurs, return control to function1
21 } // end function2
22
23 // function1 invokes function2
24 void function1()
25 {
26    cout << "function2 is called inside function1" << endl;
27    function2(); // stack unwinding occurs, return control to main
28 } // end function1
29
30 // demonstrate stack unwinding
31 int main()
32 {
33    // invoke function1
34    try
35    {
36       cout << "function1 is called inside main" << endl;
37       function1(); // call function1 which throws runtime_error
38    } // end try
39    catch ( runtime_error &error ) // handle runtime error
40    {
41       cout << "Exception occurred: " << error.what() << endl;
42       cout << "Exception handled in main" << endl;
43    } // end catch
44 } // end main
```

圖17.4 堆疊展開(1/2)

```
function1 is called inside main
function2 is called inside function1
function3 is called inside function2
In function 3
Exception occurred: runtime_error in function3
Exception handled in main
```

圖17.4　堆疊展開(2/2)

在main中。try區塊(第34-38行)呼叫function1(第24-28行)。然後function1呼叫function2(第17-21行)，function2再呼叫function3(第8-14行)。第13行，function3拋出runtime_error物件，可是沒有try區塊包圍第13行的throw敘述，所以堆疊會展開。function3在第13行結束，然後控制權傳回function2中呼叫function3的敘述(就是第20行)。可是沒有try區塊包圍第20行，所以堆疊會再次展開。function2在第20行結束，然後控制權傳回到呼叫function2(就是第27行)的function1中。因爲程式第27行並沒有包圍的try區塊，所以再一次進行堆疊展開。function1在第27行結束，然後控制權回到main中呼叫function1的敘述(就是第37行)。第34-38行的try區塊包圍這個敘述，所以這個try區塊之後第一個符合的catch處理常式(第39-43行)捕捉這個異常並處理。第41行使用what函式顯示異常訊息。

17.5 何時使用異常處理

異常處理的設計是用來處理**同步錯誤** (synchronous errors)。同步錯誤指的是敘述執行時發生的錯誤。常見的例子就是超出陣列索引範圍、算術溢位(也就是某個數值超出可表示的範圍)、除以零、錯誤的函式參數，以及記憶體配置失敗(因爲記憶體不足)。異常處理的設計並非處理與**非同步事件** (asynchronous events)有關的錯誤(例如，磁碟I/O動作完成、網路訊息到達、按下滑鼠鍵和鍵盤)，這些事件和程式的執行流程同時發生且不受影響。

軟體工程觀點 17.4

異常處理提供處理錯誤的標準機制，和大型程式設計團隊一起合作專案時，這個機制特別重要。

軟體工程觀點 17.5

異常處理機制，使事先定義的軟體元件可和應用程式專屬的元件溝通問題，然後利用應用程式指定的方式處理問題。

當程式與軟體元件，例如：成員函式、建構子、解構子和類別等互動時發生問題時，異常處理機制也可以幫忙解決。這種軟體元件通常不會自行處理問題，而是用異常通知程式發生問題。讓您可以替各種應用程式實作自訂的錯誤處理。

軟體工程觀點 17.6

函式發生常見的錯誤時，應該回傳0或nullptr或其他適當的值，而不是拋出異常。呼叫這種函式的程式可以檢查傳回值，判斷呼叫是否成功。

複雜的應用程式通常含有事先定義好的軟體元件，以及使用這些事先定義好元件的專屬應用程式 (application-specific) 元件。當事先定義好的元件碰到問題時，該元件需要有能與應用程式專屬元件溝通問題的機制，因為事先定義好的元件無法提前得知應用程式如何處理發生的問題。

C++11：宣告不拋出異常的函數

在C++11，如果一個函式不拋出任何異常，並且不呼叫任何會拋出異常的函數，您應該明確指出此函式不會拋出異常。這表明客戶端的程式人員，有沒有必要把函式放在try區塊。要宣告函式不拋出異常，只需在函式參數列表後面加上**noexcept**就可以，這部分需要在函式原型和定義中分別完成。對於一個const成員函數，則把noexcept放在const之後。宣告為noexcept的函示，若在函式內呼叫一個拋出異的函示或執行throw語句，程式將終止。我們在第24章會討論更多關於noexcept的細節。

17.6 建構子、解構子和異常處理

首先，讓我們討論一個已經提過，但尚未完全解決的問題：如果在建構子中偵測到發生錯誤，會發生什麼事情？例如，建構子收到無效的資料時，該如何回應？因為建構子無回傳值以表示有錯誤發生，我們必須另覓其他方法，指出物件無法有效初始化。其中一個方式就是傳回這個沒建構完整的物件，希望使用者使用前會先測試，然後發現這個物件的狀態不對。另一個方法就是在建構子的外層設定一些變數。比較好的方法是：要求建構子throw包含錯誤訊息的異常，讓程式有機會處理錯誤。

如果在拋出異常之前已經建構部分的物件，建構子拋出的異常會呼叫這些物件的解構子。程式會呼叫try區塊在拋出異常前所建構的所有自動物件的解構子。在異常處理開始執行時，堆疊展開保證已經完成。如果在堆疊展開時拋出異常而呼叫解構子，程式會呼叫terminate。

一個物件在建構子拋出異常之前，該物件若有成員物件在建構物件時，已完成建構子的執行，成員物件的解構子會先執行。在異常被捕捉前，每一個在try區塊內建立的自動物件的解構子，會先被執行。堆疊展開是為保證異常處理可被執行。若解構子的執行是由於堆展開拋出異常而執行，程式停止執行。這情況會被聯想到不同的安全攻擊。

錯誤預防要訣 17.4

解構子需捕捉異常，以防程式停止執行。

錯誤預防要訣 17.5

不要從靜態物件的建構子拋出異常。這種異常不會被捕獲。

如果某物件有成員物件，而且在外圍物件建構完成之前拋出異常，就會執行在異常發生之前，已完成建構的成員物件的解構子。如果一個物件陣列在異常發生時已經部分建構完成，程式只會呼叫陣列內已建構物件的解構子。

錯誤預防要訣 17.6

建構子中有物件以new運算式來建立物件，若因此拋出異常時，該物件動態配置的記憶體都會被釋放。

錯誤預防要訣 17.7

如果在初始化物件時發生問題，建構子應該拋出一個異常。拋出異常前，建構子應先釋放動態分配到的任何記憶體。

初始化區域物件以獲取資源

異常會阻止一些程式碼的執行，譬如釋放資源(通常是記憶體或檔案)，因此造成**資源遺漏** (resource leak)，阻擋了其他程式使用此類資源。解決這個問題的一種技術，就是初始化一個區域物件來取得資源。當發生異常時，程式就會呼叫該物件的解構子，以藉此釋放這項資源。

17.7　異常和繼承

許多異常類別都衍生自共同的基本類別，如同第17.2節建立的DivideByZeroException類別是exception類別的衍生類別。如果catch處理常式會捕捉基本類別異常物件的指標或參照，那也可以捕捉所有明確繼承這個基本類別的物件或參照，因此可以處理相關的錯誤。

錯誤預防要訣 17.8

使用繼承的觀念來處理異常，讓異常處理常式只需使用簡潔的語法就可以捕捉一些相關的錯誤。其中一種方式是捕捉每種由exception異常類別所衍生物件的參考。但更簡潔的方式是以指標或參考捕捉基礎異常類別物件。此外，捕捉衍生類別異常物件的指標或參考時很容易出錯，尤其是當您忘記明確測試這些衍生類別的指標或參考的資料型態時。

17.8　處理new關鍵字產生的錯誤

當運算子new執行失敗時，會拋出bad_alloc異常(定義在標頭檔 <new>)。本節會介紹二個執行new失敗的範例。第一個範例使用的new版本在失敗時會throw bad_alloc異常，第二個範例使用set_new_handler函式處理new的失敗。[請注意：圖17.5-17.6的範例配置大量的動態記憶體，會讓您的電腦變得很慢。]

new在失敗時拋出bad_alloc

圖17.5示範執行new配置所需記憶體失敗時，隱式拋出bad_alloc異常。try區塊內的for迴圈(第16-20行)應該要執行50次，每次都求配置50,000,000個double資料型態的陣列。如果new失敗會拋出bad_alloc異常，迴圈會結束，然後程式從第22行繼續執行，catch

處理常式捕捉到異常並處理。第24-25行印出訊息“Exception occurred:”，之後是基本類別exception的what回傳的訊息（由使用的編譯器來定義，例如微軟的Microsoft Visual C++是“Allocation Failure”）。輸出結果顯示，在new執行失敗之前，迴圈只執行四次就拋出bad_alloc異常。您的結果可能會不同，差別在於您的電腦實體記憶體、虛擬記憶體所需的磁碟剩餘空間，以及使用的編譯器。

```
 1 // Fig. 17.5: fig17_05.cpp
 2 // Demonstrating standard new throwing bad_alloc when memory
 3 // cannot be allocated.
 4 #include <iostream>
 5 #include <new> // bad_alloc class is defined here
 6 using namespace std;
 7
 8 int main()
 9 {
10    double *ptr[ 50 ];
11
12    // aim each ptr[i] at a big block of memory
13    try
14    {
15       // allocate memory for ptr[ i ]; new throws bad_alloc on failure
16       for ( size_t i = 0; i < 50; ++i )
17       {
18          ptr[ i ] = new double[ 50000000 ]; // may throw exception
19          cout << "ptr[" << i << "] points to 50,000,000 new doubles\n";
20       } // end for
21    } // end try
22    catch ( bad_alloc &memoryAllocationException )
23    {
24       cerr << "Exception occurred: "
25          << memoryAllocationException.what() << endl;
26    } // end catch
27 } // end main
```

```
ptr[0] points to 50,000,000 new doubles
ptr[1] points to 50,000,000 new doubles
ptr[2] points to 50,000,000 new doubles
ptr[3] points to 50,000,000 new doubles
Exception occurred: bad allocation
```

圖17.5 new在失敗時拋出bad_alloc

new在失敗時傳回nullptr

C++標準指出，程式設計者可使用舊版的new，在記憶體配置失敗時，回傳nullptr。因此，標頭檔 <new> 定義nothrow物件（資料型態是nothrow_t），用法如下：

```
double *ptr = new( nothrow ) double[ 50000000 ];
```

這個敘述使用的new在配置50,000,000個double資料型態的陣列時，不會拋出bad_alloc（就是nothrow）。

軟體工程觀點 17.7

為了讓程式更穩固，要使用執行失敗會拋出bad_alloc異常的new版本。

使用set_new_handler函式來處理new的錯誤

另一個處理new所產生錯誤的方式是使用set_new_handler函式（原型定義在標準標頭檔<new>）。這個函式的引數是一個函式指標，指向的函式沒有引數且傳回void。如果new失敗時會呼叫這個指標指向的函式，如此一來，不管new是在程式中何處失敗，都能使用統一的處理方法。一旦set_new_handler在程式中註冊了**new處理常式（new handler）**，new運算子在錯誤時不會拋出bad_alloc，而是把錯誤處理交給new處理函式。

如果new成功配置記憶體，就會傳回指向該記憶體的指標。如果new無法配置所需的記憶體，而且set_new_handler沒有註冊new處理常式，new就會拋出bad_alloc異常。如果new無法配置記憶體空間，並且有註冊new處理常式，就會呼叫這個new處理常式。new處理函式必須執行下列工作之一：

1. 刪除其他的動態配置記憶體（或是告訴使用者關閉其他應用程式），獲取更多可用的記憶體，然後回到new運算子再次配置記憶體。
2. 拋出bad_alloc資料型態的異常。
3. 呼叫abort或exit函式（兩者在標頭檔<cstdlib>）結束程式。這部分已在第9.7節介紹。

圖17.6示範如何使用set_new_handler。customNewHandler函式（第9-13行）印出錯誤訊息（第11行），然後呼叫abort函式（第12行）終止程式。輸出結果顯示，在new執行失敗之前，迴圈只執行四次，然後呼叫customNewHandler函式。您的結果可能會不同，差別在於您的電腦實體記憶體、虛擬記憶體所需的磁碟剩餘空間，以及使用的編譯器。

```
 1 // Fig. 17.6: fig17_06.cpp
 2 // Demonstrating set_new_handler.
 3 #include <iostream>
 4 #include <new> // set_new_handler function prototype
 5 #include <cstdlib> // abort function prototype
 6 using namespace std;
 7
 8 // handle memory allocation failure
 9 void customNewHandler()
10 {
11    cerr << "customNewHandler was called";
12    abort();
13 } // end function customNewHandler
14
15 // using set_new_handler to handle failed memory allocation
16 int main()
17 {
18    double *ptr[ 50 ];
19
```

圖17.6　set_new_handler指定在new失敗時呼叫的函式(1/2)

```
20     // specify that customNewHandler should be called on
21     // memory allocation failure
22     set_new_handler( customNewHandler );
23
24     // aim each ptr[i] at a big block of memory; customNewHandler will be
25     // called on failed memory allocation
26     for ( int i = 0; i < 50; ++i )
27     {
28        ptr[ i ] = new double[ 50000000 ]; // may throw exception
29        cout << "ptr[" << i << "] points to 50,000,000 new doubles\n";
30     } // end for
31  }  // end main
```

```
ptr[0] points to 50,000,000 new doubles
ptr[1] points to 50,000,000 new doubles
ptr[2] points to 50,000,000 new doubles
ptr[3] points to 50,000,000 new doubles
customNewHandler was called
```

圖17.6 set_new_handler指定在new失敗時呼叫的函式(2/2)

17.9 unique_ptr類別和動態記憶體配置

一個常用的程式設計技術是動態配置記憶體，然後用指標指到這段記憶體，接下來使用這個指標處理記憶體內容，最後，當不再需要這段記憶體時，使用delete釋放記憶體。在記憶體配置成功，但是還沒執行delete敘述之前，如果發生異常就會產生記憶體遺漏。C++標準在標頭檔 <memory> 提供類別樣板unique_ptr處理這種狀況。

unique_ptr類別的物件會維護一個指標，指向動態配置的記憶體。當unique_ptr物件的解構子呼叫時(例如unique_ptr物件離開範圍)，會對指到的資料成員執行delete動作。類別樣板unique_ptr多載運算子 * 和 ->，所以可以像正常的指標變數一樣使用。圖17.9示範一個unique_ptr物件，指向動態配置的Integer類別物件(圖17.7-17.8)。

```
 1 // Fig. 17.7: Integer.h
 2 // Integer class definition.
 3
 4 class Integer
 5 {
 6 public:
 7    Integer( int i = 0 ); // Integer default constructor
 8    ~Integer(); // Integer destructor
 9    void setInteger( int i ); // set Integer value
10    int getInteger() const; // return Integer value
11 private:
12    int value;
13 }; // end class Integer
```

圖17.7 Integer類別定義

```
 1 // Fig. 17.8: Integer.cpp
 2 // Integer member function definition.
 3 #include <iostream>
 4 #include "Integer.h"
 5 using namespace std;
 6
 7 // Integer default constructor
 8 Integer::Integer( int i )
 9    : value( i )
10 {
11    cout << "Constructor for Integer " << value << endl;
12 } // end Integer constructor
13
14 // Integer destructor
15 Integer::~Integer()
16 {
17    cout << "Destructor for Integer " << value << endl;
18 } // end Integer destructor
19
20 // set Integer value
21 void Integer::setInteger( int i )
22 {
23    value = i;
24 } // end function setInteger
25
26 // return Integer value
27 int Integer::getInteger() const
28 {
29    return value;
30 } // end function getInteger
```

圖17.8　Integer類別成員函式的定義

圖17.9的第15行建立unique_ptr物件ptrToInteger，初始化指向動態配置的Integer物件，其內容爲數值7。第18行使用unique_ptr多載的 -> 運算子，呼叫ptrToInteger所指向Integer物件的setInteger函式。第21行使用unique_ptr多載的 * 運算子，取得ptrToInteger指向的值，然後用點號運算子 (.) 呼叫Integer物件的getInteger函式。unique_ptr就像正常的指標一樣，多載的-> and* 運算子可以存取指向的物件。

```
 1 // Fig. 17.9: fig17_09.cpp
 2 // Demonstrating unique_ptr.
 3 #include <iostream>
 4 #include <memory> // for unique_ptr
 5 #include "Integer.h"
 6
 7 using namespace std;
 8
 9 // use unique_ptr to manipulate Integer object
10 int main()
11 {
12    cout << "Creating a unique_ptr object that points to an Integer\n";
13
```

圖17.9　unique_ptr物件管理動態配置記憶體(1/2)

```
14    // "aim" unique_ptr at Integer object
15    unique_ptr< Integer > ptrToInteger( new Integer( 7 ) );
16
17    cout << "\nUsing the unique_ptr to manipulate the Integer\n";
18    ptrToInteger->setInteger( 99 ); // use unique_ptr to set Integer value
19
20    // use unique_ptr to get Integer value
21    cout << "Integer after setInteger: " << ( *ptrToInteger ).getInteger()
22       << "\n\nTerminating program" << endl;
23 } // end main
```

```
Creating a unique_ptr object that points to an Integer
Constructor for Integer 7

Using the unique_ptr to manipulate the Integer
Integer after setInteger: 99

Terminating program
Destructor for Integer 99
```

圖 17.9 unique_ptr物件管理動態配置記憶體(2/2)

因為ptrToInteger是main的區域automatic變數，所以在main函式結束就會刪除。unique_ptr的解構子會強迫delete ptrToInteger指標指向的Integer物件，然後會呼叫Integer類別的解構子。無論程式如何離開該區塊(例如，透過return敘述或異常)，Integer佔用的記憶體都會被釋放掉。最重要的是，這項技術可以防止記憶體遺漏。例如，假設函式傳回一個指向某物件的指標。很不幸地，接收這個指標的呼叫函式可能不會delete物件，因此產生記憶體遺漏(memory leaks)。可是，如果這個函式傳回unique_ptr指向的物件，在呼叫unique_ptr物件的解構子時，這個物件就會自動刪除。

unique_ptr注意事項

這個類別之所以稱作unique_ptr類別，因為一個unique_ptr類別一次只能擁有一個動態配置的物件。unique_ptr可以透過多載的指派運算子或複製建構子，轉移動態記憶體的所有權。最後一個管理指向動態記憶體的unique_ptr物件會刪除記憶體。因此unique_ptr很適合客戶端程式碼用來傳回動態配置的記憶體。當unique_ptr離開客戶端的程式碼範圍，unique_ptr的解構子便會刪除動態記憶體。

unique_ptr指到內建陣列

您還可以使用unique_ptr來管理動態分配到的內建陣列。例如，下列宣告

```
unique_ptr< string[] > ptr( new string[ 10 ] );
```

動態分配給ptr管理的由10個元素構成的字串陣列。 資料型態string[]代表所管理的記憶體是包含字串的內建陣列。當unique_ptr管理的陣列超出範圍，則會使用delete[]刪除記憶體，陣列中的每個元素都會收到解構子的呼叫。

用來管理內建陣列的unique_ptr會多載[]運算子，來存取陣列的元素。例如，敘述

```
ptr[ 2 ] = "hello";
```

會指派"hello"給位在ptr[2]的字串，敘述

```
cout << ptr[ 2 ] << endl;
```

則可顯示字串。

17.10　標準程式庫的異常階層

經驗告訴我們，發生的異常不外乎幾個種類。C++標準程式庫就有個異常類別的階層，圖17.10列出該階層的一部分。第17.2節介紹過階層的最上層是基本類別exception（定義在標頭檔<exception>），包含virtual函式what，衍生類別可以重載這個函式，產生適合的錯誤訊息。

基本類別exception直接衍生出的類別有runtime_error和logic_error類別（兩者都定義在標頭檔 <stdexcept>），這兩個類別也都有各自衍生類別。同樣衍生自exception的還有C++運算子抛出的異常，例如new抛出的bad_alloc（第17.8節）、dynamic_cast所抛出的bad_cast（第12章）和typeid抛出的bad_typeid（第12章）。

程式中常犯的錯誤 17.6

如果將一個能夠捕捉基本類別物件的catch處理常式，放在只能夠捕捉衍生類別物件的catch處理常式之前，是一種邏輯錯誤。捕捉基本類別物件的catch處理常式，也會捕捉所有衍生自基本類別的物件，所以捕捉衍生類別物件的catch處理常式永遠不會被執行。

類別logic_error是幾個標準異常類別的基本類別，它會指出程式邏輯的錯誤。例如，invalid_argument類別指出傳給函式的引數是無效的（適當的程式碼當然可以防止將無效引數傳給函式。）。length_error類別指出長度大於這個物件允許操作的最大值。out_of_range類別指出傳給陣列的索引超出範圍。

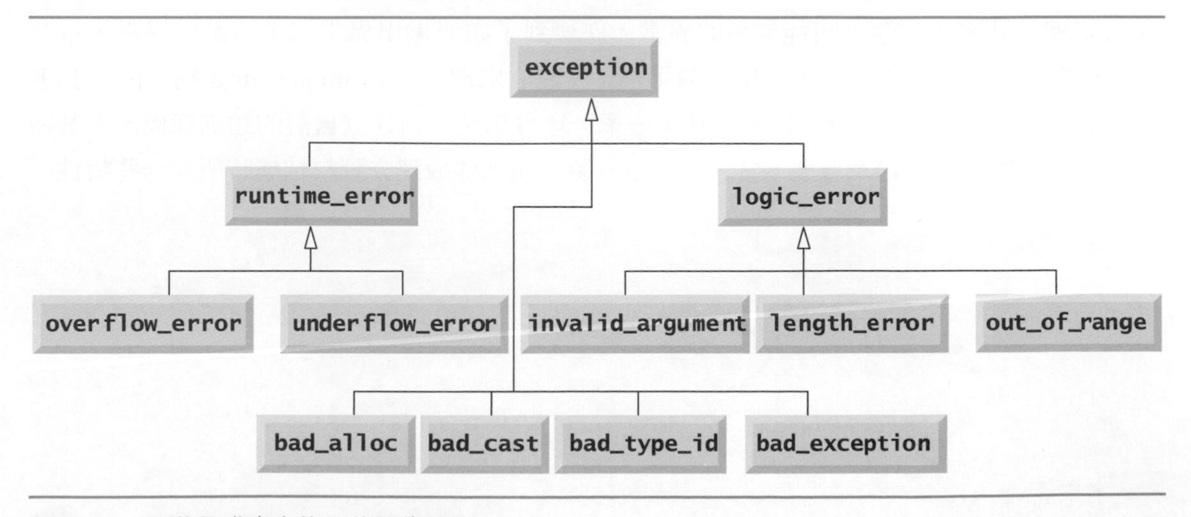

圖17.10　標準程式庫中的一些異常類別

在第17.4節介紹的runtime_error是其他異常類別的基本類別，指示發生執行時期錯誤。例如，overflow_error類別描述**算術溢位錯誤** (arithmetic overflow error，就是數學運算的結果超過電腦能儲存的最大數值)，underflow_error類別描述**算術下限隘位錯誤** (arithmetic underflow error，就是數學運算的結果小於電腦能儲存的最小數值)。

程式中常犯的錯誤 17.7

異常類別並不一定要衍生自exception類別，因此，catch exception資料型態並不保證會catch到所有可能遇到的異常。

錯誤預防要訣 17.9

要catch try區塊拋出的所有異常，請使用catch(...)。這種捕捉異常的方式有一個缺點，就是在編譯時間不知道捕捉異常的資料型態。另外一個缺點就是，沒有具名參數的話，異常處理常式無法參考異常物件。

軟體工程觀點 17.8

標準exception階層是建立異常的好起點，您寫的程式可以拋出標準異常、拋出標準異常衍生的異常或拋出非衍生於exception而是由自己的定義的異常。

軟體工程觀點 17.9

使用catch(...)執行與異常資料型態無關的回復動作(例如，釋放一般的資源)。可以重新拋出異常交給更專門的catch處理常式。

17.11 總結

在本章中，您學到了如何使用異常處理機制處理程式中產生的錯誤。如何利用異常處理機制，將錯誤處理的程式碼從程式的主要執行過程中移除。我們使用除以零範例來介紹異常處理。也展示了，要如何使用try區塊，將可能拋出異常的程式碼包圍起來，以及如何使用catch處理常式來處理這些可能發生的異常。您學到了如何拋出異常和重新拋出異常，以及處理建構子中發生的異常。本章中討論了new失敗的處理、使用unique_ptr類別來配置動態記憶體，以及標準程式庫異常階層。在下一章，您會學到如何建立自訂的類別樣板。尤其特別的是，我們會在第19章會展示當您需要用客製的類別樣板建立資料結構時所需一些特性。

摘要

17.1　簡介

- 異常是程式執行時遇到問題的警示。
- 異常處理讓您寫的程式，可以解決執行時期的問題，如果沒有遇到問題的話，就會繼續執行。更嚴重的問題可能在控制的情況下結束之前，需要通知使用者。

17.2　範例：處理除以零動作

- exception類別在C++標準類別中表示異常。exception類別提供virtual函式what，傳回適合的錯誤訊息並可讓衍生類別覆蓋。
- runtime_error類別定義在標頭檔 <stdexcept> (是C++標準中的基礎類別，表示執行時期錯誤。
- C++使用的異常處理模式是終止模式 (termination model)。
- try區塊是由try關鍵字加上大括號 ({}) 所組成，定義可能會產生異常的程式碼區塊。try區塊包含可能造成異常的敘述，以及發生異常就不應該執行的程式碼。
- 每個try區域之後至少要有一個catch處理常式。每個catch處理常式會指定一個參數，代表異常控制可處理的資料型態。
- 如果異常參數包含選用性的參數名稱，則catch處理常式可以使用該參數名稱來與捕捉的異常物件進行互動。
- 程式發生異常的位置稱爲異常拋出點。
- 如果try區塊中發生異常，這個try區塊就會結束，程式控制權會轉移到第一個異常參數符合拋出的異常的catch區塊。
- 若在try區塊內發生異常，try區塊會處在過期狀態，程式控制權會移轉到第一個符合此異常資料型態的catch處理常式。
- try區塊結束時，區塊內定義的區域變數會離開範圍。
- try區塊因爲異常而結束時，程式會尋找第一個符合此異常資料型態的catch處理常式。如果異常的資料型態與拋出異常的資料型態相同，或者異常的資料型態是異常參數資料型態的衍生類別，則是符合的情況。找到符合的情況時，程式會執行對應的catch處理常式。
- 當catch處理常式完成時，定義在catch處理常式 (包含catch的參數) 的區域變數會離開範圍。程式會忽略對應到該try區塊的其他catch處理常式，並且繼續執行try/catch之後的程式碼。
- 如果try區塊沒有發生異常，則程式會忽略該區塊的catch處理常式。程式會繼續執行try/catch區塊之後的敘述。
- 如果在try區塊發生的異常沒有符合的catch處理常式，或者產生異常的敘述沒有在try區塊內，則包含該敘述的函式會立刻終止，然後程式會試著尋找呼叫函式內是否有try區塊。這個過程稱爲堆疊展開 (stack unwinding)。
- 要拋出異常，必須使用throw關鍵字和一個運算元，這個運算元代表要拋出異常的資料型態。throw的運算元可以是任何資料型態。

17.3 重新拋出異常

- catch處理常式可以將異常處理（或是其中一部分）延後，交給另一個處理常式。無論如何，處理常式可以將異常重新拋出
- 常見的例子就是超出陣列索引的範圍、算術溢位、除以零、錯誤的函式參數，以及記憶體配置失敗。

17.4 堆疊展開

- 函式呼叫堆疊展開表示，未能捕捉異常的函式會被終止，而且其中所有區域變數都會被刪除，控制權會回傳原先呼叫這個函式的敘述。

17.5 何時使用異常處理

- 異常處理是設計來處理同步錯誤，意即敘述執行時發生的錯誤。
- 異常處理不是設計來處理非同步事件的問題，非同步事件和程式控制流程平行且獨立執行。
- 在C++11，如果一個函式不拋出任何異常，並且不呼叫任何會拋出異常的函數，您應該明確指出此函式不會拋出異常

17.6 建構子、解構子和異常處理

- 如果某物件在拋出異常之前已經建構部分的成員物件，成員物件建構子拋出的異常會呼叫成員物件的解構子。
- 在try區塊內建立的自動物件，在拋出異常會先執行該物件的解構子。
- 在異常處理開始執行前，堆疊展開已經完成。
- 如果在堆疊展開時拋出異常而呼叫解構子，程式會呼叫terminate。
- 如果某物件有成員物件，若外圍物件完成建構之前拋出異常，則異常發生之前已完成建構的成員物件就會執行其解構子。
- 如果一個物件陣列在異常發生時已經部分建構完成，程式只會呼叫陣列內已建構完成物件的解構子。
- 用new運算式建立物件的建構子中拋出異常時，這個物件動態配置的記憶體都會被釋放。

17.7 異常和繼承

- 如果catch處理常式可以捕捉基本類別異常物件的指標或參可，那也可以捕捉所有明確繼承這個基本類別的物件或參考，因此可以處理相關的錯誤。

17.8 處理new的錯誤

- C++標準規範指定，運算子new執行失敗時，會拋出bad_alloc異常，定義在標頭檔<new>中。
- 函式set_new_handler的引數是一個函式指標，指向的函式沒有引數且傳回void。如果new失敗時會呼叫這個指標指向的函式。

- 一旦set_new_handler在程式中註冊了new處理常式，new運算子在錯誤時不會拋出bad_alloc，而是把錯誤處理交給new處理常式。
- 如果new成功配置記憶體，就會傳回指向該記憶體的指標。

17.9　unique_ptr類別和動態記憶體配置

- 在記憶體配置成功，但是還沒執行delete敘述之前，如果發生異常就會產生記憶體遺漏。
- C++標準程式庫提供類別樣板unique_ptr處理記憶體遺漏。
- unique_ptr類別的物件擁有一個指標，指向動態配置的記憶體。unique_ptr物件的解構子會對自己的指標成員執行delete動作。
- 類別樣板unique_ptr多載運算子 * 和 ->，所以可以像正常的指標變數一樣使用。unique_ptr也可以透過多載的指定運算子和複製建構子，轉移管理的動態記憶體所有權。

17.10　標準程式庫的異常階層

- C++標準程式庫包括異常類別的階層，為首的階層是基本類別exception。
- 基本類別exception直接衍生出runtime_error和logic_error類別（兩者都定義在標頭檔<stdexcept>），這兩個類別也都有幾個衍生類別。
- 有些運算子會拋出標準異常，例如new運算子拋出bad_alloc、dynamic_cast運算子拋出bad_cast、typeid運算子拋出bad_typeid。

自我測驗題

17.1　甚麼是強健的容錯程式？。

17.2　請解釋為什麼不把異常處理的技術用在傳統程式控制上。

17.3　為何異常適合用來處理函式庫產生的錯誤？

17.4　什麼是"拋出點"(theow point)？

17.5　如果try區塊沒有拋出異常，在執行完try區塊後，程式的控制權會移交到何處？

17.6　如果異常是從try區塊之外拋出，程式會如何處理？

17.7　請說明使用catch(...)主要的優點和缺點。

17.8　如果沒有catch處理函式符合拋出物件的資料型態，程式會如何處理？

17.9　如果有幾個catch處理函式符合拋出物件的資料型態，程式會如何處理？

17.10　為什麼您會將catch處理常式的參數，指定為基本類別的資料型態，然後拋出衍生類別的異常物件呢？

17.11　假設某個catch處理常式與異常物件的資料型態完全吻合。則必須在何種環境之下，才會由另一個不同的處理區塊來處理該資料型態的異常？

17.12　甚麼是堆疊展開？

17.13　甚麼是catch處理常式的"終止模型"(termination model)？

17.14　甚麼是異常物件？

自我測驗題解答

17.1 一個強健的容錯程式可以處理問題，然後繼續執行或優雅的結束執行。

17.2 (a) 異常處理是設計來處理不常發生的狀況，而這些狀況常會導致程式終止，所以我們不會要求編譯器的設計者將異常處理設計的很優化。

(b) 傳統的流程控制通常比異常處理更清楚，也更有效率。

(c) 發生異常時，因爲堆疊展開可能會產生問題，且在異常發生之前所配置的資源可能無法釋放。

(d)"額外的"異常會讓程式設計者更難以處理大量的異常情況。

17.3 要求函式庫的錯誤處理方式，能夠滿足所有使用者特殊的需求是不可能的。

17.4 程式控制流程不會再回到異常發生處，該處就稱作是異常拋出點。

17.5 程式會跳過try區塊後續所有catch區塊的異常處理常式 (catch handler)，然後將執行權交給最後一個catch區塊的下一個敘述。

17.6 如果從try區塊之外拋出異常，程式會呼叫函式terminate終止程式。

17.7 catch(...)的格式可以捕捉try區塊拋出的任何資料型態異常。優點是可以捕捉所有可能的異常。缺點是這種catch沒有參數，因此無法引用拋出物件的資訊，也無法知道發生錯誤的原因。

17.8 這會使得程式繼續在外層下一個try區塊，找尋符合的處理常式。如果繼續下去，程式最後會發現沒有處理常式符合拋出物件的資料型態，在此狀況下，程式會呼叫終止函式terminate。。

17.9 try區塊之後第一個符合的catch區塊會執行。

17.10 這是一個catch相關異常資料型態的好方法。

17.11 基本類別的處理常式可以捕捉所有的衍生類別物件。

17.12 當拋出的異常不能在特定範圍內捕捉時，函式呼叫的堆疊就會展開，在下一層外圍的try…catch區塊嘗試catch這個異常

17.13 有些時候程式控制流程不會再回到異常發生處，(該處就稱作是異常拋出點)，因爲try區塊已過期。程式控制從try區塊之後，最後一個catch的第一行程式重新開始執行。這就是catch處理常式的"終止模型"。

17.14 要拋出異常，必須先用關鍵字throw，接著是欲拋出的異常資料型態。通常，throw後面只有一個運算元。拋出的運算元可以是任何資料型態 (必須能以建立)。若運算元是物件，我們稱其爲異常物件。

習題

17.15 (異常條件) 列出本文介紹的各種異常發生條件，儘量列出其他所有的異常狀況。對於每個異常請簡短描述，程式通常會如何利用本章討論的技術處理。一些典型的異常包括除以零、算術運算溢位、陣列附標超出範圍、儲存空間用完等等。

17.16 (catch 參數) 在何種狀況之下，程式設計者在處理常式中，定義要捕捉的物件資料型態時，不會提供參數名稱？

17.17 (throw 敘述) 程式中有下列敘述

```
throw;
```

通常希望這種敘述在哪裡出現？如果這個敘述在程式不同地點出現，會有什麼影響？

17.18 (異常處理和其他方法) 將異常處理方法與本書所討論的其他錯誤處理方式加以比較。

17.19 (異常處理和程式控制) 爲什麼不應該把異常當成另一種程式流程控制？

17.20 (控制相關異常) 請說明處理異常的相關技術。

17.21 (從catch中拋出一個異常) 假設程式throw一個異常，而且適當的異常處理常式開始執行。現在假設異常處理常式本身也throw同樣的異常。這會產生無窮遞迴嗎？請撰寫一個程式驗證您的觀點。

17.22 (捕捉衍生類別的異常) 請使用繼承建立runtime_error的各種衍生類別，然後說明使用基本類別的catch處理常式，能夠catch衍生類別的異常。

17.23 (拋出條件運算式的計算結果) 拋出某條件運算式的結果 (double或int值)，提供int的catch處理常式，以及double的catch處理常式。請說明不論傳回的是int或double，程式都只會執行double的catch處理常式。

17.24 (區域變數的解構子) 撰寫一個程式，說明在區塊拋出異常之前，程式會呼叫區塊中，所有建構過的物件解構子。

17.25 (成員物件的解構子) 撰寫一個程式，說明程式只會呼叫在異常發生之前已經建構好的成員物件的解構子。

17.26 (捕捉所有的異常) 撰寫一個程式，示範catch(...)處理常式捕捉一些異常資料型態。

17.27 (異常處理常式的順序) 撰寫一個程式，說明異常處理常式的排列順序是很重要的。程式會執行第一個符合的處理常式。以兩種不同的方法編譯和執行您的程式，說明這兩種不同處理常式的不同效果。

17.28 (在建構子中拋出異常) 撰寫一個程式，說明建構子如何將執行失敗的資訊，傳遞給try區塊後面的處理常式。

17.29 (重新拋出異常) 撰寫一個程式，說明如何重新拋出異常。

17.30 (未捕捉的異常) 撰寫一個程式，說明函式雖然擁有自己的try區塊，但是不一定能夠捕捉try區塊中，所產生的每個可能錯誤。一些異常可能會漏失到外面的區域，讓外界的處理常式處理。

17.31 (堆疊展開) 撰寫一個程式，從深層巢狀結構內的函式拋出異常，然後在外圍的try區塊後續的catch處理常式加以捕捉並且處理。

Memo

18 客製化樣板導論

Behind that outside pattern the dim shapes get clearer every day.
It is always the same shape, only very numerous.
—Charlotte Perkins Gilman

Every man of genius sees the world at a different angle from his fellows.
—Havelock Ellis

...our special individuality, as distinguished from our generic humanity.
—Oliver Wendell Holmes, Sr.

學習目標

在本章中，您將學到：

- 使用類別樣板建立一組相關的類別。
- 區分類別樣板和特殊類別樣板。
- 了解無型態樣板參數。
- 了解預設樣板引數。
- 了解多載函式樣板。

本章綱要

18.1 簡介

在第7、15和16章，已經使用了許多標準程式庫預封裝(prepackaged)的樣板化容器和演算法。函式樣板(第6章介紹過)和**類別樣板**(class templates)，使您可以方便地指定各種相關的(多載)函式，稱作**特殊化函式樣板**(function-template specializations)；或者各種相關的類別，稱作**特殊化類別樣板**(class-template specializations)。這就是所謂的**泛型程式設計**(generic programming)。函式樣板和類別樣板像是模具，壓出形狀物件。函式樣板特殊化和類別樣板特殊化就像是模具壓出的物件有相同形狀，但可以不同顏色和紋理來加以特殊化。

在本章中，我們將演示如何建立一個自定義的類別樣板和函式樣板，來處理類別樣板物件的特殊化。本章我們專注於樣板功能，若您需建立自定義樣板化的資料結構，在第19章[1]詳細介紹。

18.2 類別樣板

理解堆疊結構(堆疊是一種資料結構，在頂端放入項目，提取項目也是由頂端提取，構成一個後進先出的資料結構)和放在堆疊項目的型態是無關的。然而，要實體化一個堆疊物件，必須指定資料型態。這就形成了一個很好的機會，來行使軟體再利用，正如您在第15.7.1節中看到的堆疊容器配接器一樣。在這裡，我們定義一個泛型堆疊，然後用這個泛型堆疊類別，產生型態特殊化(type-specific)版的堆疊。

軟體工程觀點 18.1

類別樣板，透過用單一類別樣板實體化產生各種特定型態的特殊化樣板，這是一個非常優質的軟體再利用結構。

類別樣板又稱爲參數化型態(parameterized types)，因爲它們需要一個或多個型態參數，來指出如何自訂泛型類別(generic clss)樣板，來產生特殊化類別樣板。您只要寫一次類別樣板的定義，就可產生各種特殊化類別樣板(待會兒就會定義)。需要新的特殊化類別樣板時，您只需要使用簡明的表示法，編譯器便能產生所需要的特殊化程式碼。一個Stack類別樣板可成爲Stack類別的基礎，產生許多特殊Stack類別樣板(例如："double型態的Stack"、"int型態的Stack"、"char型態的Stack"和"Employee型態的Stack"等)在程式中使用。

1 構建具有許多功能的自定義模板是進階主題，超出本書範圍。

程式中常犯的錯誤 18.1

如果透過使用者自訂型態來建立特殊化樣板，此使用者自訂型態必須符合樣板的要求。例如，樣板可能會對使用者自訂型態的物件用 < 運算子做比較的運算，以決定排序方式，或樣板也可能呼叫使用者自訂型態物件的一些成員函式。如果使用者自訂型態沒有多載樣板用到的運算子和定義相關函式，會產生編譯錯誤。

建立類別樣板 Stack <T>

圖 18.1 中 Stack 類別樣板的定義，它看起來很像一般類別的定義，但有幾個重要的不同點，首先，第 7 行的前置宣告

```
template< typename T >
```

所有類別樣板都是以關鍵字 template 開始，接著在**角括號** (angle brackets：< >) 中放入**樣板參數** (template parameters)，每個樣板參數代表一種資料型態，必須在前面加上可替換使用的關鍵字 class 或 typename。型態參數 T 在這裡當作 Stack 類別的型態存放區。在一個樣板的定義中，型態參數的名稱不可重複。您不一定要用 T 當識別字，用任何有效的識別字都可以。

Stack 中所儲存的元素型態，在整個 Stack 類別的定義中，會統一使用識別字 T 表示（第 12、18 和 42 行）。當您使用樣板建立物件時，型態參數就和某資料型態產生關連，此時，編譯器會產生樣板的副本，其中型態參數會以所指定的資料型態來取代。另一個關鍵的區別是，我們不會把類別樣板的界面和實作分開。

軟體工程觀點 18.2

樣板通常定義在標頭檔中，然後在客户端程式中以 #include 敘述來引用。對於類別樣板，這意味著成員函式也在標頭檔中，通常將函式定義放在類別定義的主體中，如同我們在圖 18.1 的做法。

```
 1 // Fig. 18.1: Stack.h
 2 // Stack class template.
 3 #ifndef STACK_H
 4 #define STACK_H
 5 #include <deque>
 6
 7 template< typename T >
 8 class Stack
 9 {
10 public:
11    // return the top element of the Stack
12    T& top()
13    {
14       return stack.front();
15    } // end function template top
16
17    // push an element onto the Stack
```

圖 18.1　堆疊類別樣板 (1/2)

```
18     void push( const T &pushValue )
19     {
20        stack.push_front( pushValue );
21     } // end function template push
22
23     // pop an element from the stack
24     void pop()
25     {
26        stack.pop_front();
27     } // end function template pop
28
29     // determine whether Stack is empty
30     bool isEmpty() const
31     {
32        return stack.empty();
33     } // end function template isEmpty
34
35     // return size of Stack
36     size_t size() const
37     {
38        return stack.size();
39     } // end function template size
40
41  private:
42     std::deque< T > stack; // internal representation of the Stack
43  }; // end class template Stack
44
45  #endif
```

圖 18.1　堆疊類別樣板 (2/2)

類別樣板的 Stack <T> 的資料表示方式

第15.7.1節指出，標準程式庫的堆疊配接器類別，可以用各種容器來儲存其內容。當然，一個堆疊僅需要在其頂部執行插入和刪除動作。因此，一個vector或一個deque可以被用來儲存堆疊的元素。vector能在後端快速執行插入和刪除。deque則能在前後兩端快速執行插入和刪除。deque是標準程式庫中堆疊配接器預設容器，因爲deque的增長效率比vector高。

vector維護一個連續的記憶體區塊，當區塊已滿，且又有新元素要添加近來，vector會配置一個更大的連續記憶體區塊，並複製舊元素到新的區塊。另一面，deque通常以list實現，該list由固定大小的內建的陣列構成，根據需要還會再加入新的固定大小的內建陣列，新的元素不論是從前端加入還是從後端加入，都不需要有複製元素的動作。基於這些原因，我們使用deque (第42行) 作爲Stack類別的底層容器。

類別樣板 Stack <T> 的成員函式

類別樣板的成員函式其實就是函式樣板，若這些成員函式定義在類別主體內時，不用在前面加關鍵字template，也不用在角括號中 (<和>) 宣告樣板參數。正如您所看到的，但是，它們確實使用了類別樣板的樣板參數T，來表示元素類別的資料型態。我們的堆疊類別樣板沒有定義自己的建構子，編譯器提供的預設建構子將呼叫deque的預設建構子。我們在圖18.1還提供了以下的成員函式：

- top（第12-15行）返回一個堆疊的頂端元素的參考。
- push（第18-21行）在堆疊頂端放置新的元素。
- pop（第24-27行）移除堆疊的頂端元素。
- isEmpty（第30-33行）如果堆疊是空的，返回一個布林值true，否則返回false。
- size（第36-39行）返回堆疊元素的數量。

所有這些成員函式所執行的功能，其實是委派給類別樣板deque的相對應成員函式來執行。

在類別樣板定義的外部宣告一個類別樣板的成員函式

雖然在我們Stack類別樣板並沒這麼做，但成員函式的定義可以出現在類別樣板定義之外。如果想以這種方式實作，每個成員函式都必須以關鍵字template開始，

後面跟著一組和類別樣板相同的樣板參數。此外，成員函式名稱前，必須加上與類別名和範圍解析運算子。例如，您可以在樣板定義之外，定義類別的pop函式如下：

```
template< typename T >
inline void Stack<T>::pop()
{
   stack.pop_front();
} // end function template pop
```

Stack<T>:: 表明，pop是在類別Stack <T>的範圍。標準程式庫容器類別的所有成員函式，都定義在類別的定義裡面。

測試類別樣板的Stack <T>

現在，讓我們探討Stack類別樣板的測試程式（圖18.2）。測試程式首先會建立doubleStack物件（第9行）。此物件會宣告成類別Stack <double>（念作"double型態的Stack"）。編譯器會將型態double與類別樣板中的型態參數T連結，產生double型態之Stack類別的原始碼。Stack類別中型態爲double的元素，實際上是存在deque<double>中。

第16-21行會呼叫push（第18行）將double數值1.1、2.2、3.3、4.4和5.5放到doubleStack。接下來第26-30行，在while迴圈中呼叫top和pop，從堆疊中移除5個元素。注意，圖18.2的輸出數值，會以後進先出的順序彈出。當doubleStack是空的，pop迴圈就會終止。

```
 1 // Fig. 18.2: fig18_02.cpp
 2 // Stack class template test program.
 3 #include <iostream>
 4 #include "Stack.h" // Stack class template definition
 5 using namespace std;
 6
 7 int main()
 8 {
 9    Stack< double > doubleStack; // create a Stack of double
10    const size_t doubleStackSize = 5; // stack size
11    double doubleValue = 1.1; // first value to push
12
```

圖18.2 堆疊類別樣板測試程式(1/2)

```
13     cout << "Pushing elements onto doubleStack\n";
14
15     // push 5 doubles onto doubleStack
16     for ( size_t i = 0; i < doubleStackSize; ++i )
17     {
18        doubleStack.push( doubleValue );
19        cout << doubleValue << ' ';
20        doubleValue += 1.1;
21     } // end while
22
23     cout << "\n\nPopping elements from doubleStack\n";
24
25     // pop elements from doubleStack
26     while ( !doubleStack.isEmpty() ) // loop while Stack is not empty
27     {
28        cout << doubleStack.top() << ' '; // display top element
29        doubleStack.pop(); // remove top element
30     } // end while
31
32     cout << "\nStack is empty, cannot pop.\n";
33
34     Stack< int > intStack; // create a Stack of int
35     const size_t intStackSize = 10; // stack size
36     int intValue = 1; // first value to push
37
38     cout << "\nPushing elements onto intStack\n";
39
40     // push 10 integers onto intStack
41     for ( size_t i = 0; i < intStackSize; ++i )
42     {
43        intStack.push( intValue );
44        cout << intValue++ << ' ';
45     } // end while
46
47     cout << "\n\nPopping elements from intStack\n";
48
49     // pop elements from intStack
50     while ( !intStack.isEmpty() ) // loop while Stack is not empty
51     {
52        cout << intStack.top() << ' '; // display top element
53        intStack.pop(); // remove top element
54     } // end while
55
56     cout << "\nStack is empty, cannot pop." << endl;
57  } // end main
```

```
Pushing elements onto doubleStack
1.1 2.2 3.3 4.4 5.5

Popping elements from doubleStack
5.5 4.4 3.3 2.2 1.1
Stack is empty, cannot pop

Pushing elements onto intStack
1 2 3 4 5 6 7 8 9 10

Popping elements from intStack
10 9 8 7 6 5 4 3 2 1
Stack is empty, cannot pop
```

圖18.2 堆疊類別樣板測試程式(2/2)

第34行以下列宣告實體化一個整數堆疊物件intStack

```
Stack< int > intStack;
```

(念作"intStack的型態爲整數Stack")。第41-45行，重複呼叫push (43行) 把數值放到intStack中，然後第50-54行重複呼叫top和pop從intStack中移除資料，直到堆疊變空的爲止。再次，注意到這些輸出是用後進先出的順序彈出堆疊。

18.3 以函式樣板處理類別樣板特殊物件

注意圖18.2中main函式內的程式，第9-32行的doubleStack操作程式與第34-56行的intStack操作程式幾乎相同。這又給了函式樣板表現的機會。圖18.3定義了函式樣板testStack (第10-39行)，它執行的工作跟圖18.2的main函式一樣，就是把一串數值推入Stack <T>，然後把數值從Stack <T> 取出。

```
 1 // Fig. 18.3: fig18_03.cpp
 2 // Passing a Stack template object
 3 // to a function template.
 4 #include <iostream>
 5 #include <string>
 6 #include "Stack.h" // Stack class template definition
 7 using namespace std;
 8
 9 // function template to manipulate Stack< T >
10 template< typename T >
11 void testStack(
12    Stack< T > &theStack, // reference to Stack< T >
13    const T &value, // initial value to push
14    const T &increment, // increment for subsequent values
15    size_t size, // number of items to push
16    const string &stackName ) // name of the Stack< T > object
17 {
18    cout << "\nPushing elements onto " << stackName << '\n';
19    T pushValue = value;
20
21    // push element onto Stack
22    for ( size_t i = 0; i < size; ++i )
23    {
24       theStack.push( pushValue ); // push element onto Stack
25       cout << pushValue << ' ';
26       pushValue += increment;
27    } // end while
28
29    cout << "\n\nPopping elements from " << stackName << '\n';
30
31    // pop elements from Stack
32    while ( !theStack.isEmpty() ) // loop while Stack is not empty
33    {
34       cout << theStack.top() << ' ';
35       theStack.pop(); // remove top element
36    } // end while
```

圖18.3　傳遞堆疊樣板物件給函式樣板(1/2)

```
37
38    cout << "\nStack is empty, cannot pop." << endl;
39 } // end function template testStack
40
41 int main()
42 {
43    Stack< double > doubleStack;
44    const size_t doubleStackSize = 5;
45    testStack( doubleStack, 1.1, 1.1, doubleStackSize, "doubleStack" );
46
47    Stack< int > intStack;
48    const size_t intStackSize = 10;
49    testStack( intStack, 1, 1, intStackSize, "intStack" );
50 } // end main
```

```
Pushing elements onto doubleStack
1.1 2.2 3.3 4.4 5.5

Popping elements from doubleStack
5.5 4.4 3.3 2.2 1.1
Stack is empty, cannot pop

Pushing elements onto intStack
1 2 3 4 5 6 7 8 9 10

Popping elements from intStack
10 9 8 7 6 5 4 3 2 1
Stack is empty, cannot pop
```

圖18.3 傳遞堆疊樣板物件給函式樣板(2/2)

函式樣板testStack使用樣板參數T(於第10行指定)代表儲存在Stack <T>的資料型態。此函式樣板有五個引數(第12-16行):

Stack <T> 欲處理的物件

- 一個型態爲T的數值，首先會被推入Stack <T>。
- 一個型態是T的數值，代表每次被推入Stack <T> 後會遞增的量。
- Stack <T>的元素數量。
- string引數代表Stack <T> 物件名稱，用來輸出。

main函式(第41-50行)會建立一個型態Stack <double> 的物件，名爲doubleStack(第43行)以及一個型態爲Stack <int> 的物件，名爲intStack(第47行)，並在第45和49使用這些物件。編譯器由函式第一個引數的型態(也就是用來建立doubleStack或intStack的型態)，推論出testStack的T型態。

18.4 非型態參數

第18.2節中的類別樣板Stack在樣板宣告中，只有一個型態參數(圖18.1，第7行)。但亦可使用非型態樣板參數(nontype template parameter)，它們可以有預設引數，並將此預設引數設爲常數。例如，C++標準array類別樣板以下列樣板宣告起始:

```
template < class T, size_t N >
```

(回想先前提過，關鍵字class和typename在template宣告中可交互使用。)

因此，下列宣告

```
array< double, 100 > salesFigures;
```

建立100個元素，資料型態爲double的特殊化類別樣板，然後使用它來建立一個物件salesFigures。array類別樣板封裝在內建陣列。當您建立一個特殊化的array類別樣板，宣告中就必須指定型態和大小，在前述例子，內建陣列資料型態爲double，有100個元素。

18.5 樣板型態參數的預設引數

此外，一個型態參數可以指定一個預設型態參數 (default type argument)。例如，C++的標準的堆疊容器配接器，起始於下列宣告：

```
template < class T, class Container = deque< T > >
```

其中規定，堆疊預設使用deque儲存堆疊中型態爲T元素。下列宣告

```
stack< int > values;
```

建立一個資料型態爲整數的特殊化類別的stack樣板 (背後實質意義)，並使用它來實體化一個名爲values的物件。堆疊的元素儲存在deque<int>當中。

預設型態參數 (Default type parameters) 必須位在樣板型態參數列中的最右邊。當以兩個以上的預設型態來實體化類別時，若忽略的不是型態參數列中最右邊的型態參數，則此型態右邊的所有型態參數也必須被忽略掉。在C++11，您可在函式樣板中的型態引數中使用預設類別型態參數。

18.6 多載函式樣板

函式樣板和多載是密切相關的。在第6.19節，您學到了多載函式對不同資料型態的資料執行相同的操作，它們可以使用函式樣板以更緊湊和更方便地方式來執行。之後，您就可以用不同資料型態的引數來呼叫函式，讓編譯器爲不同的資料型態，分別產生特殊化函式樣板，適當控制與執行每個函式呼叫。從函式樣板產生的特殊化函式樣板都擁有相同的名稱，所以編譯器就得使用多載解析來呼叫正確的函式。

函式樣板也可以進行多載。我們可指定相同的函式名稱，但不同的函式參數，來提供其他的函式樣板。函式樣板也可用其他同名稱，但不同函式參數的非樣板函式來進行多載。

多載函式的配對處理

呼叫某個函式時，編譯器會執行配對處理，來判斷應該呼叫哪一個函式。編譯器會以現有的函式和函式樣板，查看是否有函式名稱和引數型態，完全與被呼叫的函式吻合。假

如沒有，編譯器會判斷是否有適合的函式樣板，可以用來建立函式名稱與引數型態吻合函式呼叫的特殊化函式樣板。假如還是沒有，編譯器會產生錯誤訊息。若有多個函式都符合該呼叫，編譯器會試圖找出最佳配對。若有多個最佳配對，編譯器會認為此呼叫模稜兩可(ambiguous)，並產生錯誤訊息[2]。

18.7 總結

本章介紹了類別樣板和特殊化類別樣板。我們使用一個類別樣板，產生一組特殊化類別樣板，以不同的資料型態來執行相同的操作。我們也討論了非型態參數，以及討論了要如何多載函式樣板，產生一個函式的特殊化版本，以與其他特殊化函式樣板不同的方式，來處理特殊的資料型態。在下一章中，我們將討論如何建立自己的自定義樣板化動態資料結構，包括lists、stacks和binary trees。

2 編譯器的處理函式解析的過程是複雜的，完整的細節在第13.3.3節C++標準中討論。

摘要

18.1　簡介

- 樣板可讓我們指定一群相關的函式 (多載的函式)，稱爲特殊化函式樣板，或一群相關的類別，稱爲特殊化類別樣板。

18.2　類別樣板

- 類別樣板提供一種方法，可一般性的描述某種類別，並建立此泛型類別的某種特定型態類別。
- 類別樣板又稱爲參數化型態 (parameterized types)，它們需要型態參數，來指出自訂的泛型類別樣板如何產生特定的特殊化類別樣板。
- 要使用特殊化類別樣板的程式設計者，會撰寫一個類別樣板。當程式設計者需要一個特定型態的新類別時，只需使用一個精簡的表示法，就能讓編譯器產生特殊化類別樣板的原始碼。
- 類別樣板定義看起來很像是一般的類別定義，但是它前面會加上template <typename T> (或template <class T>)，表示它是一個類別樣板定義。型態參數T則指出所要建立的類別型態。型態T在類別定義和成員函式定義中，可視爲一個一般化的型態名稱。
- 在一個樣板定義中，樣板參數的名稱必須是唯一的。
- 在類別樣板外部定義的每個成員函式，必須以template 宣告開頭。因此，每個函式定義就很像一般函式定義，除了類別中的一般化資料都用型態參數T表示之外。在類別樣板名稱旁邊，要使用二元使用域解析運算子，以將每個成員函式定義綁到類別樣板的使用域上。

18.4　類別樣板的非型態參數

- 在類別或函式樣板中的宣告中，可使用非型態參數。

18.5　樣板型態參數的預設值

- 您可對型態參數列表指定預設的型態。

18.6　將函式樣板多載

- 函式樣板可以數種方式進行多載。我們可指定相同的函式名稱與不同的函式參數，來提供其他的函式樣板。函式樣板也可用其他的非樣板函式 (具有相同的函式名稱以及不同的函式參數) 來進行多載。若某個原始函式跟特殊化函式樣板都一樣符合該呼叫，就使用原始函式。

自我測驗題

18.1　下列敘述何者爲對，何者爲錯。若是錯的，請解釋爲什麼。

a) 樣板使我們指定一個範圍的類別，稱作特殊化函式樣板。

b) 在一個樣板定義中，樣板參數的名稱必須是唯一的。

c) 在函式樣板中的宣告中，不可使用非型態參數。

d) 在做函式配對時，若樣板和非樣板函式同時滿足配對條件，以非樣板函式優先。

18.2 請填入以下題目的空格：

a) 樣板可讓我們只用一小段程式碼，就能指定完整相關的一組函式，稱為____，或指定完整相關的一組類別，稱為______。

b) 所有函式樣板定義均以關鍵字_____開頭，接著在_____中放入傳給函式樣板的樣板參數。

c) 從函式樣板產生的相關函式都具有相同的名稱，所以編譯器就得使用______解析方法來呼叫正確的函式。

d) 類別樣板也稱作_____型態。

e) ______運算子會和類別樣板名稱合併使用，將每個成員函式定義綁到類別樣板的使用域。

自我測驗解答

18.1 a) 錯，樣板使我們指定一個範圍的類別，稱作特殊化類別樣板。b) 對。c) 錯，在類別或函式樣板中的宣告中，可使用非型態參數。d) 對。

18.2 a) 特殊化函式樣板，特殊化類別樣板。b) template，角括號 (<和>)。c) 多載。d) 參數化。e) 二元使用域解析。

習題

18.3 (樣板的運算子多載) 撰寫一個判斷函式 isEqualTo 的簡單函式樣板，利用等號運算子 (==) 比較它的二個引數是否相等，如果相等則傳回 true，如果不相等則傳回 false。在程式中使用這個函式樣板，呼叫各種內建型態的 isEqualTo 函式。撰寫一個不同版本的程式，呼叫使用者自訂類別的 isEqualTo 函式，但是不要多載等號運算子。當您執行這個程式時，會出現什麼結果。現在多載等號運算子 (以運算子函式) operator==，當您要執行這個程式時，會產生什麼現象？

18.4 (Array 類別樣板) 從新以樣板實作圖 10.10-10.11 中的 Array 類別。在程式中示範新 Array 類別的應用。

18.5 分辨「函式樣板」和「特殊化函式樣板」的差異。

18.6 解釋使用函式樣板處理特殊化類別樣板的機制。

18.7 甚麼是多載函式的配對機制。

18.8 呼叫某個函式時，編譯器會執行配對處理，來判斷應該呼叫哪一個特殊化函式樣板。在何種情況下，嘗試進行比對過程會產生編譯錯誤呢？

18.10 解釋為何 C++ 程式會使用以下敘述

```
Array< Employee > workerList( 100 );
```

18.11 回頭看習題 18.10 答案。解釋為何 C++ 程式會使用以下敘述

```
Array< Employee > workerList;
```

18.12 請說明在 C++ 程式中，使用以下敘述的含意：

```
template< typename T > Array< T >::Array( int s )
```

18.13 要產生一個像陣列或堆疊的容器類別時，為何會在類別樣板中使用非型態參數？

國家圖書館出版品預行編目資料

C++程式設計藝術 / Paul Deitel, Harvey Deitel 原著；佘步雲編譯. -- 九版. -- 新北市：臺灣培生教育, 2016.02
面； 公分
國際版
譯自：C++ how to program, 9th ed.
ISBN 978-986-280-319-6(平裝)

1.C++(電腦程式語言)

312.32C 105001201

C++程式設計藝術（第九版）（國際版）（附範例光碟）

C++ HOW TO PROGRAM, 9/E

原著 / Paul Deitel、Harvey Deitel

編譯 / 佘步雲

執行編輯 / 王詩蕙

發行人 / 陳本源

出版者 / 全華圖書股份有限公司

郵政帳號 / 0100836-1 號

圖書編號 / 06151017

九版三刷 / 2024 年 05 月

定價 / 新台幣 780 元

ISBN / 978-986-280-319-6

全華圖書 / www.chwa.com.tw

全華網路書店 Open Tech / www.opentech.com.tw

若您對書籍內容、排版印刷有任何問題，歡迎來信指導 book@chwa.com.tw

臺北總公司(北區營業處)
地址：23671 新北市土城區忠義路 21 號
電話：(02) 2262-5666
傳真：(02) 6637-3695、6637-3696

南區營業處
地址：80769 高雄市三民區應安街 12 號
電話：(07) 381-1377
傳真：(07) 862-5562

中區營業處
地址：40256 臺中市南區樹義一巷 26 號
電話：(04) 2261-8485
傳真：(04) 3600-9806(高中職)
(04) 3601-8600(大專)

(請由此線剪下)

歡迎加入 全華會員

● 會員獨享

會員享購書折扣、紅利積點、生日禮金、不定期優惠活動…等。

● 如何加入會員

掃 QRcode 或填妥讀者回函卡直接傳真(02)2262-0900 或寄回，將由專人協助登入會員資料，待收到 E-MAIL 通知後即可成為會員。

如何購買 全華書籍

1. 網路購書

全華網路書店「http://www.opentech.com.tw」，加入會員購書更便利，並享有紅利積點回饋等各式優惠。

2. 實體門市

歡迎至全華門市(新北市土城區忠義路 21 號)或各大書局選購。

3. 來電訂購

(1) 訂購專線：(02) 2262-5666 轉 321-324
(2) 傳真專線：(02) 6637-3696
(3) 郵局劃撥(帳號：0100836-1　戶名：全華圖書股份有限公司)
※　購書未滿 990 元者，酌收運費 80 元。

全華網路書店 www.opentech.com.tw
E-mail: service@chwa.com.tw

廣告回信
板橋郵局登記證
板橋廣字第540號

行銷企劃部　收

全華圖書股份有限公司

23671 新北市土城區忠義路 21 號

（請由此線剪下）

讀者回函卡

掃 QRcode 線上填寫 ▸▸▸

姓名：＿＿＿＿＿＿ 生日：西元＿＿年＿＿月＿＿日 性別：□男 □女

電話：（ ）＿＿＿＿ 手機：＿＿＿＿＿＿

e-mail：（必填）＿＿＿＿＿＿

註：數字零，請用 Φ 表示，數字 1 與英文 L 請另註明並書寫端正，謝謝。

通訊處：□□□□□

學歷：□高中・職 □專科 □大學 □碩士 □博士

職業：□工程師 □教師 □學生 □軍・公 □其他

學校／公司：＿＿＿＿＿＿ 科系／部門：＿＿＿＿＿＿

・需求書類：

□A. 電子 □B. 電機 □C. 資訊 □D. 機械 □E. 汽車 □F. 工管 □G. 土木 □H. 化工 □I. 設計

□J. 商管 □K. 日文 □L. 美容 □M. 休閒 □N. 餐飲 □O. 其他

・本次購買圖書為：＿＿＿＿＿＿ 書號：＿＿＿＿＿＿

・您對本書的評價：

封面設計：□非常滿意 □滿意 □尚可 □需改善，請說明＿＿＿＿＿＿

內容表達：□非常滿意 □滿意 □尚可 □需改善，請說明＿＿＿＿＿＿

版面編排：□非常滿意 □滿意 □尚可 □需改善，請說明＿＿＿＿＿＿

印刷品質：□非常滿意 □滿意 □尚可 □需改善，請說明＿＿＿＿＿＿

書籍定價：□非常滿意 □滿意 □尚可 □需改善，請說明＿＿＿＿＿＿

整體評價：請說明＿＿＿＿＿＿

・您在何處購買本書？

□書局 □網路書店 □書展 □團購 □其他＿＿＿＿＿＿

・您購買本書的原因？（可複選）

□個人需要 □公司採購 □親友推薦 □老師指定用書 □其他＿＿＿＿＿＿

・您希望全華以何種方式提供出版訊息及特惠活動？

□電子報 □DM □廣告（媒體名稱＿＿＿＿＿＿）

・您是否上過全華網路書店？（www.opentech.com.tw）

□是 □否 您的建議＿＿＿＿＿＿

・您希望全華出版哪方面書籍？＿＿＿＿＿＿

・您希望全華加強哪些服務？＿＿＿＿＿＿

感謝您提供寶貴意見，全華將秉持服務的熱忱，出版更多好書，以饗讀者。

填寫日期：　/　/

2020.09 修訂

親愛的讀者：

感謝您對全華圖書的支持與愛護，雖然我們很慎重的處理每一本書，但恐仍有疏漏之處，若您發現本書有任何錯誤，請填寫於勘誤表內寄回，我們將於再版時修正，您的批評與指教是我們進步的原動力，謝謝！

全華圖書　敬上

勘誤表

書號		書名		作者	
頁數	行數	錯誤或不當之詞句		建議修改之詞句	

我有話要說：（其它之批評與建議，如封面、編排、內容、印刷品質等・・・）

C++程式設計藝術(第九版)(國際版)

(附範例光碟)

C++ HOW TO PROGRAM 9/E

P.J. Deitel、H.M. Deitel 原著

佘步雲 編譯

全華圖書股份有限公司　印行